GEOMETRY TR

500 FAMOUS QUESTIONS AND 1500 THEOR

U0181116

几何瑰宝

平面几何500名题暨1500条定理（上）

（第2版）

沈文选 杨清桃 编著

内容简介

本书共有三角形、几何变换，三角形、圆，四边形、圆，多边形、圆，完全四边形，以及最值，作图，轨迹，平面闭折线，圆的推广十个专题.对平面几何中的500余颗璀璨夺目的珍珠进行了系统地、全方位地介绍，其中也包括了近年来我国广大初等几何研究者的丰硕成果.

本书中的1 500余条定理可以广阔地拓展读者的视野，极大地丰厚读者的几何知识，可以多途径地引领数学爱好者进行平面几何学的奇异旅游，欣赏平面几何中的精巧、深刻、迷人、有趣的历史名题及最新成果.

该书适合于广大数学爱好者及初、高中数学竞赛选手，初、高中数学教师和数学奥林匹克教练员使用，也可作为高等师范院校数学专业开设"竞赛数学""中学几何研究"等课程的教学参考书.

图书在版编目(CIP)数据

几何瑰宝：平面几何500名题暨1500条定理.上/沈文选，杨清桃编著.—2版.—哈尔滨：哈尔滨工业大学出版社，2021.7(2024.11重印)

ISBN 978－7－5603－9528－9

Ⅰ.①几… Ⅱ.①沈…②杨… Ⅲ.①平面几何－习题集 Ⅳ.①O123.1－44

中国版本图书馆CIP数据核字(2021)第122776号

策划编辑 刘培杰 张永芹
责任编辑 聂兆慈 宋 森 张嘉芮
出版发行 哈尔滨工业大学出版社
社 址 哈尔滨市南岗区复华四道街10号 邮编150006
传 真 0451－86414749
网 址 http://hitpress.hit.edu.cn
印 刷 哈尔滨市颉升高印刷有限公司
开 本 787mm×960mm 1/16 印张100.75 字数1 802千字
版 次 2010年7月第1版 2021年7月第2版
2024年11月第5次印刷
书 号 ISBN 978－7－5603－9528－9
定 价 168.00元(上，下)

前　言

几何，在数学及数学教育中占有举足轻重的地位. 历史上，数学首先以几何学的形式出现. 现实中，几何不仅是对我们所生活的空间进行了解、描述或解释的一种工具，而且是我们认识绝对真理而进行的直观可视性教育的合适学科，是训练思维、开发智力、进行素质教育不可缺少的学习内容.

如果说数学博大精深、靓丽多姿、光彩照人，那么就可以说几何学源远流长、魅力无限、引人入胜. 几何学提出的问题透发出一个又一个重要的数学观念和有力的方法，如几何学中三大作图问题对数学的发展所产生的无法估量的作用. 几何学的方法和代数的、分析的、组合的方法相辅相成，扩展着人类对数与形的认识. 几何学能够同时给学习者生动直观的图像和严谨的逻辑结构，这非常有利于大脑左、右两个半球潜力的挖掘，有利于提高学习效率，完善智力发展.

如果把数学比作巍峨的宫殿，那么平面几何恰似这宫殿门前五彩缤纷的花坛和晶莹夺目的喷泉所组成的园林，这迷人的园林会吸引更多的人来了解数学、学习数学、研究数学. 中国近代数学家徐光启在《几何原本杂议》中说："人具上资而意理疏莽，即上资无用；人具中才而心思缜密，即中才有用；能通几何之学，缜密甚矣，故率天下之人而归于实用者，是成其所由之道也."

在几何学发展的历史长河中，许多经久不衰的几何名题，犹如一颗颗闪烁的珍珠，璀璨夺目，点缀着瑰丽的几何园林，装饰着数学宫殿. 这些几何名题，精巧、深刻、迷人、有趣、美丽，推动着几何学乃至整个数学的发展，它们中有的从一被发现就吸引着人们的关注，有的经过几代甚至几十代数学家的努力，得出许多耐人寻味、发人深省的结论.

学习几何名题是进行奇异的旅行. 几何名题在某个属于它自身的永恒而朦胧的地方，在那朦胧的土地上，我们奇异地从点、线段、角、三角形、多边形、圆等图形中获得绚丽多彩的景象，从一点小小的逻辑推理，可以得到深刻而优美的几何结构与量度关系，在那片朦胧的土地上，还有无数更令人惊奇的几何图形以及其中的位量与数量关系，等着我们和它们相遇.

学习几何名题可明澈自己的思维. 三角形三条中线总是交于一点且该点三等分每一条中线，三角形三内角之和在欧氏空间就等于180°，等等，这些都精确地摆在那儿. 生活里有许多巧合——那些常被有心或无心地异化为玄妙或骗术法宝的巧合，也许只是自然而简单的几何结果，以几何的眼光来看现实，不会有那么多的模糊. 有几何精神的人多了，骗子(特别是那些穿戴科学衣冠的骗子)的空间就小了. 无限的虚幻能在几何中找到最踏实的归宿.

学习几何名题是欣赏纯美的艺术. 几何学家像画家和诗人，都创造着"模式"，不过是用思想来创造，用图形和符号来表达. 几何的思想，就像画家的构思和诗人的韵律；几何的线条，就像画家的色彩和诗人的文字，以和谐的方式组织起来. 几何的世界里，没有丑陋的位置. 在几何学家的眼里，自己笔下的公式定理就像希腊神话里的那位塞浦路斯国王，从自己的雕像看到了爱人的生命. 在几何里，在那缜密的逻辑里，藏着几何学家们对美的追求，藏着他们的性情和生命.

学习几何名题是享受充满数学智慧的精彩人生. 学几何的感觉有时像在爬山，为了寻找新的山峰不停地去攀爬；有时又像在庭院散步，这是一种有益心智的精神漫步，可以进行几何思维的深刻领悟.

作者编写这本几何瑰宝是基于如下几方面的考虑：一是对历史名题，集之翡翠，汇其精华；二是体现我国广大初等数学研究者对几何问题的研究；三是体现张景中院士对改造平面几何体系而开创面积法方案的介绍以及新课改中强调突出几何变换思想的渗透.为了编写好这本几何瑰宝,作者在整理自己多年的数本几何研究著作及发表的数十篇文章的基础上,又探讨研究了一系列专题,并广泛收集整理资料,阅读大量书刊,特别是张景中、沈康身、单壿、梁绍鸿、尚强、杨世明、周春荔、汪江松、熊曾润、胡炳生、萧振纲、叶中豪、郭要红、曾建国、黄家礼、李耀文,黄全福、陈四川、孙四周、胡耀宗、洪凰翔、孔令恩、邹黎明、熊光汉、孙哲、刘毅、刘黎明、黄华松、方廷刚、闷飞、李平龙、尹广金,高庆计、丁遵标、邹守文、令标、王扬、周新民、万喜人、赵临龙、沈毅、宿晓阳,周才凯、李显权、张赟等人以及国外著名数学家阿达玛(法)、约翰逊(美)、笹部贞市郎(日)等人的书籍与文章使编者受益匪浅,因他们的研究,使几何名题进入到一个新的境界,书中引用了他们的大量成果.在此,也向他们表示深深的谢意.

让我们来几何园林走走,也许能挽回正在失去的读书兴趣,找回一个永不停歇、充满生机的圆满人生.孔夫子说:“知之者不如好之者,好之者不如乐之者.”只要“君子乐之”,就走进了一种高远的境界.

感谢刘培杰数学工作室的盛情邀请,花了多年的时间编写了这本几何瑰宝.第二版对第一版做了较多补充,并调整了部分内容.限于作者的水平,书中可能有不少疏漏,敬请读者批评指正!

沈文选

2020 年春于长沙岳麓山下长塘山

目 录

第一章 三角形、几何变换 /1

✱ 勾股定理 /1

✱ 勾股定理的推广 /5

✱ 池中之葭问题 /6

✱ 测望海岛问题 /8

✱ 共边比例定理 /11

✱ 定比分点公式 /12

✱ 平行线与面积关系定理 /13

✱ 平行线分线段成比例定理 /14

✱ 平行线唯一性定理 /14

✱ 两平行线与第三直线平行定理 /15

✱ 平行线判定定理 /15

✱ 共角比例定理 /16

✱ 共角比例不等式 /16

✵ 等腰三角形的判定与性质定理 /17

✵ 三角形边角关系定理 /17

✵ 三角形边边关系定理 /18

✵ 共角比例逆定理 /18

✵ 三角形角平分线判定定理 /19

✵ 三角形两边夹角正弦面积公式 /20

✵ 平行线与直线垂直的性质定理 /20

✵ 平行线性质定理 /21

✵ 三角形中位线定理 /22

✵ 三角形角平分线性质定理 /22

✵ 与三角形角平分线有关的定理 /23

✵ 三角形角平分线性质定理的推广 /24

✵ 三角形的共轭中线问题 /27

✵ 三角形旁共轭重心问题 /34

✵ 雅可比定理 /37

✵ 三角形内角和问题 /38

✵ 三角形的余面积公式 /40

✵ 三点勾股差定理 /41

✵ 三角形全等的判定定理 /41

✵ 三角形相似的判定定理 /42

✵ 三角形射影定理 /43

✵ 三角形余弦定理 /43

✵ 三角形正弦定理 /44

✵ 德·拉·希尔定理 /46

✵ 伽利略定理 /47

✵ 梅涅劳斯定理 /47

✵ 梅涅劳斯定理的推广 /51

✵ 梅涅劳斯定理的拓广 /55

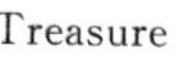

✻ 塞瓦定理 /56
✻ 塞瓦定理的推广 /59
✻ 塞瓦定理的拓广 /61
✻ 梅涅劳斯定理与塞瓦定理的综合推广 /62
✻ 三角形的角格点问题 /66
✻ 笛沙格定理 /68
✻ 笛沙格定理的推广 /69
✻ 笛沙格对合定理 /69
✻ 马克斯维尔定理 /70
✻ 共线点的帕普斯定理 /71
✻ 凯培特点定理 /73
✻ 垂线共点的施坦纳定理 /73
✻ 正交三角形定理 /75
✻ 三角形重心定理 /76
✻ 三角形重心性质定理 /77
✻ 三角形中的莱布尼兹公式 /88
✻ 三角形重心定理的推广 /88
✻ 三角形的恒心问题 /90
✻ 三角形的旁重心问题 /93
✻ 三角形的拉格朗日定理 /94
✻ 三角形关于重心的帕普斯定理 /95
✻ 三角形的塞萨罗定理 /96
✻ 三角形外心定理 /97
✻ 三角形外心性质定理 /97
✻ 三角形外心定理的推广 /105
✻ 三角形垂心定理 /106
✻ 三角形垂心性质定理 /107
✻ 杜洛斯—凡利定理 /119

✲ 三角形垂心定理的推广　/121

✲ 垂心组的判定定理　/122

✲ 垂心组的性质定理　/123

✲ 垂直投影三角形的垂直投影三角形问题　/124

✲ 塞尔瓦定理　/125

✲ 塞尔瓦定理的推广　/127

✲ 三角形内心定理　/128

✲ 三角形内心性质定理　/129

✲ 三角形内外心连线性质定理　/138

✲ 三角形旁心定理　/139

✲ 三角形旁心性质定理　/140

✲ 三角形内心与旁心的关系定理　/151

✲ 三角形内(旁)切圆的性质定理　/154

✲ 三角形内切圆与旁切圆转换原理　/166

✲ 三角形九点圆定理　/167

✲ 九点圆定理的推广　/173

✲ 九点圆定理的引申　/179

✲ 费尔巴哈定理　/180

✲ 库利奇—大上定理　/184

✲ 三角形旁切圆切点弦线三角形问题　/185

✲ 三角形五心的相关关系定理　/186

✲ 查普定理　/208

✲ 费尔巴哈公式　/209

✲ 莱莫恩公式　/212

✲ 三角形内角平分线与边交点联线的性质定理及推广　/213

✲ 合同变换的性质定理　/217

✲ 平移变换的性质定理　/218

✲ 旋转变换的性质定理　/218

✲ 直线反射(或反射)变换的性质定理 /219
✲ 平移、旋转、反射变换之间的关系定理 /220
✲ 相似变换的性质定理 /222
✲ 位似变换的判定定理 /223
✲ 位似变换的性质定理 /224
✲ 位似旋转变换的性质定理 /226
✲ 线段旋转相似变换问题 /227
✲ 仿射变换问题 /227
✲ 仿射变换的性质定理 /229
✲ 反演变换问题 /230
✲ 反演变换的性质定理 /231
✲ 极点、极线问题 /235
✲ 萨蒙定理 /236

第二章 三角形、圆 /238

✲ 锯木求径问题 /238
✲ 勾股容圆问题 /239
✲ 割圆求积问题 /240
✲ 祖冲之的密率 /241
✲ 圆周率 π /242
✲ 会圆术问题 /244
✲ 弦外容圆问题 /244
✲ 海伦公式 /245
✲ 秦九韶公式 /248
✲ 圆弦问题 /250
✲ 两圆位置关系问题 /251
✲ 阿基米德折弦定理 /252
✲ 波利亚问题 /253
✲ 圆幂定理 /254

✲ 圆幂定理的推广 /256

✲ 斯霍滕定理 /258

✲ 三角形中的阿波罗尼斯定理 /261

✲ 三角形中的张角定理 /261

✲ 三角形中的斯特瓦尔特定理 /262

✲ 斯特瓦尔特定理的推广 /264

✲ 三角形截线定理 /266

✲ 关于中线的阿波罗尼斯定理 /267

✲ 阿波罗尼斯定理的推广 /267

✲ 帕普斯定理 /268

✲ 月形定理 /269

✲ 施坦纳—雷米欧司定理 /269

✲ 施坦纳—雷米欧司定理的推广 /290

✲ 汤普森问题 /293

✲ 三角形的广义正弦定理 /298

✲ 费马点问题 /311

✲ 费马点问题的推广 /317

✲ 三角形的布罗卡尔点(角)定理 /325

✲ 布罗卡尔几何问题 /342

✲ 布罗卡尔圆定理 /350

✲ 三角形的热尔岗点 /351

✲ 热尔岗点性质定理 /351

✲ 三角形的纳格尔点 /353

✲ 纳格尔点性质定理 /353

✲ 斯特巴定理 /354

✲ 斯俾克圆 /355

✲ 三角形的界心定理 /356

✲ 第一界心性质定理 /356

✵ 第二界心性质定理 /360
✵ 三角形的欧拉线定理 /364
✵ 三角形欧拉线平行于一边的充要条件 /368
✵ 三角形的欧拉线定理的拓广 /369
✵ 希费尔点的性质定理 /376
✵ 三角形的共轭界心性质定理 /378
✵ 三角形界心 J_1 与其他各心间的关系定理 /381
✵ 三角形界心 J_2 与其他各心间的关系定理 /384
✵ 三角形的等角中心问题 /390
✵ 三角形等角中心问题的推广 /392
✵ 三角形的等角共轭点定理 /393
✵ 三角形的莱莫恩点定理 /401
✵ 三角形的等角共轭重心问题 /403
✵ 三角形的等截共轭点问题 /407
✵ 三角形边的等分线交点三角形面积关系定理 /409
✵ 三角形的陪垂心定理 /411
✵ 三角形的陪内心定理 /419
✵ 三角形的陪心定理 /423
✵ 三角形的伴心问题 /424
✵ 三角形的 1 号心定理 /428
✵ 三角形的 2 号心定理 /434
✵ 三角形的半外切圆定理 /437
✵ 三角形的半内切圆定理 /443
✵ 三角形的外接圆与内(旁)切圆的性质定理 /457
✵ 三角形的过两顶点且与内切圆相切的圆问题 /461
✵ 三角形内角的余弦方程 /468
✵ 三角形的中点三角形(中位线三角形)定理 /470
✵ 三角形的切点三角形定理 /472

✵ 三角形高的垂足三角形定理 /478

✵ 三角形的旁心三角形定理 /492

✵ 三角形三个旁切圆切点三角形面积关系式 /499

✵ 三角形切圆中的面积关系 /501

✵ 三角形内等斜角三角形定理 /510

✵ 三角形的分周中点三角形定理 /513

✵ 三角形内一点的投影三角形定理 /519

✵ 热尔岗定理 /532

✵ 三角形的正则点定理 /532

✵ 等边三角形的性质定理 /550

✵ 维维安尼定理 /559

✵ 维维安尼定理的推广 /560

✵ 维维安尼定理的引申 /561

✵ 拿破仑定理 /564

✵ 拿破仑定理的推广 /566

✵ 莫利定理 /568

✵ 莫利定理的推广 /572

✵ 内莫利三角形性质定理 /579

✵ 外莫利三角形性质定理 /582

✵ 优莫利三角形性质定理 /587

✵ 三类莫利三角形性质定理 /593

✵ 三角形的莱莫恩线 /596

✵ 三角形的内接三角形的面积问题 /597

✵ 圆的切割线问题 /598

✵ 三角形属类判别法则 /600

✵ 含有45°角的三角形的性质定理 /601

✵ 直角三角形的充要条件 /603

✵ 直角三角形的性质定理 /609

✲ 三角形的加比定理 /619
✲ 三角形的加比定理的推广 /620
✲ 三角形的希帕霍斯定理 /622
✲ 三角形面积公式 /623
✲ 三角形中的面积关系定理 /633
✲ 锐角三角形与其心有关的三角形间的面积关系 /636
✲ 三角形的外接垂边三角形问题 /638
✲ 三角形关于所在平面内一点的内接三角形面积关系式 /640
✲ 三角形的特殊外(内)含三角形面积关系式 /644
✲ 三角形定形内接三角形个数定理 /646
✲ 倍角三角形定理 /647
✲ 三角形外角平分线三角形定理 /649
✲ 三边长度成等差数列的三角形问题 /652
✲ 三内角度数成等差数列(或含有60°角)的三角形问题 /757
✲ 两中线垂直的三角形问题 /665
✲ 等腰三角形的一个充要条件 /668
✲ 含120°内角的三角形的性质定理 /670
✲ 含120°内角的整三角形定理 /671
✲ 海伦三角形定理 /674
✲ 海伦三角形性质定理 /676
✲ 完全三角形问题 /677
✲ 格点三角形相似问题 /679
✲ 分割三角形的内切圆定理 /686
✲ 相交两圆的性质定理 /699
✲ 相交两圆的内切圆问题 /702
✲ 三个相互外离的圆的位似中心问题 /706
✲ 两圆内切的性质定理 /706
✲ 两圆外切的性质定理 /710

✲ 三圆的相切问题 /714

✲ 笛卡儿定理 /719

✲ 周达定理 /722

✲ 线段调和分割问题 /725

第一章　三角形、几何变换

❖勾股定理

勾股定理　直角三角形的两条直角边的平方和等于斜边的平方.

若设 a,b,c 为直角三角形的三边,其中 c 为斜边,则

$$a^2+b^2=c^2$$

我国古代称直角三角形为勾股形,并且直角边中较小者为勾,另一直角边为股,斜边为弦,所以称这个定理为勾股定理,也有人称商高定理.这条定理不仅在几何学中是一颗光彩夺目的明珠,被誉为"几何学的基石",而且在高等数学和其他科学领域也有着广泛的应用.

勾股定理从被发现至今已有五千多年的历史,五千多年来,世界上几个文明古国都相继发现和研究过这个定理.古埃及人在建筑金字塔和测量尼罗河泛滥后的土地时,就应用过勾股定理.我国也是最早了解勾股定理的国家之一,在四千多年前,我国人民就应用了这一定理.据我国一部古老的算书《周髀算经》(约西汉时期,前100多年的作品)记载,商高(约前1120年)答周公曰:"折矩以为勾广三,股修四,径隅五.既方之,外半其一矩环而共盘,得成三四五.两矩共长二十有五,是谓积矩."在这本书中,同时还记载有另一位中国学者陈子(前11世纪)与荣方在讨论测量问题时说的一段话:"若求邪(斜)至日者,以日下为勾,日高为股,勾股各自乘,并而升方除之,得邪至日."如图1.1,即

$$\text{邪至日}=\sqrt{\text{勾}^2+\text{股}^2}$$

这里给出的是任意直角三角形三边间的关系.因此,也有人主张把勾股定理称为"陈子定理".

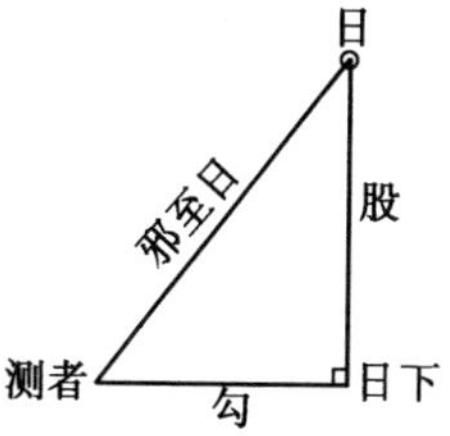

图1.1

两千多年前,由于希腊的毕达哥拉斯(Pythagoras,前572—前497)学派也发现了这条定理,所以希腊人把它叫作毕达哥拉斯定理.相传当时的毕达哥拉斯学派发现,若 m 为大于1的奇数,则 $m,\frac{m^2-1}{2},\frac{m^2+1}{2}$ 便是一个可构成直角三角形三边的三元数组.果真如此,可见这个学派当时是通晓勾股定理的.但这一学派内部有一规定,就是把一切发明都归

功于学派的头领，而且常常秘而不宣.据传说，发现这个定理的时候，他们还杀了一百头牛酬谢供奉神灵，表示庆贺.因此，这个定理也叫"百牛定理".至于毕达哥拉斯学派是否证明了这一定理，数学史界有两种不同的观点，一种意见认为证明过，理由为如前所述.另一种意见则认为证明勾股定理要用到相似形理论，而当时毕达哥拉斯学派没有建立完整的相似理论，因此他们没有证明这一定理.

勾股定理在法国和比利时又叫"驴桥定理"，这自然也有它的来历.

人类对勾股定理的认识经历了一个从特殊到一般的过程，而且在世界上很多地区的现存文献中都有记载，所以这些地区认为这个定理是他们先发现的.国外一般认为这个定理是毕达哥拉斯学派首先发现的，因此，国外称它为毕达哥拉斯定理.但历史文献确凿地证明，商高知道特殊情况下的勾股定理比毕达哥拉斯学派至少要早五六个世纪，而陈子掌握普遍性的勾股定理的时间要比毕达哥拉斯早一二百年，是我们的祖先最早发现这一定理的，这就是我们把它称为"勾股定理""商高定理"或"陈子定理"的理由.

几千年来，人们给出了勾股定理的多种多样、绚丽多彩的证明.如1940年鲁米斯(E. S. Loomis)搜集整理的一本中就给出了370种不同证明.我国的李志昌编辑了一本《勾股定理190例证》，可惜笔者经多方寻找，始终未见到这两本书.出于自己的爱好，笔者多年来也收集整理了201种证法①.最近，由清华大学出版社出版了由李迈新编著的给出了365种证法的书.下面介绍笔者收集的几个典型证法.

证法1 (商高证法)将商高回答周公话翻译过来即得证法.

"既方之"，是指把几个直角三角形合成正方形."外半其一矩环而共盘"，是指中外围部分由同一矩形(直角三角形)环绕而生的方形盘，即整个正方形的面积是$(3+4)^2=49$，内部正方形的面积为$49-\frac{1}{2}\times 3\times 4\times 4=25$(两矩共长二十有五)，所以边长(矩之弦)为5.把"勾三股四"推广到一般的"勾a股b"的直角三角形上去，证明不需要作任何实质性的修改，依然是内部正方形的面积为$(a+b)^2-\frac{1}{2}ab\times 4=a^2+b^2$，即$c^2=a^2+b^2$，所以内部正方形的边长即矩的弦长为$\sqrt{a^2+b^2}$，如图1.2所示.

当一个数学定理的证明从特殊过渡到一般的时候，如果不需要作实质上的修改，只是在同一计算公式中变换数据，即使在今天意义下严格的数学证明，也

① 沈文选，杨清桃.数学眼光透视[M].哈尔滨：哈尔滨工业大学出版社，2017：112-137.

是允许的①.

证法 2 （赵爽证法）如图 1.3，由 $c^2=4\times\frac{1}{2}ab+(b-a)^2$，有 $c^2=a^2+b^2$.

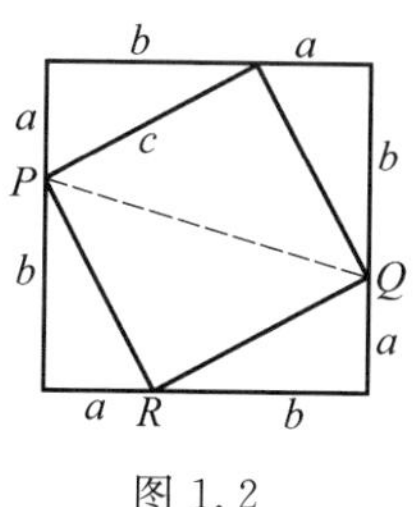

图 1.2

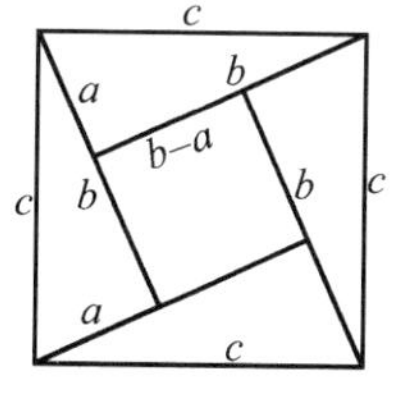

图 1.3

证法 3 （加菲尔德证法）如图 1.4，由 $\frac{1}{2}(a+b)(a+b)=2\times\frac{1}{2}ab+\frac{1}{2}c^2$ 即证.

证法 4 （张景中证法）如图 1.5，由 $\angle FAB$ 与 $\angle BCE$ 互余，知 $AM\perp CE$. 由 $\frac{1}{2}AF\cdot EM+\frac{1}{2}AF\cdot MC=S_{ACFE}=\frac{1}{2}AF\cdot CE=\frac{1}{2}c^2$，有 $\frac{1}{2}c^2=\frac{1}{2}a^2+\frac{1}{2}b^2$ 即证.

证法 5 （华德罕姆证法）如图 1.6，由

$$S_{ACDE}=2S_{\triangle ACB}-S_{\triangle CBF}+S_{\triangle AFE}$$

有
$$\frac{1}{2}(a+b)\cdot b=2\times\frac{1}{2}ab-\frac{1}{2}\cdot\frac{ab}{c}\cdot\frac{a^2}{c}+\frac{1}{2}\left(c-\frac{ab}{c}\right)\left(c-\frac{a^2}{c}\right)$$

从而
$$a^2+b^2=c^2$$

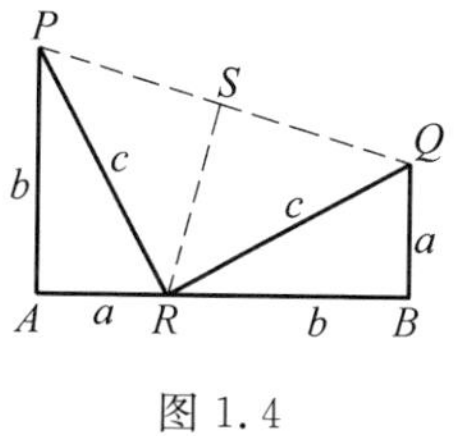

图 1.4

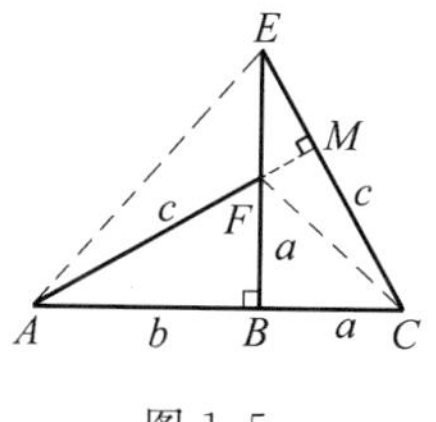

图 1.5

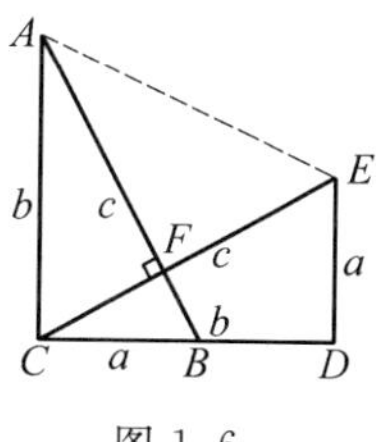

图 1.6

证法 6 （张景中证法）如图 1.7，由 $Rt\triangle STP\cong Rt\triangle SLR$，有 $PT=RL$，即知

$$AL=AR+RL=AP-TP=\frac{1}{2}(a+b)$$

从而
$$S_{ALST}=S_{\triangle ARP}+S_{\triangle PRS}$$

即
$$\frac{1}{4}(a+b)^2=\frac{1}{2}ab+\frac{1}{4}c^2$$

① 欧阳维诚. 数学科学与人文的共同基因[M]. 长沙：湖南师范大学出版社，2000：55.

故 $$a^2+b^2=c^2$$

证法 7 如图 1.8,在 $\mathrm{Rt}\triangle ABC$ 中,作斜边 AB 上的高 CD,则 $\mathrm{Rt}\triangle CDB\backsim\mathrm{Rt}\triangle ADC\backsim\mathrm{Rt}\triangle ACB$,且 $S_{\triangle CDB}+S_{\triangle ADC}=S_{\triangle ACB}$ 即

$$\frac{S_{\triangle CDB}}{S_{\triangle ACB}}+\frac{S_{\triangle ADC}}{S_{\triangle ACB}}=1$$

亦即 $$\frac{a^2}{c^2}+\frac{b^2}{c^2}=1$$

故 $$a^2+b^2=c^2$$

证法 8 (欧几里得证法)如图 1.9,由 $\triangle ABF\cong\triangle AEC$,有

$$S_{\triangle ABF}=S_{\triangle AEC}$$

而 $$S_{\triangle ABF}=\frac{1}{2}AF\cdot AC=\frac{1}{2}b^2=S_{\triangle AEC}=\frac{1}{2}AE\cdot AH=\frac{1}{2}S_{EKHA}$$

即 $$S_{矩形EKHA}=b^2$$

同理,$S_{矩形KDBH}=a^2$.

故 $$a^2+b^2=S_{正方形AEDB}=c^2$$

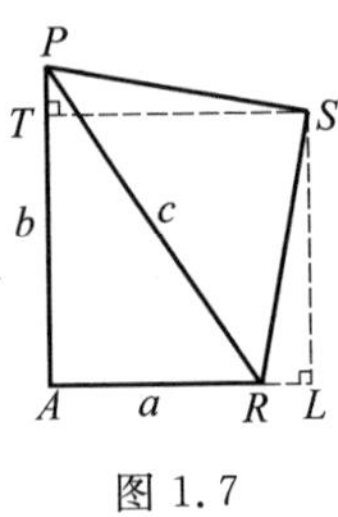

图 1.7

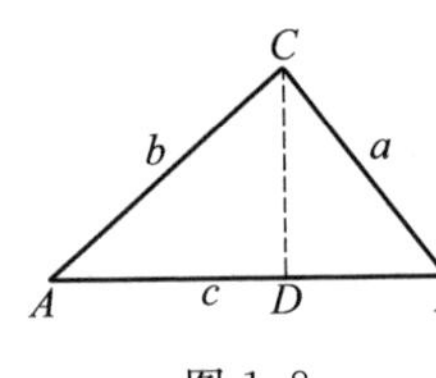

图 1.8

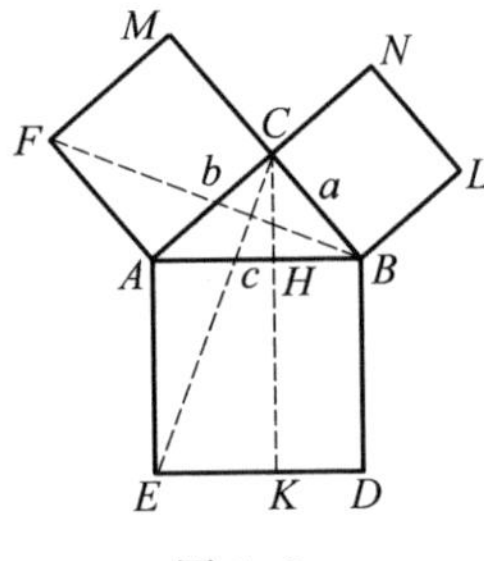

图 1.9

注 上述证法中,证法 1 与证法 2 可看作由四个全等的直角三角形构成的图形而论;证法 3～5 可看作由两个全等的直角三角形构成的图形而证;证法 6 与证法 7 可看作由两个有关联的直角三角形构成的图形而证;证法 8 直接从平方式表正方形面积而构形证明.另外,从图 1.2 到图 1.4,再到图 1.7 可看作在原图形中依次取一半的“再生”证明①,而证法 8 体现了“再生”证明的面积推算本质.

在探索勾股定理的证法中,不但有数学家,如张景中院士,还有政治家,如美国第 20 届总统加菲尔德,他的这个证法是他当俄亥俄州共和党议员时和其他议员一起做“思维体操”时想出来的,并且得到了两党议员的“一致赞同”.在我国的古代数学家中,自赵爽之后,还有梅文鼎、李锐、项名达、华衡芳等人②.

---

① 张景中.数学杂谈[M].北京:中国少年儿童出版社,2005:77-83.

② 高希尧.数海钩沉[M].西安:陕西科学技术出版社,1982:2.

❖勾股定理的推广

定理 1 在直角三角形的勾股弦上分别作任意相似的图形，则弦上图形的面积等于勾和股上图形面积之和.

证明 如图 1.10，设弦上图形的面积为 S_1，勾股上图形面积分别为 S_2，S_3，则

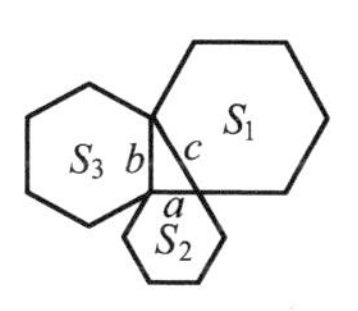

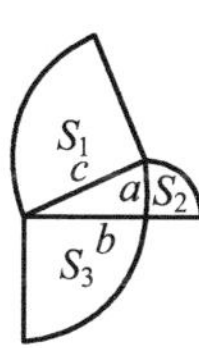

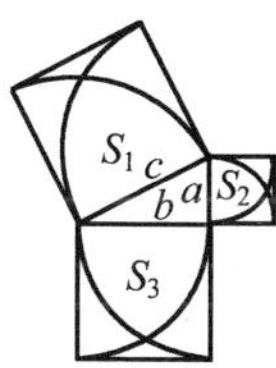

图 1.10

$$\frac{S_2}{S_1}=(\frac{a}{c})^2,\frac{S_3}{S_1}=(\frac{b}{c})^2$$

$$S_2+S_3=\frac{a^2+b^2}{c^2}S_1=S_1$$

在欧几里得《几何原本》第六篇就有上述推广的记载.

定理 2 设长方体的长、宽、高及对角线的长分别为 a,b,c 及 l，则 $l^2=a^2+b^2+c^2$.

证明 如图 1.11 所示，依题设，有

$$BC\perp AC,CD\perp DA$$

则

$$l^2=AB^2=AC^2+BC^2=AD^2+DC^2+BC^2=a^2+b^2+c^2$$

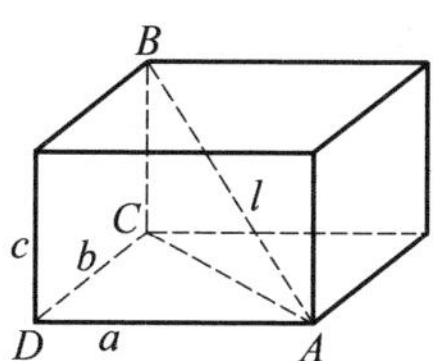

图 1.11

定理 3 在直四面体 $O-ABC$ 中，$\angle AOB=\angle BOC=\angle COA=90°$，$S$ 是顶点 O 所对的面的面积，S_1,S_2,S_3 分别为侧面 $\triangle OAB$，$\triangle OAC$，$\triangle OBC$ 的面积，则 $S^2=S_1^2+S_2^2+S_3^2$.

证明 如图 1.12，作 $OD\perp BC$ 于 D，依立体几何知识知，$AD\perp BC$，从而

$$S^2=(\frac{1}{2}BC\cdot AD)^2=\frac{1}{4}BC^2\cdot AD^2=$$

$$\frac{1}{4}BC^2\cdot(AO^2+OD^2)=$$

$$\frac{1}{4}(OB^2+OC^2)AO^2+\frac{1}{4}BC^2\cdot OD^2=$$

$$(\frac{1}{2}OB\cdot OA)^2+(\frac{1}{2}OC\cdot OA)^2+(\frac{1}{2}BC\cdot OD)^2=$$

$$S_1^2+S_2^2+S_3^2$$

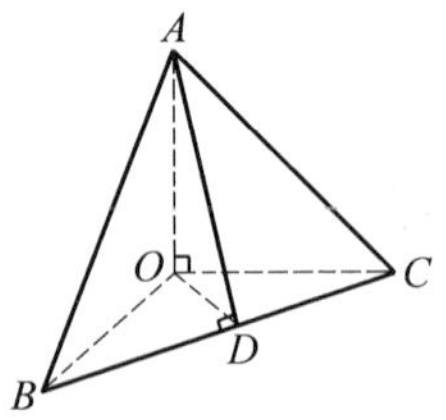

图 1.12

同样,还可以将勾股定理推广到 n 维欧氏空间.这可参见作者的另著《从高维 Pythagoras 定理谈起——单形论漫谈》(哈尔滨工业大学出版社,2016)

❖池中之葭问题

“池中之葭”原载《九章算术》勾股章.

《九章算术》是我国著名的“算经十书”之一,是十部算经中最重要的一部,是周秦至汉代中国数学发展的一部总结性的有代表性的著作.这部伟大的著作对以后中国古代数学发展所产生的影响,正像古希腊欧几里得的《几何原本》对西方数学所产生的影响一样,是非常深刻的.它大约编纂于西汉中叶(公元前1世纪),此后一千多年间,一直是我国的数学教科书.它还影响到国外,朝鲜和日本也都曾把它当作教科书.书中不少题目,后来还出现于印度的数学著作中,并且传到了中世纪的欧洲.我国古代数学家刘徽(约3世纪)曾为该书作注.

《九章算术》是以数学问题集的形式编写的,共收集了246个问题及各个问题的解答,按性质分类,每类为一章,计有方田、粟米、衰分、少广、商功、均输、盈不足、方程和勾股九章,故称《九章算术》.

勾股章是《九章算术》的第九章,包括24个问题及解法.内容大体上可分为三类:① 第1～14题,利用勾股定理解决应用问题.“池中之葭”(原第6题)、“锯木求径”(原第9题)等是其中有代表性的名题;② 第15题是一个“勾股容方”问题,第16题是一个“勾股容圆”问题,研究了直角三角形的内切圆问题;③ 第17～24题,是8个关于测量的问题.这几个问题都是根据相似直角三角形对应边成比例的原理解出的.

“池中之葭”问题如下:

今有池方一丈,葭(芦苇)生其中央,出水一尺(图1.13),引葭赴岸,适与岸齐(图1.14).问水深、葭长各几何?

图 1.13　葭出水图

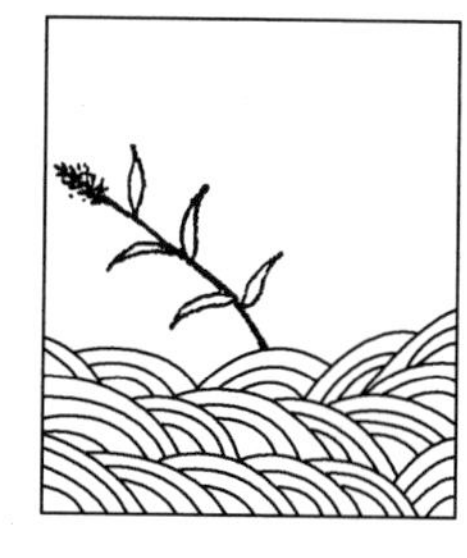
图 1.14　引葭赴岸图

对于这个问题，如果应用勾股定理和一元一次方程知识求解，是很容易的.

如图 1.15，设水深为 AC，则葭长为 $AD=AC+CD=AC+1$，且 $AB=AD$，$BC=5$，于是

$$AC^2+CB^2=AB^2=AD^2$$

即
$$AC^2+25=(AC+1)^2$$

得
$$AC=12, AD=13$$

故池深 12 尺，葭长 13 尺.

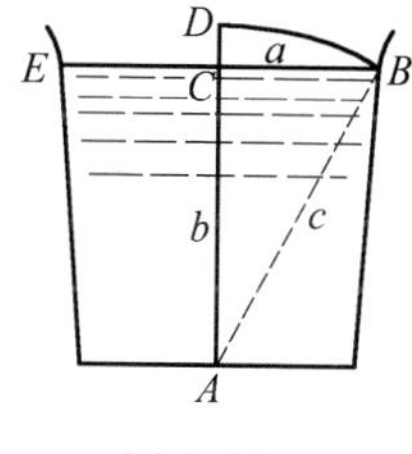

图 1.15

这是我们现在的解法，从解题过程中可以看到解这题的确是比较容易的，然而在古代数学发展的早期，数学理论还很不完善，计算工具和计算方法都还十分原始，对于古人来说，要解这样一个题目并非十分容易. 让我们看看古人的解法吧！

从刘徽的注，我们知道古代是用下面方法求解的.

如图 1.15，水面 BE 等于方池的边长，C 是 BE 的中点，AD 是直立的葭，AB 是把葭引到岸边时的位置. 设 $BC=a$，$AC=b$，$AB=c$. 根据勾股定理，在 $\mathrm{Rt}\triangle ABC$ 中，$a^2+b^2=c^2$，即 $c^2-b^2=a^2$.

现在利用图形的面积来解释上式. 以边长为 c 作正方形 $FKMQ$，其面积为 c^2. 在 $FKMQ$ 内作边长为 b 的正方形 $GIJQ$，如图 1.16 所示，其面积为 b^2. 这样图中阴影部分的面积便是 c^2-b^2，它等于 a^2. 其中小正方形 $HKLI$ 的面积是 $(c-b)^2$.

把图 1.16 中矩形 $FHIG$ 移到 $LNPM$ 的位置，便得到较大矩形 $INPJ$，其面积等于阴影部分面积减去小正方形 $HKLI$ 的面积，即 $a^2-(c-b)^2$. 但 $IN=2(c-b)$，$IJ=b$，故有

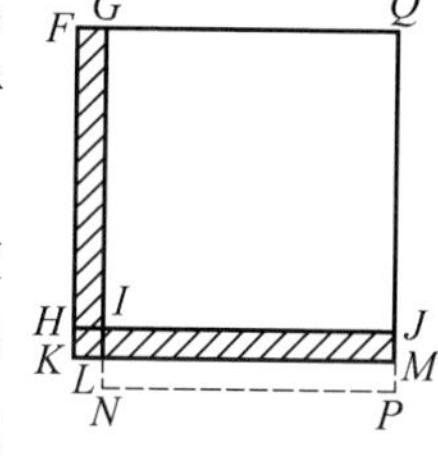

图 1.16

$$IN\cdot IJ=2(c-b)\cdot b=a^2-(c-b)^2$$

从而可求得计算 b 的公式

$$b=\frac{a^2-(c-b)^2}{2(c-b)}$$

已知 $a=5$ 尺，$c-b=1$ 尺，代入上述公式，得 $b=12$ 尺.

故水池深 12 尺，葭长 13 尺.

这个题目在世界上影响很大.

如印度莲花问题和它性质安全相同：静静湖水清可鉴，水面半尺露红莲. 出泥不染亭亭立，忽被强风吹一边. 渔夫观看忙向前，花离原位二尺远. 善算诸君请解题，湖水如何知深浅？

这是 12 世纪印度数学家婆什伽罗(Bhaskara，1114—1185) 著作中的一个问题. 它与我国《九章算术》中的“池中之葭”问题几乎是一样的.

又如，在 15 世纪中亚细亚数学家阿尔·卡西(al Kashi，? —约 1436)《算术之钥》(1427 年) 中有一题：“一矛直立在水中，出水三尺，风吹矛没入水中，矛头恰在水面上，矛尾端留原位不动，矛头与原位相距 5 尺，求矛长.”

在 16 世纪英国算术中也有类似题目：“一根芦苇生在圆池中央，出水 3 援，池宽 12 援，风吹芦苇，茎尖刚碰到池边水面，问池深多少？”

从这些十分相似的题目之中，不难看出中国古算题在世界上产生了多么巨大的影响.

❖测望海岛问题

“测望海岛” 原载于《海岛算经》，是其中第 1 题.

公元 3 世纪时期的我国数学家刘徽，他在魏景元四年(263 年) 为《九章算术》作了全面注释并给以图解，使《九章算术》有了定本. 在注释中，他不迷信古人，增补了自己的创见，订正了原书的谬误，使《九章算术》的科学性提高了一步. 在注勾股章时，他不仅指出相似勾股形，也指出相似勾股形对应边的比例关系. 注解中，他发现勾股章中介绍的测量问题有不足之处，就编撰了专门论述测量问题的《重差》一卷，他对古代已失传的“重差术” 重新研究造术，用 9 个典型例题附在《九章算术》之后，说明如何运用表或矩来测算可望而不可及的目标的高低、大小、距离等：“度高者重表，测深者累矩，孤离者三望，离而又旁求者四望. 触类而长之，则虽幽遐诡伏，靡所不入.” 方法非常巧妙实用，令人赞叹不已！ 由于“重差术” 的特殊性，后人将《重差》一卷另行单本改称为《海岛算经》，成为著名的“算经十书” 之一.《海岛算经》里所列出的 9 道测量问题，其中两次测望的 3 题，三次测望的 4 题，四次测望的 2 题.《海岛算经》把由一次测望的简单问题发展到利用四对相似勾股形连续进行四次测望的复杂问题，在测量问题的研究方面取得了卓越的成就.

测望海岛问题如下：

今有望海岛，立两表齐，高三丈，前后相去千步，令后表与前表相直. 从前表却(后退)行一百二十三步，人目著地取望岛峰，与表末参合. 从后表却行一百二十七步，人目著地取望岛峰，亦与表末参合(图 1.17). 问岛高及去表各几何？

原题译成现代汉语，就是：

有人望海岛(PQ)，立二表(EK 和 AG)都高 3 丈，前后相距(KG)1 000 步，使前后表的上下两端在同一水平线上. 从前表退行(KH)123 步，人伏地上(H)，望岛峰(P)恰和表顶(E)相合. 从后表退行(GC)127 步，人伏地上(C)，再望岛峰，也和表顶(A)相合，问岛的高(PQ)和远(KQ)各多少？

本题可如图 1.18 添作辅助线，找出相关的相似三角形，用对应线段成比例的性质解得.

图 1.17　　　　图 1.18

因为 AG，EK 和 PQ 在同一个平面上，所以 $AG \underline{\underline{\parallel}} EK$. 作 $AB \parallel EH$，则 $\triangle AEP \backsim \triangle CBA$，得

$$\frac{AE}{CB}=\frac{AP}{CA}=\frac{PF}{AG}$$

故

$$PF=\frac{AE}{CB}\cdot AG$$

于是

$$PQ=\frac{AE}{CB}\cdot AG+FQ=\frac{AG\cdot GK}{CG-HK}+EK$$

即

$$\text{岛高}=\frac{\text{表高}\times\text{表间}}{\text{后表却行}-\text{前表却行}}+\text{表高}$$

又

$$\frac{EF}{HK}=\frac{PF}{EK}$$

所以

$$EF=\frac{PF}{EK}\cdot HK=\frac{AE}{CB}\cdot HK$$

即

$$\text{前表去岛}=\frac{\text{前表却行}\times\text{表间}}{\text{后表却行}-\text{前表却行}}$$

设 $EK=AG=b$，$KG=d$，$KH=a_1$，$CG=a_2$，$PQ=y$，$KQ=x$，则岛高 $y=$

$\dfrac{bd}{a_2-a_1}+b$,前表去岛 $x=\dfrac{a_1 d}{a_2-a_1}$.

根据题设条件,已知 $b=3$ 丈 $=5$ 步(1 步 $=6$ 尺),$d=1\ 000$ 步,$a_1=123$ 步,$a_2=127$ 步. 代入上述公式

$$y=\frac{5\times 1\ 000}{127-123}+5=1\ 255(\text{步})$$

$$x=\frac{123\times 1\ 000}{127-123}=30\ 750(\text{步})$$

因为 1 里 $=300$ 步,故可得岛高 4 里 55 步,岛距前表 102 里 150 步.

在测量计算公式中,$\dfrac{d}{a_2-a_1}$ 是两个差数之比,d 是两个标杆对被测物的距离差,a_2-a_1 是两个标杆的影差,故这种测量方法称之为重差术. 这种测量方法解决了直接测量所不可能解决的问题. 类似地,还有如下的"望清渊"问题:

今有望清渊,渊下有白石. 偃矩岸上,令勾高(AB)三尺,斜望水岸,入下股(BD)四尺五寸. 望白石,入下股(BC)二尺四寸. 又设重矩于上,其间相去(AE)四尺. 更从勾端斜望水岸,入上股(FH)四尺. 以望白石,入上股(FG)二尺二寸. 问水深几何?

本题是《海岛算经》第 7 题. 如图 1.19,设想在陡峭的渊岸上某处用矩 ABD(矩是我国古代的主要测算工具,是两根尺子在一端互相垂直)观测两个目标水岸 M 和白石 N. 记录观测时在股上的数据 BD 和 BC,然后又从垂直的上方相距 AE(已知)处用矩 EFH 再次观测 M 和 N,记下股上的数据 FH 和 FG. 连同已知矩的勾长 $AB=EF$,以及矩 ABD 与水面的距离 BK,就能用位似勾股形的对应勾股成比例的性质算出水深 KL 了.

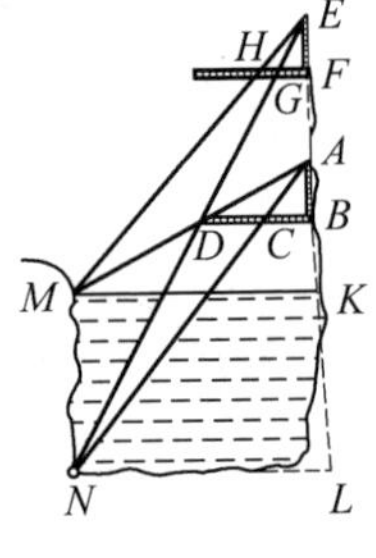

图 1.19

答案是水深 1 丈 2 尺.

刘徽这种理论服务于测量实践的范例,为后世治数学者之楷模,形成了中国数学理论与实践相结合的优良传统. 宋代秦九韶《数书九章》(1247) 第七、八卷测望类"望山高远" 等共 9 题,其中与刘徽《海岛算经》解题方法相似者有"望山高远"、"表望浮图"、"表望方城" 等问题,而"遥度圆城"、"望敌圆营" 等题却运用了别的数学知识,较之《海岛算经》又有了新的发展. 元代朱世杰《四元玉鉴》(1303) 第五卷"勾股测望" 共 8 题,与《海岛算经》方法相类者在半数以上,其中"今有方城上有戍楼不知高远" 一题的解题术虽与《海岛算经》中"测望海岛" 相同,但却把"人目著地" 改进为"人目高四尺",说明在测量方法上有了新的进步.

测望问题在古希腊也有所发现,不过是限于一次测望.7世纪时,印度数学著作中才出现了一道与《海岛算经》十分相似的两次测望问题,到了15,16世纪,欧洲的数学著作中也只有较简单的两次测望问题.而刘徽早在3世纪便解决了一至四次测望问题,他的功绩在测量学史上是不可磨灭的.

❖共边比例定理

先给出一个基本命题,再介绍定理的内容与证明:①②

基本命题 设$\triangle ABC$的边AB上有一点M,如果有$AM=\lambda AB$或$\frac{AM}{AB}=\lambda$,则

$$S_{\triangle AMC}=\lambda S_{\triangle ABC}$$

或

$$\frac{S_{\triangle AMC}}{S_{\triangle ABC}}=\lambda=\frac{AM}{AB}$$

共边比例定理 若直线AB与直线PQ交于M,则

$$\frac{S_{\triangle PAB}}{S_{\triangle QAB}}=\frac{PM}{QM}$$

证明 图形有4种情形(图1.20).

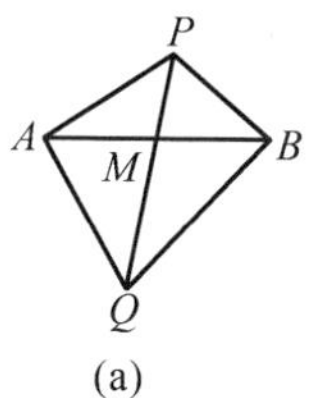

(a)

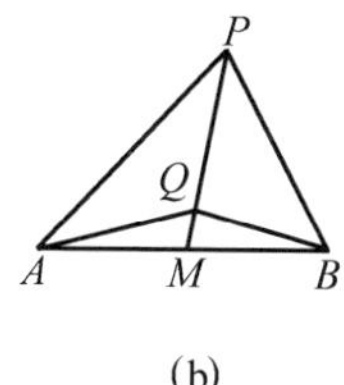

(b)

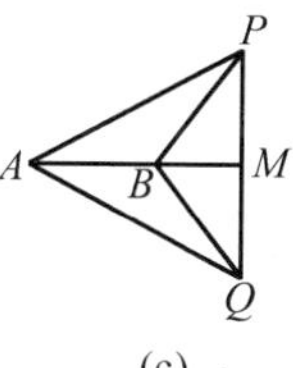

(c)

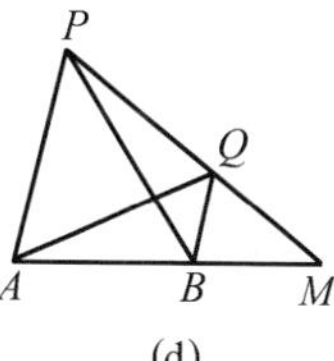

(d)

图1.20

由基本命题,有

$$S_{\triangle PAM}=\frac{PM}{QM}S_{\triangle QAM},S_{\triangle PBM}=\frac{PM}{QM}S_{\triangle QBM}$$

由上述两式相加,对于图1.20中(a),(b)有

$$\frac{S_{\triangle PAB}}{S_{\triangle QAB}}=\frac{PM}{QM}$$

由上述两式相减,对于图1.20中(c),(d)有

① 张景中.新概念几何[M].北京:中国少年儿童出版社,2002:1-120.

② 张景中,曹培生.从数学教育到教育数学[M].北京:中国少年儿童出版社,2005:56-63.

$$\frac{S_{\triangle PAB}}{S_{\triangle QAB}}=\frac{PM}{QM}$$

或者在直线 AB 上另取一点 N,使 $MN=AB$,则

$$\frac{S_{\triangle PAB}}{S_{\triangle QAB}}=\frac{S_{\triangle PMN}}{S_{\triangle QMN}}=\frac{PM}{QM}$$

或者由

$$\frac{S_{\triangle PAB}}{S_{\triangle QAB}}=\frac{S_{\triangle PAB}}{S_{\triangle PMB}}\cdot\frac{S_{\triangle PMB}}{S_{\triangle QMB}}\cdot\frac{S_{\triangle QMB}}{S_{\triangle QAB}}=\frac{AB}{MB}\cdot\frac{PM}{QM}\cdot\frac{MB}{AB}=\frac{PM}{QM}$$

即证.

❖定比分点公式

定比分点公式 若 P,Q 两点在直线 AB 的同侧(即线段不与直线 AB 相交),点 C 在线段 PQ 上,且 $PC=\lambda PQ$,则

$$S_{\triangle ABC}=\lambda S_{\triangle QAB}+(1-\lambda)S_{\triangle PAB}$$

证明 如图 1.21,设四边形 $PABQ$ 的面积为 S,则由共边比例定理,有

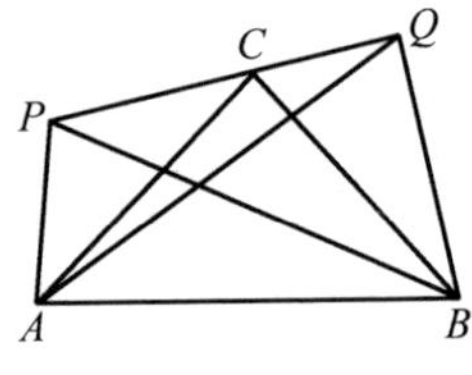

图 1.21

$$\frac{S_{\triangle APC}}{S-S_{\triangle QAB}}=\frac{S_{\triangle APC}}{S_{\triangle APQ}}=\frac{PC}{PQ}=\lambda$$

即 $$S_{\triangle APC}=\lambda(S-S_{\triangle QAB})$$

$$\frac{S_{\triangle BCQ}}{S-S_{\triangle PAB}}=\frac{S_{\triangle BCQ}}{S_{\triangle BPQ}}=\frac{CQ}{PQ}=\frac{PQ-PC}{PQ}=1-\lambda$$

即 $$S_{\triangle BCQ}=(1-\lambda)(S-S_{\triangle PAB})$$

从而 $$\begin{aligned}S_{\triangle ABC}&=S-S_{\triangle APC}-S_{\triangle BCQ}=\\&S-\lambda(S-S_{\triangle QAB})-(1-\lambda)(S-S_{\triangle PAB})=\\&\lambda S_{\triangle QAB}+(1-\lambda)S_{\triangle PAB}\end{aligned}$$

注 1.上述证明不能包括所有的情形.如图 1.22,这时其证明就要改写成为

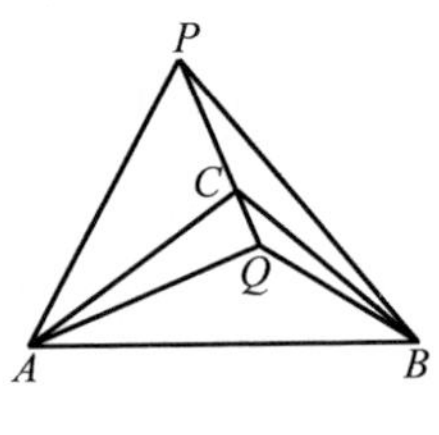

图 1.22

$$\begin{aligned}S_{\triangle ABC}&=S-S_{\triangle ACP}+S_{\triangle BCQ}=\\&S-\lambda S_{\triangle PAQ}+(1-\lambda)S_{\triangle PBQ}=\\&S-\lambda(S-S_{\triangle QAB})+(1+\lambda)(S_{\triangle PAB-S})=\\&\lambda S_{\triangle QAB}+(1-\lambda)S_{\triangle PAB}\end{aligned}$$

2.虽然题设中线段 PQ 不与直线 AB 相交,但有可能直线 PQ 与直线 AB 相交,这时不妨设直线 PQ 与 AB 交于点 M,如图1.23 所示.

由共边比例定理,有

$$\frac{S_{\triangle PAB}}{PM}=\frac{S_{\triangle CAB}}{CM}=\frac{S_{\triangle QAB}}{QM}$$

从而 $$\frac{S_{\triangle CAB}-S_{\triangle PAB}}{CM-PM}=\frac{S_{\triangle QAB}-S_{\triangle CAB}}{QM-CM}$$

也就是$$\frac{S_{\triangle CAB}-S_{\triangle PAB}}{S_{\triangle QAB}-S_{\triangle CAB}}=\frac{CM-PM}{QM-CM}=\frac{PC}{CQ}=\frac{\lambda}{1-\lambda}$$

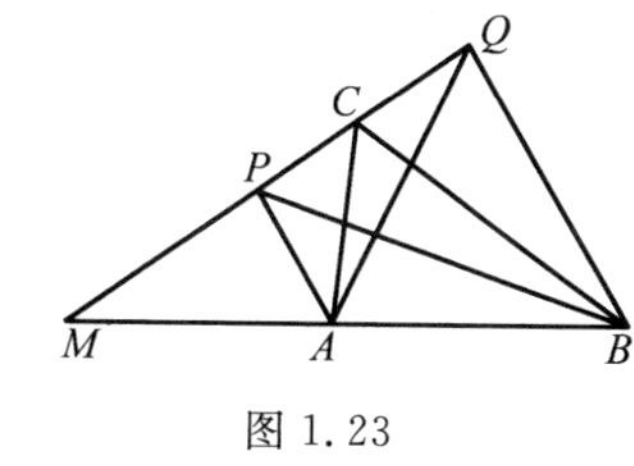

图 1.23

即 $$(1-\lambda)(S_{\triangle PAB}-S_{\triangle CAB})=\lambda(S_{\triangle CAB}-S_{\triangle QAB})$$

解出得 $$S_{\triangle CAB}=\lambda S_{\triangle QAB}+(1-\lambda)S_{\triangle PAB}$$

3. 若 P,Q 两点在直线 AB 的异侧,则有

定比分点公式补充 若线段 PQ 与直线 AB 交于点 M,点 C 在线段 PM 上,并且 $PC=\lambda PQ$,则 $S_{\triangle ABC}=(1-\lambda)S_{\triangle PAB}-\lambda S_{\triangle QAB}$.

证明 如图 1.24,应用共边比例定理,得

$$\frac{S_{\triangle PAB}}{PM}=\frac{S_{\triangle CAB}}{CM}=\frac{S_{\triangle QAB}}{QM}$$

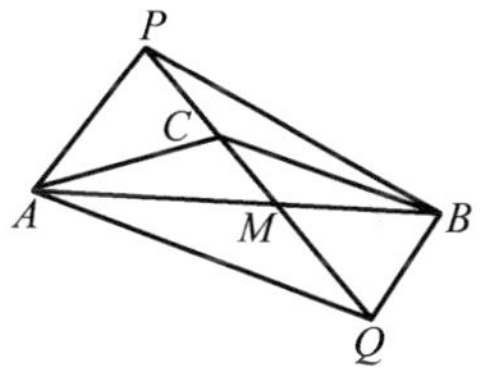

于是有

$$\frac{S_{\triangle PAB}-S_{\triangle CAB}}{PM-CM}=\frac{S_{\triangle CAB}+S_{\triangle QAB}}{CM+QM}$$

图 1.24

也就是

$$\frac{S_{\triangle PAB}-S_{\triangle CAB}}{S_{\triangle CAB}+S_{\triangle QAB}}=\frac{PM-CM}{CM+QM}=\frac{PC}{CQ}$$

解出得 $$S_{\triangle ABC}=(1-\lambda)S_{\triangle PAB}-\lambda S_{\triangle QAB}$$

❖平行线与面积关系定理

平行线与面积的关系定理 若直线 $MN\parallel AB$,则 $S_{\triangle MAB}=S_{\triangle NAB}$;反过来,若 $S_{\triangle MAB}=S_{\triangle NAB}$,则 $MN\parallel AB$.

证明 先证前面的结论,用反证法.

若 $S_{\triangle MAB}\neq S_{\triangle NAB}$,不妨设 $S_{\triangle MAB}>S_{\triangle NAB}$,如图 1.25. 此时直线 MN 与 AB 必相交. 下面证明这个结论:

事实上,对于线段 MN 延长线上任一点 P,记$\frac{MN}{MP}=\lambda$,由定比分点公式,可知

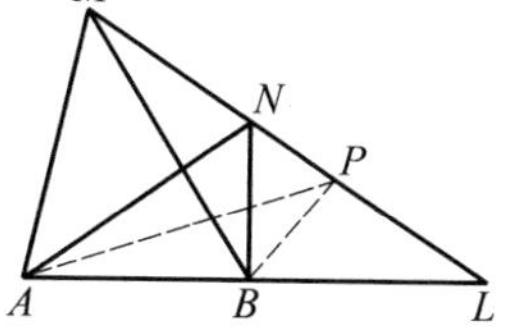

图 1.25

$$S_{\triangle NAB}=\lambda S_{\triangle PAB}+(1-\lambda)S_{\triangle MAB}$$

取 $\lambda=1-\frac{S_{\triangle NAB}}{S_{\triangle MAB}}$(因 $S_{\triangle NAB}<S_{\triangle MAB}$,这是可以取的)代入上式得 $S_{\triangle PAB}=0$,即直线 AB 与 MN 交于点 P. 这与 $MN\parallel AB$ 矛盾,所以 $S_{\triangle MAB}>S_{\triangle NAB}$ 不

可能(同样可证 $S_{\triangle MAB} < S_{\triangle NAB}$ 不可能),故

$$S_{\triangle MAB} = S_{\triangle NAB}$$

再证反过来的结论,用反证法.

若直线 MN 与 AB 相交于点 L,则 $\frac{S_{\triangle MAB}}{S_{\triangle NAB}} = \frac{ML}{NL} > 1$,即 $S_{\triangle MAB} > S_{\triangle NAB}$,这与题设 $S_{\triangle MAB} = S_{\triangle NAB}$ 矛盾.从而假定直线 MN 与 AB 相交不成立,故 $MN \parallel AB$.

❖平行线分线段成比例定理

平行线分线段成比例定理 若直线 l_1, l_2, l_3 满足 $l_1 \parallel l_2 \parallel l_3$,直线 AC,DF 分别交 l_1, l_2, l_3 于 A,B,C 和 D,E,F,则

$$\frac{AB}{BC} = \frac{DE}{EF}$$

证明 如图 1.26,联结 AE,BD,BF,CE,则

$$\frac{S_{\triangle ABE}}{S_{\triangle BCE}} = \frac{AB}{BC}, \frac{S_{\triangle DBE}}{S_{\triangle BEF}} = \frac{DE}{EF}$$

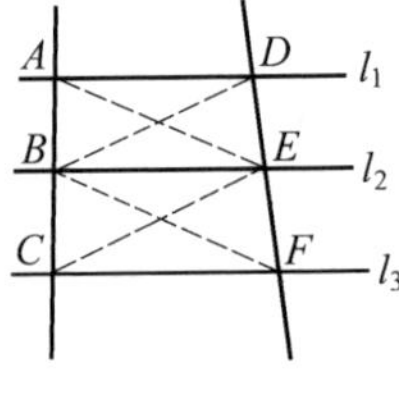

图 1.26

由 $l_1 \parallel l_2 \parallel l_3$,有

$$S_{\triangle ABE} = S_{\triangle DBE}, S_{\triangle BCE} = S_{\triangle BEF}$$

从而

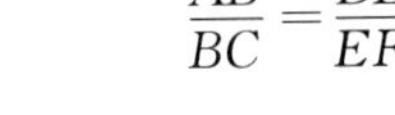

$$\frac{AB}{BC} = \frac{DE}{EF}$$

注 此定理的逆定理也是成立的.

上述定理有下列推论:

推论 1 平行于三角形一边的直线截其他两边(或两边的延长线),所得的对应线段成比例,反之亦真.

推论 2 一直线束截两条平行直线,所得的对应线段成比例.

推论 3 若一直线束中的直线 PAB,PCD,PEF 上的点 A,B,C,D,E,F 满足 $AC \parallel BD, CE \parallel DF$,则 $AE \parallel BF$.

❖平行线唯一性定理

平行线唯一性定理 过直线 AB 外一点,有且只有一条直线 PQ 平行于

AB.

证明 如图 1.27,联结 PB,设 PB 的中点为 M,联结 AM 延长至 Q,使 $MQ=AM$,则

$$S_{\triangle ABQ}=2S_{\triangle AMB}=S_{\triangle ABP}$$

从而

$$PQ\ /\!/\ AB$$

这证明了过点 P 可作 AB 的平行线.

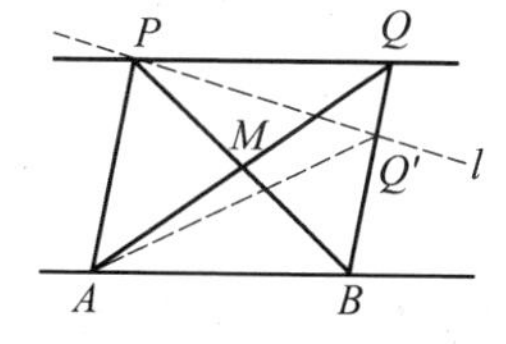

图 1.27

再证唯一性. 若 l 也是过点 P 的另一条与 AB 平行的直线,不妨设与 BQ 的交点 Q' 在 B,Q 之间,这时 $S_{\triangle Q'AB}<S_{\triangle PAB}$(因 $S_{\triangle AQQ'}+S_{\triangle Q'AB}=S_{\triangle QAB}=S_{\triangle PAB}$),于是 l 不与 AB 平行.

❖两平行线与第三直线平行定理

两平行线与第三直线平行定理 若直线 $AB\ /\!/\ CD$,直线 $CD\ /\!/\ PQ$,则直线 $AB\ /\!/\ PQ$.

证明 如图 1.28,在直线 CD 上取一点 M,过 M 作两条直线分别交 AB,PQ 于点 A,B,P,Q. 直线 AP,BQ 与另一直线 CD 交于点 C,D. 由平分线分线段成比例定理及共边比例定理,有

$$\frac{AM}{MQ}=\frac{BD}{DQ}=\frac{BM}{MP},\frac{S_{\triangle APM}}{S_{\triangle QPM}}=\frac{AM}{MQ},\frac{S_{\triangle BMQ}}{S_{\triangle PMQ}}=\frac{BM}{MP}$$

图 1.28

从而

$$S_{\triangle APM}=S_{\triangle BMQ}$$

即有

$$S_{\triangle APQ}=S_{\triangle BPQ}$$

故

$$AB\ /\!/\ PQ$$

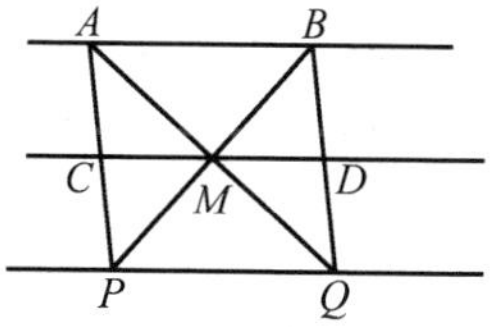

❖平行线判定定理

平行线判定定理 两条直线与第三条直线相交,若同位角相等,则这两条直线平行.

证明 如图 1.29,若直线 AB 与 CD 交于点 X,直线 l 与 AB,CD 分别交于点 P,Q,取 PQ 的中点 M. 图形绕 M 旋转 $180°$,则点 P 转到点 Q,直线 AB 与 CD 换位,而交点 X 变为点 Y. 这样两条直线就交于两点了.

故 AB,CD 不相交,即 $AB\ /\!/\ CD$.

注 (1) 由此定理,可推出若内错角相等或同旁内角互补,则两条直线平行.

(2) 由此定理,再利用平行线的唯一性,便可推出:若 $AB \parallel CD$,则它们被另一直线所截时,其同位角相等.

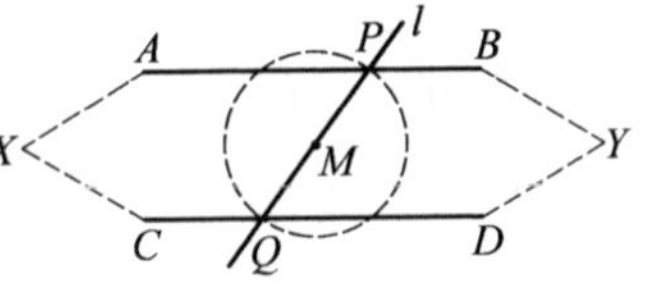

图 1.29

❖共角比例定理

共角比例定理 若 $\angle ABC$ 与 $\angle A'B'C'$ 相等或互补,则有

$$\frac{S_{\triangle ABC}}{S_{\triangle A'B'C'}}=\frac{AB\cdot BC}{A'B'\cdot B'C'}\left(\text{或}\frac{S_{\triangle ABC}}{AB\cdot BC}=\frac{S_{\triangle A'B'C'}}{A'B'\cdot B'C'}\right)$$

证明 把两个三角形拼在一起,让 $\angle B$ 的两边所在直线与 $\angle B'$ 的两边所在直线重合,如图 1.30 所示,其中图(a) 是两角相等的情形,图(b) 是两角互补的情形,两情形下都有

$$\frac{S_{\triangle ABC}}{S_{\triangle A'B'C'}}=\frac{S_{\triangle ABC}}{S_{\triangle A'BC}}\cdot\frac{S_{\triangle A'BC}}{S_{\triangle A'B'C'}}=\frac{AB}{A'B'}\cdot\frac{BC}{B'C'}$$

共角比例定理的推广 $\angle ABC$ 与 $\angle XYZ$ 相等或互补,点 P 在直线 AB 上且不同于 A,点 Q 在直线 XY 上且不同于 X,则

$$\frac{S_{\triangle PAC}}{S_{\triangle QXZ}}=\frac{PA\cdot BC}{QX\cdot YZ}$$

证明 不妨设 B,C,X,Y 共线(图 1.31),则

$$\frac{S_{\triangle PAC}}{S_{\triangle QXZ}}=\frac{S_{\triangle PAC}}{S_{\triangle ZBC}}\cdot\frac{S_{\triangle ZBC}}{S_{\triangle ZXY}}\cdot\frac{S_{\triangle ZXY}}{S_{\triangle QXZ}}=\frac{PA}{ZB}\cdot\frac{BC}{XY}\cdot\frac{XY}{QX}=\frac{PA\cdot BC}{QX\cdot YZ}$$

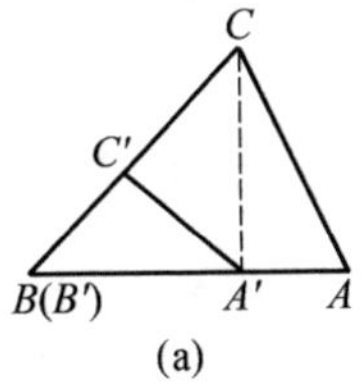

(a)

(b)

图 1.30

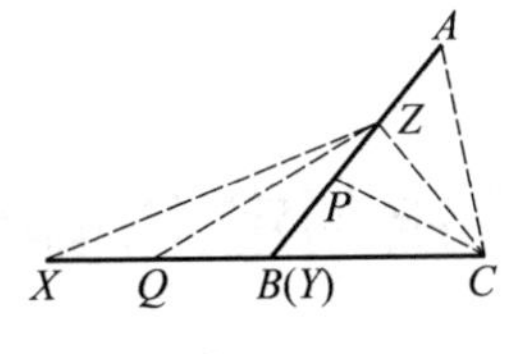

图 1.31

❖共角比例不等式

共角比例不等式 如果 $\angle ABC > \angle A'B'C'$,而且两角之和小于 $180°$,则

$$\frac{S_{\triangle ABC}}{S_{\triangle A'B'C'}}>\frac{AB\cdot BC}{A'B'\cdot B'C'}\left(\text{或}\frac{S_{\triangle ABC}}{AB\cdot BC}>\frac{S_{\triangle A'B'C'}}{A'B'\cdot B'C'}\right)$$

证明 记 $\angle ABC=\alpha,\angle A'B'C'=\beta$.

如图 1.32,作一个顶角为 $\alpha-\beta$ 的等腰 $\triangle PQR$,延长 QR 至 S,使 $\angle RPS=\beta$,则 $\angle QPS=\alpha$. 由共角比例定理,有

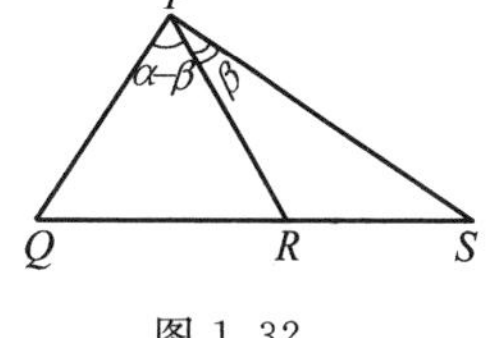

图 1.32

$$\frac{S_{\triangle ABC}}{AB\cdot BC}=\frac{S_{\triangle QPS}}{PQ\cdot PS}>\frac{S_{\triangle RPS}}{PR\cdot PS}=\frac{S_{\triangle A'B'C'}}{A'B'\cdot B'C'}$$

❖等腰三角形的判定与性质定理

等腰三角形判定定理 在 $\triangle ABC$ 中,若 $\angle B=\angle C$,则 $AB=AC$.

证明 把 $\triangle ABC$ 和 $\triangle ACB$ 看成两个三角形,由共角比例定理,有

$$1=\frac{S_{\triangle ABC}}{S_{\triangle ACB}}=\frac{AB\cdot BC}{AC\cdot BC}=\frac{AB}{AC}$$

故 $AB=AC$.

等腰三角形性质定理 在 $\triangle ABC$ 中,若 $AB=AC$,则 $\angle B=\angle C$.

证明 用反证法.假定 $\angle B\neq\angle C$,不妨设 $\angle B>\angle C$. 由共角比例不等式,得

$$1=\frac{S_{\triangle ABC}}{S_{\triangle ACB}}>\frac{AB\cdot BC}{AC\cdot BC}=\frac{AB}{AC}$$

推出 $AC>AB$ 与 $AC=AB$ 矛盾,故 $\angle B=\angle C$.

❖三角形边角关系定理

三角形边角关系定理 在 $\triangle ABC$ 中,若 $\angle B>\angle C$,则 $AC>AB$.

证明 把 $\triangle ABC$ 和 $\triangle ACB$ 看成两个三角形,对它们用共角比例不等式,有

$$1=\frac{S_{\triangle ABC}}{S_{\triangle ACB}}>\frac{AB\cdot BC}{AC\cdot BC}=\frac{AB}{AC}$$

故
$$AC>AB$$

三角形大边对大角定理 在 $\triangle ABC$ 中,若 $AC>AB$,则 $\angle B>\angle C$.

证明 用反证法.若 $\angle B$ 不大于 $\angle C$,有两种可能:

当 $\angle B=\angle C$ 时,这时必有 $AC=AB$,与已知 $AC>AB$ 矛盾.

当 $\angle B<\angle C$ 时,由大角对大边,这时应有 $AB>AC$,也与已知 $AC>AB$

矛盾.

从而假定 $\angle B$ 不大于 $\angle C$ 不成立,故 $\angle B > \angle C$.

❖三角形边边关系定理

三角形两边之和大于第三边定理 在 $\triangle ABC$ 中,$AC + BC > AB$,$AB + BC > AC$,$AB + AC > BC$.

证法1 仅证第三式,设 $AB < BC$,$AC < BC$(因 AB,AC 中有一边大于 BC,则结论显然成立).

如图 1.33,在 BC 上取点 M,使 $BM = BA$,则

$$\angle BMA = \angle BAM$$

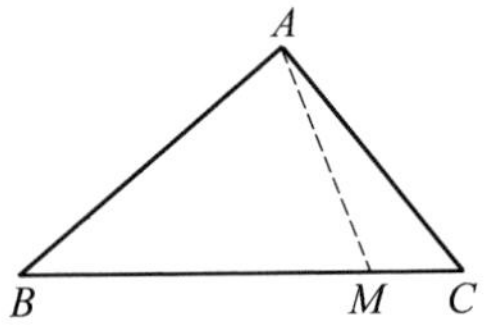

图 1.33

而
$$\angle BAC < 180^\circ = \angle BMA + \angle AMC$$

从而
$$\angle MAC = \angle BAC - \angle BAM < \angle 180^\circ - \angle BMA = \angle AMC$$

于是
$$MC < AC$$

故
$$AB + AC = BM + AC > BM + MC = BC$$

证法2 因为大角对大边,则只要证明较小的两角对边之和大于最大角对边即可.不妨设 $\angle A$ 不小于 $\angle B$ 和 $\angle C$,作边 BC 上的高 AD,由共角比例不等式,有

$$1 = \frac{S_{\triangle BDA}}{S_{\triangle BAD}} > \frac{BD \cdot AD}{BA \cdot AD} = \frac{BD}{BA}$$

即 $AB > BD$.同理 $AC > DC$,故

$$AB + AC > BD + DC = BC$$

推论 三角形两边之差的绝对值小于第三边.

❖共角比例逆定理

共角比例逆定理 在 $\triangle ABC$ 和 $\triangle A'B'C'$ 中,若 $\frac{S_{\triangle ABC}}{S_{\triangle A'B'C'}} = \frac{AB \cdot BC}{A'B' \cdot B'C'}$,则 $\angle B$ 与 $\angle B'$ 相等或互补.

证明 用反证法.假设 $\angle B$,$\angle B'$ 不相等也不互补,不妨设 $\angle B > \angle B'$.这时有两种情形:$\angle B + \angle B' < 180^\circ$ 或 $\angle B + \angle B' > 180^\circ$.

若 $\angle B + \angle B' < 180^\circ$,由共角比例不等式,得

$$\frac{S_{\triangle ABC}}{S_{\triangle A'B'C'}} > \frac{AB \cdot BC}{A'B' \cdot B'C'}$$

这与题给条件矛盾.

若 $\angle B + \angle B' > 180°$,如图 1.34,延长 AB 至 D,使 $BD = AB$, 延长 $A'B'$ 至 D' 使 $B'D' = A'B'$. 这时, $\angle DBC + \angle D'B'C' < 180°$,而且

$$\angle DBC = 180° - \angle B < 180° - \angle B' = \angle D'B'C'$$

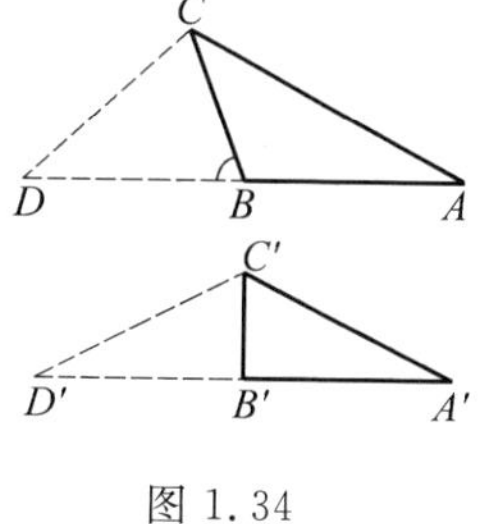

图 1.34

由共角比例不等式,得

$$\frac{S_{\triangle D'B'C'}}{S_{\triangle DBC}} > \frac{B'D' \cdot B'C'}{BD \cdot BC}$$

但由共边比例定理,知

$$S_{\triangle D'B'C'} = S_{\triangle A'B'C'}, S_{\triangle DBC} = S_{\triangle ABC}$$

且

$$B'D' = A'B', BD = AB$$

故上述不等式,即为

$$\frac{S_{\triangle ABC}}{S_{\triangle A'B'C'}} < \frac{AB \cdot BC}{A'B' \cdot B'C'}$$

这也与已知题给条件矛盾.

从而假设 $\angle B, \angle B'$ 不相等也不互补不成立.

故 $\angle B$ 与 $\angle B'$ 相等或互补.

❖三角形角平分线判定定理

三角形内(或外)角平分线判定定理 在 $\triangle ABC$ 中,点 D 是边 BC 上(或其延长线上)一点,若$\frac{BD}{DC} = \frac{AB}{AC}$,则 AD 内或外平分 $\angle BAC$.

证明 由共边比例定理,有

$$\frac{S_{\triangle BAD}}{S_{\triangle DAC}} = \frac{BD}{DC} = \frac{AB}{AC} = \frac{AB \cdot AD}{AD \cdot AC}$$

再由共角比例逆定理知,$\angle BAD$ 与 $\angle DAC$ 相等或互补.

当 $\angle BAD$ 与 $\angle DAC$ 均为锐角,则 $\angle BAD = \angle DAC$.

当 $\angle BAD$ 为钝角,$\angle DAC$ 为锐角时,则 $\angle BAD + \angle DAC = 180°$.

故 AD 内或外平分 $\angle BAC$.

❖三角形两边夹角正弦面积公式

这里先给出角 α 的正弦定义,再介绍面积公式.

角 α 的正弦 顶角为 $\alpha(0^\circ<\alpha<180^\circ)$,腰长为 1 的等腰三角形,其面积的数量记为 $S(\alpha)$. $S(\alpha)$ 的 2 倍叫作 α 的正弦,记作 $\sin\alpha$. 特别地,当 $\alpha=90^\circ$ 时, $\sin\alpha=1$.

三角形的面积公式 对任意的 $\triangle ABC$,内角分别记为 A,B,C,它们所对的边记为 a,b,c,则

$$S_{\triangle ABC}=\frac{1}{2}bc\sin A=\frac{1}{2}ac\sin B=\frac{1}{2}ab\sin C$$

证明 在共角比例定理中,取 $\angle A'=\angle A, A'B'=1, A'C'=1$,则

$$\frac{S_{\triangle ABC}}{S_{\triangle A'B'C'}}=\frac{S_{\triangle ABC}}{\frac{\sin A'}{2}}=\frac{bc}{1\times 1}$$

即

$$S_{\triangle ABC}=\frac{1}{2}bc\sin A'=\frac{1}{2}bc\sin A$$

同理,可证 $S_{\triangle ABC}=\frac{1}{2}ac\sin B=\frac{1}{2}ab\sin C$.

注 三角形的其他面积公式可参见后面的三角形面积公式条目.

❖平行线与直线垂直的性质定理

平行线与直线垂直的性质定理 直线 $PQ\parallel AB$,若直线 l 与 AB 垂直,则 l 也与 PQ 垂直.

证明 如图 1.35,直线 l 交 AB 于 M,交 PQ 于 N. 用反证法证明该结论.

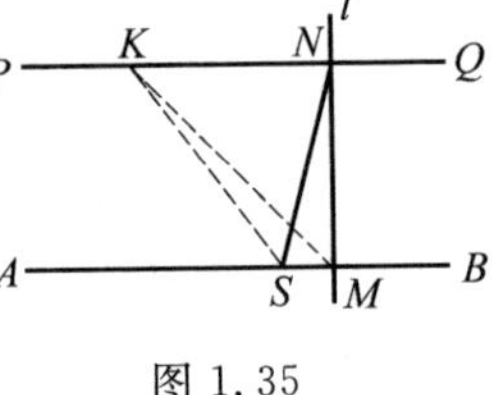

图 1.35

设 $\angle NMB=90^\circ$,而 $\angle MNQ\neq 90^\circ$. 过 N 作 PQ 的垂线交 AB 于 S,在 PQ 上取异于点 N 的点 K. 由 $PQ\parallel AB$,得

$$\frac{1}{2}KN\cdot SN=\frac{1}{2}KN\cdot SN\cdot\sin 90^\circ=S_{\triangle KNS}=S_{\triangle KNM}=$$

$$\frac{1}{2}KN\cdot MN\cdot\sin\angle KNM$$

$$\frac{1}{2}SM \cdot MN = \frac{1}{2}KN \cdot SN \cdot \sin 90^\circ = S_{\triangle SMN} =$$

$$\frac{1}{2}SM \cdot SN \cdot \sin \angle NSM$$

上述两式化简,分别得到

$$SN = MN \cdot \sin \angle KNM < MN, MN = SN \cdot \sin \angle NSM < SN$$

这是两个互相矛盾的式子,从而设 $\angle MNQ \neq 90^\circ$ 是错误的,故 $l \perp PQ$.

❖平行线性质定理

定理 1　垂直于同一条直线的两条直线平行.

直线 $l_1 \perp l_3, l_2 \perp l_3$,求证:$l_1 // l_2$.

证明　用反证法.如图 1.36,假设 l_1 与 l_2 不平行,直线 l_3 分别交 l_1, l_2 于 A, B,则可过 B 作与 l_1 平行的直线 l_4,设 P, Q 分别为 l_2, l_4 上异于点 B 的点,则 l_3 与 l_4 垂直,有 $\angle ABQ = 90^\circ$.而 l_3 与 l_2 垂直,也有 $\angle ABP = 90^\circ$.这与直线 BP 与 BQ 不重合矛盾,因而假设 l_1 与 l_2 不平行是不成立的,故 $l_1 // l_2$.

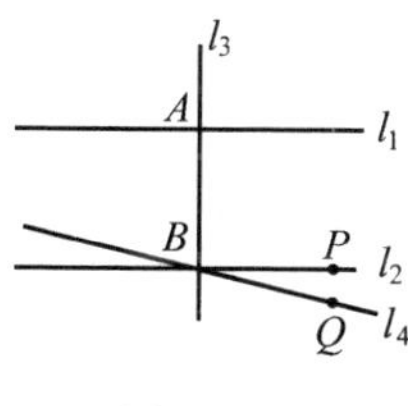

图 1.36

定理 2　平行线处处等距.

直线 $l_1 // l_2, AB \perp l_1, AB \perp l_2, CD \perp l_1, CD \perp l_2$,求证:$AB = CD$.

证明　如图 1.37,由 $l_1 // l_2$,则

$$S_{\triangle ABD} = S_{\triangle BDC}$$

而

$$S_{\triangle ABD} = \frac{1}{2}AB \cdot BD \cdot \sin 90^\circ = \frac{1}{2}AB \cdot BD$$

$$S_{\triangle BDC} = \frac{1}{2}BD \cdot CD \cdot \sin 90^\circ = \frac{1}{2}BD \cdot CD$$

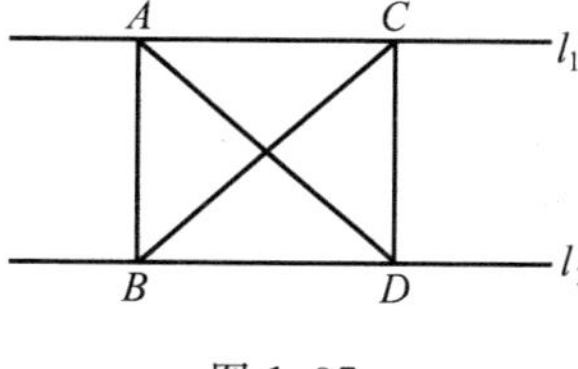

图 1.37

从而

$$AB = CD$$

定理 3　两条平行直线被第三条直线所截,内错角相等.

直线 $l_1 // l_2$,而直线 l_3 分别交 l_1, l_2 于 A, B,求证:内错角相等.

证明　如图 1.38,不妨设 l_3 与 l_1, l_2 不垂直.过 A, B 作 l_1, l_2 的垂线,分别交 l_2, l_1 于 P, Q,则 $PA \perp PB$,于是

$$\frac{S_{\triangle BAP}}{S_{\triangle ABQ}} = \frac{S_{\triangle PAB}}{S_{\triangle APQ}} = \frac{PA \cdot PB}{PA \cdot QA} = \frac{PB}{QA} = \frac{PB \cdot AB}{QA \cdot AB}$$

由共角比例逆定理知,$\angle PBA$ 和 $\angle BAQ$ 相等或互补,而两者均为锐角,故

$\angle PBA=\angle BAQ$,即内错角相等.

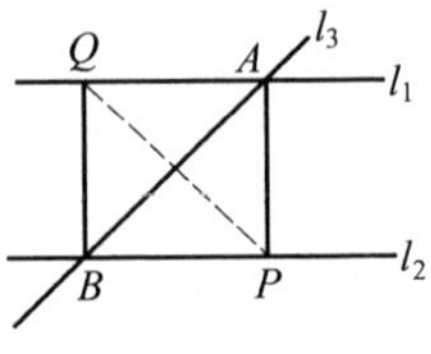

图 1.38

注 由此结论,立即可推得两条平行线被第三直线所截,同位角相等,同旁内角互补.

❖三角形中位线定理

三角形中位线定理 三角形两边中点连线平行于第三边,且等于第三边的一半.

证明 如图1.39,设M,N分别是$\triangle ABC$的边AB,AC的中点,则由共边比例定理有

$$S_{\triangle BNC}=\frac{1}{2}S_{\triangle ABC}=S_{\triangle BMC}$$

从而,$MN\ /\!/\ BC$.

图 1.39

于是$\angle BNM=\angle NBC$,由共角比例定理,有

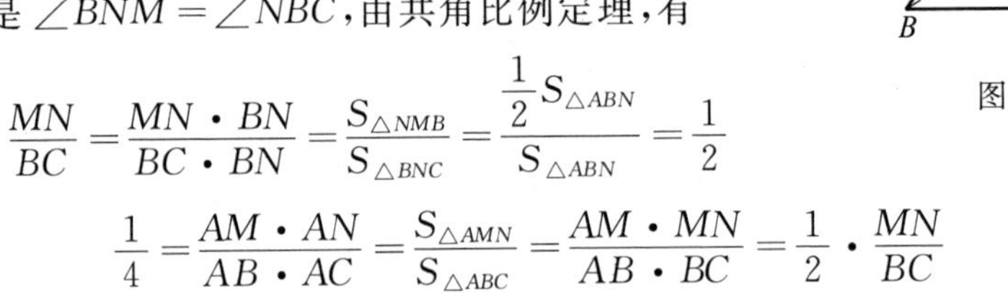

$$\frac{MN}{BC}=\frac{MN\cdot BN}{BC\cdot BN}=\frac{S_{\triangle NMB}}{S_{\triangle BNC}}=\frac{\frac{1}{2}S_{\triangle ABN}}{S_{\triangle ABN}}=\frac{1}{2}$$

或
$$\frac{1}{4}=\frac{AM\cdot AN}{AB\cdot AC}=\frac{S_{\triangle AMN}}{S_{\triangle ABC}}=\frac{AM\cdot MN}{AB\cdot BC}=\frac{1}{2}\cdot\frac{MN}{BC}$$

故
$$BC=2MN$$

❖三角形角平分线性质定理

三角形角平分线性质定理 三角形的内(外)角平分线分对边所得两条线段与这个角的两边对应成比例.

如图1.40,若P为$\triangle ABC$中$\angle A$的内(外)角平分线与BC的交点,则$\frac{AB}{AC}=\frac{BP}{CP}$.

上述定理的发现者没有留下姓名,但它确是平面几何中最重要最基本的定理之一.

证明 如图1.40,作$CE\ /\!/\ AP$交BA(或延长线)于E,则$AC=AE$,故有

$$\frac{AB}{AC}=\frac{AB}{AE}=\frac{BP}{CP}$$

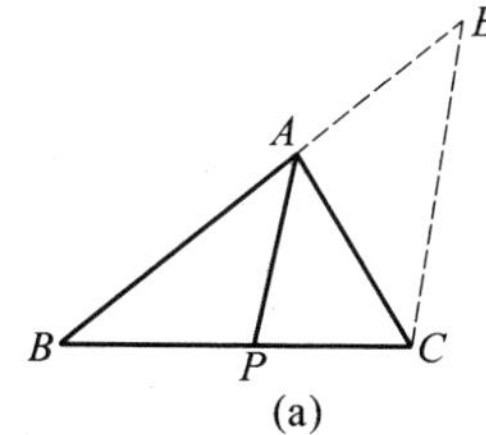

(a)

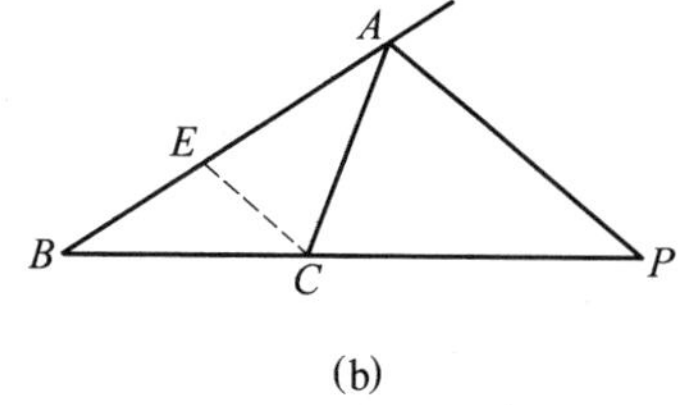

(b)

图 1.40

这种证明是简单的，且还有三角的、面积的、解析的各种证法等多种，有兴趣的读者可自己证明.

❖与三角形角平分线有关的定理

定理 1 与三角形一顶点处的内角平分线垂直的直线 l 截两边，则这条直线 l 和这两边所成的角相等，均等于另两顶角和的一半；这条直线和第三边所成的角等于另两顶角差的绝对值的一半.

证明 如图 1.41，由于直线 l 与 $\angle A$ 的平分线 AT 垂直，则截得等腰三角形其底边上的高即为直线 l 与 AB，AC 所成的角 α. 从而

$$\alpha=90^\circ-\frac{1}{2}\angle A=\frac{1}{2}(180^\circ-\angle A)=\frac{1}{2}(\angle B+\angle C)$$

设直线 l 与 BC 所成的角为 β，则 $\beta=\alpha-\angle B$ 或 $\beta=\angle C-\alpha$，从而 $\beta=\frac{1}{2}|\angle B-\angle C|$.

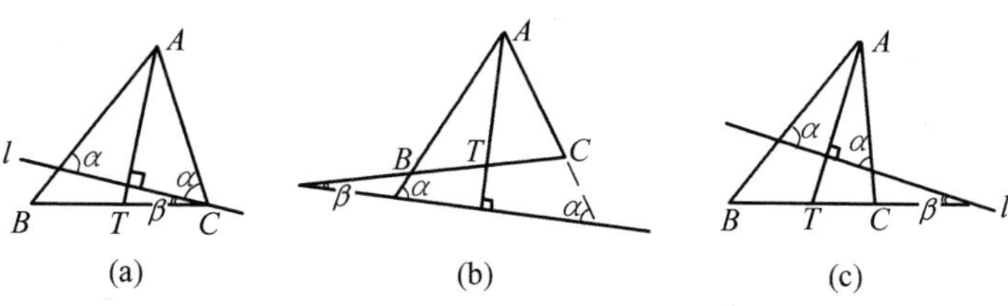

图 1.41

定理 2 三角形一顶点处的内角平分线与高线所夹的角等于另两顶角差的绝对值的一半.

证明 如图1.42,设AT,AH分别为$\triangle ABC$的角平分线和高线.过点C作与AT垂直的直线交AB于点D,则

$$\angle HAT=\angle BCD=\frac{1}{2}\mid\angle B-\angle C\mid$$

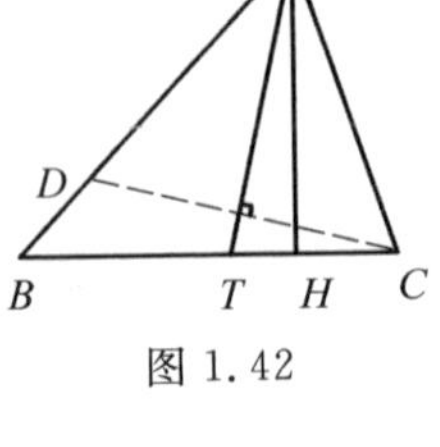

图1.42

定理3 设I,I_A分别为$\triangle ABC$的内心和$\angle A$内的旁心,则$\angle BIC=90°+\frac{1}{2}\angle A$,$\angle BI_AC=90°-\frac{1}{2}\angle A$.

证明 如图1.43,$\angle BIC=180°-\frac{1}{2}\angle B-\frac{1}{2}\angle C=180°-\frac{1}{2}(\angle B+\angle C)=90°+\frac{1}{2}\angle A$.

注意到,B,I_A,C,I四点共圆,则$\angle BI_AC=90°-\frac{1}{2}\angle A$.

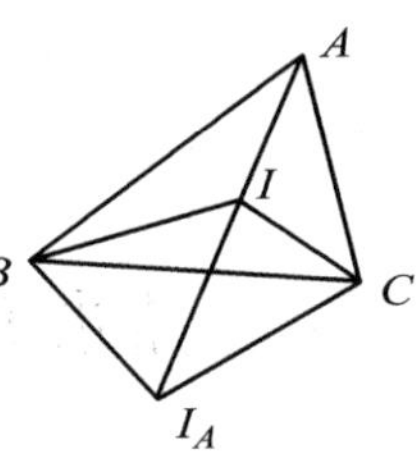

图1.43

定理4 设I为$\triangle ABC$的内心,过点I作$MN\parallel BC$分别与AB,AC交于M,N,则$MN=MB+NC$.

证明 如图1.44,联结IB,IC,则知$\triangle MBI$,$\triangle NIC$均为等腰三角形.

从而$MN=MI+IN=MB+NC$.

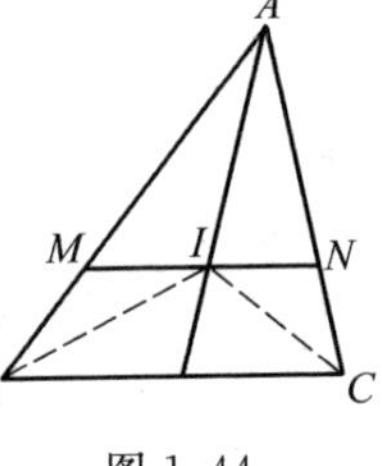

图1.44

定理5 设I为$\triangle ABC$的内心,过I作$ID\perp BC$于点D,联结AI交BC于点T,则$\angle BIT=\angle CID$,亦即IT,ID为$\angle BIC$的等角线.

证明 如图1.45,$\angle BIT=\angle ABI+\angle BAI=\frac{1}{2}(\angle B+\angle A)$,$\angle CID=90°-\angle ICD=90°-\frac{1}{2}\angle C=\frac{1}{2}(\angle A+\angle B)$.故$\angle BIT=\angle CID$.

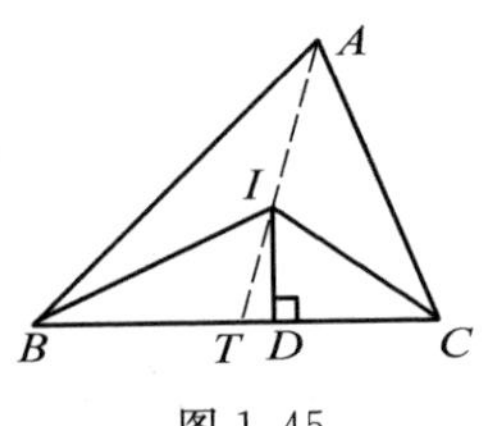

图1.45

❖三角形角平分线性质定理的推广

定理1(分角线定理) 设D为$\triangle ABC$底边BC上任意一点(点C除外),则

$$\frac{BD}{CD}=\frac{AB\sin\angle BAD}{AC\sin\angle DAC}$$

证明 如图1.46,有

$$\frac{BD}{CD}=\frac{S_{\triangle ABD}}{S_{\triangle ADC}}=\frac{\frac{1}{2}AB\cdot AD\sin\angle BAD}{\frac{1}{2}AC\cdot AD\sin\angle DAC}=$$

$$\frac{AB\sin\angle BAD}{AC\sin\angle DAC}$$

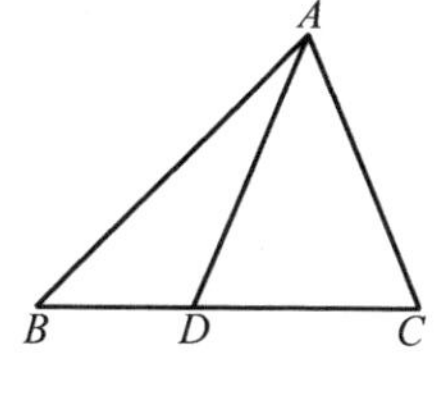

图 1.46

显然,角平分线定理是其特例.

定理 2(等角线的施坦纳定理) 设 D_1, D_2 为 $\triangle ABC$ 的边 BC 上的两点,若 $\angle BAD_1=\angle D_2AC$,则

$$\frac{AB^2}{AC^2}=\frac{BD_1\cdot BD_2}{CD_1\cdot CD_2}$$

证法 1 图略,过 B 作与 AC 平行的直线交 AD_1 的延长线于 N,交 AD_2 的延长线于 M,则由 $\triangle BD_2M\backsim\triangle CD_2A$,有

$$\frac{BM}{AC}=\frac{BD_2}{D_2C} \quad ①$$

由 $\triangle ABN\backsim\triangle MBA$,有

$$\frac{AB}{BM}=\frac{BN}{AB}$$

即

$$BM=\frac{AB^2}{BN} \quad ②$$

由 $\triangle BND_1\backsim\triangle CAD_1$,有

$$\frac{BD_1}{D_1C}=\frac{BN}{AC}$$

即

$$BN=\frac{BD_1\cdot AC}{D_1C} \quad ③$$

将 ②,③ 代入 ①,即有

$$\frac{AB^2}{AC^2}=\frac{BD_1\cdot BD_2}{CD_1\cdot CD_2}$$

证法 2 如图 1.47,过点 A, D_1, D_2 作圆交 AB 于点 B_1 点,交 AC 于点 C_1,联结 B_1C_1,则

$$\angle BAD_1=\angle D_2AC$$

$$\Leftrightarrow \overset{\frown}{B_1D_1}=\overset{\frown}{D_2C_1}$$

$$\Leftrightarrow B_1C_1 /\!/ BC \Leftrightarrow \frac{AB}{AC}=\frac{BB_1}{CC_1}$$

$$\Leftrightarrow \frac{AB^2}{AC^2}=\frac{AB\cdot BB_1}{AC\cdot CC_1}=\frac{BD_1\cdot BD_2}{CD_1\cdot CD_2}$$

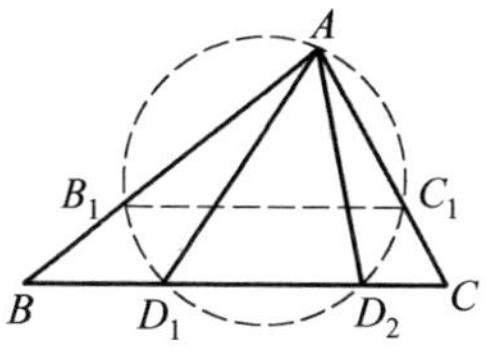

图 1.47

注 此定理的逆命题也是成立的,我们可将定理2改写为:

设 D_1,D_2 是 $\triangle ABC$ 的边 BC 上任意两点(不与 B,C 重合),则 $\angle BAD_1=\angle D_2AC$ 的充要条件是

$$\frac{AB^2}{BD_1\cdot BD_2}=\frac{AC^2}{CD_1\cdot CD_2} \tag{*}$$

事实上,由三角形正弦定理,有

$$\frac{AB^2}{BD_1\cdot BD_2}=\frac{AB\cdot AB}{BD_1\cdot BD_2}=\frac{\sin\angle AD_1B}{\sin\angle BAD_1}\cdot\frac{\sin\angle AD_2B}{\sin\angle BAD_2}$$

$$\frac{AC^2}{CD_1\cdot CD_2}=\frac{AC\cdot AC}{CD_1\cdot CD_2}=\frac{\sin\angle AD_2C}{\sin\angle CAD_2}\cdot\frac{\sin\angle AD_1C}{\sin\angle CAD_1}$$

令 $\angle BAD_1=\alpha,\angle D_1AD_2=\beta,\angle CAD_2=\gamma$.

充分性.当式(*)成立时,易得

$$\sin\alpha\cdot\sin(\alpha+\beta)=\sin\gamma\cdot\sin(\beta+\gamma) \tag{**}$$

视"$\alpha+\beta+\gamma$"为一整体,则可得

$$\sin(\alpha-\gamma)\cdot\sin(\alpha+\beta+\gamma)=0$$

由于 $0<\alpha+\beta+\gamma<180°,0<\alpha,\gamma<90°$,从而 $\alpha=\gamma$.

必要性.当 $\alpha=\gamma$ 时,注意到 B,D_1,D_2,C 共线,显然有式(*)成立.

上述定理及其逆定理也称为等角线的施坦纳定理,(*)式为其线段式,式(**)为三角式,式(**)也可写为 $\frac{\sin\alpha}{\sin\gamma}=\frac{\sin(\beta+\gamma)}{\sin(\alpha+\beta)}$.

类似于定理1的证明,我们还可推证得如下定理:

定理3 设 D,E,F 分别为 $\triangle ABC$ 的边 BC,CA,AB 上的点,则

$$\frac{DB\cdot EC\cdot FA}{DC\cdot EA\cdot FB}=\frac{\sin\angle DAB\cdot\sin\angle EBC\cdot\sin\angle FCA}{\sin\angle DAC\cdot\sin\angle EBA\cdot\sin\angle FCB}$$

定理4 设 D_1,D_2 在 $\triangle ABC$ 的边 BC 上,则

$$\frac{D_1B}{D_1C}:\frac{D_2B}{D_2C}=\frac{\sin\angle D_1AB}{\sin\angle D_1AC}:\frac{\sin\angle D_2AB}{\sin\angle D_2AC}$$

定理5 设三条直线相交于点 P,被一条直线截于 A,B,C,被另一条直线截于 A',B',C',则

$$\frac{AB}{AC}:\frac{A'B'}{A'C'}=\frac{PB}{PC}:\frac{PB'}{PC'}$$

定理6 设四条直线共点,被一条直线截于 A_1,A_2,A_3,A_4,被另一条直线截于 B_1,B_2,B_3,B_4,则

$$\frac{A_1A_3}{A_1A_4}:\frac{A_2A_3}{A_2A_4}=\frac{B_1B_3}{B_1B_4}:\frac{B_2B_3}{B_2B_4}$$

定理7 四面体的二面角内(外)平分平面分对棱所得两条线段与这个二面角的两个面的面积对应成比例.

证明 如图1.48,平面 BCE 和 BCF 分别是四面体 $A-BCD$ 的二面角

$A-BC-D$ 的内、外平分平面，设 AD 与平面 BCE 的夹角为 α，则四面体 $A-BCE$ 与 $D-BCE$ 体积之比为

$$\frac{V_{A-BCE}}{V_{D-BCE}}=\frac{\frac{1}{3}S_{\triangle BCE}\cdot AE\sin\alpha}{\frac{1}{3}S_{\triangle BCE}\cdot DE\sin\alpha}=\frac{AE}{DE}$$

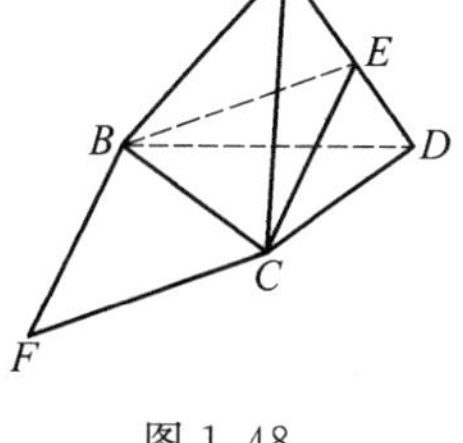

图 1.48

又依题设知，E 到平面 ABC 及 BCD 等距离，则

$$\frac{V_{A-BCE}}{V_{D-BCE}}=\frac{S_{\triangle ABC}}{S_{\triangle BCD}}$$

故
$$\frac{AE}{DE}=\frac{S_{\triangle ABC}}{S_{\triangle BCD}}$$

同理可证
$$\frac{AF}{DF}=\frac{S_{\triangle ABC}}{S_{\triangle BCD}}$$

❖三角形的共轭中线问题

将三角形的角平分线推广，则有三角形平分线性质定理的推广.

对于上节定理 2(等角线的施坦纳定理)，如果考虑这个结论的特殊情形，即一条等角线过边的中点，则有如下的共轭中线问题. ①

定义 1 三角形的一个顶点与对边中点的连线称为三角形的中线，这条中线关于这个顶角的平分线对称的线称为三角形的共轭中线(或陪位中线).

显然，直角三角形斜边上的高线就是斜边上的共轭中线.

为了讨论问题的方便，将三角形边的中点，看为边的内中点，则三角形的中线可称为三角形的内中线，其共轭中线也称为内共轭中线. 三角形的三条内共轭中线的交点称为内共轭重心(或共轭重心，这可由下面的定理 1(1) 及塞瓦定理的逆定理推证).

无穷远点可看作线段的外中点. 于是，我们有：

定义 2 过三角形的一个顶点且平行于对边的直线称为三角形的外中线. 任两条外中线的交点称为三角形的旁重心.(可见后面的三角形的旁重心问题)

显然，三角形的一个顶点处的外中线、内中线，两条边组成调和线束，且过这个顶点的圆截这四条射线的交点组成调和四边形的四个顶点.

定义 3 三角形的外中线在这个顶点处关于顶角平分线对称的直线称为

① 沈文选. 三角形共轭中线的性质及应用[J]. 中等数学，2016(2)：2-9.

三角形的外共轭中线,它就是在三角形顶点处的外接圆的切线.任两条外共轭中线的交点称为旁共轭重心.

如图1.49,设 M 为 $\triangle ABC$ 的边 BC 的中点,AT 为 $\angle BAC$ 的平分线,若 AD 关于 AT 与 AM 对称,则 AD 为内共轭中线.若 $AN \parallel BC$ 交圆 ABC 于点 N,则 AN 为 $\triangle ABC$ 的外中线.若 AE 关于 AT 与 AN 对称,则 AE 为外共轭中线.注意到 $\angle BAM=\angle CAD$,则 $\angle BAN=\angle CAE$,即有 $\angle CAE=\angle ABC$,从而 AE 为圆 ABC 的切线.反之,若 AE 为圆 ABC 的切线,则推知 AE 关于 $\angle BAC$ 的平分线 AT 对称的直线为外中线 AN.

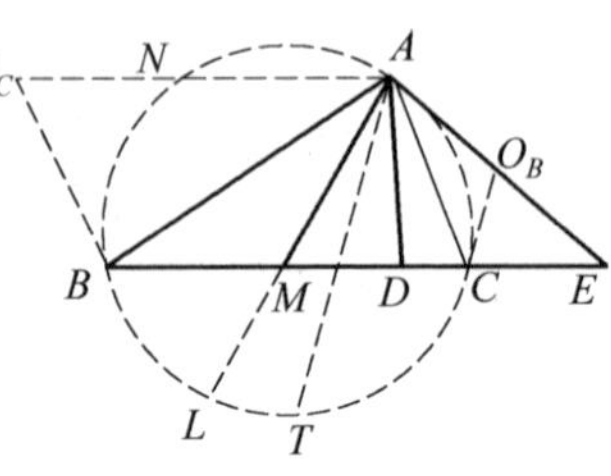

图 1.49

图1.49中,AN,AM,AB,AC 为调和线束.若 AM 交外接圆于 L,则四边形 $NBLC$ 为调和四边形.图1.49中的点 G_C,O_B 分别为 $\triangle ABC$ 的一个旁重心、旁共轭重心.

三角形的内、外共轭中线有如下结论:

定理1 在 $\triangle ABC$ 中,点 D 在 BC 边上,点 E 在 BC 边的延长线上,则:

(1)AD 为 $\triangle ABC$ 的内共轭中线的充要条件是 $\dfrac{AB^2}{AC^2}=\dfrac{BD}{DC}$;

(2)AE 为 $\triangle ABC$ 的外共轭中线的充要条件是 $\dfrac{AB^2}{AC^2}=\dfrac{BE}{EC}$.

证明 (1)参见图1.47和图1.49,设 M 为 BC 边的中点,则 $BM=MC$.过 A,M,D 三点的圆交 AB 于 B_1,交 AC 于点 C_1,则

$$AD\text{ 为 }\triangle ABC\text{ 的内共轭中线}\Leftrightarrow\angle BAM=\angle CAD$$

$$\Leftrightarrow\overset{\frown}{B_1M}=\overset{\frown}{DC_1}\Leftrightarrow B_1C_1\parallel BC\Leftrightarrow\frac{AB}{AC}=\frac{BB_1}{CC_1}$$

$$\Leftrightarrow\frac{AB^2}{AC^2}=\frac{BB_1\cdot AB}{CC_1\cdot AC}=\frac{BM\cdot BD}{CM\cdot CD}=\frac{BD}{DC}$$

(2)如图1.50所示,作 $\triangle ABC$ 的外中线 AN 交圆 ABC 于点 N,则 $\angle NAB=\angle ABC$.

$$AE\text{ 为 }\triangle ABC\text{ 的外共轭中线}$$

$$\Leftrightarrow\angle NAT=\angle TAE\Leftrightarrow\angle NAB=\angle CAE$$

$$\Leftrightarrow\angle CBA=\angle CAE\Leftrightarrow\triangle BAE\backsim\triangle ACE$$

$$\Leftrightarrow\frac{BA}{AC}=\frac{AE}{CE}=\frac{BE}{AE}\Leftrightarrow\frac{AB^2}{AC^2}=\frac{AE\cdot BE}{CE\cdot AE}=\frac{BE}{EC}$$

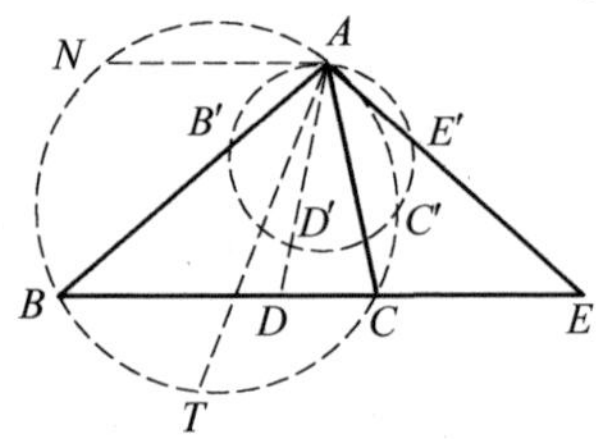

图 1.50

推论1 三角形的一个顶点处的内共轭中线、

外共轭中线、两条边组成调和线束，且过这个顶点的圆截这四条射线的交点组成调和四边形的四个顶点.

事实上，如图 1.50，由$\frac{BD}{DC}=\frac{AB^2}{AC^2}=\frac{BE}{EC}$即知$B,C,D,E$为调和点列，亦即知$AD,AE,AB,AC$为调和线束. 若过顶点$A$的圆与$AD,AE,AB,AC$分别交于点$D',E',B',C'$，则$B'D'C'E$为调和四边形.

显然，在图 1.50 中，点E为边BC延长线上一点，AE为$\triangle ABC$的外共轭中线的充要条件是$AE^2=EB\cdot EC$.

定理 2 在锐角$\triangle ABC$中，点D在边BC边上，点K_A为顶点A所对应的旁共轭重心(即点B,C处切线的交点)，则AD为$\triangle ABC$的内共轭中线的充要条件是A,D,K_A三点共线.

证明 充分性：如图 1.51，当A,D,K_A三点共线时，设直线AD交圆ABC于点X，联结BX,XC，则由$\triangle K_ABX\backsim\triangle K_AAB$及$\triangle K_ACX\backsim\triangle K_AAC$，有

$$\frac{BX}{AB}=\frac{K_AB}{K_AA}=\frac{K_AC}{K_AA}=\frac{CX}{AC}$$

亦有

$$AB\cdot CX=AC\cdot BX \quad ①$$

设M为BC的中点，联结AM，在四边形$ABXC$中应用托勒密定理，有$AB\cdot CX+AC\cdot BX=BC\cdot AX$，即有

$$2AB\cdot CX=2BM\cdot AX$$

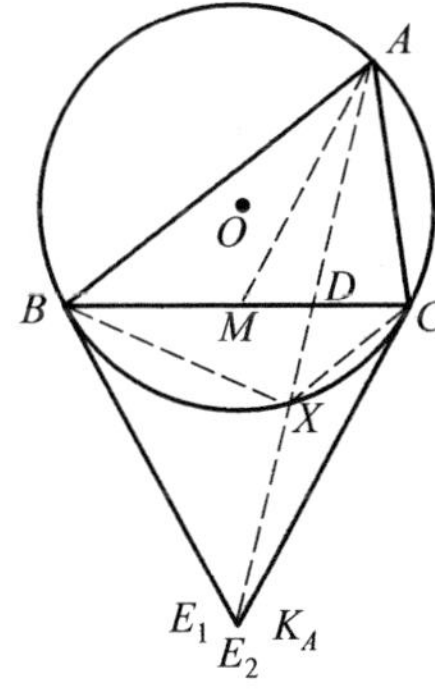

图 1.51

亦即

$$\frac{AB}{BM}=\frac{AX}{XC}$$

注意到$\angle ABM=\angle ABC=\angle AXC$，知$\triangle ABM\backsim\triangle AXC$，则有$\angle BAM=\angle XAC$，从而$AD$为锐角$\triangle ABC$的内共轭中线.

必要性：如图 1.51，当AD为锐角$\triangle ABC$的内共轭中线时，即M为BC中点时，有$\angle BAM=\angle CAD$. 设直线AD交圆ABC于点X，联结BX,XC，则由$\triangle ABM\backsim\triangle AXC$及$\triangle ABX\backsim\triangle AMC$，有$AB\cdot XC=AX\cdot BM$，$AC\cdot BX=AX\cdot MC$.

注意到$BM=MC$，则有$AB\cdot XC=AC\cdot BX$，即

$$\frac{AB}{BX}=\frac{AC}{CX} \quad ②$$

设过点B的圆ABC的切线与直线AX交于点E_1，过点C的圆ABC的切线与直线AX交于点E_2，则由定理 1(2)，有

$$\frac{BA^2}{BX^2}=\frac{AE_1}{E_1X},\quad \frac{CA^2}{CX^2}=\frac{AE_2}{E_2X}$$

此时注意到式②,有$\frac{AE_1}{E_1X}=\frac{AE_2}{E_2X}\Leftrightarrow\frac{AX}{E_1X}=\frac{AX}{E_2X}$.

从而,E_1与E_2重合于点K_A.故A,D,K_A三点共线.

注 A,D,K_A共线时,由式①及定理1(1)可推知DX也为钝角$\triangle BXC$的内共轭中线.

推论2 设O为$\triangle ABC$的外心,直线OM与$\triangle OBC$的外接圆的交点为K,则AK为$\triangle ABC$的内共轭中线.

事实上,如图1.51,OK为$\triangle OBC$外接圆直径,由定理2即证.

由式①,即知四边形$ABXC$为调和四边形.因而,可推证出如下结论:

推论3 圆内接四边形为调和四边形的充要条件是其一条对角线为另一条对角线分该四边形所成三角形的内共轭中线.

由推论3,立即有如下结论:

推论4 三角形的任两条外共轭中线与第三条内共轭中线交于一点(即一旁共轭重心).

特别地,直角三角形的直角顶点对应的旁共轭重心为无穷远点.

定理3 在$\triangle ABC$中,点E在边BC的延长线上,过点E作$\triangle ABC$外接圆的切线,切于点X,联结AX交BC于点D,则AE为$\triangle ABC$的外共轭中线的充要条件是AD为其内共轭中线.

证明 事实上,由推论1及调和线束的特性即可得上述结论.我们另证如下:

如图1.52,充分性:当AD为$\triangle ABC$的内共轭中线时,由定理2的必要性证明中的式②,有$\frac{AB}{AC}=\frac{BX}{CX}$.

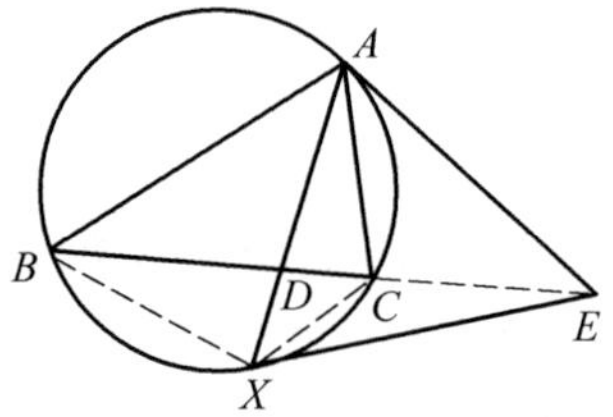

图1.52

又由定理1(1)对$\triangle ABC$有$\frac{AB^2}{AC^2}=\frac{BD}{DC}$.

由定理1(2),对$\triangle BXC$,由XE为其外共轭中线,有$\frac{BX^2}{CX^2}=\frac{BE}{EC}$,从而$\frac{AB^2}{AC^2}=\frac{BX^2}{CX^2}=\frac{BE}{EC}$.

再运用定理1(2),对$\triangle ABC$,知AE为其外共轭中线.

必要性:当AE为$\triangle ABC$的外共轭中线时,此时有$\frac{AB^2}{AC^2}=\frac{BE}{EC}$.

注意到 XE 为 $\triangle BXC$ 的外共轭中线，有 $\frac{BX^2}{CX^2}=\frac{BE}{EC}$. 从而有 $\frac{AB}{AC}=\frac{BX}{CX}$.

于是 $\frac{BD}{DC}=\frac{S_{\triangle ABX}}{S_{\triangle ACX}}=\frac{AB\cdot BX}{AC\cdot CX}=\frac{AB^2}{AC^2}$. 即知 AD 为 $\triangle ABC$ 的内共轭中线.

注 在图 1.52 中，AX 为 $\triangle ABC$ 的内共轭中线的充要条件是点 A，X 处的切线的交点 E 与 B，C 三点共线. 由定理 2 知 BC 为 $\triangle ABX$ 的内共轭中线的充要条件也是 B，C，E 三点共线. 由此，又推证了推论 2.

定理 4 在 $\triangle ABC$ 中，点 D 在 BC 边上，作 $DE\parallel BA$ 交 AC 于点 E，作 $DF\parallel CA$ 交 AB 于点 F，则 AD 为 $\triangle ABC$ 的内共轭中线的充要条件是 B，C，E，F 四点共圆.

证明 如图 1.53，由 $DE\parallel BA$，$DF\parallel CA$，知

$$AF=DE=AB\cdot\frac{CD}{BC}, AE=FD=AC\cdot\frac{BD}{BC}$$

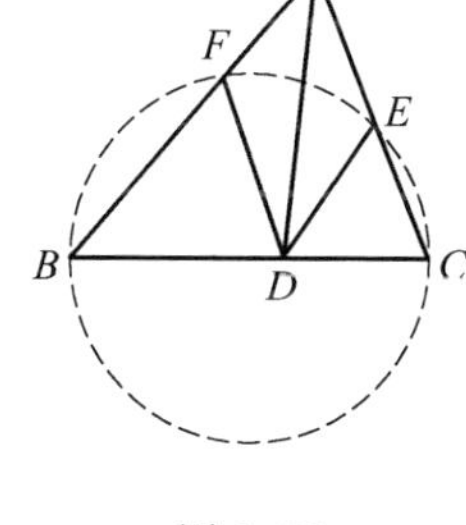

图 1.53

于是，由定理 1(1) 知

AD 为 $\triangle ABC$ 的内共轭中线

$$\Leftrightarrow\frac{AB^2}{AC^2}=\frac{BD}{DC}\Leftrightarrow AB^2=AC^2\cdot\frac{BD}{DC}$$

$$\Leftrightarrow AB^2\cdot\frac{CD}{BC}=AC^2\cdot\frac{BD}{DC}\cdot\frac{CD}{BC}=AC^2\cdot\frac{BD}{BC}$$

$$\Leftrightarrow AB\cdot AB\cdot\frac{CD}{BC}=AC\cdot AC\cdot\frac{BD}{BC}$$

$$\Leftrightarrow AB\cdot AF=AC\cdot AE$$

$\Leftrightarrow B,C,E,F$ 四点共圆

推论 5 在直角三角形中，斜边上高线垂足在两直角边上的射影、斜边两端点这四点共圆.

定理 5 在锐角 $\triangle ABC$ 中，点 D 在边 BC 上，过 A，B 两点且与 AC 切于点 A 的圆 O_1 与过 A，C 两点且与 AB 切于点 A 的圆 O_2 的公共弦为 AQ，则 AD 为 $\triangle ABC$ 的内共轭中线的充要条件是 AD 与 AQ 重合(或 A，Q，D 三点共线).

证明 如图 1.54，作 $\triangle ABC$ 的外接圆.

充分性：当直线 AD 与 AQ 重合时，设此重合的直线与圆 ABC 交于点 S，联结 BS，CS，BQ，CQ，则由题设，知

$$\angle ABQ=\angle CAQ=\angle CBS$$
$$\angle BCS=\angle BAQ=\angle ACQ$$

从而 $\triangle ABQ\backsim\triangle CAQ\backsim\triangle CBS$，于是 $\frac{AQ}{CS}=\frac{AB}{CB}$，$\frac{AQ}{BS}=\frac{CA}{CB}$.

上述两式相除,有$\frac{BS}{CS}=\frac{AB}{AC}$.

所以$\frac{BD}{DC}=\frac{S_{\triangle BAS}}{S_{\triangle ACS}}=\frac{AB\cdot BS}{AC\cdot CS}=\frac{AB^2}{AC^2}$.

由定理1(1)知,AD为$\triangle ABC$的内共轭中线.

必要性:当AD为$\triangle ABC$的内共轭中线时,由定理2知,在圆ABC中,B,C两点处的切线的交点K_A在直线AD上.

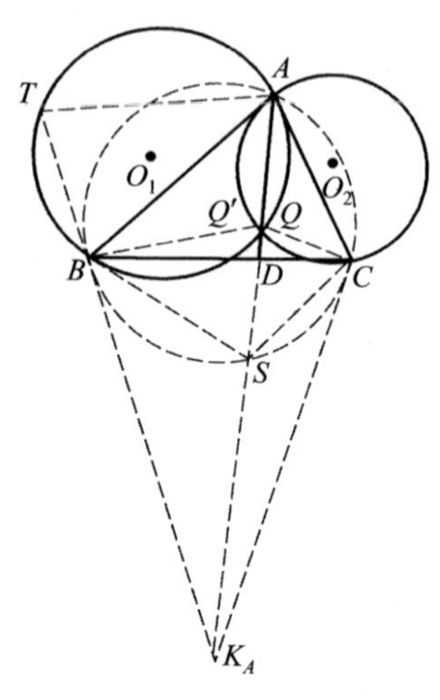

图1.54

设直线K_AB交圆O_1于点T,直线AD与圆O_1交于另一点Q',联结BQ',$Q'C$,AT,则$\angle BQ'K_A=\angle BTA=\angle BAC=\angle BCK_A$,即知$B,K_A,C,Q'$四点共圆.

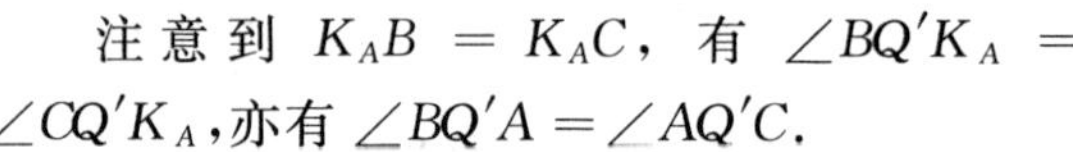
注意到$K_AB=K_AC$,有$\angle BQ'K_A=\angle CQ'K_A$,亦有$\angle BQ'A=\angle AQ'C$.

又由$\angle ABQ'=\angle CAQ'$,从而知$\angle BAQ'=\angle ACQ'$.

于是,由弦切角定理的逆定理知,过点A,Q',C的圆与AB切于点A,此圆即为圆O_2.

从而Q'与Q重合,故圆O_1与圆O_2的公共弦AQ与直线AD重合.

对定理5,钝角三角形也有上述结论(证明留给读者).又由定理5,我们可得如下结论:

推论6 在$\triangle ABC$中,点D在边BC上,点Q在线段AD上,则AD为$\triangle ABC$的内共轭中线的充要条件是$\angle BQA=\angle AQC$且$\triangle ABQ\backsim\triangle CAQ$.

定理6 在$\triangle ABC$中,点D在边BC上,在AB,AC上分别取点E,F,使$EF\parallel BC$,令BF与CE交于点P.记完全四边形$AEBPCF$的密克点为M,则AD为$\triangle ABC$的内共轭中线的充要条件是A,D,M三点共线(或直线AD与AM重合).

证明 首先注意到完全四边形的密克点的性质:

密克点与完全四边形中每类四边形的一组对边组成相似三角形.如图1.55,有$\triangle MEA\backsim\triangle MPF$,$\triangle MBE\backsim\triangle MFC$,这可由$A,B,M,F$,$A,E,M,C$,$P,M,C,F$分别四点共圆,有$\angle BAM=\angle BFM$,即$\angle EAM=\angle PFM$及$\angle AEM=180°-\angle MCF=\angle FPM$知$\triangle MEA\backsim\triangle MPF$;由$\angle EBM=\angle CFM$及$\angle BEM=\angle FCM$知$\triangle MBE\backsim\triangle MFC$.于是由这两对相似三角形有

$$\frac{AE}{FP}=\frac{ME}{MP},\frac{BE}{FC}=\frac{ME}{MC}$$

即

$$AE=\frac{ME}{MP}\cdot FP$$

$$BE=\frac{ME}{MC}\cdot FC \qquad ①$$

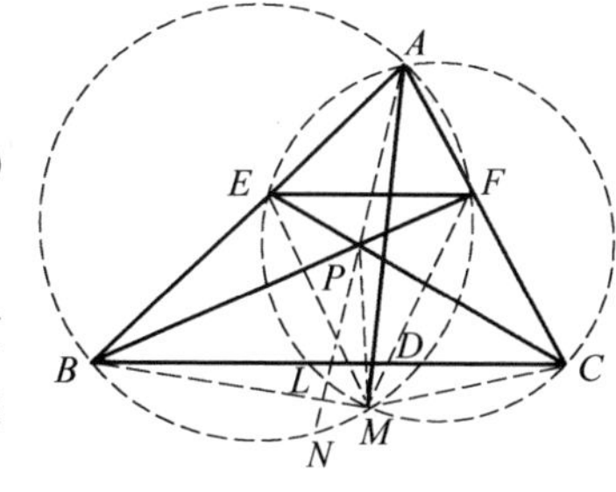

图 1.55

由 $EF\parallel BC$ 知 $BCFE$ 为梯形，由梯形性质知直线 AP 分别过 EF，BC 的中点，从而直线 AP 为 $\triangle ABC$ 的 BC 边上的内中线所在直线. 此时，还有

$$\frac{AE}{EB}=\frac{AF}{FC} \qquad ②$$

将式 ① 代入式 ②，有 $\frac{MC\cdot FP}{MP\cdot FC}=\frac{AF}{FC}$，亦即有 $\frac{CM}{MP}=\frac{AF}{FP}$.

注意到 $\angle CMP=\angle AFP$（P，M，C，F 共圆），则 $\triangle CMP\backsim\triangle AFP$，有 $\angle MCP=\angle FAP$.

于是

AD 为 $\triangle ABC$ 的内共轭共线 $\Leftrightarrow\angle BAP=\angle CAD$

$\Leftrightarrow\angle BAD=\angle CAP=\angle FAP=\angle MCP=\angle MAE=\angle BAM$

$\Leftrightarrow$ 直线 AD 与直线 AM 重合（或 A，D，M 三点共线）.

注　在定理 6 中，我们给出的完全四边形 $AEBPCF$ 满足条件中的两条对角线平行. 即 $EF\parallel BC$. 其实对于一般的完全四边形 $AEBPCF$，若设 M 为其密克点，则有 $\angle BAM=\angle CAP\Leftrightarrow EF\parallel BC$.

事实上，$\angle BAM=\angle CAP\Leftrightarrow\angle PCM=\angle ECM=\angle BAM=\angle CAP=\angle PAF$，注意有 $\angle CMP=\angle AFP\Leftrightarrow\triangle CMP\backsim\triangle AFP\Leftrightarrow\frac{CM}{MP}=\frac{AF}{FP}$ 式 ① 代入 $\Leftrightarrow\frac{\frac{ME}{BE}\cdot FC}{\frac{ME}{AE}\cdot FP}=\frac{AF}{FP}\Leftrightarrow\frac{AE}{EB}=\frac{AF}{FC}\Leftrightarrow EF\parallel BC$.

又在图 1.55 中，若直线 AP 交圆 ABF 于点 N，交圆 AEC 于点 L，则 $NM\parallel BF\Leftrightarrow\angle BFM$ 与 $\angle FMN$ 相补（或相等）$\Leftrightarrow\angle BAM=\angle FAN\Leftrightarrow EF\parallel BC$；$LM\parallel EC\Leftrightarrow\angle ECM$ 与 $\angle CML$ 相补（或相等）$\Leftrightarrow\angle EAM=\angle CAP\Leftrightarrow EF\parallel BC$.

于是，我们有

推论 7　在 $\triangle ABC$ 中，点 E，F 分别在 AB，AC 边上，BF 与 CE 交于点 P. 设完全四边形 $AEBPCF$ 的密克点为 M，直线 AP 交圆 ABF 于点 N，交圆 AEC 于点 L，则 AM 所在直线为 $\triangle ABC$ 的内共轭中线所在直线的充要条件是下述三

条件之一：

(1)$EF /\!/ BC$;(2)$NM /\!/ BF$;(3)$LM /\!/ EC$.

注 此结论即为完全四边形对角线平行定理(见第五章).

另外，我们也告之：关于三角形共轭中线的作图，我们在另著《平面几何范例多解探究》(上篇)(哈尔滨工业大学出版社，2018) 中给出了 17 种方法.

❖三角形旁共轭重心问题

定义 以三角形的旁共轭重心为圆心，旁共轭重心向三角形外接圆所引的切线长为半径的圆，称为三角形的旁外圆.

注 在直角三角形中，直角所对的旁外圆可看作一个无穷大的圆，旁外心在无穷远处.

关于旁外圆，有如下结论：

定理1 如图 1.56，圆 O 为 $\triangle ABC$ 的外接圆，圆 O_A，圆 O_B，圆 O_C 为 $\triangle ABC$ 的三个旁外圆，直线 AB，BC，AC 分别与三个旁外圆交于点 D 和 E，F 和 G，H 和 K，[①]则：

(1) 圆 O 分别与圆 O_A，圆 O_B，圆 O_C 正交；

(2) 锐角三角形的三个旁外圆互相外切，钝角三角形中钝角所对的旁外圆分别与两个锐角所对的旁外圆互相内切，两个锐角所对的旁外圆互相外切；

(3) 锐角三角形的外接圆是以三个旁外心为顶点的三角形的内切圆，钝角三角形的外接圆是以三个旁外心为顶点的三角形的旁切圆；

(4)AO_A，BO_B，CO_C 三线共点；

(5)$DH /\!/ O_BO_C$，$EF /\!/ O_AO_C$，$GK /\!/ O_AO_B$，且 DH，EF，GK 分别为圆 O_A，圆 O_B，圆 O_C 的直径；

(6)$S_{\triangle AEK} = S_{\triangle BDG} = S_{\triangle CFH} = S_{\triangle ABC}$.

证明 (1)～(4) 显然成立，证明略.

(5) 如图 1.56，易知，$\angle ABC = \angle AKG$.

由于 O_AO_B 为圆 O 的切线，于是

$$\angle ABC = \angle ACO_B \Rightarrow \angle AKG = \angle ACO_B \Rightarrow GK /\!/ O_AO_B$$

类似地，$DH /\!/ O_BO_C$，$EF /\!/ O_AO_C$.

① 吴远宏. 三角形的“旁外心”“旁外圆”[J]. 中等数学，2017(1)：18-19.

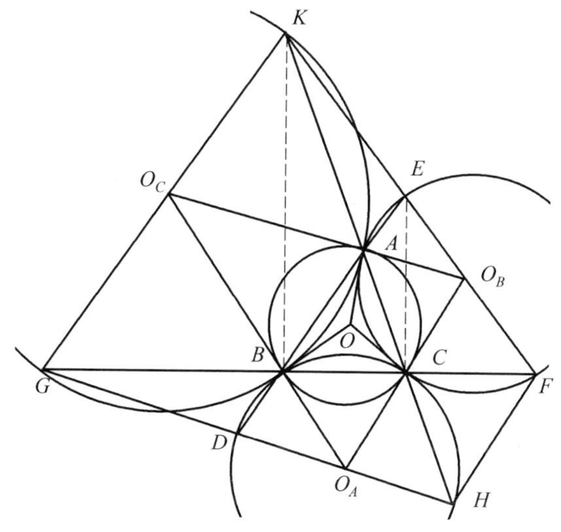

图 1.56

联结 O_CG,则 $O_CG=O_CB\Rightarrow\angle O_CBG=\angle O_CGB$.

而 $\angle O_CBG=\angle O_ABC=\angle O_ACB=\angle KGB\Rightarrow\angle O_CGB=\angle KGB$,故 O_CG 与 KG 重合,即点 O_C 在 GK 上.

因此,GK 为圆 O_C 的直径.类似地,DH,EF 分别为圆 O_A,圆 O_B 的直径.

(6) 联结 KB,EC,则 $\angle KBG=90°$,$\angle ECF=90°$.显然,$KB\parallel EC$.故 $S_{\triangle EKB}=S_{\triangle CKB}\Rightarrow S_{\triangle AEK}=S_{\triangle ABC}$.

类似地,$S_{\triangle BDG}=S_{\triangle CFH}=S_{\triangle ABC}$.

从而,$S_{\triangle AEK}=S_{\triangle BDG}=S_{\triangle CFH}=S_{\triangle ABC}$.

注 图 1.57 中的 $\triangle ABC$ 为锐角三角形,若 $\triangle ABC$ 为钝角三角形,也有类似的结论.

定理 2 在 $\triangle ABC$ 中,圆 O_B,圆 I_B 分别为 $\angle B$ 所对的旁外圆,旁切圆,设 R,r 分别为圆 O_B,圆 I_B 的半径.则:

(1) $\angle B$ 为锐角时,$O_BI_B>R^2-2Rr$;

(2) $\angle B$ 为钝角时,$O_BI_B>R^2+2Rr$.

证明 (1) 如图 1.57(a),联结 O_BI_B 并延长,与圆 O_B 交于点 D,E;联结 AI_B 并延长,与圆 O_B 交于点 F;联结 FO_B 并延长,与圆 O_B 交于点 G.设 BA 的延长线与圆 O_B 交于点 H,联结 HG,HF,CF,CI_B.再设圆 I_B 分别与 BA,BC 的延长线切于点 K,S,联结 I_BK.

由相交弦定理得

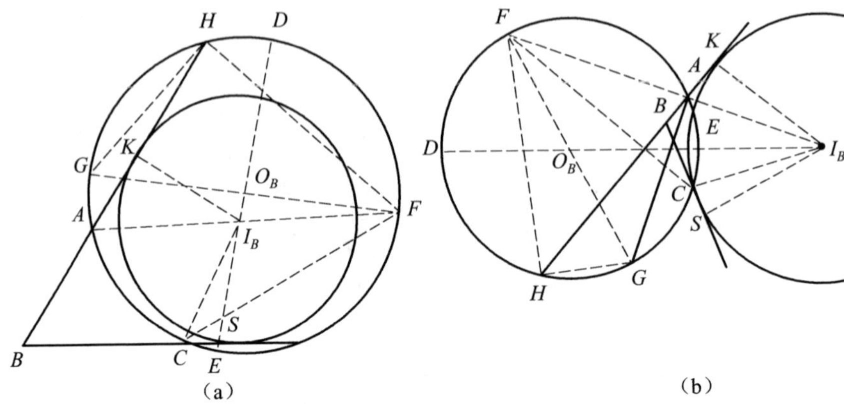

图 1.57

$$AI_B \cdot I_BF = EI_B \cdot I_BD = (R - O_BI_B)(R + O_BI_B) = R^2 - O_BI_B^2 \qquad ①$$

由于 $\angle AKI_B = 90°$，$\angle GHF = 90°$，$\angle I_BAK = \angle FGH$，故

$$\text{Rt}\triangle AKI_B \backsim \text{Rt}\triangle GHF$$

$$\Rightarrow \frac{AI_B}{GF} = \frac{I_BK}{FH}$$

$$\Rightarrow \frac{AI_B}{2R} = \frac{r}{FH}$$

$$\Rightarrow AI_B \cdot FH = 2Rr \qquad ②$$

显然，$\angle I_BCF < \angle I_BCS$.

又 $\angle I_BCS = \angle I_BCA$，则 $\angle I_BCF < \angle I_BCA$.

由于 $\angle CI_BF > \angle I_BCA$，故

$$\angle CI_BF > \angle I_BCF \Rightarrow FC > I_BF$$

而

$$\angle CAF = \angle FAH \Rightarrow FC = FH$$

$$\Rightarrow FH > I_BF \Rightarrow AI_B \cdot FH > AI_B \cdot I_BF$$

将式 ①，② 代入上式得 $O_BI_B^2 > R^2 - 2Rr$.

(2) 如图 1.57(b)，同(1) 的证明得到点 D,E,F.

设 AB 的延长线与圆 O_B 交于点 H，联结 HG,HF,CF,CI_B；再设圆 I_B 分别与 BA,BC 的延长线切于点 K,S. 联结 I_BK,I_BS. 类似于(1) 的证明得

$$AI_B \cdot I_BF = OI_B^2 - R^2,\ AI_B \cdot FH = 2Rr \qquad ③$$

易证

$$B,S,I_B,K \text{ 四点共圆} \Rightarrow \angle HBC = \angle SI_BK$$

又 $\angle CI_BF = \frac{1}{2}\angle SI_BK$，故 $\angle CI_BF = \frac{1}{2}\angle HBC$.

由

$$\angle ACS > \angle BAC \Rightarrow \frac{1}{2}\angle ACS > \frac{1}{2}\angle BAC \Rightarrow \angle ACI_B > \frac{1}{2}\angle BAC$$

而 $\angle ACF > \angle ACB > \frac{1}{2}\angle ACB$，则

$$\angle ACI_B + \angle ACF > \frac{1}{2}\angle BAC + \frac{1}{2}\angle ACB$$

$$\Rightarrow \angle FCI_B > \frac{1}{2}\angle BAC + \frac{1}{2}\angle ACB = \frac{1}{2}\angle HBC = \angle CI_BF$$

$$\Rightarrow I_BF > FC$$

易证 $FC = FH$，故 $I_BF > FH$.

从而，$AI_B \cdot I_BF > AI_B \cdot FH$.

将结论 ③ 代入上式得 $O_BI_B^2 > R^2 + 2Rr$.

❖雅可比定理

雅可比(Jacobi)定理 设 D,E,F 是 $\triangle ABC$ 所在平面上的三点，且 AE 与 AF，BF 与 BD，CD 与 CE 分别是 $\angle A,\angle B,\angle C$ 的两条等角线，则 AD,BE,CF 三线共点或平行.

证明 如图 1.58(a)(b) 所示，设 A,B,C 表示 $\triangle ABC$ 的相应内角，有向角 $\measuredangle FAB = \measuredangle CAE = \alpha$，$\measuredangle DBC = \measuredangle ABF = \beta$，$\measuredangle ECA = \measuredangle BCD = \gamma$. 考虑 $\triangle ABC$ 与点 D，由塞瓦定理的第一角元形式，有

$$\frac{\sin \measuredangle BAD}{\sin \measuredangle DAC} \cdot \frac{\sin \measuredangle CBD}{\sin \measuredangle DBA} \cdot \frac{\sin \measuredangle ACD}{\sin \measuredangle DCB} = 1$$

注意 $\measuredangle CBD = -\beta$，$\measuredangle DCB = -\gamma$，$\measuredangle DBA = B + \beta$，$\measuredangle ACD = C + \gamma$，由此可得

$$\frac{\sin \measuredangle BAD}{\sin \measuredangle DAC} = \frac{\sin \gamma}{\sin \beta} \cdot \frac{\sin(B+\beta)}{\sin(C+\gamma)}$$

同理

$$\frac{\sin \measuredangle CBE}{\sin \measuredangle EBA} = \frac{\sin \alpha}{\sin \gamma} \cdot \frac{\sin(C+\gamma)}{\sin(A+\alpha)}, \frac{\sin \measuredangle ACF}{\sin \measuredangle FCB} = \frac{\sin \beta}{\sin \alpha} \cdot \frac{\sin(A+\alpha)}{\sin(B+\beta)}$$

三式相乘，得

$$\frac{\sin \measuredangle BAD}{\sin \measuredangle DAC} \cdot \frac{\sin \measuredangle CBE}{\sin \measuredangle EBA} \cdot \frac{\sin \measuredangle ACF}{\sin \measuredangle FCB} = 1$$

故由塞瓦定理的第一角元形式即知 AD,BE,CF 三线共点或互相平行.

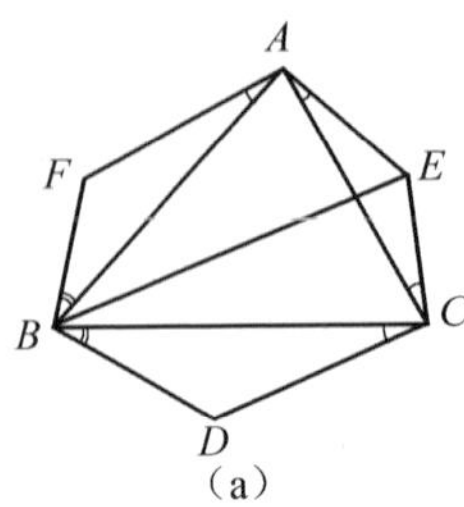

(a)

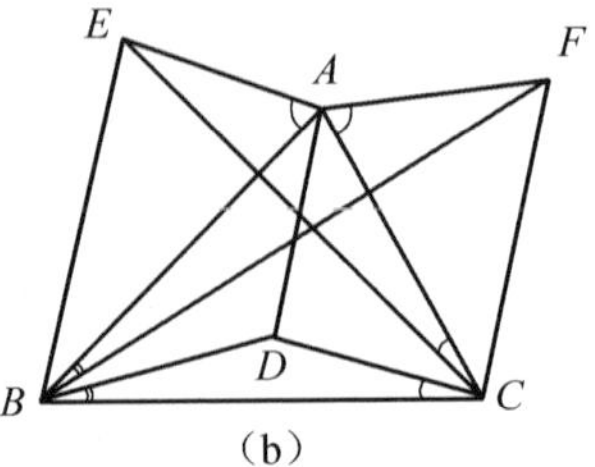

(b)

图 1.58

❖三角形内角和问题

定理 任意一个三角形三内角之和不大于 180°(在证明过程中不许应用平行公理或其等价命题).

勒让德利用反证法证明了这个定理.

证法1 设$\triangle AB_1C$内角之和大于180°. 如图1.59,在 AC 延长线上依次截取 $CC_1=C_1C_2=\cdots=C_{n-2}C_{n-1}=AC$,再分别以 $CC_1,C_1C_2,\cdots,C_{n-2}C_{n-1}$ 为底作全等三角形,即

$$\triangle AB_1C\cong\triangle CB_2C_1\cong\triangle C_1B_3C_2\cong\cdots\cong\triangle C_{n-2}B_nC_{n-1}$$

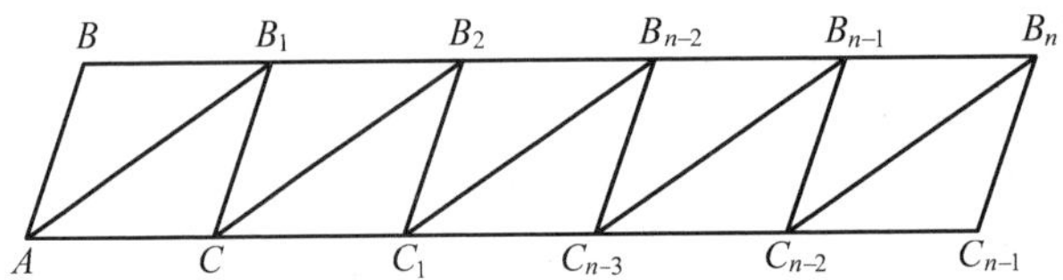

图 1.59

再联结 $B_1B_2,\cdots,B_{n-2}B_{n-1},B_{n-1}B_n$(注意,认为 $B_1,B_2,\cdots,B$ 在一直线上是没有根据的),则又得一些全等三角形

$$\triangle B_1CB_2\cong\triangle B_2C_1B_3\cong\cdots\cong\triangle B_{n-1}C_{n-2}B_n$$

再作与上述三角形全等的 $\triangle BAB_1$.

在有两组对应边相等的两三角形中,夹角大的第三边大. 在 $\triangle AB_1C$ 和 $\triangle B_1CB_2$ 中,不妨设 $\angle AB_1C>\angle B_1CB_2$(当 $\angle AB_1C<\angle B_1CB_2$ 时证法类似),则 $B_1B_2<AC,AC-B_1B_2>0$,故 $AC-B_1B_2$ 是某一线段,则

$$AB+BB_1+B_1B_2+\cdots+B_{n-1}B_n+B_nC_{n-1}>$$
$$AC+CC_1+C_1C_2+\cdots+C_{n-2}C_{n-1}$$

即
$$AB+nB_1B_2+B_nC_{n-1}>nAC$$

又由 $B_nC_{n-1}=AB$,则

$$2AB + nB_1B_2 > nAC$$

即
$$n(AC - B_1B_2) < 2AB$$

其中 n 为任意自然数.

但是后一个不等式违背阿基米德公理,根据阿基米德公理,对于线段 $AC - B_1B_2$ 一定可以找到一个充分大的数 n,使 $n(AC - B_1B_2) > 2AB$,故三角形内角和不能大于 $180°$.

勒让德(Legendre,1752—1833),法国数学家,在数论、测量学、理论天文学、椭圆函数论等方面都有重要成就,所编教本如《几何学》《椭圆函数和欧拉积分》等都有深远的影响.他在寻找第五公设证明时,作出了一连串有关三角形内角和的定理.他的研究成果对罗巴切夫斯基(Лобачевский,1793—1856)影响很大.罗巴切夫斯基在建立非欧几何中显然采取了勒让德的某些推理方法.

欧几里得《几何原本》的出发点是一些从大批几何事实中总结出来的基本概念和命题,即"定义""公理"和"公设".从这很小的一部分基本命题出发,他证明了几乎是当时所知道的全部的几何命题.他的方法体现了近代数学中公理方法的基本思想.但用现代的严格标准来看《几何原本》,它有严重的缺点,就是很不严格.在《几何原本》中共有五条公设.前四条公设可以说确实取得了公认,唯有第五公设(同平面两直线与第三直线相交,若其中一侧的两个内角之和小于二直角,则该两直线必在这一侧相交)例外,没有得到公认.于是不少人提出来要把它作为定理来证明,这就是所谓的第五公设的问题.第五公设的证明一直坚持研究了两千多年而仍归于失败,到19世纪初,罗巴切夫斯基(1826)和鲍耶(Baoye,1802—1860)(1832)才提出了最后的解决,就是:这个证明是不可能的.从而产生了"非欧几何".

证法2 如图1.60,在 $\triangle ABC$ 中,设 M 为边 AB 延长线上一点,过 B 作 $BN \parallel AC$,则由同位角相等、内错角相等有

$$\angle CAB = \angle NBM, \angle ACB = \angle CBN$$

故

$$\angle A + \angle C + \angle B = \angle NBM + \angle CBN + \angle CBA = 180°$$

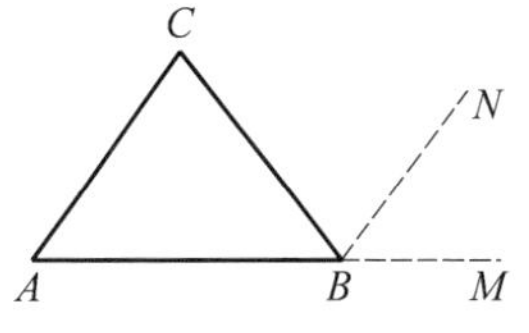

图1.60

注 关于这个定理的其他证法可参见作者另著《平面几何范例多解》(上篇).(哈尔滨工业大学出版社,2018.)

由内角和定理可得下述推论:

推论1 三角形的一个外角等于与它不相邻的两个内角的和.

推论2 三角形的外角和等于 $360°$.

推论3 三角形的一个外角大于任何一个与它不相邻的内角.

❖三角形的余面积公式

先给出余面积的概念、勾股差的概念,再介绍公式内容.

余面积的定义 与$\triangle ABC$有关的量$\frac{1}{2}ab\cdot\cos C$,叫作$\triangle ABC$关于$\angle C$的余面积,记作$\tilde{S}_C=\tilde{S}_{\triangle ACB}=\frac{1}{2}ab\cdot\cos C$,显然$\tilde{S}_{\triangle ACB}=\tilde{S}_{\triangle BCA}=\tilde{S}_C$.

三角形角的勾股差 把$b^2+c^2-a^2$叫作$\triangle ABC$中关于$\angle A$的勾股差.

余面积公式 在任意$\triangle ABC$中,关于某角的余面积,等于三角形中关于此角的勾股差的$\frac{1}{4}$.

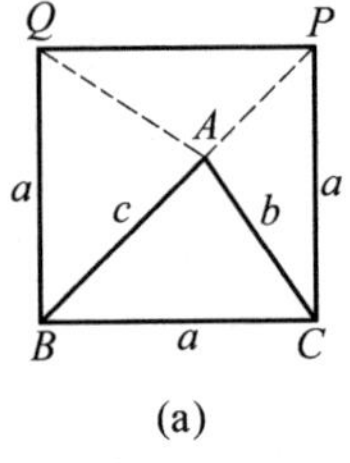

(a)

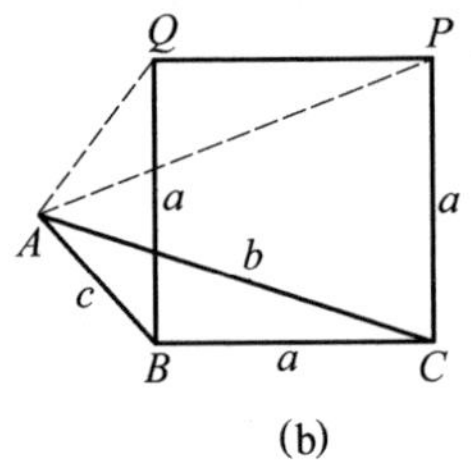

(b)

图 1.61

证明 当$\angle ABC\leqslant 90^\circ$时,作正方形,如图1.61(a)所示,则

$$\tilde{S}_B=\tilde{S}_{\triangle ABC}=\tilde{S}_{\triangle CBA}=\frac{1}{2}ac\cos\angle ABC=\frac{1}{2}ac\sin\angle ABQ=S_{\triangle ABQ}$$

$$\tilde{S}_C=\tilde{S}_{\triangle ACB}=\tilde{S}_{\triangle BCA}=\frac{1}{2}ab\cos\angle ACB=\frac{1}{2}ab\sin\angle ACP=S_{\triangle ACP}$$

如果当$\angle ABC>90^\circ$时,作正方形如图1.61(b)所示,则

$$\tilde{S}_B=\tilde{S}_{\triangle ABC}=\tilde{S}_{\triangle CBA}=\frac{1}{2}ac\cos\angle ABC=-\frac{1}{2}ac\sin\angle ABQ=-S_{\triangle ABQ}$$

$$\tilde{S}_C=\tilde{S}_{\triangle ACB}=\tilde{S}_{\triangle BCA}=\frac{1}{2}ab\cos\angle ACB=\frac{1}{2}ab\sin\angle ACP=S_{\triangle ACP}$$

于是

$$\tilde{S}_B+\tilde{S}_C=\frac{1}{2}a^2$$

同理

$$\tilde{S}_A+\tilde{S}_B=\frac{1}{2}b^2,\tilde{S}_A+\tilde{S}_C=\frac{1}{2}c^2$$

故 $\tilde{S}_A=\frac{1}{4}(b^2+c^2-a^2)$,$\tilde{S}_B=\frac{1}{4}(a^2+c^2-b^2)$,$\tilde{S}_C=\frac{1}{4}(a^2+b^2-c^2)$

❖三点勾股差定理

先给出三点勾股差的概念与性质,再介绍定理内容.

三点勾股差的定义 对任意三点 A,B,C,勾股差 P_{ABC} 定义为

$$P_{ABC}=AB^2+BC^2-AC^2$$

三点勾股差的基本性质 勾股差 $P_{ABC}=0\Leftrightarrow$ 两点 A,B 重合,或 B,C 重合,或 $\angle ABC=90^\circ$;$P_{ABC}=P_{CBA}$;$P_{ABC}+P_{ACB}=2BC^2$;$P_{ABC}=2AB\cdot BC\cos\angle ABC$(三角形余弦定理).

勾股差定理 若 $\angle ABC=\angle XYZ$,则 $\dfrac{P_{ABC}}{AB\cdot BC}=\dfrac{P_{XYZ}}{XY\cdot YZ}$.

注 由三角形余弦定理即证;当 $\angle ABC$ 与 $\angle XYZ$ 互补时其特例即为斯特瓦尔特定理,结论式两边分别除以 $\sin\angle ABC$,$\sin\angle XYZ$,则得 $\dfrac{P_{ABC}}{S_{\triangle ABC}}=\dfrac{P_{XYZ}}{S_{\triangle XYZ}}$.

❖三角形全等的判定定理

定理1 (边、边、边判定定理)设 $\triangle ABC$ 与 $\triangle A'B'C'$ 的三条边对应相等,即 $BC=B'C'$,$AC=A'C'$,$AB=A'B'$,则 $\triangle ABC\cong\triangle A'B'C'$.

证明 可由共角比例逆定理证得三角对应相等,由此即证.

定理2 (边、角、边判定定理)在 $\triangle ABC$ 与 $\triangle A'B'C'$ 中,若 $BC=B'C'$,$AC=A'C'$,$\angle C=\angle C'$,则 $\triangle ABC\cong\triangle A'B'C'$.

证明 由共角比例定理得其面积相等,或者由三角形面积公式得面积相等,设 $\angle C$ 与 $\angle C'$ 重合,则 AB 与 $A'B'$ 重合,转化为边、边、边情形.

定理3 (角、边、角判定定理)在 $\triangle ABC$ 与 $\triangle A'B'C'$ 中,若 $\angle A=\angle A'$,$AB=A'B'$,$\angle B=\angle B'$,则 $\triangle ABC\cong\triangle A'B'C'$.

证明 由共角比例定理得其对应边相等转化为边、边、边情形.

定理4 (角、边、边判定定理)在 $\triangle ABC$ 与 $\triangle A'B'C'$ 中,$\angle A=\angle A'$,$AB=A'B'$,$BC=B'C'$,并且 $\angle C$ 与 $\angle C'$ 不互补,则 $\triangle ABC\cong\triangle A'B'C'$.

证明 由共角比例定理,有

$$\frac{S_{\triangle ABC}}{S_{\triangle A'B'C'}}=\frac{AB\cdot AC}{A'B'\cdot A'C'}=\frac{AC}{A'C'}=\frac{AC\cdot BC}{A'C'\cdot B'C'}$$

由共角比例逆定理，得 $\angle C$ 与 $\angle C'$ 相等或互补，但题设 $\angle C$ 与 $\angle C'$ 不互补．所以 $\angle C=\angle C'$．由边、角、边定理，则 $\triangle ABC \cong \triangle A'B'C'$．

❖三角形相似的判定定理

定理 1 （角、角判定定理）在 $\triangle ABC$ 与 $\triangle A'B'C'$ 中，若 $\angle A=\angle A'$，$\angle B=\angle B'$，则 $\triangle ABC \backsim \triangle A'B'C'$．

证明 由共角比例定理，注意 $\angle C=\angle C'$，有

$$\frac{S_{\triangle ABC}}{S_{\triangle A'B'C'}}=\frac{AB\cdot AC}{A'B'\cdot A'C'}=\frac{AB\cdot BC}{A'B'\cdot B'C'}=\frac{AC\cdot BC}{A'C'\cdot B'C'}$$

从而
$$\frac{AC}{A'C'}=\frac{BC}{B'C'}=\frac{AB}{A'B'}$$

故
$$\triangle ABC \backsim \triangle A'B'C'$$

定理 2 （边、角、边判定定理）在 $\triangle ABC$ 与 $\triangle A'B'C'$ 中，$\angle A=\angle A'$，且有 $\frac{AC}{A'C'}=\frac{AB}{A'B'}$，则 $\triangle ABC \backsim \triangle A'B'C'$．

证明 如图 1.62，设 $\angle A$ 与 $\angle A'$ 重合，记 $\frac{AC}{A'C'}=\frac{AB}{A'B'}=k$，则由共角比例定理（或由三角形面积公式）得

$$\frac{S_{\triangle ABC'}}{S_{\triangle ABC}}=\frac{A'C'}{AC}=\frac{1}{k}=\frac{A'B'}{AB}=\frac{S_{\triangle ACB'}}{S_{\triangle ABC}}$$

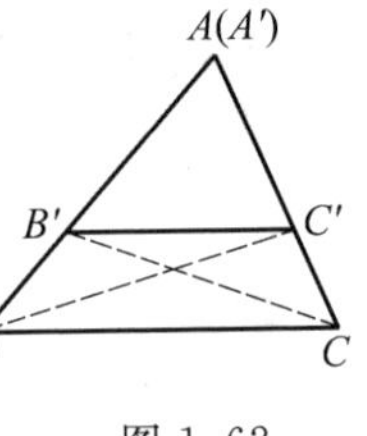

图 1.62

从而
$$S_{\triangle ABC'}=S_{\triangle ACB'}$$

即有
$$S_{\triangle BCB'}=S_{\triangle BCC'}$$

于是 $BC \parallel B'C'$，则

$$\angle B=\angle AB'C'=\angle B'，\angle C=\angle AC'B'=\angle C'$$

故
$$\triangle ABC \backsim \triangle A'B'C'$$

定理 3 （边、边、边判定定理）在 $\triangle ABC$ 和 $\triangle A'B'C'$ 中，若 $\frac{BC}{B'C'}=\frac{AC}{A'C'}=\frac{AB}{A'B'}$，则 $\triangle ABC \backsim \triangle A'B'C'$．

证明 不妨设 $\frac{AB}{A'B'}=k>1$，如图 1.63 所示．

在 AB 上取点 D，在 AC 上取点 E，使 $AD=A'B'$，$AE=A'C'$．由三角形相似判定条件边、角、边知 $\triangle ABC \backsim \triangle ADE$，因而

$$\frac{BC}{DE}=\frac{AB}{AD}=\frac{AB}{A'B'}=k=\frac{BC}{B'C'}$$

从而 $DE=B'C'$,于是 $\triangle A'B'C'\cong\triangle ADE$,则有 $\angle A=\angle A'$. 再用三角形相似判定条件边、角、边知 $\triangle ABC\backsim\triangle A'B'C'$.

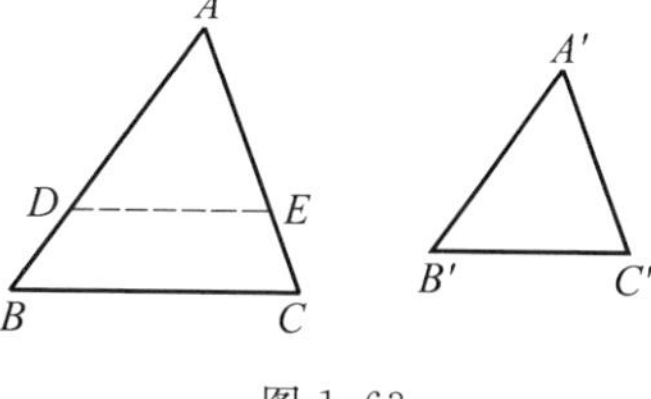

图 1.63

❖三角形射影定理

三角形射影定理 在 $\triangle ABC$ 中若以 a,b,c 顺次记三角形的角 A,B,C 的对边,则

$$a=b\cdot\cos C+c\cdot\cos B$$

$$b=a\cdot\cos C+c\cdot\cos A$$

$$c=a\cdot\cos B+b\cdot\cos A$$

证明 如图 1.64,作 $AD\perp BC$ 于 D,则在 $Rt\triangle ABD$ 和 $Rt\triangle ADC$ 中,分别有

$$\cos B=\frac{BD}{AB},\cos C=\frac{DC}{AC}$$

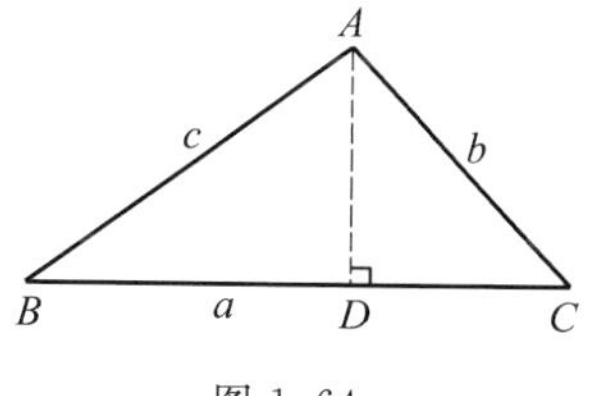

图 1.64

从而

$$a=BC=BD+DC=c\cdot\cos B+b\cdot\cos C$$

同理,证得其余两式.

❖三角形余弦定理

三角形余弦定理 在 $\triangle ABC$ 中,若以 a,b,c 顺次记三角形的角 A,B,C 的对边,则

$$a^2=b^2+c^2-2bc\cdot\cos A$$

$$b^2=a^2+c^2-2ac\cdot\cos B$$

$$c^2=a^2+b^2-2ab\cdot\cos C$$

证法 1 注意到三角形射影定理,分别用 ①,②,③ 代表其 3 式,则 $a\cdot$ ① $+b\cdot$ ② $-c\cdot$ ③,得

$$a^2+b^2-c^2=2ab\cdot\cos C$$

即

$$c^2=a^2+b^2-2ab\cdot\cos C$$

同理,证得其余两式.

证法 2 由三角公式,有

$\sin^2 C=\sin^2(A+B)=(\sin A\cdot\cos B+\cos A\cdot\sin B)^2=$

$\sin^2 A\cdot\cos^2 B+2\sin A\cdot\sin B\cdot\cos A\cdot\cos B+\cos^2 A\cdot\sin^2 B=$

$\sin^2 A\cdot(1-\sin^2 B)+2\sin A\cdot\sin B\cdot\cos A\cdot\cos B+(1-\sin^2 A)\cdot\sin^2 B=$

$\sin^2 A+\sin^2 B+2\sin A\cdot\sin B\cdot(\cos A\cdot\cos B-\sin A\cdot\sin B)=$

$\sin^2 A+\sin^2 B-2\sin A\cdot\sin B\cdot\cos C$

从而 $c^2=a^2+b^2-2ab\cdot\cos C$(其中用到弦长公式,如 $c=d\cdot\sin C$ 等).

同理,证得其余两式.

证法 3 当 $\angle C\geqslant 90^\circ$ 时,如图 1.65(a) 所示,将 $\triangle ABC$ 绕点 C 旋转 90° 到 $\triangle A'B'C$ 处. 注意到 $\angle 1=\angle 2$,$\angle A=\angle A'$,知 $AB\perp A'B'$ 于点 D. 由

$$S_{\triangle BA'B'}+S_{\triangle AA'B'}=S_{\triangle BCB'}+S_{\triangle ACA'}+S_{\triangle BCA'}+S_{\triangle ACB'}$$

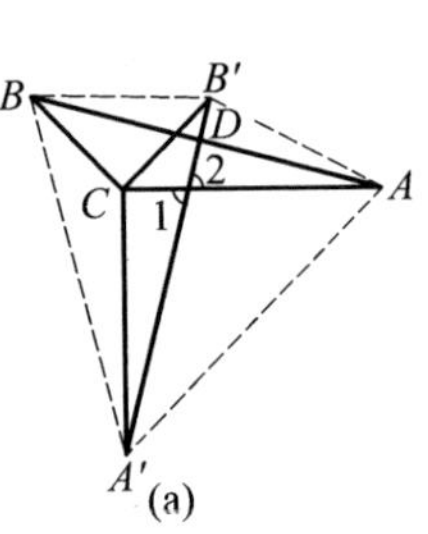

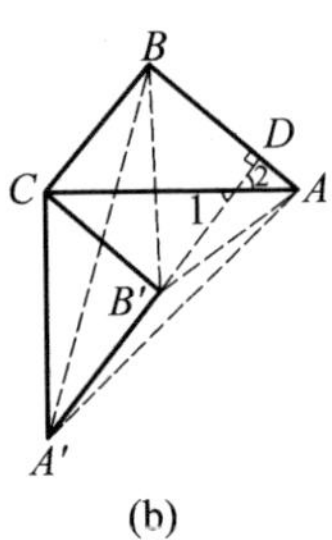

图 1.65

有

$$\frac{1}{2}c\cdot BD+\frac{1}{2}c\cdot AD=\frac{1}{2}a^2+\frac{1}{2}b^2+\frac{1}{2}ab\cdot\sin(180^\circ-(C-90^\circ))+\frac{1}{2}ab\cdot\sin(C-90^\circ)$$

故

$$c^2=a^2+b^2-2ab\cdot\cos C$$

当 $\angle C<90^\circ$ 时,将 $\triangle ABC$ 绕点 C 旋转 90° 到 $\triangle A'B'C$ 的位置,如图 1.65(b) 所示. 注意到 $\angle 1=\angle 2$,$\angle A=\angle A'$,知直线 $AB\perp A'B'$ 于 D. 由

$$S_{\triangle BA'B'}+S_{\triangle AA'B'}=S_{\triangle BCB'}+S_{\triangle ACA'}-S_{\triangle BCA'}-S_{\triangle ACB'}$$

有

$$\frac{1}{2}c\cdot BD+\frac{1}{2}c\cdot AD=\frac{1}{2}a^2+\frac{1}{2}b^2-\frac{1}{2}ab\cdot\sin(90^\circ+C)-\frac{1}{2}ab\cdot\sin(90^\circ-C)$$

故

$$c^2=a^2+b^2-2ab\cdot\cos C$$

❖三角形正弦定理

正弦定理 三角形的三边与它们所对角的正弦之比相等,即在 $\triangle ABC$ 中,按通常记法有

$$\frac{a}{\sin A}=\frac{b}{\sin B}=\frac{c}{\sin C}=2R$$

阿拉伯数学家、天文学家阿布·韦法(Abu Weifa,940—998),给出并证明了该定理.波斯史学家阿尔·比鲁尼(al-Bīrūnī,973—1048)也给出了该定理并作出了一个证明.阿拉伯天文学家、数学家纳西尔－艾德丁(Nasir Eddin,1201—1274)所著的《横截线原理书》(*Book of the Principle of Transversal*),是数学史上流传至今最早的三角学专门著作.该书共分5卷,其中卷3清楚地陈述和论证了正弦定理.

结论的得出,可以按三角形的一角($\angle A$)分别为锐角、直角、钝角三种情况来研究(图1.66).

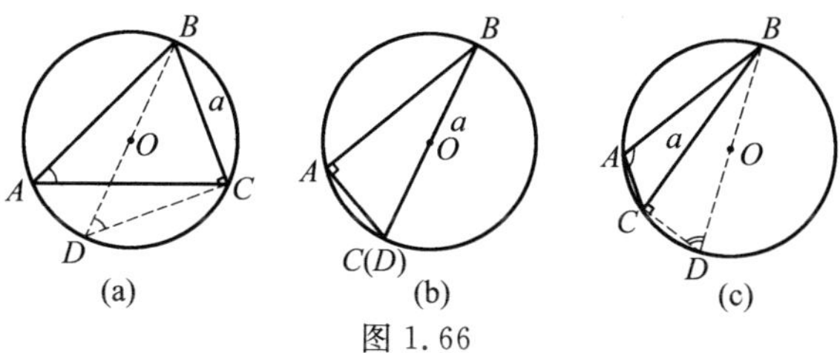

图1.66

圆 O 是 $\triangle ABC$ 的外接圆,作直径 BD,联结 DC,则当 A 为锐角时,有

$$a=2R\sin D=2R\sin A$$

当 A 为直角时,有

$$a=2R=2R\sin 90^\circ=2R\sin A$$

当 A 为钝角时,有

$$a=2R\sin D=2R\sin(180^\circ-A)=2R\sin A$$

所以都有

$$\frac{a}{\sin A}=2R$$

同理

$$\frac{b}{\sin B}=2R,\frac{c}{\sin C}=2R$$

故

$$\frac{a}{\sin A}=\frac{b}{\sin B}=\frac{c}{\sin C}=2R$$

注　正、余弦定理可以相互导出.

先从余弦定理导出正弦定理.注意到

$$\frac{\sin A}{a}=\frac{\sin B}{b}=\frac{\sin C}{c} \quad ①$$

因为上述三个比值都是正的,所以只需证明下式成立

$$\frac{\sin^2 A}{a^2}=\frac{\sin^2 B}{b^2}=\frac{\sin^2 C}{c^2} \quad ②$$

由余弦定理得

$$\sin^2 A=1-\cos^2 A=1-(\frac{b^2+c^2-a^2}{2bc})^2=$$

$$\frac{4b^2c^2-(b^2+c^2-a^2)^2}{4b^2c^2}=$$
$$\frac{2(a^2b^2+b^2c^2+c^2a^2)-(a^4+b^4+c^4)}{4b^2c^2}$$

所以

$$\frac{\sin^2 A}{a^2}=\frac{2(a^2b^2+b^2c^2+c^2a^2)-(a^4+b^4+c^4)}{4a^2b^2c^2} \quad ③$$

同理可证,$\frac{\sin^2 B}{b^2}$与$\frac{\sin^2 C}{c^2}$都等于式③右端(其实从式③右端是a,b,c的对称函数,即可知),所以式②成立,即正弦定理成立.

再从正弦定理导出余弦定理.

由正弦定理知

$$a=2R\sin A, b=2R\sin B, c=2R\sin C$$

所以

$$\frac{a^2+b^2-c^2}{2ab}=\frac{1}{2}\left(\frac{\sin^2 A+\sin^2 B-\sin^2 C}{\sin A\sin B}\right)=$$
$$\frac{1}{2}\left(\frac{\sin^2 A+\sin^2 B-\sin^2(A+B)}{\sin A\sin B}\right)(\text{因为 } A+B+C=\pi)=$$
$$\frac{1}{2}\left(\frac{\sin^2 A+\sin^2 B-(\sin A\cos B+\sin B\cos A)^2}{\sin A\sin B}\right)=$$
$$\frac{1}{2}\left(\frac{2\sin^2 A\sin^2 B-2\sin A\sin B\cos A\cos B}{\sin A\sin B}\right)=$$
$$\sin A\sin B-\cos A\cos B=-\cos(A+B)=\cos C$$

此即余弦定理.

注 关于正弦定理的其他证法可参见作者另著《平面几何范例多解探究》(上篇)(哈尔滨工业大学出版社,2018).

❖德·拉·希尔定理

德·拉·希尔定理① 给定直线a,b互相平行,如图1.67所示,又两定点P,M,过M作任意直线分别交a,b于A,B两点,联结PA,引BM'平行于PA,交PM于M',那么对过M的任意直线,如交a,b于A',B',过B'所引平行于PA'的直线一定过M'.(德·拉·希尔,de la Hier,1640—1717)

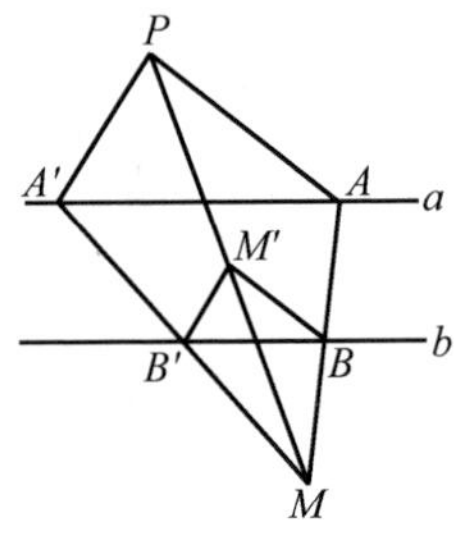

图1.67

① 沈康身.历史数学名题赏析[M].上海:上海教育出版社,2002:405-406.

证明略.

❖伽利略定理

伽利略定理　图 1.68 中三直线 l,m,n 互相平行，过点 S 作线束分别交直线 l,m 于 $A,B,C;E,F,H$. 又过 S 作直线 SK，交 l,m,n 于 D,K,P. 过 E,F,H 又作与 SP 平行的直线，交 n 于 L,M,N，则 LA,MB,NC 共点.（伽利略，G. Galileo，1564—1642）

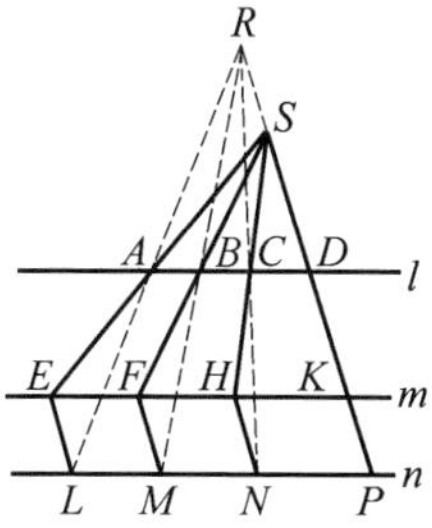

图 1.68

证明　直线 PS,NC 交于 R，则

$$\frac{DC}{PN}=\frac{DR}{PR}$$

从直线 SAE,SBF,SCH,SDK，可知

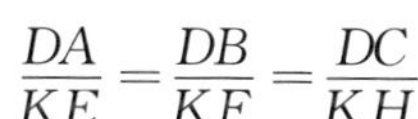

$$\frac{DA}{KE}=\frac{DB}{KF}=\frac{DC}{KH}$$

而

$$EL\ /\!/\ FM\ /\!/\ HN\ /\!/\ KP$$

于是

$$KE=PL,KF=PM,KH=PN$$

由此得

$$\frac{DA}{PL}=\frac{DB}{PM}=\frac{DC}{PN}=\frac{RD}{RP}$$

也就是说 AL,BM,CN,SP 共点 R.

❖梅涅劳斯定理

梅涅劳斯定理　设 A',B',C' 分别是 $\triangle ABC$ 的三边 BC,CA,AB 或其延长线上的三点，若 A',B',C' 三点共线，则

$$\frac{BA'}{A'C}\cdot\frac{CB'}{B'A}\cdot\frac{AC'}{C'B}=1 \qquad ①$$

证法 1　如图 1.69，过 A 作直线 $AD\ /\!/\ C'A'$ 交 BC 的延长线于 D，则

$$\frac{CB'}{B'A}=\frac{CA'}{A'D},\frac{AC'}{C'B}=\frac{DA'}{A'B}$$

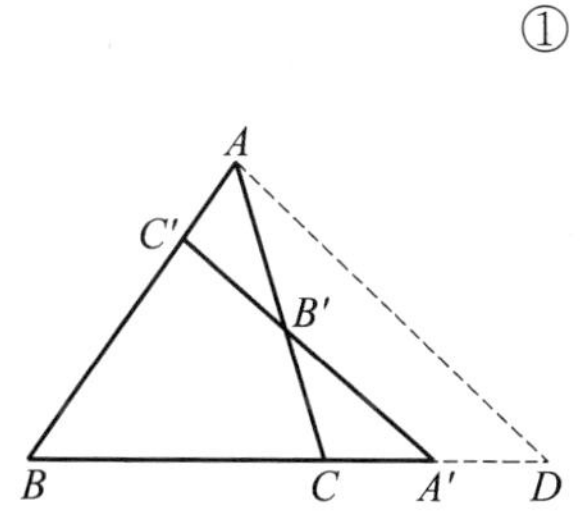

图 1.69

故

$$\frac{BA'}{A'C}\cdot\frac{CB'}{B'A}\cdot\frac{AC'}{C'B}=\frac{BA'}{A'C}=\frac{BA'}{A'C}\cdot\frac{CA'}{A'D}\cdot\frac{DA'}{A'B}=1$$

注 此定理的证明还有如下正弦定理证法及面积证法.

证法 2 设 $\angle BC'A'=\alpha$, $\angle CB'A'=\beta$, $\angle B'A'B=\gamma$, 在 $\triangle BA'C'$ 中, 有

$$\frac{BA'}{C'B}=\frac{\sin\alpha}{\sin\gamma}$$

同理
$$\frac{CB'}{CA'}=\frac{\sin\gamma}{\sin\beta},\frac{AC'}{AB'}=\frac{\sin\beta}{\sin\alpha}$$

此三式相乘即证.

证法 3 $\frac{BA'}{A'C}=\frac{S_{\triangle A'C'B}}{S_{\triangle A'C'C}}$, $\frac{CB'}{B'A}=\frac{S_{\triangle CB'C'}}{S_{\triangle B'AC'}}=\frac{S_{\triangle CA'B'}}{S_{\triangle A'AB'}}=\frac{S_{\triangle CB'C}+S_{\triangle CA'B'}}{S_{\triangle B'AC'}+S_{\triangle A'AB}}=\frac{S_{\triangle C'CA'}}{S_{\triangle AC'A'}}$, $\frac{AC'}{C'B}=\frac{S_{\triangle AC'A'}}{S_{\triangle C'BA'}}$, 此三式相乘即证.

注 关于梅涅劳斯定理的其他证法可参见作者另著《平面几何范例多解探究》(上篇).

梅涅劳斯定理的逆定理 设 A', B', C' 分别是 $\triangle ABC$ 的三边 BC, CA, AB 或其延长线上的点, 若

$$\frac{BA'}{A'C}\cdot\frac{CB'}{B'A}\cdot\frac{AC'}{C'B}=1 \qquad ②$$

则 A', B', C' 三点共线.

证明 设直线 $A'B'$ 交 AB 于 C_1, 则由梅涅劳斯定理, 得到

$$\frac{BA'}{A'C}\cdot\frac{CB'}{B'A}\cdot\frac{AC_1}{C_1A}=1$$

由题设, 有

$$\frac{BA'}{A'C}\cdot\frac{CB'}{B'A}\cdot\frac{AC'}{C'B}=1$$

即有
$$\frac{AC_1}{C_1B}=\frac{AC'}{C'B}$$

又由合比定理, 知

$$\frac{AC_1}{AB}=\frac{AC'}{AB}$$

故有 $AC_1=AC'$, 从而 C_1 与 C' 重合, 即 A', B', C' 三点共线.

有时, 也把上述两个定理合写为: 设 A', B', C' 分别是 $\triangle ABC$ 的三边 BC, CA, AB 所在直线(包括三边的延长线)上的点, 则 A', B', C' 三点共线的充要条件是

$$\frac{BA'}{A'C}\cdot\frac{CB'}{B'A}\cdot\frac{AC'}{C'B}=1$$

梅涅劳斯定理的第一角元形式 设 A', B', C' 分别是 $\triangle ABC$ 的三边 BC, CA, AB 所在直线(包括三边的延长线)上的点, 则 A', B', C' 共线的充要条件是

$$\frac{\sin \angle BAA'}{\sin \angle A'AC} \cdot \frac{\sin \angle CBB'}{\sin \angle B'BA} \cdot \frac{\sin \angle ACC'}{\sin \angle C'CB} = 1 \qquad ③$$

证明 如图 1.70,可得

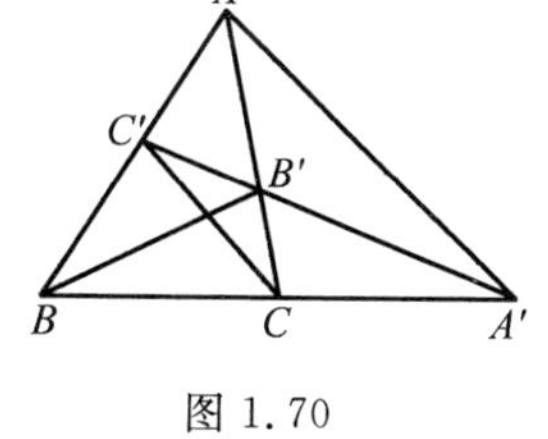

图 1.70

$$\frac{BA'}{A'C} = \frac{S_{\triangle ABA'}}{S_{\triangle AA'C}} = \frac{\frac{1}{2}AB \cdot AA' \cdot \sin \angle BAA'}{\frac{1}{2}AA' \cdot AC \cdot \sin \angle A'AC} = \frac{AB \cdot \sin \angle BAA'}{AC \cdot \sin \angle A'AC}$$

同理
$$\frac{CB'}{B'A} = \frac{BC \cdot \sin \angle CBB'}{AB \cdot \sin \angle B'BA}$$

$$\frac{AC'}{C'B} = \frac{AC \cdot \sin \angle ACC'}{BC \cdot \sin \angle C'CB}$$

以上三式相乘,运用梅涅劳斯定理及其逆定理,知结论成立.

梅涅劳斯定理的第二角元形式[①] 设 A',B',C' 分别是 $\triangle ABC$ 的三边 BC,CA,AB 所在直线(包括三边的延长线)上的点,O 为不在 $\triangle ABC$ 三边所在直线上的一点,则 A',B',C' 三点共线的充要条件是

$$\frac{\sin \angle BOA'}{\sin \angle A'OC} \cdot \frac{\sin \angle COB'}{\sin \angle B'OA} \cdot \frac{\sin \angle AOC'}{\sin \angle C'OB} = 1 \qquad ④$$

证明 如图 1.71,注意到,由

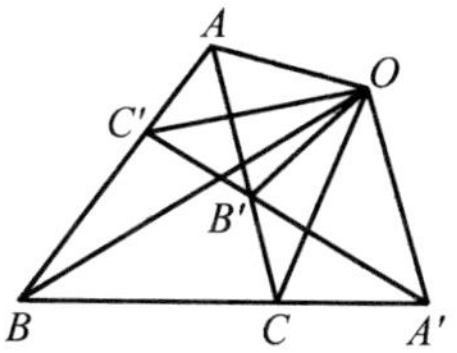

$$\frac{BA'}{A'C} = \frac{S_{\triangle BOA'}}{S_{\triangle A'OC}} = \frac{BO \cdot \sin \angle BOA'}{CO \cdot \sin \angle A'OC}$$

有
$$\frac{\sin \angle BOA'}{\sin \angle A'OC} = \frac{BA'}{A'C} \cdot \frac{CO}{BO}$$

同理
$$\frac{\sin \angle COB'}{\sin \angle B'OA} = \frac{CB'}{B'A} \cdot \frac{AO}{CO}$$

$$\frac{\sin \angle AOC'}{\sin \angle C'OB} = \frac{AC'}{C'B} \cdot \frac{BO}{AO}$$

图 1.71

以上三式相乘,运用梅涅劳斯定理及其逆定理,知结论成立.

在上述各定理中,若采用有向线段或有向角,则式 ①,②,③,④ 中的右端均为 -1,式 ③,④ 中的角也可以按式 ① 或 ② 中的对应线段记忆.

上述为人们所熟知的梅涅劳斯定理,是平面几何的一条定理,而在早期数学史上,它的作用不是在于判定三点共线,而是用来作为证明一条球面三角基本定理的一条引理.这是很有趣的事情.[②]

① 萧振纲. Menelaus 定理的第二角元形式[J]. 中学数学研究,2006(2):4-6.

② 胡炳生. 梅内劳斯与梅内劳斯定理[J]. 中学数学教学,1993(5):39-40.

梅涅劳斯(Menelaus of Alexandria,约 1 世纪),古希腊亚历山大后期的数学家、天文学家,三角术(主要是球面三角术)创始人之一.他写过 6 本关于圆中的弦的书,可惜都已失传,幸好他著的一本《球面论》以阿拉伯文本保存了下来.该书共 3 册,第一册讨论球面几何,第二册以天文为主题,第三册是球面三角术.现今所谓"梅涅劳斯定理"即在这第三册之中.

古希腊时代,人们的宇宙观是地球中心说,把天空想象成一个大球面(天球)包围着地球,日月星辰都镶嵌在天球上.所以,为了天文测算的需要,三角学首先是从球面三角术的创立开始的,以后才转向平面三角.这与几何从平面几何到立体几何的发展进程正好相反.

梅涅劳斯在其书中所提的一条关于球面三角的基本定理,用现今的记号写出来就是:

定理(梅涅劳斯球面三角形定理) 如图 1.72,在球面$\triangle ABC$中,三边$\overset{\frown}{AB}$,$\overset{\frown}{BC}$,$\overset{\frown}{CA}$(都是大圆弧)被另一大圆弧截于 P,Q,R 三点,那么

$$\frac{\sin\overset{\frown}{AP}}{\sin\overset{\frown}{PB}}\cdot\frac{\sin\overset{\frown}{BQ}}{\sin\overset{\frown}{QC}}\cdot\frac{\sin\overset{\frown}{CR}}{\sin\overset{\frown}{RA}}=-1 \qquad ⑤$$

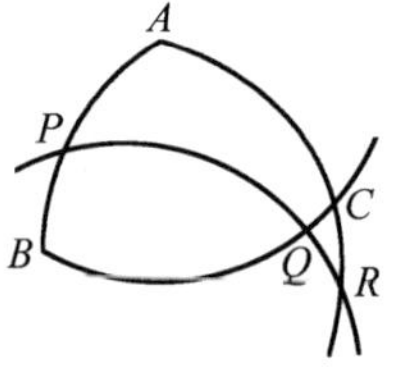

图 1.72

这里,弧取有向弧,$\sin\overset{\frown}{AP}$ 是指$\overset{\frown}{AP}$ 所对圆心角的正弦.

为了证明这个定理,梅涅劳斯未加证明地用了如下平面几何定理作为引理:

引理 即今所谓梅涅劳斯定理.

这个定理很可能在梅氏之前就已被发现,但迄今并不知道究竟是被何人首先发现,因此仍以第一次引用它的人的名字命名.

关于球面的三角形定理,梅涅劳斯是这样证明的:

第一步,如图 1.73,在$\triangle A'B'C'$ 中,X' 是 $B'C'$ 或其延长线上一点,那么

$$\frac{B'X'}{X'C'}=\frac{S_{\triangle A'B'X'}}{S_{\triangle A'X'C'}}=\frac{A'B'\cdot A'X'\cdot\sin\angle B'A'X'}{A'X'\cdot A'C'\cdot\sin\angle X'A'C'}=\frac{A'B'\cdot\sin\angle B'A'X'}{A'C'\cdot\sin\angle X'A'C'}$$

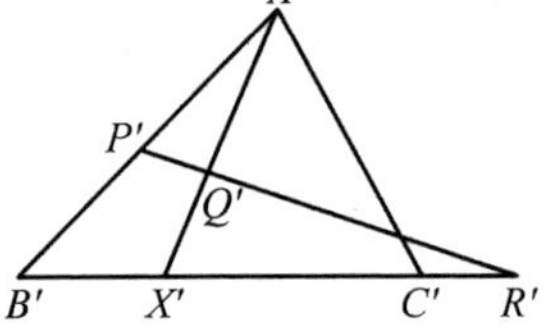

图 1.73

第二步,设想 O 为空间一点,点 P',Q',R' 分别为 $A'B'$,$B'C'$,$C'A'$ 所在直线上的点,将图 1.73 中各点与 O 联结起来.于是在$\triangle A'OB'$ 中有

$$\frac{A'P'}{P'B'}=\frac{OA'\cdot\sin\angle A'OP'}{OB'\cdot\sin\angle P'OB'}$$

在 $\triangle B'OC'$ 和 $\triangle C'OA'$ 中分别有

$$\frac{B'Q'}{Q'C'}=\frac{OB'\cdot\sin\angle B'OQ'}{OC'\cdot\sin\angle Q'OC'}$$

$$\frac{C'R'}{R'A'}=\frac{OC'\cdot\sin\angle C'OR'}{OA'\cdot\sin\angle R'OA'}$$

将三式相乘,再利用引理,便得

$$\frac{\sin\angle A'OP'}{\sin\angle P'OB'}\cdot\frac{\sin\angle B'OQ'}{\sin\angle Q'OC'}\cdot\frac{\sin\angle C'OR'}{\sin\angle R'OA'}=-1 \qquad ⑥$$

第三步,将球心 O 与图 1.72 中球面三角形上各点联结起来;再用一不过点 O 的平面相截,截痕便是图 1.73. 因而式 ⑥ 成立.

但由于 $\angle AOP=\angle A'OP'$ 等,$\sin\widehat{AP}=\sin\angle AOP$ 等,所以式 ⑤ 成立,即定理得证.

梅涅劳斯以此定理作基础,取球面三角形 ABC 为各种特例,截线用不同截法,便得球面三角的各种公式. 所以说,球面三角形的梅涅劳斯定理,是球面三角术的基本定理.

近些年,人们又把平面三角形的梅涅劳斯定理推广到四边形和 n 边形,以及空间 n 边形.

❖梅涅劳斯定理的推广

定理 1 若一直线 l 截首尾相接的平面折线 $ABCDA$ 的各边 AB,BC,CD, DA 于 P_1,P_2,P_3,P_4(图 1.74),则

$$\frac{AP_1}{P_1B}\cdot\frac{BP_2}{P_2C}\cdot\frac{CP_3}{P_3D}\cdot\frac{DP_4}{P_4A}=1$$

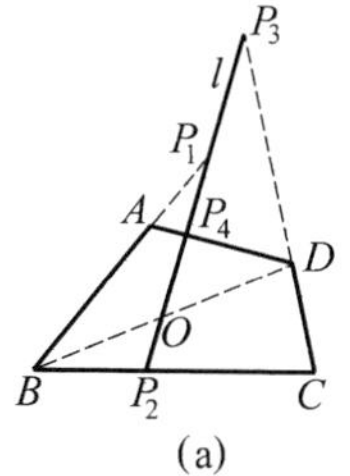

(a)

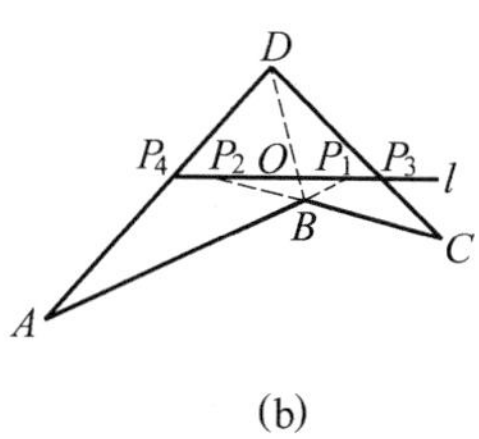

(b)

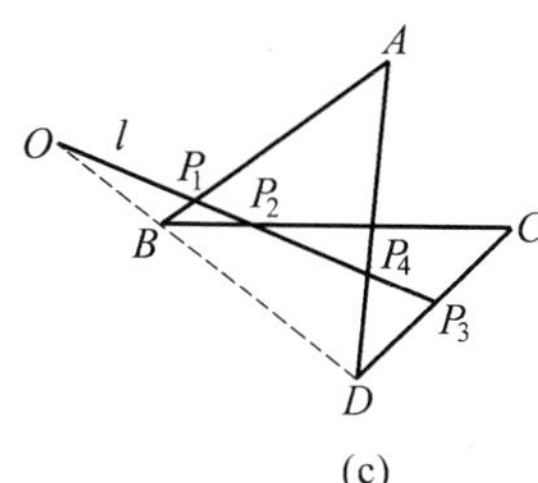

(c)

图 1.74

证明 设 l 至少与 BD,AC 中的一条相交,不妨设 l 与 BD 相交于 O. 由 $\triangle ABD$ 被直线 P_1P_4O 所截,则

$$\frac{AP_1}{P_1B}\cdot\frac{BO}{OD}\cdot\frac{DP_4}{P_4A}=1$$

又 $\triangle BCD$ 被直线 P_3P_2O 所截,则

$$\frac{BP_2}{P_2C}\cdot\frac{CP_3}{P_3D}\cdot\frac{DO}{OB}=1$$

以上两式相乘,得

$$\frac{AP_1}{P_1B}\cdot\frac{BP_2}{P_2C}\cdot\frac{CP_3}{P_3D}\cdot\frac{DP_4}{P_4A}=1$$

定理2 若 $A_1A_2A_3\cdots A_{n-1}A_n$ 是由 n 条线段组成的首尾相接的平面折线形 $A_1A_2A_3\cdots A_{n-1}A_nA_1$,它被直线 l 所截,若 l 与 $A_1A_2,A_2A_3,A_3A_4,\cdots,A_{n-1}A_n,A_nA_1$ 所在直线的交点分别为 $P_1,P_2,P_3,\cdots,P_{n-1},P_n$,则①

$$\frac{A_1P_1}{P_1A_2}\cdot\frac{A_2P_2}{P_2A_3}\cdot\frac{A_3P_3}{P_3A_4}\cdot\cdots\cdot\frac{A_{n-1}P_{n-1}}{P_{n-1}A_n}\cdot\frac{A_nP_n}{P_nA_1}=1$$

证法1 如图1.75,联结 $A_1A_3,A_1A_4,\cdots,A_1A_{n-1}$,设与 l 的交点分别为 $C_1,C_2,\cdots,C_{n-3}$,则有

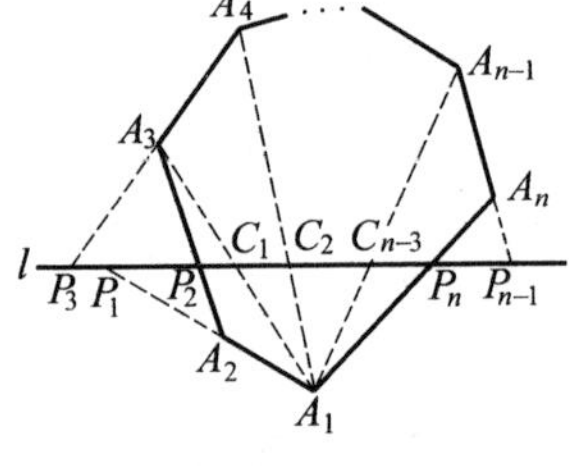

图1.75

$$\frac{A_1P_1}{P_1A_2}\cdot\frac{A_2P_2}{P_2A_3}\cdot\frac{A_3C_1}{C_1A_1}=1$$

$$\frac{A_1C_1}{C_1A_3}\cdot\frac{A_3P_3}{P_3A_4}\cdot\frac{A_4C_2}{C_2A_1}=1$$

$$\vdots$$

$$\frac{A_1C_{n-3}}{C_{n-3}A_{n-1}}\cdot\frac{A_{n-1}P_{n-1}}{P_{n-1}A_n}\cdot\frac{A_nP_n}{P_nA_1}=1$$

将上面诸式两边分别相乘即得

$$\frac{A_1P_1}{P_1A_2}\cdot\frac{A_2P_2}{P_2A_3}\cdot\cdots\cdot\frac{A_nP_n}{P_nA_1}=1$$

证法2 如图1.76,分别过 $A_1,A_2,\cdots,A_n$ 作 l 的垂线 $A_1O_1,A_2O_2,\cdots,A_{n-1}O_{n-1},A_nO_n,O_1,O_2,\cdots,O_n$ 为垂足,则

$$\frac{A_1P_1}{P_1A_2}=\frac{A_1O_1}{A_2O_2}$$

$$\frac{A_2P_2}{P_2A_3}=\frac{A_2O_2}{A_3O_3}$$

$$\vdots$$

$$\frac{A_nP_n}{P_nA_1}=\frac{A_nO_n}{A_1O_1}$$

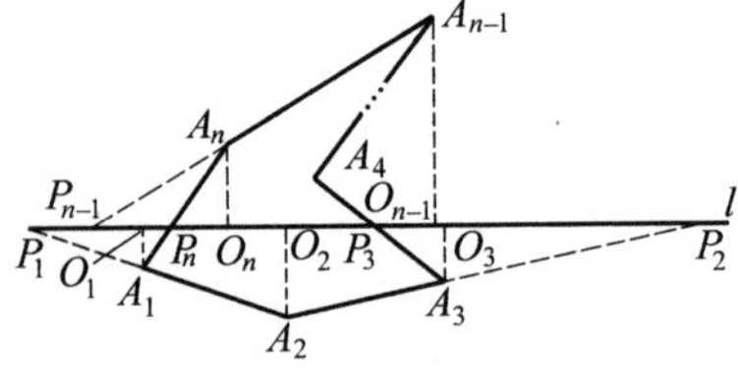

图1.76

① 胡耀宗,孙斌. Menelaus定理的推广及应用[J]. 数学通报,1994(4):16-17.

将 n 个等式相乘得

$$\frac{A_1P_1}{P_1A_2}\cdot\frac{A_2P_2}{P_2A_3}\cdot\cdots\cdot\frac{A_nP_n}{P_nA_1}=1$$

当然这一定理还可以应用数学归纳法和解析法证明，如设各顶点坐标为 $A_i(x_i,y_i)(y_i\neq 0,i=1,2,\cdots,n)$，$l$ 的方程为 $y=0$，则

$$\left|\frac{A_1P_1}{P_1A_2}\right|\cdot\left|\frac{A_2P_2}{P_2A_3}\right|\cdot\cdots\cdot\left|\frac{A_nP_n}{P_nA_1}\right|=\left|\frac{y_1}{y_2}\right|\cdot\left|\frac{y_2}{y_3}\right|\cdot\cdots\cdot\left|\frac{y_n}{y_1}\right|=1$$

顺便指出，当 $n>3$ 时，上述定理的逆命题不成立①，即若

$$\frac{A_1P_1}{P_1A_2}\cdot\frac{A_2P_2}{P_2A_3}\cdot\cdots\cdot\frac{A_nP_1}{P_nA_1}=1$$

则 $P_1,P_2,\cdots,P_n$（当 $n\geqslant 4$ 时）不一定共线. 今举一四边形作为反例. 如图 1.77，有 $A_1C_1 /\!/ C_2A_4 /\!/ A_2A_3$，从而有

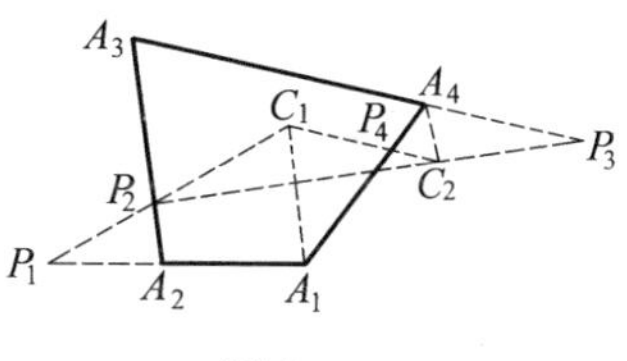

图 1.77

$$\frac{A_1P_1}{P_1A_2}=\frac{A_1C_1}{A_2P_2},\frac{A_4P_4}{P_4A_1}=\frac{A_4C_2}{A_1C_1},\frac{A_3P_3}{P_3A_4}=\frac{A_3P_2}{A_4C_2}$$

将三式两边分别相乘，有

$$\frac{A_1P_1}{P_1A_2}\cdot\frac{A_2P_2}{P_2A_3}\cdot\frac{A_3P_3}{P_3A_4}\cdot\frac{A_4P_4}{P_4A_1}=1$$

但显然 P_1,P_2,P_3,P_4 不共线.

定理 3 $A_1A_2A_3\cdots A_{n-1}A_nA_1$ 是首尾相接的空间封闭折线，被平面 α 所截，α 与 $A_1A_2,A_2A_3,\cdots,A_{n-1}A_n,A_nA_1$ 所在直线的交点为 $P_1,P_2,\cdots,P_{n-1},P_n$，则

$$\frac{A_1P_1}{P_1A_2}\cdot\frac{A_2P_2}{P_2A_3}\cdot\cdots\cdot\frac{A_{n-1}P_{n-1}}{P_{n-1}A_n}\cdot\frac{A_nP_n}{P_nA_1}=1$$

仿照平面情况可证明之，只需作平面 α 的垂线 $A_1O_1,A_2O_2,A_3O_3,\cdots,A_nO_n,O_1,O_2,O_3,\cdots,O_n$ 为垂足，并注意到 A_iO_i 与 $A_{i+1}O_{i+1}$ 共面，且 $O_iP_iO_{i+1}$ 共线.（图形及证明过程略）

定理 4 设 E,F,G,H 分别是空间四边形 $ABCD$ 的四边 AB,BC,CD,DA 所在直线上的点（不同于任何顶点），则点 E,F,G,H 共面的充要条件是②

$$\frac{AE}{EB}\cdot\frac{BF}{FC}\cdot\frac{CG}{GD}\cdot\frac{DH}{HA}=1 \qquad ①$$

证明 必要性. 联结 BD，则直线 BD 与平面 α 有且只有两种位置关系：平行和相交.

(1) 若 $BD /\!/ \alpha$，如图 1.78(a)，则有

① 汪江松，黄家礼. 几何明珠[M]. 武汉：地质大学出版社，1992：38.

② 苏茂鸣，袁金龙. 梅氏定理在三维空间的推广[J]. 中学数学教学，1990(2)：15-16.

$$EH \parallel BD, FG \parallel BD$$

则
$$\frac{EA}{EB} = \frac{HA}{HD}, \frac{FB}{FC} = \frac{GD}{GC}$$

故式 ① 成立.

(2) 若 $BD \cap \alpha = P$,如图 1.78(b),则有 $EH \cap BD = P$,$FG \cap BD = P$(因 P 是平面 ABD,BCD 与 α 的公共点),分别在 $\triangle ABD$ 和 $\triangle BCD$ 中用梅氏定理得

$$\frac{EA}{EB} \cdot \frac{PB}{PD} \cdot \frac{HD}{HA} = 1$$

$$\frac{FB}{FC} \cdot \frac{GC}{GD} \cdot \frac{PD}{PB} = 1$$

两式相乘,得式 ① 成立.

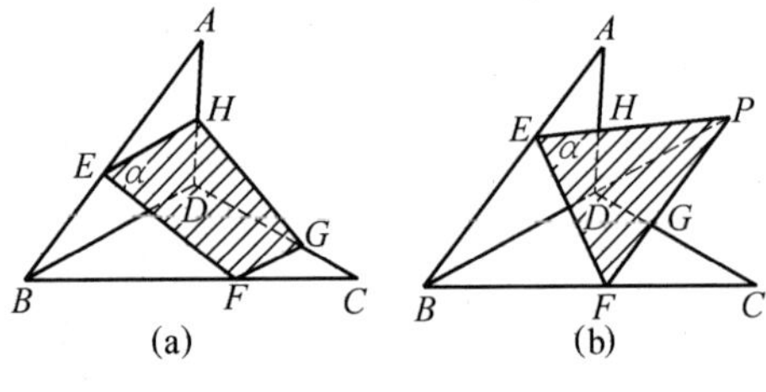

图 1.78

综合(1),(2),必要性得证.

充分性.联结 BD,EH 与 FG,如图 1.79 所示.考查直线 EH 与直线 BD 的位置关系,它们在同一平面 ABD 内,故它们有且只有两种位置关系:平行或相交.

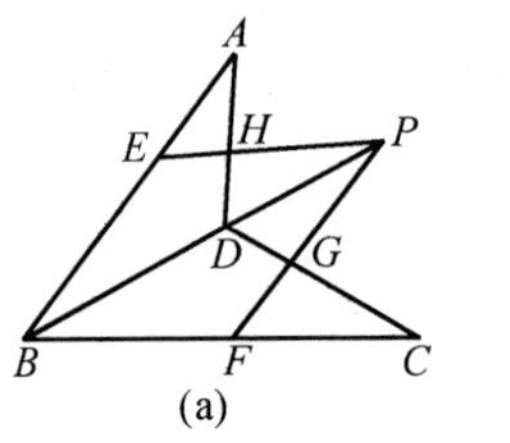

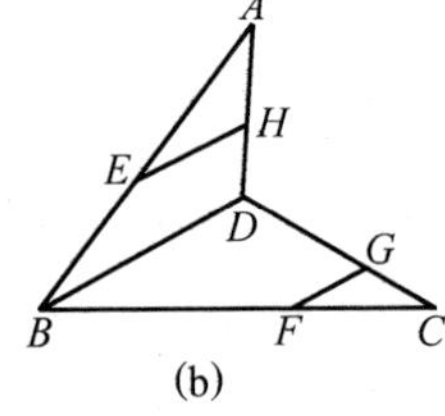

图 1.79

(1) 若 $EH \parallel BD$,如图 1.79(b) 所示,则有

$$\frac{AE}{EB} = \frac{AH}{HD}$$

由已知条件,有

$$\frac{BF}{FC} = \frac{CG}{GD}$$

则 $$FG \parallel BD$$

故 $$EH \parallel FG$$

(2) 若 $EH \cap BD = P$，如图 1.79(a). 在 $\triangle ABD$ 中，直线 EHP 是它的截线，由梅氏定理得

$$\frac{AE}{EB} \cdot \frac{BP}{PD} \cdot \frac{DH}{HA} = 1$$

综合已知条件，得

$$\frac{BF}{FC} \cdot \frac{CG}{GD} \cdot \frac{DP}{PB} = 1$$

在 $\triangle ABD$ 中用梅氏定理的逆定理得 F, G, P 三点共线.

故 $EH \cap FG = P$. 综合(1)，(2) 得 E, F, G, H 四点共面.

对于定理 4 的进一步推广，当 $n > 4$ 时，必要性已给出定理了，而充分性对 $n > 4$ 的空间 n 边形没有相应的推广，而只有以下较弱的命题.

定理 5 设 $P_1, P_2, \cdots, P_n$ 分别是空间 n 边形 $A_1A_2\cdots A_n$ 的 n 条边 A_1A_2，$A_2A_3, \cdots, A_nA_1$ 所在直线上的点(不同于顶点)，则 $P_1, P_2, \cdots, P_n$ 这 n 个点共面的充要条件是其中有 $(n-1)$ 个点共面.

证明略.

❖梅涅劳斯定理的拓广

定理 设点 D, E, F 分别在 $\triangle ABC$ 所在边的直线上，且 $\frac{AD}{DB} = \lambda_1$，$\frac{BE}{EC} = \lambda_2$，$\frac{CF}{FA} = \lambda_3$，则

$$\frac{S_{\triangle DEF}}{S_{\triangle ABC}} = \frac{1 + \lambda_1\lambda_2\lambda_3}{(1+\lambda_1)(1+\lambda_2)(1+\lambda_3)} \quad ①$$

证明 如图 1.80，设 $\triangle ADF$，$\triangle BED$，$\triangle CFE$ 的面积分别为 S_1, S_2, S_3，则

$$\frac{S_1}{S_{\triangle ABC}} = \frac{AD \cdot AF}{AB \cdot AC}$$

又 $\frac{AD}{DB} = \lambda_1$，则

$$\frac{AD}{AB} = \frac{\lambda_1}{1+\lambda_1}$$

又 $\frac{CF}{FA} = \lambda_3$，则

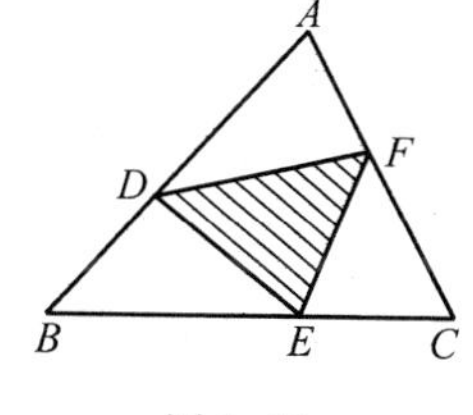

图 1.80

$$\frac{AF}{AC}=\frac{1}{1+\lambda_3}$$

从而
$$\frac{S_1}{S_{\triangle ABC}}=\frac{\lambda_1}{(1+\lambda_1)(1+\lambda_3)}$$

同理
$$\frac{S_2}{S_{\triangle ABC}}=\frac{\lambda_2}{(1+\lambda_2)(1+\lambda_1)},\frac{S_3}{S_{\triangle ABC}}=\frac{\lambda_3}{(1+\lambda_3)(1+\lambda_2)}$$

故
$$\frac{S_{\triangle DEF}}{S_{\triangle ABC}}=\frac{S_{\triangle ABC}-S_1-S_2-S_3}{S_{\triangle ABC}}=\frac{1+\lambda_1\lambda_2\lambda_3}{(1+\lambda_1)(1+\lambda_2)(1+\lambda_3)}$$

注 当 $\lambda_i(i=1,2,3)$ 取负值时，表明分点在边的延长线上，相应的 S_i 表有向面积. 显然，当 $\lambda_1\lambda_2\lambda_3=-1$ 时，$S_{\triangle DEF}=0$，表明 D,E,F 三点共线，此即为梅涅劳斯定理的情形.

推论 1 设 D,E,F 分别是 $S_{\triangle ABC}$ 的三边 BC,CA,AB 或其延长线上的点，且 $\frac{BD}{DC}=\frac{CE}{EA}=\frac{AF}{FB}=p$，则

$$\frac{S_{\triangle DEF}}{S_{\triangle ABC}}=\frac{1-p+p^2}{(1+p)^2}$$

推论 2 设 M 是 $\triangle ABC$ 内一点，D,E,F 分别是 AM,BM,CM 与边 BC，CA,AB 的交点. 且 $\frac{BD}{DC}=p,\frac{CE}{EA}=q,\frac{AF}{FB}=r$，则

$$\frac{S_{\triangle DEF}}{S_{\triangle ABC}}=\frac{2}{(1+p)(1+q)(1+r)}$$

❖塞瓦定理

塞瓦定理 设 A',B',C' 分别是 $\triangle ABC$ 的三边 BC,CA,AB 或其延长线上的点，若 AA',BB',CC' 三线平行或共点，则

$$\frac{BA'}{A'C}\cdot\frac{CB'}{B'A}\cdot\frac{AC'}{C'B}=1 \quad ①$$

证明 如图 1.81(a),(b)，若 AA',BB',CC' 交于一点 P，则过 A 作 BC 的平行线，分别交 BB',CC' 或其延长线于 D,E，得

$$\frac{CB'}{B'A}=\frac{BC}{AD},\frac{AC'}{C'B}=\frac{EA}{BC}$$

又由 $\frac{BA'}{AD}=\frac{A'P}{PA}=\frac{A'C}{EA}$，有

$$\frac{BA'}{A'C}=\frac{AD}{EA}$$

从而 $$\frac{BA'}{A'C}\cdot\frac{CB'}{B'A}\cdot\frac{AC'}{C'B}=\frac{AD}{EA}\cdot\frac{BC}{AD}\cdot\frac{EA}{BC}=1$$

如图 1.81(c),若 AA',BB',CC' 三线平行,可类似证明(略).

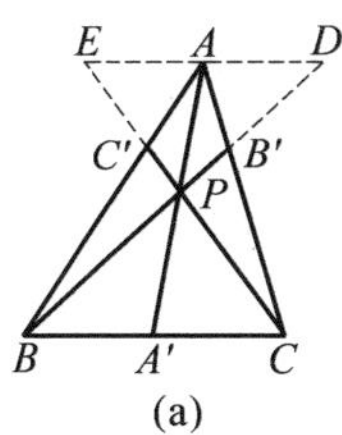

(a)

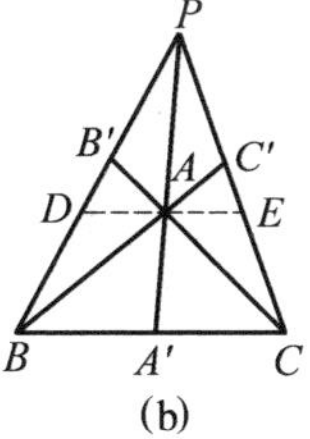

(b)

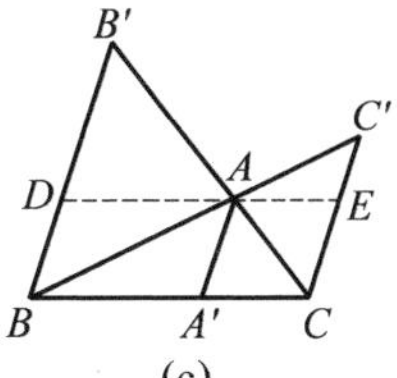

(c)

图 1.81

注 (1) 对于图 1.81(a),(b) 也有如下面积证法.

由$\frac{BA'}{A'C}\cdot\frac{CB'}{B'A}\cdot\frac{AC'}{C'B}=\frac{S_{\triangle PAB}}{S_{\triangle PCA}}\cdot\frac{S_{\triangle PBC}}{S_{\triangle PAB}}\cdot\frac{S_{\triangle PCA}}{S_{\triangle PBC}}=1$,即证.

(2) 关于塞瓦定理的其他证法可参见作者另著《平面几何范例多解探究》(上篇).

塞瓦定理的逆定理 设 A',B',C' 分别是 $\triangle ABC$ 的三边 BC,CA,AB 或其延长线上的点,若

$$\frac{BA'}{A'C}\cdot\frac{CB'}{B'A}\cdot\frac{AC'}{C'B}=1 \qquad ②$$

则 AA',BB',CC' 三直线共点或三直线互相平行.

证明 若 AA' 与 BB' 交于点 P,设 CP 与 AB 的交点为 C_1,则由塞瓦定理,有

$$\frac{BA'}{A'C}\cdot\frac{CB'}{B'A}\cdot\frac{AC_1}{C_1B}=1$$

由已知有$\frac{BA'}{A'C}\cdot\frac{CB'}{B'A}\cdot\frac{AC'}{C'B}=1$,由此得

$$\frac{AC_1}{C_1B}=\frac{AC'}{C'B}$$

即 $$\frac{AC_1}{AB}=\frac{AC'}{AB}$$

亦即 $$AC_1=AC'$$

故 C_1 与 C' 重合,从而 AA',BB',CC' 三线共点.

若 $AA' /\!/ BB'$,则

$$\frac{CB'}{B'A}=\frac{CB}{BA'}$$

代入已知条件,有

$$\frac{AC'}{C'B}=\frac{A'C}{CB}$$

由此知
$$CC' /\!/ AA'$$

故
$$AA' /\!/ BB' /\!/ CC'$$

上述两定理可合写为:设 A',B',C' 分别是 $\triangle ABC$ 的 BC,CA,AB 所在直线上的点,则三直线 AA',BB',CC' 平行或共点的充要条件是 $\frac{BA'}{A'C}\cdot\frac{CB'}{B'A}\cdot\frac{AC'}{C'B}=1$.

塞瓦定理的第一角元形式 设 A',B',C' 分别是 $\triangle ABC$ 的三边 BC,CA,AB 所在直线上的点,则三直线 AA',BB',CC' 平行或共点的充要条件是

$$\frac{\sin\angle BAA'}{\sin\angle A'AC}\cdot\frac{\sin\angle ACC'}{\sin\angle C'CB}\cdot\frac{\sin\angle CBB'}{\sin\angle B'BA}=1 \quad ③$$

证明 由

$$\frac{BA'}{A'C}=\frac{S_{\triangle ABA'}}{S_{\triangle AA'C}}=\frac{AB\cdot\sin\angle BAA'}{AC\cdot\sin\angle A'AC}$$

$$\frac{CB'}{B'A}=\frac{BC\cdot\sin\angle CBB'}{AB\cdot\sin\angle B'BA}$$

$$\frac{AC'}{C'B}=\frac{AC\cdot\sin\angle ACC'}{BC\cdot\sin\angle C'CB}$$

三式相乘,再运用塞瓦定理及其逆定理,知结论成立.

推论 设 A_1,B_1,C_1 分别是 $\triangle ABC$ 的外接圆三段弧 $\overset{\frown}{BC},\overset{\frown}{CA},\overset{\frown}{AB}$ 上的点,则 AA_1,BB_1,CC_1 共点的充要条件是

$$\frac{BA_1}{A_1C}\cdot\frac{CB_1}{B_1A}\cdot\frac{AC_1}{C_1B}=1 \quad ④$$

证明 如图1.82,设 $\triangle ABC$ 的外接圆半径为 R,AA_1 交 BC 于 A',BB_1 交 CA 于 B',CC_1 交 AB 于 C'. 由 A,C_1,B,A_1,C,B_1 六点共圆及正弦定理,有

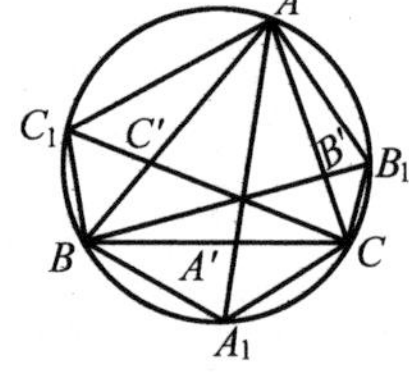

图 1.82

$$\frac{BA_1}{A_1C}=\frac{2R\cdot\sin\angle BAA_1}{2R\cdot\sin\angle A_1AC}=\frac{\sin\angle BAA'}{\sin\angle A'AC}$$

同理
$$\frac{CB_1}{B_1A}=\frac{\sin\angle CBB'}{\sin\angle B'BA},\frac{AC_1}{C_1B}=\frac{\sin\angle ACC'}{\sin\angle C'CB}$$

三式相乘,并应用角元形式的塞瓦定理即证.

塞瓦定理的第二角元形式 设 A',B',C' 分别是 $\triangle ABC$ 的三边 BC,CA,AB 所在直线上的点,O 是不在 $\triangle ABC$ 的三边所在直线上的点,则 AA',BB',CC' 平行或共点的充要条件是

$$\frac{\sin\angle BOA'}{\sin\angle A'OC}\cdot\frac{\sin\angle AOC'}{\sin\angle C'OB}\cdot\frac{\sin\angle COB'}{\sin\angle B'OA}=1 \quad ⑤$$

证明　注意到塞瓦定理及其逆定理，有

$$1=\frac{BA'}{A'C}\cdot\frac{CB'}{B'A}\cdot\frac{AC'}{C'B}=\frac{S_{\triangle BOA'}}{S_{\triangle A'OC}}\cdot\frac{S_{\triangle COB'}}{S_{\triangle B'OA}}\cdot\frac{S_{\triangle AOC'}}{S_{\triangle C'OB}}=$$

$$\frac{BO\cdot\sin\angle BOA'}{CO\cdot\sin\angle A'OC}\cdot\frac{CO\cdot\sin\angle COB'}{AO\cdot\sin\angle B'OA}\cdot\frac{AO\cdot\sin\angle AOC'}{BO\cdot\sin\angle C'OB}$$

由此整理即证得结论.

在上述各定理中，若采用有向线段或有向角，则①，②，③，④，⑤式中的右端仍均为1. 式③，④，⑤的角或线段也可以按式①或式②中的对应线段记忆.

塞瓦(Ceva，1648—1734)是意大利几何学家、水利工程师. 塞瓦定理载于他的《关于直线》一书中，他用纯几何方法和基于静力学规律，从不同的角度证明了这一结论，并把它和自己重新发现的梅氏定理一同发表而流传至今.

❖塞瓦定理的推广

定理1[①]　E,F,G,H,M,N 分别为四面体 $A-BCD$ 的棱 CD,DB,BC,AD,AB,AC 上的点，若六个平面 ABE,ACF,ADG,BCH,CDM,DBN 共点，则

$$\frac{CE}{ED}\cdot\frac{DH}{HA}\cdot\frac{AM}{MB}\cdot\frac{BG}{GC}=1 \quad ①$$

证明　设六个平面交点为 O，AO,BO,CO,DO 分别交对面于 M_1,M_2,M_3,M_4，如图1.83所示，平面 ABE,ACF,ADG 有公共点 A,O，因而共线 AO，M_1 在 BCD 上，因而 BE,CF,DG 交于 M_1，由塞瓦定理，有

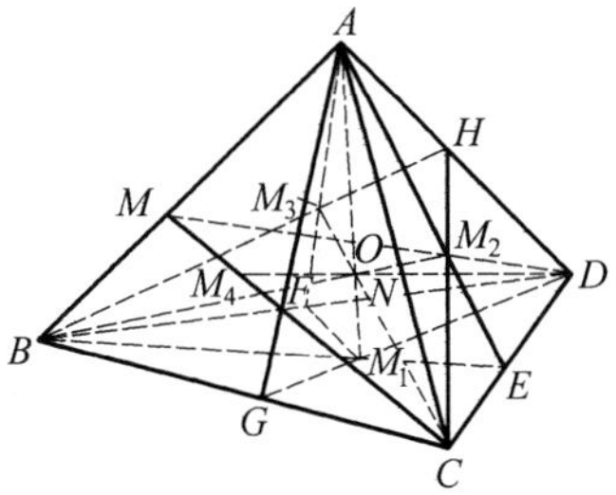

$$\frac{CE}{ED}\cdot\frac{DF}{FB}\cdot\frac{BG}{GC}=1 \quad ②$$

图1.83

类似的式子还有

$$\frac{CE}{ED}\cdot\frac{DH}{HA}\cdot\frac{AN}{NC}=1 \quad ③$$

$$\frac{DH}{HA}\cdot\frac{AM}{MB}\cdot\frac{BF}{FD}=1 \quad ④$$

① 刘应平. 塞瓦定理的三维推广[J]. 中学数学，1991(11)：23.

$$\frac{AM}{MB}\cdot\frac{BG}{GC}\cdot\frac{CN}{NA}=1 \quad ⑤$$

将 ②～⑤ 相乘即得 ①.

定理2 设 E,F,G,H,M,N,分别为四面体 $A-BCD$ 的棱 CD,DB,BC,AD,AB,AC 上的点,如 ②～⑤ 中有三个成立,则平面 ABE,ACF,ADG,BCH,CDM,DBN 共点.

证明 不妨设 ②,③,④ 成立(则可知 ⑤ 成立),依塞瓦定理的逆定理,直线 BE,CF,DG 交于一点 M_1,AE,CH,DN 交于一点 M_2,DM,AF,BH 交于一点 M_3,即面 ABE,ACF,ADG 交于 CM_3,因 AM_1,BM_2 在同一平面 ABE 上,则它们交于一点 O,则 O 是五个平面 ABE,ACF,ADG,BCH,DBN 的交点,故 O 在面 BCH,ACF 的交线 CM_3 上,从而在面 CDM 上,即六个平面共点.

依定理2可得如下推论.

推论1 过四面体任一条棱中点的六个面共点(此点称为重心).

推论2 四面体每个二面角的平分面共点(此点称为内心).

推论3 若四面体三组对棱分别互相垂直,则过每条棱作对棱的垂面,而得六个平面共点(此点称为垂心).

定理3① 如图1.84,设 P 是四面体 $A-BCD$ 内一点,A',B',C',D' 分别为 AP,BP,CP,DP 与面 BCD,CDA,DAB,ABC 的交点,则有

$$\frac{S_{\triangle A'CD}}{S_{\triangle A'DB}}\cdot\frac{S_{\triangle B'DA}}{S_{\triangle B'AC}}\cdot\frac{S_{\triangle C'AB}}{S_{\triangle C'BD}}\cdot\frac{S_{\triangle D'BC}}{S_{\triangle D'CA}}=1$$

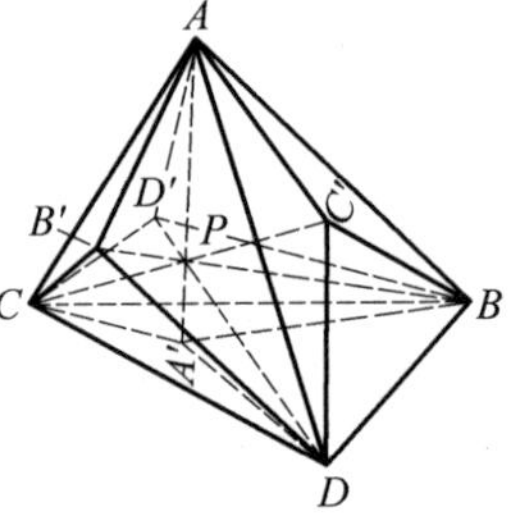

图1.84

证明 先看如下的引理(即角平分线性质定理的推广).

引理 四面体 $A-BCD,P-BCD$ 具有公共面 BCD,E 为 A,P 连线与平面 BCD 的交点,则

$$\frac{V_{B-CDA}}{V_{B-CDP}}=\frac{AE}{PE}$$

事实上,如图1.85,AH,PF 分别是四面体 $A-BCD,P-BCD$ 的高,易知 E,F,H 共线.

一方面$\frac{V_{B-CDA}}{V_{B-CDP}}=\frac{AH}{PF}$.

另一方面 $\triangle AEH\backsim\triangle PEF$ 知$\frac{AH}{PF}=\frac{AE}{PE}$.

① 姚勇.空间塞瓦定理新证[J].中学数学(苏州),1996(8):42.

综上两方面即得引理.

引理中随点 P 与公共面位置的不同,情况很多,但上述证法均适用.

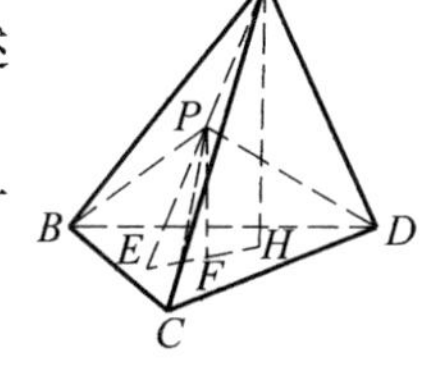

图 1.85

现回到定理证明. 设面 $AA'D$ 与 BC 交点为 E,由引理可有

$$\frac{V_{P-ADC}}{V_{P-ADB}}=\frac{CE}{BE},\frac{V_{A-A'DC}}{V_{A-A'DB}}=\frac{CE}{BE}$$

又显然 $$\frac{V_{A-A'DC}}{V_{A-A'DB}}=\frac{S_{\triangle A'CD}}{S_{\triangle A'DB}}$$

则 $$\frac{S_{\triangle A'CD}}{S_{\triangle A'DB}}=\frac{V_{P-ADC}}{V_{P-ADB}} \quad ①$$

同理 $$\frac{S_{\triangle B'DA}}{S_{\triangle B'AC}}=\frac{V_{P-ADB}}{V_{P-ABC}} \quad ②$$

$$\frac{S_{\triangle C'AB}}{S_{\triangle C'BD}}=\frac{V_{P-ABC}}{V_{P-BDC}} \quad ③$$

$$\frac{S_{\triangle D'BC}}{S_{\triangle D'CA}}=\frac{V_{P-BDC}}{V_{P-DCA}} \quad ④$$

①×②×③×④ 即得定理结论.

注 由引理还很容易得到

$$\frac{PA'}{AA'}+\frac{PB'}{BB'}+\frac{PC'}{CC'}+\frac{PD'}{DD'}=1$$

❖塞瓦定理的拓广

定理 若 D,E,F 分别为 $\triangle ABC$ 三边 BC,CA,AB 上的点,$\frac{AF}{FB}=\lambda_1,\frac{BD}{DC}=\lambda_2,\frac{CE}{EA}=\lambda_3$,$AD,BE,CF$ 相交得 $\triangle PQR$,如图 1.86 所示,则

$$\frac{S_{\triangle PQR}}{S_{\triangle ABC}}=\frac{(\lambda_1\lambda_2\lambda_3-1)^2}{(1+\lambda_1+\lambda_1\lambda_2)(1+\lambda_2+\lambda_2\lambda_3)(1+\lambda_3+\lambda_3\lambda_1)}$$

证明 因直线 CRF 截 $\triangle ABD$,则由梅涅劳斯定理有

$$\frac{AR}{RD}\cdot\frac{DC}{CB}\cdot\frac{BF}{FA}=1$$

即 $$\frac{AR}{RD}\cdot\frac{1}{1+\lambda_2}\cdot\frac{1}{\lambda_1}=1$$

亦即 $$\frac{AR}{RD}=\lambda_1(1+\lambda_2)$$

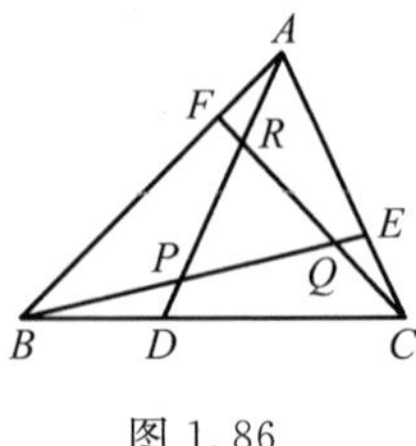

图 1.86

故 $$\frac{AR}{AD}=\frac{\lambda_1(1+\lambda_2)}{1+\lambda_1+\lambda_1\lambda_2}$$

$$S_{\triangle ARC}=\frac{\lambda_1(1+\lambda_2)}{1+\lambda_1+\lambda_1\lambda_2}S_{\triangle ADC}=$$

$$\frac{\lambda_1(1+\lambda_2)}{1+\lambda_1+\lambda_1\lambda_2}\cdot\frac{1}{1+\lambda_2}\cdot S_{\triangle ABC}=$$

$$\frac{\lambda_1}{1+\lambda_1+\lambda_1\lambda_2}S_{\triangle ABC}$$

同理有

$$S_{\triangle ABP}=\frac{\lambda_2}{1+\lambda_2+\lambda_2\lambda_3}S_{\triangle ABC}$$

$$S_{\triangle BCQ}=\frac{\lambda_3}{1+\lambda_3+\lambda_3\lambda_1}S_{\triangle ABC}$$

从而

$$S_{\triangle PQR}=\left(1-\left(\frac{\lambda_1}{1+\lambda_1+\lambda_1\lambda_2}+\frac{\lambda_2}{1+\lambda_2+\lambda_2\lambda_3}+\frac{\lambda_3}{1+\lambda_3+\lambda_3\lambda_1}\right)\right)S_{\triangle ABC}=$$

$$\frac{(1-\lambda_1\lambda_2\lambda_3)^2}{(1+\lambda_1+\lambda_1\lambda_2)(1+\lambda_2+\lambda_2\lambda_3)(1+\lambda_3+\lambda_3\lambda_1)}S_{\triangle ABC}$$

故 $$\frac{S_{\triangle PQR}}{S_{\triangle ABC}}=\frac{(1-\lambda_1\lambda_2\lambda_3)^2}{(1+\lambda_1+\lambda_1\lambda_2)(1+\lambda_2+\lambda_2\lambda_3)(1+\lambda_3+\lambda_3\lambda_1)}$$

注 显然当 AD,BE,CF 交于一点时，$S_{\triangle PQR}=0$，有 $\lambda_1\lambda_2\lambda_3=1$，为塞瓦定理(三线共点的情形)；反之，由 $\lambda_1\lambda_2\lambda_3=1$(因 AD,BE,CF 必两两相交)，又导出 $S_{\triangle PQR}=0$，即三线共点.

推论 设 D,E,F 分别是 $\triangle ABC$ 的三边 BC,CA,AB 或其延长线上的点，且 $\frac{BD}{DC}=\frac{CE}{EA}=\frac{AF}{FB}=\lambda$，若 AD 与 BE，BE 与 CF，CF 与 AD 分别交于点 P,Q,R，则

$$\frac{S_{\triangle PQR}}{S_{\triangle ABC}}=\frac{(1-\lambda)^2}{1+\lambda+\lambda^2}$$

❖梅涅劳斯定理与塞瓦定理的综合推广

对于梅、塞二氏定理：若不过顶点的直线交 $\triangle ABC$ 的边或其延长线于 L，M，N，则

$$\frac{AL}{LB}\cdot\frac{BM}{MC}\cdot\frac{CN}{NA}=1$$

若 P 为 $\triangle ABC$ 所在平面上的点，直线 AP,BP,CP 分别交对边所在直线于 L，M,N，则

$$\frac{BL}{LC}\cdot\frac{CM}{MA}\cdot\frac{AN}{NB}=1$$

它们的逆命题亦真.

这两个定理可以综合推广，为了方便证明参照两条引理①：

引理 1（三角正弦定理） 在三面角 $O-ABC$ 中，设 $\angle BOC=a$，$\angle COA=b$，$\angle AOB=c$，以 OA,OB,OC 为棱的二面角的大小分别记为 A,B，C，则

$$\frac{\sin a}{\sin A}=\frac{\sin b}{\sin B}=\frac{\sin c}{\sin C}$$

略证 应用三面角余弦定理

$$\cos A=\frac{\cos a-\cos b\cdot\cos c}{\sin b\cdot\sin c}$$

可求出 $\sin A$，从而知

$$\frac{\sin a}{\sin A}=\frac{\sin a\cdot\sin b\cdot\sin c}{\sqrt{1-\cos^2 a-\cos^2 b-\cos^2 c+2\cos a\cos b\cos c}}=k$$

类似地，算出 $\frac{\sin b}{\sin B}=\frac{\sin c}{\sin C}=k$.

设有直线 $l:Ax+By+C=0$ 及其外一点 $P(x_0,y_0)$，过点 P 的动直线 l_t

$$l_t:\begin{cases}x=x_0+t\cdot\cos\alpha\\ y=y_0+t\cdot\sin\alpha\end{cases}$$

与 l 交于 $Q(x,y)$，如图 1.87，这时，参数 $t=PQ$ 表示 PQ 的数量（有向长度）. 把上式代入 l 的方程，就得到 t 进一步满足的条件

$$Ax_0+By_0+C=-t(A\cos\alpha+B\sin\alpha) \qquad (*)$$

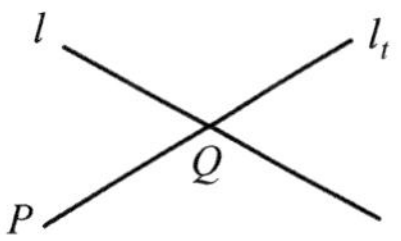

图 1.87

此式意义重大. 首先，可从中立刻求出 t，从而确定交点 Q. 特别地，当 $l\perp l_t$ 时，有

$$-1=k_{l_t}\cdot k_l=\frac{\sin\alpha}{\cos\alpha}\cdot\left(-\frac{A}{B}\right)$$

① 于新华. 梅涅劳斯定理与塞瓦定理的综合推广[J]. 中学数学，2005(10)：43-44.

$$\frac{\sin\alpha}{\cos\alpha}=\frac{B}{A}=\frac{\frac{B}{\sqrt{A^2+B^2}}}{\frac{A}{\sqrt{A^2+B^2}}}$$

$$\sin\alpha=\frac{B}{\sqrt{A^2+B^2}},\cos\alpha=\frac{A}{\sqrt{A^2+B^2}}$$

由式(*)求出 t,代入 l_t 方程,立刻求出点在直线上的射影坐标公式

$$\begin{cases}x=x_0-A\cdot\sigma\\y=y_0-B\cdot\sigma\end{cases}$$

其中 $\sigma=\dfrac{Ax_0+By_0+C}{A^2+B^2}$.

其次,把平面上任一点 $P(x_0,y_0)$ 的坐标代入直线方程的一般式(式(*)左边),获得了一定的几何与代数的意义:式(*)的左边,记 $F(P)=Ax_0+By_0+C$,称为定点式,$S_\alpha=S(PQ)=-(A\cos\alpha+B\sin\alpha)$ 称为特征角函数.则有:

引理2(定点式定理) 定点式的值等于割线长与割线特征角函数之积

$$F(P)=PQ\cdot S(PQ)$$

为了说明"定点式定理"的应用,先证明"梅氏定理",如图1.88,需证

$$\frac{AN}{AL}\cdot\frac{BL}{BM}\cdot\frac{CM}{CN}=1$$

(即$\dfrac{AL}{LB}\cdot\dfrac{BM}{MC}\cdot\dfrac{CN}{NA}=1$).

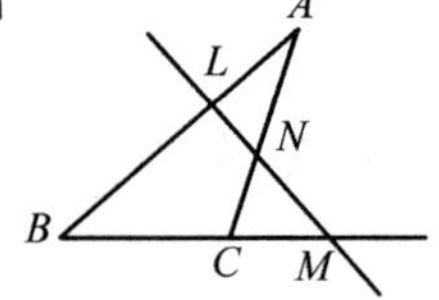

图1.88

事实上,直线 LM 看成割线,A,B,C 看成定点,由定点式定理

$$F(A)=AL\cdot S(AL)=AN\cdot S(AN)$$
$$F(B)=BM\cdot S(BM)=BL\cdot S(BL)$$
$$F(C)=CN\cdot S(CN)=CM\cdot S(CM)$$

三式相乘得

$$AL\cdot S(AL)\cdot BM\cdot S(BM)\cdot CN\cdot S(CN)=AN\cdot S(AN)\cdot BL\cdot S(BL)\cdot CM\cdot S(CM)$$

由图1.88可见

$$S(AL)=-S(BL),S(BM)=S(CM)$$
$$S(CN)=-S(AN)$$

故

$$AL\cdot BM\cdot CN=AN\cdot BL\cdot CM$$

整理,即得待证式.

下面给出若干综合推广定理,其中 $\prod a_i$ 表示 $a_1a_2\cdots a_n$.

定理1 直线 l 不过多边形 $A_1A_2\cdots A_n$ 顶点,分别交边 $A_1A_2,\cdots,A_nA_1$ 或其延长线于点 $B_1,B_2,\cdots,B_n$,则

$$\prod \frac{A_iB_{i-1}}{A_iB_i}=1 \quad (\text{其中 } B_0\equiv B_n)$$

证明 应用定点式定理,有

$$P(A_i)=A_iB_{i-1}\cdot S(A_iB_{i-1})=A_iB_i\cdot S(A_iB_i)$$

从而 $\prod A_iB_{i-1}\cdot S(A_iB_{i-1})=\prod A_iB_i\cdot S(A_iB_i)$.

由于直线 l 与多边形 $A_1A_2\cdots A_n$ 每边都相交,与边本身相交,必有偶数条.对于其余的边,l 只与其延长线相交.如 B_i 为 A_iA_{i+1} 内点,则 A_iB_i 与 $A_{i+1}B_i$ 方向相反,$S(A_iB_i)=-S(A_{i+1}B_i)$;如 B_i 在 A_iA_{i+1} 的延长线上,则 $S(A_iB_i)=S(A_{i+1}B_i)$.因此,在上述等式右边的乘积中,负号有偶数个,约去 $S(A_iB_i)$ 与 $S(A_{i+1}B_i)$ 之后,必有 $\prod A_iB_{i-1}=\prod A_iB_i$.

定理2 圆锥曲线 $F(x,y)=0$ 与多边形 $A_1A_2\cdots A_n$ 相交,其中交每条直线 A_kA_{k+1} 于(左右)两点 $A_{k+1,k}$ 和 $A_{k,k+1}$,记

$$\lambda_i=\frac{A_iA_{i-1,i}}{A_iA_{i,i+1}}\cdot\frac{A_iA_{i,i-1}}{A_iA_{i+1,i}} \quad (\text{当下标数字中出现 } 0 \text{ 或 } n+1 \text{ 时,分别变为 } n \text{ 与 } 1)$$

则 $\prod \lambda_i=1$.

证明 首先须指出,在引理2中,当 l 为圆锥曲线时,结论也成立.其次,圆锥曲线与多边形每条边所在直线交于两点,其中交点一点在边上,一点在延长线上的边必有偶数条,因而乘积必有偶数个负号.因此,可类似地证明.

定理3 平面 α 交空间闭折线 $A_1A_2\cdots A_n$ 于点 $B_1,B_2,\cdots,B_n$,其中 B_k 在 A_kA_{k+1} 上($A_{n+1}\equiv A_1$),则

$$\prod \frac{A_iB_{i-1}}{A_iB_i}=1 \quad (B_0\equiv B_n)$$

证明 由于在引理2中,把 l 看作平面 $Ax+By+Cz+D=0$,结论仍然成立,故可类似于定理1来证明.

定理4 设有多面角 $O-A_1A_2\cdots A_n$,过 O 的平面 α 交面 OA_kA_{k+1} 于射线 $OB_k(k=1,2,\cdots,n,B_{n+1}\equiv B_1)$,则

$$\prod \frac{\sin\angle A_iOB_i}{\sin\angle A_{i+1}OB_i}=1 \quad (A_{n+1}\equiv A_1)$$

证明 如图1.89,在三面角 $O-A_iB_iB_{i-1}$ 中($B_0\equiv B_n$),应用引理1,有(其中 $A_i-OB_{i-1}-B_i$,$A_i-OB_i-B_{i-1}$ 分别表示以 OB_{i-1} 和 OB_i 为棱的二面角的

大小)

$$\frac{\sin\angle A_iOB_i}{\sin\angle A_iOB_{i-1}}=\frac{\sin A_i-OB_{i-1}-B_i}{\sin A_i-OB_i-B_{i-1}}$$

$$(i=1,2,\cdots,n,B_0\equiv B_n)$$

两边对 $i=1,2,\cdots,n$ 取积，右边注意对顶二面角相等（如 $A_3-OB_2-B_3=A_2-OB_2-B_1$），相约后即为1，从而得欲证结果.

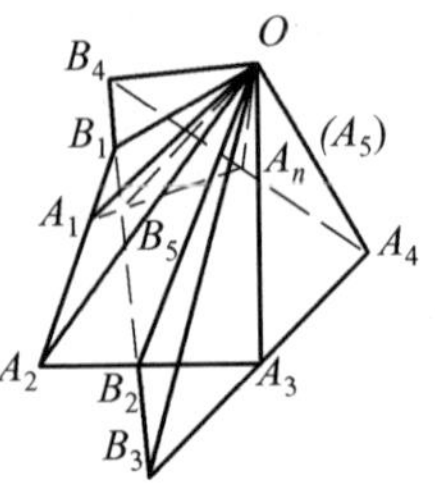

图 1.89

定理 5　对凸多面角 $O—A_1A_2\cdots A_n$，OP 为其内一条射线，设平面 OPA_k 将以 OA_k 为棱的二面角分成两个二面角的大小分别为 α_k 和 β_k，则 $\prod\frac{\sin\alpha_i}{\sin\beta_i}=1$.

证明　如图 1.90，在三面角 $O-PA_nA_1$，$O-PA_1A_2$，$\cdots$，$O-PA_{n-1}A_n$ 中，应用引理1，得

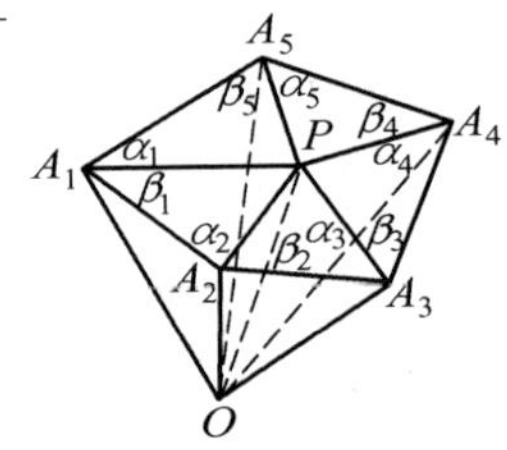

图 1.90

$$\frac{\sin\alpha_1}{\sin\beta_n}=\frac{\sin\angle A_nOP}{\sin\angle A_1OP}$$

$$\frac{\sin\alpha_2}{\sin\beta_1}=\frac{\sin\angle A_1OP}{\sin\angle A_2OP}$$

$$\vdots$$

$$\frac{\sin\alpha_n}{\sin\beta_{n-1}}=\frac{\sin\angle A_{n-1}OP}{\sin\angle A_nOP}$$

两边分别相乘，右边约简，左边略加调整顺序，即得 $\prod\frac{\sin\alpha_i}{\sin\beta_i}=1$.

注　梅涅劳斯定理和塞瓦定理均可推广到高维欧氏空间，这可参见作者另著《从高维 Pythagoras 定理谈起 —— 单形论漫谈》（哈尔滨工业大学出版社，2016）.

❖三角形的角格点问题

如果三角形内角都是 10° 的整数倍，其内某点同三顶点连线得到的所有角，也都是 10° 的整数倍，则该点称为三角形内的角格点. ①

黑龙江省的田永海先生探究了这个问题. 三个角都是 10° 整数倍的三角形共有 27 种（即 $A+B+C=18$，$A\leqslant B\leqslant C$ 的正整数解），其中 8 个包含 10° 的角，肯定无角格点，从余下的 19 个解中，他作出了如表 1.1 所示的 45 个猜想.

---

① 田永海. 关于三角形中角格点问题的研究[J]. 中学数学教学参考，2000(11)：45.

表 1.1

序号	条件				猜想
	B	C	$\angle PBC$	$\angle PCB$	$\angle PAB$
1	30°	20°	20°	10°	30°
2	30°	20°	10°	10°	100°
3	40°	20°	10°	10°	100°
4	40°	20°	20°	10°	60°
5	40°	20°	30°	10°	20°
6	50°	20°	20°	10°	70°
7	50°	20°	30°	10°	40°
8	60°	20°	20°	10°	70°
9	60°	20°	30°	10°	50°
10	60°	20°	40°	10°	30°
11	40°	30°	10°	20°	100°
12	40°	30°	10°	10°	70°
13	40°	30°	20°	20°	80°
14	40°	30°	20°	10°	30°
15	40°	30°	30°	20°	40°
16	40°	30°	30°	10°	10°
17	50°	30°	10°	10°	70°
⋮	⋮	⋮	⋮	⋮	⋮
23	70°	30°	10°	10°	60°
⋮	⋮	⋮	⋮	⋮	⋮
29	40°	40°	10°	20°	80°
30	40°	40°	20°	30°	80°
31	60°	40°	10°	10°	50°
⋮	⋮	⋮	⋮	⋮	⋮
38	70°	40°	40°	30°	50°
39	70°	40°	50°	30°	40°
40	50°	50°	10°	30°	70°
⋮	⋮	⋮	⋮	⋮	⋮
44	60°	50°	40°	30°	30°
45	60°	50°	20°	20°	40°

从表 1.1 中看出,如 $\triangle ABC$ 的三个角为 130°,30°,20°,则可能有 2 个角格点,如三个角为 110°,40°,30°,则可能有 6 个角格点. 由猜想 35,可有

命题 已知在 $\triangle ABC$ 中,$\angle B=60°$,$\angle C=40°$,P 为 $\triangle ABC$ 内一点 $\angle PBC=20°$,$\angle PCB=30°$,则 $\angle PAB=70°$.

事实上,设 D 为 $\triangle PBC$ 的外心,由 $\angle PCB=30°$,可知 $\triangle PBD$ 为正三角形,

$\angle BPC=130°$,于是 $\angle DPC=70°$.

由 $DP=DC$,可知 $\angle DCP=70°$.

又 $\angle PDC=40°$,$\angle BDC=100°=\angle ABD$,易知 $\angle ACD=80°=\angle BAC$,可知四边形 $ABDC$ 为等腰梯形,P 在 BD 的中垂线上,可见在 AC 的中垂线上.故 $\angle PAB=PCD=70°$.

如果每一个猜想都这样利用构造辅助图来验证,虽然可以训练思维,但颇费精力.其实我们可以运用塞瓦定理的第一角元形式来处理,则方便又简捷.①

❖笛沙格定理

笛沙格定理 已知两个三角形的三双对应顶点的连线交于一点,如果它们的三双对边分别相交,那么这三个交点在一条直线上.其逆命题亦成立.

这一定理是法国数学家、建筑工程师笛沙格(G. Desargues,1591—1661)在1636年发现的,并因此而得名.然而,据古希腊数学家帕波斯说,此定理早已收集在失传的欧几里得专题论文之中.它与共线点的帕波斯定理后来被认为是射影几何学中同等重要的定理.笛沙格定理实际上可以由共线点的帕波斯定理推出,但是推导的具体过程很复杂,而用梅涅劳斯定理推证则要容易得多.

先证其原命题.如图1.91,设 $\triangle PQR$ 和 $\triangle P'Q'R'$ 的三双顶点的连线 PP',QQ',RR' 交于点 O,它们的三双对应边交点分别是 D,E,F.把梅涅劳斯定理分别用于 $\triangle OQR$,$\triangle ORP$,$\triangle OPQ$ 各边上的三点组(D,R',Q'),(E,P',R'),(F,Q',P'),可得到

$$\frac{DQ}{DR}\cdot\frac{R'R}{R'O}\cdot\frac{Q'O}{Q'Q}=1$$

$$\frac{ER}{EP}\cdot\frac{P'P}{P'O}\cdot\frac{R'O}{R'R}=1$$

$$\frac{FP}{FQ}\cdot\frac{Q'Q}{Q'O}\cdot\frac{P'O}{P'P}=1$$

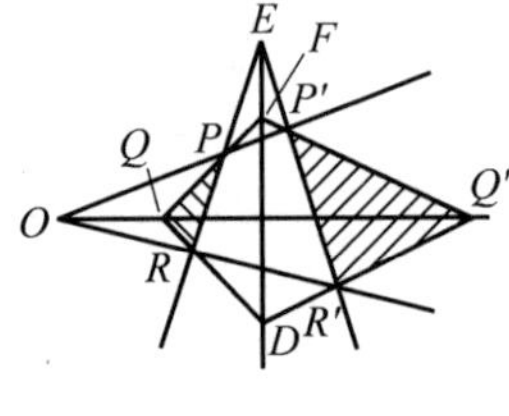

图1.91

将三式相乘,可得

$$\frac{DQ}{DR}\cdot\frac{ER}{EP}\cdot\frac{FP}{FQ}=1$$

所以 D,E,F 三点共线.

再证其逆命题.设 $\triangle PQR$ 与 $\triangle P'Q'R'$ 的三双对应边的交点分别是 D,E,

① 沈文选.角格点一些猜想的统证明[J].中学数学,2002(6):40.

F,两双对应顶点的连线 PP' 与 RR' 交于点 O,要证第三双顶点连线 QQ' 也通过点 O,即 O,Q,Q' 三点在一条直线上.事实上,$\triangle FPP'$ 与 $\triangle DRR'$ 的三双顶点连线 $FD,PR,R'P'$ 交于点 E,利用已证得的原命题可以得到:这两个三角形三双对应边交点的连线中,PP' 与 RR' 的交点 O,FP 与 DR 的交点 Q,FP' 与 DR' 的交点 Q' 是在同一条直线上.这就是所要证的.

通常,若两个三角形的三双对应顶点的连线交于一点,就称这两个三角形是共极的或是关于一点透视的;若两个三角形的三双对应边的三个交点共线,就称这两个三角形是共轴的或是关于一条直线透视的.

❖笛沙格定理的推广

定理 在不同两平面 α,α' 上分别有 $\triangle ABC$ 和 $\triangle A'B'C'$,设它们对应顶点的连线 AA',BB',CC' 交于一点 S,对应边 BC 和 $B'C'$,CA 和 $C'A'$,AB 和 $A'B'$ 分别交于 P,Q,R.则 P,Q,R 三点共线.

证明 因 BB',CC' 交于 S,因此它们在同一平面 β 内,如图 1.92 所示.于是 $BC,B'C'$ 在 β 内,由题设它们相交,设交点为 P,因为 $BC\in$ 平面 α,$B'C'\in$ 平面 α',所以其交点 P 在 α 和 α' 的交线 g 上.

同理,直线 CA 和 $C'A'$ 的交点 Q,AB 和 $A'B'$ 的交点 R 也在直线 g 上,故有 P,Q,R 共线.

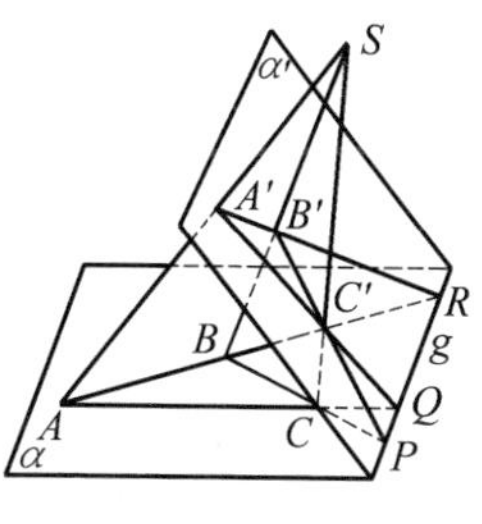

图 1.92

❖笛沙格对合定理

笛沙格对合定理[①] 设 l 是不通过完全四点形 $ABCD$ 的任一顶点的直线,若 l 与它的三对对边 AB 与 DC,BD 与 AC,DA 与 BC 的交点分别为 X 与 X',Y 与 Y',Z 与 Z',则 X 与 X',Y 与 Y',Z 与 Z' 是属于同一对合的三对对应点.

这里我们仅来证明这一定理的等价命题:设 l 是不通过完全四点形 $ABCD$ 的任一顶点的直线,若 l 与它的三对对边 AB 与 DC,BD 与 AC,DA 与 BC 的交点分别为 X 与 X',Y 与 Y',Z 与 Z',则交比

$$(XY,X'Z')=(X'Y',XZ)$$

① 刘毅.梅涅劳斯定理与塞瓦定理[M].长春:长春出版社,1997:94-95.

证明 如图 1.93,分别对 $\triangle CX'Y'$ 与截线 DAZ,$\triangle CY'Z'$ 与截线 ABX,$\triangle CZ'X'$ 与截线 BDY,由梅涅劳斯定理得

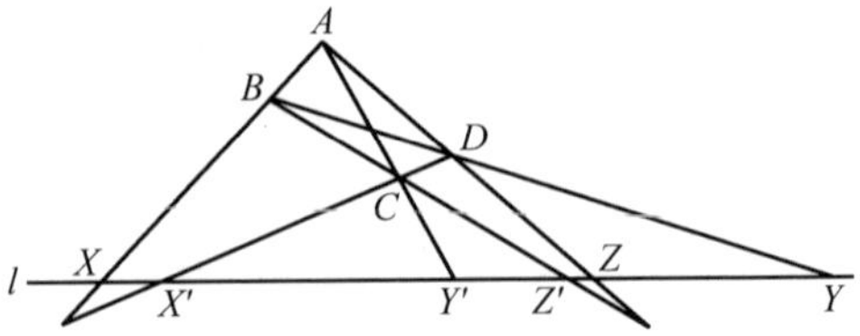

$$\frac{CD}{DX'}\cdot\frac{X'Z}{ZY'}\cdot\frac{Y'A}{AC}=-1$$

$$\frac{CA}{AY'}\cdot\frac{Y'X}{XZ'}\cdot\frac{Z'B}{BC}=-1$$

$$\frac{CB}{BZ'}\cdot\frac{Z'Y}{YX'}\cdot\frac{X'D}{DC}=-1$$

图 1.93

三式相乘化简得

$$\frac{X'Z}{ZY'}\cdot\frac{Y'X}{XZ'}\cdot\frac{Z'Y}{YX'}=-1$$

$$\frac{YZ'}{XZ'\cdot YX'}=-\frac{Y'Z}{X'Z\cdot Y'X}$$

$$\frac{XX'\cdot YZ'}{XZ'\cdot YX'}=\frac{X'X\cdot Y'Z}{X'Z\cdot Y'X}$$

即
$$(XY,X'Z')=(X'Y',XZ)$$

❖马克斯维尔定理

马克斯维尔定理 在任意 $\triangle ABC$ 的内部任取一点 P,联结 AP,BP,CP.若作一个三角形,使它的边与上述线段平行,并且过这个三角形的顶点引平行于 $\triangle ABC$ 的边的直线,则这些直线共点.

证明 如图 1.94,延长 BP 与 AC 交于 Q,作 $QR\parallel AP$,QR 与 CP 交于 R,则得 $\triangle PQR$.设 $\triangle P'Q'R'$ 是按命题条件作出的三角形,易知 $\triangle P'Q'R'$ 与 $\triangle PQR$ 相应的三边分别平行,故知 $\triangle P'Q'R'$ 是 $\triangle PQR$ 的位似像或平移像,因此只要对 $\triangle PQR$ 证明命题结论.

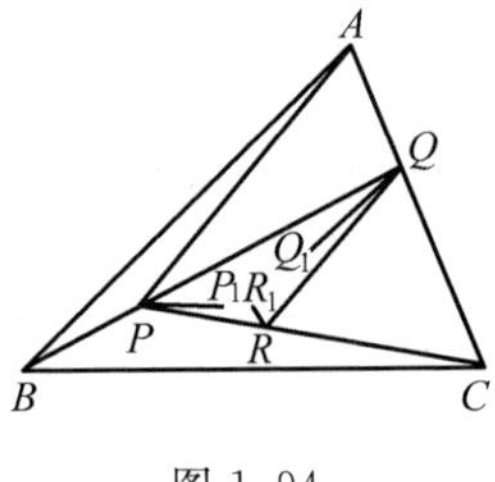

图 1.94

作 $PP_1\parallel BC$,$QQ_1\parallel AB$,$RR_1\parallel CA$,则由平行线性质知

$$\angle PQQ_1=\angle ABP,\angle Q_1QR=\angle PAB$$

$$\angle QRR_1=\angle CAP,\angle R_1RP=\angle PCA$$

$$\angle RPP_1=\angle BCP,\angle P_1PQ=\angle PBC$$

所以

$$\frac{\sin\angle PQQ_1}{\sin\angle Q_1QR}\cdot\frac{\sin\angle QRR_1}{\sin\angle R_1RP}\cdot\frac{\sin\angle RPP_1}{\sin\angle P_1PQ}=\frac{\sin\angle ABP}{\sin\angle PAB}\cdot\frac{\sin\angle CAP}{\sin\angle PCA}\cdot\frac{\sin\angle BCP}{\sin\angle PBC}=$$

$$\frac{\sin\angle ABP}{\sin\angle PBC}\cdot\frac{\sin\angle BCP}{\sin\angle PCA}\cdot\frac{\sin\angle CAP}{\sin\angle PAB}$$

由 AP,BP,CP 共点及角元形式的塞瓦定理知,右边等于 1,故有

$$\frac{\sin\angle PQQ_1}{\sin\angle Q_1QR}\cdot\frac{\sin\angle QRR_1}{\sin\angle R_1RP}\cdot\frac{\sin\angle PRR_1}{\sin\angle P_1PQ}=1$$

再由角元形式的塞瓦定理的逆定理知,PP_1,QQ_1,RR_1 三线共点,即命题结论成立.

❖共线点的帕普斯定理

共线点的帕普斯定理① 设 A,C,E 是一条直线上的三点,B,D,F 是另一条直线上的三点,如果直线 AB,CD,EF 分别与 DE,FA,BC 相交,那么这三个交点 L,M,N 共线.

帕普斯(Pappus,约 3 世纪)被誉为古希腊最后一位大几何学家.帕普斯定理作为平面几何学中的十分重要的定理,是帕普斯大约在公元 300 年时证明的,而它作为射影几何学的基础地位,直到 16 世纪后半叶才被认识.帕普斯定理有各种不同的表述方式,以上的叙述是其中的一种.

证法 1 如图 1.95,延长 DC 和 FE,为了仅限于平面几何范围内,设它们相交于 X,又设 AB 交 EF,CD 于 Y 和 Z,则构成 $\triangle XYZ$,其各边上有五个三点组:$(L,D,E),(A,M,F),(B,C,N),(A,C,E),(B,D,F)$,应用梅涅劳斯定理得

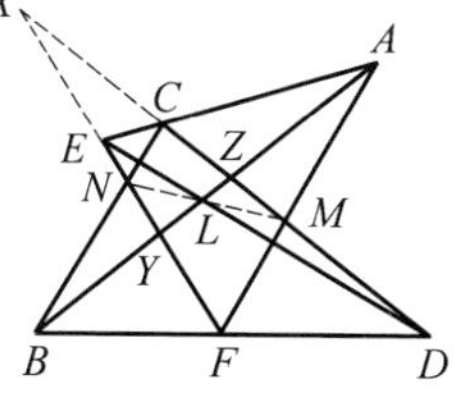

图 1.95

$$\frac{LY}{LZ}\cdot\frac{DZ}{DX}\cdot\frac{EX}{EY}=1$$

$$\frac{AY}{AZ}\cdot\frac{MZ}{MX}\cdot\frac{FX}{FY}=1$$

$$\frac{BY}{BZ}\cdot\frac{CZ}{CX}\cdot\frac{NX}{NY}=1$$

$$\frac{AY}{AZ}\cdot\frac{CZ}{CX}\cdot\frac{EX}{EY}=1$$

① 单墫.数学名题词典[M].南京:江苏教育出版社,2002:362-365.

$$\frac{BY}{BZ}\cdot\frac{DZ}{DX}\cdot\frac{FX}{FY}=1$$

将前三式的积除以后两式的积,化简后就有

$$\frac{LY}{LZ}\cdot\frac{MZ}{MX}\cdot\frac{NX}{NY}=1$$

由此可知 L,M,N 三点共线.

证法2 如图1.96,1.97所示,连 AD,CF,PQ. 对 $\triangle ADR$ 和点 P 用塞瓦定理的第一角元形式,并注意分角线定理,有

$$\frac{\sin\measuredangle DAB}{\sin\measuredangle BAF}\cdot\frac{\sin\measuredangle CDE}{\sin\measuredangle EDA}\cdot\frac{\sin\measuredangle ARP}{\sin\measuredangle PRD}=1$$

$$\frac{AD}{AF}\cdot\frac{\sin\measuredangle DAB}{\sin\measuredangle BAF}=\frac{\overline{DB}}{\overline{BF}}=\frac{CD}{CF}\cdot\frac{\sin\measuredangle DCB}{\sin\measuredangle BCF}$$

$$\frac{DC}{DA}\cdot\frac{\sin\measuredangle CDE}{\sin\measuredangle EDA}=\frac{\overline{CE}}{\overline{EA}}=\frac{FC}{FA}\cdot\frac{\sin\measuredangle CFE}{\sin\measuredangle EFA}$$

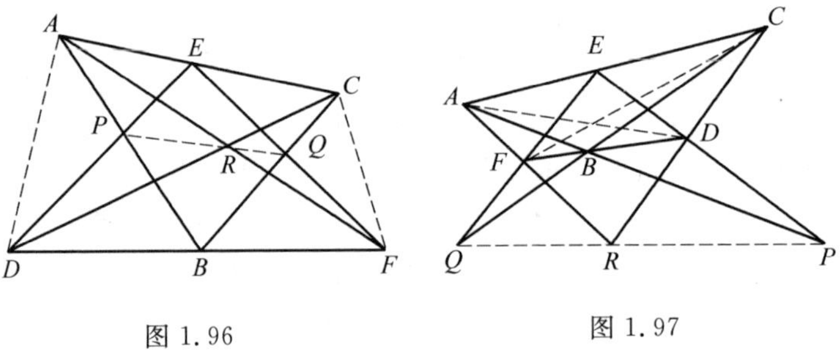

图1.96 图1.97

又 $\measuredangle FRP=\measuredangle ARP$, $\measuredangle PRC=\measuredangle PRD$. 于是

$$\frac{\sin\measuredangle DCB}{\sin\measuredangle BCF}\cdot\frac{\sin\measuredangle CFE}{\sin\measuredangle EFA}\cdot\frac{\sin\measuredangle FRP}{\sin\measuredangle PRC}=$$

$$\frac{CF}{CD}\cdot\frac{AD}{AF}\cdot\frac{\sin\measuredangle DAB}{\sin\measuredangle BAF}\cdot\frac{FA}{FC}\cdot\frac{DC}{DA}\cdot\frac{\sin\measuredangle CDE}{\sin\measuredangle EDA}\cdot\frac{\sin\measuredangle ARP}{\sin\measuredangle PRD}=$$

$$\frac{\sin\measuredangle DAB}{\sin\measuredangle BAF}\cdot\frac{\sin\measuredangle CDE}{\sin\measuredangle EDA}\cdot\frac{\sin\measuredangle ARP}{\sin\measuredangle PRD}=1$$

再由塞瓦定理的第一角元形式即知,CB,FE,RP 三线共点或平行. 但 BC 与 FE 相交于点 Q,所以 CB,FE,RP 三线共点于 Q. 故 L,M,N 三点共线.

这个定理的"射影"性质表现在,它纯粹只表现了关联性,而不涉及长度和角度,甚至与顺序无关,即在一组共线点中,哪一点落在另外两点之间无关紧要.

❖凯培特点定理

凯培特点定理　在$\triangle ABC$的各边上分别作相似等腰三角形，设其第三个顶点分别为A',B',C'，则AA',BB',CC'相交于一点．这个点叫作凯培特点．

该点是凯培特于1869年发现的．

证明　如图1.98，设AA',BB',CC'分别和BC,CA,AB相交于点A_1,B_1,C_1，各等腰三角形的底角为θ，$\triangle ABC$，$\triangle A'BC$边BC上的高各为h_a,h'_a,a,b,c为$\triangle ABC$三边的长，则

$$\frac{BA_1}{A_1C}=\frac{BA_1(h_a+h'_a)}{A_1C(h_a+h'_a)}=\frac{S_{\triangle ABA'}}{S_{\triangle ACA'}}=\frac{c\sin(B+\theta)}{b\sin(C+\theta)}$$

同理可得

$$\frac{CB_1}{B_1A}=\frac{a\sin(C+\theta)}{c\sin(A+\theta)}$$

$$\frac{AC_1}{C_1B}=\frac{b\sin(A+\theta)}{a\sin(B+\theta)}$$

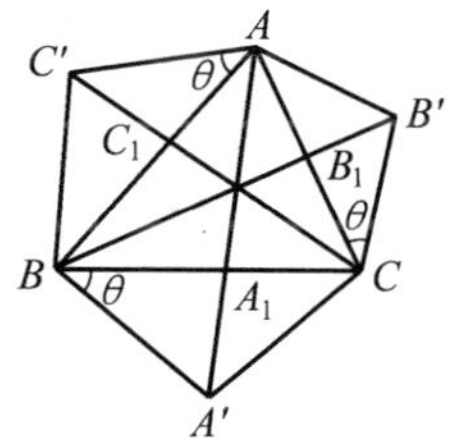

图1.98

所以

$$\frac{BA_1}{A_1C}\cdot\frac{CB_1}{B_1A}\cdot\frac{AC_1}{C_1B}=1$$

根据塞瓦定理得AA',BB',CC'相交于一点．

该定理的特殊情形，即为在$\triangle ABC$各边上分别作等边三角形，设第三个顶点分别为A',B',C'，则直线AA',BB',CC'共点（见等角中心问题）．它的推广，就是在$\triangle ABC$各边上分别作顺相似$\triangle BCA',\triangle B'CA,\triangle BC'A$，则$AA',BB',CC'$相交于一点．该推广是清宫俊雄于1941年发表在《东物志》594号上，也可见*Mathesis*，5卷，144页．

❖垂线共点的施坦纳定理

垂线共点的施坦纳定理[①]　(1)设A',B',C'分别是$\triangle ABC$边BC,CA,AB上的一点，则过各点垂直于所在边的三条垂线共点的充要条件是

$$(BA'^2-A'C^2)+(CB'^2-B'A^2)+(AC'^2-C'B^2)=0$$

① 单墫．数学名题词典[M]．南京：江苏教育出版社，2002：367-368．

(2) 在$\triangle ABC$与$\triangle A'B'C'$中,自A,B,C分别向$B'C',C'A',A'B'$作垂线,如果它们相交于一点,那么从A',B',C'分别向BC,CA,AB所作的垂线也必相交于一点.

上述定理(1),是施坦纳于1827～1828年期间作为已知定理使用的;定理(2)是在1827～1828年间为施坦纳所发现.

证明 (1) 如图1.99,设各过A',B',C'且与所在边垂直的三条垂线相交于一点O,则

$$BA'^2-A'C^2=OB^2-OC^2$$
$$CB'^2-B'A^2=OC^2-OA^2$$
$$AC'^2-C'B^2=OA^2-OB^2$$

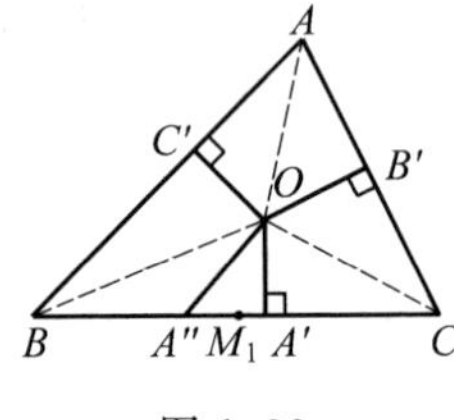

图1.99

把以上三式相加,即得

$(BA'^2-A'C^2)+(CB'^2-B'A^2)+(AC'^2-C'B^2)=0$

反之,过B',C'作所在边的垂线,设它们相交于点O.再作$OA''\perp BC$于A'',则有

$$(BA''^2-A''C^2)+(CB'^2-B'A^2)+(AC'^2-C'B^2)-0$$

但已知

$$(BA'^2-A'C^2)+(CB'^2-B'A^2)+(AC'^2-C'B^2)=0$$

所以
$$\overrightarrow{BA'^2}-\overrightarrow{A'C^2}=\overrightarrow{BA''^2}-\overrightarrow{A''C^2}$$

即
$$\overrightarrow{BA'}-\overrightarrow{A'C}=\overrightarrow{BA''}-\overrightarrow{A''C}$$

设M_1是BC的中点,则

$$\overrightarrow{BA'}-\overrightarrow{A'C}=2\,\overrightarrow{M_1A'},\overrightarrow{BA''}-\overrightarrow{A''C}=\overrightarrow{2M_1A''}$$

所以$\overrightarrow{M_1A'}=\overrightarrow{M_1A''}$,故$A'$与$A''$重合.这就是说,过$A'$且垂直于$BC$的直线必通过$O$.

(2) 如图1.100,三条垂线AA_1,BB_1,CC_1相交于点O,则

$(B'A_1^2-A_1C'^2)+(C'B_1^2-B_1A'^2)+(A'C_1^2-C_1B'^2)=0$

因为

$$B'A_1^2-A_1C'^2=AB'^2-AC'^2=$$
$$(B'B_2^2+AB_2^2)-(C'C_2^2+AC_2^2)$$
$$C'B_1^2-B_1A'^2=BC'^2-BA'^2=$$
$$(C'C_2^2+BC_2^2)-(A'A_2^2+BA_2^2)$$
$$A'C_1^2-C_1B'^2=CA'^2-CB'^2=$$
$$(A'A_2^2+CA_2^2)-(B'B_2^2+CB_2^2)$$

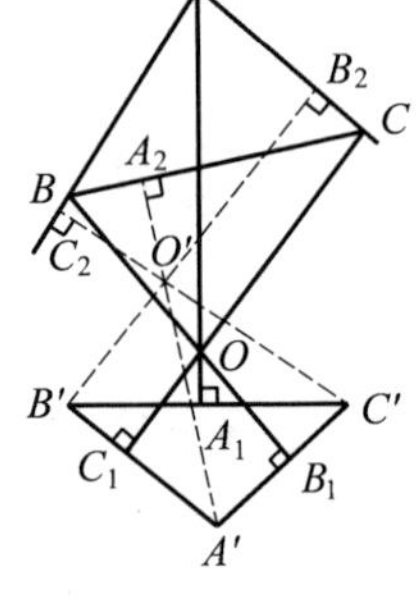

图1.100

把上面三式相加,得

$$(B'A_1^2 - A_1C'^2) + (C'B_1^2 - B_1A'^2) + (A'C_1^2 - C_1B'^2) =$$
$$AB_2^2 - AC_2^2 + BC_2^2 - BA_2^2 + CA_2^2 - CB_2^2$$

所以

$$(BA_2^2 - A_2C^2) + (CB_2^2 - B_2A^2) + (AC_2^2 - C_2B^2) = 0$$

故三条垂线 $A'A_2$, $B'B_2$, $C'C_2$ 相交于一点 O'.

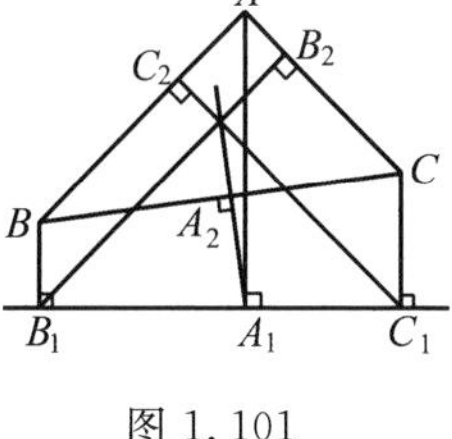

图 1.101

推论 过三角形各顶点向一直线作垂线,再过它们的垂足分别作其对边的垂线,则这三条垂线共点(图 1.101).

该推论是纽伯格(J. Neuberg,1840—1926)发现的,见 *Nouvelle correspondance math*. 2(1875). 它可以看作上面定理(2)中 A', B', C' 处于同一直线上的特殊的情形.

❖正交三角形定理

正交三角形定理 设 $\triangle ABC$ 的各顶点到 $\triangle A'B'C'$ 的对应顶点的对边的三垂线共点,则从 $\triangle A'B'C'$ 的各顶点到 $\triangle ABC$ 的对应顶点的对边的三垂线也共点.

证明 如图 1.102 所示,设 $\triangle ABC$ 的各顶点到 $\triangle A'B'C'$ 的对应顶点的对边的三垂线共点于 P, $\triangle A'B'C'$ 的各顶点到 $\triangle ABC$ 的对应顶点的对边的三垂线分别为 $A'D$, $B'E$, $C'F$(D, E, F 为垂足). 考虑 $\triangle ABC$ 与点 P,由塞瓦定理的第一角元形式

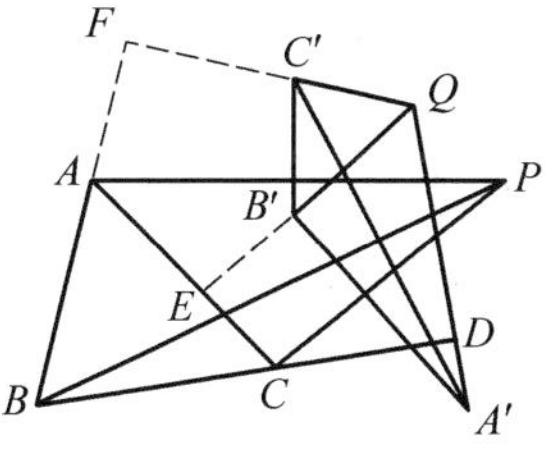

图 1.102

$$\frac{\sin\angle CAP}{\sin\angle PAB} \cdot \frac{\sin\angle ABP}{\sin\angle PBC} \cdot \frac{\sin\angle BCP}{\sin\angle PCA} = 1$$

另一方面,因 $A'D \perp BC$, $A'B' \perp PC$, $C'A' \perp PB$,所以,$\angle B'A'D = \angle PCB$, $\angle DA'C' = \angle PBC$. 同理,$\angle C'B'E = \angle PAC$, $\angle EB'A' = \angle PCA$, $\angle A'C'F = \angle PBA$, $\angle FC'B' = \angle PAB$,所以

$$\frac{\sin\angle B'A'D}{\sin\angle DA'C'} \cdot \frac{\sin\angle C'B'E}{\sin\angle EB'A'} \cdot \frac{\sin\angle A'C'F}{\sin\angle FC'B'} =$$
$$\frac{\sin\angle PCB}{\sin\angle PBC} \cdot \frac{\sin\angle PAC}{\sin\angle PCA} \cdot \frac{\sin\angle PBA}{\sin\angle PAB} =$$
$$\frac{\sin\angle CAP}{\sin\angle PAB} \cdot \frac{\sin\angle ABP}{\sin\angle PBC} \cdot \frac{\sin\angle BCP}{\sin PCA} = 1$$

于是,再由塞瓦定理的第一角元形式即知,$A'D$, $B'E$, $C'F$ 三线共点或互相平

行. 但 $A'D \nparallel B'E$(因 $A'D \perp BC$,$B'E \perp CA$),故 $A'D$,$B'E$,$C'F$ 三线交于一点 Q.

注 定理中的两个 $\triangle ABC$ 与 $\triangle A'B'C'$ 称为两个正交三角形.

❖三角形重心定理

重心定理 三角形的三条中线交于一点,这点到顶点的距离是它到对边中点距离的 2 倍.

上述交点叫作三角形的重心.

证法 1 如图 1.103,设 D,E,F 为 $\triangle ABC$ 三边中点,BE,CF 交于 G,联结 EF,则 $EF \underline{\underline{\parallel}} \frac{1}{2}BC$,$\triangle GEF \backsim \triangle GBC$,从而

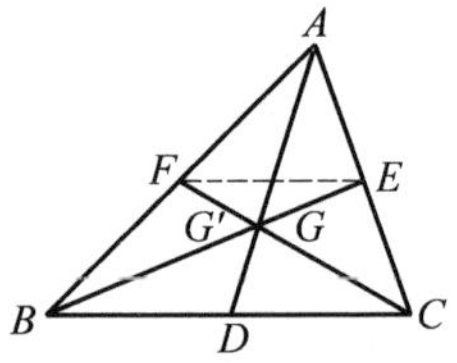

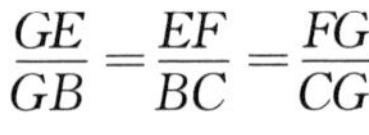

$$\frac{GE}{GB}=\frac{EF}{BC}=\frac{FG}{CG}$$

图 1.103

由 $BC=2EF$,得

$$GB=2GE,GC=2GF$$

设 AD,BE 交于 G',同理可证 $G'B=2G'E$,$G'A=2G'D$,即 G,G' 都是 BE 上从 B 到 E 的 $\frac{2}{3}$ 处的点,故 G',G 重合.

即三条中线 AD,BE,CF 相交于一点 G.

证法 2 设 BE,CF 交于 G,如图 1.104,BG,CG 中点为 H,I,联结 HI,HF,EF,EI,则 $EF \underline{\underline{\parallel}} HI \underline{\underline{\parallel}} \frac{1}{2}BC$,从而 $EFHI$ 为平行四边形,即

$$HG=GE,IG=GF,GB=2GE,GC=2GF$$

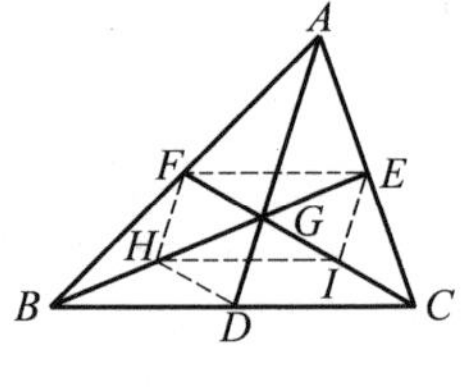

图 1.104

又 $HD \underline{\underline{\parallel}} \frac{1}{2}CG \underline{\underline{\parallel}} GF$,即知 $GFHD$ 为平行四边形,则 $FH \underline{\underline{\parallel}} GD$.

又 $FH \underline{\underline{\parallel}} \frac{1}{2}AG$,从而 A,G,D 共线,且有 $DG=\frac{1}{2}AG$,即 $AG=2GD$.

证法 3 因 $\frac{AF}{FB}\cdot\frac{BD}{DC}\cdot\frac{CE}{EA}=1$,由塞瓦定理的逆定理知 AD,BE,CF 共点. 后半部分同证法 1 的前部分(略).

❖三角形重心性质定理

由三角形重心定理可推导出如下一系列性质定理.

定理 1 设 G 为 $\triangle ABC$ 的重心,联结 AG 并延长交 BC 于 D,则 D 为 BC 的中点,$AD^2=\frac{1}{2}(AB^2+AC^2)-\frac{1}{4}BC^2$,且 $\frac{AG}{GD}=2$.

定理 2 设 G 为 $\triangle ABC$ 的重心,过 G 作 $DE\parallel BC$ 交 AB 于 D,交 AC 于 E;过 G 作 $PF\parallel AC$ 交 AB 于 P,交 BC 于 F;过 G 作 $KH\parallel AB$ 交 AC 于 K,交 BC 于 H,则

(1) $\frac{DE}{BC}=\frac{FP}{CA}=\frac{KH}{AB}=\frac{2}{3}$.

(2) $\frac{DE}{BC}+\frac{FD}{CA}+\frac{KH}{AB}=2$.

定理 3 在平面直角(或斜角)坐标系中,设 $\triangle ABC$ 三顶点坐标为$(x_i,y_i)(i=1,2,3)$,则这个三角形重心 G 的坐标为 $G(\frac{x_1+x_2+x_3}{3},\frac{y_1+y_2+y_3}{3})$.

定理 4 设 G 是 $\triangle ABC$ 的重心,则有

(1) $BC^2+3GA^2=CA^2+3GB^2=AB^2+3GC^2$.

(2) $GA^2+GB^2+GC^2=\frac{1}{3}(AB^2+BC^2+CA^2)$.

反之,若平面内一点 G 满足式(1)或(2),则 G 为 $\triangle ABC$ 的重心.

证明 设 G 为 $\triangle ABC$ 的重心,AD 为中线,则

$$BC^2+3GA^2=BC^2+3(\frac{2}{3}AD)^2=BC^2+\frac{1}{3}(2AD)^2$$

由上述定理 1 得

$$(2AD)^2=2(AB^2+CA^2)-BC^2$$

即

$$BC^2+3GA^2=BC^2+\frac{1}{3}(2(AB^2+CA^2)-BC^2)=\frac{2}{3}(AB^2+BC^2+CA^2)$$

同理

$$CA^2+3GB^2=\frac{2}{3}(AB^2+BC^2+CA^2)$$

$$AB^2+3GC^2=\frac{2}{3}(AB^2+BC^2+CA^2)$$

由此即得(1),以上三式相加即得(2).

反之,设 G 为平面内一点,若点 G 满足式(1),我们证明:点 G 就是 $\triangle ABC$ 的重心.

首先,我们指出这样一个命题:给定 $\triangle ABC$ 后,设点 G 满足 $GA^2-GB^2=\frac{1}{3}(CA^2-BC^2)$(常数),则点 G 的轨迹是垂直于直线 AB 的一条直线(设为 l_1),并且这条直线 l_1 过 $\triangle ABC$ 的重心 G_0.

事实上,命题的前一个断言是一个基本的轨迹命题,证略.我们只验证:直线 l_1 过 $\triangle ABC$ 的重心 G_0.

由于 G_0 为 $\triangle ABC$ 的重心,故

$$BC^2+3G_0A^2=CA^2+3G_0B^2$$

即

$$G_0A^2-G_0B^2=\frac{1}{3}(CA^2-BC^2)$$

可见重心 G_0 是所述的轨迹(l_1)上一点.

同理,满足 $GB^2-GC^2=\frac{1}{3}(AB^2-CA^2)$ 的点 G 的轨迹是垂直于直线 BC 的一条直线(设为 l_2),并且这条直线 l_2 过 $\triangle ABC$ 的重心 G_0.

于是满足式(1)的点 G 就是直线 l_1 与 l_2 的公共点,由于两相交直线 l_1 和 l_2 有唯一公共点 G_0,故满足式(1)的点 G 就是 $\triangle ABC$ 的重心 G_0.

故点 G 满足式(2),则也可证明:点 G 就是 $\triangle ABC$ 的重心 G_0,证略.

定理5 设 G 为 $\triangle ABC$ 内一点,G 为 $\triangle ABC$ 的重心的充要条件是下列条件之一.

(1) $S_{\triangle GBC}=S_{\triangle GCA}=S_{\triangle GAB}=\frac{1}{3}S_{\triangle ABC}$.

(2) 三角形内一点到三边(所在直线)的距离与三边成反比.

(3) 当 AG,BG,CG 的延长线交三边于 D,E,F 时,$S_{\triangle AFG}=S_{\triangle BDG}=S_{\triangle CEG}$.

(4) 过 G 的直线交 AB 于 P,交 AC 于 Q 时,$\frac{AB}{AP}+\frac{AC}{AQ}=3$.

(5) 过 G 的直线交 AB 于 E,交 AC 于 F,则 $\frac{AE}{EB}\cdot\frac{AF}{FC}=\frac{AE}{EB}+\frac{AF}{FC}$.

证明 (1) 必要性.延长 AG 交 BC 于 D,则 D 为 BC 中点,有 $S_{\triangle BDA}=S_{\triangle CDA}$,$S_{\triangle BDG}=S_{\triangle CDG}$,故 $S_{\triangle AGB}=S_{\triangle AGC}$.

同理,$S_{\triangle AGB}=S_{\triangle BGC}$,故 $S_{\triangle GAB}=S_{\triangle GBC}=S_{\triangle GCA}=\frac{1}{3}S_{\triangle ABC}$.

充分性.如图1.105,令 G 为 $\triangle ABC$ 内一点,联结 AG 并延长交 BC 于 D,联结 BG 并延长交 AC 于 E.记 $S_{\triangle GAB}=S_{\triangle GBC}=S_{\triangle GCA}=S$,$BC=a$,$CA=b$,$AB=c$,

$S_{\triangle BDG}=S_1,S_{\triangle CDG}=S_2,BD=x,DG=y$. 由

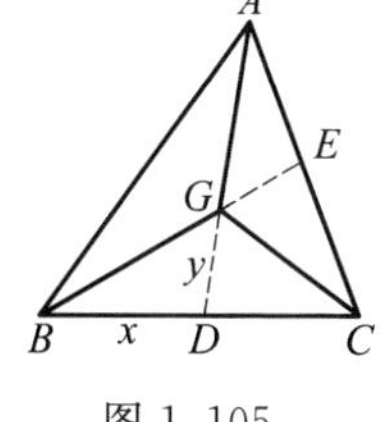

图 1.105

$$S_1=\frac{1}{2}xy\cdot\sin\angle BDG$$

$$S_2=\frac{1}{2}(a-x)y\cdot\sin\angle CDG=$$

$$\frac{1}{2}(a-x)\cdot y\cdot\sin(180^\circ-\angle BDG)=$$

$$\frac{1}{2}(a-x)\cdot y\cdot\sin\angle BDG$$

故
$$\frac{S_2}{S_1}=\frac{a}{x}-1$$

即
$$\frac{a}{x}=\frac{S_2}{S_1}+1=\frac{S_2+S_1}{S_1}=\frac{S}{S_1}$$

亦即
$$S_1=\frac{S}{a}x,S_2=\frac{S}{a}(a-x)$$

又
$$S_{\triangle ABD}=\frac{1}{2}cx\cdot\sin B=S+S_1=\frac{S}{a}(a+x)$$

$$S_{\triangle ACD}=\frac{1}{2}b(a-x)\cdot\sin C=S+S_2=\frac{S}{a}(2a-x)$$

再由正弦定理,得$\frac{c\cdot\sin B}{b\cdot\sin C}=1$,于是,由上述两式,有$\frac{x}{a-x}=\frac{a+x}{2a-x}$,于是$x=\frac{a}{2}$,即 AD 为 $\triangle ABC$ 的边 BC 上的中线.

同理,可证 BE 为 $\triangle ABC$ 边 AC 上的中线.

故 G 为 $\triangle ABC$ 的重心.

(2) 设 P 为 $\triangle ABC$ 内一点,P 到 $\triangle ABC$ 的三边 a,b,c(所在直线) 的距离分别为 x,y,z,由(1) 便有 P 是 $\triangle ABC$ 的重心 $\Leftrightarrow S_{\triangle APB}=S_{\triangle BPC}=S_{\triangle CPA}\Leftrightarrow \frac{1}{2}c\cdot z=\frac{1}{2}a\cdot x=\frac{1}{2}b\cdot y\Leftrightarrow ax=by=cz\Leftrightarrow \frac{a}{\frac{1}{x}}=\frac{b}{\frac{1}{y}}=\frac{c}{\frac{1}{z}}$.

(3) 仅证充分性. 如图 1.106,设 $S_{\triangle APF}=S_{\triangle BPD}=S_{\triangle CPE}=1,S_{\triangle APE}=x,S_{\triangle BPF}=y,S_{\triangle CPD}=z$. 由$\frac{AP}{PD}=y+1=\frac{x+1}{z},\frac{BP}{PE}=z+1=\frac{y+1}{x},\frac{CP}{PF}=x+1=\frac{z+1}{y}$,有

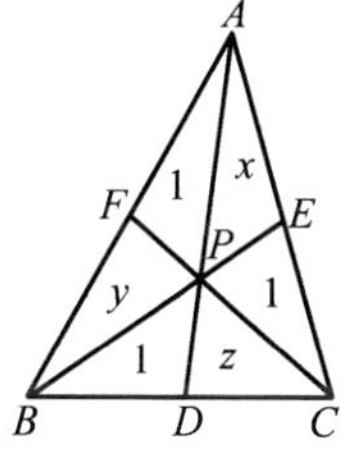

图 1.106

$$yz+z=x+1 \quad ①$$
$$zx+x=y+1 \quad ②$$
$$xy+y=z+1 \quad ③$$

由 ① − ② 得

$$z(y-x)+z-x=x-y$$

即
$$z-x=(x-y)(1+z) \quad ④$$

同理
$$x-y=(y-z)(1+x) \quad ⑤$$

$$y-z=(z-x)(1+y) \quad ⑥$$

若 $x=y$ 代入 ④ 得 $z=x$，即有 $x=y=z$，再代入 ① 得 $x=1$，故 $x=y=z=1$.

若 $x\neq y$，则 $y\neq x$，$z\neq x$，由 ④ × ⑤ × ⑥ 得

$$(1+x)(1+y)(1+z)=1 \quad ⑦$$

而 x,y,z 为正数，则 $1+x>1$，$1+y>1$，$1+z>1$，等式 ⑦ 无正数解，故只有正数解 $x=y=z=1$，即证.

(4) 必要性. 如图 1.107，设 M 为 $\triangle ABC$ 的边 BC 上任一点，直线 PQ 分别交 AB，AM，AC 于 P，N，Q，联结 PM，QM，则

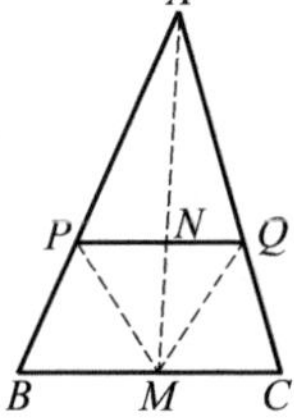

图 1.107

$$\frac{AM}{AN}=\frac{AN+NM}{AN}=\frac{S_{\triangle APQ}+S_{\triangle MPQ}}{S_{\triangle APQ}}=\frac{S_{\triangle APM}+S_{\triangle AQM}}{\frac{AP\cdot AQ}{AB\cdot AC}\cdot S_{\triangle ABC}}=$$

$$\frac{\frac{AP}{AB}\cdot S_{\triangle ABM}+\frac{AQ}{AC}\cdot S_{\triangle ACM}}{\frac{AP}{AB}\cdot\frac{AQ}{AC}\cdot S_{\triangle ABC}}=$$

$$\frac{AB}{AP}\cdot\frac{CM}{BC}+\frac{AC}{AQ}\cdot\frac{BM}{BC}$$

当 N 为 $\triangle ABC$ 的重心时，M 为 BC 中点，有 $BM=MC$，且 $\frac{AM}{AN}=\frac{3}{2}$，由此即证得结论 $\frac{AB}{AP}+\frac{AC}{AQ}=3$.

充分性. 设 $\triangle ABC$ 的一边 AB 上有 P_1，P_2 两点，在另一边 AC 上有 Q_1，Q_2 两点. 若 $\frac{AB}{AP_1}+\frac{AC}{AQ_1}=\frac{AB}{AP_2}+\frac{AC}{AQ_2}=3$，则可证得 P_1Q_1 与 P_2Q_2 的交点 G 是 $\triangle ABC$ 的重心.

事实上，如图 1.108，联结 AG 并延长交 BC 于 M，过 B，C 分别作 AM 的平行线交直线 P_1Q_1，P_2Q_2 分别于 X_1，Y_1，X_2，Y_2，于是，由

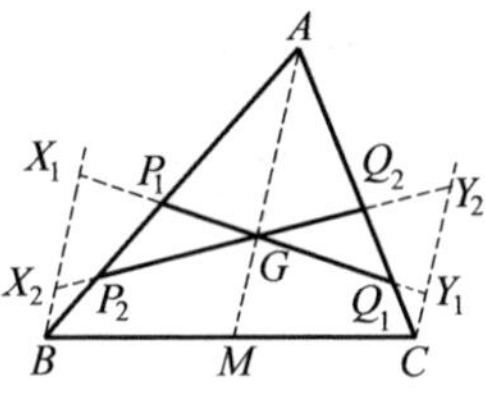

图 1.108

$$3=\frac{AB}{AP_1}+\frac{AC}{AQ_1}=\left(1+\frac{BP_1}{AP_1}\right)+\left(1+\frac{CQ_1}{AQ_1}\right)$$

有
$$1=\frac{BP_1}{AP_1}+\frac{CQ_1}{AQ_1}=\frac{BX_1}{AG}+\frac{CY_1}{AG}$$

即
$$BX_1 + CY_1 = AG$$
同理
$$BX_2 + CY_2 = AG$$
从而
$$BX_1 + CY_1 = BX_2 + CY_2$$
即
$$BX_1 - BX_2 = CY_2 - CY_1$$
亦即
$$X_1X_2 = Y_1Y_2$$

而 $X_1X_2 \parallel Y_1Y_2$，从而易判断 $\triangle GX_1X_2 \cong \triangle GY_1Y_2$，所以 $GX_1 = GY_1$，推知 $BM = MC$，即 AM 为 $\triangle ABC$ 的边 BC 上的中线，亦即 CM 为梯形 BCY_1X_1 的中位线.

此时 $BX_1 + CY_1 = 2GM$.

由 $BX_1 + CY_1 = AG$，故 $AG = 2GM$. 由此即知点 G 为 $\triangle ABC$ 之重心. 即满足 $\frac{AB}{AP} + \frac{AC}{AQ} = 3$ 的直线 PQ 过其重心.

(5) 必要性. 若 EF 过 $\triangle ABC$ 重心 G，则 $\frac{AE}{EB} \cdot \frac{AF}{FC} = \frac{AE}{EB} + \frac{AF}{FC}$. 连 AG 并延长交 BC 于 D，分别延长 FE，CB 相交于 H，联结 AH，由梅涅劳斯定理
$$\frac{AE}{EB} \cdot \frac{BH}{HD} \cdot \frac{DG}{GA} = 1$$

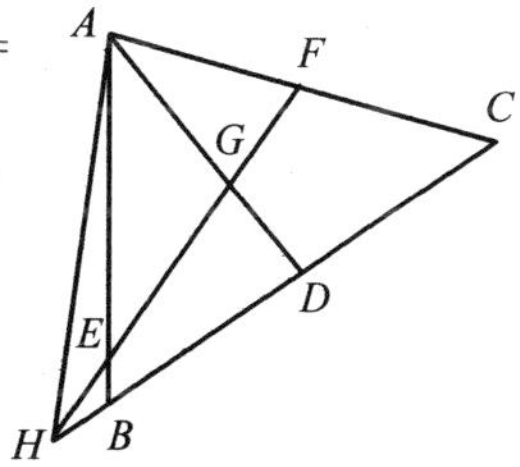

图 1.109

即
$$\frac{AE}{EB} = \frac{2HD}{BH} = \frac{HC + BH}{BH} = 1 + \frac{HC}{BH}$$
故
$$\frac{HC}{BH} = \frac{AE}{EB} - 1$$
同理
$$\frac{AF}{FC} \cdot \frac{CH}{HD} \cdot \frac{DG}{GA} = 1$$
即得
$$\frac{BH}{HC} = \frac{AF}{FC} - 1$$
因此
$$\left(\frac{AE}{EB} - 1\right)\left(\frac{AF}{FC} - 1\right) = 1$$
$$\Leftrightarrow \frac{AE}{EB} \cdot \frac{AF}{FC} = \frac{AE}{EB} + \frac{AF}{FC}$$

充分性. 若 EF 满足
$$\frac{AE}{EB} \cdot \frac{AF}{FC} = \frac{AE}{EB} + \frac{AF}{FC}$$
则 EF 过 $\triangle ABC$ 重心 G.

如图 1.109,设 D 为 BC 中点,连 AD 交 EF 于 G,分别延长 FE,CB 相交于 H,联结 AH,令 $x=\frac{AG}{GD}$,则由梅涅劳斯定理

$$\frac{AE}{EB}\cdot\frac{BH}{HD}\cdot\frac{DG}{GA}=1$$

$$\Rightarrow\frac{2AE}{x\cdot EB}=\frac{2HD}{BH}=1+\frac{HC}{BH}$$

同理

$$\frac{AF}{FC}\cdot\frac{CH}{HD}\cdot\frac{DG}{GA}=1\Rightarrow\frac{2AF}{x\cdot FC}=1+\frac{BH}{HC}$$

因此

$$\frac{4}{x^2}\cdot\frac{AE}{EB}\cdot\frac{AF}{FC}=\frac{2}{x}\left(\frac{AE}{EB}+\frac{AF}{FC}\right)$$

当 $x=2$ 时,命题成立,当 $x\neq 2$ 时,与已知矛盾,所以 EF 过 $\triangle ABC$ 重心 G.

定理 6 (三角形的拉格朗日(Lagrange,1736—1813) 定理)

设 G 是 $\triangle ABC$ 的重心,P 为平面内任一点,则有

$$PA^2+PB^2+PC^2=3PG^2+GA^2+GB^2+GC^2$$

证明 如图 1.110,设 AD 是 $\triangle ABC$ 的中线,取 AG 中点 E,联结 PD,PE,则 $DG=GE=EA$.

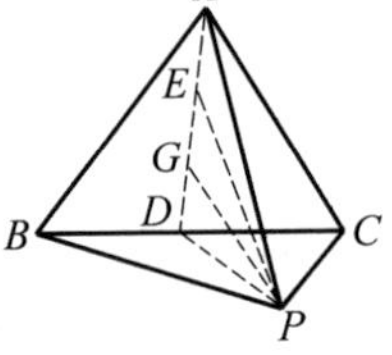

图 1.110

先假定 P 与 G 不重合,对 $\triangle PDE$ 用中线性质(即定理 1)得

$$4(PG^2+GD^2)=2(PD^2+PE^2)$$

对 $\triangle PGA$ 用中线性质得

$$2(PE^2+EG^2)=PG^2+PA^2$$

两式相加并注意 $GD=EG$ 得

$$3PG^2+6GD^2=2PD^2+PA^2 \qquad ①$$

若 P 与 G 重合,式 ① 成为 $6GD^2=2GD^2+GA^2$,仍然成立. 对 $\triangle PBC$ 用中线性质得

$$2(PD^2+BD^2)=PB^2+PC^2 \qquad ②$$

由 ①,② 相加得

$$3PG^2+6GD^2+2BD^2=PA^2+PB^2+PC^2$$

由于上式对于平面内任一点都成立,故对点 G 也应成立,即有

$$6GD^2+2BD^2=GA^2+GB^2+GC^2$$

故
$$PA^2+PB^2+PC^2=3PG^2+GA^2+GB^2+GC^2$$

定理 7 三角形重心 G 到任一条直线 l 的距离,等于三个顶点到同一条直

线的距离的代数和的$\frac{1}{3}$.

证明 若设三顶点A,B,C,重心G,边BC的中点M到直线l的距离分别为d_A,d_B,d_C,d_G,d_M,则

$$d_C=d_A+\frac{2}{3}(d_M-d_G),d_M=\frac{1}{2}(d_B+d_C)$$

两式相加,即有

$$d_G=\frac{1}{3}(d_A+d_B+d_C)$$

注 由此定理可推知:设作一直线使三角形三个顶点到它的距离的代数和为零,则它通过重心,所以这种和为定值的直线与一个以G为圆心的圆相切.

定理8 设G为$\triangle ABC$的重心,若$AG^2+BG^2=CG^2$,则两中线AD和BE垂直;反之,若两中线AD,BE垂直,则$AG^2+BG^2=CG^2$.

定理9 设a,b,c,R分别为$\triangle ABC$的三条边长、外接圆半径,G为$\triangle ABC$的重心,D_G表示G到$\triangle ABC$三边距离之和,则$D_G=\frac{ab+bc+ca}{6R}=\frac{\sum ab}{6R}$.

证明 如图1.111,在$\triangle ABC$中,G为重心,过C作$CH\perp AB$于H,过G作$GP\perp AB$于P.由

$$\triangle DPG\backsim\triangle DHC,\frac{DG}{GC}=\frac{1}{2}$$

得

$$GP=\frac{1}{3}CH=\frac{2S}{3c}=\frac{ab}{6R}$$

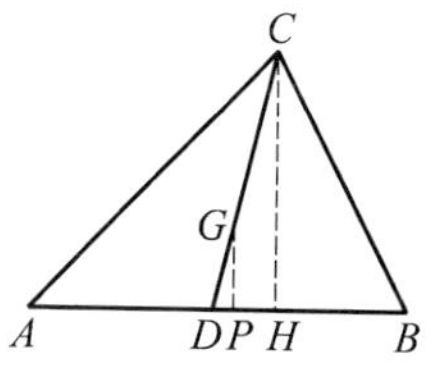

图1.111

同理G到另两边的距离分别为$\frac{ca}{6R}$和$\frac{bc}{6R}$.故

$$D_G=\frac{\sum ab}{6R}$$

定理10 设G为$\triangle ABC$的重心,AG,BG,CG与$\triangle ABC$的外接圆交于D,E,F,则

$$\frac{AG}{GD}+\frac{BG}{GE}+\frac{CG}{GF}=3$$

证法1 如图1.112.

设$BC=a$,$AC=b$,$AB=c$,三条中线长分别记为m_a,m_b,m_c,设AD与BC交于Q,如图1.112,据相交弦定理立得

$$AQ\cdot QD=BQ\cdot QC$$

由于

$$AQ=m_a$$

$$BQ=QC=\frac{1}{2}a$$

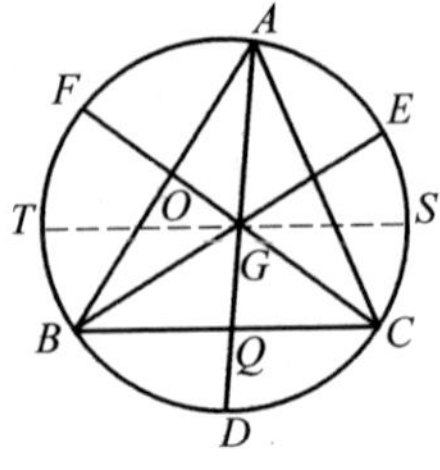

图 1.112

所以

$$QD=\frac{a^2}{4m_a}$$

于是

$$\frac{AG}{GD}=\frac{\frac{2}{3}m_a}{\frac{1}{3}m_a+\frac{a^2}{4m_a}}$$

易知

$$m_a^2=\frac{1}{2}(b^2+c^2)-\frac{1}{4}a^2$$

立得

$$\frac{AG}{GD}=\frac{2m_a^2}{m_a^2+\frac{3}{4}a^2}=\frac{2(b^2+c^2)-a^2}{a^2+b^2+c^2}$$

同理

$$\frac{BG}{GE}=\frac{2(a^2+c^2)-b^2}{a^2+b^2+c^2}$$

$$\frac{CG}{GF}=\frac{2(a^2+b^2)-c^2}{a^2+b^2+c^2}$$

所以

$$\frac{AG}{GD}+\frac{BG}{GE}+\frac{CG}{GF}=3$$

证法 2 如图 1.112,设 $\triangle ABC$ 的外心为 O,以 O 为原点,建立复平面,A,B,C 所对应的复数分别为 z_1,z_2,z_3,则 $|z_1|=|z_2|=|z_3|=1$.

又设过点 G 的直径为 ST,则由

$$\left|\frac{AG}{GD}\right|=\frac{|AG^2|}{|AG\cdot GD|}\text{ 等三式}$$

且

$$|AG\cdot GD|=|BG\cdot GE|=|CG\cdot GF|=|GS\cdot GT|$$

有

$$\left|\frac{AG}{GD}\right|+\left|\frac{BG}{GE}\right|+\left|\frac{CG}{GF}\right|=\frac{|AG|^2+|BG|^2+|CG|^2}{|GS\cdot GT|}$$

其中

$$|AG|^2=\left|\frac{2}{3}AQ\right|^2=$$

$$\frac{1}{9}(2|AB|^2+2|AC|^2-|BC|^2)\text{ 等三式}$$

则

$$|AG|^2+|BG|^2+|CG|^2=$$

$$\frac{1}{3}(|AB|^2+|BC|^2+|CA|^2)=$$

$$\frac{|z_2-z_1|^2+|z_3-z_2|^2+|z_1-z_3|^2}{3}$$

又

$$|GS\cdot GT|=(1-|GO|)(1+|GO|)=$$

$$1-|GO|^2=1-\left|\frac{z_1+z_2+z_3}{3}\right|^2=$$

$$1-\frac{(z_1+z_2+z_3)(\bar{z}_1+\bar{z}_2+\bar{z}_3)}{9}=$$

$$\frac{1}{9}[9-3-z_1\bar{z}_2-z_1\bar{z}_3-z_2\bar{z}_1-z_2\bar{z}_3-z_3\bar{z}_1-z_3\bar{z}_2]=$$

$$\frac{1}{9}(|z_2-z_1|^2+|z_3-z_2|^2+|z_1-z_3|^2)$$

故

$$\left|\frac{AG}{GD}\right|+\left|\frac{BG}{GE}\right|+\left|\frac{CG}{GF}\right|=3$$

定理 11 三角形重心到各边距离之和不大于其外接圆半径 R 的 $\frac{3}{2}$，而不小于其内切圆半径 r 的 3 倍.

证明 设 P,Q,T 分别为 $\triangle ABC$ 的重心 G 在三边上的射影，a,b,c 为三顶点 A,B,C 所对边的边长，则

$$GP+GQ+GT=\frac{2}{3}R(\sin A\sin B+\sin B\sin C+\sin A\sin C)\leqslant$$

$$\frac{2}{3}R\times\frac{9}{4}=\frac{3}{2}R$$

又由 $\frac{1}{2}a\cdot GP=\frac{1}{2}b\cdot CQ=\frac{1}{2}c\cdot GT=\frac{S_{\triangle ABC}}{3}$，则

$$GP+GQ+GT=\frac{2}{3}S_{\triangle ABC}(\frac{1}{a}+\frac{1}{b}+\frac{1}{c})=\frac{2}{3}pr(\frac{1}{a}+\frac{1}{b}+\frac{1}{c})=$$

$$\frac{r}{3}(\frac{a+b+c}{a}+\frac{a+b+c}{b}+\frac{a+b+c}{c})=$$

$$\frac{r}{3}\left(3+\left(\frac{b}{a}+\frac{a}{b}\right)+\left(\frac{c}{b}+\frac{b}{c}\right)+\left(\frac{c}{a}+\frac{a}{c}\right)\right)\geqslant$$

$$\frac{r}{3}\times 9=3r$$

故 $3r\leqslant GP+GQ+GT\leqslant\frac{3}{2}R$,其中等号当且仅当 $\triangle ABC$ 为正三角形时成立.

定理12 三角形重心到各顶点的距离之和不大于其外接圆半径的3倍,而不小于其内切圆半径的6倍.

证明 所设同定理11中证明,由中线长公式(即定理1),得

$$GA=\frac{2}{3}DA=\frac{2}{3}\cdot\frac{1}{2}\sqrt{2(b^2+c^2)-a^2}=\frac{1}{3}\sqrt{2(b^2+c^2)-a^2}$$

$$GB=\frac{1}{3}\sqrt{2(a^2+c^2)-b^2}$$

$$GC=\frac{1}{3}\sqrt{2(a^2+b^2)-c^2}$$

则

$$GA+GB+GC=\frac{1}{3}\left(\sqrt{2(b^2+c^2)-a^2}+\sqrt{2(a^2+c^2)-b^2}+\sqrt{2(a^2+b^2)-c^2}\right)$$

而由柯西不等式

$$\left(\sqrt{2(b^2+c^2)-a^2}+\sqrt{2(a^2+c^2)-b^2}+\sqrt{2(a^2+b^2)-c^2}\right)^2\leqslant$$
$$3(2(b^2+c^2)-a^2+2(a^2+c^2)-b^2+2(a^2+b^2)-c^2)=$$
$$9(a^2+b^2+c^2)=9\times 4R^2(\sin^2A+\sin^2B+\sin^2C)=$$
$$36R^2\left(\frac{3}{2}-\frac{1}{2}(\cos 2A+\cos 2B+\cos 2C)\right)=$$
$$72R^2(1+\cos A\cos B\cos C)$$

再由 $\triangle ABC$ 中可证

$$\cos A\cdot\cos B\cdot\cos C\leqslant\frac{1}{8}$$

故

$$GA+GB+GC\leqslant\frac{1}{3}\times 9R=3R$$

又

$$GA+GB+GC=2(GD+GE+GF)\geqslant 2(GP+GQ+GT)\geqslant 6r$$

故 $6r\leqslant GA+GB+GC\leqslant 3R$,其中等号当且仅当 $\triangle ABC$ 为正三角形时成立.

定理13 设点 G 为 $\triangle ABC$ 内一点,G 为 $\triangle ABC$ 的重心的充要条件是:当点 G 在三边 BC,CA,AB 上的射影分别为 D,E,F 时,$GD\cdot GE\cdot GF$ 值最大.

证明 充分性与必要性合起来证.

设三角形三内角 A,B,C 所对的边长分别为 a,b,c. 记 $GD=x,GE=y$,

$GF=z$,由

$$S_{\triangle GBC}=\frac{1}{2}ax, S_{\triangle GAC}=\frac{1}{2}by, S_{\triangle GAB}=\frac{1}{2}cz$$

知 $ax+by+cz=2S_{\triangle ABC}$ 为定值.由三个正数的平均值不等式,有

$$ax\cdot by\cdot cz\leqslant (\frac{ax+by+cz}{3})^3=\frac{8}{27}S_{\triangle ABC}^3$$

即 $xyz\leqslant \frac{8S_{\triangle ABC}^3}{27abc}$,此式当且仅当 $ax=by=cz$ 时,即 $S_{\triangle GBC}=S_{\triangle GAC}=S_{\triangle GAB}$ 时等号成立,即 G 为 $\triangle ABC$ 的重心时,结论成立.

定理 14 平面内到三角形各顶点距离的平方和最小的点就是三角形的重心.

证明 建立平面直角坐标系,设 $\triangle ABC$ 三顶点 A,B,C 的坐标分别为 $(x_i, y_i)(i=1,2,3)$,$P(x,y)$ 为平面内任一点,则

$$\begin{aligned}|PA|^2+|PB|^2+|PC|^2=&\sum_{i=1}^{3}((x-x_i)^2+(y-y_i)^2)=\\&3x^2-2(x_1+x_2+x_3)x+x_1^2+x_2^2+x_3^2+3y^2-\\&2(y_1+y_2+y_3)y+y_1^2+y_2^2+y_3^2=\\&3(x-\frac{x_1+x_2+x_3}{3})^2+x_1^2+x_2^2+x_3^2-\\&\frac{1}{3}(x_1+x_2+x_3)^2+3(y-\frac{y_1+y_2+y_3}{3})^2+\\&y_1^2+y_2^2+y_3^2-\frac{1}{3}(y_1+y_2+y_3)^2\end{aligned}$$

可见当且仅当 $x=\frac{x_1+x_2+x_3}{3}$ 且 $y=\frac{y_1+y_2+y_3}{3}$ 时,$|PA|^2+|PB|^2+|PC|^2$ 为最小,而已知 $(\frac{x_1+x_2+x_3}{3},\frac{y_1+y_2+y_3}{3})$ 是 $\triangle ABC$ 的重心 G 的坐标,故当且仅当 P 为 $\triangle ABC$ 的重心时,它到三角形各顶点距离的平方和为最小.

通过计算还可以知道,这个最小值就是三角形各边长平方和的 $\frac{1}{3}$.

注 此定理也可由定理 6 来推证.

推论 一个点,到三角形各顶点的距离的平方和为定值,则它的轨迹是以该三角形重心为圆心的圆.

❖三角形中的莱布尼兹公式

定理 设 G 为 $\triangle ABC$ 的重心,P 为 $\triangle ABC$ 所在平面内一点,则

$$AP^2+BP^2+CP^2=3PG^2+\frac{1}{3}(AB^2+BC^2+CA^2)$$

事实上,由三角形重心性质定理4(2)及定理6即得.

莱布尼兹(Leibniz,1646—1716),德国数学家.

❖三角形重心定理的推广

定理1 若 D,E 分别是 $\triangle ABC$ 的边 BC,AC(或其延长线)上的定比分点,AD 与 BE 交于点 G,则

$$\frac{BG}{GE}=\frac{BD}{DC}(1+\frac{CE}{EA})$$

证明 如图1.113,过点 E 作 $EF\parallel BC$ 交 AD 于 F,则

$$\frac{FE}{DC}=\frac{EA}{CA}$$

即

$$FE=\frac{EA\cdot DC}{CA}$$

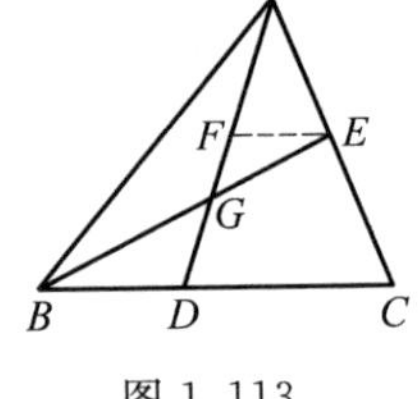

图1.113

又 $\frac{BG}{GE}=\frac{BD}{FB}$,则

$$\frac{BG}{GE}=\frac{BD}{\frac{EA\cdot DC}{CA}}$$

即

$$\frac{BG}{GE}=\frac{BD}{DC}(1+\frac{CE}{EA})$$

注 当点 D,E 分别为边 BC,AC 的中点时,有 $\frac{GE}{BG}=\frac{DG}{GA}=\frac{1}{2}$.

定理2 设 D,E,F 分别为 $\triangle ABC$ 的边 BC,CA,AB 上的点,且 $\frac{AF}{AB}=\frac{BD}{BC}=\frac{CE}{CA}=\frac{1}{n}$,$AD,BE,CF$ 三线交得 $\triangle GHK$,则 $S_{\triangle GHK}=\frac{(n-2)^2}{n^2-n+1}S_{\triangle ABC}$.

证明 如图1.114,直线 CKF 截 $\triangle ABD$,由梅涅劳斯定理,有

$$\frac{AK}{KD}\cdot\frac{DC}{CB}\cdot\frac{BF}{FA}=1$$

则
$$\frac{AK}{KD}=\frac{n}{(n-1)^2}$$

即
$$\frac{AK}{AD}=\frac{n}{n^2-n+1}$$

从而
$$S_{\triangle AKC}=\frac{n}{n^2-n+1}\cdot\frac{n-1}{n}S_{\triangle ABC}=\frac{n-1}{n^2-n+1}S_{\triangle ABC}$$

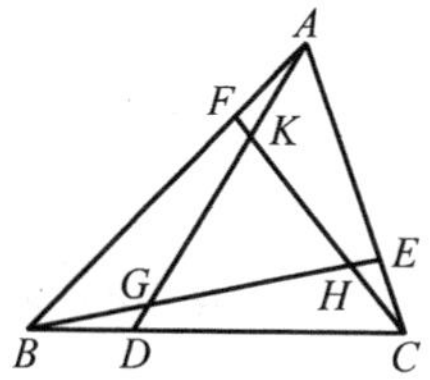

图 1.114

同理可证
$$S_{\triangle ABG}=S_{\triangle BCH}=\frac{n-1}{n^2-n+1}S_{\triangle ABC}$$

故
$$S_{\triangle GHK}=\left[1-\frac{3(n-1)}{n^2-n+1}\right]S_{\triangle ABC}=\frac{(n-2)^2}{n^2-n+1}S_{\triangle ABC}$$

显然当 $n=2$ 时,有 $S_{\triangle GHK}=0$,G,H,K 重合于重心.

如果我们称 $n(n\geqslant 3)$ 边形某顶点同除该点以外的 $(n-1)$ 个点所决定的 $(n-1)$ 边形的重心的连线,为 n 边形的中线(当 $n-1=2$ 时,$(n-1)$ 边形退化成一线段,此时重心即为线段的中心),那么重心定理可推广如下.

定理3 n 边形的各条中线(若有重合,只算一条)相交于一点,各中线被该点分为 $(n-1):1$ 的两条线段,这点叫 n 边形的重心.

证明 当 $n=3$ 时为重心定理,结论成立,假设 $n=k-1(k\geqslant 4)$ 时,命题成立,则当 $n=k$ 时,在 k 边形 $A_1A_2\cdots A_k$ 中,如图 1.115,若 S 是 $(k-2)$ 边形 $A_1A_2\cdots A_{k-2}$ 的重心,则 $A_{k-1}S$,A_kS 分别是 $(k-1)$ 边形 $A_1A_2\cdots A_{k-2}A_{k-1}$ 和 $A_1A_2\cdots A_{k-2}A_k$ 的中线.

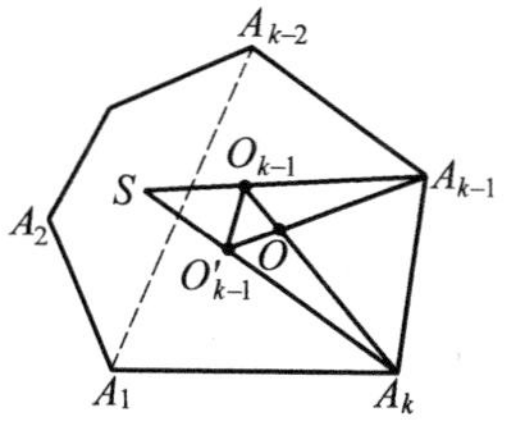

图 1.115

设 O_{k-1} 和 O'_{k-1} 分别是 $(k-1)$ 边形 $A_1A_2\cdots A_{k-2}A_{k-1}$ 和 $A_1A_2\cdots A_{k-2}A_k$ 的重心,则根据假设有

$$\frac{A_{k-1}O_{k-1}}{O_{k-1}S}=\frac{(k-1)-1}{1}=\frac{A_kO'_{k-1}}{O'_{k-1}S}$$

联结 A_kO_{k-1},$A_{k-1}O'_{k-1}$,则它们是 k 边形的两条中线,且交于一点.设交点为 O,联结 $O_{k-1}O'_{k-1}$,则有 $O_{k-1}O'_{k-1}\parallel A_{k-1}A_k$,则

$$\triangle CO_{k-1}O'_{k-1}\backsim\triangle OA_{k-1}A_k$$

有
$$\frac{A_{k-1}O}{OO'_{k-1}}=\frac{A_kO}{OO'_{k-1}}=k-1$$

因此,k 边形 $A_1A_2\cdots A_k$ 的相邻两条中线 $A_{k-1}O'_{k-1}$,A_kO_{k-1} 交于点 O,且被 O 点内分为 $(k-1):1$.同理可证 k 边形 $A_1A_2\cdots A_k$ 的任意相邻两条中线的交点内分每条中线为 $(k-1):1$,由此推得,k 边形的所有中线过一点,且被这点内分

为$(k-1):1$.

综上所述,定理得证.

❖三角形的恒心问题

三角形重心的一种推广,即为如下的恒心问题①.

定理1 分别以$\triangle ABC$的三边BC,CA,AB为底,向$\triangle ABC$外作等腰三角形$\triangle BCA'$,$\triangle CAB'$,$\triangle ABC'$(它们都与$\triangle ABC$内部不交).如果$\triangle BCA'$,$\triangle CAB'$,$\triangle ABC'$相似,则AA',BB',CC'三线共点,如图1.116所示,共同点记为O,这是三角形的一个新心,不妨称为外恒心.

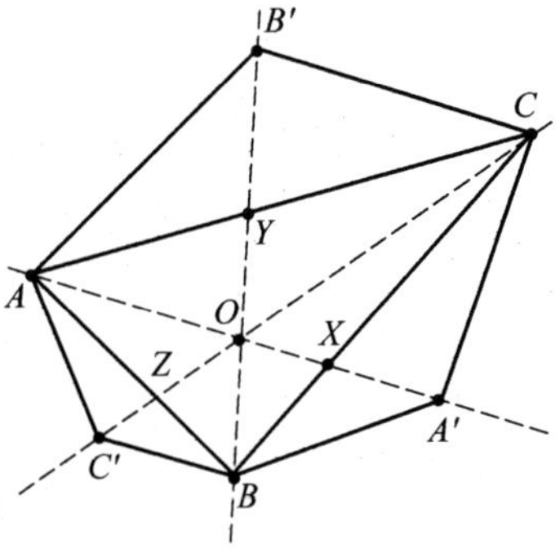

图1.116

证明 设X,Y,Z分别是AA',BB',CC'与BC,CA,AB的交点.$\triangle ABC$的边BC上的高为h_A,$\triangle A'BC$的边BC上的高为h'_A,则

$$S_{\triangle A'AB}=\frac{1}{2}BX\cdot(h_A+h'_A)$$

$$S_{\triangle A'AC}=\frac{1}{2}XC\cdot(h_A+h'_A)$$

所以

$$\frac{S_{\triangle A'AB}}{S_{\triangle A'AC}}=\frac{BX}{XC}$$

同理可得

$$\frac{S_{\triangle B'BC}}{S_{\triangle B'BA}}=\frac{CY}{YA}$$

$$\frac{S_{\triangle C'CA}}{S_{\triangle C'CB}}=\frac{AZ}{ZB}$$

于是有

$$\frac{BX}{XC}\cdot\frac{CY}{YA}\cdot\frac{AZ}{ZB}=$$

$$\frac{S_{\triangle A'AB}}{S_{\triangle A'AC}}\cdot\frac{S_{\triangle B'BC}}{S_{\triangle B'BA}}\cdot\frac{S_{\triangle C'CA}}{S_{\triangle C'CB}}$$

记等腰三角形$\triangle BCA'$,$\triangle CAB'$,$\triangle ABC'$的底角为α,则

① 刘爱琴.三角形重心的推广——恒心[J].数学通报,2015(4):55-56.

$$S_{\triangle A'AB}=\frac{1}{2}AB\cdot A'B\cdot \sin(\angle B+\alpha)$$

$$S_{\triangle A'AC}=\frac{1}{2}AC\cdot A'C\cdot \sin(\angle C+\alpha)$$

$$S_{\triangle B'BC}=\frac{1}{2}CB\cdot CB'\cdot \sin(\angle C+\alpha)$$

$$S_{\triangle B'BA}=\frac{1}{2}AB\cdot AB'\cdot \sin(\angle A+\alpha)$$

$$S_{\triangle C'CA}=\frac{1}{2}AC\cdot AC'\cdot \sin(\angle A+\alpha)$$

$$S_{\triangle C'CB}=\frac{1}{2}BC\cdot BC'\cdot \sin(\angle B+\alpha)$$

于是有

$$\frac{S_{\triangle A'AB}}{S_{\triangle A'AC}}\cdot\frac{S_{\triangle B'BC}}{S_{\triangle B'BA}}\cdot\frac{S_{\triangle C'CA}}{S_{\triangle C'CB}}=$$

$$\frac{AB\cdot A'B\cdot \sin(\angle B+\alpha)}{AC\cdot A'C\cdot \sin(\angle C+\alpha)}\cdot$$

$$\frac{CB\cdot CB'\cdot \sin(\angle C+\alpha)}{AB\cdot AB'\cdot \sin(\angle A+\alpha)}\cdot$$

$$\frac{AC\cdot AC'\cdot \sin(\angle A+\alpha)}{BC\cdot BC'\cdot \sin(\angle B+\alpha)}=1$$

$$\Rightarrow\frac{BX}{XC}\cdot\frac{CY}{YA}\cdot\frac{AZ}{ZB}=1$$

由塞瓦(Ceva)定理的逆定理知 AX,BY,CZ 三线共点,即 AA',BB',CC' 三线共点. 证毕.

如果将定理 1 中的向 $\triangle ABC$ 外侧作三角形,改变成向内侧作三角形,定理结论同样成立. 于是有:

定理 2 分别以 $\triangle ABC$ 的三边 BC,CA,AB 为底,向 $\triangle ABC$ 内侧作等腰三角形 $\triangle BCA',\triangle CAB',\triangle ABC'$(它们都与 $\triangle ABC$ 内部相交). 如果 $\triangle BCA'$, $\triangle CAB',\triangle ABC'$ 相似,则 AA',BB',CC' 三线共点,如图 1.117(a)(b) 所示,共同点记为 O,称为内恒心.

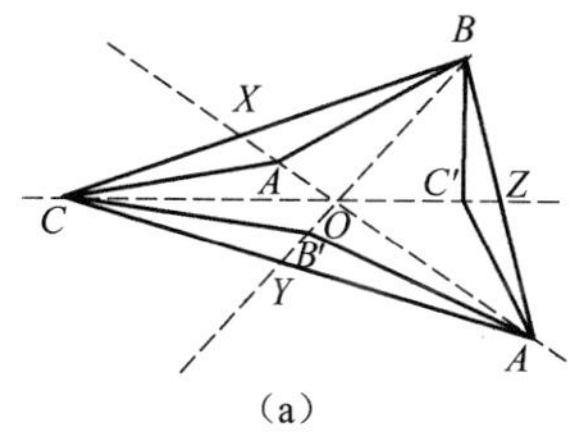

(a)

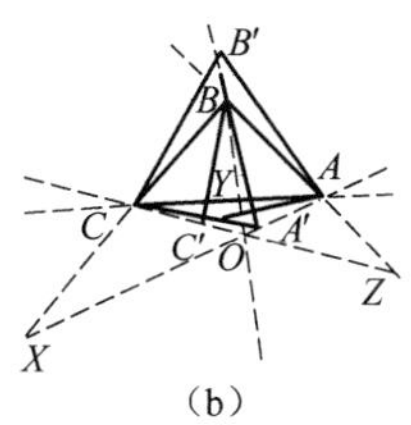

(b)

图 1.117

证明 如图1.117所示,设等腰三角形$\triangle BCA'$,$\triangle CAB'$,$\triangle ABC'$的底角为α,X,Y,Z分别是AA',BB',CC'与BC,CA,AB的交点.

$\triangle ABC$的边BC上的高为h_A,$\triangle A'BC$的边BC上的高为h'_A,则

$$S_{\triangle A'AB}=\frac{1}{2}BX\cdot(h_A-h'_A)$$

$$S_{\triangle A'AC}=\frac{1}{2}XC\cdot(h_A-h'_A)$$

与定理1证明类似,可以得到

$$\begin{aligned}&\frac{BX}{XC}\cdot\frac{CY}{YA}\cdot\frac{AZ}{ZB}=\\&\frac{S_{\triangle A'AB}}{S_{\triangle A'AC}}\cdot\frac{S_{\triangle B'BC}}{S_{\triangle B'BA}}\cdot\frac{S_{\triangle C'CA}}{S_{\triangle C'CB}}=\\&\frac{AB\cdot A'B\cdot\sin(\angle B-\alpha)}{AC\cdot A'C\cdot\sin(\angle C-\alpha)}\cdot\\&\frac{CB\cdot CB'\cdot\sin(\angle C-\alpha)}{AB\cdot AB'\cdot\sin(\angle A-\alpha)}\cdot\\&\frac{AC\cdot AC'\cdot\sin(\angle A-\alpha)}{BC\cdot BC'\cdot\sin(\angle B-\alpha)}=1\end{aligned}$$

由塞瓦(Ceva)定理的逆定理得,AA',BB',CC'三线共点.
证毕.

当A',B',C'退化为BC,CA,AB的中点时,O退化为$\triangle ABC$的重心.

作为特例,当三角形$\triangle BCA'$,$\triangle CAB'$,$\triangle ABC'$为正三角形时,O就是费马点.

当三角形$\triangle BCA'$,$\triangle CAB'$,$\triangle ABC'$是斜边为BC,CA,AB的等腰直角三角形时,A',B',C'就是以三角形三顶点对边外扩正方形的中心.由此启发,定理1,2可以推广到三角形三边上的其他图形,至于是什么图形没有什么本质的区别,于是有:

定理3 如果T_A,T_B,T_C是分别关于$\triangle ABC$的三边BC,CA,AB中垂线对称的、相似的图形,A',B',C'是T_A,T_B,T_C的重心,则AA',BB',CC'三线共点O.

如图1.118(a)(b)(c)所示,由于O是三角形三个顶点与三边相似图形重心连线的交点,所以,可视为重心的推广,所以命名为"恒心"是恰当的.

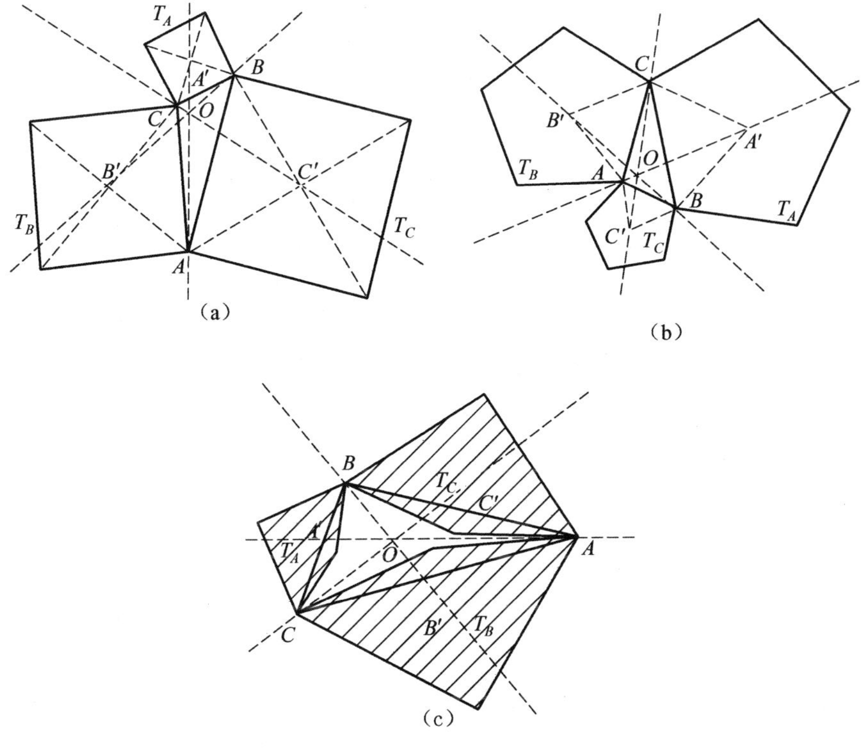

图 1.118

显然，证明与具体图形无关，仅仅与 $\triangle BCA'$，$\triangle CAB'$，$\triangle ABC'$ 有关，由定理给出的条件可知，$\triangle BCA'$，$\triangle CAB'$，$\triangle ABC'$ 是相似的等腰三角形，与定理 1，2 完全是相同的，从而结论成立.

❖三角形的旁重心问题

过三角形的一个顶点，平行于对边的直线称为外中线，两条外中线的交点，称为旁重心.①

与三角形的内、外角平分线一样，应将三角形的中线与外中线的图形作为整体来看，这样就可以看到中线与外中线，重心与旁重心的性质的类似之处. 于是，我们有如下结论：

定理　三角形的每个顶点引出的中线通过这点所对的旁重心. 从外中线

① 约翰逊. 近代欧氏几何学[M]. 单墫，译. 上海：上海教育出版社，2000：152.

上一点到三角形两条邻边的距离与这两条边的长成反比.从一个旁重心到三角形三边的距离与这三边的长成反比,三角形中线分对边的比(有向线段,下均同)为-1,外中线分对边的比为1.三角形中线被重心分成的比为$-\frac{1}{2}$,被旁重心分成的比为$\frac{1}{2}$.以原三角形的底为底,以一个旁重心为顶点的三角形,面积都相等.若M_A为A相对的旁重心,P为任意一点,则

$$PB^2+PC^2-PA^2=PM_A^2+M_AB^2+M_AC^2-M_AA^2$$

❖三角形的拉格朗日定理

三角形的拉格朗日定理[①] 如果G是$\triangle ABC$的重心,P是该三角形所在平面上的任意一点,则

$$PA^2+PB^2+PC^2=GA^2+GB^2+GC^2+3GP^2$$

该定理是拉格朗日于1783年发现的,卡诺(Carnot,1753—1823)在1801年也得到了它.

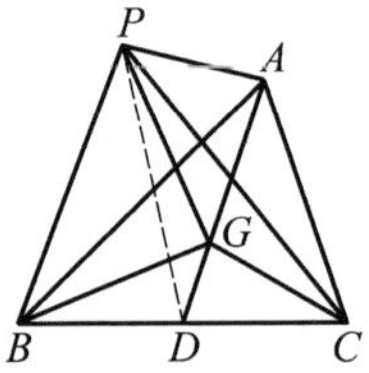

图 1.119

证明 如图1.119,设D是边BC的中点,联结PD,则

$$PB^2+PC^2=2(PD^2+BD^2) \quad ①$$

据斯特瓦尔特定理,得

$$PA^2\cdot DG+PD^2\cdot GA-PG^2\cdot DA=DA\cdot DG\cdot GA$$

即

$$PA^2+2PD^2-3PG^2=GA^2+2GD^2 \quad ②$$

①+②得

$$PA^2+PB^2+PC^2=GA^2+2(BD^2+GD^2)+3GP^2$$

由于$GB^2+GC^2=2(BD^2+GD^2)$,所以

$$PA^2+PB^2+PC^2=GA^2+GB^2+GC^2+3GP^2$$

如果用坐标法来解,那么可取G为原点建立直角坐标系xOy,设$A(x_1,y_1)$,$B(x_2,y_2)$,$C(x_3,y_3)$,$P(x,y)$,则

$$x_1+x_2+x_3=0,y_1+y_2+y_3=0$$

所以

$$PA^2+PB^2+PC^2=(x-x_1)^2+(y-y_1)^2+(x-x_2)^2+(y-y_2)^2+(x-x_3)^2+(y-y_3)^2=$$

① 单墫.数学名题词典[M].南京:江苏教育出版社,2002:351-354.

$$3(x^2+y^2)+(x_1^2+y_1^2)+(x_2^2+y_2^2)+(x_3^2+y_3^2)=$$
$$GA^2+GB^2+GC^2+3GP^2$$

❖三角形关于重心的帕普斯定理

三角形关于重心的帕普斯定理 设点 D,E,F 分别为 $\triangle ABC$ 的边 BC，CA，AB 上的点，且使得 $\frac{BD}{DC}=\frac{CE}{EA}=\frac{AF}{FB}$，则 $\triangle DEF$ 与 $\triangle ABC$ 具有共同的重心 G.

该定理载于帕普斯的《数学汇编》第八章里.

证明 建立直角坐标系 xOy，设 $A(a_1,a_2)$，$B(b_1,b_2)$，$C(c_1,c_2)$，$\frac{BD}{DC}=\frac{CE}{EA}=\frac{AF}{FB}=\frac{m}{n}$，则 $D(\frac{nb_1+mc_1}{m+n},\frac{nb_2+mc_2}{m+n})$，$E(\frac{nc_1+ma_1}{m+n},\frac{nc_2+ma_2}{m+n})$，$F(\frac{na_1+mb_1}{m+n},\frac{na_2+mb_2}{m+n})$.

再设 $\triangle DEF$ 的重心 $G(x,y)$ 则

$$x=\frac{1}{3}\cdot\frac{(nb_1+mc_1)+(nc_1+ma_1)+(na_1+mb_1)}{m+n}=$$
$$\frac{a_1+b_1+c_1}{3}$$

$$y=\frac{1}{3}\cdot\frac{(nb_2+mc_2)+(nc_2+ma_2)+(na_2+mb_2)}{m+n}=$$
$$\frac{a_2+b_2+c_2}{3}$$

可见 G 也是 $\triangle ABC$ 的重心，因此 $\triangle ABC$ 与 $\triangle DEF$ 有共同的重心.

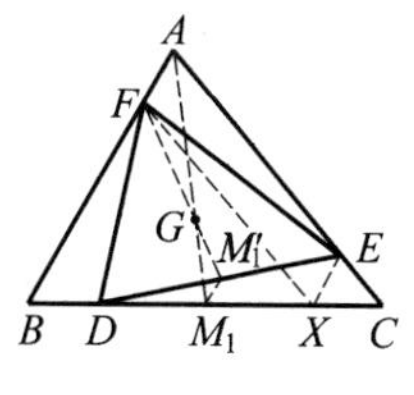

图 1.120

下面我们再介绍由富尔曼给出的一种证法. 如图 1.120，在 BC 上截取 $XC=BD$，联结 EX，FX，则 $\frac{CE}{EA}=\frac{BD}{DC}=\frac{CX}{XB}$，$\frac{AF}{FB}=\frac{BD}{DC}=\frac{CX}{XB}$，所以 $EX\parallel AF$，$FX\parallel AE$，故 $AFXE$ 为平行四边形，从而 $AF=EX$. 设 DE 的中点为 M'_1，BC 的中点为 M_1，联结 $M_1M'_1$，则 $M_1M'_1$ 平行且等于 EX（即 AF）的一半. 再联结 FM'_1，AM_1，设它们相交于 G，则 $\frac{AG}{GM_1}=\frac{FG}{GM'_1}=\frac{AF}{M'_1M_1}=2$，所以 G 同是 $\triangle ABC$ 与 $\triangle DEF$ 的重心.

注 富尔曼的证法可以逆推,因而此定理的逆定理是成立的,即有:设一个三角形内接于另一个,它们的重心重合,则前者的顶点将后者的边分为相等的比.

❖三角形的塞萨罗定理

三角形的塞萨罗定理 以 $\triangle ABC$ 的三边分别向外作 $\triangle BCA'$,$\triangle CAB'$,$\triangle ABC'$,使得 $\triangle BCA' \backsim \triangle CAB' \backsim \triangle ABC'$,则 $\triangle ABC$ 与 $\triangle A'B'C'$ 的重心相重合.

该定理是意大利数学家塞萨罗(E. Cesàro,1859—1906)于1880年发现的,第二年又被诺伊贝格和莱沙特再次发现.它可以推广到多边的情形.

证明 如图 1.121,作 $\square BA'CP$,根据 $\triangle A'BC \backsim \triangle B'CA \backsim \triangle C'AB$,得 $\triangle BPC \backsim \triangle AB'C$,所以

$$\frac{B'C}{CP}=\frac{AC}{BC},\angle ACB'=\alpha=\angle BCP$$

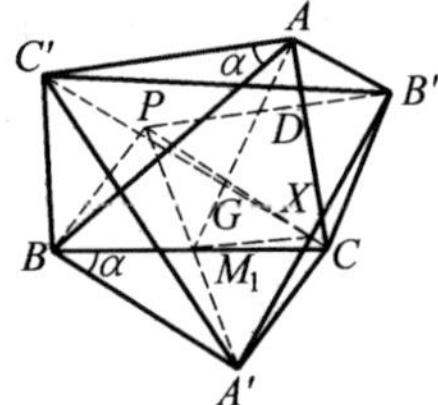

图 1.121

于是 $$\angle B'CP=\angle ACB$$

从而得 $$\triangle B'CP \backsim \triangle ACB$$

因此 $$\frac{CB'}{PB'}=\frac{CA}{AB},\angle PB'C=\angle BAC$$

但 $\frac{CA}{AB}=\frac{CB'}{C'A}$,所以

$$PB'=C'A$$

设 M_1,X 分别为 BC,$A'B'$ 的中点,联结 AM_1 和 $C'X$,它们相交于 G.再设 AC 与 $B'P$ 相交于 D,则

$$\angle C'AD=\alpha+\angle BAC=\alpha+\angle PB'C=\angle ADB'$$

所以 $$PB' /\!/ C'A$$

因为 M_1 也是 $A'P$ 的中点,所以

$$M_1X \underline{\underline{/\!/}} \frac{1}{2}PB'$$

故 $$M_1X \underline{\underline{/\!/}} \frac{1}{2}C'A$$

因此 $$\frac{M_1G}{GA}=\frac{XG}{GC'}=\frac{1}{2}$$

由此可知 G 是 $\triangle ABC$ 的重心,又是 $\triangle A'B'C'$ 的重心,即这两个三角形的重心重合.

如果利用复数知识来证,那么可设 $A(a)$,$A'(a')$,… 为复平面上的点,据相似条件得

$$\frac{a'-b}{c-b}=\frac{b'-c}{a-c}=\frac{c'-a}{b-a}$$

于是
$$(a'-b)+(b'-c)+(c'-a)=0$$
所以
$$a'+b'+c'=a+b+c$$
即
$$\frac{1}{3}(a'+b'+c')=\frac{1}{3}(a+b+c)$$
由此可知 $\triangle A'B'C'$ 的重心与 $\triangle ABC$ 的重心相重合.

❖三角形外心定理

外心定理　三角形的三边的垂直平分线交于一点.这点叫作三角形的外心.

证明　如图 1.122,设 AB,BC 的中垂线交于点 O,则有 $OA=OB=OC$,故 O 也在 AC 的中垂线上,因为 O 到三顶点的距离相等,故点 O 是 $\triangle ABC$ 外接圆的圆心,因而称为外心.

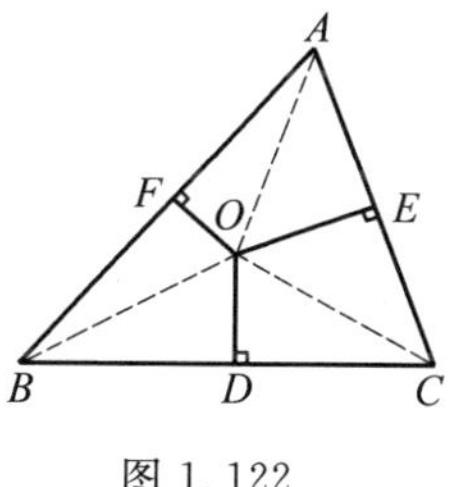

图 1.122

❖三角形外心性质定理

由三角形外心定理,可推证得如下性质定理.

定理 1　三角形所在平面内的一点是其外心的充要条件为:该点到三顶点的距离相等.

定理 2　设 O 为 $\triangle ABC$ 所在平面内一点,则 O 为 $\triangle ABC$ 的外心的充要条件是下述条件之一成立.

(1) $\angle BOC=2\angle A$,$\angle AOC=2\angle B$,$\angle AOB=2\angle C$.

(2) $OB=OC$,且 $\angle BOC=2\angle A$.

事实上,必要性显然,充分性只需注意到定弦一侧张定角的轨迹圆弧是唯一的即可.

定理 3　设三角形的三条边长、外接圆的半径、面积分别为 a,b,c,R,$S_\triangle$,则 $R=\frac{abc}{4S_\triangle}$ 或 $S_\triangle=\frac{abc}{4R}$.

定理4 直角三角形的外心为斜边中点,锐角三角形的外心在形内,钝角三角形的外心在形外.

定理5 三角形的外心到三边的有向距(外心在边的形内一侧的距离为正,否则为负)之和等于其外接圆与内切圆半径之和.

证明 对于直角三角形,显然结论成立.

如图1.123,对于锐角$\triangle ABC$,设外心O在$BC=a$,$CA=b$,$AB=c$边上的射影分别为O_1,O_2,O_3,设$OO_1=d_1$,$OO_2=d_2$,$OO_3=d_3$.由A,O_3,O,O_2四点共圆,并应用托勒密定理,有

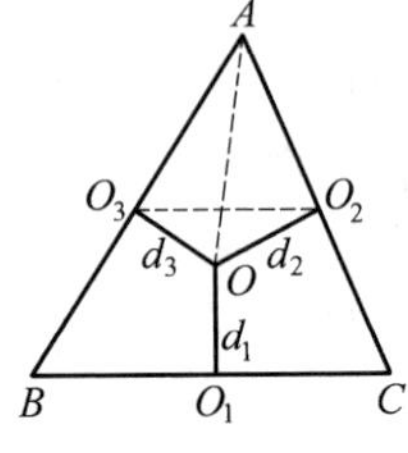

图1.123

$$AO\cdot O_2O_3=AO_3\cdot OO_2+AO_2\cdot OO_3$$

设$\triangle ABC$的外接圆半径为R,内切圆半径为r.由于O为外心,则O_1,O_2,O_3分别为三边中点,于是,上式变为

$$R\cdot\frac{1}{2}a=\frac{1}{2}c\cdot d_2+\frac{1}{2}b\cdot d_3$$

即
$$Ra=cd_2+bd_3$$

同理,有

$$Rb=ad_3+cd_1,Rc=bd_1+ad_2$$

三式相加,得

$$R(a+b+c)=d_1(b+c)+d_2(c+a)+d_3(a+b) \quad ①$$

另一方面,由$S_{\triangle ABC}=S_{\triangle OBC}+S_{\triangle OCA}+S_{\triangle OAB}$,有

$$r(a+b+c)=ad_1+bd_2+cd_3 \quad ②$$

②+①,即得

$$R+r=d_1+d_2+d_3$$

对于钝角$\triangle ABC$,如图1.124,字母所设同图1.123,则$OO_3=-d_3$(d_3为负值).在四边形O_3O_2AO中应用托勒密定理,有

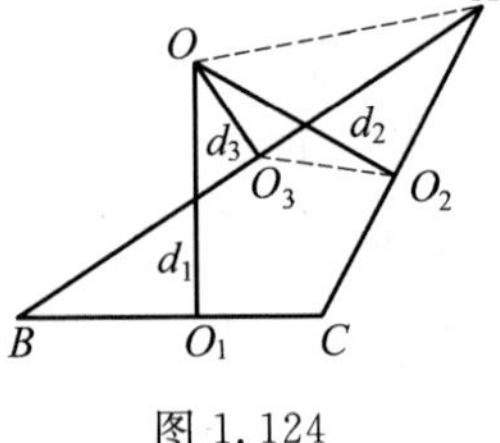

图1.124

$$AO_3\cdot OO_2=OO_3\cdot AO_2+AO\cdot O_3O_2$$

即
$$cd_2=-bd_3+Ra$$

即
$$Ra=cd_2+bd_3$$

以下均同锐角的情况(略).故

$$d_1+d_2+d_3=R+r$$

注 若由

$$r=\frac{2S_\triangle}{a+b+c}=\frac{\frac{1}{2}\times 2\times 2R\sin A\times 2R\sin B\sin C}{2R(\sin A+\sin B+\sin C)}=$$

$$4R\sin\frac{A}{2}\sin\frac{B}{2}\cdot\sin\frac{C}{2}$$

则有
$$\begin{aligned}d_1+d_2+d_3 &= R\left(\cos\frac{\angle BOC}{2}+\cos\frac{\angle AOC}{2}+\cos\frac{\angle AOB}{2}\right)=\\ &R(\cos A+\cos B+\cos C)=\\ &R\left(1+4\sin\frac{A}{2}\sin\frac{B}{2}\sin\frac{C}{2}\right)=\\ &R\left(1+\frac{r}{R}\right)=R+r\end{aligned}$$

即证.

定理 6 过 $\triangle ABC$ 的外心 O 任作一直线与边 AB,AC(或其延长线)分别相交于 P,Q 两点,则

$$\frac{AB}{AP}\sin 2B+\frac{AC}{AQ}\sin 2C=\sin 2A+\sin 2B+\sin 2C$$

或
$$\frac{BP}{AP}\sin 2B+\frac{CQ}{AQ}\sin 2C=\sin 2A$$

证明 如图 1.125,延长 AO 交 BC 于 M,交外接圆于 K,延长 CO 交 AB 于 F,则

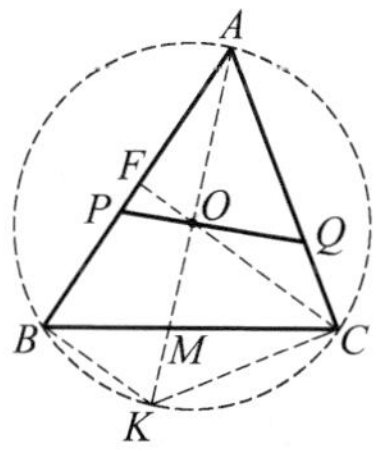

$$\frac{BM}{MC}=\frac{S_{\triangle ABM}}{S_{\triangle ACM}}=\frac{AM\cdot 2R\sin C\sin(90^\circ-\angle AKB)}{AM\cdot 2R\sin B\sin(90^\circ-\angle AKC)}=\frac{\sin 2C}{\sin 2B}$$

同理
$$\frac{AF}{FB}=\frac{\sin 2B}{\sin 2A}$$

图 1.125

对 $\triangle ABM$ 及截线 FOC 应用梅涅劳斯定理,得

$$\frac{AF}{FB}\cdot\frac{BC}{CM}\cdot\frac{MO}{OA}=1$$

而 $\frac{BC}{MC}=\frac{BM+MC}{MC}=\frac{\sin 2B+\sin 2C}{\sin 2B}$,于是

$$\frac{MO}{OA}=\frac{MC}{BC}\cdot\frac{BF}{FA}=\frac{\sin 2A}{\sin 2B+\sin 2C}$$

从而
$$\frac{AO}{AM}=\frac{AO}{AO+OM}=\frac{\sin 2B+\sin 2C}{\sin 2A+\sin 2B+\sin 2C}$$

又
$$\frac{S_{\triangle APO}}{S_{\triangle ABM}}=\frac{AP\cdot AO}{AB\cdot AM},\frac{S_{\triangle ABM}}{S_{\triangle ABC}}=\frac{BM}{BC}=\frac{\sin 2C}{\sin 2B+\sin 2C}$$
$$\frac{S_{\triangle AQO}}{S_{\triangle ACM}}=\frac{AQ\cdot AO}{AC\cdot AM},\frac{S_{\triangle ACM}}{S_{\triangle ABC}}=\frac{MC}{BC}=\frac{\sin 2B}{\sin 2B+\sin 2C}$$

由

$$\begin{aligned}\frac{AP\cdot AQ}{AB\cdot AC}=\frac{S_{\triangle APQ}}{S_{\triangle ABC}}&=\frac{S_{\triangle APO}}{S_{\triangle ABM}}\cdot\frac{S_{\triangle ABM}}{S_{\triangle ABC}}+\frac{S_{\triangle AQO}}{S_{\triangle ACM}}\cdot\frac{S_{\triangle ACM}}{S_{\triangle ABC}}=\\ &\frac{AP\cdot AO}{AB\cdot AM}\cdot\frac{\sin 2C}{\sin 2B+\sin 2C}+\frac{AQ\cdot AO}{AC\cdot AM}\cdot\frac{\sin 2B}{\sin 2B+\sin 2C}\end{aligned}$$

即证得结论.

定理7① 设$\triangle ABC$的外心为O,若AO(或AO的延长线)交BC于D,则$\frac{BD}{CD}=\frac{\sin 2C}{\sin 2B}$.

证明 如图1.126,联结OB,OC,易知有$OA=OB=OC$,$\angle AOB=2\angle C$,$\angle AOC=2\angle B$.

再过B,C分别作$BE\perp AO$,$CF\perp AO$,垂足分别为E,F,则有

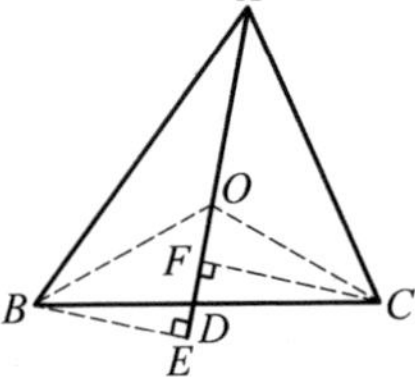

图1.126

$$\mathrm{Rt}\triangle BDE\backsim \mathrm{Rt}\triangle CDF$$

$$\frac{BD}{CD}=\frac{BE}{CF} \quad ①$$

又$\dfrac{\frac{1}{2}OA\cdot OB\cdot \sin\angle AOB}{\frac{1}{2}OA\cdot OC\cdot \sin\angle AOC}=\dfrac{S_{\triangle AOB}}{S_{\triangle AOC}}=\dfrac{\frac{1}{2}OA\cdot BE}{\frac{1}{2}OA\cdot CF}$,则

$$\frac{BE}{CF}=\frac{\sin\angle AOB}{\sin\angle AOC}=\frac{\sin 2C}{\sin 2B} \quad ②$$

由①,②两式,得

$$\frac{BD}{CD}=\frac{\sin 2C}{\sin 2B}$$

定理8 三角形的外心和各顶点连线的中点,与相应顶点对应中点所连成的三线共点,且该点恰在三角形的欧拉线上.②

证明 设O是$\triangle ABC$的外心,OA,OB,OC中点分别为A_1,B_1,C_1,BC,CA,AB边的中点依次为A_0,B_0,C_0,如图1.127.

设H是$\triangle ABC$的垂心,HA,HB,HC的中点分别为A_2,B_2,C_2,则知:直线OH就是$\triangle ABC$的欧拉线.

联结A_0B_1,A_0C_1,B_0C_1,B_0A_1,C_0A_1,C_0B_1,易知有

$$A_0B_1 \mathrel{\underline{/\!/}} \frac{1}{2}CO$$

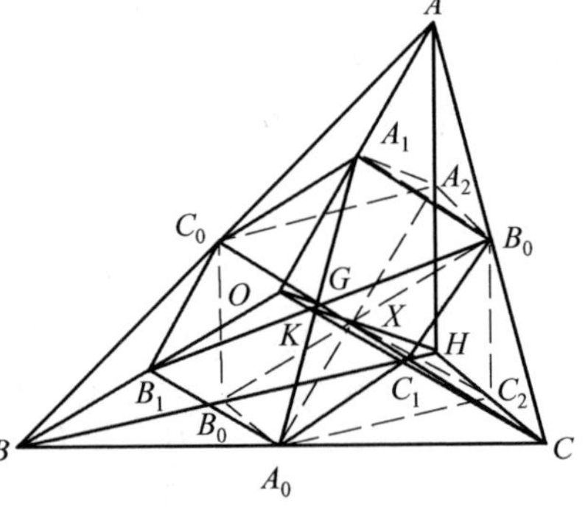

图1.127

① 李耀文.三角形外心的一个性质及其应用[J].中学数学月刊,1998(7,8):30.

② 李耀文.三角形外心的一个性质[J].中学数学,2006(12):36.

$$B_0A_1 \mathrel{\underline{\mathbin{/\!/}}} \frac{1}{2}CO$$

从而,有

$$A_0B_1 \mathrel{\underline{\mathbin{/\!/}}} B_0A_1$$

所以四边形 $A_0B_0A_1B_1$ 是平行四边形.

不妨设,$\square A_0B_0A_1B_1$ 的对角线 A_0A_1 与 B_0B_1 相交于点 K. 于是,有

$$A_0K = A_1K$$

$$B_0K = B_1K$$

同理 $\square B_0C_0B_1C_1$ 的对角线 B_0B_1 与 C_0C_1 也相交于点 K 且互相平分;

$\square C_0A_0C_1A_1$ 的对角线 C_0C_1 与 A_0A_1 也相交于点 K 且互相平分.

由此表明:A_0A_1,B_0B_1,C_0C_1 三条直线必通过同一点 K(即三线共点).

再联结 A_0B_2,A_0C_2,B_0C_2,B_0A_2,C_0A_2,C_0B_2,则可同理证得 A_0A_2,B_0B_2,C_0C_2 三线也共点(记作 X).

由三角形垂心性质定理 14 及其推论可知:

A_0A_2,B_0B_2,C_0C_2 三线共点,且该点(X)恰好是 $\triangle ABC$ 的九点圆圆心 X.

而九点圆心(X)在 $\triangle ABC$ 的欧拉线 OH 上,且 $OX = XH$,$A_0X = XA_2$(如图 1.127).

联结 A_1A_2,则在 $\triangle AOH$ 和 $\triangle A_0A_1A_2$ 中,由中位线定理得知

$$A_1A_2 \mathrel{\underline{\mathbin{/\!/}}} \frac{1}{2}OH$$

$$XK \mathrel{\underline{\mathbin{/\!/}}} \frac{1}{2}A_1A_2$$

又因点 X 在 $\triangle ABC$ 的欧拉线 OH 上,所以直线 XK 与 OH 重合.

故点 K 必在 $\triangle ABC$ 的欧拉线(OH)上.

又因为 $\triangle ABC$ 的九点圆心 X 是 OH 的中点,A_0,A_1,A_2 分别是 BC,OA,HA 的中点,

所以,易证 $\triangle OA_1K \cong \triangle XA_0K$.

于是,知 $OK = KX$,即 K 是 OX 的中点.

由此,我们不难得到:

推论 (1) 三角形的各边中点与其外心到各边所对顶点的连线中点所成的线段,均被外心与九点圆心连线的中点所平分.

(2) 三角形的各边中点,外心与各顶点连线的中点,凡此六点为顶点的六边形的对角线共点,且该点恰是三角形的外心与九点圆心连线的中点.

(3) 三角形的外心(O)、九点圆心(X),重心(G)、垂心(H)及三角形边的中点与外心到该边对角顶点连线的中点所成线段的中点(K)均成调和点列. 即:

$OK:KG:GX:XH=3:1:2:6$.有$\frac{OG}{GX}=\frac{OH}{HX},\frac{OK}{KG}=\frac{OX}{XG}$.见图1.127.

(4)三角形的外心、垂心分别与各顶点连线的中点为顶点的三角形($\triangle A_1B_1C_1$,$\triangle A_2B_2C_2$)均全等于三角形的中点三角形.(图1.127中$\triangle A_1B_1C_1\cong\triangle A_2B_2C_2\cong\triangle A_0B_0C_0$)

(5)三角形的外心、垂心分别与各顶点连线的中点为顶点的三角形外接圆(圆$A_1B_1C_1$,圆$A_2B_2C_2$)及三角形的中点三角形外接圆(圆$A_0B_0C_0$)均与三角形的九点圆是等圆.见图1.127.

由上述知:$\triangle ABC$的外心O、垂心H是$\triangle ABC$的一对等角共轭点.因此,我们可类比做出如下推广命题:

推广 $\triangle ABC$的两个等角共轭点(P,Q)分别与各顶点连线的中点与对应顶点的对边中点所成对应的三线共点(记作P',Q'),则此两点(P',Q')的连线平行于两等角共轭点(P,Q)的连线(即$PQ\parallel P'Q'$).

若将上述推广命题中$\triangle ABC$的两个"等角共轭点"(P,Q)变换成$\triangle ABC$内的任意两点,则此结论仍然成立.

利用定理5及欧拉不等式$r\leqslant\frac{R}{2}$,可得

定理9 锐角与直角三角形的外心到各边距离之和不大于其外接圆半径的$\frac{3}{2}$,不小于其内切圆半径的3倍.

定理10 设锐角$\triangle ABC$的外心为O,$\triangle OBC$,$\triangle OCA$,$\triangle OAB$的外心分别为O_1,O_2,O_3,则$\triangle O_1O_2O_3$的内切圆直径等于$\triangle ABC$的外接圆半径.①

证明 注意到AO_2为$\triangle OCA$的外接圆半径,则

$$2AO_2\sin 2B=AC=2R\sin B\Rightarrow AO_2=\frac{R}{2\cos B}$$

类似地,$AO_3=\frac{R}{2\cos C}$.于是

$$O_2O_3^2=(\frac{R}{2\cos B})^2+(\frac{R}{2\cos C})^2-\frac{2R^2\cos(B+C)}{4\cos B\cos C}$$
$$=\frac{R^2}{4\cos^2B\cos^2C}[\sin^2(\frac{\pi}{2}-B)+\sin^2(\frac{\pi}{2}-C)-$$
$$2\sin(\frac{\pi}{2}-B)\sin(\frac{\pi}{2}-C)\cos(B+C)]$$

注意到

① 薛大庆.数学奥林匹克问题高461[J].中等数学,2016(2):48-49.

$$\sin^2\left(\frac{\pi}{2}-B\right)+\sin^2\left(\frac{\pi}{2}-C\right)-2\sin\left(\frac{\pi}{2}-B\right)\sin\left(\frac{\pi}{2}-C\right)\cos(B+C)$$

$$=\sin^2(B+C)=\sin^2 A$$

从而

$$O_2O_3=\frac{R\sin A}{2\cos B\cos C}=\frac{R}{2}(\tan B+\tan C)$$

类似地

$$O_1O_3=\frac{R}{2}(\tan C+\tan A),O_1O_2=\frac{R}{2}(\tan A+\tan B)$$

故

$$\triangle O_1O_2O_3\text{ 的周长}=2P_1=R(\tan A+\tan B+\tan C)$$
$$=R\tan A\tan B\tan C$$

因此，$\triangle O_1O_2O_3$ 的内切圆直径为

$$2\sqrt{\frac{(P_1-O_2O_3)(P_1-O_3O_1)(P_1-O_1O_2)}{P_1}}=2\sqrt{\frac{1}{4}R^2}=R$$

定理 11　设 O 为 $\triangle ABC$ 的外心，过点 O,A,B 的圆与直线 AB,AC 分别交于点 D,E，则 $AD=DC,AE=EB$，且 O 为 $\triangle ADE$ 的垂心.

事实上，当 $\triangle ABC$ 为锐角三角形时，由 $\angle BDC=\angle BOC=2\angle BAC$，知 $\angle DAC=\angle DCA$，有 $AD=DC$.

当 $\angle A$ 为钝角时，由 $\angle BDC=180^\circ-\angle BOC=180^\circ-2\angle DAC$ 知 $\angle DAC=\angle DCA$，有 $AD=DC$.

同理 $AE=EB$.

由 $\angle ODC=\angle OBC=\angle OCB=\angle ODA$，知 $DO\perp AC$.

同理 $EO\perp AD$. 故 O 为 $\triangle ADE$ 的垂心.

定理 12　过锐角三角形的外心、一个顶点的圆与此顶点出发的两条边分别交于点 P,Q，则此圆与三角形外接圆的另一个交点关于 PQ 的对称点在三角形的另一条边上.

事实上，设过 $\triangle ABC$ 的外心 O、顶点 B 的圆与 $\triangle ABC$ 的外接圆交于另一点 D，与边 BA,BC 分别交于 P,Q.

在边 AC 上取点 E，使 $\angle PEA=\angle BAC$，则 $PE=PA$.

由 $\angle OAP=\angle OBP=\angle ODP,\angle APO=\angle ODB=\angle OBD=\angle OPD$，知 $\triangle PAO\cong\triangle PDO$，于是

$$PD=PA=PE \quad ①$$

又

$$\angle APE=180^\circ-2\angle PAC=180^\circ-\angle BOC=2\angle OBC$$

则

$$\angle APE-\angle OPQ=2\angle OBC-\angle OBC=\angle OBC$$

从而

$$\angle EPQ=\angle APQ-APE=\angle APO-(\angle APE-\angle OPQ)$$
$$=\angle OBD-\angle OBC=\angle QBD=\angle DPQ \quad ②$$

由 ①,② 知

$$\triangle QPE\cong\triangle QPD$$

故知 E 为点 D 关于 PQ 的对称点.

定理 13 设 O 为 $\triangle ABC$ 的外心,$\triangle ABO$ 的外接圆与直线 AC 交于点 X,$\triangle OAC$ 的外接圆与直线 AB 交于点 Y,则 O,X,Y 三点共线,且此线与边 BC 垂直.

事实上,当 $\angle A$ 为钝角时,设 $\triangle ABO$,$\triangle OAC$ 的外心分别为 O_1,O_2,延长 OO_1 交圆 O_1 于点 P,延长 OO_2 交圆 O_2 于点 Q.

由

$$\angle OXC=\angle OPA,\angle BCX=\frac{1}{2}\angle AOB=\angle AOP$$

有

$$\angle OXC+\angle BCX=\angle OPA+\angle AOP=90^\circ$$

由

$$\angle OYB=\angle OQA,\angle CBY=\frac{1}{2}\angle AOC=\angle AOQ$$

有

$$\angle OYB+\angle CBY=\angle OQA+\angle AOQ=90^\circ$$

从而 $OX\perp BC$,$OY\perp BC$,即知 X,Y,O 三点共线,且此线与 BC 垂直.

当 $\angle A$ 为锐角时,也可类似地证明.

定理 14 过三角形的外心 O、一个顶点的圆与此顶点出发的两边分别交于两点 D,F,则 $\triangle ODF$ 的垂心在此顶点所对的边所在的直线上.

事实上,设过 $\triangle ABC$ 的外心 O、顶点 B 的圆与边 BC,BA 分别交于 D,F.设 $\triangle ODC$ 的外接圆交边 AC 所在直线于点 E,则由三角形密克尔定理,知 $\triangle AFE$ 的外接圆过点 O.

注意到相交两圆的内接三角形是等腰三角形的充要条件是这两圆为等圆,因 $\triangle OBC$,$\triangle OAC$ 均为等腰三角形,则知 $\triangle BDO$,$\triangle DCO$,$\triangle AEO$ 的外接圆是等圆.由垂心组的判定,知 O,E,F,D 为垂心组.故 $\triangle ODF$ 的垂心 E 在边 AC 所在的直线上.

推论 以三角形的外心为其密克尔点的密克尔三角形的垂心就是这个三

角形的外心.

定理 15 设 O 为 $\triangle ABC$ 的外心，M 为 $\triangle ABC$ 的外接圆弧 $\overparen{BAC}$ 的中点，过点 O,A,M 三点的圆与直线 AB,AC 分别交于点 E,F，与 MB,MC 分别交于点 P,Q，则：

(1) $EB=EM,FC=FM,ME=MF,MP=CQ$；

(2) 若 MB,MC 上的点 P,Q 满足 $MP=CQ$，则 $\triangle MPQ$ 的外接圆过点 O.

证明提示 (1) 证明角相等得等腰三角形或相似三角形；

(2) 设 $\angle PMQ$ 的角平分线与 $\triangle MPQ$ 的外接圆交于点 O'，证 O' 为 $\triangle MBC$ 的外心，即知与 O 重合.

❖三角形外心定理的推广

定理 1[①] 过 $\triangle ABC$ 三边中点 D,E,F 分别作与三边倾斜角均为 α 的斜线且顺序一致，三斜线相交得 $\triangle GHK$，则 $S_{\triangle GHK}=\cos^2\alpha\cdot S_{\triangle ABC}$.

证明 首先我们证 $\triangle KGH\backsim\triangle ABC$，如图 1.128 所示. 因

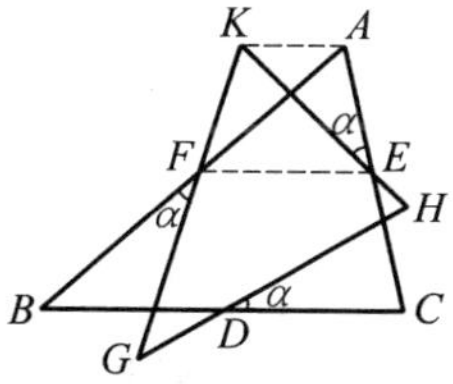

$$\angle KFA=\alpha=\angle KEA$$

则 A,K,F,E 四点共圆，则

$$\angle GKH=\angle BAC$$

同理可证 $\angle G=\angle B,\angle H=\angle C$

故 $\triangle KGH\backsim\triangle ABC$

图 1.128

又由正弦定理，有

$$\frac{KF}{AF}=\frac{\sin\angle KAF}{\sin\angle AKF}=\frac{\sin\angle KEF}{\sin(180^\circ-\angle AEF)}=\frac{\sin(C-\alpha)}{\sin C}$$

则
$$\frac{KF}{AB}=\frac{\sin(C-\alpha)}{2\sin C} \qquad ①$$

同理，B,G,D,F 共圆，有

$$\frac{FG}{BF}=\frac{\sin(C+\alpha)}{\sin C}$$

即
$$\frac{FG}{AB}=\frac{\sin(C+\alpha)}{2\sin C} \qquad ②$$

①+② 得

① 汪江松，黄家礼. 几何明珠[M]. 武汉：中国地质大学出版社，1988：104-105.

$$\frac{KG}{AB}=\frac{1}{2\sin C}(\sin(C-\alpha)+\sin(C+\alpha))=\cos\alpha$$

故有
$$\frac{S_{\triangle KGH}}{S_{\triangle ABC}}=(\frac{KG}{AB})^2=\cos^2\alpha$$

即
$$S_{\triangle KGH}=\cos^2\alpha S_{\triangle ABC}$$

显然,当 $\alpha=90^\circ$ 即 $S_{\triangle KGH}=0$ 时正是外心定理.

类似于定理 1 的证明,可得如下定理.

定理 2 在 $\triangle ABC$ 中,三边分别为 a,b,c,设 $AF=\frac{1}{n}AB$,$BD=\frac{1}{n}BC$,$CE=\frac{1}{n}CA$,过 D,E,F 各作三边的垂线交得 $\triangle GHK$,则

$$S_{\triangle GHK}=\frac{(n-2)^2}{16n^2}\cdot\frac{(a^2+b^2+c^2)^2}{S_{\triangle ABC}}$$

证明略.

❖三角形垂心定理

垂心定理 三角形的三条高交于一点,这点叫作三角形的垂心.

证法 1 如图 1.129,AD,BE,CF 为 $\triangle ABC$ 三条高,过点 A,B,C 分别作对边的平行线相交成 $\triangle A'B'C'$,则得 $\square ABCB'$,$\square BCAC'$,因此有 $AB'=BC=C'A$,从而 AD 为 $B'C'$ 的中垂线;同理 BE,CF 也分别为 $A'C'$,$A'B'$ 的中垂线,由外心定理,它们交于一点,命题得证.

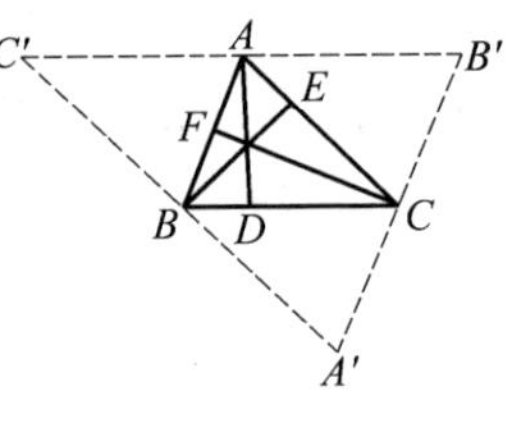

图 1.129

注 此证法为雷格蒙塔努斯(Regiomontanus,1436—1476)在《论三角形》一书中首创.

证法 2 如图 1.130,作 $BE\perp AC$,$AD\perp BC$,垂足依次为 E,D,交点为 H.

联结 CH 交 AB 于 F.从两组共圆点:A,B,D,E;C,D,H,E 得 $\angle 1=\angle A$,$\angle 2=\angle 3$.已知 $\angle 1+\angle 2=\frac{\pi}{2}$,则 $\angle 3+\angle A=\frac{\pi}{2}$,也就是说所引 $CH\perp AB$,命题得证.

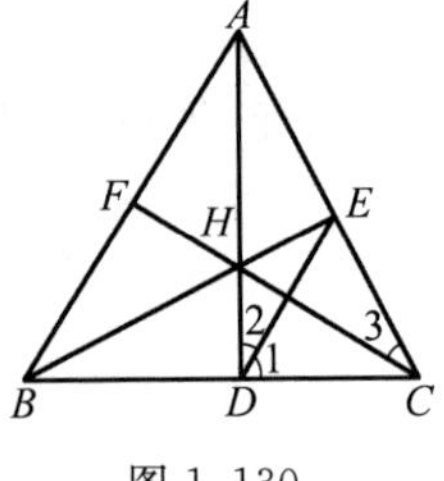

图 1.130

证法 3 如图 1.131,因为 $\alpha_1=\gamma_2$,$\beta_1=\alpha_2$,$\gamma_1=\beta_2$,所以有

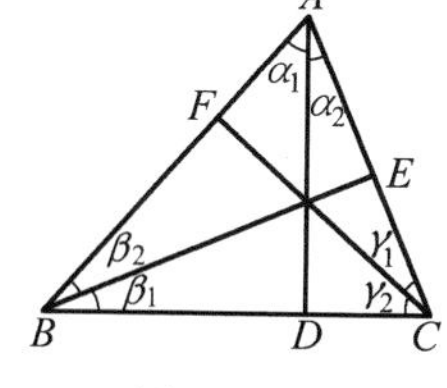

图 1.131

$$\frac{\sin \alpha_1 \sin \beta_1 \sin \gamma_1}{\sin \alpha_2 \sin \beta_2 \sin \gamma_2}=1$$

又 AC,BC 相交,故其垂线 AD,BE 不平行,由塞瓦定理的第一角元形式,有 AD,BE,CF 共点.

❖三角形垂心性质定理

由三角形的垂心定理,可推证得如下性质定理.

定理 1 直角三角形的垂心在直角顶点,锐角三角形的垂心在形内,钝角三角形的垂心在形外.

定理 2 设 H 为 $\triangle ABC$ 的垂心,则 $\angle BHC=\angle B+\angle C=180°-\angle A$,$\angle CHA=\angle C+\angle A=180°-\angle B$,$\angle AHB=\angle A+\angle B=180°-\angle C$.

定理 3 设 H 为 $\triangle ABC$ 的垂心,则 H,A,B,C 四点中任一点是其余三点为顶点的三角形的垂心(并称这样的四点组为一垂心组).

定理 4 设 $\triangle ABC$ 的三条高线为 AD,BE,CF,其中 D,E,F 分别为垂足(以下均同),垂心为 H.

对于点 A,B,C,H,D,E,F 有六组四点共圆,有三组(每组四个)相似三角形,且 $AH\cdot HD=BH\cdot HE=CH\cdot HF$.

定理 5 在 $\triangle ABC$ 中,H 为垂心,$BC=a$,$CA=b$,$AB=c$,R 为 $\triangle ABC$ 外接圆半径,则 $AH^2+a^2=BH^2+b^2=CH^2+c^2=4R^2$.

证明 如图 1.132,作 $\triangle ABC$ 的外接圆圆 O,联结 AO 并延长交外接圆于 M,联结 BM,CM,则 $AM=2R$.

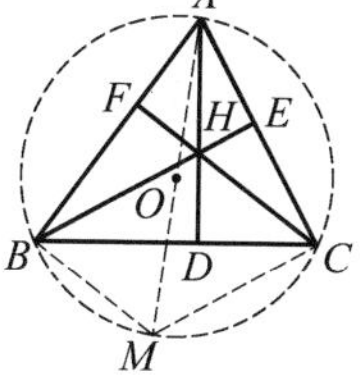

图 1.132

易知 $BH /\!/ MC$,$CH /\!/ BM$,因此,四边形 $BMCH$ 为平行四边形.于是,$BH=MC$,$CH=BM$.

在 $\text{Rt}\triangle AMC$ 中,有

$$MC^2+b^2=AM^2$$

在 $\text{Rt}\triangle ABM$ 中,有

$$BM^2+c^2=AM^2$$

所以
$$BH^2+b^2=CH^2+c^2=(2R)^2$$

同理,过 C 作直径,可证得

$$AH^2+a^2=(2R)^2$$

因此
$$AH^2+a^2=BH^2+b^2=CH^2+c^2=(2R)^2$$

注 此性质的证明,或由勾股定理有 $AH^2+BC^2=AE^2+HE^2+BE^2+CE^2=$

$(AE^2+EB^2)+(HE^2+CE^2)=AB^2+CH^2$ 等，即可.

定理6 H 为 $\triangle ABC$ 所在平面内一点，H 为 $\triangle ABC$ 的垂心的充要条件是下列条件之一成立：

(1) H 关于三边的对称点均在 $\triangle ABC$ 的外接圆上.

(2) $\triangle ABC$，$\triangle ABH$，$\triangle BCH$，$\triangle ACH$ 的外接圆是等圆.

(3) H 关于三边中点的对称点均在 $\triangle ABC$ 的外接圆上.

(4) $\angle HAB=\angle HCB$，$\angle HBC=\angle HAC$.

(5) $\angle BAO=\angle HAC$，$\angle ABO=\angle HBC$，其中 O 为 $\triangle ABC$ 的外心.

证明 (1) 必要性. 如图1.133，延长 AD 交 $\triangle ABC$ 的外接圆于 D'，联结 CD'，则知 $\angle HCD=\angle HAB=\angle BCD'$，即知 H，D' 关于边 BC 对称.

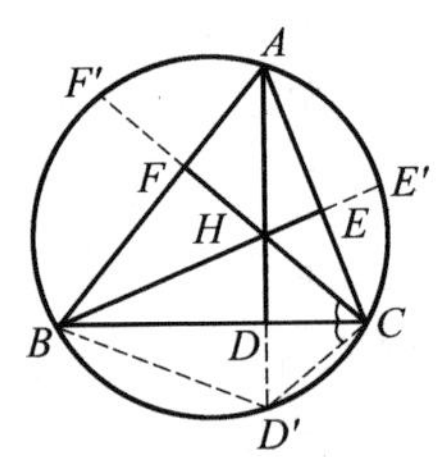

图1.133

同理可证其余情形.

充分性. 设 H 关于边 BC 的对称点 D' 在 $\triangle ABC$ 外接圆上，则

$$\angle BHC=\angle BD'C$$

且

$$\angle BD'C+\angle A=180^\circ$$

从而

$$\angle BHC=180^\circ-\angle A$$

同理

$$\angle AHC=180^\circ-\angle B, \angle AHB=180^\circ-\angle C$$

此时，设 H' 为 $\triangle ABC$ 的垂心，则由定理2知 $\angle BH'C=180^\circ-\angle A$，$\angle AH'C=180^\circ-\angle B$，$\angle AH'B=180^\circ-\angle C$，而分别以 BC，CA，AB 为弦，张角为 $180^\circ-\angle A$，$180^\circ-\angle B$，$180^\circ-\angle C$ 的三弧的交点是唯一的，即 H' 与 H 重合，故 H 为 $\triangle ABC$ 的垂心.

(2) 由(1)即证.

(3) 如图1.134，设 L，M，N 分别为边 BC，CA，AB 的中点，H 关于这三点的对称点分别为 A_1，B_1，C_1，按图连线，则得一系列不同的平行四边形.

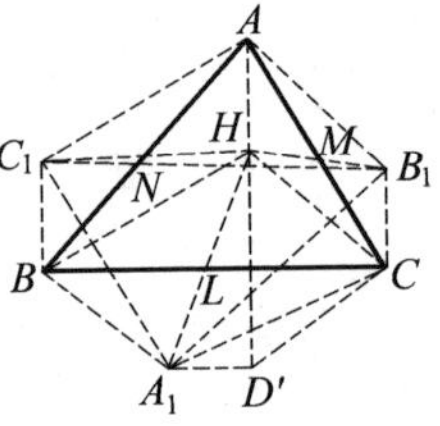

图1.134

充分性. 由 $\triangle AB_1C_1\cong\triangle HCB$，知 $\angle AC_1B_1=\angle HBC$.

又由 A，B_1，C，C_1 四点共圆及 $B_1C\parallel AH$，得

$$\angle AC_1B_1=\angle B_1CA=\angle HAC$$

故

$$\angle HAC=\angle HBC$$

同理

$$\angle HAB=\angle HCB, \angle HBA=\angle HCA$$

注意到 $\angle HCB=\angle CBA_1$

及 $\angle HAC+\angle HBC+\angle HAB+\angle HCB+\angle HBA+\angle HCA=180^\circ$

可得 $$\angle HBA+\angle HBC+\angle CBA_1=90^\circ$$
即 $A_1B\perp AB$，从而 $CH\perp AB$.

同理，$AH\perp BC$，$BH\perp CA$，故 H 为 $\triangle ABC$ 的垂心.

必要性. 设垂心 H 关于边 BC 的对称点为 D'，则 $A_1D'\parallel BC$，即四边形 $BA_1D'C$ 为梯形.

由 $\angle BCD'=\angle HCB=\angle CBA_1$，知 $BA_1D'C$ 为等腰梯形，从而 C,B,A_1,D' 四点共圆. 由(1) 知 D' 在 $\triangle ABC$ 的外接圆上，即 A_1 在 $\triangle ABC$ 的外接圆上.

同理，B_1，C_1 也在 $\triangle ABC$ 的外接圆上.

(4) 必要性显然，仅证充分性.

如图 1.135，设 AH，BH，CH 的延长线分别交对边于 D，E，F. 在 $\triangle ABD$ 和 $\triangle CBF$ 中，$\angle HAB=\angle HCB$，$\angle ABD=\angle CBF$，从而 $\angle ADB=\angle CFB$. 同理 $\angle ADC=\angle BEC$.

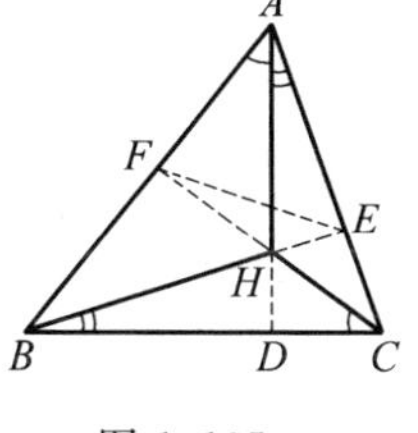

图 1.135

由 $\angle ADC+\angle ADB=180^\circ$，则 $\angle BEC+\angle CFB=180^\circ$，从而 $\angle AEH+\angle AFH=180^\circ$，即知 A，E，H，F 四点共圆.

联结 EF，则 $\angle HEF=\angle HAF$. 由 $\angle HAF=\angle HCB$，有 $\angle BEF=\angle FCB$，知 B，C，E，F 四点共圆，有 $\angle BEC=\angle CFB$.

而 $\angle BEH+\angle CFB=180^\circ$，因此 $\angle BEC=\angle CFB=90^\circ$. 可见 BE，CF 是 $\triangle ABC$ 的两条高，故 H 是 $\triangle ABC$ 的垂心.

(5) 必要性显然，仅证充分性.

如图 1.136，由
$$\angle BAO=\frac{1}{2}(180^\circ-\angle AOB)=\frac{1}{2}(180^\circ-2\angle C)=90^\circ-\angle C=\angle HAC$$
知 $\angle HAC$ 与 $\angle C$ 互余，即知 $AH\perp BC$

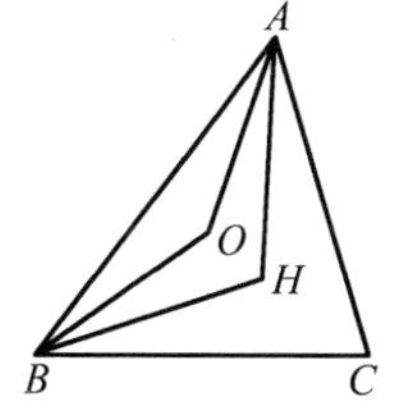

图 1.136

同理，$BH\perp AC$，故 H 为 $\triangle ABC$ 的垂心.

定理 7 已知 $\triangle ABC$ 及一点 H，直线 AH 与 BC，BH 与 CA，CH 与 AB 分别交于点 D，E，F，则 H 为 $\triangle ABC$ 的垂心的充要条件是下列条件之一成立：

(1) $HA\cdot HD=HB\cdot HE=HC\cdot HF$.

(2) $HA^2+BC^2=HB^2+CA^2=HC^2+AB^2$.

证明 (1) 必要性显然. 对于充分性，应用割线定理的逆定理，知 A，F，D，C；B，C，E，F 及 A，B，D，E 分别四点共圆，有 $\angle ABE=\angle ACF$，所以 $\angle AEB=\angle AFC$，于是 $\angle ADB=\angle ADC$，即 $AD\perp BC$.

同理 $BE \perp CA$,$CF \perp AB$,故 H 为 $\triangle ABC$ 的垂心.

(2) 延长 AH 至 H',使 $HH'=AH$,且使 $ABH'C$ 为凸四边形.由三角形中线长公式,有

$$AB^2+H'B=2(AH^2+BH^2),AC^2+H'C^2=2(AH^2+CH^2)$$

上述两式相减,有

$$AB^2-AC^2+H'B^2-H'C^2=2(BH^2-CH^2)$$

又由题设有

$$AB^2-AC^2=BH^2-CH^2,\text{则 } H'B^2-H'C^2=AB^2-AC^2$$

由等差幂线定理知 $AH' \perp BC$,即 $AH \perp BC$.

同理 $BH \perp CA$,$CH \perp AB$,故 H 为 $\triangle ABC$ 的垂心.充分性获证.而必要性是显然的.

定理 8 若 H 非 $\triangle ABC$ 的顶点,则 H 为这三角形垂心的充要条件是

$$\pm HB \cdot HC \cdot BC \pm HC \cdot HA \cdot CA \pm HA \cdot HB \cdot AB = BC \cdot CA \cdot AB$$

其中全取"+"用于锐角三角形情形;某一项取"+",余两项取"−"用于钝角三角形情形.

下面仅给出锐角三角形情形的证明:

证法 1 如图 1.137(a),作 $EH \mathrel{\underline{\parallel}} BC$,$FA \mathrel{\underline{\parallel}} EH$,则 $BCHE$ 和 $AHEF$ 均是平行四边形.联结 BF,AE,则 $BCAF$ 也是平行四边形,于是 $AF=EH=BC$,$EF=AH$,$EB=CH$,$BF=AC$.对四边形 $ABEF$ 和四边形 $AEBH$,分别应用托勒密不等式,有

$$AB \cdot EF+AF \cdot BE \geqslant AE \cdot BF,BH \cdot AE+AH \cdot BE \geqslant EH \cdot AB$$

即 $$AB \cdot AH+BC \cdot CH \geqslant AE \cdot AC,BH \cdot AE+AH \cdot CH \geqslant BC \cdot AB \quad ①$$

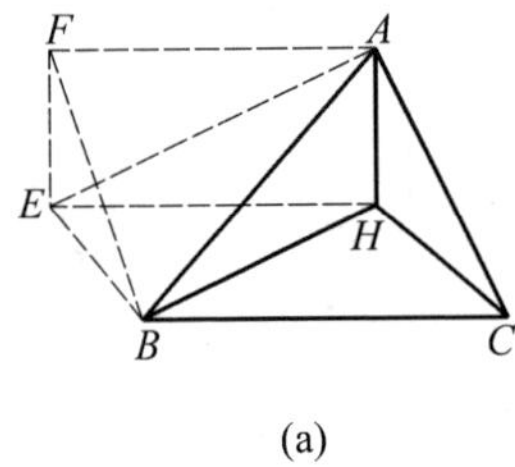

(a)

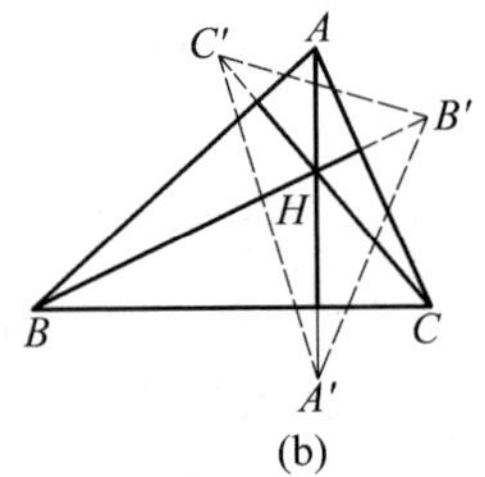

(b)

图 1.137

对上述式 ① 中前一式两边同乘 HB 后,两边同加上 $HC \cdot HA \cdot AC$,然后注意到式 ① 中的后一式,有

$$HB \cdot HB \cdot HA \cdot AB+HB \cdot HC \cdot BC+HC \cdot HA \cdot AC \geqslant HB \cdot AE \cdot AC+HC \cdot HA \cdot AC$$

即

$$HB(AB \cdot AH + BC \cdot HC) + HC \cdot HA \cdot AC$$
$$\geqslant AC(HB \cdot AE + HC \cdot AH)$$
$$\geqslant AC \cdot AB \cdot BC$$

故 $HA \cdot HB \cdot AB + HB \cdot HC \cdot BC + HC \cdot HA \cdot CA \geqslant BC \cdot CA \cdot AB$ ②

其中等号成立的充要条件是式①中两个不等式中的等号同时成立，即等号当且仅当 $ABEF$ 及 $AEBH$ 都是圆内接四边形时成立，亦即 $AFEBH$ 恰是圆内接五边形时等号成立. 由于 $AFEH$ 为平行四边形，所以条件等价于 $AFEH$ 为矩形（即 $AH \perp BC$）且 $\angle ABE = \angle AHE = 90°$，亦等价于 $AH \perp BC$ 且 $CH \perp AB$，所以所证式②等号成立的充要条件是 H 为 $\triangle ABC$ 的垂心.

证法 2 如图 1.137(b)，以 H 为反演中心，k 为反演幂，将 A,B,C 变换到 A',B',C'，则

$$HB = \frac{k}{HB'}, HC = \frac{k}{HC'}, HA = \frac{k}{HA'}$$

$$BC = \frac{k \cdot B'C'}{HB' \cdot HC'}, CA = \frac{k \cdot C'A'}{HC' \cdot HA'}, AB = \frac{k \cdot A'B'}{HA' \cdot HB'}$$

若 $HB \cdot HC \cdot BC + HC \cdot HA \cdot CA + HA \cdot HB \cdot AB = BC \cdot CA \cdot AB$ 成立时，则将上述 6 式代入化简得

$$HA'^2 \cdot B'C' + HB'^2 \cdot C'A' + HC'^2 \cdot A'B' = B'C' \cdot C'A' \cdot A'B'$$

由内心与旁心关系定理 1 知，H 为 $\triangle A'B'C'$ 的内心，所以 $\angle HA'B' = \angle HA'C'$.

而 $\angle HA'B' = \angle HBA$，$\angle HA'C' = \angle HCA$，所以 $\angle HBA = \angle HCA$.

同理，$\angle HBC = \angle HAC$，$\angle HCB = \angle HAB$. 由定理 6(4) 知，H 为 $\triangle ABC$ 的垂心. 若 H 为 $\triangle ABC$ 的垂心，则

$$\frac{HB \cdot HC}{AB \cdot AC} + \frac{HC \cdot HA}{BC \cdot BA} + \frac{HA \cdot HB}{CA \cdot CB} = \frac{S_{\triangle HBC}}{S_{\triangle ABC}} + \frac{S_{\triangle HCA}}{S_{\triangle ABC}} + \frac{S_{\triangle HAB}}{S_{\triangle ABC}} = 1$$

故 $HB \cdot HC \cdot BC + HC \cdot HA \cdot CA + HA \cdot HB \cdot AB = BC \cdot CA \cdot AB$ 成立.

定理 9 在非直角三角形中，过 H 的直线分别交 AB，AC 所在直线于 P，Q，则 $\frac{AB}{AP} = \tan B + \frac{AC}{AQ} \cdot \tan C = \tan A + \tan B + \tan C$.

事实上，如图 1.138，联结 AH 交 BC 于 D，由

$$\frac{AD}{AH} = \frac{AH + HD}{AH} = \frac{S_{\triangle APQ} + S_{\triangle DPQ}}{S_{\triangle APQ}} = \frac{S_{\triangle APD} + S_{\triangle AQD}}{S_{\triangle APQ}} =$$

$$\frac{S_{\triangle APD} + S_{\triangle AQD}}{\frac{AP \cdot AQ}{AB \cdot AC} \cdot S_{\triangle ABC}} = \frac{\frac{AP}{AB} S_{\triangle ABD} + \frac{AQ}{AC} S_{\triangle ACD}}{\frac{AP}{AB} \cdot \frac{AQ}{AC} \cdot S_{\triangle ABC}} =$$

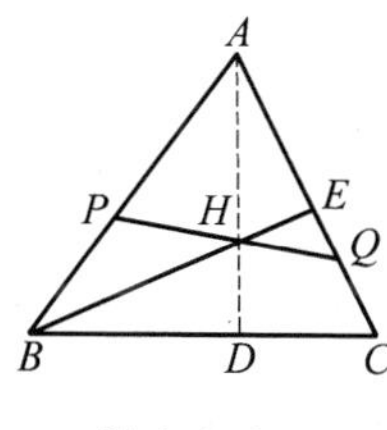

图 1.138

$$\frac{AC}{AQ}\cdot\frac{BD}{BC}+\frac{AB}{AP}\cdot\frac{CD}{BC} \qquad ①$$

联结 BH 并延长交 AC 于 E，由 $\mathrm{Rt}\triangle AHE\backsim \mathrm{Rt}\triangle BCE$，有

$$\frac{AH}{BC}=\frac{AE}{BE}=\frac{1}{\tan A}$$

从而

$$\frac{AD}{AH}=\frac{AD\cdot\tan A}{BC}$$

又由 $\frac{AD}{BD}=\tan B,\frac{AD}{CD}=\tan C$，有

$$\frac{BD}{DC}=\frac{AD}{BC\cdot\tan B},\frac{CD}{BC}=\frac{AD}{BC\cdot\tan C}$$

将其代入式 ①，有

$$\tan A=\frac{AC}{AQ}\cdot\frac{1}{\tan B}+\frac{AB}{AP}\cdot\frac{1}{\tan C}$$

注意到在非直角三角形中，有

$$\tan A\cdot\tan B\cdot\tan C=\tan A+\tan B+\tan C$$

即证得结论成立.

定理 10 锐角三角形的垂心到三顶点的距离之和等于其内切圆与外接圆半径之和的 2 倍.

事实上，过三角形三顶点作其所在高线的垂线构成新三角形，垂心为新三角形的外心，再注意到锐角三角形外心到三边的距离之和等于其内切圆与外接圆半径之和. 或注意到定理 8 亦可证.

定理 11 锐角三角形的垂心是垂足三角形的内心；锐角三角形的内接三角形(顶点在原三角形的边上）中，垂足三角形的周长最短.

事实上，对于结论的前部分，我们可证如下更一般性的结论：若 P 是 $\triangle ABC$ 的高 AD 上任一点，直线 BP 交 AC 于 E，直线 CP 交 AB 于 F，则 $\angle FDP=\angle PDE$.

如图1.139，过 A 作 BC 的平行线 MN，与 DE 的延长线交于 M，与 DF 的延长线交于 N，则有

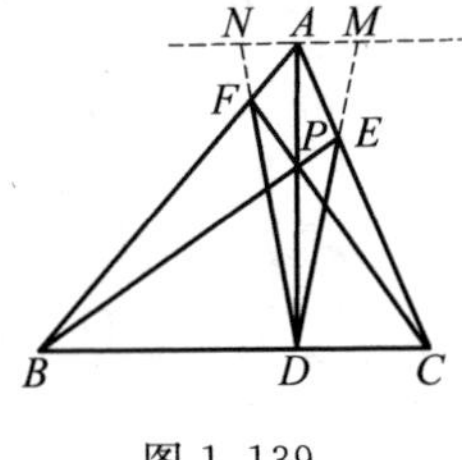

图 1.139

$$\frac{AM}{DC}=\frac{AE}{EC}=\frac{S_{\triangle BAE}}{S_{\triangle BCE}}=\frac{S_{\triangle PAE}}{S_{\triangle PCE}}$$

从而

$$AM=DC\cdot\frac{S_{\triangle PAE}}{S_{\triangle PCE}}=DC\cdot\frac{S_{\triangle APB}}{S_{\triangle BPC}}$$

同理

$$AN=BD\cdot\frac{S_{\triangle APC}}{S_{\triangle BPC}},BD=DC\cdot\frac{S_{\triangle APB}}{S_{\triangle APC}}$$

由此三式，有

$$\frac{AM}{AN}=\frac{DC}{BD}\cdot\frac{S_{\triangle APB}}{S_{\triangle APC}}=\frac{DC\cdot S_{\triangle APB}\cdot S_{\triangle APC}}{DC\cdot S_{\triangle APC}\cdot S_{\triangle APB}}=1$$

即 $AM=AN$，故 $\angle FDP=\angle PDE$. 若 P 为垂心，即证得结论.

定理 11 的后部分结论的证明参见法格乃诺问题证明，也可先作 D 关于 AB 的对称点 D'，作 D 关于 AC 的对称点 D''，联结 $D'F$，$D''E$，再利用前面结论知 D'，F，E，D'' 四点共直线，即证得结论.

定理 12 三角形垂心 H 的垂足三角形的三边，分别平行于原三角形外接圆在各顶点的切线.

定理 13① 设 H 为非直角 $\triangle ABC$ 的垂心，且 D，E，F 分别为 H 在边 BC，CA，AB 所在直线上的射影，H_1，H_2，H_3 分别为 $\triangle AEF$，$\triangle BDF$，$\triangle CDE$ 的垂心，则 $\triangle DEF\cong\triangle H_1H_2H_3$.

证明 仅对锐角 $\triangle ABC$ 给出证明. 如图 1.140，联结 DH，DH_2，DH_3，EH，EH_1，EH_3，FH_1，FH_2. 依题设则有 $HD\perp BC$ 且 $FH_2\perp BC$，从而 $HD\parallel FH_2$，$HF\perp AB$ 且 $DH_2\perp AB$，从而 $HF\parallel DH_2$. 故 HDH_2F 为平行四边形，有 $HD \underline{\underline{\parallel}} FH$.

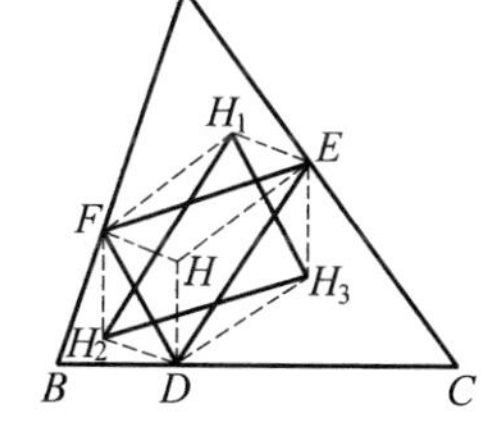

图 1.140

若在上述定理条件下，则有以下推论.②

推论 1 $\triangle H_1EF\cong\triangle DH_2H_3$

$\triangle H_2DF\cong\triangle EH_1H_3$

$\triangle H_3DE\cong\triangle FH_1H_3$

证明 如图 1.140，由定理知，$EF=H_2H_3$，联结 FH_2，H_2D，DH，HF，H_1E，EH，EH_3，H_3D，由三角形垂心的定义，可知四边形 FH_2DH、四边形 FH_1EH 均为平行四边形，则

$$H_2D=H_1E$$

同理

$$FH_1=DH_3$$

从而

$$\triangle H_1EF\cong\triangle DH_2H_3$$

同理可证

$$\triangle H_2DF\cong\triangle EH_1H_3$$

$$\triangle H_3DE\cong\triangle FH_1H_2$$

推论 2 设 D，E，F 是 $\triangle ABC$ 的垂心 H 在边 BC，AC，AB 所在直线上的射影，H_1，H_2，H_3 分别是 $\triangle AEF$，$\triangle FDB$，$\triangle ECD$ 的垂心，则 $S_{六边形H_1FH_2DH_3E}=2S_{\triangle H_1H_2H_3}$.

① 李耀文. 三角形垂心的一个性质[J]. 中学数学，2003(2)：43.

② 黄长清. 三角形垂心的一个性质的三个推论[J]. 中学数学，2003(7)：45.

证明 如图1.140，由推论1的证明知，四边形FH_1EH，EH_3DH，$DHFH_2$均为平行四边形，且FE，ED，DF分别为它们的对角线，易知$S_{六边形H_1FH_2DH_3E}=2S_{\triangle H_1H_2H_3}$.

由以上的三个平行四边形，又易得

推论3 图1.140中的HH_1与EF，HH_2与FD，HH_3与DE相互平分.

定理14[①] 三角形的垂心在各角的内、外角平分线上的射影的连线共点，该点恰是三角形的九点圆圆心.

证明 设$\triangle ABC$的垂心H在$\angle A$及其外角平分线AT，AT'上的射影分别为A_1，A_2，过A_1，A_2作直线l_A，并类似作出直线l_B和l_C，如图1.141，又设九点圆圆心为X，$\triangle ABC$的外心为O，边BC，CA，AB的中点分别为A_0，B_0，C_0，联结OA，OB，OC，并延长$\angle A$的平分线AT交$\triangle ABC$的外接圆于M.

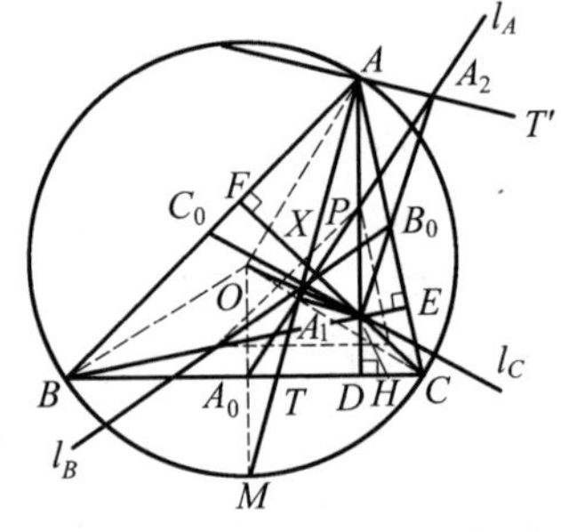

图1.141

由$\overset{\frown}{BM}=\overset{\frown}{CM}$，知$O$，$A_0$，$M$三点共线，则$OA_0\perp BC$.

又AT，AT'分别是$\triangle ABC$的$\angle A$及其外角平分线，所以$AT\perp AT'$.又因为

$$HA_1\perp A_1A,HA_2\perp A_2A$$

所以四边形AA_1HA_2为矩形.因此，AH与A_1A_2相等，并在交点P互相平分.于是，有

$$AP=\frac{1}{2}AH=\frac{1}{2}A_1A_2=A_1P$$

故

$$\angle PAA_1=\angle PA_1A$$

由$OA=OM$，知

$$\angle OAM=\angle OMA$$

又$OA_0\perp BC$，$AD\perp BC$，知

$$OA_0 /\!/ AD$$

则

$$\angle OAM=\angle OMA=\angle PAA_1=\angle PA_1A$$

所以

$$PA_1 /\!/ OA$$

即

$$l_A /\!/ OA \quad ①$$

再联结OH，在$\triangle AOH$中，易知P为AH的中点，所以PA_1平分OH，即

① 李耀文.三角形垂心的一个性质[J].中学数学，2006(1)：43.

A_1A_2 平分 AH.

也就是说,直线 l_A 必过 OH 的中点(即为 X).

同理可证,直线 l_B 和 l_C 也必过 OH 的中点 X.

据三角形的九点圆的定义知:OH 的中点 X 就是 $\triangle ABC$ 的九点圆圆心.

所以说直线 l_A,l_B,l_C 三线共点,且该点恰是 $\triangle ABC$ 的九点圆圆心.

又因为 $\triangle ABC$ 的垂心、外心分别为 H,O,且 $OA_0 \perp AC$,所以

$$OA_0=\frac{1}{2}AH=AP$$

再联结 A_0P,则易知四边形 AOA_0P 为平行四边形,于是,有

$$A_0P \parallel OA \qquad ②$$

由 ① 和 ② 知,A_0,A_1,P,A_2 四点共线,从而可知 A_0,A_1,X,P,A_2 五点共线(即直线 l_A).

由此,我们不难得到推论:

推论 1　三角形的各边中点,九点圆圆心,垂心与各顶点连线的中点,垂心在各边所对角的内、外角平分线上的射影,此五点共线(共三组).

同时,我们还可推证如下:

推论 2　三角形各边中点与其垂心到各边所对角顶点连线的中点所成三线共点,该点恰是以垂心到各顶点连线的中点为顶点的三角形的外心.

推论 3　三角形的垂心,九点圆圆心是以垂心到各顶点连线的中点为顶点的三角形的等角共轭点.

定理 15　锐角与直角三角形的垂心到各边距离之和不大于其外接圆半径的$\frac{3}{2}$.

证明　当 $\triangle ABC$ 为锐角三角形时,在 $\mathrm{Rt}\triangle HBD$ 中,有

$$\frac{HD}{HB}=\sin\angle HBC=\sin\angle EBC=\cos C$$

$$HB=\frac{BD}{\cos\angle HBD}=\frac{AB\cos B}{\sin C}=2R\cos B$$

则
$$HD=HB\cos C=2R\cos B\cos C$$

同理
$$HE=2R\cos A\cos C,HF=2R\cos A\cos B$$

由 $\cos A\cdot\cos B+\cos B\cdot\cos C+\cos C\cdot\cos A\leqslant\frac{3}{4}$,有

$$HD+HE+HF=2R(\cos A\cdot\cos B+\cos B\cdot\cos C+\cos C\cdot\cos A)\leqslant 2R\times\frac{3}{4}=\frac{3}{2}R$$

且其中等号当且仅当 $\triangle ABC$ 为正三角形时成立.

而当 $\triangle ABC$ 为直角三角形时，点 H 与点 C 重合

$$HD=HE=0$$

$$HF=CF=AC\sin A=2R\cos A\cdot\sin A=R\sin 2A\leqslant R<\frac{3}{2}R.$$

定理 16 锐角三角形与直角三角形的垂心到各顶点的距离之和等于其外接圆半径与内切圆半径之和的 2 倍.

证明略.

定理 17 锐角三角形与直角三角形垂心到各顶点的距离之和不大于其外接圆半径的 3 倍而不小于其内切圆半径的 6 倍.

证明略.

定理 18 设 H 为非等腰锐(或钝)角 $\triangle ABC$ 的垂心，M 为边 BC 的中点，点 H 在 BC 边上的射影为 D，J 为 AH 的中点，以 AH 为直径的圆记为圆 J，$\triangle ABC$ 的外接圆记为圆 O；直线 MH 与圆 O 相交于点 A_1，A_2(点 M 在 A_1 与 H 之间)，则：

(1) 四边形 A_1CHB 为平行四边形，且 M 为 A_1H 的中点；

(2) A_1 为 A 在圆 O 上的对径点(即 AA_1 为圆 O 的直径)；

(3) A_2 为圆 J 与圆 O 的交点，且直线 A_2H 过点 M，A_1；

(4) 过点 A，A_2，D 三点的圆必过 A_1H 的中点 M；过点 A，A_1，D 三点的圆必过 A_2H 的中点 N；且 M，N 均在 $\triangle ABC$ 的九点圆上；

(5) 过点 O，M，A_2 三点的圆必过 AH 的中点 J；

(6) $\frac{BA_2}{CA_2}=\frac{\cos B}{\cos C}$，$\frac{BA_1}{CA_1}=\frac{\cos C}{\cos B}$；

(7) 设以 A_1H 为直径的圆交圆 O 于点 S，以 A_2H 为直径的圆交圆 O 于点 K，A_1S 与 A_2K 交于点 T，则 $TH\perp A_1A_2$，且 $\mathrm{Rt}\triangle AA_1K\backsim\mathrm{Rt}\triangle A_2HK$，$\triangle HA_1K\backsim\triangle A_2AK$；

(8) 设直线 A_2D 交圆 O 于点 G，则 AG 为 $\triangle ABC$ 的共轭中线；进一步地有 $\angle A_1AM=\angle DAG$，且四边形 $ABGC$ 为调和四边形.

证明提示 (1)～(3) 略.

(4) 设过 A，A_1，D 三点的圆交 HA_2 于点 N'，则

$$MH\cdot HA_2=HA\cdot HD=HA_1\cdot HN'=2HM\cdot HN'$$

即知 N' 为 HA_2 的中点，与 N 重合. 注意 JM 为九点圆直径，有 $JN\perp MN$ 知 N 在九点圆上.

(5) 注意 OMA_2J 为等腰梯形即得证.

(6) 由

$$1=\frac{BM}{MC}=\frac{S_{\triangle A_1BA_2}}{S_{\triangle A_1CA_2}}=\frac{BA_2}{CA_2}\cdot\frac{BA_1}{CA_1}=\frac{BA_2}{CA_2}\cdot\frac{\sin\angle BCA_1}{\sin\angle CBA_1}=\frac{BA_2}{CA_2}\cdot\frac{\cos\angle C}{\cos\angle B}$$

即得证.

(7) 由 $TA_1\cdot TS=TA_2\cdot TK$ 知点 T 在这个圆的根轴上.

由 $\angle A_1KH=90^\circ-\angle HKA=\angle AKA_2$ 及 $\angle HA_1K=\angle A_2A_1K=\angle A_2AK$ 知 $\triangle HA_1K\backsim\triangle A_2AK$.

(8) 推之有 $\triangle BAM\backsim\triangle GAC$,即知 AG 为 $\triangle ABC$ 的共轭中线.

由 $\triangle BAM\backsim\triangle GAC$ 及 $\triangle ACM\backsim\triangle AGB$,有

$$\frac{AM}{BM}=\frac{AC}{GC},\frac{AM}{CM}=\frac{AB}{GB}$$

即推得

$$AB\cdot GC=AC\cdot GB$$

定理 19 设 H 为非等腰锐角 $\triangle ABC$ 的垂心,M 为边 BC 的中点,O 为 $\triangle ABC$ 的外心,其外接圆为圆 O,过垂心 H 及两个顶点(不妨设为 B,C)的圆记为圆 Γ_{BC},过垂心 H 及一个顶点(不访设为 B)的圆记为 Γ_B;$\triangle ABC$ 的九点圆记为圆 V(即 OH 的中点为 V),则:

(1) 圆 Γ_{BC} 与圆 O 为等圆,且两圆关于 BC 对称;

(2) 圆 Γ_{BC} 的内接 $\triangle BHC$ 的三个内角均为定值;

(3) 延长 AM 交圆 Γ_{BC} 于点 A_0,则 HA_0 为圆 Γ_B 的直径,且 $AO\ /\!/\ HA_0$;

(4) 设 HA_0 交 BC 于点 T,直线 AT 交圆 O 于点 S,则 A,H,S,A_0 四点共圆;

(5) 设圆 Γ_{BC} 与直线 AB 交于点 X,与直线 AC 交于点 Y,则 H 为 $\triangle AXY$ 的外心;

(6) 圆 Γ_{BC} 与边 AB 交于点 X,直线 XH 交直线 AC 于点 Z,则 $\triangle CXZ$ 的圆心,圆 Γ_B 的圆心,B,X 四点共圆;

(7) 圆 Γ_{BC} 与以 AC 为直径的圆交于另一点 R,则直线 AR 过 BH 的中点;

(8) 圆 Γ_{BC} 与圆 V 交于 P,Q 两点,则直线 PH,PM,QH,QM 均过一定点.

证明提示 (1) ~ (6) 略.

(7) 设 AR 与 BH 交于点 J,推证 $\angle RBJ=\angle BAR$,$\angle RHJ=\angle RAH$,知 BJ 与 $\triangle ABR$ 的外接圆相切,JH 与 $\triangle ARH$ 的外接圆相切.

(8) 设 E,F 分别为 H 在 AC,AB 上的射影,令直线 FE 与 PH 交于点 K,推证 B,P,E,K 四点共圆,P,C,K,F 四点共圆. 再推证点 K 在 $\triangle ABC$ 的外接圆上. 即知 PH 过定点. 余类推.

定理 20 条件同定理 19,则:

(1) 设圆 Γ_B 交边 BC 于点 X,交边 AB 于点 Z,则 $\angle XHZ=180^\circ-\angle B$,

$\angle HXZ=\angle HBZ=90°-\angle A$,$\angle HZX=\angle HBX=90°-\angle C$,且$\dfrac{XH}{ZH}=\dfrac{\cos C}{\cos A}$;

(2) 设圆 Γ_B 交边 BC 于点 X,交边 AB 于点 Z,圆 Γ_C 过点 X 交边 AC 于点 Y,则 HX 平分 $\angle YXZ$,且 H 为 $\triangle XYZ$ 的内心;

(3) 圆 Γ_B 交边 AB 于点 Z,又过点 H 且和 AC 平行的直线交于点 S,直线 ZS 交 AC 于点 K,则四边形 $SKCH$ 为平行四边形;

(4) 过点 B 的圆 Γ 分别与 BC,AC 交于点 $X(\neq D)$,$Z(\neq F)$(其中点 D,F 分别为 A,C 在对边上的射影),则垂心 H 在圆 Γ 上的充要条件是$\dfrac{FH}{DH}=\dfrac{FZ}{DX}$;

(5) 设 A_1 为 $\triangle ABC$ 的外接圆上 A 的对径点,点 P 在边 AB 上,点 Q 在边 AC 上,过 P,B,A 三点的圆 Γ_1 与过 A_1,C,Q 三点的圆 Γ_2 交于点 H_0,则 H_0 为 $\triangle ABC$ 的垂心的充要条件是 H_0 为 PQ 的中点,且 A_1P,A_1Q 均为 $\triangle APQ$ 外接圆的切线.

证明提示 (1)～(2) 略.

(3) 设 $AB>AC$,推知 BC 为圆 Γ_B 的直径,从而 $SZ\perp AB$.

(4) 点 H 在圆 Γ 上 $\Leftrightarrow\angle FZH=\angle DXH\Leftrightarrow \mathrm{Rt}\triangle FZH\backsim \mathrm{Rt}\triangle DXH$

(5) 设 $AB<AC$ 时,有 $\angle A_1BP=90°-\angle A_1CQ$.

充分性.由 $\angle ABH=\angle PBH_0=\angle PA_1H_0=\dfrac{1}{2}\angle PA_1Q=90°-\angle BAC$,知 $BH_0\perp AC$.同样 $CH_0\perp AB$,知 H_0 为 $\triangle ABC$ 垂心.

必要性.由 $\angle PH_0A_1=180°-\angle PBA_1=90°=\angle QCA_1=180°-\angle QH_0A_1$,知 P,H_0,Q 三点共线.又 BA_1CH_0 为平行四边形.推知 $\angle H_0PA_1=\angle H_0QA$,知 H_0 为 PQ 中点.由 $\angle PAQ=90°-\angle ABH_0=\angle H_0BA_1=\angle H_0PA$.知 A_1P 为 $\triangle APQ$ 的切线.

定理 21 设 H 为非等腰锐角 $\triangle ABC$ 的垂心,点 H 在边 BC,CA,AB 上的射影分别为 D,E,F;设 O 为 $\triangle ABC$ 的外心,其外接圆为圆 O;M 为边 BC 的中点,以 BC 为直径的圆记为圆 M,直线 MH 交圆 O 于 A_1,A_2(M 在 A_1 与 H 之间),J 为 AH 的中点,以 AH 为直径的圆记为圆 J,则:

(1) 圆 J 与圆 O 的另一交点为 A_2,且 A_2,J,O,M 四点共圆;

(2) 点 E,F 均在圆 J 上,也均在圆 M 上;若直线 AA_2 与直线 FE 交于点 P,则点 P 在直线 BC 上,且 H 为 $\triangle AMP$ 的垂心;

(3) 若圆 J 与以 BC 为弦的圆交于点 X,Y,则 X,Y,P 三点共线;

(4) 设圆 J 与 AM 交于点 S,则 S,H,P 三点共线,且 M,S,A_2,P 四点共圆,MP 为其直径;

(5) M,S,E,C 及 B,F,S,M 分别四点共圆;

(6)$\triangle A_2EF \backsim \triangle A_2CB$,$\triangle A_2FB \backsim \triangle A_2EC$;

(7) 设圆 J 与 JM 交于点 T,则 AT 平分 $\angle BAC$;

(8) 设圆 J 与 AA_1 交于点 A_0,则 A_0A_2 过 EF 的中点 L;

(9)ME,MF 均为圆 J 的切线,且四边形 HEA_2F 为调和四边形;

(10) 设直线 A_2H 与 EF 交于点 K,则 M,K,H,A_2 为调和点列;

(11) 设圆 J 与过 H,B,C 的圆交于点 G,则 A,G,M 三点共线;

(12) 设圆 J 与过点 M 的直线交于点 P,Q,则 $\triangle APQ$ 的垂心在圆 O 上;

(13) 与 AH 垂直的直线交圆 J 于点 R,Q,则 R,Q 为 $\triangle DEF$ 的一双等角共轭点;

(14) 直线 AA_2,OH,BC 共点的充要条件是 $OH \perp AM$.

证明提示 不妨设 $AB > AC$.(1) ~ (7) 略.

(8) 注意 A_2L,A_2M 分别为相似 $\triangle A_2EF$,$\triangle A_2CB$ 的对应中线,推之 $\triangle A_2FA_0 \backsim \triangle A_2BA_1$,有 A_2,L,A_0 三点共线.

(9) 注意 M,E,J,F 均在九点圆上,且 JM 为其直径.

(11) 延长 AG 交 BC 于 M',推证 $\triangle BGM' \backsim \triangle ABM'$,$\triangle CGM' \backsim \triangle ACM'$,有 $BM'^2 = M'G \cdot M'A$,$CM'^2 = M'G \cdot M'A$,知 M' 与 M 重合.

(12) 设 H' 为 $\triangle APQ$ 的垂心,K,J,N 分别为 AQ,AH,PQ 的中点,则 J 为 $\triangle APQ$ 的外心,有 $PH' = 2JK = HQ$. 由 $\triangle H'PN \cong \triangle HQN$,推知 H',N,H 三点共线,且 N 为 HH' 的中点. 再推知 N 在九点圆上,注意 H 为九点圆与外接圆的位似中心,位似系数为 2,有 $HH' = 2HN$ 即可证.

(13) 可推知 $\angle QFQ + \angle RFE = 180°$,知 QF,RF 为 $\angle EFD$ 的等角线.

(14) 设直线 AA_2 与直线 FE 交于点 P,则 H 为 $\triangle AMP$ 的垂心.

❖杜洛斯－凡利定理

杜洛斯－凡利(Droz－Farny)定理 设 H 是 $\triangle ABC$ 的垂心,过 H 作两条互相垂直的直线,其中一条与直线 BC,CA,AB 分别交于 D_1,E_1,F_1,另一条与直线 BC,CA,AB 分别交于 D_2,E_2,F_2,线段 D_1D_2,E_1E_2,F_1F_2 的中点分别为 L,M,N,则 L,M,N 三点共线.

证法 1 如图 1.142 所示,以 A,B,C 表示 $\triangle ABC$ 的相应内角,设 $\measuredangle F_2D_2B = \theta$. 因 L 是 $Rt\triangle HD_1D_2$ 的斜边 D_1D_2 的中点,所以 $\measuredangle LHD_2 = \theta$,$\measuredangle HLD_1 = 2\theta$,而 $\measuredangle CBH = 90° - C$,因此

$$\measuredangle BHL = 180° - 2\theta - (90° - C) = 90° - 2\theta + C$$

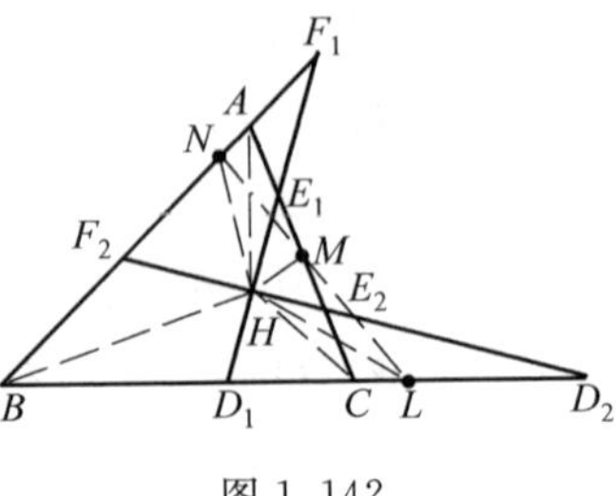

图 1.142

再由 $\measuredangle BHC=180°-A$，得

$$\measuredangle LHC=\measuredangle BHC-\measuredangle BHL=90°+2\theta-A-C=B+2\theta-90°$$

同样，由 M,N 分别为 E_1E_2,F_1F_2 的中点，$\measuredangle ME_2H=C-\theta$，$\measuredangle HF_2A=B+\theta$，$\measuredangle ACH=\measuredangle HBA=90°-A$，$\measuredangle CHA=180°-B$，$\measuredangle AHB=180°-C$，可得

$$\measuredangle CHM=90°-2\theta+C-B,\ \measuredangle MHA=90°+2\theta-C$$

$$\measuredangle AHN=90°-2\theta-B,\ \measuredangle NHB=90°+2\theta+B-C$$

于是

$$\frac{\sin\angle BHL}{\sin\angle LHC}\cdot\frac{\sin\angle CHM}{\sin\angle MHA}\cdot\frac{\sin\angle AHN}{\sin\angle NHB}=$$

$$\frac{\sin(90°-2\theta+C)}{\sin(B+2\theta-90°)}\cdot\frac{\sin(90°-2\theta+C-B)}{\sin(90°+2\theta-C)}\cdot\frac{\sin(90°-2\theta-B)}{\sin(90°+2\theta+B-C)}=$$

$$\frac{\cos(C-2\theta)}{-\cos(B+2\theta)}\cdot\frac{\cos(2\theta+B-C)}{\cos(2\theta-C)}\cdot\frac{\cos(2\theta+B)}{\cos(2\theta+B-C)}=-1$$

故由梅涅劳斯定理的第二角元形式即知 L,M,N 三点共线.

证法 2 不妨设 F_1,E_2 分别在 AB,AC 的延长线上.

设以 NH 为半径的圆圆 N 与以 MH 为半径的圆圆 M 的第二个交点为 K. 由题设知 $NF_1=NH,ME_2=MH$，从而

$$\angle F_1+\angle BAC=90°-\angle E_2$$

于是

$$\angle NKM=\angle NHM=\angle F_1+\angle E_2+90°=180°-\angle BAC$$

推知，A,N,K,M 四点共圆.

设直线 CH 与 $\triangle ABC$ 的外接圆交于点 S，则由垂心性质有 $NS=NH$，即知点 S 在圆 N 上.

由 $\angle KAC=\angle KNM=\frac{1}{2}\angle KNH=\angle KSH$，知 K,C,A,S 四点共圆，即知点 K 在圆 N 上.

类似地，点 K 也在圆 M 上. 显然，圆 L 过点 H,K.

从而，三圆均过点 H,K，故三圆圆心共线，即 N,L,M 三点共线.

证法 3 不妨设 F_1,E_2 分别在 AB,AC 的延长线上.

令点 H 在边 BC,CA,AB 上的射影分别为 P,Q,R，此时，有

$$\angle MHC=\angle MHE_2-\angle CHE_2=$$

$$\angle E_2 - \angle RHF_2 = \angle E_2 - \angle F_1 = \angle E_1HQ - \angle NHF_1 = \angle BHF_1 - \angle NHF_1 = \angle BHF_1 \quad ①$$

又

$$\angle AHF_2 = 90° - \angle D_1HP = \angle HD_1L = \angle D_1HL$$
$$\angle BHD_1 = 90° - \angle QHE_2 = \angle E_2 = \angle E_2HM$$

有

$$\angle BHL = \angle BHD_1 + \angle D_1HL = \angle E_2HM + \angle AHF_2 = \angle PHM = 180° - \angle AHM \quad ②$$

类似地

$$\angle AHN = 180° - \angle LHC \quad ③$$

于是,注意到①②③,有

$$\frac{AM}{MC} \cdot \frac{CL}{LB} \cdot \frac{BN}{NA} = \frac{S_{\triangle AHM}}{S_{\triangle MHC}} \cdot \frac{S_{\triangle CHL}}{S_{\triangle LHB}} \cdot \frac{S_{\triangle BHN}}{S_{\triangle NHA}} = \frac{AH \cdot \sin \angle AHM}{CH \cdot \sin \angle MHC} \cdot \frac{CH \cdot \sin \angle LHC}{BH \cdot \sin \angle BHL} \cdot \frac{BH \cdot \sin \angle BHN}{AH \cdot \sin \angle AHN} = 1$$

从而,对 $\triangle ABC$ 应用梅涅劳斯定理的逆定理,知 N, L, M 三点共线.

注 证法 2 由萧振纲、金磊老师给出.

❖三角形垂心定理的推广

定理 1 从 $\triangle ABC$ 三顶点分别作对边的斜线,与对边的交角为 α,且顺序一致,三斜线相交成 $\triangle GHK$,则 $S_{\triangle GHK} = 4\cos^2\alpha \cdot S_{\triangle ABC}$.

证明 如图 1.143,过 A, B, C 分别作对边的平行线交得 $\triangle A'B'C'$,则 A, B, C 分别为 $\triangle A'B'C'$ 三边的中点,由重心定理的推广定理 1,有

$$S_{\triangle GHK} = \cos^2\alpha \cdot S_{\triangle A'B'C'} = 4\cos^2\alpha \cdot S_{\triangle ABC}$$

此定理的证明还可参见图 2.301 的证法. 显然,$\alpha = 90°$ 时为垂心定理.

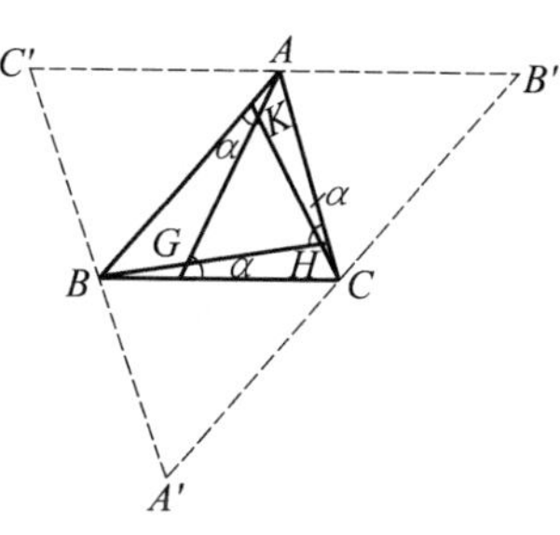

图 1.143

垂心定理还可理解为三角形一顶点与另两条高交点的连线垂直于对边，那么对五边形，我们有

定理 2 在一五边形中，若有四个顶点向对边所作的高交于一点，则第五个顶点与其交点的连线也垂直于对边.

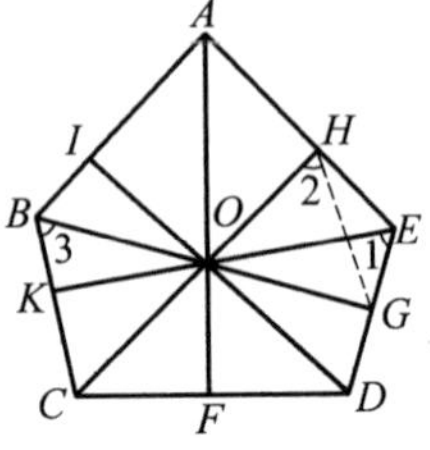

图 1.144

证明 如图 1.144，设在五边形 $ABCDE$ 中，$AF\perp CD$，$BG\perp DE$，$CH\perp AE$，$DI\perp AB$，且 AF，BG，CH，DI 交于点 O，联结 EO 并延长交 BC 于 K，联结 HG，则四边形 $AHFC$，$AIFD$，$BIGD$，$OHEG$ 各内接于圆，则

$$OA\cdot OF=OH\cdot OC$$

$$OA\cdot OF=OI\cdot OD$$

$$OI\cdot OD=OB\cdot OG$$

$$\angle 1=\angle 2$$

即

$$OH\cdot OC=OB\cdot OG$$

故 C，B，H，G 内接于圆.

从而 $\angle 2=\angle 3$，则 $\angle 1=\angle 3$ 即四边形 $BEGK$ 内接于圆. 而 $BG\perp DE$，故 $EK\perp BC$，命题得证.

此结论可推广到 $(2n+1)$ 边形.

❖垂心组的判定定理

四点中每一点都可为以其余三点为顶点的三角形的垂心，这样的四点称为一垂心组.

垂心组的判定定理 平面上四点，满足下述条件之一，均构成一个垂心组：

(1) 有一点为其余三点组成的三角形的垂心，这样的四点；

(2) 一个三角形的内心，三个旁心这四点；

(3) 一个三角形的外心、三边的三个中点这四点；

(4) 三个等圆两两相交，且又共点，这样得到的四个交点；

(5) 以三角形的外心为密克尔点，所得密克尔三角形的三个顶点及这个外心这四点；

(6) 某两点所在直线与另两点所在直线垂直，且这两点对另外两点的张角和为 $180°$，这样的四点；

(7) 四点中的任两点，对其余两点的距离的平方差相等，这样的四点；

(8) 在完全四边形 $ABCDEF$（凸四边形为 $ABDF$）中，若凸四边形内接于圆 O，其对角线 AD 与 BF 交于点 G，则 D,G,C,E 这四点为一个垂心组.

证明提示 (1)～(3) 略.

(4) 利用等圆相交的弧对相等的圆周角. 设三个等圆两两相交于 A,B,C，且共点于 H，有 $\angle ABH=\angle ACH$. 设 BH 交 AC 于点 E，CH 交 AB 于点 F，则 B,C,E,F 四点共圆，再推之有 A,F,H,E 四点共圆.

由 $\angle AFH=\angle BEC=\angle BFH=\frac{1}{2}\cdot 180^\circ=90^\circ$，知 $AB\perp FC$.

(5) 注意相交两圆为等圆的充要条件是其内接三角形为等腰三角形.

(6) 不妨设 $AH\perp BC$，且 $\angle BAC+\angle BHC=180^\circ$. 作 H 关于 BC 的对称点 H'，推之 A,B,H',C 四点共圆. 设 BH 与 AC 交于点 E，AH' 与 BC 交于点 D，推之 $\angle BEC=\angle ADC=90^\circ$，有 $BH\perp AC$.

(7) 注意运用定差幂线定理.

(8) 注意到 C,E 关于圆 O 的极线分别为 EG,CG，且 $DE\perp CG$，$OC\perp EG$ 即得证.

❖垂心组的性质定理

垂心组有如下性质：

定理 1 垂心组的四个三角形的外接圆是等圆.

事实上，由三角形垂心性质定理 6(2) 即得.

定理 2 垂心组的四个三角形的外心构成一垂心组. 且这个外心垂心组与原垂心组关于其九点圆圆心成中心对称点.

事实上，设 H 为 $\triangle ABC$ 的垂心，$\triangle ABC$，$\triangle BHC$，$\triangle CHA$，$\triangle AHB$ 的外心分别为 O,O_1,O_2,O_3 时，可推知 $O_1O_2 \underline{\underline{\parallel}} BA$，$OO_3 \underline{\underline{\parallel}} CH$ 等，从而 O 为 $\triangle O_1O_2O_3$ 的垂心，故 O,O_1,O_2,O_3 为一垂心组，且与原垂心组全等.

定理 3 垂心组的四个三角形的重心构成一个垂心组. 且这个重心垂心组与定理 2 中的垂心组关于其九点圆圆心成位似中心，位似比为 $\frac{1}{3}$ 的位似对应点.

事实上，设 H 为 $\triangle ABC$ 的垂心，$\triangle ABC$，$\triangle BHC$，$\triangle CHA$，$\triangle AHB$ 的重心分别为 G,G_1,G_2,G_3 时，联结 AG 并延长交 BC 于 M，联结 BG 并延长交 AC 于 N，则 G_1 在 MH 上，G_2 在 HN 上，且可推知 $GG_1\parallel AH$，$G_1G_2\parallel MN\parallel BA$. 同

理还有类似的式子，从而 G 为 $\triangle G_1G_2G_3$ 的垂心，故 G,G_1,G_2,G_3 为一垂心组.

定理 4　垂心组位于中间的一点可作为一个三角形的内心，且其余三点作为这个三角形的三个旁心. 反过来，结论亦成立.

事实上，垂心组位于中间的一点作为垂心时，这个垂心即为其垂足三角形的内心. 由此即推知结论成立.

定理 5　垂心组可成为一个三角形的外心、三边的中点.

定理 6　三角形的一顶点 A，此顶点对边的中点 M，这中点所在边的直线与另两边高线垂足所在直线的交点 G，此三角形的垂心 H，这四点构成一垂心组.

事实上，只需证明中点 M 所在边的直线与另两边高线垂足所在直线的交点 G 为以垂心 H 为顶点，中线 AM 为边的三角形的垂心即可. 此时，由勃罗卡定理及完全四边形的密克尔点性质可证中点 M 与原三角形垂心 H 连线垂直于 AG.

定理 7　垂心组的两条不相邻的连线的平方和，等于外接圆直径的平方.

事实上，由 $AH^2+BC^2=BH^2+CA^2=CH^2+AB^2-4R^2$ 即得.

注　垂心组的性质还可参见九点圆定理的推论 5 ～ 8，以及三角形的密克尔定理的推论 4(即定理 5 的推广).

❖垂直投影三角形的垂直投影三角形问题

垂直投影三角形的垂直投影三角形问题①　任意三角形的第三个垂直投影三角形与原三角形相似.

这是几何学中一个有趣而富有想象力的问题，它最初(约 1892 年)是由诺伊贝格增补到凯西的名著《欧几里得原本前六卷续篇》的第 6 版里而问世的.

如图 1.145，由 $\triangle ABC$ 的任一内点 P，向边 BC,CA,AB 分别引垂线，垂足为 A_1,B_1,C_1，则 $\triangle A_1B_1C_1$ 称为 $\triangle ABC$ 的(第一个)垂直投影三角形；由点 P 又可决定 $\triangle A_1B_1C_1$ 的垂直投影 $\triangle A_2B_2C_2$，则 $\triangle A_2B_2C_2$ 称为 $\triangle ABC$ 的第二个垂直投影三角形；由点 P 还可以决定 $\triangle A_2B_2C_2$ 的垂直投影 $\triangle A_3B_3C_3$，则 $\triangle A_3B_3C_3$ 称为 $\triangle ABC$ 的第三个垂直投影三角形. 联结 PA，因

$$\angle PB_1A=\angle PC_1A=90^\circ$$

① 单墫. 数学名题词典[M]. 南京：江苏教育出版社，2002：354-355.

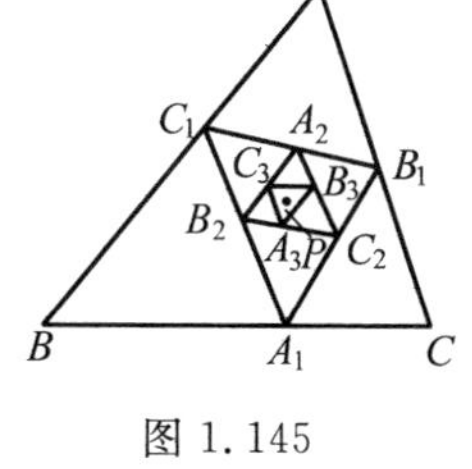

图 1.145

则 P,B_1,A,C_1 四点共圆,即 P 在 $\triangle AB_1C_1$ 外接圆上.同理,P 还在 $\triangle A_2B_1C_2$,$\triangle A_3B_3C_2$,$\triangle A_2B_2C_1$ 和 $\triangle A_3B_2C_3$ 的外接圆上.于是有

$$\angle C_1AP=\angle A_2B_1P=\angle B_3C_2P=\angle B_3A_3P$$

$$\angle B_1AP=\angle A_2C_1P=\angle C_3B_2P=\angle C_3A_3P$$

从而

$$\angle BAC=\angle C_1AP+\angle B_1AP=\angle C_3A_3P+\angle B_3A_3P=\angle B_3A_3C_3$$

同理得

$$\angle ABC=\angle A_3B_3C_3$$

故

$$\triangle ABC\backsim\triangle A_3B_3C_3$$

1940 年,斯特瓦尔特对这一性质作了推广:任意 n 边形的第 n 个垂直投影 n 边形与原 n 边形相似.

❖塞尔瓦定理

塞尔瓦定理[①] 三角形任意一个顶点到垂心的距离,等于外心到它的对边的距离的 2 倍.

该定理是法国数学家塞尔瓦(F. J. Servois,1767—1847)于 1804 年发现的,法国数学家卡诺(L. N. M. Carnot,1753—1823)于 1810 年重新发现了它,因而有些书中称这个定理为卡诺定理.

证明 如图 1.146,设 $\triangle ABC$ 的三条高 AH_1,BH_2,CH_3 交于 H,O 是它的外心,M_1,M_3,D 各为 BC,BA,BH 的中点,联结 OM_1,OM_3,DM_1,DM_3,则 $M_3D\parallel AH_1\parallel OM_1$,$OM_3\parallel CH_3\parallel M_1D$,$AH=2M_3D$,所以四边形 DM_1OM_3 为平行四边形,因此,$OM_1=M_3D=\frac{1}{2}AH$.

如图 1.147,如果画出了 $\triangle ABC$ 的外接圆 O,那么可作直径 BE,联结 AE,EC,易知四边形 $AHCE$ 为平行四边形,所以 $AH=EC=2OM_1$.

设 $\triangle ABC$ 的外接圆半径为 R,且有 $\angle BEC=\angle A$,$\angle H_1HC=\angle H_3HA=\angle B$,$\angle AEB=\angle C$,所以可得到如下推论:

① 单墫.数学名题词典[M].南京:江苏教育出版社,2002:404-405.

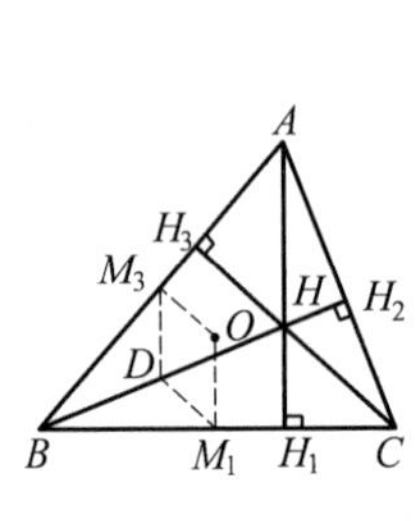

图 1.146

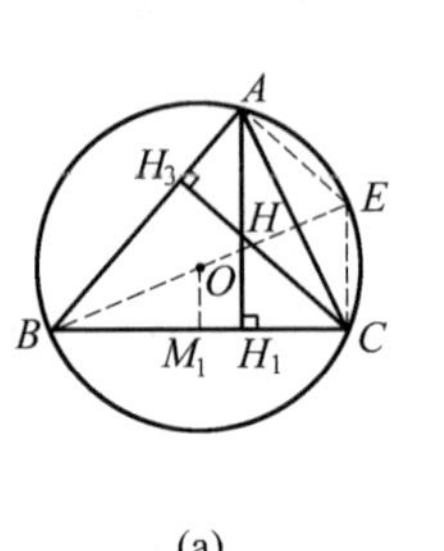

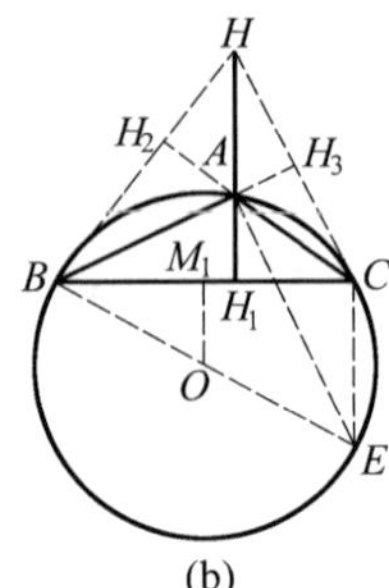

图 1.147

推论 1 (1) $AH=2R\cos A, BH=2R\cos B, CH=2R\cos C$.

(2) $AH+BH+CH=2(R+r)=a\cot A+b\cot B+c\cot C$，其中 r 是 $\triangle ABC$ 的内切圆半径. 后者是卡诺于 1803 年发现的.

推论 2 (1) $HH_1=2R\cos B\cos C, HH_2=2R\cos C\cos A, HH_3=2R\cos A\cos B$.

(2) $HA\cdot HH_1=HB\cdot HH_2=HC\cdot HH_3=4R^2-\frac{1}{2}(a^2+b^2+c^2)=-4R^2\cos A\cos B\cos C$，这里当 $\triangle ABC$ 为锐角三角形时，其值为负；为钝角三角形时，其值为正. 它是卡诺于 1801 年发现的.

事实上，(1) 注意到 $HH_1=HC\cdot\sin\angle BCH_3=HC\cdot\cos B=2R\cdot\cos C\cdot\cos B$ 即证.

(2) 延长 AH 交外接圆于点 A_0，有 $2AH\cdot HH_1=AH\cdot HA_0=R^2-DH^2$ 及 $OH^2=9R^2-(a^2+b^2+c^2)$ 或 $OH^2=R^2(1-8\cos A\cdot\cos B\cdot\cos C)$ 即得.

推论 3 $a^2+AH^2=b^2+BH^2=c^2+CH^2=4R^2$；$AH^2+BH^2+CH^2=12R^2-(a^2+b^2+c^2)$.

推论 4 $H_2H_3+H_3H_1+H_1H_2=\frac{2S}{R}$，这里 S 表示 $\triangle ABC$ 的面积.

事实上，设 O 为外心，由 $S_{OAH_3H_2}=\frac{1}{2}R\cdot H_3H_2$ 等 3 个四边形面积相加即得.

推论 4 是布思(Booth, 1806—1876) 于 1879 年得到的，它反映了三角形的垂足三角形的周长与原三角形的面积与其外接圆半径之间的关系.

推论 5 三角形的外心到它的各顶点的向量之和等于外心到它垂心的向量.

推论 5 是英国数学家西尔威斯特(J. J. Sylvester, 1814—1897) 给出的，所以把它称为西尔威斯特定理.

❖塞尔瓦定理的推广

对于塞尔瓦定理(或卡诺定理),熊曾润先生应用向量方法,给了这个定理的 3 种有趣的推广①.为此,我们约定:

(1)n 为正整数,且 $n \geqslant 3$;

(2) 从 n 边形 $A_1A_2\cdots A_n$ 的 n 个顶点中,任意去掉一个顶点 A_j(j 为整数,且 $1 \leqslant j \leqslant n$),其余$(n-1)$ 个顶点组成的集合称为 n 边形 $A_1A_2\cdots A_n$ 的$(n-1)$ 元顶点子集,记作 V_j;(3) 从 n 边形 $A_1A_2\cdots A_n$ 的 n 个顶点中,任意去掉 2 个顶点 A_m 和 A_k(m 和 k 都是整数,且 $-1 \leqslant m < k \leqslant n$),其余$(n-2)$ 个顶点组成的集合,称为 n 边形 $A_1A_2\cdots A_n$ 的$(n-2)$ 元顶点子集,记作 V_{mk}.

定义 1　设 n 边形 $A_1A_2\cdots A_n$ 内接于圆 O,若点 H 满足

$$\overrightarrow{OH}=\sum_{i=1}^{n}\overrightarrow{OA_i} \tag{①}$$

则点 H 称为 n 边形 $A_1A_2\cdots A_n$ 的垂心;若点 H_{mk} 满足

$$\overrightarrow{OH_{mk}}=\sum_{i=1}^{n}\overrightarrow{OA_i}-\overrightarrow{OA_m}-\overrightarrow{OA_k} \tag{②}$$

则点 H_{mk} 称为 n 边形 $A_1A_2\cdots A_n$ 的$(n-2)$ 元顶点子集 V_{mk} 的垂心.

定义 2　设 n 边形 $A_1A_2\cdots A_n$ 内接于圆 O,若点 E_j 和 G_j 分别满足

$$\overrightarrow{OE_j}=\frac{1}{2}\left(\sum_{i=1}^{n}\overrightarrow{OA_i}-\overrightarrow{OA_j}\right) \tag{③}$$

$$\overrightarrow{OG_j}=\frac{1}{n-1}\left(\sum_{i=1}^{n}\overrightarrow{OA_i}-\overrightarrow{OA_j}\right) \tag{④}$$

则点 E_j 和 G_j 依次称为 n 边形 $A_1A_2\cdots A_n$ 的$(n-1)$ 元顶点子集 V_j 的欧拉圆心和重心.

根据以上定义,可以推得:

定理 1　设 n 边形 $A_1A_2\cdots A_n$ 内接于圆 O,其垂心为 H,其$(n-1)$ 元顶点子集 V_j 的欧拉圆心为 E_j,则 $A_jH \parallel OE_j$,且 $|A_jH|=2|OE_j|$(j 为整数,且 $1 \leqslant j \leqslant n$).

证明　由题设,可知点 H 满足式 ①,因此

$$\overrightarrow{A_jH}=\overrightarrow{OH}-\overrightarrow{OA_j}=\sum_{i=1}^{n}\overrightarrow{OA_i}-\overrightarrow{OA_j} \tag{⑤}$$

① 熊曾润.卡诺定理的 3 种有趣的推广[J].中学教研(数学),2008(5):28-29.

由题设,又知点 E_j 满足式 ③. 比较式 ⑤ 和式 ③,可得 $\overrightarrow{A_jH}=2\overrightarrow{OE_j}$,从而 $A_jH\ /\!/\ OE_j$,且 $|A_jH|=2|OE_j|$. 命题得证.

易知,在定理 1 中令 $n=3$,就可得到前述定理. 因此,定理 1 是塞尔瓦定理的推广.

定理 2 设 n 边形 $A_1A_2\cdots A_n$ 内接于圆 O,其垂心为 H,其 $(n-1)$ 元顶点子集 V_j 的重心为 G_j,则 $A_jG\ /\!/\ OG_j$,且 $|A_jH|=(n-1)|OG_j|$(j 为整数,且 $1\leqslant j\leqslant n$).

此定理可以仿效定理 1 的证法予以证明,证明过程请读者自行完成.

易知,在定理 2 中令 $n=3$,也可得到前述定理. 因此,定理 2 是前述定理的又一种推广.

定理 3 设 n 边形 $A_1A_2\cdots A_n$ 内接于圆 O,其垂心为 H,其 $(n-2)$ 元顶点子集 V_{mk} 的垂心为 H_{mk},线段 A_mA_k 的中点为 N_{mk}(即顶点 A_m,A_k 的重心为 N_{mk}),则 $H_{mk}H\ /\!/\ ON_{mk}$,且 $|H_{mk}H|=2|ON_{mk}|$(m 和 k 都是整数,且 $1\leqslant m<k\leqslant n$).

证明 由题设,可知点 H 和 H_{mk} 分别满足式 ① 和式 ②,因此

$$\overrightarrow{H_{mk}H}=\overrightarrow{OH}-\overrightarrow{OH_{mk}}=\overrightarrow{OA_m}+\overrightarrow{OA_k} \qquad ⑥$$

又依题设,点 N_{mk} 是线段 A_mA_k 的中点,则

$$\overrightarrow{ON_{mk}}=\frac{1}{2}(\overrightarrow{OA_m}+\overrightarrow{OA_k}) \qquad ⑦$$

比较式 ⑥ 和式 ⑦,可得 $\overrightarrow{H_{mk}H}=2\overrightarrow{ON_{mk}}$. 从而 $H_{mk}H\ /\!/\ ON_{mk}$,且 $|H_{mk}H|=2|ON_{mk}|$. 命题得证.

易知,在定理 3 中令 $n=3$,同样可得到前述定理. 因此,定理 3 是前述定理的第 3 种推广.

有趣的是,在定理 1,2,3 中令 $n=5$,可得到如下命题:

命题 1 在圆内接五边形中,其垂心与任一顶点的连线,平行于外心与其余 4 顶点的欧拉圆心的连线,且前者等于后者的 2 倍.

命题 2 在圆内接五边形中,其垂心与任一顶点的连线,平行于外心与其余 4 顶点的重心的连线,且前者等于后者的 4 倍.

命题 3 在圆内接五边形中,其垂心与任意 3 个顶点的重心的连线,平行于外心与其余 2 个顶点的重心的连线,且前者等于后者的 2 倍.

❖三角形内心定理

内心定理 三角形的三内角平分线交于一点,这点叫作三角形的内心.

证法 1 如图 1.148,设 $\angle A$,$\angle C$ 的平分线相交于 I,过 I 作 $ID \perp BC$,$IE \perp AC$,$IF \perp AB$,则有 $IE = IF = ID$. 因此 I 也在 $\angle C$ 的平分线上,即三角形三内角平分线交于一点.

证法 2 如图 1.149,因为 $\alpha_1 = \alpha_2$,$\beta_1 = \beta_2$,$\gamma_1 = \gamma_2$,则

$$\frac{\sin \alpha_1 \sin \beta_1 \sin \gamma_1}{\sin \alpha_2 \sin \beta_2 \sin \gamma_2} = 1$$

由塞瓦定理的第一角元形式,知三角平分线 AC,BE,CF 交于一点.

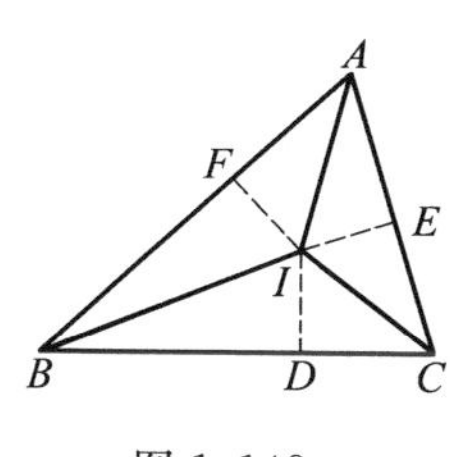

图 1.148

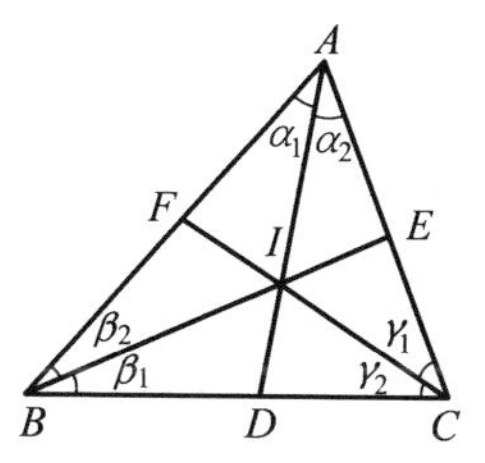

图 1.149

❖三角形内心性质定理

定理 1 设 I 为 $\triangle ABC$ 内一点. I 为其内心的充要条件是:I 到 $\triangle ABC$ 三边的距离相等.

定理 2 设 I 为 $\triangle ABC$ 内一点,AI 所在直线交 $\triangle ABC$ 的外接圆于 D. I 为 $\triangle ABC$ 内心的充要条件是:$ID = DB = DC$.

证明 如图 1.150,必要性. 联结 BI,由

$$\angle DIB = \frac{1}{2}\angle A + \frac{1}{2}\angle B = \angle CBD + \angle IBC = \angle DBI$$

知

$$ID = BD = DC$$

充分性. 由 $DB = DC$,即知 AD 平分 $\angle BAC$. 由

$$DI = DB$$

有

$$\angle DIB = \angle DBI$$

即

$$\angle DBC + \angle CBI = \angle IAB + \angle ABI$$

而

$$\angle IAB = \angle IAC = \angle DBC$$

从而

$$\angle CBI = \angle IBA$$

即 BI 平分 $\angle ABC$,故 I 为 $\triangle ABC$ 的内心.

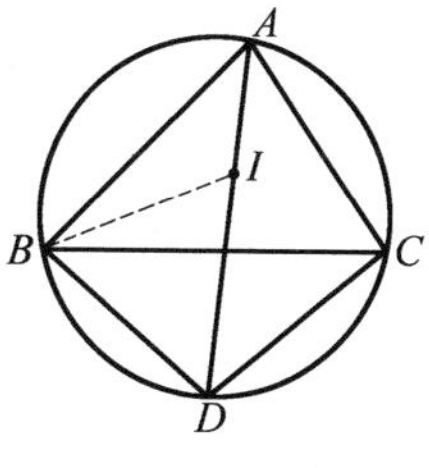

图 1.150

注 此定理许多人俗称为“鸡爪定理”.

定理 3 设 I 为 $\triangle ABC$ 内一点，I 为 $\triangle ABC$ 的内心的充要条件是：$\angle BIC=90°+\frac{1}{2}\angle A$，$\angle AIC=90°+\frac{1}{2}\angle B$，$\angle AIB=90°+\frac{1}{2}\angle C$.

证明 必要性显然.反证充分性：作 $\triangle ABC$ 的外接圆，与射线 AI 交于点 D，联结 DB，DC，如图 1.150 所示.

由 $\angle AIB=90°+\frac{1}{2}\angle ACB$，知

$$\angle DIB=90°-\frac{1}{2}\angle ACB$$

又 $\angle IDB=\angle ADB=\angle ACB$，在 $\triangle DIB$ 中，求得 $\angle DBI=90°-\frac{1}{2}\angle ACB$，则 $\angle DIB=\angle DBI$，故 $DB=DI$.

同样地，$DC=DI$，即 $DI=DB=DC$，由定理 2 即证得结论成立.

定理 4 设 I 为 $\triangle ABC$ 内一点，I 为 $\triangle ABC$ 的内心的充要条件是：$\triangle IBC$，$\triangle ICA$，$\triangle IAB$ 的外心均在 $\triangle ABC$ 的外接圆上.

证明 必要性.如图 1.151，设 I 为 $\triangle ABC$ 的内心，AI，BI，CI 的延长线分别交 $\triangle ABC$ 的外接圆于 A_1，B_1，C_1，于是由定理 2，知 $A_1B=A_1I=A_1C$，因此，A_1 是 $\triangle IBC$ 的外心.

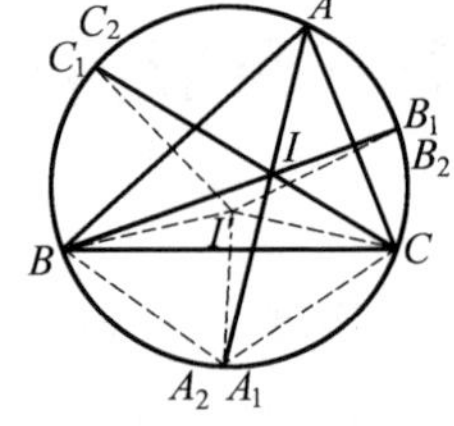

图 1.151

同理，B_1，C_1 分别是 $\triangle ICA$，IAB 的外心.

故必要性获证.

充分性.又设 I' 为 $\triangle ABC$ 内另一点，$\triangle I'BC$，$\triangle I'CA$，$\triangle I'AB$ 的外心 A_2，B_2，C_2 均在 $\triangle ABC$ 的外接圆上，由 $A_2B=A_2C$，$A_1B=A_1C$，知 A_2 与 A_1 重合.同理 B_2 与 B_1 重合，C_2 与 C_1 重合.

由于 A_1，C_1 分别是 $\triangle IBC$，$\triangle IAB$ 的外心，知 A_1C_1 垂直平分线段 BI'，由此可知 I' 与 I 重合，即 I' 为 $\triangle ABC$ 的内心.

注 定理 4 中，三个三角形 $\triangle I'BC$，$\triangle I'CA$，$\triangle I'AB$ 中有两个的外心在 $\triangle ABC$ 的外接圆上即可.

定理 5 一条直线截三角形，把周长 l 与面积 S 分为对应的两部分：l_1 与 l_2，S_1 与 S_2.此直线过三角形内心的充要条件是 $\frac{l_1}{l_2}=\frac{S_1}{S_2}$.

证明 必要性.如图 1.152，设 I 为 $\triangle ABC$ 的内心，过 I 的直线交 AB 于 P，交 AC 于 Q.记 $BC=a$，$CA=b$，$AB=c$，$AP=m$，$AQ=n$，内切圆半径为 r，则

$$S_{\triangle ABC}=\frac{1}{2}(a+b+c)\cdot r=S$$

$$S_{\triangle APQ}=S_{\triangle API}+S_{\triangle AQI}=\frac{1}{2}(m+n)\cdot r$$

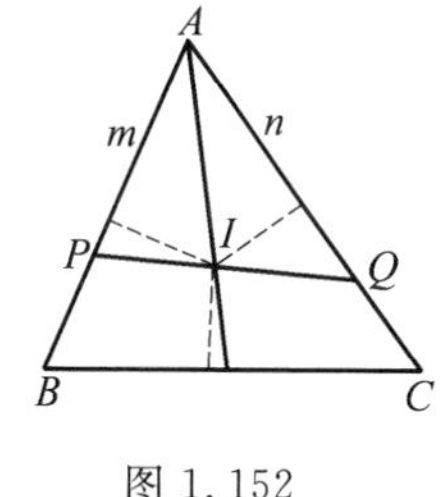

图 1.152

由$\dfrac{S}{S_1}=\dfrac{\frac{1}{2}(a+b+c)\cdot r}{\frac{1}{2}(m+n)\cdot r}=\dfrac{a+b+c}{m+n}=\dfrac{l}{l_1}$,有

$$\frac{l_1}{l_2}=\frac{S_1}{S_2}$$

充分性.设直线 PQ 把 $\triangle ABC$ 的周长 l 与面积 S 分为对应的两部分成等比 $\dfrac{l_1}{l_2}=\dfrac{S_1}{S_2}$,且与 AB 交于 P,与 AC 交于 Q,与 $\angle A$ 的平分线交于 I.

记 $BC=a,CA=b,AB=c,AP=m,AQ=n$,I 到 AB,AC 的距离为 r,I 到 BC 的距离为 d.由

$$\frac{l_1+l_2}{l_1}=\frac{a+b+c}{m+n}=\frac{\frac{1}{2}(a+b+c)\cdot r}{\frac{1}{2}(m+n)\cdot r}$$

得
$$\frac{S_1+S_2}{S_1}=\frac{\frac{1}{2}b\cdot r+\frac{1}{2}c\cdot r+\frac{1}{2}a\cdot d}{\frac{1}{2}m\cdot r+\frac{1}{2}n\cdot r}$$

注意到$\dfrac{l_1+l_2}{l_1}=\dfrac{S_1+S_2}{S_1}$,从而有 $ad=ar$,即 $d=r$,故 I 为 $\triangle ABC$ 的内心,即直线 PQ 过内心.

定理 6 设 I 为 $\triangle ABC$ 的内心,$BC=a,AC=b,AB=c$,I 在 BC,AC,AB 边上的射影分别为 D,E,F.内切圆半径为 r,令 $p=\dfrac{1}{2}(a+b+c)$,则

(1) $ID=IE=IF=r,S_{\triangle ABC}=pr$.

(2) $r=\dfrac{2S_{\triangle ABC}}{a+b+c},AE=AF=p-a,BD=BF=p-b,CE=CD=p-c$.(其证明参见三角形的切点三角形定理 3)

(3) $abc\cdot r=p\cdot AI\cdot BI\cdot CI$.

证明 仅证(3).在 $\triangle ABI$ 中,有

$$\frac{AI}{\sin\frac{B}{2}}=\frac{c}{\sin\angle AIB}=\frac{c}{\cos\frac{C}{2}}$$

类似地还有两式,此三式相乘,即有

$$\frac{AI\cdot BI\cdot CI}{abc}=\tan\frac{A}{2}\cdot\tan\frac{B}{2}\cdot\tan\frac{C}{2}=$$

$$\frac{r}{p-a}\cdot\frac{r}{p-b}\cdot\frac{r}{p-c}=\frac{pr^3}{S_{\triangle ABC}^2}=\frac{r}{p}$$

由此即证.

定理7 设 I 为 $\triangle ABC$ 的内心，$BC=a$，$AC=b$，$AB=c$，$\angle A$ 的平分线交 BC 于 K，交 $\triangle ABC$ 的外接圆于 D，则 $\frac{AI}{KI}=\frac{AD}{DI}=\frac{DI}{DK}=\frac{b+c}{a}$.

证明 参见图1.150，由

$$\frac{AI}{KI}=\frac{BA}{BK}=\frac{AC}{KC}=\frac{AB+AC}{BK+KC}=\frac{b+c}{a}$$

及

$$\triangle ADC\backsim\triangle CDK$$

有

$$\frac{AD}{DC}=\frac{AC}{CK}=\frac{CD}{DK}$$

亦有

$$\frac{AD}{DI}=\frac{AC}{CK}=\frac{AB}{BK}=\frac{AB+AC}{CK+BK}=\frac{b+c}{a}$$

$$\frac{DI}{DK}=\frac{CD}{DK}=\frac{AC}{CK}=\frac{AB}{BK}=\frac{AB+AC}{CK+BK}=\frac{b+c}{a}$$

定理8 过 $\triangle ABC$ 内心 I 任作一直线，分别交 AB，AC 于 P 及 Q 两点，则

$$\frac{AB}{AP}\cdot AC+\frac{AC}{AQ}\cdot AB=AB+AC+BC$$

或

$$\frac{AB}{AP}\cdot\sin B+\frac{AC}{AQ}\cdot\sin C=\sin A+\sin B+\sin C$$

证明 如图1.153，先看一般情形：设 M 为 BC 上任意一点，直线 PQ 分别交 AB，AM，AC，于 P，N，Q，则

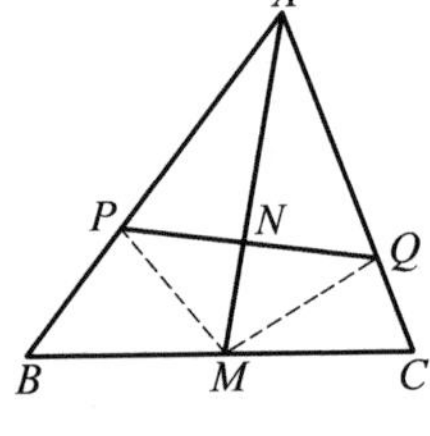

图1.153

$$\frac{AM}{AN}=\frac{AN+NM}{AN}=\frac{S_{\triangle APQ}+S_{\triangle MPQ}}{S_{\triangle APQ}}=$$

$$\frac{S_{\triangle APM}+S_{\triangle AQM}}{\frac{AP\cdot AQ}{AB\cdot AC}\cdot S_{\triangle ABC}}=$$

$$\frac{\frac{AP}{AB}\cdot S_{\triangle ABM}+\frac{AQ}{AC}\cdot S_{\triangle ACM}}{\frac{AP}{AB}\cdot\frac{AQ}{AC}\cdot S_{\triangle ABC}}=$$

$$\frac{AC}{AQ}\cdot\frac{BM}{BC}+\frac{AB}{AP}\cdot\frac{CM}{BC} \tag{①}$$

当 N 为 $\triangle ABC$ 的内心时，由三角形内角平分线性质及合比、等比定理，有

$$\frac{BM}{BC}=\frac{AB}{AB+AC},\frac{MC}{BC}=\frac{AC}{AB+AC},\frac{AM}{AN}=\frac{AB+AC+BC}{AB+AC}$$

将上述三式代入式①即证得结论.

过三角形内心的直线图中还有如下结论:[①]

在 $\triangle ABC$ 中,令 $BC=a$,$CA=b$,$AB=c$,内心为 I.

定理 9　如图 1.154(a) 和(b),过点 I 任作直线 p,如果 p 过三角形的某一个顶点,不妨设 p 过点 B(图 1.154(a)),分别由 A,C 向 p 作垂线,设两条垂线段的长分别是 a_1,c_1,则有结论:$aa_1-cc_1=0$;如果 p 不过三角形的顶点,即三角形的三个顶点分别在 p 的两边,一边一个,而另一边两个,不妨设点 A,B 在一边,而点 C 在另一边(图 1.154(b),分别由 A,B,C 向 p 作垂线,设三条垂线段的长分别是 a_1,b_1,c_1,则有结论:$aa_1+bb_1-cc_1=0$.

证明　如图 1.154(a),当 p 过点 B 时,设 D,E 分别是由 A,C 向 p 作垂线的垂足,因为 I 为三角形内心,所以 $\angle ABD=\angle CBE$,又由于 $AD\perp BD$,$CE\perp BE$,则有 $\triangle ABD\backsim\triangle CBE$,从而 $\frac{BA}{BC}=\frac{AD}{CE}$,$BC\cdot AD=BA\cdot CE$,即 $aa_1=cc_1$,则结论 $aa_1-cc_1=0$ 成立.

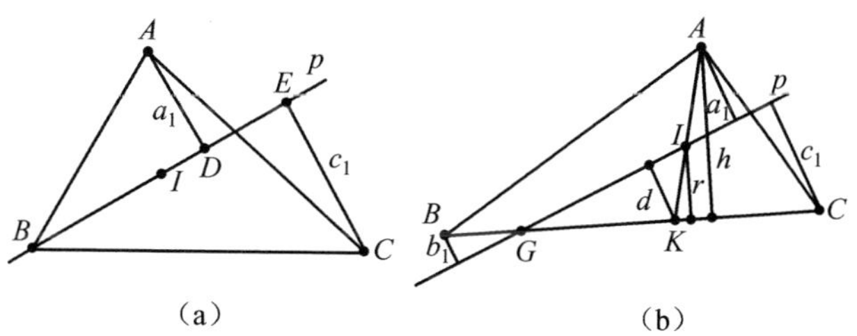

图 1.154

如图 1.154(b),p 不过三角形的顶点,A,B 在 p 的一边,而点 C 在 p 的另一边,作三角形的角平分线 AK,则 AK 过点 I,由点 K 作 p 的垂线,设垂线段的长为 d,并设三角形的内切圆半径为 r,BC 边上的高为 h,则

$$\frac{d}{a_1}=\frac{KI}{IA},\frac{d}{d+a_1}=\frac{KI}{KI+IA}=\frac{KI}{KA}=\frac{r}{h}$$

得

$$d=\frac{a_1r}{h-r} \quad ①$$

又

$$\frac{d}{b_1}=\frac{GK}{BG},\frac{d}{b_1+d}=\frac{GK}{BG+GK}=\frac{GK}{BK} \quad ②$$

$$\frac{c_1}{d}=\frac{GC}{GK},\frac{c_1-d}{d}=\frac{GC-GK}{GK}=\frac{KC}{GK} \quad ③$$

① 刘步松.三角形与内心和内切圆有关的两个性质[J].数学通报,2015(7):52-53.

②×③得$\frac{d}{b_1+d}\cdot\frac{c_1-d}{d}=\frac{GK}{BK}\cdot\frac{KC}{GK}$,即$\frac{c_1-d}{b_1+d}=\frac{KC}{BK}$.

由角平分线定理,$\frac{KC}{BK}=\frac{b}{c}$,从而

$$\frac{c_1-d}{b_1+d}=\frac{b}{c} \tag{4}$$

把①代入④得$\frac{c_1-\frac{a_1r}{h-r}}{b_1+\frac{a_1r}{h-r}}=\frac{b}{c}$,化简得

$$cc_1-bb_1=\frac{(b+c)a_1r}{h-r} \tag{5}$$

又易知$(a+b+c)r=ah$,得$h=\frac{(a+b+c)r}{a}$,$h-r=\frac{(b+c)r}{a}$,把它代入⑤得

$cc_1-bb_1=\frac{(b+c)a_1r}{\frac{(b+c)r}{a}}=aa_1$,也就是$aa_1+bb_1-cc_1=0$,综上所述,结论成立.

定理10 如图1.155,设三角形的内切圆圆I与三边分别相切于D,E,F,P是$\overset{\frown}{DE}$上的任一点(不同于D和E),过P作圆的切线l,显然A,B在l的一边,而点C在l的另一边.分别由A,B,C向l作垂线,设三条垂线段的长分别是a_2,b_2,c_2,则有结论

$$aa_2+bb_2-cc_2=2S_{\triangle ABC}$$

证明 过点I作直线l的平行线p,如要p过点A或点B,不妨设p过点B,如图1.155,分别由A,C向p作垂线,容易看出,两条垂线段的长分别是a_2-r,c_2+r,由定理9得$a(a_2-r)-c(c_2+r)=0$,又由于$b_2=r$,$b_2-r=0$,故也有$a(a_2-r)+b(b_2-r)-c(c_2+r)=0$,也就是$aa_2+bb_2-cc_2=(a+b+c)r=2S_{\triangle ABC}$.

如果p不过三角形的顶点,这时可能有两种情形,一种是点A和点B仍然在直线p的一边,另一种是点B(或点A)与点C在直线l一边,而点A(或点B)在直线l的另一边,分别证明.

情形1 如图1.155分别由A,B,C向p作垂线,容易看出,三条垂线段的长分别是a_2-r,b_2-r,c_2+r,由定理9得:$a(a_2-r)+b(b_2-r)-c(c_2+r)=0$,也就是$aa_2+bb_2-cc_2=(a+b+c)\cdot r=2S_{\triangle ABC}$.

情形2 如图1.156,不妨设点B与点C在直线p的一边,分别由A,B,C向p作垂线,容易看出,三条垂线段的长分别是a_2-r,$r-b_2$,c_2+r,由定理9得:

$b(r-b_2)+c(c_2+r)-a(a_2-r)=0$,也就是 $aa_2+bb_2-cc_2=(a+b+c)r=2S_{\triangle ABC}$.

综上所述,结论成立.

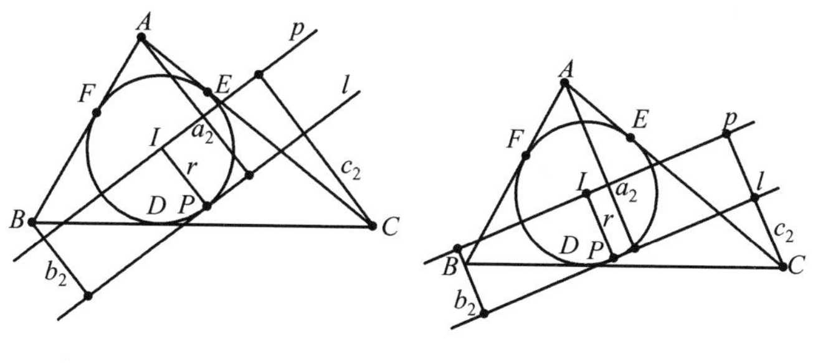

图 1.155　　图 1.156

定理 11　设 $\triangle ABC$ 的内心为 I,$\triangle ABC$ 内一点 P 在 BC,CA,AB 上的射影分别为 D,E,F,当 P 与 I 重合时,$\frac{BC}{PD}+\frac{CA}{PE}+\frac{AB}{PF}$ 的值最小.

证明　设 $BC=a,CA=b,AB=c,PD=x,PE=y,PF=z$,显然有 $ax+by+cz=2S_{\triangle ABC}$ 是定值.

由柯西不等式,有

$$\left(\frac{a}{x}+\frac{b}{y}+\frac{c}{z}\right)(ax+by+cz)\geqslant(a+b+c)^2$$

故

$$\begin{aligned}\frac{BC}{PD}+\frac{CA}{PE}+\frac{AB}{PF}&=\frac{a}{x}+\frac{b}{y}+\frac{c}{z}\\&\geqslant\frac{(a+b+c)^2}{2S_{\triangle ABC}}\text{(定值)}\end{aligned}$$

其中等号当且仅当 $\frac{a}{x}:ax=\frac{b}{y}:by=\frac{c}{z}:cz$ 即 $x=y=z$ 时成立,此时 P 与 I 重合.

定理 12　用外接圆半径及三个内角来表示内切圆的半径为

$$r=4R\sin\frac{A}{2}\sin\frac{B}{2}\sin\frac{C}{2}$$

证明　首先注意到面积公式

$$S=\frac{abc}{4R}=rp \tag{*}$$

又因 $a=2R\sin A,b=2R\sin B,c=2R\sin C$. 代入式(*)得

$$2R^2\sin A\sin B\sin C=Rr(\sin A+\sin B+\sin C)$$

但又因 $A+B+C=\pi$ 而 $\sin C=\sin(A+B)$，故

$$\sin A+\sin B+\sin C=4\cos\frac{A}{2}\cos\frac{B}{2}\cos\frac{C}{2}$$

所以

$$2R\sin A\sin B\sin C=4r\cos\frac{A}{2}\cos\frac{B}{2}\cos\frac{C}{2}$$

由此得出 $r=4R\sin\frac{A}{2}\sin\frac{B}{2}\sin\frac{C}{2}$.

定理 13 三角形内心到各边的距离之和等于其内切圆半径的 3 倍而不大于其外接圆半径的 $\frac{3}{2}$，其中当且仅当 $\triangle ABC$ 为正三角形时相等.

证明略.

定理 14 三角形内心到各顶点的距离之和不大于其外接圆半径的 3 倍而不小于其内切圆半径的 6 倍.

证明 由 $\frac{IA}{\sin\frac{B}{2}}=\frac{c}{\cos\frac{C}{2}}=4R\sin\frac{C}{2}$ 有 $\frac{IA}{\sin\frac{B}{2}\sin\frac{C}{2}}=4R$ 等三式以及 $\sin\frac{A}{2}\sin\frac{B}{2}+\sin\frac{B}{2}\sin\frac{C}{2}+\sin\frac{C}{2}\sin\frac{A}{2}\leqslant\frac{3}{4}$，有

$$IA+IB+IC=4R(\sin\frac{B}{2}\sin\frac{C}{2}+\sin\frac{A}{2}\sin\frac{C}{2}+\sin\frac{A}{2}\sin\frac{B}{2})\leqslant 4R\times\frac{3}{4}=3R$$

又

$$IA+IB+IC=\frac{r}{\sin\frac{A}{2}}+\frac{r}{\sin\frac{B}{2}}+\frac{r}{\sin\frac{C}{2}}\geqslant$$

$$r\times 3\sqrt[3]{\frac{1}{\sin\frac{A}{2}\sin\frac{B}{2}\sin\frac{C}{2}}}\geqslant 3r\sqrt[3]{\frac{1}{\frac{1}{8}}}=6r$$

其中用到 $\sin\frac{A}{2}\sin\frac{B}{2}\sin\frac{C}{2}\leqslant\frac{1}{8}$.

故 $6r\leqslant IA+IB+IC\leqslant 3R$，其中等号当且仅当 $\triangle ABC$ 为正三角形时成立.

定理 15 过三角形的内心和一个顶点的圆与三角形两边的交点到内心的距离相等.

事实上，设 $\triangle ABC$ 的内切圆圆 I 与边 BC，AB 分别切于点 D，F，过点 I，B 的圆与 BC，AB 分别交于点 G，H，则 $\mathrm{Rt}\triangle IGD\cong\mathrm{Rt}\triangle IHF$. 故 $IG=IH$.

推论 1 非等腰三角形顶点处的内(或外)角平分线上一点在三角形外接圆上的充分必要条件是这点到另两顶点的距离相等.

推论 2 在 $\triangle ABC$ 中，若内心 I 为其密克尔点，则 I 为密克尔三角形 $\triangle GKH$ 的外心.

定理 16 在过三角形的内心和一个顶点,还满足下述条件的圆中:

(1) 以及过此顶点出发的一边上的内切圆切点的圆与三角形外接圆相交,则此交点与该顶点所对边上的内切圆切点的连线交于该顶点所对三角形外接圆弧的中点;反之命题亦真.

(2) 以及过此顶点出发的一边上的内切圆切点的圆与三角形另一顶角的平分线的交点,是该顶点在这条角平分线上的射影,且剩下的一顶点在关于内切圆的切点弦直线上;反之命题亦真.

(3) 以及过另一顶点所对三角形外接圆弧中点的圆与过该顶点的另一边相交,则此交点到该边另一端点的距离等于此交点到内心的距离;反之命题亦真.

略证 设 $\triangle ABC$ 的内切圆圆 I 与边 BC,CA,AB 分别切于点 D,E,F. $\triangle ABC$ 的外接圆记为圆 O.

(1) 设过点 I,E,A 的圆与圆 O 交于另一点 P,直线 PD 交 $\overset{\frown}{BC}$ 于点 M. 由 $\triangle ECP \backsim \triangle FBP$,有 $\dfrac{PC}{PB}=\dfrac{CE}{BF}=\dfrac{CD}{DB}$,即 PD 平分 $\angle BPC$. 故 M 为 $\overset{\frown}{BC}$ 的中点.

反之,由 $\triangle ECP \backsim \triangle FBP$,有 $\angle AEP=\angle AFP$,知 A,F,E,P 四点共圆,即点 P 在 $\triangle AFE$ 的外接圆上,而 $\triangle AFE$ 的外接圆过点 I,即证.

(2) 设过点 I,E,A 三点的圆与直线 BI 交于点 Q,推知 Q 为 A 在直线 BI 上的射影. 注意 A,I,E,Q 四点共圆. 可推证 D,E,Q 三点共线,即证得结论.

反之,由 A,I,E,Q 四点共圆. 推知 Q 为 A 在 BI 上的射影.

设 N 为圆 O 上 $\overset{\frown}{AC}$ 的中点,过点 I,C,N 的圆交 AC 于点 L. 由 $\angle ILC=\angle INC=\angle BNC=\angle BAC=2\angle IAL$,推知 $AL=LI$. 反之,由 L 在 AI 的中垂线上及 N 在 $\overset{\frown}{AC}$ 的中点上,知 B,I,N 共线,有 $\angle ILC=2\angle IAL=\angle A=\angle INC$,知 I,L,N,C 四点共圆.

定理 17 在过三角形的内心和两个顶点的圆中:

(1) 此圆的圆心为这两个顶点间外接圆弧的中点,且内心在此圆的对径点是三角形的一个旁心;反之结论亦真.

(2) 此圆与三角形边的交点到内心的距离等于内心到此圆过另一顶点的距离.

(3) 此圆与三角形边的交点到该边端点的距离等于过此端点的另一边的长度.

(4) 此圆与三角形边所在直线的两交点的连线与内切圆相切.

(5) 此圆与三角形边所在直线的交点与该圆过的顶点的连线相等或平行.

证明略.

定理 18 设过三角形内心和两个顶点的圆与内切圆的公共弦直线为 l,则内切圆与边的三个切点到直线 l 的距离相等.

证明 设 $\triangle ABC$ 的内切圆圆 I 与边 BC,CA,AB 分别切于点 D,E,F,过点 B,I,C 的圆与圆 I 交于点 K,L.

由 B,D,I,F 四点共圆,且 KL,DF,BI 分别为三圆两两相交的根轴,由根心定理知这三线共点于点 M.

而 BI 与 DF 相交于 DF 的中点,即 M 为 DF 的中点.从而 D,F 到直线 l 的距离相等.同理,E,D 到直线 l 的距离相等.

❖三角形内外心连线性质定理

定理 1 设 O,I 是不等边 $\triangle ABC$ 的外心和内心,P 为 $\triangle ABC$ 所在平面内一点,从 P 作 $PD\perp BC,PE\perp CA,PF\perp AB$,垂足分别为 D,E,F,若

$$AF+BD+CE=FB+DC+EA \tag{①}$$

则点 P 的轨迹为直线 OI.

式①中的线段均为有向线段,它们的正方向分别为 $A\to B,B\to C$ 和 $C\to A$.例如,若 F 在线段 AB 的内部,则 AF 和 FB 的长度均为正值;若 F 在 AB 的延长线上,则 AF 的长度为正,FB 的长度为负.

上述结论可进一步推广为下述结论①:

定理 2 设 O,I 是三边不全相等 $\triangle ABC$ 的外心和内心,R,r 分别是 $\triangle ABC$ 的外接圆和内切圆半径,点 P 到直线 OI 的距离为 $d(d\geqslant 0)$.P 为 $\triangle ABC$ 所在平面内一点,点 P 在边 BC,CA,AB 的正射影分别为 D,E,F.记 $AF+BD+CE=p_1,FB+DC+EA=p_2$.则

$$|p_1-p_2|=\frac{2\sqrt{R^2-2Rr}}{R}d \tag{②}$$

(其中线段 AF,BD,CE,FB,DC,EA 长度均遵从定理1中的约定).

证明 如图1.157,设直线 PD 与直线 OI 交于点 P',过点 P' 作 $P'E'\perp AC,P'F'\perp AB$,垂足为 E',F';作 $PM\perp P'E',PN\perp P'F',PH\perp OI$,垂足为 M,N,H;作 $IK\perp BC,OL\perp BC,IS\perp OL$,垂足为 K,L,S.并设 $BC=a,CA=b,AB=c,p=\frac{a+b+c}{2}$.

---

① 沈毅,卿永彤.三角形内外心连线的一个性质的再研究[J].中学数学教学,2008(4):50.

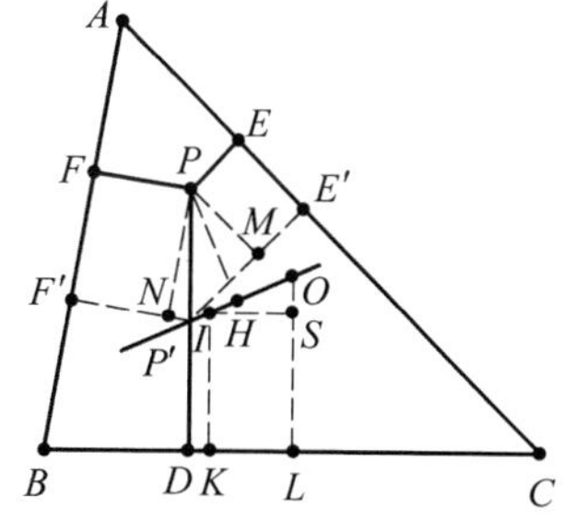

图 1.157

易证 $p_1+p_2=2p$，由定理 1 知

$$AF'+BD+CE'=p \quad ③$$

而

$$AF+BD+CE=p_1 \quad ④$$

将式 ③ 和 ④ 左右两边相减，得

$$FF'-EE'=p-p_1=\frac{p_2-p_1}{2} \quad ⑤$$

注意到 $\angle PP'E'=\angle C$，$\angle PP'F'=\angle B$，所以 $FF'=PN=PI\sin\angle PP'F'=PI\sin B$，$EE'=PM=PI\sin\angle PP'E'=PI\sin C$.

再结合式 ⑤，得

$$|p_1-p_2|=2|FF'-EE'|=2|PI|\cdot|\sin B-\sin C| \quad ⑥$$

由三角形欧拉公式知 $|OI|=\sqrt{R^2-2Rr}$，而

$$|IS|=|KL|=|BL-BK|=$$
$$\left|\frac{a}{2}-(p-b)\right|=\frac{|b-c|}{2}=R|\sin B-\sin C|$$

所以

$$\sin\angle IOS=\frac{|IS|}{OI}=\frac{R|\sin B-\sin C|}{\sqrt{R^2-2Rr}}$$

显然 $\angle PIH=\angle IOS$，故

$$|PI|=\frac{d}{\sin\angle PIH}=\frac{d}{\sin\angle IOS}=$$
$$\frac{\sqrt{R^2-2Rr}}{R|\sin B-\sin C|}d \quad ⑦$$

将式 ⑦ 代入式 ⑥，即得

$$|p_1-p_2|=\frac{2\sqrt{R^2-2Rr}}{R}d$$

注 由式 ② 知 $p_1=p_2$ 当且仅当 $d=0$，此时即为定理 1 中描述的性质.

❖三角形旁心定理

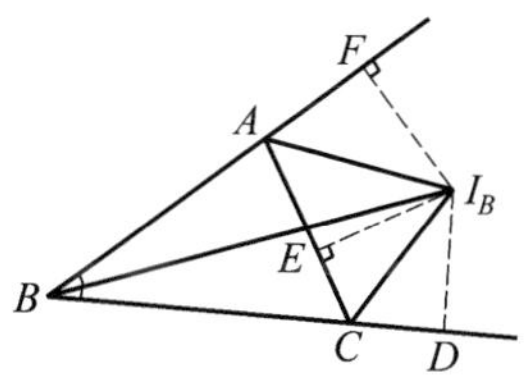

图 1.158

旁心定理 三角形一内角平分线和另外两顶点处的外角平分线交于一点，这点叫作三角形的旁心(图1.158).

三角形有三个旁心.

内心定理的证法完全适用于旁心定理(证略).

❖三角形旁心性质定理

为了介绍下面的性质,我们记$\triangle ABC$的三边BC,CA,AB的边长分别为a,b,c,令$p=\frac{1}{2}(a+b+c)$.分别与BC,CA,AB外侧相切的旁切圆圆心记为I_A,I_B,I_C,其半径记为r_A,r_B,r_C.$S_\triangle$表示$\triangle ABC$的面积,R,r分别为$\triangle ABC$的外接圆半径与内切圆半径.

定理1 $\angle BI_AC=90°-\frac{A}{2}$,$\angle BI_BC=\angle BI_CC=\frac{A}{2}$(对于顶角$B$,$C$也有类似的式子,略).

定理2 一个旁心与三角形三条边的端点联结所组成的三个三角形面积的比等于原三角形三条边的比,即

$$S_{\triangle I_ABC}:S_{\triangle I_AAC}:S_{\triangle I_AAB}=a:b:c$$

$$S_{\triangle I_BBC}:S_{\triangle I_BAC}:S_{\triangle I_BAB}=a:b:c$$

$$S_{\triangle I_CBC}:S_{\triangle I_CAC}:S_{\triangle I_CAB}=a:b:c$$

定理3 三个旁心与三角形一条边的端点联结所组成的三个三角形面积的比等于三个旁切圆半径的比,即

$$S_{\triangle I_ABC}:S_{\triangle I_BBC}:S_{\triangle I_CBC}=r_A:r_B:r_C$$

$$S_{\triangle I_AAC}:S_{\triangle I_BAC}:S_{\triangle I_CAC}=r_A:r_B:r_C$$

$$S_{\triangle I_AAB}:S_{\triangle I_BAB}:S_{\triangle I_CAB}=r_A:r_B:r_C$$

定理4

$$r_A=\frac{2S_\triangle}{-a+b+c}=\frac{\sqrt{p(p-a)(p-b)(p-c)}}{p-a}=4R\sin\frac{A}{2}\cos\frac{B}{2}\cos\frac{C}{2}=r\cot\frac{B}{2}\cot\frac{C}{2}$$

$$r_B=\frac{2S_\triangle}{a-b+c}=\frac{\sqrt{p(p-a)(p-b)(p-c)}}{p-b}=4R\sin\frac{B}{2}\cos\frac{C}{2}\cos\frac{A}{2}=r\cot\frac{C}{2}\cot\frac{A}{2}$$

$$r_C=\frac{2S_\triangle}{a+b-c}=\frac{\sqrt{p(p-a)(p-b)(p-c)}}{p-c}=4R\sin\frac{C}{2}\cos\frac{A}{2}\cos\frac{B}{2}=r\cot\frac{A}{2}\cot\frac{B}{2}$$

证明 如图 1.159，$S_{\triangle ABC}=S_{\triangle ABI_A}+S_{\triangle ACI_A}-S_{\triangle BCI_A}$，即

$$\frac{abc}{4R}=\frac{1}{2}r_A(c+b-a)$$

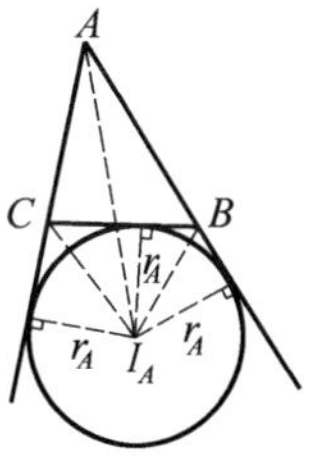

由正弦定理 $a=2R\sin A, b=2R\sin B, c=2R\sin C$，则

$$2R\sin A\sin B\sin C=r_A(\sin B+\sin C-\sin A)=$$
$$r_A(\sin B+\sin C-\sin(B+C))=$$
$$r_A(2\sin\frac{B+C}{2}\cos\frac{B-C}{2}-2\sin\frac{B+C}{2}\cos\frac{B+C}{2})=$$
$$2r_A\cos\frac{A}{2}(\cos\frac{B-C}{2}-\cos\frac{B+C}{2})$$

图 1.159

则
$$8R\sin\frac{A}{2}\cos\frac{A}{2}\sin\frac{B}{2}\cos\frac{B}{2}\sin\frac{C}{2}\cos\frac{C}{2}=2r_A\cos\frac{A}{2}\sin\frac{B}{2}\sin\frac{C}{2}$$

故
$$r_A=4R\sin\frac{A}{2}\cos\frac{B}{2}\cos\frac{C}{2}$$

同理可以求出另外两个旁切圆的半径分别等于 $4R\cos\frac{A}{2}\sin\frac{B}{2}\cos\frac{C}{2}$，$4R\cos\frac{A}{2}\cos\frac{B}{2}\sin\frac{C}{2}$.

定理 5 $S_\triangle=(p-a)\cdot r_A=(p-b)\cdot r_B=(p-c)\cdot r_c$

$$S_\triangle=\frac{r_Ar_Br_C}{\sqrt{r_Ar_B+r_Br_C+r_Cr_A}}$$

$$\frac{\sqrt{3}r_Ar_Br_C}{r_A+r_B+r_C}\leqslant S_\triangle\leqslant\frac{\sqrt{3}}{3}(r_Ar_Br_C)^{\frac{2}{3}}$$

注 第三式由平均值不等式推证得.

定理 6 三角形的三个旁心与内心构成一垂心组. 反过来，一个三角形的顶点与垂心是高的垂足三角形的旁心与内心.

定理 7 旁心三角形的三个内角为

$$\angle I_A=\frac{B+C}{2},\angle I_B=\frac{A+C}{2},\angle I_C=\frac{A+B}{2}$$

定理 8 (1)
$$I_BI_C=a\csc\frac{A}{2}=\frac{b\cos^2\frac{C}{2}+c\cos^2\frac{B}{2}}{\cos\frac{B}{2}\cos\frac{C}{2}}$$

$$I_CI_A=b\csc\frac{B}{2}=\frac{a\cos^2\frac{B}{2}+b\cos^2\frac{A}{2}}{\cos\frac{A}{2}\cos\frac{B}{2}}$$

$$I_AI_B=c\csc\frac{C}{2}=\frac{a\cos^2\frac{C}{2}+c\cos^2\frac{A}{2}}{\cos\frac{A}{2}\cos\frac{C}{2}}$$

(2)
$$II_A=a\sec\frac{A}{2}=\frac{a\sqrt{bcp(p-a)}}{p(p-a)}$$

$$II_B=b\sec\frac{B}{2}=\frac{b\sqrt{acp(p-b)}}{p(p-b)}$$

$$II_C=c\sec\frac{C}{2}=\frac{c\sqrt{abp(p-c)}}{p(p-c)}$$

证明 对于(1),由定理6,知 I 为 $\triangle I_AI_BI_C$ 的垂心,$\triangle ABC$ 为 $\triangle I_AI_BI_C$ 的垂足三角形,于是 I_C,B,C,I_B 四点共圆且 I_BI_C 为该圆直径,故由正弦定理知 $I_BI_C=BC\csc\angle BI_BC$. 由 A,I,C,I_B 共圆知 $\angle BI_BC=\angle IAC=\frac{1}{2}\angle A$,从而

$I_BI_C=a\csc\frac{A}{2}$.

运用正弦定理可得

$$I_AI_B=I_AC+CI_B=\frac{a\cos\frac{B}{2}}{\cos\frac{A}{2}}+\frac{b\cos\frac{A}{2}}{\cos\frac{B}{2}}=\frac{a\cos^2\frac{B}{2}+b\cos^2\frac{A}{2}}{\cos\frac{A}{2}\cos\frac{B}{2}}$$

同样可得其余两式.

对于(2),易知 I,B,I_A,C 四点共圆且 II_A 为该圆的直径,故

$$II_A=BC\cdot\csc\angle BIC$$

又 $\angle BIC=90^\circ+\frac{1}{2}\angle A$,故

$$II_A=a\sec\frac{A}{2}$$

$$II_A=\frac{r_A-r}{\sin\frac{A}{2}}$$

$$r_A-r=\frac{S_\triangle}{p-a}-\frac{S_\triangle}{p}=\frac{S_\triangle a}{p(p-a)}=\frac{a\sqrt{p(p-a)(p-b)(p-c)}}{p(p-a)}$$

$$1-\cos A=1-\frac{b^2+c^2-a^2}{2bc}=\frac{2(p-b)(p-c)}{bc}$$

$$\sin\frac{A}{2}=\sqrt{\frac{1-\cos A}{2}}=\sqrt{\frac{(p-b)(p-c)}{bc}}$$

故
$$II_A=\frac{a\sqrt{bcp(p-a)}}{p(p-a)}$$

同样可得其余两式.

推论 1 (1) $\frac{II_A \cdot I_BI_C}{a}=\frac{II_B \cdot I_CI_A}{b}=\frac{II_C \cdot I_AI_B}{c}=4R$.

(2) $\frac{I_BI_C \cdot I_CI_A \cdot I_AI_B}{abc}=\frac{4R}{r}$.

推论 2 $\frac{S_{\triangle I_AI_BI_C}}{S_{\triangle ABC}}=\frac{2R}{r}$.

事实上,由 $I_BI_C \cdot II_A=I_BI_C(AI_A-AI)=2(S_{\triangle I_AI_BI_C}-S_{\triangle II_BI_C})$ 等三式相加,有

$$II_A \cdot I_BI_C+II_B \cdot I_CI_A+II_C \cdot I_AI_B=4S_{\triangle I_AI_BI_C}$$

由推论 1 有

$$II_A \cdot I_BI_C+II_B \cdot I_CI_A+II_C \cdot I_AI_B=4R(a+b+c)=4R \cdot \frac{2S_{\triangle ABC}}{r}$$

即证.

推论 3 设 $\triangle I_AI_BI_C$ 的外接圆半径为 R',则 $R'=2R$.

事实上,由

$$2R'=I_BI_C\csc\angle BI_AC=I_BI_C\csc(90^\circ-\frac{A}{2})=$$

$$a\csc\frac{A}{2}\sec\frac{A}{2}=2a \cdot \csc A=4R$$

即证. 或设 II_A 交 $\triangle ABC$ 的外接圆于 D,联结 BD,则 $\angle BID=\angle BAI+\angle ABI=\angle CAI+\angle IBC=\angle CBD+\angle IBC=\angle IBD$,有 $DI=DB$,即 D 为 II_A 的中点. 设 O' 是 I 关于 $\triangle ABC$ 外心 O 的对称点,则由三角形中位线性质知 $O'I_A=2OD=2R$. 同理有 $O'I_B=O'I_C=2R$,即 O' 为 $\triangle I_AI_BI_C$ 的外心.

推论 4 设 $\triangle I_AI_BI_C$ 的内切圆半径为 r',则 $\frac{I_BI_C+I_CI_A+I_AI_B}{a+b+c}=\frac{R'}{r'}$.

事实上,由

$$r'(I_BI_C+I_CI_A+I_AI_B)=2S_{\triangle I_AI_BI_C}=\frac{4R \cdot S_{\triangle ABC}}{r}=$$

$$\frac{R' \cdot 2S_{\triangle ABC}}{r}=R'(a+b+c)$$

即证.

推论 5 $\frac{1}{II_A^2}+\frac{1}{I_BI_C^2}=\frac{1}{a^2}, \frac{1}{II_B^2}+\frac{1}{I_CI_A^2}=\frac{1}{b^2}, \frac{1}{II_C^2}+\frac{1}{I_AI_B^2}=\frac{1}{c^2}$

推论 6 (1) $\frac{IA^2}{bc}+\frac{IB^2}{ca}+\frac{IC^2}{ab}=1$.

(2) $IA+IB+IC\leqslant\sqrt{bc+ca+ab}$(华尔伯不等式).

事实上，对于(1)，由$\triangle IAC \backsim \triangle II_CI_A$及$\triangle IAB \backsim \triangle II_AI_B$，有

$$\frac{IA}{b}=\frac{II_C}{I_AI_C},\frac{IA}{c}=\frac{II_B}{I_AI_B}$$

即

$$\frac{IA^2}{bc}=\frac{II_C\cdot II_B\cdot \sin(180^\circ-\angle I_BI_AI_C)}{I_AI_C\cdot I_AI_B\cdot \sin\angle I_BI_AI_C}=\frac{S_{\triangle II_BI_C}}{S_{\triangle I_AI_BI_C}}$$

同理，$\frac{IB^2}{ca}=\frac{S_{\triangle II_CI_A}}{S_{\triangle I_AI_BI_C}}$，$\frac{IC^2}{ab}=\frac{S_{\triangle II_AI_B}}{S_{\triangle I_AI_BI_C}}$，即证.

对于(2)，由(1)及柯西不等式即证.

定理9 设旁切圆I_A，圆I_B，圆I_C分别切BC，CA，AB于P，Q，R，内切圆圆I分别切BC，CA，AB于K，S，T，则$BP=AQ=CK=p-c$，$PC=AR=BK=p-b$，$BR=CQ=AT=p-a$.

事实上，可作$I_AM\perp$直线AB于M，则$BM=BP$，而$BM+AB=\frac{1}{2}(a+b+c)$，故$BP=p-c=CK$. 同理证其余式.

定理10 设AI_A的连线交$\triangle ABC$的外接圆于D，则$DI_A=DB=DC$(对于BI_B，CI_C也有同样的结论，略).

事实上，由定理8的推论3的证明即知结论成立. 也可设C_1为AB延长线上的一点，由

$$\angle CBI_A=\angle C_1BI_A=\angle DI_AB+\angle I_AAB$$

有

$$\angle DI_AB=\angle C_1BI_A-\frac{1}{2}\angle A=\angle CBI_A-\frac{1}{2}\angle A$$

而

$$\angle CBD=\angle CAD=\frac{1}{2}\angle A$$

则

$$\angle DBI_A=\angle CBI_A-\angle CBD=\angle CBI_A-\frac{1}{2}\angle A=\angle DI_AB$$

故

$$CD=BD=I_AD$$

定理11

$$\angle I_BI_AI_C=\frac{1}{2}(\angle B+\angle C)$$

$$\angle I_AI_BI_C=\frac{1}{2}(\angle A+\angle C)$$

$$\angle I_AI_CI_B=\frac{1}{2}(\angle A+\angle B)$$

事实上，由$\angle I_BI_AI_C=\pi-\angle I_ABC-\angle I_ACB=\pi-\frac{\pi-\angle B}{2}-\frac{\pi-\angle C}{2}=\frac{1}{2}(\angle B+\angle C)$，即得第一式. 同理可推得其余两式.

定理12 一个旁心与三角形三条边的端点联结所组成的三个三角形面积

之比等于原三角形三条边边长之比；三个旁心与三角形的一条边的端点联结所组成的三角形面积之比等于三个旁切圆半径之比.

定理 13　过旁心 I_A 的直线交 AB，AC 所在直线分别于 P，Q，则

$$\frac{AB}{AP}\cdot\sin B+\frac{AC}{AQ}\cdot\sin C=-\sin A+\sin B+\sin C$$

事实上，可参见三角形内心的性质定理 8 即证.

定理 14　三角形三个旁切圆的半径的倒数之和等于这个三角形三条高的倒数之和，且等于内切圆半径的倒数.

证明　由 $\frac{1}{r_A}=\frac{b+c-a}{2S_{\triangle ABC}}$ 等三式，有

$$\frac{1}{r_A}+\frac{1}{r_B}+\frac{1}{r_C}=\frac{a+b+c}{2S_{\triangle ABC}}$$

由 $\frac{1}{h_a}=\frac{a}{2S_{\triangle ABC}}$ 等三式，有

$$\frac{1}{h_a}+\frac{1}{h_b}+\frac{1}{h_c}=\frac{a+b+c}{2S_{\triangle ABC}}$$

故

$$\frac{1}{r_A}+\frac{1}{r_B}+\frac{1}{r_C}=\frac{1}{h_a}+\frac{1}{h_b}+\frac{1}{h_c}=\frac{1}{r}$$

在此，还有值得指出的是：

(1) 若三角形的外接圆半径是 R，则 $r_A+r_B+r_C-r=4R$(其证明可参见三角形五心的相关关系定理 21)，且三角形的面积为 $\sqrt{r_Ar_Br_Cr}$.

(2) 一个三角形的三个顶点与内切圆的切点的直线交于一点，这点称为热尔岗点，联结三角形的三个顶点与旁切圆的切点的直线相交于一点，这一点称为纳格尔点(可参见本书的第二部分内容).

另外，还有值得指出的是：

一个三角形的三条内角平分线与对边的交点确定一个圆，且它被三角形的三边所截的弦中一条的长等于另两条的长的和.

定理 15　设 I_A，I_B，I_C 分别为 $\triangle ABC$ 的 $\angle A$，$\angle B$，$\angle C$ 内的三个旁切圆圆心，$\triangle ABC$，$\triangle BCI_A$，$\triangle ACI_B$，$\triangle ABI_C$ 的内切圆半径分别为 r，r'_A，r'_B，r'_C，记 $\triangle ABC$ 的面积为 $S_\triangle$，则

$$r'_A\cot\frac{A}{2}+r'_B\cot\frac{B}{2}+r'_C\cot\frac{C}{2}=\frac{S_\triangle}{r} \quad ①$$

证明　如图 1.160，由定理 1，知 $\angle I_A=90^\circ-\frac{\angle A}{2}$.

在 $\triangle BCI_A$ 中由正弦定理，得

$$\frac{BC}{\sin I_A}=\frac{BI_A}{\sin\angle BCI_A}=\frac{CI_A}{\sin\angle CBI_A}$$

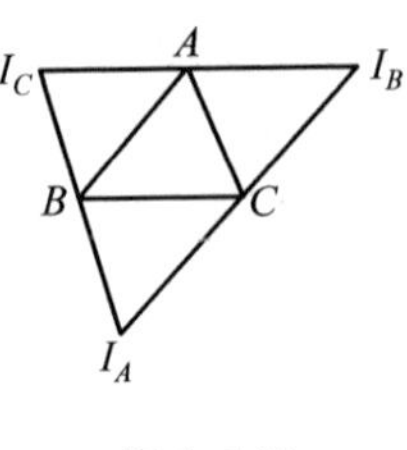

图 1.160

则

$$BI_A=\frac{a\cos\frac{C}{2}}{\cos\frac{A}{2}}=\frac{2R\sin A\cos\frac{C}{2}}{\cos\frac{A}{2}}=$$

$$4R\sin\frac{A}{2}\cos\frac{C}{2}$$

同理 $$CI_A=4R\sin\frac{A}{2}\cos\frac{B}{2}$$

从而

$$BI_A+CI_A+a=$$

$$4R\sin\frac{A}{2}(\cos\frac{C}{2}+\cos\frac{B}{2})+4R\sin\frac{A}{2}\cos\frac{A}{2}=$$

$$4R\sin\frac{A}{2}\cdot(\cos\frac{A}{2}+\cos\frac{B}{2}+\cos\frac{C}{2})$$

这里 R 为 $\triangle ABC$ 的外接圆半径. 记 $\triangle_A$ 为 $\triangle BCI_A$ 的面积, $s=\frac{1}{2}(a+b+c)$, 由

$$\cos\frac{A}{2}\cos\frac{B}{2}\cos\frac{C}{2}=\frac{s}{4R}$$

则 $$\triangle_A=\frac{1}{2}BC\cdot CI_A\cdot\sin\angle BCI_A=$$

$$\frac{1}{2}\cdot 4R\sin\frac{A}{2}\cos\frac{A}{2}\cdot 4R\sin\frac{A}{2}\cos\frac{B}{2}\cos\frac{C}{2}=$$

$$8R^2\sin^2\frac{A}{2}\cos\frac{A}{2}\cos\frac{B}{2}\cos\frac{C}{2}=$$

$$8R^2\cdot\sin^2\frac{A}{2}\cdot\frac{s}{4R}=$$

$$2sR\sin^2\frac{A}{2}$$

又 $$\triangle_A=\frac{1}{2}(BI_A+CI_A+a)\cdot r'_A$$

故 $$r'_A=\frac{2\triangle_A}{BI_A+CI_A+a}=$$

$$\frac{4sR\cdot\sin^2\frac{A}{2}}{4R\sin\frac{A}{2}(\cos\frac{A}{2}+\cos\frac{B}{2}+\cos\frac{C}{2})}=$$

$$\frac{s\cdot\sin\frac{A}{2}}{\cos\frac{A}{2}+\cos\frac{B}{2}+\cos\frac{C}{2}}$$

从而
$$r'_A\cot\frac{A}{2}=\frac{s\cdot\cos\frac{A}{2}}{\cos\frac{A}{2}+\cos\frac{B}{2}+\cos\frac{C}{2}}$$

同理
$$r'_B\cot\frac{B}{2}=\frac{s\cdot\cos\frac{B}{2}}{\cos\frac{A}{2}+\cos\frac{B}{2}+\cos\frac{C}{2}}$$

$$r'_C\cot\frac{C}{2}=\frac{s\cdot\cos\frac{C}{2}}{\cos\frac{A}{2}+\cos\frac{B}{2}+\cos\frac{C}{2}}$$

上述三式相加有

$$r'_A\cot\frac{A}{2}+r'_B\cot\frac{B}{2}+r'_C\cot\frac{C}{2}=$$

$$\frac{s(\cos\frac{A}{2}+\cos\frac{B}{2}+\cos\frac{C}{2})}{\cos\frac{A}{2}+\cos\frac{B}{2}+\cos\frac{C}{2}}=$$

$$s=\frac{S_{\triangle}}{r}$$

证毕.

由上面的证明过程,不难得到以下推论:

推论 1 在上述定理的条件下,令 $BC=a,CA=b,AB=c,s=\frac{1}{2}(a+b+c)$,则

$$(s-a)r_A+(s-b)r_B+(s-c)r_C=\triangle \quad ②$$

证明 由 $s-a=r\cot\frac{A}{2}$ 知,将 $\cot\frac{A}{2}=\frac{s-a}{r}$ 等代入定理,即得.

推论 2 设 $\triangle BCI_A,\triangle ACI_B,\triangle ABI_C$ 的内切圆半径分别为 r'_A,r'_B,r'_C,则

$$r'_A+r'_B+r'_C=s\cdot\frac{\sin\frac{A}{2}+\sin\frac{B}{2}+\sin\frac{C}{2}}{\cos\frac{A}{2}+\cos\frac{B}{2}+\cos\frac{C}{2}} \quad ③$$

$$r'_A\cdot r'_B\cdot r'_C=\frac{s^3\cdot\sin\frac{A}{2}\cdot\sin\frac{B}{2}\cdot\sin\frac{C}{2}}{(\cos\frac{A}{2}+\cos\frac{B}{2}+\cos\frac{C}{2})^3} \quad ④$$

证明 由定理 15 的证明过程,有

$$r'_A=\frac{s\cdot\sin\frac{A}{2}}{\cos\frac{A}{2}+\cos\frac{B}{2}+\cos\frac{C}{2}}$$

$$r'_B=\frac{s\cdot\sin\frac{B}{2}}{\cos\frac{A}{2}+\cos\frac{B}{2}+\cos\frac{C}{2}}$$

$$r'_C=\frac{s\cdot\sin\frac{C}{2}}{\cos\frac{A}{2}+\cos\frac{B}{2}+\cos\frac{C}{2}}$$

从而式 ③,④ 显然成立.

定理 16 设 I_A,I_B,I_C 分别为 $\triangle ABC$ 的 $\angle A,\angle B,\angle C$ 内的旁切圆圆心. R,r 分别为 $\triangle ABC$ 的外接圆、内切圆半径. 令 $BC=a,CA=b,AB=c,s=\frac{1}{2}(a+b+c)$,$\triangle BCI_A,\triangle ACI_B,\triangle ABI_c$ 的面积分别记为 $\triangle_A,\triangle_B,\triangle_C$,则

$$\frac{\triangle_A}{a}+\frac{\triangle_B}{b}+\frac{\triangle_C}{c}=\frac{4R+r}{2}$$

证明 设 $\triangle ABC$ 的 $\angle A$ 的旁切圆圆 I_A 与 AB 相切于 G,则

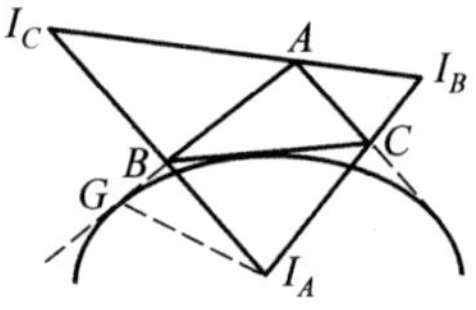

$$BG=AG-AB=\frac{a+b+c}{2}-c=s-c$$

图 1.161

则
$$BI_A=\frac{BG}{\cos\angle GBI_A}=\frac{BG}{\cos\frac{\pi-B}{2}}=$$
$$\frac{s-c}{\sin\frac{B}{2}}$$

同理
$$CI_A=\frac{s-b}{\sin\frac{C}{2}}$$

又
$$\angle I_A=\pi-\angle CBI_A-\angle BCI_A=$$
$$\pi-\frac{\pi-B}{2}-\frac{\pi-C}{2}=$$
$$\frac{B+C}{2}=\frac{\pi-A}{2}$$

且
$$\sin\frac{A}{2}\cdot\sin\frac{B}{2}\cdot\sin\frac{C}{2}=\frac{r}{4R}$$

从而

$$\triangle_A=\frac{1}{2}\cdot BI_A\cdot CI_A\cdot\sin I_A=$$

$$\frac{1}{2}\cdot\frac{s-c}{\sin\frac{B}{2}}\cdot\frac{s-b}{\sin\frac{C}{2}}\cdot\cos\frac{A}{2}=$$

$$\frac{(s-c)(s-b)\sin A}{4\sin\frac{A}{2}\cdot\sin\frac{B}{2}\cdot\sin\frac{C}{2}}=$$

$$\frac{a(s-b)(s-c)}{2r}$$

同理

$$\triangle_B=\frac{b(s-a)(s-c)}{2r}$$

$$\triangle_C=\frac{c(s-a)(s-b)}{2r}$$

又由

$$ab+bc+ca=s^2+4Rr+r^2$$

有

$$\frac{\triangle_A}{a}+\frac{\triangle_B}{b}+\frac{\triangle_C}{c}=$$

$$\frac{1}{2r}[(s-a)(s-b)+(s-b)(s-c)+(s-c)(s-a)]=$$

$$\frac{1}{2r}[3s^2-2(a+b+c)s+ab+bc+ca]=$$

$$\frac{1}{2r}(3s^2-4s^2+s^2+4Rr+r^2)=$$

$$\frac{4R+r}{2}$$

定理 17 记 $\triangle ABC$ 的 $\angle BAC$ 内的旁心为 I_A，$\triangle ABC$ 的外接圆弧 $\overset{\frown}{BC}$、弧 $\overset{\frown}{ABC}$、弧 $\overset{\frown}{ACB}$ 的中点依次为 X,Y,Z，点 X 关于 BC、点 Y 关于 CA、点 Z 关于 AB 的对称点分别为 D,E,F. 则 I_A 为 $\triangle DEF$ 的垂心.

证明 如图 1.162，由 I_A 为 $\triangle ABC$ 的 $\angle BAC$ 内的旁心，联结 I_AA，I_AB，I_AC 与 $\triangle ABC$ 的外接圆分别交于点 X,Y,Z，此时，四边形 $XBDC$、四边形 $YAEC$、四边形 $ZAFB$ 均为菱形.

作向量 $\overrightarrow{BH}=\overrightarrow{ZY}$，则

$$\begin{aligned}\overrightarrow{CH}&=\overrightarrow{CB}+\overrightarrow{BH}=\\&\overrightarrow{CZ}+\overrightarrow{ZB}+\overrightarrow{ZY}=\\&\overrightarrow{ZB}+\overrightarrow{CY}=\\&\overrightarrow{AF}+\overrightarrow{EA}=\overrightarrow{EF}\end{aligned}$$

于是，$CH\parallel EF$.

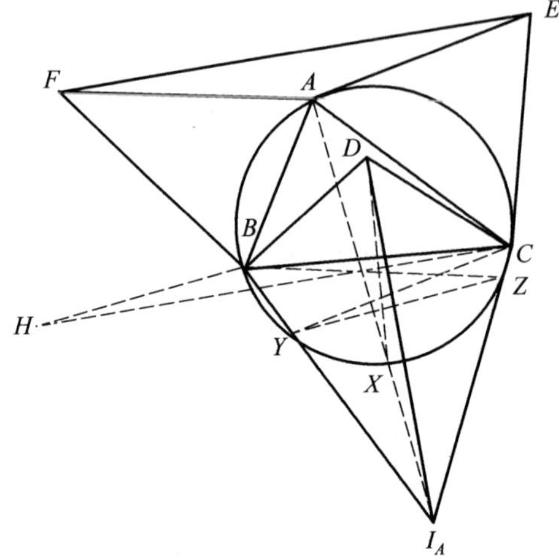

图 1.162

又 $\angle I_AYZ+\angle YI_AX=90^\circ-\frac{\gamma}{2}+\frac{\gamma}{2}=90^\circ$,故 $I_AX\perp ZY\Rightarrow I_AX\perp BH$.

又 $XD\perp BC$,因此,$\angle I_AXD=\angle HBC$.

由

$$\frac{I_AX}{XD}=\frac{XC}{XD}=\frac{\sin(90^\circ-\frac{\alpha}{2})}{\sin\alpha}$$

$$\frac{HB}{BC}=\frac{YZ}{BC}=\frac{\sin\angle YBZ}{\sin\alpha}=\frac{\sin(90^\circ-\frac{\alpha}{2})}{\sin\alpha}$$

$$\Rightarrow\frac{I_AX}{XD}=\frac{HB}{BC}\Rightarrow\triangle I_AXD\backsim\triangle HBC$$

$$\Rightarrow I_AD\perp CH\Rightarrow I_AD\perp EF$$

用上述类似的证法,可以证明

$$I_AE\perp FD,I_AF\perp ED$$

从而,点 D,E,F,I_A 是一个垂心组.

于是,定理 17 得证.

将上述定理中的旁心改为内心得:

定理 18 如图 1.163,$\triangle ABC$ 的内心为 I,外接圆弧 $\overset{\frown}{BC}$、弧 $\overset{\frown}{CA}$、弧 $\overset{\frown}{AB}$ 的中点依次为 X,Y,Z,点 X 关于 BC、点 Y 关于 CA、点 Z 关于 AB 的对称点分别为 D,E,F.则 I 为 $\triangle DEF$ 的垂心.

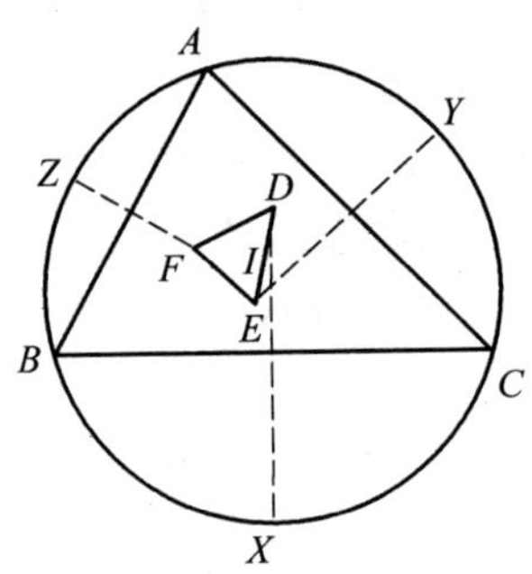

图 1.163

❖三角形内心与旁心的关系定理

定理 1 点 I 为 $\triangle ABC$ 的内心或旁心的充要条件为

$$\pm IA^2 \cdot BC \pm IB^2 \cdot CA \pm IC^2 \cdot AB = BC \cdot CA \cdot AB$$

其中全取"+"用于内心情形;第一项取"+",余两项取"-"用于对应角 A 的旁心情形,余类推.

下面仅证内心情形.

证明 必要性.设 I 为 $\triangle ABC$ 的内心,延长 AI 交 BC 于 M.令 $BC=a$,$CA=b$,$AB=c$,则

$$AM^2 = bc - \frac{bca^2}{(b+c)^2} = \frac{bc(b+c-a)(b+c+a)}{(b+c)^2}$$

因 $\frac{AI}{AM}=\frac{b+a}{b+c+a}$,则

$$AI^2=\frac{bc(b+c-a)}{b+c+a}$$

同理
$$BI^2=\frac{ca(c+a-b)}{c+a+b}, CI^2=\frac{ab(a+b-c)}{a+b+c}$$

所以

$$IA^2 \cdot a + IB^2 \cdot b + IC^2 \cdot c = \frac{abc(b+c-a+c+a-b+a+b-c)}{a+b+c} = abc$$

充分性.设点 I' 适合 $I'A^2 \cdot a + I'B^2 \cdot b + I'C^2 \cdot c = abc$

注意到$\frac{AI}{IM}=\frac{b+c}{a}$ 及三角形的斯特瓦尔特定理,有

$$II'^2 = \frac{(b+c)\cdot I'M^2}{a+b+c} + \frac{a\cdot I'A^2}{a+b+c} - \frac{(b+c)\cdot IM^2}{a+b+c} - \frac{a\cdot IA^2}{a+b+c} = \frac{(b+c)(I'M^2-IM^2)}{a+b+c} - \frac{a(I'A^2-IA^2)}{a+b+c}$$

因$\frac{BM}{MC}=\frac{c}{b}$,则

$$I'M^2=\frac{c\cdot I'C^2}{b+c}+\frac{b\cdot I'B^2}{b+c}-\frac{c\cdot MC^2}{b+c}-\frac{b\cdot MB^2}{b+c}$$

$$IM^2=\frac{c\cdot IC^2}{b+c}+\frac{b\cdot IB^2}{b+c}-\frac{c\cdot MC^2}{b+c}-\frac{b\cdot MB^2}{b+c}$$

将上述两式代入前一式,得

$$II'^2=\frac{(a\cdot I'A^2+b\cdot I'B^2+c\cdot I'C^2)-(a\cdot IA^2+b\cdot IB^2+C\cdot IC^2)}{a+b+c}=$$

$$\frac{abc - abc}{a+b+c} = 0$$

这就证明了 I' 为其内心.

注 证旁心情形时,可应用斯特瓦尔特定理的推论.此定理也可运用复数方法来证.

定理 2 设 I 是 $\triangle ABC$ 的内心或旁心,r 是内切圆半径或对应的旁切圆半径,R 为外接圆半径,则 $IA \cdot IB \cdot IC = 4Rr^2$.

证明 延长 BI,CI 分别交圆 ABC 于 E,F(图略),则由圆幂定理,有

$$IB \cdot IE = IC \cdot IF = 2Rr$$

即

$$IB \cdot IC = \frac{4R^2r^2}{IE \cdot IF} \qquad (*)$$

又由内心(或旁心)性质,有 $IE = AE$,$IF = AF$,则 $IE \cdot IF = AE \cdot AF$.

设 h 为 $\triangle AEF$ 的边 EF 上的高,则 $AE \cdot AF = 2Rh$.(三角形两边之积等于第三边上的高与外接圆直径之积)

又 $\angle AFE = \angle ABE = \angle EBC = \angle EFC$,$IF = AF$,联结 EF 交 AI 于 D,则

$$AD = h = \frac{1}{2}IA$$

于是,$IE \cdot IF = R \cdot IA$.将其代入式$(*)$即得

$$IA \cdot IB \cdot IC = 4Rr^2.$$

定理 3 三角形的内心至三个旁心的距离之平方和,等于 4 倍外接圆直径乘以外接圆直径与内切圆半径之差所得的积.

证明 设 $\triangle ABC$ 的外心为 O,内心,旁心分别为 I,I_A,I_B,I_C.因 I,I_A,I_B,I_C 构成垂心组,则 $\triangle ABC$ 是这个垂心组的垂足三角形,所以圆 O 是 $\triangle I_AI_BI_C$ 的九点圆,它必过 II_A,II_B,II_C 的中点 L,M,N,于是 $OL = OM = NO = R$.

由三角形中线长公式,有

$$II_A^2 = 2(OI^2 + OI_A^2) - 4OL^2 = 2(OI^2 + OI_A^2) - 4R^2$$

同理

$$II_B^2 = 2(OI^2 + OI_B^2) - 4R^2, II_C^2 = 2(OI^2 + OI_C^2) - 4R^2$$

从而

$$II_A^2 + II_B^2 + II_C^2 = 2(3OI^2 + OI_A^2 + OI_B^2 + OI_C^2) - 12R^2$$

故

$$II_A^2 + II_B^2 + II_C^2 = 16R^2 - 8Rr = 4 \cdot 2R \cdot (2R - r)$$

定理 4[①] 设 $\triangle ABC$ 的内(旁)切圆圆 I 分别切 BC,CA,AB 于点 X,Y,Z.过 AX 和 BC 的中点 D_1 和 D 作一直线 DD_1 及类似的直线 EE_1,FF_1.如图 1.164,则 DD_1,EE_1,FF_1 三线共点,且该点恰为 $\triangle ABC$ 的内(旁)心.

① 李耀文.三角形内(旁)切圆的一个性质[J].中学数学 2006(4):21.

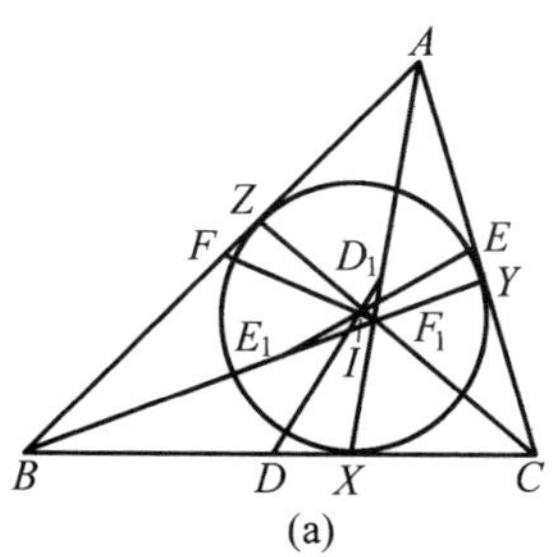

(a)

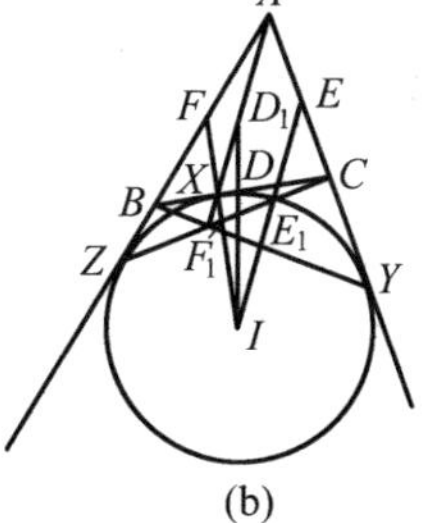

(b)

图 1.164

证明　如图 1.165，不妨设圆 I 为 $\triangle ABC$ 的内切圆，并作 $\triangle ABC$ 的内切圆圆 I 的直径 XX_1，联结 AX_1. 再过点 A 作 $AH\perp BC$ 于 H. 过点 X_1 作 $X_1H_1\perp AH$ 于 H_1.

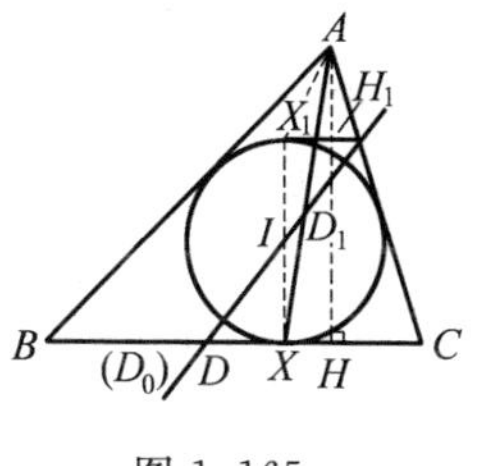

图 1.165

设过 AX 的中点 D_1 和圆 I 的圆心 I 的直线 ID_1 交 BC 于点 D_0，易证知

$$\text{Rt}\triangle IXD_0\backsim\text{Rt}\triangle AH_1X_1$$

则有

$$\frac{XD_0}{X_1H_1}=\frac{XD_0}{XH}=\frac{IX}{AH_1}$$

若令 $BC=a,CA=b,AB=c,p=\frac{1}{2}(a+b+c)$，圆 I 的半径为 r，则有

$$XH=CX-CH=(p-c)-b\cos C=\frac{(p-a)(c-b)}{a}$$

$$AH_1=AH-2r=\frac{2pr}{a}-2r=\frac{2r(p-a)}{a}$$

所以

$$D_0X=\frac{IX\cdot XH}{AH_1}=\frac{1}{2}(c-b)$$

于是，有

$$D_0C=D_0X+CX=\frac{1}{2}(c-b)+(p-c)=\frac{1}{2}a$$

这表明：点 D_0 是 BC 的中点. 由题设知：D_0 即为 D，所以直线 ID_1 必通过 BC 的中点 D，故 D,I,D_1 三点共线. 又因 D 为 BC 的中点，D_1 为 AX 的中点，I 为 $\triangle ABC$ 的内心，所以说直线 DD_1 必通过 $\triangle ABC$ 的内心 I.

同理直线 EE_1，FF_1 也必通过 $\triangle ABC$ 的内心 I.

当圆 I 为 $\triangle ABC$ 的旁切圆时，用同样的方法类似可证得结论成立.

❖三角形内(旁)切圆的性质定理

定理1[①] 三角形的一内(或外)角平分线上的点为三角形一顶点的射影的充要条件是另一顶点关于内(或旁)切圆的切点弦直线与这条内(或外)角平分线的交点.

证明 仅证内角平分线、内切圆的情形,如图1.166所示.

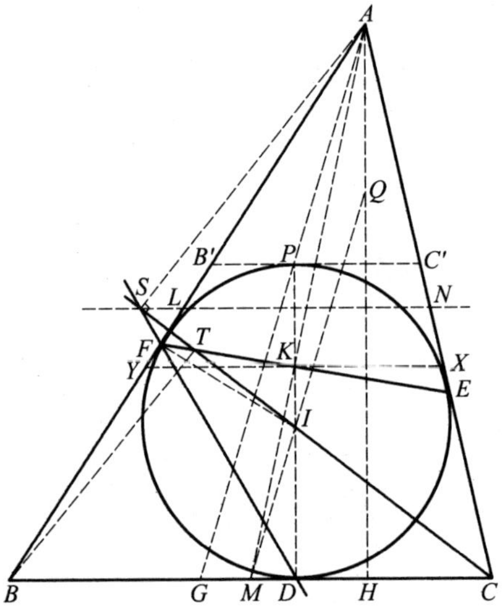

在$\triangle ABC$中,内切圆圆I分别切边BC,CA,AB于点D,E,F.下面仅证角平分线CI上的点S,有$CS\perp AS\Leftrightarrow S,F,D$三点共线.

图1.166

充分性.由S,F,D三点共线,联结FI,则

$$\angle FDB=\frac{1}{2}\angle DIF=\frac{1}{2}(180^\circ-\angle B)=\frac{1}{2}(\angle ACB+\angle BAC)$$

又$\angle FDB=\angle DCS+\angle CSD$,所以

$$\angle ISF=\angle CSD=\frac{1}{2}\angle BAC=\angle IAF$$

于是,A,I,F,S四点共圆,即有

$$\angle ASI=\angle AFI=90^\circ$$

故

$$CS\perp AS$$

必要性.由$CS\perp AS$,联结FI有$IF\perp AF$,则知A,S,F,I四点共圆.又I为$\triangle ABC$的内心,知$\angle AIC=90^\circ+\frac{1}{2}\angle B$,从而

$$\angle AFS=\angle AIS=90^\circ-\frac{1}{2}\angle B$$

由$BD=BF$,知

$$\angle BFD=\frac{1}{2}(180^\circ-\angle B)=90^\circ-\frac{1}{2}\angle B=\angle AFS$$

① 沈文选.三角形内切圆中的一条性质及应用[M].中学数学教学,2009(4):54-55.

故 S,F,D 三点共线.

注 同理可证角平分线 CI 上的点 T，有 $BT\perp CT\Leftrightarrow E,T,F$ 三点共线. 同理可证角平分线 AI 上有这样的两点，角平分线 BI 上也有这样的两点.

推论 三角形的一条中位线，与平行于此中位线的边的端点处的内(或外)角平分线及另一端点的切点弦所在直线相交于一点.

事实上，如图 1.128，过 S 作 BC 的平行线交 AB 于 L，交 AC 于 N，则由 $AS\perp SC$，有 $\angle NSC=\angle SCB=\angle SCN$，知 N 为 AC 的中点. 同理 L 为 AB 的中点，即知 LN 为平行于 BC 的中位线.

注 (1) 三角形的每条内(或外)角平分线均有这样的两个点. 且这些点均在三角形中位线上.

(2) 对于旁切圆的情形先证定理 1 中的情形，然后即可推出结论.

如图 1.167，设 $\triangle ABC$ 的 $\angle A$ 的旁切圆圆 I_A 分别切 BC 及边 AC,AB 所在直线于点 D,E,F.

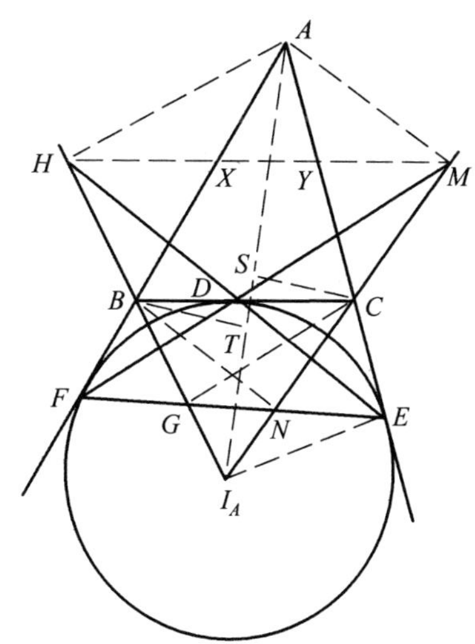

图 1.167

(1) 若点 G 在直线 BI_A 上，则 $CG\perp BC$ 的充要条件是 E,G,F 三点共线；

(2) 若点 H 在直线 BI_A 上，则 $AH\perp BH$ 的充要条件是 E,D,H 三点共线.

事实上，(1) 充分性. 当 E,G,F 三点共线时，联结 I_AE，则 $I_AE\perp CE$. 注意到

$$\angle I_ACE=\frac{1}{2}(180^\circ-\angle C)=90^\circ-\frac{1}{2}\angle C$$

$$\angle I_AGE=\angle BGF=180^\circ-\angle AFE-\angle FBG=$$
$$180^\circ-(90^\circ-\frac{1}{2}\angle A)-(90^\circ-\frac{1}{2}\angle B)=$$
$$90^\circ-\frac{1}{2}\angle C$$

从而 G,I_A,E,C 四点共圆. 故 $\angle CGI_A=180^\circ-\angle CEI_A=90^\circ$,即 $CG\perp BG$.

必要性. 若 $CG\perp BG$ 时,则知 G,I_A,E,C 四点共圆. 注意到 $\angle BGF=90^\circ-\frac{1}{2}\angle C$,$\angle EGI_A=\angle I_ACE=90^\circ-\frac{1}{2}\angle C$. 故 E,G,F 三点共线.

(2) 充分性. 当 E,D,H 三点共线时,联结 AI_A,则 $\angle I_AAE=\frac{1}{2}\angle A$

$$\angle I_AHE=\angle BHD=180^\circ-\angle HBD-\angle BDH=$$
$$180^\circ-(\angle FBG+\angle B)-2\angle CDE=$$
$$180^\circ-(90^\circ-\frac{1}{2}\angle B+\angle B)-\frac{1}{2}\angle C=$$
$$90^\circ+\frac{1}{2}(-\angle B-\angle C)=\frac{1}{2}\angle A$$

从而 A,H,I_A,E 四点共圆,有 $\angle AHB=\angle AEI_A=90^\circ$,即 $AH\perp HB$.

必要性. 当 $AH\perp BH$ 时,则知 A,H,I_A,E 四点共圆,有 $\angle DHB=\frac{1}{2}\angle A$. 从而

$$\angle HDB=180^\circ-\angle DHB-\angle HBD=180^\circ-\frac{1}{2}\angle A-(90^\circ-\frac{1}{2}\angle B+\angle B)=$$
$$90^\circ-\frac{\angle A+\angle B}{2}=\frac{1}{2}\angle C$$

又
$$\angle CDE=\frac{1}{2}(180^\circ-\angle DCE)=\frac{1}{2}\angle C$$

故 H,D,E 三点共线.

同样可推证:直线 AI_A 上有两点 S,T,以及直线 CI_A 上有两点 M,N 具有以上的性质结论.

若取 AB 的中点 X,则由 $AH\perp BH$,知 $\angle XHB=\angle HBX=\angle CBI_A$,从而 $HX\parallel BC$. 同理取 AC 的中点 Y,亦有 $YM\parallel BC$.

注意到过一点只能作一条直线与已知直线平行,从而 H,X,Y,M 四点共线,即 HM 为 $\triangle ABC$ 平行于 BC 的中位线所在直线.

同理,GS 为平行于 AB 的中位线所在直线,TN 为平行于 AC 的中位线所在直线.

定理 2 设圆 I 为 $\triangle ABC$ 的内切圆或相应的旁切圆,切边 BC 于点 D,DP

为圆 I 的直径，直线 AP 交 BC 于 G，则 $BG=CD$.

证明 仅证内切圆情形. 如图 1.128，过点 P 作 $B'C' /\!/ BC$ 交射线 AB 于 B'，交射线 AC 于 C'，则知 $B'C'$ 切圆 I 于 P. 联结 IC'，IC，由 $\mathrm{Rt}\triangle IPC' \backsim \mathrm{Rt}\triangle CDI$，有 $PC' \cdot DC = IP \cdot ID$. 同理有 $B'P \cdot BD = IP \cdot ID$. 即有 $PC' \cdot DC = B'P \cdot BD$. 从而

$$\frac{B'P}{PC'}=\frac{DC}{BD} \quad ①$$

又由 $B'C' /\!/ BC$，有

$$\frac{B'P}{PC'}=\frac{BG}{GC} \quad ②$$

由 ①，② 有 $\frac{BG}{GC}=\frac{CD}{BD}$. 再由合比定理，有 $\frac{BG}{BC}=\frac{CD}{BC}$，故 $BG=CD$.

定理 3 设圆 I 为 $\triangle ABC$ 的内切圆或相应的旁切圆，分别与边 BC，CA，AB 或其延长线相切于 D，E，F，直线 DI 交 EF 于点 K，直线 AK 交 BC 于点 M，则 M 为 BC 的中点.

证明 仅证内切圆情形. 如图 1.128，过点 K 作 $YX /\!/ BC$ 交射线 AB 于 Y，交射线 AC 于 X. 联结 IY，IF，IX，IE，则知 F，Y，I，K 与 I，E，X，K 分别四点共圆，从而 $\angle IFK=\angle IYK$，$\angle IEK=\angle IXK$.

而 $\angle IFK=\angle IEK$，则 $\angle IYK=\angle IXK$，从而 $IY=IX$，于是 $YK=KX$. 由 $YX /\!/ BC$ 有 $\frac{BM}{YK}=\frac{MC}{KX}$，故 $BM=MC$，即 M 为 BC 的中点.

定理 4 设圆 I 为 $\triangle ABC$ 的内切圆或相应的旁切圆，M 为边 BC 的中点，AH 是边 BC 上的高，Q 为直线 AH 上的一点，则 AQ 等于圆 I 的半径的充要条件是 Q，I，M 三点共线.

证明 仅证内切圆情形，如图 1.128 所示. 充分性. 设 D 为圆 I 与边 BC 的切点，联结 ID. 令 $BC=a$，$CA=b$，$AB=c$，则 $MC=\frac{1}{2}a$，$DC=\frac{1}{2}(a+b-c)=p-c\left(p=\frac{1}{2}(a+b+c)\right)$，$HC=AC\cdot\cos C=\frac{a^2+b^2-c^2}{2a}$，设 γ 为圆 I 的半径.

由 $\mathrm{Rt}\triangle IMD \backsim \mathrm{Rt}\triangle QMH$，有

$$\frac{QH}{ID}=\frac{HM}{DM}=\frac{MC-HC}{MC-DC}=\frac{a-2HC}{c-b}=\frac{b+c}{a}$$

又 $AH\cdot a=2S_{\triangle ABC}=r(a+b+c)$，即

$$\frac{AH}{r}=\frac{a+b+c}{a}$$

再由 $\frac{QH}{r}=\frac{b+c}{a}$ 及 $AQ=AH-QH$ 有

$$\frac{AQ}{r}=\frac{AH}{r}-\frac{QH}{r}=\frac{a+b+c}{a}-\frac{b+c}{a}=1$$

故 $AQ=r$.

必要性. 若 $AQ=r$,则 $QH=AH-AQ=\frac{(a+b+c)r}{a}-r=\frac{(b+c)r}{a}$. 可设 $c>b$,又设直线 QI 交 BC 于 M',则

$$DH=DC-HC=\frac{a+b-c}{2}-\frac{a^2+b^2-c^2}{2a}=\frac{ab-ac-b^2+c^2}{2a}$$

由 $\frac{ID}{QH}=\frac{M'D}{M'H}$,有 $\frac{ID}{QH-ID}=\frac{M'D}{DH}$,即

$$M'D=\frac{ID\cdot DH}{QH-ID}=\frac{r\cdot\frac{ab-ac-b^2+c^2}{2a}}{r\cdot\frac{b+c-a}{a}}=\frac{(b+c-a)(c-b)}{2(b+c-a)}=$$

$$\frac{c-b}{2}=\frac{a}{2}-\frac{a+b-c}{2}=MC-DC=MD$$

即 M' 与 M 重合,故 Q,I,M 三点共线.

定理 5 设 $\triangle ABC$ 的内切圆圆 I 与边 AB,AC 分别切于点 E,F,射线 BI,CI 分别交 EF 于点 N,M. 则

$$S_{AMIN}=S_{\triangle IBC}$$

证明 如图 1.168,联结 AI,BM,IE.

易知 $AI\perp EF$,$\angle BIC=90^\circ+\frac{1}{2}\angle A$.

由
$$\angle BEM=180^\circ-\angle AEF=180^\circ-(90^\circ-\frac{1}{2}\angle A)=90^\circ+\frac{1}{2}\angle A=\angle BIC$$

知 B,I,M,E 四点共圆.

从而 $\angle IMN=\angle IBE=\angle IBC$

同理 $\angle INM=\angle ICF=\angle ICB$

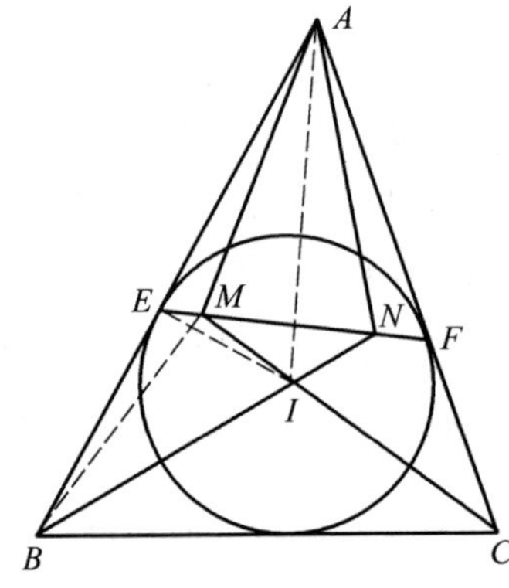

图 1.168

于是 $\triangle IMN\backsim\triangle IBC$,所以 $\frac{MN}{BC}=\frac{IM}{IB}$.

又 $\angle IMB=\angle IEB=90^\circ$,$\angle IBM=\angle IEM=90^\circ-\angle AEF=\angle IAE$.

则 $\frac{MN}{BC}=\frac{IM}{IB}=\sin\angle IBM=\sin\angle IAE=\frac{IE}{IA}$,即 $MN\cdot IA=BC\cdot IE$. 故 $S_{AMIN}=S_{\triangle IBC}$.

定理 6 设 $\triangle ABC$ 的旁切圆圆 I_a,圆 I_b,圆 I_c 分别切 BC,CA,AB 于点 X,

Y,Z,BC,CA,AB 边上高的中点分别为 X_1,Y_1,Z_1，如图 1.169. 则三直线 XX_1,YY_1,ZZ_1 共点，且该点恰为 $\triangle ABC$ 的内心.

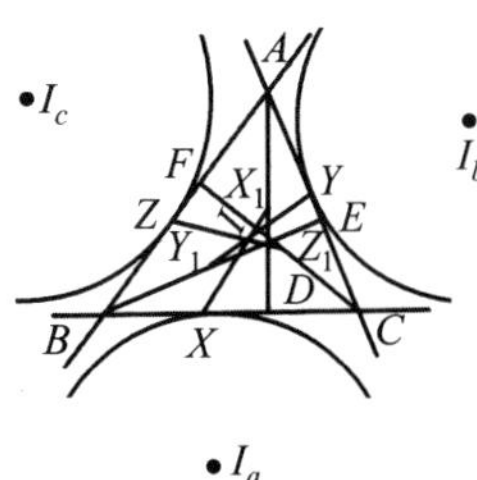

图 1.169

证明 如图 1.170，设 $\triangle ABC$ 的内切圆圆 I、旁切圆圆 I_a 分别切 BC 于点 K,X，记点 K 关于 I 的对称点为 T，联结 AT 并延长交 BC 于 X'，并过点 T 作 BC 的平行线分别交 AB,AC 于 B_1,C_1，易知 T 为 $\triangle AB_1C_1$ 的旁切圆圆 I 与 B_1C_1 的切点，且 $\triangle AB_1C_1$ 位似于 $\triangle ABC$，位似中心为 A.

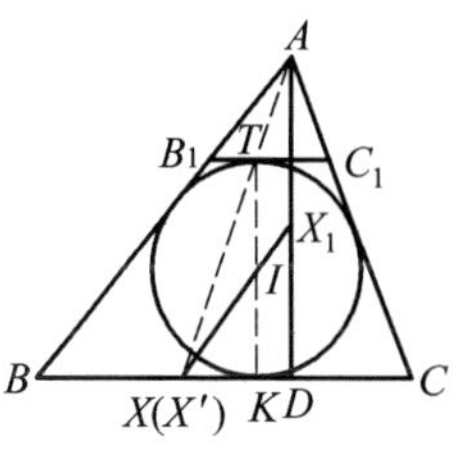

图 1.170

从而点 X' 为 $\triangle ABC$ 的旁切圆圆 I_a 与 BC 的切点.

依题设知：X 即为 X'.

故 A,T,X 三点共线. 又因 I 为 KT 的中点，X_1 为 AD 的中点，且 A,X_1,D 三点共线，所以 X,I,X_1 三点共线. 即直线 XX_1 过 $\triangle ABC$ 的内心 I.

同理直线 YY_1,ZZ_1 也都经过 $\triangle ABC$ 的内心 I.

关于三角形三个旁切圆的性质还可参见六点圆问题中的定理 12.

下面介绍潘成华等老师研究的三角形旁切圆中的一些垂直问题：

为方便，将 $\triangle ABC$ 的 $\angle A$ 所对的旁切圆，称为 A— 旁切圆.

定理 7 如图 1.171，已知 $\triangle ABC$ 的 B— 旁切圆圆 O_B 与射线 BC,BA 分别切于点 E,F，C— 旁切圆圆 O_C 与射线 CB,CA 分别切于点 D,G，直线 DG 与 EF 交于点 P. 则：$PA\perp BC$. ①

证明 如图 1.171，延长 PA，与 BC 交于点 H.

由梅涅劳斯定理，得 $\frac{CD}{DH}\cdot\frac{HP}{PA}\cdot\frac{AG}{GC}=1$，又 $GC=CD$，得 $\frac{HP}{PA}=\frac{DH}{AG}$.

类似地，$\frac{HP}{PA}=\frac{HE}{AF}$.

于是，$\frac{DH}{AG}=\frac{HE}{AF}\Rightarrow\frac{DH}{HE}=\frac{AG}{AF}$.

故
$$\begin{aligned}&\triangle AGO_C\backsim\triangle AFO_B\\\Rightarrow&\frac{AG}{AF}=\frac{AO_C}{AO_B}\\\Rightarrow&\frac{DH}{HC}=\frac{AO_C}{AO_B}\Rightarrow O_CD\ /\!/\ AH\ /\!/\ O_BE\end{aligned}$$

① 潘成华，田开斌，诸小光. 关于三角形旁切圆的一些垂直问题[J]. 中等数学，2015(5)：2-5.

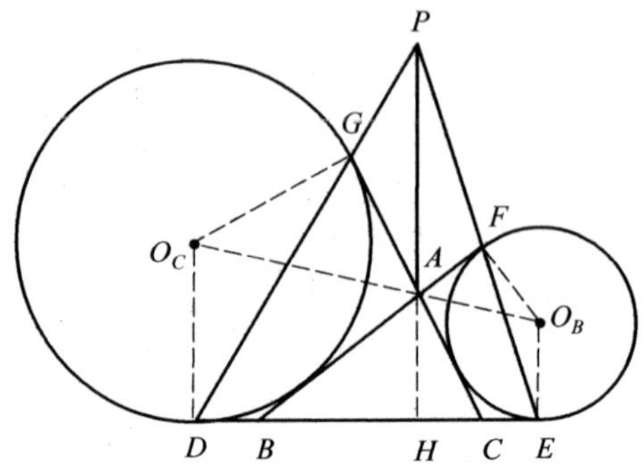

图 1.171

$$\Rightarrow AH\perp BC\Rightarrow PA\perp BC$$

定理8 如图1.172,已知$\triangle ABC$的B—旁切圆圆O_B、C—旁切圆圆O_C分别与直线BC切于点E,D,圆O_B与AC切于点F,圆O_C与AB切于点G,直线DG与EF交于点P.则:$AP\perp BC$.

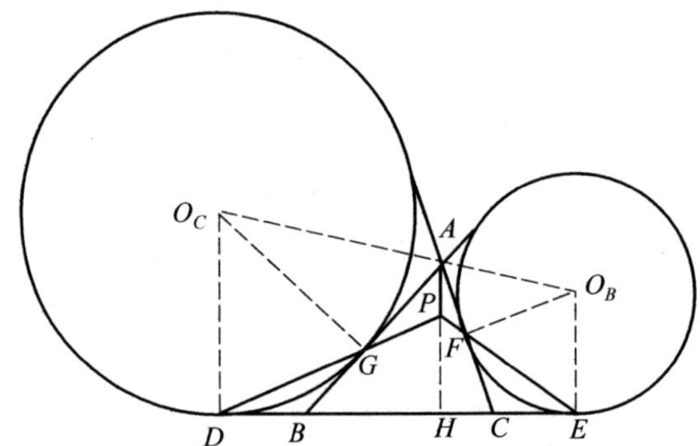

图 1.172

证明 如图1.172,延长AP,与BC交于点H.

由梅涅劳斯定理得

$$\frac{AP}{PH}\cdot\frac{HD}{DB}\cdot\frac{BG}{GA}=1$$

$$\frac{AP}{PH}\cdot\frac{HE}{EC}\cdot\frac{CF}{FA}=1$$

结合$DB=BG=CF=CE$,有

$$\frac{AP}{PH}=\frac{GA}{HD},\frac{AP}{PH}=\frac{FA}{HE}$$

$$\Rightarrow\frac{GA}{HD}=\frac{FA}{HE}\Rightarrow\frac{HE}{HD}=\frac{AF}{GA}$$

易知，$\triangle AGO_C \backsim \triangle AFO_B \Rightarrow \dfrac{AF}{AG}=\dfrac{AO_B}{AO_C}$.

故
$$\frac{HE}{DH}=\frac{AO_B}{AO_C}\Rightarrow O_CD\ /\!/\ AH\ /\!/\ O_BE$$
$$\Rightarrow AH\perp BC\Rightarrow AP\perp BC$$

定理9 如图1.173，已知$\triangle ABC$的B—旁切圆圆O_B、C—旁切圆圆O_C分别与直线BC切于点E，D，圆O_B与AC切于点F，圆O_C与AB切于点G，CG，BF的延长线分别与圆O_C，圆O_B交于点S，T，直线SD与TE交于点U. 则$AU\perp BC$.

证明 如图1.173，设圆O_B，圆O_C分别与BA，CA的延长切于点K，L，直线DL与EK交于点M，延长DG，EF交于点P.

根据定理7，8知M，A，P三点共线，且$AP\perp BC$.

设AP与BC交于点H.

易知，四边形$GDSL$为调和四边形，DU，DM，DP，DH为调和线束.

类似地，EU，EM，EP，EH也为调和线束.

于是，点U必在直线AP上，即$AU\perp BC$.

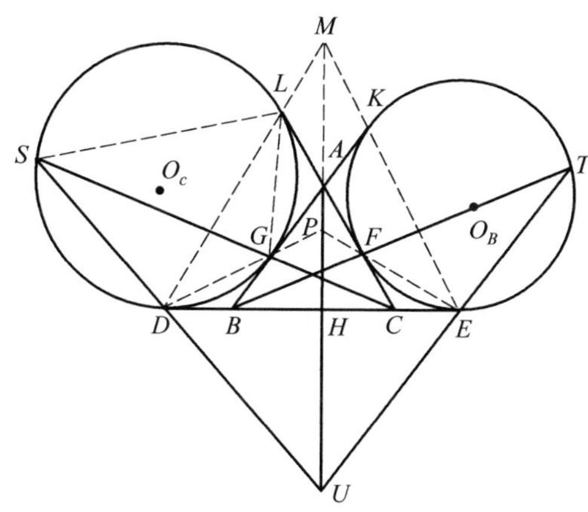

图1.173

定理10 如图1.174，O_B，O_C分别为$\triangle ABC$的B—旁切圆、C—旁切圆的圆心，$\triangle ABC$的内切圆圆I分别与直线AB，AC切于点F，E，O_CE与O_BF交于点P. 则：$PI\perp BC$.

证明 如图1.174，联结O_BO_C，O_BC，O_CB.

易知，O_BO_C过点A.

设圆I与边BC切于点D，联结DE，DF，DE与CI，DF与BI分别交于点N，M.

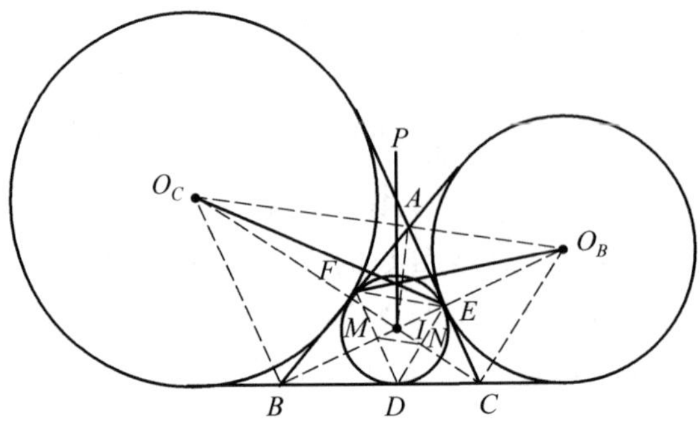

图 1.174

易知,M,N 分别为 DF,DE 的中点.

故 $MN // EF$.

因为 $AI \perp O_BO_C, AI \perp EF$,所以

$$EF // O_BO_C$$

由 $\angle O_BCO_C = \angle O_BBO_C = 90^\circ$,知 O_B, C, B, O_C 四点共圆. 于是

$$\angle O_CO_BB = \angle BCO_C = \frac{1}{2}\angle ACB = \angle IDE$$

$$\angle O_BO_CC = \angle CBO_B = \frac{1}{2}\angle ABC = \angle IDF$$

则

$$\frac{\sin\angle PDF}{\sin\angle PDE} = \frac{PF}{PE} \cdot \frac{\sin\angle PFD}{\sin\angle PED} =$$

$$\frac{O_BF}{O_CE} \cdot \frac{\sin\angle PFD}{\sin\angle PED} = \frac{O_BM}{O_CN} = \frac{O_BB}{O_CC} =$$

$$\frac{\sin\angle CO_CO_B}{\sin\angle BO_BO_C} = \frac{\sin\angle IDF}{\sin\angle IDE}$$

计算知 $\angle PDF = \angle IDF$.

从而,P,I,D 三点共线,即 $PI \perp BC$.

定理 11 如图 1.175,在 $\triangle ABC$ 的 A— 旁切圆、B— 旁切圆、C— 旁切圆中,圆 O_B,圆 O_C 分别与直线 BC 切于点 E,D,圆 O_A 与 AB,AC 的延长线分别切于点 H,I,直线 O_CH 与 O_BI 交于点 G. 则:$GO_A \perp BC$.

证明 如图 1.175,联结 O_BO_C, O_CO_A, O_BO_A.

易知,O_BO_C 过点 A.

设圆 O_A 与边 BC 切于点 F,联结 HF,IF.

设 HF 与 O_CO_A,IF 与 O_BO_A 分别交于点 M,N.

易知,M,N 分别为 HF,FI 的中点.

故 $MN // HI$.

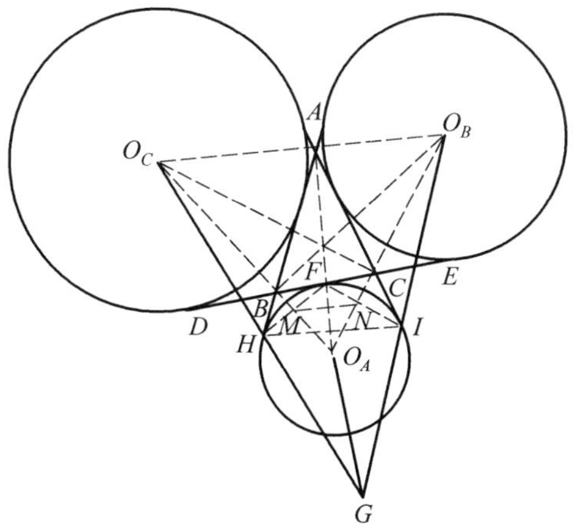

图 1.175

因为 $AO_A \perp O_BO_C$，$AO_A \perp HI$，所以

$$HI \parallel O_BO_C$$

由 $\angle O_BCO_C = \angle O_BBO_C = 90^\circ$，知 O_B, C, B, O_C 四点共圆. 于是

$$\angle O_CO_BC = \angle O_ABC = \angle HFO_A$$

$$\angle O_BO_CB = \angle BCO_A = \angle IFO_A$$

故

$$\frac{\sin\angle GFH}{\sin\angle GFI} = \frac{GH\sin\angle FHG}{GI\sin\angle FIG} =$$

$$\frac{GH}{GI} \cdot \frac{\sin\angle O_CHM}{\sin\angle O_BIN} = \frac{GO_C}{GO_B} \cdot \frac{\sin\angle O_CHM}{\sin\angle O_BIN} =$$

$$\frac{HO_C\sin\angle O_CHM}{IO_B\sin\angle O_BIN} = \frac{O_CM}{O_BN} = \frac{O_CO_A}{O_BO_A} =$$

$$\frac{\sin\angle O_CO_BO_A}{\sin\angle O_BO_CO_A} = \frac{\sin\angle O_AFH}{\sin\angle O_AFI}$$

计算知 $\angle GFH = \angle O_AFH$.

从而，G, O_A, F 三点共线，即 $GO_A \perp BC$.

定理 12 如图 1.176，在 $\triangle ABC$ 的 A— 旁切圆、B— 旁切圆、C— 旁切圆中，圆 O_C，圆 O_B 分别与直线 BC 切于点 D, E，圆 O_A 与 AB, AC 的延长线切于点 G, H，直线 DG 与 HE 交于点 J. 则：$AJ \perp BC$.

证明 如图 1.176，设 AJ 与 BC 交于点 P.

由梅涅劳斯定理得

$$\frac{AJ}{JP} \cdot \frac{PD}{DB} \cdot \frac{BG}{GA} = 1, \frac{AJ}{JP} \cdot \frac{PE}{EC} \cdot \frac{CH}{HA} = 1$$

结合 $DB = EC$，$AG = AH$，得

$$PD \cdot GB = PE \cdot CH \quad ①$$

设圆 O_B 与 BA 切于点 X，圆 O_C 与 CA 切于点 Y. 联结 O_BX，O_BE，O_CY，O_CD.

由式 ① 知

$$\frac{PD}{PE}=\frac{CH}{GB}=\frac{AY}{AX}=\frac{AO_C}{AO_B}$$

$$\Rightarrow O_CD \parallel AP \parallel O_BE$$

故 $AP \perp BC$，即 $AJ \perp BC$.

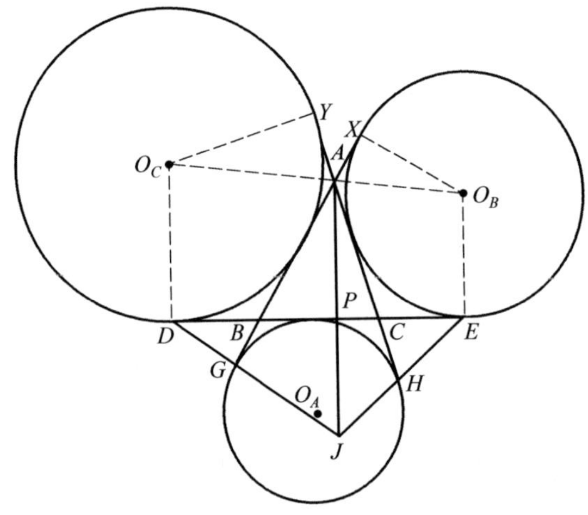

图 1.176

定理 13 如图 1.177，O_B，O_C 分别为 $\triangle ABC$ 的 B—旁切圆、C—旁切圆的圆心，I 为 $\triangle ABC$ 的内心，圆 O_B 与 BA 切于点 F，圆 O_C 与 CA 切于点 G，延长 O_CG 与 O_BF 交于点 P. 证明：$PI \perp BC$.

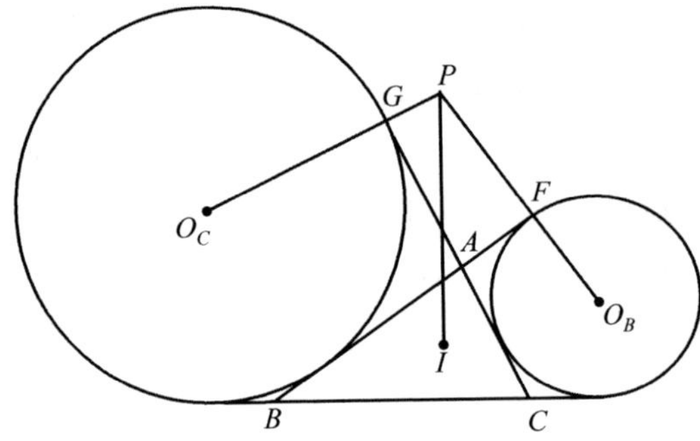

图 1.177

证明　设 P 为 $\triangle O_CO_BI$ 的外心，O_C，O_B，B，C 四点共圆，则

$$\angle PIO_C+\angle ICB=$$
$$90^\circ-\angle O_CO_BI+\angle ICB=$$
$$90^\circ-\frac{1}{2}\angle ACB+\frac{1}{2}\angle ACB=90^\circ$$

定理 14　如图 1.178，已知 $\triangle ABC$ 的 B— 旁切圆圆 O_B、C— 旁切圆圆 O_C 分别与直线 BC 切于点 E，D，$\triangle ABC$ 的内切圆圆 I 分别与 AC，AB 切于 G，F，DF，EG 的延长线交于点 P，延长 AP，与 BC 交于点 T，在 BC 上取点 H，使得 $BT=CH$. 证明：$AH\perp BC$.

证明　由梅涅劳斯定理得

$$\frac{AP}{PT}\cdot\frac{TD}{DB}\cdot\frac{BF}{FA}=1,\frac{AP}{PT}\cdot\frac{TE}{EC}\cdot\frac{CG}{AG}=1$$
$$\Rightarrow\frac{EH}{DH}=\frac{DT}{TE}=\frac{CG}{BF}=\frac{AO_C}{AO_B}$$
$$\Rightarrow O_CD\parallel AH\parallel O_BE$$
$$\Rightarrow AH\perp BC$$

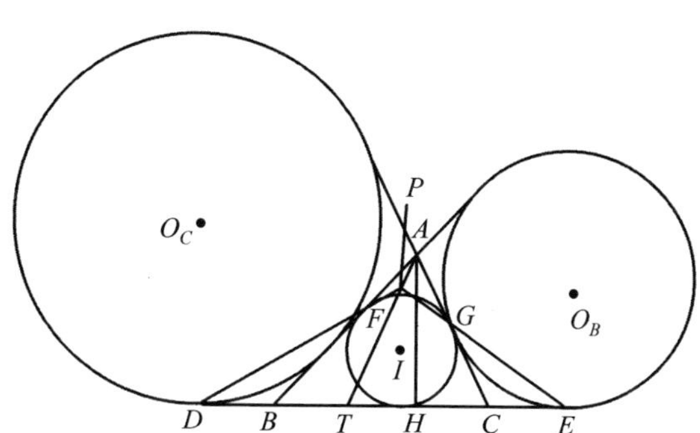

图 1.178

定理 15　如图 1.179，在 $\triangle ABC$ 的 A— 旁切圆、B— 旁切圆、C— 旁切圆中，圆 O_C，圆 O_B 与直线 BC 切于点 D，E，圆 O_A，圆 O_B 与直线 AB 切于点 H，F，圆 O_A，圆 O_C 与直线 AC 切于点 I，G，直线 HI 分别与直线 DG，EF 交于点 S，T，M 为 ST 的中点，$\triangle AGF$ 的垂心为 N. 则：$NM\perp ST$.

证明　设直线 SB 与 TC 交于点 P，则 P 为 $\triangle ABC$ 的垂心. 记圆 ABC 表示 $\triangle ABC$ 的外接圆.

设圆 AFG 与圆 ABC 交于点 Z，圆 AFG，圆 ABC 的圆心分别为 W，O.

则

$$\begin{aligned}&WZ \parallel AN, OZ \parallel PA\\&\Rightarrow \triangle WZO \backsim \triangle NAP\\&\Rightarrow NP \perp O_CO_B, PS = PT\\&\Rightarrow PM \perp ST \Rightarrow O_CO_B \parallel ST \Rightarrow NP \perp ST\\&\Rightarrow \text{点 } P \text{ 在 } MN \text{ 上} \Rightarrow NM \perp ST\end{aligned}$$

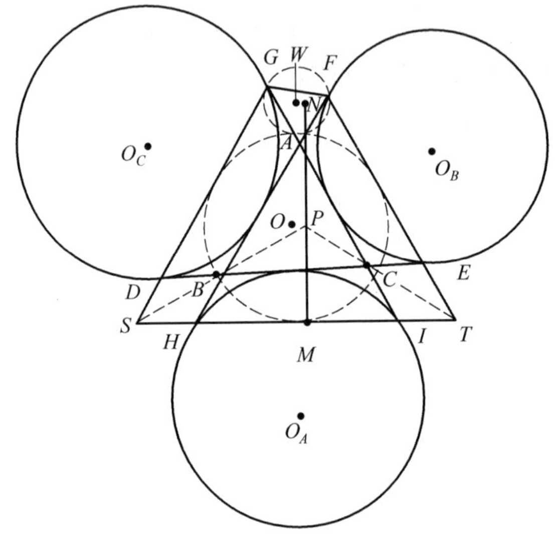

图 1.179

❖三角形内切圆与旁切圆转换原理

三角形内切圆与旁切圆转换原理①　设 r,r_1,r_2,r_3 分别为三角形的内切圆、旁切圆的半径,a_1,a_2,a_3 为三边的长,用 l_1,l_2,l_3 表示内角平分线的长,$\lambda_1,\lambda_2,\lambda_3$ 表示外角平分线的长,等等,则可在任意一个三角形的公式中,作如下代换得到正确的公式.

① R.A.约翰逊.近代欧氏几何学[M].上海:上海教育出版社,2000:167.

a_1	a_2	a_3	p	$p-a_1$	$p-a_2$	$p-a_3$	用
a_1	$-a_2$	$-a_3$	$-(p-a_1)$	$-p$	$p-a_3$	$p-a_2$	取代
		r	r_1	r_2	r_3	R	用
		r_1	r	$-r_3$	$-r_2$	$-R$	取代
	l_1	l_2	l_3	λ_1	λ_2	λ_3	用
	$-l_1$	$-\lambda_2$	$-\lambda_3$	$-\lambda_1$	$-l_2$	$-l_3$	取代

注　未列入的量可作类似的说明，其中 $p=\frac{1}{2}(a_1+a_2+a_3)$.

❖三角形九点圆定理

九点圆定理　三角形三条高的垂足、三边的中点，以及垂心与顶点的三条连线段的中点，这九点共圆.

如图 1.180，设 $\triangle ABC$ 三条高 AD,BE,CF 的垂足分别为 D,E,F；三边 BC,CA,AB 的中点分别为 L,M,N；又 AH,BH,CH 的中点分别为 P,Q,R. 求证：D,E,F,L,M,N,P,Q,R 九点共圆.

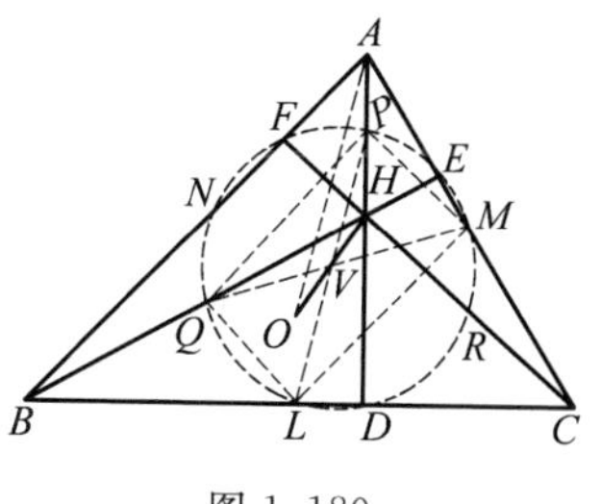

图 1.180

证法 1　联结 PQ,QL,LM,MP，则知 $LM \mathrel{\underline{\parallel}} \frac{1}{2}BA \mathrel{\underline{\parallel}} QP$，即知 $LMPQ$ 为平行四边形. 又 $LQ \parallel CH$，$CH \perp BA$，$BA \parallel LM$，知 $LMPQ$ 为矩形. 从而 L,M,P,Q 四点共圆，且圆心 V 为 PL 与 QM 的交点. 同理，$MNQR$ 为矩形，从而 L,M,N,P,Q,R 六点共圆，且 PL,QM,NR 均为这个圆的直径.

由 $\angle PDL=\angle QEM=\angle RFN=90^\circ$，知 D,E,F 三点也在这个圆上，故 D,E,F,L,M,N,P,Q,R 九点共圆.

证法 2　设 $\triangle ABC$ 的外心为 O，取 OH 的中点并记为 V，联结 AO，以 V 为圆心，$\frac{1}{2}AO$ 为半径作圆 V，如图 1.129 所示.

由 $VP \mathrel{\underline{\parallel}} \frac{1}{2}OA$，知 P 在圆 V 上. 同理，Q,R 也在圆 V 上.

由 $OL \mathrel{\underline{\parallel}} \frac{1}{2}AH$（可由延长 AO 交 $\triangle ABC$ 的外接圆于 K，得 $HBKC$ 为平行四边形，此时 L 为 KH 的中点，则 OL 为 $\triangle AKH$ 的中位线即得），知 $OL \mathrel{\underline{\parallel}} PH$.

又 $OV=VH$，知 $\triangle OLV\cong\triangle HPV$，从而 $VL=VP=\frac{1}{2}OA$，且 L,V,P 共线，故 L 在圆 V 上.

同理，M,N 在圆 V 上.

由 L,V,P 共线知 LP 为圆 V 的一条直径.

又 $\angle LDP=90^\circ$，$\angle MEQ=90^\circ$，$\angle NFR=90^\circ$，知 D,E,F 在圆 V 上.

故 D,E,F,L,M,N,P,Q,R 九点共圆.

注 九点圆定理的其他证法可参见作者另著《平面几何范例多解探究》(上篇)(哈尔滨工业大学出版社，2018).

九点圆是几何中一著名的问题.据载在英国1804年的一种杂志上，贝宛提出过这个问题.其实，欧拉早在1765年就证明了“垂三角形和中位三角形有同一外接圆”，所以有时人们常把这个定理归功于欧拉，并称该圆为“欧拉圆”.九点圆的第一个完整的证明是庞斯莱在1821年发表的，所以应称该圆为“庞斯莱圆”.1822年，费尔巴哈在他的论文里也给出证明，还添进很多出人意料的性质，以致后人常把九点圆叫作“费尔巴哈圆”.

由上述定理及其证明，我们可得如下一系列推论：

推论1 $\triangle ABC$ 九点圆的圆心是其外心与垂心所连线段的中点，九点圆的半径是 $\triangle ABC$ 的外接圆半径的 $\frac{1}{2}$.

注意到 $\triangle PQR$ 与 $\triangle ABC$ 是以垂心 H 为外位似中心的位似形，位似比是 $\frac{HP}{HA}=\frac{1}{2}$，因此，可得

推论2 三角形的九点圆与其外接圆是以三角形的垂心为外位似中心，位似比是 $\frac{1}{2}$ 的位似形；垂心与三角形外接圆上任一点的连线段被九点圆截成相等的两部分.

注意到欧拉定理(欧拉线)，又可得

推论3 $\triangle ABC$ 的外心 O，重心 G，九点圆圆心 V，垂心 H，这四点(心)共线，且 $\frac{OG}{GH}=\frac{1}{2}$，$\frac{GV}{VH}=\frac{1}{3}$，或 O 和 V 对于 G 和 H 是调和共轭的，即 $\frac{OG}{GV}=\frac{OH}{HV}$.

推论4 $\triangle ABC$ 的九点圆与 $\triangle ABC$ 的外接圆又是以 $\triangle ABC$ 的重心 G 为内位似中心，位似比为 $\frac{1}{2}$ 的位似形.

事实上，因 G 为两相似三角形 $\triangle LMN$ 与 $\triangle ABC$ 的相似中心，而 $\triangle LMN$ 的外接圆即 $\triangle ABC$ 的九点圆.

推论 5 一垂心组的四个三角形有一个公共的九点圆；已知圆以已知点为垂心的所有内接三角形有共同的九点圆.

推论 6 垂心组的四点为三角形顶点的四个三角形的外心，另成一垂心组，此垂心组各点与已知垂心组各点关于九点圆圆心 V 对称.

事实上，设 D,E,F,H 为已知垂心组，由 D 为 $\triangle HEF$ 的垂心，知 $\triangle HEF$ 的外心 O_D 与 D 关于 V 对称.

同理 $\triangle HFD,\triangle HDE,\triangle DEF$ 的外心 O_E,O_F,O_H 与 E,F,H 关于 V 对称.

推论 7 三角形的垂心组与其外心的垂心组有同一九点圆.

推论 8 垂心组的四点为顶点的四个三角形的重心另成一垂心组，此二组之形关于九点圆圆心相位似.

事实上，设 A,B,C,H 为已知垂心组，它的九点圆为圆 V，$\triangle ABC,\triangle HBC$，$\triangle HCA,\triangle HAB$ 的垂心分别为 G_H,G_A,G_B,G_C.

可推知 $\dfrac{HV}{VG_H}=3,\dfrac{AV}{VG_A}=\dfrac{BV}{VG_B}=\dfrac{CV}{VG_C}=3$，则 H,A,B,C 与 G_H,G_A,G_B,G_C 组成的图形相位似，且位似比 $\dfrac{VH}{VG_H}=-3$.

推论 9 三角形的九点圆在三边及三高上所截前三弦构成的三角形的垂心到顶点的距离分别等于后三弦.

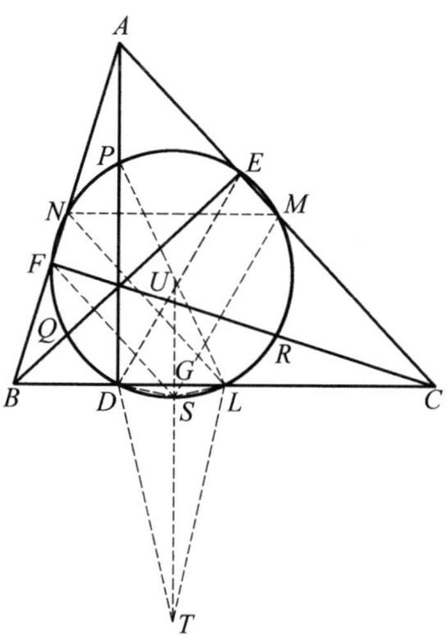

图 1.181

证明 图 1.181 中 $\triangle ABC$ 三边的中点和高的垂足分别为 $L,M,N;D,E,F$. 又它的九点圆交 AD,BE,CF 于 P,Q,R. 求证：以三边上所截弦 EM,DL,FN 作为边的三角形的垂心到各自顶点的距离分别等于 DP,EQ,FP.

联结 ED,NL,MN，又作 $MS\parallel ED$，$FS\parallel NL$. 二者交于 S，那么 ED,NL 所夹角 $=\angle MSF=\angle DEC=\angle DBA=\angle MNF$. 这说明 S 在九点圆上. 于是 $DS=EM$，$SL=FN$，那么 $\triangle DLS$ 就是用前三弦 DL，EM,FN 构成的三角形. 我们设它的垂心为 T，又作 $UG\perp LD$. 从九点圆直径 PUL，可知 $TS=2GU=DP$. 同理证 $TL=EQ,TD=FR$，命题获证.

推论 10 三角形的九点圆在三边上所截线段以及外心到三边距离，共六条线段，它们能构成一个内接于圆的四边形.

证明 图 1.182 中 $\triangle ABC$ 的外心为 O，垂心为 H. 命题是说九点圆在三边

上所截三弦 DL, EM, FN 与 OL, OM, ON 共六线段可以构成内接于圆的四边形，其中 OL, DL 为对角线，而其余四线段则为四边. 联结 RS, RL, RP. 由于同圆二平行线截弦成等腰梯形；又直角三角形斜边中点到直角顶点距离等于斜边之半；又三角形外心与边的距离等于对顶点到垂心距离之半这三个性质. 当引 $RP // AC // LN // FS$，可得相等线段：$RS = FP = \frac{1}{2}AH = OL$, $RL = \frac{1}{2}BH = OM$，又 $RD = \frac{1}{2}CH = ON$. 而 D, L, R 是九点圆中三点，S 在推论 9 证明中已知是九点圆上的点，又 $\triangle DLS$ 三边是“前三弦”构成的三角形，因此四边形 D, S, L, R 四点又共圆. 从而四边形 $DSLR$ 满足命题的结论.

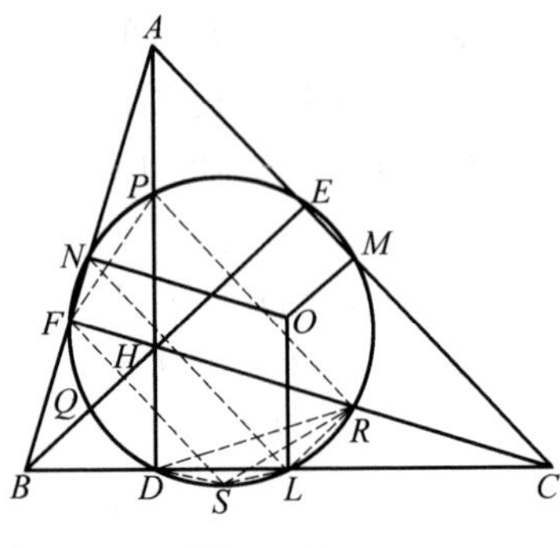

图 1.182

注 下面再给出九点圆的九点中三个高的垂足点三角形的几个结论：

结论 1 若 $\triangle DEF$ 是非直角 $\triangle ABC$ 的垂足三角形，$\triangle ABC$ 的外接圆半径是 R，面积为 S，$\triangle DEF$ 的外接圆半径是 R_0，则有

$$R_0 = \frac{1}{2}R$$

这显然就是前面的推论 1.

结论 2 若 $\triangle DEF$ 是非直角 $\triangle ABC$ 的垂足三角形，$\triangle ABC$ 的外接圆半径是 R，面积是 $S_\triangle$，$\triangle DEF$ 的外接圆半径是 R_0，则有

$$RR_0 \geqslant \frac{2\sqrt{3}}{9}S_\triangle$$

证明 设 p 为 $\triangle ABC$ 的半周长，由熟知的不等式 $2p \leqslant 3\sqrt{3}R$ 可知

$$PR_0 = \frac{1}{2}R^2 = \frac{3\sqrt{3}R}{6\sqrt{3}}R \geqslant$$

$$\frac{2p}{6\sqrt{3}} \cdot 2r = \frac{2\sqrt{3}S_\triangle}{9}$$

结论 3① 设 $\triangle ABC$ 的三边长为 a, b, c，垂足 $\triangle DEF$ 的三边 $EF = d$, $FD = e$, $DE = f$，则

$$def \leqslant \frac{1}{8}abc$$

证明 记 $\angle DFE$, $\angle FED$, $\angle EDF$ 为 $\angle F$, $\angle E$, $\angle D$，由图 183 可知

① 段惠民，陈建武. 垂足三角形的两个性质[J]. 中学数学，2005(2)：46.

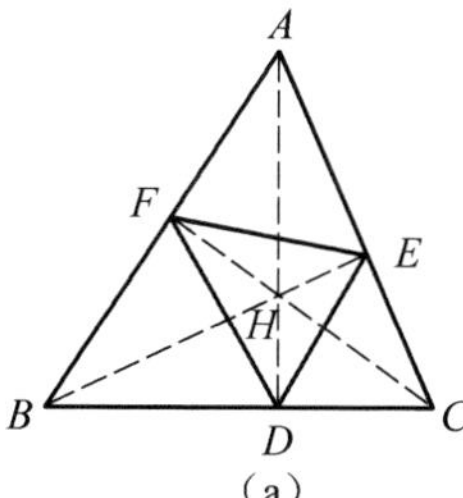

(a)

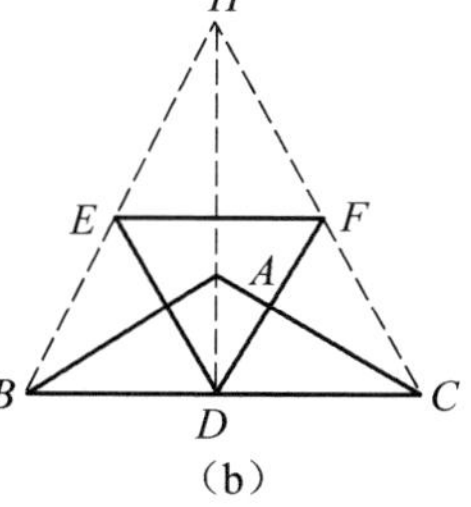

(b)

图 1.183

$$c=\frac{DE}{\cos C}=\frac{f}{\cos C}$$

$$\cos C=\sin\frac{1}{2}\angle DFE=\sin\frac{1}{2}\angle F$$

故
$$c=\frac{f}{\sin\frac{1}{2}\angle F}$$

同理
$$b=\frac{e}{\sin\frac{1}{2}\angle E},a=\frac{d}{\sin\frac{1}{2}\angle D}$$

$$abc=\frac{def}{\sin\frac{1}{2}\angle D\cdot\sin\frac{1}{2}\angle E\cdot\sin\frac{1}{2}\angle F}$$

又
$$\sin\frac{1}{2}\angle D\sin\frac{1}{2}\angle E\sin\frac{1}{2}\angle F\leqslant\frac{1}{8}$$

故 $def\leqslant\frac{1}{8}abc$(等式当且仅当 $\triangle ABC$ 为正三角形或顶角为 120° 的等腰三角形时成立).

结论 4 设非直角 $\triangle ABC$ 的面积为 $S_\triangle$,外接圆半径为 R,其余条件同结论 3,则:

(1)$\triangle ABC$ 是锐角三角形时

$$d+e+f=\frac{2S_\triangle}{R}$$

(2)$\triangle ABC$ 是以 A 为钝角的钝角三角形时

$$d+e+f=\frac{2S_\triangle}{R}-2a\cos A$$

证明 (1)$\triangle ABC$ 是锐角三角形时,如图 1.183(a) 所示.

$$S_\triangle=S_{\triangle BHC}+S_{\triangle CHA}+S_{\triangle AHB}=$$
$$\frac{1}{2}(a\cdot DP+b\cdot EP+c\cdot FP)$$

记
$$s_0=\frac{1}{2}(d+e+f)$$

又 H 为 $\triangle DEF$ 的内心,则

$$DH=\frac{s_0-EF}{\cos\frac{1}{2}\angle D}=\frac{s_0-d}{\cos\frac{1}{2}\angle D}$$

$$EH=\frac{s_0-e}{\cos\frac{1}{2}\angle E},FP=\frac{s_0-f}{\cos\frac{1}{2}\angle F}$$

$$S_\triangle=\frac{1}{2}\left(\frac{d}{\sin\frac{1}{2}\angle D}\cdot\frac{s_0-d}{\cos\frac{1}{2}\angle D}+\frac{e}{\sin\frac{1}{2}\angle E}\right)\cdot$$

$$\left(\frac{s_0-e}{\cos\frac{1}{2}\angle E}+\frac{f}{\sin\frac{1}{2}\angle F}\cdot\frac{s_0-f}{\cos\frac{1}{2}\angle F}\right)=$$

$$\frac{d}{\sin\angle D}\cdot(s_0-d)+\frac{e}{\sin\angle E}\cdot(s_0-e)+$$

$$\frac{f}{\sin\angle F}\cdot(s_0-f)=$$

$$2R_0(3s_0-d-e-f)=2R_0\cdot s_0=Rs_0$$

其中 R_0 为 $\triangle DEF$ 外接圆半径.

故
$$d+e+f=\frac{2S_\triangle}{R}$$

(2)$\triangle ABC$ 是以 A 为钝角的三角形时,如图 1.183(b) 所示

$$S_\triangle=S_{\triangle HBC}-S_{\triangle AHC}-S_{\triangle AHB}=$$

$$\frac{1}{2}(a\cdot DP-PC\cdot AF-BP\cdot AE)=$$

$$\frac{1}{2}(a\cdot AD+a\cdot AP-PC\cdot AF-BP\cdot AE)$$

$$AH=\frac{EF}{\sin\angle BHC}=\frac{EF}{\sin\angle EDB}=\frac{EF}{\cos\angle EDH}=$$

$$\frac{d}{\cos\frac{1}{2}\angle D}$$

$$\frac{HC}{ED}=\frac{BH}{BD}=\frac{1}{\cos\angle HBD}=\frac{1}{\cos\angle DFC}=$$

$$\frac{1}{\sin\angle DFB}=\frac{1}{\sin\frac{1}{2}\angle F}$$

故
$$HC=\frac{ED}{\sin\frac{1}{2}\angle F}$$

同理
$$PB=\frac{e}{\sin\frac{1}{2}\angle E}$$

$$S_\triangle=\frac{1}{2}\left(\frac{d}{\sin\frac{1}{2}\angle D}\cdot\frac{s_0-d}{\cos\frac{1}{2}\angle D}+\frac{d}{\sin\frac{1}{2}\angle D}\cdot\right.$$

$$\frac{d}{\cos\frac{1}{2}\angle D}-\frac{f}{\sin\frac{1}{2}\angle F}\cdot\frac{s_0-f}{\cos\frac{1}{2}\angle F}-$$

$$\left.\frac{e}{\sin\frac{1}{2}\angle E}\cdot\frac{s_0-e}{\cos\frac{1}{2}\angle E}\right)=$$

$$\frac{d}{\sin\angle D}\cdot(s_0-d)+\frac{d^2}{\sin\angle D}-$$

$$\frac{f}{\sin\angle F}\cdot(s_0-f)-\frac{e}{\sin\angle E}(s_0-e)=$$

$$2R_0[s_0-d+d-(s_0-f)-(s_0-e)]=$$

$$R(e+f-s_0)=R(s_0-d)$$

又

$$\frac{EF}{BC}=\frac{HF}{HB}=\cos\angle BHF=$$

$$-\cos\angle EAF=-\cos A$$

从而

$$d=-a\cos A$$

$$S_\triangle=R\cdot(s_0+a\cos A)$$

即

$$s_0+a\cos A=\frac{S_\triangle}{R}$$

故

$$d+e+f=\frac{2S_\triangle}{R}-2a\cos A$$

❖九点圆定理的推广

九点圆定理有如后推广的结论,先看一个结论①:

结论 已知 $\triangle ABC$ 的外心为 O,A',B',C' 分别为边 BC,CA,AB 上的点,且满足 $\triangle AB'C'$,$\triangle BC'A'$,$\triangle CA'B'$ 的外接圆均过点 O,以 B' 为圆心、$B'C$ 为半径的圆和以 C' 为圆心、$C'B$ 为半径的圆的根轴为 l_a,类似地定义 l_b,l_c.则直线 l_a,l_b,l_c 交出的三角形与 $\triangle ABC$ 有公共的垂心.

证明 设 $\triangle AB'C'$,$\triangle BC'A'$,$\triangle CA'B'$ 的外接圆分别为圆 O_1,圆 O_2,圆 O_3.设 D 为圆 O_1 与圆 O 的不同于 A 的交点,辅助线如图 1.184.

由 $\angle DC'A=\angle DOA=2\angle DBC'$,知

$$DC'=BC'$$

同理

$$DB'=B'C$$

故 D 是以 B' 为圆心、$B'C$ 为半径的圆和以 C' 为圆心、$C'B$ 为半径的圆的一

① 刘伟仪.从一道数学奥林匹克题到九点圆的推广[J].中等数学,2013(9):14-16.

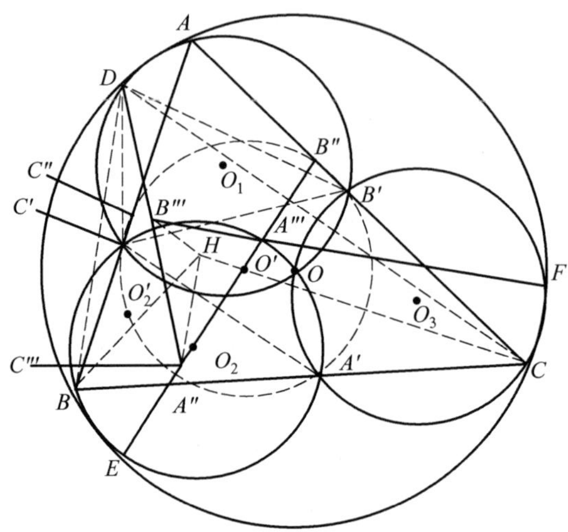

图 1.184

个交点.设另一交点为 A''.

由
$$\angle DA''B+\angle DA''C=$$
$$\frac{1}{2}\angle DC'B+180^\circ-\frac{1}{2}\angle DB'C=180^\circ$$

$\Rightarrow B,A'',C$ 三点共线

$\Rightarrow$ 点 A'' 在边 BC 上

$\Rightarrow l_a$ 即为 DA''

设直线 l_a,l_b,l_c 交出 $\triangle A'''B'''C'''$.

由根轴性质知
$$A'B'\perp l_c,A'C'\perp l_b,C'B'\perp l_a$$
故 $\triangle A'''B'''C'''\backsim\triangle ABC$.

因为 $B'C''=B'A,C'B''=C'A$,所以
$$\angle B'C''A=\angle A=\angle C'B''A$$

于是,B',B'',C'',C' 四点共圆.

同理,$A',A'',B'',B',A',A'',C',C''$ 均分别四点共圆.

注意到,AB,AC,BC 为三圆根轴,由根心定理知三圆必重合为同一圆,即 A',A'',B',B'',C',C'' 六点共圆.

最后证明:圆 O'_1(过点 A,B'',C''),圆 O'_2(过点 B,A'',C'')、圆 O'_3(过点 C,A'',B'')三圆共点于 H($\triangle ABC$ 的垂心).如图 1.185.

由密克尔定理,不妨设圆 O'_1,圆 O'_2,圆 O'_3 过点 H'.则
$$\angle BHC=\angle BHA''+\angle A''HC=$$

$$\angle BC''A'' + \angle A''B''C =$$
$$\angle BA'C' + \angle B'A'C =$$
$$\angle ABC + \angle ACB =$$
$$\angle 180^\circ - \angle BAC$$

同理，$\angle AHB = 180^\circ - \angle ACB$.

由同一法知 H' 即为 H.

同时，由 B, B''', C'', A'' 四点共圆知圆 O'_1 还经过点 B'''.

故 $\triangle HB'''C''' \backsim \triangle HBC$（如图 1.184）.

实际上是一个位似旋转变换. 在以点 H 为位似中心的位似旋转变换下，$\triangle ABC$ 变为 $\triangle A'''B'''C'''$.

从而，l_a, l_b, l_c 交出的三角形与 $\triangle ABC$ 有公共的垂心. 原题得证.

注 (1) 在图 1.184 中，由正弦定理易知圆 O_1，圆 O_2，圆 O_3 为等圆.

(2) 在图 1.185 中

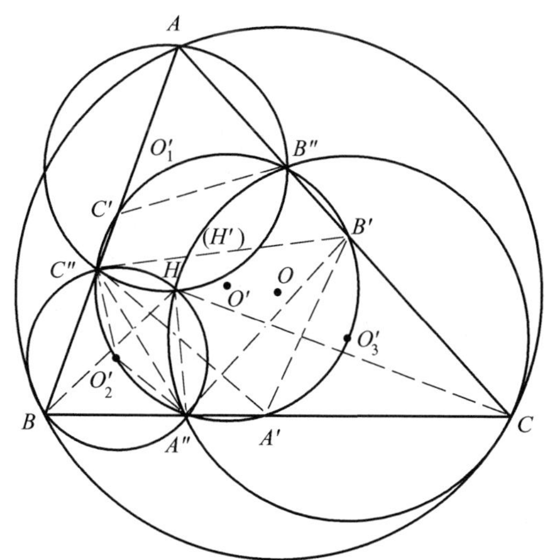

图 1.185

$$\angle C''O'_2A'' = 2\angle C''BA'',$$

$$\angle C''B'A'' = 180^\circ - \angle AB'C'' - \angle A''B'C =$$
$$180^\circ - (180^\circ - 2\angle BAC) - (180^\circ - 2\angle ACB) =$$
$$180^\circ - 2\angle ABC$$

则 $\angle C''B'A'' + \angle C''O'_2A'' = 180^\circ$，故点 O'_2 在圆 O' 上.

(3) 此结论即为 2012 年第 29 届伊朗数学奥林匹克试题.

接下来的定理将说明，圆 O' 确实有着与九点圆类似的性质.

定理1 已知$\triangle ABC$,点D,E,F分别在边BC,CA,AB上使得$\triangle AEF$,$\triangle BFD$,$\triangle CDE$的外接圆(分别为圆O_1,圆O_2,圆O_3)过点J($\triangle ABC$内任意一点),$\triangle DEF$的外接圆圆O与边BC,CA,AB分别交于点G,H,I(分别与D,E,F不同),$\triangle AHI$,$\triangle BIG$,$\triangle CGH$的外接圆(分别为圆O'_1,圆O'_2,圆O'_3)过点K.记圆O_1与圆O'_1,圆O_2与圆O'_2,圆O_3与圆O'_3分别交于点L,M,N.则:

(1)AL,BM,CN三线共点于P,且点P,M,L,K,O,J,N七点共圆于圆O';

(2)$OK=OJ$.

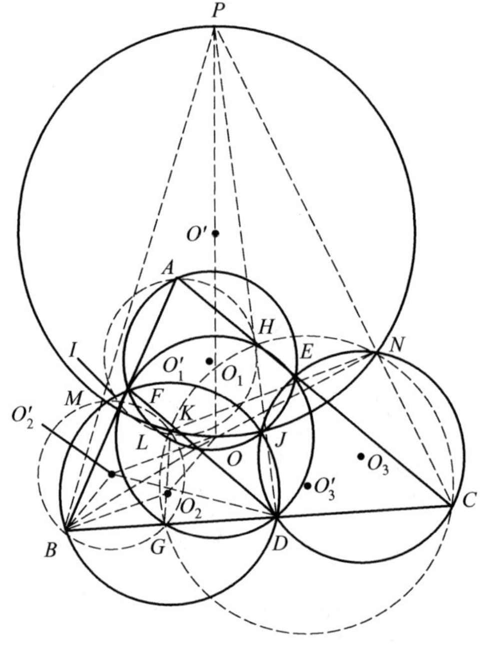

图 1.186

证明 (1)作辅助线如图1.186所示.设BM与CN交于点P.

首先证明:四边形OO'_2BO_2为平行四边形.

事实上,由于$OO_2\perp DF$,则只需证明$BO'_2\perp DF$($BO'_2 /\!/ OO_2$),即可由对称性推出$OO'_2 /\!/ BO_2$.

从而,四边形OO'_2BO_2为平行四边形.

其次证明:$BO'_2\perp DF$.

在共外接圆的$\triangle BO'_2I$与$\triangle BO'_2G$中,由

$$\frac{BI}{\cos\angle IBO'_2}=\frac{BG}{\cos\angle O'_2BG}$$

且 $BI \cdot BF = BG \cdot BD$,得

$$BF\cos\angle IBO'_2 = BD\cos\angle O'_2BG$$

即 $BO'_2 \perp DF$.

因为 $O_2O'_2$ 平分 OB 与 MB,且 $O_2O'_2 \perp BM$,所以

$$OM \perp PM$$

同理,$ON \perp PN$.

故 P,M,O,N 四点共圆,且

$$\angle MON = 180^\circ - \angle MPN$$

则

$$\begin{aligned}\angle MKN = 360^\circ - \angle MKG - \angle NKG = \\ 360^\circ - (180^\circ - \angle PBC) - (180^\circ - \angle PCB) = \\ 180^\circ - \angle BPC = \\ 180^\circ - \angle MPN\end{aligned}$$

于是,P,M,K,O,N 五点共圆.

同理,点 J 亦在该圆上.此圆即为 $\triangle OKJ$ 的外接圆圆 O'.

同理,AL,BM,CN 三线共点于 P,且点 P,M,L,K,O,J,N 七点共圆于圆 O'.

(2) 先证一个引理.

引理 K,J 为 $\triangle ABC$ 内一对等角共轭点.

证明 同一法.

不妨设点 K 的等角共轭点为 K'.则

$$\angle BAK + \angle BAK' = \angle BAC$$

$$\angle BCK + \angle BCK' = \angle BCA$$

$$\begin{aligned}\angle AKC + \angle AK'C = \\ (\angle ABC + \angle BAK + \angle BCK) + \\ (\angle ABC + \angle BAK' + \angle BCK') = \\ 180^\circ + \angle ABC\end{aligned}$$

由

$$\begin{aligned}\angle AKC = \angle AKH + \angle CKH = \\ \angle AIH + \angle HGC = \\ \angle AEF + \angle DEC\end{aligned}$$

$$\begin{aligned}\angle AJC = \angle AJE + \angle CJE = \\ \angle AFE + \angle EDC\end{aligned}$$

得

$$\begin{aligned}\angle AKC + \angle AJC = \\ \angle AEF + \angle DEC + \angle AFE + \angle EDC =\end{aligned}$$

$$180^\circ - \angle BAC + 180^\circ - \angle BCA =$$
$$180^\circ + \angle ABC$$

因此
$$\angle AK'C = \angle AJC$$

同理
$$\angle AK'B = \angle AJB$$
$$\angle CK'B = \angle CJB$$

故点 J 就是 K'，即 K,J 为 $\triangle ABC$ 内一对等角共轭点.

回到原题.

由题设知点 K,J 在以 OP 为直径的圆 O' 上，故只需证明 $\angle POK = \angle POJ$，即可得

$$OK = OJ$$

注意到

$$\angle POK = \angle KLB = \angle KIB$$
$$\angle POJ = \angle CNJ = \angle CEJ$$
$$\angle AKI = \angle AHI = \angle AFE = \angle AJE$$

又由引理知 $\angle KAI = \angle JAE$，从而

$$\angle AIK = \angle AEJ, OK = OJ$$

注 $\triangle ABC$ 中 K,J 互为等角共轭点与 $\triangle ABC$ 的垂心与外心互为等角共轭点对应，但前者显然更为一般，且 $OK = OJ$ 也显示了 O 与九点圆圆心的类似. 故此题中的圆 O 可视为九点圆的推广. 定理 1 中的九点圆只不过是上题中的圆 O 的特殊情形.

定理 2 如图 1.187，在 $\triangle ABC$ 中，D,E,F 分别为边 BC,CA,AB 的中点，X,Y,Z 分别为点 A,B,C 到对边的垂足. 证明：过点 D,E,F,X,Y,Z 的圆 V(即 $\triangle ABC$ 的九点圆) 的圆心 V 平分线段 OH，其中，O,H 分别为 $\triangle ABC$ 的外心、垂心.

注意到，AL,BM,CN 三线平行(均与直线 OH 垂直)，其三线交点为无穷远点 P，而点 P 可视为在半径为无穷大的圆(过共线六点 L,M,H,V,O,N) 上. 在这里，九点圆只不过是所讨论的一种特殊情形.

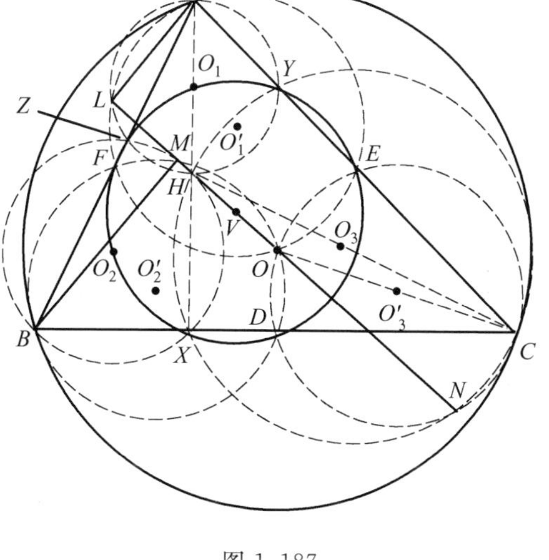

图 1.187

❖九点圆定理的引申

定理 1[①] $\triangle ABC$ 的三个旁心所构成的 $\triangle I_A I_B I_C$ 的九点圆为 $\triangle ABC$ 的外接圆.

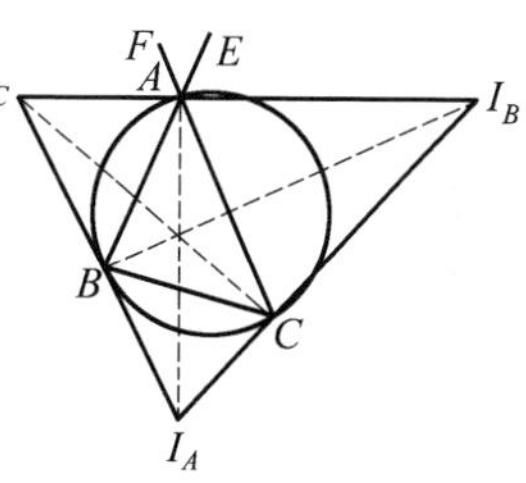

图 1.188

证明 只证 $\triangle I_A I_B I_C$ 的垂足三角形是 $\triangle ABC$，即得结论.

如图 1.188，根据旁心的定义知 $I_A A$ 平分 $\angle BAC$，$I_B A$ 平分 $\angle CAE$，$I_C A$ 平分 $\angle BAF$.

又因为 $\angle BAF = \angle CAE$，从而有 I_B, A, I_C 三点共线，且 $I_A A \perp I_B I_C$.

同理 $I_B B \perp I_A I_C$，$I_C C \perp I_A I_B$，故 $\triangle ABC$ 为 $\triangle I_A I_B I_C$ 的垂足三角形，所以 $\triangle ABC$ 的外接圆，即 $\triangle I_A I_B I_C$ 的九点圆.

通过下面的定理 2，我们将看到，九点圆中的九个点确是无数个中点中的九个特殊的点.

定理 2 $\triangle ABC$ 的垂心 H 与外接圆圆 O 上任意点连线的中点共圆，这圆就是 $\triangle ABC$ 的九点圆. 或三角形的垂心与外接圆上点的连线被其九点圆平分.

---

① 汪江松，黄家礼. 几何明珠[M]. 武汉：中国地质大学出版社，1988：140-144.

证明 如图1.189,过垂心 H 作圆 O 的两弦 DE, FG. M,N,S,T 分别为 HD,HE,HF,HG 的中点,则

$$\angle FDH=\angle SMH$$

$$\angle EGH=\angle NTH$$

又 $$\angle FDH=\angle EGH$$

则 $$\angle SMH=\angle NTH$$

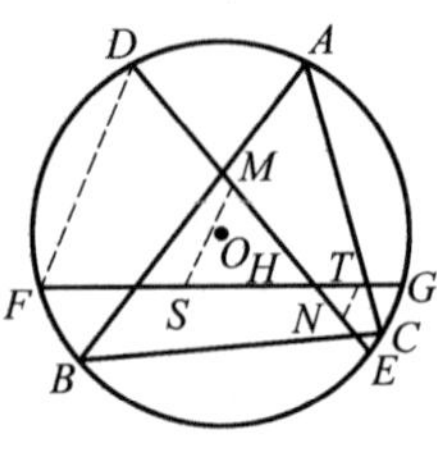

图1.189

故 M,S,T,N 四点共圆,由 DE,FG 的任意性,得 H 与圆 O 上任意点连线的中点在同一圆上,由于这个圆过 HA,HB,HC 的中点,故这个圆就是三角形的九点圆.

九点圆定理的引申,还有接下来的两个著名定理.

❖费尔巴哈定理

费尔巴哈定理 三角形的九点圆与内切圆内切且与三个旁切圆外切.

证法1 如图1.190所设,内切圆圆 I 切 $\triangle ABC$ 三边于 P,Q,R,又 M,N 为 BC, AB 中点,$AD\perp BC$ 于 D.

联结 AI 并延长交 BC 于 F,过 F 作 FC'(异于 FP)切圆 I 于 S,交 AB 于 C',则 $\triangle AFC'\cong\triangle AFC$, $AC'=AC$, $C'C\perp AF$.

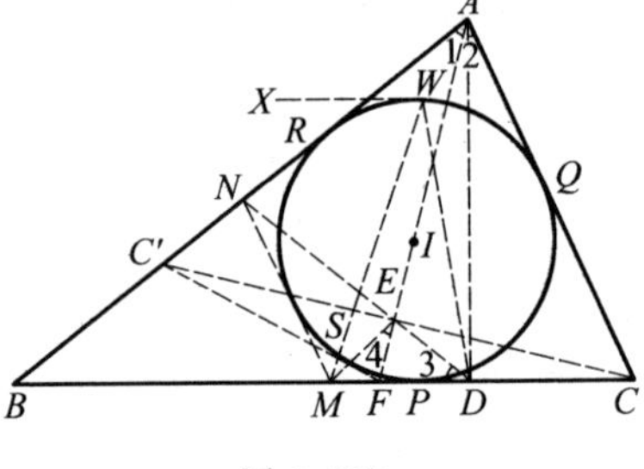

图1.190

设 AF, $C'C$ 交于 E,则 E 为 CC' 中点,联结 ME,则

$$EM=\frac{1}{2}BC'=\frac{1}{2}(AB-AC)=$$

$$\frac{1}{2}(AR+BR-(AQ+QC))=$$

$$\frac{1}{2}(BP-PC)(\text{因 } AR=AQ,BR=BP,CQ=CP)=$$

$$\frac{1}{2}(BM+MP-(MC-MP))\quad(\text{因 } BM=MC)=MP$$

又 $\angle AEC=\angle ADC=90°$,则 A,E,D,C 四点共圆,且 $ME /\!/ AB$,即

$$\angle 4=\angle MEF=\angle BAF=\angle 1=\angle 2=\angle FAC=\angle EDF=\angle 3$$

从而 $$\triangle MEF\backsim\triangle MDE$$

即 $$MF\cdot MD=ME^2=MP^2$$

联结 MS 交圆 L 于另一点 W，又有

$$MP^2 = MS \cdot MW$$

故有

$$MF \cdot MD = MS \cdot MW$$

从而 F,D,W,S 共圆. 联结 WD，则

$$\angle DWM = \angle BFC' = \angle AC'F - \angle B = \angle ACB - \angle B$$

又 $MN \mathrel{/\!/} AC$，N 是 $\mathrm{Rt}\triangle ADB$ 斜边 AB 的中点，故有

$$\angle MND = \angle NMB - \angle NDM = \angle ACB - \angle B$$

则 $\angle MWD = \angle MND$，故 W,N,M,D 共圆，即 W 在九点圆 NMD 上.

下面证明九点圆与圆 I 切于 W.

过点 W 作圆 I 的切线 WX，使 WX 与 SC' 在 SW 同侧，则 $\angle XWS = \angle C'SW = \angle MDW$，则 WX 与过 D,M,W 三点的圆相切，即 WX 与九点圆相切.

同理可证，九点圆与旁切圆也相切.

证法 2 如图 1.191，$\triangle ABC$ 中，A',B',C' 分别是 BC,CA,AB 的中点，圆 $A'B'C'$ 就是 $\triangle ABC$ 的九点圆. 圆 I 是 $\triangle ABC$ 的内切圆，它与 BC 相切于点 X，圆 I_a 是 $\triangle ABC$ 的旁切圆，它与 BC 相切于点 X.

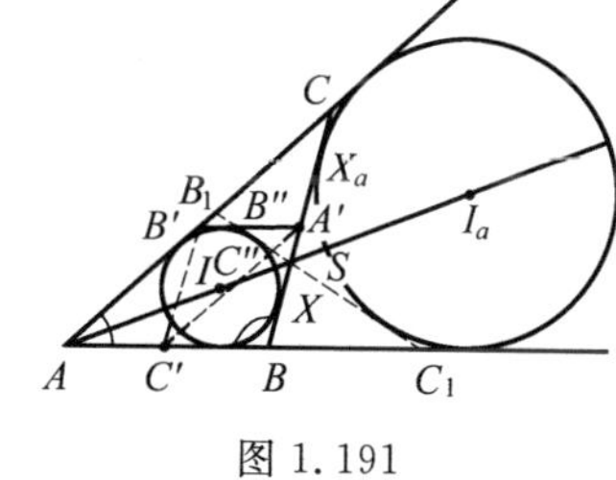

图 1.191

作圆 I 与圆 I_a 的另一条内公切线分别交 AC，AB 的延长线于 B_1,C_1，交 $A'B',A'C'$ 于 B'',C''.

设 $BC=a,CA=b,AB=c,p=\frac{1}{2}(a+b+c)$. 因

$$CX_a = BX = p-b$$

则

$$A'X = A'X_a = \frac{1}{2}a-(p-b) = \frac{1}{2}(b-c)$$

设 B_1C_1 交 BC 于点 S，显然 A,I,S,I_a 均在 $\angle A$ 的平分线上，故有

$$\frac{SC}{SB} = \frac{b}{c}, \frac{SC}{SC+SB} = \frac{b}{b+c}$$

故

$$SC = \frac{ab}{b+c}$$

同理

$$SB = \frac{ac}{b+c}$$

则

$$SA' = \frac{1}{2}(SC-SB) = \frac{a(b-c)}{2(b+c)}$$

由于 $A'B' \mathrel{/\!/} AB$，$\triangle SA'B'' \backsim \triangle SBC_1$，$\frac{A'B''}{BC_1} = \frac{SA'}{SB}$，则

$$A'B''=\frac{a(b-c)}{2(b+c)}\cdot\frac{b-c}{\frac{ac}{b+c}}=\frac{(b-c)^2}{2c}$$

同理可证 $$A'C''=\frac{(b-c)^2}{2b}$$

又 $$A'B'=\frac{c}{2},A'C'=\frac{b}{2}$$

则 $$A'B''\cdot A'B'=(\frac{b-c}{2})^2,A'C''\cdot A'C'=(\frac{b-c}{2})^2$$

今以圆 $A'(\frac{b-c}{2})$ 为反演基圆进行反演变换，则 B' 的反点是 B''，C' 的反点是 C''，圆 $A'B'C'$ 的像是直线 B_1C_1. 又由于圆 I，圆 I_a 均与反演基圆圆 $A'(\frac{b-c}{2})$ 正交(因 $A'X=A'X_a=\frac{1}{2}(b-c)$)，所以在上述反演变换下圆 I 和圆 I_a 都不变. 今已知 B_1C_1 与圆 I 和圆 I_a 相切，由于反演变换具有保角性，故原像圆 $A'B'C'$ 与圆 I，圆 I_a 均相切.

证法 3 如图 1.192，设 M,L,P 为中点，D,E,F 为切点，内切圆为圆 I，费尔巴哈定理即为 $\triangle MLP$ 外接圆与圆 I 相切.

于是，可设 $CR\perp AI$，与 AB 交于点 V. 显然，R 为 CV 的中点. 故 L,R,P 三点共线，且 $\angle FRA=\angle ERA$.

又 C,D,R,I,E 五点共圆，$CD=CE$，则 $\angle DRC=\angle ERC\Rightarrow D,R,F$ 三点共线.

类似地，若 $AQ\perp CQ$，则 M,Q,P,F,Q,D 分别三点共线.

故 $$\angle EQD=2\angle DQC=\angle BAC=\angle RPC$$

于是，Q,R,E,P 四点共圆，设此圆为 Γ.

设圆 Γ 与 $\triangle MLP$ 的外接圆交于另一点 X. 则 X 为完全四边形 $LRPQTM$ 的密克尔点.

故 $$\angle MXQ=\angle MTQ=\frac{1}{2}(\angle ACB-\angle BAC)$$

又 $$\angle PXE=\angle PQE=\frac{1}{2}(\angle ACB-\angle BAC)$$

则 $$\angle MXQ=\angle PXE$$

故 $$\angle TXQ=\angle LMP=\angle ACB=\angle QRE=180^\circ-\angle QXE$$

因此，T,X,E 三点共线.

又由平行知

$$\frac{TF}{TR}=\frac{TM}{TL}=\frac{TQ}{TD}$$

$$\Rightarrow TF\cdot TD=TQ\cdot TR=TX\cdot TE$$

$\Rightarrow F,D,E,X$ 四点共圆

$\Rightarrow$ 点 X 在圆 I 上

设 XU 为圆 I 的切线.则

$$\angle XMP=\angle XQP-\angle MXQ=\angle XEP-\angle MXQ=\angle UXE-\angle PXE=\angle UXP$$

从而,UX 为 $\triangle MLP$ 外接圆的切线,即 $\triangle ABC$ 的九点圆与内切圆切于点 X.

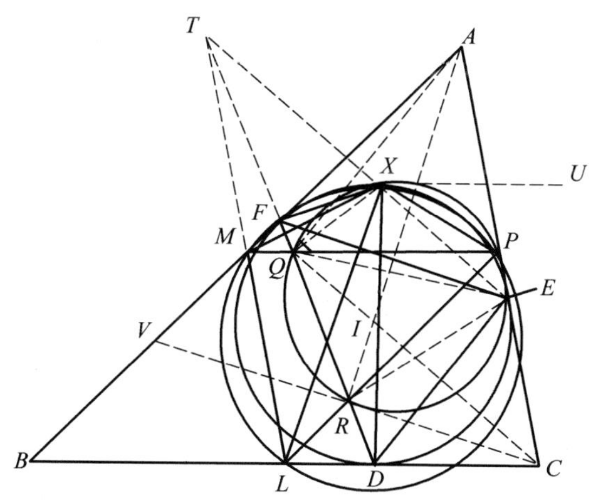

图 1.192

注 费尔巴哈点 X 还有很多有趣的性质,例如,DX,MP,EF 三线共点;$XL=XM+XP$,X 与三条角平分线与对边的交点四点共圆等.

本定理是德国数学家费尔巴哈(Feuerbach,1800—1834)于 1822 年发现的,它阐述了九点圆的一个重要性质.许多人也把九点圆称为费尔巴哈圆,因为费尔巴哈重新发现了欧拉的有关发现,并添进了更多的出人意料的性质.

❖库利奇－大上定理

定理 圆周上任意四点，过其中任意三点作三角形，则这四个三角形的九点圆的圆心共圆.

这一定理被称为库利奇－大上定理，是由美国数学家库利奇(Coolidge，1873—1958)、日本数学家大上茂乔分别于1910年和1916年发表的.上述四个圆心所在的圆还被称为四边形的九点圆.

证明 如图1.193，设$A(x_1,y_1)$，$B(x_2,y_2)$，$C(x_3,y_3)$，$D(x_4,y_4)$是单位圆周上任意四点，则$x_i^2+y_i^2=1(i=1,2,3,4)$.由九点圆圆心是外心与垂心连线的中点，得$\triangle ABC$，$\triangle ABD$，$\triangle BCD$，$\triangle ACD$九点圆圆心坐标分别为

$$O_1(\frac{x_1+x_2+x_3}{2},\frac{y_1+y_2+y_3}{2})$$

$$O_2(\frac{x_1+x_2+x_4}{2},\frac{y_1+y_2+y_4}{2})$$

$$O_3(\frac{x_2+x_3+x_4}{2},\frac{y_2+y_3+y_4}{2})$$

$$O_4(\frac{x_1+x_3+x_4}{2},\frac{y_1+y_3+y_4}{2})$$

考虑点$O'(\frac{x_1+x_2+x_3+x_4}{2},\frac{y_1+y_2+y_3+y_4}{2})$，则

$$|O_1O'|=\left((\frac{x_1+x_2+x_3+x_4}{2}-\frac{x_1+x_2+x_3}{2})^2+(\frac{y_1+y_2+y_3+y_4}{2}-\frac{y_1+y_2+y_3}{2})^2\right)^{\frac{1}{2}}=\frac{1}{2}\sqrt{x_4^2+y_4^2}=\frac{1}{2}$$

同理可证 $$|O_2O'|=|O_3O'|=|O_4O'|=\frac{1}{2}$$

故O_1,O_2,O_3,O_4在以O'为圆心，$\frac{1}{2}$为半径的圆上.

即四边形$ABCD$的四个三角形的九点圆圆心共圆O'.

对圆上五点的情形，过任意四点作四边形，则这五个四边形的“九点圆”圆心在一个圆上，这个圆被称为五边形的“九点圆”.

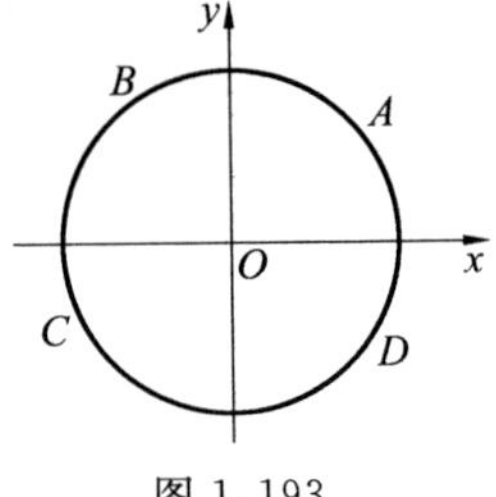

图1.193

依此类推,定理可无限推广下去,其解析证明可如法炮制.

❖三角形旁切圆切点弦线三角形问题

定理 $\triangle ABC$ 的旁切圆 I_A,I_B 和 I_C 与 $\triangle ABC$ 三边所在的直线分别切于点 M,N,E,G,F,D,且切点弦直线 DF,EG,MN 两两相交于点 P_1,P_2,P_3,则

(1) P_1A,P_2B,P_3C 三直线共点.

(2) $\triangle ABC$ 的垂心与 $\triangle P_1P_2P_3$ 的外心重合.

(3) $\frac{1}{P_1A}+\frac{1}{P_2B}+\frac{1}{P_3C}=\frac{1}{r}$.

证明 如图 1.194,(1) 可证 $P_1A\perp BC$,$P_2B\perp AC$,$P_3C\perp AB$.即 P_1A,P_2B,P_3C 共点于 $\triangle ABC$ 的垂心 H.

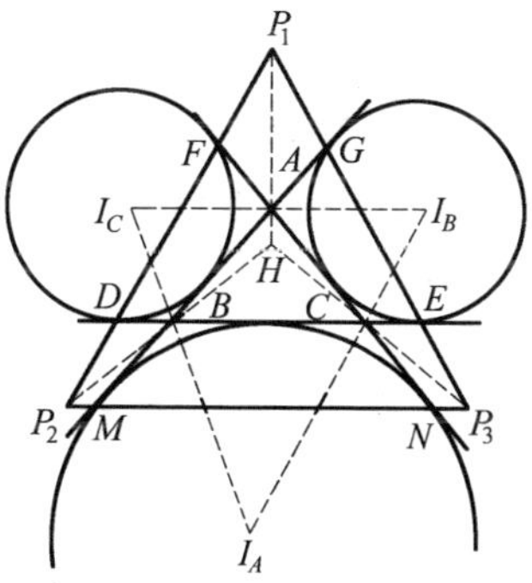

(2) 由 $\angle P_2P_1H=90^\circ-\angle P_1DC$,$\angle P_1P_2H=90^\circ-\angle P_2FC$,而 $\angle P_1DC=\angle P_2FC$,从而 $\angle P_2P_1H=\angle P_1P_2H$,即知 $P_1H=P_2H$.同理 $P_2H=P_3H$.

故 H 为 $\triangle P_1P_2P_3$ 的外心.即结论获证.

图 1.194

(3) 在 $\triangle P_1AF$ 中,有

$$\frac{P_1A}{\sin\angle P_1FA}=\frac{AF}{\sin\angle FP_1A}$$

即

$$\frac{P_1A}{\cos\frac{C}{2}}=\frac{AF}{\sin\frac{C}{2}}$$

亦即

$$P_1A=AF\cdot\cot\frac{C}{2}$$

又 $AF=r_C\cot\frac{1}{2}(180^\circ-A)=r\cot\frac{A}{2}\cot\frac{B}{2}\tan\frac{A}{2}=r\cot\frac{B}{2}$,则

$$P_1A=r\cot\frac{B}{2}\cot\frac{C}{2}=r_A$$

同理

$$P_2B=r_B,P_3C=r_C$$

故

$$\frac{1}{P_1A}+\frac{1}{P_2B}+\frac{1}{P_3C}=\frac{1}{r}\left(\tan\frac{A}{2}\tan\frac{B}{2}+\tan\frac{B}{2}\tan\frac{C}{2}+\tan\frac{C}{2}\tan\frac{A}{2}\right)=\frac{1}{r}$$

关于三角形的旁心三角形问题还可参见下册中的六点圆问题中的定理 12.

❖三角形五心的相关关系定理

三角形五心的相互关系内涵丰富，此处仅给出一般三角形中的关系定理，一些特殊三角形中的关系定理在各类特殊三角形问题中再介绍.

定理1　三角形的外心是外心在各边上射影三角形的垂心.

定理2　在非钝角三角形中，其垂心至三顶点的距离和等于外接圆与内切圆的直径之和.

事实上，设R，r分别为$\triangle ABC$的外接圆、内切圆半径，O为其外心，H为垂心，O在边BC，CA，AB上的射影分别为D，E，F，则由三角形外心性质定理5知$OD+OE+OF=R+r$.

又由塞尔瓦(或卡诺)定理，有

$$AH+BH+CH=2(OD+OE+OF)=2R+2r$$

定理3　三角形的内心和任一顶点的连线与三角形外接圆相交，这个交点与外心的连线是这一顶点所对的边的中垂线.

定理4　三角形的内心和任一顶点的连线，平分外心，垂心和这一顶点的连线所成的角.

定理5　三角形的外心与垂心的连线的中点是九点圆的圆心.

定理6　三角形的外心O，重心G，九点圆圆心V，垂心H，这四心共线，且$\frac{OG}{GH}=\frac{1}{2}$(其证明参见三角形的欧拉线定理)，$\frac{GV}{VH}=\frac{1}{3}$.

定理7　三角形内心与旁心构成一垂心组；三角形内心与旁心的九点圆是外接圆.

定理8　设$\triangle ABC$的外心为O，内心为I，则I为旁心$\triangle I_AI_BI_C$的垂心，I关于O的对称点O'是$\triangle I_AI_BI_C$的外心，$\triangle I_AI_BI_C$的欧拉线与直线OI重合.

定理9　三角形的面积是其旁心三角形面积与内切圆切点三角形面积的等比中项.

定理10　三角形的旁心三角形与内切圆切点三角形的欧拉线重合.

定理11　设H，G，I分别为三边两两互不相等的三角形的垂心，重心，内心，则$\angle HIG>90^\circ$.

事实上，不妨设$BC>AC>AB$，过G作直线$l\parallel BC$，这时易证射线AI必处于$\angle HAG$内部，点I在直线l上方，在CH下方. 于是I在以GH为直径的圆内，从而$\angle HIG$是钝角或平角.

为了介绍后面的定理，先看如下引理：

引理 1[①]　设 P 是 $\triangle ABC$ 内任意一点，AP，BP，CP 的延长线分别交对边于 D,E,F 点，则

$$\frac{AP}{PD}=\frac{AF}{FB}+\frac{AE}{EC},\frac{BP}{PE}=\frac{BD}{DC}+\frac{BF}{FA},\frac{CP}{PF}=\frac{CE}{EA}+\frac{CD}{DB}$$

证明　如图 1.195，将 D,E,F 点分别看作是线段 BC，CA，AB 上的定比分点，其定比依次记作 λ_D，λ_E，λ_F，用 S 表示面积，则

$$\lambda_D=\frac{BD}{DC}=\frac{S_{\triangle ABD}}{S_{\triangle ACD}}=\frac{S_{\triangle PBD}}{S_{\triangle PCD}}=\frac{S_{\triangle APB}}{S_{\triangle APC}}$$

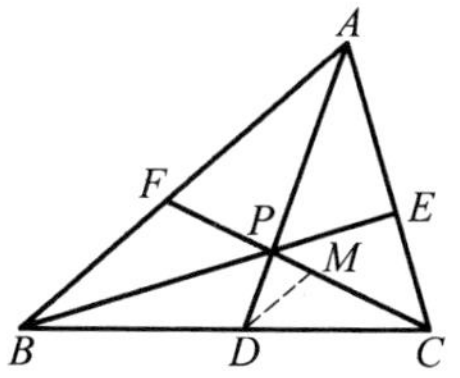

图 1.195

同理　$\lambda_E=\dfrac{CE}{EA}=\dfrac{S_{\triangle BPC}}{S_{\triangle APB}}$，$\lambda_F=\dfrac{AF}{FB}=\dfrac{S_{\triangle APC}}{S_{\triangle BPC}}$

故 $\lambda_D\lambda_E\lambda_F=1$.

再由 D 点作 $DM \parallel BA$，交 CF 于 M，则(因 $\triangle APF \backsim \triangle DPM$)

$$\frac{AP}{PD}=\frac{AF}{DM}$$

而

$$AF=\frac{AF}{FB}\cdot FB=\lambda_F\cdot FB$$

$$DM=\frac{DM}{FB}\cdot FB=\frac{CD}{CB}\cdot FB=$$

$$\frac{1}{1+\frac{BD}{CD}}\cdot FB=\frac{1}{1+\lambda_D}\cdot FB$$

故

$$\frac{AC}{CD}=\frac{\lambda_F\cdot FB}{\frac{1}{1+\lambda_D}\cdot FB}\lambda_F(1+\lambda_D)=\lambda_F+\lambda_F\lambda_D=\lambda_F+\frac{1}{\lambda_E}$$

即

$$\frac{AP}{PD}=\frac{AF}{FB}+\frac{BE}{EC}$$

同理可证

$$\frac{BC}{OE}=\frac{BD}{DC}+\frac{BF}{FA},\frac{CP}{PF}=\frac{CE}{EA}+\frac{CD}{DB}.$$

由引理 1 可得下述结论.

三角形的重心 G 分每条中线(以顶点起)之比均等于二比一.

事实上，上述引理中 $\lambda_D=\lambda_E=\lambda_F=1$，有

$$\frac{AG}{GD}=1+1=2,\frac{BG}{GE}=1+1=2,\frac{CG}{GF}=1+1=2$$

① 刘述省.三角形五心的性质及统一证法[J].中学数学杂志，1988(3)：9-11.

由引理1可得下述定理.

定理12 三角形的内心I分每条角平分线(从顶点起)之比均等于夹这角的两边之和与对边之比.

证明 记三边为a,b,c.三条角平分线AD,BE,CF的交点I是内心.由角平分线的性质,有

$$\frac{AF}{FB}=\frac{b}{a},\frac{AE}{EC}=\frac{c}{a}$$

故由上述引理知

$$\frac{AI}{ID}=\frac{b}{a}+\frac{c}{a}=\frac{b+c}{a}$$

同理
$$\frac{BI}{IE}=\frac{a+c}{b},\frac{CI}{IF}=\frac{a+b}{c}$$

定理13 三角形的旁心I'外分相应的内角平分线(从顶点起)之比均等于夹这角的两边之和与对边之比.

证明 设AD是$\triangle ABC$的角平分线,延长后与两外角平分线BE',CF'交于点I',则I'是一个旁心,要证$\frac{AI'}{I'D}=\frac{b+c}{a}$.

请看前面引理证明中最后一步,有

$$\frac{AI'}{I'D}=\lambda_F+\lambda_F\lambda_D$$

相当于图1.196的$\triangle AF'C$中,有

$$\frac{AD}{DI'}=\frac{AB}{BF'}+\frac{AB}{BF'}\cdot\frac{F'I'}{I'C}$$

两边各加1,得

$$\frac{AI'}{I'D}=\frac{AF'}{F'B}+\frac{AB}{BF'}\cdot\frac{F'I'}{I'C}$$

又由内外角平分线性质知

$$\frac{AF'}{F'B}=\frac{b}{a},\frac{F'I'}{I'C}=\frac{AF'}{AC}$$

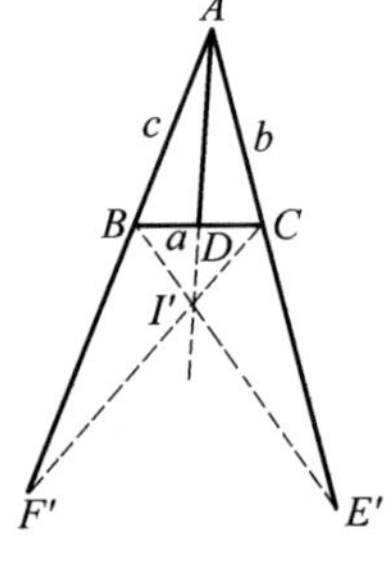

图1.196

故
$$\frac{AI'}{I'D}=\frac{b}{a}+\frac{AB}{BF'}\cdot\frac{AF'}{AC}=$$

$$\frac{b}{a}+\frac{AB}{AC}\frac{AF'}{BF'}=$$

$$\frac{b}{a}+\frac{c}{b}\cdot\frac{b}{a}=\frac{b+c}{a}$$

同理可知另两个旁心有类似的性质.

定理14 三角形的外心分过这点的三条线段AD,BE,CF之比均等于其

相应两角的倍角正弦值之和与另一角倍角正弦值之比.

证明 如图 1.197,设 O 是 $\triangle ABC$ 的外心,有 $AO=BO=CO=R$(外接圆半径),在外接圆圆 O 中,易知 $\alpha=2A,\beta=2B,\gamma=2C$(其中 A,B,C 为三内角)由引理证明过程知

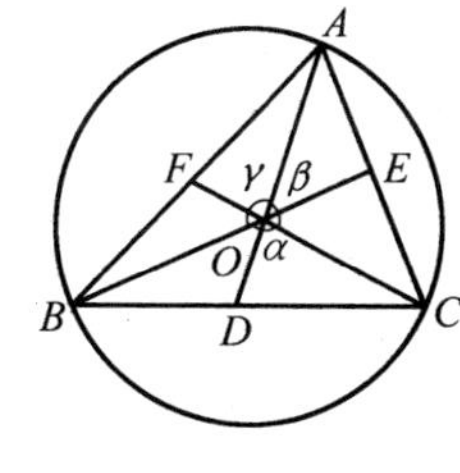

图 1.197

$$\lambda_F=\frac{AF}{FB}=\frac{S_{\triangle AOC}}{S_{\triangle BOC}}=\frac{\frac{1}{2}R^2\sin\beta}{\frac{1}{2}R^2\sin\alpha}=\frac{\sin\beta}{\sin\alpha}=\frac{\sin 2B}{\sin 2A}$$

$$\lambda_E=\frac{CE}{EA}=\frac{\sin\alpha}{\sin\gamma}=\frac{\sin 2A}{\sin 2C}$$

则
$$\frac{AO}{OD}=\lambda_F+\frac{1}{\lambda_E}=\frac{\sin 2B}{\sin 2A}+\frac{\sin 2C}{\sin 2A}=\frac{\sin 2B+\sin 2C}{\sin 2A}$$

同理可证
$$\frac{BO}{OE}=\frac{\sin 2A+\sin 2C}{\sin 2B}$$
$$\frac{CO}{OF}=\frac{\sin 2A+\sin 2B}{\sin 2C}$$

定理 15 三角形的垂心 H 分(内分或外分)每条高(从顶点起)之比均等于其相应角的余弦值与另两角余弦值之积的比的绝对值.

证明 分三种情况:

(1) $\triangle ABC$ 为锐角三角形,高 AD,BE,CF 交于 H,则 H 是垂心.由引理 1 知

$$\frac{AH}{HD}=\frac{AF}{FB}+\frac{AE}{EC}=\frac{b\cos A}{a\cos B}+\frac{c\cos A}{a\cos C}=$$
$$\frac{\cos A(b\cos C+c\cos B)}{a\cos B\cos C}=$$
$$\frac{2R\cos A(\sin B\cos C+\cos B\sin C)}{2R\sin A\cos B\cos C}=$$
$$\frac{\cos A\sin(B+C)}{\sin A\cos B\cos C}=\frac{\cos A}{\cos B\cos C}=$$
$$\left|\frac{\cos A}{\cos B\cos C}\right|$$

同理
$$\frac{BH}{HE}=\frac{\cos B}{\cos A\cos C}=\left|\frac{\cos B}{\cos A\cos C}\right|$$
$$\frac{CH}{HF}=\left|\frac{\cos C}{\cos B\cos A}\right|$$

(2) 如图 1.198,$\triangle ABC$ 是直角三角形,则垂心在直角顶点,不妨设 A 是直角,则 $\cos A=0$,有 H,A,E,F 重合,显然 $\frac{AH}{HD}=0$,而 $\left|\frac{\cos A}{\cos B\cos C}\right|=0$;$\frac{BH}{HE}$ 不

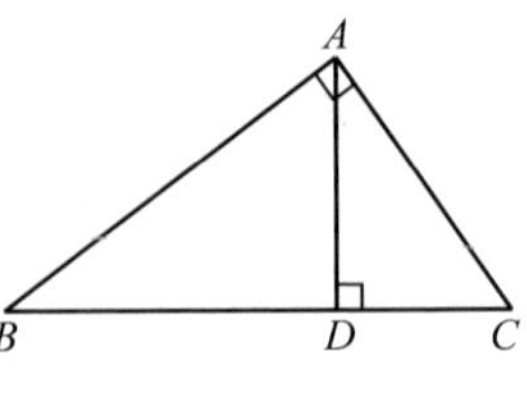

图 1.198

存在，$\left|\dfrac{\cos B}{\cos A\cos C}\right|$ 也不存在；

$\dfrac{CH}{HF}$ 不存在，$\left|\dfrac{\cos C}{\cos A\cos B}\right|$ 也不存在.

这种同时不存在的情况，我们不妨也认为仍符合定理.

(3) $\triangle ABC$ 是钝角三角形，高 AD，CF，BE 交于一点 H，垂心 H 在三角形外部，是三条高的外分点，如图 1.199 所示，则考虑在 $\triangle AHC$ 中，由引理 1 知

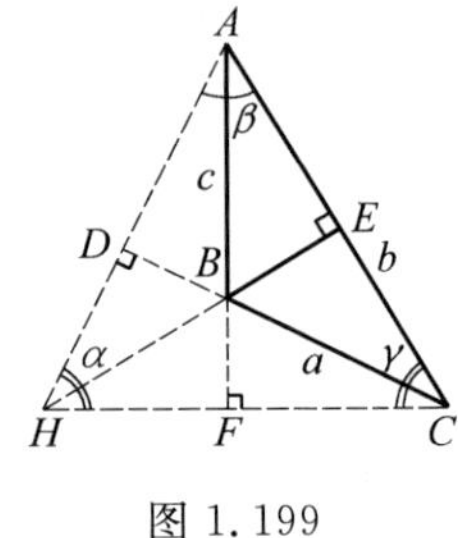

图 1.199

$$\frac{AB}{BF}=\frac{AD}{DH}+\frac{AE}{EC}$$

即
$$\frac{c}{a\cos(\pi-B)}=\frac{AD}{DH}+\frac{c\cos A}{a\cos C}$$

则
$$\frac{AD}{DH}=\frac{-c}{a\cos B}-\frac{c\cos A}{a\cos C}$$

两边各加 1，得

$$\frac{AH}{HD}=1-\frac{c\cos C-c\cos A\cos B}{a\cos B\cos C}$$

将右边应用正弦定理及三角公式化简，得

$$\frac{AH}{HD}=\frac{-\cos A}{\cos B\cos C}=\left|\frac{\cos A}{\cos A\cos C}\right|$$

同理可证
$$\frac{CH}{HF}=\left|\frac{\cos C}{\cos A\cos B}\right|$$

又
$$\frac{BH}{HE}=\frac{1}{\dfrac{BE}{BO}+1}=\frac{1}{\dfrac{\cos\beta\cos\gamma}{\cos\alpha}+1}$$

而
$$\alpha=\pi-B,\beta=A+B-\frac{\pi}{2}$$

$$\gamma=C+B-\frac{\pi}{2}$$

代入整理可得
$$\frac{BH}{HE}=\left|\frac{\cos B}{\cos A\cos C}\right|$$

为了介绍后面的定理，约定用 a，b，c 表示 $\triangle ABC$ 三内角 A，B，C 所对的边，$p=\dfrac{a+b+c}{2}$，$q=\sqrt{a^2+b^2+c^2}$；R，r 分别表示 $\triangle ABC$ 外接圆和内切圆的半径；S 表示 $\triangle ABC$ 的面积；G，H，I，O 分别表示 $\triangle ABC$ 的重心、垂心、内心和外心.

引理 2[①] $\triangle ABC$ 中,平面内任意一点 P 到内心 I 的距离

$$PI=\sqrt{\frac{aPA^2+bPB^2+cPC^2-abc}{a+b+c}} \quad ①$$

证明 如图 1.200,因 AD 平分 $\angle BAC$,则

$$BD=\frac{ac}{b+c},CD=\frac{ab}{b+c}$$

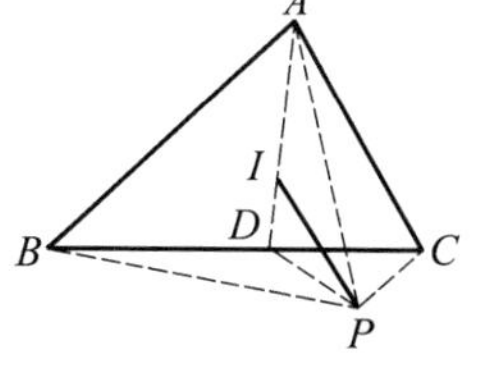

图 1.200

在 $\triangle PBC$ 中,应用斯特瓦尔特定理,得

$$PD^2=\frac{b}{b+c}PB^2+\frac{c}{b+c}PC^2-\frac{a^2bc}{(b+c)^2}$$

因 I 为内心,则

$$\frac{AI}{ID}=\frac{c}{BD}=\frac{b}{CD}=\frac{b+c}{a}$$

且

$$AD^2=\frac{4bcp}{(b+c)^2}(p-a)$$

在 $\triangle PAD$ 中,利用斯特瓦尔特定理,得

$$PI^2=\frac{AI}{AD}PD^2+\frac{ID}{AD}\cdot PA^2-AI\cdot ID=$$

$$\frac{b+c}{2p}PD^2+\frac{a}{2p}PA^2-\frac{abc(p-a)}{p(b+c)}$$

将 PD^2 代入上式,并化简得

$$PI^2=\frac{aPA^2+bPB^2+cPC^2-abc}{a+b+c}$$

定理 16 (见三角形内心与旁心的关系定理 1)

$\triangle ABC$ 中

$$aIA^2+bIB^2+cIC^2=abc \quad ②$$

证明 当点 P 与内心 I 重合时,$PI=0$,由 ① 即得 ②.

定理 17 (内心外心距离公式即欧拉定理)

$\triangle ABC$ 中

$$IO^2=R^2-2Rr \quad ③$$

证明 当点 P 与外心 O 重合时,$PA^2=PB^2=PC^2=R^2$,由公式 ① 得

$$IO^2=R^2-\frac{abc}{a+b+c}$$

因 $S=\frac{abc}{4R}=pr$,则

① 刘黎明,甘家炎.三角形内心的性质和心距公式[J].中学数学,1996(2):45-47.

$$\frac{abc}{a+b+c}=2Rr$$

故

$$IO^2=R^2-2Rr$$

定理 18 （重心内心距离公式）

$\triangle ABC$ 中

$$GI^2=\frac{2}{3}p^2-\frac{5}{18}q^2-4Rr \quad ④$$

证明 当点 P 与重心 G 重合时，有

$$PA^2=\frac{1}{9}(2b^2+2c^2-a^2)$$

$$PB^2=\frac{1}{9}(2c^2+2a^2-b^2)$$

$$PC^2=\frac{1}{9}(2a^2+2b^2-c^2)$$

则由公式 ① 得

$$GI^2=\frac{1}{18p}(2a(b^2+c^2)+2b(c^2+a^2)+2c(a^2+b^2)-$$

$$(a^3+b^3+c^3)-9abc)=$$

$$\frac{1}{18p}(2(a+b+c)(a^2+b^2+c^2)-$$

$$3(a^3+b^3+c^3-3abc)-18abc)=$$

$$\frac{2}{3}p^2-\frac{5}{18}q^2-4Rr$$

定理 19 （垂心内心距离公式）

$\triangle ABC$ 中

$$HI^2=4R^2-\frac{a^3+b^3+c^3+abc}{a+b+c} \quad ⑤$$

或

$$HI^2=4R^2-8Rr+2p^2-\frac{3}{2}q^2 \quad ⑤'$$

证明 当点 P 与垂心 H 重合时，有

$$PA^2=a^2\cot^2A=a^2(\csc^2A-1)=4R^2-a^2$$

$$PB^2=4R^2-b^2, PC^2=4R^2-c^2$$

故由公式 ① 得

$$HI^2=4R^2-\frac{a^3+b^3+c^3+abc}{a+b+c}=$$

$$4R^2-\frac{(a^3+b^3+c^3-3abc)+4abc}{a+b+c}=$$

$$4R^2-\frac{(a+b+c)(3(a^2+b^2+c^2)-(a+b+c)^2)}{2(a+b+c)}-\frac{4abc}{a+b+c}=$$

$$4R^2-8Rr+2p^2-\frac{3}{2}q^2$$

由欧拉线定理可知，H,G,O 三点共线，且 $GO:HG:HO=1:2:3$，这样，我们有

引理 3 $\triangle ABC$ 中

$$HI^2+2IO^2=3GI^2+6GO^2 \quad ⑥$$

证明 不妨设 I 在欧拉线 HO 外，如图 1.201，则由斯特瓦尔特定理，得

$$GI^2=\frac{2}{3}IO^2+\frac{1}{3}HI^2-2GO^2$$

即

$$HI^2+2IO^2=3GI^2+6GO^2$$

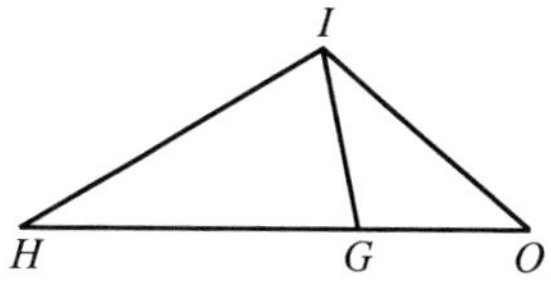

图 1.201

由公式 ③，④，⑤′，⑥，可得

定理 20 （重心外心距离公式）

$\triangle ABC$ 中

$$GO^2=R^2-\frac{1}{9}q^2 \quad ⑦$$

至此，注意到 $GH=2GO$，$OH=3GO$，我们便解决了四心六距问题.

若利用重心的性质

$$PA^2+PB^2+PC^2=3PG^2+\frac{1}{3}(a^2+b^2+c^2)$$

也可以得出五个心距公式，其中内心、外心距离和重心、外心距离与前面的 ③，⑦ 相同，而重心、内心距离是一种等价式，即

$$GI^2=r^2-\frac{1}{36}(6(ab+bc+ca)-5(a^2+b^2+c^2))=$$

$$r^2-\frac{1}{36}(3(a+b+c)^2-8(a^2+b^2+c^2))$$

亦即

$$GI^2=r^2-\frac{1}{3}p^2+\frac{2}{9}q^2 \quad ④'$$

由 ④，④′ 可得 p,q,R 和 r 四者之间的关系：

引理 4 在 $\triangle ABC$ 中

$$p^2-\frac{1}{2}q^2=r^2+4Rr \quad ⑧$$

依据引理 4，此时六个心距公式可用 R,r 及 q 表示为

$$IO^2=R^2-2Rr \quad ③$$

$$GO^2=R^2-\frac{1}{9}q^2, GH=2GO, HO=3GO \tag{⑦}$$

$$HI^2=4R^2+2r^2-\frac{1}{2}q^2 \tag{⑤''}$$

$$GI^2=\frac{2}{3}r^2-\frac{4}{3}Rr+\frac{1}{18}q^2 \tag{④''}$$

由以上公式,可得到三角形中许多有趣的不等式.比如:由③可得

$$R\geqslant 2r \tag{⑨}$$

由⑦或⑤″可得

$$a^2+b^2+c^2\leqslant 9R^2$$

由⑧或④″可得

$$a^2+b^2+c^2\geqslant 36r^2$$

因此

$$36r^2\leqslant a^2+b^2+c^2\leqslant 9R^2 \tag{⑩}$$

以上不等式,当且仅当三角形是等边三角形时,等号成立.

定理21[①] 设$\triangle ABC$的外接圆的半径为R,内切圆的半径为r,A,B,C所对的旁切圆的半径分别为r_A,r_B,r_C,则

$$4R=r_A+r_B+r_C-r \tag{①}$$

证法1 由$r\cot\frac{B}{2}+r\cot\frac{C}{2}=BC$,$r_A\cot\frac{\pi-B}{2}+r_A\cot\frac{\pi-C}{2}=BC$得

$$r\left(\frac{1}{\tan\frac{B}{2}}+\frac{1}{\tan\frac{C}{2}}\right)=BC \tag{②}$$

$$r_A\left(\tan\frac{B}{2}+\tan\frac{C}{2}\right)=BC \tag{③}$$

将②两边同除以$\tan\frac{A}{2}$,将③两边同乘以$\tan\frac{A}{2}$可分别得到

$$r\left(\frac{1}{\tan\frac{A}{2}\tan\frac{B}{2}}+\frac{1}{\tan\frac{A}{2}\tan\frac{C}{2}}\right)=\frac{BC}{\tan\frac{A}{2}} \tag{④}$$

$$r_A\left(\tan\frac{A}{2}\tan\frac{B}{2}+\tan\frac{A}{2}\tan\frac{C}{2}\right)=BC\tan\frac{A}{2} \tag{⑤}$$

将$\tan\frac{A}{2}\tan\frac{B}{2}=\frac{r}{r_c}$,$\tan\frac{A}{2}\tan\frac{C}{2}=\frac{r}{r_B}$代入④,⑤得

$$r\left(\frac{r_c}{r}+\frac{r_B}{r}\right)\frac{BC}{\tan\frac{A}{2}} \tag{⑥}$$

① 尹成江.三角形的外接圆、内切圆、旁切圆之间的关系[J].中学教研(数学),1995(7,8):70-73.

$$r_A\left(\frac{r}{r_C}+\frac{r}{r_B}\right)=BC\tan\frac{A}{2} \qquad ⑦$$

又由
$$\frac{BC}{\tan\frac{A}{2}}=\frac{2R\sin A}{\tan\frac{A}{2}}=\frac{4R\sin\frac{A}{2}\cos\frac{A}{2}}{\frac{\sin\frac{A}{2}}{\cos\frac{A}{2}}}=4R\cos^2\frac{A}{2}$$

$$BC\tan\frac{A}{2}=2R\sin A\tan\frac{A}{2}=4R\sin\frac{A}{2}\cos\frac{A}{2}\frac{\sin\frac{A}{2}}{\cos\frac{A}{2}}=4R\sin^2\frac{A}{2}$$

所以⑥和⑦可分别变为

$$r_C+r_B=4R\cos^2\frac{A}{2} \qquad ⑧$$

$$rr_A\left(\frac{1}{r_C}+\frac{1}{r_B}\right)=4R\sin^2\frac{A}{2} \qquad ⑨$$

又由已知结论得

$$\frac{1}{r_C}+\frac{1}{r_B}=\frac{1}{r}-\frac{1}{r_A}$$

故⑨可变为

$$rr_A\left(\frac{1}{r}-\frac{1}{r_A}\right)=4R\sin^2\frac{A}{2}$$

即
$$r_A-r=4R\sin^2\frac{A}{2} \qquad ⑩$$

将⑧和⑩两边分别相加并考虑到平方关系公式得

$$r_A+r_B+r_C-r=4R$$

从而定理 21 得证.

证法 2 如图 1.202,设 I_A,I_B,I_C 分别为 $\triangle ABC$ 的三个旁心,I 为其内心,设 D,E,F,G 分别为 I_A,I_B,I_C,I 在直线 BC 上的射影. 由于 I_A,I_B,I_C,I 构成一个垂心组,则 $\triangle ABC$ 是垂心组的垂足三角形,从而 $I_AD=r_A,I_BE=r_B,I_CF=r_C,IG=r$.

又设 M,N 分别为 I_BI_C,II_A 的中点,则 A,B,C,M,N 是 $\triangle I_AI_BI_C$ 的九点圆圆 O 上的点,MN 为圆 O 的直径,即 $MN=2R$.

注意到三角形内心性质,有 $NC=NB=NI=NI_A$. 于是 $MN\perp BC$. 令 MN 交 BC 于点 K,则由梯形的中位线性质知 $EI_B+FI_C=2MK,DI_A-GI=2NK$.

上述两式相加,得

$$r_A+r_B+r_C-r=2(MK+NK)=2MN=4R$$

由旁心性质定理 14 和上述定理 21 可知，任给三角形的五圆中的三个圆的半径，都可求出其他两个圆的半径.

另外，由 ⑩ 我们还可得到

$$\sin^2\frac{A}{2}=\frac{r_A-r}{4R} \tag{11}$$

类似的，还可证明

$$\sin^2\frac{B}{2}=\frac{r_B-r}{4R} \tag{12}$$

$$\sin^2\frac{C}{2}=\frac{r_C-r}{4R} \tag{13}$$

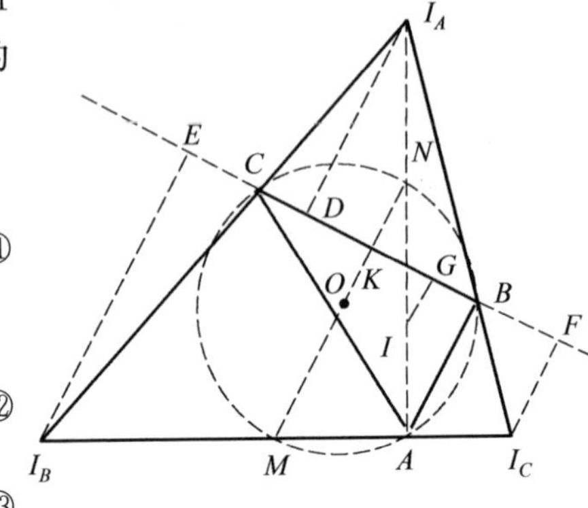

图 1.202

定理 22 若三角形的外接圆和旁切圆的半径分别是 R 和 $r_i(i=A,B,C)$，圆心距为 d_i，则有 $d_i^2=R^2+2Rr_i$.

证明 如图1.203，$\triangle ABC$ 的内心为 I，外心为 O，半径为 R，A 所对的旁心为 I_A，旁切圆半径为 r_A，则有 A,I 及 I_A 三点共线. AI_A 交圆 O 于 E，联结 BI,BE,BI_A，易知，$\angle IBI_A=90°$，$IE=BE$，得 E 为 II_A 的中点，即 $I_AE=BE$. 又 AB 切圆 I_A 于 D，联结 I_AD，$I_AD\perp AD$，则

$$r_A=I_AD=AI_A\sin\angle DAI_A$$

$$2R=\frac{BE}{\sin\angle DAI_A}$$

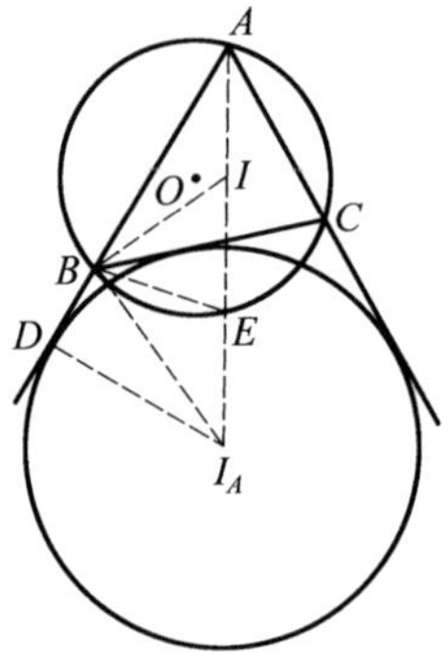

图 1.203

上二式相乘，$2Rr_A=AI_A\cdot BE$，即 $2Rr_A=AI_A\cdot I_AE$.

又由圆幂定理，点 I_A 对圆 O 的幂为 $d_A^2-R^2$，则

$$d_A^2-R^2=2Rr_A$$

即

$$d_A^2=R^2+2Rr_A$$

同理可证

$$d_B^2=R^2+2Rr_B$$

$$d_C^2=R^2+2Rr_C$$

推论 1 三角形的外心至内心、旁心的距离之平方和，等于外接圆半径平方的 12 倍.

事实上，由 $OI^2=R^2-2Rr$，$OI_A^2=R^2+2Rr_A$ 等 3 式及 $r_A+r_B+r_C-r=4R$，故

$$OI^2+OI_A^2+OI_B^2+OI_C^2=12R^2$$

推论 2 三角形的内心与外心分别至旁心的距离平方和的差，等于内心与外心距离之平方的 5 倍.

事实上,由推论 1 有

$$OI_A^2+OI_B^2+OC_2^2=12R^2-OI^2$$

又由内心与旁心的关系定理 3,有

$$II_A^2+II_B^2+II_C^2=16R^2-8Rr$$

故

$$\begin{aligned}&(II_A^2+II_B^2+II_C^2)-(OI_A^2+OI_B^2+OI_C^2)=\\&OI^2+4R^2-8Rr=\\&OI^2+4(R^2-2Rr)=5OI^2\end{aligned}$$

定理 23 在$\triangle ABC$中,A,B,C所对的边的边长分别为a,b,c,所对的旁心分别为I_A,I_B,I_C;旁切圆的半径为r_A,r_B,r_C;其内心为I,内切圆半径为r,内心I与各旁心$I_i(i=A,B,C)$的距离分别为d_i,则有

$$d_A^2=a^2+(r_A-r)^2$$

$$d_B^2=b^2+(r_B-r)^2$$

$$d_C^2=c^2+(r_C-r)^2$$

证明 如图 1.204,AB切圆I于D,切圆I_A于E,联结ID,I_AE,则$ID\perp AB,I_AE\perp AB$,点I在I_AE上的射影为F,则四边形$DEFI$为矩形,所以

$$IF=DE=AE-AD=\frac{a+b+c}{2}-\frac{b+c-a}{2}=a$$

$$I_AF=r_A-r$$

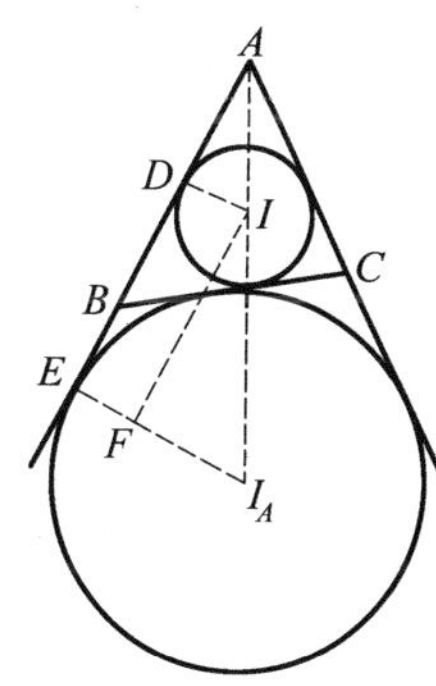

图 1.204

由勾股定理得

$$d_A^2=a^2+(r_A-r)^2$$

同理可证

$$d_B^2=b^2+(r_B-r)^2$$

$$d_C^2=c^2+(r_C-r)^2$$

内心I与各旁心$I_i(i=A,B,C)$的距离也可为下述形式:

定理 24① 设$\triangle ABC$的外接圆半径为R,内切圆半径为r,A,B,C所对的旁切圆半径分别为r_A,r_B,r_C.A,B,C所对的旁心到内心的距离分别为d_A,d_B,d_C,则

$$d_A^2=4R(r_A-r)$$

$$d_B^2=4R(r_B-r)$$

$$d_C^2=4R(r_C-r)$$

证明 设$\triangle ABC$的内切圆和A所对的旁切圆分别为圆I和圆I_A,并设这

① 尹成江.三角形的外接圆、内切圆、旁切圆之间的关系[J].中学教研(数学),1995(7,8):70-73.

两个圆与直线 AB 的相切点分别为 F,G 如图 1.205,联结 IF,I_AG,I_AI,IA.

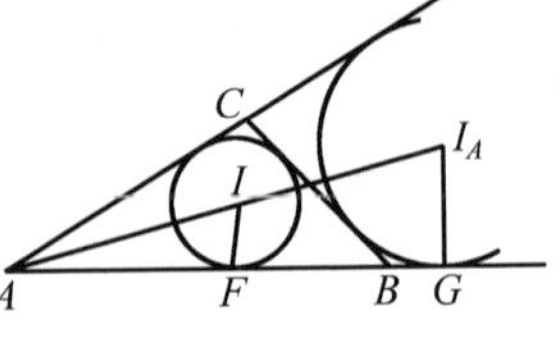

图 1.205

因 I 和 I_A 分别为 $\triangle ABC$ 的内心和 $\angle A$ 所对的旁心,则 A,I,I_A 三点共线.又由

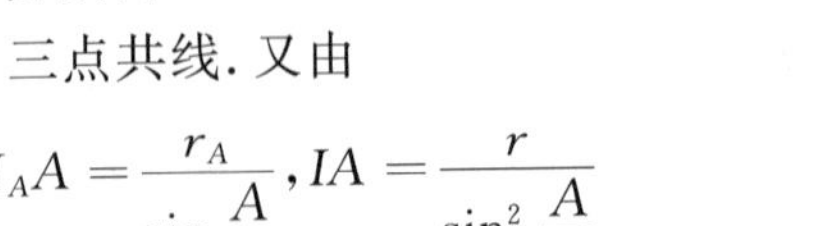

$$I_AA=\frac{r_A}{\sin\frac{A}{2}},IA=\frac{r}{\sin^2\frac{A}{2}}$$

则
$$d_A=I_AA-IA=\frac{r_A}{\sin\frac{A}{2}}-\frac{r}{\sin\frac{A}{2}}=\frac{r_A-r}{\sin\frac{A}{2}}$$

故
$$d_A^2=\frac{(r_A-r)^2}{\sin^2\frac{A}{2}}$$

将 ⑪ 代入上式得
$$d_A^2=4R(r_A-r)$$

同理可证
$$d_B^2=4R(r_B-r),d_C^2=4R(r_C-r)$$

定理 25 设 $\triangle ABC$ 的外接圆半径为 R,A,B,C 所对的旁切圆半径分别为 r_A,r_B,r_c,三个旁心之间的距离分别为 d_{AB},d_{BC},d_{AC},则
$$d_{AB}^2=4R(r_A+r_B)$$
$$d_{BC}^2=4R(r_B+r_C)$$
$$d_{AC}^2=4R(r_A+r_C)$$

证明 设 $\triangle ABC$ 的内切圆和 A,B 所对的旁切圆分别为圆 I,圆 I_A,圆 I_B,如图 1.206 所示.联结 I_BI,IB,I_AI,IA,I_BC,I_AC.

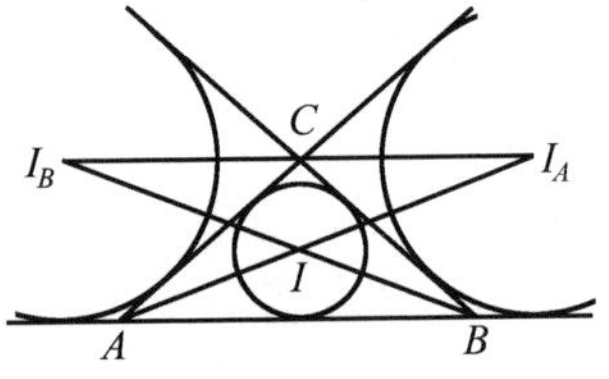

图 1.206

因为 I 为 $\triangle ABC$ 的内心,I_A,I_B 为 A,B 所对的旁心,易知:I_A,I,A 三点共线,I_B,I,B 三点共线,I_B,C,I_A 三点共线.因
$$\angle I_BII_A=\angle AIB=\pi-\frac{A}{2}-\frac{B}{2}=\frac{\pi}{2}+\frac{C}{2}$$
$$\angle II_AI_B=\angle I_BCA-\angle CAI_A=\frac{\pi-C}{2}-\frac{A}{2}=\frac{\pi-C-A}{2}=\frac{B}{2}$$

由正弦定理可得
$$\frac{d_{AB}}{\sin(\frac{\pi}{2}+\frac{C}{2})}=\frac{|OO_2|}{\sin\frac{B}{2}}$$

则 $$d_{AB}=\frac{|OO_2|\sin(\frac{\pi}{2}+\frac{C}{2})}{\sin\frac{B}{2}}=\frac{|OO_2|\cos\frac{C}{2}}{\sin\frac{B}{2}}$$

故 $$d_{AB}^2=\frac{|OO_2|^2\cos^2\frac{C}{2}}{\sin^2\frac{B}{2}}$$

则 $$d_{AB}^2=\frac{|OO_2|^2(1-\sin^2\frac{C}{2})}{\sin^2\frac{B}{2}} \tag{14}$$

又由定理 24 得

$$|OO_2|^2=4R(r_B-r) \tag{15}$$

(上式 r 为 $\triangle ABC$ 内切圆半径)

将 ⑫,⑬,⑮ 代入 ⑭ 得

$$d_{AB}^2=\frac{4R(r_B-r)(1-\frac{r_C-r}{4R})}{\frac{r_B-r}{4R}}=4R(4R-r_c+r)$$

又由定理 21 得

$$4R-r_C+r=r_A+r_B$$

则 $$d_{AB}^2=4R(r_A+r_B)$$

同理可得 $$d_{BC}^2=4R(r_B+r_C)$$

$$d_{AC}^2=4R(r_A+r_C)$$

定理 26 三角形内切圆圆心与旁切圆圆心的连线段被外接圆周所平分.

证明 如图 1.207,I 为 $\triangle ABC$ 的内心,I_A,I_B,I_C 是旁心,I 与 I_A,I_B,I_C 的连线分别与外接圆周交于点 L,M,N.

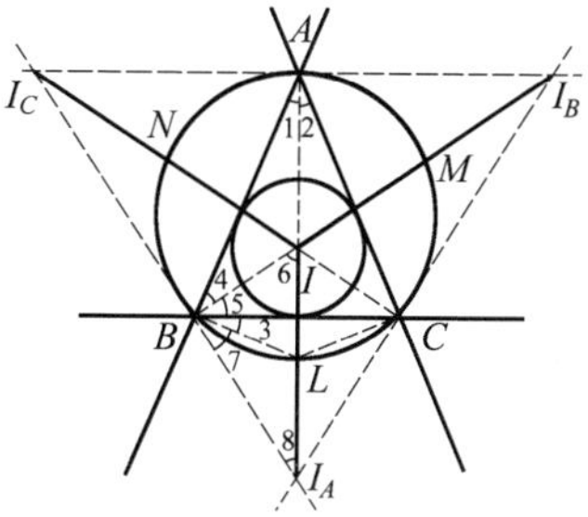

联结 I_AI_B,I_BI_C,I_CI_A,BL,CL,则

$$\angle 1=\angle 2=\angle 3$$

又 $\angle 4=\angle 5$,则

$$\angle 6=\angle 1+\angle 4=\angle 3+\angle 5$$

故 $$IL=BL$$

图 1.207

注意 $IB\perp I_AI_C$,则

$$\angle 7=90^\circ-(\angle 3+\angle 4)$$

$$\angle 8=90^\circ-\angle 6$$

即 $$\angle 7=\angle 8$$

亦即 $$BL=LI_A$$

故 $$IL=LI_A$$

同理可证 $$IM=MI_B, IN=NI_C$$

注 注意到圆 ABC 是 $\triangle I_AI_BI_C$ 的九点圆亦可证.

定理 27 锐角 $\triangle ABC$ 中,外心 O 到三边距离之和记为 $d_{外}$,重心 G 到三边距离之和记为 $d_{重}$,垂心 H 到三边距离之和记为 $d_{垂}$,则 $1\cdot d_{垂}+2\cdot d_{外}=3\cdot d_{重}$.

证明 如图 1.208,设 $\triangle ABC$ 的外接圆半径为 1,三个内角记为 A,B,C,易知

$$d_{外}=OO_1+OO_2+OO_3=\cos A+\cos B+\cos C$$

则 $$2d_{外}=2(\cos A+\cos B+\cos C)$$

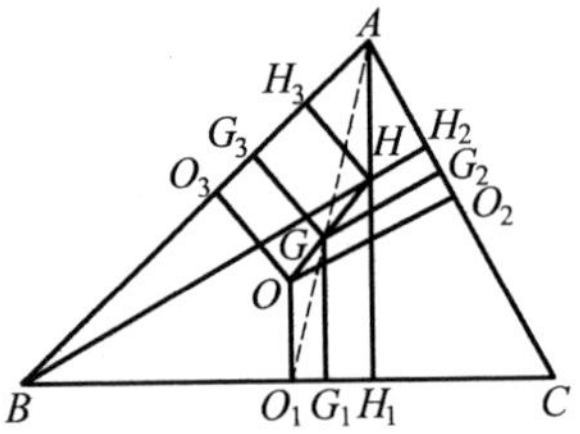

图 1.208

因 $AH_1=\sin B\cdot AB=2\sin B\cdot\sin C$. 同理得 AH_2,AH_3,于是

$$\begin{aligned}3d_{重}&=3GG_1+3GG_2+3GG_3=\\&AH_1+BH_2+CH_3=\\&2(\sin B\cdot\sin C+\sin C\cdot\sin A+\sin A\cdot\sin B)\end{aligned}$$

设 AH 的延长线交 $\triangle ABC$ 的外接圆于 H',则

$$BH=BH'=2\sin\angle BAH'=2\cos B$$

$$HH_1=BH\cdot\cos\angle BHH_1=BH\cdot\cos C=2\cos B\cdot\cos C$$

同理可得 HH_2,HH_3 从而

$$d_{垂}=HH_1+HH_2+HH_3=2(\cos B\cdot\cos C+\cos C\cdot\cos A+\cos A\cdot\cos B)$$

于是由

$$\begin{aligned}&\cos B\cdot\cos C+\cos C\cdot\cos A+\cos A\cdot\cos B-\sin B\cdot\sin C-\sin C\cdot\\&\quad\sin A-\sin A\cdot\sin B=\\&\quad\cos(B+C)+\cos(C+A)+\cos(A+B)=\\&\quad-(\cos A+\cos B+\cos C)\end{aligned}$$

即证.

我们可容易地推证下面的定理:

定理 28 有关字母同前面所设,设 R^* 为 $\triangle I_AI_BI_C$ 的外接圆半径,O^* 为其外心,则(1)$R^*=2R$;(2)$IO^*=2IO$.

定理 29 有关字母同前面所设,令 $p=\frac{1}{2}(a+b+c)$,则有心径公式:

(1) $OA=OB=OC=R$.

(2) $HA=2R\mid\cos A\mid$ 等三式.(其证明见三角形的广义正弦定理 1)

(3) $IA=4R\sin\frac{B}{2}\cdot\sin\frac{C}{2}=\frac{r}{\sin\frac{A}{2}}=\frac{p-a}{\cos\frac{A}{2}}$ 等三式.

(4) $I_AA=4R\cdot\cos\frac{B}{2}\cdot\cos\frac{C}{2}=\frac{r_A}{\sin\frac{A}{2}}=\frac{p}{\cos\frac{A}{2}}$ 等三式.

(5) $GA=\frac{1}{2}\sqrt{2b^2+2c^2-a^2}$ 等三式.

推论 (1) $IA\cdot IB\cdot IC=4Rr^2$.

(2) $I_AA\cdot I_AB\cdot I_AC=4Rr_A^2$ 等三式.

定理 30 设 P 为 $\triangle ABC$ 平面内的点,AP,BP,CP 所在直线分别交 $\triangle ABC$ 的外接圆于 A',B',C',则

(1) 若 P 为 $\triangle ABC$ 的外心,对锐角三角形,有 $S_{\triangle ABC}=S_{\triangle A'BC}+S_{\triangle AB'C}+S_{\triangle ABC'}$.

对非锐角三角形(不妨设 $A\geqslant 90°$,下同),有 $S_{\triangle ABC}=S_{\triangle A'BC}-S_{\triangle AB'C}-S_{\triangle ABC'}$.

(2) 若 P 为 $\triangle ABC$ 的垂心,有同(1)的结论.

(3) 若 P 为 $\triangle ABC$ 的重心,有 $S_{\triangle ABC}\leqslant S_{\triangle A'BC}+S_{\triangle AB'C}+S_{\triangle ABC'}$,当且仅当 $\triangle ABC$ 为正三角形时等号取得.

(4) 若 P 为 $\triangle ABC$ 的内心,有同(3)的结论.

定理 31 在 $\triangle ABC$ 中,内心到外心的距离等于重心到外心的距离的充要条件是 $a^2+b^2+c^2=18Rr$.

定理 32 设 P 是 $\triangle ABC$ 的巧合点,联结 AP 交 BC 于 D,过 P 的直线分别与 AB,AC 所在直线交于 E,F,则 $\frac{AD}{AP}=\frac{AB}{AE}\cdot\frac{CD}{BC}+\frac{AC}{AF}\cdot\frac{BD}{BC}$.

特别地,当 P 分别为外心 O,内心 I,垂心 H,重心 G,角 A 内的旁心 I_A 时,有

(1) $\frac{AB}{AE}\cdot\sin 2B+\frac{AC}{AF}\cdot\sin 2C=\sin 2A+\sin 2B+\sin 2C$.

(2) $\frac{AB}{AE}\cdot\sin B+\frac{AC}{AF}\cdot\sin C=\sin A+\sin B+\sin C$.

(3) $\frac{AB}{AE}\cdot\tan B+\frac{AC}{AF}\cdot\tan C=\tan A+\tan B+\tan C$.

(4) $\frac{AB}{AE}+\frac{AC}{AF}=3$.

(5) $\frac{AB}{AE}\cdot\sin B+\frac{AC}{AF}\cdot\sin C=-\sin A+\sin B+\sin C$.

定理 33[①] 设圆 $O(R)$,圆 $I(r)$ 是 $\triangle ABC$ 的外接圆和内切圆,AI,BI,CI 与对边 BC,CA,AB 分别交于点 D,E,F,与外接圆圆 O 分别交于点 D',E',F',则

(1) $\dfrac{DD'}{DA}+\dfrac{EE'}{EB}+\dfrac{FF'}{FC}=\dfrac{R}{r}-1$.

(2) $\dfrac{D'A}{DA}+\dfrac{E'B}{EB}+\dfrac{F'C}{FC}=\dfrac{R}{r}+2$.

(3) $\dfrac{DD'}{DI}+\dfrac{EE'}{EI}+\dfrac{FF'}{FI}=2\cdot\dfrac{R}{r}-1$.

(4) $\dfrac{D'I}{DI}+\dfrac{E'I}{EI}+\dfrac{F'I}{FI}=2\cdot\dfrac{R}{r}+2$.

证明 如图 1.209,不妨设 $\triangle ABC$ 的三边 BC,CA,AB 的长分别为 a,b,c,面积为 S,外心 O 到边 a,b,c 的距离分别为 d_a,d_b,d_c,则

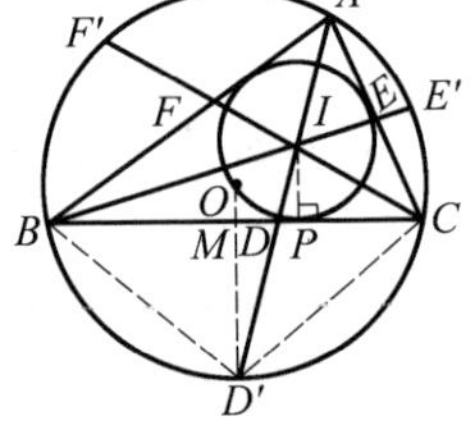

图 1.209

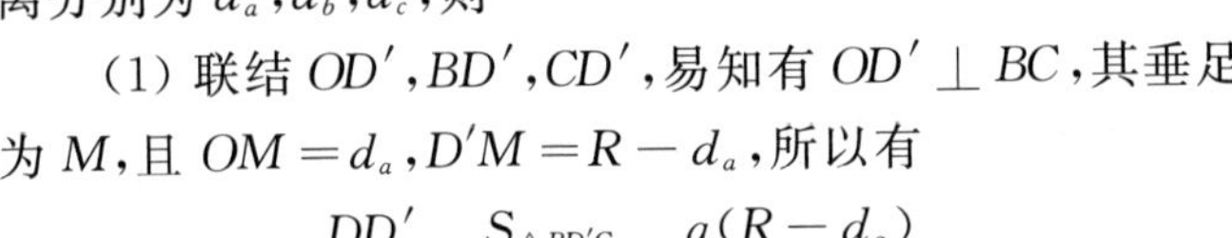

(1) 联结 OD',BD',CD',易知有 $OD'\perp BC$,其垂足为 M,且 $OM=d_a$,$D'M=R-d_a$,所以有

$$\frac{DD'}{DA}=\frac{S_{\triangle BD'C}}{S}=\frac{a(R-d_a)}{2S}$$

同理
$$\frac{EE'}{EB}=\frac{b(R-d_b)}{2S}$$
$$\frac{FF'}{FC}=\frac{c(R-d_c)}{2S}$$

则
$$\frac{DD'}{DA}+\frac{EE'}{EB}+\frac{FF'}{FC}=\frac{1}{2S}(R(a+b+c)-(ad_a+bd_b+cd_c))=$$
$$\frac{1}{2S}\left(R\cdot\frac{2S}{r}-2S\right)=\frac{R}{r}-1$$

(2) 由(1) 的结论可知有
$$\frac{DD'}{DA}+1+\frac{EE'}{EB}+1+\frac{FF'}{FC}+1=\frac{R}{r}+2$$

即
$$\frac{D'A}{DA}+\frac{E'B}{EB}+\frac{F'C}{FC}=\frac{R}{r}+2$$

(3) 由于 $IP\perp BC$ 于 P,且 $IP=r$,又 $D'M\parallel IP$,所以有
$$\frac{DD'}{DI}=\frac{D'M}{IP}=\frac{R-d_a}{r}$$

同理
$$\frac{EE'}{EI}=\frac{R-d_b}{r}$$

① 李耀文,任伟.关于三角形的双圆半径的一个恒等式[J].中学数学,2003(5):48.

$$\frac{FF'}{FI}=\frac{R-d_c}{r}$$

注意到外心性质定理 5,得

$$\frac{DD'}{DI}+\frac{EE'}{EI}+\frac{FF'}{FI}=\frac{1}{r}(3R-(d_a+d_b+d_c))=2\cdot\frac{R}{r}-1$$

由此等式,不难得到

$$\frac{DD'}{DI}+1+\frac{EE'}{EI}+1+\frac{FF'}{FI}+1=2\cdot\frac{R}{r}+2$$

即结论(4)成立

$$\frac{D'I}{DI}+\frac{E'I}{EI}+\frac{F'I}{FI}=2\cdot\frac{R}{r}+2$$

定理34① 三角形的外心和各顶点连线的中点,与相应顶点对边中点所连成的三线共点,且该点恰在三角形的欧拉线上.

证明 设 O 是 $\triangle ABC$ 的外心,OA,OB,OC 中点分别为 A_1,B_1,C_1,BC,CA,AB 边的中点依次为 A_0,B_0,C_0,如图 1.210 所示.

设 H 是 $\triangle ABC$ 的垂心,HA,HB,HC 的中点分别为 A_2,B_2,C_2,则知:直线 OH 就是 $\triangle ABC$ 的欧拉线.

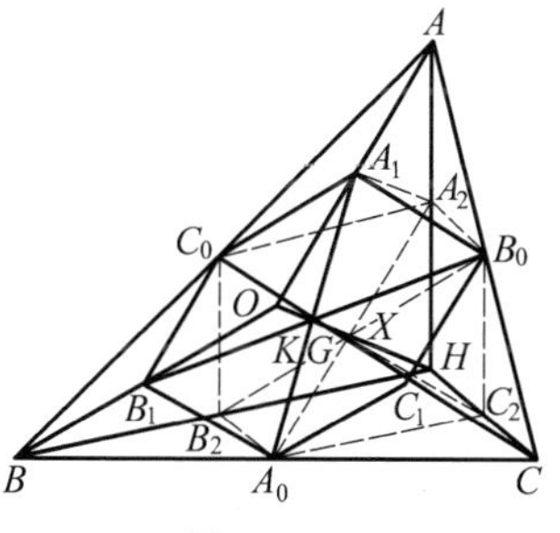

图 1.210

联结 $A_0B_1,A_0C_1,B_0C_1,B_0A_1,C_0A_1,C_0B_1$,易知有

$$A_0B_1\mathrel{\underline{\underline{/\!/}}}\frac{1}{2}CO,B_0A_1\mathrel{\underline{\underline{/\!/}}}\frac{1}{2}CO$$

从而,有 $A_0B_1\mathrel{\underline{\underline{/\!/}}}B_0A_1$

所以四边形 $A_0B_0A_1B_1$ 是平行四边形.

不妨设,$\square A_0B_0A_1B_1$ 的对角线 A_0A_1 与 B_0B_1 相交于点 K.于是,有

$$A_0K=A_1K,B_0K=B_K$$

同理 $\square B_0C_0B_1C_1$ 的对角线 B_0B_1 与 C_0C_1 也相交于点 K 且互相平分;

$\square C_0A_0C_1A_1$ 的对角线 C_0C_1 与 A_0A_1 也相交于点 K 且互相平分.

由此表明:A_0A_1,B_0B_1,C_0C_1 三条直线必通过同一点 K(即三线共点).

再联结 $A_0B_2,A_0C_2,B_0C_2,B_0A_2,C_0A_2,C_0B_2$,则可同理证得 A_0A_2,B_0B_2,C_0C_2 三线也共点(记作 X).

由三角形垂心性质定理 14 及其推论可知:

① 李耀文.三角形外心的一个性质[J].中学数学,2006(12):36.

A_0A_2，B_0B_2，C_0C_2 三线共点，且该点(X) 恰好是 $\triangle ABC$ 的九点圆圆心 X. 而九点圆心(X) 在 $\triangle ABC$ 的欧拉线 OH 上，且 $OX=XH$，$A_0X=XA_2$. 联结 A_1A_2，则在 $\triangle AOH$ 和 $\triangle A_0A_1A_2$ 中，由中位线定理得知

$$A_1A_2 \mathop{\underline{\underline{\parallel}}} \frac{1}{2}OH, XK \mathop{\underline{\underline{\parallel}}} \frac{1}{2}A_1A_2$$

又因点 X 在 $\triangle ABC$ 的欧拉线 OH 上，所以直线 XK 与 OH 重合，故点 K 必在 $\triangle ABC$ 的欧拉线(OH) 上.

又因为 $\triangle ABC$ 的九点圆心 X 是 OH 的中点，A_0，A_1，A_2 分别是 BC，OA，HA 的中点，所以易证 $\triangle OA_1K \cong \triangle XA_0K$，于是，知 $OK=KX$，即 K 是 OX 的中点.

由此，我们不难得到：

推论 (1) 三角形的各边中点与其外心到各边所对顶点的连线中点所成的线段，均被外心与九点圆心连线的中点所平分.

(2) 三角形的各边中点，外心与各顶点连线的中点，凡此六点为顶点的六边形的对角线共点，且该点恰是三角形的外心与九点圆心连线的中点.

(3) 三角形的外心(O)、九点圆心(X)，重心(G)，垂心(H) 及三角形边的中点与外心到该边对角顶点连线的中点所成线段的中点(K) 成调和点列. 即 $OK : KG : GX : XH = 3 : 1 : 2 : 6$.

(4) 三角形的外心，垂心分别与各顶点连线的中点为顶点的三角形($\triangle A_1B_1C_1$、$\triangle A_2B_2C_2$) 均全等于三角形的中点三角形.(图 1.152 中 $\triangle A_1B_1C_1 \cong \triangle A_2B_2C_2 \cong \triangle A_0B_0C_0$)

(5) 三角形的外心、垂心分别与各顶点连线的中点为顶点的三角形外接圆(圆 $A_1B_1C_1$，圆 $A_2B_2C_2$) 及三角形的中点三角形外接圆(圆 $A_0B_0C_0$) 均与三角形的九点圆是等圆.

由上述知：$\triangle ABC$ 的外心 O、垂心 H 是 $\triangle ABC$ 的一对等角共轭点. 因此，我们可类比作出如下推广命题：

推广 $\triangle ABC$ 的两个等角共轭点(P，Q) 分别与各顶点连线的中点与对应顶点的对边中点所成对应的三线共点(记为 P'，Q')，则此二点(P'，Q') 的连线平行于两等角共轭点(P，Q) 的连线(即 $PQ \parallel P'Q'$).

若将上述推广命题中 $\triangle ABC$ 的两个"等角共轭点"(P，Q) 变换成 $\triangle ABC$ 形内的任意二点，则此结论仍然成立.

定理 35[①] 设点 P 在 $\triangle ABC$ 的外接圆内，AP，BP，CP 与外接圆交于 D，

① 孙哲. 从三角形的外心谈起[J]. 中学数学，2004(3)：47-48.

E,F,O为外心,G为重心,则使$\frac{AP}{PD}+\frac{BP}{PE}+\frac{CP}{PF}=3$成立的充要条件是点$P$落在以线段$OG$的中点为圆心,以$\frac{1}{2}OG$为半径的圆上.

证明 如图1.211,设$\triangle ABC$的外接圆为单位圆,以其圆心作原点建立直角坐标系.

设$\triangle ABC$三顶点坐标为:$A(x_1,y_1)$,$B(x_2,y_2)$,$C(x_3,y_3)$,点P,D坐标分别为:(x,y),(m,n).

设$\frac{|AP|}{|PD|}=\lambda_1,\frac{|BP|}{|PE|}=\lambda_2,\frac{|CP|}{|PF|}=\lambda_3$,则

$$\lambda_1+\lambda_2+\lambda_3=3$$

易知
$$x=\frac{x_1+\lambda_1 m}{1+\lambda_1},y=\frac{y_1+\lambda_1 n}{1+\lambda_1}$$

所以
$$m=\frac{(1+\lambda_1)x-x_1}{\lambda_1}$$
$$n=\frac{(1+\lambda_1)y-y_1}{\lambda_1}$$

由点D在单位圆上立得

$$(\frac{1}{\lambda_1})^2((1+\lambda_1)x-x_1)^2+(\frac{1}{\lambda_1})^2((1+\lambda_1)y-y_1)^2=1$$

整理得
$$(1+\lambda_1)x^2+(1+\lambda_1)y^2-2x_1x-2y_1y=\lambda_1-1$$

同理
$$(1+\lambda_2)x^2+(1+\lambda_2)y^2-2x_2x-2y_2y=\lambda_2-1$$
$$(1+\lambda_3)x^2+(1+\lambda_3)y^2-2x_3x-2y_3y=\lambda_3-1$$

以上三式相加得

$$(3+\lambda_1+\lambda_2+\lambda_3)(x^2+y^2)-2x(x_1+x_2+x_3)-2y(y_1+y_2+y_3)=\lambda_1+\lambda_2+\lambda_3-3 \quad (*)$$

若$\lambda_1+\lambda_2+\lambda_3=3$,则

$$x^2+y^2-2x\frac{x_1+x_2+x_3}{6}-2y\cdot\frac{y_1+y_2+y_3}{6}=0$$

即

$$(x-\frac{x_1+x_2+x_3}{6})^2+(y-\frac{y_1+y_2+y_3}{6})^2=\frac{1}{36}((x_1+x_2+x_3)^2+(y_1+y_2+y_3)^2)$$

若$x^2+y^2-2x\frac{x_1+x_2+x_3}{6}-2y\frac{y_1+y_2+y_3}{6}=0$,代入(*)立得

$$\lambda_1+\lambda_2+\lambda_3=3$$

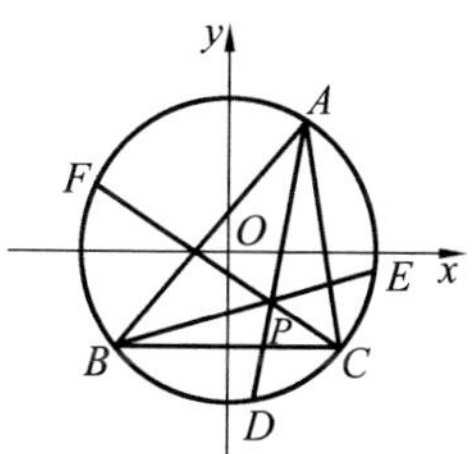

图1.211

因此,所得轨迹为圆,圆心 K 的坐标为$(\frac{x_1+x_2+x_3}{6},\frac{y_1+y_2+y_3}{6})$.

由于外接圆圆心 O 的坐标为$(0,0)$,G 的坐标为$(\frac{x_1+x_2+x_3}{3},\frac{y_1+y_2+y_3}{3})$,立得 O,K,G 三点共线,且 K 为 OG 的中点.

从而,所得轨迹是以 $\triangle ABC$ 的外心和重心连线的中点为圆心,以外心和重心连线为直径的圆.

由于钝角三角形的外心在三角形外,从而点 P 的位置可在三角形外,而在外接圆内.

定理 36[①] $\triangle ABC$ 为锐角三角形,O,H 分别是它的外心、垂心,则 $S_{\triangle AOH}$,$S_{\triangle BOH}$,$S_{\triangle COH}$ 中,最大的一个等于其余两个之和.

证明 分两种情况讨论.

(1) 当直线 OH 通过 $\triangle ABC$ 的某一顶点时(如图 1.212(a),直线 OH 通过 $\triangle ABC$ 的顶点 C),易证 $\triangle ABC$ 为等腰三角形,此时:$\triangle AOH\cong\triangle BOH$,而 $S_{\triangle COH}=0$. 必然有 $S_{\triangle AOH}=S_{\triangle BOH}+S_{\triangle COH}$ 或者 $S_{\triangle BOH}=S_{\triangle AOH}+S_{\triangle COH}$.

(2) 当直线 OH 与 $\triangle ABC$ 的某两边相交时(如图 1.212(b),直线 OH 与 AB,AC 相交),取 $\triangle ABC$ 的重心 G. G 必在 OH 上,且 G 在 O,H 两点之间(直线 OGH 是 $\triangle ABC$ 的欧拉线).

联结 AG 并延长交 BC 于 D,显然 D 为 BC 的中点,联结 DO,DH. 并设 B,D,C 到直线 OH 的距离为 BB',DD',CC'.(均未画出)

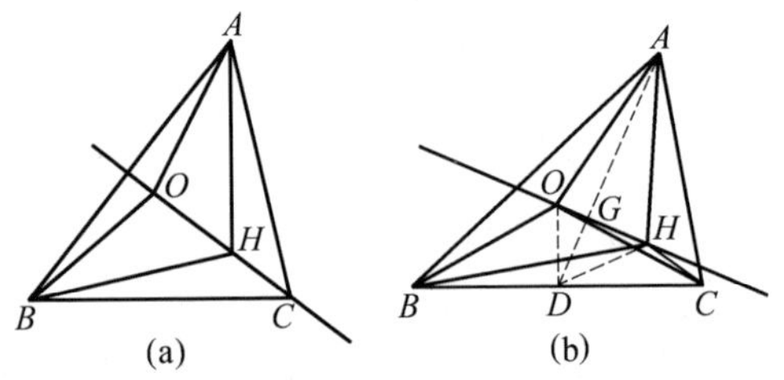

图 1.212

显然 DD' 为梯形 $BB'C'C$ 的中位线,所以

$$BB'+CC'=2DD'$$

由于 OH 是 $\triangle BOH,\triangle COH,\triangle DOH$ 的公共底边,所以

$$S_{\triangle BOH}+S_{\triangle COH}=2\cdot S_{\triangle DOH} \quad ①$$

另外由三角形重心性质知 $AG=2DG$,所以

① 黄全福.数学问题 1721 号[J].数学通报,2008(4):61.

$$S_{\triangle AOH}=2\cdot S_{\triangle DOH} \tag{②}$$

比较 ①,②,立得

$$S_{\triangle AOH}=S_{\triangle BOH}+S_{\triangle COH}$$

定理 37① 设 I 为 $\triangle ABC$ 的旁心,且 I 在 $\angle BAC$ 的平分线上,直线 AI,BI,CI 分别与 $\triangle ABC$ 的外接圆相交于点 D,E,F,直线 EF,FD,DE 分别与 AD,BE,CF 相交于点 P,M,N,则

(1) D 为 $\triangle EFI$ 的垂心.

(2) D 为 $\triangle MPN$ 的内心.

(3) I 为 $\triangle MPN$ 的旁心.

证明 如图 1.213,(1) 联结 BD 知

$$\angle CBD=\angle CAD=\frac{1}{2}\angle A$$

由于 $\angle IBD+\angle CBD+\angle ICB-\frac{1}{2}\angle A=90^\circ$,

故有

$$\angle IBD+\angle ICB=90^\circ$$

由 B,C,F,D 四点共圆知

$$\angle BDM=\angle ICB$$

故 $\angle IBD+\angle BDM=90^\circ$

所以 $\angle BMD=90^\circ$

于是知 $FM\perp IE$

同理 $EN\perp IF$

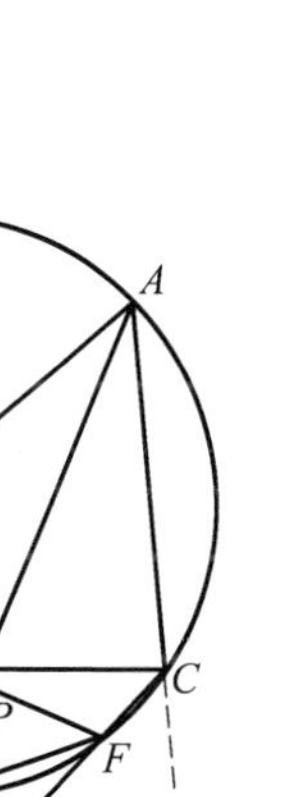

图 1.213

又 $FM\cap EN=D$,故 D 为 $\triangle EFI$ 的垂心.

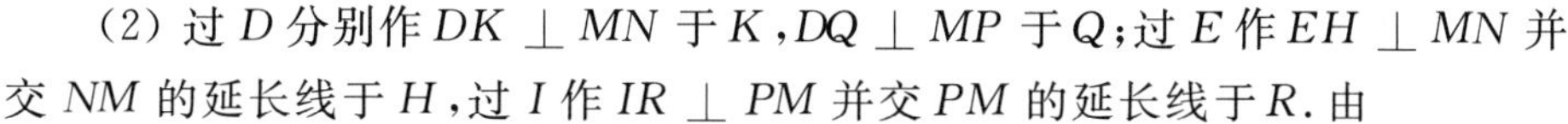

(2) 过 D 分别作 $DK\perp MN$ 于 K,$DQ\perp MP$ 于 Q;过 E 作 $EH\perp MN$ 并交 NM 的延长线于 H,过 I 作 $IR\perp PM$ 并交 PM 的延长线于 R.由

$$\frac{S_{\triangle MDN}}{S_{\triangle MEN}}=\frac{DN}{NE}=\frac{DK}{EH}=\frac{MD\sin\angle 1}{EM\sin\angle EMH}=$$

$$\frac{MD\sin\angle 1}{EM\sin(90^\circ-\angle 1)}=\frac{MD}{EM}\cdot\tan\angle 1$$

所以 $$\tan\angle 1=\frac{EM\cdot DN}{NE\cdot MD}$$

$$\frac{S_{\triangle MPD}}{S_{\triangle MPI}}=\frac{PD}{PI}=\frac{DQ}{IR}=\frac{MD\sin\angle 2}{MI\sin\angle IMR}=$$

① 熊光汉.圆内接三角形的又一新性质[J].中学数学月刊,2006(9):22-23.

$$\frac{MD\sin\angle 2}{MI\sin(90^\circ-\angle 2)}=\frac{MD}{MI}\cdot\tan\angle 2$$

所以
$$\tan\angle 2=\frac{PD\cdot MI}{PI\cdot MD}$$

在 $\triangle IDE$ 中,由塞瓦定理知

$$\frac{EM}{MI}\cdot\frac{IP}{PD}\cdot\frac{DN}{NE}=1$$

即
$$\frac{EM\cdot DN}{NE}=\frac{PD\cdot MI}{PI}$$

从而知
$$\frac{EM\cdot DN}{NE\cdot MD}=\frac{PD\cdot MI}{PI\cdot MD}$$

于是得 $\tan\angle 1=\tan\angle 2$,所以 $\angle 1=\angle 2$. 同理 $\angle 3=\angle 4$.

又 $MF\cap EN=D$,故 D 为 $\triangle MPN$ 的内心.

(3) 由 $MF\perp EI$ 知

$$\angle 1+\angle 5=\angle 2+\angle 6=90^\circ$$

因
$$\angle 1=\angle 2$$

所以
$$\angle 5=\angle 6$$

又因 $\angle 6=\angle 7$,所以

$$\angle 5=\angle 7$$

同理
$$\angle 8=\angle 9$$

又 $MI\cap NI=I$,故 I 为 $\triangle MPN$ 的旁心.

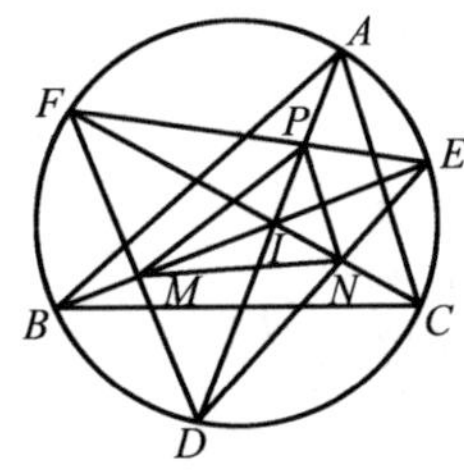

图 1.214

注 类似于上述定理的证法可证明如下结论:

设 I 为 $\triangle ABC$ 的内心,射线 AI,BI,CI 与 $\triangle ABC$ 的外接圆分别相交于点 D,E,F. EF,FD,DE 分别与 AD,BE,CF 相交于点 P,M,N,则 I 是 $\triangle PMN$ 的内心,如图 1.214 所示.

❖查普定理

查普定理① 设 $\triangle ABC$ 的外接圆的半径为 R,内切圆或一旁切圆的半径为 r,d 是两圆的圆心距,则 $d^2=R^2\mp 2Rr$.

公式 $d^2=R^2-2Rr$ 是查普于1746年发现的,欧拉在1765年再发现与其等

① 单墫. 数学名题词典[M]. 南京:江苏教育出版社,2002:407-412.

价的公式 $d^2=\dfrac{a^2b^2c^2}{16S^2}-\dfrac{abc}{a+b+c}$,这里 S 表示 $\triangle ABC$ 的面积.

证明　如图 1.215,1.216,设 $\triangle ABC$ 外心为 O,内心或对着 A 的旁心为 I,联结 AI 交圆 O 于 P,作圆 O 直径 PQ,联结 BQ. 又设圆 I 切 AB 于 D,联结 ID,因 $\angle PQB=\angle IAD$,所以

$$\mathrm{Rt}\triangle PQB\backsim\mathrm{Rt}\triangle IAD$$

从而

$$\frac{PQ}{IA}=\frac{PB}{ID}$$

即

$$2Rr=IA\cdot PB$$

联结 BI,则

$$\angle BIP=\frac{1}{2}(\angle DBC\pm\angle BAC)$$

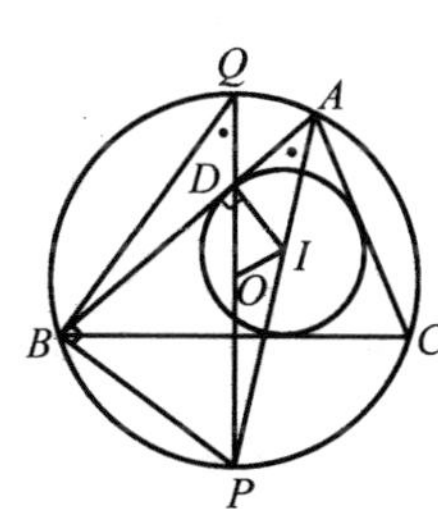

图 1.215　　图 1.216

而　$$\angle IBP=\frac{1}{2}\angle DBC\pm\angle PBC=\frac{1}{2}(\angle DBC\pm\angle ABC)$$

由此推得

$$\angle BIP=\angle IBP$$

于是

$$PB=PI$$

且有

$$2Rr=IA\cdot IP$$

易知,当 I 为 $\triangle ABC$ 的内心时,$IA\cdot IP=R^2-d^2$,所以

$$d^2=R^2-2Rr$$

当 I 为 $\triangle ABC$ 的旁心时,$IA\cdot IP=d^2-R^2$,所以

$$d^2=R^2+2Rr$$

从而

$$d^2=R^2\mp 2Rr$$

❖费尔巴哈公式

费尔巴哈公式　设 R,r 和 r_a,r_b,r_c 分别是 $\triangle ABC$ 的外接圆半径、内切圆

半径和三个旁切圆半径,它的三边长分别为 $a,b,c,p=\frac{1}{2}(a+b+c)$,则

(1) $r_br_c+r_cr_a+r_ar_b=p^2$.

(2) $r_a+r_b+r_c-r=4R$.

上述公式是费尔巴哈于 1822 年得到的. 式(2) 即为三角形五心的相关关系定理 21.

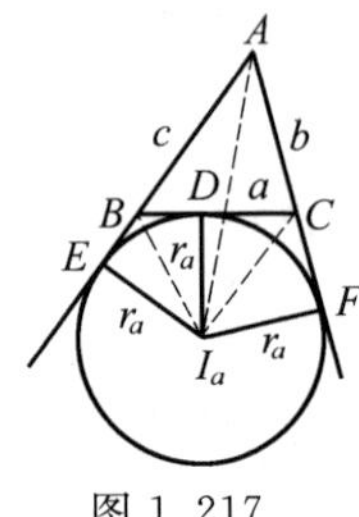

图 1.217

证明 (1) 如图 1.217,用 S 表示 $\triangle ABC$ 的面积,则

$$S=S_{\triangle ABI_a}+S_{\triangle ACI_a}-S_{\triangle BCI_a}=\frac{1}{2}(br_a+cr_a-ar_a)=r_a(p-a)$$

同理可得

$$S=r_b(p-b)=r_c(p-c)$$

所以

$$r_br_c+r_cr_a+r_ar_b=S^2\left(\frac{1}{(p-b)(p-c)}+\frac{1}{(p-c)(p-a)}+\frac{1}{(p-a)(p-b)}\right)=S^2\frac{p}{(p-a)(p-b)(p-c)}$$

但 $S^2=p(p-a)(p-b)(p-c)$,从而便得到(1).

如果利用三角知识,那么可得到

$$r_br_c+r_cr_a+r_ar_b=p^2\left(\tan\frac{B}{2}\tan\frac{C}{2}+\tan\frac{C}{2}\tan\frac{A}{2}+\tan\frac{A}{2}\tan\frac{B}{2}\right)$$

但易知 $\tan\frac{B}{2}\tan\frac{C}{2}+\tan\frac{C}{2}\tan\frac{A}{2}+\tan\frac{A}{2}\tan\frac{B}{2}=1$,从而便得(1).

(2) 从图形上也可具体反映出它的关系. 如图 1.218,设 I_a,r_a 等分别表示 $\triangle ABC$ 旁切圆的圆心和半径,I,r 为它的内切圆圆心和半径,X_1,Y_1,Z_1 和 D_1 为切点,联结 II_a 交 $\triangle ABC$ 的外接圆于 E_1,则 $E_1I=E_1C=E_1I_a$,即 E_1 为 II_a 的中点. 设 M_1 为 BC 的中点,则 $r_a-r=2E_1M_1$. 又 $CY_1=BZ_1=p-a$,所以 M_1 为 Z_1Y_1 的中点.

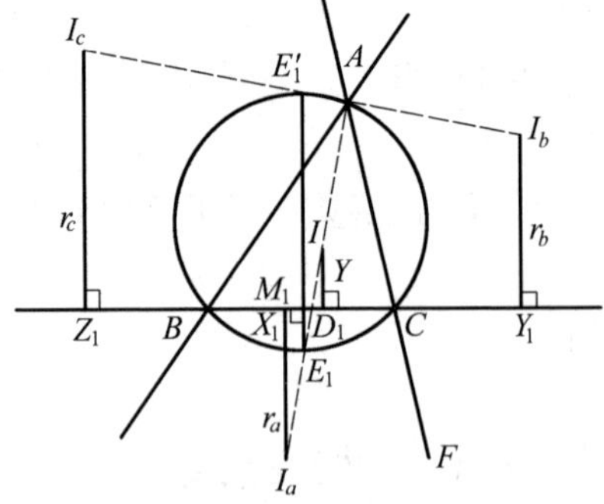

图 1.218

设 E_1M_1 与 $\triangle ABC$ 外接圆的另一个交点为 E'_1,则 $E_1E'_1$ 为外接圆的直径,且 AE'_1 平分 $\angle BAC$ 的外角,所以 AE'_1

必过 I_b, I_c,从而 $r_b+r_c=2M_1E'_1$,因此

$$r_a+r_b+r_c-r=2E_1M_1+2M_1E'_1=2E_1E'_1=4R$$

因为

$$r_a+r_b+r_c-r=S\left(\frac{1}{p-a}+\frac{1}{p-b}+\frac{1}{p-c}-\frac{1}{p}\right)=$$

$$S\cdot c\left(\frac{1}{(p-a)(p-b)}+\frac{1}{p(p-c)}\right)=$$

$$S\cdot c\frac{ab}{p(p-a)(p-b)(p-c)}=\frac{abc}{S}$$

又 $S=\frac{abc}{4R}$,所以便知(2) 成立.

注 (1) 如果利用三角知识便有

$$r_a+r_b+r_c-r=p\tan\frac{A}{2}+p\tan\frac{B}{2}+p\tan\frac{C}{2}-(p-a)\tan\frac{A}{2}-$$

$$(p-b)\tan\frac{B}{2}-(p-c)\tan\frac{C}{2}+2r=$$

$$a\tan\frac{A}{2}+b\tan\frac{B}{2}+c\tan\frac{C}{2}+2r=$$

$$4R\left(\sin^2\frac{A}{2}+\sin^2\frac{B}{2}+\sin^2\frac{C}{2}\right)+2r=$$

$$2R(3-(\cos A+\cos B+\cos C))+2r=$$

$$4R-8R\sin\frac{A}{2}\sin\frac{B}{2}\sin\frac{C}{2}+2r$$

但 $r=4R\sin\frac{A}{2}\sin\frac{B}{2}\sin\frac{C}{2}$,由此就得到(2).

(2) 应用上述公式,即可得到下列几何不等式:

① $\frac{4}{3}R<\frac{1}{3}(r_a+r_b+r_c)\leqslant\frac{3}{2}R$,见 L. Fejes Tóth, Mat. Lapok 1(1949),72.

事实上,由 $r_a+r_b+r_c-r=4R$,得 $r_a+r_b+r_c>4R$. 而

$$r_a+r_b+r_c=4R+r$$

又有 $r\leqslant\frac{R}{2}$,所以

$$r_a+r_b+r_c\leqslant 4R+\frac{R}{2}=\frac{9R}{2}$$

也即

$$\frac{4}{3}R<\frac{1}{3}(r_a+r_b+r_c)\leqslant\frac{3}{2}R$$

② $9r\leqslant r_a+r_b+r_c\leqslant\frac{9}{2}R$,见 M. S. Klamkin, Math. Teacher 60(1967),323-328.

据 $r_a+r_b+r_c=4R+r$ 及 $2r\leqslant R$,得

$$r_a+r_b+r_c\leqslant\frac{9}{2}R \text{ 以及 } r_a+r_b+r_c\geqslant 4\cdot 2r+r=9r$$

③ $54Rr\leqslant 3(bc+ca+ab)\leqslant 4(r_br_c+r_cr_a+r_ar_b)$,见 F. Leuenberger—J. Steining,

Elem. Math. 20(1965),89-90.

由
$$r_br_c+r_cr_a+r_ar_b=p^2=\frac{1}{4}(a+b+c)^2$$
和
$$3(bc+ca+ab)\leqslant(a+b+c)^2$$
得
$$3(bc+ca+ab)\leqslant 4(r_br_c+r_cr_a+r_ar_b)$$
由
$$3(bc+ca+ab)=3abc(\frac{1}{a}+\frac{1}{b}+\frac{1}{c})=$$
$$6R(h_a+h_b+h_c)\geqslant 18R\cdot\frac{3}{\frac{1}{h_a}+\frac{1}{h_b}+\frac{1}{h_c}}$$
与$\frac{1}{h_a}+\frac{1}{h_b}+\frac{1}{h_c}=\frac{1}{r}$(该等式由特库耶姆(Terquem,1782—1862)于1843年得到),得
$$3(bc+ca+ac)\geqslant 54Rr$$

❖莱莫恩公式

莱莫恩公式 设O,I和H分别是$\triangle ABC$的外心、内心和垂心,则

(1) $OH^2=R^2(1-8\cos A\cos B\cos C)=9R^2-(a^2+b^2+c^2)$.

(2) $IH^2=2r^2-4R^2\cos A\cos B\cos C=4R^2+2r^2-\frac{1}{2}(a^2+b^2+c^2)$.

上述公式都是法国数学家莱莫恩(E. M. H. Lemoine,1840—1912)于1870年发现的.

证明 (1) 如图1.219,因为
$$OH^2=R^2+AH^2-2R\cdot AH\cos\theta$$
$$AH=2R\cos A,\theta=|\angle B-\angle C|$$

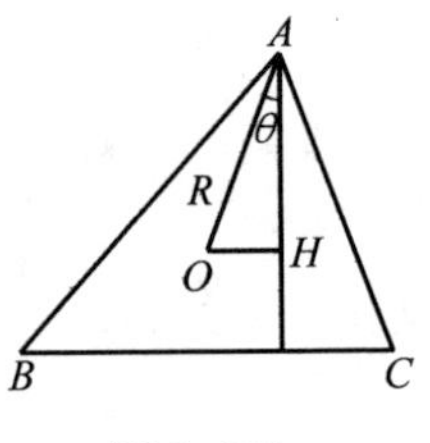

图1.219

所以
$$OH^2=R^2-2R\cos A(2R\cos(B-C)-2R\cos A)=$$
$$R^2(1-8\cos A\cos B\cos C)$$
而 $\sin^2A+\sin^2B+\sin^2C=2(1+\cos A\cos B\cos C)$

故
$$OH^2=9R^2-(a^2+b^2+c^2)$$

(2) 如图1.220,因为
$$IH^2=IA^2+HA^2-2IA\cdot HA\cos\varphi$$
而

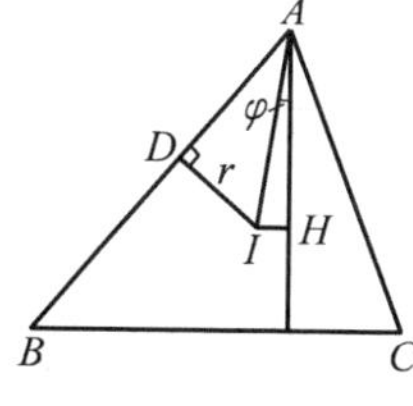

图 1.220

$$IA=\frac{r}{\sin\frac{A}{2}}=4R\sin\frac{B}{2}\sin\frac{C}{2}$$

$$HA=2R\cos A,\varphi=\frac{1}{2}\mid\angle B-\angle C\mid$$

所以

$IH^2=$

$4R^2(4\sin^2\frac{B}{2}\sin^2\frac{C}{2}+\cos^2A-4\sin\frac{B}{2}\sin\frac{C}{2}\cos A\cos\frac{B-C}{2})=$

$4R^2(4\sin^2\frac{B}{2}\sin^2\frac{C}{2}(1-\cos A)-\cos A(\cos(B+C)+\sin B\sin C))=$

$2r^2-4R^2\cos A\cos B\cos C=$

$2r^2+4R^2-\frac{1}{2}(a^2+b^2+c^2)$

同样还可以导出 $\triangle ABC$ 旁心 I_a 与垂心 H 间的距离的平方公式:$I_aH^2=2r_a^2-4R^2\cos A\cos B\cos C$ 等.

❖三角形内角平分线与边交点联线的性质定理及推广

定理 如图 1.221,BM,CN 是 $\triangle ABC$ 的内角平分线,点 P 在 $\triangle ABC$ 内,由 P 向 BC,AC,AB 作垂线,D,E,F 分别为垂足,则点 P 在线段 MN 上的充分必要条件是 $PD=PE+PF$.①

证明 如图 1.221,过点 M 作 $MH\perp BC$ 于点 H,$MI\perp AB$ 于点 I,过点 N 作 $NG\perp BC$ 于点 G,$NJ\perp AC$ 于点 J.

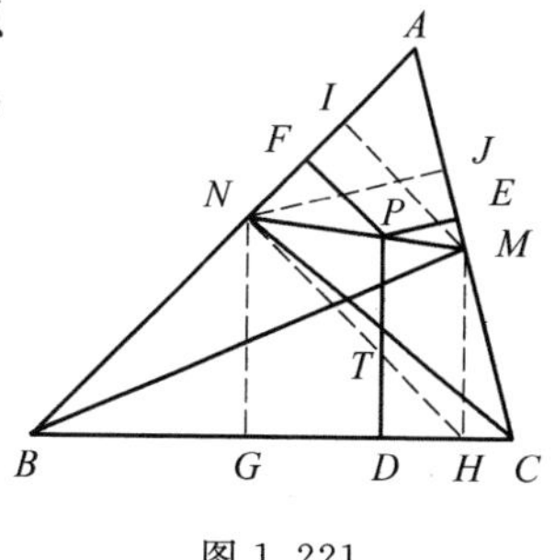

图 1.221

必要性.

设点 P 在线段 MN 上.

在 $\triangle MJN$ 中,设$\frac{PM}{PN}=\frac{m}{n}$.

由 $PE\parallel NJ\Rightarrow PE=\frac{m}{m+n}NJ$.

因为 BM 是 $\triangle ABC$ 的角平分线,所以

① 李世臣.三角形内一点到三边距离一个关系式[J].中等数学,2012(7):9-11.

$$NJ = NG$$

故 $$PE = \frac{m}{m+n} NG$$

同理,$PF = \frac{n}{m+n} MH$.

在四边形 $NGHM$ 中,联结 NH 与 PD 交于点 T.

由 $$NG \parallel PD \parallel MH$$

$$\Rightarrow PT = \frac{n}{m+n} MH, TD = \frac{m}{m+n} NG$$

$$\Rightarrow PD = PT + TD = \frac{n}{m+n} MH + \frac{m}{m+n} NG = PF + PE$$

充分性.

如图 1.222,设 $\triangle ABC$ 的顶点 A,B,C 的对应边为 a,b,c,$PD = h$,$PE = x$,$PF = y$,$S_{\triangle ABC} = S$.联结 PA,PB,PC,MN,PM,PN.

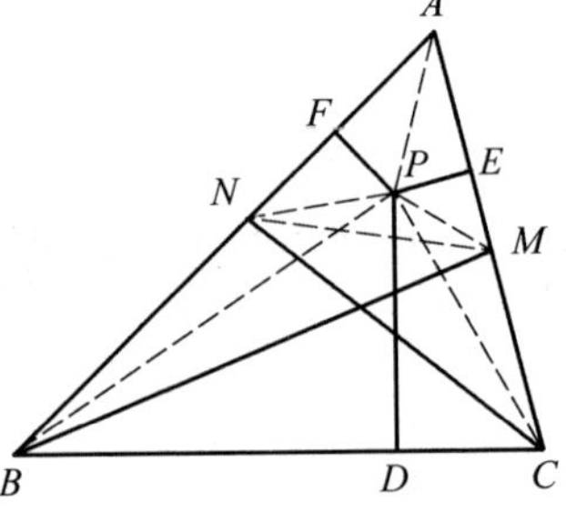

图 1.222

由角平分线性质得

$$AM = \frac{bc}{a+c}, AN = \frac{bc}{a+b}$$

所以 $$S_{\triangle AMN} = \frac{bc}{(a+b)(a+c)} S$$

由 $S_{\triangle PAB} + S_{\triangle PBC} + S_{\triangle PCA} = S$,得

$$ah + bx + cy = 2S$$

又因为 $h = x + y$,所以

$$(a+b)x + (a+c)y = 2S$$

故 $$S_{\triangle PAM} + S_{\triangle PAN} = \frac{bcx}{2(a+c)} + \frac{bcy}{2(a+b)} = \frac{bc[(a+b)x + (a+c)y]}{2(a+b)(a+c)} = \frac{bc}{(a+b)(a+c)} S$$

则 $$S_{\triangle AMN} = S_{\triangle PAM} + S_{\triangle PAN}$$

于是,$S_{\triangle PMN} = 0$.

故点 P 在 MN 上.

若把 $\triangle ABC$ 的两边 AB、AC 变为两条平行线,则有下面的推广.

推广 1 如图 1.223,已知 $A_1B \parallel A_2C$,$\angle A_1BC$ 的角平分线交 A_2C 于点

M，$\angle A_2CB$ 的角平分线交 A_1B 于点 N. 由点 P 向 BC，A_2C，A_1B 作垂线，D，E，F 分别为垂足. 则点 P 在线段 MN 上的充分必要条件是

$$PD = PE + PF$$

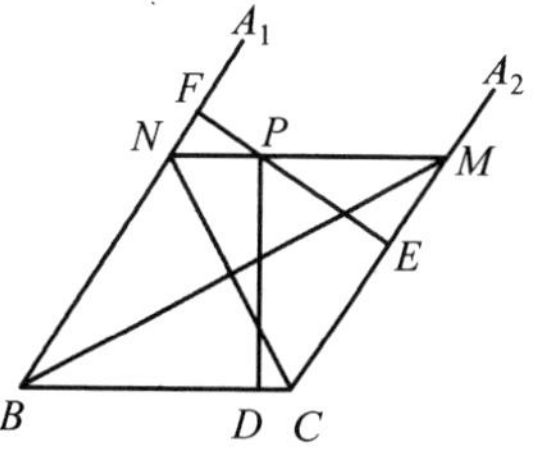

图 1.223

由条件，知四边形 $BCMN$ 是菱形，P，E，F 三点共线，EF，PD 分别是菱形的两组对边的距离.

显然，结论成立.

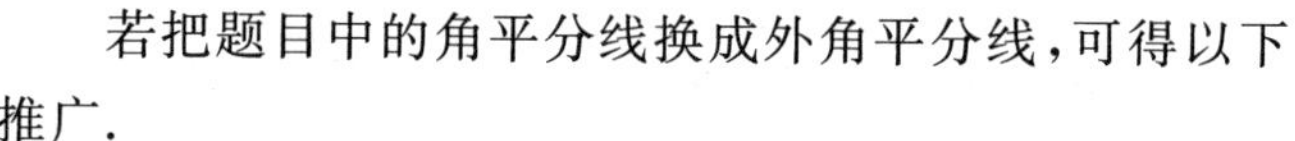

若把题目中的角平分线换成外角平分线，可得以下推广.

推广 2 如图 1.224，CN 是 $\triangle ABC$ 的内角平分线，BM 是 $\triangle ABC$ 的外角平分线，由点 P 向直线 BC，AC，AB 作垂线，D，E，F 分别为垂足. 则点 P 在线段 MN 上的充分必要条件是

$$PD = PE + PF$$

推广 3 如图 1.225，BM，CN 分别是 $\triangle ABC$ 的外角平分线，由点 P 向直线 BC，AC，AB 作垂线，D，E，F 分别为垂足. 则点 P 在线段 MN 上的充分必要条件是 $PD = PE + PF$.

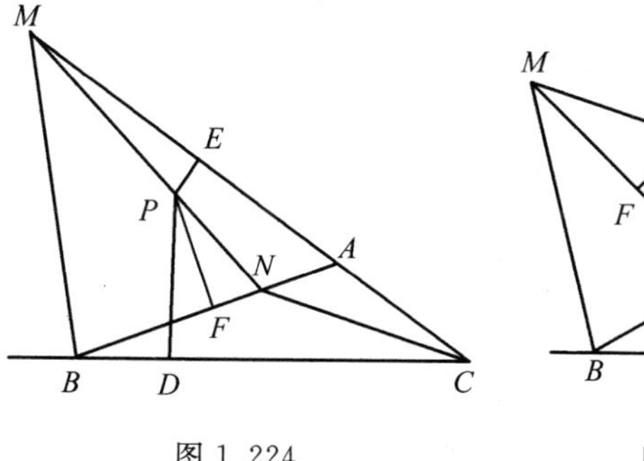

图 1.224

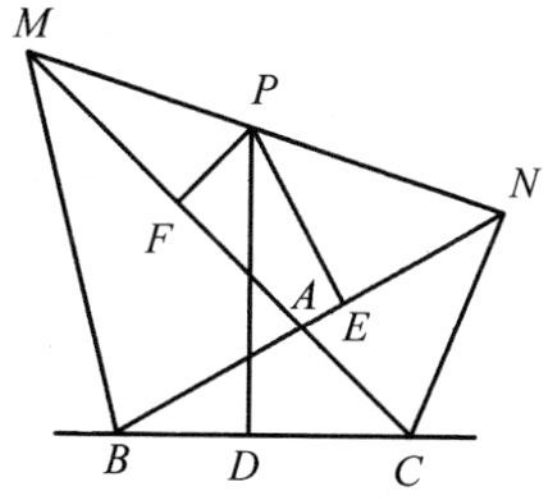

图 1.225

该问题还可推广到立体空间，类比得到四面体的一个性质.

推广 4 如图 1.226，在四面体 $V-ABC$ 中，平面 DBC 平分二面角 $V-BC-A$，平面 ECA 平分二面角 $V-CA-B$，平面 FAB 平分二面角 $V-AB-C$，由点 P 向平面 ABC、平面 VBC、平面 VAC、平面 VAB 作垂线，G，H，I，J 分别为垂足. 则点 P 在 $\triangle DEF$ 内的充分必要条件是 $PG = PH + PI + PJ$.

推广 4 的证明 必要性.

如图 1.226，作 $DN \perp$ 平面 VBC，N 为垂足.

则 $PH \parallel DN$.

由 DN，PH 确定的平面交 EF 于点 L，过 D，E，F，L 作底面 ABC 的垂线，

M,R,S,T 为垂足.

设$\triangle PEF$,$\triangle PFD$,$\triangle PDE$,$\triangle DEF$的面积分别为S_1,S_2,S_3,S_0.则

$$\frac{FL}{LE}=\frac{S_2}{S_3},\frac{LP}{LD}=\frac{S_1}{S_0},\frac{LP}{PD}=\frac{S_1}{S_2+S_3}$$

在$\triangle DNL$中

$$PH=\frac{LP}{LD}DN=\frac{S_1}{S_0}DN$$

因为点D在二面角$V-BC-A$的平分面上,所以

$$DN=DM,PH=\frac{S_1}{S_0}DM$$

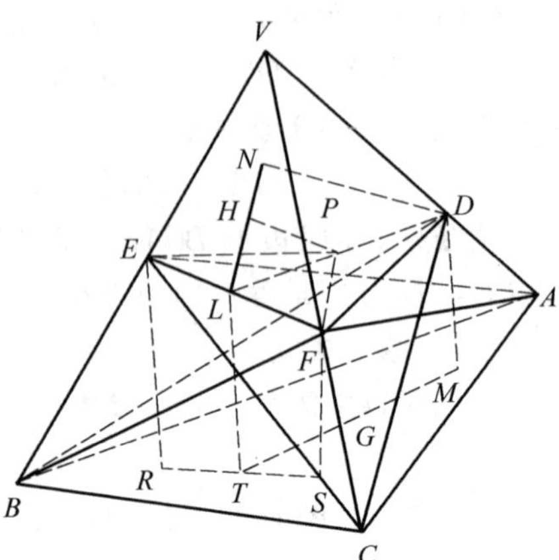

图 1.226

同理,$PI=\frac{S_2}{S_0}ER,PJ=\frac{S_3}{S_0}FS$.

在四边形$ERSF$中,由$ER\parallel LT\parallel FS$,得

$$LT=\frac{S_2}{S_2+S_3}ER+\frac{S_3}{S_2+S_3}FS$$

在四边形$LTMD$中,由$LT\parallel PG\parallel DM$,得

$$PG=\frac{S_1}{S_0}DM+\frac{S_2+S_3}{S_0}LT$$

故

$$PG=\frac{S_1}{S_0}DM+\frac{S_2}{S_0}ER+\frac{S_3}{S_0}FS$$

所以

$$PG=PH+PI+PJ$$

充分性.

若点P在平面DEF上,设VP交平面DEP于点P',P'到平面ABC、平面VBC、平面VAC、平面VAB的投影分别为G'、H'、I'、J'.

则

$$P'H'+P'I'+P'J'<$$
$$PH+PI+PJ=PG<P'G'$$

矛盾.

所以,点P在$\triangle DEF$内.

❖合同变换的性质定理[①]

定义 一个平面上的到其自身的变换 f,如果对于平面上任意两点 A,B,其距离 $\rho(A,B)$ 总等于它们的对应点 A',B' 间的距离 $\rho(A',B')$,那么 f 叫作平面上的合同变换(congruent transfor-mation).

定理 1 平面上的合同变换由不共线的三双对应点唯一确定.

证明 设 $A,A';B,B';C,C'$ 是合同变换 f 的不共线的三双对应点,那么对应于平面上任一点 P,由这三双对应点可以唯一确定 P 的对应点 P' 的位置.

若 P 在直线 AB 上,不妨设在 A,B 之间,则由 $\rho(A,B)=\rho(A,P)+\rho(P,B)$,有 $\rho(A',B')=\rho(A',P')+\rho(P',B')$,即说明点 P' 在线段 $A'B'$,且由 $P'A'=PA,P'B'=PB$ 唯一确定.

若 P 不在直线 AB 上,不妨设 P 与 C 在直线 AB 同侧,那么点 P' 与 C' 也在直线 $A'B'$ 的同侧,且由 $P'A'=PA,P'B'=PB$ 知道,点 P' 是圆 $A'(AP)$ 与圆 $B'(BP)$ 的交点,点 P' 的位置唯一确定.(图略)

由上可见,合同变换是由一对对应三角形完全确定,这样可能出现两种情况:

若对应三角形 $\triangle ABC,\triangle A'B'C'$,沿三角形周界 $ABCA,A'B'C'A'$ 的环绕方向相同(都是顺时针方向或者都是逆时针方向),那么,由这一对三角形确定的合同变换称为第一类合同变换(或刚体变换),其图形称为真正合同(或全等)的;反之,称为第二类合同变换(或镜像变换),其图形称为镜像合同的.

定理 2 合同变换是一一变换.合同变换的逆变换也是合同变换.两个合同变换之积仍是合同变换.

定理 3 在合同变换下,

(1) 两直线的夹角不变;三角形的面积不变;平面图形的面积不变;直线上 A,B,C 三点的简比 $\frac{AC}{BC}$ 不变.

(2) 共线点变为共线点,且保持顺序关系不变.

(3) 直线变为直线、线段变为线段、射线变为射线、半平面变为半平面;圆变为等圆,且保持圆上点的顺序不变.

(4) 两直线的平行性、正交性不变.

---

① 沈文选.初等数学研究教程[M].长沙:湖南教育出版社,1996:426-461.

综上所述，两点之间的距离、两直线交角大小是合同变换下的基本不变量. 元素的结合性、同素性、直线上点的顺序、两直线的平行性及正交性是合同变换下的基本不变性.

合同变换的基本形式：平移变换、旋转变换、直线反射变换.

❖平移变换的性质定理

定义 设 $\boldsymbol{a}$ 是已知向量，T 是平面上的变换，如果对于任一双对应点 P，P'，总有 $\overrightarrow{PP'}=\boldsymbol{a}$，那么 T 叫作平移变换(translation transformation). 记为 $T(\boldsymbol{a})$，其中 $\boldsymbol{a}$ 的方向叫作平移方向，$|\boldsymbol{a}|$ 叫作平移距离.

由定义可知，平移变换由一向量或一双对应点所唯一确定.

恒等变换可以看成平移变换，其平移向量是零向量，即 $I=T(\boldsymbol{0})$. 这个平移变换无方向.

在 $T(\boldsymbol{a})$ 变换下，点 A 变为 A'，图形 F 变为 F'，可表示为

$$A\xrightarrow{T(\boldsymbol{a})}A',F\xrightarrow{T(\boldsymbol{a})}F'$$

定理 1 平移变换是第一类合同变换.

因此，平移变换具有合同变换的一切性质.

定理 2 非恒等变换的平移变换没有不变点，但有无数条不变直线，它们都平行于平移方向.

定理 3 在平移变换下，直线变成与它平行(或重合)的直线；线段 AB 变为线段 $A'B'$，且 $\overrightarrow{AB}=\overrightarrow{A'B'}$.

❖旋转变换的性质定理

定义 1 设 O 为平面上一定点，φ 为已知有向角，R 是平面上的变换. 如果对于任一双对应点 P,P'，总有 $OP=OP'$，$\angle POP'=\varphi$，那么变换 R 叫作以 O 为旋转中心，φ 为旋转角的旋转变换(rotation trasformation). 记为 $R(O,\varphi)$，其中有向角 $\angle POP'$ 规定方向是始边 OP 向终边 OP' 旋转的方向，一般逆时针方向为正，顺时针方向为负.

显然，旋转变换由旋转中心与旋转角唯一确定.

中心相同，旋转角相差 2π 的整数倍的旋转变换被认为是相同的. 即

$$R(O,\varphi)=R(O,\varphi+2k\pi),k\in\mathbf{Z}$$

旋转角为零的旋转变换是恒等变换.

在旋转变换 $R(O,\varphi)$ 下,点 A 变为点 A',图形 F 变为图形 F',可表示为

$$A\xrightarrow{R(O,\varphi)}A',F\xrightarrow{R(O,\varphi)}F'$$

定理 1 旋转变换是第一类合同变换.

因此,旋转具有合同变换的一切性质.

定理 2 非恒等的旋转变换只有一个不变点即旋转中心,当旋转角 $\varphi\neq180^\circ$ 时,旋转变换没有不变直线.

定理 3 当旋转角 $\varphi\neq180^\circ$ 时,直线(线段)与其对应直线(线段)的交角等于 φ.(证略)

定义 2 旋转角为 180° 的旋转变换称为中心对称变换或中心对称(central symmetry)或点反射.其旋转中心 O 称为对称中心,其变换记为 $C(O)$,即 $R(O,180^\circ)=C(O)$.

定理 4 中心对称变换是对合变换,即 $R^2(O,180^\circ)=I$.

定理 5 在中心对称变换下

(1) 过对称中心的直线是不变直线.

(2) 对应点连线过对称中心且被它平分;对应线段相等且反向平行或共线.

(3) 不过对称中心的直线与其对应的直线平行;反之,若两直线平行,则它们是某个中心对称变换下的两条对应直线.

❖直线反射(或反射)变换的性质定理

定义 1 设 l 是平面上的定直线,S 是平面上的变换,P,P' 是一双对应点,如果线段 PP' 被直线 l 垂直平分,那么 S 叫作平面上的直线反射(或对称变换)(symmetric transformation),简称反射.记为 $S(l)$,l 叫作反射轴.

显然,反射变换由反射轴或一双对应点唯一确定.

在反射变换 $S(l)$ 作用下,点 A 变为 A',图形 F 变为图形 F',可表示为 $A\xrightarrow{S(l)}A',F\xrightarrow{S(l)}F'$.

定理 1 反射是第二类合同变换.

因此反射具有合同变换的所有性质.

定理 2 具有同一条反射轴的两个反射的乘积是恒等变换,即

$$S^2(l)=I$$

注 具有不同反射轴的两个反射的乘积不一定是反射变换.

定理 3 在直线反射 $S(l)$ 变换下,反射轴 l 是不动点的集合,垂直于反射轴的直线是不变直线.

定理 4 设 P 为反射轴 l 上一点,A,A' 是一双对应点,则 $\angle APA'$ 被 l 所平分.

定义 2 一个图形上的任一点关于它上面的某一条(或几条)直线反射的对应点都在这个图形上,这个图形称为轴对称图形. 反射轴即为对称轴.

例如,线段、菱形、矩形是有两条对称轴的对称图形;角、等腰三角形是有一条对称轴的对称图形;直线、圆是有无数条对称轴的对称图形;等等.

❖平移、旋转、反射变换之间的关系定理

定理 1 设 $S(l_1)$,$S(l_2)$ 是两个直线反射变换.

(1) 若 $l_1 \parallel l_2$,则 $S(l_2)\circ S(l_1)$ 是个平移变换.

(2) 若 l_1 与 l_2 相交,则 $S(l_2)\circ S(l_1)$ 是个旋转变换,特别的,若 $l_1 \perp l_2$,则 $S(l_2)\circ S(l_1)=R(O,180^\circ)$.

(请读者自证)

定理 2 (1) 任何一个平移可以表示为两个反射轴平行的反射变换的乘积.

(2) 任何一个旋转可以表示为两个反射轴相交的反射变换的乘积.

证明 (1) 设 $T(\boldsymbol{a})$ 是平移变换,对于平面上任一点 P,令 $P\xrightarrow{T(\boldsymbol{a})}P''$,则 $\overrightarrow{PP''}=\boldsymbol{a}$.

任作一直线 l_1 垂直于 PP'',垂足为 P_1,再作直线 l_2 垂直于 PP'',垂足为 P_2,使得 $\overrightarrow{P_1P_2}=\frac{1}{2}\boldsymbol{a}$.

另外,令 $P\xrightarrow{S(l_1)}P'$,则 P' 在直线 PP'' 上,由 $\overrightarrow{P'P_2}=\overrightarrow{P_1P_2}-\overrightarrow{P_1P'}=\frac{1}{2}\boldsymbol{a}-\overrightarrow{PP_1}=\overrightarrow{PP''}-\overrightarrow{P_1P_2}-\overrightarrow{PP_1}=\overrightarrow{P_2P''}$,有 $P'\xrightarrow{S(l_2)}P''$,故 $T(\boldsymbol{a})=S(l_2)\cdot S(l_1)$.

这说明,任一个平移可以分解为两个反射变换的乘积,它们的反射轴垂直于平移方向,反射轴之间的距离等于平移距离的一半,第一条反射轴到第二条反射轴的方向与平移方向相同.

(2) 可类似地证.(略)

定理 3 对于两个不同中心的旋转变换 $R(O_1,\varphi_1)$,$R(O_2,\varphi_2)$,

(1) 如果 $\varphi_1+\varphi_2\neq 2k\pi(k\in\mathbf{Z})$,则 $R(O_2,\varphi_2)\circ R_1(O_1,\varphi_1)$ 是个旋转变换 $R(O,\varphi_1+\varphi_2)$.

(2) 如果 $\varphi_1+\varphi_2=2k\pi(k\in\mathbf{Z})$,则 $R(O_2,\varphi_2)\circ R_1(O_1,\varphi_1)$ 是个平移变换.

证明 由定理 2(2) 知 $R(O,\varphi)=S(l_2)\circ S(l_1)$,且 $\angle(l_1,l_2)=\frac{1}{2}\varphi$,第一条轴可任意取,于是可取 O_1O_2 为公共反射轴,记为 l,再作直线 l_1,l_4,使 l_1 过点 O_1,l_4 过点 O_2,且 $\angle(l_1,l)=\frac{1}{2}\varphi_1$,$\angle(l,l_4)=\frac{1}{2}\varphi_2$,如图 1.227 所示. 于是

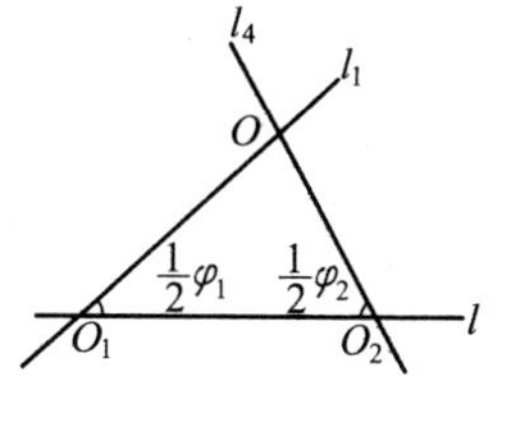

图 1.227

$$R(O_1,\varphi_1)=S(l)\circ S(l_1)$$
$$R(O_2,\varphi_2)=S(l_4)\circ S(l_1)$$
$$R(O_2,\varphi_2)=R(O_1,\varphi_1)=$$
$$S(l_4)\circ S(l)\circ S(l)\circ S(l_1)=$$
$$S(l_4)\circ S(l_1)$$

若 $\varphi_1+\varphi_2\neq 2k\pi$,则 $\frac{1}{2}(\varphi_1+\varphi_2)\neq k\pi$,于是直线 l_1,l_4 必相交,记交点为 O,而 $\angle(l_1,l_4)=\frac{1}{2}(\varphi_1+\varphi_2)$,故由定理 1(2) 即证.

若 $\varphi_1+\varphi_2=2k\pi$,则 $\frac{1}{2}(\varphi_1+\varphi_2)=k\pi$,于是直线 l_1 与 l_4 平行,故由定理 1(1) 即证.

推论 O_1,O_2,O_3 是不共线的三点,若 $\varphi_1+\varphi_2+\varphi_3=2\pi$,且 $R(O_3,\varphi_3)\circ R(O_2,\varphi_2)\circ R(O_1,\varphi_1)=I$,则 $\angle O_3O_1O_2=\frac{1}{2}\varphi_1$,$\angle O_1O_2O_3=\frac{1}{2}\varphi_2$,$\angle O_2O_3O_1=\frac{1}{2}\varphi_3$.

定理 4 对于四个不同的且不共线的旋转中心 O_1,O_2,O_3,O_4,接连施行四次旋转变换 $R(O_1,90^\circ)$,$R(O_2,90^\circ)$,$R(O_3,90^\circ)$,$R(O_4,90^\circ)$. 若 $R(O_1,90^\circ)\circ R(O_2,90^\circ)\circ R(O_3,90^\circ)\circ R(O_4,90^\circ)=I$,则 $O_1O_3\perp O_2O_4$,$O_1O_3=O_2O_4$.

证明 因 $\varphi_1+\varphi_2\neq 2\pi$,则由定理 3(1) 有 $R(O_1,90^\circ)\circ R(O_2,90^\circ)=R(O,180^\circ)$,这里 $\angle O_1OO_2=90^\circ$,$\angle OO_1O_2=45^\circ$,$\angle OO_2O_1=45^\circ$,故 $OO_1=OO_2$.

又由题设条件,即有

$$R(O,180^\circ)\circ R(O_3,90^\circ)\circ R(O_4,90^\circ)=I$$

并且
$$180^\circ+90^\circ+90^\circ=360^\circ$$

则由上述推论知

$$\angle O_3OO_4=90°, \angle OO_3O_4=\angle OO_4O_3=45°$$

故

$$OO_3=OO_4$$

又 $\triangle O_4O_2O \xrightarrow{R(O,90°)} \triangle O_3O_1O$,故

$$O_2O_4=O_1O_3, O_2O_4 \perp O_1O_3$$

我们还可证明:

定理5 (1) 对于第一类合同变换,总可以表示为两个反射的乘积.

(2) 对于第二类合同变换,总可以表示为一个或三个反射的乘积.

证明提示 (1) 对两合同图形至少一双对应线段分同向平行、反向平行、相交于点讨论而证.

(2) 对两合同图形一双对应线段所在直线与这双线段的对应端点连线的中垂线的交点分重合、不重合讨论而证.

下面,我们介绍一下自对称图形的概念.

定义 设 W 是非恒等的合同变换,F 是平面 π 的图形. 如果 $W(F)=F$,则称 F 为平面上的自对称图形(或对称图形).

在初等几何中,一般仅讨论有限对称图形.

定理6 有限图形不可能经过平移变换后不变.

(证略)

这说明,只存在反射变换和旋转变换下的自对称图形.

在反射变换下,即在 $W=S(l)$ 下,有轴对称图形;在旋转变换下,即在 $W=R(O,\varphi)$ 下,有旋转对称图形;在 $W=R(O,180°)$ 下,有中心对称图形.

定理7 如果图形 F 在旋转变换 $R(O,\frac{2\pi}{n})(n\geqslant 2, n\in \mathbf{N})$ 下不变,那么 F 在旋转变换 $R(O,\frac{2k\pi}{n})(k=0,1,\cdots,n-1)$ 下不变,这时,称 F 为 n 次旋转对称图形.

(证略)

定理8 当 n 是偶数时,n 次旋转对称图形必为中心对称图形.(证略)

❖相似变换的性质定理

定义 一个平面上的到自身的变换,如果对于平面上任意两点 A,B,以及对应点 A',B',总有 $A'B'=kAB$(k 为正实数),那么,这个变换叫作相似变换(similarity transformation),实数 k 叫作相似比,相似比为 k 的相似变换常记为 $H(k)$.

显然，当 $k=1$ 时，$H(1)$ 就是合同变换.

在相似变换下，点 A 变为 A'，图形 F 变为图形 F'，可表示为

$$A\xrightarrow{H(k)}A',F\xrightarrow{H(k)}F'$$

此时，称 F,F' 是相似图形，记为 $F\backsim F'$.

与合同图形类似，如果在两个相似图形上，每两个对应三角形沿周界环绕方向相同，则称这两个图形真正相似（或正的相似或本质相似）；如果对应三角形沿周界环绕方向相反，那么称这两个图形镜像相似（或负的相似或镜照相似）.

定理 1　相似变换是一一变换，相似变换的逆变换也是相似变换. 两个相似变换之积仍是相似变换.

定理 2　在相似变换下，

(1) 点与直线的结合关系不变；点在直线上的顺序关系不变.

(2) 直线变为直线，线段变为线段，射线变为射线，具有同素性.

(3) 三点的简化不变；两直线的夹角不变；两三角形面积的比不变，且等于相似比的平方.

❖位似变换的判定定理

位似变换是最基本的相似变换.

定义　设 O 是平面 π 上一定点，H 是平面上的变换. 若对于任一双对应点 P,P'，都有 $\overrightarrow{OP'}=k\overrightarrow{OP}$（$k$ 为非零常实数），则称 H 为位似变换（homothetic transformation）. 记为 $H(O,k)$，O 叫作位似中心，k 叫作位似比.

定义中的条件"$\overrightarrow{OP}'=k\overrightarrow{OP}$"等价于如下三个条件：

(1) O,P,P' 共线.

(2) $OP'=|k|\cdot OP$.

(3) 当 $k>0$ 时，P,P' 在点 O 同侧（此时 O 叫作外（或正或顺）位似中心）；当 $k<0$ 时，P,P' 在点 O 异侧（此时 O 叫作内（或反或逆）位似中心）. 此时变也相应的称之为外（或正）、内（或反）位似.

显然，位似变换 $H(O,1)$ 就是恒等变换；而位似变换 $H(O,-1)$ 是以 O 为中心的中心对称变换.

位似变换由位似中心与位似比所确定，也可以由一双对应点和位似中心（或位似比）确定. 此外，我们还有如下判定定理：

定理　设 f 是平面上的非恒等变换，那么 f 是位似变换（或平移变换）的

充要条件是,对于 f 的任两双对应点 P,P',Q,Q',总有 $\overrightarrow{P'Q'}=k\overrightarrow{PQ}(k\neq 0)$.(或在 f 下,直线变换到自身或与它平行的直线.)

证明 必要性显然,下证充分性.

设 A 为平面上一定点,P 为平面上任一点,且 $A\xrightarrow{f}A'$,$P\xrightarrow{f}P'$,则 $\overrightarrow{A'P'}=k\overrightarrow{AP}$,

若 $k=1$,则 $\overrightarrow{PP'}=\overrightarrow{PA}+\overrightarrow{AA'}+\overrightarrow{A'P'}=\overrightarrow{AA'}$,则 $f=T(\overrightarrow{AA'})$;若 $k\neq 1$,在直线 AA' 上取点 O,使 $\overrightarrow{OA}=\frac{1}{k-r}\overrightarrow{AA'}$,则 $\overrightarrow{OA'}=k\overrightarrow{OA}$.

设 $O\xrightarrow{f}O'$,由 $\overrightarrow{O'A'}=k\overrightarrow{OA}$ 知,O 与 O' 重合,点 O 是 f 的不变点.

对于平面上任一点 P 以及对应点 P',$\overrightarrow{OP'}=\overrightarrow{OA'}+\overrightarrow{A'P'}=k\overrightarrow{OA}+k\overrightarrow{AP}=k\overrightarrow{OP}$,所以

$$f=H(O,k)$$

此定理给出了判别位似变换的又一标准.从证明中可以看出:平移变换是位似变换的一种极端情形,它的位似中心是无穷远点,位似比等于1.

❖位似变换的性质定理

定理1 位似变换是相似变换.

所以,位似变换具有相似变换的所有性质.

定理2 一个反位似是一个中心对称与一个正位似的乘积.

定理3 在位似变换下,

(1)位似中心是不变点,过位似中心的直线是不变直线.

(2)对应线段之比相等;对应角相等且转向相同;不过中心的对应直线平行($k>0$ 时,同向平行;$k<0$ 时,反向平行).

定理4 两个不同中心的位似变换的乘积或者是位似变换(此时三个位似中心共线);或者是平移变换(平移方向平行于两中心所在直线).

下面仅给出定理4的证明,其余的证明留给读者完成.

证明 设 $H(O_1,k_1)$,$H(O_2,k_2)$ 是两个位似变换,对于平面上任意两点 P,Q,令

$$P\xrightarrow{H(O_1,k_1)}P'\xrightarrow{H(O_2,k_2)}P''$$

$$Q\xrightarrow{H(O_1,k_1)}Q'\xrightarrow{H(O_2,k_2)}Q''$$

则

$$\overrightarrow{P'Q'}=k_1\overrightarrow{PQ},\overrightarrow{P''Q''}=k_2\overrightarrow{P'Q'}$$

故 $$\overrightarrow{P''Q''}=k_1k_2\overrightarrow{PQ}$$

如果 $k_1k_2\neq 1$，那么乘积 $H(O_2,k_2)\circ H(O_1,k_1)$ 是个位似变换 $H(O_3,k_1k_2)$，因为直线 O_1O_2 过位似中心 O_1,O_2，所以 O_1O_2 是 $H(O_3,k_1k_2)=H(O_2,k_2)\circ H(O_1,k_1)$ 的不变直线，中心 O_3 必在直线 O_1O_2 上，三中心共线.

如果 $k_1k_2=1$，则乘积 $H(O_2,k_2)\circ H(O_1,k_1)$ 是个平移变换，对于平面上任一双对应点 P,P''，有

$$\begin{aligned}\overrightarrow{PP''}&=\overrightarrow{PO_1}+\overrightarrow{O_1O_2}+\overrightarrow{O_2P''}=\\&\frac{1}{k_1}\overrightarrow{P'O_1}+\overrightarrow{O_1O_2}+k_2\overrightarrow{O_2P'}=\\&k_2(\overrightarrow{P'O_1}+\overrightarrow{O_2P'})+\overrightarrow{O_1O_2}=(1-k_2)\overrightarrow{O_1O_2}\end{aligned}$$

定义 F,F' 是两个平面图形，如果存在一个位似变换 $H(O,k)$，使得 $F\xrightarrow{H(O,k)}F'$，那么称图形 F 与 F' 是位似图形，当 $k>0$ 时，称 F,F' 为顺（正）位似图形；当 $k<0$ 时，称 F,F' 为逆（反）位似图形，点 O 也叫作位似图形 F,F' 的位似中心.

定理 5 位似图形一定是相似图形，并且位似图形的对应线段平行，过对应顶点的直线共点于位似中心.

定理 6 如果三个图形两两位似，那么每两个位似图形的位似中心（共三个）一定共线，这条直线叫作这三个图形的相似轴.（见定理 3(1)）

定理 7 平面上任意两个不等的圆可以看作是位似图形，并且有两种方法使它们位似，其中

(1) 两圆心是这个位似变换的对应点.

(2) 若两圆心重合，则两圆位似中心与它重合；若两圆心不重合，可将两心间的线段按两圆半径的比外分或内分，外分点是两圆的外位似中心，内分点是内位似中心，两半径的比就是相似比；若两圆相切，则切点是两圆的位似中心，若外切则切点为内位似中心，若内切则切点为外位似中心.

(3) 经过两圆的一个位似中心，且切于其中一圆的直线，必是两圆的公切线.

(4) 有公切线时，则两条外公切线交于两圆的外位似中心，两条内公切线交于内位似中心.

证明提示 先在一圆上取一条半径 OP，再在另一圆上找出与 OP 同向平行和反向平行半径.

❖位似旋转变换的性质定理

定义 设 O 为平面上一定点，常数 $k>0$，φ 为有向角，P 为任意点，射线 OP 绕点 O 旋转角 φ，在此射线上存在一点 P'，有 $OP'=kOP$，称由点 P 到 P' 的变换为以 O 为中心，旋转角为 φ，位似比为 k 的位似旋转变换，记为 $S(O,\varphi,k)$.

点 P 经位似旋转变换 $S(O,\varphi,k)$ 变为 P'，可表示为

$$P\xrightarrow{S(O,\varphi,k)}P'$$

由上述定义知

(1)$S(O,\varphi,k)=R(O,\varphi)\circ H(O,k)=H(O,k)\circ R(O,\varphi)$.

(2)$S(O,0,k)=H(O,k)$；$S(O,\pi,k)=H(O,-k)(k>0)$；$S(O,\varphi,1)=R(O,\varphi)$.

定理1 位似旋转变换 $S(O,\varphi,k)$ 把不同的两点 A，B 变为 A'，B'. 则 AB 与 $A'B'$ 所成的角为 φ，且 $\overrightarrow{A'B'}:\overrightarrow{AB}=k:1$.

定理2 在位似旋转变换下，只要不是恒等变换，位似旋转中心是唯一的不动点.

定理3 位似旋转变换把两个相似形中的一个变到另一个.

定理4 具有共同中心的两个位似旋转之积仍是一个位似旋转，即

$$S(O_1,\varphi_1,k_1)\circ S(O_2,\varphi_2,k_2)=S(O,\varphi_1+\varphi_2,k_1k_2)$$

位似旋转变换与相似变换、位似变换、合同变换具有下述关系：

定理5 真正相似变换或为恒等变换，或为平移变换，或为位似旋转变换.

定理6 两个中心不同的位似旋转 $S(O_1,\varphi_1,k_1)$，$S(O_2,\varphi_2,k_2)$.

(1) 若 $\varphi_1+\varphi_2=2n\pi$，$k_1k_2=1$，其积是恒等变换或平移变换.

(2) 若 $\varphi_1+\varphi_2=2n\pi$，$k_1k_2\neq 1$，其积是位似变换.

(3) 若 $\varphi_1+\varphi_2\neq 2n\pi$，其积是旋转角为 $\varphi_1+\varphi_2$，位似比为 k_1k_2 的位似旋转变换.

注 定理6中的两个位似旋转变换推广到三个位似旋转变换，有类似的结论.

❖线段旋转相似变换问题

这里介绍两个相交圆产生的线段旋转相似三角形的结论①：

定理 1 平面上不同的四点 A,B,C,D,AC 与 BD 交于点 P，$\triangle ABP$ 的外接圆与 $\triangle CDP$ 的外接圆又交于另一点 O，则 $\triangle OAC$ 与 $\triangle OBD$ 是以 O 为旋转中心的旋转相似图形；同时，$\triangle OAB$ 与 $\triangle OCD$ 也是以 O 为旋转中心的旋转相似图形.

定理 2 平面上不同的四点 A,B,C,D，且不构成平行四边形，则存在唯一一点，以其为旋转中心，可以将线段 AC 旋转相似到 BD，其中 A 变成 B，C 变成 D.

证明 建立复平面，记点 A,B,C,D 对应的复数分别为 a,b,c,d. 设旋转中心 O 对应的复数为 x，旋转相似变换对应的复数为 α，则该旋转相似变换将复数 z 变成复数 $x+\alpha(z-x)$.

由题意知

$$\begin{cases}x+\alpha(a-x)=c\\x+\alpha(b-x)=d\end{cases}$$

注意到点 A,B,C,D 不构成平行四边形，则 $a-b-c+d\neq 0$.
进而

$$x=\frac{ad-bc}{a-b-c+d}$$

❖仿射变换问题

在平面直角坐标系中，第一类合同变换由

$$\begin{cases}x'=ax-by+c_1\\y'=bx+ay+c_2\end{cases},\left(a,b,c_1,c_2\text{ 是实数，}\begin{vmatrix}a&-b\\b&a\end{vmatrix}=1\right) \quad ①$$

所确定.

在式 ① 中取 $c_1=c_2=0,a=\cos\theta,b=\sin\theta$，则

$$\begin{cases}x'=x\cos\theta-y\sin\theta\\y'=x\sin\theta+y\cos\theta\end{cases}$$

① 武炳杰. 从旋转相似图形到密克点的运用[J]. 中等数学，2018(11)：16.

这是以坐标原点为旋转中心,θ 为旋转角的旋转变换的变换式.

在式 ① 中取 $a=1,b=0$,则

$$\begin{cases}x'=x+c\\y'=y+c_2\end{cases}$$

这是以(c_1,c_2)为平移向量的平移变换式.

在平面直角坐标系中,第二类合同变换由

$$\begin{cases}x'=-ax+by+c_1\\y'=bx+ay+c_2\end{cases},\left(a,b,c_1,c_2\text{ 是实数},\begin{vmatrix}-a & b\\ b & a\end{vmatrix}=-1\right) \quad ②$$

所确定.

在 ② 中取 $a=1,b=0,c_1=c_2=0$,则

$$\begin{cases}x'=-x\\y'=y\end{cases}$$

这是以 y 轴为反射轴的反射变换式.

在 ② 中取 $b=1,a=c_1=c_2=0$,则成为以 $y=x$ 为反射轴的反射变换式.

在平面直角坐标系中,相似变换由下式确定

$$\begin{cases}x'=ax+by+c_1\\y'=-bx+ay+c_2\end{cases} \quad ③$$

或

$$\begin{cases}x'=ax+by+c_1\\y'=bx-ay+c_2\end{cases} \quad ④$$

其中 a,b,c_1,c_2 为实数,$a^2+b^2=k^2\neq 0$.

在 ③ 中取 $a=k\neq 1,b=0$,则

$$\begin{cases}x'=kx+c_1\\y'=ky+c_2\end{cases}$$

这是以点$\left(\frac{c}{1-k},\frac{c_2}{1-k}\right)$为位似中心,$k$ 为位似比的位似变换式.

在 ③ 中取 $a=1,b=0$,则以$(0,0)$为起点(c_1,c_2)为终点的平移向量的平移变换.

由上可知,这些变换都是一些线性变换(平面到自身的把任意直线都变为直线的一一变换就称为线性变换).

我们考虑如下形式的线性变换:

定义 1 设 $P(x,y)$ 为平面坐标点,如果对于此平面内的点 $P'(x',y')$,变换表达式为

$$\begin{cases}x'=(a_1-c_1)x+(a_2-c_1)y+c_1\\y'=(b_1-c_2)x+(b_2-c_1)y+c_2\end{cases}$$

且满足$(a_1-c_1)(b_2-c_2)\neq(b_1-c_2)(a_2-c_1)$,则称此变换为仿射变换(affine transformation).其中(c_1,c_2)为仿射坐标系原点,(a_1,b_1)为仿射轴$O'X'$上单位点坐标,(a_2,b_2)为仿射轴$O'Y'$上单位点坐标.

显然,仿射坐标系与直角坐标系的差别就在于两轴间夹角及轴上单位长度不相同.直角坐标系是一种特殊仿射坐标系.仿射变换是把直线变为直线,且保持直线的平行关系的变换.

因而我们前面讨论的合同变换、相似变换均是仿射变换的特殊情形.

当然,仿射变换也可以这样定义:

定义2 平面上的一一变换,若满足:① 任意共线三点的对应点仍共线;② 任意共线三点的简比保持不变.则称此变换为平面上的仿射变换.

❖仿射变换的性质定理

定理1 仿射变换是一一变换.仿射变换的逆变换也是仿射变换.两个仿射变换之积仍为仿射变换.

定理2 在仿射变换下,

(1) 点变成点,直线变成直线.

(2) 保持点和直线的结合关系.

(3) 保持直线的平行关系.

(4) 保持两平行(共线)线段的长度比.

(5) 任一封闭凸曲线所围成的图形的面积S和它的对应图形所围成的面积S'之比$S':S$为常数,且此常数等于变换系数行列式的绝对值.即$S':S=|(a_1-c_1)(b_2-c_2)-(b_1-c_2)(a_2-c_1)|$.

定理3 仿射变换可将

(1) 任一三角形变成正三角形;梯形变为等腰梯形;任一平行四边形变为正方形.

(2) 任一椭圆变为圆,相应的椭圆中心变成圆心,椭圆直径变成圆的直径,椭圆切线变成圆的切线.

注 仿射变换是几何中一种重要的线性变换,它是从运动变换到射影变换的桥梁.

❖反演变换问题

定义　设 O 是平面 π 上一个定点，I 是平面上的变换. 若对于任一双对应点(异于 O)，都有 $\overrightarrow{OP'}\cdot\overrightarrow{OP}=k$($k$ 为非零实常数)，则称 I 为反演(inversion)变换，记为 $I(O,k)$. 点 O 称为反演中心(反演极)，k 称为反演幂.

定义中的条件“$\overrightarrow{OP'}\cdot\overrightarrow{OP}=k$”等价于如下三个条件：

(1)O,P,P' 共线.

(2)$OP'\cdot OP=|k|$.

(3)当 $k>0$ 时，P,P' 在点 O 同侧，当 $k<0$ 时，P,P' 在点 O 两侧.

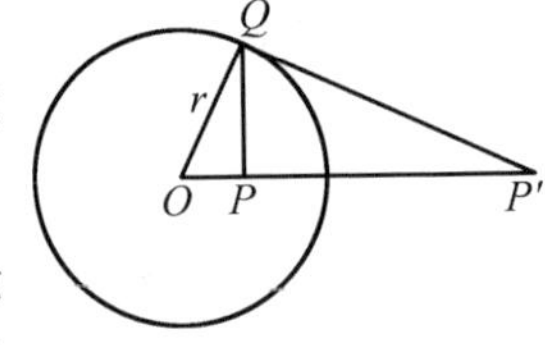

图 1.228

由于 $k<0$ 时的反演变换 $I(O,k)$ 是反演变换 $I(O,|k|)$ 和以 O 为中心的中心对称变换的乘积，我们只就 $k>0$ 讨论反演变换即可. 令 $r=\sqrt{k}$ 则 $OP'\cdot OP=r^2$. 此时，反演变换的几何意义即可由图 1.228 所示. 并称以 O 为圆心，r 为半径的圆为反演变换 $I(O,r^2)$ 的基圆(或反演圆).

在反演变换 $I(O,r^2)$ 下，点 P 变为 P'，图形 F 变为 F'，可表示为

$$P\xrightarrow{I(O,r^2)}P',F\xrightarrow{I(O,r^2)}F'$$

此时，P' 叫作 P 的反点，图形 F' 叫作图形 F 的反形.

由几何意义可知，反点、反形是相互的. 即若 P' 是 P 的反点，F' 是 F 的反形，则 P 也是 P' 的反点，F 也是 F' 的反形.

在反演变换 $I(O,r^2)$ 下，异于 O 的任一点 P，一定存在一个反点 P'，而反演中心在欧氏平面上不存在它的反点. 事实上，由于 $OP'\cdot OP=r^2$，当点 P 充分接近点 O 时，它的反点 P' 远离点 O 而去，可以认为，反演中心与无穷远点相对应. 所以，在欧氏平面上，反演变换不是一一变换.

由上述几何意义，我们可作出与 PP' 垂直的过点 P' 的直线 l' 及过点 P 的直线 l 的反形，分别为图 1.229 中的过 P 的圆 c 及过 P' 的圆 c'，且 OP,OP' 分别为其直径. 反之以 OP,OP' 为直径的圆 c，圆 c' 的反形分别为与 PP' 垂直且过 P',P 的直线 l',l. 从中也看到了在反演变换下，如何作出任一点 B 的反点 B'，或 B' 的反点 B.

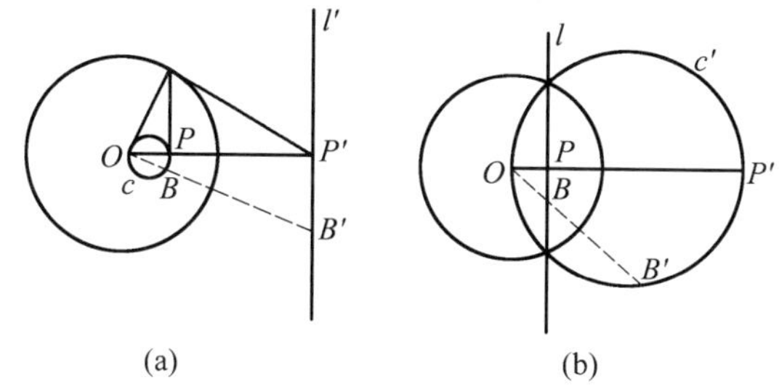

图 1.229

❖反演变换的性质定理

定理 1　反演变换 $I(O,r^2)$ 是对合变换，即 $I^2(O,r^2)$ 是恒等变换.

利用反演变换的定义，我们可推证如下结论：

定理 2　(1) 设 P 为反演圆 $O(r)$ 外的一点，则它的反演点 P'，是 OP 与 P 到圆的切线的切点连线的交点，反过来，如果 P 在圆内，弦 AB 过 P 并且垂直于 OP，那么 A，B 处的切线相交于 P 的反演点.

(2) 如果 $ABCD$ 是菱形，O 到相对顶点 A，C 的距离相等，则 O，B，D 共线，且 $OB \cdot OD = OA^2 - AB^2$（波斯里亚反演器原理）.

(3) 设 P，Q 为任意点，P'，Q' 是它们的反演点，则 $\triangle OPQ$ 与 $\triangle OP'Q'$ 逆相似（其中 O 为反演中心）.

(4) 两个互为反形的圆在对应点处的切线，对过两个切点及反演中心的直线成等角.

(5) 两个圆的反形的交角，等于原来的圆的交角，但方向相反.

(6) 如果两个圆正交，那么它们的反形也正交. 为自身及反形的圆或直线，与反演圆正交.

(7) 设 O 为反演中心，P'，Q'，R' 分别为点 P，Q，R 的反演，则有向角满足

$$\angle PQR + \angle P'Q'R' = \angle POR$$

(8) 对任意四点 P，Q，R，S 及其反演点 P'，Q'，R'，S'，有向角满足

$$\angle PQR + \angle PSR = \angle P'S'R' + \angle R'QP'$$

(9) 如果一个圆经过两个互为反演的点，那么这个圆与反演正交，而且它的点两两互为反演.

(10) 如果两个相交的圆都与第三个圆正交，则它们的交点关于第三个圆互为反演.

(11) 反演圆与任意两个互为反形的圆共轴. 如果这两个圆不相交，则这共

轴圆组的极限点互为反演.

(12) 同一圆上的任两对点,可以用一次反演将它们互相交换,只要它们的连线相交在圆外,即这两对点不互相分开.

(13) 过同一点的两个圆或更多个圆,可用这公共点为反演中心,将它们反演成直线;反过来,平面上的直线可以反演成经过同一点圆.

(14) 在同一点相切的两个或更多个圆,可用这切点为反演中心,将它们反演成平行直线.反过来也成立.

(15) 两个不相交的圆,可以用它们所在的共轴圆组中的任一个极限点为反演中心,将它们反演成同心圆.

(16) 任意两个圆可以通过反演变为相等的圆.

(17) 一般的,存在一个反演,使三个已知点的反演点组成的三角形.

(18) 不共圆的四个点可反演成一个三角形的顶点和垂心;任意四个共圆的点,可以反演成长方形的顶点;任意四个点可以反演成一个平行四边形的顶点.

一般的,我们有如下结论:

定理 3 在反演变换下,

(1) 基圆是不变点的集合,即基圆上的点仍变为自己;基圆内的点(除中心)变为基圆外的点,反之亦然.

(2) 过反演中心的直线是不变直线(除中心);过反演中心的圆变为不过反演中心的直线;特别的,过反演中心的相切两圆(或一圆与直线相切)变为不过反演中心的两平行直线,过反演中心的相交圆变为不过反演中心的相交直线,反之亦然.

(3) 不过反演中心的直线变为过反演中心的圆,且反演中心在直线上射影的反点是过反演中心的直径的另一端点;不过反演中心的圆变为不过反演中心的圆,特别的,① 以反演中心为圆心的圆变为同心圆,② 不过反演中心的相切(交)圆变为不过反演中心的相切(交)圆,③ 两圆圆(O_1,R_1)和圆(O_2,R_2)若是以O为反演中心,反演幂为$k(k>0)$的一对反形,则

$$R_1=\frac{kR_2}{|OO_2^2-R_2^2|},OO_1=\frac{k\cdot OO_2}{|OO_2^2-R_2^2|}$$

(4) 不共线的任意两对反点必共圆;过一对反点的圆必与基圆正交(即交点处两圆的切线相互垂直),特别的,若在反演变换$I(O,r^2)$下的两对反点A与A',B与B',满足$A'B':AB=r^2:OA\cdot OA$.(注意线段$A'B'$的反形不是AB)

(5) 圆和圆、圆和直线、直线和直线的交角保持不变(曲线交角即为交点处两切线的交角),但方向相反.

(6) 共线(直线或圆)的点(中心除外)的反点共反形线(圆或直线),共点

(中心除外)线(直线或圆)的反形共反点形.

(7) 对于任意四个不同点 A,B,C,D,交比(即比值 $AC \cdot BD : AD \cdot BC$ 记为(AB,CD))保持不变. 即若 A',B',C',D' 是 A,B,C,D 的反点,则 $(AB,CD)=(A'B',C'D')$.

下面仅证如下两个性质,其余留给读者.

证明"圆和直线相切,若切点不与反演中心重合,则在反演变换下保持相切,否则得到一对平行直线."

事实上,若切点与反演中心不重合,则反演后圆的反图形与直线的反形仍具有一个公共点,即保持相切,若切点与反演中心重合,则反演后,直线变为自身,以 P 为圆心的圆变为垂直于 OP 的直线,即得到一对平行直线.

证明"相交圆之间的交角保持不变".

事实上,两圆相交时,过其一交点分别引两圆的切线 l_1,l_2. 由上所证,圆和直线相切在反演变换下仍保持,因此,圆的反形之间的交角等于它们的切线的反形之间的交角. 在以 O 为中心的反演下,直线 $l_i(i=1,2)$ 变为自身或者变为与 l_i 平行的直线在点 O 相切的圆. 因此,在以 O 为中心的反演下,直线 l_1 和 l_2 的反形之间的角即是这两条直线之间的交角,证毕.

注 (1) 对于上述定理 3 中的(3)③,圆(O_1,R_1),圆(O_2,R_2)是一对反形时,我们可以看出,反演中心 O 也是其外位似中心. 反之亦真,但两圆圆心只是一对位似对应点,但不是一对反点.

(2) 运用反演变换处理与圆有关的问题非常便捷:

例如,(查波尔定理或欧拉定理) 设 R,r 分别是 $\triangle ABC$ 的外接圆与内切圆的半径. d 是外心 O 与内心 I 之间的距离,则

$$d^2=R^2-2Rr$$

事实上,设 D,E,F 是内切圆切边 BC,CA,AB 的切点,EF,FD,DE 的中点为 A',B',C'. 若以圆 $I(r)$ 为基圆进行反演变换,则 A',B',C' 是 A,B,C 的反点,于是圆 O 的反形是圆 $A'B'C'$,由于 $\triangle A'B'C' \backsim \triangle DEF$,且相似比为 $1:2$,所以圆 $A'B'C'$ 的半径为$\frac{1}{2}r$,故$\frac{r}{2}:R=r^2:(R^2-d^2)$. 即证.

又例如,(费尔巴哈定理) 三角形的九点圆与其内切圆及旁切圆皆相切.

事实上,在 $\triangle ABC$ 中,A',B',C' 分别为 BC,CA,AB 的中点. 圆 $A'B'C'$ 是 $\triangle ABC$ 的九点圆,圆 I 是 $\triangle ABC$ 的内切圆,它切 BC 于 X,圆 I_a 是 $\triangle ABC$ 的旁切圆,它切 BC 于 X_a,下面证圆 $A'B'C'$ 与圆 I,圆 I_a 相切.

作圆 I,圆 I_a 的另一条公切线分别交 AC,AB 于 B_1,C_1,交 $A'B'$ 于 B'',交 $A'C'$ 于 C'',交 BC 于 S.

由 $BX=CX_a=\frac{1}{2}(a+c-b)$，其中 $BC=a,CA=b,AB=c$，有 $A'X=A'X_a=\frac{1}{2}|b-c|$. 又 I,S,I_a 在 $\angle A$ 的平分线上，则

$$SC:SB=b:c,SC=\frac{ab}{c+b}$$

同理

$$SB=\frac{ac}{c+b}$$

于是

$$SA'=\frac{1}{2}|SB-SC|=|\frac{a(b-c)}{2(b+c)}|$$

因 $A'B'/\!/AB$，从而

$$\triangle SA'B''\backsim\triangle SBC_1$$

$$A'B'':BC_1=SA':SB=|b-c|:2c$$

又 $BC_1=|b-c|$，故

$$A'B''=\frac{(b-c)^2}{2c},A'B''\cdot A'B'=(\frac{b-c}{2})^2=r^2$$

这说明 B'' 是 B' 在 $I(A',r^2)$ 变换下的反点. 同理可证，C'' 是 C' 在 $I(A',r^2)$ 变换下的反点，可见圆 $A'B'C'$ 的反形是真线 $B''C''$，即直线 B_1C_1，由于圆 I，圆 I_a 是反演变换 $I(A',r^2)$ 下的不变圆，B_1C_1 与圆 I，圆 I_a 相切，所以圆 $A'B'C'$ 与圆 I，圆 I_a 相切.

最后，我们还说明两点：

(1) 用圆与直线的正交性来重新定义直线反射变换与反演变换，可以发现两者的关系；

设 l 是定直线，若 P,P' 是两个与直线 l 正交的圆的交点，则称 P,P' 是关于直线 l 的直线反射变换下的一双对应点.

设圆 $O(r)$ 是定圆，若 P,P' 是两个与圆 $O(r)$ 正交的圆的交点，那么称 P,P' 是以圆 $O(r)$ 为基圆的反演变换下的一对反点，圆 $O(r)$ 上的点的反点是其自身.

由此可见，反演变换可以看成圆反射，直线反射可以看成是对半径无穷大的圆的反演.

(2) 在直角坐标平面上，若以圆 $x^2+y^2=r^2$ 为基圆进行反演变换，点 $P(x,y)$ 变为点 $P'(x',y')$，则反演变换式为

$$\begin{cases}x'=\dfrac{r^2x}{x^2+y^2}\\ y'=\dfrac{r^2y}{x^2+y^2}\end{cases}$$

❖极点、极线问题

定义1 已知圆 $O(r)$ 是定圆,若异于 O 的点 P 关于基圆圆 $O(r)$ 的反点是 P',那么过点 P' 且垂直于 OP 的直线 l 叫作点 P 关于圆 $O(r)$ 的极线,点 P 叫作直线 l 的极点.(参见图 1.229).

显然,对于平面上不经过点 O 的直线 l,它的极点是从 O 向直线 l 所引垂足 P' 的反点.极点与极线确定了平面上点(除点 O)与平面上直线(除过 O 的直线)之间的一一对应关系.若点 P 在圆 O 外,则点 P 的极线是从 P 向圆 O 作的两切线的切点的连线;若 P 在圆 O 上,则 P 的极线是过点 P 的圆 O 的切线;若 P 在圆 O 内(异于点 O),则作以 OP 为弦心距的弦的端点的两切线,过切线交点与 OP 垂直的直线即是.

关于极点和极线,有下述重要性质:

性质1 已知圆 $O(r)$ 以及点 A,B,直线 a,b 是点 A,B 关于圆 $O(r)$ 的极线.若点 A 在直线 b 上,则点 B 在直线 a 上.此时称 A,B 关于圆 $O(r)$ 共轭.

性质2 设由一个定点向圆作两条割线,联结它们与圆的交点,则对边的交点在这定点的极线上.

性质3 任意一条直线 l(不过圆心 O)的极点是直线上在圆外的任意两点的极线的交点;任意一点 P(除圆心 O)的极线是经过点 P 的任意两条割线的极点的连线.

性质4 对于圆 $O(r)$ 及两点 P,Q,P,Q 关于圆 $O(r)$ 共轭的充要条件是以 PQ 为直径的圆与圆 $O(r)$ 正交.

推论1 设 P 为一已知圆上的一个定点,PQ 为直径,过 P 作与已知圆正交的圆,则 P 关于所有这些正交圆的极线过定点 Q.

推论2 两个共轭点之间的距离,等于它们的中点到圆的切线的 2 倍.

推论3 一个固定点关于一个共轴圆组中各个圆的极线,通过另一个固定的点,以这两个定点为直径两端的圆与这共轴圆组中的圆正交.

推论4 两个共轭点的距离的平方,等于它们关于圆的幂的和.

定义2 若三角形的每一个顶点是对边的极点,则称此三角形为自极三角形(或对角三角形或自共轭三角形).

关于自极三角形,有下述结论:

性质5 自极三角形是钝角三角形,钝角顶点的基圆内,另两个顶点在圆外.

性质 6 基圆圆心 O 是自极三角形的垂心.

(3) 任一个钝角三角形唯一决定了一个圆,使得该三角形关于这个圆是自极三角形.

(4) 任一个钝角三角形的外接圆和九点圆关于基圆是一对反形.

❖萨蒙定理

萨蒙定理 圆心到任意两点的距离,与每一点到另一点极线的距离成比例.

证明 设圆 Γ 的圆心为 O,A,B 两点关于圆的反点分别为 A',B',点 A 关于圆 Γ 的极线为 a,点 B 关于圆 Γ 的极线为 b,则 A' 在直线 a 上,B' 在直线 b 上.再设点 A 在直线 b 上的射影为 P,点 B 在直线 a 上的射影为 Q.

如果 O,A,B 三点共线,如图 1.230,则 P,Q 分别与 B',A' 重合.不妨设 A 在 O,B 之间.因 $OA'\cdot OA=OB'\cdot OB$,所以

$$\frac{OA}{OB}=\frac{OB'}{OA'}=\frac{OB'-OA}{OA'-OB}=\frac{AB'}{BA'}=\frac{AP}{BQ}$$

如果 $OA\perp OB$,如图 1.231,则 $OB=AP$,$OA=BQ$,于是由 $OA'\cdot OA=OB'\cdot OB$ 即得 $\frac{OA}{OB}=\frac{OB'}{OA'}=\frac{AP}{BQ}$.

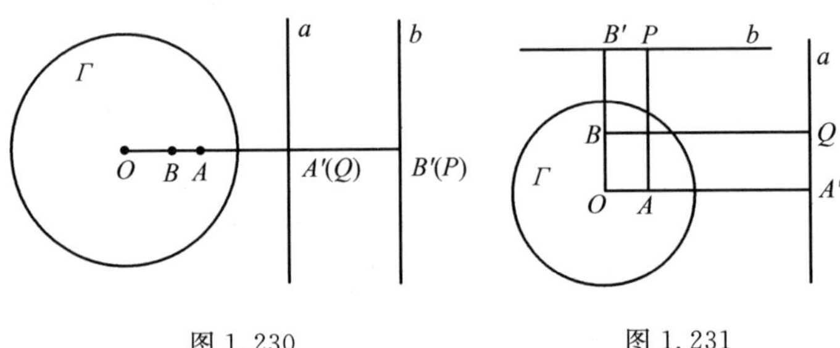

图 1.230　　图 1.231

如果 O,A,B 三点不在一条直线上,且 OA 与 OB 也不垂直,如图 1.232,设 A 在 OB 上的射影为 M,B 在 OA 上的射影为 N,则有 $MB=AP$,$NA=BQ$.因 $\triangle OAM\backsim\triangle OBN$,所以 $\frac{OA}{OB}=\frac{OM}{ON}$.

又 $OA'\cdot OA=OB'\cdot OB$,所以 $\frac{OA}{OB}=\frac{OB'}{OA'}$.由这两个等式即得

$$\frac{OA}{OB}=\frac{OB'-OM}{OA'-ON}=\frac{MB'}{NA'}=\frac{AP}{BQ}$$

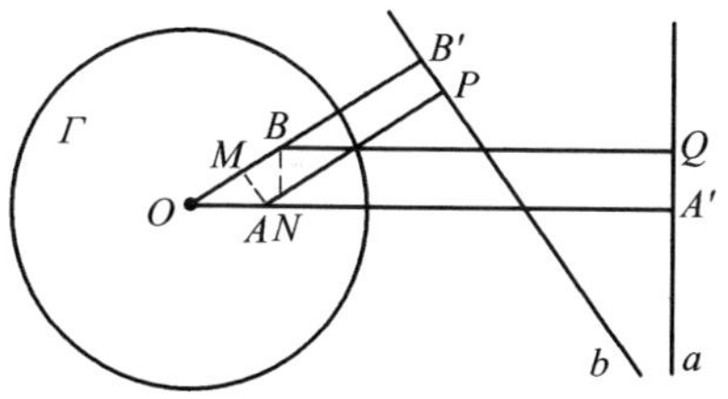

图 1.232

注 萨蒙(Salmon,1819—1866),爱尔兰数学家.著有专著《圆锥曲线》(1848),《高阶平面曲线》(1852),《现代高等数学》(1859),《三维解析几何》(1862).

第二章 三角形、圆

❖锯木求径问题

这个问题是《九章算术》勾股章的第 9 题：

今有圆材，埋在壁中，不知大小. 以锯锯之，深一寸，锯道长一尺，问径几何？

原书的解答如下：

如图 2.1，BE 是锯道沟，CD 为沟深. 在 $\text{Rt}\triangle ABC$ 中，设 $BC=a$，$AC=b$，$AB=c$，则根据勾股定理，有 $c^2-b^2=a^2$.

仿照前面的“池中之葭”的图 1.16，作出 c^2-b^2，如图 2.2 所示，即 c^2-b^2 用阴影部分之面积表示. 移动矩形 $FHIG$ 至矩形 $NKHP$ 的位置，拼成一个狭长的矩形 $NMJP$，其边长为 $(c+b)$ 和 $(c-b)$，则

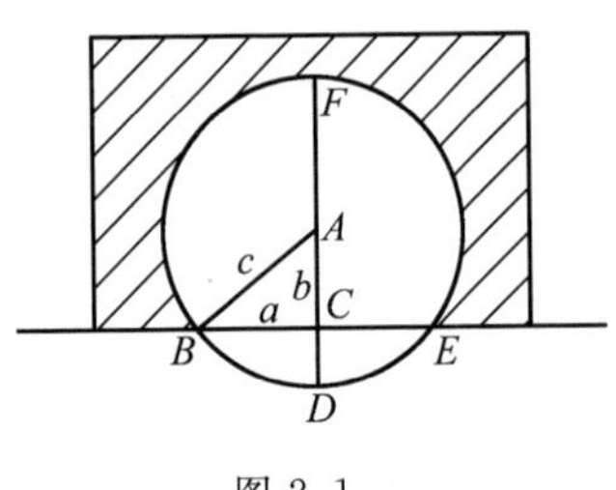

图 2.1

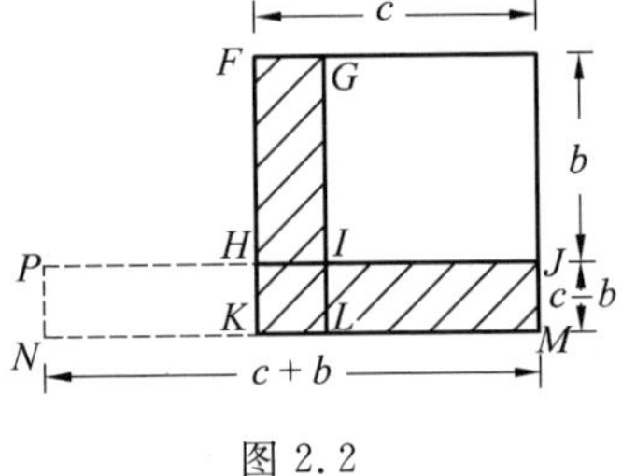

图 2.2

$$S_{NMJP}=(c+b)(c-b)$$

已知 $c^2-b^2=a^2$，则

$$c+b=\frac{a^2}{c-b}$$

而
$$CF=c+b$$

于是
$$CF=\frac{a^2}{c-b}$$

$$DF=CF+CD=\frac{a^2}{c-b}+(c-b)$$

已知 $a=\frac{1}{2}BE=5$ 寸，$c-b=CD=1$ 寸，代入公式得直径 $DF=26$ 寸.

显然，原书中的解法完全是用几何方法求得的. 若用现代列方程的方法来

解自然是很容易的了.

从这个题目中,可以看到中国古代数学家对圆内各种线段之间的关系是十分清楚的.

❖勾股容圆问题

今有勾八步,股十五步,问勾中容圆,径几何?

这是《九章算术》勾股章第16题.题意是:已知直角三角形两直角边 a,b 分别为8步,15步.求其内切圆的直径 d.如图2.3,由直角三角形的面积公式,有

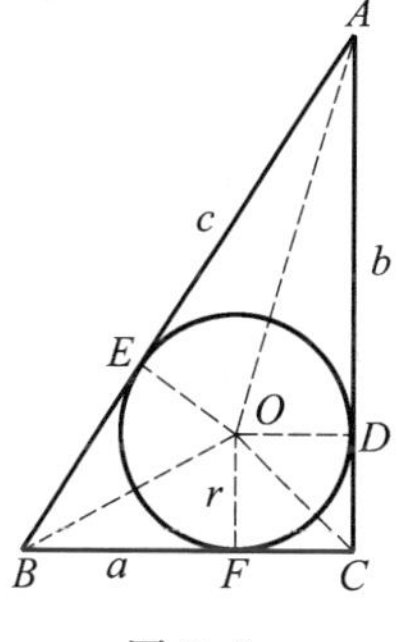

图 2.3

$$S_{\triangle ABC}=\frac{1}{2}ab$$

又 $\triangle ABC$ 可分成三个三角形,即 $\triangle AOB$,$\triangle BOC$,$\triangle AOC$.它们的面积分别为

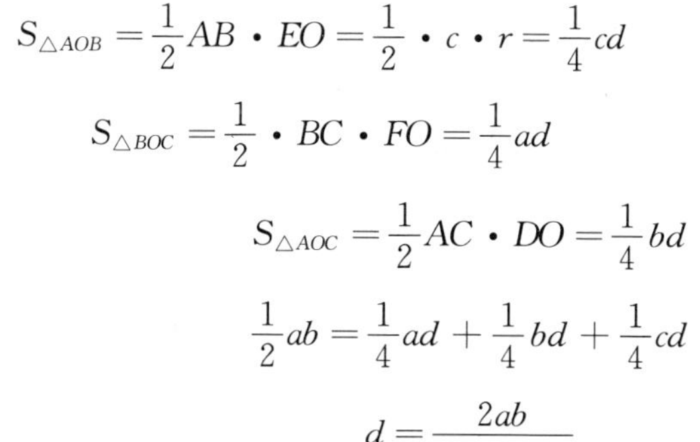

$$S_{\triangle AOB}=\frac{1}{2}AB\cdot EO=\frac{1}{2}\cdot c\cdot r=\frac{1}{4}cd$$

$$S_{\triangle BOC}=\frac{1}{2}\cdot BC\cdot FO=\frac{1}{4}ad$$

$$S_{\triangle AOC}=\frac{1}{2}AC\cdot DO=\frac{1}{4}bd$$

则
$$\frac{1}{2}ab=\frac{1}{4}ad+\frac{1}{4}bd+\frac{1}{4}cd$$

故
$$d=\frac{2ab}{a+b+c}$$

这样我们便得到了原书中所给出的一般公式,利用这个公式可求得直径为6步.

关于这个公式,刘徽在注里利用面积给予了证明.他的证法是:联结内切圆圆心 O 和三个切点 D,E,F 及三个顶点 A,B,C,把 Rt$\triangle ABC$ 分割成六块.取同样的四组,拼成一个大矩形,如图2.4,其面积是 $2ab$,长是 $(a+b+c)$,宽是 d,所以得

$$(a+b+c)d=2ab$$

即
$$d=\frac{2ab}{a+b+c}$$

其中 $c=\sqrt{a^2+b^2}$.

这种证法具有中国几何学的特色,和西方的欧几里得体系不同,主要是应

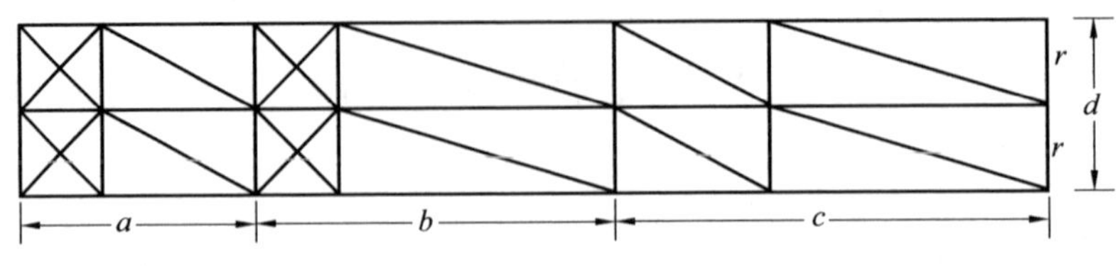

图 2.4

用了“出入相补”原理:一个平面图形的面积移置它处,面积不变.又若把图形分割成若干块,那么各部分面积的和等于原来图形的面积,因而图形移置后诸面积间的和、差有简单的相等关系.出入相补原理在中国古代几何学中有着广泛的应用.

在刘徽的注里还说,勾股容圆问题的直径 d 也可以等于 $a+b-c$ 或等于 $\sqrt{2(c-a)(c-b)}$,但未加证明.我们补证如下.

关于 $d=a+b-c$ 证明:

由图 2.4 可看出

$$a=BC=BF+FC=BF+r, b=AC=AD+DC=AD+r.$$

而

$$AD=AE, BF=BE$$

则

$$a+b=BF+AD+2r=BE+AE+d=c+d$$

故

$$d=a+b-c$$

关于 $d=\sqrt{2(c-a)(c-b)}$ 的证明:

由 $d=a+b-c$ 两边平方得

$$d^2=a^2+b^2+c^2+2ab-2ac-2bc=2c^2+2ab-2ac-2bc=2(c-a)(c-b)$$

即证.

❖割圆求积问题

割圆求积 有圆田,周一百八十一步,径六十步三分步之一,问为田几何?

本题是《九章算术》卷一“方田”的第 32 题.

已知圆形田的周长是 181 步,直径是 $60\frac{1}{3}$ 步,求其面积.

根据公式“半周乘半径”,本题很容易求得圆田面积为 11 亩 $90\frac{1}{12}$ 步^2(1 亩 =240 步^2).

可是我国古代在有关圆的实际计算中经常用"周三径一"取圆周率 $\pi \approx 3$，因而误差很大.

公元3世纪数学家刘徽在给《九章算术》作注时，在本题的注解里指出，圆的内接正六边形的周长是圆直径的3倍，圆的周长肯定不止其直径的3倍，并提出用圆内接正多边形的边数倍增(割圆)的方法来接近圆. 当边数无限增加时，就可以将正多边形的面积看成是圆面积了："割之弥细，所失弥少. 割之又割以至于不可割，则与圆合体而无所失矣." 从而求得圆面积，计算出圆周率，用现代方式表示他的具体方法如下.

如图2.5，从圆内接正六边形出发，不断进行倍边作图. 设 AB 为圆 O 的内接正 3×2^n 边形的一边(记为 a_n). 作 $OM \perp AB$ 并延长交 $\overset{\frown}{AB}$ 于点 C，显然 M 平分 AB，C 平分 $\overset{\frown}{AB}$. 过 C 作圆 O 的切线，并自 A，B 向该切线作垂线，D，E 为垂足. 刘徽与众不同地不用圆的外切正多边形，而是用诸如图中的 $ABED$ 这样的矩形来进行推证：

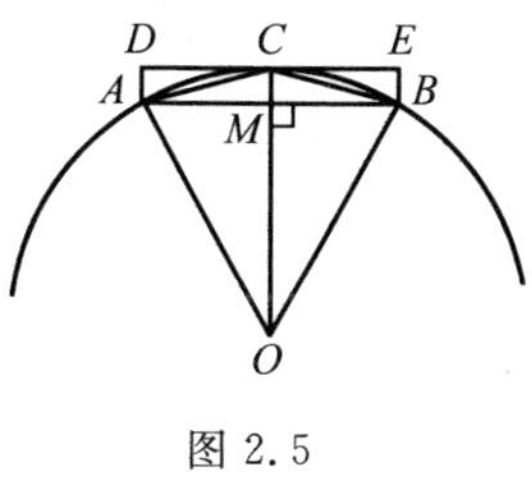

图 2.5

设 S_n，S_{2n}，S 分别是圆的内接正 3×2^n 边形，$3\times 2^{n+1}$ 边形以及圆的面积. 因

$$S_{2n} < S < S_n + nS_{BED}$$

而

$$S_{2n} - S_n = nS_{\triangle ABC} = \frac{n}{2}S_{ABED}$$

则

$$S_{2n} < S < S_n + 2(S_{2n} - S_n)$$

即

$$S_{2n} < S < S_{2n} + (S_{2n} - S_n)$$

当 n 充分大时，$S_{2n} - S_n$ 是足够小的，圆面积 S 与 S_{2n} 就几乎"无所失"了.

他还用勾股定理求出了圆内接正多边形的倍边公式

$$a_{2n} = \sqrt{2R^2 - R\sqrt{4R^2 - a_n^2}}$$

这样，刘徽在半径 $R=1$ 尺的圆里，计算出圆的内接正192边形的面积 $S=$ 314平方寸.

从这里也可求出圆周率 $\pi \approx 3.14$.

刘徽的这个方法就是著名的"割圆术". 他不仅提供了求圆周率的方法，更重要的是提出了严密的极限思想和方法. 这在求弓形面积和证明锥体的体积公式方面都有表述和应用. 他的数学思想方法还影响了后来的数学家祖冲之父子.

❖祖冲之的密率

祖冲之的密率 $\pi = \dfrac{355}{113}$.

祖冲之(429—500)是我国南北朝时期的伟大数学家.他从半径为1丈的圆中计算出圆周率精确到小数点后7位的近似值

$$3.1415926<\pi<3.1415927$$

这个精确值在世界上曾保持了1 000年的领先纪录!

为了便于计算,祖冲之还对圆周率给出两个分数值$\frac{355}{113}$和$\frac{22}{7}$,分别称之为"密率"和"约率".公元前3世纪阿基米德就已发现约率$\frac{22}{7}$.但是,"密率"却是祖冲之首创的,为了纪念他的杰出成就,"密率"又称为"祖率".

❖圆周率π

人们对π的研究从什么时候开始,已无据可考,但在中国最古的数学典籍《周髀算经》上已有"周三径一"的记载.两千多年前希腊学者阿基米德也证明了$3\frac{10}{71}<\pi<3\frac{1}{7}$.

中国在汉代以前,圆周率一般都采用"周三径一",即$\pi=3$.随着生产和科学的发展,π值取3就越来越不能满足精确计算的要求.因此,人们开始探索比较精确的圆周率.公元1世纪初,刘歆取$\pi\approx3.154$,东汉张衡取$\pi\approx3.1466$,又取$\pi\approx\sqrt{10}\approx3.1622$,三国时吴人王藩取$\pi\approx\frac{142}{45}\approx3.1556$.其中$\pi\approx\sqrt{10}$是世界上最早的记录,但这些数值大多是经验的结果,还缺乏坚实的理论基础.

魏晋之际的杰出数学家刘徽创立了割圆术,为计算圆周率和圆面积建立起相当严密的理论和完善的算法.割圆术的主要内容如下:

(1) 圆内接正六边形边长等于半径.

(2) 利用勾股定理,从圆内接正n边形的边长求出正$2n$边形边长.

(3) 由圆内接正n边形边长,直接求出正$2n$边形的面积,如图2.6,$S_{\triangle ADB}=\frac{1}{2}CD\cdot AB$.

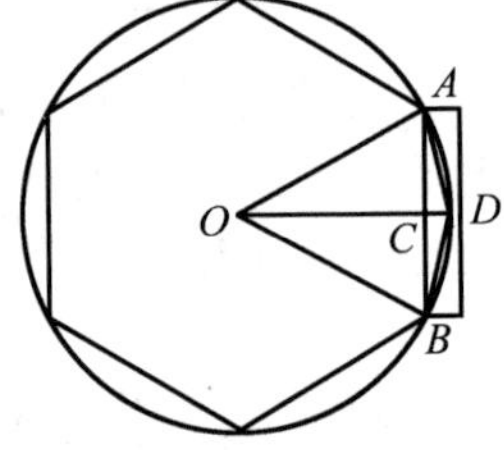

图2.6

(4) 圆面积满足不等式$S_n<S<S_{2n}+(S_{2n}-S_n)$,如图2.6,$S_{OADB}-S_{\triangle OAB}=2S_{\triangle ACD}$.若$S_{OADB}$再加上两个$S_{\triangle ACD}$,就有一部分超出圆周了.

(5) "割之弥细,所失弥少,割之又割以至于不可割,则与圆合体而无所失矣."这就是说,圆内接正多边形的边数无限增加时,它的周长的极限是圆周长,它的面积的极限是圆面积.刘徽就这样从圆内接正六边形算起,逐步倍增边数,经过艰苦而繁重的推算,一直算到正 192 边形. 得到 $\pi\approx3.141\ 24$. 他又继续求到圆内接正 3 072 边形的面积，验证了前面的结果，并且得出更精确的圆周率值 $\pi\approx\frac{3\ 927}{1\ 250}=3.141\ 6$. 刘徽的割圆术，为圆周率研究工作，奠定了坚实可靠的理论基础，在数学史上占有十分重要的地位，他所得到的结果当时在世界上也是很先进的.

南北朝时，祖冲之发展了刘徽的方法，继续推算圆周率的值，他从圆内接正六边形算起，一直算到圆内接正24 576边形. 每求一值，要把同一运算程序反复进行 12 次，而每一次运算程序中，又包括对九位数字的大数目进行加减乘除及开方等 11 个步骤，最后他求出了：$3.141\ 592\ 6<\pi<3.141\ 592\ 7$. 又求得 $\pi\approx\frac{355}{113}$（密率），$\pi\approx\frac{22}{7}$（约率）. 祖冲之的伟大贡献，使中国对 π 值的计算领先了一千年，它标志着中国古代高度发展的数学水平. 自从我国古代灿烂的科学文化逐渐得到世界公认以后，有人建议把 $\pi\approx\frac{355}{113}$ 称为"祖率"，以纪念祖冲之的杰出贡献.

17 世纪以前，各国对圆周率的研究工作仍限于利用圆内接和外切正多边形来进行. 约在公元 150 年，希腊数学家波托雷梅计算得 $\pi\approx3.141\ 6$. 6 世纪印度数学家阿里亚布哈塔利用公式 $a_{2n}=\sqrt{2R^2-R\sqrt{4R^2-a_n^2}}$ 算出 $\pi\approx3.141\ 6$. 求这个值时，他曾算了圆内接和外切正 384 边形的周长. 1427 年伊朗数学家阿尔·卡西把 π 值精确地计算到小数 16 位，从而打破了祖冲之保持近千年的纪录. 1596 年荷兰数学家鲁多夫·房·色伦计算到35 位小数（为此，鲁多夫须计算圆内接正 2^{30} 边形），当他去世以后，人们把他算出来的 π 的数值雕刻在他的墓碑上，永远纪念着他的贡献，而这块墓碑也标志着研究 π 的一个历史阶段的结束，为求 π 的更精确值，需另辟途径.

17 世纪以后，随着微积分和解析几何的出现，人们便利用级数来求 π 值，1874 年山克司计算到小数 707 位. 电子计算机出现以后，1949 年美国有人用电子计算机算到小数 2 036 位，用时 70 小时. 而现在计算 π 值到小数万位，已仅是几分钟的事了. 1973 年 5 月 24 日，法国女数学工作者吉劳德和波叶用电子计算机计算 π 的值精确到小数点后一百万位，并于同年 9 月得到证实. 如果把这一结果印成一本书，这本书足有 200 页之厚. 它可以说是至今人们所知道的最精确的 π 的近似值了.

最后，简要地介绍一下刘徽和祖冲之两位大数学家的生平.

刘徽是魏晋时数学家，生卒年不详. 魏景元四年（公元 263 年）前后，曾撰《九章算术注》九卷、《重差》一卷、《九章重差图》一卷. 唐代初年，《九章重差图》已失传，《重差》一卷单行，被称为《海岛算经》. 他在《九章算术注》中提出了很多创见，用割圆术来计算圆周率是他的一个最大创造.

祖冲之是南北朝时期南朝的科学家. 字文远. 范阳遒县(今河北涞水)人. 他是刘宋王朝祖朔之子. 青年时曾任南徐州(今镇江市)从事史(州刺史的属员),后来回建康(今南京市)任公府参军. 在此期间,他编制了大明历. 大明历是我国第一部考虑到岁差问题的历法,较当时使用的元嘉历法要精密得多. 此后,曾外放做过一段娄县(今江苏昆山县东北)令,第二次回建康后任谒者仆射. 到齐朝升到长水校尉. 永元二年(公元 500 年)卒,年 72.

祖冲之还曾改造指南车,作水碓磨、千里船等,都很机巧.

数学著作有《缀术》和《九章算术义注》.《缀术》一书,包括祖冲之对圆周率的研究和成果,以及其他丰富的内容. 可是隋唐时代国立学校明算科的官员们大都看不懂这部书,"学官莫能究其深奥,是故废而不理". 后来到北宋时,《缀术》也就失传了,十分可惜.

❖会圆术问题

会圆术 假令有圆田,径十步,欲割二步,问所割之弧长几何?

本题是沈括的《梦溪笔谈》第 18 卷的第四题.

从直径是 10 步的圆形田中,分割出一个矢高为 2 步的弓形田块来,问这个弓形田块的弧长应该是多少?

北宋大科学家沈括是我国数学史上第一个给出由弦长和矢长来求弧长近似公式的数学家. 这个近似公式就是沈括的"会圆术".

设圆的直径为 d,半径为 r,弦长为 C,矢(高)长为 h,弧长为 S. 则

$$C=2\sqrt{r^2-(r-h)^2}$$

$$S\approx C+\frac{2h^2}{d}$$

当圆心角不超过 $45°$ 时,其相对误差小于 0.02.

本题用"会圆术"解得弧长为 8.8 步.

❖弦外容圆问题

弦外容圆 假令圆城一所,不知周径,四面开门,门外纵横各有十字大道,…… 其东南十字道头定为巽地,…… 或问:甲乙二人同立于巽地,乙西行四十八步而止,甲北行九十步,望乙与城参相直. 城径几何?

本题是《测圆海镜》第二卷的第 8 题."弦外容圆"指在勾股形(直角三角形)外与弦(斜边)相切的旁切圆,题设条件如图 2.7 所示,$CB=48$ 步,$CA=90$ 步,

AB 正好与圆城相切于点 D，求圆城的直径.

根据题意，四边形 $OFCE$ 是正方形，$EC=FC=OF=r$（圆城半径）. 设 $DA=y$，$DB=x$. 因

$$AE=AD=y, BF=BD=x$$

则
$$CE=CA+AE=90+y$$
$$CF=CB+BF=48+x$$

故有
$$90+y=48+x$$
$$x-y=42 \quad ①$$

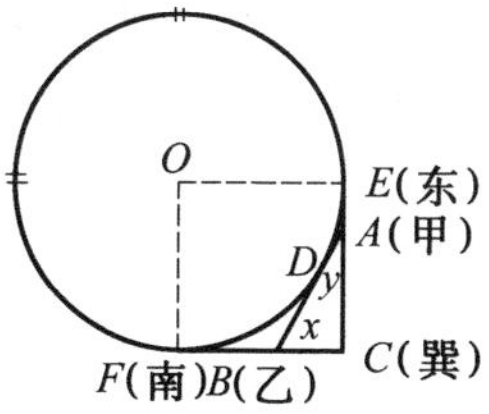

而
$$AB=\sqrt{AC^2+BC^2}=102$$

即
$$x+y=102 \quad ②$$

由 ① 和 ② 可得 $x=72$（步）. 于是

$$r=CF=48+72=120\text{（步）}$$

所以，圆城直径 $d=240$（步）.

图 2.7

我国古代擅长通过计算来研究图形的度量性质，《测圆海镜》就是系统地研究勾股形与其相关圆关系的.

❖海伦公式

海伦公式　边长为 a,b,c 的三角形的面积公式为

$$S_\triangle=\sqrt{p(p-a)(p-b)(p-c)}$$

其中 $p=\frac{1}{2}(a+b+c)$.

海伦（Heron）是公元 1 世纪希腊的著名学者和机械发明家，他的著作涉及数学、测量学和力学等，在他的《测量学》一书中，记载了这个公式，但阿基米德在此之前已经掌握了它.

证法 1　此证法源于海伦的《测量学》中卷 Ⅰ 的命题 8，或《测量仪器》中的命题 30.

如图 2.8，设 $\triangle ABC$ 的内切圆圆 $I(r)$ 切三边于 D,E,F，易知 $AF=p-a$，$BD=p-b$，$CD=p-c$. 过 I,B 各作 CI,BC 的垂线，设它们相交于 P，且 IP 交 BC 于 K，则

$$\frac{BP}{DI}=\frac{BK}{KD}$$

所以
$$\frac{BP+r}{r}=\frac{p-b}{KD}$$

而 $$KD \cdot DC = ID^2 = r^2.$$

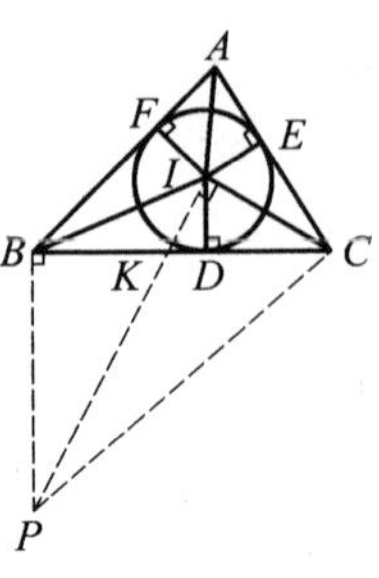

图 2.8

联结 PC,则 B,P,C,I 四点共圆,所以 $\angle BPC$ 与 $\angle BIC$ 互为补角.易知 $\angle FIA$ 与 $\angle BIC$ 也互为补角,所以

$$\angle BPC = \angle FIA$$

故 $$\triangle BPC \backsim \triangle FIA$$

从而 $$\frac{a}{p-a} = \frac{BP}{r}, \frac{p}{p-a} = \frac{BP+r}{r}$$

于是

$$\frac{p}{p-a} = \frac{p-b}{KD}, \frac{p \cdot p}{p \cdot (p-a)} =$$

$$\frac{(p-b) \cdot (p-c)}{KD \cdot DC} = \frac{(p-b)(p-c)}{r^2}$$

因此 $$r^2 p^2 = p(p-a)(p-b)(p-c)$$

即 $$S_{\triangle} = \sqrt{p(p-a)(p-b)(p-c)}$$

证法 2 该公式也可以通过适当的运算导出.如图 2.9,在 $\triangle ABC$ 中,AD 为边 BC 上的高,由

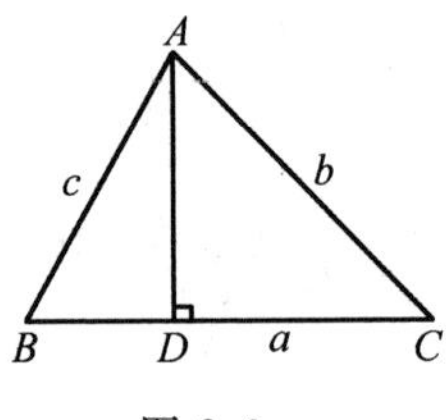

图 2.9

$$b^2 = a^2 + c^2 - 2a \cdot BD$$

有 $$BD = \frac{a^2 + c^2 - b^2}{2a}$$

而

$$AD^2 = c^2 - BD^2 = c^2 - \frac{(a^2 + c^2 - b^2)^2}{4a^2} =$$

$$\frac{1}{4a^2}(b^2 - (a-c)^2)((a+c)^2 - b^2) =$$

$$\frac{1}{4a^2}(b-a+c)(b+a-c)(a+c+b)(a+c-b) =$$

$$\frac{4p(p-a)(p-b)(p-c)}{a^2}$$

则 $$AD = \frac{2}{a}\sqrt{p(p-a)(p-b)(p-c)}$$

故 $$S_{\triangle} = \sqrt{p(p-a)(p-b)(p-c)}$$

证法 3 由 $\cos C = \dfrac{a^2 + b^2 - c^2}{2ab}$,有

$$S_{\triangle} = \frac{1}{2}ab \cdot \sin C = \frac{1}{2}ab\sqrt{1 - \cos^2 C} =$$

$$\frac{1}{2}ab\sqrt{1 - \left(\frac{a^2 + b^2 - c^2}{2ab}\right)^2}$$

整理化简得 $$S_{\triangle}=\sqrt{p(p-a)(p-b)(p-c)}$$

证法 4 如图 2.10，设 O,O' 分别为 $\triangle ABC$ 的内心与旁心，r,R 是圆 O，圆 O' 的半径，D,E 是切点，易知 $AE=p$，$AD=p-a$，$DB=p-b$，$BE=p-c$，由于 $\angle OBO'=90^\circ$，则

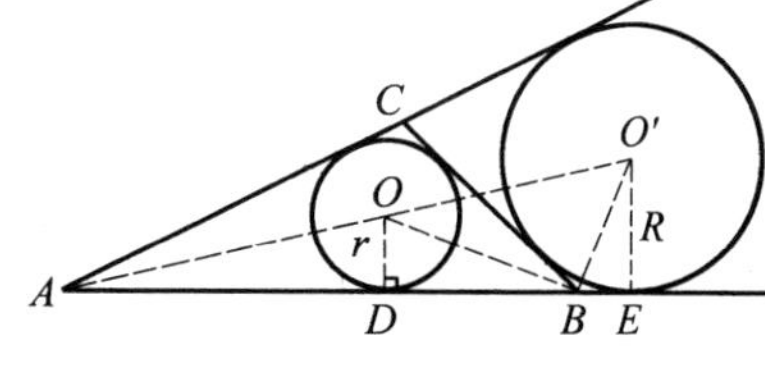

图 2.10

$$\mathrm{Rt}\triangle BOD \backsim \mathrm{Rt}\triangle O'BE$$

则 $$\frac{OD}{BE}=\frac{BD}{EO'}$$

即 $$\frac{r}{p-c}=\frac{p-b}{R}$$

得 $$R=\frac{(p-b)(p-c)}{r} \qquad ①$$

又 $\triangle AOD \backsim \triangle AO'E$，即

$$\frac{OD}{O'E}=\frac{AD}{AE}$$

即 $$\frac{r}{R}=\frac{p-a}{p}$$

由 ①，② 可得

$$S_{\triangle}=pr=(p-a)\cdot R=\frac{(p-a)(p-b)(p-c)}{r}=$$

$$\frac{p(p-a)(p-b)(p-c)}{S_{\triangle}}$$

故 $$S_{\triangle}=\sqrt{p(p-a)(p-b)(p-c)}$$

证法 5 如图 2.11 所设，圆 O 为 $\triangle ABC$ 的内切圆，则

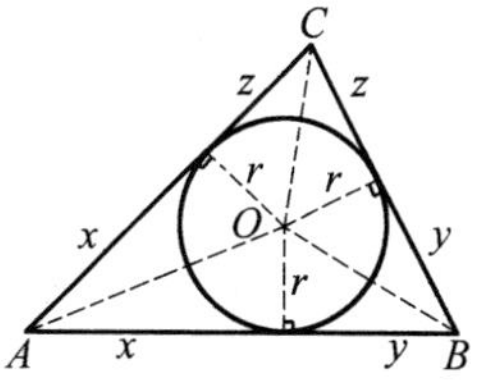

$$\tan\frac{A}{2}=\frac{r}{x},\tan\frac{B}{2}=\frac{r}{y},\tan\frac{C}{2}=\frac{r}{z}$$

图 2.11

因 $$\left(\tan\frac{C}{2}\right)^{-1}=\cot\frac{C}{2}=\tan\left(90^\circ-\frac{C}{2}\right)=$$

$$\tan\frac{A+B}{2}=$$

$$\frac{\tan\frac{A}{2}+\tan\frac{B}{2}}{1-\tan\frac{A}{2}\tan\frac{B}{2}}$$

则 $$\tan\frac{A}{2}\tan\frac{B}{2}+\tan\frac{B}{2}\tan\frac{C}{2}+\tan\frac{C}{2}\tan\frac{A}{2}=1$$

即有
$$\frac{r}{x}\cdot\frac{r}{y}+\frac{r}{y}\cdot\frac{r}{z}+\frac{r}{z}\cdot\frac{r}{x}=1$$

从而
$$r^2(x+y+z)=xyz$$
$$r^2p=(p-a)(p-b)(p-c)$$

即
$$S_{\triangle}^2=(rp)^2=p(p-a)(p-b)(p-c)$$

故
$$S_{\triangle}=\sqrt{p(p-a)(p-b)(p-c)}$$

证法 6 如图 2.11 所设,由

$$\sin\frac{A}{2}=\frac{r}{\sqrt{x^2+r^2}},\cos\frac{A}{2}=\frac{x}{\sqrt{x^2+r^2}}$$

则
$$S_{\triangle}=\frac{1}{2}bc\cdot\sin A=\frac{1}{2}bc\cdot 2\sin\frac{A}{2}\cos\frac{A}{2}=$$
$$bc\cdot\frac{r}{\sqrt{x^2+r^2}}\cdot\frac{x}{\sqrt{x^2+r^2}}=$$
$$\frac{bc\cdot r\cdot x}{x^2+r^2}=pr$$

即有 $pr^2=(bc-px)x=((x+z)(x+y)-(x+y+z)x)x=xyz$

则
$$S_{\triangle}^2=(rp)^2=p(p-a)(p-b)(p-c)$$

故
$$S_{\triangle}=\sqrt{p(p-a)(p-b)(p-c)}$$

当然,本公式还有行列式证法、复数证法和其他证法.

❖秦九韶公式

秦九韶公式 设三角形三边分别为 a,b,c,则三角形面积

$$S=\frac{1}{2}\sqrt{c^2a^2-(\frac{c^2+a^2-b^2}{2})^2}$$

这就是著名的秦九韶公式,也叫三斜求积公式.

秦九韶(字道古,1202—1261),南宋数学家,与李治、杨辉、朱世杰齐名,同为我国数学黄金时代宋元时期的四大数学家之一.

秦九韶的数学巨著《数书九章》卷五第二题为:问沙田一段,有三斜(三角形三边),其小斜一十三(小边 $c=13$)里,中斜一十四(中边 $b=14$)里,大斜一十五(大边 $a=15$)里.里法三百步(每 300 步一里).欲知为田几何?答曰:田积三百一十五顷(每 100 亩为一顷).

术曰:以少广求之,以小斜幂(c^2)并大斜幂(加 a^2)减中斜幂(b^2),余半之(除以 2),自乘(平方)于上;以小斜幂乘大斜幂减上(用 c^2a^2 减去上式),余四约

之(除以4),为实;一为从隅,开平方得积.

对于方程 $px^2=q$,秦九韶将 q 称为实,p 称为隅."一为从隅"即 $p=1$.其求法即为

$$S^2=\frac{1}{4}\left[c^2a^2-\left(\frac{c^2+a^2-b^2}{2}\right)^2\right]$$

$$S=\frac{1}{2}\sqrt{c^2a^2-\left(\frac{c^2+a^2-b^2}{2}\right)^2}$$

这就是秦九韶的三斜求积公式.

实际上这个公式中的三斜具有"对称性",a,b,c 只要分别表示三边即可,不一定专指大斜、中斜、小斜.

证明 如图2.12(a),作高 $AD=h$,设 $BD=m$,$DC=n$.由 $S=\frac{1}{2}ah$,(古代称为圭田求积法)自乘得

$$S^2=\frac{1}{4}a^2h^2 \quad ①$$

由勾股定理,得

$$h^2=c^2-m^2 \quad ②$$

将②代入①得

$$S^2=\frac{1}{4}a^2(c^2-m^2)=\frac{1}{4}(a^2c^2-a^2m^2) \quad ③$$

又依②得

$$b^2=h^2+n^2=c^2-m^2+n^2 \quad ④$$

从图2.12(b),由演段法得知

$$n^2=a^2+m^2-2am \quad ⑤$$

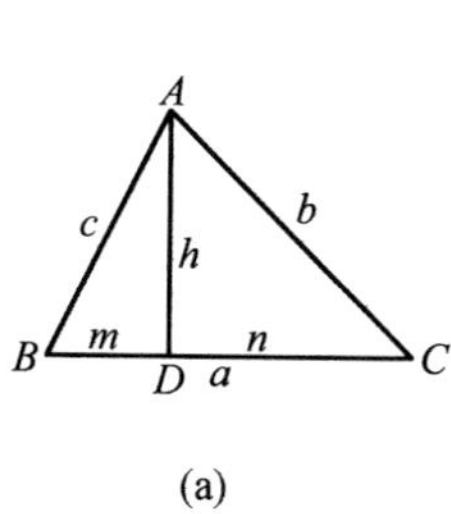

(a)

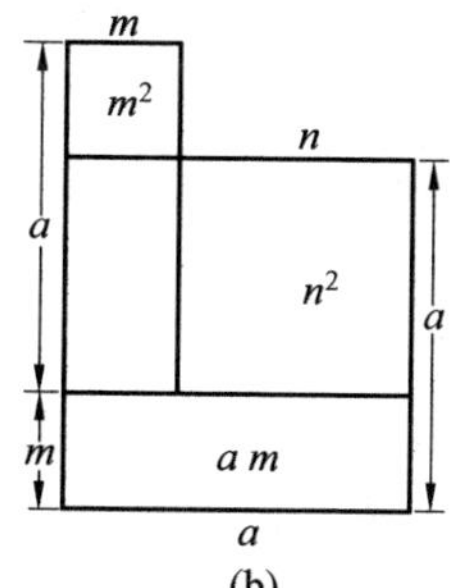

(b)

图2.12

以⑤代入④得

$$b^2=c^2-m^2+a^2+m^2-2am=c^2+a^2-2am$$

$$m=\frac{c^2+a^2-b^2}{2a}$$

代入③得
$$S^2=\frac{1}{4}\left(c^2a^2-a^2(\frac{a^2+c^2-b^2}{2a})^2\right)=$$
$$\frac{1}{4}\left(c^2a^2-(\frac{a^2+c^2-b^2}{2})^2\right)$$

则
$$S=\sqrt{\frac{1}{4}\left(c^2a^2-(\frac{a^2+c^2-b^2}{2})^2\right)}$$

即三斜求积公式得证.

三斜求积公式与希腊数学家海伦的三角形面积公式(即海伦公式)

$$S=\sqrt{p(p-a)(p-b)(p-c)},p=\frac{1}{2}(a+b+c)$$

是等价的.下面由三斜求积公式推导海伦公式

$$\sqrt{\frac{1}{4}\left(c^2a^2-(\frac{c^2+a^2-b^2}{2})^2\right)}=$$
$$\sqrt{\frac{1}{4}(ca+\frac{c^2+a^2-b^2}{2})(ca-\frac{c^2+a^2-b^2}{2})}=$$
$$\sqrt{\frac{1}{4}\cdot\frac{2ca+c^2+a^2-b^2}{2}\cdot\frac{2ca-c^2-a^2+b^2}{2}}=$$
$$\sqrt{\frac{1}{16}((c+a)^2-b^2)(b^2-(c-a)^2)}=$$
$$\sqrt{\frac{1}{2}(c+a+b)\cdot\frac{1}{2}(c+a-b)\cdot\frac{1}{2}(b+c-a)\cdot\frac{1}{2}(b+a-c)}=$$
$$\sqrt{p(p-a)(p-b)(p-c)}$$

反之,由海伦公式也可以推导出秦九韶的三斜求积公式.

❖圆弦问题

圆中的弦涉及如下一系列重要结论:

定理1 过圆心的弦是直径;任一直径是圆周以及圆的对称轴;直径是最长的弦.

定理2 垂直于弦的直径平分弦以及它所对的每一条弧.

定理3 一组平行弦中点的轨迹是垂直于弦的一条直径;切线平行于被通过切点的直径所平分的一组弦;夹在两平行弦之间的两圆弧相等.

定理4 在同圆或等圆中,存在以下结论:

(1) 等弧对应的弦相等,反之亦然;

(2) 小于半圆周而不等的两弧,大弧对应的弦大;

(3) 等弦距圆心等远,反之亦然;

(4) 不等的两弦,大弦距圆心近.

圆周角定理 共顶点的两弦的夹角称为圆周角,圆周角以介于其边间的弧的一半来度量,它等于截同弧的圆心角的一半;直径所张圆周角为直角.

弦切角定理 切线和通过切点的弦所形成的角叫弦切角,该角以此弦所截的弧的一半来度量.

阿勒哈森(Alhazen,A.D)定理 若弦 AB,CD 在圆内相交于点 P,则 $\angle APC$ 等于弧$\overset{\frown}{AC}$与弧$\overset{\frown}{BD}$之和的一半;若点 P 在圆外,则 $\angle APC$ 等于弧$\overset{\frown}{AC}$与弧$\overset{\frown}{BD}$之差的绝对值的一半.

证明 如图 2.13.过点 C 作 $CE \parallel AB$ 交圆于点 E,则

$$\angle APC=\angle DCE \overset{m}{=\!=\!=} \frac{1}{2}\overset{\frown}{ED}=\frac{1}{2}(\overset{\frown}{BD}\pm\overset{\frown}{BE})=$$

$$\frac{1}{2}(\overset{\frown}{BD}\pm\overset{\frown}{AC})$$

这就证明了欲证的结论.

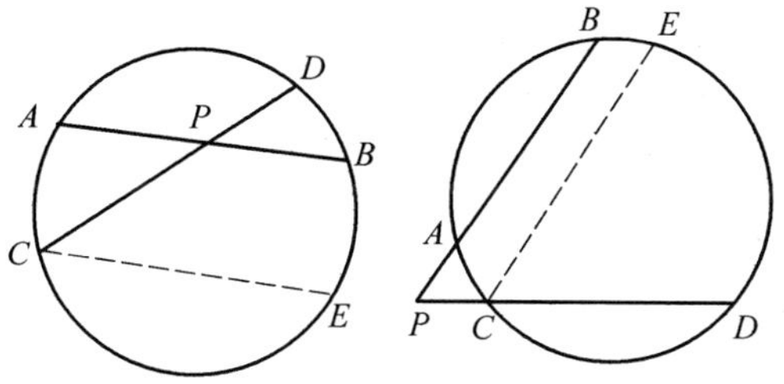

图 2.13

定理 5 在已知线段同侧,而对已知线段的视角等于已知角的点的轨迹是一圆弧,且以线段的端点为端点.或者说弦的同旁所张的圆周角相等.

定理 6 圆内接四边形对角互补,反之亦然.或者说圆内接四边形的对边为互为逆平行的弦.

❖两圆位置关系问题

定理 (1) 若两圆周外离,则圆心间的距离大于半径和;反之亦然.

(2) 若两圆周外切,则圆心间的距离等于半径和;反之亦然.

(3) 若两圆周相交，则圆心间的距离介于半径和及半径差之间；反之亦然.

(4) 若两圆周内切，则圆心间的距离等于半径差；反之亦然.

(5) 若两圆周内含，则圆心间的距离小于半径差；反之亦然.

❖阿基米德折弦定理

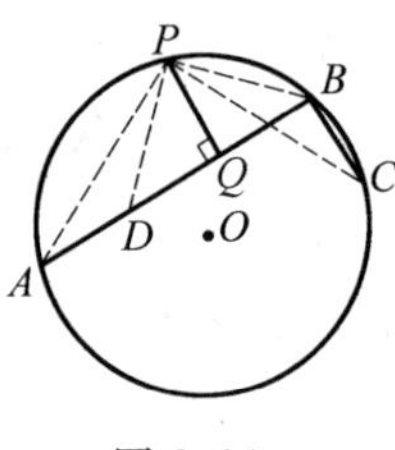

图 2.14

圆上由一个公共端点所引的两条弦组成的图形称为折弦.如图 2.14，圆 O 中，弦 AB 和 BC 组成圆 O 的一个折弦 ABC.

阿基米德折弦定理 圆 O 中，弦 AB 和 BC 组成一个折弦 ABC，如果 $AB > BC$，P 是 $\overset{\frown}{ABC}$ 的中点，则从点 P 向 AB 所作垂线的垂足 Q 必为折弦 ABC 的中点，即 $AQ = QB + BC$.

证明 在如图 2.14，AB 上取点 D，使 $AD = BC$，联结 PA，PC，PD，PB. 因

$$\overset{\frown}{AP} = \overset{\frown}{PC}$$

则

$$AP = PC$$

又由 $\angle A = \angle C$，$AD = BC$，知

$$\triangle APD \cong \triangle CPB$$

则

$$PD = PB$$

又因 $PQ \perp AB$，则

$$DQ = BQ$$

从而

$$AQ = AD + DQ = BC + BQ$$

不难理解，折弦定理的意义是圆中一个折弦的两条弦所对的两段弧的中点在较长弦上的射影就是折弦的中点.

由折弦定理还可得出如下的推论.

推论 1 当 P 是折弦 ABC 的 $\overset{\frown}{ABC}$ 的中点时，有 $AB \cdot BC = PA^2 - PB^2$.

证明 因 P 为 $\overset{\frown}{ABC}$ 的中点，则

$$PA^2 = AQ^2 + PQ^2$$

$$PB^2 = PQ^2 + QB^2$$

从而

$$PA^2 - PB^2 = AQ^2 + PQ^2 - (PQ^2 + QB^2) = AQ^2 - QB^2 =$$

$$(AQ + QB)(AQ - QB) = AB \cdot BC$$

推论 2 当 P 是折弦 ABC 的 $\overset{\frown}{AC}$ 的中点时,有

$$AB \cdot BC = PB^2 - PA^2$$

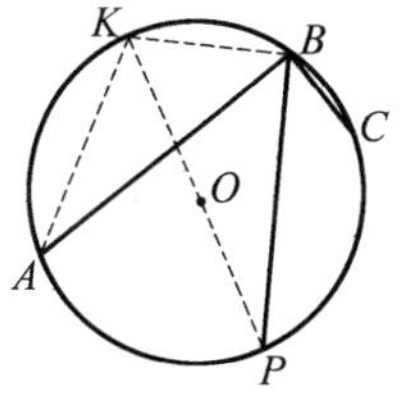

证明 如图 2.15,取 $\overset{\frown}{ABC}$ 的中点 K,联结 PK,AK,BK,由推论 1 知

$$KA^2 - KB^2 = AB \cdot BC$$

图 2.15

因 P,K 分别为 $\overset{\frown}{AC}$ 和 $\overset{\frown}{ABC}$ 的中点,则 PK 为圆 O 的直径,即

$$PA^2 + KA^2 = PK^2$$

$$PB^2 + KB^2 = PK^2$$

从而

$$PA^2 + KA^2 = PB^2 + KB^2$$

即

$$PB^2 - PA^2 = KA^2 - KB^2 = AB \cdot BC$$

故

$$AB \cdot BC = PB^2 - PA^2$$

注 此定理的其他证法可参见作者另著《平面几何范例多解探究》(上篇)(哈尔滨工业大学出版社,2018).

❖波利亚问题

波利亚(G. Pólya)问题 证明:两端点在定圆周上,并且将这个圆分成面积相等的两部分的曲线中,以该圆的直径最短.

如果曲线的端点恰好是圆的一条直径的两个端点,则结论不证自明.因此,对于一般情形,我们应设法将曲线不改变长度并使其两个端点是圆的一条直径的两个端点.而这可以通过轴反射变换来实现.

证明 如图 2.16 所示,设曲线 l 的两个端点 A,B 在圆 Γ 上,且曲线 l 将圆 Γ 分为面积相等的两部分.可设 A,B 不是圆 Γ 的一条直径的两个端点.作直径 $CD \parallel AB$,由于曲线 l 将圆 Γ 分为面积相等的两部分,所以直径 CD 必与曲线 l 相交(且至少有两个交点),设 E 为交点之一.作轴反射变换 $S(CD)$,设 $B \to B'$,则曲线段 $\overset{\frown}{EB}$ = 曲线段 $\overset{\frown}{EB'}$.易知 AB' 为圆 Γ 的直径,从而曲线 l 的长 $= \overset{\frown}{AB} = \overset{\frown}{AE} + \overset{\frown}{EB} = \overset{\frown}{AE} + \overset{\frown}{EB'} \geqslant AB'$,即曲线 l 的长度大于或等于圆 Γ 的直径.

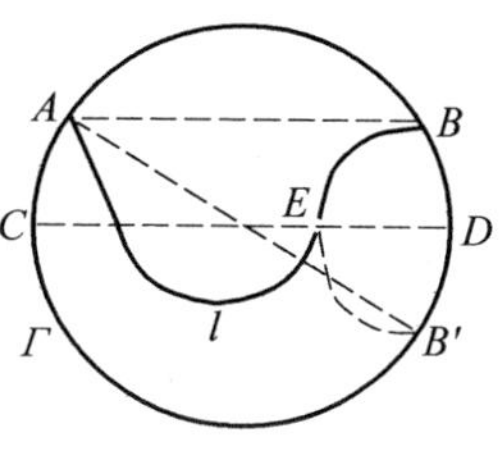

图 2.16

当曲线 l 是一段圆弧时,本题曾是 1946 年举行的第 6 届普特南(Putnam)

数学竞赛试题.

❖圆幂定理

相交弦定理 过圆内一点引两条弦,各弦被这点所分成的两线段的积相等.

切割线定理 从圆外一点向圆引切线和割线,切线长是这点到割线与圆的交点的两条线段长的比例中项.

割线定理 从圆外一点向圆引两条割线,则这一点到每条割线与圆的交点的两条线段的积相等.

上述三定理统称为圆幂定理①,它们的发现至今已有两千多年的历史.其中相交弦定理和切割线定理被欧几里得编入他的《几何原本》(第三篇的第35个命题和第36个命题).

它们有下面的统一形式.

圆幂定理 过一定点作两条直线与定圆相交,则定点到每条直线与圆的交点的两条线段的积相等.

即它们的积为定值.这里我们把相切看作相交的特殊情况,切点看作是两交点的重合.若定点到圆心的距离为 d,圆半径为 r,则定值为 $|d^2-r^2|$.

如图2.17,当定点 P 在圆内时,$d^2-r^2<0$,其绝对值等于过定点的最小弦一半的平方;

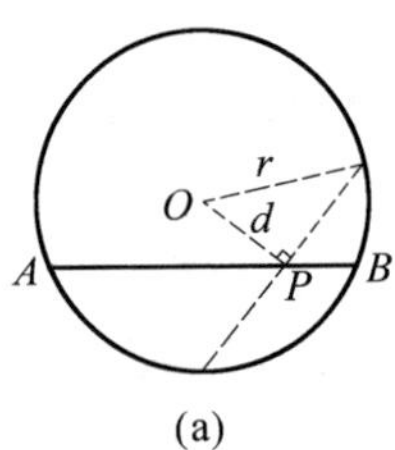

(a)

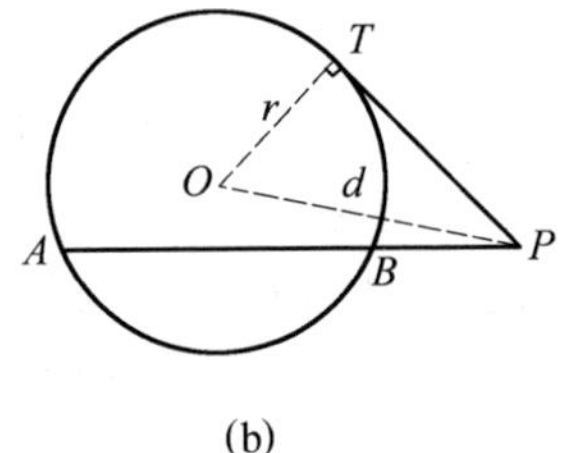

(b)

图2.17

当定点在圆上时,$d^2-r^2=0$;

当定点在圆外时,$d^2-r^2>0$,其值等于从定点向圆所引切线长的平方.

这或许是为什么称为圆幂定理的由来.特别地把 $|d^2-r^2|$ 称为定点对圆的幂,"幂"这个概念是瑞士数学家施坦纳最先引用的.点对圆的幂是"圆几何

① 汪江松,黄家礼.几何明珠[M].武汉:中国地质大学出版社,1988:124-127.

学”的一个重要概念，圆幂定理则是“圆几何学”的一个基本定理.

我们看到，切割线定理是割线定理当割线 PCD 运动到 C，D 两点重合于一点 T 的极限情况(图 2.16(b))，所以下面我们只就相交弦定理和割线定理给予证明.

证明 如图 2.18，联结 AC，BD，则

$$\angle PAC=\angle PDB$$

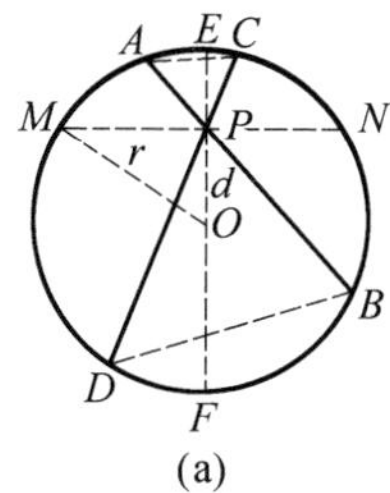

(a)

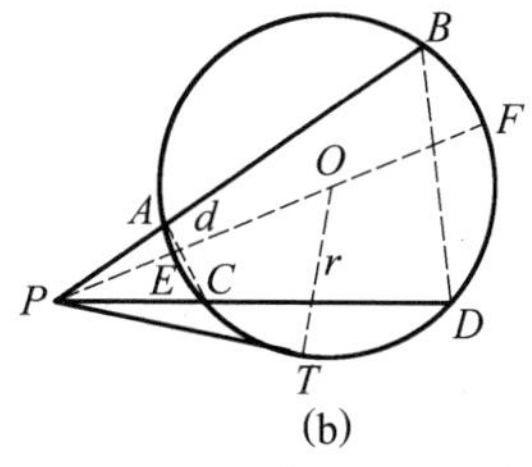

(b)

图 2.18

又 $\angle APC=\angle BPD$，则

$$\triangle PAC\backsim\triangle PDB$$

有

$$\frac{PA}{PC}=\frac{PD}{PB}$$

即

$$PA\cdot PB=PC\cdot PD$$

命题得证.

如果我们联结 PO，交圆 O 于 E，F，则有

$$PA\cdot PB=PC\cdot PD=PE\cdot FP=\begin{cases}(r-d)(r+d)=r^2-d^2=(\frac{MN}{2})^2,\text{当 } P \text{ 在圆内时}\\(d-r)(d+r)=d^2-r^2=PT^2,\text{当 } P \text{ 在圆外时}\end{cases}$$

这即是我们提到的结论.

最后指出，圆幂定理的逆命题也是成立的，这是证四点共圆的常用的依据.

相交弦与割线定理的逆定理 若线段或其延长线 AB，CD 相交于 P，且 $PA\cdot PB=PC\cdot PD$，则 A，B，C，D 四点共圆(图 2.19).

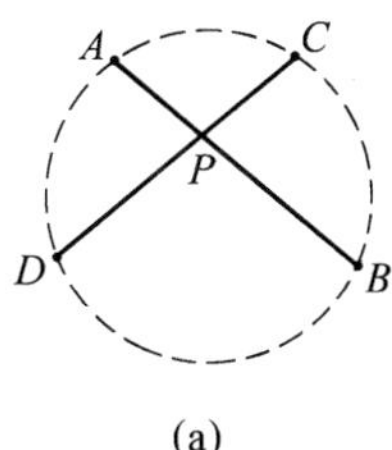

(a)

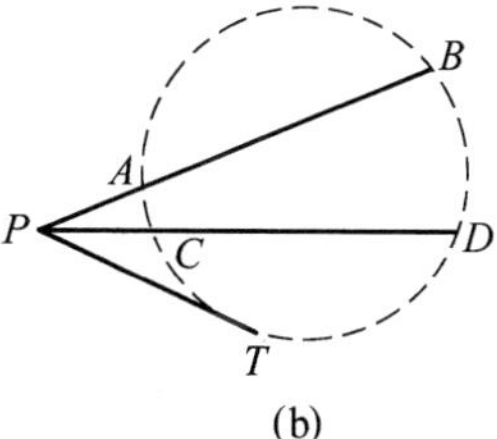

(b)

图 2.19

特别地,如图 2.19(b) 当 C,D 两点重合为 T 时,则有

切割线定理的逆定理 若 AB,TP 交于 P,且 $PA\cdot PB=PT^2$,则 PT 切 $\triangle ABT$ 的外接圆于 T.

这两个定理的证明是很简单的,我们把它留给读者.

❖圆幂定理的推广

定理 1 设过点 P 的直线 AB,CD 分别与二次曲线 $ax^2+by^2=1$ 相交于 A,B,C,D,(对双曲线;仅考虑它的一支),AB 的倾角为 α,CD 的倾角为 β,QS,QT 分别为平行于 AB,CD 的切线,S,T 为切点,则

$$\frac{PA\cdot PB}{PC\cdot PD}=\frac{a\cos^2\beta+b\sin^2\beta}{a\cos^2\alpha+b\sin^2\alpha}=\frac{QS^2}{QT^2}$$

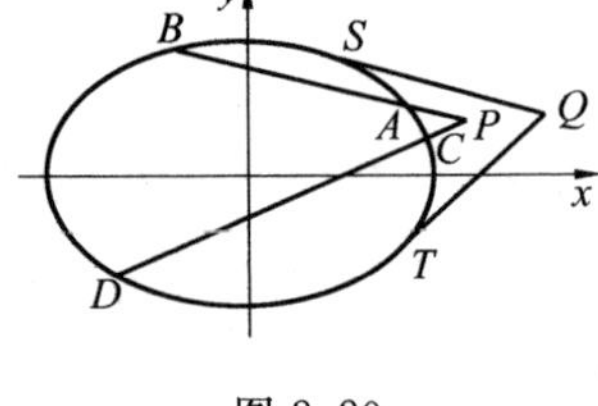

图 2.20

证明 如图 2.20.设 P 的坐标为 (x_0,y_0),则 AB 的参数方程为

$$\begin{cases}x=x_0+t\cos\alpha\\ y=y_0+t\sin\alpha\end{cases}$$

代入 $ax^2+by^2=1$ 得

$$(a\cos^2\alpha+b\sin^2\alpha)t^2+(2ax_0\cos\alpha+2by_0\sin\alpha)t+ax_0^2+by_0^2-1=0$$

由 t 的几何意义有

$$PA\cdot PB=|t_1|\cdot|t_2|=|t_1\cdot t_2|=\left|\frac{ax_0^2+by_0^2-1}{a\cos^2\alpha+b\sin^2\alpha}\right|$$

同理有
$$PC\cdot PD=\left|\frac{ax_0^2+by_0^2-1}{a\cos^2\beta+b\sin^2\beta}\right|$$

从而有
$$\frac{PA\cdot PB}{PC\cdot PD}=\frac{a\cos^2\beta+b\sin^2\beta}{a\cos^2\alpha+b\sin^2\alpha} \qquad ①$$

设 Q 的坐标为 (m,n),则 QS 的参数方程为

$$\begin{cases}x=m+t\cos\alpha\\ y=n+t\sin\alpha\end{cases}$$

同上可得
$$QS^2=|t_1t_2|=\left|\frac{am^2+bn^2-1}{a\cos^2\alpha+b\sin^2\alpha}\right|$$

$$QT^2=\left|\frac{am^2+bn^2-1}{a\cos^2\beta+b\sin^2\beta}\right|$$

所以
$$\frac{QS^2}{QT^2}=\left|\frac{a\cos^2\beta+b\sin^2\beta}{a\cos^2\alpha+b\sin^2\alpha}\right| \qquad ②$$

综合 ①,②,定理得证.

显然,当 $a=b$ 时,$ax^2+by^2=1$ 为一个圆,有 $QS=QT$,从而 $\frac{PA\cdot PB}{PC\cdot PD}=1$ 为圆幂定理.

同理还可得

定理 2 设过点 P 的直线 AB,CD 分别交抛物线 $y^2=2px$ 于 A,B,C,D,AB 的倾角为 α,CD 的倾角为 β,QS,QT 分别为平行于 AB,CD 的切线,S,T 为切点,则

$$\frac{PA\cdot PB}{PC\cdot PD}=\frac{\sin^2\beta}{\sin^2\alpha}=\frac{QS^2}{QT^2}$$

更一般的,还有

定理 3 设过点 P 的直线 AB,CD 分别交圆锥曲线 $A_1x^2+B_1xy+C_1y^2+D_1x+Ey+F=0$($A_1$,$B_1$,$C_1$ 至少有一个不为零)于 A,B,C,D(对双曲线仅考虑一支),AB 的倾角为 α,CD 的倾角为 β,QS、QT 分别为平行于 AB,CD 的切线,S,T 的切点,则

$$\frac{PA\cdot PB}{PC\cdot PD}=\frac{A_1\cos^2\beta+B_1\cos\beta\cdot\sin\beta+C_1\sin^2\beta}{A_1\cos^2\alpha+B_1\cos\alpha\cdot\sin\alpha+C_1\sin^2\alpha}=\frac{QS^2}{QT^2}$$

证明仿定理 1,略.

定理 4 如图 2.21,设 A_1,A_2,A_3,A_4 是同一平面上三三不共线的任意四点,直线 A_1A_2,A_3A_4 相交于 P,记线段 $PA_i=a_i(i=1,2,3,4)$,$\triangle A_2A_3A_4$,$\triangle A_3A_4A_1$,$\triangle A_4A_1A_2$,$\triangle A_1A_2A_3$ 的外接圆半径分别为 R_1,R_2,R_3,R_4,则有

$$R_1R_2a_1a_2=R_3R_4a_3a_4 \qquad (*)$$

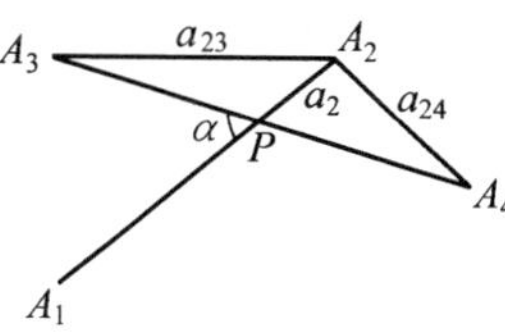

图 2.21

显然,当 A_1,A_2,A_3,A_4 四点共圆时,有

$$R_1=R_2=R_3=R_4$$

则

$$a_1a_2=a_3a_4$$

即 $PA_1\cdot PA_2=PA_3\cdot PA_4$.这便是圆幂定理,所以定理 4 确系圆幂定理的一个推广.

证明 记线段 $A_iA_j=a_{ij}(i,j=1,2,3,4)$,$\triangle A_2A_3A_4$,$\triangle A_3A_4A_1$,$\triangle A_4A_1A_2$,$\triangle A_1A_2A_3$ 的面积分别表为 S_1,S_2,S_3,S_4,又设 $\angle A_1PA_3=\alpha$.

根据三角形面积、外接圆半径和三边的关系,有

$$R_1=\frac{a_{23}a_{34}a_{24}}{4S_1}$$

又如图 2.21 所示

$$S_1=\frac{1}{2}a_{34}a_2\sin\alpha$$

即
$$R_1=\frac{a_{23}a_{24}}{2a_2\sin\alpha}$$

同理
$$R_2-\frac{a_{13}a_{14}}{2a_1\sin\alpha},R_3=\frac{a_{14}a_{24}}{2a_4\sin\alpha},R_4=\frac{a_{13}a_{23}}{2a_3\sin\alpha}$$

则
$$R_1R_2\cdot a_1a_2=\frac{a_{23}a_{24}}{2a_2\sin\alpha}\cdot\frac{a_{13}a_{14}}{2a_1\sin\alpha}\cdot a_1a_2=\frac{a_{13}a_{14}a_{23}a_{24}}{4\sin^2\alpha}$$

同理
$$R_3R_4\cdot a_3a_4=\frac{a_{13}a_{14}a_{23}a_{24}}{4\sin^2\alpha}$$

故
$$R_1R_2a_1a_2=R_3R_4a_3a_4$$

注 圆幂定理的进一步推广见第十章有关内容.

❖斯霍滕定理

斯霍滕定理 在 $\triangle ABC$ 中,AP 为 $\angle BAC$ 的平分线,则
$$PA^2=AB\cdot AC-BP\cdot PC$$

斯霍滕(Schouten,1615—1660)是荷兰数学家,上述以他的名字命名的定理也是平面几何学中最著名的定理之一,它在解题中有着广泛的应用.

证法1 如图2.22,延长 AP 交 $\triangle ABC$ 的外接圆于 E,联结 BE,由 $\angle BAE=\angle PAC$,$\angle E=\angle C$,得 $\triangle ABE\backsim\triangle APC$,则 $\frac{AB}{AP}=\frac{AE}{AC}$,于是
$$AB\cdot AC=AP\cdot AE=AP(AP+PE)=AP^2+AP\cdot PE$$

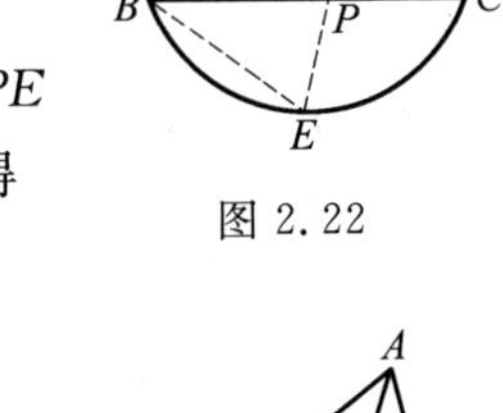

图2.22

由相交弦定理有 $AP\cdot PE=BP\cdot PC$,代入上式即得
$$AP^2=AB\cdot AC-BP\cdot PC$$

证法2 如图2.23,作 $\angle APF=\angle ABP$,则
$$\triangle ABP\backsim\triangle APF$$

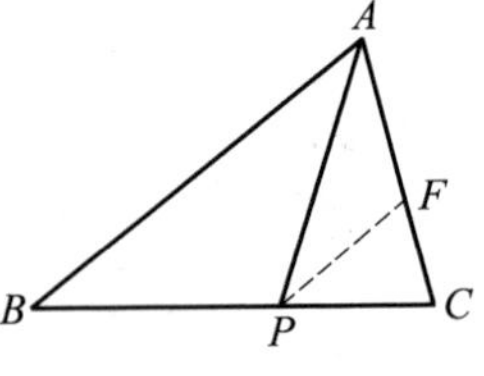

图2.23

从而
$$\frac{AB}{AP}=\frac{AP}{AF}$$

即
$$AP^2=AB\cdot AF$$

亦即 $AP^2=AB(AC-FC)=AB\cdot AC-AB\cdot FC$ ①

又 $\angle C=\angle C$,$\angle PFC=\angle PAF+\angle FPA=\angle PAB+\angle ABP=\angle APC$,于是
$$\triangle FPC\backsim\triangle PAC$$

则
$$\frac{FC}{PC}=\frac{PC}{AC}$$

即
$$FC=\frac{PC^2}{AC} \qquad ②$$

又因$\frac{AB}{AC}=\frac{BP}{PC}$,即
$$AB=\frac{AC \cdot BP}{PC} \qquad ③$$

② 与 ③ 相乘,代入 ① 便得
$$AP^2=AB \cdot AC-BP \cdot PC$$

证法 3 如图 2.24,延长 AP 交 $\triangle ABC$ 的外接圆于 M,则 $MB=MC$,由托勒密定理得 $AM \cdot BC=AC \cdot BM+AB \cdot MC$,即

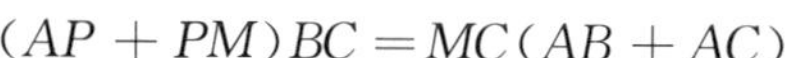
$$(AP+PM)BC=MC(AB+AC) \qquad ④$$

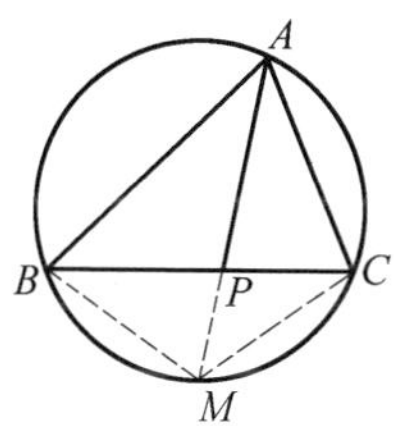

图 2.24

由 $\triangle PCM \backsim \triangle APB$ 得
$$PM=\frac{PB \cdot CP}{AP} \qquad ⑤$$
$$MC=\frac{AB \cdot CP}{AP} \qquad ⑥$$

将 ⑤、⑥ 代入 ④ 得
$$\left(AP+\frac{PB \cdot PC}{AP}\right) \cdot BC=\frac{AB \cdot PC}{AP}(AB+AC)$$

即
$$AP^2+PB \cdot PC=\frac{AB}{\frac{BC}{PC}}(AB+AC)=\frac{AB}{\frac{PC+PB}{PC}}(AB+AC)=$$
$$\frac{AB}{\left(1+\frac{AB}{AC}\right)}(AB+AC)=AB \cdot AC$$

故
$$AP^2=AB \cdot AC-PB \cdot PC$$

证法 4 如图 2.25 所设,由余弦定理有

$$\cos\alpha=\frac{AB^2+PA^2-PB^2}{2AB \cdot PA},\cos\alpha=\frac{AC^2+PA^2-PC^2}{2AC \cdot PA}$$

故有
$$\frac{AB^2+PA^2-PB^2}{2AB \cdot PA}=\frac{AC^2+PA^2-PC^2}{2AC \cdot PA}$$

$$AC \cdot AB^2+AC \cdot PA^2-AC \cdot PB^2=AB \cdot AC^2+AB \cdot PA^2-AB \cdot PC^2$$

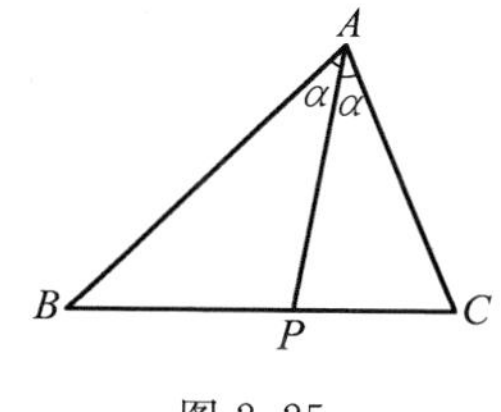

图 2.25

$$(AC-AB)PA^2=AB\cdot AC(AC-AB)+AC\cdot PB^2-AB\cdot PC^2$$

因$\dfrac{AB}{AC}=\dfrac{BP}{PC}$,即 $AB\cdot PC=BP\cdot AC$,则

$$AC\cdot PB^2-AB\cdot PC^2=PB\cdot AB\cdot PC-AC\cdot PB\cdot PC=-(AC-AB)PB\cdot PC$$

从而 $(AC-AB)PA^2=(AC-AB)\cdot AB\cdot AC-(AC-AB)PB\cdot PC$

有
$$PA^2=AB\cdot AC-PB\cdot PC$$

斯霍滕定理的逆定理 若 P 为 $\triangle ABC$ 的边 BC 上一点,且 $AB\neq AC$,$PA^2=AB\cdot AC-BP\cdot PC$,则 AP 平分 $\angle A$.

证明 如图 2.26,由余弦定理有

$$AB^2=PA^2+BP^2+2PA\cdot PB\cdot\cos\alpha \quad ⑦$$

$$AC^2=PA^2+PC^2-2PA\cdot PC\cdot\cos\alpha \quad ⑧$$

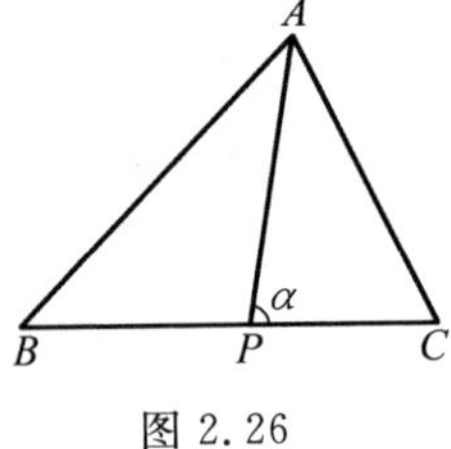

图 2.26

⑦ $\times PC+$ ⑧ $\times PB$ 得

$$PC\cdot AB^2+PB\cdot AC^2=PC(PA^2+PB^2)+PB(PA^2+PC^2)=BC\cdot PA^2+BC\cdot PB\cdot PC$$

因 $PA^2=AB\cdot AC-BP\cdot PC$,则

$$PC\cdot AB^2+PB\cdot AC^2=BC(AB\cdot AC-BP\cdot PC)+BC\cdot PB\cdot PC=BC\cdot AB\cdot AC=(PB+PC)\cdot AB\cdot AC=PB\cdot AB\cdot AC+PC\cdot AB\cdot AC$$

从而
$$PB\cdot AC(AC-AB)=PC\cdot AB(AC-AB)$$

又 $AC-AB\neq 0$,则

$$PB\cdot AC=PC\cdot AB$$

即
$$\frac{AB}{AC}=\frac{PB}{PC}$$

由角平分线定理的逆定理知,PA 平分 $\angle BAC$.

从上面的证明我们看到,由 $PA^2=AB\cdot AC-BP\cdot PC$ 可推出$\dfrac{AB}{AC}=\dfrac{PB}{PC}$;反之由$\dfrac{AB}{AC}=\dfrac{PB}{PC}$也可推出 $PA^2=AB\cdot AC-BP\cdot PC$(因上面推导可逆).这说明,角平分线定理与斯霍滕定理实质上是等价的.特别地,对外角平分线,斯霍滕定理结论为:$PA^2=BP\cdot PC-AB\cdot AC$.

显然,斯霍滕定理是斯特瓦尔特定理的一个特殊情形.

❖三角形中的阿波罗尼斯定理

阿波罗尼斯定理 设 P 点分 $\triangle ABC$ 的边 BC 成 $m:n$,则

$$AP^2=\frac{m}{m+n}c^2+\frac{n}{m+n}b^2-\frac{mn}{(m+n)^2}a^2$$

此定理为古希腊数学家阿波罗尼斯(Apollonius,约前 262— 前 192)给出的.

证明 如图 2.27,由余弦定理,有

$$c^2=AP^2+BP^2-2AP\cdot BP\cos\angle APB \quad ①$$

$$b^2=AP^2+CP^2+2AP\cdot CP\cos\angle APB \quad ②$$

$①\times n,②\times m$,两式相加.

又以 $BP=\frac{m}{m+n}$,$CP=\frac{n}{m+n}a$ 代入,定理得证.

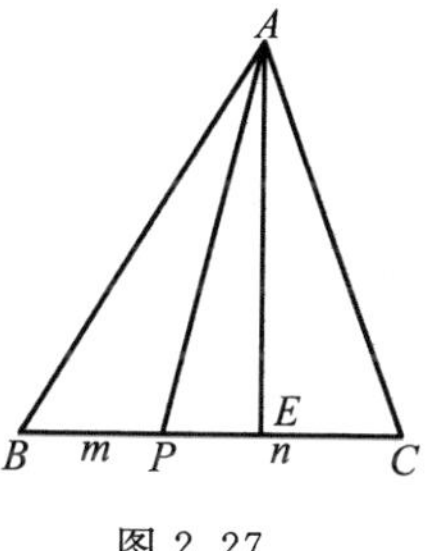

图 2.27

❖三角形中的张角定理

张角定理 设 A,C,B 顺次分别是平面内一点 P 所引三条射线 PA,PC,PB 上的点,线段 AC,CB 对点 P 的张角分别为 α,β,且 $\alpha+\beta<180^\circ$,则 A,C,B 三点共线的充要条件是 $\frac{\sin(\alpha+\beta)}{PC}=\frac{\sin\alpha}{PB}+\frac{\sin\beta}{PA}$.

证明 如图 2.28,A,C,B 三点共线 $\Leftrightarrow$,则

$$S_{\triangle ABP}=S_{\triangle ACP}+S_{\triangle CBP}$$

即 $\frac{1}{2}PA\cdot PB\cdot\sin(\alpha+\beta)=\frac{1}{2}PA\cdot PC\cdot\sin\alpha+\frac{1}{2}PC\cdot PB\cdot\sin\beta$

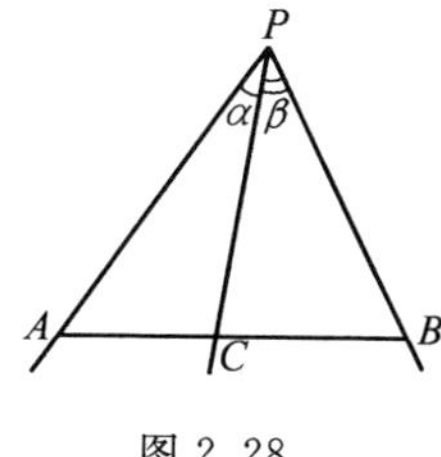

图 2.28

则
$$\frac{\sin(\alpha+\beta)}{PC}=\frac{\sin\alpha}{PB}+\frac{\sin\beta}{PA}$$

推论 在定理的条件下,且 $\alpha=\beta$,即 PC 平分 $\angle APB$,则 A,C,B 三点共线的充要条件是 $\frac{2\cos\alpha}{PC}=\frac{1}{PB}+\frac{1}{PA}$.

上述定理把平面几何和三角函数紧密相连，它给出了用三角法处理平面几何问题的一个颇为有用的公式.用它去解几何题，适当地配合三角形面积公式、正弦定理、三角公式、几何知识，可以大大简化解题步骤，众多的几何问题可以得到简捷地统一解决.

❖三角形中的斯特瓦尔特定理

斯特瓦尔特定理　设 P 为 $\triangle ABC$ 的 BC 边上任一点($P\neq B,P\neq C$)，则有

$$AB^2\cdot PC+AC^2\cdot BP=AP^2\cdot BC+BP\cdot PC\cdot BC \quad ①$$

或

$$AP^2=AB^2\cdot\frac{PC}{BC}+AC^2\cdot\frac{BP}{BC}-BC^2\cdot\frac{BP}{BC}\cdot\frac{PC}{BC} \quad ②$$

据史料记载，该定理在公元前3世纪由阿基米德首先发现，但事实上它与公元前3世纪时阿波罗尼斯定理是等价的.1751年由数学家西姆森(Simson，1687—1768)首次证明，但因英国数学家斯特瓦尔特(Stewart，1717—1785)曾经说明过这个定理，一再在计算角平分线长度等命题中运用，便称其为斯特瓦尔特定理了.

下面给出这个定理的证明.

证明　如图2.29，不失一般性，不妨设 $\angle APC<90^\circ$，则由余弦定理，有

$$AC^2=AP^2+PC^2-2AP\cdot PC\cdot\cos\angle APC$$

$$\begin{aligned}AB^2&=AP^2+BP^2-2AP\cdot BP\cdot\cos(180^\circ-\angle APC)=\\&AP^2+BP^2+2AP\cdot BP\cdot\cos\angle APC\end{aligned}$$

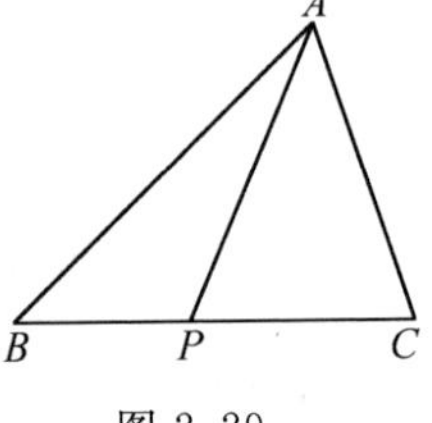

图2.29

对上述两式分别乘以 BP，PC 后相加整理，得①式或②式.

斯特瓦尔特定理的其他形式　(1)设 P 为 $\triangle ABC$ 的边 BC 延长线上任一点，则

$$AP^2=-AB^2\cdot\frac{PC}{BC}+AC^2\cdot\frac{BP}{BC}+BC^2\cdot\frac{PC}{BC}\cdot\frac{BP}{BC} \quad ③$$

(2)设 P 为 $\triangle ABC$ 的边 BC 反向延长线上任一点，则

$$AP^2=AB^2\cdot\frac{PC}{BC}-AC^2\cdot\frac{BP}{BC}+BC^2\cdot\frac{PC}{BC}\cdot\frac{BP}{BC} \quad ④$$

注　若用有向线段表示，则②，③，④式是一致的.

推论 1　设 P 为等腰 $\triangle ABC$ 的底边 BC 上任一点，则

$$AP^2 = AB^2 - BP \cdot PC$$

推论 2　设 AP 为 $\triangle ABC$ 的边 BC 上的中线，则

$$AP^2 = \frac{1}{2}AB^2 + \frac{1}{2}AC^2 - \frac{1}{4}BC^2$$

推论 3　设 AP 为 $\triangle ABC$ 的 $\angle A$ 的内角平分线，则

$$AP^2 = AB \cdot AC - BP \cdot PC$$

推论 4　设 AP 为 $\triangle ABC$ 的 $\angle A$ 的外角平分线，则

$$AP^2 = -AB \cdot AC + BP \cdot PC$$

推论 5　在 $\triangle ABC$ 中，若 P 分线段 BC 满足 $\frac{BP}{BC} = \lambda$，则

$$AP^2 = \lambda(\lambda - 1)BC^2 + (1 - \lambda)AB^2 + \lambda \cdot AC^2$$

注　若 $\frac{BP}{PC} = k$，则 $AP^2 = \frac{1}{1+k} \cdot AB^2 + \frac{k}{1+k}AC^2 - \frac{k}{(1+k)^2} \cdot BC^2$.

利用斯特瓦尔特定理，可计算得三角形中的有关线段长度：

中线

$$m_a = \frac{1}{2}\sqrt{2(b^2 + c^2) - a^2}$$

$$m_b = \frac{1}{2}\sqrt{2(a^2 + c^2) - b^2}$$

$$m_c = \frac{1}{2}\sqrt{2(a^2 + b^2) - c^2}$$

高

$$h_a = \frac{2S_{\triangle ABC}}{a} = \frac{bc}{2R}$$

$$h_b = \frac{2S_{\triangle ABC}}{b} = \frac{ac}{2R}$$

$$h_c = \frac{2S_{\triangle ABC}}{c} = \frac{ab}{2R}$$

内角平分线

$$t_a = \frac{2\sqrt{bcp(p-a)}}{b+c}$$

$$t_b = \frac{2\sqrt{acp(p-b)}}{a+c}$$

$$t_c = \frac{2\sqrt{abp(p-c)}}{a+b}$$

外角平分线

$$t'_a = \frac{2\sqrt{bc(p-b)(p-c)}}{c-b}$$

$$t'_b=\frac{2\sqrt{ac(p-a)(p-c)}}{c-a}$$

$$t'_c=\frac{2\sqrt{ab(p-a)(p-b)}}{b-a}$$

❖斯特瓦尔特定理的推广

定理[①] 在四面体 $A-BCD$ 中,$AD\perp BC$.过棱 BC 作截面 BCE 交棱 AD 于 E,则

$$S^2_{\triangle BCE}=\frac{DE}{AD}\cdot S^2_{\triangle ABC}+\frac{AE}{AD}\cdot S^2_{\triangle BCD}-\frac{1}{4}BC^2\cdot AE\cdot DE \qquad ①$$

证明 如图 2.30,作 $AF\perp BC$ 于 F,联结 EF,DF.注意到 $AD\perp BC$,知 $BC\perp$ 面 ADF,所以 $BC\perp EF$,$BC\perp DF$.记 $\angle AEF=\alpha$.在 $\triangle AEF$ 中,由余弦定理有

$$AF^2=EF^2+AE^2-2AE\cdot EF\cdot\cos\alpha$$

两边同乘以 BC^2 后,整理得

$$\cos\alpha=\frac{4S^2_{\triangle BCE}+BC^2\cdot AE^2-4S^2_{\triangle ABC}}{4AE\cdot BC\cdot S_{\triangle BCE}}$$

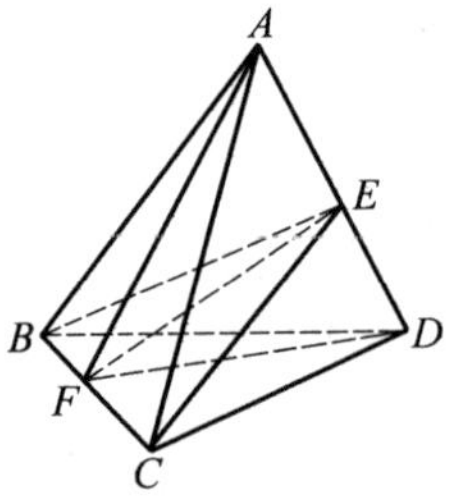

图 2.30

同样地,在 $\triangle DEF$ 中可得

$$-\cos\alpha=\frac{4S^2_{\triangle BCE}+BC^2\cdot DE^2-4S^2_{\triangle BCD}}{4DE\cdot BC\cdot S_{\triangle BCE}}$$

由上述两式消去 α,整理便得式 ①.

推论 1 当 $S_{\triangle ABC}=S_{\triangle BCD}$ 时,则

$$S^2_{\triangle BCE}=S^2_{\triangle ABC}-\frac{1}{4}BC^2\cdot AE\cdot DE \qquad ②$$

事实上,将条件代入 ① 即证.

推论 2 若 E 为 AD 的中点,则

$$S^2_{\triangle BCE}=\frac{1}{2}S^2_{\triangle ABC}+\frac{1}{2}S^2_{\triangle BCD}-\frac{1}{16}BC^2\cdot AD^2 \qquad ③$$

事实,将条件代入 ① 即证.

① 王扬.Stewart 定理向空间的移植[J].福建中学数学,1991(5):16.

推论 3 若面 BCE 平分二面角 $A-BC-D$,则

$$S_{\triangle BCE}^2=S_{\triangle ABC}\cdot S_{\triangle BCD}-\frac{1}{4}BC^2\cdot AE\cdot DE \qquad ④$$

证明 如图 2.31,面 BCE 平分二面角 $A-BC-D$.从 E 作 $EE_1\perp$ 面 ABC 于 E_1,$EE_2\perp$ 面 BCD 于 E_2,则 $EE_1=EE_2$,从而

$$\frac{S_{\triangle ABC}}{S_{\triangle BCD}}=\frac{\frac{1}{3}S_{\triangle ABC}\cdot EE_1}{\frac{1}{3}S_{\triangle BCD}\cdot EE_2}=\frac{V_{E-ABC}}{V_{E-BCD}}=\frac{V_{A-BCE}}{V_{D-BCE}}=\frac{AE}{DE}$$

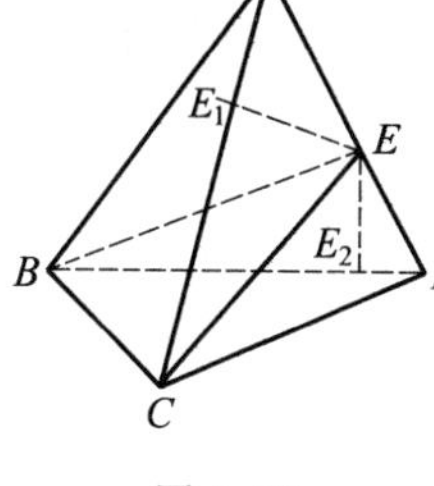

图 2.31

则 $\quad \dfrac{DE}{AD}=\dfrac{S_{\triangle BCD}}{S_{\triangle ABC}+S_{\triangle BCD}},\dfrac{AE}{AD}=\dfrac{S_{\triangle ABC}}{S_{\triangle ABC}+S_{\triangle BCD}}$

将它们代入 ①,整理得 ④.

注 由推论 3 的证明过程可得如下两个有用的结论.

结论 1 在四面体 $A-BCD$ 中,面 BCE 平分二面角 $A-BC-D$,E 在 AD 上,则

$$\frac{S_{\triangle ABC}}{S_{\triangle BCD}}=\frac{AE}{DE} \qquad ⑤$$

结论 2 在四面体 $A-BCD$ 中,面 BCE 与面 ABC 成 α 角,面 BCE 与面 BCD 成 β 角,E 在 AD 上,则

$$\frac{S_{\triangle ABC}\cdot\sin\alpha}{S_{\triangle BCD}\cdot\sin\beta}=\frac{AE}{DE} \qquad ⑥$$

推论 4 若 $\dfrac{AE}{ED}=k$,则

$$S_{\triangle BCE}^2=\frac{1}{k+1}S_{\triangle ABC}^2+\frac{k}{k+1}S_{\triangle BCD}^2-\frac{1}{4}\frac{k}{(k+1)^2}\cdot AD^2\cdot BC^2$$

事实上,类似于定理证明即得到结论.

注 斯特瓦特定理也可以推广到高维欧氏空间,可参见作者另著《从高维 Pythagoras 定理谈起 —— 单形论漫谈》(哈尔滨工业大学出版社,2016).

❖三角形截线定理

三角形截线定理 设 M 是 $\triangle ABC$ 的边 BC 所在直线上的一点，一直线分别与直线 AB,AC,AM 交于 P,Q,N，则

$$\overrightarrow{MC}\cdot\frac{\overrightarrow{AB}}{\overrightarrow{AP}}+\overrightarrow{BM}\cdot\frac{\overrightarrow{AC}}{\overrightarrow{AQ}}=\overrightarrow{BC}\cdot\frac{\overrightarrow{AM}}{\overrightarrow{AN}}$$

证明 如图 2.32 ~ 2.35 所示，设 $\overrightarrow{AB}=k_1\cdot\overrightarrow{AP}$，则 $P\xrightarrow{H(A,k_1)}B$. 再设 $N\rightarrow N_1$，则 $\overrightarrow{AN_1}=k_1\cdot\overrightarrow{AN}$，$BN_1 /\!/ PQ$. 同样，设 $\overrightarrow{AC}=k_2\cdot\overrightarrow{AQ}$，$N\xrightarrow{H(A,k_2)}N_2$，则 $\overrightarrow{AN_2}=k_2\cdot\overrightarrow{AN}$，$CN_2 /\!/ PQ$. 所以 $\frac{\overrightarrow{N_1M}}{\overrightarrow{MN_2}}=\frac{\overrightarrow{BM}}{\overrightarrow{MC}}$，即 $\frac{\overrightarrow{AM}-\overrightarrow{AN_1}}{\overrightarrow{AN_2}-\overrightarrow{AM}}=\frac{\overrightarrow{BM}}{\overrightarrow{MC}}$，从而

$$\overrightarrow{AN_1}+\frac{\overrightarrow{BM}}{\overrightarrow{MC}}\cdot\overrightarrow{AN_2}=\left(1+\frac{\overrightarrow{BM}}{\overrightarrow{MC}}\right)\overrightarrow{AM}=\frac{\overrightarrow{BC}}{\overrightarrow{MC}}\cdot\overrightarrow{AM}$$

于是 $\overrightarrow{MC}\cdot\overrightarrow{AN_1}+\overrightarrow{BM}\cdot\overrightarrow{AN_2}=\overrightarrow{BC}\cdot\overrightarrow{AM}$. 故

$$\overrightarrow{MC}\cdot\frac{\overrightarrow{AB}}{\overrightarrow{AP}}+\overrightarrow{BM}\cdot\frac{\overrightarrow{AC}}{\overrightarrow{AQ}}=\overrightarrow{MC}\cdot\frac{\overrightarrow{AN_1}}{\overrightarrow{AN}}+\overrightarrow{BM}\cdot\frac{\overrightarrow{AN_2}}{\overrightarrow{AN}}=\overrightarrow{BC}\cdot\frac{\overrightarrow{AM}}{\overrightarrow{AN}}$$

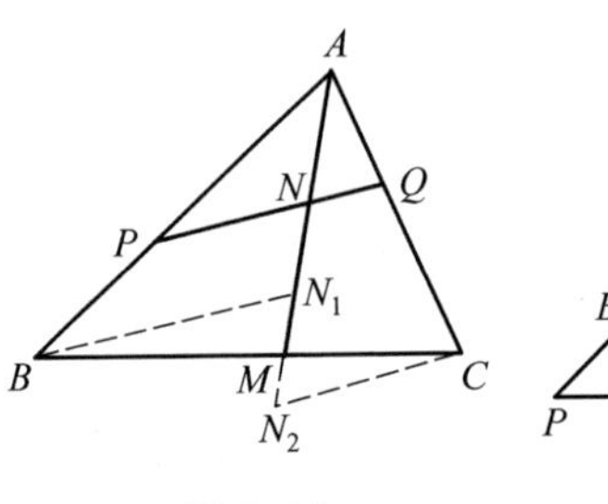

图 2.32

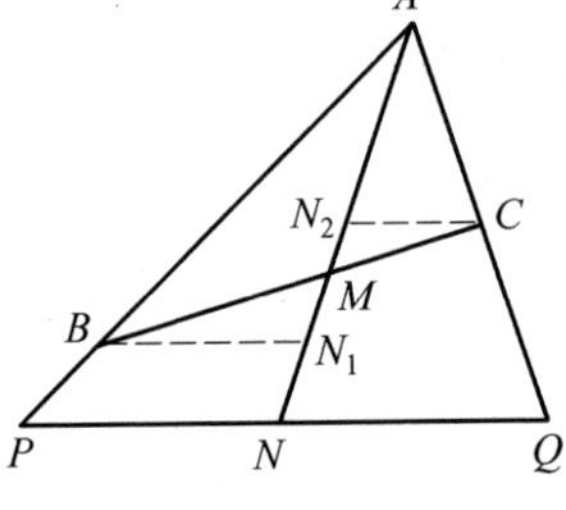

图 2.33

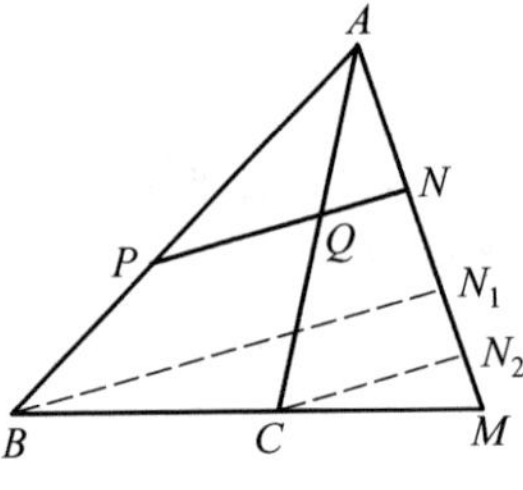

图 2.34

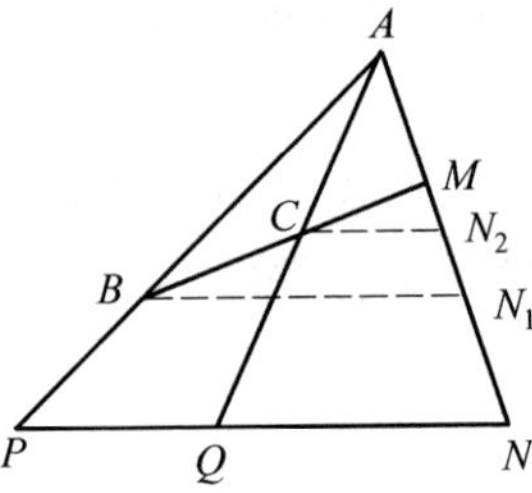

图 2.35

❖关于中线的阿波罗尼斯定理

阿波罗尼斯定理　三角形两边平方的和，等于所夹中线及第三边之半的平方和的 2 倍.

证明　如图 2.36 所设，M 为 AB 的中点，$\angle CMA=\alpha$，则由余弦定理有

$$AC^2=MC^2+AM^2-2MC\cdot AM\cos\alpha \quad ①$$

$$BC^2=MC^2+MB^2+2MC\cdot MB\cos\alpha \quad ②$$

由 $AM=BM$，则 ① + ② 得

$$AC^2+BC^2=2(MC^2+AM^2)$$

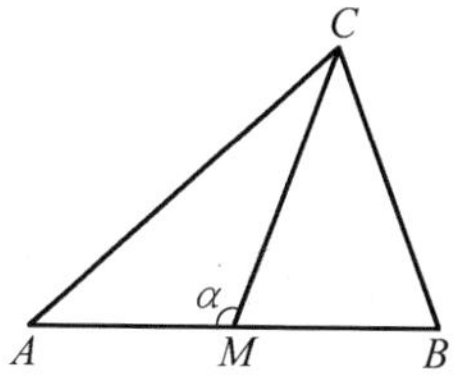

图 2.36

阿波罗尼斯是著名的希腊数学家，当时以“大几何学家”闻名，他与欧几里得、阿基米德并称为亚历山大学派前期三大数学家. 他在传统的欧几里得几何基础上，编著了《圆锥曲线论》(*Conic Sections*). 这部著作分八篇共 487 个命题，有一些比欧几里得几何更为精深的成就，并透露出“解析几何”思想. 尤其是他的圆锥曲线理论. 论述详尽，历经 1 500 年，后人几乎无所增补. 正如克莱因(Klein，1849—1925) 教授所说：“按成就来说，它是这样一个巍然屹立的丰碑，以致后代学者至少从几何上几乎不能再对这个问题有新的发言权，它确实可以看成是古典希腊几何的登峰造极之作.”

上述的阿波罗尼斯定理也可表述为：平行四边形的两条对角线的平方和等于其各边的平方和.

关于这定理，也有书称帕普斯(Pappus，约 300—350) 定理[①].

❖阿波罗尼斯定理的推广

定理 1　设 P 为 $\triangle ABC$ 中边 AB 上的点，则

$$AC^2\cdot PB+BC^2\cdot AP=CP^2\cdot AB+AP\cdot PB\cdot AB$$

显然这为斯特瓦尔特定理.

定理 2　平行六面体四条对角线的平方和等于其各棱的平方和.

证明　如图 2.37 所设，在 $\square A_1BCD_1$ 中，有

---

① 汪江松，黄家礼. 几何明珠[M]. 武汉：中国地质大学出版社，1988：90-95.

$$BD_1^2+A_1C^2=2(A_1B^2+BC^2)$$

同理,在$\square AB_1C_1D$中,有

$$AC_1^2+B_1D^2=2(AB_1^2+AD^2)$$

所以有 $AC_1^2+A_1C^2+B_1D^2+BD_1^2=$

$$2(A_1B^2+AB_1^2+BC^2+AD^2)$$

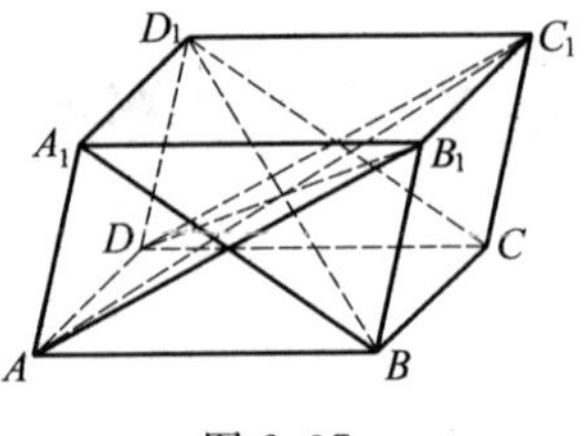

图 2.37

又因为$BC=AD$,$A_1B^2+AB_1^2=2(AB^2+AA_1^2)$,所以有

$$AC_1^2+A_1C^2+B_1D^2+BD_1^2=4(AB^2+AD^2+AA_1^2)$$

❖帕普斯定理

勾股定理是一著名定理,从几何角度来看,它说明在直角三角形三边上各作正方形,则勾、股上两正方形面积之和恰好等于弦上正方形之面积.帕普斯在勾股定理之基础上,研究了更一般的情况,在任意三角形三边上作平行四边形,这三个平行四边形面积之间也存在类似的关系.

帕普斯定理 以$\triangle ABC$的边AB为一边在三角形内侧作$\square ABB'A'$,使A',B'落在$\triangle ABC$外.再分别以AC,BC为边,过A',B',作$\square ACED$,$\square BFHC$,则

$$S_{\square ABB'A'}=S_{\square ACED}+S_{\square BFHC}$$

证明 如图2.38,延长DE,FH相交于C'.联结CC'.

因

$$\angle CAB=\angle C'A'B'$$

$$\angle CBA=\angle C'B'A',AB=A'B'$$

则

$$\triangle ABC\cong\triangle A'B'C'$$

又

$$S_{\square ACC'A'}=S_{\square ACED}$$

$$S_{\square BB'C'C}=S_{\square BFHC}(\text{同底等高})$$

$$S_{\square ABB'A'}=S_{ABB'C'A'A}-S_{\triangle A'B'C'}$$

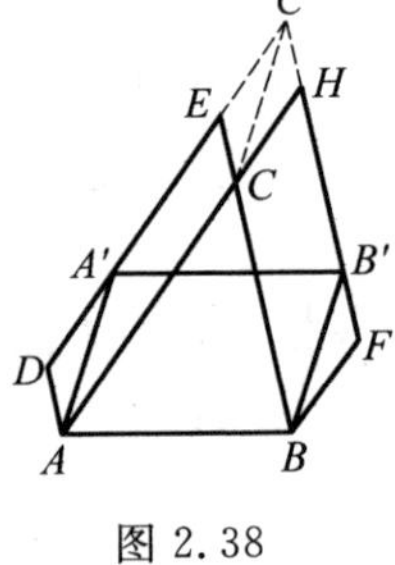

图 2.38

而 $S_{ABB'C'A'A}-S_{\triangle A'B'C'}=S_{ABB'C'A'A}-S_{\triangle ABC}=$

$$S_{\square ACC'A'}+S_{\square BB'C'C}=$$

$$S_{\square ACED}+S_{\square BFHC}$$

则

$$S_{\square ABB'A'}=S_{\square ACED}+S_{\square BFHC}$$

这个定理是欧几里得《几何原本》中所没有的,它第一次出现在帕普斯的《数学汇编》一书中.帕普斯定理是勾股定理的一般情况,当$\triangle ABC$为直角三角

形时，在特殊情况下由它可导出勾股定理.

大约从公元1世纪初起，希腊的数学特别是几何学开始衰落，在这个时期内很少发现新定理.当时的几何学者大多忙于研究和阐释前代大数学家的著作，增补前人著作里的一些证明，做一些评注工作.帕普斯是其中较著名的一位，他是亚历山大学派最后的一位大数学家.著有《数学汇编》等.《数学汇编》共八卷(其中一卷及二卷一部分已佚失)，这部著作集希腊数学之大成，许多古代数学研究成果幸亏有帕普斯的著作所载才为后人所知.

❖月形定理

月形定理 以Rt△ABC各边为直径所作的三个半圆形，图2.39中两个带阴影的月牙形面积之和等于Rt△ABC的面积.

证明 因△ABC为直角三角形，则

$$a^2+b^2=c^2$$

故有 $$\frac{1}{2}\pi\left(\frac{a}{2}\right)^2+\frac{1}{2}\pi\left(\frac{b}{2}\right)^2=\frac{1}{2}\pi\left(\frac{c}{2}\right)^2$$

即直角边上两个半圆面积之和等于斜边上半圆的面积.

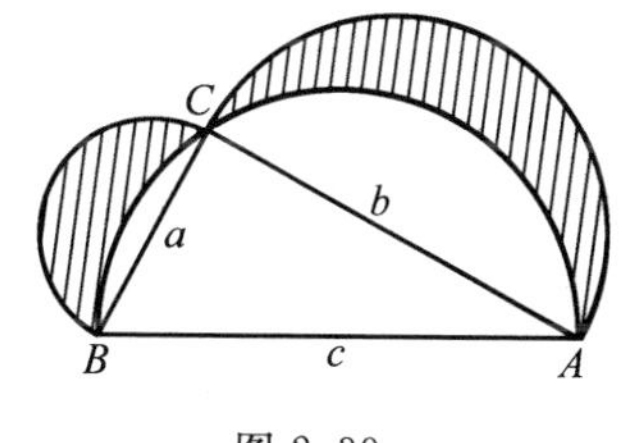

图2.39

减去公共部分(不带阴影的两弓形)即得结论.

这是希腊医生、数学家希波克拉底(Hippocrates，前470—前430)研究过的一个问题.这一问题的发现，曾给数学家们很大鼓舞，他们想以此来寻求化圆为方的方法，但最终还是一次又一次失败了.直到1882年林德曼(Lindemann，1852—1939)证明了π的超越性后，才彻底地否定了这个问题.

❖施坦纳－雷米欧司定理

施坦纳－雷米欧司定理指的是两条内角平分线相等的三角形为等腰三角形①.

这是一道脍炙人口的几何名题.日本数学教育学会会长井上义曾经赞誉它

① 汪江松，黄家礼.几何明珠[M].武汉：中国地质大学出版社，1988：155-160.

是“作为一个难题而闻名的”.这一问题是由德国数学家雷米欧司(Lehmus)于1840年在给斯图姆(Sturm,1803—1855)的一封信中提出的.他说,几何题在没有证明之前,很难说它是难还是容易.等腰三角形两底角分角线相等,初中生都会证,可是反过来,已知三角形两内角平分线相等,要证它是等腰三角形却不容易了,我至今还没想出来.斯图姆向许多数学家提到了这件事,后来是瑞士几何学家施坦纳(Steiner,1796—1873)给出了最初的一个证明,所以这个定理就以施坦纳－雷米欧司定理而闻名于世.

施坦纳出生于一个贫困的农民家庭,14岁还是一个文盲,后来半耕半读,22岁考入德国海得堡大学,1834年成为柏林大学教授.

施坦纳的证明发表后,引起数学界的极大反响.后来,有一个数学刊物公开征求这一问题的证明,经过收集理整,得出60多种证法,编成了一本书.到了1940年前后,有人竟用添圆弧的方法,找到了这一问题的一个最简单的间接证法.1980年美国《数学教师》第12期介绍了这个定理的研究现状,结果收到两千多封来信,又增补了20多种证法并且得到了这一问题的一个最简单的直接证法(即证法40).从问题的提出,到这两个简捷证法的诞生,竟用了140年之久.可见在数学这个百花园里,几何确是一个绚丽多彩、引人入胜的花坛,那些耐人寻味、经久不衰的名题,经过几代数学家的努力,得出了一些发人深省的精妙解法,有的博大深远、有的精巧绝伦,使我们不得不为之惊叹!

施坦纳－雷米欧司(Steinen-Lehmus)定理 在$\triangle ABC$中,$\angle A$及$\angle B$的平分线依次交对边于点D,E.若$AD=BE$,则$\angle A=\angle B$.

下面,我们介绍历史上一些直接证法(前12种)与间接证法(中21种).①

证法1 (H·Gout de Saint-Paer,1842) 设I为$\triangle ABC$的内心,联结CI令其延长线与$\triangle ADC$的外接圆交于F,则F为$\overset{\frown}{AFD}$的中点,联结FD,则由$\angle DFI=\angle CFD$,$\angle FDI=\angle FCD$知$\triangle DFI\backsim\triangle CFD$,故

$$(FI+IC)\cdot FI=FC\cdot FI=DF^2 \quad ①$$

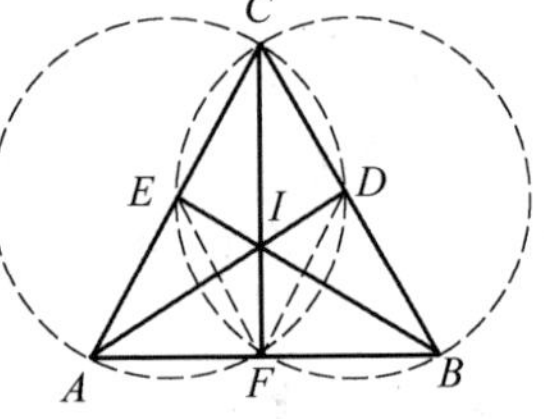

图 2.40

现设$\triangle BEC$的外接圆与CI的延长线交于F',则F'为$\overset{\frown}{BF'E}$的中点.因$AD=BE$,$\angle ACD=\angle BCE$,故此二外接圆相等,且$\overset{\frown}{AFD}=\overset{\frown}{BF'E}$.

从而$\overset{\frown}{EF'}=\frac{1}{2}\overset{\frown}{BF'E}=\frac{1}{2}\overset{\frown}{AFD}=\overset{\frown}{DF}$.同理可得$(F'I+IC)F'I=EF'^2$,故有

① 戚征.一个有趣的平面几何问题[J].中学教研,1990(12):12-16及1991(2):9-14.

$(F'I+IC)\cdot F'I=DF^2$. 再由式 ① 知，$FI^2-F'I^2+IC\cdot(FI-F'I)=0$，即有 $(FI-F'I)\cdot(FI+F'I+IC)=0$，即 $FI=F'I$，亦即 $F'=F$. 故由二圆相等及 CF 为 $\angle C$ 之平分线知 $\overset{\frown}{FA}=\overset{\frown}{FB}$，故 $\overset{\frown}{AFDC}=\overset{\frown}{AF}+\overset{\frown}{FDC}=\overset{\frown}{BF}+\overset{\frown}{FEC}=\overset{\frown}{BFEC}$，故 $AC=BC$，即 $\angle A=\angle B$.

证法 2(F. G. Hesse，1842)　如图 2.41，设 I 为 $\triangle ABC$ 的内心，于 AD 上作 $\triangle ADF$ 使 F 与 C 位于 AD 的同侧，$FA=AE$，$FD=AB$，故由 $AD=BE$ 知，$\triangle FAD\cong\triangle AEB$，故 $\angle AEB=\angle FAD$，$\angle FDA=\frac{1}{2}\angle B$. 但 $\angle AEB+\frac{1}{2}\angle A=\angle EID=\angle BDA+\frac{1}{2}\angle B$，故 $\angle FAD+\frac{1}{2}\angle A=\angle EID=\angle BDA+\angle FDA$，即 $\angle FAB=\angle EID=\angle BDF$. 但 $\angle EID=180^\circ-\frac{1}{2}(\angle A+\angle B)>90^\circ$，故 $\angle FAB=\angle BDF>90^\circ$. 联结 FB，则 $\triangle FAB$ 及 $\triangle BDF$ 有两双对应边 $FB=BF$，$AB=DF$，及一双对应角 $\angle FAB=\angle BDF>90^\circ$；故 $\triangle FAB\cong\triangle DBF$，故 $\angle A=\angle B$.

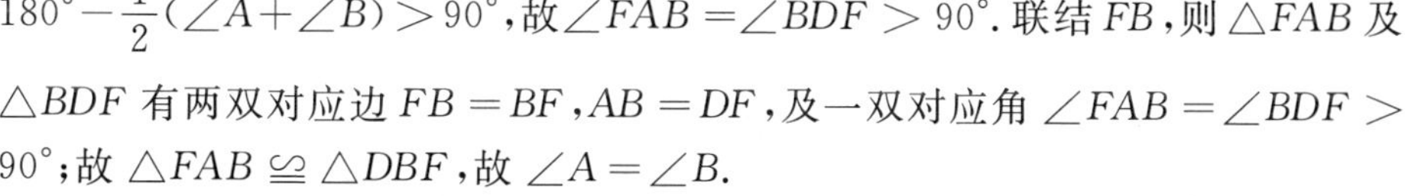

图 2.41

注　此证明中用到"若两三角形有两双对应边及其中一对应边所对角相等且为钝角，则此两三角形全等."

证法 3(L. Mossbrugger，1844)　为方便起见，令 $BC=a$，$CA=b$，$AB=c$，$AD=t_a$，$BE=t_b$，$CE=m$，$EA=n$，$BD=q$，$CD=p$，则 $t_a^2=bc-pq=(m+n)c-pq$. 同理 $t_b^2=(p+q)c-m\cdot n$，由 $t_a=t_b$ 得

$$(m+n)c-pq=(p+q)c-mn \qquad ②$$

又因 $\frac{p}{q}=\frac{b}{c}=\frac{m+n}{c}$，从而 $pc=(m+n)q$，同理 $mc=(p+q)n$. 将 pc 及 mc 代入 ② 中并化简可得 $(n-q)(p+m+c)=0$，故 $n=q$，从而 $\triangle ABE\cong\triangle BAD$，故 $\angle A=\angle B$.

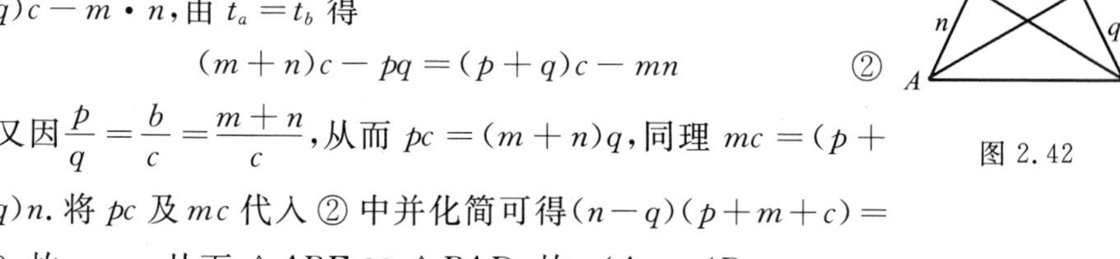

图 2.42

注　证明 3 中用的表示角平分线长度的公式可这样证出

$$c^2=t_a^2+q^2-2t_aq\cos\angle ADB$$
$$b^2=t_a^2+p^2+2t_ap\cos\angle ADB$$

消去 $\cos\angle ADB$，解出 t_a^2 得 $t_a^2=(c^2p+b^2q)-pq$，但 $\frac{c}{b}=\frac{q}{p}$，得 $t_a^2=bc-pq$，同理可得 $t_b^2=ca-mn$.

证法 4(J. A. Grunert,1849)　同前一证法中,令 $a=BC,b=CA,c=AB$,$t_a=AD,t_b=BE$,则 $bc\left[1-\frac{a^2}{(b+c)^2}\right]=t_a^2=t_b^2=ca\left[1-\frac{b^2}{(a+c)^2}\right]$,以 $\frac{(b+c)^2(a+c)^2}{c}$ 乘此式两端,再移项并提出 $(a-b)$ 则得

$$(a-b)\{(b+c)^2(c+a)^2+ab[a^2+ab+b^2+2(a+b)c+c^2]\}=0$$

故必有 $a=b$,从而 $\angle A=\angle B$.

注　其中所用分角线长度之边长表示可这样证出:由 $\frac{c}{b}=\frac{q}{p}$ 得 $\frac{b+c}{b}=\frac{p+q}{p}=\frac{a}{p}$,故 $p=\frac{ab}{b+c}$,同理可得 $q=\frac{ca}{b+c}=bc$ 代入前一证法之注中可得 $t_a^2=bc-pq=bc\left[1-\frac{a^2}{(b+c)^2}\right]$,同理可得

$$t_b^2=ac\left[1-\frac{b^2}{(a+c)^2}\right]$$

证法 5(Chartres,1901)　如图 2.43,令 I 为 $\triangle ABC$ 的内心,取一点 C' 与 C 在 AD 之同侧,使 $C'A=CE$,$DC'=BC$,则 $\triangle C'AD\cong\triangle CEB$,再令 $\angle DC'A$ 之平分线与 AD 交于 I',而与 CI 交于 F,显然 $CC'AD$ 四点共圆,从而 $\angle CC'D=\angle CAD=\frac{1}{2}\angle A$,故 $\angle CC'I=\frac{1}{2}(\angle A+\angle C)=\angle CID$,从而 $CC'I'I$ 四点共圆.故由角平分线 $C'I'=CI$ 知 $CC'\parallel II'$,从而 $\angle CC'D=\angle C'DA$,此即 $\frac{1}{2}\angle A=\frac{1}{2}\angle B$,即 $\angle A=\angle B$.

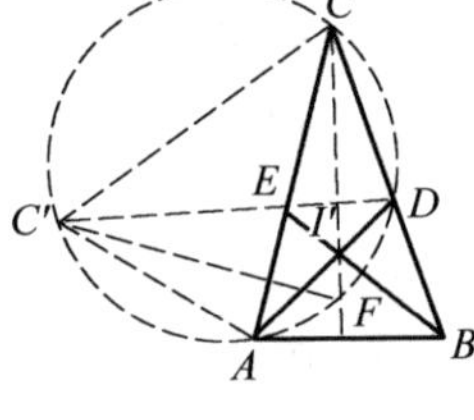

图 2.43

证法 6(G. I. Hopkins,1902)　如图 2.44,在 AD 的 C 所在的一侧显然存在一点 F 使 $\angle ADF=\angle EBA$,$\angle DAF=\angle BEA$.再作垂线 $FG\perp BC$,$BH\perp FA$.联结 BF,由 $\triangle DAF\cong\triangle BEA$ 知 $DF=BA$.设 $\triangle ABC$ 的内心为 I,则 $\angle BIA=\angle BDI+\angle DBI=\angle BDI+\angle ADF=\angle BDF$;又 $\angle BIA=\angle IAE+\angle IEA=\angle IAB+\angle IAF=\angle BAF$.故 $\angle BDF=\angle BAF=\frac{1}{2}(\angle A+\angle B)+\angle C>90^\circ$,故 D 在 B 与 G 之间,而 A 在 F 与 H 之间,从而由末一等式知 $\angle FDG=\angle BAH$.

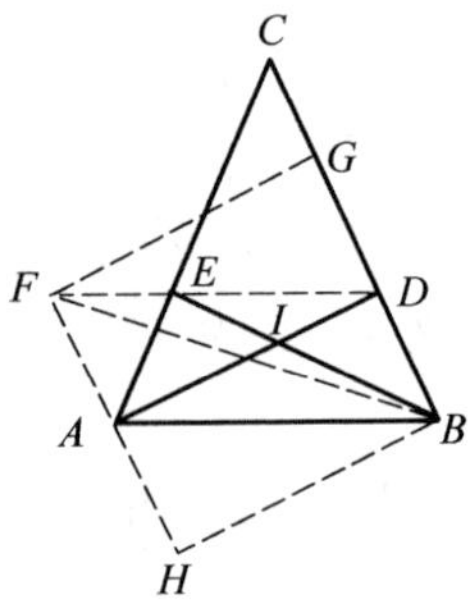

图 2.44

再由 $DF=BA$ 知 $\triangle FDG\cong\triangle BAH$,故 $FG=BH$,从而 $\triangle FGB\cong\triangle BHF$,故 $GB\perp\!\!\!\!=HF$.因 $DG=AH$,故又得 $DB\perp\!\!\!\!=AF$,从而四边形 $ABDF$ 为一平行四边

形，故 $\triangle BEA \cong \triangle DAF \cong \triangle ADB$，从而得 $\angle EAB=\angle DBA$，即 $\angle A=\angle B$.

证法 7(V. Jheqault, 1932)　如图 2.45，设 I 为 $\triangle ABC$ 的内心，联结 CI 交 AB 于 F，则 CF 平分 $\angle C$，作 $\angle BEC$ 之平分线交 CI 于 I_1，因为 $\frac{1}{2}\angle BEA=\frac{1}{2}(\frac{1}{2}\angle B+\angle C)<\frac{1}{2}(\angle B+\angle C)=\angle EIC$，故 $\angle BEA$ 之平分线必交 CF 于一点 I'_1. 同理，作 $\angle ADC$ 及 $\angle ADB$ 之平分线依次交 CF 于 I_2 及 I'_2. 则 $C,I;I_1,I'_1$ 及 $C,I;I_2,I'_2$ 皆为调和共轭点时，由 $\angle EIC>\angle FCB=\angle ECI$ 知 $EC>EI$. 从而 $CI_1>I_1I$，故 CI 之中点 M 必位于 C 与 I_1 之间，由 $\frac{CM+MI_1}{CM-MI_1}=\frac{CI_1}{I_1I}=\frac{CI'_1}{I'_1I}=\frac{CM+MI'_1}{MI'_1-MI}=\frac{CM+MI'_1}{MI'_1-CM}$.

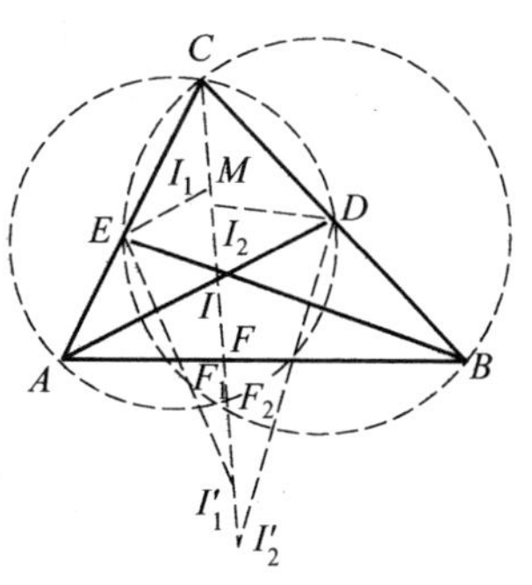

图 2.45

对两端之等式用合比定理得

$$\frac{2MI_1}{2CM}=\frac{2CM}{2MI'_1}\text{，即 } MI_1\cdot MI'_1=CM^2 \qquad ③$$

作 $\triangle BCE$ 及 $\triangle ACD$ 之外接圆依次交 CF 于 F_1 及 F_2，则 F_1 为 $\overset{\frown}{BF_1E}$ 之中点，F_2 为 $\overset{\frown}{AF_2D}$ 之中点；又因 $\angle IEI'_1=\frac{1}{2}\angle BEA>\frac{1}{2}\angle C=\angle BEF_1=\angle IEF_1$，故 $I_1I'_1>IF_1$，易见

$$MI_1=MF_1-I_1F_1 \qquad ④$$

$$MI'_1=MF_1+F_1I'_1 \qquad ⑤$$

$$\begin{aligned}\angle F_1I_1E&=\angle F_1CA+I_1EC=\angle F_1CB+\angle I_1EB\\&=\angle F_1EB+\angle I_1EB=\angle F_1EI_1\end{aligned}$$

又 $\angle I_1EI'_1=90^\circ$ 故

$$F_1I_1=F_1E=F_1I'_1 \qquad ⑥$$

同理有

$$F_2I_2=F_2D=F_2I'_2 \qquad ⑦$$

由 ③ ～ ⑥ 得

$$MF_1^2-F_1I_1^2=CM^2 \qquad ⑧$$

同理

$$MF_2^2-F_2I_2^2=CM^2 \qquad ⑨$$

再由 ⑧，⑨ 得

$$MF_1^2-F_1I_1^2=MF_2^2-F_2I_2^2 \qquad ⑩$$

因 $AD=BE$，故 $\triangle EBC$ 与 $\triangle ACD$ 之外接圆相等，故由 ⑥ 及 ⑦ 知 $F_1I_1=F_1E=F_1B=F_2A=F_2D=F_2I_2$，代入 ⑩ 得 $MF_1=MF_2$，即 F_1 与 F_2 合为一点 G，故 $\angle C$ 的平分线为此二相等之外接圆的公共弦，故 $\angle ACG$ 与 $\angle BCG$ 所对之

弧相等,即$\overset{\frown}{AG}=\overset{\frown}{BG}$,从而$\overset{\frown}{AGC}=\overset{\frown}{BGC}$,故$\overset{\frown}{AC}=\overset{\frown}{BC}$,从而$\angle A=\angle B$.

证法 8(M. J. Newell,1932) 由$\triangle ABC$的内心I引AB之垂线交AB于H,则$BC+AH=\frac{1}{2}(AB+BC+CA)=CA+HB$.故若在$AB$的延长线上取$AG=BC$,$BF=CA$,并由$F$及$G$依次引$AD$及$BE$之垂线分别与它们交于$J$及$K$时,则得$GH=HF$,从而

$$IG=IF \tag{11}$$

$$\angle IFA=\angle IGB \tag{12}$$

因$GA=BC$,BE为$\angle GBC$之平分线,故由E至GA及BC的距离相等,从而$\triangle EGA$与$\triangle CEB$之面积相等,将两者同加上$\triangle ABE$之面积,得$\triangle BEG$与$\triangle ABC$面积相等.同理可得$\triangle ADF$与$\triangle ABC$面积相等,从而$\triangle BEG$与$\triangle ADF$面积相等.因$AD=BE$,故$FJ=GK$.由⑪知$\triangle FIJ\cong\triangle GIK$,从而$\angle FIJ=\angle GIK$,即$\frac{1}{2}\angle A+\angle IFA=\frac{1}{2}\angle B+\angle IGB$,再由⑫知$\angle A=\angle B$(图2.46).

注 $BC+AH=\frac{1}{2}(AB+BC+CA)=CA+HB$,可通过作$\triangle ABC$之内切圆,并注意由圆外一点所作此圆的两条切线段相等的事实而得出.

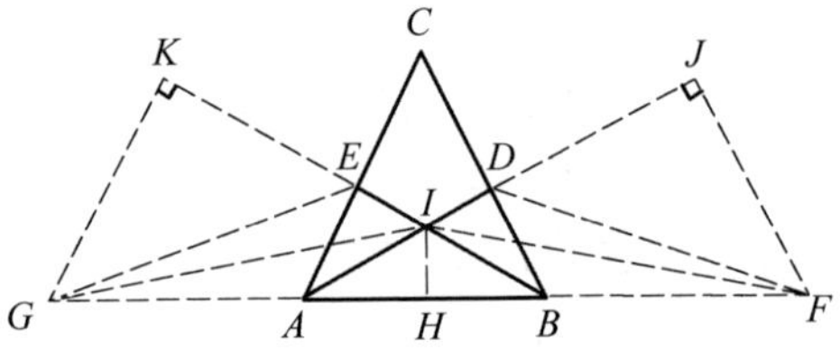

图 2.46

证法 9(W. J. Dobbs,1933) 如图2.47,设I为$\triangle ABC$的内心,作$IF\parallel CA$,$BF\parallel IA$,$IG\parallel CB$,$AG\parallel IB$,令AB与IF交于H,因$\angle HIA=\angle CAD=\angle HAI$,故$IH=AH$.又因$AI\parallel FB$,故$HF=HB$,从而$IF=AB$,同理$IG=AB$,故$IF=IG$.结合$CI=CI$,及$\angle CIF=180^\circ-\frac{1}{2}\angle C=\angle CIG$知$\triangle CIF\cong\triangle CIG$,故$CF=CG$,$\angle CFI=\angle CGI$,作$CP\perp FB$,$CQ\perp GA$,且以$P$及$Q$为垂足.因$AFBI$四点共圆,故$\angle CFB<\angle AFB=$

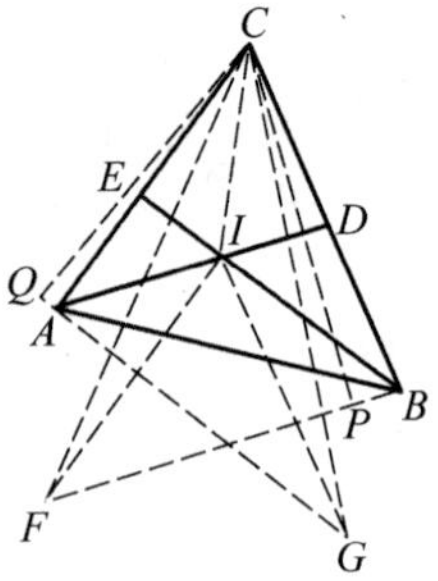

图 2.47

$\frac{1}{2}(\angle A+\angle B)<90^\circ$；同理 $\angle CGA<90^\circ$，从而 P 不与 F 重合，Q 不与 G 重合.

显然 $CP\perp AD$，$CQ\perp BE$，故 $\frac{1}{2}CP\cdot AD=\triangle CAD$ 与 $\triangle BAD$ 面积之和 $=\triangle ABC$ 面积 $=\triangle CBE$ 与 $\triangle ABE$ 面积之和 $=\frac{1}{2}CQ\cdot BE$，因 $AD=BE$，故 $CP=CQ$，既然 $\triangle CFP$ 与 $\triangle CGQ$ 作为直角三角形有对应边 $CF=CG$，$CP=CQ$，故它们全等，从而 $\angle CFP=\angle CGQ$，故由 $\angle CFI=\angle CGI$，立得 $\angle IFB=\angle IGA$，即 $\frac{1}{2}\angle A=\frac{1}{2}\angle B$，即 $\angle A=\angle B$.

证法 10（V. Thebault，1934） 如图 2.48，设 I 为 $\triangle ABC$ 的内心，设 Γ_a 与 Γ_b 分别为 $\triangle ADC$ 及 $\triangle BEC$ 之外接圆，$\angle C$ 之外角平分线与 Γ_a 及 Γ_b 分别交于 $\overparen{ACD}$ 之中点 F 及 $\overparen{BCE}$ 之中点 G. 而 H 及 J 分别为 Γ_a 及 Γ_b 与 CI 的交点，它们分别为 $\overparen{AHD}$ 及 $\overparen{BJE}$ 之中点，且皆位于 CI 往 I 方向的延长线上. 显然，HF 及 JG 分别为 Γ_a 及 Γ_b 的直径，它们分别交 AD 及 BE 于 K 及 L，此时因 $\angle FAH=90^\circ-\angle AKH$，故 $AH^2=HK\cdot HF$.

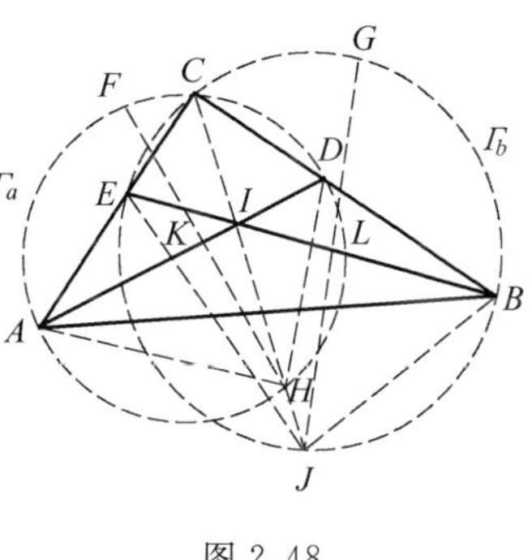

图 2.48

又因 $FK\perp AD$，$HC\perp FG$，故 $KICF$ 四点共圆. 从而 $HK\cdot HF=HI\cdot HC$，故

$$AH^2=HI\cdot HC \tag{⑬}$$

同理可得

$$BJ^2=JI\cdot JC \tag{B14}$$

因 $AD=BE$，故 Γ_a 与 Γ_b 相等，由此可得 $\triangle HAD\cong\triangle JBE$. 综合 ⑬ 及 ⑭ 得 $HI\cdot HC=HA^2=BJ^2=JI\cdot JC$. 又因 H 及 J 同在 CI 往 I 方向的延长线上，故 H 及 J 重合为一点 M. 由 $\overparen{AM}=\overparen{BM}$ 知 $\overparen{AMC}=\overparen{BMC}$，故 $CA=BC$，故 $\angle A=\angle B$.

证法 11 （同证法 10）以下证明较定理更一般的情况，即当 D 在 BC 上，E 在 AC 上，$\angle BAD-\angle ABE=\frac{1}{2}(\angle A-\angle B)$ 且 $AD=BE$ 时，来证 $\angle A=\angle B$. 为此，令 $\angle BAD=\frac{1}{2}\angle A+\delta$，其中 $0\leqslant|\delta|<\frac{1}{2}\angle A$，则显见 $\angle ABE=\frac{1}{2}\angle B+\delta$，故 $\angle CDA=\angle BAD+\angle B=\frac{1}{2}\angle A+\delta+\angle B=\frac{1}{2}(\angle A+\angle B)+\angle ABE>\frac{1}{2}(\angle A+\angle B)=\angle C$ 之外角之半，故 $\angle C$ 之外角平分线必交 $\triangle ADC$ 之外接圆 Γ_a 之 $\overparen{AC}$ 于内点 F.

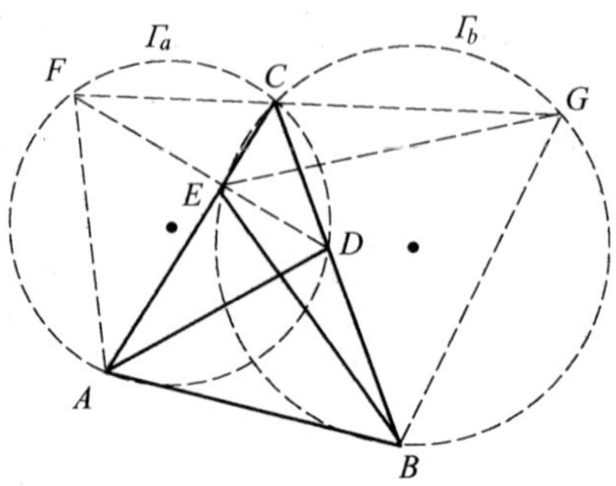

图 2.49

同理亦必交 $\triangle BCE$ 之外接圆 Γ_b 的 $\overset{\frown}{BC}$ 于内点 G，$\angle FAD=\angle GCB=\frac{1}{2}(180^\circ-\angle C)=\angle FCA=\angle FDA$，故 $\triangle FDA$ 为以 $\angle AFD=\angle C$ 为顶角之等腰三角形. 同理 $\triangle GEB$ 为以 $\angle BGE=\angle C$ 为顶角之等腰三角形. 从而

$$\triangle FDA\backsim\triangle GEB$$

$$\angle FAB=\angle FAD+\angle DAB=\frac{1}{2}(180^\circ-\angle C)+\angle DAB$$

$$\angle BGF=\angle BGE+\angle EGF=\angle BGE+\angle EBC=\angle C+(\angle B-\angle ABE)$$

从而

$$\angle FAB+\angle BGF=\frac{1}{2}(180^\circ-\angle C)+\angle B+\angle C+(\angle DAB-\angle ABE)=\frac{1}{2}(180^\circ-\angle C)+\angle B+\angle C+\frac{1}{2}(\angle A-\angle B)=90^\circ+\frac{1}{2}(\angle A+\angle B+\angle C)=180^\circ$$

故 $ABGF$ 四点共圆 Γ.

又因 $AD=BE$，则知 Γ_a 与 Γ_b 相等，从而 $AF=BG$，故在圆 Γ 中 $FG\parallel AB$，从而 $ABGF$ 为一等腰梯形，$\angle BAF=\angle ABG$，此即 $\angle BAD+\angle DAF=\angle ABE+\angle EBG$. 即 $\angle BAD=\angle ABE$，即 $\frac{1}{2}(\angle A-\angle B)=0$，即 $\angle A=\angle B$.

注 在证出了 $FG\parallel AB$ 后，亦可按下法继续证完：令 I 为 $\triangle ABC$ 之内心，因 $CI\perp FG$，故 $CI\perp AB$，从而立见 $\angle A=\angle B$.

证法12(V. Thebault, 1938) 过 A 作 AD 的垂线，令其与过 B 及过 C 所作

AB 之平行线的交点分别为 F 及 G，过 B 作 BE 之垂线，令其与过 C 及 A 所作 BE 之平行线之交点分别为 J 及 K. 再令 BC，CA 之中点依次为 L，M，此时，$\triangle GDA$ 与 $\triangle CAD$ 面积相等，$\triangle ADF$ 与 $\angle DAB$ 面积相等，故 $\triangle GDF$ 之面积 $=\triangle GDA$ 与 $\triangle ADF$ 面积之和 $=$ $\triangle CAD$ 与 $\triangle DAB$ 面积之和 $=\triangle ABC$ 面积. 同理 $\triangle JEK$ 面积 $=\triangle ABC$ 面积. 从而 $\frac{1}{2}GF\cdot AD=$ $\triangle GDF$ 面积 $=\triangle JEK$ 面积 $=\frac{1}{2}JK\cdot BE$，即

$$\frac{GF}{JK}=\frac{BE}{AD} \tag{15}$$

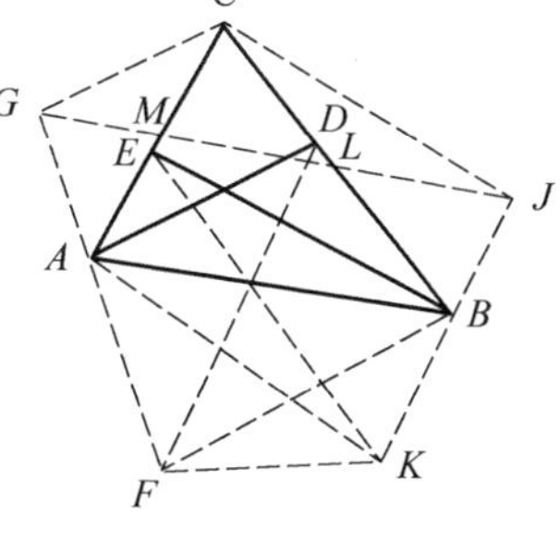

图 2.50

此外，在 $\mathrm{Rt}\triangle CAG$ 中，$\angle GMA=2\angle GCA=2\angle CAD=\angle CAB$，故 $GM /\!/ AB$，从而 GM 的延长线必过 L. 同理，JL 的延长线必过 M. 故 $GMLJ$ 四点共线，且 $GJ /\!/ AB$. 四边形 $ABKF$ 内接于以 AB 为直径之圆内，故 $\angle ABK+\angle AFK=180^\circ$，即 $\angle GJK+\angle GFK=180^\circ$，故 $FGJK$ 四点共圆. 再由条件 $AD=BE$ 及 ⑮ 知 $FG=JK$，故 $\overset{\frown}{FG}=\overset{\frown}{JK}$. 从而 $GJ /\!/ FK$，故四边形 $FGJK$ 为一等腰梯形，从而四边形 $FABK$ 亦为等腰梯形，即

$$\frac{1}{2}(180^\circ-\angle CAB)=\angle FAB=\angle ABK=\frac{1}{2}(180^\circ-\angle ABC)$$

即 $\angle A=\angle B$.

下面，介绍一些间接证法. 在一些间接证明中，实际证出比上述施坦纳－雷米欧司定理(记为定理 1) 更一般的下列结果之一：

定理 2 设 D 及 E 分别为 $\triangle ABC$ 的边 BC 及 CA 内之点，若 $\frac{\angle BAD}{\angle DAC}=\frac{\angle ABE}{\angle EBC}$，且 $AD=BE$，则 $\angle A=\angle B$.

定理 3 设 D 及 E 分别为 $\triangle ABC$ 的边 BC 及 CA 内之点，若 $\angle A>\angle B$，且 $\frac{\angle BAD}{\angle DAC}=\frac{\angle ABE}{\angle EBC}$，则 $AD<BE$.

定理 4 设 D 及 E 分别为 $\triangle ABC$ 的边 BC 交 CA 之内点，若 $\angle BAD>\angle ABE$，$\angle DAC>\angle EBC$，则 $AD<BE$.

定理 5 如图 2.51，设 $\angle C<180^\circ$，I 为 $\angle C$ 的平分线上一点，位于 $\angle C$ 之一条边上的一点 X 与 I 的连线交另一边于 Y，CI 在 I 处的垂线与 CX 交于 P 而与 CY 交于 Q. 当 X 由 CP 的外向 C 前进的，XY 的长度连续减小，当 XY 与 PQ 重合时，为最小，此后，则关于 CI 为对称地连续增大.

定理 6 如图 2.52，设 $\angle C<180^\circ$，I 为 $\angle C$ 的平分线上一点，A，B 在 $\angle C$

不同边上，它们与 I 之连线分别交另一边于 D 及 E，则 $AD=BE$ 当且仅当 $\angle CAB=\angle CBA$.（亦即 AD 及 BE 关于轴 CI 对称）

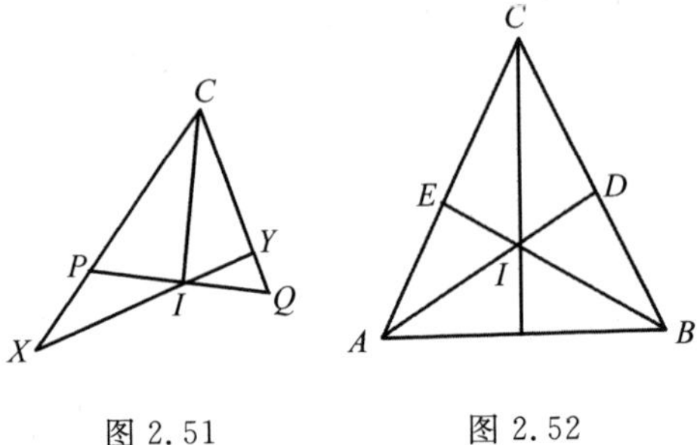

图 2.51　　图 2.52

显然，由定理 5⇒ 定理 4⇒ 定理 3⇒ 定理 2⇒ 施坦纳－雷米欧司定理.

证法 13(J. Steiner, 1840)　若 $\angle A>\angle B$，则对 $\triangle ADB$ 及 $\triangle BEA$ 而言，有 $AD=BE$，$AB=AB$，$\angle BAD>\angle ABE$，故 $BD>AE$，又 $\angle ADB=\angle C+\angle CAD>\angle C+\angle CBE=\angle BEA$，现使 $\triangle ABD(BAE)$ 之顶点 $A(B)$ 与 A' 重合，顶点 $B(A)$ 与 B' 重合，且使 D 及 E 位于 $A'B'$ 之两侧，此时，$A'B'$ 必位于连线 DE 之两侧（此点，原文隐含地用到，但未加说明，事实上，$\angle A'B'D+\angle A'B'E=\angle ABC+\angle BAC<180^\circ$，而当 B' 不在 DE 之右侧时，显然将有 $\angle A'B'D+\angle A'B'E\geqslant 180^\circ$，故 B' 必在 DE 之右）. 由以上结果知，$\angle A'DB'=\angle ADB>\angle BEA=\angle A'EB'$；又由 $A'B=AD=BE=A'E$ 知 $\angle A'DE>\angle A'ED$，从而 $\angle EDB'>\angle DEB'$，故 $B'E>B'D$，即 $AE>BD$，故与前所证 $BD>AE$ 矛盾. 故应有 $\angle A=\angle B$ 如图 2.53，2.54 所示.

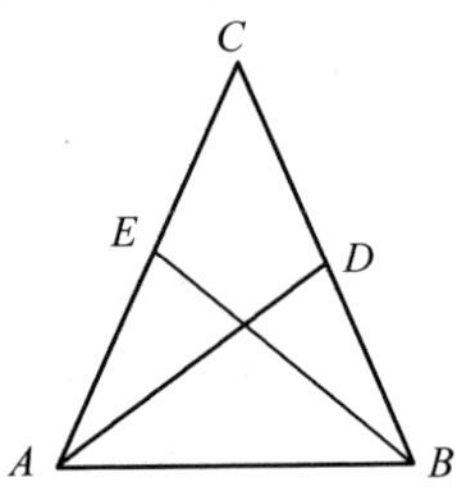

图 2.53

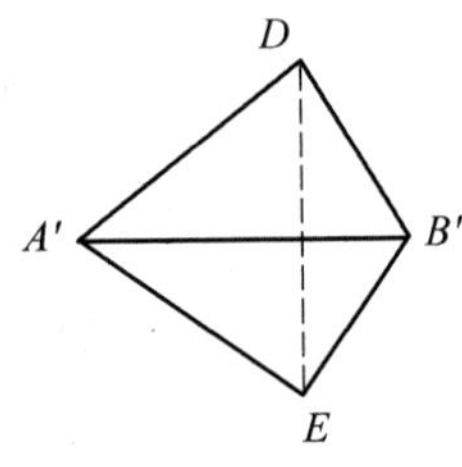

图 2.54

注　此证法完全适用于定理 2.

证法 14(Rougevin, 1842)　设 I 为 $\triangle ABC$ 之内心，联结 CI，再作 $\triangle ADC'$ 使 $DC'=BC$，$C'A=CE$，并使 C' 与 C 位于 AD 之同侧，此时，$\triangle C'AD\cong\triangle CEB$，故 $ADCC'$ 四点共圆，作出此圆，令 $\angle C'$ 之平分线交 AD 于 I'，则显然 CI 及 CI' 之延长线交于 $\overset{\frown}{AD}$ 之中点 F，令过 F 之直径与 AD 交于 G，而与 $\overset{\frown}{AC'CD}$ 交于 H，因 $\angle ADC>\angle BAD=\angle CAD$，故 C 与 D 同在 FH 之一侧，同理，知 C' 与 A 同在 FH 之另一侧. 反设 $\angle HFC>\angle HFC'$，则 $\overset{\frown}{HC}>\overset{\frown}{HC'}$，从而 $\overset{\frown}{FDC}<\overset{\frown}{FAC'}<$ 半圆周，故 $FC<F'C$，但 $CI=C'I$，故 $FI<FI'$，因 $FG\perp I'I$，故 $\angle GFI<$

$\angle GFI'$,即 $\angle HFC < \angle HFC'$ 与假设矛盾,故应有 $\angle HFC = \angle HFC'$,从而 $\overset{\frown}{HC} = \overset{\frown}{HC'}$,因 H 为 $\overset{\frown}{AHC}$ 之中点,故 $\overset{\frown}{CD} = \overset{\frown}{C'A}$,从而 $\angle CAD = \angle C'DA$,即 $\angle CAD = \angle CBE$,故 $\angle A = \angle B$.

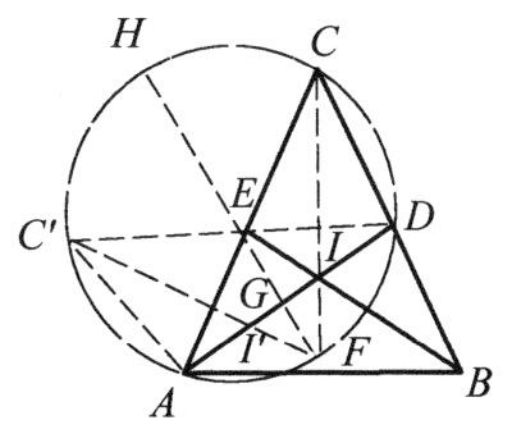

图 2.55

注 (1) 利用本证法中相同的辅助线,也可避免论证中的那一小段反证,见前面证法 5.

(2) 在 1932 年 J. H. Doughtg 及 J. Travers 给出比前面的证法 5(Chartres) 更简明的证法,具体说来,在 Rougevin 的上述证明中证到"设过 F 之直径与 AD 交于 G,而与 $\overset{\frown}{AC'CD}$ 交于 H"这一步后,改用下述证明:由图 2.43,显见 F 为 $\overset{\frown}{AD}$ 之中点,因 $I'GHC'$ 四点共圆,$IGHC$ 四点也共圆,故 $FI' \cdot GC' = FG \cdot FH = FI \cdot FC$. 从而知 $I'ICC'$ 四点共圆,因 $C'I' = CI$,故 $CC' \parallel II'$,即 $C'C \parallel AD$,故 $\overset{\frown}{DC} = \overset{\frown}{AC'}$,故 $DC = AC'$,从而 $\overset{\frown}{CC'A} = \overset{\frown}{CC'} + \overset{\frown}{C'A} = \overset{\frown}{CC'} + \overset{\frown}{CD} = \overset{\frown}{DCC'}$,即 $CA = DC'$,故 $\triangle ADC \cong \triangle DAC'$,从而 $\angle CAD = \angle C'DA = \angle CBE$,即 $\angle A = \angle B$.

证法 15(T. Lange,1850;C. Schmidt,1852) 以下证明定理 2. 若 $\alpha = \angle CAB > \angle CBA = \beta$,则显然 $\angle BAD = k\alpha$,$\angle ABE = k\beta$,$0 < k < 1$,作平行四边形 $BEAF$,则 F 与 D 位于 AB 的异侧,联结 DF,因 $AF = BE = AD$,故 $\angle ADF = \angle AFD = \gamma$,因为 $\angle BDF = \angle BDA - \gamma = 180° - k\alpha - \beta - \gamma$ 及 $\angle BFD = \angle BFA - \gamma = \angle BEA - \gamma = 180° - \alpha - k\beta - \gamma$,故 $\angle BDF - \angle BFD = (1-k) \cdot (\alpha - \beta) > 0$,从而 $BF > BD$,但在 $\triangle BAF$ 及 $\triangle BAD$ 中过点 A 之两对对应边相等,而 $\angle BAD = k\alpha > k\beta = \angle ABE = \angle BAF$,故 $BD > BF$ 矛盾,故应有 $\alpha = \beta$.

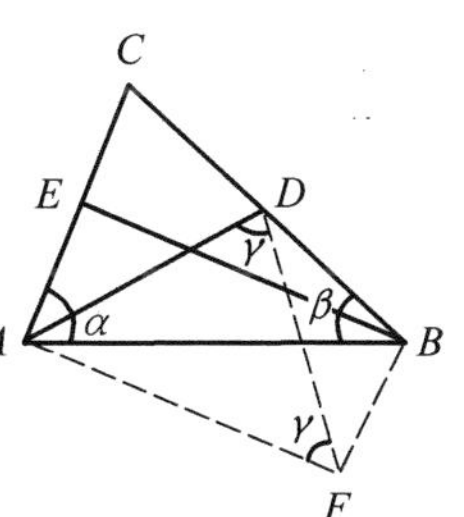

图 2.56

证法 16(Chr. L. Lehmus,1850) 若 $\angle A > \angle B$,则在 $\angle DAE$ 内作 $\angle DAF = \angle DBE$,而 F 为 BE 内之一点,此时 A,B,D,F 四点共圆,又显然 $90° > \frac{1}{2}\angle A + \frac{1}{2}\angle B = \angle BAD + \angle DAF = \angle BAF > \angle ABD$,故弦 $BF > AD$,从而 $BE > AD$,与题设矛盾,故有 $\angle A = \angle B$(图 2.57).

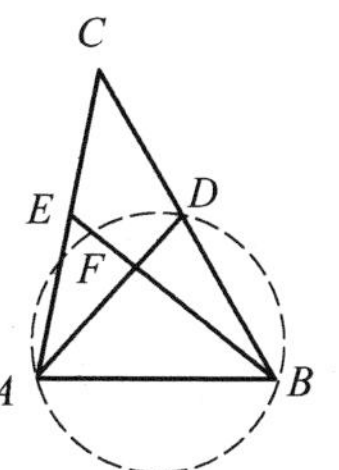

图 2.57

注 此证法也基本适合定理 2,只是此时可能 $\angle BAF = 90°$(尽管由 $\angle B < \angle A$ 立见 $\angle ABD < 90°$ 仍真),但在此情况下,必有 $\angle BDF < 90°$,又 $\angle BDF = \angle ADB + \angle ADF > \angle DAE + \angle ADF > \angle DAF + \angle ABF = \angle DBF + \angle ABF = \angle ABD$,故可得 $90° > \angle BDF > \angle ABD$,故 $BF > AD$,从而 $BE > AD$,矛盾.

证法 17(A. Seebeck,1851) 以下证定理 5. 设 $CP \leqslant CX' < CX$,因

$\angle XX'I > X'Y'C < \angle CX'Y' > \angle X'XI$,故 $IX > IX'$;从而当 $IY \geqslant IY'$ 时必有 $XY > X'Y'$,若 $IY < IY'$,则可于 IX 上取 $IJ = IX'$,于 IY' 上取 $IK = IY$,此时 $\triangle X'IJ \backsim \triangle YIK$,从而 $X'J > YK$;又 $\angle XX'I = \angle C + \angle X'Y'C \geqslant \angle C + \angle Y'X'C > \angle C + \angle X = \angle IYY'$,从而 $\angle X'XJ > \angle Y'YK$;已知 $\angle X'JI = \angle YKI$,故 $\angle X'JX = \angle YKY'$,所以 $XJ > KY'$. 显然有 $JY = X'K$.

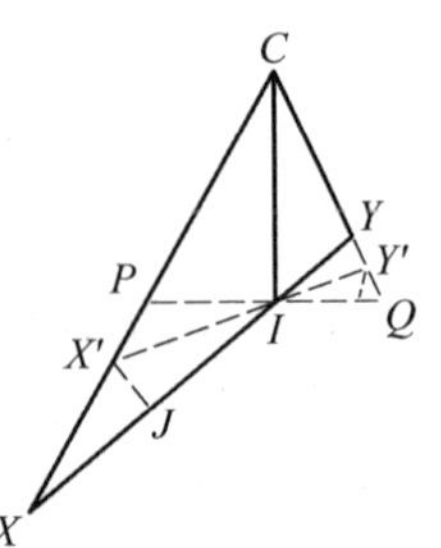

图 2.58

故 $XY > X'Y'$.

证法 18(R. Baltger,1851) 以下证明定理 4. 于 CD 上取 F,使 $\angle FAD = \angle FBE$,并令 G 为 AF 与 BE 之交点,显然 $\angle FAB > \angle FBA$,故 $FB > FA$,又显见 $\triangle ADF \backsim \triangle BGF$,故 $\frac{AD}{BG} = \frac{FA}{FB} < 1$,从而 $AD < BG < BE$.

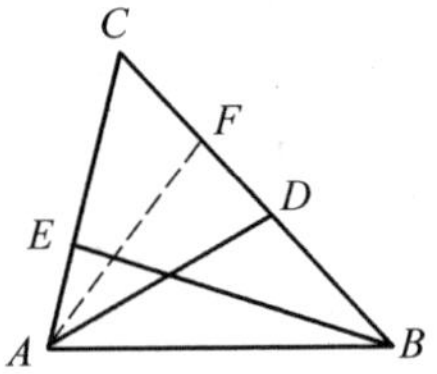

图 2.59

证法 19(August,1851) 以下证明定理 3. 显然此时有 $\angle CAD > \angle CBE$,$\angle DAB > \angle EBA$,故在 CD 的内部有 F 使 $\angle CAF = \angle CBE$,从而 $\triangle AFC \backsim \triangle BEC$,故 $\frac{AF}{BE} = \frac{AC}{BC} < 1$,即

$$AF < BE \tag{⑯}$$

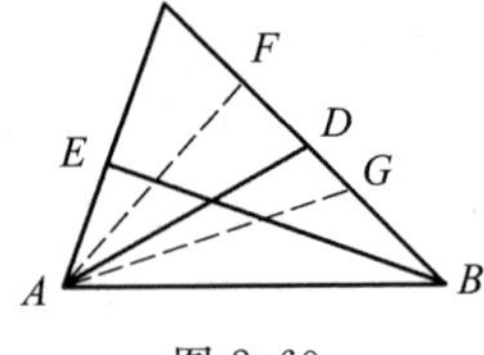

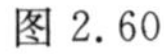
图 2.60

又在 DB 的内部有 G 使 $\angle BAG = \angle ABE$,但显然有 $\angle ABG < \angle BAE$,故 $\angle AGB > \angle AEB$,将 $\triangle BAG$ 的顶点 B 及 A 分别放于 $\triangle ABE$ 的顶点 A 及 B 上,并使 G 与 E 位于 AB 的同侧,则 G 将位于 $\triangle ABE$ 的边 BE 之内,从而知

$$AG < BE \tag{⑰}$$

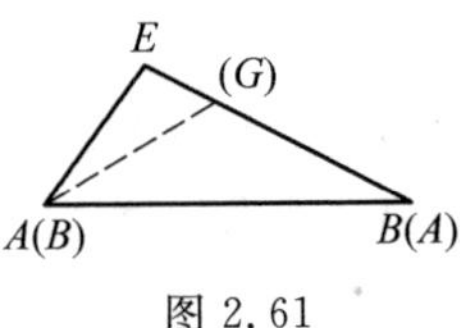

图 2.61

但由 F 与 G 之取法知 D 在 F 与 G 之间,从而 AD 至少小于 AF 及 AG 中之一,故由 ⑯ 及 ⑰ 知 $AD < BE$.

证法 20(B. L. Smith,1852) 设 $\angle A < \angle B$,由 D 及 E 作 AB 的垂线与 AB 分别交于 P 及 Q,因为 $DP = AD \cdot \sin \frac{1}{2}\angle A > BE\sin \frac{1}{2}\angle B = EQ$,故当由 D 及 E 作 AB 之平行线分别与 AC 交于 F,与 BC 交于 G 时,DF 必在 ED 之上,故 $DF < EG$,显然 $DF = AF$,$EG = BG$,又

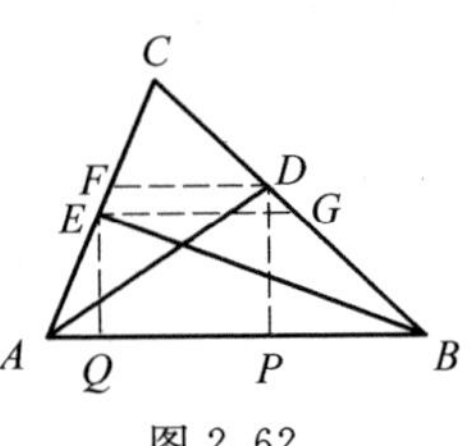

图 2.62

$\angle DFA = 180^\circ - \angle A < 180^\circ - \angle B = \angle EGB$，等腰 $\triangle ADF$ 之顶角及腰皆小于等腰 $\triangle BEG$ 之顶角及腰，由此易见它们的底 $AD < BE$，与题设矛盾，故 $\angle A = \angle B$.

证法21（J. J. Sylvester，1852） 令 $a=BC$，$b=CA$，$c=AB$，$m=CE$，$n=EA$，$p=CD$，$q=DB$，I 为 $\triangle ABC$ 的内心，$DF \parallel BA$ 且交 BE 于 F，设 $\angle A > \angle B$，此时

$$\frac{BI}{IF}=\frac{AI}{ID} \tag{17}$$

$$\frac{AI}{ID}=\frac{c}{q} \tag{18}$$

由前面的证法 4 的注知

$$q=\frac{ca}{(b+c)} \tag{19}$$

$$n=\frac{bc}{(a+c)} \tag{20}$$

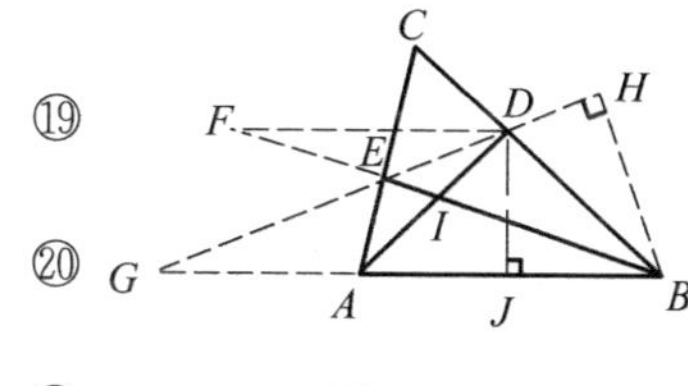

图 2.63

又

$$\frac{BI}{IE}=\frac{c}{n} \tag{21}$$

结合 $a>b$ 及 ⑰ — ㉑ 立得

$$\frac{BI}{IF}=\frac{c}{q}=\frac{b+a}{a}<\frac{c+a}{b}=\frac{c}{n}=\frac{BI}{IE}$$

从而知 $IE < IF$，故 DE 在 E 外的延长线必与 BA 在 A 外的延长线交于一点 G. 又

$$p=\frac{ab}{b+c}>\frac{ab}{e+a}=m\text{，故 }\angle CED > \angle CDE \tag{22}$$

即 $\angle A - \angle G > \angle B + \angle G$，从而

$$\frac{1}{2}\angle A > \frac{1}{2}\angle B + \angle G \tag{23}$$

即

$$\angle BAD > \angle BEG \tag{24}$$

由 B 及 D 分别作 DE 及 AB 的垂线，其垂足分别为 H 及 J，则由

$$\angle BAD < 90^\circ$$

及 $AD = BE$ 得

$$DJ = AD\sin\angle BAD > BE\sin\angle BED = BH \tag{25}$$

又由 ㉒ 知 $\angle CDE < 90^\circ$，即 $\angle GDB > 90^\circ$，故 $GD < GB$. 从而 $DJ = GD\sin\angle G < GB\sin\angle G = BH$，与 ㉔ 矛盾，故有 $\angle A = \angle B$.

注 (1) 原证是由 $\frac{CE}{CD}=\frac{AI}{BI}$ 及 $\frac{1}{2}\angle A > \frac{1}{2}\angle B$ 得出 $CE < CD$ 的，可以证明 $\frac{CE}{CD}=\frac{AI}{BI}$，

当且仅当 $AD=BE$,我们在上述证明中不用 $AD=BE$ 也证出 $CE<CD$,且比较简单.

(2) 原证在证出 ㉒ 后是这样证写的:"即 $\angle A-\angle G>\angle B+\angle G$,故 $\frac{1}{2}\angle A-\angle G>\frac{1}{2}\angle B$,即 $\angle ADE>\angle ABE$.故由 A 至 DE 之垂线大于由 E 至 AB 之垂线,易证这是荒谬的,故 △ 为等腰三角形".实际上,当 $120°\leqslant\angle A<180°$ 时,显然 $\angle A>\angle B$,$0°<\angle B+\angle C\leqslant 60°$,故

$$\frac{1}{2}\angle A\geqslant 60°\geqslant\angle B+\angle C>\frac{1}{3}\angle B+\angle C$$

从而 $\angle A-\frac{1}{2}(\angle A-\angle B)>\angle B+\angle C=\angle GAE$,再由 ㉓ 得 $\angle GEA=\angle A-\angle G<\angle A-\frac{1}{2}(\angle A-\angle B)>\angle GAE$,故此时 Sylvester 用 $AD=BE$ 得出的结论并不"荒谬",我们将原证中之 A 及 E 依次改为 B 及 D 就可证明 $AD=BE$ 与 $\angle A>\angle B$ 矛盾了.

证法 22(M. E. Lavelaine, 1854) 令 $a=BC$,$b=CA$,$c=AB$,$m=CE$,$n=EA$,$p=DB$,$q=DB$,$t_a=AD$,$t_b=BE$,由前面的证法 3 及证法 4 后注记知 $t_a^2=bc-pq$,$t_b^2=ca-mn$;$p=\frac{ab}{b+c}$,$q=\frac{ac}{b+c}$;对称地知,$m=\frac{ab}{a+c}$,$n=\frac{cb}{a+c}$,若 $\angle A>\angle B$,则 $a>b$,故 $p>m$,$q>n$,从而 $t_a^2<t_b^2$ 与 $t_a=t_b$ 矛盾.

故 $\angle A=\angle B$.

证法 23(L. A. Grunert, 1864) 沿用前一证法中记号,对 $\triangle ACD$ 及 $\triangle ADB$,用余弦定理,得 $p^2=b^2+t_a^2-2bt_a\cos\frac{1}{2}\angle A$,$q^2=c^2+t_a^2-2ct_a\cdot\cos\frac{1}{2}\angle A$.又由 $\frac{b}{c}=\frac{p}{q}$ 知 $b^2q^2=c^2p^2$,故 $b^2(c^2+t_a^2-2ct_a\cos\frac{1}{2}\angle A)=c^2(b^2+t_a^2-2bt_a\cos\frac{1}{2}\angle A)$,即 $(b^2-c^2)t_a^2=2bct_a(b-c)\cos\frac{1}{2}\angle A$.当 $b\neq c$ 时,$\cos\frac{1}{2}\angle A=\frac{1}{2}t_a(\frac{1}{b}+\frac{1}{c})$.当 $b=c$ 时,显然 AD 为 BC 之中垂线,故 $\cos\frac{1}{2}\angle A=\frac{t_a}{b}=\frac{t_a}{c}$.此时,仍有 $\cos\frac{1}{2}\angle A=\frac{1}{2}t_a(\frac{1}{b}+\frac{1}{c})$.同理又得 $\cos=\frac{1}{2}t_b(\frac{1}{c}+\frac{1}{a})$,若 $\angle A>\angle B$,则由 $t_a=t_b$ 及 $\frac{1}{2}\angle B<\frac{1}{2}\angle A<90°$,知 $\frac{1}{b}+\frac{1}{c}<\frac{1}{c}+\frac{1}{a}$,即 $a<b$.故 $\angle A<\angle B$,矛盾,故应有 $\angle A=\angle B$.

证法 24(L. A. Grunert, 1864) 由 B 及 C 作 AD 的垂线分别与 AD 交于 F 及 G,则 $BD^2=BF^2+FD^2=AB^2-AF^2+(AF-AD)^2=AB^2+AD^2-2AF\cdot AD$.同理 $DC^2=CA^2+AD^2-2AG\cdot AD$,又由 $\frac{BD}{DC}=\frac{AB}{AC}$ 知 $BD^2\cdot CA^2=$

$DC^2 \cdot AB^2$,故$(AB^2+AD^2-2AF\cdot AD)\cdot CA^2=(CA^2+AD^2-2AG\cdot AD)$,即$(CA^2-AB^2)\cdot AD=2(AF\cdot CA^2-AG\cdot AB^2)$.显然,$\triangle ABF\backsim\triangle ACG$,故$\dfrac{AB}{CA}=\dfrac{AF}{AG}$,即$AB\cdot AG=CA\cdot AF$.代入前式得$(CA^2-AB^2)\cdot AD=2CA\cdot AF(CA-AB)$.当$AB\neq AC$时,立得$AF=\dfrac{1}{2}AD\cdot AB(\dfrac{1}{AB}+\dfrac{1}{AC})$.当

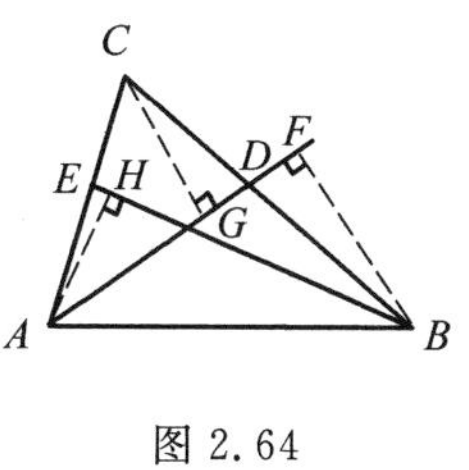

图 2.64

$AB=AC$时,AD为BC之中垂线,故$AF\neq AD$,从而仍有$AF=\dfrac{1}{2}AD\cdot AB(\dfrac{1}{AB}+\dfrac{1}{AC})$.同理,若由$A$作$BE$之垂线交$BE$于$H$,又可得$BH=\dfrac{1}{2}BE\cdot AB(\dfrac{1}{AB}+\dfrac{1}{BC})$,由$AD=BE$得

$$\frac{AF}{BH}=\frac{\dfrac{1}{AB}+\dfrac{1}{AC}}{\dfrac{1}{AB}+\dfrac{1}{BC}} \quad ㉖$$

若$AF\neq BH$,不妨设$AF>BH$,则由㉖得$BC>CA$,故$\angle A>\angle B$,$\angle BAF>\angle ABH$,从而$\angle ABF<\angle BAH$,显然$ABFH$四点共圆,故$\overset{\frown}{AF}<\overset{\frown}{BH}$.但此二弧之长皆小于半圆周,故$AF<BH$,与假设矛盾!故$AF=BH$,从而由㉖立得$BC=AC$,故$\angle A=\angle B$.

证法 25(M. Descube,1880) 设$\angle A>\angle B$,则由$AD=BE$,$AB=AB$及$\angle BAD<\angle ABE$可见$BD>AE$,过E及D分别作AD及AE的平行线交于F,联结DF及FB,此时,$BE=AD=EF$,故$\angle EFB=\angle EBF$.又$\angle EFD=\angle EAD>\angle EBD$,故$\angle DFB<\angle DBF$,从而$BD<DF=AE$与已得结果矛盾.

故$\angle A=\angle B$.

证法 26(S. F. Norris,1898) 设$\angle A<\angle B$,此时可在CD上取一点F使$\angle FAD=\angle CBE$,则$\angle FAB<\angle FBA$,故$FB>FA$,取BC之一段$BG=AF$,则G必位于B与F之间,过G引FA平行线交BE于H,则H必位于B与E之间且$\angle BGH=\angle AFD$,从而$\triangle BGH\cong\triangle AFD$,故$BH=AD$.由此可见$BE>AD$,矛盾,故$\angle A=\angle B$.

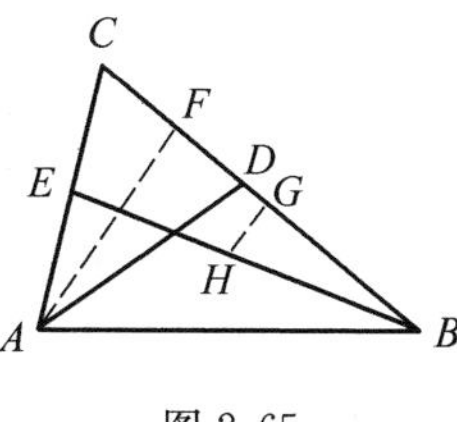

图 2.65

证法 27(A. H. Parrott, 1906) 设 $\angle A > \angle B$,令 I 为 AD,BE 的交点,则 $\angle IAB > \angle IBA$,从而 $IB > IA$,于 IB 上取一段 $IF = IA$,显然 $ID = AD - IA > BE - IB = IE$,故可于 ID 上取一段 $IG = IE$,过 F 作平行于 ID 的直线交 BD 于 H,因 $\triangle IAE \cong \triangle IFG$,故 $\angle GFI = \angle EAI > \angle DBI$,故 FG 向 G 外延长时必与 HD 向 D 外延长线相交,从而 $GD < FH$. 又 $\angle FHB = \angle ADH > \angle CAD > \angle FBE$,故 $FH < FB$,结合前述结论得 $GD < FB$,显然 $AG = FE$,故 $AD = AG + GD < FE + FB = BE$,矛盾,

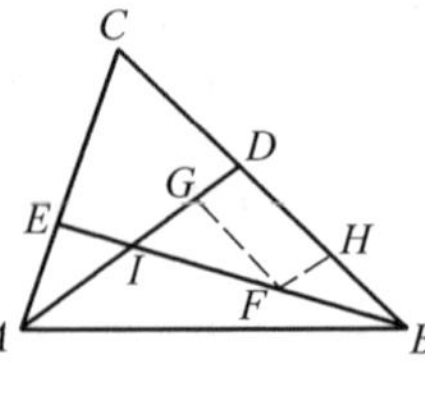

图 2.66

故 $\angle A = \angle B$.

注 证法 25 ~ 27 对定理 2 完全适用.

证法 28(J. Scheffer, 1906) 若 $\angle A > \angle B$,过 E 作 $EF \parallel AB$ 交 BC 于 F,过 F 作 $FG \parallel CA$ 交 AB 于 G,再过 F 作 $FH \parallel DA$ 交 AC 于 H,则 $\angle EFB = \angle EBA = \angle FBE$,从而 $FE = FB$. 又 $\angle EHF - \angle EAD = \angle DAB = \angle EFH$,则 $EH = EF$,故 $EH = FB$. 此外,$\angle FGB = \angle CAB > \angle FBG$,则 $FB > FG$,故 $EH > FG = EA$. 从而 H 位于 CA 向 A 外之延长线上,于是 D 位于 C 与 F 之间. 在 $\triangle BFE$ 及 $\triangle FEH$ 中,

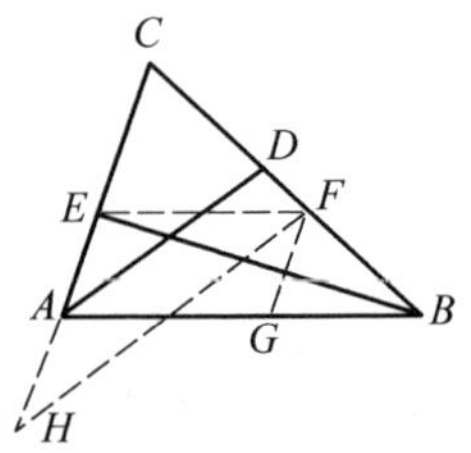

图 2.67

$\angle BFE = \angle C + \angle CEF = \angle C + \angle A > \angle C + \angle B - \angle C + \angle CFE = \angle FEH$;既已知此两三角形之腰相等,故 $BE > FH$,但 $HF > AD$,从而 $BE > AD$,矛盾.

故 $\angle A = \angle B$.

证法 29(J. G. Gregg, 1908) 如图 2.68,设 $\angle A > \angle B$,则 $BC > AC$,于 CB 上取 $CG = CA$,$CF = CE$. 令 $\triangle ABC$ 之内心为 I,则显然有 $IG = IA$,$IF = IE$,及 $\angle GIF = \angle AIE = \angle BID$. 故

$$AD = AI + ID = IG + ID \quad ㉗$$

$$BE = BI + IE = BI + IF \quad ㉘$$

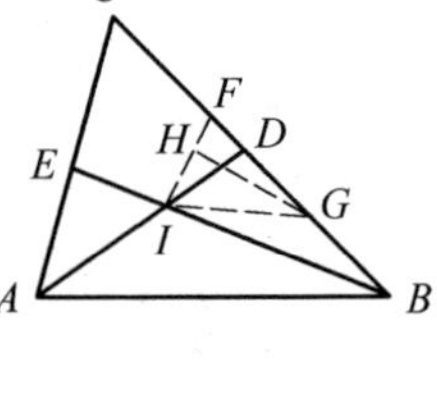

图 2.68

因 $\angle IAE > \angle IBD$,故 $\angle AEI < \angle BDI$,即 $\angle IFD < \angle IDG$,从而 $CF < CD$. 又 $\angle CDA > \angle BAD = \angle CAD$,故 $CD < CA = CG$,结合前面 $CF < CD < CG$,从而 $\angle IGB > \angle IDB > \angle CAD > \angle GBI$. 故 $IB > IG$. 既已证明 D 位于 F 与 G 间,ID 必小于 IF 与 IG 之一,故若 $IF > IG$,则 $IF > ID$,结合前述结论得 $IB + IF > IG + ID$,再由 ㉗ 和 ㉘ 知,$BE > AD$,此为矛盾同,故 $IF > IG$ 时应有 $\angle A = \angle B$. 又若 $IF \leqslant IG$,则因 $\angle IGF = \frac{1}{2}\angle A > \frac{1}{3}\angle B$,故在 IF 之内部有

一点 H,使 $\angle IGH=\frac{1}{2}\angle B=\angle IBD$,又 $\angle GIH=\angle AIE=\angle BID$,故 $\triangle IGH\backsim\triangle IBD$,故 $\frac{BI}{ID}=\frac{IG}{IH}$. 从而 $\frac{BI-ID}{ID}=\frac{IG-IH}{IH}$,即 $\frac{BI-ID}{IG-IH}=\frac{ID}{IH}$. 因 $\angle IGB=180^\circ-\angle IGD=180-\frac{1}{2}\angle A>90^\circ>\frac{1}{2}\angle B=\angle IBG$,故 $BI>IG$,从而 $\frac{ID}{IH}=\frac{BI}{IG}>1$,结合前述结论得 $BI-ID>IG-IH>IG-IF$,即 $BI+IF>IG+ID$,由㉗及㉘得 $BE>AD$,矛盾,故 $\angle A=\angle B$.

证法 30(Jas, W. Stewart, 1913) 以下证明定理 6,如图 2.69,设 $\angle CAB=\angle CBA$,则 $CA=CB$,显然 $\triangle CIA\cong\triangle CIB$,故 $\angle CAD=\angle CBE$,从而 $\triangle CAD\cong\triangle CBE$,故 $AD=BE$,此时,显然 A,B,D,E 四点共圆,令其圆心为 O,由 O 向等弦 AD 及 BE 作垂线 OP 及 OQ,则必 $OP=OQ$,又 $\angle ABE=\angle CBA-\angle CBE=\angle CAB-\angle CAD=\angle BAD$,故 $AE=BD$,但由 O 至等弦 AE 及 BD 之距离相等,故 O 为位于此两等弦的交角 $\angle C$ 的平分线 CI 上,过 I 作与 AD 及 BE 皆不相同的任一弦 GH 交 CA 于 J,交 CB 于 K,并由 O 作 GH 之垂线 OR,则当 GH 穿过 $\angle AIE(\angle AIB)$ 之内部时,$JK<GH(JK>GH)$,$OR>OP(OR<OP)$,但距圆心越远弦越短,故当 GH 不与 AD 或 BE 相合时,必不与 AD 及 BE 等长,且当 GH 穿过 $\angle AIE(\angle AIB)$ 之内部时,$GH<AD(GH>AD)$,从而 $JK<AD(JK>AD)$,即当且仅当 $\angle CAB=\angle CBA$ 时,$AD=BE$.

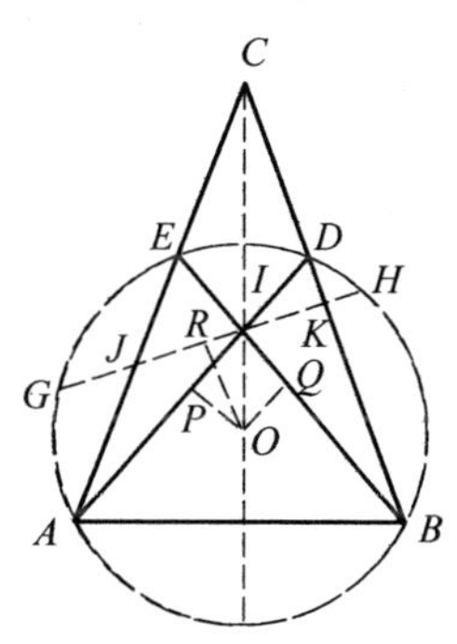

图 2.69

证法 31(P. Capron, 1917) 以下证明定理 2. 令 $\angle BAD=k\angle A$,$\angle ABE=k\angle B$,$0<k<1$,则由正弦定理及 $\angle ADB=180^\circ-(k\angle A+\angle B)$ 得 $\frac{AD}{\sin\angle B}=\frac{AB}{\sin\angle ADB}=\frac{AB}{\sin(k\angle A+\angle B)}$. 同理得 $\frac{BE}{\sin\angle A}=\frac{AB}{\sin(k\angle B+\angle A)}$,从而由 $AD=BE$ 得 $\frac{\sin\angle A}{\sin\angle B}=\frac{\sin(k\angle B+\angle A)}{\sin(k\angle A+\angle B)}$,由此又得 $\frac{\sin\angle A-\sin\angle B}{\sin\angle A+\sin\angle B}=\frac{\sin(k\angle B+\angle A)-\sin(k\angle A+\angle B)}{\sin(k\angle B+\angle A)+\sin(k\angle A+\angle B)}$,即

$$\frac{\tan\frac{1}{2}(\angle A-\angle B)}{\tan\frac{1}{2}(\angle A+\angle B)}=\frac{\tan\frac{1-k}{2}(\angle A-\angle B)}{\tan\frac{1+k}{2}(\angle A+\angle B)}$$

$$\frac{\tan\frac{1}{2}(\angle A-\angle B)}{\tan\frac{1-k}{2}(\angle A-\angle B)}=\frac{\tan\frac{1}{2}(\angle A+\angle B)}{\tan\frac{1+k}{2}(\angle A+\angle B)} \quad ㉙$$

若$\angle A>\angle B$,则$0<\frac{1}{2}(1-k)(\angle A-\angle B)<\frac{1}{2}(\angle A-\angle B)<90°$,从而式㉙左端恒$>1$. 又$0<\frac{1}{2}(\angle A+\angle B)<\frac{1+k}{2}(\angle A+\angle B)<180°$,故当$\frac{1+k}{2}(\angle A+\angle B)\leqslant 90°$时,式㉙右端$<1$,而当$90°<\frac{1+k}{2}(\angle A+\angle B)<180°$时,式㉙右端$<0$,故在任何情况下,式㉙右端$<1$,而左端$>1$,矛盾.故$\angle A=\angle B$.

证法32(M. G. Mayer,1932) 设$\angle A>\angle B$,过E作BC之平行线交AB于G,过D作CA之平行线交AB于F,由$BC>CA$知

$$GE>EA \quad ㉚$$

由等腰$\triangle DFA$与等腰$\triangle BGE$之底边$AD=BE$及底边处$\angle DAF>\angle EBG$知

$$DF>EG \quad ㉛$$

现在$AG=AB-GB=AB-EG$及$BF=AB-AF=AB-DF$,故$AG>BF$,又因$\triangle AGE\backsim\triangle ABC\backsim\triangle FBD$,故$\frac{AG}{FB}=\frac{EA}{DF}$,从而$EA>DF$,故由㉚知$GE>DF$,与㉛矛盾,故应有$\angle A=\angle B$.

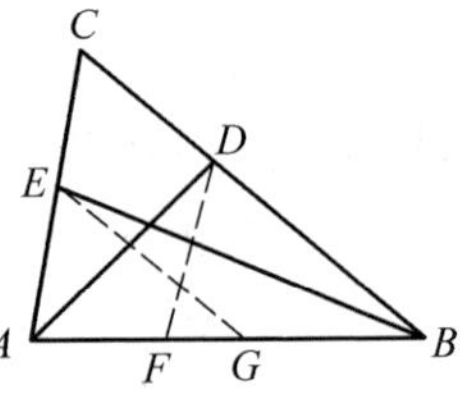

图 2.70

证法33(E. M. Gover,1933) 设$\angle A>\angle B$,作$\triangle AFB\cong\triangle BEA$,并使$F$与$E$位于$AB$之同侧,则$\angle ABF=\angle A$及$\angle BAF=\angle ABE$,且$AF$位于$\angle DAB$之内,显然$ABEF$四点共圆.令$G$为此圆与$BC$之交点,则$\angle FAG=\angle FBG=\angle A-\angle B=(\angle BAD+\angle DAC)-(\angle ABE+\angle EBC)=(\angle BAD-\angle ABE)+(\angle DAC-\angle EBC)>\angle BAD-\angle ABE=\angle BAD-\angle BAF=\angle FAD$,故$D$位于$G$及$F$之间,故$\angle AFD<\angle AFG=\angle ABG<180°-\angle A=180°-\angle ABF=\angle AGF<\angle ADF$,从而$AD<AF=BE$,矛盾,故$\angle A=\angle B$.

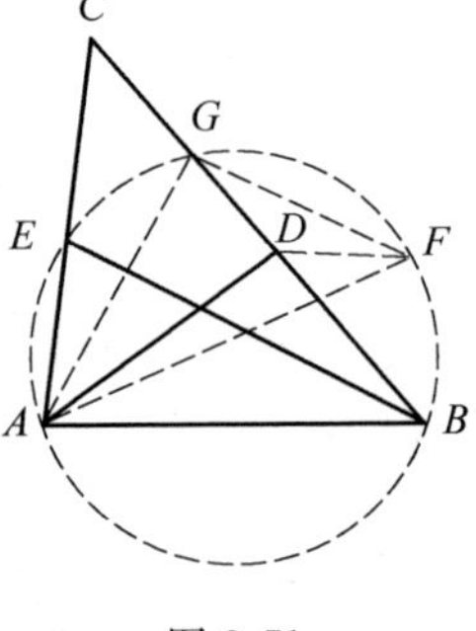

图 2.71

注 此证法完全适用于定理2.

在此,我们说明一下,如上33种证法是历年数学家的杰作.关于这个定理,我们还整理了15种证法编在作者所著《平面几何范例多解探究》(上篇)(哈尔滨工业大学出版社,2018年).下面,介绍其中8种证法.

施坦纳原证　如图 2.72,假设 $CA > CB$,则 $\angle A < \angle B$,从而

$$\angle AEB > \angle ADB \qquad ①$$

在 $\triangle ABE$ 与 $\triangle BAD$ 中,因 $AD = BE$,AB 公共,$\angle ABE > \angle BAD$,则

$$AE > BD$$

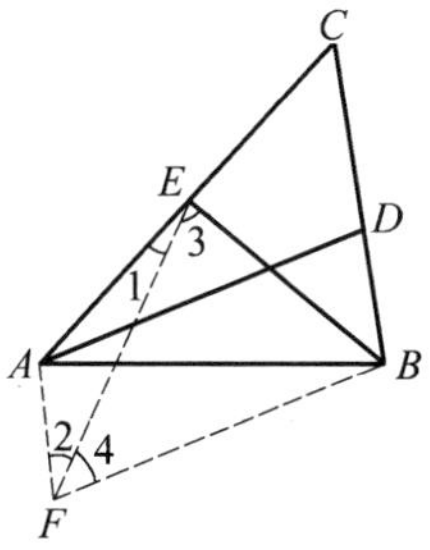

作 $\square ADBF$,联结 EF. 由

$$AE > BD = AF$$

图 2.72

则

$$\angle 1 < \angle 2$$

又 $BE = AD = BF$,则

$$\angle 3 = \angle 4$$

即

$$\angle AEB < \angle AFB = \angle ADB \qquad ②$$

① 与 ② 矛盾.则 CA 不大于 CB.同理 CB 不大于 CA,故 $CA = CB$.

哈塞证法　如图 2.73.作 $\triangle AFD \cong \triangle EAB$,联结 FB,则

$$\angle FAB = \angle FAD + \alpha = \angle AEB + \alpha = \pi - (2\alpha + \beta) + \alpha = \pi - (\alpha + \beta)$$

$$\angle BDF = \angle BDA + \angle ADF = \angle BDA + \angle EBA = \pi - (2\beta + \alpha) + \beta = \pi - (\alpha + \beta)$$

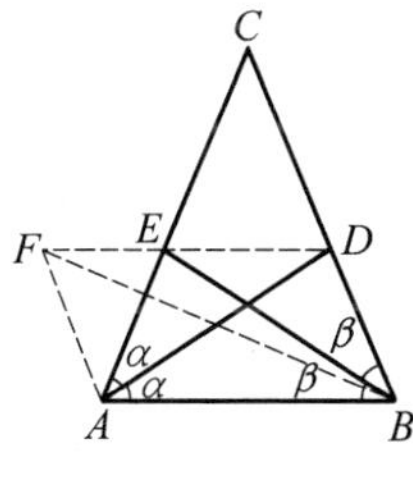

图 2.73

由 $2\alpha + 2\beta < \pi$,则 $\alpha + \beta < \frac{\pi}{2}$,从而

$$\angle FAB = \angle BDF = \pi - (\alpha + \beta) > \frac{\pi}{2}$$

且

$$AB = DF, FB = BF$$

从而

$$\triangle ABF \cong \triangle DFB$$

则

$$AF = DB$$

而 $AF = EA$,故

$$AE = BD$$

即

$$\triangle ABE \cong \triangle BAD$$

亦即

$$\angle EAB = \angle DBA$$

故

$$CA = CB$$

证法 36　如图 2.74,设 $AB = a$,$CA = c$,$CB = b$,则由角平分线定理有

$$CD = \frac{bc}{a + c}, DB = \frac{ab}{a + c}$$

$$CE = \frac{bc}{a + b}, AE = \frac{ac}{a + b}$$

又据斯库顿定理,有

$$AD^2 = CA \cdot AB - CD \cdot DB = ac - \frac{bc}{a+c} \cdot \frac{ab}{a+c}$$

$$BE^2 = CB \cdot AB - CE \cdot EA = ab - \frac{bc}{a+b} \cdot \frac{ac}{a+b}$$

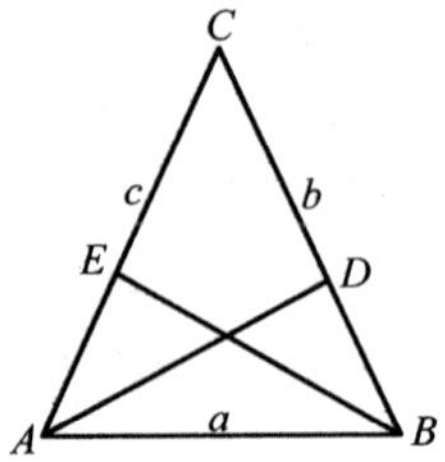

图 2.74

又 $AD = BE$,则

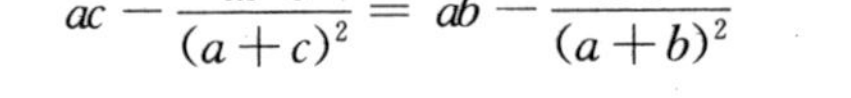

$$ac - \frac{ab^2c}{(a+c)^2} = ab - \frac{abc^2}{(a+b)^2}$$

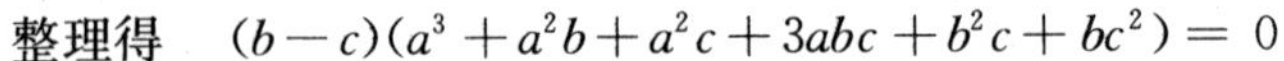

整理得 $(b-c)(a^3 + a^2b + a^2c + 3abc + b^2c + bc^2) = 0$

显然后一因式不等于零,故 $b - c = 0$,即 $CA = CB$.

证法 37 各边如前所设,又设 $\angle CAB = 2\alpha$,$\angle CBA = 2\beta$. 由

$$S_{\triangle ABC} = \frac{1}{2}ac\sin 2\alpha = \frac{1}{2}ab\sin 2\beta$$

则
$$\frac{\sin 2\beta}{\sin 2\alpha} = \frac{c}{b} \quad ①$$

又因 $S_{\triangle CAD} + S_{\triangle ADB} = S_{\triangle CEB} + S_{\triangle BEA}$,则

$$\frac{1}{2}c \cdot AD\sin\alpha + \frac{1}{2}a \cdot AE\sin\alpha = \frac{1}{2}b \cdot BE\sin\beta + \frac{1}{2}a \cdot BE\sin\beta$$

又 $AD = AE$,则

$$\frac{\sin\beta}{\sin\alpha} = \frac{a+c}{a+b} \quad ②$$

① ÷ ② 得

$$\frac{\cos\beta}{\cos\alpha} = \frac{ac+bc}{ab+bc} \quad ③$$

若 $\alpha \neq \beta$,不妨设 $\alpha > \beta$,由于 α,β 均为锐角,则 $\cos\alpha < \cos\beta$,从而由 ③ 有

$$\frac{ac+bc}{ab+bc} > 1$$

故
$$c > b$$

另一方面,由 $\alpha > \beta$ 有 $2\alpha > 2\beta$,则 $b > c$,矛盾. 这说明 α,β 只能相等,故 $AB = AC$.

证法 38 如图 2.75,设 $CA \neq CB$,不妨设 $CA > CB$,则 $\beta > \alpha$,在 $\triangle ABE$ 和 $\triangle ABD$ 中,因 $BE = AD$,$AB = AB$,$\alpha < \beta$,则

$$BD < AE \quad ①$$

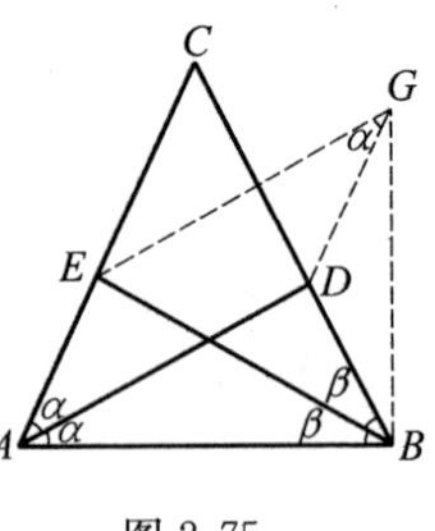

图 2.75

作 $\square ADGE$,则

$$GD = EA, EG = AD = BE$$

则
$$\angle EGB = \angle EBG$$

又 $\alpha < \beta$，则

$$\angle DGB > \angle DBG$$

即

$$BD > DG = AE$$

这与式 ① 矛盾，故 $CA > CB$ 不成立. 同理 $CA < CB$ 也不成立，所以 $CA = CB$.

证法 39　如图 2.76，假设 $CA > CB$，则 $\angle CAD < \angle EBC$，在 $\angle EBC$ 中，作 $\angle EBD' = \angle EAD$，交 AD 于 D'，则 A,B,D',E 四点共圆，且 $\overset{\frown}{ED'} = \overset{\frown}{D'B} < \overset{\frown}{AE}$. 由此 $\overset{\frown}{AED'} > \overset{\frown}{ED'B}$，故 $AD' > BE$，从而 $AD > BE$，这与 $AD = BE$ 矛盾，则 $CA > CB$ 不成立. 同理 $AB < AC$ 也不成立，故 $CA = CB$.

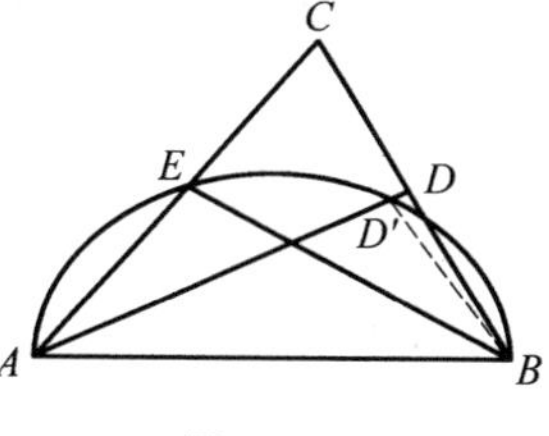

图 2.76

下面我们给出前面提到的最简捷的直接证法.

证法 40　如图 2.77，不妨设 $\angle A \geqslant \angle B$，在 OE 上取 M，使 $\angle OAM = \angle OBD$，联结 AM 交 CB 于 N，则

$$\triangle AND \backsim \triangle BNM$$

因 $BM \leqslant AD$，则

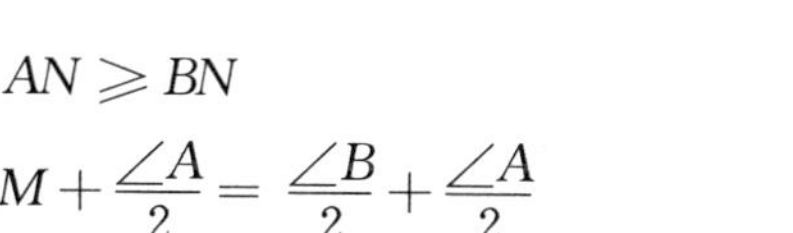

$$AN \geqslant BN$$

即

$$\angle B \geqslant \angle OAM + \frac{\angle A}{2} = \frac{\angle B}{2} + \frac{\angle A}{2}$$

图 2.77

亦即 $\angle B \geqslant \angle A$，已设 $\angle A \geqslant \angle B$，故 $\angle A = \angle B$.

证法 41①　设 $\triangle ABC$ 的边长分别为 $CA = c, AB = a, BC = b$，则 $\angle A$ 平分线长 AD 为

$$AD^2 = t_A^2 = ac - CD \cdot DB =$$

$$ac - \frac{ab^2c}{(a+c)^2} = ac\left(1 - \frac{b^2}{(a+c)^2}\right)$$

则 $\angle B$ 平分线 BE 长为

$$BE^2 = t_C^2 = ab\left(1 - \frac{c^2}{(a+b)^2}\right)$$

此时，取函数 $f(x) = ax\left(1 - \frac{b^2}{(a+x)^2}\right)(x \geqslant c)$，则 $f(x)$ 为增函数.

于是，当 $b \geqslant c$ 时，有

$$AD^2 = ac\left(1 - \frac{b^2}{(a+c)^2}\right) \leqslant ab\left(1 - \frac{b^2}{(a+b)^2}\right) \leqslant ab\left(1 - \frac{c^2}{(a+b)^2}\right) = BE^2$$

由于 $AD = BE$，则

① 赵临龙. 斯坦纳定理的又一证法[J]. 福建中学数学，2003(10)：16.

$$ac(1-\frac{b^2}{(a+c)^2})=ab(1-\frac{b^2}{(a+b)^2})=ab(1-\frac{c^2}{(a+b)^2})$$

即 $b=c$.

❖施坦纳—雷米欧司定理的推广

定理1 在$\triangle ABC$中,P为$\angle A$平分线AD上异于D的任意一点,BP,CP的延长线分别交AC,AB于E,F,若$BE=CF$,则$AB=AC$.

证明 如图2.78,假设$AB<AC$,据余弦定理有

$$CP^2=AC^2+AP^2-2AC\cdot AP\cos\frac{A}{2}$$

$$BP^2=AB^2+AP^2-2AB\cdot AP\cos\frac{A}{2}$$

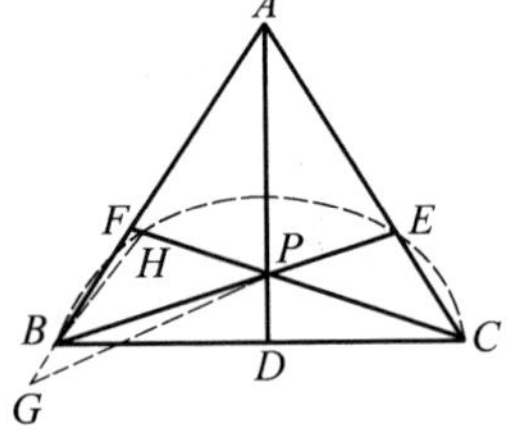

图2.78

两式相减,并整理得

$$CP^2-BP^2=(AC-AB)(AC+AB-2AP\cos\frac{A}{2})$$

若记边BC的中线为m_a,由显然的几何关系得

$$AD\leqslant m_a<\frac{1}{2}(AC+AB)$$

而$AP\cos\frac{A}{2}<AP<AD$,则

$$AC+AB-2AP\cos\frac{A}{2}>0$$

又$AC-AB>0$,故

$$CP^2-BP^2>0$$

则$CP>BP$,从而$\angle PBC>\angle PCB$.

延长AB到G,使$AG=AC$,联结GP,则$\triangle AGP\cong\triangle ACP$,得$\angle AGP=\angle ACP$.

而$\angle ABP>\angle AGP$,故$\angle ABP>\angle ACP$.

在PF上取点H,使$\angle EBH=\angle ACP$,则B,C,E,H共圆,已证$\angle PBC>\angle PCB$,则$\angle HBC>\angle ECB$,即$\overset{\frown}{HEC}>\overset{\frown}{BHE}$,亦即$CH>BE$.

又$CF>CH$,则$CF>BE$,与已知矛盾.

故$AB<AC$不成立,同理$AB>AC$也不成立,所以$AB=AC$.

定理2 如图2.79,设D,E分别为$\triangle ABC$的边AC,AB上的点,BD,CE分别内分$\angle ABC$,$\angle ACB$为$1:k$,且有$BD=CE$,则$AB=AC$.

证明 设$\angle ABD=\alpha,\angle ACE=\beta$,则

$$\angle DBC=k\alpha,\angle ECB=k\beta$$

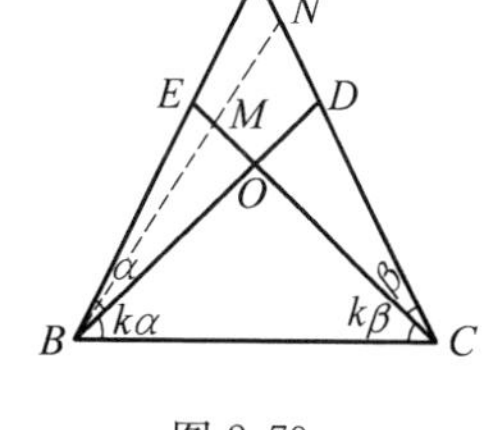

图 2.79

假设$\angle B\geqslant\angle C$,则$\alpha\geqslant\beta$,在$OE$上取点$M$,使$\angle OBM=\beta$,联结$BM$交$AC$于$N$,则

$$\triangle NBD\backsim\triangle NCM$$

因$CM\leqslant BD$,则

$$BN\geqslant NC$$

从而
$$(k+1)\beta\geqslant\beta+k\alpha$$
即
$$\beta\geqslant\alpha$$
亦即
$$\angle C\geqslant\angle B$$
所以有
$$\angle B=\angle C$$

特别地,当$k=1$时,为施坦纳－雷米欧司定理.

定理 3[①] 已知$\triangle ABC$,点D,E分别在AC,AB上,BD与CE相交于P,且$BD=CE$,对于$m\in\mathbf{Z}^-\cup\{1\}$和实数$k$,若$|k|\geqslant 1$,有

$$AB^m+kBP^m=AC^m+kCP^m,\text{则 }AB=AC \qquad ①$$

证明 首先看一个引理.

引理 条件同定理 3,过点E,C和点D,B分别作BD和CE的平行线,得四边形$FMNQ$,则A,F,N三点共线.

事实上,如图 2.80,设直线FN和AB,AC分别交于H,R两点,QF和BE交于K,记$BP=x,CP=y,EC=d,FN=e$,因$EC=BD$,故$\square FMNQ$是菱形,边长为d.由

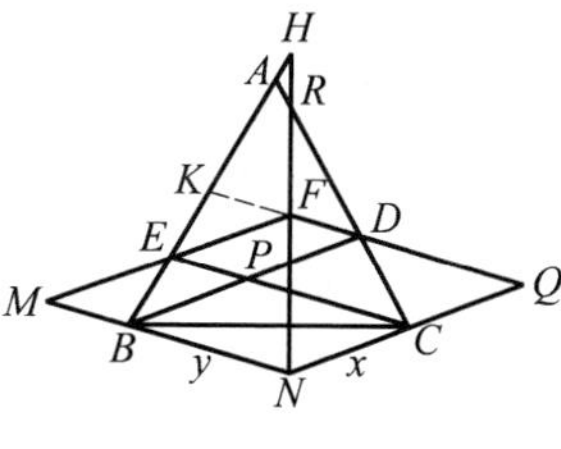

图 2.80

$$\frac{HF}{HN}=\frac{KF}{BN}$$
及
$$\frac{KF}{MB}=\frac{FE}{EM}$$
得
$$\frac{HF}{HN}=\frac{FE\cdot MB}{BN\cdot EM}$$
则
$$\frac{HF}{HF+e}=\frac{(d-x)(d-y)}{xy}$$
即
$$HF=\frac{e(d-x)(d-y)}{d(x+y-d)}$$

再延长EF,同理可得

① 周新民.斯坦纳定理的一个猜想的推广[J].中学数学教学,1999(4):20-21.

$$RF=\frac{e(d-x)(d-y)}{d(x+y-d)}$$

于是 $HF=RF$，即 A,H,R 三点重合，故 A,F,N 三点共线.

回到定理证明，应用引理，将图 2.81 作成图 2.81，由于

$$AB^2=BN^2+AN^2-2BN\cdot AN\cos\angle BNA=$$

$$y^2+AN^2-2y\cdot AN\cdot\frac{e}{2d}\qquad ②$$

同理 $AC^2=x^2+AN^2-2x\cdot AN\cdot\frac{e}{2d}$ ③

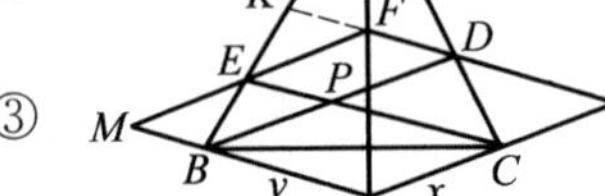

图 2.81

②－③ 整理得

$$(AB-AC)(AB+AC)=(y-x)(y+x-\frac{e}{d}AN)\qquad ④$$

由 ① 式，$AB^m-AC^m=k(y^m-x^m)$.

由乘法公式，当 m 为负整数时，有

$$AB^m-AC^m=(\frac{1}{AB})^{-m}-(\frac{1}{AC})^{-m}=$$

$$(\frac{1}{AB}-\frac{1}{AC})((\frac{1}{AB})^{-m-1}+(\frac{1}{AB})^{-m-2}\frac{1}{AC}+\cdots+(\frac{1}{AC})^{-m-1})=$$

$$(AC-AB)(AB\cdot AC)^{-1}(AB^{m+1}+AB^{m+2}AC^{-1}+\cdots+AC^{m+1})$$

$$y^m-x^m=(x-y)(xy)^{-1}(y^{m+1}+y^{m+2}x^{-1}+\cdots+x^{m+1})$$

则

$$(AB-AC)Q_1=k(y-x)Q_2$$

其中 $m=1$ 时，$Q_1=Q_2=1$.

m 为负整数时

$$Q_1=(AB\cdot AC)^{-1}(AB^{m+1}+AB^{m+2}AC^{-1}+\cdots+AC^{m+1})$$

$$Q_2=(xy)^{-1}(y^{m+1}+y^{m+2}x^{-1}+\cdots+x^{m+1})$$

因 k,Q_1,Q_2 均不为零，故

$$y-x=\frac{Q_1}{kQ_2}(AB-AC)\qquad ⑤$$

⑤ 代入 ④ 整理得

$$(AB-AC)(\frac{kQ_2}{Q_1}(AB+AC)-(y+x)+\frac{e}{d}AN)=0\qquad ⑥$$

令 $Q_3=\frac{kQ_2}{Q_1}(AB+AC)-(y+x)+\frac{e}{d}AN$，因 $AN>e,d>y$，由 ② 知

$$AB^2>y^2+e\cdot AN-2d\cdot AN\cdot\frac{e}{2d}=y^2$$

所以

$$AB>y$$

又 $d>x,AN>e$，由 ⑥ 知 $AC>x$.

这样 $Q_1 \leqslant Q_2$，又 $AB+AC>PB+PC=y+x$.

(1) $m\in \mathbf{Z}^- \cup \{1\}$，且 $k\geqslant 1$ 时，有

$$Q_3 \geqslant AB+AC-(y+x)+\frac{e}{d}AN>\frac{e}{d}AN>0$$

(2) $m\in \mathbf{Z}^- \cup \{1\}$，且 $k\leqslant 1$ 时，有

$$Q_3 \leqslant -(AB+AC)-(y+x)+\frac{e}{d}AN$$

由 $d+d>e$，有 $\frac{e}{d}<2$，又 $AB+y>AN$，$AC+x>AN$，故

$$2AN<AB+AC+x+y$$

则 $Q_3<0$.

由(1)，(2) 知 $Q_3\neq 0$，由 ⑥ 知 $AB=AC$.

推论　已知 $\triangle ABC$ 中，点 D，E 分别在 AC，AB 上，BD 与 CE 相交于 P，且 $BD=CE$.

(1) 若 $AB+BP=AC+CP$，则 $AB=AC$.

(2) 若 $AB-BP=AC-CP$，则 $AB=AC$.

(3) 若 $\frac{1}{AB}-\frac{1}{BP}=\frac{1}{AC}-\frac{1}{CP}$，则 $AB=AC$.

❖汤普森问题

汤普森问题　在 $\triangle ABC$ 中，已知 $AB=AC$，$\angle A=\angle 1=20^\circ$，$\angle 2=30^\circ$，求 $\angle CDE=\alpha=$？

此题的起源，目前没有查清，但可以追溯到 1920 年前后. 初看此题无从下手，不论从几何或三角都仿佛缺少条件，令人费解.

首先给解的是 1951 年华盛顿大学的汤普森教授，给出的是一种用圆内接正十八边形的纯几何方法，它浓厚的几何味道和巧妙的构思颇受人们称道. 滑铁卢大学的伯格把这个题目及解答誉为几何中的一颗宝石，可以想见数学家们对它的厚爱(即解法 1). 因此后来有人称之为“汤普森问题”.

解法 1　如图 2.82，首先把圆周分为 18 等份，$\angle A_1OA_2=360^\circ\div 18=20^\circ$，$A_1A_7$ 与 A_3A_{15} 对称于 OA_2，所以它们的交点 E 在 OA_2 上，又设 A_3A_{15} 交 OA_1 于 D. 因为

$$\angle A_1OA_7=20^\circ\times 6=120^\circ$$

所以

$$\angle 2=\frac{1}{2}(180^\circ-120^\circ)=30^\circ$$

而 $\triangle A_{15}A_{18}O$ 和 $\triangle OA_{18}A_3$ 是等边三角形，所以 $A_{15}A_3$ 垂直平分 OA_{18} 于 M，所以

$$OD = DA_{18} = DA_2, \angle 1 = \angle DOA_2 = 20°$$

因此,D,E 即题中的两点.又

$$\angle A_1DE = \angle ODM = 90° - 20° = 70°$$

$$\angle A_1DA_2 = \angle A_1OA_2 + \angle 1 = 20° + 20° = 40°$$

所以 $\alpha = \angle A_1DE - \angle A_1DA_2 = 70° - 40° = 30°$

以上"汤普森"解法别出心裁,构思奇妙.

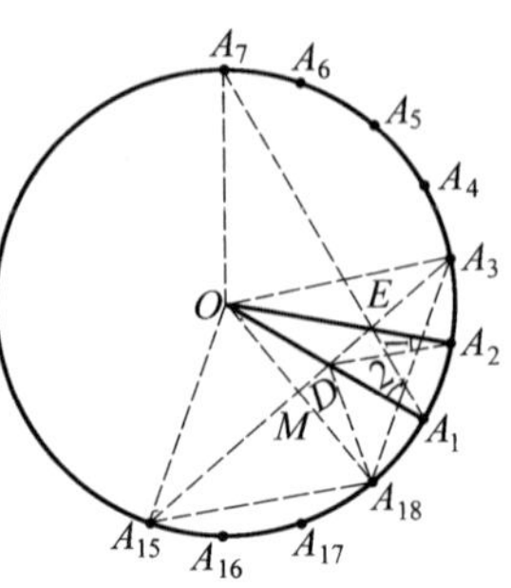

图 2.82

解法2[①] 如图2.83,延长 CB 至 G,使 $CG = CD$,联结 DG,则 $\triangle CDG$ 是等边三角形,在 BD 上取一点 H,使 $CH = CB$,则

$$\angle CHB = \angle CBH = \frac{1}{2}(180° - \angle A) = 80°$$

$$\angle BCH = 180° - 2\angle CHB = 20°$$

所以 $\angle HCD = \angle BCA - \angle 1 - \angle BCH = 80° - 40° = 40°$

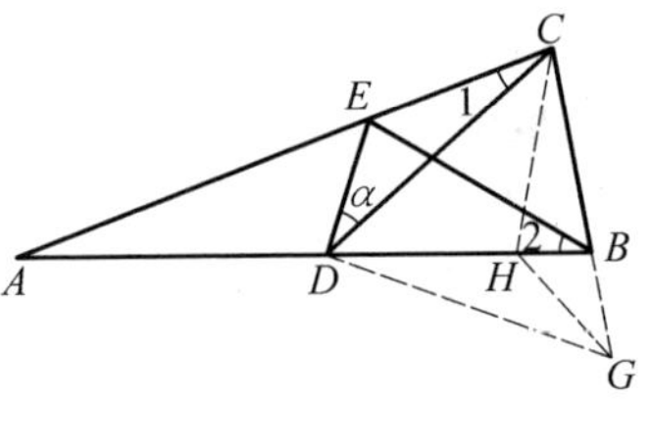

图 2.83

而 $\angle HDC = \angle A + \angle 1 = 20° + 20° = 40°$

所以 $\angle HCD = \angle HDC$

则 $HD = HC$

又 $CG = DG$,$GH = GH$,所以

$$\triangle GHD \cong \triangle GHC$$

所以 $\angle HGC = \frac{1}{2}\angle DGC = 30°$

因为 $\angle CBE = \angle ABC - \angle 2 = 80° - 30° = 50°$

$$\angle CEB = \angle A + \angle 2 = 20° + 30° = 50°$$

所以 $CE = CB = CH$

又 $\angle HCG = \angle ECD$,$CD = CG$,所以

$$\triangle DCE \cong \triangle GCH$$

所以 $a = \angle HGC = 30°$

解法3 如图2.84,以 CD 为一边作正 $\triangle DCF$,交 AC 于 G,则

$$DG \parallel BC$$

可知 $DB = GC$

因为 $AB = AC$,$\angle A = 20°$,所以

$$\angle ABC = \angle ACB = 80°$$

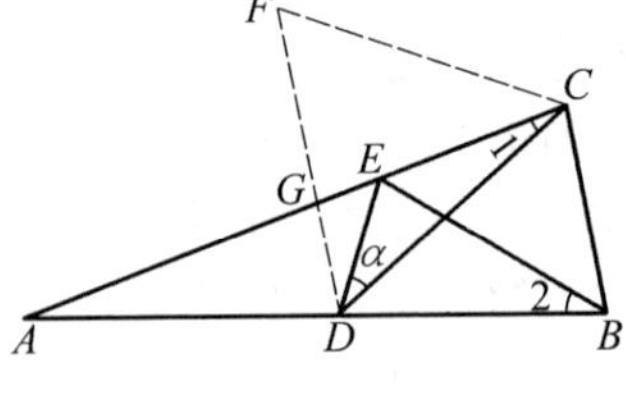

图 2.84

① 厉飞兴.构造正三角形解"汤普森"问题[J].数学教学通讯,2003,11(上):37-38.

$$\angle BEC = \angle 2 + \angle A = 50^\circ$$

所以
$$\angle BEC = \angle ABC - \angle 2 = 50^\circ$$

所以
$$\angle BEC = \angle EBC$$

所以
$$BC = CE$$

因为
$$\angle FCG = \angle FCD - \angle 1 = 40^\circ$$
$$\angle CDB = \angle A + \angle 1 = 40^\circ$$

所以
$$\angle FCG = \angle CDB$$

又 $GC = BD, CF = DC$，所以
$$\triangle CFG \cong \triangle DCB$$

所以
$$GF = BC, DC = DF = DG + GF = DG + BC$$

由 $\angle A = \angle 1$ 知 $AD = DC$，而
$$\frac{CD}{AB} = \frac{AD}{AB} = \frac{DG}{BC} = \frac{DF}{AC} = \frac{DF - DG}{AC - BC} = \frac{DF - DG}{AC - EC} = \frac{GF}{AE} = \frac{CE}{AE}$$

所以
$$\triangle ABE \backsim \triangle CDE$$

所以
$$\alpha = \angle 2 = 30^\circ$$

解法4　如图2.85以 AD 为边作正 $\triangle ADF$ 交 AC 于 G，由于
$$\angle 1 = \angle A = 20^\circ$$

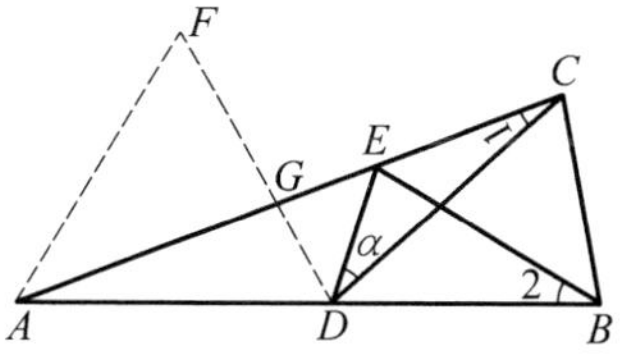

则
$$AF = DF = AD = DC$$
$$\angle GAF = 60^\circ - \angle A = 40^\circ = \angle A + \angle 1 = \angle BDC$$
$$\angle F = 60^\circ = \angle ACB - \angle 1 = \angle BCD$$

图 2.85

故
$$\triangle AGF \cong \triangle DBC$$

所以
$$BC = GF$$

因为
$$\angle CGD = \angle ADF + \angle A = 80^\circ$$
$$\angle CDG = 180^\circ - \angle 1 - \angle CGD = 80^\circ$$

所以
$$GC = DC = DF$$

而
$$\angle BEC = \angle 2 + \angle A = 50^\circ$$
$$\angle EBC = \angle ABC - \angle 2 = 50^\circ$$

所以
$$EC = BC = GF$$

所以
$$GE = GD$$

所以
$$\angle GDE = \frac{1}{2}(180^\circ - \angle CGD) = 50^\circ$$

所以
$$\alpha = \angle CDG - \angle GDE = 80^\circ - 50^\circ = 30^\circ$$

解法5　如图 2.86，以 AB 为一边作正 $\triangle ABF$，交 AC 于 G. 因为
$$AB = AC, \angle A = 20^\circ$$

所以 $\angle ABC=\angle ACB=80^\circ$

因为 $\angle BEC=\angle 2+\angle A=50^\circ$

$\angle EBC=\angle ABC-\angle 2=50^\circ$

所以 $BC=EC$

因为 $\angle BGC=\angle ABF+\angle A=\angle GCB$

所以 $BG=BC=EC$

因为 $\angle CDB=\angle A+\angle 1=40^\circ=$

$\angle BAF-\angle A=\angle FAG$

$\angle BCD=\angle ACB-\angle 1=60^\circ=\angle F$

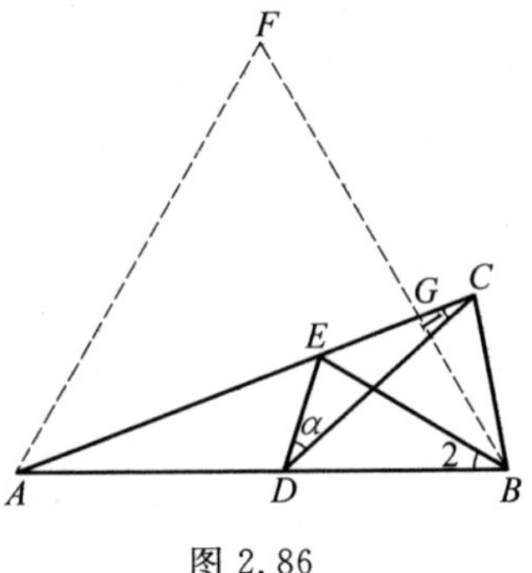

图 2.86

所以 $\triangle BCD\backsim\triangle GFA$,所以

$$\frac{BC}{GF}=\frac{CD}{FA}$$

即

$$\frac{EC}{BF-BG}=\frac{CD}{AB}$$

$$\frac{EC}{AB-EC}=\frac{CD}{AB}$$

即

$$\frac{EC}{EA}=\frac{CD}{AB}$$

又 $\angle 1=\angle A$,所以

$$\triangle CDE\backsim\triangle ABE$$

所以 $\alpha=\angle 2=30^\circ$

解法 6　如图 2.87,在 BD 上取点 F,使 $CF=CB$,则

$\angle CFB=\angle ABC=80^\circ,\angle FCB=\angle A=20^\circ$

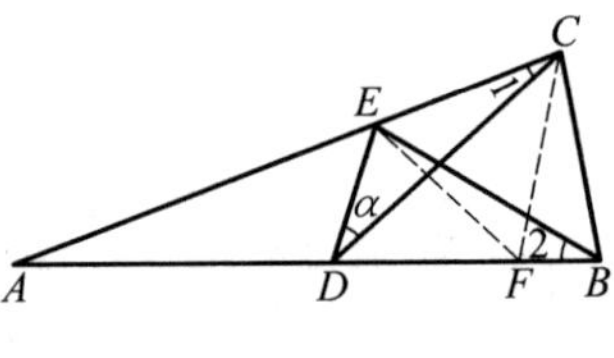

图 2.87

因为

$\angle BEC=\angle 2+\angle A=50^\circ$

$\angle EBC=\angle ABC-\angle 2=50^\circ$

所以 $BC=CE=CF$

又 $\angle FCE=\angle ACB-\angle FCB=60^\circ$,所以 $\triangle EFC$ 是等边三角形.而

$\angle FCD=\angle ACB-\angle 1-\angle FCB=40^\circ$

$\angle FDC=\angle A+\angle 1=40^\circ$

所以 $FD=FC=FE$

因为 $\angle DFE=180^\circ-\angle CFB-\angle CFE=180^\circ-80^\circ-60^\circ=40^\circ$

所以 $\angle FDE=\angle FED=\frac{1}{2}(180^\circ-\angle DFE)=70^\circ$

所以 $\alpha=\angle FDE-\angle FDC=70^\circ-40^\circ=30^\circ$

解法 7[①] 如图 2.88,过 D 作 $DF \parallel BE$ 交 AE 于 F,则

$$\frac{AF}{AD}=\frac{AE}{AB},\angle ADF=\angle ABE=30^\circ$$

图 2.88

在 $\triangle AEB$ 与 $\triangle BCD$ 中,由正弦定理有

$$\frac{AE}{AB}=\frac{\sin 30^\circ}{\sin 130^\circ},\frac{BC}{CD}=\frac{\sin 40^\circ}{\sin 80^\circ}$$

而
$$\frac{\sin 30^\circ}{\sin 130^\circ}=\frac{1}{2\cos 40^\circ}=\frac{\sin 40^\circ}{\sin 80^\circ}$$

则
$$\frac{AF}{AD}=\frac{AE}{AB}=\frac{BC}{CD}$$

又 $BC=CE$(证法 6),则

$$\frac{AF}{AD}=\frac{CE}{CD}$$

而
$$\angle A=\angle DCE$$

则
$$\triangle AFD \cong \triangle CED$$

故
$$\angle CDE=\angle ADF=30^\circ$$

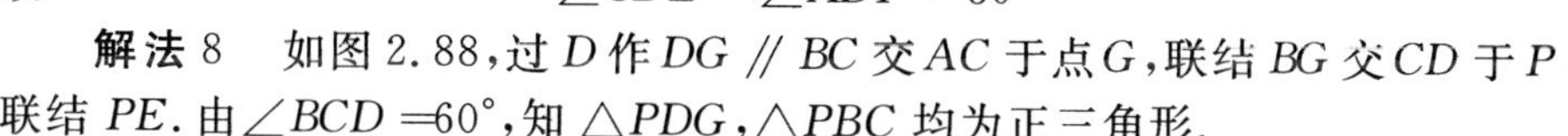
解法 8 如图 2.88,过 D 作 $DG \parallel BC$ 交 AC 于点 G,联结 BG 交 CD 于 P,联结 PE.由 $\angle BCD=60^\circ$,知 $\triangle PDG$,$\triangle PBC$ 均为正三角形.

又 $\angle EGP=\angle EPG=40^\circ$,则 $EG=EP$.

而 $DG=DP$,则 DE 垂直平分线段 PG,故

$$\angle CDE=\frac{1}{2}\angle CDG=30^\circ$$

解法 9 如图 2.89,过 C 作 $\angle BCH=30^\circ$,交 BE 于 Q,交 AB 于 H.

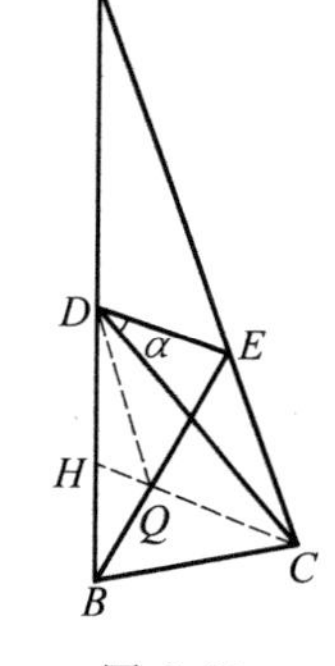

图 2.89

可试证 $DE \parallel HC$,只需证 $S_{\triangle DCQ}=S_{\triangle ECQ}$,即需证

$$\frac{1}{2}CD \cdot CQ \cdot \sin 30^\circ=\frac{1}{2}CE \cdot CQ \cdot \sin 50^\circ$$

亦需证
$$\frac{CD}{CE}=\frac{\sin 50^\circ}{\sin 30^\circ} \quad ①$$

在 $\triangle BCD$ 中,由正弦定理,有

$$\frac{CD}{\sin 80^\circ}=\frac{BC}{\sin 40^\circ}$$

则
$$\frac{CD}{CE}=\frac{\sin 80^\circ}{\sin 40^\circ} \quad ②$$

由 ①,② 有

① 周运明.一道古题的七种解法[J].数学教学研究,1997(6):27-28.

$$\frac{\sin 50^\circ}{\sin 30^\circ}=\frac{\sin 80^\circ}{\sin 40^\circ}$$

从而
$$DE\ /\!/\ HC$$

故
$$\angle CDE=\angle DCH=30^\circ$$

解法10 如图2.90,分别过A,C作直线DE的垂线,垂足分别是M,N.

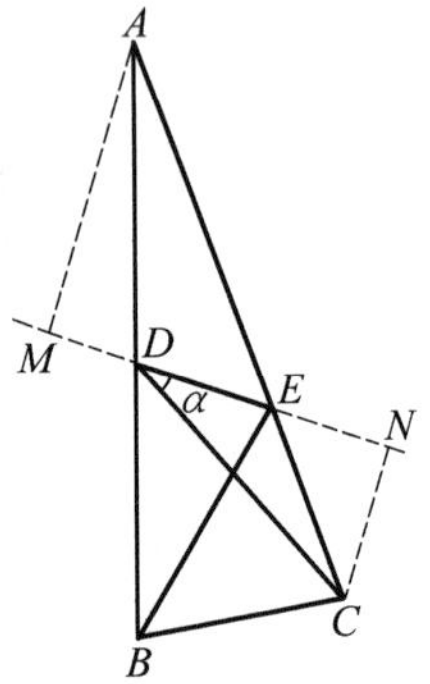

图 2.90

由$\mathrm{Rt}\triangle AME\backsim \mathrm{Rt}\triangle CNE$,有

$$\frac{AM}{CN}=\frac{AE}{EC}$$

可设$AB=1$,则

$$BC=CE=2\sin 10^\circ$$

$$AE=1-2\sin 10^\circ$$

从而
$$\frac{AM}{CN}=\frac{1-2\sin 10^\circ}{2\sin 10^\circ}$$

即
$$\frac{S_{\triangle ADE}}{S_{\triangle CDE}}=\frac{AM}{CN}=\frac{1-2\sin 10^\circ}{2\sin 10^\circ} \qquad ①$$

又
$$\frac{S_{\triangle ADE}}{S_{\triangle CDE}}=\frac{\frac{1}{2}AD\cdot DE\cdot\sin(140^\circ-\alpha)}{\frac{1}{2}DE\cdot CD\cdot\sin\alpha}=\frac{\sin(140^\circ-\alpha)}{\sin\alpha} \qquad ②$$

由①,②可得

$$\frac{\sin(140^\circ-\alpha)+\sin\alpha}{\sin\alpha}=\frac{1}{2\sin 10^\circ}$$

即
$$4\sin 10^\circ\sin 70^\circ\cos(70^\circ-\alpha)=\sin\alpha$$

亦即
$$\frac{\sin 30^\circ\sin(20^\circ+\alpha)}{\sin 50^\circ}=\sin\alpha$$

从而$\begin{cases}\sin(20^\circ+\alpha)=\sin 50^\circ\\ \sin\alpha=\sin 30^\circ\\ \alpha\text{ 为锐角}\end{cases}$,故

$$\alpha=30^\circ$$

❖三角形的广义正弦定理

定理1 若非直角$\triangle ABC$的外接圆半径为R,AD,BE,CF是三条高,D,E,F为垂足,H为垂心,则有:

(1) $\dfrac{AH}{|\cos A|}=\dfrac{BH}{|\cos B|}=\dfrac{CH}{|\cos C|}=2R.$

(2) $\dfrac{DH}{|\cos B\cos C|}=\dfrac{EH}{|\cos C\cos A|}=\dfrac{FH}{|\cos A\cos B|}=2R.$

(3) $\dfrac{EF}{|\sin A\cos A|}=\dfrac{DE}{|\sin C\cos C|}=\dfrac{DF}{|\sin B\cos B|}=2R.$

(4) $\dfrac{AH\cdot BH}{FH}=\dfrac{BH\cdot CH}{DH}=\dfrac{CH\cdot AH}{EH}=2R.$

(5) $\dfrac{AB\cdot CH}{DE}=\dfrac{AC\cdot BH}{DF}=\dfrac{BC\cdot AH}{EF}=2R.$

(6) $\dfrac{AB\cdot AC}{AD}=\dfrac{CA\cdot CB}{CF}=\dfrac{BC\cdot BA}{BE}=2R.$

(7) 对任意三角形，$\dfrac{AD}{\sin B\sin C}=\dfrac{BE}{\sin A\sin C}=\dfrac{CF}{\sin A\sin B}=2R.$

证明 (1),(2)① 若 $\triangle ABC$ 是锐角三角形，如图 2.91(a) 所示.

由 $AE=AB\cos A, AB=2R\sin C$，有

$$AE=2R\cos A\sin C$$

又 C,E,H,D 共点，$\angle C=\angle AHE$，则

$$AE=AH\sin C, EH=AH\cos C$$

从而
$$AH=2R\cos A, EH=2R\cos A\cos C$$

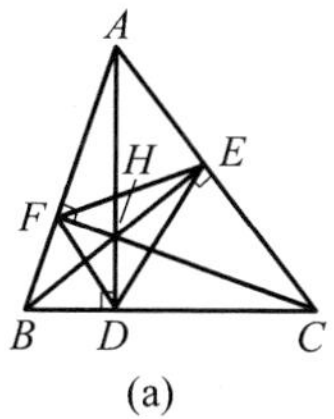

(a)

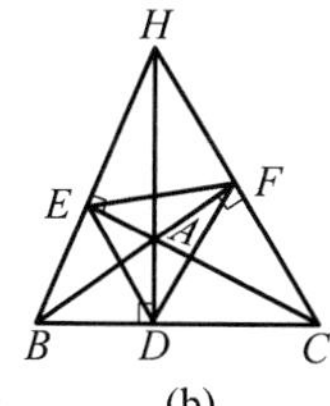

(b)

图 2.91

② 若 $\triangle ABC$ 为钝角三角形，不妨命 $\angle A$ 为钝角，如图 2.91(b) 所示，则

$$AE=AB\cos(180^\circ-A)=AB\,|\cos A|=2R\sin C\,|\cos A|$$

又 C,H,E,D 共圆，$\angle AHE=\angle ACB$，则

$$AE=AH\sin C, EH=AH\cos C$$

从而
$$AH=2R\,|\cos A|, EH=2R\,|\cos A\cos C|$$

由 ①,② 知，斜 $\triangle ABC$ 中，有

$$AH=2R\,|\cos A|, EH=2R\,|\cos A\cos C|$$

同理有

$$BH=2R|\cos B|, CH=2R|\cos C|$$

$$DH=2R|\cos B\cos C|, FH=2R|\cos A\cos B|$$

故(1),(2)成立.

(3)若$\triangle ABC$为锐角三角形[①],如图2.91(a)所示;若$\triangle ABC$为钝角三角形,不妨命$\angle A$为钝角,如图2.91(b)所示.因

$$AE=AB|\cos A|, AF=AC|\cos A|$$

由余弦定理

$$EF^2=AE^2+AF^2-2AE\cdot AF\cos A=$$
$$(AB^2+AC^2-2AB\cdot AC\cos A)\cos^2 A=$$
$$BC^2\cos^2 A$$

则
$$EF=BC|\cos A|, BC=2R\sin A$$

从而
$$EF=2R|\sin A\cos A|$$

同理$DE=2R|\sin C\cos C|$,$DF=2R|\sin B\cos B|$,故(3)成立.

(4)由(1),(2)即可推出.

(5)由(1),(3)有

$$CH=2R|\cos C|, DE=2R|\sin C\cos C|$$

则$\dfrac{AB\cdot CH}{DE}=\dfrac{AB\cdot 2R|\cos C|}{2R|\sin C\cos C|}=\dfrac{AB}{\sin C}=2R$等三式即证.

(6)由三角形面积公式即有$AB\cdot AC\sin A=AD\cdot 2R\sin A$等三式即证.

(7)由$AD=\dfrac{BC}{\cot B+\cot C}=\dfrac{BC\sin B\sin C}{\sin A}=2R\sin B\sin C$等三式即证.

定理2[②③] 设G是$\triangle ABC$的重心,

(1)GD,GE,GF是G到BC,CA,AB的距离,则

$$\frac{GD}{\sin B\sin C}=\frac{GE}{\sin C\sin A}=\frac{GF}{\sin A\sin B}=\frac{2}{3}R$$

(2)设任意$\triangle ABC$的三中线m_a,m_b和m_c,则

$$\frac{m_a}{\frac{1}{2}\sqrt{2\sin^2 B+2\sin^2 C-\sin^2 A}}=\frac{m_b}{\frac{1}{2}\sqrt{2\sin^2 A+2\sin^2 C-\sin^2 B}}=$$
$$\frac{m_c}{\frac{1}{2}\sqrt{2\sin^2 A+2\sin^2 B-\sin^2 C}}=2R$$

① 周余孝.斜三角形中正弦定理的类比定理及应用[J].数学教学研究,1991(6):33-34.

② 陈湛木.三角形广义正弦定律及其应用[J].数学通报,1995(7):31-34.

③ 周才凯.关于三角形五心的类正弦定理[J].数学通报,1995(9):27-29.

证明 (1) 如图 2.92,联结 AG 并延长交 BC 于 A',作 $AH \perp BC$ 于 H,则由 $\triangle GA'D \backsim \triangle AA'H$ 以及重心的性质可得

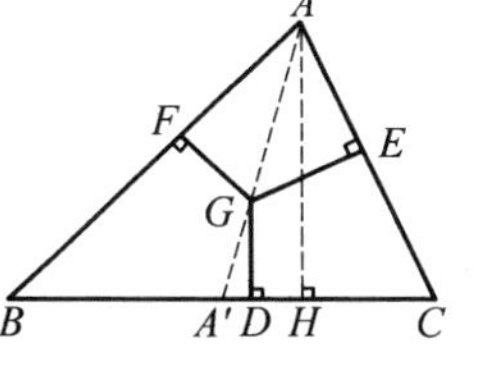

图 2.92

$$\frac{GD}{AH}=\frac{1}{3}$$

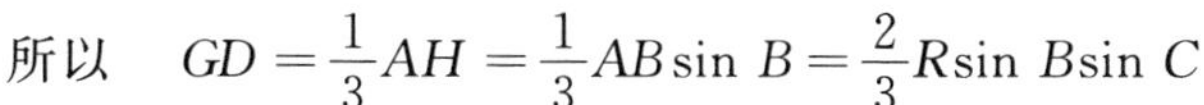

所以 $GD=\frac{1}{3}AH=\frac{1}{3}AB\sin B=\frac{2}{3}R\sin B\sin C$

同理 $GE=\frac{2}{3}R\sin C\sin A, GF=\frac{2}{3}R\sin A\sin B$

故(1) 成立.

(2) 由三角形三边表达中线的公式和正弦定理,得

$$m_a=\frac{1}{2}\sqrt{2b^2+2c^2-a^2}=$$

$$\frac{1}{2}\sqrt{2(2R\sin B)^2+2(2R\sin C)^2-(2R\sin A)^2}=$$

$$\frac{1}{2}\sqrt{2\sin^2 B+2\sin^2 C-\sin^2 A}\cdot 2R$$

把上式右边的第一个因式变换到左边即得(2) 的第一个式子.类似可证明其余两个等式,证毕.

定理 3 设 O 是锐角 $\triangle ABC$ 的外心.

(1) OD,OE,OF 分别是 O 到 BC,CA,AB 的距离,则

$$\frac{OD}{\cos A}=\frac{OE}{\cos B}=\frac{OF}{\cos C}=R$$

(2) AO,BO,CO 分别与其对边交于 A_1,B_1,C_1,则

$$\frac{AA_1}{\sin B\sin C\sec(B-C)}=\frac{BB_1}{\sin C\sin A\sec(C-A)}=$$

$$\frac{CC_1}{\sin A\sin B\sec(A-B)}=2R$$

证明 (1) 如图 2.93,联结 OB,由 O 是 $\triangle ABC$ 的外心易知 $\angle BOD=\angle A$,所以 $OD=OB\cos\angle BOD=R\cos A$.

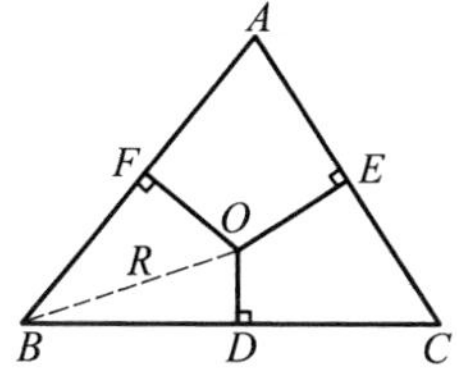

图 2.93

同理 $OE=R\cos B$,$OF=R\cos C$.故结论成立.

(2) 如图 2.94,作 $AH \perp BC$ 于 H,$OD \perp BC$ 于 D,则由

$$\triangle ODA_1 \backsim \triangle AHA_1$$

可得
$$\frac{OA_1}{OA_1+R}=\frac{OD}{AH}$$
则
$$OA_1=\frac{R\cdot OD}{AH-OD}$$

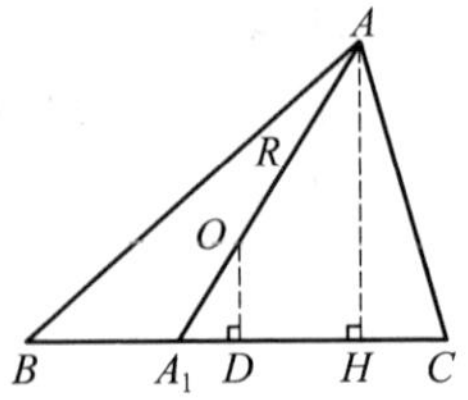

由定理 3(1) 知 $OD=R\cos A$,所以

$$AA_1=OA_1+R=\frac{R\cdot AH}{AH-OD}=$$
$$\frac{R\cdot AB\sin B}{AB\cdot\sin B-R\cdot\cos A}=$$
$$\frac{2R^2\sin B\sin C}{R(2\sin B\sin C-\cos A)}=$$
$$\frac{2R\sin B\sin C}{\cos(B-C)}=2R\sin B\sin C\sec(B-C)$$

图 2.94

同理
$$BB_1=2R\sin C\sin A\sec(C-A)$$
$$CC_1=2R\sin A\sin B\sec(A-B)$$
故结论成立.

定理 4 设 I 为 $\triangle ABC$ 的内心,

(1) 则$\dfrac{IA}{\sin\frac{B}{2}\sin\frac{C}{2}}=\dfrac{IB}{\sin\frac{C}{2}\sin\frac{A}{2}}=\dfrac{IC}{\sin\frac{A}{2}\sin\frac{B}{2}}=4R.$

(2) 设任意三角形的三内角平分线 t_a,t_b 和 t_c,则
$$\frac{t_a}{\dfrac{\sin B\sin C}{\cos\frac{B-C}{2}}}=\frac{t_b}{\dfrac{\sin A\sin C}{\cos\frac{A-C}{2}}}=\frac{t_c}{\dfrac{\sin A\sin B}{\cos\frac{A-B}{2}}}=2R$$

证明 (1) 设 $\triangle ABC$ 的内切圆半径为 r_1 据三角形面积公式及正弦定理,得
$$\frac{1}{2}r(a+b+c)=2R^2\sin A\sin B\sin C$$
由此可得
$$r=4R\sin\frac{A}{2}\sin\frac{B}{2}\sin\frac{C}{2}$$

如图 2.95,过 I 作 $ID\perp AB$ 于 D,则
$$IA=\frac{ID}{\sin\frac{A}{2}}=\frac{r}{\sin\frac{A}{2}}=4R\sin\frac{B}{2}\sin\frac{C}{2}$$

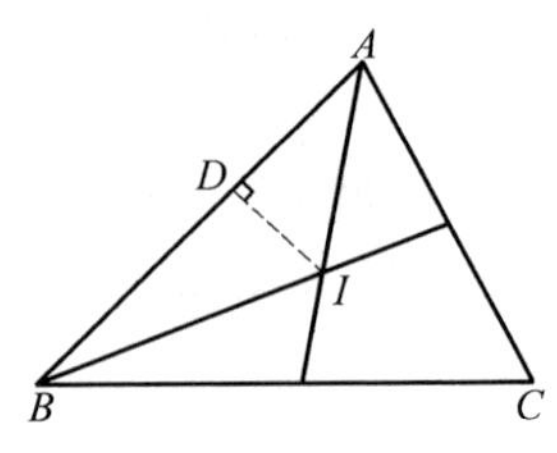

图 2.95

同理 $IB=4R\sin\dfrac{C}{2}\sin\dfrac{A}{2},IC=4R\sin\dfrac{A}{2}\sin\dfrac{B}{2}$

故结论成立.

(2) 在图 2.96 中, $AD=t_a$ 是 A 的角平分线, 在 $\triangle ABD$ 中应用正弦定理有

$$\frac{t_a}{\sin B}=\frac{c}{\sin\angle ADB}$$

又由正弦定理有

$$c=2R\sin C$$

而 $\angle ADB=\pi-B-\frac{A}{2}=\pi-B-\frac{\pi-(B+C)}{2}=\frac{\pi}{2}-\frac{B-C}{2}$,故代入上式得

$$\frac{t_a}{\sin B}=2R\frac{\sin C}{\cos\frac{B-C}{2}}$$

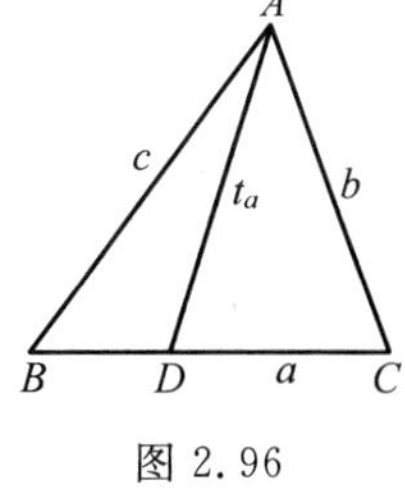

图 2.96

把右边第二个因式变换到等式的左边即得结论的第一式.类似可证其余两等式,证毕.

定理 5 设 I_A 是 $\triangle ABC$ 中切边 BC 的旁切圆圆心,则

(1) $\frac{I_AA}{\cos\frac{B}{2}\cos\frac{C}{2}}=\frac{I_AB}{\sin\frac{A}{2}\cos\frac{C}{2}}=\frac{I_AC}{\sin\frac{A}{2}\cos\frac{B}{2}}=4R$.

(2) 设 r_a,r_b,r_c 分别是 $\triangle ABC$ 的旁切圆的半径,则

$$\frac{r_a}{\sin\frac{A}{2}\cos\frac{B}{2}\cos\frac{C}{2}}=\frac{r_b}{\sin\frac{B}{2}\cos\frac{C}{2}\cos\frac{A}{2}}=\frac{r_c}{\sin\frac{C}{2}\cos\frac{A}{2}\cos\frac{B}{2}}=4R$$

证明 (1) 如图 2.97,在 $\triangle ACI_A$ 中,由正弦定理有

$$\frac{AC}{\sin\angle 1}=\frac{I_AA}{\sin\angle 2}$$

即

$$\frac{AC}{\sin\frac{B}{2}}=\frac{I_AA}{\sin(\frac{\pi}{2}+\frac{C}{2})}=\frac{I_AA}{\cos\frac{C}{2}}$$

所以

$$I_AA=\frac{AC\cdot\cos\frac{C}{2}}{\sin\frac{B}{2}}=\frac{2R\sin B\cos\frac{C}{2}}{\sin\frac{B}{2}}=4R\cos\frac{B}{2}\cos\frac{C}{2}$$

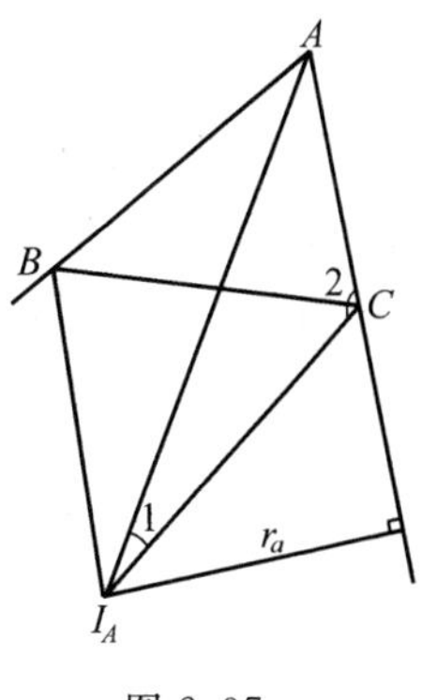

图 2.97

同理 $I_AB=4R\sin\frac{A}{2}\cos\frac{C}{2}$, $I_AC=4R\sin\frac{A}{2}\cos\frac{B}{2}$

故结论成立.

(2) 如图 2.97,易知

$$r_a = I_A A \cdot \sin\frac{A}{2} = 4R\sin\frac{A}{2}\cos\frac{B}{2}\cos\frac{C}{2}$$

同理 $r_b = 4R\sin\frac{B}{2}\cos\frac{C}{2}\cos\frac{A}{2}$,$r_c = 4R\sin\frac{C}{2}\cos\frac{A}{2}\cos\frac{B}{2}$ 故结论成立.

定理 6 设 $\triangle ABC$ 满足条件:$A > B > C$,它的三外角平分线为 t'_a,t'_b 和 t'_c,则

$$\frac{t'_a}{\dfrac{\sin B\sin C}{\sin\dfrac{B-C}{2}}} = \frac{t'_b}{\dfrac{\sin A\sin C}{\sin\dfrac{A-C}{2}}} = \frac{t'_c}{\dfrac{\sin A\sin B}{\sin\dfrac{A-B}{2}}} = 2R$$

证明 在图 2.98 中,$t'_a = AD'$ 是 A 的外角平分线,因假设 $B > C$,故 t'_a 是存在的,这时在 $\triangle AD'B$ 中应用正弦定理有

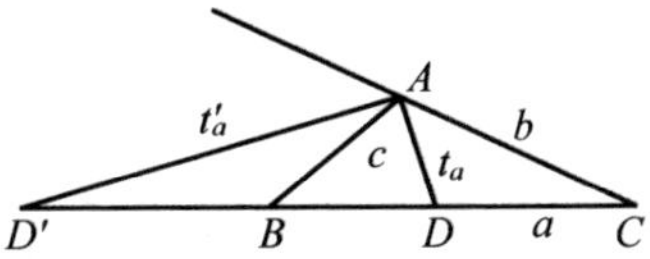

$$\frac{t'_a}{\sin(\pi - B)} = \frac{c}{\sin\angle AD'B}$$

图 2.98

又由正弦定理有

$$c = 2R\sin C$$

而 $\angle AD'B = \pi - (\pi - B) - \frac{B+C}{2} = \frac{B-C}{2}$,代入上式得

$$\frac{t'_a}{\sin B} = 2R\frac{\sin C}{\sin\dfrac{B-C}{2}}$$

把右边第二个因式变换到等式的左边即得结论的第一式,类似的可证其余两式,证毕.

定理 7 三角形高线、中线和内角平分线的广义正弦定理和正弦定理是相互等价的;当三角形的三条外角平分线存在时,外角平分线广义正弦定理和正弦定理也是相互等价的.①

证明 先证广义正弦定理 1(7) 与正弦定理的等价性.事实上,由

$$a = h_a(\cot B + \cot C)$$

有

$$\frac{h_a}{\sin B\sin C} = \frac{a}{\sin A}$$

由此即知定理 1(7) 与正弦定理的等价性.

其次证正弦定理与广义正弦定理 2(2) 的等价性.前者推证后者在定理

① 陈湛木.三角形广义正弦定律及其应用[J].数学通报,1995(7):33.

2(2) 的证明中已给出，故只需证后者推证前者. 在图 2.99 的 $\mathrm{Rt}\triangle AOD$ 中，有

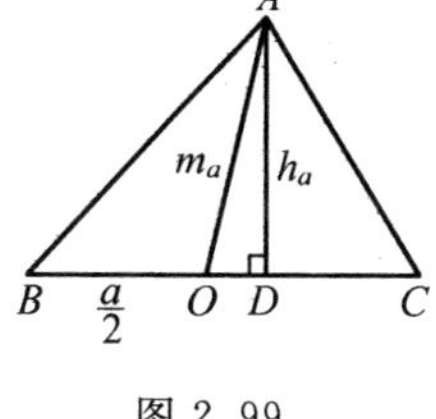

图 2.99

$$m_a=\sqrt{OD^2+AD^2}=\sqrt{\left(\frac{a}{2}-h_a\cot C\right)^2+h_a^2}=$$
$$\sqrt{\csc^2 C\cdot h_a^2-a\cot C\cdot h_a+\frac{a^2}{4}}$$

在上式中以 $h_a=\dfrac{a}{\cot B+\cot C}$ 代入后化简并利用 $\sin^2 A+\sin^2 B-\sin^2 C=2\sin A\cdot\sin B\cdot\sin C$，得

$$m_a=\sqrt{\frac{a^2\sin^2 B}{\sin^2 A}-\frac{a^2\sin C\cos C}{\sin A}+\frac{a^2}{4}}=$$
$$\frac{2}{2\sin A}\sqrt{4\sin^2 B-4\sin A\sin B\sin C+\sin^2 A}=$$
$$\frac{a}{2\sin A}\sqrt{2\sin^2 B+2\sin^2 C-\sin^2 A}$$

另一方面，由定理 2(2)

$$m_a=R\sqrt{2\sin^2 B+2\sin^2 C-\sin^2 A}$$

对比上述两式即得 $\dfrac{a}{\sin A}=2R$，故正弦定理成立.

在图 2.99 中假定了 C 为锐角，当 C 为钝角时类似可证.

再证广义正弦定理 1(7) 与广义正弦定理 4(2) 的等价性：在图 2.100 的 $\mathrm{Rt}\triangle AOD$ 中，有

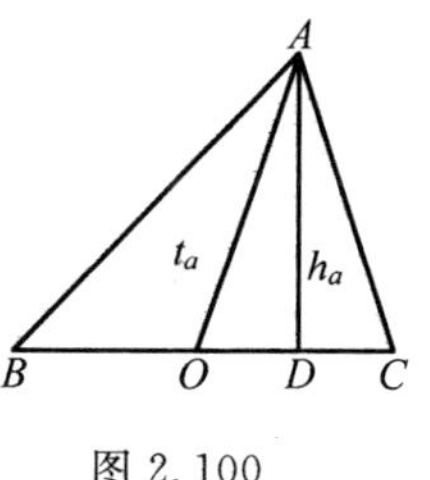

图 2.100

$$h_a=t_a\sin\angle AOD=t_a\sin\left(B+\frac{A}{2}\right)=$$
$$t_a\sin\left(B+\frac{\pi-(B+C)}{2}\right)=$$
$$t_a\cos\frac{C-B}{2}$$

由此式即知两定理的等价性.

最后证当三角形的外角平分线存在时，内角与外角平分线的广义正弦定理 4(2) 与定理 6 的等价性：由图 2.98 易知 $\triangle DAD'$ 是一直角三角形，故 t_a 和 t'_a 存在如下关系

$$t_a=t'_a\tan\angle AD'D=t'_a\tan\frac{B-C}{2} \qquad ⑩$$

由此式即知两定理的等价性.

综上所证，定理证毕.

定理 8 在 $\triangle ABC$ 中,设 A',B',C' 分别为边 BC,CA,AB 所在直线上的点,$\triangle ABC$ 的外接圆半径为 R,$\lambda_1,\lambda_2,\lambda_3\in(-\infty,+\infty)$,则有[①②]

$$\frac{AA'}{\sin B\sin C\csc(\lambda_1 A+B)}=\frac{BB'}{\sin C\sin A\csc(\lambda_2 B+C)}=\frac{CC'}{\sin A\sin B\csc(\lambda_3 C+B)}=2R \quad ①$$

或等价形式

$$\frac{AA'}{\sin B\sin C\sec((\lambda_1-\frac{1}{2})A+\frac{B-C}{2})}=\frac{BB'}{\sin C\sin A\sec((\lambda_2-\frac{1}{2})B+\frac{C-A}{2})}=\frac{CC'}{\sin A\sin B\sec((\lambda_3-\frac{1}{2})C+\frac{A-B}{2})}=2R \quad ②$$

其中 $\lambda_1 A,\lambda_2 B,\lambda_3 C$ 为 AB,BC,CA 分别以 A,B,C 为圆心旋转到 AA',BB',CC' 而成的角,并规定逆时针旋转为正角,顺时针旋转为负角.

证明 (1) 当 $\lambda_1\in[0,1]$,即 A' 在边 BC 上时,如图 2.101,设 $\angle BAA'=\lambda_1 A,\angle CBB'=\lambda_2 B,\angle ACC'=\lambda_3 C(\lambda_1,\lambda_2,\lambda_3\in[0,1])$,则在 $\triangle AA'C$ 中,利用正弦定理有

$$\frac{AA'}{\sin C}=\frac{AC}{\sin\angle AA'C}$$

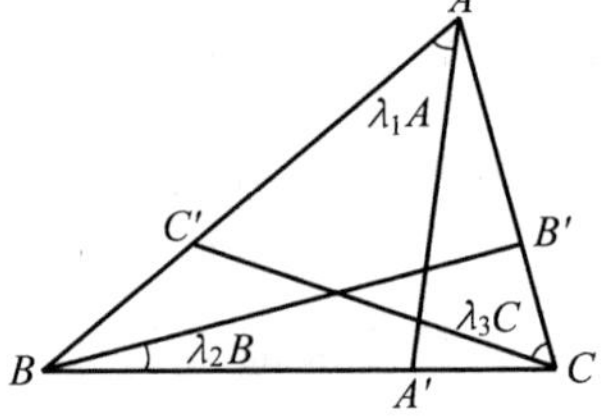

图 2.101

又 $\angle AA'C=B+\lambda_1 A,AC=2R\sin B$,代入上式有

$$\frac{AA'}{\sin B\sin C\csc(\lambda_1 A+B)}=2R \quad ③$$

同理,在 $\triangle BB'A$ 中和 $\triangle CC'B$ 中分别有

$$\frac{BB'}{\sin C\sin A\csc(\lambda_2 B+C)}=2R \quad ④$$

$$\frac{CC'}{\sin A\sin B\csc(\lambda_3 C+A)}=2R \quad ⑤$$

由 ③,④,⑤ 即得 ①.

---

① 王卫东.三角形广义正弦定理的统一形式[J].数学通报,2002(1):29-30.

② 于海.三角形广义正弦定理的统一形式的拓展[J].数学通报,2003(1):23-24.

下面证明 ① 可写为 ②.

由
$$\sin(\lambda_1 A+B)=\cos(\frac{\pi}{2}-\lambda_1 A-B)=$$
$$\cos(\frac{A+B+C}{2}-\lambda_1 A-B)=$$
$$\cos((\frac{1}{2}-\lambda_1)A+\frac{C-B}{2})=$$
$$\cos((\lambda_1-\frac{1}{2})A+\frac{B-C}{2})$$

则
$$\csc(\lambda_1 A+B)=\sec((\lambda_1-\frac{1}{2})A+\frac{B-C}{2})$$

同理
$$\csc(\lambda_2 B+C)=\sec((\lambda_2-\frac{1}{2})B+\frac{C-A}{2})$$
$$\csc(\lambda_3 C+A)=\sec((\lambda_3-\frac{1}{2})C+\frac{A-B}{2})$$

将上述三式代入 ① 即得 ②.

(2) 当 $\lambda_1\in(-\infty,0)$ 时，A' 在 CB 的延长线上，如图 2.102，此时 $\lambda_1 A<0$，$\angle BAA'=-\lambda_1 A$，在 $\triangle AA'C$ 中，利用正弦定理，有

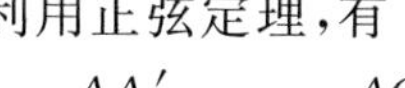

$$\frac{AA'}{\sin C}=\frac{AC}{\sin\angle AA'C} \quad ⑥$$

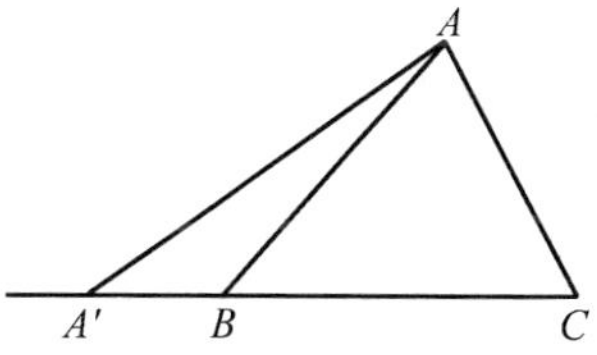

图 2.102

而 $\angle ABC=\angle AA'C+\angle BAA'=\angle AA'C-\lambda_1 A$

所以
$$\angle AA'C=\angle ABC+\lambda_1 A=\lambda_1 A+B$$

又因为 $AC=2R\sin B$ 代入 ⑥ 可得 ③.

(3) 当 $\lambda_1\in(1,+\infty)$ 时，B' 在 BC 的延长线上，如图 2.103，此时 $\lambda_1 A>0$.

在 $\triangle AA'C$ 中，利用正弦定理，有

$$\frac{AA'}{\sin\angle ACA'}=\frac{AC}{\sin\angle AA'C} \quad ⑦$$

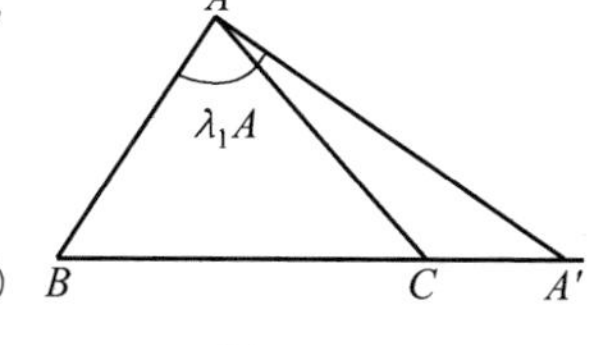

图 2.103

而 $\angle ACA'=180^\circ-\angle ACB=180^\circ-C$
$$\angle AA'C=180^\circ-(\angle ABC+\angle BAA')=$$
$$180^\circ-(B+\lambda_1 A)$$

所以 $\sin\angle ACA'=\sin(180^\circ-C)=\sin C$

$\sin\angle AA'C=\sin(180^\circ-(B+\lambda_1 A))=\sin(B+x_1 A)$

又 $AC=2R\sin B$ 代入 ⑤ 可得 ③.

同理可得

$$\frac{BB'}{\sin C\sin A\csc(\lambda_2 B+C)}=2R \quad ⑧$$

$$\frac{CC'}{\sin A\sin B\csc(\lambda_3 C+A)}=2R \quad ⑨$$

由 ③,⑧,⑨ 即可得 ①,由(1) 知 ①,② 等价,所以 ② 成立.

作为定理的特例,可以给出如下的推论:

推论 1 在定理 8 中取 $\lambda_1=\lambda_2=\lambda_3=0$ 或 $\lambda_1=\lambda_2=\lambda_3=1$,则 ① 就是正弦定理.

证明 当 $\lambda_1=\lambda_2=\lambda_3=0$ 时,点 A',B',C' 分别重合于点 B,C,A,此时 $AA'=AB,BB'=BC,CC'=CA$,即知 ① 就是正弦定理.

同理当 $\lambda_1=\lambda_2=\lambda_3=1$ 时,$AA'=AC,BB'=BA,CC'=CB$,又此时 $\csc(\lambda_1 A+B)=\csc C,\csc(\lambda_2 B+C)=\csc A,\csc(\lambda_3 C+A)=\csc B$,代入 ① 即得正弦定理.

推论 2 在任意 $\triangle ABC$ 中,取定理 8 中的 AA',BB',CC' 分别为 $\triangle ABC$ 的边 BC,CA,AB 上的高 h_a,h_b,h_c,则有定理 1(7) 成立.

证明 (1) 当 $\triangle ABC$ 为锐角三角形时,在 $\triangle AA'B$ 中,$\lambda_1 A+B=\frac{\pi}{2}$,即知 $\csc(\lambda_1 A+B)=1$. 同理,$\csc(\lambda_2 B+C)=\csc(\lambda_3 C+B)=1$. 即可证.

(2) 当 $\triangle ABC$ 是直角三角形时,不妨设 $C=90^\circ$,如图 2.104 所示,有

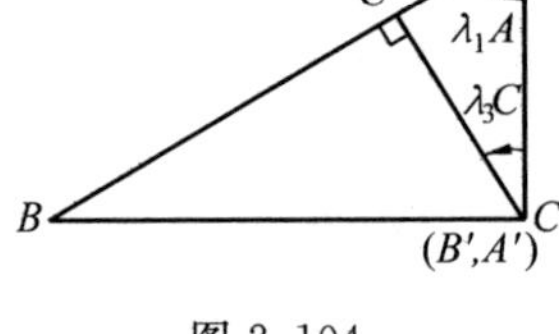

图 2.104

$$h_a=AC,h_b=BC$$
$$h_c=CC',\sin C=90^\circ$$
$$\lambda_2 B=0$$
$$\lambda_1 A+B=A+B=90^\circ$$
$$\lambda_2 B+C=0+C=90^\circ$$
$$\lambda_3 C+A=\angle C'CA+A=90^\circ$$

所以
$$\csc(\lambda_1 A+B)=\csc(\lambda_2 B+C)=\csc(\lambda_3 C+A)=1 \quad ⑩$$

把 ⑩ 代入 ① 即得结论.

(3) 当 $\triangle ABC$ 是钝角三角形时,如图 2.105 所示. 有

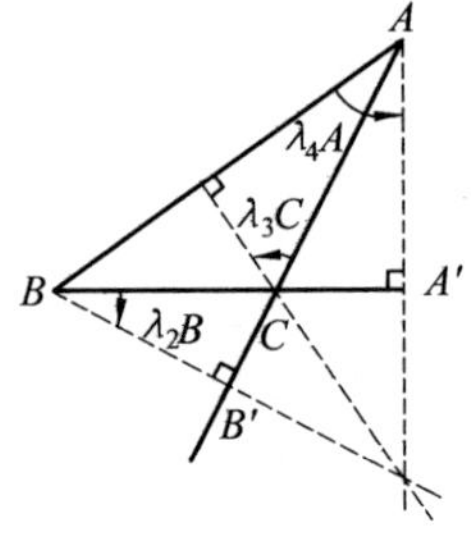

图 2.105

$$\lambda_2 B=-\angle CBB'$$

所以
$$\lambda_1 A+B=\angle BAA'+\angle ABC=90^\circ$$
$$\lambda_2 B+C=-\angle CBB'+\angle ACB=90^\circ$$
$$\lambda_3 C+A=\angle C'CA+\angle BAC=90^\circ$$

所以 ⑩ 成立,结论也成立.

推论 3 在任意 $\triangle ABC$ 中,取定理 8 中的 AA',BB',CC' 过 $\triangle ABC$ 的外心,则有定理 3(2) 成立.

证明 (1) 如图 2.106,当 $\triangle ABC$ 为锐角三角形时,设 O 为 $\triangle ABC$ 的外心,则由 $OA=OB=OC$ 知

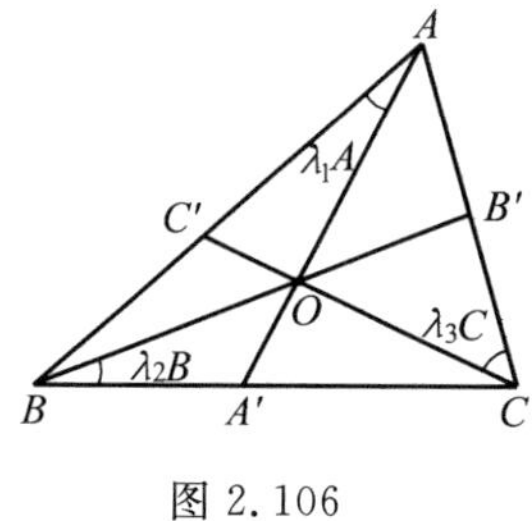

图 2.106

$$\begin{cases}\lambda_1 A=(1-\lambda_2)B\\ \lambda_2 B=(1-\lambda_3)C\\ \lambda_3 C=(1-\lambda_1)A\end{cases}\Rightarrow\begin{cases}\lambda_1 A=\dfrac{\pi}{2}-C\\ \lambda_2 B=\dfrac{\pi}{2}-A\\ \lambda_3 C=\dfrac{\pi}{2}-B\end{cases}\Rightarrow$$

$$\begin{cases}(\lambda_1-\dfrac{1}{2})A=\dfrac{\pi}{2}-C-\dfrac{A}{2}=\dfrac{B-C}{2}\\ (\lambda_2-\dfrac{1}{2})B=\dfrac{\pi}{2}-A-\dfrac{B}{2}=\dfrac{C-A}{2}\\ (\lambda_3-\dfrac{1}{2})C=\dfrac{\pi}{2}-B-\dfrac{C}{2}=\dfrac{A-B}{2}\end{cases}$$

将这三式代入 ② 即证得结论.

(2) 当 $\triangle ABC$ 是直角三角形时,不妨设 $C=90^\circ$,如图 2.107,三角形的外心 O 即为斜边中点,BB',AA',AB 重合

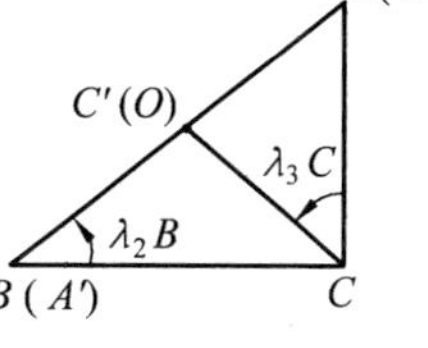

图 2.107

$$\lambda_1 A=0,\lambda_2 B=B,\lambda_3 C=A$$

所以
$$(\lambda_1-\frac{1}{2})A=-\frac{1}{2}A=\frac{B-C}{2}$$

$$(\lambda_2-\frac{1}{2})B=\frac{1}{2}B=\frac{C-A}{2}$$

$$(\lambda_3-\frac{1}{2})C=A-\frac{C}{2}=\frac{A-B}{2}$$

所以
$$\begin{cases}(\lambda_1-\dfrac{1}{2})A+\dfrac{B-C}{2}=B-C\\ (\lambda_2-\dfrac{1}{2})B+\dfrac{C-A}{2}=C-A\\ (\lambda_3-\dfrac{1}{2})C+\dfrac{A-B}{2}=A-B\end{cases}\qquad ⑪$$

把 ⑪ 代入 ② 即得结论.

(3) 当 $\triangle ABC$ 是钝角三角形时,如图 2.108 所示.

O 为 $\triangle ABC$ 外接圆圆心.因为

$$\angle A'AB=\angle OAB=\angle CBA+\angle DBC$$

$$\angle OBC = \angle OCB = \angle OCA - \angle BCA$$

$$\angle OCA = \angle OAC = \angle BAC - \angle BAO$$

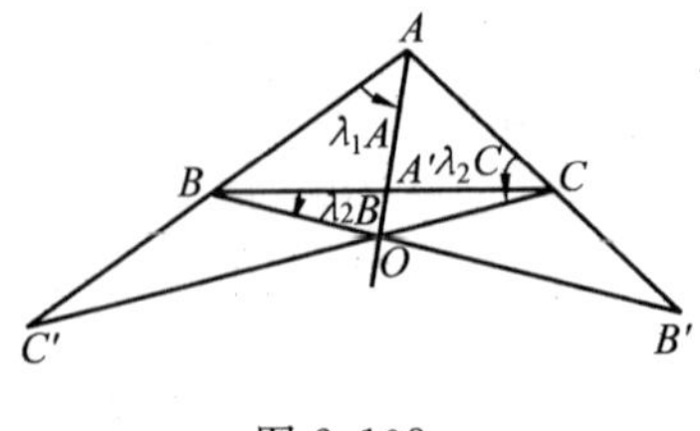

图 2.108

即
$$\lambda_1 A = (1-\lambda_2)B$$
$$\lambda_2 B = (1-\lambda_3)C$$
$$\lambda_3 C = (1-\lambda_1)A$$

所以
$$\lambda_1 A + \lambda_2 B + \lambda_3 C = \frac{\pi}{2}$$

$$\lambda_1 A + \lambda_2 B = B$$
$$\lambda_2 B + \lambda_3 C = C$$
$$\lambda_3 C + \lambda_1 A = A$$

所以
$$\begin{cases}\lambda_1 A = \dfrac{\pi}{2} - C \\ \lambda_2 B = \dfrac{\pi}{2} - A \\ \lambda_3 C = \dfrac{\pi}{2} - B\end{cases} \Rightarrow \begin{cases}(\lambda_1 - \dfrac{1}{2})A = \dfrac{B-C}{2} \\ (\lambda_2 - \dfrac{1}{2})B = \dfrac{C-A}{2} \\ (\lambda_3 - \dfrac{1}{2})C = \dfrac{A-B}{2}\end{cases}$$

将三式代入 ② 即得结论.

推论 4 在定理 8 中,取 AA',BB',CC' 分别为 $\triangle ABC$ 的内角平分线 t_a,t_b,t_c,则有定理 4(2) 成立.

证明 由于 AA',BB',CC' 分别为 $\triangle ABC$ 的内角平分线 t_a,t_b,t_c,则知 $\lambda_1 = \lambda_2 = \lambda_3 = \frac{1}{2}$,于是由 ② 即知结论成立.

推论 5 在定理 8 中,取 AA',BB',CC' 分别为 $\triangle ABC$ 的三边 BC,CA,AB 上的中线 m_a,m_b,m_c,则有定理 2(2) 成立.

证明 如图 2.109,在 $\triangle ABC$ 中,$AA' = m_a$,$BB' = m_b$,$CC' = m_c$,取 $BC = a$,$CA = b$,$AB = c$,则在 $\triangle AA'C$ 中,由正弦定理有

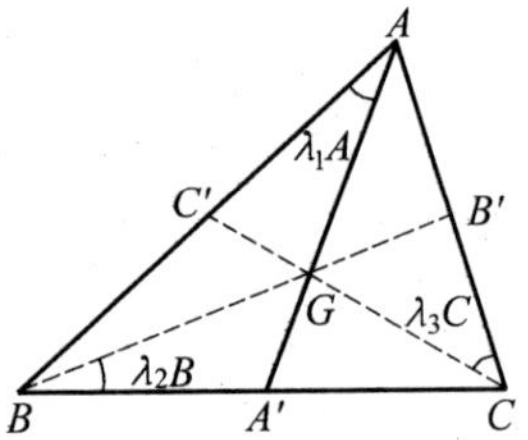

$$\frac{m_a}{\sin C} = \frac{b}{\sin \angle AA'C}$$

而
$$\angle AA'C = \lambda_1 A + B, b = 2R\sin B$$

则有
$$m_a = 2R\sin B\sin C\csc(\lambda_1 A + B) \quad ⑫$$

图 2.109

又由三角形中线公式并利用正弦定理有

$$m_a = \frac{1}{2}\sqrt{2(b^2+c^2)-a^2} =$$

$$\frac{1}{2} \times 2R\sqrt{2(\sin^2 B + \sin^2 C) - \sin^2 A} \quad ⑬$$

比较 ⑫,⑬ 有

$$\sin B\sin C\csc(\lambda_1 A+B)=\frac{1}{2}\sqrt{2(\sin^2 B+\sin^2 C)-\sin^2 A} \qquad ⑭$$

同理

$$\sin C\sin A\csc(\lambda_2 B+C)=\frac{1}{2}\sqrt{2(\sin^2 C+\sin^2 A)-\sin^2 B} \qquad ⑮$$

$$\sin A\sin B\csc(\lambda_3 C+A)=\frac{1}{2}\sqrt{2(\sin^2 A+\sin^2 B)-\sin^2 C} \qquad ⑯$$

将 ⑭,⑮,⑯,代入 ① 即得结论.

❖费马点问题

费马(Fermat,1601—1665)是17世纪的法国数学家.他30岁时得到法国都鲁斯地方议会辩护律师的职位,并一直在那里工作,他把自己大量的业余时间用于数学研究.虽然数学只不过是费马的业余爱好,但他却以很多重大的贡献丰富了数学宝库.他对数论和微积分作出了第一流的贡献;他和笛卡儿是解析几何的创始人;他同帕斯卡一起开创了概率论的研究工作.他还研究了许多其他学科的问题.1640年,费马提出如下问题:在平面上给出 A,B,C 三点,求一点 P 使距离和 $PA+PB+PC$ 达到最小.

这个问题数学上叫作费马问题,满足条件的点 P 称为费马点.特别地,在 $\triangle ABC$ 中,使 $PA+PB+PC$ 为最小的点 P 称为 $\triangle ABC$ 的费马点.

显然点 P 不可能在 A,B,C 三点围成的图形外.若 A,B,C 三点共线,不妨设 A 在线段 BC 上,则显然点 A 即为所求的费马点.

定理1 如果 $\triangle ABC$ 的内角均小于 $120°$,P 为平面内任一点,点 O 对于三边的张角都是 $120°$,则 $OA+OB+OC\leqslant PA+PB+PC$($P$ 与 O 重合时取等号).

证明 过 A,B,C 分别作 OA,OB,OC 的垂线,设交于 A',B',C',如图2.110,所示 则 O,B,C,A' 共圆.由 $\angle BOC=120°$,则 $\angle B'A'C'=60°$.

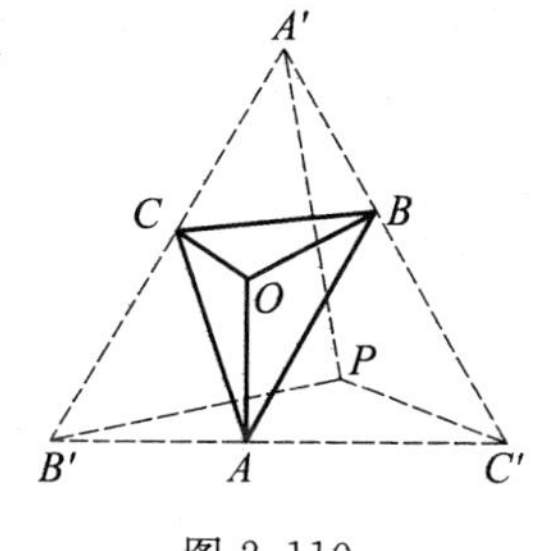

图 2.110

同理 $\angle A'B'C'=60°$,故 $\triangle A'B'C'$ 为正三角形.

设其边长为 a,则

$$\frac{1}{2}a(OA+OB+OC)=$$

$$S_{\triangle B'OC'}+S_{\triangle A'OC'}+S_{\triangle A'OB'}=$$

$$S_{\triangle A'B'C'} \leqslant S_{\triangle B'PC'} + S_{\triangle A'PC'} + S_{\triangle A'PB'} \leqslant \frac{1}{2}a(PA + PB + PC)$$

（因为斜线段比垂线段长）故

$$OA + OB + OC \leqslant PA + PB + PC$$

证毕.

推论 如果 $\triangle ABC$ 中 $\angle BAC \geqslant 120°$，$P$ 为平面内任一点，那么 $AB + BC \leqslant PA + PB + PC$（$P$ 与 A 重合时取等号）.

证明 (1) $\angle BAC = 120°$ 时，在 $\triangle ABC$ 外作 $\angle BAD = 120°$，联结 BD，CD，如图 2.111 所示，则 $\triangle BDC$ 满足定理条件，故

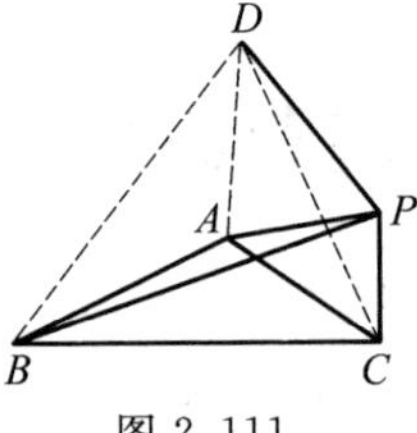

图 2.111

$$AB + AC + AD \leqslant PD + PB + PC$$

即 $AB + AC \leqslant PD - AD + PB + PC \leqslant PA + PB + PC$

(2) $\angle BAC > 120°$ 时，在 $\angle BAC$ 内作 $\angle BAE = 120°$，AE 交 PC 于 E，联结 BE，如图 2.112 所示，由(1)有

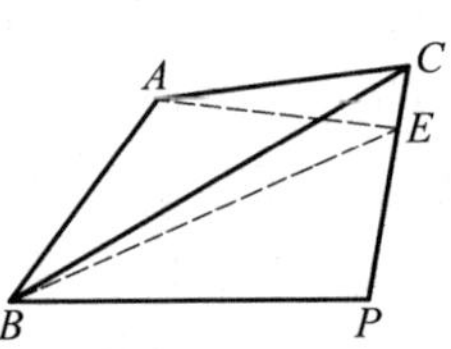

图 2.112

$$AB + AE \leqslant PA + PB + PE$$

又 $AC \leqslant AE + EC$，故

$$AB + AC \leqslant PA + PB + PE + EC = PA + PB + PC$$

综合上述可知，在 $\triangle ABC$ 中，$\angle A \geqslant 120°$ 时，点 A 就是费马点；各内角都小于 $120°$ 时，$\triangle ABC$ 内与三边张角均为 $120°$ 的点 O 为费马点. 作法如图 2.113 所示.

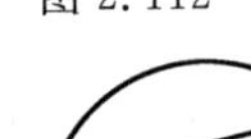

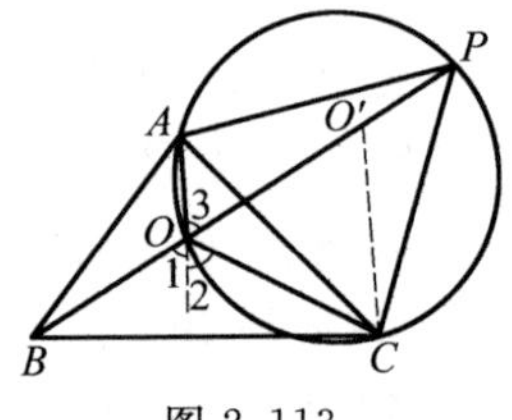

图 2.113

(1) 在 $\triangle ABC$ 外作正 $\triangle ACP$.

(2) 作 $\triangle ACP$ 的外接圆.

(3) 联结 BP 交劣弧 $\overset{\frown}{AC}$ 于 O，点 O 即为费马点.

（证明留给读者）

定理 2 若点 P 是费马点，且 $\max\{A,B,C\} < 120°$，设 $PA = x$，$PB = y$，$PC = z$，则①

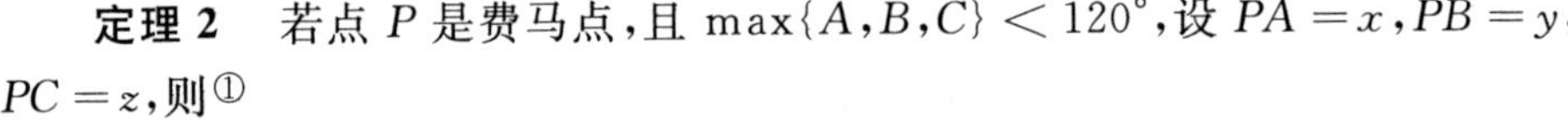

$$x = \frac{b^2 + c^2 - 2a^2 + k^2}{3\lambda}$$

$$y = \frac{a^2 + c^2 - 2b^2 + k^2}{3\lambda}$$

$$z = \frac{a^2 + b^2 - 2c^2 + k^2}{3\lambda}$$

① 高庆计. 费马点到三角形各顶点的距离公式[J]. 中学数学，1996(9)：28-29.

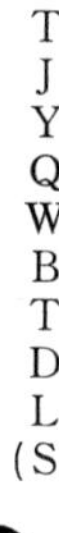

其中 $\lambda^2=\frac{1}{2}(a^2+b^2+c^2)+2\sqrt{3}S$，$S$ 为 $\triangle ABC$ 的面积.

证明 如图 2.114，因 $\max\{A,B,C\}<120^\circ$，则费马点 P 在 $\triangle ABC$ 内且

$$\angle BPC=\angle CPA=\angle APB=120^\circ$$

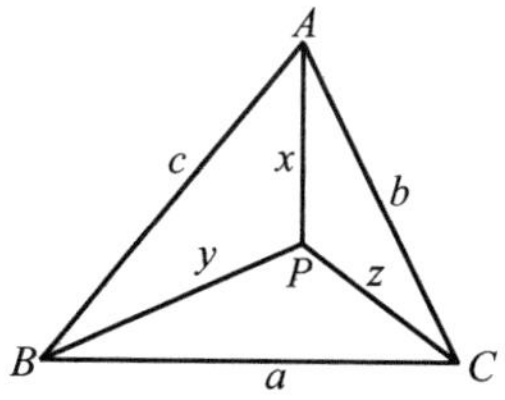

图 2.114

在 $\triangle BPC$ 中应用余弦定理得

$$a^2=y^2+z^2-2yz\cos 120^\circ$$

即

$$y^2+z^2+yz=a^2 \quad ①$$

同理有

$$x^2+z^2+xz=b^2 \quad ②$$

$$x^2+y^2+xy=c^2 \quad ③$$

记 $\triangle BPC$，$\triangle CPA$，$\triangle APB$ 的面积分别为 S_1，S_2，S_3，则 $S=S_1+S_2+S_3$，应用三角形面积公式得

$$S_1=\frac{1}{2}yz\sin 120^\circ=\frac{\sqrt{3}}{4}yz$$

$$S_2=\frac{\sqrt{3}}{4}xz, S_3=\frac{\sqrt{3}}{4}xy$$

则

$$\frac{\sqrt{3}}{4}(yz+xz+xy)=S$$

即

$$xy+yz+xz=\frac{4\sqrt{3}}{3}S \quad ④$$

① + ② + ③ 应用 ④ 即得

$$(x+y+z)^2=\frac{1}{2}(a^2+b^2+c^2)+2\sqrt{3}S$$

令 $\lambda^2=\frac{1}{2}(a^2+b^2+c^2)+2\sqrt{3}S$，则

$$x+y+z=\lambda \quad ⑤$$

解 ①，②，③，⑤，即得欲证.

根据定理可以得到下面推论.

推论 1 $x:y:z=\frac{\sin(A+60^\circ)}{\sin A}:\frac{\sin(B+60^\circ)}{\sin B}:\frac{\sin(C+60^\circ)}{\sin C}$

证明 因

$$\lambda^2=\frac{1}{2}(a^2+b^2+c^2)+2\sqrt{3}S$$

$$S=\frac{1}{2}bc\sin A, 2bc\cos A=b^2+c^2-a^2$$

故

$$x=\frac{b^2+c^2-2a^2+k^2}{3\lambda}=$$

$$\frac{3(b^2+c^2-a^2)+4\sqrt{3}S}{6\lambda}=$$

$$\frac{6bc\cos A+4\sqrt{3}\times\frac{1}{2}bc\sin A}{6\lambda}=$$

$$\frac{4\sqrt{3}bc(\frac{1}{2}\sin A+\frac{\sqrt{3}}{2}\cos A)}{6\lambda}=$$

$$\frac{2\sqrt{3}bc\sin(A+60^\circ)}{3\lambda}$$

同理
$$y=\frac{2\sqrt{3}ac\ \sin(B+60^\circ)}{3\lambda}$$

$$z=\frac{2\sqrt{3}ab\ \sin(C+60^\circ)}{3\lambda}$$

故
$$x:y:z=\frac{\sin(A+60^\circ)}{a}:\frac{\sin(B+60^\circ)}{b}:\frac{\sin(C+60^\circ)}{c}$$

应用$\frac{a}{\sin A}=\frac{b}{\sin B}=\frac{c}{\sin C}=2R$,则

$$x:y:z=\frac{\sin(A+60^\circ)}{\sin A}:\frac{\sin(B+60^\circ)}{\sin B}:\frac{\sin(C+60^\circ)}{\sin C}$$

推论 2 $S_1:S_2:S_3=\frac{\sin A}{\sin(A+60^\circ)}:\frac{\sin B}{\sin(B+60^\circ)}:\frac{\sin C}{\sin(C+60^\circ)}$

证明 因 $S_1:S_2:S_3=\frac{\sqrt{3}}{4}yz:\frac{\sqrt{3}}{4}xz:\frac{\sqrt{3}}{4}xy$,则

$$S_1:S_2:S_3=\frac{1}{x}:\frac{1}{y}:\frac{1}{z}=\frac{\sin A}{\sin(A+60^\circ)}:\frac{\sin B}{\sin(B+60^\circ)}:\frac{\sin C}{\sin(C+60^\circ)}$$

推论 3 若 $\triangle ABC$ 的外接圆及内切圆半径分别为 R,r,则

$$\frac{a}{x}+\frac{b}{y}+\frac{c}{z}\geqslant\frac{6\sqrt{3}r}{R}$$

证明 因
$$\frac{a}{x}+\frac{b}{y}+\frac{c}{z}\geqslant 3\sqrt[3]{\frac{abc}{xyz}}$$

又由
$$\frac{x+y+z}{3}\geqslant\sqrt[3]{xyz}$$

则
$$\frac{a}{x}+\frac{b}{y}+\frac{c}{z}\geqslant\frac{9\sqrt[3]{abc}}{x+y+z}=\frac{9\sqrt[3]{abc}}{\lambda}$$

注意到

$$\lambda=\sqrt{\frac{1}{2}(a^2+b^2+c^2)+2\sqrt{3}S}$$

$$S \leqslant \frac{1}{3\sqrt{3}}p^2 = \frac{1}{3\sqrt{3}} \cdot \frac{(a+b+c)^2}{4} \left(p = \frac{a+b+c}{2}\right)$$

应用 $3(a^2+b^2+c^2) \geqslant (a+b+c)^2$ 及不等式 $a^2+b^2+c^2 \leqslant 9R^2$ 得

$$\lambda \leqslant \sqrt{\frac{1}{2}(a^2+b^2+c^2) + 2\sqrt{3} \times \frac{1}{3\sqrt{3}} \times \frac{(a+b+c)^2}{4}} \leqslant$$

$$\sqrt{\frac{1}{2}(a^2+b^2+c^2) + \frac{1}{2}(a^2+b^2+c^2)}$$

则
$$\lambda \leqslant \sqrt{a^2+b^2+c^2} \leqslant 3R$$

或
$$(x+y+z)^2 \leqslant a^2+b^2+c^2 \leqslant 9R^2$$

因 $abc = 4RS = 4Rrp$ 且 $R \geqslant 2r$,及 $p \geqslant 3\sqrt{3}r$,则

$$\sqrt[3]{abc} \geqslant \sqrt[3]{2^3 \times 3^{\frac{3}{2}} r^3} = 2\sqrt{3}r$$

故
$$\frac{a}{x} + \frac{b}{y} + \frac{c}{z} \geqslant \frac{9 \times 2\sqrt{3}r}{3R} = \frac{6\sqrt{3}r}{R}$$

定理 3 $\triangle ABC$ 的面积记为 S,则对费马极值 l,有①

$$l^2 = \frac{1}{2}(a^2+b^2+c^2) + 2\sqrt{3}S \quad ①$$

证明 在 $\triangle ABC$ 中,取费马点 F,并记 $x = FA, y = FB, z = FC$,由于

$$\angle AFB = \angle BFC = \angle CFA = 120^\circ$$

则在 $\triangle AFB, \triangle BFC, \triangle CFA$ 中,由余弦定理,有

$$x^2+y^2+xy = c^2, x^2+y^2+xz = b^2, y^2+z^2+yz = a^2$$

此三式相加,可得

$$2(x+y+z)^2 = 3(xy+yz+xz) + a^2+b^2+c^2 \quad ②$$

又有

$$S = \frac{1}{2}S_{\triangle AFB} + \frac{1}{2}S_{\triangle BFC} + \frac{1}{2}S_{\triangle CFA} =$$

$$\frac{1}{2}xy\sin 120^\circ + \frac{1}{2}yz\sin 120^\circ + \frac{1}{2}xz\sin 120^\circ =$$

$$\frac{\sqrt{3}}{4}(xy+xz+yz)$$

代入 ② 中,即得 ①.

推论 对费马极值 l,有

$$l^2 = p^2 + 2\sqrt{3}pr - 4Rr - r^2 \quad ③$$

① 孔令恩. Fermat 极值的显式表示[J]. 数学通讯,1997(4):28.

证明 只要把 $S=pr$,以及

$$a^2+b^2+c^2=2(p^2-4Rr-r^2) \quad ④$$

代入 ①,即得证.

由芬斯勒－哈德威格不等式

$$a^2+b^2+c^2\geqslant 4\sqrt{3}S+(a-b)^2+(b-c)^2+(c-a)^2 \quad ⑤$$

代入 ① 则见

$$l^2\geqslant 4\sqrt{3}S+\frac{1}{2}((a-b)^2+(b-c)^2+(c-a)^2) \quad ⑥$$

由此立得不等式

$$l^2\geqslant 4\sqrt{3}S \quad ⑦$$

由常见不等式 $p\geqslant 3\sqrt{3}r$ 及欧拉不等式 $R\geqslant 2r$,有

$$(p-3\sqrt{3}r)^2+12r(R-2r)\geqslant 0\Leftrightarrow p^2+2\sqrt{3}pr-4Rr-r^2\leqslant\frac{4}{3}p^2\Leftrightarrow l^2\leqslant\frac{4}{3}p^2$$

此即

$$l\leqslant\frac{\sqrt{3}}{3}(a+b+c) \quad ⑧$$

由于上述推导过程中的第一个不等式很弱,故不等式 ⑧ 也很弱,更强地,有

$$(p-3\sqrt{3}r)^2\geqslant 0\Leftrightarrow l^2\leqslant\frac{1}{3}(a+b+c)^2-4r(R-2r) \quad ⑨$$

由 $R\geqslant 2r$ 知 ⑨ 比 ⑧ 强.

由沃克不等式

$$\frac{1}{4r^2}\geqslant\frac{1}{a^2}+\frac{1}{b^2}+\frac{1}{c^2} \quad ⑩$$

及

$$S=\frac{1}{2}ah_1=\frac{1}{2}bh_2=\frac{1}{2}ch_3, r=\frac{S}{p}$$

即见

$$s^2\geqslant h_1^2+h_2^2+h_3^2 \quad ⑪$$

由努伯利不等式的等价形式

$$(abc)^2\geqslant\frac{16}{9}(a^2+b^2+c^2)S^2 \quad ⑫$$

可弱化得

$$abc\geqslant\frac{4}{9}\sqrt{3}(a+b+c)S$$

此即

$$S\geqslant\frac{\sqrt{3}}{9}(h_1h_2+h_1h_3+h_2h_3) \quad ⑬$$

由 ① 结合 ⑪,⑬,即见

$$l^2=\frac{1}{2}(a^2+b^2+c^2)+2\sqrt{3}S\geqslant\frac{2}{3}p^2+2\sqrt{3}S\geqslant$$
$$\frac{2}{3}(h_1^2+h_2^2+h_3^2)+\frac{2}{3}(h_1h_2+h_1h_3+h_2h_3)=$$
$$\frac{1}{3}((h_1^2+h_2^2+h_3^2)+(h_1+h_2+h_3)^2)$$

即

$$l^2\geqslant\frac{1}{3}((h_1^2+h_2^2+h_3^2)+(h_1+h_2+h_3)^2) \quad ⑭$$

由均值不等式 $h_1^2+h_2^2+h_3^2\geqslant\frac{1}{3}(h_1+h_2+h_3)^2$ 即见 ⑭

显然这个不等式比不等式

$$l\geqslant\frac{2}{3}(h_1+h_2+h_3) \quad ⑮$$

要强.

❖费马点问题的推广

推广 1① 在平面内,已知三条定直线 l_1,l_2,l_3,在平面内求一点 P,使点 P 到直线 l_1,l_2,l_3 的距离之和最小.(不考虑"三线共点和三条直线有平行直线"的平凡情况)

证明 如图 2.115.

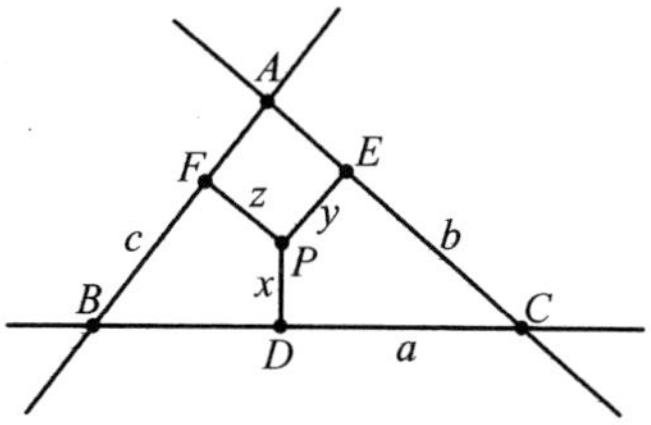

设直线 l_1,l_2,l_3 两两相交于不同的三点 A,B,C,且 $BC=a,AC=b,AB=c$,点 P 到三条直线 l_1,l_2,l_3 的距离分别为 x,y,z,$\triangle ABC$ 的面积为 S.为了证明的方便,不妨设 $a\geqslant b\geqslant c$,因为 $\frac{1}{2}(ax+by+cz)=S\Rightarrow x=\frac{2S}{a}-\frac{by}{a}-\frac{cz}{a}$,所以

图 2.115

$$x+y+z=\frac{2S}{a}-\frac{by}{a}-\frac{cz}{a}+y+z=$$

① 储炳南.三角形费马点的再推广[J].数学通报,2020(1):57-60.

$$\frac{2S}{a}+(1-\frac{b}{a})y+(1-\frac{c}{a})z$$

因为 $a \geqslant b \geqslant c$，所以 $1-\frac{b}{a} \geqslant 0, 1-\frac{c}{a} \geqslant 0$，所以

$$x+y+z=\frac{2S}{a}+(1-\frac{b}{a})y+(1-\frac{c}{a})z \geqslant \frac{2S}{a}$$

"="当且仅当 $y=z=0$ 时成立，即此时点 P 与点 A 重合. 所以当平面上三条直线 l_1, l_2, l_3 两两相交于三个不同的点 A, B, C 时，点 P 到 l_1, l_2, l_3 的距离之和的最小值恰为 $\triangle ABC$ 的最长边上的高，并且最小值在点 P 与最长边所对的顶点重合时取得.

推广 2 在平面内，已知两条定直线 l_1, l_2 和一个定点 A，在平面内求一点 P，使点 P 到直线 l_1, l_2 和点 A 的距离之和 S 最小.（不考虑"点 A 在直线 l_1 或 l_2 上和 $l_1 \parallel l_2$"的平凡情况）

证明 如图 2.116 ～ 2.130.

设两条定直线 EF 与 MN 相交于点 O，定点为 A，下面我们根据 EF 和 MN，以及定点 A 的相对位置进行分类求解 S 取得最小值时的最优点.

情形 Ⅰ 点 A 在两直线 EF 和 MN 所成的钝角区域内（只需考虑点 A 在 $\angle MOE$ 内部的情形，点 A 在 $\angle FON$ 内部的情形同理可证.）过点 O 分别作直线 EF，MN 垂直的射线 OG，OH，将 $\angle MOE$ 内部分成三个区域，即 $\angle HOE$ 内部，$\angle HOG$ 内部，$\angle GOM$ 内部，下面分三种情况：

设点 P 是平面内任意一点，过点 P 作 $PB \perp MN$，$PC \perp EF$，垂足分别为 B，C，则 $S=PA+PB+PC$.

(1) 当点 A 在 $\angle HOE$ 内部（如图 2.116 中阴影部分，包括边界）时，过点 A 作 MN 的垂线 AQ，垂足为 Q，此时 AQ 与 EF 必相交，记交点为 P_0，则当点 P 与 P_0 重合时，S 取得最小值为 AQ，证明如下

$$S=PA+PB+PC \geqslant PA+PB \geqslant AB \geqslant AQ$$

"="当且仅当 P 与 P_0 重合时成立.

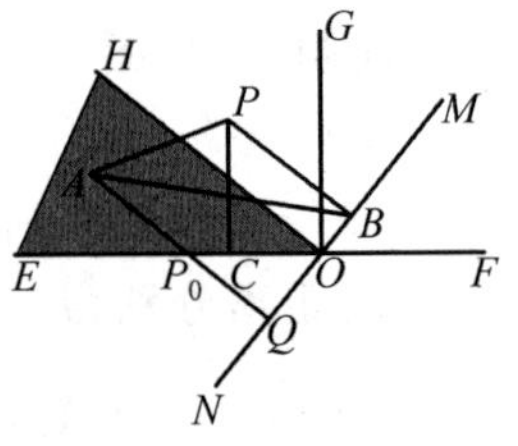

图 2.116

(2) 当点 A 在 $\angle GOM$ 内部（如图 2.117 中阴影部分，包括边界）时，过点 A 作 EF 的垂线 AQ，垂足为 Q，此时 AQ 与 MN 必相交，记交点为 P_0，同理可证明当点 P 与 P_0 重合时，S 取得最小值为 AQ.

(3) 当点 A 在 $\angle HOG$ 内部（如图 2.118 中阴影部分，包括边界）时，下面证明此时点 O 即为最优点，S 的最小值为 AO.

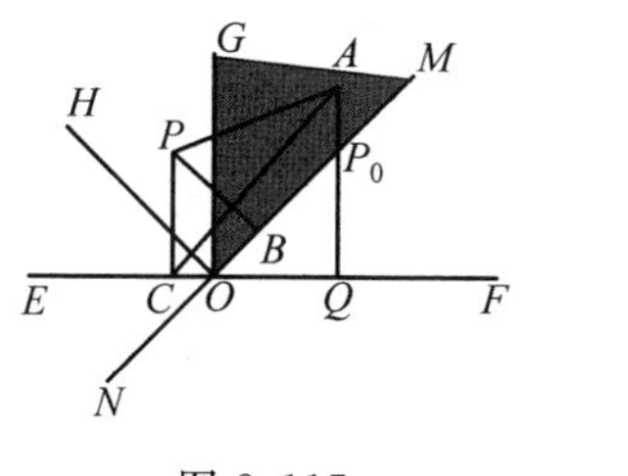

图 2.117

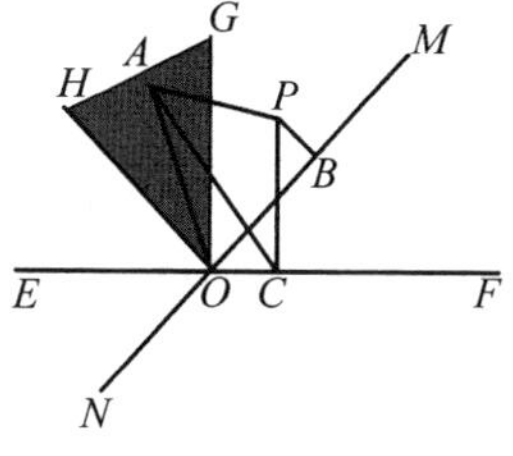

图 2.118

① 当点 P 在 $\angle GOM$ 内部(包括边界)时,如图 2.118 所示,由于 $\angle AOC \geqslant \angle GOC = 90^\circ$,所以 $AC \geqslant AO$.

而

$$S = PA + PB + PC \geqslant PA + PC \geqslant AC \geqslant AO$$

即 $S \geqslant AO$.

② 当点 P 在 $\angle HOE$ 内部(包括边界)时,如图 2.119 所示,类似 ①,可证:$S \geqslant AO$.

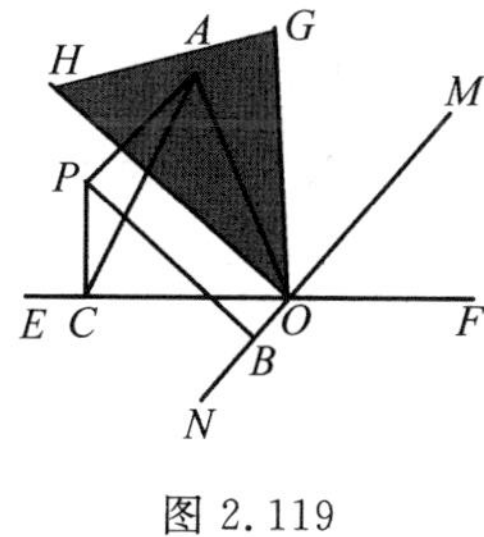

图 2.119

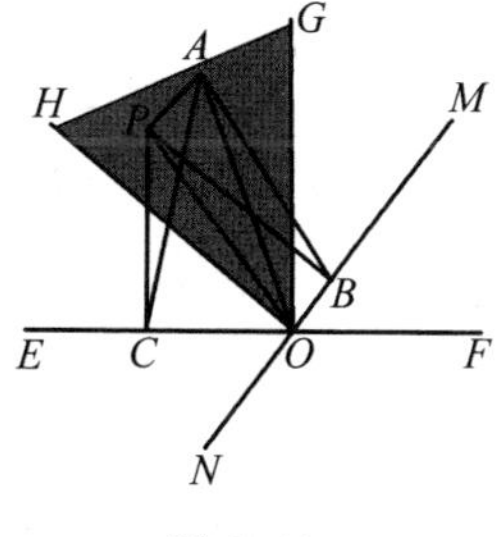

图 2.120

③ 当点 P 在 $\angle HOG$ 内部(如图 2.120 所示)时,因为

$$\angle POB + \angle POC > 90^\circ$$

所以

$$90^\circ > \angle POB > 90^\circ - \angle POC > 0^\circ$$

所以

$$\sin \angle POB > \sin(90^\circ - \angle POC) = \cos \angle POC$$

所以

$$\begin{aligned} S = & PA + PB + PC = \\ & PA + PO(\sin \angle POB + \sin \angle POC) > \\ & PA + PO(\cos \angle POC + \sin \angle POC) \end{aligned}$$

因为 $\angle POC$ 为锐角,所以

$$\cos \angle POC + \sin \angle POB > 1$$

所以

$$S > PA + PO(\cos \angle POQ + \sin \angle POQ) \geqslant$$
$$PA + PO \geqslant AO$$

即 $S > AO$. 故无解.

④ 当点 P 在 $\angle MOF$(或 $\angle EON$)内部(包括边界)(如图 2.121 所示)时

$$S = PA + PB + PC \geqslant PA + PC \geqslant AC \geqslant AO$$

综上可知:当点 P 与点 O 重合时,S 取得最小值.

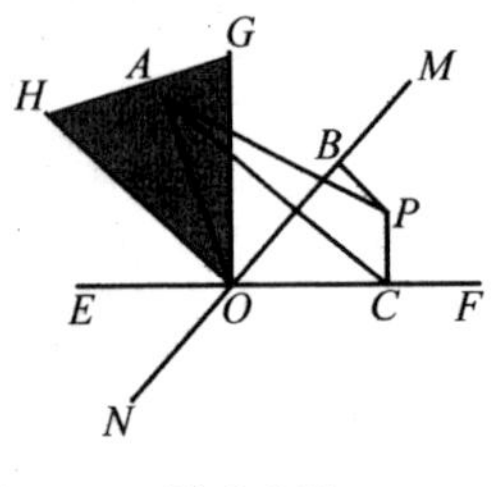

图 2.121

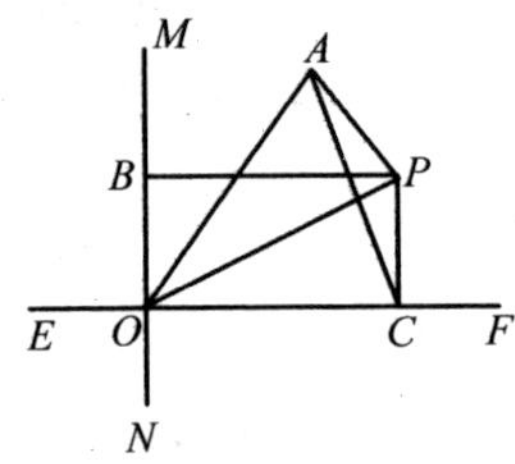

图 2.122

情形 Ⅱ 若直线 EF 与 MN 的夹角为直角时(如图 2.122 所示).

设 P 是平面内不同于 O 的任意一点,过点 P 作 MN,EF 的垂线,垂足分别为 B、C.

因为

$$S = PA + PB + PC \geqslant PA + PO \geqslant AO$$

所以当点 P 与点 O 重合时,S 取得最小值.

情形 Ⅲ 点 A 在两直线 EF 和 MN 所成的锐角区域内时,过点 A 分别作 MN,EF 的平行线,交 EF,MN 于点 G,H(如图 2.123 所示).

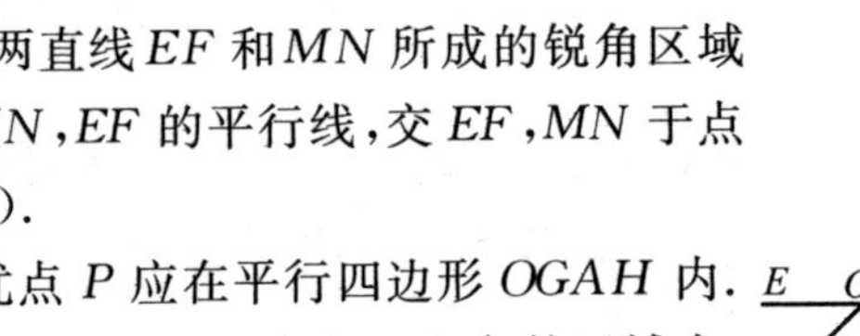

图 2.123

下面首先证明最优点 P 应在平行四边形 $OGAH$ 内.

若点 P 在平行四边形 $OGAH$ 边 AH 上方的区域内,如图 2.123 所示,过 A,P 分别作 EF 的垂线,垂足分别为 R,C,又过 A,P 分别作 MN 的垂线,垂足分别为 Q,B.

因为 $PC > AR$,且 $PA + PB \geqslant AQ$,所以

$$PA + PB + PC \geqslant AQ + PC \geqslant AQ + AR$$

所以,点 P 没有点 A 好,即点 P 不会在 AH 的上方的区域内.同理可证,点 P 不会在 AG 右边的区域内.

下面再证明点 P 不会在直线 EF 的下方.

当点 P 在 EF 下方时,过点 P 作 $PB \perp MN$,$PC \perp EF$,垂足分别为 B,C.

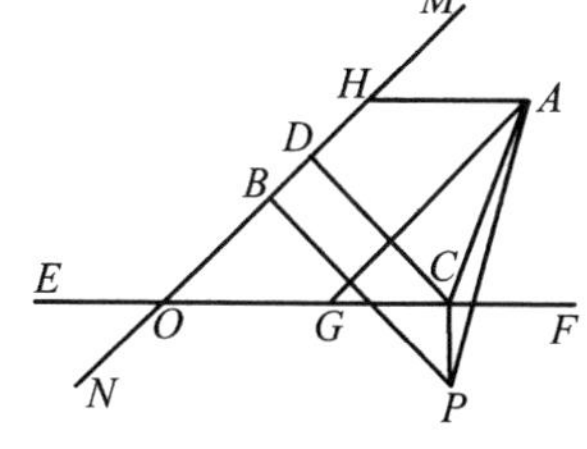

图 2.124

过点 C 作 $CD \perp MN$，垂足为 D. 如图 2.124 所示.

因为

$$PA + PC > AC, PB > CD$$

所以

$$PA + PB + PC > AC + CD$$

所以 P 不可能在 EF 的下方.

同理可得 P 不可能在 MN 的左边，所以点 P 的最优点只可能在平行四边形 $OGAH$ 内部的区域.

(1) 当 $\angle FOM < 60^\circ$ 时，点 P 最优点为点 A（如图 2.125 所示），证明如下：

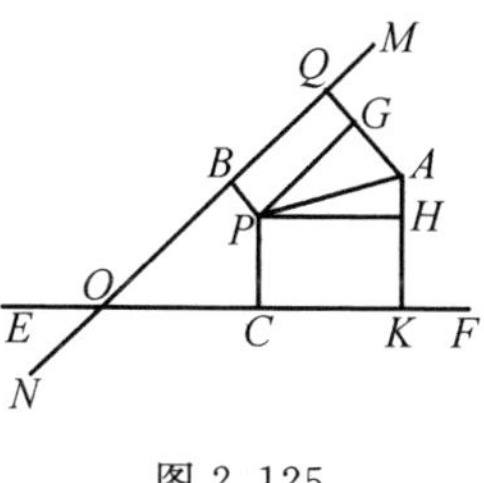

图 2.125

在平面内任意取不同于点 A 的一点 P，过点 A 分别作 EF，MN 的垂线，垂足分别为 K，Q，又过点 P 分别作 AQ，AK 的垂线，垂足分别为 G，H，记 PA 与 EF 的夹角 $\angle APH = \alpha$，PA 与 MN 的夹角 $\angle APG = \beta$，则点 P 到 MN，EF 和点 A 的距离和为

$$\begin{aligned} S = PA + PB + PC = PA + GQ + HK = \\ PA + AQ + AK - AG - AH = \\ PA + AQ + AK - PA(\sin\alpha + \sin\beta) = \\ PA + AQ + AK - PA \times 2\sin\frac{\alpha+\beta}{2}\cos\frac{\alpha-\beta}{2} \end{aligned}$$

因为 $0^\circ < \frac{\alpha+\beta}{2} = \frac{\angle FOM}{2} < 30^\circ$，$-30^\circ < \frac{\alpha-\beta}{2} < 30^\circ$，所以

$$\begin{aligned} S = PA + AQ + AK - PA \times 2\sin\frac{\alpha+\beta}{2}\cos\frac{\alpha-\beta}{2} > \\ PA + AQ + AK - PA \times 2\sin 30^\circ\cos\frac{\alpha-\beta}{2} > \\ PA + AQ + AK - PA = AQ + AK \end{aligned}$$

所以，点 P 没有点 A 好，即点 A 为最优点.

(2) 当 $\angle FOM = 60^\circ$ 时，记 $\angle FOM$ 的平分线为 OX，不妨设点 A 在 OX 的上方（包括 OX），过点 A 作 OX 的平行线，交 MN 于点 T，可证明 AT 上任意一点均为最优点（如图 2.126 所示）.

证明如下：

过点 A 分别作 EF，MN 的垂线，垂足分别为 K，Q，又过点 P 分别作 AQ，AK 的垂线，垂足分别为 G，H，记 $\angle APH = \alpha$，$\angle APG = \beta$

P
M
J
H
W
B
M
T
J
Y
Q
W
B
T
D
L
(S)

$$S=PA+PB+PC=PA+GQ+HK=$$
$$PA+AQ+AK-AG-AH=$$
$$PA+AQ+AK-PA(\sin\alpha+\sin\beta)=$$
$$PA+AQ+AK-PA\times 2\sin\frac{\alpha+\beta}{2}\cos\frac{\alpha-\beta}{2}$$

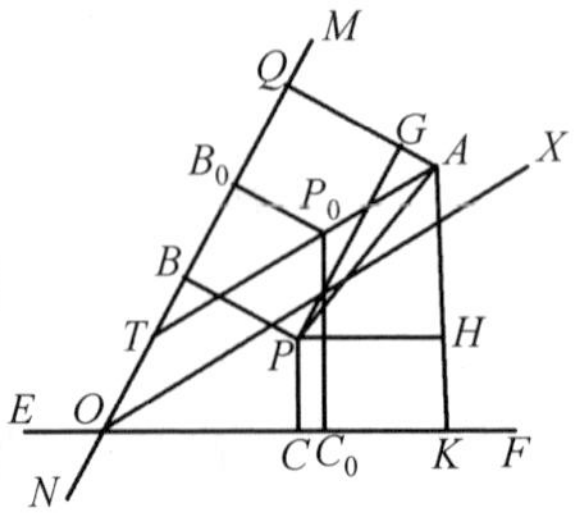

因为$\frac{\alpha+\beta}{2}=\frac{\angle FOM}{2}=30^\circ$，$-30^\circ<\frac{\alpha-\beta}{2}<30^\circ$，所以

图 2.126

$$S=PA+AQ+AK-PA\times 2\sin\frac{\alpha+\beta}{2}\cos\frac{\alpha-\beta}{2}=$$
$$PA+AQ+AK-PA\times 2\sin 30^\circ\cos\frac{\alpha-\beta}{2}\geqslant$$
$$PA+AQ+AK-PA=AQ+AK$$

“=”当且仅当$\alpha=\beta$时成立，由$\alpha=\beta$可知此时点P在AT上，所以，AT上任意一点均为最优点.

(3) 当$\angle FOM>60^\circ$时，设$\angle AOF=\alpha$，$\angle AOM=\beta$，$\angle POA=\theta(\theta<\min\{\alpha,\beta\})$，因为$\alpha+\beta=\angle FOM\in(60^\circ,90^\circ)$，所以$\alpha,\beta$中至少有一个不小于$30^\circ$，不妨设$\alpha\geqslant\beta$，所以$\alpha>30^\circ$，下面对$\beta$进行分类加以证明：

① 当$\beta\geqslant 30^\circ$时，作点A关于EF和MN的对称点A'和A''，再分别过点$A'A''$作MN和EF的垂线，垂足为H,G，过点P作OA的垂线，垂足为K(如图2.127所示).

因为$\angle MOA'=2\alpha+\beta>90^\circ$，所以垂足$H$在$ON$上，同理可证垂足$G$在$OE$上.此时，点$P$的最优点为点$O$，证明如下：

因为$\theta<\min\{\alpha,\beta\}$，则$\beta+\theta$与$\alpha-\theta$均为锐角

$$S=PA+PB+PC=$$
$$PA+OP[\sin(\beta+\theta)+\sin(\alpha-\theta)]\geqslant$$
$$AK+OP[\sin(\beta+\theta)+\sin(\alpha-\theta)]$$

因为$\alpha>30^\circ$，$\beta>30^\circ$，所以

$$S>AK+OP[\sin(30^\circ+\theta)+\sin(30^\circ-\theta)]=$$
$$AK+OP\cos\theta=OA$$

所以点O为最优点.

② 当$\beta<30^\circ$时，如果$\angle FOA''=\alpha+2\beta\geqslant 90^\circ$，即过$A''$作$EF$的垂线，垂足为$G$，在$OE$上.过点$P$作$OA$的垂线，垂足为$K$(如图2.128所示).

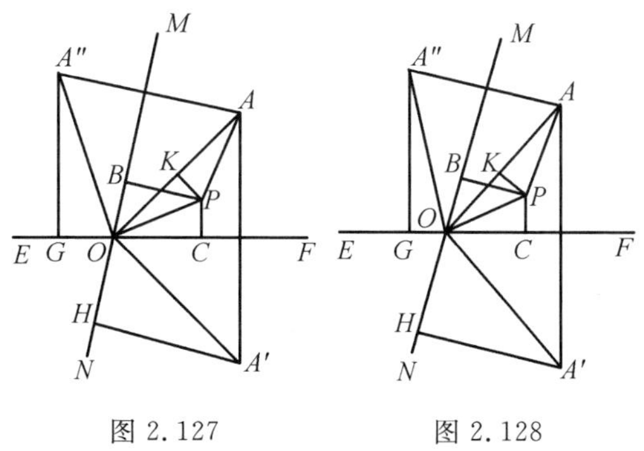

图 2.127　　图 2.128

(i) 当点 P 在 $\angle AOF$ 内部(如图 2.128 所示)时,由

$$\alpha+2\beta\geqslant 90^\circ$$
$$\Rightarrow\alpha\geqslant 90^\circ-2\beta$$
$$\Rightarrow 90^\circ>\alpha-\theta\geqslant 90^\circ-2\beta-\theta>0$$
$$\Rightarrow\sin(\alpha-\theta)\geqslant\sin(90^\circ-2\beta-\theta)$$
$$\Rightarrow\sin(\alpha-\theta)\geqslant\cos(2\beta+\theta)$$

$$S=PA+PB+PC=PA+OP[\sin(\beta+\theta)+\sin(\alpha-\theta)]>$$
$$AK+OP[\sin(\beta+\theta)+\cos(2\beta+\theta)]=$$
$$AK+OP[\sin(\beta+\theta)+\cos(2\beta+\theta)-\cos\theta+\cos\theta]=$$
$$AK+OP[\sin(\beta+\theta)-2\sin\beta\sin(\beta+\theta)+\cos\theta]=$$
$$AK+OP[\sin(\beta+\theta)(1-2\sin\beta)+\cos\theta]$$

因为 $\beta<30^\circ,\theta<\min\{\alpha,\beta\}$,所以

$$\sin(\beta+\theta)(1-2\sin\beta)+\cos\theta>\cos\theta$$

所以

$$S>AK+OP[\sin(\beta+\theta)(1-2\sin\beta)+\cos\theta]>$$
$$AK+OP\cos\theta=AK+OK=OA$$

(ii) 当点 P 在 $\angle AOM$ 内部(如图 2.129 所示)时,由

$$\alpha+2\beta\geqslant 90^\circ\Rightarrow\alpha\geqslant 90^\circ-2\beta$$
$$\Rightarrow 90^\circ>\alpha+\theta\geqslant 90^\circ-2\beta+\theta>0$$
$$\Rightarrow\sin(\alpha+\theta)\geqslant\sin(90^\circ-2\beta+\theta)$$
$$\Rightarrow\sin(\alpha+\theta)\geqslant\cos(2\beta-\theta)$$

$$S=PA+PB+PC=PA+OP[\sin(\beta-\theta)+\sin(\alpha+\theta)]>$$
$$AK+OP[\sin(\beta-\theta)+\cos(2\beta-\theta)]=$$
$$AK+OP[\sin(\beta-\theta)+\cos(2\beta-\theta)-\cos\theta+\cos\theta]=$$
$$AK+OP[\sin(\beta-\theta)-2\sin\beta\sin(\beta-\theta)+\cos\theta]=$$

$$AK+OP[\sin(\beta-\theta)(1-2\sin\beta)+\cos\theta]$$

因为 $\beta<30^\circ,\theta<\min\{\alpha,\beta\}$，所以

$$\sin(\beta-\theta)(1-2\sin\beta)+\cos\theta>\cos\theta$$

所以

$$S>AK+OP[\sin(\beta-\theta)(1-2\sin\beta)+\cos\theta]>$$
$$AK+OP\cos\theta=AK+OK=OA$$

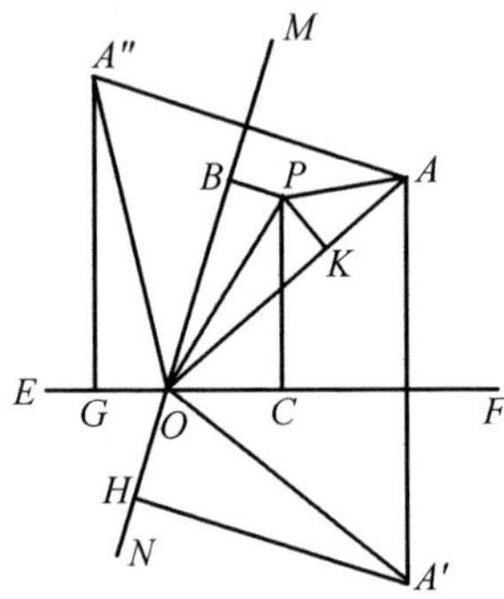

图 2.129

③ 当 $\beta<30^\circ$ 时，如果 $\angle FOA''=\alpha+2\beta<90^\circ$，即过 A'' 作 EF 的垂线，垂足为 G，在 OF 的上. 设 $A''G$ 与 MN 的交点为 P_0，则点 P_0 为最优点. 证明如下：

过点 P_0 作 PC 的垂线，垂足为 R(如图 2.130 所示).

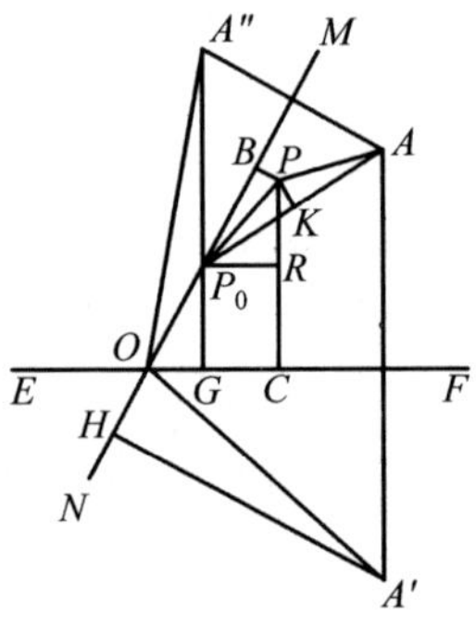

图 2.130

设

$$\angle AP_0R=\alpha',\angle AP_0M=\beta',\angle AP_0P=\theta'$$

因为

$$\alpha'+\beta'=\angle AP_0R+\angle AP_0M=$$
$$\angle MP_0R=\angle MOF>60^\circ$$

故 α',β' 中至少有一个大于 30°，不妨设 $\alpha'>30^\circ$.

又因为 $\alpha' + 2\beta' = 90°$，所以 $\beta' < 30°$；

由

$$\begin{aligned}\alpha' + 2\beta' = 90° &\Rightarrow \alpha' + \theta' = 90° - 2\beta' + \theta' \\ &\Rightarrow \sin(\alpha' + \theta') = \sin(90° - 2\beta + \theta) \\ &\Rightarrow \sin(\alpha' + \theta') = \cos(2\beta' - \theta')\end{aligned}$$

所以

$$\begin{aligned}&PA + PB + PR = \\ &PA + P_0P[\sin(\beta' - \theta') + \sin(\alpha' + \theta')] = \\ &PA + P_0P[\sin(\beta' - \theta') + \cos(2\beta' - \theta')] = \\ &PA + P_0P[\sin(\beta' - \theta') + \cos(2\beta' - \theta') - \cos\theta' + \cos\theta'] = \\ &PA + P_0P[\sin(\beta' - \theta') - 2\sin(\beta' - \theta')\sin\beta' + \cos\theta'] = \\ &PA + P_0P[\sin(\beta' - \theta')(1 - 2\sin\beta') + \cos\theta'] > \\ &PA + P_0P\cos\theta' = P_0A = P_0A''\end{aligned}$$

即

$$PA + PB + PR > P_0A''$$

所以

$$\begin{aligned}S = PA + PB + PC = \\ PA + PB + PR + RC > P_0A'' + P_0G = A''G\end{aligned}$$

所以点 P_0 为最优点.

推广 3　在平面内，已知两个定点 A，B 和一条直线 l，在平面内求一点 P，使点 P 到两定点和定直线的距离之和 S 最小.（不考虑点 A 或 B 在直线 l 上的平凡情况）

该问题的证明类似于前面问题的讨论，留给读者.

❖三角形的布罗卡尔点(角)定理

已知 $\triangle ABC$ 中，P 是其内部一点，如果 $\angle PAB = \angle PBC = \angle PCA = \alpha$，则称 α 为布罗卡尔角，点 P 称为布罗卡尔点.

一般的，对于任意的三角形都有两个布罗卡尔角与两个布罗卡尔点，如图 2.131. 当 $\triangle ABC$ 为正三角形时，两个布罗卡尔点重合，此时 $\alpha = \beta$. 由于点 P 是 $\triangle ABC$ 内部的一个特殊点，因此在 $\triangle ABC$ 确定之后，布罗卡尔角与 $\triangle ABC$ 三个角 A，B，C 应有一种确定关系. 实际上，此特殊点早在 1816 年就已被法国数学家和数学教育家克雷尔（A. L. Crelle，1780—1855）首次发现.

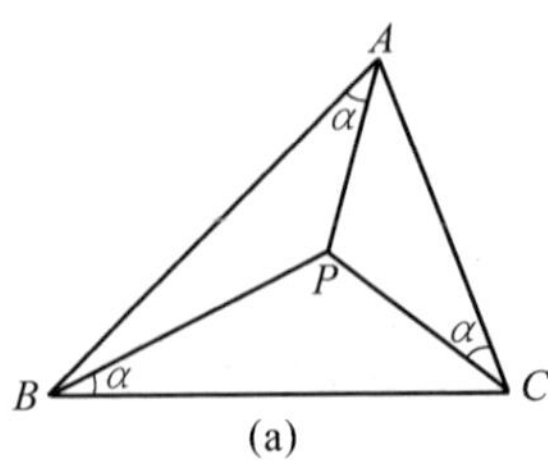

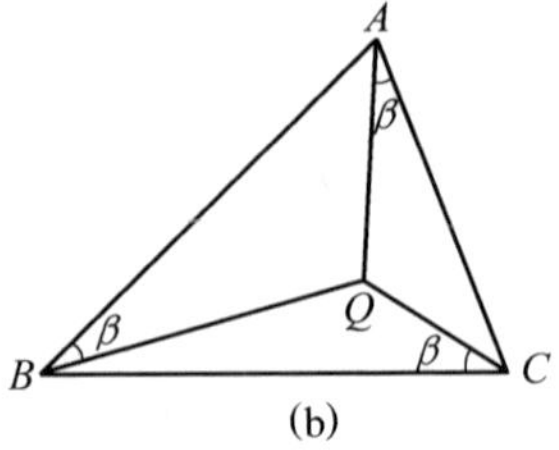

图 2.131

克雷尔曾是德国柏林科学院院士和彼德堡科学院通讯院士，他于 1826 年创办《纯粹与应用数学杂志》，对数学的发展起过重要作用. 他本人对几何学有较高造诣，关于三角形性质发表过研究成果，其中包括“布罗卡尔点”的发现. 但是他的发现并未被当时的人们所注意.

1875 年，三角形这一特殊点，被一个数学爱好者 —— 法国军官布罗卡尔(Brocard，1845—1922) 重新发现，并用他的名字命名. 这才引起莱莫恩、图克(Tucker，1832—1905) 等一大批数学家的兴趣，一时形成了一股研究“三角形几何”的热潮. 据有人统计，在 1875 ～ 1895 这 20 年中，有关这方面的著述竟达 600 种之多. 其间不少新的结果，都与布罗卡尔的名字联系在一起，因而有“布罗卡尔几何”一说的流传. ①

为讨论问题的方便，常称点 P 为第一类(或正) 布罗卡尔点，点 Q 为第二类(或负) 布罗卡尔点.

定理 1　已知 P 是 $\triangle ABC$ 的一个布罗卡尔点，相应的布罗卡尔角是 $\angle PAB=\angle PBC=\angle PCA=\alpha$，则②

$$\frac{1}{\sin^2\alpha}=\frac{1}{\sin^2 A}+\frac{1}{\sin^2 B}+\frac{1}{\sin^2 C}$$

证明　如图 2.131(a)，由三角形面积关系知

$$S_{\triangle PAB}+S_{\triangle PBC}+S_{\triangle PAC}=S_{\triangle ABC}$$

则

$$\frac{S_{\triangle PAB}}{S_{\triangle ABC}}+\frac{S_{\triangle PBC}}{S_{\triangle ABC}}+\frac{S_{\triangle PAC}}{S_{\triangle ABC}}=1$$

即

$$\frac{\frac{1}{2}PA\cdot AB\cdot\sin\alpha}{\frac{1}{2}AB\cdot AC\cdot\sin A}+\frac{\frac{1}{2}PB\cdot BC\cdot\sin\alpha}{\frac{1}{2}AB\cdot BC\cdot\sin B}+\frac{\frac{1}{2}PC\cdot AC\cdot\sin\alpha}{\frac{1}{2}BC\cdot AC\cdot\sin C}=1$$

① 胡炳生. 布罗卡和布罗卡问题[J]. 中学数学教学，1993(4)：36-38.

② 丁介平. 勃罗卡角的计算公式[J]. 数学通报，2000(5)：23.

亦即

$$\frac{PA}{AC}\cdot\frac{\sin\alpha}{\sin A}+\frac{PB}{AB}\cdot\frac{\sin\alpha}{\sin B}+\frac{PC}{BC}\cdot\frac{\sin\alpha}{\sin C}=1 \quad ①$$

又在 $\triangle APC$ 中，由正弦定理得

$$\frac{AC}{\sin\angle APC}=\frac{PA}{\sin\alpha}$$

即

$$\frac{PA}{AC}=\frac{\sin\alpha}{\sin\angle APC}$$

而 $\angle APC=180^\circ-\alpha-\angle CAP=180^\circ-A$，则

$$\frac{PA}{AC}=\frac{\sin\alpha}{\sin\angle APC}=\frac{\sin\alpha}{\sin A} \quad ②$$

同理可得

$$\frac{PB}{AB}=\frac{\sin\alpha}{\sin B},\frac{PC}{BC}=\frac{\sin\alpha}{\sin C} \quad ③$$

由 ①，②，③ 得

$$\frac{\sin^2\alpha}{\sin^2 A}+\frac{\sin^2\alpha}{\sin^2 B}+\frac{\sin^2\alpha}{\sin^2 C}=1$$

即

$$\frac{1}{\sin^2\alpha}=\frac{1}{\sin^2 A}+\frac{1}{\sin^2 B}+\frac{1}{\sin^2 C}$$

推论 1　Q 是 $\triangle ABC$ 的一个布罗卡尔点，相应的布罗卡尔角是 $\angle QBA=\angle QAC=\angle QCB=\beta$，则

$$\frac{1}{\sin^2\beta}=\frac{1}{\sin^2 A}+\frac{1}{\sin^2 B}+\frac{1}{\sin^2 C}$$

因推论 1 的证明过程完全类似于定理的证明过程，故此略去. 由定理和推论 1 可以看出，虽然 α,β 是 $\triangle ABC$ 的两个布罗卡尔角，但是 $\sin^2\alpha=\sin^2\beta$. 又 $0^\circ<\alpha<60^\circ,0^\circ<\beta<60^\circ$，所以 $\alpha=\beta$.

推论 2　对于任意给定 $\triangle ABC$，其两个布罗卡尔角相等.

此结论已由推论 1 证明.

推论 3　设 P 是 $\triangle ABC$ 的一个布罗卡尔点，相应的布罗卡尔角是 $\angle PAB=\angle PBC=\angle PCA=\alpha$，则

$$\cot\alpha=\cot A+\cot B+\cot C$$

证明　由定理 1，有

$$\frac{1}{\sin^2\alpha}=\frac{1}{\sin^2 A}+\frac{1}{\sin^2 B}+\frac{1}{\sin^2 C}$$

则

$$\csc^2\alpha=\csc^2 A+\csc^2 B+\csc^2 C$$

即

$$\cot^2\alpha=\cot^2 A+\cot^2 B+\cot^2 C+2 \quad ④$$

又 $A+B=\pi-C$，则

$$\cot(A+B)=\cot(\pi-c)$$

即
$$\cot A\cot B+\cot A\cot C+\cot B\cot C=1 \quad ⑤$$

由④,⑤得

$$\cot^2\alpha=(\cot A+\cot B+\cot C)^2$$

即
$$\cot\alpha=\cot A+\cot B+\cot C$$

由上式可求布罗卡尔角的大小.

推论4 已知 P 是 $\triangle ABC$ 内一点,且满足 $\angle PAB=\angle PBC=\angle PCA=\alpha$,则有

$$\cot A+\cot B+\cot C=\cot\alpha \quad ⑥$$

$$\Leftrightarrow\csc^2A+\csc^2B+\csc^2C=\csc^2\alpha \quad ⑦$$

证明 由三角形恒等式 $\cot B\cot C+\cot C\cot A+\cot A\cot B=1$,易知

式⑥ $\Leftrightarrow(\cot A+\cot B+\cot C)^2=\cot^2\alpha$

$\Leftrightarrow\cot^2A+\cot^2B+\cot^2C+2(\cot B\cot C+\cot C\cot A+\cot A\cot B)=\cot^2\alpha$

$\Leftrightarrow\cot^2A+\cot^2B+\cot^2C+2=\cot^2\alpha$

$\Leftrightarrow(1+\cot^2A)+(1+\cot^2B)+(1+\cot^2C)=1+\cot^2\alpha$

$\Leftrightarrow\csc^2A+\csc^2B+\csc^2C=\csc^2\alpha$

推论5
$$0<\alpha\leqslant 30^\circ$$

证明 将基本不等式 $(x+y+z)^2\geqslant 3(yz+zx+xy)$ 应用于⑥,有

$$\cot^2\alpha\geqslant 3(\cot B\cot C+\cot C\cot A+\cot A\cot B)=3$$

即 $\cot\alpha\geqslant\sqrt{3}$.所以,布罗卡尔角 α 满足 $0<\alpha\leqslant 30^\circ$.

推论6 已知 P 是 $\triangle ABC$ 内一点,且满足 $\angle PAB=\angle PBC=\angle PCA$,则有

$$\left(\frac{PA}{b}\right)^2+\left(\frac{PB}{c}\right)^2+\left(\frac{PC}{a}\right)^2=1$$

证明 把基本恒等式⑦改写成

$$\left(\frac{\sin\alpha}{\sin A}\right)^2+\left(\frac{\sin\alpha}{\sin B}\right)^2+\left(\frac{\sin\alpha}{\sin C}\right)^2=1 \quad ⑧$$

将正弦定理用于 $\triangle PCA$(见图2.131(a)),并注意到 $\angle CPA=\pi-(\angle PCA+\angle PAC)=\pi-A$,可得

$$\frac{PA}{b}=\frac{\sin\alpha}{\sin\angle CPA}=\frac{\sin\alpha}{\sin A}$$

同理可得

$$\frac{PB}{c}=\frac{\sin\alpha}{\sin B},\frac{PC}{a}=\frac{\sin\alpha}{\sin C}$$

再将以上三式一并代入⑧,则获得结论成立.

推论 7 已知 P 是 $\triangle ABC$ 内一点,且满足 $\angle PAB=\angle PBC=\angle PCA=\alpha$,则有

$$\frac{PC}{b}+\frac{PA}{c}+\frac{PB}{a}=2\cos\alpha \tag{9}$$

$$\frac{PA}{c}\cdot\frac{PB}{a}+\frac{PB}{a}\cdot\frac{PC}{b}+\frac{PC}{b}\cdot\frac{PA}{c}=1 \tag{10}$$

$$\Leftrightarrow\frac{b}{PC}+\frac{c}{PA}+\frac{a}{PB}=\frac{b}{PC}\cdot\frac{c}{PA}\cdot\frac{a}{PB}$$

证明 如图 2.131(a),将正弦定理用于 $\triangle PCA$,并注意到 $\angle CPA=\pi-A$,有

$$\frac{PC}{b}=\frac{\sin(A-\alpha)}{\sin\angle CPA}=\frac{\sin A\cos\alpha-\cos A\sin\alpha}{\sin A}=\cos\alpha-\cot A\sin\alpha$$

同理可得

$$\frac{PA}{c}=\cos\alpha-\cot B\sin\alpha$$

$$\frac{PB}{a}=\cos\alpha-\cot C\sin\alpha$$

以上三式相加,并应用推论 4 的式⑥,可得

$$\frac{PC}{b}+\frac{PA}{c}+\frac{PB}{a}=3\cos\alpha-(\cot A+\cot B+\cot C)\sin\alpha=$$
$$3\cos\alpha-\cot\alpha\sin\alpha=2\cos\alpha$$

类似地,有

$$\frac{PA}{c}\cdot\frac{PB}{a}+\frac{PB}{a}\cdot\frac{PC}{b}+\frac{PC}{b}\cdot\frac{PA}{c}=$$
$$(\cos\alpha-\cot B\sin\alpha)(\cos\alpha-\cot C\sin\alpha)+$$
$$(\cos\alpha-\cot C\sin\alpha)\cdot(\cos\alpha-\cot A\sin\alpha)+$$
$$(\cos\alpha-\cot A\sin\alpha)(\cos\alpha-\cot B\sin\alpha)=$$
$$3\cos^2\alpha-2(\cot A+\cot B+\cot C)\cos\alpha\sin\alpha+$$
$$(\cot B\cot C+\cot C\cot A+\cot A\cot B)\sin^2\alpha=$$
$$3\cos^2\alpha-2\cot\alpha\cos\alpha\sin\alpha+\sin^2\alpha=1$$

注意到 $⑨^2-⑩\times 2$,立得:

推论 8 已知 P 是 $\triangle ABC$ 内一点,且满足 $\angle PAB=\angle PBC=\angle PCA=\alpha$,则有

$$\left(\frac{PC}{b}\right)^2+\left(\frac{PA}{c}\right)^2+\left(\frac{PB}{a}\right)^2=2\cos 2\alpha \quad (0<\alpha\leqslant 30^\circ)$$

定理 2[①] 设 α 为 $\triangle ABC$ 的布罗卡尔角，记 $\triangle ABC$ 的面积为 S，三边长为 a,b,c，则

$$\cot \alpha=\frac{a^2+b^2+c^2}{4S}$$

$$\sin \alpha=\frac{2S}{\sqrt{a^2b^2+b^2c^2+c^2a^2}}$$

$$\cos \alpha=\frac{a^2+b^2+c^2}{2\sqrt{a^2b^2+b^2c^2+c^2a^2}}$$

证明 如图 2.131，设 $PA=x,PB=y,PC=z$，在 $\triangle PAB$ 中，由余弦定理得

$$\cos \alpha=\frac{c^2+x^2-y^2}{2cx}$$

又 $\sin \alpha=\frac{2S_{\triangle PAB}}{cx}$，则

$$\cot \alpha=\frac{c^2+x^2-y^2}{4S_{\triangle PAB}}$$

即
$$4S_{\triangle PAB}\cdot \cot \alpha=c^2+x^2-y^2$$

同理可得
$$4S_{\triangle PBC}\cdot \cot \alpha=a^2+y^2-z^2$$
$$4S_{\triangle PCA}\cdot \cot \alpha=b^2+z^2-x^2$$

上述三式相加，并注意 $S=S_{\triangle PAB}+S_{\triangle PBC}+S_{\triangle PCA}$，即得

$$\cot \alpha=\frac{a^2+b^2+c^2}{4S}$$

又由三斜求积(秦九韶)公式有

$$16S^2=4c^2a^2-(c^2+a^2-b^2)^2$$

则

$$\sin \alpha=\frac{1}{\sqrt{1+\cot^2\alpha}}=\frac{4S}{\sqrt{16S^2+(a^2+b^2+c^2)^2}}=\frac{2S}{\sqrt{a^2b^2+b^2c^2+c^2a^2}}$$

$$\cos \alpha=\sin \alpha\cot \alpha=\frac{a^2+b^2+c^2}{2\sqrt{a^2b^2+b^2c^2+c^2a^2}}$$

推论 $\alpha\leqslant 30^\circ$，且仅当三角形为正三角形时 $\alpha=30^\circ$.

---

① 黄书绅.关于三角形中的一个特殊点[J].数学通报，1994(2):24-25.

证明 由

$$\cos\alpha=\frac{a^2+b^2+c^2}{2\sqrt{a^2b^2+b^2c^2+c^2a^2}}$$

及

$$a^2+b^2+c^2\geqslant\sqrt{3(a^2b^2+b^2c^2+c^2a^2)}$$

即可得 $\cos\alpha\geqslant\frac{\sqrt{3}}{2}$,但 $\alpha<60^\circ$,故 $\alpha\leqslant30^\circ$. 其中等号当且仅当 $a=b=c$ 时取得.

定理 3 设 P 是 $\triangle ABC$ 内的一个布罗卡尔点,则点 P 到三顶点的距离分别为

$$AP=\frac{b^2c}{\sqrt{a^2b^2+b^2c^2+c^2a^2}}$$

$$BP=\frac{c^2a}{\sqrt{a^2b^2+b^2c^2+c^2a^2}}$$

$$CP=\frac{a^2b}{\sqrt{a^2b^2+b^2c^2+c^2a^2}}$$

证明 如图 2.132,设 G 是 BC 的中点,过 C 作 $O_2C\perp AC$ 交 BC 的中垂线于 O_2,在 $\mathrm{Rt}\triangle O_2CG$ 中,$CG=\frac{1}{2}a$,$\angle O_2CG=90^\circ-C$,则

$$O_2C=\frac{CG}{\cos(90^\circ-C)}=\frac{a}{2\sin C}$$

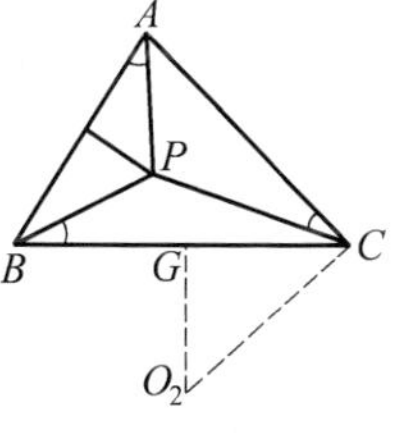

图 2.132

又 $\sin C=\frac{2S}{ab}$,故

$$O_2C=\frac{a^2b}{4S}$$

在 $\triangle PBC$ 中,由正弦定理得

$$CP=2O_2C\cdot\sin\alpha(O_2C\text{ 是 }\triangle PBC\text{ 外接圆的半径})=$$

$$2\cdot\frac{a^2b}{4S}\cdot\frac{2S}{\sqrt{a^2b^2+b^2c^2+c^2a^2}}=$$

$$\frac{a^2b}{\sqrt{a^2b^2+b^2c^2+c^2a^2}}$$

类似可计算出 AP 与 BP 的值.

推论 1 $AP:BP:CP=b^2c:c^2a:a^2b$.

推论 2 设 d_{AB},d_{BC},d_{CA} 分别表示点 P 到 AB,BC,CA 的距离,则 $d_{AB}:d_{BC}:d_{CA}=b^2c:c^2a:a^2b$.

证明 因 $d_{AB}=AP\cdot\sin\alpha,d_{BC}=PB\cdot\sin\alpha,d_{CA}=PC\cdot\sin\alpha$,由定理 3 即可证得结论.

推论 3 $S_{\triangle PAB}:S_{\triangle PBC}:S_{\triangle PCA}=b^2c^2:c^2a^2:a^2b^2$.

证明 由 $S_{\triangle PAB}=\frac{1}{2}c\cdot d_{AB}$，$S_{\triangle PBC}=\frac{1}{2}a\cdot d_{BC}$，$S_{\triangle PCA}=\frac{1}{2}b\cdot d_{CA}$. 再根据推论 2 立即得证.

推论 4 延长 AP，BP，CP 分别与 $\triangle ABC$ 的三边相交于 D，E，F，如图 2.133 所示，则

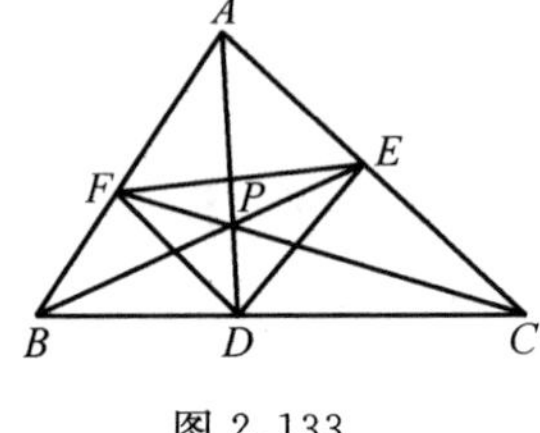

图 2.133

$$\frac{AF}{FB}=\frac{b^2}{c^2}$$

$$\frac{BD}{DC}=\frac{c^2}{a^2}$$

$$\frac{CE}{EA}=\frac{a^2}{b^2}$$

由推论 3 易得 $\frac{AF}{FB}=S_{\triangle PCA}$，$S_{\triangle PBC}=\frac{b^2}{c^2}$(下略).

定理 4① 设 P 为 $\triangle ABC$ 内点，$PA=x$，$PB=y$，$PC=z$，则 P 为第一类布罗卡尔点的充要条件为 $\frac{x}{b^2c}=\frac{y}{c^2a}=\frac{z}{a^2b}-\frac{1}{\sqrt{a^2b^2+b^2c^2+c^2a^2}}$.

证明 必要性. 如图 2.133，因

$$\angle APB=180°-\angle\alpha-\angle ABP=180°-\angle B$$

则

$$\sin\angle APB=\sin B$$

同理

$$\sin\angle BPC=\sin C$$

$$\sin\angle CPA=\sin A$$

在 $\triangle APC$ 中

$$\frac{b}{\sin\angle CPA}=\frac{x}{\sin\alpha}$$

即

$$\frac{b}{\sin A}=\frac{x}{\sin\alpha}$$

则

$$x=\frac{b}{\sin A}\sin\alpha=\frac{b^2c}{2S}\sin\alpha=\frac{b^2c}{\sqrt{a^2b^2+b^2c^2+c^2a^2}}$$

同理

$$y=\frac{c^2a}{\sqrt{a^2b^2+b^2c^2+c^2a^2}}$$

$$z=\frac{a^2b}{\sqrt{a^2b^2+b^2c^2+c^2a^2}}$$

必要性得证.

---

① 王友雨. 关于布洛卡点的几个充要条件[J]. 福建中学数学，1995(1)：10-11.

充分性.如图 2.133,设 $\angle PAB=\alpha_1$,$\angle PBC=\alpha_2$,$\angle PCA=\alpha_3$,则

$$\cos\alpha_1=\frac{c^2+x^2-y^2}{2cx}$$

将 $x=\frac{b^2c}{\sqrt{a^2b^2+b^2c^2+c^2a^2}}$,$y=\frac{c^2a}{\sqrt{a^2b^2+b^2c^2+c^2a^2}}$,代入并整理得

$$\cos\alpha_1=\frac{1}{2\sqrt{a^2b^2+b^2c^2+c^2a^2}}$$

同样地 $\cos\alpha_2$,$\cos\alpha_3$ 也可得到此结果,故 $\alpha_1=\alpha_2=\alpha_3$,即 P 为第一类布罗卡尔点,充分性得证.

定理 5 设 P 为 $\triangle ABC$ 内一点,记 $\triangle PBC$,$\triangle PCA$,$\triangle PAB$,$\triangle ABC$ 的面积分别为 S_1,S_2,S_3,S,则 P 为第一类布罗卡尔点的充要条件为

$$\frac{S_1}{c^2a^2}=\frac{S_2}{a^2b^2}=\frac{S_3}{b^2c^2}=\frac{S}{a^2b^2+b^2c^2+c^2a^2}$$

证明 必要性.P 为第一类布罗卡尔点,则

$$PA=x=\frac{b^2c}{\sqrt{a^2b^2+b^2c^2+c^2a^2}}$$

$$PB=y=\frac{c^2a}{\sqrt{a^2b^2+b^2c^2+c^2a^2}}$$

$$PC=z=\frac{a^2b}{\sqrt{a^2b^2+b^2c^2+c^2a^2}}$$

从而 $S_1=\frac{1}{2}ay\sin\omega=\frac{1}{2}a\frac{c^2a}{\sqrt{a^2b^2+b^2c^2+c^2a^2}}\cdot\frac{2S}{\sqrt{a^2b^2+b^2c^2+c^2a^2}}=$

$$\frac{c^2a^2S}{a^2b^2+b^2c^2+c^2a^2}$$

$$S_2=\frac{a^2b^2S}{a^2b^2+b^2c^2+c^2a^2}$$

$$S_3=\frac{b^2c^2S}{a^2b^2+b^2c^2+c^2a^2}$$

从而必要性得证.

充分性.如图 2.134,设 $\angle BPC=\theta_1$,$\angle CPA=\theta_2$,$\angle APB=\theta_3$,则

$$\frac{yz\sin\theta_1}{2c^2a^2}=\frac{zx\sin\theta_2}{2a^2b^2}=\frac{xy\sin\theta_3}{2b^2c^2}=\frac{S}{a^2b^2+b^2c^2+c^2a^2}$$

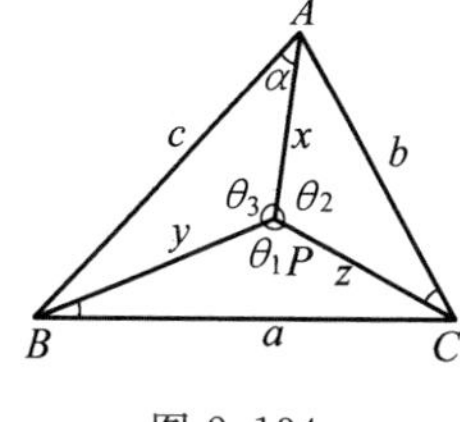

图 2.134

从而

$$\frac{xc^2a^2}{\sin(\pi-\theta_1)}=\frac{ya^2b^2}{\sin(\pi-\theta_2)}=\frac{zb^2c^2}{\sin(\pi-\theta_3)}=$$

$$\frac{xyz(a^2b^2+b^2c^2+c^2a^2)}{2S}$$

注意到：若 $a,b,c\in\mathbf{R}^+$，$A,B,C\in(0,\pi)$，$A+B+C=\pi$，且 $\frac{a}{\sin A}=\frac{b}{\sin B}=\frac{c}{\sin C}$，则 a,b,c 可构成三角形，且 a,b,c 的对角分别为 A,B,C. 从而可知：xc^2a^2，ya^2b^2，zb^2c^2 可构成 $\triangle A'B'C'$，且其对角分别为 $\pi-\theta_1$，$\pi-\theta_2$，$\pi-\theta_3$，如图 2.135 所示，从而有

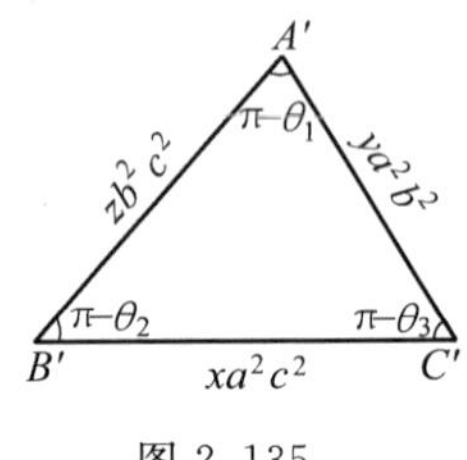

图 2.135

$$x^2a^4c^4=y^2a^4b^4+z^2b^4c^4-2yza^2b^4c^2\cos(\pi-\theta_1)=$$
$$y^2a^4b^4+z^2b^4c^4+2yza^2b^4c^2\cos\theta_1$$

由图 2.135，有 $2yz\cos\theta_1=y^2+z^2-a^2$，将其代入上式得

$$x^2a^4c^4=b^4(a^2+c^2)(a^2y^2+c^2z^2)-a^4b^4c^2$$

同理可得

$$y^2a^4b^4=c^4(a^2+b^2)(a^2x^2+b^2z^2)-a^2b^4c^4$$
$$z^2b^4c^4=a^4(b^2+c^2)(b^2y^2+c^2x^2)-a^4b^2c^4$$

解之得

$$x=\frac{b^2c}{\sqrt{a^2b^2+b^2c^2+c^2a^2}}$$

$$y=\frac{c^2a}{\sqrt{a^2b^2+b^2c^2+c^2a^2}}$$

$$z=\frac{a^2b}{\sqrt{a^2b^2+b^2c^2+c^2a^2}}$$

据定理 4 知 P 为第一类布罗卡尔点，充分性得证.

推论 设 P 为 $\triangle ABC$ 内一点，P 到三边 BC,CA,AB 的距离分别为 d_1,d_2,d_3，则 P 为第一类布罗卡点的充要条件为

$$\frac{d_1}{c^2a}=\frac{d^2}{a^2b}=\frac{d_3}{b^2c}=\frac{2S}{a^2b^2+b^2c^2+c^2a^2}$$

证明 由 $S_1=\frac{ad_1}{2}$，$S_2=\frac{bd_2}{2}$，$S_3=\frac{cd_3}{2}$，及定理 5 即知推论成立.

定理 6[①] 设 D,E,F 分别为 $\triangle ABC$ 的三边 BC,CA,AB 上的点，则 AD，BE，CF 三线共点于 $\triangle ABC$ 的布罗卡尔点的充要条件是

$$\frac{BD}{DC}=\frac{c^2}{a^2},\frac{CE}{EA}=\frac{a^2}{b^2},\frac{AF}{FB}=\frac{b^2}{c^2}$$

① 萧振纲. 三角形的 Brocard 点的两个特征性质[J]. 中学数学，2000(7)：41-42.

证明　必要性. 设 AD,BE,CF 三线共点于 $\triangle ABC$ 的布罗卡尔点 P，则有

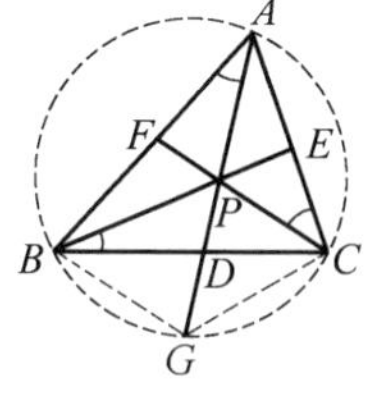

图 2.136

$$\angle BAP=\angle CBP=\angle ACP$$

如图 2.136，延长 AD 交 $\triangle ABC$ 的外接圆于 G，联结 BG，CG，易知 $\triangle BPG\backsim\triangle ABC\backsim\triangle PGC$（因其对应角相等），于是有

$$\frac{PB}{PG}=\frac{c}{a},\frac{PG}{PC}=\frac{c}{b}$$

两式相等，得

$$\frac{PB}{PC}=\frac{a^2}{ab} \qquad ①$$

又 $\angle BPD=\angle ABC$，$\angle DPC=\angle BAC$，于是由正弦定理并注意 $\angle BDP=\pi-\angle PDC$，得

$$\frac{BD}{PB}\cdot\frac{DC}{DC}=\frac{\sin\angle BPD}{\sin\angle BDP}\cdot\frac{\sin\angle PDC}{\sin\angle DPC}=\frac{\sin\angle ABC}{\sin\angle BAC}=\frac{b}{a}$$

再由式 ①，有

$$\frac{BD}{DC}=\frac{BD}{PB}\cdot\frac{PC}{DC}\cdot\frac{PB}{PC}=\frac{b}{a}\cdot\frac{c^2}{ab}=\frac{c^2}{a^2}$$

同理可证
$$\frac{CE}{EA}=\frac{a^2}{b^2},\frac{AF}{FB}=\frac{b^2}{c^2}$$

充分性. 设 $\frac{BD}{DC}=\frac{c^2}{a^2},\frac{CE}{EA}=\frac{a^2}{b^2},\frac{AF}{FB}=\frac{b^2}{c^2}$，则由塞瓦定理知，$AD,BE,CF$ 交于 $\triangle ABC$ 的内部一点 P，如图 2.137，在直线 CA 上取点 L，使 $\angle CBL=\angle CAB$. 过顶点 B 作 CA 的平行线交 CF 的延长线于 M，再过点 E 作 CM 的平行线交 LM 于 N，则有

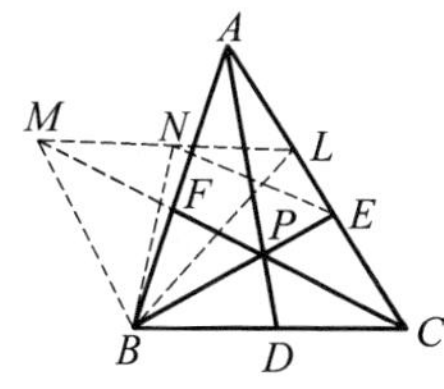

图 2.137

$$\triangle BLC\backsim\triangle ABC,\triangle AFC\backsim\triangle BFM$$

于是
$$\frac{BL}{a}=\frac{c}{b},\frac{b}{BM}=\frac{AF}{FB}=\frac{b^2}{c^2}$$

两式相乘，得

$$\frac{BL}{BM}=\frac{a}{c} \qquad ②$$

又
$$\angle MBL=\angle MBA+\angle BAL=\angle BAC+\angle ABL=\angle LBC+\angle ABL=\angle ABC$$

结合式 ② 立即可知，$\triangle MBL\backsim\triangle ABC$，因而有

$$\frac{ML}{b}=\frac{MB}{c}=\frac{BL}{a} \quad ③$$

再由 $\triangle BLC \backsim \triangle ABC$,知

$$LC=\frac{a^2}{b} \quad ④$$

$$\frac{BL}{a}=\frac{c}{b} \quad ⑤$$

于是,由 $EN /\!/ CM$ 与式 ④ 及 $\frac{CE}{EA}=\frac{a^2}{b^2}$ 可得

$$\frac{LM}{MN}=\frac{LC}{CE}=\frac{LC}{b}\cdot\frac{CA}{CE}=\frac{a^2}{b^2}\cdot\frac{a^2+b^2}{a^2}=\frac{a^2+b^2}{b^2}=\frac{b}{AE}$$

从而由式 ③,得

$$\frac{MN}{AE}=\frac{LM}{b}=\frac{MB}{c} \quad ⑥$$

又由 $\triangle MBL \backsim \triangle ABC$ 知

$$\angle NBM=\angle EAB$$

结合式 ⑥ 即知

$$\triangle MBN \backsim \triangle ABE$$

于是

$$\frac{BN}{BE}=\frac{MB}{c}$$

再由 ③,⑤ 两式即得

$$\frac{BN}{BE}=\frac{BL}{a}=\frac{c}{b} \quad ⑦$$

又

$$\angle EBN=\angle EBA+\angle ABN=\angle NBM+\angle ABN=\angle ABM=\angle CAB$$

结合式 ⑦ 即知

$$\triangle BNE \backsim \triangle ABC$$

从而有

$$\angle ACB=\angle BEN$$

再注意 $FP /\!/ NE$,得

$$\angle ACB=\angle FPB$$

于是

$$\angle ACP=\angle ACB-\angle PCB=\angle FPB-\angle PCB=\angle CBP$$

同理

$$\angle CBP=\angle BAP$$

故 P 为 $\triangle ABC$ 的布罗卡尔点(当 L 在 CA 的延长线上时,只需个别地方稍作修改即可).

定理 7① 设 P 为 $\triangle ABC$ 的勃罗卡点，如图 2.138，记 $\triangle PBC$，$\triangle PCA$，$\triangle PAB$，$\triangle ABC$ 的外接圆半径分别为 R_1，R_2，R_3，R，则有 $R^3=R_1R_2R_3$.

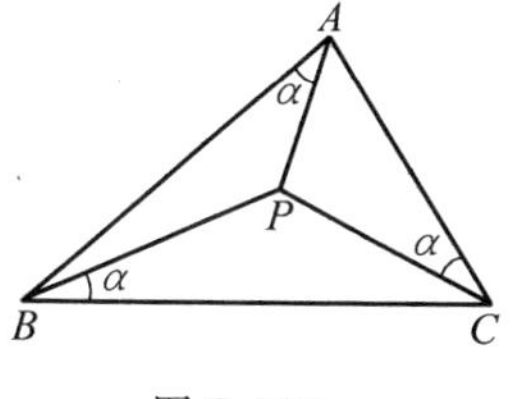

图 2.138

证明 如图 2.138，由

$$\angle BPC=\pi-(\alpha+\angle PCB)=\pi-C$$

有

$$\sin\angle BPC=\sin C$$

又在 $\triangle PBC$ 和 $\triangle ABC$ 中，由正弦定理得

$$a=2R_1\sin\angle BPC=2R_1\sin C,a=2R\sin A$$

则

$$R_1\sin C=R\sin A$$

同理可得 $\quad R_2\sin A=R\sin B,R_3\sin B=R\sin C$

三式相乘得 $R^3=R_1R_2R_3$.

推论 $R_1+R_2+R_3\geqslant 3R\Leftrightarrow\max\{R_1,R_2,R_3\}\geqslant R$.

注 可由 $R_1=\dfrac{R\sin A}{\sin C}=\dfrac{a^2b}{4S_{\triangle ABC}}$ 等三式的和与 $R=\dfrac{abc}{4S_{\triangle ABC}}$ 的比为 $\dfrac{c}{b}+\dfrac{a}{c}+\dfrac{b}{a}\geqslant 3$ 即证 $R_1+R_2+R_3\geqslant 3R$.

定理 8 设 P 为 $\triangle ABC$ 的布罗卡尔点，G 为 $\triangle ABC$ 的重心，a,b,c 为 $\triangle ABC$ 的三条边长，则有

$$GP=\frac{1}{3}\sqrt{\frac{3(a^4b^2+b^4c^2+c^4a^2)-(a^2+b^2+c^2)(a^2b^2+b^2c^2+c^2a^2)}{a^2b^2+b^2c^2+c^2a^2}}$$

证明 由重心性质，取 P 为布罗卡尔点，则

$$PA^2+PB^2+PC^2=\frac{1}{3}(AB^2+BC^2+CA^2)+3GP^2 \qquad ①$$

由 $PA=\dfrac{b}{\sin A}\sin\alpha,PB=\dfrac{c}{\sin B}\sin\alpha,PC=\dfrac{a}{\sin C}\sin\alpha$，从而易得

$$PA=\frac{2Rb}{a}\sin\alpha,PB=\frac{2Rc}{b}\sin\alpha,PC=\frac{2Ra}{c}\sin\alpha$$

则

$$PA^2+PB^2+PC^2=\left(\frac{b^2}{a^2}+\frac{c^2}{b^2}+\frac{a^2}{c^2}\right)4R^2\sin^2\alpha \qquad ②$$

又由定理 2 知

$$\sin\alpha=\frac{abc}{2R}\cdot\frac{1}{\sqrt{a^2b^2+b^2c^2+c^2a^2}} \qquad ③$$

将 ②，③ 代入 ① 整理得

---

① 苗大文. 关于勃罗卡点的两个命题[J]. 数学通讯，1998(2)：33.

$$GP=\frac{1}{3}\sqrt{\frac{3(a^4b^2+b^4c^2+c^4a^2)-(a^2+b^2+c^2)(a^2b^2+b^2c^2+c^2a^2)}{a^2b^2+b^2c^2+c^2a^2}}$$

推论 在$\triangle ABC$中,a,b,c为其三条边,则有不等式$3(a^4b^2+b^4c^2+c^4a^2)\geqslant(a^2+b^2+c^2)(a^2b^2+b^2c^2+c^2a^2)$.其中等号仅当$\triangle ABC$为正三角形时成立.

定理9 设G为$\triangle ABC$的重心,D,E,F为BC,CA,AB的中点,S,R为$\triangle ABC$的面积和外接圆半径,三个内角A,B,C所对的三边长分别为a,b,c,m_a,m_b,m_c表示a,b,c所对的三条中线的长,A_1,A_2,B_1,B_2,C_1,C_2分别表示$\angle GAB,\angle GAC,\angle GBC,\angle GBA,\angle GCA,\angle GCB$的大小,$\alpha$为$\triangle ABC$的布罗卡尔角的大小,令

$$\mu=\cot A_1+\cot A_2+\cot B_1+\cot B_2+\cot C_1+\cot C_2$$

$$\lambda=(\cot A_1+\cot A_2)^2+(\cot B_1+\cot B_2)^2+(\cot C_1+\cot C_2)^2$$

$$\rho=(\cot A_1+\cot A_2)(\cot B_1+\cot B_2)+(\cot B_1+\cot B_2)(\cot C_1+\cot C_2)+(\cot C_1+\cot C_2)(\cot A_1+\cot A_2)$$

则(1)$\mu=6\cot\alpha$;

(2)$\lambda=18(\cot^2\alpha-1)$;

(3)$\rho=9(\cot^2\alpha+1)$.

且$\mu^2=\lambda+2\rho$.①

证明 如图2.139,首先注意到如下公式:(i)$m_a^2+m_b^2+m_c^2=\frac{3}{4}(a^2+b^2+c^2)$;

$$m_a^4+m_b^4+m_c^4=\frac{9}{16}(a^4+b^4+c^4);$$

$$m_a^2m_b^2+m_b^2m_c^2+m_c^2m_a^2=\frac{9}{16}(a^2b^2+b^2c^2+c^2a^2);$$

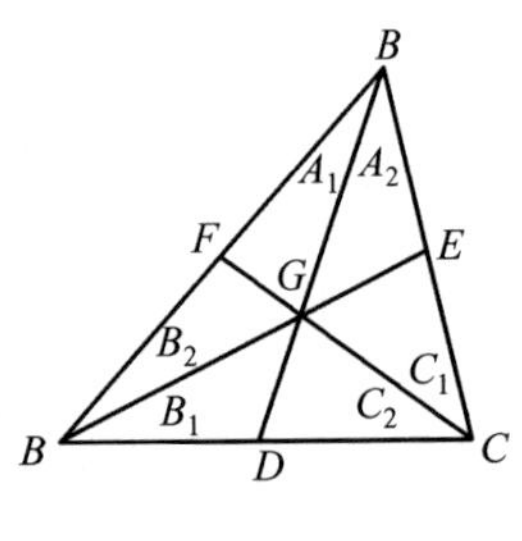

图2.139

(ii)$S=2R^2\sin A\sin B\sin C$;

(iii)$\cot\alpha=\cot A+\cot B+\cot C=\frac{a^2+b^2+c^2}{4S}$;

(iv)$\cot A\cot B+\cot B\cot C+\cot C\cot A=1$.

(1) 由正弦定理有

① 卢圣,杨艳玲.关于三角形重心和布洛卡的一个新性质[J].数学通报,2015(10):55.

$$\frac{AD}{\sin B}=\frac{BD}{\sin A_1},\frac{AD}{\sin C}=\frac{DC}{\sin A_2}$$

所以

$$m_a^2=AD^2=\frac{BD\cdot CD\sin B\sin C}{\sin A_1\sin A_2}=$$

$$\frac{a^2\sin B\sin C}{4\sin A_1\sin A_2}=$$

$$\frac{2R^2\sin A\sin B\sin C\sin A}{2\sin A_1\sin A_2}=$$

$$\frac{S}{2}\cdot\frac{\sin(A_1+A_2)}{\sin A_1\sin A_2}=$$

$$\frac{S}{2}\cdot\frac{\sin A_1\cos A_2+\cos A_1\sin A_2}{\sin A_1\sin A_2}=$$

$$\frac{S}{2}(\cot A_1+\cot A_2)$$

即

$$\cot A_1+\cot A_2=\frac{2m_a^2}{S}$$

同理

$$\cot B_1+\cot B_2=\frac{2m_b^2}{S},\cot C_1+\cot C_2=\frac{2m_c^2}{S}$$

所以

$$\mu=\frac{2m_a^2}{S}+\frac{2m_b^2}{S}+\frac{2m_c^2}{S}=\frac{2(m_a^2+m_b^2+m_c^2)}{S}=$$

$$\frac{6(a^2+b^2+c^2)}{4S}=6\cot\alpha$$

(2)

$$\lambda=\frac{4m_a^4}{S^2}+\frac{4m_b^4}{S^2}+\frac{4m_c^4}{S^2}=\frac{4(m_a^4+m_b^4+m_c^4)}{S^2}=$$

$$\frac{9(a^4+b^4+c^4)}{4S^2}=$$

$$\frac{9(a^2+b^2+c^2)^2-18(a^2b^2+b^2c^2+c^2a^2)}{4S^2}=$$

$$36\left(\frac{a^2+b^2+c^2}{4S}\right)^2-\frac{9(a^2b^2+b^2c^2+c^2a^2)}{2S^2}=$$

$$36\cot^2\alpha-18\frac{\sin^2A\sin^2B+\sin^2B\sin^2C+\sin^2C\sin^2A}{\sin^2A\sin^2B\sin^2C}=$$

$$36\cot^2\alpha-18\left(\frac{1}{\sin^2A}+\frac{1}{\sin^2B}+\frac{1}{\sin^2C}\right)=$$

$$36\cot^2\alpha-18(3+\cot^2A+\cot^2B+\cot^2C)=$$

$$36\cot^2\alpha-18[3+(\cot A+\cot B+\cot C)^2-$$

$$2(\cot A\cot B+\cot B\cot C+\cot C\cot A)]=$$

$$36\cot^2\alpha-18(\cot^2\alpha+1)=18(\cot^2\alpha-1)$$

(3) 由代数恒等式$(x+y+z)^2=x^2+y^2+z^2+2xy+2yz+2zx$知$\mu,\lambda,\rho$有如下的等量关系:$\mu^2=\lambda+2\rho$.于是将结论(1)和结论(2)代入$\lambda^2=\lambda+2\rho$,解得$\rho=9(\cot^2\alpha+1)$.

定理10 布罗卡尔点与费马点重合的充要条件是:三角形为正三角形①.

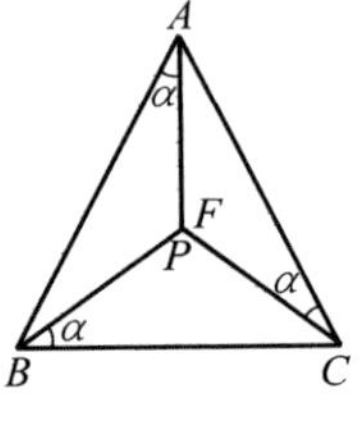

图 2.140

证明 必要性.如图2.140,设P是布罗卡尔点,F是费马点,则

$$\angle PAB=\angle PBC=\angle PCA=\alpha$$
$$\angle AFB=\angle BFC=\angle CFA=120^\circ$$

因P与F重合,则

$$\angle ABP=180^\circ-(120^\circ+\alpha)=60^\circ-\alpha$$
$$\angle ABC=\angle ABP+\angle PBC=60^\circ-\alpha+\alpha=60^\circ$$

同理
$$\angle BCA=\angle CAB=60^\circ$$

故$\triangle ABC$是正三角形.

充分性.设$\triangle ABC$是正三角形,则

$$\angle BAC=\angle ABC=\angle BCA=60^\circ$$

由$\angle PAB=\angle PBC=\angle PCA=\alpha$,有

$$\angle ABP=60^\circ-\alpha$$
$$\angle APB=180^\circ-\alpha-(60^\circ-\alpha)=120^\circ$$

同理
$$\angle APC=\angle BPC=120^\circ$$

故点P是费马点,P与F重合.

定理11 布罗卡尔点分别与外心、内心、重心、垂心重合的充要条件是:三角形是正三角形.

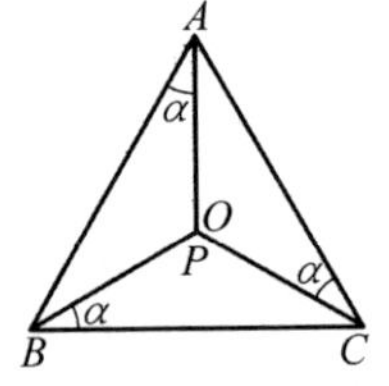

图 2.141

证明 充分性显然,下证必要性.设$\angle PAB=\angle PBC=\angle PCA=\alpha$.

(1) P与外心O重合(图2.141).因O是外心,$OA=OB=OC$,则

$$\angle ABO=\angle OAB=\angle PAB=\alpha$$

同理
$$\angle BCP=\angle CAP=\alpha$$

则
$$6\alpha=180^\circ$$
$$\alpha=30^\circ$$

① 吴崇兵,汪小王.关于勃罗卡点与勃罗卡角[J].数学通讯,1993(12):14-16.

故 $$\angle ABC=\angle BCA=\angle CAB=2\alpha=60^\circ$$

从而 $\triangle ABC$ 是正三角形.

(2) P 与内心 I 重合(图 2.142). 因 I 是内心, PA, PB, PC 是三内角平分线,则

$$\angle PAC=\angle PAB=\alpha$$

$$\angle PBA=\angle PBC=\alpha$$

$$\angle PCB=\angle PCA=\alpha$$

$$6\alpha=180^\circ$$

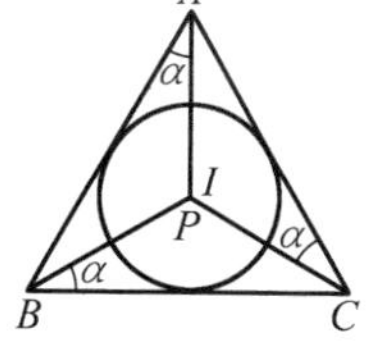

图 2.142

即 $$\alpha=30^\circ$$

$$\angle ABC=\angle BCA=\angle CAB=2\alpha=60^\circ$$

故 $\triangle ABC$ 是正三角形.

(3) P 与重心 G 重合(图 2.143). 设 AD, BE, CF 是 $\triangle ABC$ 的中线,则 $EF\parallel BC$, $\angle FEB=\alpha$.

又 $\angle FAG=\alpha$,则 A, F, G, E 四点共圆,即

$$\angle EFG=\angle GAC$$

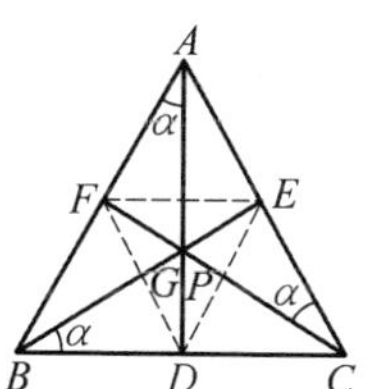

图 2.143

又 $\angle EFG=\angle GCB$,则

$$\angle GAE=\angle GCB$$

同理 $$\angle GCB=\angle GBA$$

则 $$\angle GAC=\angle GCB=\angle GBA=\beta$$

则 $$3\alpha+3\beta=180^\circ$$

则 $$\alpha+\beta=60^\circ$$

即 $$\angle BAC=\angle ACB=\angle CBA=60^\circ$$

故 $\triangle ABC$ 是正三角形.

(4) P 与垂心 H 重合(图 2.144). 设 AD, BE, CF 是 $\triangle ABC$ 三边上的高. 由 $\angle ADB=90^\circ$, $\angle BFC=90^\circ$,得

$$\angle\alpha+\angle ABC=\angle ABC+\angle BCF$$

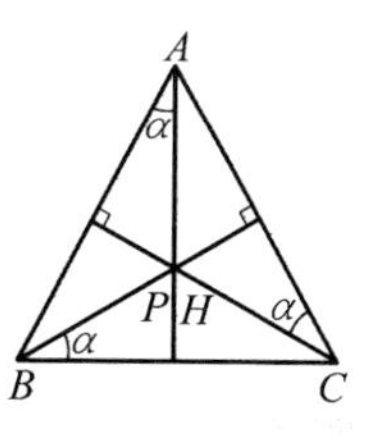

图 2.144

则 $$\angle BCF=\alpha$$

同理 $$\angle CAD=\angle ABE=\alpha$$

即 $$6\alpha=180^\circ, \alpha=30^\circ$$

$$\angle BCA=\angle CAB=\angle ABC=60^\circ$$

故 $\triangle ABC$ 是正三角形.

下面给出布罗卡尔点与布罗卡尔角的尺规作图法.

分析 如图 2.145,设 P 是 $\triangle ABC$ 的布罗卡尔点, $\angle ABP=\angle BCP=\angle CAP=\alpha$ 是布罗卡尔角. 分别作出 $\triangle APB$, $\triangle BPC$, $\triangle CPA$ 的外接圆圆 O_1,

圆 O_2,圆 O_3,容易看出,CA,AB,BC 依次是圆 O_1,圆 O_2,圆 O_3 的切线,依次作出三个圆的直径 AA',BB',CC',再联结 $C'A$,$A'B$,$B'C$,则 $\angle BCC'=90^\circ=\angle BCB'$,从而 C',C,A 三点共线. 同理:C',A,A' 与 A',B,B' 也分别共线. 由此,可得以下作法.

具体作法:

(1) 过点 A 作 $A'C'\perp CA$ 于 A,过点 B 作 $A'B'\perp AB$ 于 B,过点 C 作 $B'C'\perp BC$ 于 C.

图 2.145

(2) 分别以 AA',BB' 为直径作圆 O_1,圆 O_2,则圆 O_1 与圆 O_2 在 $\triangle ABC$ 内的交点 P 即是布罗卡尔点.

(3) 联结 AP,BP,CP,则 $\angle ABP$,$\angle BCP$,$\angle CAP$ 即是布罗卡尔角.(证明略)

❖布罗卡尔几何问题

布罗卡尔几何的主要结论有如下几类.

1. 布罗卡尔点,布罗卡尔角、布罗卡尔线.

布罗卡尔点与布罗卡尔角已在前面有专门介绍.

设点 P 为 $\triangle ABC$ 的布罗卡尔点.

若将 AP,BP,CP 延长各交对边于 D,E,F,则称 AD,BE,CF 为 $\triangle ABC$ 的布罗卡尔线.

2. 布罗卡尔等式.

在 $\triangle ABC$ 中,布罗卡尔角 α 满足的等式

$$\cot\alpha=\cot A+\cot B+\cot C$$

此式与 $\cot\alpha=\dfrac{a^2+b^2+c^2}{4S_{\triangle ABC}}$ 等价.

3. 共布罗卡尔点的三角形.

(1) 投影三角形系①.

如图 2.146,设 $\triangle A_1B_1C_1$ 为正布罗卡尔点 P 向三边所作垂线的投影三角形,则 $\triangle A_1B_1C_1\backsim\triangle BCA$,且 $\triangle A_1B_1C_1$ 也以点 P 为正布罗卡尔点. 二者相似比为 $\dfrac{PA_1}{PB}=\sin\alpha$;对应线段交角为$(90^\circ-\alpha)$. 由此可以设想:$\triangle A_1B_1C_1$ 是由 $\triangle BCA$ 进行如下旋转、相似变换而得

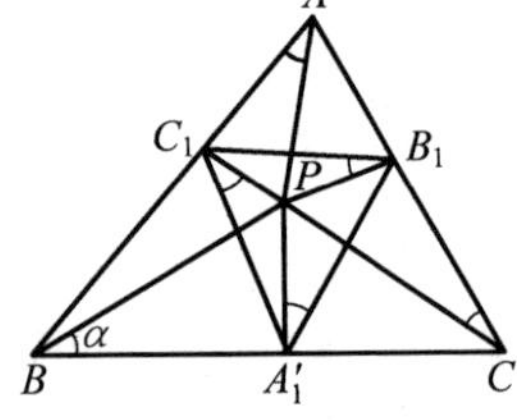

图 2.146

① 胡炳生. 布罗卡和布罗卡问题[J]. 中学数学教学,1993(4):36-38.

到：以点 P 为中心逆时针转动角$(90^\circ-\alpha)$，再缩小 $\sin\alpha$ 倍.

如果继续将 $\triangle A_1B_1C_1$ 以点 P 为中心作上述旋转、相似变换，便得到一个相似投影三角形系列，它们共有一个正布罗卡尔点 P. 同样，对负布罗卡尔点 Q，可以得到另一相似投影三角形系，它们共有一个负布罗卡尔点 Q.

(2) 同外接圆的三角形.

如图 2.147，设 P 为 $\triangle ABC$ 正布罗卡尔点. 作 $\triangle ABC$ 外接圆，设三条布罗卡尔线延长交圆于 A',B',C'. 由于

$$\overset{\frown}{BA'}=\overset{\frown}{CB'}=\overset{\frown}{AC'}$$

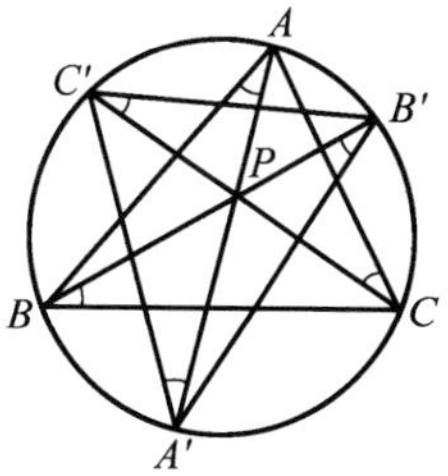

从而 $\overset{\frown}{AC'B}=\overset{\frown}{C'BA'}$，$AB=C'A'$

同理 $BC=A'B'$，$CA=B'C'$

于是 $\triangle A'B'C'\cong\triangle CAB$

图 2.147

而且 $\triangle A'B'C'$ 以 P 为负布罗卡尔点.

对 $\triangle ABC$ 负布罗卡尔点 Q，可作类似讨论，得 $\triangle A''B''C''$，它与 $\triangle ABC$ 全等，且共外接圆，而以点 Q 为正布罗卡尔点.

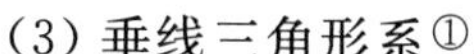

(3) 垂线三角形系①.

如图 2.148，过 $\triangle ABC$ 的三个顶点 A,B,C 依次作 CA,AB,BC 的垂线，分别相交于 A_1,B_1,C_1，则称 $\triangle A_1B_1C_1$ 为垂线布罗卡尔三角形.

若以垂线布罗卡尔 $\triangle A_1B_1C_1$，三边上的线段 AA_1，BB_1，CC_1 的中点 O_1,O_2,O_3 构成的 $\triangle O_1O_2O_3$ 称为布罗卡尔圆心三角形.

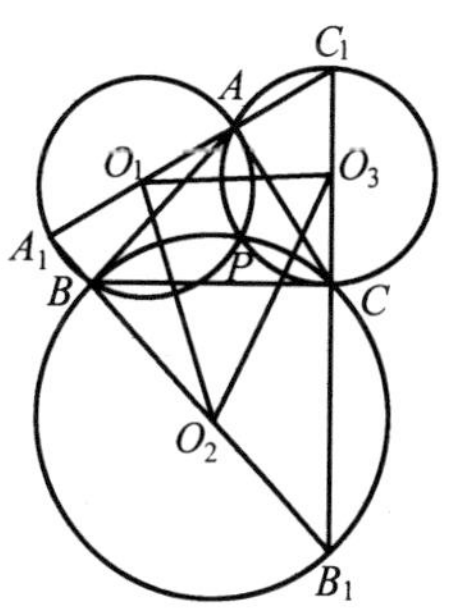

图 2.148

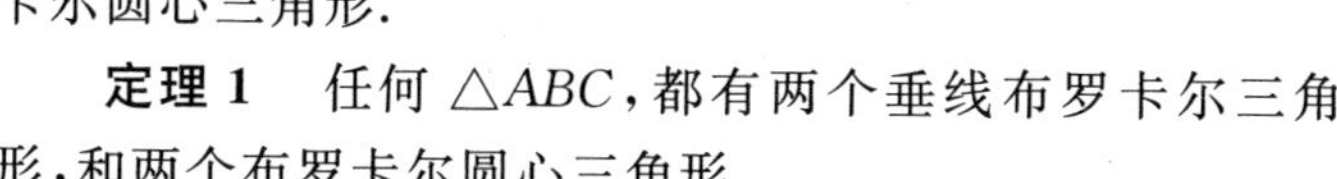

定理 1 任何 $\triangle ABC$，都有两个垂线布罗卡尔三角形，和两个布罗卡尔圆心三角形.

证明 因为过 $\triangle ABC$ 的一个顶点，可以作相邻两边的垂线各一条，所以依次构成两个垂线布罗卡尔三角形，当然也就有两个布罗卡尔圆心三角形.

定理 2 $\triangle ABC$ 的两个垂线布罗卡尔 $\triangle A_1B_1C_1$，$\triangle A'_1B'_1C'_1$ 全等，且都与 $\triangle ABC$ 相似.

证明 如图 2.149，先证 $\triangle ABC\backsim\triangle A_1B_1C_1\backsim\triangle A'_1B'_1C'_1$.

因 $\angle A_1$，$\angle A$ 都是 $\angle A_1AB$ 的余角，则 $\angle A=\angle A_1$，同理 $\angle A=\angle A'_1$，$\angle B=\angle B_1=\angle B'_1$，故

① 龙敏信. 与布罗卡尔点(角)相关的几个命题[J]. 中学数学(苏州)，1994(10)：20-21.

$$\triangle ABC \backsim \triangle A_1B_1C_1 \backsim \triangle A'_1B'_1C'_1$$

再证 $\triangle A_1B_1C_1 \cong \triangle A'_1B'_1C'_1$

设 $\triangle ABC$ 的三边长分别为 a,b,c,R 为 $\triangle ABC$ 外接圆半径.

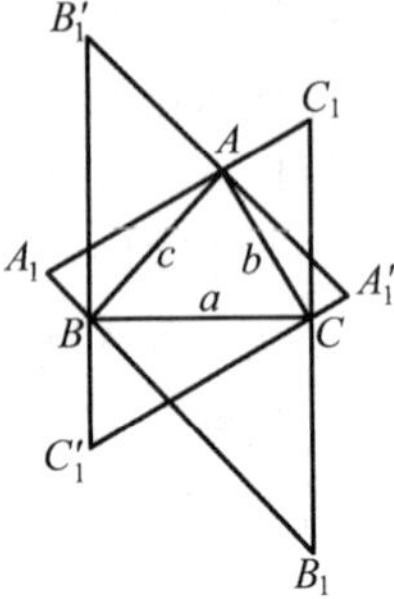

图 2.149

在 $\triangle A_1B_1C_1,\triangle A'_1B'_1C'_1$ 中

$$A_1B_1=A_1B+BB_1=c\cdot\cot A_1+\frac{a}{\sin B_1}=$$

$$c\cdot\frac{\cos A}{\sin A}+\frac{a}{\sin B}=\frac{c\sin B\cdot\cos A+a\sin A}{\sin A\sin B}=$$

$$\frac{c\cdot\frac{b}{2R}\cdot\frac{b^2+c^2-a^2}{2bc}+a\cdot\frac{a}{2R}}{\frac{a}{2R}\cdot\frac{b}{2R}}=$$

$$\frac{(a^2+b^2+c^2)R}{ab}$$

$$A'_1B'_1=A'_1A+AB'_1=\frac{b}{\sin A}+c\cdot\cot B_1=$$

$$\frac{b}{\sin A}+c\cdot\frac{\cos B}{\sin B}=\frac{b\sin B+c\sin A\cos B}{\sin A\cdot\sin B}=$$

$$\frac{b\cdot\frac{b}{2R}+c\cdot\frac{a}{2R}\cdot\frac{a^2+c^2-b^2}{2ac}}{\frac{a}{2R}\cdot\frac{b}{2R}}=$$

$$\frac{(a^2+b^2+c^2)R}{ab}$$

故 $\triangle A_1B_1C_1$ 与 $\triangle A'_1B'_1C'_1$ 的相似比为 1,从而

$$\triangle A_1B_1C_1 \cong \triangle A'_1B'_1C'_1$$

从定理 2 的证明可得:

① 垂线布罗卡尔三角形三边的长分别为

$$A_1B_1=A'_1B'_1=\frac{(a^2+b^2+c^2)R}{ab}$$

$$B_1C_1=B'_1C'_1=\frac{(a^2+b^2+c^2)R}{bc}$$

$$A_1C_1=A'_1C'_1=\frac{(a^2+b^2+c^2)R}{ac}$$

② $\triangle ABC$ 与 $\triangle A_1B_1C_1$(或 $\triangle A'_1B'_1C'_1$)的相似比为 $\frac{abc}{(a^2+b^2+c^2)R}$.

③ 两个垂线布罗卡尔 $\triangle A_1B_1C_1,\triangle A'_1B'_1C'_1$ 的对应顶点的连线 $A_1A'_1$,$B_1B'_1,C_1C'_1$ 共点且互相平分.

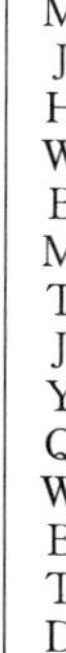

定理 3 $\triangle ABC$ 的两个布罗卡尔圆心 $\triangle O_1O_2O_3$，$\triangle O'_1O'_2O'_3$ 全等，且与 $\triangle ABC$ 相似.

证明 如图 2.150，设 P 为布罗卡尔点，即圆 O_1，圆 O_2，圆 O_3 交于点 P，联结 O_1P，O_1B，因

$$\angle O_1A_1B=\angle O_1BA_1$$

$$\angle AO_1O_3=\angle PO_1O_3$$

$$\angle BO_1O_2=\angle PO_1O_2$$

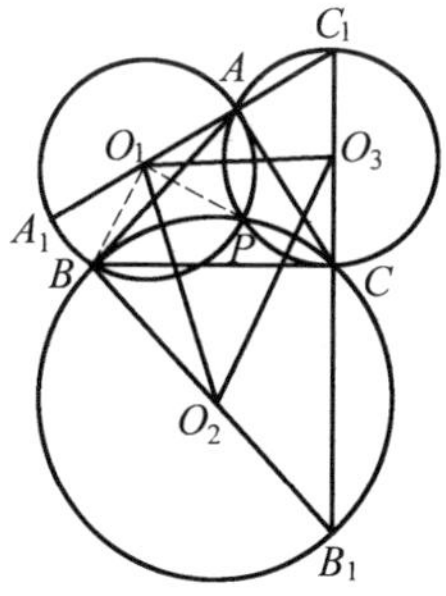

图 2.150

则
$$\angle O_3O_1O_2=\frac{180^\circ-\angle A_1O_1B}{2}=\frac{180^\circ-(180^\circ-2\angle O_1A_1B)}{2}=\angle O_1A_1B=\angle A$$

同理
$$\angle O_1O_2O_3=\angle B$$

故
$$\triangle O_1O_2O_3\backsim\triangle ABC$$

同理可证
$$\triangle O'_1O'_2O'_3\backsim\triangle ABC$$

在 $\triangle O_2B_1O_3$ 中，有

$$B_1O_3=B_1C+CO_3=B_1C+\frac{1}{2}CC_1=a\cot B_1+\frac{1}{2}\frac{b}{\sin C_1}=a\cdot\frac{\cos B}{\sin B}+\frac{1}{2}\frac{b}{\sin C}=\frac{(a\cdot\frac{c}{2R}\cdot\frac{a^2+c^2-b^2}{2ac}+\frac{b}{2}\cdot\frac{b}{2R})}{\frac{b}{2R}\cdot\frac{c}{2R}}=\frac{\frac{a^2+c^2-b^2+b^2}{4R}}{\frac{bc}{4R^2}}=\frac{(a^2+c^2)R}{bc}$$

$$O_2B_1=\frac{1}{2}BB_1=\frac{1}{2}\frac{a}{\sin B_1}=\frac{\frac{1}{2}a}{\frac{b}{2R}}=\frac{aR}{b}$$

则
$$O_2O_3^2=O_2B_1^2+B_1O_3^2-2O_2B_1\cdot B_1O_3\cos B_1=\frac{a^2R^2}{b^2}+\frac{(a^2+c^2)^2R^2}{b^2c^2}-2\cdot\frac{aR}{b}\cdot\frac{(a^2+c^2)R}{bc}\cdot\frac{a^2+c^2-b^2}{2ac}=\frac{a^2c^2R^2+(a^2+c^2)^2R^2-(a^2+c^2)^2R^2}{b^2c^2}+\frac{(a^2+c^2)R^2b^2}{b^2c^2}=\frac{(a^2c^2+a^2b^2+c^2b^2)R^2}{b^2c^2}$$

故
$$O_2O_3=\frac{(a^2b^2+b^2c^2+c^2a^2)^{\frac{1}{2}}R}{bc}$$

用类似的方法可算出另一个布罗卡尔圆心 $\triangle O'_1O'_2O'_3$ 的 $(O'_2O'_3)^2=\frac{(a^2c^2+a^2b^2+c^2b^2)^{\frac{1}{2}}\cdot R}{bc}$，从而 $\triangle O_1O_2O_3\backsim\triangle O'_1O'_2O'_3$ 的相似比为1，故
$$\triangle O_1O_2O_3\cong\triangle O'_1O'_2O'_3$$

从定理3的推证，可以得到以下结论.

① 布罗卡尔圆心三角形的三边长分别为
$$O_1O_2=O'_1O'_2=\frac{(a^2b^2+b^2c^2+c^2a^2)^{\frac{1}{2}}R}{ab}$$
$$O_2O_3=O'_2O'_3=\frac{(a^2b^2+b^2c^2+c^2a^2)^{\frac{1}{2}}R}{bc}$$
$$O_3O_1=O'_3O'_1=\frac{(a^2b^2+b^2c^2+c^2a^2)^{\frac{1}{2}}R}{ca}$$

② $\triangle ABC$ 与 $\triangle O_1O_2O_3$ 的相似比为 $\frac{abc}{\sqrt{(a^2b^2+b^2c^2+c^2a^2)}R}$.

③ $\triangle ABC$ 的垂线布罗卡尔 $\triangle A_1B_1C_1$ 与布罗卡尔圆心 $\triangle O_1O_2O_3$ 相似且相似比为 $\frac{a^2+b^2+c^2}{(a^2b^2+b^2c^2+c^2a^2)^{\frac{1}{2}}}$.

4. 布罗卡尔角相等的三角形.

定理4 如图2.151，在 $\triangle ABC$ 的边 BC,CA,AB 上分别取点 P,Q,R，它们内分各边之比为 $\frac{\lambda}{(1-\lambda)}$，以线段 AP,BQ,CR 长为三边组成的三角形记作 $\triangle A'B'C'$，则 $\triangle A'B'C'$ 的布罗卡尔角与 $\triangle ABC$ 的布罗卡尔角相等.[①]

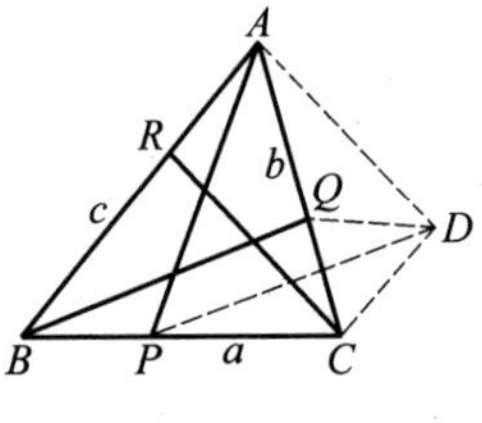

图2.151

证明 设 $\triangle A'B'C'$ 的布罗卡尔角为 α'，面积为 S'，则由布罗卡尔等式，有
$$\cot\alpha'=\frac{AP^2+BQ^2+CR^2}{4S'} \quad ①$$

由斯特瓦尔特定理，即
$$AP^2=b^2\frac{BP}{BC}+c^2\frac{PC}{BC}-BP\cdot PC$$

---

① 陈明，胡耀宗. 关于布罗卡尔角的一个有趣问题[J]. 中学数学，1995(4):36.

而 $$\frac{BP}{PC}=\frac{\lambda}{1-\lambda},BC=a$$

则 $$\frac{BP}{BC}=\lambda,\frac{PC}{BC}=1-\lambda$$

$$BP\cdot PC=\lambda(1-\lambda)a^2$$

即 $$AP^2=\lambda b^2+(1-\lambda)c^2-\lambda(1-\lambda)a^2$$

同理 $$BQ^2=\lambda c^2+(1-\lambda)a^2-\lambda(1-\lambda)b^2$$

$$CR^2=\lambda a^2+(1-\lambda)b^2-\lambda(1-\lambda)c^2$$

故

$$AP^2+BQ^2+CR^2=\lambda(a^2+b^2+c^2)+(1+\lambda)(a^2+b^2+c^2)-(\lambda-\lambda^2)(a^2+b^2+c^2)$$

即

$$AP^2+BQ^2+CR^2=(1-\lambda+\lambda^2)(a^2+b^2+c^2) \quad ②$$

另一方面，由已知得 $AR=\lambda c,CQ=\lambda b(0<\lambda<1)$. 作 $\square ARCD$，则

$$AD=CR,CD=AR=\lambda c$$

$$\frac{CD}{CQ}=\frac{\lambda c}{\lambda b}=\frac{c}{b}=\frac{AB}{AC}$$

又 $\angle DCQ=\angle BAC$，则

$$\triangle CDQ\backsim\triangle ABC$$

因此 $$\frac{DQ}{CQ}=\frac{BC}{AC}=\frac{a}{b}$$

故 $$DQ=\frac{a}{b}CQ=\frac{a}{b}\lambda b=\lambda a$$

而 $BP=\lambda a$，则

$$DQ=BP$$

又 $\angle CQD=\angle ACB$，故

$$DQ\ /\!/\ BP$$

故 $BPDQ$ 是平行四边形.

因此 $PD=BQ$，于是 $\triangle APD$ 是三边长分别为 AP,BQ,CR 的三角形

$$S_{\triangle APD}=S_{\triangle ABC}+S_{\triangle ACD}-S_{\triangle ABP}-S_{\triangle CPD} \quad ③$$

其中 $S_{\triangle ACD}=S_{\triangle ACR}=\frac{AR}{AB}S_{\triangle ABC}=\lambda S$. 同理 $S_{\triangle ABP}=\lambda S$. 因

$$\angle PCD+\angle ABC=\angle C+\angle A+\angle B=180^\circ$$

则 $$\frac{S_{\triangle CPD}}{S_{\triangle ABC}}=\frac{\frac{1}{2}CD\cdot CP\sin\angle PCD}{\frac{1}{2}AB\cdot BC\sin\angle ABC}=\frac{CD}{AB}\cdot\frac{PC}{BC}=\frac{AR}{AB}\cdot\frac{PC}{BC}=\lambda(1-\lambda)$$

故
$$S_{\triangle CPD}=(\lambda-\lambda^2)S$$
于是由式③得
$$S_{\triangle APD}=S+\lambda S-\lambda S-(\lambda-\lambda^2)S=(1-\lambda+\lambda^2)S$$
即
$$S'=(1-\lambda+\lambda^2)S \quad ④$$
以②,④代入式①得
$$\cot\alpha'=\frac{a^2+b^2+c^2}{4S} \quad ⑤$$

由布罗卡尔等式与式⑤知
$$\cot\alpha'=\cot\alpha$$

易知布罗卡尔角为锐角，故
$$\alpha'=\alpha$$

5.布罗卡尔点与外心.

如图2.152，设 P,Q,O 分别是 $\triangle ABC$ 的正、负布罗卡尔点和外心.

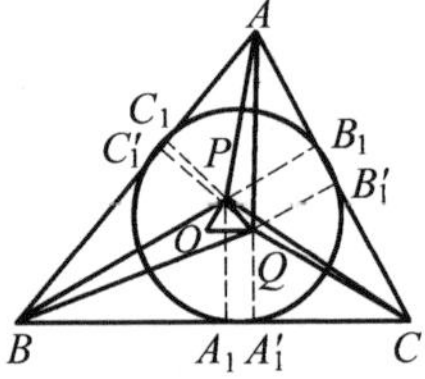

图2.152

$\triangle A_1B_1C_1$ 与 $\triangle A'_1B'_1C'_1$ 分别是 P,Q 的投影三角形，则有下列两个结论①：

定理5 $\triangle A_1B_1C_1$ 与 $\triangle A'_1B'_1C'_1$ 共有一个外接圆，其圆心为线段 PQ 的中点 M，半径为 $R\cdot\sin\alpha$（R 为 $\triangle ABC$ 外接圆半径）.

定理6 $OP=OQ$，即 $\triangle OPQ$ 为等腰三角形，其顶角为 2α.

事实上，易证 A_1,A'_1,B'_1,B_1 四点共圆，其圆心是 PQ 中点；B'_1,B_1,C_1,C'_1 四点共圆，圆心也是 PQ 中点.这就证明了定理5.由此知，M 与 O 是相似三角形 $\triangle A_1B_1C_1$ 与 $\triangle BCA$ 的对应点（都是外心），故 $PO=\frac{PM}{\sin\alpha}$.同理 $QO=\frac{QM}{\sin\alpha}=PO$，于是 $\angle POQ=2\alpha$.这就证明了定理6.

6.与布罗卡尔圆有关的问题.

如图2.153，$\triangle ABC$ 的重心 G 的等角共轭点 G' 称为 $\triangle ABC$ 的共轭重心.过 G' 作三边的逆平行线 DD'，EE'，FF'（$B,C,D',D;E,C,A,E';F,A,B,F'$ 分别共圆），则它们均被 G' 平分.又因

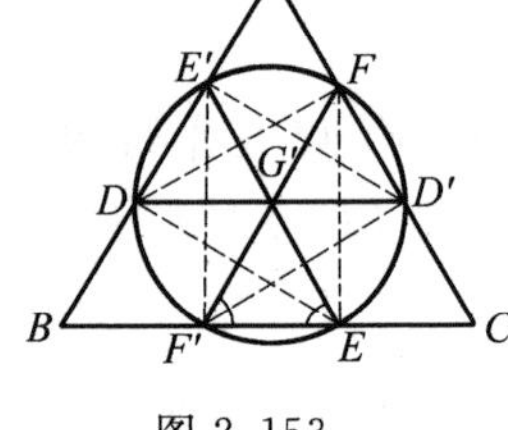

图2.153

$$\angle G'EF'=\angle G'F'E=\angle A$$

① 胡炳生.布罗卡和布罗卡问题[J].中学数学教学，1993(4)：36-38.

所以 $$G'E=G'F'$$

同理 $$G'F=G'D',G'D=G'E'$$

故 $\triangle DEF$ 与 $\triangle D'E'F'$ 共外接圆，圆心为 G'. 此圆称做图克圆或余弦圆.

由此可知 $ED\perp AB,FE\perp BC,DF\perp AC$，故 $\triangle DEF\backsim\triangle ABC$，同理 $\triangle D'E'F'\backsim\triangle ABC$. 从而 $\triangle DEF\cong\triangle D'E'F'$（镜像全等）. 关于它们有以下结论（参见垂线布罗卡尔三角形）：

定理 7 $\triangle DEF$ 与 $\triangle ABC$ 共有布罗卡尔点 P. $\triangle D'E'F'$ 与 $\triangle ABC$ 共有负布罗卡尔点 Q.

定理 8 P,Q 关于 OG' 对称，且在以 OG' 为直径的圆上.

事实上，如图 2.154，作 $\mathrm{Rt}\triangle ADF$，$\mathrm{Rt}\triangle BDE$，$\mathrm{Rt}\triangle CEF$ 外接圆，必分别切 DE 于 D，切 EF 于 F，切 FD 于 F，故三圆之交点即为 $\triangle DEF$ 之正布罗卡尔点.

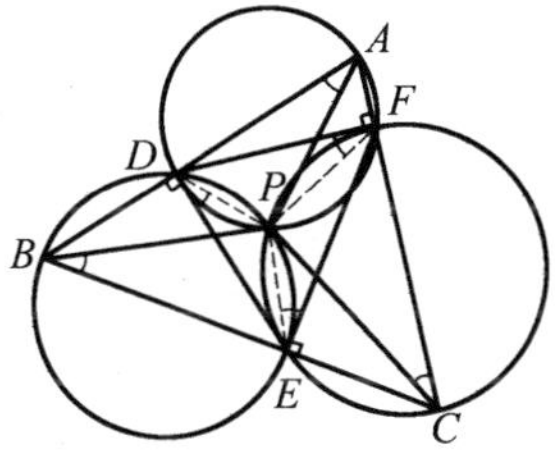

图 2.154

另一方面，$\angle PBE=\angle PDE=\alpha$，$\angle PCF=\angle PEF=\alpha$，$\angle PAD=\angle PFD=\alpha$，故 P 也是 $\triangle ABC$ 之正布罗卡尔点.

对 $\triangle D'E'F'$ 之负布罗卡尔点，可进行类似的讨论，这就证明了定理 7.

由此可见，$\triangle DEF$ 与 $\triangle ABC$ 之相似比为 $\dfrac{PD}{PA}=\tan\alpha$，且两三角形上所有对应线段皆互相垂直. 特别地，它们的外心 K 与 O 是对应点，PK 与 PO 是对应线段，故 $PK\perp PO$. 同理可证 $QK\perp QO$. 从而证明了 P,Q 在以 OK 为直径的圆上（图 2.155）. 又，前已证 $PK=QK$，故定理 8 得到证明.

由 P,Q,O,K 所决定的圆，即三角形正、负布罗卡尔点、外心和共轭重心四点所在的圆，称为布罗卡尔圆.

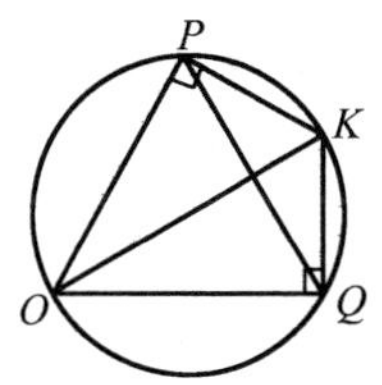

图 2.155

7. 布罗卡尔三角形类.

有两个特殊的三角形内接于布罗卡尔圆，分别称为第一和第二布罗卡尔三角形.

(1) 以 $\triangle ABC$ 每一边为底，以布罗卡尔角 α 为底角，向内作三个等腰三角形，设其顶点分别为 A_0,B_0,C_0，则称 $\triangle A_0B_0C_0$ 为第一布罗卡尔三角形.

(2) 以 $\triangle ABC$ 边 BC 为弦作两圆分别与 AB,AC 相切于弦的端点，设二圆在 $\triangle ABC$ 内部相交于点 A'_0；类似地，以 AB,AC 为弦作一边之切圆，分别得圆之交点 B'_0,C'_0. 则 $\triangle A'_0B'_0C'_0$ 称为第二布罗卡尔三角形.

这两个布罗卡尔三角形皆内接于布罗卡尔圆.

❖布罗卡尔圆定理

布罗卡尔圆定理 $\triangle ABC$ 的外心 O，共轭重心 K，正、负布罗卡尔点 Q,Q'，直线 BQ 与 CQ' 的交点 A'，直线 CQ 与 AQ' 的交点 B'，直线 AQ 与 BQ' 的交点 C'，此七点共圆. 此圆以 OK 为直径，称为布罗卡尔圆①.

证明 如图 2.156，$\angle QAB=\angle QBC=\angle QCA=\angle Q'AC=\angle Q'CB=\angle Q'BA=\omega$（$\omega$ 为布罗卡尔角，参见布罗卡尔点）.

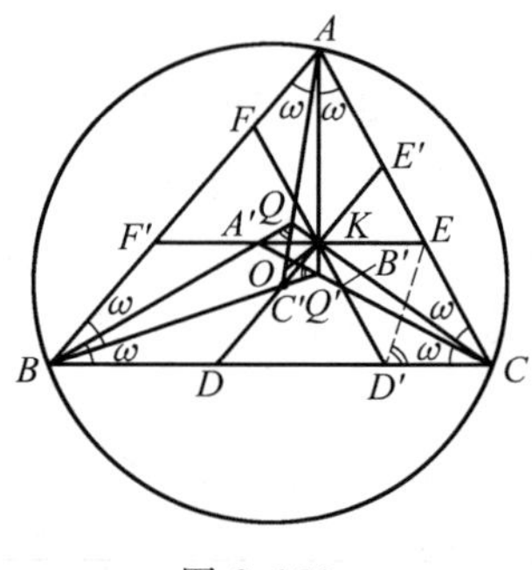

图 2.156

过 A' 作 $EF'\parallel BC$ 分别交 AC,AB 于 E,F'，再过点 B' 作 $D'F\parallel AC$ 分别交 BC,CA 于 D',F. 设 EF' 与 $D'F$ 交于点 K'.

通过计算可以证明：$K'E\cdot K'F'=2R^2\tan\omega=K'D'\cdot K'F$（$R$ 为外接圆半径），D',E,F,F' 四点共圆，从而 $\angle K'D'E=\angle AF'K'=\angle B$. 又四边形 $K'D'CE$ 是平行四边形，$D'E$ 被 CK' 平分，$\angle CED'=\angle K'D'E$，所以 $\angle CED'=\angle B$，$D'E$ 是 AB 的逆平行线. 既然 CK' 平分 AB 的逆平行线 $D'E$，故 CK' 必是 $\triangle ABC$ 的共轭中线.

同样地，若过 C' 作 $DE'\parallel AB$，分别交 BC,CA 于 D,E'，并记 DE',EF' 的交点为 K''，DE' 与 $D'F$ 的交点为 K'''，则同理可证 BK'' 和 AK''' 也是 $\triangle ABC$ 的共轭中线，从而 CK',BK'',AK''' 交于共轭中心 K. 用反证法可以证明，K',K'',K''' 必与 K 重合. 可见 $EF',D'F,DE'$ 都通过点 K.

由于 $\angle A'BC=\angle A'CB=\omega$，$A'$ 在 BC 的中垂线上，又由于 $EF'\parallel BC$，所以 $\angle OA'K=90^\circ$，即点 A' 在以 OK 为直径的圆上. 同理可证 B',C' 也在以 OK 为直径的圆上，从而 O,K,A',B',C' 五点共圆.

又 $\angle A'QC'=\angle QAB+\angle QBA=\omega+(\angle B-\omega)=\angle B=\angle A'KC'$，$\angle A'Q'C'=\angle Q'CB+\angle Q'BC=\omega+(\angle B-\omega)=\angle B=\angle A'KC'$，所以 Q,Q' 都在上述圆上.

故 O,K,A',B',C',Q,Q' 七点共圆，且该圆以 OK 为直径.

布罗卡尔圆有很多有趣的性质. 例如，设 A'' 是圆 QCA 与圆 $Q'AB$ 的交点，B'' 是圆 QAB 与圆 $Q'BC$ 的交点，C'' 是圆 QBC 与圆 $Q'CA$ 的交点，则 A'',B'',C''

① 单墫. 数学名题词典[M]. 南京：江苏教育出版社，2002：434-435.

均在布罗卡尔圆上，从而，外心 O，共轭重心 K，正、负布罗卡尔点 Q,Q'，以及 A',B',C',A'',B'',C'' 这十点共圆.

如图 2.157，A'' 是圆 $Q'BA$ 与圆 QAC 的交点，C' 是 AQ 与 BQ' 的交点，联结 $A''Q,A''Q'$，则 $\angle QA''A=\angle ACQ=\omega$（布罗卡尔角），$\angle AA''Q'=\angle ABQ'=\omega$，所以 $\angle QA''Q'=2\omega$. 但 $\angle QC'Q'=\angle C'AB+\angle ABC'=2\omega$. 所以点 A'' 必在圆 $C'QQ'$ 上，即点 A'' 必在布罗卡尔圆上.

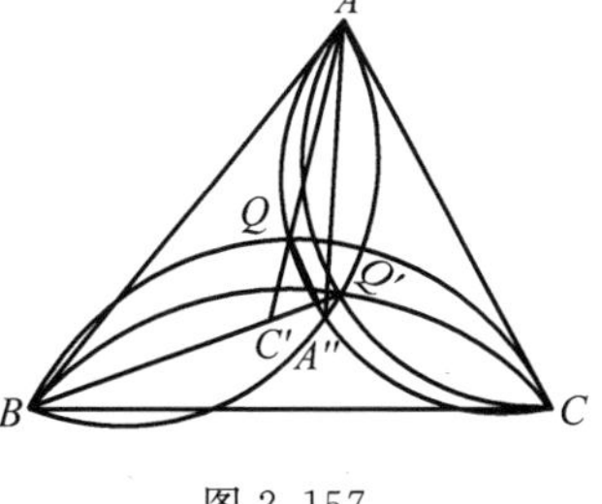

图 2.157

❖三角形的热尔岗点

热尔岗点定理　设点 D,E,F 是 $\triangle ABC$ 的内切圆或一个旁切圆在边 BC，CA，AB 所在直线上的切点，则 AD,BE,CF 共点. 该点称为热尔岗点.

该点为法国数学家热尔岗(Gergonne,1771—1859)所发现. 因为一个三角形有一个内切圆和三个旁切圆，所以，一个三角形有四个热尔岗点.（参见 *Annales de Math*. 9(1818 ~ 1819)）

证明　如图 2.158，据切线长定理，有

$$AE=AF,FB=BD,DC=CE$$

则

$$\frac{AF}{FB}\cdot\frac{BD}{DC}\cdot\frac{CE}{EA}=1$$

故由塞瓦定理，知 AD,BE,CF 共点.

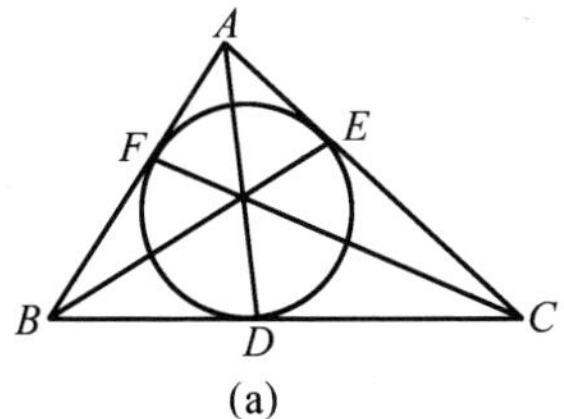

(a)

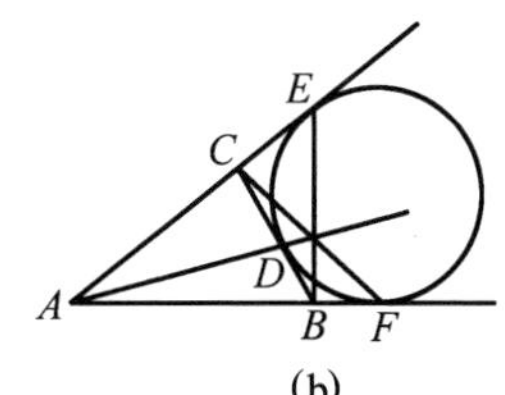

(b)

图 2.158

❖热尔岗点性质定理

定理　设 G 为 $\triangle ABC$ 的热尔岗点，则有

$$\frac{\overrightarrow{GA}}{p-a}+\frac{\overrightarrow{GB}}{p-b}+\frac{\overrightarrow{GC}}{p-c}=\mathbf{0}$$

证明[①] 如图 2.159,由热尔岗点的定义,知

$$AR=p-a, BR=BP=p-b, CP=p-c$$

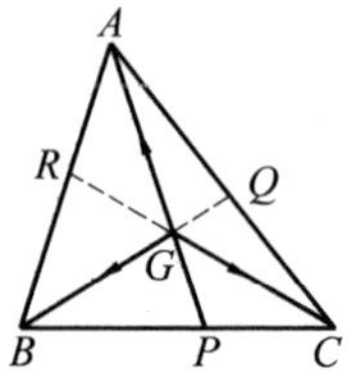

$\triangle ABP$ 被直线 CGR 所截,由梅涅劳斯定理,有

$$\frac{BC}{PC}\cdot\frac{PG}{GA}\cdot\frac{AR}{RB}=1$$

$$\frac{PG}{GA}=\frac{RB}{AR}\cdot\frac{PC}{BC}=\frac{p-b}{p-a}\cdot\frac{p-c}{a}$$

$$\frac{AP}{AG}=\frac{PG}{GA}+1=\frac{(p-b)(p-c)+a(p-a)}{a(p-a)}$$

图 2.159

所以
$$AG=\frac{a(p-a)}{(p-b)(p-c)+a(p-a)}\cdot AP$$

而
$$\overrightarrow{AP}=\overrightarrow{AB}+\overrightarrow{BP}=\overrightarrow{AB}+\frac{p-b}{a}\overrightarrow{BC}$$

$$\overrightarrow{AB}=\overrightarrow{GB}-\overrightarrow{GA}, \overrightarrow{BC}=\overrightarrow{GC}-\overrightarrow{GB}$$

则
$$\overrightarrow{AP}=(\overrightarrow{GB}-\overrightarrow{GA})+\frac{p-b}{a}(\overrightarrow{GC}-\overrightarrow{GB}) \qquad ①$$

又
$$\overrightarrow{GA}=-\frac{a(p-a)}{(p-b)(p-c)+a(p-a)}\overrightarrow{AP} \qquad ②$$

所以

$$((p-b)(p-c)+a(p-a))\overrightarrow{GA}=-a(p-a)\overrightarrow{AP} \qquad ③$$

① 代入 ③,有

$$((p-b)(p-c)+a(p-a))\overrightarrow{GA}=-a\cdot(p-a)((\overrightarrow{GB}-\overrightarrow{GA})+\frac{p-b}{a}(\overrightarrow{GC}-\overrightarrow{GB}))$$

化简上式,知

$$(p-b)(p-c)\overrightarrow{GA}+(p-c)(p-a)\overrightarrow{GB}+(p-a)(p-b)\overrightarrow{GC}=\mathbf{0}$$

上式两边同除以 $(p-a)(p-b)(p-c)$,得

$$\frac{\overrightarrow{GA}}{p-a}+\frac{\overrightarrow{GB}}{p-b}+\frac{\overrightarrow{GC}}{p-c}=\mathbf{0}$$

① 张定胜.关于 N,G 点的两个有趣性质[J].中学数学研究,2003(2):20-21.

❖三角形的纳格尔点

纳格尔点定理　$\triangle ABC$ 的三个旁切圆分别与边 BC,CA,AB 相切于点 D,E,F,则 AD,BE,CF 共点.该点称为纳格尔点.

证明　如图 2.160,设 $\triangle ABC$ 三边为 a,b,c,$p=\frac{1}{2}(a+b+c)$.因

$$AF=p-b=CD$$
$$AE=p-c=BD$$
$$BF=p-a=CE$$

有
$$\frac{AF}{FB}\cdot\frac{BD}{DC}\cdot\frac{CE}{EA}=1$$

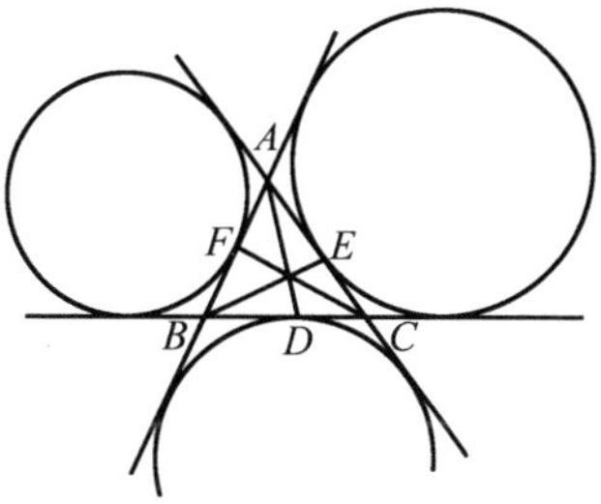

图 2.160

由塞瓦定理知 AD,BE,CF 共点.

该点为德国数学家纳格尔(Nagel,1821—1903)所发现.

纳格尔点的等角共轭点是一个热尔岗点.

由于 AD,BE,CF 平分三角形的周长,我国学者又将纳格尔点称为第一界心.

❖纳格尔点性质定理

由于纳格尔点又称为第一界心,所以关于纳格尔点的性质,我们在第一界心的有关性质中专题介绍,这里仅介绍一条性质.

定理　设 N 为 $\triangle ABC$ 的纳格尔点,$BC=a$,$CA=b$,$AB=c$,p 为半周长,则有

$$(p-a)\overrightarrow{NA}+(p-b)\overrightarrow{NB}+(p-c)\overrightarrow{NC}=\mathbf{0}$$

证明①　如图 2.161,由纳格尔点的定义,易知

$$AF=CD=p-b,BF=p-a$$

因为 $\triangle ABD$ 被直线 CNF 所截,由梅涅劳斯定理,有

$$\frac{BC}{DC}\cdot\frac{DN}{NA}\cdot\frac{AF}{FB}=1$$

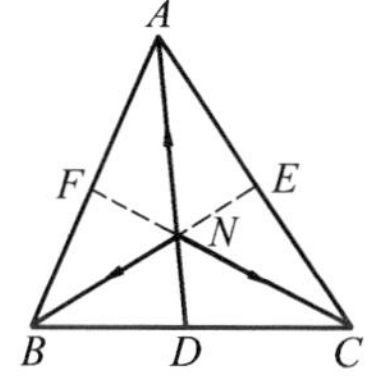

图 2.161

① 张定胜.关于 N,G 点的两个有趣性质[J].中学数学研究,2003(2):20-21.

$$\frac{DN}{NA}=\frac{FB}{AF}\cdot\frac{DC}{BC}=\frac{p-a}{p-b}\cdot\frac{p-b}{a}=\frac{p-a}{a}$$

$$\frac{DA}{NA}=\frac{DN}{NA}+1=\frac{p-a}{a}+1=\frac{p}{a} \quad ①$$

而

$$\overrightarrow{AD}=\overrightarrow{AB}+\overrightarrow{BD}=\overrightarrow{AB}+\frac{p-c}{a}\overrightarrow{BC} \quad ②$$

又

$$\overrightarrow{AB}=\overrightarrow{NB}-\overrightarrow{NA},\overrightarrow{BC}=\overrightarrow{NC}-\overrightarrow{NB}$$

则

$$\overrightarrow{AD}=(\overrightarrow{NB}-\overrightarrow{NA})+\frac{p-c}{a}(\overrightarrow{NC}-\overrightarrow{NB}) \quad ③$$

由 ① 知

$$\overrightarrow{NA}=-\frac{a}{p}\overrightarrow{AD} \quad ④$$

③ 代入 ④,有

$$\overrightarrow{NA}=-\frac{a}{p}(\overrightarrow{NB}-\overrightarrow{NA})-\frac{p-c}{p}(\overrightarrow{NC}-\overrightarrow{NB}) \quad ⑤$$

化简式 ⑤,即得

$$(p-a)\overrightarrow{NA}+(p-b)\overrightarrow{NB}+(p-c)\overrightarrow{NC}=\mathbf{0}$$

❖斯特巴定理

斯特巴(Stein bart)定理 设 $\triangle ABC$ 的内切圆分别切边 BC,CA,AB 于 D,E,F,P,Q,R 分别为 $\overset{\frown}{EF},\overset{\frown}{FD},\overset{\frown}{DE}$ 上的点,则 AP,BQ,CR 三线共点的充分必要条件是 DP,EQ,FR 三线共点.

证明 如图2.162所示,考虑 $\triangle AFE$ 和点 P,由塞瓦定理的第一角元形式

$$\frac{\sin\angle FAP}{\sin\angle PAE}\cdot\frac{\sin\angle EFP}{\sin\angle PFA}\cdot\frac{\sin\angle AEP}{\sin\angle PEF}=1$$

但 $\angle EFP=\angle AEP=\angle EDP$,$\angle PEF=\angle PFA=\angle PDF$,所以

$$\frac{\sin\angle FAP}{\sin\angle PAE}=\frac{\sin^2\angle PDF}{\sin^2\angle EDP}$$

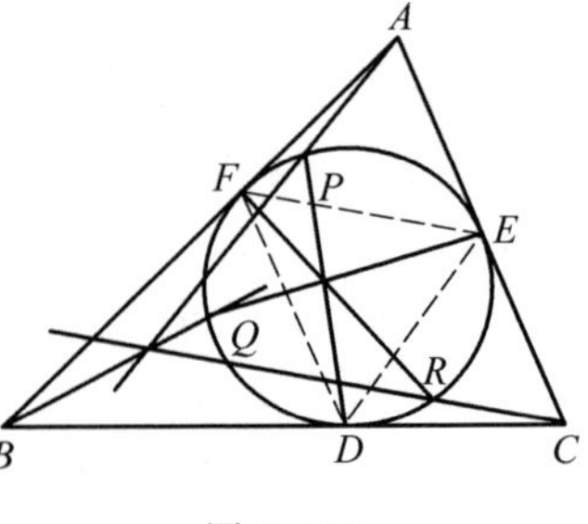

图 2.162

同理

$$\frac{\sin\angle DBQ}{\sin\angle QBF}=\frac{\sin^2\angle QED}{\sin^2\angle FED},\frac{\sin\angle ECR}{\sin\angle RCD}=\frac{\sin^2\angle RFE}{\sin^2\angle DFR}$$

三式相乘,得

$$\frac{\sin \angle FAP}{\sin \angle PAE} \cdot \frac{\sin \angle DBQ}{\sin \angle QBF} \cdot \frac{\sin \angle ECR}{\sin \angle RCD} = \left(\frac{\sin \angle PDF}{\sin \angle EDP} \cdot \frac{\sin \angle QED}{\sin \angle FEQ} \cdot \frac{\sin \angle RFE}{\sin \angle DFR}\right)^2$$

又因 P,Q,R 分别为$\overset{\frown}{EF}$,$\overset{\frown}{FD}$,$\overset{\frown}{DE}$ 上的点,所以

$$\frac{\sin \measuredangle PDF}{\sin \measuredangle EDP} \cdot \frac{\sin \measuredangle QED}{\sin \measuredangle FEQ} \cdot \frac{\sin \measuredangle RFE}{\sin \measuredangle DFR} > 0$$

于是

AP,BQ,CR 三线共点

$$\Leftrightarrow \frac{\sin FAP}{\sin \measuredangle PAE} \cdot \frac{\sin \measuredangle DBQ}{\sin QBF} \cdot \frac{\sin \measuredangle ECR}{\sin \measuredangle RCD} = 1$$

$$\Leftrightarrow \frac{\sin \measuredangle PDF}{\sin \measuredangle EDP} \cdot \frac{\sin \measuredangle QED}{\sin \measuredangle FEQ} \cdot \frac{\sin \measuredangle RFE}{\sin \measuredangle DFR} = 1$$

$\Leftrightarrow DX,EY,FZ$ 三线共点

❖斯俾克圆

斯俾克圆　三角形的任一纳格尔点到各顶点连线的中点所构成的三角形,与原三角形的中点三角形有一共同的内切圆或旁切圆,此圆称为原三角形的斯俾克圆(也称 P－圆).

该称呼首见于 *Spieker*,*Grunerts*,*Archiv*,51,1870,10～14 页.

证明　如图 2.163,$\triangle ABC$ 的三条中线 AD,BE,CF 交于点 G,$\triangle DEF$ 是 $\triangle ABC$ 的中点三角形.I 是 $\triangle ABC$ 的内心,N 是 $\triangle ABC$ 的纳格尔点,A',B',C' 分别是 NA,NB,NC 的中点.$\triangle A'B'C'$ 与 $\triangle ABC$ 位似,其外位似中心为 N,相似比为 $\frac{1}{2}$.又 $\triangle ABC$ 和 $\triangle DEF$ 位似,其内位似中心为 G,相似比为 -2.可见 $\triangle A'B'C'$ 与 $\triangle DEF$ 也位似,其内位似中心应在 NG 上,且应是 NG 的中点,相似比是-1,即 $\triangle A'B'C' \cong \triangle DEF$.

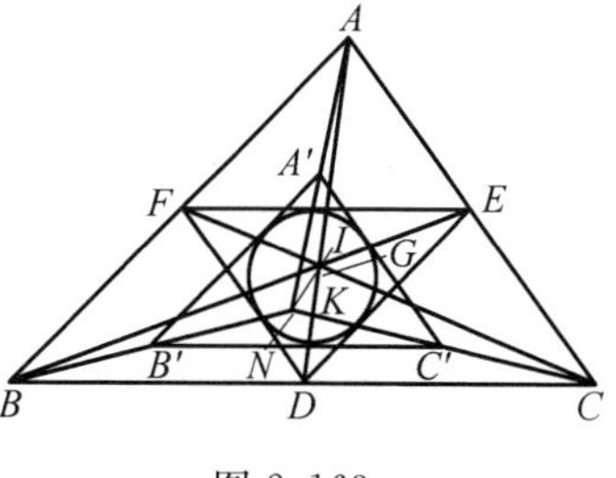

图 2.163

今考查 $\triangle ABC$,$\triangle A'B'C'$,$\triangle DEF$ 的内切圆之间的关系.当将 $\triangle ABC$ 变换成 $\triangle A'B'C'$,$\triangle ABC$ 的内切圆变换成 $\triangle A'B'C'$ 的内切圆,由于 N,G,I 在同一直线上,且 $IG=\frac{1}{2}GN$,故 $\triangle A'B'C'$ 的内切圆圆心 K' 应是 NI 的中点.当将

$\triangle ABC$ 变为 $\triangle DEF$ 时，$\triangle ABC$ 的内切圆变换成 $\triangle DEF$ 的内切圆. 因相似比是 -2，其内切圆圆心 K 也应在 NG 上，且 $KG=\frac{1}{2}GI$. 由此可见，K' 和 K 必重合. 又由于这两个内切圆是等圆，故此两圆必重合.

关于旁切圆的情况，可类似地讨论.

由上可知，三角形的斯俾克圆是原三角形的中点三角形的内切圆和旁切圆.

❖三角形的界心定理

设 P,Q 是 $\triangle ABC$ 周界上的两点，如果这两点将三角形周界分为相等的两部分，则称线段 PQ 为 $\triangle ABC$ 的一条平分周线(或分周线).

第一界心定理 $\triangle ABC$ 中过顶点的分周线 AD,BE,CF 相交于一点 J_1，称之为第一界心，记为 J_1. 此时分周线即为过顶点分周线.

第一界心，实际上就是三角形的纳格尔点 N.

第二界心定理 $\triangle ABC$ 中过各边中点的分周线相交于一点 J_2，称之为第二界心，记为 J_2. 此时分周线即为过边中点分周线.

第二界心，实际上就是斯俾克圆的圆心 S.

❖第一界心性质定理

定理 1[①] 三角形的任一顶点到界心 J_1 的距离与其对边上的过顶点分周线的长之比等于其对边长与半周长之比.

证明 如图 2.164，设 $\triangle ABC$ 的界心为 J_1，对于 $\triangle ABD$ 应用梅涅劳斯定理，有

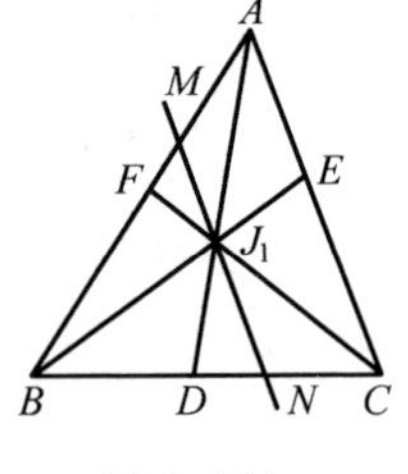

图 2.164

$$\frac{AJ_1}{J_1D}\cdot\frac{DC}{CB}\cdot\frac{BF}{FA}=1$$

于是
$$\frac{AJ_1}{J_1D}\cdot\frac{p-b}{a}\cdot\frac{p-a}{p-b}=1$$

从而
$$\frac{AJ_1}{J_1D}=\frac{a}{p-a}$$

① 张学哲. 三角形的周界中线[J]. 数学通报，1995(1):17-18.

即得
$$\frac{AJ_1}{AD}=\frac{a}{p}$$

同理可得

$$\frac{BJ_1}{BE}=\frac{b}{p},\frac{CJ_1}{CF}=\frac{c}{p}$$

定理 2 过三角形的界心 J_1，但不过三角形的顶点的任一直线，都不可能把三角形的周界截割为两条等长的折线.

证明 如图 2.164，设直线 MN 过 $\triangle ABC$ 的界心 J_1，不妨假定 MN 与 AB，BC 分别相交于 M，N 两点，且 M 在 A 与 F 之间，N 在 D 与 C 之间. 若折线 MBN 与折线 $NCAM$ 等长，则由折线 ABD 与折线 DCA 等长，可以推得 $AM=DN$.

定理 3 一直线截一个三角形的两边（所在直线）所得到的三角形的界心 J_1 在原三角形第三边的过顶点分周线（所在直线）上的充要条件是这一直线与原三角形的第三边平行.

证明 如图 2.165，设直线 MN 截 $\triangle ABC$ 的两边 AB 与 AC（所在直线）分别于 N 与 M 两点，截边 BC 上的过顶点分周线 AD（所在直线）于 Q.

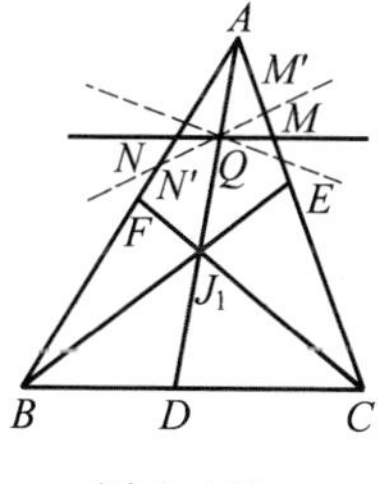

图 2.165

先证充分性. 若 $NM\parallel BC$，则有
$$\frac{AN}{NQ}=\frac{AB}{BD}$$
且
$$\frac{AM}{MQ}=\frac{AC}{CD}$$
从而
$$\frac{AN+NQ}{NQ}=\frac{AB+BD}{BD},\frac{AM+MQ}{MQ}=\frac{AC+CD}{CD}$$
即得
$$AN+NQ=\frac{NQ}{BD}(AB+BD),AM+MQ=\frac{MQ}{CD}(AC+CD)$$
而
$$\frac{NQ}{BD}=\frac{AQ}{AD}=\frac{MQ}{CD},AB+BD=AC+CD$$
于是
$$AN+NQ=AM+MQ$$
即 AQ 是 $\triangle AMN$ 的边 MN 上的过顶点分周线，故 $\triangle AMN$ 的第一界心在 $\triangle ABC$ 的边 BC 上的周界中线 AD（所在直线）上.

再证必要性. 若 $\triangle AMN$ 的第一界心在 AD（所在直线）上，则 $AN+NQ=p'$，其中 p' 表示 $\triangle AMN$ 的半周长. 如果 MN 与 BC 不平行，那么就过 Q 作直线 $N'M'\parallel BC$，且交 AC 与 AB（所在直线）分别于 M' 与 N'. 由充分性的证明，可知

$$AN'+N'Q=p'$$

但是 $NN'+N'Q>NQ$ 或 $N'N+NQ>N'Q$，从而有 $AN'+N'Q>AN+NQ$ 或 $AN+NQ>AN'+N'Q$，无论哪一种情况，都有 $p'>p'$，矛盾，故 $MN\parallel BC$.

定理4 过三角形任一顶点的分周线平行于内心与对边中点的连线.

证明 设 AK_1 为 $\triangle ABC$ 分周线，则 $BK_1=p-c$，$K_1C=p-b$，M 为 BC 中点，AI 延长交对边 BC 于 E，则

$$BE=\frac{ac}{b+c}$$

于是

$$ME=\frac{a\mid c-b\mid}{2(b+c)},MK_1=\frac{\mid c-b\mid}{2}$$

从而

$$\frac{ME}{MK}=\frac{a}{b+c}=\frac{IE}{IA}$$

则

$$AK_1\parallel IM$$

定理5 设 K_1,K_2,K_3 分别为 $\triangle ABC$ 的边 BC,CA,AB 上对应于顶点的周界中点，J_1K_1,J_1K_2,J_1K_3 延长分别交 $\triangle ABC$ 于 P_1,P_2 和 P_3，设内切圆半径为 r，则

$$J_1K_1\cdot K_1P_1=J_1K_2\cdot K_2P_2=J_1K_3\cdot K_3P_3=r^2$$

证明 由相交弦定理

$$AK_1\cdot K_1P_1=BK_1\cdot K_1C=(p-c)(p-b)$$

又 $\frac{AJ_1}{AK_1}=\frac{a}{p}$(见定理1)，知 $\frac{J_1K_1}{AK_1}=\frac{p-a}{p}$ 两式相乘

$$J_1K_1\cdot K_1P_1=\frac{(p-a)(p-b)(p-c)}{p}=\frac{S^2}{p^2}=r^2$$

定理6 $\triangle ABC$ 的第一界心 J_1 到三边的距离分别记为 f_a,f_b,f_c，$BC=a$，$CA=b$，$AB=c$，r 为内切圆半径，$p=\frac{1}{2}(a+b+c)$，$S_\triangle$ 是 $\triangle ABC$ 的面积，则

$$f_a=2S_\triangle(\frac{1}{a}-\frac{1}{p}),f_b=2S_\triangle(\frac{1}{b}-\frac{1}{p})$$

$$f_c=2S_\triangle(\frac{1}{c}-\frac{1}{p})$$

且

$$\sum f_a=2r\sum\frac{p-a}{a}(\sum\text{ 表循环和}).$$

证明 如图 2.166，J_1 是 $\triangle ABC$ 的第一界心，$\triangle ACF$ 被直线 BJ_1E 截于 B,J_1,E，由梅涅劳斯定理

$$\frac{CJ_1}{J_1F}\cdot\frac{FB}{BA}\cdot\frac{AE}{EC}=1$$

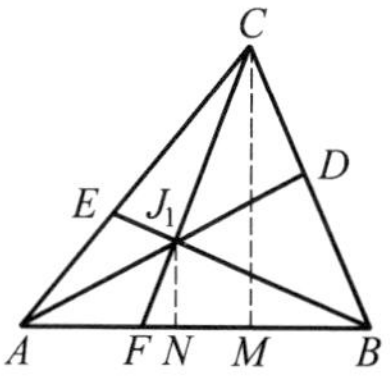

因为 $AF=CD=p-b$，$BF=CE=p-a$，$AE=BD=p-c$，从而

$$\frac{CJ_1}{J_1F}=\frac{BA}{FB}\cdot\frac{EC}{AE}=\frac{c}{p-a}\cdot\frac{p-a}{p-c}=\frac{c}{p-c}\Rightarrow\frac{CF}{J_1F}=\frac{p}{p-c}$$

图 2.166

过 J_1，C 分别作 AB 的垂线 J_1N，CM，N，M 为垂足，则

$$J_1N=f_c,CM=\frac{2S}{c}$$

又 $\frac{CF}{J_1F}=\frac{CM}{J_1N}=\frac{p}{p-c}$，故

$$f_c=J_1N=\frac{CM(p-c)}{p}=2S_{\triangle}\left(\frac{1}{c}-\frac{1}{p}\right)$$

同理
$$f_a=2S_{\triangle}\left(\frac{1}{a}-\frac{1}{p}\right),f_b=2S_{\triangle}\left(\frac{1}{b}-\frac{1}{p}\right)$$

故
$$\sum f_a=2r\sum\frac{p-q}{a}$$

定理 7 如果一个三角形一边上的过顶点分周线与分别平行于这个三角形其余两边的两条平分周线共点，那么这个三角形是一个等腰三角形.

证明 如图 2.167，设 AD 是 $\triangle ABC$ 的边 BC 上的分周线，PQ 和 RS 分别是平行于边 AB 和边 AC 的平分周线，AD，PQ 和 RS 三线相交于 H. 于是，由三角形的过顶点分周线与平分周线的定义，易知 $AS=DR$，$AQ=DP$. 对 $\triangle ABD$ 应用梅涅劳斯定理，有

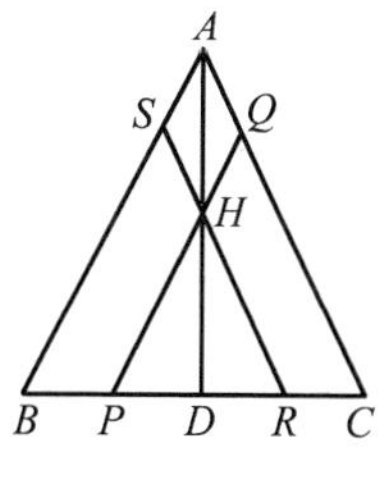

图 2.167

$$\frac{AH}{HD}\cdot\frac{DR}{RB}\cdot\frac{BS}{SA}=1$$

从而
$$\frac{BS}{BR}=\frac{HD}{HA}$$

因为 $SR\ /\!/\ AC$，所以

$$\frac{BS}{BR}=\frac{AB}{BC}$$

又因为 $QP\ /\!/\ AB$，所以

$$\frac{HD}{HA}=\frac{DP}{PB}=\frac{AQ}{PB}=\frac{AC}{BC}$$

于是
$$\frac{AB}{BC}=\frac{AC}{BC}$$

即得
$$AB=AC$$

故 $\triangle ABC$ 是等腰三角形.

由定理 7 即知:如果一个三角形的三条平行于各边的平分周线两两交于三角形的一条过顶点分周线,那么这个三角形一定是一个等边三角形.

定理 8[①] 如图 2.168,设 $\triangle ABC$ 的过顶点分周线为 AD,BE,CF,第一界心为 J_1,X 是 AD 上的一点且 $XA=J_1D$,Y 是 BE 上一点且 $YB=J_1E$,Z 是 CF 上任意一点且 $ZC=J_1F$,则 $\triangle XYZ$ 的外接圆为 $\triangle ABC$ 的内切圆.

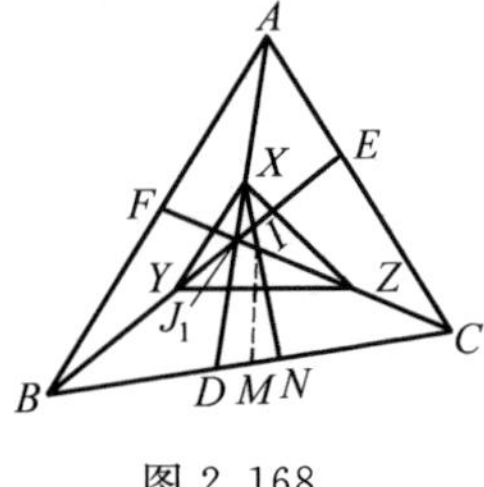

图 2.168

证明 令 M 为 BC 的中点,I 为 $\triangle ABC$ 的内心,联结 MI,XI,延长 XI 交 BC 于 N,由定理 4 知 $AD \parallel IM$,由 J_1 与其他各心间关系定理 1 知 $AJ_1=2IM$,由 $XA=J_1D$ 知 $XD=AJ_1$,故

$$IM \mathop{\underline{\underline{\parallel}}} \frac{1}{2}XD$$

即有

$$\frac{NM}{ND}=\frac{NI}{NX}=\frac{IM}{XD}=\frac{1}{2}$$

而有 M 为 DN 的中点,$NX=2NI$.

由于 M 既是 BC 的中点,又是 DN 的中点,而有 $CN=BD=p-c$,又点 C 到 $\triangle ABC$ 的内切圆的切线长也为 $p-c$,故内切圆必与边 BC 切于点 N,于是 NI 为内切圆的半径,NX 为内切圆的直径.

则点 X 在 $\triangle ABC$ 的内切圆上,同理点 Y,Z 也在 $\triangle ABC$ 的内切圆上.

故 $\triangle XYZ$ 的外接圆为 $\triangle ABC$ 的内切圆.

❖第二界心性质定理

定理 1 三角形的三条过边中点的分周线交于一点 J_2.

证法 1[②] 如图 2.169,$\triangle ABC$ 中,$BC=a$,$CA=b$,$AB=c$,D,E,F 分别是边 BC,CA,AB 的中点,DP,EQ,FS 是过边中点分周线.

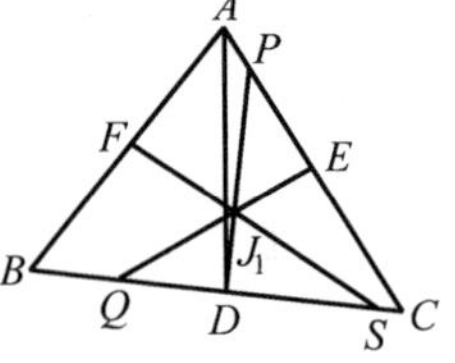

图 2.169

(1) 当边 BC,CA,AB 中至少有两边相等时,显然 DP,EQ,FS 三线交于一点.

(2) 当边 BC,CA,AB 中任意两边都不相等时,为方

① 尹广金.三角形界心的又一条性质[J].中学数学,2002(4):47.

② 尹广金.三角形的对偶周界中线[J].中学数学,2006(6):39-40.

便起见,不妨令 $BC > CA > AB$.

由过边中点分周线定义,可知点 P 在边 CA 上,点 Q,S 都在边 BC 上,并且有

$$BQ=\frac{a-c}{2},QC=\frac{a+c}{2}$$

$$AP=\frac{b-c}{2},PC=\frac{b+c}{2}$$

$$SC=\frac{a-b}{2}$$

于是
$$\lambda=\frac{BQ}{QC}=\frac{a-c}{a+c}$$

$$\mu=\frac{AP}{PC}=\frac{b-c}{b+c}$$

$$QS=QC-SC=\frac{b+c}{2}$$

联结 EF,则

$$EF \parallel BC$$

且
$$EF=\frac{1}{2}BC$$

即
$$EF \parallel QS$$

且
$$EF=\frac{1}{2}a$$

令 EQ 与 FS 交于点 J_2,则

$$\varepsilon=\frac{EJ_2}{J_2Q}=\frac{EF}{QS}=\frac{a}{b+c}$$

在 $\triangle ABC$ 所在平面上任取一点 O,由中点公式的向量形式,得

$$\overrightarrow{OD}=\frac{1}{2}(\overrightarrow{OB}+\overrightarrow{OC})$$

$$\overrightarrow{OE}=\frac{1}{2}(\overrightarrow{OC}+\overrightarrow{OA})$$

再由定比分点公式的向量形式,得

$$\overrightarrow{OQ}=\frac{\overrightarrow{OB}+\lambda\overrightarrow{OC}}{1+\lambda}=\frac{(a+c)\overrightarrow{OB}+(a-c)\overrightarrow{OC}}{2a}$$

$$\overrightarrow{OP}=\frac{\overrightarrow{OA}+\mu\overrightarrow{OC}}{1+\mu}=\frac{(b+c)\overrightarrow{OA}+(b-c)\overrightarrow{OC}}{2b}$$

$$\overrightarrow{OJ_1}=\frac{\overrightarrow{OE}+\varepsilon\overrightarrow{OQ}}{1+\varepsilon}=$$

$$\frac{1}{1+\frac{a}{b+c}}\cdot\left(\frac{1}{2}(\overrightarrow{OC}+\overrightarrow{OA})+\frac{a}{b+c}\cdot\frac{(a+c)\overrightarrow{OB}+(a-c)\overrightarrow{OC}}{2a}\right)=$$

$$\frac{(b+c)\overrightarrow{OA}+(c+a)\overrightarrow{OB}+(a+b)\overrightarrow{OC}}{2(a+b+c)}$$

因
$$\overrightarrow{DJ_2}=\overrightarrow{OJ_2}-\overrightarrow{OD}=\frac{(b+c)\overrightarrow{OA}-b\overrightarrow{OB}-c\overrightarrow{OC}}{2(a+b+c)}$$

$$\overrightarrow{DP}=\overrightarrow{OP}-\overrightarrow{OD}=\frac{(b+c)\overrightarrow{OA}-b\overrightarrow{OB}-c\overrightarrow{OC}}{2b}$$

则
$$\overrightarrow{DJ_2}=\frac{b}{a+b+c}\overrightarrow{DP}$$

即 D,J_2,P 三点共线，于是 DP,EQ,FS 三线交于点 J_2.

综上，$\triangle ABC$ 的三条过边中点分周线交于一点．此点即为第二界心 J_2.

为了给出证法 2．先约定几个记号：

将 $\triangle ABC$ 中 x 边上的中点记为 G_x，$x\in\{a,b,c\}(a\geqslant b\geqslant c$，下同)，记 F_x 为 a,b,c 三边中除 x 边的另两边所成折线长的中点，称 F_x 为相对于 x 边的折中点，线段 F_xG_x 称为 x 边的过边中点分周线，连同其长度合记为 f_x，如图 2.170 所示.

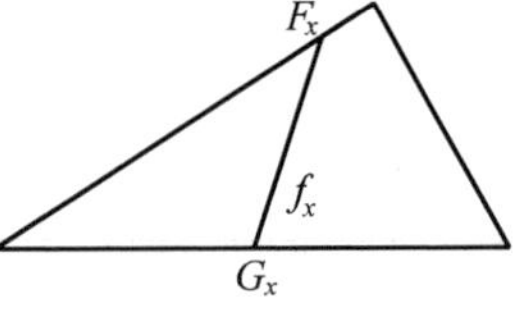

图 2.170

证法 2[①]　如图 2.171，设 G_a,G_b,G_c 分别为 $\triangle ABC$ 中边 a,b,c 上的中点，延长 CA 至 D，使得 $AD=AB$，取线段 CD 上的中点 F_a，由于 $b\geqslant c$，故 F_a 在线段 AC 上

$$CF_a=F_aD=F_aA+AD=F_aA+AB$$

边 a 上的过边中点分周线 $f_a=F_aG_a$．又过点 A 作 $AE\parallel DB$ 交 BC 于 E，则易知 AE 是 $\angle A$ 的角平分线，从而 f_a 是 $\angle G_bG_aG_c$ 的角平分线．同理可知，f_b,f_c 分别是 $\angle G_cG_bG_a,\angle G_aG_cG_b$ 的角平分线．而 $\triangle G_aG_bG_c$ 的三条角平分线共点，该点即为 $\triangle ABC$ 的第二界心 J_2.

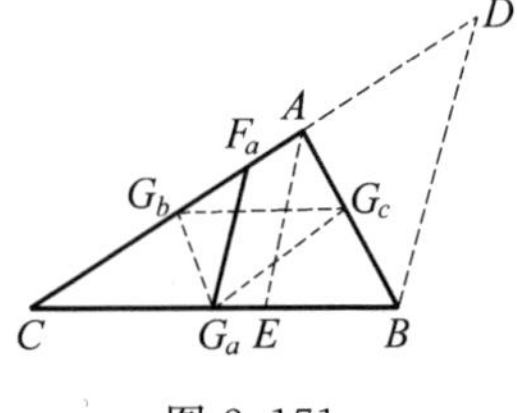

图 2.171

推论　设 $\triangle ABC$ 的各边长为 $a,b,c,p=\frac{1}{2}(a+b+c)$，则有

$$f_x=\sqrt{\frac{y}{z}}\cdot\sqrt{p(p-x)}$$

其中 $x,y,z\in\{a,b,c\}$ 且 $z\geqslant y$.

证明　如图 2.171，有

① 杨林．三角形的折心及其与各心的联系[J]．中学数学，2000(4)：41-42.

$$f_a=\frac{1}{2}DB=\frac{1}{2}\sqrt{2c^2-2c^2\cos(\pi-A)}=$$

$$\frac{1}{2}\sqrt{2c^2(1+\cos A)}=$$

$$\frac{1}{2}\sqrt{2c^2(1+\frac{b^2+c^2-a^2}{2bc})}=$$

$$\sqrt{\frac{c}{b}}\cdot\sqrt{p(p-a)}\,(b\geqslant c)$$

同理可得
$$f_b=\sqrt{\frac{c}{a}}\cdot\sqrt{p(p-b)}$$

$$f_c=\sqrt{\frac{b}{a}}\cdot\sqrt{p(p-c)}$$

定理 2　在 $\triangle ABC$ 中，若 J_2 为 $\triangle ABC$ 的第二界心，D_{J_2} 表示 J_2 到三角形三边距离之和，则 $D_{J_2}=\dfrac{\sum(ab(a+b))}{8pR}$.

证明　如图 2.172，在 $\triangle ABC$ 中，J_2 为三角形的第二界心，D,E,F 分别是边 BC,CA,AB 的中点.

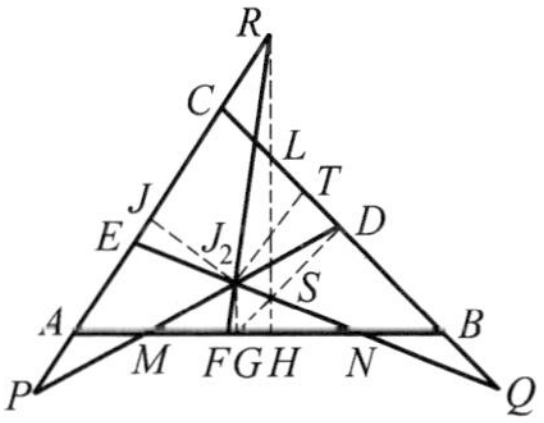

联结 DF，交 EQ 于 S.

由 $DF\ /\!/\ PR$，有
$$\frac{FK}{KR}=\frac{DF}{PR}=\frac{b}{a+c}$$

图 2.172

事实上
$$DF=\frac{b}{2},AP=AM=\frac{c-b}{2}$$

$$BQ=BN=\frac{c-a}{2},CR=CL=\frac{a-b}{2}$$

$$PR=PA+AC+CR=\frac{c-b}{2}+b+\frac{a-b}{2}=\frac{a+c}{2}$$

由此即得结论.故
$$\frac{FJ_2}{FR}=\frac{b}{2p}\qquad ①$$

过 J_2 作 $J_2G\perp AB$ 于 G，过 R 作 $RH\perp AB$ 于 H，则
$$\frac{J_2G}{RH}=\frac{FJ_2}{FR}\qquad ②$$

又
$$RH=\frac{a+b}{2}\sin A=\frac{a(a+b)}{4R}\qquad ③$$

由 ①，②，③ 得
$$J_2G=\frac{ab(a+b)}{8pR}$$

或 $$J_2G=S_\triangle(\frac{1}{c}-\frac{1}{2p})$$

同理过 J_2 作 $J_2I\perp AC$ 于 I，有

$$J_2I=\frac{ca(c+a)}{8pR}$$

过 J_2 作 $J_2T\perp BC$ 于 T，有

$$J_2T=\frac{bc(c+b)}{8pR}$$

故 $$D_{J_2}=\frac{\sum(ab(a+b))}{8pR}$$

❖三角形的欧拉线定理

欧拉线定理 任意三角形的垂心 H，重心 G 和外心 O，三点共线，且 $HG=2GO$.

上述定理中的直线通常称为三角形的欧拉线. 这个定理是1765年著名数学家欧拉提出并证明的.

欧拉(Euler，1707—1783)是一位多产的数学家、物理学家和天文学家，他于1707年4月15日出生于瑞士的巴塞尔. 13岁上大学，17岁成为巴塞尔有史以来第一个年轻硕士，23岁成为物理讲座教授，26岁成为数学教授及彼得堡科学院数学研究所的领导人. 欧拉的名字频繁地出现在数学的许多领域. 他19岁开始发表论文，半个多世纪始终以充沛的精力不倦地工作. 28岁时他右眼失明，59岁后左眼也视力减退，渐至失明. 在失明的19年间，欧拉以惊人的毅力，超人的才智凭着记忆和心算，仍然坚持富有成果的研究，他以口授子女记录的办法发表专著多部，论文400多篇，直至生命的最后一刻，一生共完成论文860多篇，后人出版他的全集多达72集.

上述定理的提出与解决，被称为三角形几何学的开端.

证法1 如图2.173，设 M 为 AB 中点，联结 CM，则 G 在 CM 上，且 $CG=2GM$. 联结 OM，则 OM 垂直平分 AB. 延长 OG 到 H'，使 $H'G=2GO$，联结 CH'. 因

$$\angle CGH'=\angle MGO$$

则 $$\triangle CH'G\backsim\triangle MOG$$

从而 $$CH'\parallel OM$$

即 $$CH'\perp AB$$

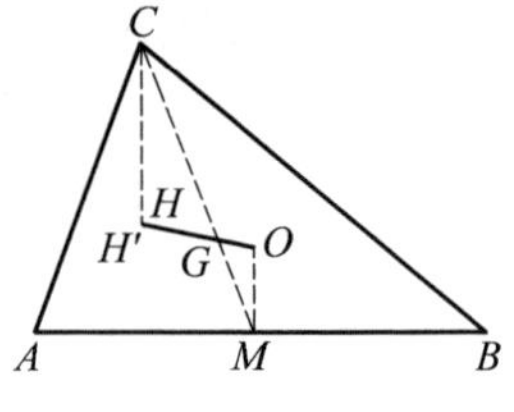

图2.173

同理 $$AH' \perp BC$$

即 H' 为垂心，命题得证.

证法 2 如图 2.174，设 L，M 分别是 BC，CA 边的中点.

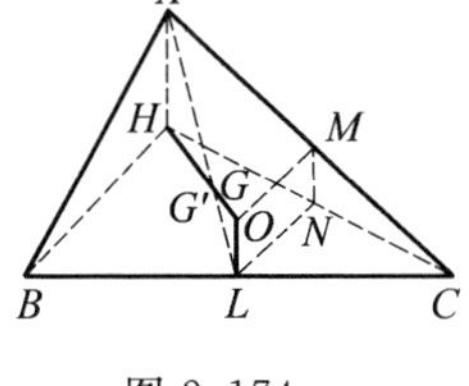

图 2.174

因点 O 为外心，则

$$DL \perp BC, OM \perp AC$$

设 N 是 HC 的中点，联结 NM，NL，则

$$MN \parallel AH, LN \parallel BH$$

又 H 是 $\triangle ABC$ 的垂心，则

$$OL \parallel AH, OM \parallel BH$$

则知 $OLNM$ 为平行四边形，即有

$$OL = MN = \frac{1}{2}AH$$

或
$$\frac{AH}{OL} = 2 \quad ①$$

再联结 HO 交中线 AL 于点 G'，而 $AH \parallel OL$，则 $\triangle G'AH \backsim \triangle G'LO$，故有

$$\frac{G'A}{G'L} = \frac{AH}{LO} \quad ②$$

将 ① 代入 ② 得 $\frac{G'A}{G'L} = 2$. 这说明点 G' 是 $\triangle ABC$ 的重心.

于是 G' 必与点 G 重合，故 O，G，H 三点共线，且 $HG = 2GO$.

证法 3 设 A_1，B_1，C_1 分别为 $\triangle ABC$ 三边的中点，取重心 G 为位似中心，且位似比为 $\frac{AG}{GA_1} = 2$，如图 2.175 所示.

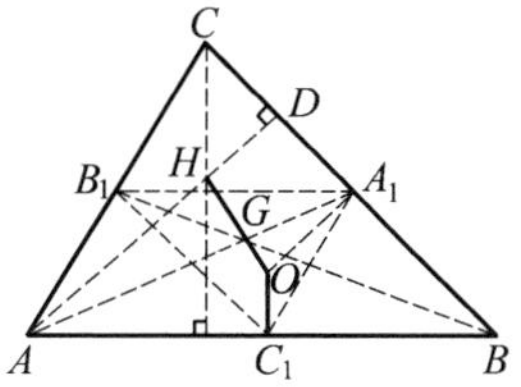

图 2.175

在此位似变换下，A，B，C 的对应点分别为 A_1，B_1，C_1. $\triangle ABC$ 的垂心的对应点为 $\triangle A_1B_1C_1$ 的垂心. 因

$$AD \perp BC, B_1C_1 \parallel BC, A_1O \parallel AD$$

则 $$A_1O \perp B_1C_1$$

同理 $$C_1O \perp A_1B_1$$

从而 O 为 $\triangle A_1B_1C_1$ 的垂心，于是 O，G，H 三点共线，且 $\frac{OG}{GH} = \frac{1}{2}$.

证法 4 如图 2.176，以 $\triangle ABC$ 的外心 O 为原点建立直角坐标系，设 $A(x_1, y_1)$，$B(x_2, y_2)$，$C(x_3, y_3)$，则有外心 $O(0,0)$，重心 $G(\frac{x_1 + x_2 + x_3}{3}, \frac{y_1 + y_2 + y_3}{3})$，作 $OM \perp BC$ 于 M，$ON \perp AC$ 于 N，则 M，N 分别为 BC，AC 的

中点,故 OM,ON 的斜率分别为$\frac{y_2+y_3}{x_2+x_3}$,$\frac{y_1+y_3}{x_1+x_3}$.

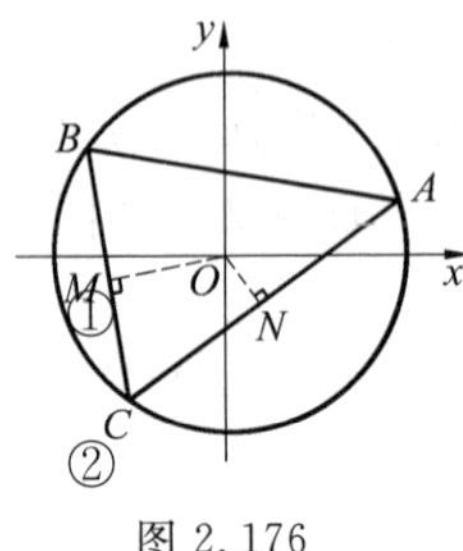

图 2.176

设垂心 H 的坐标为(x,y),则

$$\begin{cases}y-y_1=\frac{y_2+y_3}{x_2+x_3}(x-x_1)\\y-y_2=\frac{y_1+y_3}{x_1+x_3}(x-x_2)\end{cases}$$

的解.

由 ① - ② 得

$$y_2+y_3-(y_1+y_3)=\frac{y_2+y_3}{x_2+x_3}(x-x_1)-\frac{y_1+y_3}{x_1+x_3}(x-x_2)$$

移项整理可得

$$(x-(x_1+x_2+x_3))\left(\frac{y_2+y_3}{x_2+x_3}-\frac{y_1+y_3}{x_1+x_3}\right)=0$$

后一因式为 OM,ON 的斜率之差,故不为 0,从而

$$x=x_1+x_2+x_3$$

代入 ① 得

$$y=y_1+y_2+y_3$$

所以垂心坐标为 $H(x_1+x_2+x_3,y_1+y_2+y_3)$,故 O,G,H 共线且 $HG=2GO$.

注 此定理的其他证法可参见作者另著《平面几何范例多解探究》(哈尔滨工业大学出版社,2018).

运用简单的初等几何变换,可以给出欧拉线定理和九点圆定理的统一证明,还可得到一些副产品.①

如图 2.177,$\triangle ABC$ 的外心为 O,外接圆半径为 R,三高为 AD,BP,CQ,垂心为 H,OH 之中点为 V;$\triangle A_1B_1C_1$ 是 $\triangle ABC$ 在以 V 为心的中心对称变换下的象,其三高 A_1D_1,B_1E_1,C_1F_1 分别交 BC,CA,AB 于 A_2,B_2,C_2,其三边 A_1B_2,B_1C_1,C_1A_1 分别交 AD,BE,CF 于 A_3,B_3,C_3.

由中心对称性,O 为 $\triangle A_1B_1C_1$ 的垂心,H 则为其外心,$\triangle A_1B_1C_1$ 与 $\triangle ABC$ 的对应线段平行且相等,比如 $A_1H \mathrel{\underline{\parallel}} AO=R$ 等.

因 O 为 $\triangle ABC$ 的外心,故 A_2,B_2,C_2 分别为 BC,CA,AB 之中点,从而 $\triangle A_2B_2C_2$ 是 $\triangle ABC$ 之中位三角形,又 $\triangle A_2B_2C_2$ 与 $\triangle A_1B_1C_1$ 的三双对应边分别平行,显然 O 也为 $\triangle A_2B_2C_2$ 的垂心,故实质上 $\triangle A_2B_2C_2$ 是 $\triangle A_1B_1C_1$ 在以

① 刘裕文.欧拉定理,费尔巴哈定理及相关命题的统一证明[J].数学通报,1994(10):28-29.

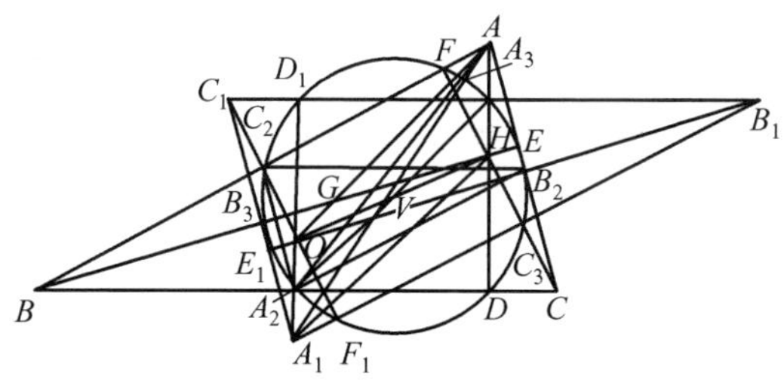

图 2.177

O 为心，$\frac{1}{2}$ 为位似系数的位似变换下的象. 自然 A_2,B_2,C_2 分别是 OA_1,OB_1,OC_1 之中点，换言之，A_1,B_1,C_1 是 O 关于 BC,CA,AB 三边的对称点. 由对称性，当然 A,B,C 也是 H 关于 B_1C_1,C_1A_1,A_1B_1 三边的对称点，而 A_3,B_3,C_3 分别是 HA,HB,HC 之中点.

联结 AA_2，设交 OH 于 G，显然 G 是 $\triangle AOA_1$ 的重心，故 $AG:GA_2=2:1$，而 AA_2 乃是 $\triangle ABC$ 之中线，当然 G 是其重心，且 O,G,H 三心共线，此时，由 $OG:GV=2:1,OV=VH$，必有 $OG:GH=1:2$. 这正是欧拉线定理.

由 $\triangle ABC$ 与 $\triangle A_1B_1C_1$ 的三双对应边及三双对应高围成以 V 为对称中心的三个矩形. 比如边 BC 与 B_1C_1，高 AD 与 A_1D_1 构成矩形 $A_2DA_3D_1$，显然其对角线 $A_2A_3 \underline{\underline{/\!/}} AO-R$. 可见三个矩形的 12 个顶点均在以 V 为圆心，R 为直径的圆上. 对于 $\triangle ABC$，在这 12 个点中，A_2,B_2,C_2 是三边之中点，D,E,F 是三高之足，A_3,B_3,C_3 是垂心至三顶点连线之中点. 九点共圆，九点圆定理获证.

此时，还有一系列的副产品：

(1) 三角形的垂心到顶点的距离是外心到对边距离的 2 倍(塞瓦定理或卡诺定理)；

(2) 设 $\triangle ABC$ 的外心 O 关于边 BC,CA,AB 的对称点分别为 A_1,B_1,C_1，则 $\triangle A_1B_1C_1 \cong \triangle ABC$；

(3) 设 $\triangle ABC$ 的垂心为 H，$\triangle AHB,\triangle BHC,\triangle CHA$ 的外心分别是 C_1,A_1,B_1，则 $\triangle A_1B_1C_1 \cong \triangle ABC$，且这两个三角形的九点圆重合.

(4) $\triangle ABC$ 的三边中点分别是 A_2,B_2,C_2，垂心为 H，HA,HB,HC 之中点分别是 A_3,B_3,C_3，则 A_2A_3,B_2B_3,C_2C_3 三线共点.

设 $\triangle ABC$ 的外接圆半径为 R，显然有 $\angle A=\angle BOA_2$，于是 $HA=2\cdot OA_2=2R\cos A$. 当然还有 $HB=2R\cos B,HC=2R\cos C$. 于是有：

(5) 设锐角 $\triangle ABC$ 外接圆半径为 R，垂心为 H，则 $\frac{HA}{\cos A}=\frac{HB}{\cos B}=\frac{HC}{\cos C}=2R$.

设$\triangle ABC$的内切圆半径为r，则$r=\frac{2S_{\triangle ABC}}{a+b+c}$，由(5)有$HA+HB+HC=2R(\cos A+\cos B+\cos C)$，利用熟知的三角恒等式$\sin A+\sin B+\sin C=4\cos\frac{A}{2}\cos\frac{B}{2}\cos\frac{C}{2}$，$\cos A+\cos B+\cos C=1+4\sin\frac{A}{2}\sin\frac{B}{2}\sin\frac{C}{2}$及正弦定理，经简单推导可得：

(6) 设锐角$\triangle ABC$外接圆半径为R，内切圆半径为r，垂心为H，则$HA+HB+HC=2(R+r)$.

❖三角形欧拉线平行于一边的充要条件

设$\triangle ABC$为任一个不等边三角形，在直角坐标系中，将它的任意一边(比如边AB)放置在x轴上，边AB的中垂线与y轴重合，如图2.178，又设边AB长为$2a$，则有

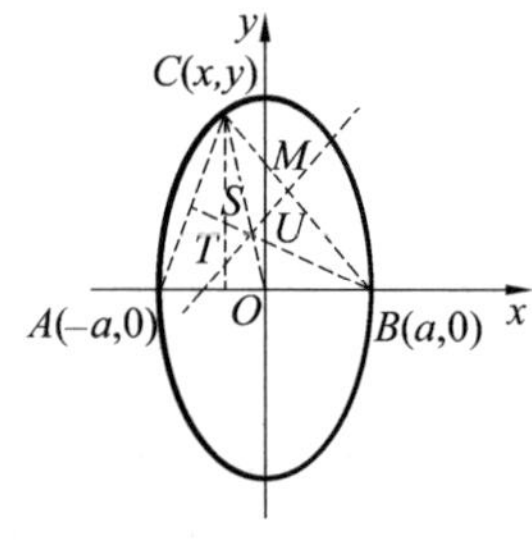

图2.178

定理 $\triangle ABC$的欧拉线平行于边AB的充要条件是以$AB=2a$为短轴，且第三个顶点C落在椭圆$\frac{x^2}{a^2}+\frac{y^2}{3a^2}=1$上(除去椭圆长、短轴两端的四个顶点).

证明[①] 设$\triangle ABC$的边BC中点为M，外心为U，重心为S，则经过U,S两点的直线为欧拉线. 如图2.178，容易求得点M坐标为$(\frac{x+a}{2},\frac{y}{2})$，从而求得点$U,S$坐标如下

$$U(0,\frac{x^2+y^2-a^2}{2y}),S(\frac{x}{3},\frac{y}{3})$$

因此欧拉线的斜率为

$$k=-\frac{3x^2+y^2-3a^2}{2xy}$$

故要使欧拉线平行于边AB，即$k=0$的充要条件是

$$3x^2+y^2-3a^2=0$$

且$xy\neq 0$，此即

① 沈国强，顾周华. 欧拉线的一个性质[J]. 中学数学，2002(1):22.

$$\frac{x^2}{a^2}+\frac{y^2}{3a^2}=1$$

且 $xy\neq 0$.

注 由上述结果,可顺便得出下列两个结论:

(1) 当点 C 落在 y 轴上时,欧拉线与 y 轴重合.斜率 k 不存在;

(2) 当点 C 落在上述椭圆外的第二、四象限,或者落在上述椭圆内的第一、三象限时,欧拉线的斜率 $k>0$;当点 C 落在上述椭圆外的第一、三象限,或者落在椭圆内的第二、四象限时,欧拉线的斜率 $k<0$.

❖三角形的欧拉线定理的拓广

定理 1 任意 $\triangle ABC$ 的内心 I、重心 G、界心 J_1 三点共线,且 $GJ_1=2IG$.

证法 1[①] 如图 2.179,令 $BC=a$, $CA=b$, $AB=c$,记 $p=\frac{1}{2}(a+b+c)$.分别联结 AI, AG, AJ_1 并延长交 BC 于点 D, M, K_1.不妨设 $b>c$.

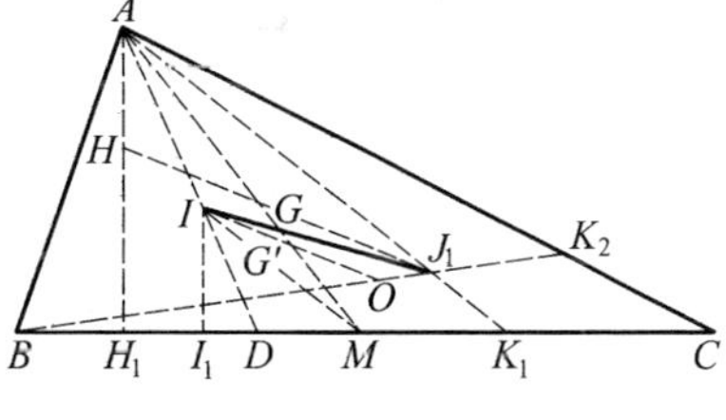

图 2.179

由三角形内心性质,有

$$\frac{DI}{IA}=\frac{a}{b+c} \quad ①$$

联结 IM,设 IJ_1 交 AM 于 G'.由梅涅劳斯定理的推广定理 1,知

$$\frac{IG'}{G'J_1}=\frac{DM}{MK_1}\cdot\frac{K_1A}{AJ_1}\cdot\frac{IA}{AD}$$

易知

$$DM=\frac{a(b-c)}{2(b-c)}, MK_1=\frac{b-c}{2}$$

则

$$\frac{DM}{MK_1}=\frac{a}{b+c} \quad ②$$

又由界心 J_1 的性质定理 1,知

$$\frac{AK_1}{AJ_1}=\frac{p}{a}$$

① 刘忠祥,李建欣.三角形界心的两个性质[J].福建中学数学,1995(4):18.

由 ① 可得

$$\frac{AI}{AD}=\frac{b+c}{2p}$$

则

$$\frac{IG'}{G'J_1}=\frac{a}{b+c}\cdot\frac{p}{a}\cdot\frac{b+c}{2p}=\frac{1}{2}$$

再由 ①,② 得

$$\frac{DI}{IA}=\frac{DM}{MK_1}$$

从而

$$IM\ /\!/\ AK_1$$

于是

$$\triangle IG'M\backsim\triangle J_1G'A$$

则

$$\frac{MG'}{G'A}=\frac{IG'}{G'J_1}=\frac{1}{2}$$

故 G' 为 $\triangle ABC$ 的重心,即 G' 与 G 重合,亦即 I,G,J_1 共线且 $GJ_1=2IG$.

证法 2 如图 2.179,设直线 AJ_1 交 BC 于 K_1,直线 BJ_1 交 AC 于 K_2,则 K_1,K_2 分别为旁切圆与 BC,AC 的切点.不妨设 $AB<AC$.

设 H_1,I_1 分别为 A,I 在 BC 上的射影,M 为 BC 的中点,显然 A,G,M 共线.令 $BC=a,CA=b,AB=c,p=\frac{1}{2}(a+b+c)$.

在 $\mathrm{Rt}\triangle AH_1K_1$ 和 $\mathrm{Rt}\triangle II_1M$ 中,有

$$AH_1=\frac{2S_{\triangle ABC}}{a},II_1=\frac{S_{\triangle ABC}}{p},I_1M=\frac{1}{2}(b-c)$$

注意到三角形旁心性质定理 9,有

$$H_1K_1=BK_1-BH_1=(p-c)-\frac{a^2+c^2-b^2}{2a}=\frac{p(b-c)}{a}$$

因此

$$\frac{H_1K_1}{I_1M}=\frac{2p}{a}=\frac{AH_1}{II_1}$$

于是 $\mathrm{Rt}\triangle AH_1K_1\backsim\mathrm{Rt}\triangle II_1M$,则有 $AJ_1\ /\!/\ IM$.

对 $\triangle AK_1C$ 及截线 BJ_1K_2 应用梅涅劳斯定理,并注意三角形旁心性质定理 9,有

$$\frac{AJ_1}{J_1K_1}=\frac{BC}{K_1B}\cdot\frac{K_2A}{CK_2}=\frac{a(p-c)}{(p-c)(p-a)}=\frac{a}{p-a}$$

从而

$$\frac{AK_1}{AJ_1}=\frac{p}{a}$$

所以 $AJ_1=2IM$,AM 与 J_1I 在点 G 处互相三等分,即证得 I,G,J_1 共线,且 $GJ_1=2IG$.

注 证法 2 也可缩简为:由第一界心性质定理 4,知 $AJ_1\ /\!/\ IM$,由第一界心性质定理 1

有$\frac{AK_1}{AJ_1}=\frac{p}{a}$.由此即得结论.

推论 1　条件同定理 1,又 H,O 分别为 $\triangle ABC$ 的垂心,外心,则 $HJ_1 /\!/ IO$,且 $HJ_1=2IO$.

事实上,由上述定理 1 及欧拉线定理,即证.

推论 2　条件同定理 1,又 S 为 IJ_1 的中点,设 AB,AC 的中点分别为 L,N,则 $AI /\!/ SM$,且 MS 平分 $\angle NML$.

事实上,由$\frac{IG}{GS}=\frac{2}{1}=\frac{AG}{GM}$,知 $AI /\!/ SM$.由 $\triangle ABC \backsim \triangle MNL$ 以及 AI 平分 $\angle BAC$,知 MS 平分 $\angle NML$.

注　由推论 2 即知 S 是 $\triangle MNL$ 的内心,且 $\triangle ABC$ 与 $\triangle MNL$ 的内切圆的位似中心为 J_1.于是,$\triangle ABC$ 的顶点到点 J_1(纳格尔点)的直线通过 $\triangle MNL$ 的内切圆的相应的切点,从而,我们又有如下推论:

推论 3　三角形的内心是它的中点三角形的纳格尔点(或第一界心).

注　此推论 3 的另一证明可参见三角形的中点三角形(中位线三角形)定理 4 的证明.

定理 2　过 $\triangle ABC$ 的 I,G,J_1 三点的线平行于边 BC 的充要条件是,以 B,C 为焦点,半长轴为 a,且顶点 A 落在椭圆$\frac{x^2}{a^2}+\frac{4y^2}{3a^2}=1$ 上(除去椭圆长轴、短轴两端的四个顶点).

证明[①]　如图 2.180,设 $\triangle ABC$ 的重心为 G,内心为 I,内切圆半径为 r,分别过 G,I 作 BC 的垂线,垂足为 D,E,则由题设知 $GI /\!/ BC$,则

$$GD=IE=r$$

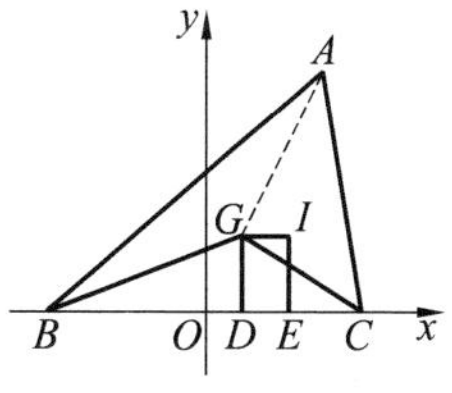

又 G 是重心,则

$$S_{\triangle GBC}=\frac{1}{3}S_{\triangle ABC} \qquad ①$$

图 2.180

又因

$$S_{\triangle GBC}=\frac{1}{2}BC\cdot r$$

$$S_{\triangle ABC}=\frac{1}{2}(AB+AC+BC)r$$

代入 ① 得

$$AB+AC=2BC=2a$$

表明顶点 A 的轨迹是以 B,C 为焦点,长轴长为 $2a$ 的椭圆(除去 x,y 轴上的

① 曾建国,何志红,温小平.类似欧拉线的一个性质[J].中学数学,2003(4):34.

点),方程为

$$\frac{x^2}{a^2}+\frac{4y^2}{3a^2}=1\quad(xy\neq 0)\qquad ②$$

命题得证.

由前文易知,当$\triangle ABC$的欧拉线与边BC平行时,顶点A的轨迹方程是(注意$BC=a$)

$$\frac{4x^2}{a^2}+\frac{4y^2}{3a^2}=1\quad(xy\neq 0)\qquad ③$$

易知,②,③表示的两个椭圆有且只有两个公共点,即y轴上的两个顶点.但顶点A为这两个点时,$\triangle ABC$恰为正三角形,不合题意.表明,不存在这样的三角形,它的欧拉线与类似欧拉线平行三角形的同一边.

定理3 设D,E,F分别是$\triangle ABC$的三边BC,CA,AB的中点,G是重心,P是平面上任一点,过D,E,F分别作AP,BP,CP的平行线,那么

(1) AP,BP,CP的平行线交于一点P'.

(2) P',G,P三点共线.

(3) $P'G=\frac{1}{2}PG$.①②

证明 如图2.181,设$DD'\parallel AP$,$EE'\parallel BP$,$FF'\parallel CP$,且DD'与EE'交于P',DD'与FF'交于P'',那么

$\triangle P''DF\backsim\triangle PAC$,$\triangle P'DE\backsim\triangle PAB$

则 $\frac{P''D}{PA}=\frac{DF}{AC}=\frac{1}{2}$,$\frac{P'D}{PA}=\frac{DE}{AB}=\frac{1}{2}$

图2.181

故P''与P'重合,即AP,BP,CP的平行线交于一点P'.

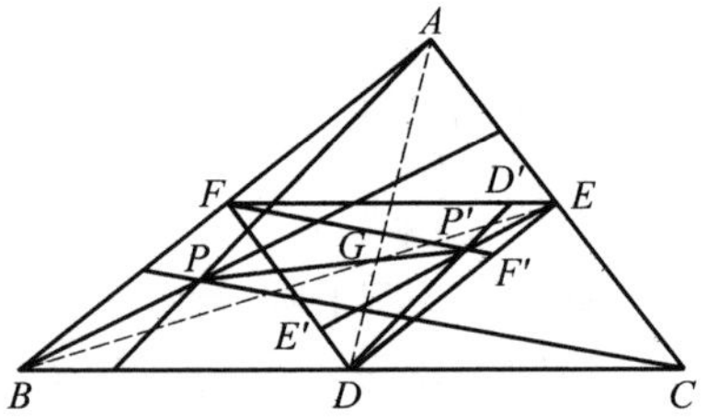

再由$DP'\parallel AP$,得

$$\angle P'DG=\angle PAG$$

又$\frac{DP'}{AP}=\frac{1}{2}$,$\frac{DG}{AG}=\frac{1}{2}$,则

$$\triangle P'DG\backsim\triangle PAG$$

从而

$$P'G=\frac{1}{2}PG$$

且

$$\angle P'GD=\angle PGA$$

① 汪江松,黄家礼.几何明珠[M].武汉:中国地质大学出版社,1988:111.

② 王丕直.欧拉定理的推广[J].中学数学,1997(1):36.

又 $\angle PGA+\angle PGD=180^\circ$,则

$$\angle P'GD+\angle PGD=180^\circ$$

即 P',G,P 三点共线.

易见,定理 2 的逆命题也成立,即有

定理 4 设有 $\triangle ABC$,D,E,F 分别是三边 BC,CA,AB 的中点,G 是重心,P 是平面上任一点.联结 PG 并延长至 P',使 $P'G=\frac{1}{2}PG$,则 $DP'\parallel AP$,$EP'\parallel BP$,$FP'\parallel CP$.

注 (1)如果 P 是垂心,则 P' 为外心,即定理 2 是欧拉线定理的拓广.

(2)如果 P 是内心,则 P' 为第一界心 J_1,即定理 2 也是定理 1 的拓广.

(3)如果我们称定理 2,3 中的 P' 是 P 的镜像点(关于 $\triangle ABC$ 的重心 G),那么我们得到平面上由 $\triangle ABC$ 决定的一个位似变换,三角形的重心为位似中心,位似比为 $-\frac{1}{2}$.于是由(1)与(2)可知,三角形的外心是垂心的镜像点,内心是第一界心的镜像点.

定理 5 $\triangle ABC$ 中,内切圆圆 I 切 AC 于 D,直线 AC 同侧两旁切圆圆 O_1,圆 O_2 分别切 CB 延长线于 E,切 AB 延长线于 F,则 AE,BD,CF 交于一点 P.若第三旁切圆为圆 O_3,三角形重心 G,则 G 分 $\overrightarrow{PO_3}$ 之比为 $2:1$.

证明① 如图 2.182 所示.(用同一法)延长 O_3G 到 P_1,使 $GP_1=2O_3G$,只要证明 P_1,E,A;P_1,F,C;P_1,B,D 三组三点共线即可.

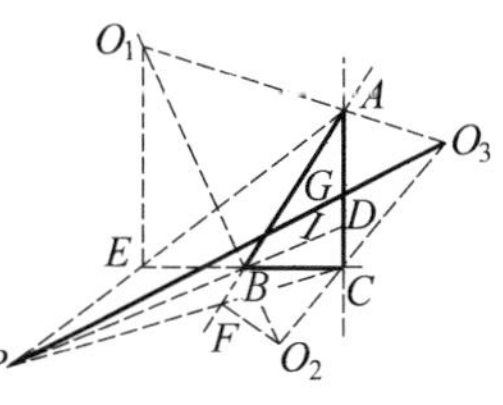

图 2.182

设 AG 交 BC 于 M,AO_3 交直线 BC 于 N,AP_1 交直线 CB 于 J,先证 J 为圆 O_1 与 CB 的切点 E,如图 2.183 所示.

由 BO_3 平分 $\angle ABC$ 及 CO_3 平分 $\angle ACB$ 的外角有

$$\frac{BN}{BA}=\frac{NO_3}{AO_3}=\frac{NC}{AC}$$

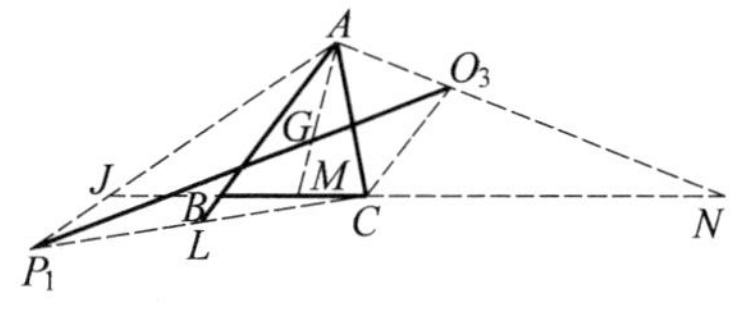

图 2.183

由 $\frac{AG}{GM}=\frac{P_1G}{GO_3}=2$,有

$$MO_3\parallel AP_1$$

故

$$\frac{NO_3}{AO_3}=\frac{NM}{MJ}$$

① 黄华松.三角形的另三条新欧拉线[J].中学数学,2005(10):38-39.

于是有
$$\frac{NO_3}{AO_3}=\frac{BN}{BA}=\frac{NM}{MJ}=\frac{NC}{AC}$$
依等比性质
$$\frac{BN-NM}{BA-MJ}=\frac{MN-NC}{MJ-AC}$$
即
$$\frac{BM}{AB-MJ}=\frac{MC}{MJ-AC}$$
由 $BM=MC$ 有
$$AB-MJ=MJ-AC \qquad (*)$$

显然 J 在 CB 的延长线上，否则，J 在边 BC 上，则有 $2MJ<2BM=BC<AB+AC$ 与 $2MJ=AB+AC$ 矛盾. 依条件 $MJ=BJ+BM=CJ-CM$，故式$(*)$变成
$$AB-BJ-BM=CJ-CM-AC$$
从而
$$AB-BJ=CJ-AC \qquad ①$$

下证 J 是圆 O_1 与直线 CB 的切点 E.

设圆 O_1 切 AB 于 Q，切直线 CA 于 R，如图 2.184 所示. 由切线长定理
$$AB-BE=AQ$$
$$CE-AC=CR-AC=AR$$
$$AQ=AR$$

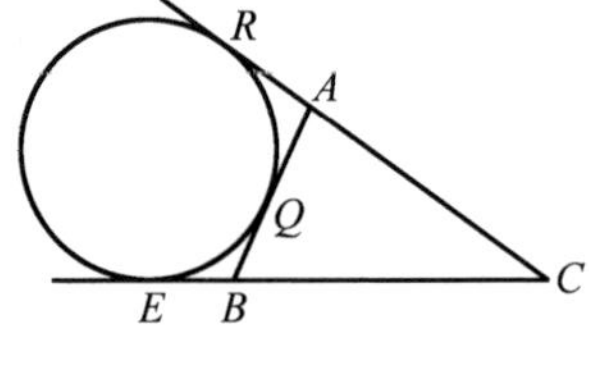

图 2.184

故 $AB-BE=CE-AC$，结合 ① 知 E 与 J 重合，故 P_1A 与 BC 交点 J 恰为圆 O_1 与 BC 的切点 E.

若 P_1C 与直线 AB 交于点 L，如图 2.183，同理可证 $AL-AC=BC-BL$，进一步可证 P_1C 与 AB 之交点 L 恰为圆 O_2 与 AB 延长线的切点.

再证 P_1B 与 AC 的交点 K 就是内切圆圆 I 在 AC 上的切点 D，如图 2.185 所示.

设 $BC>AB$，BO_3 交 AC 于 S，BG 交 AC 于 T，由 $\frac{AB}{BC}=\frac{AS}{SC}<1$，知 S 一定在线段 AT 上.

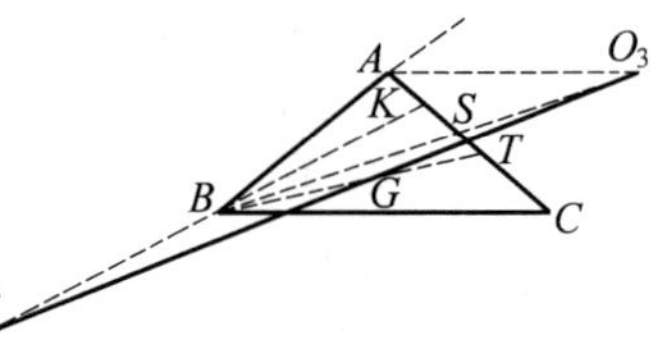

图 2.185

由 $\frac{TG}{BG}=\frac{O_3G}{GP_1}=\frac{1}{2}$，有
$$TO_3 \parallel P_1B$$
即
$$TO_3 \parallel BK$$

由 BO_3 平分 $\angle ABC$ 有
$$\frac{SC}{BC}=\frac{AS}{AB}$$

由 AO_3 平分 $\angle BAC$ 外角有

$$\frac{AS}{AB}=\frac{SO_3}{BO_3}$$

由 $TO_3 /\!/ BK$，有

$$\frac{SO_3}{BO_3}=\frac{ST}{KT}$$

故

$$\frac{SC}{BC}=\frac{AS}{AB}=\frac{ST}{KT}$$

由等比性质有

$$\frac{SC-ST}{BC-KT}=\frac{AS+ST}{AB+KT}$$

即

$$\frac{CT}{BC-KT}=\frac{AT}{AB+KT}$$

由 $CT=AT$，有

$$BC-KT=AB+KT \quad ②$$

显然 K 是 AC 的内分点，否则 K 在 CA（或 AC）的延长线上，$2KT>AC>BC-AB$，由式 ② 知 $2KT=BC-AB$ 矛盾.

由于 $KT=AT-AK=CK-CT$，代入式 ② 有

$$BC-(AT-AK)=AB+CK-CT$$

即

$$BC+AK=AB+CK$$

也就是

$$BC-CK=AB-AK$$

易知，边 AC 上满足 $BC-CK=AB-AK$ 的点 K，恰为内切圆圆 I 与边 AC 的切点 D，故 P_1B 与 AC 的交点恰为内切圆与 AC 的切点 D. 如果 $BC<AB$，式 ② 便变为 $BC+KT=AB-KT$，上述结论依然成立.

综上所述，P_1,E,A；P_1,F,C；P_1,D,B 均三点共线，即 A 与旁切圆圆 O_1 在 CB 上的切点 E 连线 AE，C 与旁切圆圆 O_2 在 AB 上的切点 F 连线 CF，B 为内切圆圆 I 在 AC 上的切点 D 连线 BD，三线交于一点 P_1（即定理 4 中的 P 点），且 G 分 $\overrightarrow{PO_3}$ 之比为 $2:1$，定理 4 得证.

类似地，还可得到如下结论.

定理 6 $\triangle ABC$ 中，内切圆圆 I 切 AB 于 F_1，旁切圆圆 O_3 切 BC 延长线于 E_1，旁切圆圆 O_2 切 AC 延长线于 D_1，则直线 CF_1，AE_1，BD_1 交于一点 P_2. 设另一旁切圆为圆 O_1，则三角形重心 G 分 $\overrightarrow{P_2O_1}$ 之比为 $2:1$.

定理 7 $\triangle ABC$ 中，内切圆圆 I 切 BC 于 E_2，旁切圆圆 O_3 切 BA 延长线于 F_2，旁切圆圆 O_1 切 CA 延长线于 D_2，则直线 CF_2，BD_2，AE_2 交于一点 P_3. 设另一旁切圆为圆 O_2，则三角形重心 G 分 $\overrightarrow{P_3O_2}$ 之比为 $2:1$.

注 与“界心 J_1”的定义相似，依定理5证明过程知：位于三角形外的点 P 与各顶点连线外分（或内分）对边成的两段与三角形另两边对应差的绝对值相等，故 P 可称为三角形的外差界心. 同样，定理6,7中 P_2，P_3 亦可称为三角形的外差界心.

这样，就得到了三角形的类似于“内心、重心、界心 J_1”线的另三条欧拉线的拓广. 由于界心 J_1 其实是三角形三个旁切圆在三边上的切点与相对顶点连线的交点，故这四条欧拉线的拓广其实就是三角形的三个旁切圆与一个内切圆共四个圆中任选一个圆的圆心为一点，三角形的重心 G 为第二点，其余三个圆在三边所在直线上的切点与相对顶点连线的交点为第三点，这三点共线而得的4条直线，且重心 G 分每条直线上三角形的外差界心（或第一界心）与另一旁切圆的圆心（或内心）所连线段之比为 $2:1$. 它们十分和谐而有序地分布在同一个三角形中.

❖希费尔点的性质定理

设 I 为 $\triangle ABC$ 的内心. 则 $\triangle IBC$，$\triangle ICA$，$\triangle IAB$，$\triangle ABC$ 的四条欧拉线共点，该点称为希费尔(Schiffler)点.

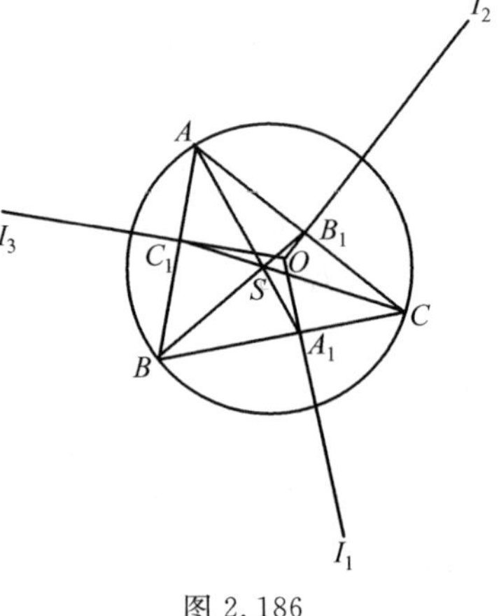

图 2.186

定理 如图2.186，设 O，I_1 分别为 $\triangle ABC$ 的外心、顶点 A 所对旁切圆的旁心，OI_1 与 BC 交于点 A_1，类似定义点 B_1，C_1. 则直线 AA_1，BB_1，CC_1 共点于 $\triangle ABC$ 的 Schiffler 点 S. ①

证明 如图2.187，设 D 为 $\triangle ABC$ 的外接圆圆 O 上不含 A 的弧 $\overparen{BC}$ 的中点，M，N 分别为 BC，AI_1 的中点，I_1 关于 M 的对称点为 K，DK 与 ON 交于点 X，AA_1 与 OD 交于点 Y，BC 与 AI_1 交于点 L.

显然，MN 为 $\triangle AI_1K$ 的中位线.

故 $AK\parallel MN$.

由面积关系得

$$\frac{OX}{XN}=\frac{S_{\triangle KOD}}{S_{\triangle KND}}=\frac{S_{\triangle I_1OD}}{2S_{\triangle MND}}=\frac{OD\cdot DI_1}{2ND\cdot MD}=$$

$$\frac{OD\cdot DI_1}{(AI_1-2DI_1)MD}=$$

① 严君啸. 一个 Schiffler 点性质的纯几何证明[J]. 中等数学，2019(1)：19-20.

$$\frac{OD \cdot DI_1}{MD(AD - DI_1)}$$ ①

对 $\triangle ODI_1$ 与截线 A_1YA 运用梅涅劳斯定理得

$$\frac{OY}{YD} \cdot \frac{DA}{I_1A} \cdot \frac{I_1A_1}{A_1O} = 1$$

$$\Rightarrow \frac{OY}{YM} = \frac{AI_1 \cdot A_1O \cdot YD}{AD \cdot A_1I_1 \cdot YM}$$ ②

对 $\triangle MDL$ 与截线 A_1YA，$\triangle MDL$ 与截线 OA_1I_1，$\triangle ODI_1$ 与截线 LMA_1 运用梅涅劳斯定理分别得

$$\frac{YD}{YM} \cdot \frac{MA_1}{LA_1} \cdot \frac{LA}{DA} = 1$$

$$\frac{LA_1}{MA_1} \cdot \frac{MO}{DO} \cdot \frac{DI_1}{LI_1} = 1$$

$$\frac{OA_1}{I_1A_1} \cdot \frac{I_1L}{DL} \cdot \frac{DM}{OM} = 1$$

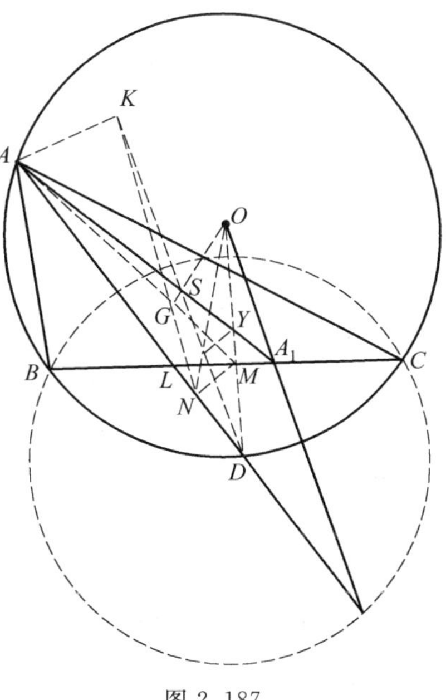

图 2.187

以上三式相乘后整理得

$$\frac{AL}{AD} \cdot \frac{A_1O}{A_1I_1} \cdot \frac{YD}{YM} \cdot \frac{DI_1}{DO} \cdot \frac{DM}{DL} = 1$$

结合式 ② 得

$$\frac{OY}{YM} = \frac{AI_1 \cdot DO \cdot DL}{AL \cdot DI_1 \cdot DM} = \frac{OD(AD + DI_1)DL}{MD \cdot AL \cdot DI_1}$$ ③

由熟知的性质得

$$DI_1 = DC, \triangle ADC \backsim \triangle CDL$$

故

$$DI_1^2 = DC^2 = DL \cdot DA$$ ④

又联立式 ①③ 得

$$XY \parallel MN \Leftrightarrow \frac{OX}{XN} = \frac{OY}{YM}$$

$$\Leftrightarrow (AD^2 - DI_1^2)LD = DI_1^2 \cdot AL$$

$$\Leftrightarrow AD^2 \cdot LD = DI_1^2(AL + LD) = DI_1^2 \cdot AD$$

将式 ④ 代入，可知上式成立.

故

$$AK \parallel MN \parallel XY \quad ⑤$$

设 DK 与 AA_1 交于点 S. 则 X 为 SK 与 ON 的交点，Y 为 SA 与 OM 的交点.

由结论⑤，知 $\triangle OMN$ 与 $\triangle SAK$ 透视.

由笛沙格定理，知 OS，AM，NK 三线共点，记为点 G.

注意到，AM，NK 为 $\triangle AKI_1$ 的两条中线.

故 G 为 $\triangle AKI_1$ 的重心，$\frac{AG}{GM}=2$.

因为 AM 是 $\triangle ABC$ 的中线，所以，G 是 $\triangle ABC$ 的重心.

从而，点 S 在 $\triangle ABC$ 的欧拉线上.

又易证，D，K 分别为 $\triangle IBC$ 的外心、垂心（I 为 $\triangle ABC$ 的内心），则点 S 也在 $\triangle IBC$ 的欧拉线上.

于是，S 即为 $\triangle ABC$ 的 Schiffler 点.

从而，AA_1 过 $\triangle ABC$ 的 Schiffler 点 S.

类似地，BB_1，CC_1 过 $\triangle ABC$ 的 Schiffler 点 S.

至此，证明了定理.

❖三角形的共轭界心性质定理

我们称三角形的过顶点分周线的等角线为共轭分周线. 为方便起见，我们约定：$\triangle ABC$ 中，内角 A，B，C 的对边长分别为 a，b，c，半周长为 $p=\frac{1}{2}(a+b+c)$，分周线分别为 AD，BE，CF，共轭分周线分别为 AD'，BE'，CF'（点 D'，E'，F' 分别在边 BC，CA，AB 上），外心、重心、内心、垂心、九点圆心、第一界心分别为 O，G，I，H，V，J_1. ①.

定理1 三角形的三条共轭分周线交于一点. 此点称为三角形的共轭界心.

证明 如图2.188，令 $\angle BAD=\angle D'AC=\alpha$，$\angle DAD'=\beta$，则在 $\triangle ABD$，$\triangle ADC$ 中，分别运用正弦定理，得

$$\frac{BD}{\sin\alpha}=\frac{c}{\sin\angle ADB}$$

① 耿恒考，尹广金. 三角形的陪位周界中线[J]. 中学数学研究（江西），2002(5)：19-20.

$$\frac{DC}{\sin(\alpha+\beta)}=\frac{b}{\sin\angle ADC}$$

由 $\sin\angle ADB=\sin\angle ADC$，有

$$\frac{BD}{DC}=\frac{c\sin\alpha}{b\sin(\alpha+\beta)}$$

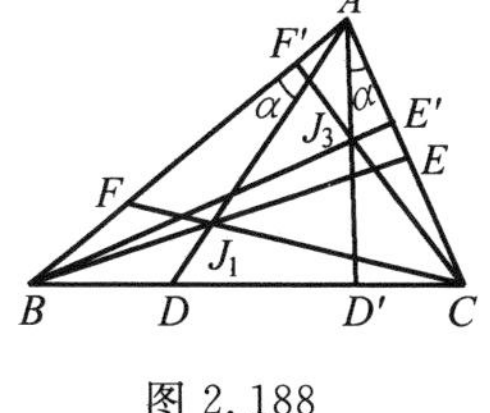

图 2.188

同理，有

$$\frac{BD'}{D'C}=\frac{c\sin(\alpha+\beta)}{b\sin\alpha}$$

则
$$\frac{BD}{DC}\cdot\frac{BD'}{D'C}=\frac{c^2}{b^2}$$

又 $BD=p-c,DC=p-b$，则

$$\frac{BD'}{D'C}=\frac{c^2(p-b)}{b^2(p-c)}$$

同理，有

$$\frac{CE'}{E'A}=\frac{a^2(p-c)}{c^2(p-a)},\frac{AF'}{F'B}=\frac{b^2(p-a)}{a^2(p-b)}$$

故
$$\frac{BD'}{D'C}\cdot\frac{CE'}{E'A}\cdot\frac{AF'}{F'B}=1$$

由塞瓦定理，即知 $\triangle ABC$ 的三条共轭分周线 AD',BE',CF' 相交于一点.

三角形的三条共轭分周线的交点称为三角形的共轭界心. 并记共轭界心为 J_3. 显然 J_3 是界心 J_1 的等角共轭点.

定理 2　三角形的共轭分周线上与顶点距离等于界心 J_1 到对边周界中点距离的点在该三角形的内切圆上.

证明　如图 2.189，X' 是 AD' 上一点，$X'A=J_1D$. 在 AD 上取一点 X，使 $XA=J_1D$，即有

$$AJ_1=XD,X'A=XA$$

取 BC 中点 M，联结 IM,XI，并延长 XI 交边 BC 于点 N，由 J_1 与其他各心关系定理1，知 $IM\underline{\underline{\parallel}}\frac{1}{2}AJ_1$，即有 $IM\underline{\underline{\parallel}}\frac{1}{2}XD$，而有 $\frac{NM}{ND}=\frac{NI}{NX}=\frac{IM}{XD}=\frac{1}{2}$，故 M 是 ND 的中点，$NX=2NI$.

图 2.189

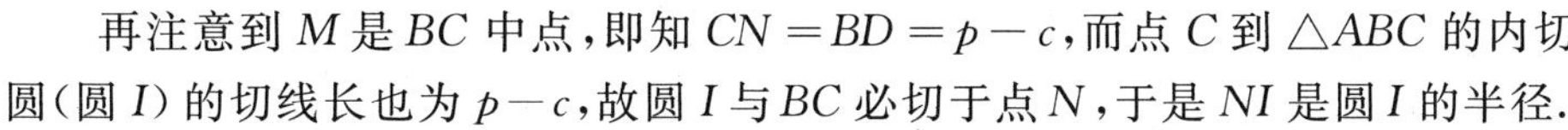
再注意到 M 是 BC 中点，即知 $CN=BD=p-c$，而点 C 到 $\triangle ABC$ 的内切圆(圆 I)的切线长也为 $p-c$，故圆 I 与 BC 必切于点 N，于是 NI 是圆 I 的半径.

由 $NX=2NI$，知 NX 是圆 I 的直径，故点 X 在圆 I 上.

联结 $X'I$，注意到 AX',AX 关于 AI 对称，即知 $\angle X'AI=\angle XAI$，又 $X'A=XA,AI=AI$，故 $\triangle X'AI\cong\triangle XAI$，而有 $X'I=XI=NI$，于是点 X' 在圆 I 上.

定理3 三角形的共轭界心、内心、外心三点共线.

为证定理3,先介绍两个引理.

引理1 关于一个角的平分线对称的两个点到这个角的两边距离相等.

引理2 一圆切一个角的两边,过两切点的直径的另两个端点到这个角的两边距离相等.

下面来证定理3.

证明 如图2.190,X,X',Y,Y',Z,Z' 分别是 AD,AD',BE,BE'、CF,CF' 上的点,且 $X'A=XA=J_1D,Y'B=YB=J_1E,Z'C=ZC=J_1F$.

由定理2,知点 X',Y',Z' 均在圆 I 上,联结 $X'Y',Y'Z',Z'X'$,即知圆 I 是 $\triangle X'Y'Z'$ 的外接圆,故 $\triangle ABC$ 的内心 I 也是 $\triangle X'Y'Z'$ 的外心.

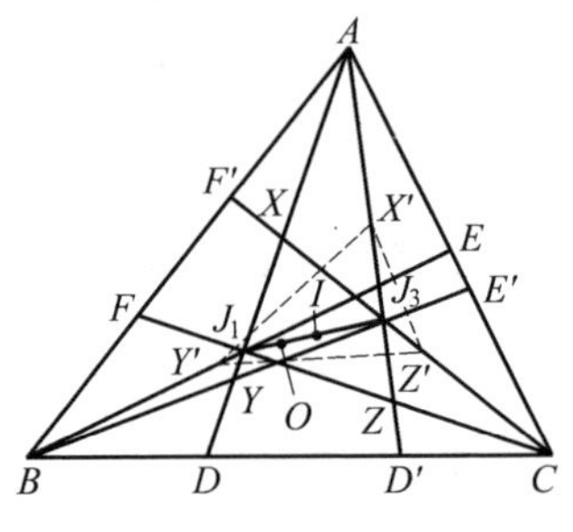

图2.190

令圆 I 与 AB,AC 分别切于点 K,L,由定理2的证明,知 YL,ZK 均是圆 I 的直径,再由引理2,即知点 Y 到 AB 的距离等于点 Z 到 AC 的距离.

由于 BY',BY 关于 BI 对称,故点 Y',Y 关于 BI 对称,由引理1,知点 Y' 到 BC 的距离等于点 Y 到 AB 的距离.

同理,知点 Z 到 AC 的距离等于点 Z' 的 BC 的距离.

故点 Y' 到 BC 的距离等于点 Z' 到 BC 的距离,于是 $Y'Z' /\!/ BC$.

同理,有 $Z'X' /\!/ CA,X'Y' /\!/ AB$.

即 $\triangle X'Y'Z'$ 与 $\triangle ABC$ 关于点 J_3 位似.

故 $\triangle X'Y'Z'$ 的外接圆(圆 I)与 $\triangle ABC$ 的外接圆(圆 O)也关于点 J_3 位似.

即 J_3,I,O 三点共线.

这一三点共线的重要结论可与三角形中的欧拉线、西姆森线等媲美.

定理4 一般三角形中,共轭界心、外心、第一界心、垂心恰为一梯形的四个顶点,内心在此梯形的一底边上,重心、九点圆心在此梯形的一对角线上.

证明 如图2.191,$\triangle ABC$ 为一般三角形,由定理3,知 J_3,I,O 三点共线,由欧拉线定理的拓广定理1及推论1知 J_1,G,I 三点共线,$IO /\!/ HJ_1$,故 $J_3O /\!/ HJ_1$,四边形 J_3OJ_1H 为梯形,I 在其底边 J_3O 上,G,V 在其对角线 OH 上.

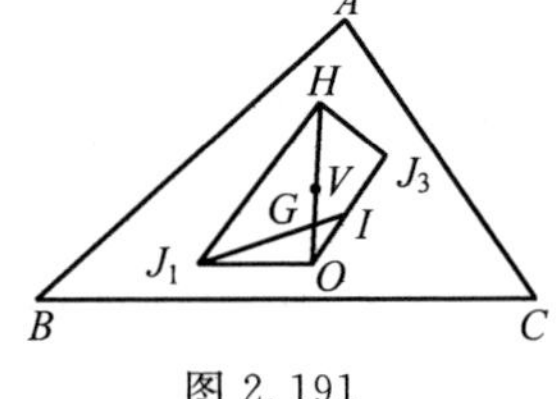

图2.191

特别地,等腰三角形如上"七心"共线,且此线为等腰三角形的对称轴;等边三角形如上"七心"共点.

❖三角形界心 J_1 与其他各心间的关系定理

定理 1　三角形一顶点到界心 J_1 的距离,等于内心到对边中点距离的二倍.

我们已在三角形的欧拉线定理的拓广定理 1 的证法 2 中给出一种证法,这里再给出一种证法.

证明　设 M,N 分别为 $\triangle ABC$ 的边 BC 和 AC 中点,I 为内心,J_1 为界心,如图 2.192,则 $IN \parallel BJ_1$,联结 CI 延长到 F,使 $IF=CI$,联结 AF,FB,则 $IN \parallel FA$,于是 $BJ_1 \parallel FA$. 同理 $AJ_1 \parallel FB$,则 $AFBJ_1$ 为平行四边形,故 $AJ_1 = FB = 2IM$.

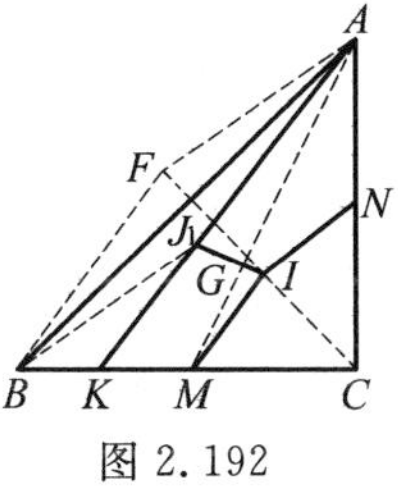

图 2.192

为了介绍后面的定理,看一条引理.

引理[①]　设 P 为 $\triangle ABC$ 所在平面内任意一点,J_1 为 $\triangle ABC$ 的第一界心,R,r 分别为 $\triangle ABC$ 的外接圆,内切圆半径,p 为三角形的半周长,则

$$PJ_1^2 = 4r^2 + \frac{1}{p}((p-a)PA^2 + (p-b)PB^2 + (p-c)PC^2 - 4Rr)$$

证明　如图 2.193,因 $BD = p-c, DC = p-b$,在 $\triangle PBC$ 中用斯特瓦尔特定理,有

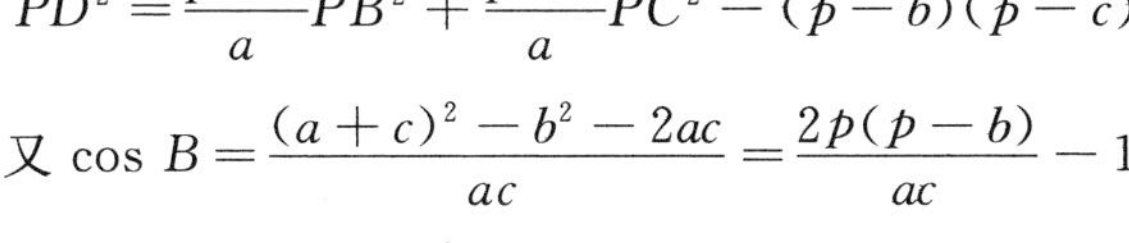

$$PD^2 = \frac{p-b}{a}PB^2 + \frac{p-c}{a}PC^2 - (p-b)(p-c)$$

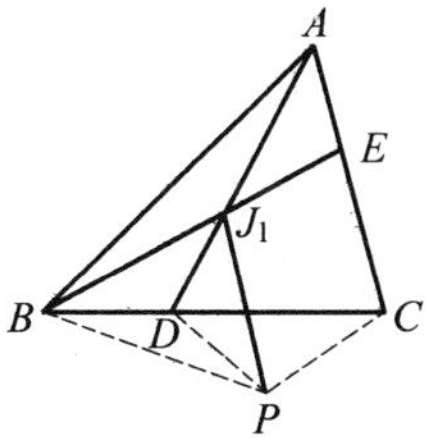

又 $\cos B = \frac{(a+c)^2 - b^2 - 2ac}{ac} = \frac{2p(p-b)}{ac} - 1$

图 2.193

在 $\triangle ABD$ 中,有

$$AD^2 = c^2 + (p-c)^2 - 2c(p-c)\cos B = p^2 - \frac{4p(p-b)(p-c)}{a}$$

再对 $\triangle ADC$ 应用梅涅劳斯定理,得

$$\frac{AJ_1}{J_1D} \cdot \frac{DB}{BC} \cdot \frac{CE}{AE} = 1$$

而 $$BD = AE = p-c, CE = BF = p-a$$

---

① 刘黎明. 三角形各心与界心间的关系[J]. 中学数学,1997(4):35-36.

从而
$$\frac{AJ_1}{J_1D}=\frac{a}{p-a}$$

在$\triangle PAD$中用斯特瓦尔特定理,得
$$PJ_1^2=\frac{p-a}{p}PA^2+\frac{a}{p}PD^2-\frac{a(p-a)}{p^2}AD^2$$

将PD^2,AD^2表达式代入此式,利用
$$\frac{abc}{p}=4Rr,\frac{(p-a)(p-b)(p-c)}{p}=r^2$$
即得欲证.

定理2 设$\triangle ABC$的外心为O,则$J_1O=R-2r=\frac{IO^2}{R}$.

证明 由引理,取点P为O,注意到欧拉线定理即得结论.

定理3 设$\triangle ABC$的垂心为H,则$J_1H=2IO=2\sqrt{R^2-2Rr}$.

证明 由$HA^2=\frac{c\cdot\cos A}{\sin C}=\cos A\cdot 2R=4R^2-a^2$等三式,引理中用$H$代$P$及$a^2+b^2+c^2=q^2$,$a^3+b^3+c^3=p(3q^2-4p^2)+3abc$,$p^2-\frac{1}{2}q^2=r^2+4Rr$,有$J_1H^2=4r^2+8Rr+4R^2+2q^2-4p^2=4R^2-4Rr$.而$OI^2=R^2-2Rr$,由此即证得结论.

定理4 设$\triangle ABC$的内心为I,则$J_1I=3GI=\sqrt{6r^2-12Rr+\frac{1}{2}q^2}$.

证明 由$\frac{AI}{t_a}=\frac{b+c}{a}$及$t_a=\frac{2\sqrt{bc(p-a)}}{b+c}$有$AI^2=\frac{4bc(p-a)}{a^2}$等三式,用$I$代$P$于引理即得结论.

定理5 设G为$\triangle ABC$的重心,则$J_1G=2GI=\sqrt{\frac{8}{3}r^2-\frac{16}{3}Rr+\frac{2}{9}q^2}$.

证明 由$AG^2=\frac{4}{9}(2(b^2+c^2)-a^2)$等三式,由$G$代$P$于引理即得结论.或由欧拉线定理的推广定理1即得结论.

定理6 三角形的界心J_1、垂心H、内心I、外心O构成梯形的四个顶点,对角线交点为重心G,OI和J_1H分别为两底.

此定理为三角形的共轭界心性质定理4的特殊情形.

证明 如图2.194,由欧拉线定理知O,G,H共线,且$HG=2GO$.

由欧拉线定理的拓广定理1知J_1,G,I共线,且$J_1G=2GI$.

从而$\triangle OGI\backsim\triangle HGJ_1$,且$OH$与$J_1I$交于点$G$.

于是$\angle IOH=\angle OHJ_1$,故$OI\parallel J_1H$.结论获证.

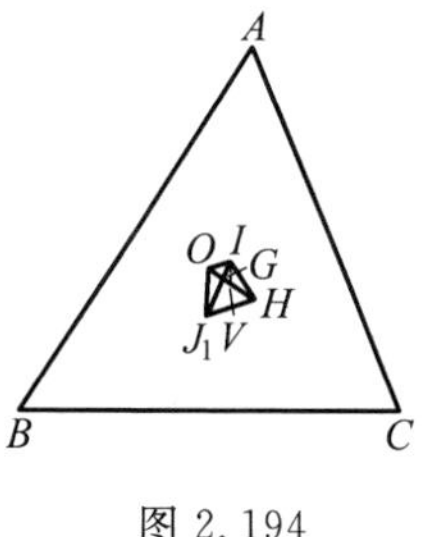

图 2.194

定理 7　设 V 为三角形九点圆的圆心，则 $J_1O\ /\!/\ VI$，且 $\frac{VI}{J_1O}=\frac{1}{2}$.

证明　如图 2.194，因 V 为九点圆的圆心，则 V 为 OH 的中点，从而 $\triangle J_1OG\backsim\triangle IGV$，由此可得 $J_1O\ /\!/\ VI$，且 $\frac{VI}{J_1O}=\frac{1}{2}$.

定理 8　设 V 为三角形九点圆的圆心，则

$$J_1V^2=\frac{1}{4}R^2-6Rr+2r^2+\frac{1}{4}q^2$$

证明　由三角形中线长公式，有

$$J_1V^2=\frac{1}{4}(2\cdot OJ_1^2+2\cdot J_1H^2-OH^2)$$

将 $OH^2=9R^2-q^2$ 及 OJ_1^2，J_1H^2 代入即得结论.

定理 9　设 I_A 为 $\triangle ABC$ 的外切于边 BC 的旁切圆的圆心，则①

$$J_1I_A=(4r^2+\frac{1}{r^2}(p-b)^2(p-c)^2+(p-a)^2)^{\frac{1}{2}}$$

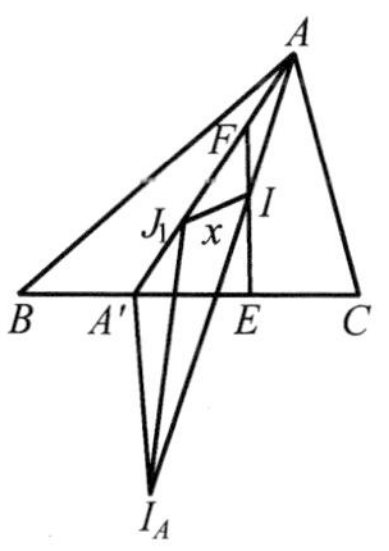

图 2.195

证明　设旁切圆切 BC 于 A'，$J_1I=x$，$m=AA'=p\sqrt{1-\frac{4r^2}{a(p-a)}}$，过 I 作 BC 垂线交 BC 于 E，交 AA' 于 F，如图 2.195 所示，内切圆切 BC 于 E，则易知 $J_1F=\frac{2a-p}{p}m$，而 $abc=4Rrp$，在 $\triangle IJ_1F$ 中用余弦定理

$$\frac{J_1F^2+IF^2-J_1I^2}{2J_1F\cdot IF}=\frac{EF}{FA'}$$

即

$$(\frac{2a-p}{p}m)^2+r^2-x^2=\frac{4(2a-p)}{a}r^2$$

解之即得 $x=J_1I$. 记 $l=AI=\sqrt{\frac{bc(p-a)}{p}}$，在 $\triangle AA'I_A$ 和 $\triangle AJI_A$ 中，有

$$\frac{(\frac{a}{p}m)^2+(\frac{pl}{p-a})^2-JI_A^2}{2\cdot\frac{am}{p}\cdot\frac{pl}{p-a}}=\frac{m^2+(\frac{pl}{p-a})^2-(\frac{rp}{p-a})^2}{\frac{2mpl}{p-a}}$$

解之即可得 J_1J_A.

最后，我们指出：三角形的内心、垂心、第一界心、旁心三角形的外心这四心

① 卢连克. 三角形界心到五心的距离[J]. 中学数学，1997(4)：37.

构成平行四边形的四个顶点.

❖三角形界心 J_2 与其他各心间的关系定理

定理 1 三角形的内心、重心、第二界心 J_2、第一界心 J_1 四心共线，且内心到重心的距离、重心到第二界心的距离、第二界心到第一界心的距离之比为 $2:1:3$.①

证法 1 如图 2.196，令 $\triangle ABC$ 的内心、重心、第二界心、第一界心分别为 I,G,J_2,J_1，则由 J_1 的性质，知 I,G,J_1 三心共线，且有

$$\frac{|\overrightarrow{IG}|}{|\overrightarrow{GJ_1}|}=\frac{1}{2}$$

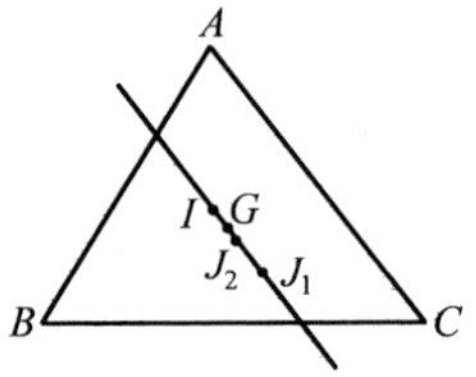

图 2.196

在 $\triangle ABC$ 所在平面上任取一点 O，则

$$\overrightarrow{OG}=\frac{1}{3}(\overrightarrow{OA}+\overrightarrow{OB}+\overrightarrow{OC})$$

$$\overrightarrow{OI}=\frac{a\,\overrightarrow{OA}+b\,\overrightarrow{OB}+c\,\overrightarrow{OC}}{a+b+c}$$

再由点 J_2 性质定理 1 的证明，知

$$\overrightarrow{OJ_2}=\frac{(b+c)\,\overrightarrow{OA}+(c+a)\,\overrightarrow{OB}+(a+b)\,\overrightarrow{OC}}{2(a+b+c)}$$

则

$$\overrightarrow{IG}=\overrightarrow{OG}-\overrightarrow{OI}=\frac{1}{3(a+b+c)}((b+c-2a)\,\overrightarrow{OA}+(c+a-2b)\,\overrightarrow{OB}+(a+b-2c)\,\overrightarrow{OC})$$

$$\overrightarrow{GJ_2}=\overrightarrow{OJ_2}-\overrightarrow{OG}=\frac{1}{6(a+b+c)}((b+c-2a)\cdot\overrightarrow{OA}+(c+a-2b)\,\overrightarrow{OB}+(a+b-2c)\,\overrightarrow{OC})$$

则 $\overrightarrow{IG}=2\,\overrightarrow{GJ_2}$，即 I,G,J_2 三心共线，则

$$\frac{|\overrightarrow{IG}|}{|\overrightarrow{GJ_2}|}=2$$

故 I,G,J_2,J_1 四心共线，且

$$|\overrightarrow{IG}|:|\overrightarrow{GJ_2}|:|\overrightarrow{J_2J_1}|=2:1:3$$

证法 2 由 J_1 的性质知，I,G,J_1 三点共线且

① 尹广金. 三角形的对偶周界中线[J]. 中学数学，2006(6)：39-40.

$$J_1G=2GI \quad ①$$

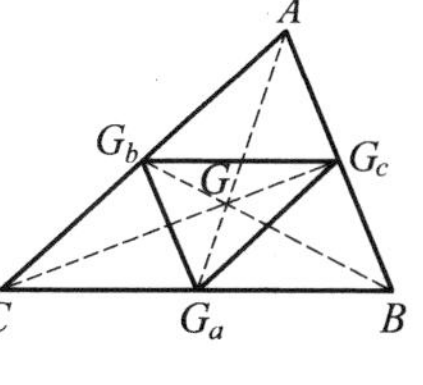

图 2.197

又如图 2.197,G 为 $\triangle ABC$ 的重心,G_a,G_b,G_c 分别为 BC,CA,AB 的中点,以 G 为位似中心,则 $\triangle G_aG_bG_c\backsim\triangle ABC$,其位似比为$\frac{1}{2}$,$\triangle G_aG_bG_c$ 的内心即 $\triangle ABC$ 的第二界心 J_2 与 $\triangle ABC$ 的内心 I 是关于位似中心 G 的对应点,故 I,G,J_2 三点共线且

$$IG=2GJ_2 \quad ②$$

由 ①,② 可得 I,G,F,N 四点共线且

$$IG:GJ_2:J_2J_1=2:1:3$$

推论 一般三角形中,共轭界心、外心、第一界心、垂心恰好为一梯形的四个顶点,内心在此梯形的一底边上,重心、九点圆心在此梯形的一条对角线上.第二界心在此梯形的内部且与九点圆心的连线平行于此梯形的两底.

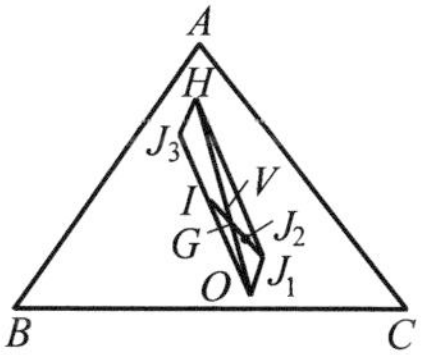

图 2.198

事实上,如图 2.198,$\triangle ABC$ 为一般三角形,令其外心、重心、内心、垂心、九点圆心、第一界心、第二界心、共轭界心分别为 O,G,I,H,V,J_1,J_2,J_3,由陪位界心性质,知 O,I,J_3 三心共线,由于 $OI\parallel J_1H$ 及定理1,知 I,G,J_1,J_2 四心共线,且 $IG:GJ_2:J_2J_1=2:1:3$.

又知 O,G,V,H 四心共线,且 $OG:GV:VH=2:1:3$,故

$$J_2V\parallel OJ_3\parallel J_1H$$

特别的,等腰三角形“八心”共线,且此线为等腰三角形的对称轴;等边三角形“八心”共点.

我们将原三角形记为 $\triangle_0$,其各边中点组成的子三角形记为 $\triangle_1$,$\triangle_1$ 的中点子三角形记为 $\triangle_2$,….反之,可称 $\triangle_0$ 是 $\triangle_1$ 的母三角形等.$\triangle_n$ 的第二界心,内心,第一界心,…… 分别记为 J_2^n,I^n,J_1^n,….从而有①

定理2 记 $\triangle_0=\triangle ABC$,三角形的第二界心、内心、第一界心分别为 J_2,I,J_1,则对于第一、二级中点子三角形有

$$J_2^0=I^1=J_1^2$$

证明 由定理1的证明可知,$\triangle_0$ 的第二界心即为 $\triangle_1$ 的内心,即 $J_2^0=I^1$.又由 J_1 的性质可知,三角形的第一界心即是这个三角形的中点母三角形的内心,即有 $I^1=J_1^2$,综合即得 $J_2^0=I^1=J_1^2$.

① 杨林.三角形的折心及其与各心的联系[J].中学数学,2000(4):41-42.

这个性质揭示了三角形的两个界心与内心的联系及相互转化. 同样,根据已有的事实,三角形的外心与垂心也具有类似的联系,即 $O^0=H^1$,而各级中点子三角形的重心则是不变的,即 $G^0=G^1=G^2=\cdots$,这与重心(作为位似中心)在联系其他各心中所起的作用是一致的.

定理 3　如图 2.199,设 F_x 是 $\triangle ABC$ 的折中点,I_x 是 $\triangle ABC$ 中边 x 对角的平分线与边 x 的交点,$x\in\{a,b,c\}$,$a\geqslant b\geqslant c$,则 F_aI_a,F_bI_b,F_cI_c 三线共点的充要条件是 $a=b$ 或 $b=c$.

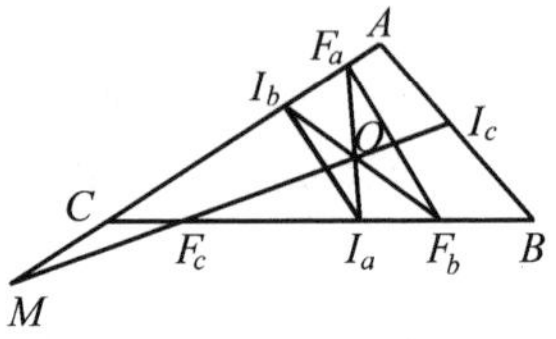

图 2.199

证法 1①　此时需用到如下引理:

引理 1　条件同定理 3,则 $I_aI_b\parallel F_aF_b$ 且 $\dfrac{I_aI_b}{F_aF_b}=\dfrac{2ab}{(a+c)(b+c)}$.

事实上,如图 2.199,由内角平分线性质得

$$\frac{CI_a}{I_aB}-\frac{AC}{AB}$$

即

$$\frac{CI_a}{a-CI_a}=\frac{b}{c}$$

亦即

$$CI_a=\frac{ab}{b+c}$$

又 $CF_b=\dfrac{a+c}{2}$,从而

$$\frac{CI_a}{CF_b}=\frac{2ab}{(a+c)(b+c)}$$

同理有

$$\frac{CI_b}{CF_a}=\frac{2ab}{(a+c)(b+c)}$$

于是

$$\frac{CI_a}{CF_b}=\frac{CI_b}{CF_a}$$

即有

$$I_aI_b\parallel F_aF_b$$

有

$$\frac{I_aI_b}{F_aF_b}=\frac{CI_a}{CF_b}=\frac{2ab}{(a+c)(b+c)}$$

引理 2　如图 2.200,P,Q 为 $\triangle ABC$ 边 AB,AC 上的点,$PQ\parallel BC$,BQ 与 CP 相交于 O,AO 交 PQ,BC 于 M,N,则 $PM=MQ$,$BN=NC$.

证明略.

---

① 刘才华. 涉及三角形折中点的一个性质[J]. 中学数学,2001(4):46.

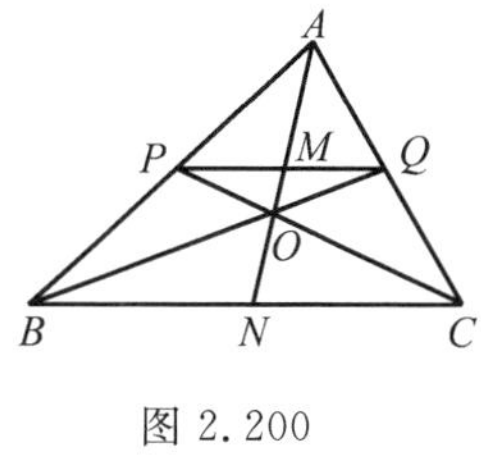

图 2.200

引理 3　若$\triangle ABC$与$\triangle A'B'C'$对应边互相平行，且$\angle BAC$与$\angle B'A'C'$方向相反，则AA'，BB'，CC'相交于一点.

证明略.

引理 4　如图 2.199，I_c，F_c分别为$\triangle ABC$边AB，CB上的点，若$\frac{AI_c}{I_cB}>\frac{CF_c}{F_cB}$，则直线$I_cF_c$与直线$AC$相交且交点在线段$AC$的延长线上(用反证法易证. 从略).

下面回到定理的证明:充分性.

(1) 若$a=b$，易证$I_aI_b \parallel AB$，F_c与C重合，如图2.201所示，由引理1知$I_aI_b \parallel F_aF_b$，设F_aI_a与F_bI_b相交于O，CO交I_aI_b，F_aF_b，AB于M，N，D，由引理2知$I_aM=I_bM$，又$I_aI_b \parallel AB$，可证得$AD=BD$，从而D与I_c重合，有F_aI_a，F_bI_b，CI_c三线共点.

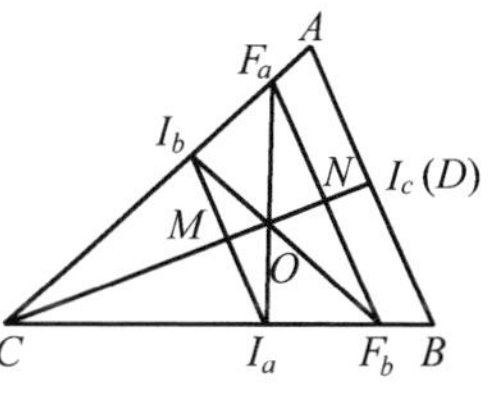

图 2.201

(2) 若$b=c$，如图2.202所示，易证$I_bI_c \parallel F_bF_c$，即$I_bI_c \parallel BC$，F_a与A重合，且

$$I_aF_c=BF_c-BI_a=\frac{a+c}{2}-\frac{a}{2}=\frac{c}{2}=\frac{b}{2}$$

由引理1知$I_aI_b \parallel AF_b$. 由$\frac{BI_c}{I_cA}=\frac{a}{b}=\frac{BI_a}{I_aF_c}$知$I_aF_c \parallel AF_c$，则$\triangle I_aI_bI_c$与$\triangle AF_bF_c$对应边互相平行且$\angle I_bI_aI_c$与$\angle F_bAF_c$方向相反，由引理3知$I_aA$，$I_bF_b$，$I_cF_c$相交于一点.

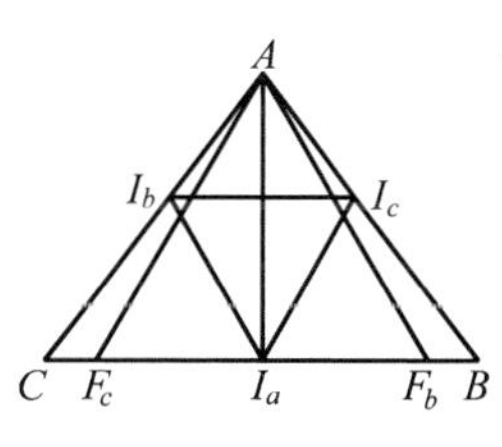

图 2.202

由(1)，(2)知当$a=b$或$b=c$时，I_aF_a，I_bF_b，I_cF_c相交于一点.

必要性:设I_aF_a，I_bF_b，I_cF_c相交于一点(图2.199).

(3) 若I_cF_c过点C，即FC与C重合，此时$a=b$.

(4) 若I_cF_c不过点C，则$a>b$，F_c在线段BC上，且$CF_c=CB-F_cB=a-\frac{a+b}{2}=\frac{a-b}{2}$，$F_cB=\frac{a+b}{2}$，由$\frac{CF_c}{F_cB}=\frac{a-b}{a+b}<\frac{b}{a}=\frac{AI_c}{I_cB}$及引理4知直线$I_cF_c$与直线$AC$相交且交点$M$在线段$AC$的延长线上. 设$CM=m$，直线$I_cF_cM$割$\triangle ABC$三边所在直线于$I_c$，$F_c$，$M$，由梅涅劳斯定理知

$$\frac{AI_c}{I_cB}\cdot\frac{BF_c}{F_cC}\cdot\frac{CM}{MA}=1$$

即

$$\frac{b}{a}\cdot\frac{a+b}{a-b}\cdot\frac{m}{m+b}=1$$

则
$$m=\frac{ab(a-b)}{2ab+b^2-a^2}$$

直线 OF_cM 割 $\triangle F_aI_aC$ 三边所在直线于 O,F_c,M,同理有
$$\frac{F_aO}{OI_a}\cdot\frac{I_aF_c}{F_cC}\cdot\frac{CM}{MF_a}=1$$

又
$$\frac{F_aO}{OI_a}=\frac{F_aF_b}{I_aI_b}=\frac{(a+c)(b+c)}{2ab}\text{(引理 1)}$$
$$\frac{I_aF_c}{F_cC}=\frac{I_aC-CF_c}{F_cC}=\frac{\frac{ab}{b+c}-\frac{a-b}{2}}{\frac{a-b}{2}}=$$
$$\frac{ab+b^2+bc-ac}{(a-b)(b+c)}$$
$$\frac{CM}{MF_a}=\frac{m}{m+CF_a}=\frac{2m}{2m+(b+c)}$$

从而有
$$\frac{(a+c)(b+c)}{2ab}\cdot\frac{ab+b^2+bc-ac}{(a-b)(b+c)}\cdot\frac{2m}{2m+(b+c)}=1$$

即
$$\frac{(a+c)(ab+b^2+bc-ac)m}{ab(a-b)(b+c)(2m+b+c)}=1$$

把 $m=\frac{ab(a-b)}{2ab+b^2-a^2}$ 代入上式得
$$(a+c)(ab+b^2+bc-ac)=2ab(a-b)+(b+c)(2ab+b^2-a^2)$$

整理得
$$(a-b)(b^2-c^2)=0$$

由 $a\neq b$,知 $b=c$.

由(3),(4)知若 F_aI_a,F_bI_b,F_cI_c 三线共点,则 $a=b$ 或 $b=c$.

证法 2① 当 $a=b=c$ 时,F_aI_a,F_bI_b,F_cI_c 显然共点.下面对 $a\geqslant b\geqslant c$(等号不同时成立)进行讨论.

如图 2.203,设 F_aI_a 与 F_bI_b 相交于点 P_1.由直线 F_bI_b 截 $\triangle F_aI_aC$ 的三边和梅涅劳斯定理得
$$\frac{F_aP_1}{P_1I_a}\cdot\frac{I_aF_b}{F_bC}\cdot\frac{CI_b}{I_bF_a}=1 \quad ①$$

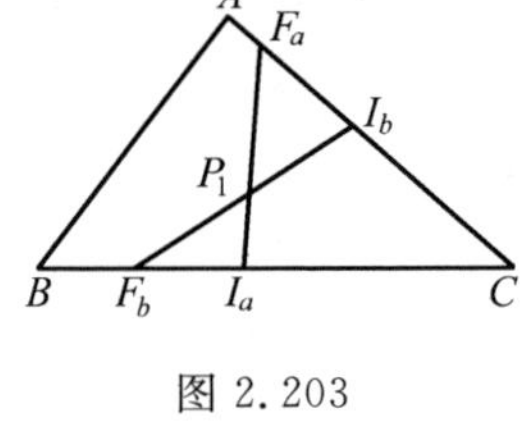

图 2.203

而
$$F_bC=\frac{a+c}{2},CI_b=\frac{ab}{a+c}$$
$$I_aF_b=F_bC-I_aC=\frac{a+c}{2}-\frac{ab}{b+c}=$$

① 刘黎明,李启嘉.解答与三角形折心有关的一个问题[J].中学数学,2001(1):42.

$$\frac{c^2+(a+b)c-ab}{2(b+c)}$$

同理
$$I_bF_a=\frac{c^2+(a+b)c-ab}{2(a+c)}$$

将以上结果代入式 ① 化简得

$$\frac{F_aP_1}{P_1I_a}=\frac{(a+c)(b+c)}{2ab} \quad ②$$

设 F_aI_a 与 F_cI_c 相交于点 P_2，如图 2.204 所示，延长 AC 和 I_cF_c 相交于点 D.

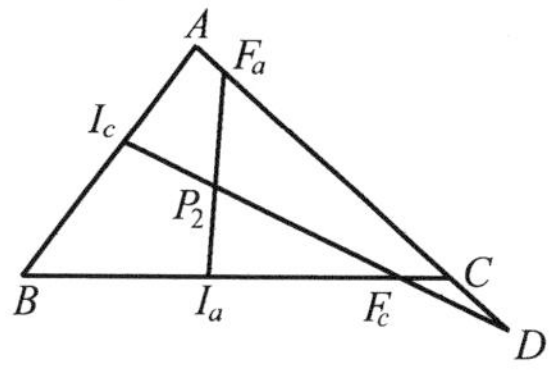

图 2.204

由直线 I_cD 截 $\triangle ABC$ 的三边得

$$\frac{AI_c}{I_cB}\cdot\frac{BF_c}{F_cC}\cdot\frac{CD}{DA}=1$$

而
$$\frac{AI_c}{I_cB}=\frac{b}{a}$$

且
$$BF_c=\frac{a+b}{2},F_cC=\frac{a-b}{2}$$

则
$$\frac{CD}{DA}=\frac{a(a-b)}{b(a+b)}$$

从而
$$CD=\frac{ab(a-b)}{b^2+2ab-a^2} \quad ③$$

且

$$DF_a=CD+F_aC=\frac{b^3+cb^2+a(a+2c)b-a^2c}{2(b^2+2ab-a^2)} \quad ④$$

由直线 P_2D 截 $\triangle F_aI_aC$ 的三边得

$$\frac{F_aP_2}{P_2I_a}\cdot\frac{I_aF_c}{F_cC}\cdot\frac{CD}{DF_a}=1 \quad ⑤$$

而

$$I_aF_c=BF_c-BI_a=\frac{a+b}{2}-\frac{ac}{b+c}=\frac{b^2+(a+c)b-ac}{2(b+c)}$$

且
$$F_cC=\frac{a-b}{2}$$

将 ③，④ 式和以上两式代入式 ⑤ 得

$$\frac{F_aP_2}{P_2I_a}=\frac{(b+c)[b^3+cb^2+a(a+2c)b-a^2c]}{2ab[b^2+(a+c)b-ac]} \quad ⑥$$

因点 P_1 与 P_2 重合，等价于 ②，⑥ 两式右边相等，即

$$a+c=\frac{b^3+cb^2+a(a+2c)b-a^2c}{b^2+(a+c)b-ac}$$

化简得
$$b^3-ab^2-c^2b+ac^2=0$$

分解得 $$(b-c)(b-a)(b+c)=0$$

从而 $$a=b \text{ 或 } b=c$$

故当 $\triangle ABC$ 是等腰三角形时，点 P_1 与 P_2 重合，即 F_aI_a，F_bI_b，F_cI_c 三线共点；当 $\triangle ABC$ 是不等边三角形时，②，⑥ 两式右边不等，从而 P_1 与 P_2 不重合，即 F_aI_a，F_bI_b，F_cI_c 三线不共点.

❖三角形的等角中心问题

等角中心 自任意三角形各边向外作正三角形，则三角形的三个顶点分别与相对的正三角形的外顶点的连线交于一点，此点称为正等角中心. 如果向内作正三角形，同样有三线共点，此点称为负等角中心. ①

三角形的正等角中心是三角形的巧合点之一，早在希腊时代就已被发现，17 世纪费马曾提出一个问题，征求解答. 这个问题是："求一点，使其与已知三角形三顶点的距离之和为最小." 而恰恰当已知三角形的最大内角小于 $120°$ 时，这个点就是该三角形的正等角中心，又称为费马点.

以 $\triangle ABC$ 的各边为边分别向形外作正三角形 $\triangle BCA'$，$\triangle CAB'$，$\triangle ABC'$.

假定 $\triangle ABC$ 有一个内角为 $120°$，不妨设 $\angle A=120°$，这时 BAB'，CAC' 都是直线，因而 AA'，BB'，CC' 都交于点 A，如图 2.205(a) 所示.

假定 $\triangle ABC$ 各内角都小于 $120°$，这时 BB'，CC' 应交于 $\triangle ABC$ 内部一点 O，联结 OA，OA'. 由于 $AB=AC'$，$AB'=AC$，且 $\angle BAB'=\angle CAC'=\angle BAC+60°$，所以 $\triangle BAB'\cong\triangle C'AC$. 由此可知点 A 与 BB'，CC' 等距，于是 OA 平分 $\angle B'OC'$. 同时又 $\angle AB'B=\angle ACC'$，因此 A，B'，C，O 四点共圆，得 $\angle CAB'=\angle COB'=60°$. 又已知 $\angle A'BC=60°$，故 $\angle COB'=\angle A'BC$，即 A'，B，O，C 四点共圆，从而 $\angle A'OC=\angle A'BC=60°$，即 OA' 是 $\angle BOC$ 的平分线，因而，A，O，A' 三点共线，即 AA'，BB'，CC' 三线交于点 O，如图 2.205(b) 所示.

假定 $\triangle ABC$ 有一内角大于 $120°$，不妨设 $\angle A>120°$，这时 BB'，CC' 应交于 $\triangle ABC$ 外部一点 O(O，A 在 BC 同侧)，联结 OA，OA'，仿上面的步骤同样可证 $\triangle ABB'\cong\triangle AC'C$，以及 O，B，A'，C 四点共圆，所以 OA，OA' 同是 $\angle BOC$ 的平分线，即 OA，OA' 重合，从而 AA'，BB'，CC' 交于一点 O，如图 2.205(c) 所示.

关于负等角中心也可类似地分情形进行证明.

对于三角形的等角中心，我们有下述结论：

---

① 单墫. 数学名题词典[M]. 南京：江苏教育出版社，2002：418-419.

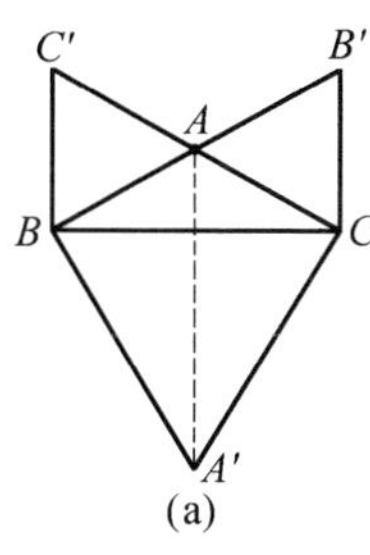

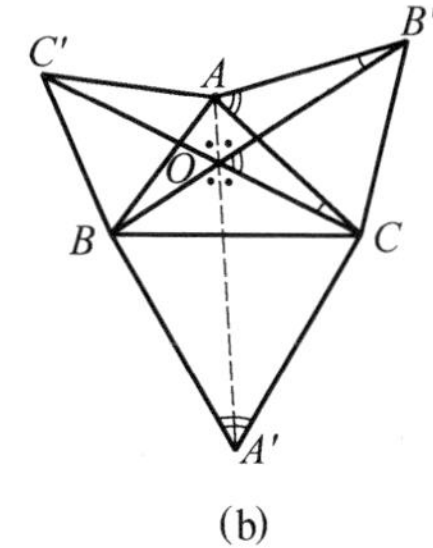

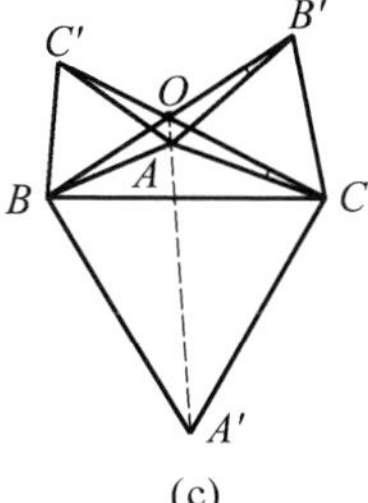

图 2.205

定理 1 在已知 $\triangle ABC$ 外侧作等边 $\triangle BCA'$,$\triangle CAB'$,$\triangle ABC'$,则 AA',BB',CC' 相等,并且交于一点 P,有 $\angle BPC=\angle CPA=\angle APB=120^\circ$.

事实上,由 $\triangle ABA'\cong\triangle C'BC$,且 B 是它们的旋转中心,知对应直线之间的角等于 $\angle A'BC=60^\circ$,所以 $AA'=C'C$.设它们交于点 P,则

$$\angle CPA=180^\circ-\angle C'PA=120^\circ$$

即知 P,A,C',B 四点共圆.

此时,亦有 P,C,B',A 四点共圆,P,B,A',C 四点共圆,从而

$$\angle BPC=120^\circ=\angle APB$$

联结 BP,PB',由

$$\angle BPC'=\angle BAC'=60^\circ=\angle B'AC=\angle B'PA$$

及 $\angle APC'=60^\circ$,知 B,P,B' 共线.由 $\triangle ABB'\cong\triangle AC'C$ 有 $BB'=C'C$.

故结论获证.

类似的可推证得如下定理.

定理 2 在已知非等边 $\triangle ABC$ 内侧作等边 $\triangle BCA'$,$\triangle CAB'$,$\triangle ABC'$,则 AA',BB',CC' 相等,并且交于一点 P',有

$$\angle BP'C=\angle CP'A=\angle AP'B=60^\circ$$

运用托勒密定理,可推证得如下定理.

定理 3 由一个等角中心到三角形各个顶点的距离的代数和等于从顶点到对边上的等边三角形的顶点的距离.即

(1) 若 P 在 $\triangle ABC$ 内,则 $AA'=AP+BP+CP$.

(2) 若 $\angle C>120^\circ$,则 $AA'=AP+BP-CP$.

(3) 若 P' 与 C 相对,则 $AA'=CP'-AP'-BP'$.

定理 4 设 $\triangle ABC$ 的角都小于 120°,则到它的顶点的距离的和为最小的点是等角中心 P.

这条等角中心的性质是由托利拆里发现的.这个问题的简单优雅的分析处理归功于斯坦纳.

设将任一个等角中心与顶点相连,并过后者作连线的垂线,垂线围成一个等边 $\triangle X_1X_2X_3$.显然,仅当等角中心是 P 并且在已知三角形内时,它在

$\triangle X_1X_2X_3$ 内.注意到一个动点到一已知等边三角形三边距离的代数和为定值.若这点在三角形外,则距离的绝对值的和大于代数和.设 S 是异于 P 的一点,d_1,d_2,d_3 分别为 S 到 X_2X_3,X_3X_1,X_1X_2 的距离,则

$$SA+SB+SC\geqslant d_1+d_2+d_3>PA+PB+PC$$

❖三角形等角中心问题的推广

运用塞瓦定理可推证得如下等角中心的有关结论的推广①.

定理1 如图2.206,图2.207,过 $\triangle ABC$ 的每一个顶点各作一对等角线,每一条与角的一边相关联,与每条相关联的两条线交于一点,将它与所对的顶点相连,则这三条连线 AA',BB',CC' 共点于 Q.即有

$$\angle CAB'=\angle BAC'=\varphi_1,\angle ABC'=\angle CBA'=\varphi_2,\angle ACB'=\angle BCA'=\varphi_3$$

且 Q 到 $\triangle ABC$ 三边的距离 d_1,d_2,d_3 满足

$$d_1:d_2:d_3=\frac{\sin\varphi_1}{\sin(A-\varphi_1)}:\frac{\sin\varphi_2}{\sin(B-\varphi_2)}:\frac{\sin\varphi_3}{\sin(C-\varphi_3)}$$

特别的,当 $\varphi_1+\varphi_2+\varphi_3=180^\circ$ 时,有 $\triangle ABC'\backsim\triangle A'BC\backsim\triangle AB'C$.

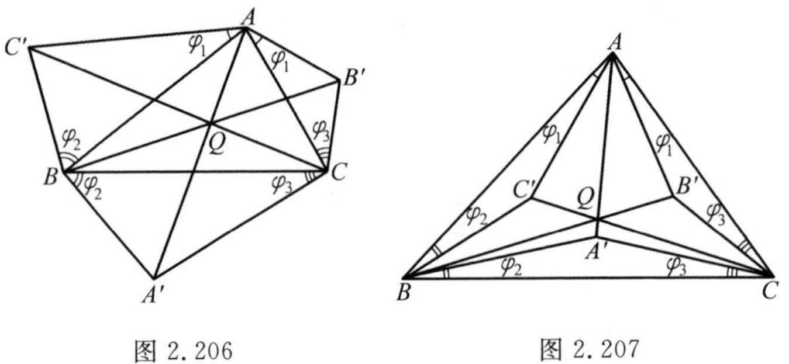

图2.206　　图2.207

定理2 设以已知 $\triangle ABC$ 的边为底,作相似的,位置也相似的等腰三角形,则联结等腰三角形的顶点与原三角形相对的顶点,三条连线共点(见凯培特点定理).这点到原三角形各边的距离 d_1,d_2,d_3 满足

$$d_1:d_2:d_3=\frac{1}{\sin(A-\varphi)}:\frac{1}{\sin(B-\varphi)}:\frac{1}{\sin(C-\varphi)}$$

其中 φ 为等角三角形的底角.

反之,若一点到三角形各边的距离如上式所示,则这点确定上述一组相似

① 约翰逊.近代欧氏几何学[M].单墫,译.上海:上海教育出版社,2000:194-196.

的等腰三角形.

推论 (1) 若 $\varphi=0°$,则 Q 为重心.

(2) 若 $\varphi=90°$,则 Q 为垂心.

(3) 若 $\varphi=A$,则 Q 为顶点 A,….

(4) 若 $\varphi=60°$ 或 $120°$,则 Q 为等角中心.

定理 3 设 $\triangle BCA'$,$\triangle CAB'$,$\triangle ABC'$ 是顺相似三角形,并且相似地放置,则 $\triangle A'B'C'$ 的重心与 $\triangle ABC$ 的重心重合.

定理 4 从三角形的每一个顶点作一对等角线,若每三条都不共点,则有除去顶点外的 12 个交点,这 12 个交点必两两配对,成为 6 对等角共轭点.原三角形的每一个顶点,可以用新的直线与其中两对共轭点相连,这些新的直线每三条共点,产生 8 个新点,它们是 4 对等角共轭点.

❖三角形的等角共轭点定理

应用塞瓦定理的第一角元形式可证明如下结论:

结论 任取一点 P 与 $\triangle ABC$ 各顶点相连,再在三角形各顶点作三条相应的等角线,则此三条等角线交于一点 Q,或相互平行.

下面给出另证:

所谓等角线,就图 2.208 中 $\angle BAC$ 来说,AP 以及 AP 关于 $\angle BAC$ 平分线对称的直线 l,就叫作 $\angle BAC$ 的等角线.每条角平分线为自等角线.

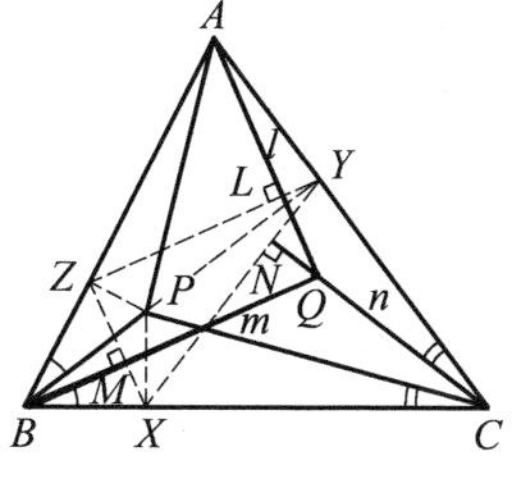

图 2.208

如图 2.208,设 l,m,n 分别是 AP,BP,CP 的等角线.过 P 分别作 BC,CA,AB 的垂线,垂足是 X,Y,Z,得 $\triangle XYZ$.由 $\angle PZA=\angle PYA=90°$,知 A,Z,P,Y 共圆,又因为 l 是 AP 的等角线,所以 $l\perp YZ$.同理 $m\perp ZX$,$n\perp XY$.令三垂足分别为 L,M,N,则有

$$LY^2-LZ^2=YA^2-ZA^2$$

$$MZ^2-MX^2=ZB^2-XB^2$$

$$NX^2-NY^2=XC^2-YC^2$$

将上述三式相加,得

$$LY^2-LZ^2+MZ^2-MX^2+NX^2-NY^2=$$
$$YA^2-ZA^2+ZB^2-XB^2+XC^2-YC^2$$

易知上式等号右端等于 0,故

$$LY^2 - LZ^2 + MZ^2 - MX^2 + NX^2 - NY^2 = 0 \qquad (*)$$

如果 X,Y,Z 共线，那么 $l \parallel m \parallel n$.

如果 X,Y,Z 不共线，不妨设 m,n 相交于 Q 点，联结 QX,QY,QZ，那么

$$MZ^2 - MX^2 = QZ^2 - QX^2$$

$$NX^2 - NY^2 = QX^2 - QY^2$$

将这两式代入式$(*)$，得

$$QZ^2 - QY^2 = LZ^2 - LY^2$$

这表明 QL 垂直于 ZY，因此，QL 应与 X 重合，即 X 经过 Q 点，所以 l,m,n 三线交于点 Q.

当应用共点线的施坦纳定理时，则由 X,Y,Z 不共线和$(*)$就可直接推出 l,m,n 三线交于一点.

在一般情况下，讨论的是共点的问题.

如图 2.208，给定一个 $\triangle ABC$ 和两个点 P,Q，如果使其满足 $\angle PAB = \angle QAC$，$\angle PBA = \angle QBC$，$\angle PCB = \angle QCA$，那么这样的 P,Q 两点即为 $\triangle ABC$ 的等角共轭点.[①][②]例如，三角形的外心与垂心就是三角形的等角共轭点；三角形的两个布罗卡尔点是等角共轭点；内心是重合的等角共轭点(称为自等角共轭点)；三个旁心也都是自等角共轭点.

对于一个三角形而言，我们可推知：

(1) 三角形外接圆上除 3 个顶点外，其余所有点均无实在的等角共轭点和它们相配. 或者说外接圆上除顶点外，其等角共轭点为无穷远点.

(2) 每个顶点可有无限多个等角共轭点，即对边所在直线上的所有点.

(3) 每边及延长线上的所有点同以对顶点为它们的等角共轭点.

(4) 除以上所说的点外，每一点都有唯一的等角共轭点和它配成点偶.

定理1[③] 设 P,Q 是 $\triangle ABC$ 的一对等角共轭点，则 P,Q 在边 BC,CA,AB(所在直线)上的射影必共圆，其共圆圆心是等角共轭点 P,Q 连线的中点，如图 2.209 所示.

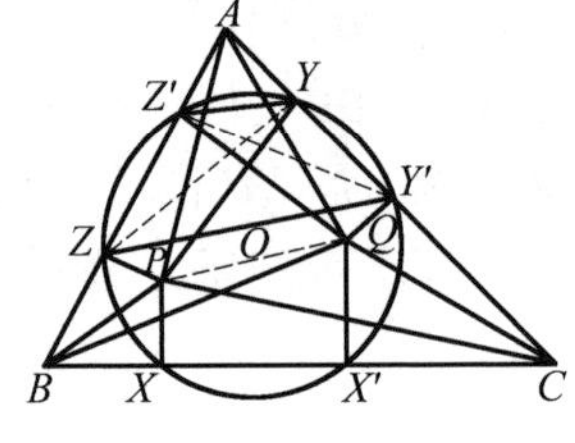

图 2.209

事实上，这个命题对多边形来说也是成立的.

如果一个多边形有等角共轭点，那么这对等角共

① 约翰逊. 近代欧氏几何学[M]. 单墫，译. 上海：上海教育出版社，2000：131-135.

② 梁绍鸿. 初等数学复习及研究(平面几何)[M]. 哈尔滨：哈尔滨工业大学出版社，2008：162-163.

③ 李耀文，朱艳玲. 三角形等角共轭点的性质探究[J]. 中学教研(数学)，2006(11)：41-44.

轭点在各边(所在直线)上的射影必共圆,所共圆圆心是这对等角共轭点连线的中点.

于是我们可以得到:

(1) 若两点在一个多边形各边(所在直线)上的射影共圆,则它们必是该多边形的等角共轭点;

(2) 若一点在一个多边形各边(所在直线)上的射影共圆,则该点的等角共轭点(关于该多边形而言)必定存在.

注 上述定理1在有关书籍①②中不难查到,如在梁绍鸿著《初等数学复习及研究(平面几何)》一书中,对多边形的情形编列为第三章的例题46(186～187页),读者不妨自己查阅,其证明也并不难,为省篇幅,这里从略.

其实我们还可以把定理1加强为如下一个等价形式的命题.

定理 1′ 设给定 $\triangle ABC$ 及 P,Q 两点,则 P,Q 两点是 $\triangle ABC$ 的等角共轭点的充要条件是:点 P,Q 在 $\triangle ABC$ 各边(所在直线)上的射影必共圆.

定理 2 设给定 $\triangle ABC$ 及 P,Q 两点,则 P,Q 两点是 $\triangle ABC$ 的等角共轭点的充要条件是:点 P,Q 到 $\triangle ABC$ 各边的距离成反比.

证明略.

定理 3 三角形的一对等角共轭点到各顶点的距离乘积之比等于其等角共轭点到各边的距离乘积之比.

证明 如图 2.210,由

$$\angle PAB=\angle QAC,PZ\perp AB,QY'\perp AC$$

易知有

$$\mathrm{Rt}\triangle PAZ\backsim \mathrm{Rt}\triangle QAY'$$

所以

$$\frac{PA}{QA}=\frac{PZ}{QY'}$$

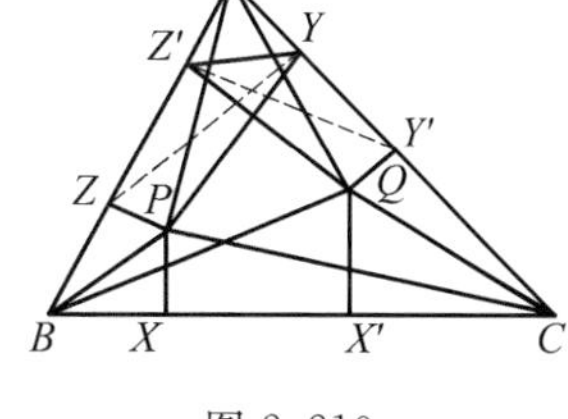

图 2.210

同理,由

$$\mathrm{Rt}\triangle PAY\backsim \mathrm{Rt}\triangle QAZ'$$

得

$$\frac{PA}{QA}=\frac{PY}{QZ'}$$

于是

$$(\frac{PA}{QA})^2=\frac{PY\cdot PZ}{QY'\cdot QZ'}$$

① 约翰逊.近代欧氏几何学[M].单墫,译.上海:上海教育出版社,2000:131-135.

② 梁绍鸿.初等数学复习及研究(平面几何)[M].哈尔滨:哈尔滨工业大学出版社,2008:162-163.

同理 $$\left(\frac{PB}{QB}\right)^2=\frac{PX\cdot PZ}{QX'\cdot QZ'},\left(\frac{PC}{QC}\right)^2=\frac{PX\cdot PY}{QX'\cdot QY'}$$

所以 $$\frac{PA\cdot PB\cdot PC}{QA\cdot QB\cdot QC}=\frac{PX\cdot PY\cdot PZ}{QX'\cdot QY'\cdot QZ'}$$

定理 4 三角形的一对等角共轭点对于三角形的投影三角形的面积之比等于其等角共轭点与各顶点连线所分成对应的三个三角形的面积乘积之比.

为了证明此定理,先给出如下引理.

引理 设 P,Q 是 $\triangle ABC$ 的等角共轭点(图 2.211),则有
$$\frac{AP}{AQ}=\frac{\sin\angle BQC}{\sin\angle BPC},\frac{BP}{BQ}=\frac{\sin\angle CQA}{\sin\angle CPA},\frac{CP}{CQ}=\frac{\sin\angle AQB}{\sin\angle APB}$$

事实上,如图 2.111,延长 BP 至 D,使 $\angle BCD=\angle BQA$,联结 AD,CD.由
$$\angle PBC=\angle QBA$$
有 $$\triangle DBC\backsim\triangle ABQ$$
则 $$\frac{DC}{AQ}=\frac{BC}{BQ}=\frac{\sin\angle BQC}{\sin\angle BCQ}=\frac{\sin\angle BQC}{\sin\angle PCA} \quad ①$$

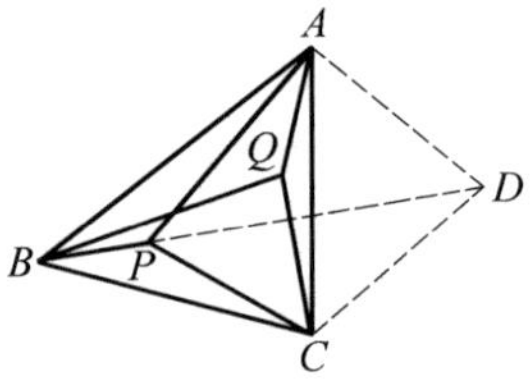

图 2.211

且 $$\angle BDC=\angle BAQ=\angle CAP$$
从而 A,P,C,D 四点共圆,即
$$\frac{AP}{DC}=\frac{\sin\angle PCA}{\sin\angle DPC}=\frac{\sin\angle PCA}{\sin\angle BPC} \quad ②$$
由 ①×② 知
$$\frac{AP}{AQ}=\frac{\sin\angle BQC}{\sin\angle BPC}$$
同理 $$\frac{BP}{BQ}=\frac{\sin\angle AQC}{\sin\angle APC},\frac{CP}{CQ}=\frac{\sin\angle AQB}{\sin\angle APB}$$

下面给出定理 4 的证明:

证明 如图 2.212,因 X,X',Y,Y',Z,Z' 分别是等角共轭点 P,Q 在 $\triangle ABC$ 的边 BC,CA,AB 所在直线上的投影,由定理 1 知,X,X',Y,Y',Z,Z' 六点共圆,所以
$$\frac{S_{\triangle XYZ}}{S_{\triangle X'Y'Z'}}=\frac{XY\cdot YZ\cdot ZX}{X'Y'\cdot Y'Z'\cdot Z'X'} \quad ③$$

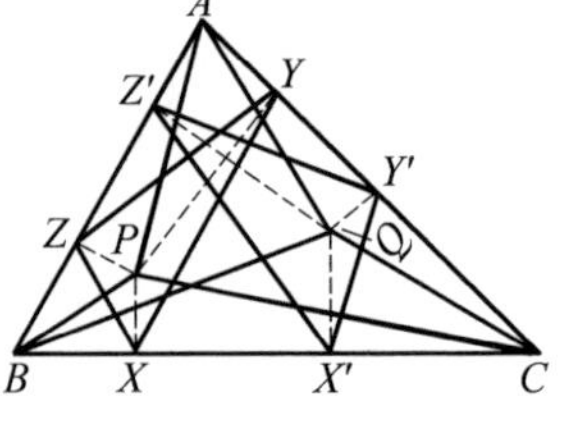

图 2.212

又由 $PZ\perp AB,PY\perp AC$ 知 A,Y,P,Z 四点共圆,且 AP 为圆 $AYPZ$ 的直径,所以 $YZ=AP\sin A$.

同理 $Y'Z'=AQ\sin A,ZX=BP\sin B,Z'X'=BQ\sin B,XY=CP\sin C$,$X'Y'=CQ\sin C$,于是

$$\frac{XY \cdot YZ \cdot ZX}{X'Y' \cdot Y'Z' \cdot Z'X'} = \frac{AP \cdot BP \cdot CP}{AQ \cdot BQ \cdot CQ} \quad ④$$

利用三角形面积公式，有

$$S_{\triangle PAB} = \frac{1}{2}AP \cdot BP\sin \angle APB$$

$$S_{\triangle PBC} = \frac{1}{2}BP \cdot CP\sin \angle BPC$$

$$S_{\triangle PCA} = \frac{1}{2}CP \cdot AP\sin \angle CPA$$

所以

$$S_{\triangle PAB} \cdot S_{\triangle PBC} \cdot S_{\triangle PCA} = \frac{1}{8}(AP \cdot BP \cdot CP)^2 \cdot (\sin \angle APB \sin \angle BPC \sin \angle CPA)$$

同理

$$S_{\triangle QAB} \cdot S_{\triangle QBC} \cdot S_{\triangle QCA} = \frac{1}{8}(AQ \cdot BQ \cdot CQ)^2 \cdot (\sin \angle AQB \sin \angle BQC \sin \angle CQA)$$

再由引理知

$$\frac{AP}{AQ} = \frac{\sin \angle BQC}{\sin \angle BPC}, \frac{BP}{BQ} = \frac{\sin \angle CQA}{\sin \angle CPA}, \frac{CP}{CQ} = \frac{\sin \angle AQB}{\sin \angle APB}$$

所以

$$\frac{AP \cdot BP \cdot CP}{AQ \cdot BQ \cdot CQ} = \frac{S_{\triangle PAB} \cdot S_{\triangle PBC} \cdot S_{\triangle PCA}}{S_{\triangle QAB} \cdot S_{\triangle QBC} \cdot S_{\triangle QCA}} \quad ⑤$$

由式 ③，④，⑤，可得

$$\frac{S_{\triangle XYZ}}{S_{\triangle X'Y'Z'}} = \frac{S_{\triangle PAB} \cdot S_{\triangle PBC} \cdot S_{\triangle PCA}}{S_{\triangle QAB} \cdot S_{\triangle QBC} \cdot S_{\triangle QCA}}$$

由上述定理 4 的证明过程，不难推证如下推论.

推论 1 $\triangle ABC$ 的等角共轭点 P，Q 对于 $\triangle ABC$ 的投影三角形（图2.212中的 $\triangle XYZ$，$\triangle X'Y'Z'$）的边长由下式给出

$$ZY = AP\sin A = AP \cdot \frac{a}{2R}$$

$$Z'Y' = AQ\sin A = AQ \cdot \frac{a}{2R}$$

$$\vdots$$

其中 a 表示 $\triangle ABC$ 边 BC 的长，R 表示 $\triangle ABC$ 的外接圆半径.

推论 2 $\triangle ABC$ 的等角共轭点 P（或 Q）对于 $\triangle ABC$ 的投影三角形（图2.212中的 $\triangle XYZ$ 或 $\triangle X'Y'Z'$）的边垂直于所对的 $\triangle ABC$ 顶点与等角共轭点

Q(或 P) 的连线(图 2.212 中的 $ZY \perp AQ$(或 $Z'Y' \perp AP$) 等).

推论 3 $\triangle ABC$ 的等角共轭点(P,Q) 对于 $\triangle ABC$ 的投影三角形的边,与 $\triangle ABC$ 的对应边乘这边相对的顶点到等角共轭点的距离的积成比例.

推论 4 $\triangle ABC$ 的一对等角共轭点(P,Q) 及其在 $\triangle ABC$ 相应两边上的投影为顶点的两个对应三角形相似(图 2.212 中的 $\triangle PYZ \backsim \triangle QZ'Y'$ 等).

推论 5 $\triangle ABC$ 的等角共轭点(P 或 Q) 到各顶点的距离之积,与其等角共轭点对于 $\triangle ABC$ 的投影三角形(图 2.212 中的 $\triangle XYZ$ 或 $\triangle X'Y'Z'$) 的三边之积的比是一定值 $\frac{2R^2}{S}$,其中 S,R 分别表示 $\triangle ABC$ 的面积、外接圆半径.

推论 6 三角形的等角共轭点对于三角形的投影三角形的面积之比等于其等角共轭点与顶点连线所分成对应的三个三角形外接圆半径的乘积之比.

定理 5① 设 P,Q 是 $\triangle ABC$ 内任意两点,则

$$\frac{AP \cdot AQ}{AB \cdot AC}+\frac{BP \cdot BQ}{AB \cdot BC}+\frac{CP \cdot CQ}{AC \cdot BC} \geqslant 1$$

等号当且仅当 $\angle PAB=\angle QAC$, $\angle PBC=\angle QBA$, $\angle PCB=\angle QCA$ 时成立.

证明 如图 2.213,顺次以 BC,CA,AB 为对称轴,作 $\triangle PBC,\triangle PCA,\triangle PAB$ 的对称三角形 $\triangle A'BC$, $\triangle B'CA$, $\triangle C'AB$. 联结 $A'Q,B'Q,C'Q$,则易知

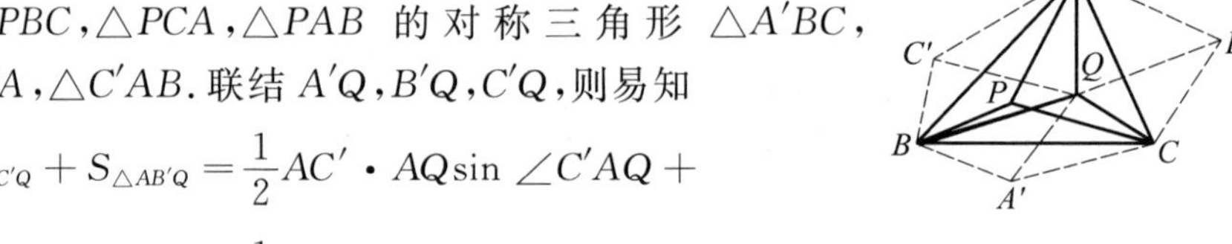

$$\begin{aligned}S_{\triangle AC'Q}+S_{\triangle AB'Q}=&\frac{1}{2}AC' \cdot AQ\sin\angle C'AQ+\\&\frac{1}{2}AQ \cdot AB'\sin\angle B'AQ=\\&\frac{1}{2}AP \cdot AQ(\sin\angle C'AQ+\sin\angle B'AQ)=\\&\frac{1}{2}AP \cdot AQ \cdot 2\sin\frac{\angle C'AQ+\angle B'AQ}{2} \cdot\\&\cos\frac{\angle C'AQ-\angle B'AQ}{2} \leqslant\\&AP \cdot AQ\sin\angle BAC \qquad ①\end{aligned}$$

图 2.213

等号当且仅当 $\angle C'AQ=\angle B'AQ$,即 $\angle PAB=\angle QAC$ 时成立.

同理

$$S_{\triangle BA'Q}+S_{\triangle BC'Q} \leqslant BP \cdot BQ\sin\angle ABC \qquad ②$$

等号当且仅当 $\angle PBC=\angle QBA$ 时成立.

$$S_{\triangle CA'Q}+S_{\triangle CB'Q} \leqslant CP \cdot CQ\sin\angle ACB \qquad ③$$

① 宿晓阳,三角形等角共轭点的一个有趣性质[J].中学数学,2001(10):21.

等号当且仅当 $\angle PCB=\angle QCA$ 时成立.

①+②+③,并注意到

$$2S_{\triangle ABC}=S_{\triangle AC'Q}+S_{\triangle AB'Q}+S_{\triangle BA'Q}+S_{\triangle BC'Q}+S_{\triangle CA'Q}+S_{\triangle CB'Q}$$

即得

$$AP\cdot AQ\sin\angle BAC+BP\cdot BQ\sin\angle ABC+CP\cdot CQ\sin\angle ACB\geqslant 2S_{\triangle ABC}$$

又

$$S_{\triangle ABC}=\frac{1}{2}AB\cdot AC\sin\angle BAC=\frac{1}{2}AB\cdot BC\sin\angle ABC=\frac{1}{2}AC\cdot BC\sin\angle ACB$$

故

$$\frac{AP\cdot AQ}{AB\cdot AC}+\frac{BP\cdot BQ}{AB\cdot BC}+\frac{CP\cdot CQ}{AC\cdot BC}\geqslant 1$$

等号当且仅当 $\angle PAB=\angle QAC,\angle PBC=\angle QBA,\angle PCB=\angle QCA$ 时成立.

推论 设 P 为 $\triangle ABC$ 内一点,则

$$\frac{AP^2}{AB\cdot AC}+\frac{BP^2}{AB\cdot BC}+\frac{CP^2}{AC\cdot BC}\geqslant 1$$

等号当且仅当 P 为 $\triangle ABC$ 的内心时成立.

特别地,当 $\triangle ABC$ 的等角共轭点 P,Q 是自等角共轭点(即 P 与 Q 重合,即 $\triangle ABC$ 的内心 I)时,有

$$\frac{AI^2}{AB\cdot AC}+\frac{BI^2}{BA\cdot BC}+\frac{CI^2}{CA\cdot CB}=1$$

定理6 设 P,Q 是 $\triangle ABC$ 的等角共轭点,则在 BC,CA,AB 上分别存在点 D,E,F,使得 $PD+DQ=PE+EQ=PF+FQ$,且 AD,BE,CF 三线共点.

证明 如图2.214,设点 P 关于直线 BC,CA,AB 的对称点分别为 $P_i(i=1,2,3)$. 联结 P_1Q 交 BC 于点 D,再联结 PD,由对称性知 $PD=P_1D$,于是

$$PD+DQ=P_1D+DQ=P_1Q$$

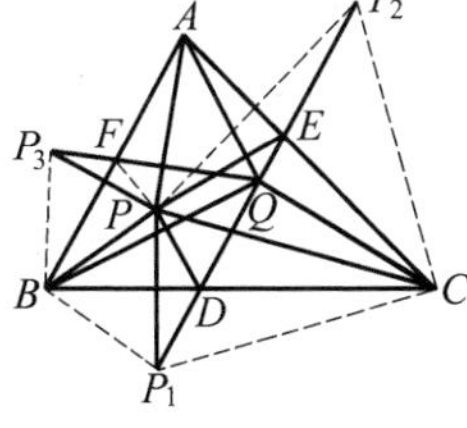

图 2.214

类似地,可以在 CA 和 AB 上得到点 E,F,且使得

$$PE+EQ=P_2E+EQ=P_2Q$$

$$PF+FQ=P_3F+FQ=P_3Q$$

联结 P_1C,P_2C,P_1B,P_3B,则易证知

$$\triangle BQP_1\cong\triangle BQP_3$$

$$\triangle CQP_1\cong\triangle CQP_2$$

得

$$P_1Q=P_2Q=P_3Q$$

从而

$$PD+DQ=PE+EQ=PF+FQ$$

不妨设$\angle BQD=\alpha$，$\angle CDQ=\beta$，$\angle PBC=\angle QBA=\theta$，$\angle PCB=\angle QCA=\omega$，则易知

$$\angle P_1BQ=\theta+\theta+\angle PBQ=\angle ABC$$
$$\angle P_1CQ=\omega+\omega+\angle PCQ=\angle ACB$$

由正弦定理得

$$\frac{BP_1}{\sin\angle BQP_1}=\frac{QP_1}{\sin\angle P_1BQ}$$
$$\frac{CP_1}{\sin\angle CQP_1}=\frac{QP_1}{\sin\angle P_1CQ}$$

又因$BP_1=BP$，$CP_1=CP$，故

$$\frac{\sin\alpha}{\sin\beta}=\frac{BP}{CP}\cdot\frac{\sin B}{\sin C}$$

又

$$\frac{BD}{CD}=\frac{S_{\triangle BQD}}{S_{\triangle CQD}}=\frac{\frac{1}{2}BQ\cdot DQ\sin\alpha}{\frac{1}{2}CQ\cdot DQ\sin\beta}=\frac{BQ\cdot BD\sin B}{CQ\cdot CP\sin C}$$

同理

$$\frac{CE}{EA}=\frac{CP\cdot CQ\sin C}{AP\cdot AQ\sin A},\frac{AF}{FB}=\frac{AP}{BP}\cdot\frac{AQ\sin A}{BQ\sin B}$$

所以
$$\frac{BD}{DC}\cdot\frac{CE}{EA}\cdot\frac{AF}{FB}=1$$

由塞瓦定理的逆定理知，AD，BE，CF三线共点.

由上述定理6的证明过程，不难得到：

推论 设P，Q是$\triangle ABC$的等角共轭点，且P，Q分别关于BC，CA，AB的对称点依次记为P_i，$Q_i(i=1,2,3)$则

(1) $\angle BPC+\angle BQC=\angle BAC$等三式.

(2) $P_iQ_i=PQ(i=1,2,3)$.

(3) 圆$P_1P_2P_3$与圆$Q_1Q_2Q_3$是等圆.

证明略.

定理7 设P，Q是$\triangle ABC$的等角共轭点，分别在边BC，CA，AB上各取两点D_1，D_2；E_1，E_2；F_1，F_2，且使其满足$\angle PD_1C=\angle QD_2B=\angle PE_1A=\angle QE_2C=\angle PF_1B=\angle QF_2A=\theta$（图2.215），则

(1) D_1，D_2，E_1，E_2，F_1，F_2六点共圆.

(2) 若记圆$D_1D_2E_1E_2F_1F_2$的圆心为O，则$OP=OQ$，且$\angle POQ=2\theta$.

证明 如图2.215，(1) 在$\triangle APF_1$和$\triangle AQE_2$中，由$\angle PAF_1=\angle QAE_2$

及 $\angle AF_1P=\angle AE_2Q$,得 $\triangle APF_1\backsim\triangle AQE_2$,所以$\frac{AP}{AQ}=\frac{AF_1}{AE_2}$.

同理,由 $\triangle APE_1\backsim\triangle AQF_2$,得$\frac{AP}{AQ}=\frac{AE_1}{AF_2}$. 于是$\frac{AF_1}{AE_2}=\frac{AE_1}{AF_2}$,即 $AF_1\cdot AF_2=AE_1\cdot AE_2$,所以 E_1,E_2,F_1,F_2 四点共圆.

同理,可得 D_1,D_2,E_1,E_2 及 D_1,D_2,F_1,F_2 四点共圆,故有 D_1,D_2,E_1,E_2,F_1,F_2 六点共圆.

(2) 记圆 $D_1D_2E_1E_2F_1F_2$ 的圆心为 O,$L=D_1P\cap D_2Q$,$M=E_1P\cap E_2Q$,$N=F_1P\cap F_2Q$,由 $\angle PD_1C=\angle QD_2B=\angle PE_1A=\angle QE_2C=\angle PF_1B=\angle QF_2A=\theta$,知 $\angle L=\angle M=\angle N$. 所以 L,M,N,P,Q 五点共圆.

不妨取圆 $LMNPQ$ 中弧 PQ 的中点 R(如图 2.215), 于是,RL,RM,RN 分别平分 $\angle D_1LD_2$,$\angle E_1ME_2$,$\angle F_1NF_2$, 因此,R 是 D_1D_2,E_1E_2,F_1F_2 三条线段的中垂线的交点.

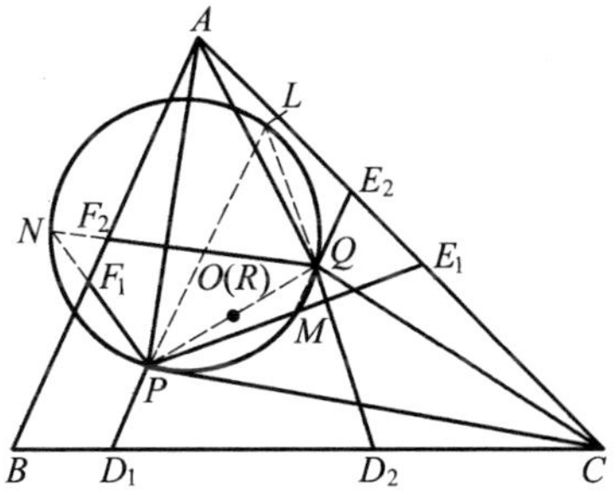

这就表明:R 必重合于(1)中的六点圆 $D_1D_2E_1E_2F_1F_2$ 的圆心 O,这时很显然有 $OP=OQ$,$\angle POQ=2\theta$.

图 2.215

此定理 7 还可改述为如下等价形式:

定理 7′ 一圆分别与 $\triangle ABC$ 的三边 BC,CA,AB 交于 D_1,D_2;E_1,E_2;F_1,F_2 六点,在每边上各取一点(如 D_1,E_1,F_1),记 $\triangle D_1E_1F_1$ 关于 $\triangle ABC$ 的密克尔点(见三角形的密克尔点定理)为 P;$\triangle D_2E_2F_2$ 关于 $\triangle ABC$ 的密克尔点为 Q,则 P,Q 两点互为 $\triangle ABC$ 的等角共轭点.

❖三角形的莱莫恩点定理

三角形的莱莫恩点定理 三角形重心 G 的等角共轭点,称为三角形的莱莫恩点,又称为三角形的共轭重心,顶点与共轭重心的连线称为共轭中线.①

该点是莱莫恩于 1873 年在法兰西科学促进协会上宣读的一篇论文中提出的,从而引起三角形几何学的现代研究. 德国又称为格黎伯点. 但根据麦凯的彻底研究,这个点不是任何一时的发现,而是由不同的研究者研究它的各种性质,

① 单墫. 数学名题词典[M]. 南京:江苏教育出版社. 2002:370-372.

逐渐使它成为著名的点.①

证明 如图 2.216,$\triangle ABC$ 的三条中线 AD,BE,CF 的等角线 AD',BE',CF' 交于一点 K,也可以利用塞瓦定理来证. 因为 AD,BE,CF 交于一点 G,所以 $\frac{BD}{DC}\cdot\frac{CE}{EA}\cdot\frac{AF}{FB}=1$,于是就有

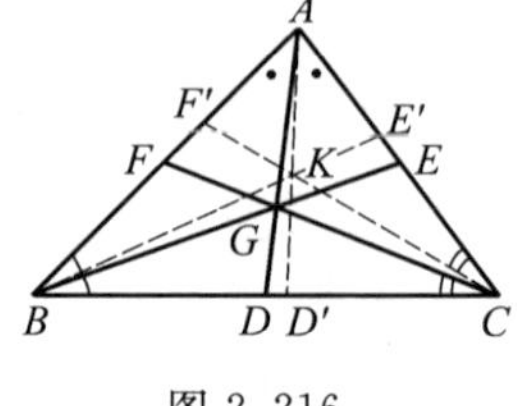

图 2.216

$$\frac{S_{\triangle ABD}}{S_{\triangle ADC}}\cdot\frac{S_{\triangle BCE}}{S_{\triangle BEA}}\cdot\frac{S_{\triangle CAF}}{S_{\triangle CFB}}=1$$

即
$$\frac{c\sin\angle BAD}{b\sin\angle DAC}\cdot\frac{a\sin\angle CBE}{c\sin\angle EBA}\cdot\frac{b\sin\angle ACF}{a\sin\angle FCB}=1$$

但因 $\angle BAD=\angle D'AC$,$\angle DAC=\angle BAD'$ 等,从而得

$$\frac{c\sin\angle BAD'}{b\sin\angle D'AC}\cdot\frac{a\sin\angle CBE'}{c\sin\angle E'BA}\cdot\frac{b\sin\angle ACF'}{a\sin\angle F'CB}=1$$

所以
$$\frac{BD'}{D'C}\cdot\frac{CE'}{E'A}\cdot\frac{AF'}{F'B}=1$$

因此 AD',BE',CF' 交于一点 K,K 即为莱莫恩点,AD',BE',CF' 就是共轭中线.

共轭中线与逆平行线有如下性质:

如图2.217,在 $\triangle ABC$ 中,以 BC 为弦作一圆,与 AB,AC 交于点 C',B',则 $\angle AB'C'=\angle B$,就称 $B'C'$ 为 BC 的逆平行线.

图 2.217

在一个三角形中,

(1) 同边的逆平行线平行.

(2) 某边的逆平行线被这边共轭中线平分.

(3) 过顶点平分其对边逆平行线的直线是共轭中线.

(4) 被共轭中线平分的线段必为逆平行线.

事实上,(1) 结论是明显的.

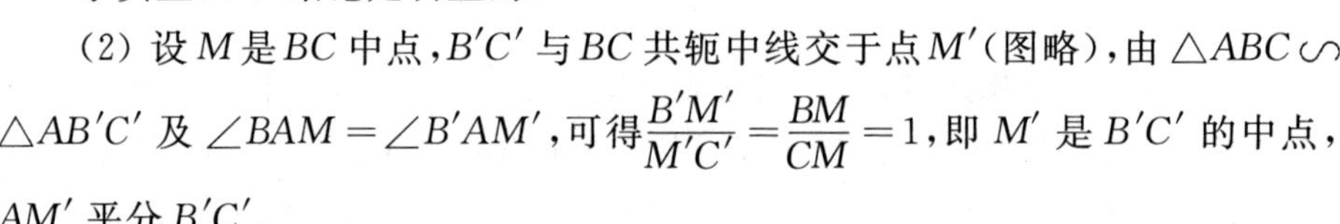

(2) 设 M 是 BC 中点,$B'C'$ 与 BC 共轭中线交于点 M'(图略),由 $\triangle ABC\backsim\triangle AB'C'$ 及 $\angle BAM=\angle B'AM'$,可得 $\frac{B'M'}{M'C'}=\frac{BM}{CM}=1$,即 M' 是 $B'C'$ 的中点,AM' 平分 $B'C'$.

(3) 若 AM' 平分 $B'C'$,则有 $\triangle AB'M'\backsim\triangle ABM$,$\angle B'AM=\angle BAM$,即 AM' 是 BC 的共轭中线.

(4) 设 BC 的共轭中线平分线段 $B'C'$ 于点 M'. 若 $B'C'$ 不是 BC 的逆平行

① 约翰逊. 近代欧氏几何学[M]. 单墫,译. 上海:上海教育出版社,2000:186.

线，则过 B,C,B' 作一圆交 AB 于点 C''，$B'C''$ 是 BC 的逆平行线，由(2)知 $B'C''$ 被 AM' 平分，设中点为 M''，则 $M'M''$ 是 $\triangle B'C'C''$ 的中位线，得 $M'M'' /\!/ AB$，但 AM' 与 AB 相交于点 A，矛盾，所以 $B'C'$ 是 BC 的逆平行线.

❖三角形的等角共轭重心问题

由三角形等角共轭点的性质知，内心的等角共轭点就是其本身，外心与垂心相互成为等角共轭点.下面讨论重心的等角共轭点问题.

由三角形等角共轭点的性质定理以及重心的性质可推得如下结论：

定理1 共轭重心到三角形各边的垂线段，与边长成比例.反过来，在三角形中到各边的垂线段与边长成比例的点，仅有一个，即共轭重心.①

推论 设 K 为 $\triangle ABC$ 的共轭重心，K 在边 BC,CA,AB 上的射影分别为 K_A,K_B,K_C，则有 $KK_A=a\cdot\dfrac{2S_{\triangle ABC}}{a^2+b^2+c^2}$ 等三式，其中 $BC=a,CA=b,AB=c$.

事实上，可设 $KK_A=ka,KK_B=kb,KK_c=kc$，由 $2S_{\triangle ABC}=aKK_A+bKK_B+cKK_c=k(a^2+b^2+c^2)$ 即可确定 k.

由于过三角形一个顶点并与外接圆相切的直线，与这个三角形平行于对边的直线(外中线)为等角线，且从这切线上一点到这个顶点的邻边的垂线段，与两边成比例，因而，将外接圆在三角形顶点处的切线，称为外共轭中线.任两条外共轭中线与第三条共轭中线交于一点，称为旁共轭重心.对于共轭中线、外共轭中线，旁共轭重心，有如下结论：

定理2 $\triangle ABC$ 的一个旁共轭重心 K' 到边的垂线与边长成比例，若 K' 在边 BC,CA,AB 上的射影分别为 K'_A,K'_B,K'_C，则有 $K'K'_A=a\cdot\dfrac{2S_{\triangle ABC}}{a^2+b^2+c^2}$ 等三式，其中 $BC=a,CA=b,AB=c$.

定理3 三角形的共轭中线，外共轭中线将对边内分、外分成邻边平方的比.

由上，我们可以看到：任一个关于共轭重心的定理，可以平行地得到一个关于一个旁共轭重心的定理.

对于共轭中线，共轭重心，还有如下结论：

① 约翰逊.近代欧氏几何学[M].单墫，译.上海：上海教育出版社，2000：186-190.

定理4 三角形的一条平行于共轭中线的直线，夹在两条邻边之间的部分，被相应的外共轭中线平分.

定理5 三角形一边的逆平行线，被过所对顶点的共轭中线平分.

事实上，将这个图沿角平分线对折，共轭中线变为中线，逆平行线变为对边的平行线(外中线).

定理6 三角形每边的中点与这边的高线中点的连线必交于三角形的共轭重心.

事实上，设 D,E,F 分别为 $\triangle ABC$ 的三条高线的垂足，D',E',F' 分别为三条高线 AD,BE,CF 的中点，A',B',C' 分别为 BC,CA,AB 的中点，则 A',F',B'；B',D',C'；C',E',A' 分别三点共线，且

$$\frac{BD}{DC}=\frac{C'D'}{D'B'},\frac{CE}{EA}=\frac{A'E'}{E'C'},\frac{AF}{FB}=\frac{B'F'}{F'A'}$$

于是，分别对 $\triangle ABC$ 及 $\triangle A'B'C'$ 塞瓦定理及逆定理，有

$$\frac{C'D'}{D'B'}\cdot\frac{B'F'}{F'A'}\cdot\frac{A'E'}{E'C'}=\frac{BD}{DC}\cdot\frac{AF}{FB}\cdot\frac{CE}{EA}=1$$

从而知 $A'D',B'E',C'F'$ 共点，设该点为 K.

过 K 作 $KX\perp BA$ 于 X，作 $KY\perp AC$ 于 Y，令 $\angle C'KE'=\alpha$，则

$$\frac{GX}{GY}=\frac{F'F\cdot\dfrac{C'K}{C'F'}}{E'E\cdot\dfrac{B'K}{B'E'}}=\frac{CF}{BE}\cdot\frac{C'K\cdot B'E'}{C'F'\cdot B'K}=$$

$$\frac{CF}{BE}\cdot\frac{2S_{\triangle C'B'E'}\div\sin\alpha}{2S_{\triangle B'C'F'}\div\sin\alpha}=$$

$$\frac{CF}{BE}\cdot\frac{C'E'\cdot\sin C'}{B'F'\cdot\sin B'}=$$

$$\frac{CF}{BE}\cdot\frac{AB\cdot\cos A\cdot\sin C}{AC\cdot\cos A\cdot\sin B}=\frac{CF}{BE}\cdot\frac{AB^2}{AC^2}=\frac{AB}{AC}$$

应用定理1，知 AK 为 $\triangle ABC$ 的共轭中线.

同理，BK,CK 也为 $\triangle ABC$ 的共轭中线，故 K 为 $\triangle ABC$ 的共轭重心.

定理7 三角形的四个纳格尔点组成垂心组，且四个热尔岗点分别为四个纳格尔点所连成四个三角形的共轭重心.

事实上，可令 $I,I_i,G,G_i,N,N_i(i=1,2,3)$ 分别为 $\triangle ABC$ 的内心或旁心，热尔岗点，纳格尔点. 由三角形欧拉线定理的拓广定理1，知三角形的重心 G，内心或旁心、对应的纳格尔点共线，且 $IG=\frac{1}{2}GN$，从而知，四边形 $NN_1N_2N_3$ 与

$II_1I_2I_3$ 是关于 $\triangle ABC$ 的重心为中心,以 $2:1$ 为相似比的位似形.

由于 I,I_1,I_2,I_3 为一垂心组,故 N,N_1,N_2,N_3 亦为一垂线组.

令 I 在 BC 上的射影为 X,射线 AN 交 BC 于 X',则 $BX=CX'$. 设 XI 交 AX' 于 D,设 M,M' 分别为 BC,I_2I_3 的中点,有 $IX'\perp BC$,及 $\frac{ID}{I_1X'}=\frac{IA}{I_1A}=\frac{r}{r_1}=\frac{IX}{I_1X'}$,从而从 I 是 DX 的中点,所以 $IM\parallel NG_1$.

由 $\triangle II_2I_3\backsim\triangle ICB$,有 $\angle M'II_2=\angle MIC$,即知 IM 为 $\triangle II_2I_3$ 的一条共轭中线.

又 $\triangle N_1N_2N_3$ 与 $\triangle II_2I_3$ 为位似形,故 NG_1 为 $\triangle NN_2N_3$ 的一条共轭中线.

同理,N_2G_1,N_3G_1 也为 $\triangle NN_2N_3$ 的共轭中线.

故 G_1 为 $\triangle NN_2N_3$ 的共轭中心. 同理可证其他结论.

定理 8 (1) 三角形的高的垂足的连线的中点,与对应顶点相连,三条直线交于共轭重心 K. 直角三角形的共轭重心是斜边的高的中点.

(2)$\triangle ABC$ 的外接圆在 A,B,C 的切线相应相交于 T_A,T_B,T_C,则各顶点与相对应的交点的连线 AT_A,BT_B,CT_C 相交于共轭重心 K.

定理 9 三角形的热尔岗点,是以内切圆切点为顶点的三角形的共轭重心.

定理 10 三角形的共轭重心是它自己的投影三角形的重心.

事实上,设 K 为 $\triangle ABC$ 的共轭重心,K 在三边 BC,CA,AB 上的射影分别为 K_A,K_B,K_C,M_1 为边 BC 的中点,联结 AM_1 并延长至 A',使 $M_1A'=AM_1$,则 $\triangle KK_BK_C$ 与 $\triangle CAA'$ 的对应边互相垂直,因此两三角形相似.

设 KK_A 与 K_BK_C 相交于 K'_1,则在这些相似图形中,KK'_1 对应于 CM_1,从而 K'_1 是 K_BK_C 的中点,所以 $K_AK'_1$ 是 $\triangle K_AK_BK_C$ 的中线,K 是它的重心.

注 反过来,设过三角形的各个顶点作相应中线的垂线,则原三角形的重心是垂线所成新三角形的共轭重心,这说明,三角形的共轭重心是唯一的,是自身的投影三角形的重心. 类似的,一个旁共轭重心是它自己的投影三角形的重心.

定理 11 平面上到三角形三边距离的平方和为最小的点,是其共轭重心或旁共轭重心.

事实上. 令三角形三边为 a,b,c,x_a,x_b,x_c 为任一点到相应三边的有向距离时,$ax_a+bx_b+cx_c$ 表示这三角形面积的 2 倍,且是定值.

由恒等式

$$(a^2+b^2+c^2)(x_a^2+x_b^2+x_c^2)=(ax_a+bx_b+cx_c)^2+(bx_c-cx_b)^2+(cx_a-ax_c)^2+(ax_b-bx_a)^2$$

知上式右边每一项都是正数或零,在最后三项为零时,$x_a^2+x_b^2+x_c^2$ 为最小,即有

$$x_a : x_b : x_c = a : b : c$$

因此,所求的点是共轭重心或旁共轭重心.

定理 12 内接于一已知三角形的所有三角形中,各边的平方和为最小的是共轭重心的投影三角形.

事实上,设 X_1,X_2,X_3 分别为 $\triangle ABC$ 的边 BC,CA,AB 上的点,P 为 $\triangle X_1X_2X_3$ 的重心,$\triangle P_1P_2P_3$ 为 P 在 BC,CA,AB 上的投影构成的三角形,在 P_1,P_2,P_3 恰好与 X_1,X_2,X_3 分别重合时,则 P 是共轭重心.在其他情形

$$PP_1^2+PP_2^2+PP_3^2<PX_1^2+PX_2^2+PX_3^2$$

又由定理 11,若 K 是共轭重心,则

$$KK_A^2+KK_B^2+KK_C^2<PP_1^2+PP_2^2+PP_3^2$$

再注意到三角形重心性质定理 4(2) 应用于 $\triangle K_AK_BK_C$ 与 $\triangle X_1X_2X_3$ 即得结果.

定理 13 设 K 为 $\triangle ABC$ 的共轭重心,延长 AK 交边 BC 于 D,则

(1) $\dfrac{BD}{DC}=\dfrac{AB^2}{AC^2}$.

(2) $\dfrac{AK}{KD}=\dfrac{AB^2+AC^2}{BC^2}$.

事实上,设 M 为 BC 的中点,则 $\angle BAM=\angle DAC$,应用三角形角平分线性质定理推广中的定理 2,即知 $\dfrac{AB^2}{BM\cdot BD}=\dfrac{AC^2}{CM\cdot CD}$,故(1) 获证.

延长 BK 交 AC 于 E,延长 CK 交 AB 于 F,则由三角形的加比定理有

$$\frac{AK}{KD}=\frac{AF}{FB}+\frac{AE}{EC}.$$

而(1) 的证明知,有

$$\frac{AF}{FB}=\frac{AC^2}{BC^2},\frac{AE}{EC}=\frac{AB^2}{BC^2}$$

故

$$\frac{AK}{KD}=\frac{AB^2+AC^2}{BC^2}$$

即(2) 获证.

定理 14 设 $\triangle ABC$ 的三条共轭中线交其外接圆于 L_1,L_2,L_3,则 $\triangle ABC$

的共轭重心 K 也是 $\triangle L_1L_2L_3$ 的共轭重心.

事实上,注意到两个三角形内接于同一个圆,并且对应顶点的连线交于一点 P,则每一个三角形与 P 关于另一个的投影三角形相似,以及定理10即得结论.

注 $\triangle ABC$ 与 $\triangle L_1L_2L_3$ 有共同的外接圆,共轭中线,共轭重心,这可称为协共轭中线三角形(cosymmedian triangles.)

定理15 设 K 为 $\triangle ABC$ 的共轭重心,$K_i(i=1,2,3)$ 是 K 在三边上的射影,w 为布罗卡尔角,则有 $KK_1=\frac{BC}{2}\cdot\tan w$ 等三式.

定理16 (1)一条布罗卡尔线,一条中线,一条共轭中线共点.

(2)一条布罗卡尔线,一条外中线,一条外共轭中线共点.

❖三角形的等截共轭点问题

定理1(三角形的等截共轭点定理) 如果 $\triangle ABC$ 中,XX',YY',ZZ' 各是在 BC,CA,AB 三边上截得的线段,使得 $BX=X'C$,$CY'=AY$,$AZ'=BZ$,且 AX,BY,CZ 三线交于一点 P,那么 AX',BY',CZ' 也相交于一点 Q.上述 P,Q 两点称为 $\triangle ABC$ 的等截共轭点(图2.218).

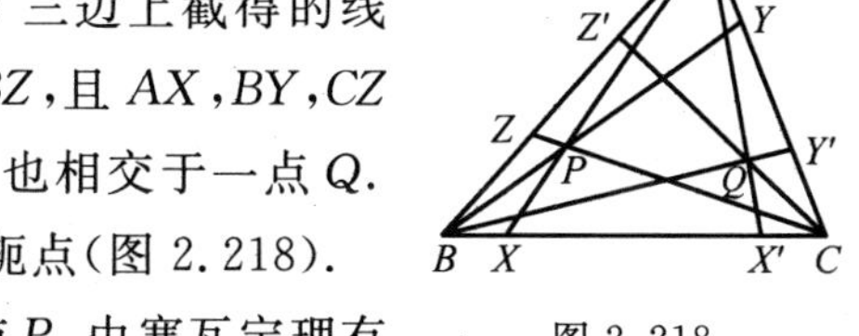

图2.218

证明 因为 AX,BY,CZ 交于一点 P,由塞瓦定理有

$$\frac{BX}{XC}\cdot\frac{CY}{YA}\cdot\frac{AZ}{ZB}=1$$

再由 $BX=X'C$,$YA=CY'$,$ZB=AZ'$ 得

$$XC=BX',CY=Y'A,AZ=Z'B$$

于是有

$$\frac{BX'}{X'C}\cdot\frac{CY'}{Y'A}\cdot\frac{AZ'}{Z'B}=1$$

再由塞瓦定理可知 AX',BY',CZ' 三线交于一点 Q.

由三角形内(旁)切圆性质定理2知,三角形热尔岗点的等截共轭点即为纳格尔点,这是纳格尔于1836年发现的.

下面,我们再介绍两个与等角、等截有关的有趣的结论:

定理2 三角形的诸热尔岗点及纳格尔点的等角共轭点分别是其外接圆与内切圆及外接圆与旁切圆的相似中心.

事实上,设内切圆圆 I 分别切 $\triangle ABC$ 的边 BC,CA,AB 于 D,E,F,圆 I 上的点 A',B',C' 分别为 D,E,F 关于 AI,BI,CI 的对称点,则知 AA',BB',CC' 为 AD,BE,CF 的等角线,所以 AD,BE,CF 交于 P(热尔岗点)的等角共轭点为 P'(AA',BB',CC' 的交点).设 A',D 分别在 AC,AB 上的射影为 B_1,C_1,又 C',F 分别在 AC,BC 上的射影为 B_2,A_1,则 $A'B_1=DC_1,C'B_2=FA_1,DC_1=FA_1$,所以 $A'B_1=C'B_2$,有 $A'C' /\!/ AC$.

同理 $C'B' /\!/ CB,B'A' /\!/ BA$.从而 $\triangle A'B'C'$ 与 $\triangle ABC$ 关于 P' 位似.故圆 I 与圆 ABC 也关于 P' 位似,即圆 I 与圆 ABC 的相似中心为 P'.

又设 ID,IE,IF 交圆 I 于另一点 D_1,E_1,F_1,则不难导出 AD_1,BE_1,CF_1 为 AD,BE,CF 的等截线,所以 AD_1,BE_1,CF_1 交于一点 N(纳格尔点).

设 D_2,E_2,F_2 是 D_1,E_1,F_1 关于 IA,IB,IC 的对称点,有 AD_2,BE_2,CF_2 为 AD_1,BE_1,CF_1 的等角线.因此它们必交于一点 N'(N 的等角共轭点).

因为 $E_2E'_2=E_1E'_1,F_1F'_1=F_2F'_2$(等角线性质),$E_1E'_1=F_1F'_1$(关于 AI 对称),所以 $E_2E'_2=F_2F'_2$,因此 $E_2F_2 /\!/ BC$.同理 $F_2D_2 /\!/ CA,D_2E_2 /\!/ AB$,所以 $\triangle D_2E_2F_2$ 与 $\triangle ABC$ 位似,故 N' 为圆 I 与圆 ABC 的另一相似中心.

定理3 三角形垂心等截点的等角共轭点在欧拉线上.

事实上,设 H 为 $\triangle ABC$ 的垂心,射线 AH,BH,CH 分别交 BC,CA,AB 于 D,E,F.又设 AA_1,BB_1,CC_1 是 AH,BH,CH 等截线的等角线,且分别交 EF,FD,DE 于 A_1,B_1,C_1,设 AD' 为 AD 的等截线,则 $D'B=DC$.

由 $\angle A_1AE=\angle D'AB,\angle AEF=\angle B$,则

$$\triangle A_1AE \backsim \triangle D'AB$$

有

$$\frac{A_1E}{D'B}=\frac{AE}{AB}$$

从而

$$A_1E=\frac{AE\cdot D'B}{AB}=\frac{AE\cdot DC}{AB}=\frac{AB\cos A\cdot AC\cdot\cos C}{AB}$$

同理

$$C_1E=\frac{CE\cdot AF}{BC}=\frac{BC\cos C\cdot AC\cos A}{BC}$$

从而 $A_1E=C_1E$.因为 BE 平分 $\angle DEF$,所以 $BE\perp A_1C_1,BE\perp AC$,有 $A_1C_1 /\!/ AC$.

同理,$C_1B_1 /\!/ CB,B_1A_1 /\!/ BA$.所以 $\triangle A_1B_1C_1$ 与 $\triangle ABC$ 位似,从而 AA_1,BB_1,CC_1 共点或互相平行.但 AA_1,BB_1,CC_1 为 AH,BH,CH 等截线的等角线,于是 AA_1,BB_1,CC_1 必交于一点 H_1.

又 HD,HE,HF 为 B_1C_1,C_1A_1,A_1B_1 的垂直平分线,所以 H 为 $\triangle A_1B_1C_1$ 的外心.因为 $\triangle ABC$ 与 $\triangle A_1B_1C_1$ 关于 H_1 位似,所以 $\triangle ABC$ 的外心 O 与 H 关于 H_1 也位似,故 O,H,H_1 共线.

❖三角形边的等分线交点三角形面积关系定理

定理1[①②]　$\triangle ABC$ 各角顶点与对边 $n(n>2)$ 等分点的连线中，靠近三边的6条共有12个交点，这12个交点构成的四个三角形 $\triangle A_1B_1C_1$，$\triangle A_2B_2C_2$，$\triangle A_3B_3C_3$，$\triangle A_4B_4C_4$ 中(图2.219).

(1) $\triangle A_1B_1C_1 \backsim \triangle ABC$ 且相似比为$\frac{n-2}{2n-1}$.

(2) $\triangle A_2B_2C_2 \backsim \triangle ABC$ 且相似比为$\frac{n-2}{n+1}$.

证明　如图2.219，设 H，K 为边 BC 上的几等分点，L，F 为边 AC 上的几等分点，E，G 为边 AB 上的几等分点.

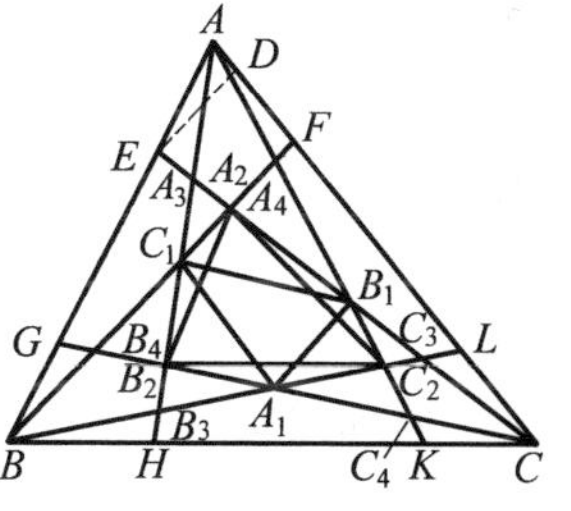

图2.219

(1) 在 $\triangle ABH$ 中的角平分线性质定理的推广，有

$$\frac{AC_1}{C_1H}=\frac{AB\sin\angle ABC_1}{BH\sin\angle HBC_1}=n\frac{AB\sin\angle ABC_1}{BC\sin\angle HBC_1} \quad ①$$

在 $\triangle ABC$ 中，同理得

$$\frac{AF}{FC}=\frac{AB\sin\angle ABF}{BC\sin\angle CBF}=\frac{AB\sin\angle ABC_1}{BC\sin\angle HBC_1}$$

即

$$\frac{1}{n-1}=\frac{AB\cdot\sin\angle ABC_1}{BC\cdot\sin\angle HBC_1}$$ 

由①，②得

$$\frac{AC_1}{C_1H}=\frac{n}{n-1}$$

则

$$\frac{AC_1}{AH}=\frac{n}{2n-1}$$

同理可证

$$\frac{AB_1}{AK}=\frac{n}{2n-1}$$

则

$$\frac{RB_1}{HK}=\frac{n}{2n-1}$$

即

$$\frac{C_1B_1}{\frac{(n-2)BC}{n}}=\frac{2}{2n-1}$$

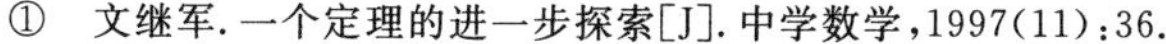

① 文继军. 一个定理的进一步探索[J]. 中学数学，1997(11)：36.

② 云保奇. 一个新定理的推广[J]. 中学数学教学，2001(2)：39.

即
$$\frac{C_1B_1}{BC}=\frac{n-2}{2n-1}$$

同理可证
$$\frac{A_1B_1}{AB}=\frac{n-2}{2n-1},\frac{A_1C_1}{AC}=\frac{n-2}{2n-1}$$

故 $\triangle A_1B_1C_1 \backsim \triangle ABC$,相似比为$\frac{n-2}{2n-1}$.

(2) 作 $ED /\!/ BF$ 交 AC 于 D,则
$$\frac{AE}{BE}=\frac{AD}{DF}=\frac{1}{n-1}$$

从而
$$\frac{AD}{AF}=\frac{1}{n},\frac{AF}{DF}=\frac{n}{n-1}$$

又因
$$\frac{FC}{AF}=n-1$$

则
$$\frac{FC}{DF}=n$$

即
$$\frac{CA_2}{CE}=\frac{FC}{DC}=\frac{n}{n+1}$$

同理可证
$$\frac{CB_2}{CG}=\frac{n}{n+1}$$

则
$$\frac{CA_2}{CE}=\frac{CB_2}{CG}$$

从而
$$A_2B_2 /\!/ AB$$

同理
$$B_2C_2 /\!/ BC,C_2A_2 /\!/ CA$$

因此可得
$$\triangle A_2B_2C_2 \backsim \triangle ABC$$

又
$$\frac{A_2B_2}{GE}=\frac{CA_2}{CE}=\frac{n}{n+1}$$

且
$$\frac{GE}{AB}=\frac{n-2}{n}$$

则
$$\frac{A_2B_2}{AB}=\frac{n}{n+1}\cdot\frac{n-2}{n}=\frac{n-2}{n+1}$$

故 $\triangle A_2B_2C_2$ 与 $\triangle ABC$ 的相似比为$\frac{n-2}{n+1}$.

定理2 在$\triangle ABC$的三边的两个方向的延长线上各取一点,使这点外分该边为 n 等份,联结三角形的三顶点与这 6 个外分点,并向两个方向延长,所得 12 个 交点中.

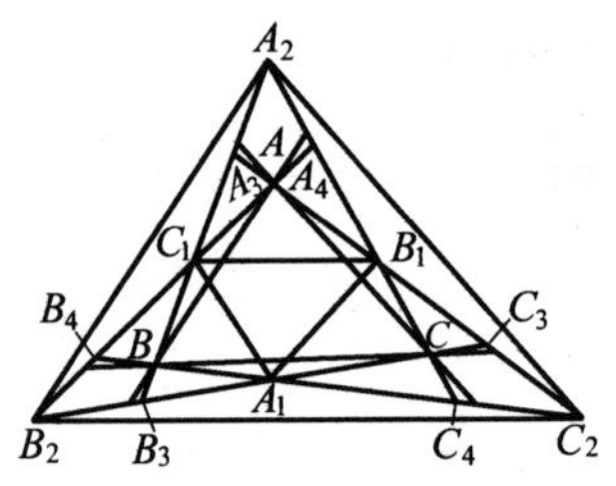

图 2.220

(1) $\triangle A_1B_1C_1 \backsim \triangle ABC$ 且相似比为$\frac{n+2}{2n+1}$.

(2) $\triangle A_2B_2C_2 \backsim \triangle ABC$ 且相似比为$\frac{n+2}{n-1}$.

如图 2.220，证明可仿定理 1 的方法进行.（略）

❖三角形的陪垂心定理

设$\triangle ABC$的三高为AD，BE，CF，垂心为H，点D关于边BC中点的对称点为D'，E关于边CA中点的对称点为E'，F关于边AB中点的对称点为F'，有如下定理：

定理 1　三直线AD'，BE'，CF'共点.

证明　如图 2.221，显然有$BD'=CD$，$CD'=BD$等.由塞瓦定理，AD，BE，CF共点，则

$$\frac{BD}{DC}\cdot\frac{CE}{EA}\cdot\frac{AF}{FB}=1$$

即
$$\frac{CD'}{D'B}\cdot\frac{AE'}{E'C}\cdot\frac{BF'}{F'A}=1$$

图 2.221

故AD'，BE'，CF'共点.

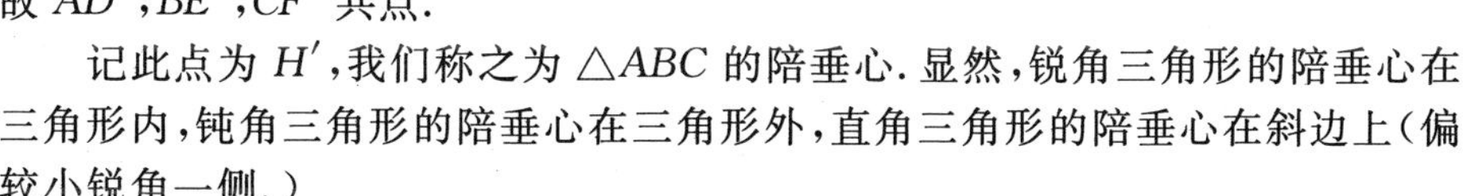

记此点为H'，我们称之为$\triangle ABC$的陪垂心.显然，锐角三角形的陪垂心在三角形内，钝角三角形的陪垂心在三角形外，直角三角形的陪垂心在斜边上（偏较小锐角一侧.）

定理 2①　设H'为$\triangle ABC$的陪垂心，则

(1) $\frac{BD'}{D'C}=|\tan B\cdot\cot C|$等三式.

(2) $\frac{AH'}{H'D'}=\frac{a^2}{bc|\cos A|}$等三式.

证明　仅证(2).如图 2.222，$\triangle ABD'$被直线$F'H'$所截，由梅涅劳斯定理，得

$$\frac{AH'}{H'D'}\cdot\frac{D'C}{CB}\cdot\frac{BF'}{F'A}=1$$

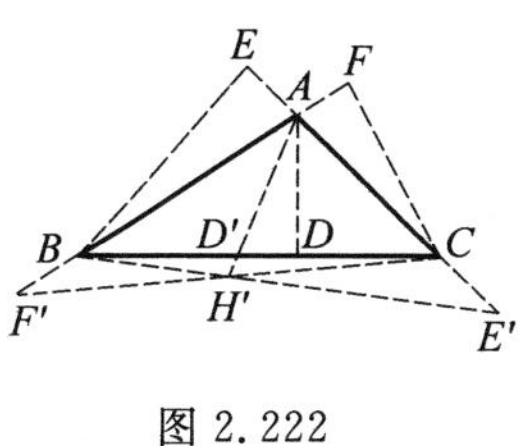

图 2.222

注意到　$CB=a$，$D'C=BD=c\cos B$

$$\frac{BF'}{F'A}=\frac{FA}{FB}=\frac{b|\cos A|}{a\cos B}$$

代入上式即得.同理可证其余两式.

定理 3②　设H'为$\triangle ABC$的陪垂心，则

① 洪凰翔，胡如松，朱结根，等.三角形某些“伴心”的性质[J].中学数学，2001(4)：37.

② 方廷刚.一个新发现的三角形特殊点[J].数学通讯，1996(1)：28-30.

$$\frac{H'D'}{AH'}=\frac{bc}{a^2}\cos A=\frac{b^2+c^2-a^2}{2a^2} \quad ①$$

$$\frac{H'E'}{BH'}=\frac{ca}{b^2}\cos B=\frac{c^2+a^2-b^2}{2b^2} \quad ②$$

$$\frac{H'F'}{CH'}=\frac{ab}{c^2}\cos C=\frac{a^2+b^2-c^2}{2c^2} \quad ③$$

证明 如图 2.223,对 $\triangle ABD'$ 和直线 $F'C$ 用梅涅劳斯定理,有

$$\frac{H'D'}{AH'}\cdot\frac{AF'}{F'B}\cdot\frac{BC}{CD'}=1$$

所以
$$\frac{H'D'}{AH'}=\frac{F'B}{AF'}\cdot\frac{CD'}{BC}=\frac{AF}{FB}\cdot\frac{BD}{BC}=\frac{b\cos A}{a\cos B}\cdot\frac{c\cos B}{a}=\frac{bc}{a^2}\cos A=\frac{bc}{a^2}\cdot\frac{b^2+c^2-a^2}{2bc}=\frac{b^2+c^2-a^2}{2a^2}$$

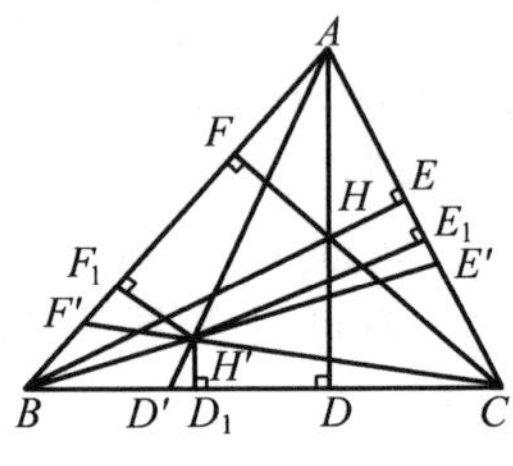

图 2.223

即 ① 成立.同理可证 ② 和 ③ 成立.

推论 1 设 H' 为 $\triangle ABC$ 的陪垂心,则

$$\frac{AH'}{AD'}=\frac{2a^2}{a^2+b^2+c^2} \quad ④$$

$$\frac{BH'}{BE'}=\frac{2b^2}{a^2+b^2+c^2} \quad ⑤$$

$$\frac{CH'}{CF'}=\frac{2c^2}{a^2+b^2+c^2} \quad ⑥$$

推论 2 设 H' 为 $\triangle ABC$ 的陪垂心,则

$$\frac{H'D'}{AH'}\cdot\frac{H'E'}{BH'}\cdot\frac{H'F'}{CH'}=\cos A\cos B\cos C \quad ⑦$$

定理 4 设 $\triangle ABC$ 非直角三角形,其垂心和陪垂心分别为 H 和 H',则

$$\frac{H'D'}{AH'}\cdot\frac{H'E'}{BH'}\cdot\frac{H'F'}{CH'}=\frac{HD}{AH}\cdot\frac{HE}{BH}\cdot\frac{HF}{CH} \quad ⑧$$

证明 由垂心余弦定理 $\frac{AH}{\cos A}=\frac{BH}{\cos B}$ 得 $\frac{BH}{AH}=\frac{\cos B}{\cos A}$,又易知 $\triangle BHD\backsim\triangle BCE$,则 $\frac{HD}{CE}=\frac{BH}{BC}$,即

$$HD=BH\cdot\frac{CE}{BC}=BH\cdot\cos C$$

故
$$\frac{HD}{AH}=\frac{BH}{AH}\cdot\cos C=\frac{\cos B\cos C}{\cos A}$$

同理可证
$$\frac{HE}{BH}=\frac{\cos C\cos A}{\cos B},\frac{HF}{CH}=\frac{\cos A\cos B}{\cos C}$$

于是有

$$\frac{HD}{AH}\cdot\frac{HE}{BH}\cdot\frac{HF}{CH}=\cos A\cos B\cos C$$

再由 ⑦ 便知 ⑧ 成立.

定理 5 设 H' 为 $\triangle ABC$ 的陪垂心,H' 到三边 BC,CA,AB 的距离分别为 p,q,r,则

$$p:q:r=\frac{bc}{a}\cos A:\frac{ca}{b}\cos B:\frac{ab}{c}\cos C \quad ⑨$$

证明 如图 2.223,由 $H'D_1 \parallel AD$ 知

$$\frac{H'D_1}{AD}=\frac{H'D'}{AD'}=\frac{b^2+c^2-a^2}{b^2+c^2+a^2}$$

所以 $p=\frac{b^2+c^2-a^2}{a^2+b^2+c^2}\cdot AD=\frac{2bc\cos A}{a^2+b^2+c^2}\cdot\frac{2S}{a}=\frac{4S}{a^2+b^2+c^2}\cdot\frac{bc}{a}\cos A$

(其中 S 为三角形面积).同理可证

$$q=\frac{4S}{a^2+b^2+c^2}\cdot\frac{ac}{b}\cos B,r=\frac{4S}{a^2+b^2+c^2}\cdot\frac{ab}{c}\cdot\cos C$$

于是 ⑨ 成立.

推论 1 分别以 S_1,S_2 和 S_3 记 $\triangle H'BC,\triangle H'CA$ 和 $\triangle H'AB$ 的面积,则有

$$S_1:S_2:S_3=\cot A:\cot B:\cot C \quad ⑩$$

证明

$$S_1=\frac{1}{2}ap=\frac{2S\cos A}{a^2+b^2+c^2}\cdot bc=$$

$$\frac{2S\cos A}{a^2+b^2+c^2}\cdot\frac{2S}{\sin A}=$$

$$\frac{4S^2}{a^2+b^2+c^2}\cdot\cot A$$

同理有 $S_2=\frac{4S^2}{a^2+b^2+c^2}\cdot\cot B,S_3=\frac{4S^2}{a^2+b^2+c^2}\cdot\cot C$

于是结论成立.

推论 2 H',p,q,r 如前所述,则

$$\frac{p}{a}:\frac{q}{b}:\frac{r}{c}=\frac{H'D'}{AH'}:\frac{H'E'}{BH'}:\frac{H'F'}{CH'} \quad ⑪$$

推论 3 如前所设,有

$$\frac{AH}{p}:\frac{BH}{q}:\frac{CH}{r}=a^2:b^2:c^2 \quad ⑫$$

证明 设 $\triangle ABC$ 的外接圆半径为 R,则由垂心余弦定理有

$$AH=2R\cos A$$

所以 $\frac{AH}{p}=\frac{a^2+b^2+c^2}{4S}\cdot 2R\cdot\frac{a}{bc}=$

$$\frac{a^2+b^2+c^2}{4S}\cdot\frac{a}{\sin A}\cdot\frac{a}{bc}=\frac{a^2+b^2+c^2}{8S^2}\cdot a^2$$

同理 $\dfrac{BH}{q}=\dfrac{a^2+b^2+c^2}{8S^2}\cdot b^2,\dfrac{CH}{r}=\dfrac{a^2+b^2+c^2}{8S^2}\cdot c^2$

于是结论成立.

推论 4 如前所设,有

$$\frac{AH}{P}:\frac{BH}{q}:\frac{CH}{r}=\frac{AH'}{AD'}:\frac{BH'}{BE'}:\frac{CH'}{CF'} \tag{13}$$

$$\frac{AH}{a}:\frac{BH}{b}:\frac{CH}{c}=\frac{H'D'}{AD'}:\frac{H'E'}{BE'}:\frac{H'F'}{CF'} \tag{14}$$

$$\frac{AH}{a}:\frac{BH}{b}:\frac{CH}{c}=S_1:S_2:S_3 \tag{15}$$

证明 由 ⑫ 及 ④ ～ ⑥ 可得 ⑬;由 ⑪ 和 ⑬ 可得 ⑭;再由 ① 有

$$\frac{H'D'}{AD'}=\frac{b^2+c^2-a^2}{b^2+c^2+a^2}=\frac{2bc\cos A}{a^2+b^2+c^2}=\frac{4S}{a^2+b^2+c^2}\cot A$$

同理有 $\dfrac{H'E'}{BE'}=\dfrac{4S}{a^2+b^2+c^2}\cot B,\dfrac{H'F'}{CF'}=\dfrac{4S}{a^2+b^2+c^2}\cot C$

于是 $\dfrac{H'D'}{AD'}:\dfrac{H'E'}{BE'}:\dfrac{H'F'}{CF'}=\cot A:\cot B:\cot C$

再由 ⑭ 和 ⑩ 便知 ⑮ 成立.

定理 6 设 H',p,q,r 如前所述,则

$$\frac{H'D'}{p}=\frac{\sqrt{4S^2+(b^2-c^2)^2}}{2S} \tag{16}$$

$$\frac{H'E'}{q}=\frac{\sqrt{4S^2+(c^2-a^2)^2}}{2S} \tag{17}$$

$$\frac{H'F'}{r}=\frac{\sqrt{4S^2+(a^2-b^2)^2}}{2S} \tag{18}$$

证明 显然 $\triangle H'D'D_1\backsim\triangle AD'D$,则

$$\frac{H'D'}{p}=\frac{AD'}{AD}$$

但 $D'D=BD-BD'=BD-CD=c\cos B-b\cos C=$

$$c\cdot\frac{a^2+c^2-b^2}{2ac}-b\cdot\frac{a^2+b^2-c^2}{2ab}=\frac{c^2-b^2}{a}$$

而 $AD=\dfrac{2S}{a}$,则

$$AD'=\sqrt{D'D^2+AD^2}=\sqrt{\frac{4S^2}{a^2}+\frac{(b^2-c^2)^2}{a^2}}=\frac{1}{a}\cdot\sqrt{4S^2+(b^2-c^2)^2}$$

由此知 ⑯ 成立.同理可证另两式.

推论 1 如前所述,有

$$(\frac{H'D'}{p})^2+(\frac{H'E'}{q})^2+(\frac{H'F'}{r})^2=\frac{a^4+b^4+c^4}{4S^2}-1 \tag{19}$$

证明　根据三角形面积的海伦公式

$$16S^2=2(b^2c^2+c^2a^2+a^2b^2)-(a^4+b^4+c^4)$$

则

$$(b^2-c^2)^2+(c^2-a^2)^2+(a^2-b^2)^2=2(a^4+b^4+c^4)-2(b^2c^2+c^2a^2+a^2b^2)=a^4+b^4+c^4-16S^2$$

即

$$\left(\frac{H'D'}{p}\right)^2+\left(\frac{H'E'}{q}\right)^2+\left(\frac{H'F'}{r}\right)^2=\frac{1}{4S^2}(12S^2+(b^2-c^2)^2+(c^2-a^2)^2+(a^2-b^2)^2)=\frac{1}{4S^2}(12S^2+a^4+b^4+c^4-16S^2)=\frac{1}{4S^2}(a^4+b^4+c^4-4S^2)$$

于是 ⑲ 成立.

推论 2　如前所述,有

$$\left(\frac{H'D'}{p}\right)^2+\left(\frac{H'E'}{q}\right)^2+\left(\frac{H'F'}{r}\right)^2=\frac{AH}{p}\cdot\frac{AH'}{AD'}+\frac{BH}{q}\cdot\frac{BH'}{BE'}+\frac{CH}{r}\cdot\frac{CH'}{CF'}-1 \qquad ⑳$$

证明　由 ④ 有

$$\frac{AH'}{AD'}=\frac{2a^2}{a^2+b^2+c^2}$$

而由 ⑫ 的证明又有

$$\frac{AH}{p}=\frac{a^2+b^2+c^2}{8S^2}\cdot a^2$$

则

$$\frac{AH}{p}\cdot\frac{AH'}{AD'}=\frac{a^4}{4S^2}$$

同理可证

$$\frac{BH}{q}\cdot\frac{BH'}{BE'}=\frac{b^4}{4S^2},\frac{CH}{r}\cdot\frac{CH'}{CF'}=\frac{c^4}{4S^2}$$

于是由 ⑲ 便得 ⑳.

定理 7　三角形的陪垂心、重心、共轭重心三点共线,且陪垂心到重心的距离等于重心到共轭重心距离的 2 倍.[①]

证明　设 H',K 分别是 $\triangle ABC$ 的陪垂心和共轭重心,分别延长 AH',AK 交 BC 于 E,D. 联结 $H'K$ 交边 BC 的中线 AM 于 G,延长 CH' 交 AB 于 F,联结 BC 的中点 M 和 K. 下面证 G 为 $\triangle ABC$ 的重心.

不妨设 $AB>AC$. 令 $BC=a$,$CA=b$,$AB=c$.

由陪垂心定义,有

---

① 林世保. 新发现的一条类欧拉线[J]. 中学数学,2000(4):36.

$$BF=b\cos A, EC=c\cos B, AF=a\cos B, BE=b\cos C$$

对 $\triangle EAB$ 及截线 $FH'C$ 应用梅涅劳斯定理,有

$$\frac{EH'}{H'A}\cdot\frac{AF}{FB}\cdot\frac{BC}{CE}=1$$

注意到余弦定理,有

$$\frac{EH'}{H'A}=\frac{FB\cdot CE}{AF\cdot BC}=\frac{b\cos A\cdot\cos B}{a\cdot\cos B\cdot a}=\frac{b^2+c^2-a^2}{2a^2}$$

于是

$$\frac{H'A}{AE}=\frac{2a^2}{a^2+b^2+c^2}$$

又由三角形的共轭重心问题中的定理 13,有

$$\frac{BD}{DC}=\frac{c^2}{b^2},\frac{AK}{KD}=\frac{b^2+c^2}{a^2},\frac{AD}{AK}=\frac{a^2+b^2+c^2}{b^2+c^2}$$

而

$$MD=MC-DC=\frac{a}{2}-\frac{ab^2}{b^2+c^2}=\frac{a(c^2-b^2)}{2(b^2+c^2)}$$

$$EM=BM-BE=\frac{a}{2}-b\cos C=\frac{c^2-b^2}{2a}$$

于是

$$\frac{EM}{DM}=\frac{b^2+c^2}{a^2}=\frac{AK}{KD}$$

即知 $AE\parallel KM$,亦有 $\frac{AG}{GM}=\frac{H'G}{GK}$

注意到梅涅劳斯定理的推广中的定理 1,有

$$\frac{H'G}{GK}\cdot\frac{KA}{AD}\cdot\frac{DM}{ME}\cdot\frac{EA}{AH'}=1$$

从而 $\frac{H'G}{GK}=\frac{EM}{DM}\cdot\frac{AD}{AK}\cdot\frac{H'A}{AE}=\frac{b^2+c^2}{a^2}\cdot\frac{a^2+b^2+c^2}{b^2+c^2}\cdot\frac{2a^2}{a^2+b^2+c^2}=2$

即知

$$\frac{AG}{GM}=\frac{H'G}{GK}=2$$

故 G 是 $\triangle ABC$ 的重心.

当 $AB<AC$ 时,亦可类似地证得结论成立.($AB=AC$ 时三点重合).

定理 8[①] 设 X 是 $\triangle ABC$ 所在平面上的一点,且 AX,BX,CX 分别与边 BC,CA,AB 所在直线交于 D,E,F,点 H_1,H_2,H_3 分别为 $\triangle AEF,\triangle BDF,\triangle CDE$ 的垂心,则 X 是下列任何一点时,有 $\triangle DEF\cong H_1H_2H_3$.

(1) 垂心;(2) 陪垂心;(3) 重心;(4) 热尔岗点;(5) 纳格尔点.

证明 如图 2.224,先看一条引理.

引理 记 $\triangle ABC$ 的垂心为 H,三边分别为 a,b,c,则

$$AH=\left|\frac{c-a\cos B}{\sin B}\right|=\left|\frac{b-a\cos C}{\sin C}\right|$$

---

① 闵飞.三角形垂心的一个性质推广[J].中学数学,2005(4):41-42.

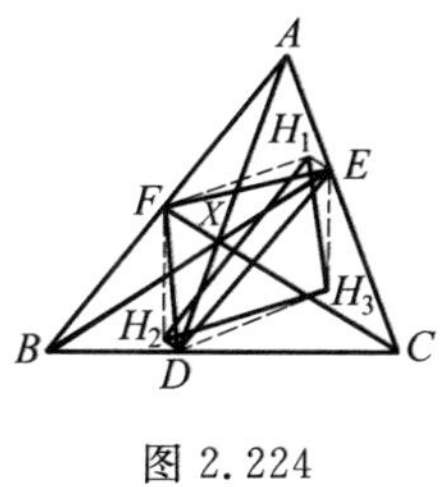

图 2.224

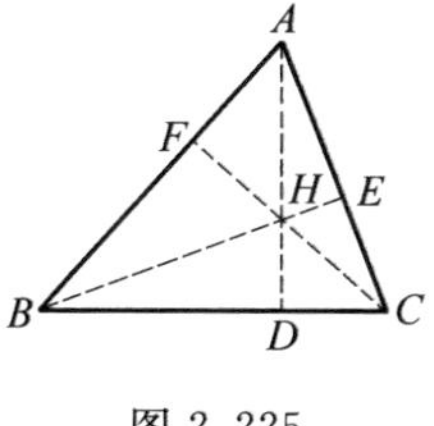

图 2.225

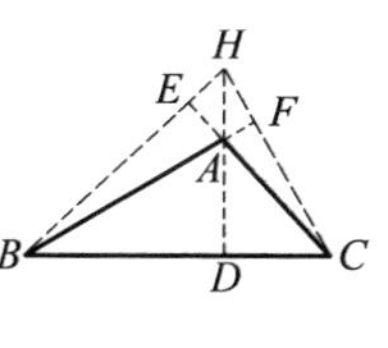

图 2.226

事实上,记 $\triangle ABC$ 三边上的高分别为 AD,BE,CF(图 2.225),若 $\angle A\leqslant 90^\circ$,则

$$c-a\cos B=AB-BF=AF=AH\sin\angle AHF=AH\sin B$$

则
$$AH=\frac{c-a\cos B}{\sin B}$$

若 $\angle A>90^\circ$(图 2.226),则

$$c-a\cos B=AB-BF=-AF=-AH\sin\angle AHF=-AH\sin B$$

则
$$AH=\frac{a\cos B-c}{\sin B}$$

综上知
$$AH=\left|\frac{c-a\cos B}{\sin B}\right|$$

同理
$$AH=\left|\frac{b-a\cos C}{\sin C}\right|$$

再回到定理证明,在 $\triangle BDF$ 及 $\triangle CDE$ 中,由引理知

$$FH_2=\left|\frac{BF-BD\cos B}{\sin B}\right|$$

$$EH_3=\left|\frac{CE-CD\cos C}{\sin C}\right|$$

(1) 当 X 是垂心时,有

$$BF=a\cos B,BD=c\cos B$$

则
$$FH_2=\left|\frac{a\cos B-c\cos^2 B}{\sin B}\right|=2R\left|\frac{\cos B(\sin A-\sin C\cos B)}{\sin B}\right|=2R\mid\cos B\cos C\mid$$

同理
$$EH_3=2R\mid\cos B\cos C\mid$$

(2) 当 X 为陪垂心时,由陪垂心定义知

$$BF=b\cos A,BD=b\cos C$$

所以

$$FH_2=\left|\frac{b\cos A-b\cos C\cos B}{\sin B}\right|=$$

$$2R\mid\cos A-\cos C\cos B\mid$$

同理 $$EH_3=2R\mid\cos A-\cos C\cos B\mid$$

(3) 当 X 是重心时,有

$$BF=\frac{c}{2},BD=\frac{a}{2}$$

则

$$FH_2=\left|\frac{c-a\cos B}{2\sin B}\right|=R\left|\frac{\sin C-\sin A\cos B}{\sin B}\right|=R\mid\cos A\mid$$

同理 $$EH_3=R\mid\cos A\mid$$

(4) 当 X 是热尔岗点时,有

$$BF=BD=\frac{a+c-b}{2}=4R\sin\frac{A}{2}\sin\frac{C}{2}\cos\frac{B}{2}$$

则

$$FH_2=\frac{a+c-b}{2}\cdot\frac{1-\cos B}{\sin B}=$$

$$4R\sin\frac{A}{2}\sin\frac{C}{2}\cos\frac{B}{2}\cdot\frac{2\sin^2\frac{B}{2}}{2\sin\frac{B}{2}\cos\frac{B}{2}}=$$

$$4R\sin\frac{A}{2}\sin\frac{B}{2}\sin\frac{C}{2}$$

同理 $$EH_3=4R\sin\frac{A}{2}\sin\frac{B}{2}\sin\frac{C}{2}$$

(5) 当 X 是纳格尔点时,有

$$BF=\frac{b+c-a}{2},BD=\frac{a+b-c}{2},\cos B=\frac{a^2+c^2-b^2}{2ac},ac\sin B=2S$$

$$FH_2=\frac{(b+c-a)-(a+b-c)\cos B}{2\sin B}=$$

$$\frac{1}{8S}(2ac(b+c-a)-(a+b-c)((a+c)^2-2ac-b^2))=$$

$$\frac{1}{8S}(4abc-(a+b-c)(a+c+b)(a+c-b))$$

(S 表示 $\triangle ABC$ 的面积)

同理 $$EH_3=\frac{1}{8S}(4abc-(a+b-c)(a+c+b)(a+c-b))$$

综上五种情况均有 $FH_2=EH_3$,对每种情况可类似证明 $DH_2=EH_1$.
又因

$$\angle DH_2F=180^\circ-\angle B$$

$$\angle H_1EH_3 = 180^\circ - \angle H_1EA - \angle H_3EC = 180^\circ - (90^\circ - \angle A) - (90^\circ - \angle C) = 180^\circ - \angle B$$

则 $$\angle DH_2F = \angle H_1EH_3$$

从而 $$\triangle DH_2F \cong \triangle H_1EH_3$$

即 $$DF = H_1H_3$$

同理可证 $DE = H_1H_2, EF = H_2H_3$

故 $$\triangle DEF \cong \triangle H_1H_2H_3$$

注 上述定理 8 对 X 是内心及外心时不成立.

由上述定理及证明.即有如下推论:

推论 1 如图 2.227,若直线 H_1E, H_2F, H_3D 可构成一个 $\triangle A_1B_1C_1$,直线 H_1F, H_2D, H_3E 可构成另一个 $\triangle A_2B_2C_2$,则

$$\triangle A_1B_1C_1 \cong \triangle A_2B_2C_2 \backsim \triangle ABC$$

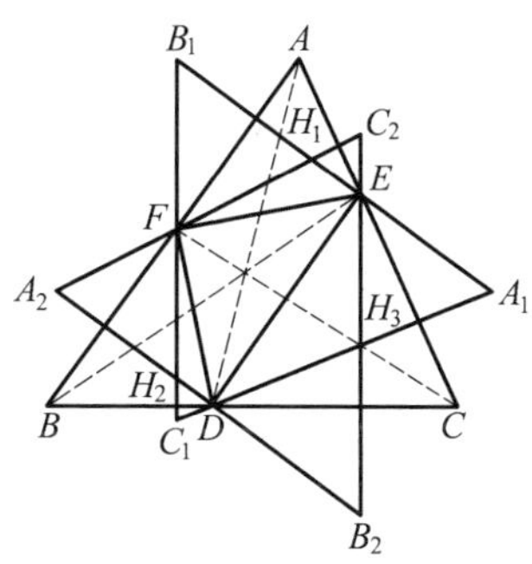

图 2.227

推论 2 $\triangle H_1EF \cong \triangle DH_2H_3, \triangle H_2DF \cong \triangle EH_1H_3, \triangle H_3DE \cong \triangle FH_1H_2$.

❖三角形的陪内心定理

设 $\triangle ABC$ 的三条内角平分线为 AD, BE, CF,内心为 I,D 关于边 BC 中点的对称点为 D',E 关于边 CA 中点的对称点为 E',F 关于边 AB 中点的对称点为 F',则我们有如下定理:①

定理 1 三条直线 AD', CF', BE' 共点.

证明 如图 2.228,由于 $BD' = CD, CD' = BD, CE' = AE, AE' = CE, AF' = BF, AF = BF'$,由塞瓦定理及 AD, EB, DF 共点知

$$\frac{BD}{DC} \cdot \frac{CE}{EA} \cdot \frac{AF}{FB} = 1$$

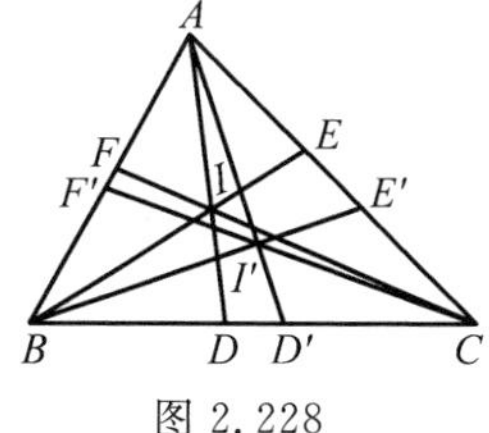

图 2.228

故 $$\frac{CD'}{D'B} \cdot \frac{AE'}{E'C} \cdot \frac{BF'}{F'A} = 1$$

由塞瓦定理的逆定理得 AD', BE', CF' 共点.

记此点为 I',我们称之为 $\triangle ABC$ 的陪内心.

① 蒋玉清.三角形的伴内心及其性质[J].中学数学,2001(4):39-40.

定理 2 设 I' 为 $\triangle ABC$ 的陪内心,则

$$\frac{AI'}{I'D'}=\frac{a(b+c)}{bc},\frac{BI'}{I'E'}=\frac{b(c+a)}{ca},\frac{CI'}{I'F'}=\frac{c(b+a)}{ba}$$

证明 CF' 截 $\triangle ABD'$,由梅涅劳斯定理得

$$\frac{AI'}{I'D'}\cdot\frac{D'C}{CB}\cdot\frac{BF'}{F'A}=1$$

则
$$\frac{AI'}{I'D'}=\frac{CB\cdot F'A}{D'C\cdot BF'}=\frac{CB}{BD}\cdot\frac{BF}{AF}=\frac{a^2}{BD\cdot b}$$

由 $\frac{BD}{DC}=\frac{AB}{AC}$,得

$$BD=\frac{ca}{a+b}$$

故
$$\frac{AI'}{I'D'}=\frac{a(b+c)}{bc}$$

同理证另二等式.

推论 1 设 I,I' 为 $\triangle ABC$ 的内心及陪内心,则

$$\frac{AI'}{I'D'}\cdot\frac{BI'}{I'E'}\cdot\frac{CI'}{I'F'}=\frac{AI}{ID}\cdot\frac{BI}{IE}\cdot\frac{CI}{IF}$$

证明 由定理 2 得

$$\frac{AI'}{I'D'}\cdot\frac{BI'}{I'E'}\cdot\frac{CI'}{I'F'}=\frac{(a+b)(b+c)(c+a)}{abc}$$

又
$$\frac{AI}{ID}=\frac{AB}{BD}=c\cdot\frac{c+b}{ac}=\frac{c+b}{a}$$

同理
$$\frac{BI}{IE}=\frac{c+a}{b},\frac{CI}{IF}=\frac{a+b}{c}$$

于是
$$\frac{AI'}{I'D'}\cdot\frac{BI'}{I'E'}\cdot\frac{CI'}{I'F'}=\frac{AI}{ID}\cdot\frac{BI}{IE}\cdot\frac{CI}{IF}$$

推论 2 $\frac{AI'}{I'D'}+\frac{BI'}{I'E'}+\frac{CI'}{I'F'}\geqslant 6$.

证明 $\frac{AI'}{I'D'}+\frac{BI'}{I'E'}+\frac{CI'}{I'F'}=\frac{a^2b+a^2c+b^2c+b^2a+c^2a+c^2b}{abc}\geqslant$

$$\frac{6\sqrt[6]{(abc)^6}}{abc}=6$$

推论 3 $\frac{AI'}{AD'}+\frac{BI'}{BE'}+\frac{CI'}{CF'}=2$.

证明 由合比定理得

$$\frac{AI'}{AD'}=\frac{a(b+c)}{ab+bc+ca}$$

$$\frac{BI'}{BE'}=\frac{b(c+a)}{ab+bc+ca}$$

$$\frac{CI'}{CF'}=\frac{c(a+b)}{ab+bc+ca}$$

从而结论成立.

定理 3 设 I' 到 $\triangle ABC$ 三边 BC,CA,AB 的距离为 d_1,d_2,d_3，$\triangle ABC$ 的面积为 S,则

$$d_1=\frac{2Sbc}{(ab+bc+ca)a}$$

$$d_2=\frac{2Sac}{(ab+bc+ca)b}$$

$$d_3=\frac{2Sab}{(ab+bc+ca)c}$$

证明 由定理 1 得

$$\frac{I'D'}{AD'}=\frac{bc}{ab+bc+ca}$$

因$\frac{I'D'}{AD'}=\frac{d_1}{h_a}$,故

$$d_1=\frac{bc}{ab+bc+ca}h_a=\frac{2Sbc}{(ab+bc+ca)a}$$

由于对称性,可知另外两个公式也对.

推论 1 $d_1:d_2:d_3=\frac{1}{a^2}:\frac{1}{b^2}:\frac{1}{c^2}$.

推论 2 设 $\triangle ABC$ 外接圆半径为 R,则

$$d_1\cdot d_2\cdot d_3\leqslant\frac{2S^2}{27R}$$

证明 $$d_1\cdot d_2\cdot d_3=\frac{8S^3abc}{(ab+bc+ca)^3}\leqslant\frac{8S^3abc}{27a^2b^2c^2}$$

于是 $$d_1\cdot d_2\cdot d_3\leqslant\frac{8S^3}{27}\cdot\frac{S}{abc}=\frac{2S^2}{27R}$$

推论 3 设 $\triangle ABC$ 三边 AB,BC,CA 对应的高为 h_a,h_b,h_c,则

$$\frac{h_a}{d_1}+\frac{h_b}{d_2}+\frac{h_c}{d_3}\geqslant 9$$

证明 由定理 3 的证明知

$$\frac{h_a}{d_1}+\frac{h_b}{d_2}+\frac{h_c}{d_3}=(ab+bc+ca)\cdot(\frac{1}{ab}+\frac{1}{bc}+\frac{1}{ca})$$

由柯西不等式得

$$\frac{h_a}{d_1}+\frac{h_b}{d_2}+\frac{h_c}{d_3}\geqslant 9$$

推论 4 设 $\triangle ABC$ 的内切圆半径为 r,则 $d_1+d_2+d_3\geqslant 3r$.

证明 不妨设 $a\geqslant b\geqslant c$,则由 $d_1=\frac{2Sabc}{(ab+bc+ca)a^2}$,等等,知

$$d_1 \leqslant d_2 \leqslant d_3$$

由切比雪夫不等式知

$$S=\frac{1}{2}(ad_1+bd_+ cd_3)\leqslant\frac{1}{6}(a+b+c)(d_1+d_2+d_3)$$

即
$$d_1+d_2+d_3\geqslant\frac{6S}{a+b+c}=3r$$

定理 4 设 $AD'=w'_a$,等,则 $w'_a=\frac{1}{b+c}\sqrt{b^4+c^4+2b^2c^2\cos A}$,….

证明 由斯特瓦尔特定理得

$$w'^2_a=\frac{b^2\cdot BD'+c^2\cdot CD'}{BD'+D'C}-BD'\cdot D'C=$$
$$\frac{b^2\cdot CD+c^2\cdot BD}{a}-CD\cdot BD$$

把 $BD=\frac{ac}{b+c}$,$CD=\frac{ab}{b+c}$ 代入得

$$w'^2_a=\frac{b^3+c^3}{b+c}-\frac{a^2bc}{(b+c)^2}= \qquad (*)$$
$$\frac{b^4+c^4+bc(c^2+b^2-a^2)}{(b+c)^2}=$$
$$\frac{b^4+c^4+2b^2c^2\cos A}{(b+c)^2}$$

即得欲证.由对称性,可写出 w'_b,w'_c 的公式.

推论 1 设 $\triangle ABC$ 三条对应角平分线长为 w_a,w_b,w_c,则

$$w'^2_a=(b-c)^2+w_a^2$$

证明 由式(*)得

$$w'^2_a=b^2-bc+c^2-\frac{a^2bc}{(b+c)^2}=$$
$$(b-c)^2+bc(1-(\frac{a}{b+c})^2)=$$
$$(b-c)^2+w_a^2$$

其余同理可证.

推论 2 $w'_aw'_b+w'_bw'_c+w'_cw'_a\geqslant 3\sqrt{3}S$.

证明 由刘健不等式

$$w_aw_b+w_bw_c+w_cw_a\geqslant 3\sqrt{3}S$$

及
$$w'_a\geqslant w_a,w'_b\geqslant w_b,w'_c\geqslant w_c$$

得不等式链

$$w'_aw'_b+w'_bw'_c+w'_cw'_a\geqslant w_aw_b+w_bw_c+w_cw_a\geqslant 3\sqrt{3}S$$

在此,我们指出,上述不等式取等号的条件均为正三角形.

❖三角形的陪心定理

命题 设 P 为 $\triangle ABC$ 所在平面上一点，且直线 AP，BP，CP 分别交直线 BC，CA，AB 于点 D，E，F，D'，E'，F' 分别为 D，E，F 关于各自所在边的中点的对称点，则 AD'，BE'，CF' 必交于一点 Q.

证明 由于 $BD'=CD$，$CE'=AE$，$AF'=BF$，应用塞瓦定理及其逆定理，即可证明.

这样，P 和 Q 就成为 $\triangle ABC$ 的一对“陪点”. $\triangle D'E'F'$ 就成为 $\triangle DEF$ 的陪点三角形.

前面，我们已介绍了三角形的陪垂心、陪内心的定理，下面再介绍其他陪心的几个结论：①

定理 1 设 J'_1 为 $\triangle ABC$ 的陪第一界心，D' 为命题中所得的点，则

(1) $\dfrac{BD'}{D'C}=\tan\dfrac{C}{2}\cot\dfrac{B}{2}$ 等三式.

(2) $\dfrac{AJ'_1}{J'_1D'}=\dfrac{ap_a}{p_bp_c}$ 等三式.

($p=\dfrac{1}{2}(a+b+c)$，$p_a=p-a$ 等).

略证 将陪内心中的 I 换成 J_1，I' 换成 J'_1，则

$$BD'=DC=p_b=r\cot\frac{B}{2},D'C=BD=p_c=\frac{r}{\tan\frac{C}{2}}$$

故
$$\frac{BD'}{D'C}=r\cot\frac{B}{2}\cdot\frac{1}{r}\tan\frac{C}{2}$$

(1) 得证.

(2) 仍用梅涅劳斯定理得

$$\frac{AJ'_1}{J'_1D'}\cdot\frac{D'C}{CB}\cdot\frac{BF'}{F'A}=1$$

即 $\dfrac{AJ'_1}{J'_1D'}\cdot\dfrac{p_c}{a}\cdot\dfrac{p_b}{p_a}=1$，从而得(2).

定理 2 设 O' 为 $\triangle ABC$ 的陪外心(如果它存在)，D' 为上述命题中所得的点，则

① 洪凰翔，胡如松，朱结根，等. 三角形某些“伴心”的性质[J]. 中学数学，2001(4)：37-38.

(1) $\frac{BD'}{D'C}=\frac{\sin 2B}{\sin 2C}$ 等三式.

(2) $\frac{AO'}{O'D'}=\sin 2A(\frac{1}{\sin 2B}+\frac{1}{\sin 2C})$ 等三式.

略证 在陪内心中将 I 看作 O，I' 看作 O'，则

$$\frac{BD'}{D'C}=\frac{DC}{BD}=\frac{S_{\triangle AOC}}{S_{\triangle AOB}}=\frac{\frac{1}{2}OA\cdot OC\sin\angle AOC}{\frac{1}{2}OA\cdot OB\sin\angle AOB}$$

但 $OA=OB=OC$，$\angle AOC=2B$，$\angle AOB=2C$，代入即得(1).

由(1) 得

$$\frac{BD'+D'C}{D'C}=\frac{\sin 2B+\sin 2C}{\sin 2C}=\frac{a}{D'C}$$

故

$$D'C=\frac{a\sin 2C}{\sin 2B+\sin 2C}$$

应用梅涅劳斯定理，得

$$\frac{AO'}{O'D'}\cdot\frac{D'C}{CB}\cdot\frac{BF'}{F'A}=1$$

又$\frac{BF'}{F'A}=\frac{\sin 2B}{\sin 2A}$，$CB=a$，代入上式即得(2).

推论 1 (1) $\frac{J'_1D'}{AD'}=\frac{p_bp_c}{p_ap_b+p_bp_c+p_cp_a}$.

(2) $\frac{AJ_1}{J_1D}\cdot\frac{BJ_1}{J_1E}\cdot\frac{CJ_1}{J_1F}=\frac{AJ'_1}{J'_1D'}\cdot\frac{BJ'_1}{J'_1E'}\cdot\frac{CJ'_1}{J'_1F'}=\frac{abc}{p_ap_bp_c}$.

推论 2 设 J'_1 到 BC，CA，AB 距离分别为 p，q，r 则

(1) $p=\frac{2Sp_bp_c}{a(p_ap_b+p_bp_c+p_cp_a)}$.

(2) $p:q:r=bcp_bp_c:cap_cp_a:abp_ap_b$.

推论 3 记 $\triangle J'_1BC$，$\triangle J'_1CA$，$\triangle J'_1AB$ 的面积分别为 S_a，S_b，S_c，则

$$S_a:S_b:S_c=p_bp_c:p_cp_a:p_ap_b=\frac{J'_1D'}{AD'}:\frac{J'_1E'}{BE'}:\frac{J'_1F'}{CF'}$$

❖三角形的伴心问题

设 M 为 $\triangle ABC$ 所在平面上一点，过点 M 分别在 $\triangle BMC$，$\triangle CMA$，$\triangle AMB$ 中作内角平分线 MD，ME，MF 与直线 BC，CA，AB 交于点 D，E，F，由内角平分线性质定理有

$$\frac{BD}{DC}=\frac{BM}{MC},\frac{CE}{EA}=\frac{CM}{MA},\frac{AF}{FB}=\frac{AM}{MB}$$

即知

$$\frac{BD}{DC}\cdot\frac{CE}{EA}\cdot\frac{AF}{FB}=1$$

由塞瓦定理的逆定理知 AD,BE,CF 交于一点，记交点为 N. 显然，点 M 和 N 是 $\triangle ABC$ 的一对相关的点，我们不妨称 N 为 M 的伴随点，若 M 为三角形的某心，则称 N 为 M 的伴某心.

对于伴心问题，有如下结论：①

定理1 设 H 为 $\triangle ABC$ 的垂心，$D'H$ 平分 $\angle BHC$ 交 BC 于 D'，类似有 E'，F'，H' 为 $\triangle ABC$ 的伴垂心，则

(1) $\frac{BD'}{D'C}=\frac{|\cos B|}{|\cos C|}$ 等三式.

(2) $\frac{AH'}{H'D'}=\frac{|\cos A|(|\cos B|+|\cos C|)}{|\cos B\cos C|}$ 等三式.

略证 (1) 如图 2.229，设 P,Q,R 分别为 H 在三边的射影，显然 $\triangle BHR\backsim\triangle CHQ$，于是有

$$\frac{BH}{HC}=\frac{BR}{CQ}=\frac{a|\cos B|}{a|\cos C|}=\frac{|\cos B|}{|\cos C|}$$

由此可推出结论.

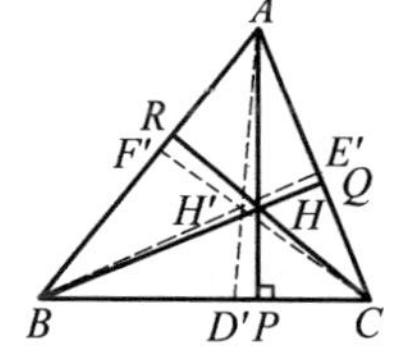

图 2.229

(2) 如图 2.229，$\triangle ABD'$ 被直线 $F'H'$ 所截，由梅涅劳斯定理，有

$$\frac{AH'}{H'D'}\cdot\frac{D'C}{CB}\cdot\frac{BF'}{F'A}=1$$

又因 $\frac{D'C}{BD'}=\frac{|\cos C|}{|\cos B|}$，有

$$\frac{D'C}{BC}=\frac{|\cos C|}{|\cos B|+|\cos C|}$$

且

$$\frac{BF'}{F'A}=\frac{BH}{HA}=\frac{BP}{AQ}=\frac{c|\cos B|}{c|\cos A|}=\frac{|\cos B|}{|\cos A|}$$

代入上式即得结论.

定理2 设 I 为 $\triangle ABC$ 的内心，DI 平分 $\angle BIC$ 交 BC 于 D，类似有 E,F，I' 为 $\triangle ABC$ 的伴内心，则

① 李显权，幸荣静．三角形某些“陪心”的性质[J]．中学数学，2004(12)：40-41.

(1) $\dfrac{BD}{DC}=\dfrac{\sin\dfrac{C}{2}}{\sin\dfrac{B}{2}}$ 等三式.

(2) $\dfrac{AI'}{I'D}=\dfrac{\sin\dfrac{B}{2}+\sin\dfrac{C}{2}}{\sin\dfrac{A}{2}}$ 等三式.

略证 (1) 在 $\triangle BIC$ 中运用正弦定理,有 $\dfrac{BI}{CI}=\dfrac{\sin\dfrac{C}{2}}{\sin\dfrac{B}{2}}$. 再由三角形内角平分线性质定理即得结论.

(2) 对 $\triangle ABD$ 及截线 FI',应用梅涅劳斯定理,有 $\dfrac{AI'}{I'D}\cdot\dfrac{DC}{CB}\cdot\dfrac{BF}{FA}=1$.

又由 $\dfrac{DC}{CB}=\dfrac{DC}{BD+DC}=\dfrac{CI}{BI+CI}=\dfrac{\sin\dfrac{B}{2}}{\sin\dfrac{C}{2}+\sin\dfrac{B}{2}}$ 代入上式即得结论.

推论 1 条件同定理 2,有

$$\frac{AI'}{I'D}+\frac{BI'}{I'E}+\frac{CI'}{I'F}\geqslant 6$$

推论 2 条件同定理 2,有

$$\frac{AI'}{AD}+\frac{BI'}{BE}+\frac{CI'}{CF}=2$$

推论 3 条件同定理 2,又设 R,r 分别为 $\triangle ABC$ 的外接圆,内切圆半径,有

$$\frac{AI'}{AD}\cdot\frac{BI'}{BE}\cdot\frac{CI'}{CF}\geqslant\frac{16r}{27R}$$

定理 3 设 I_a 为 $\triangle ABC$ 外切于边 BC 的旁心,$D'I_a$ 平分 $\angle BI_aC$ 交 BC 于 D',类似有 E',F',I'_a 为 $\triangle ABC$ 的内 $\angle A$ 所对的伴旁心,则

(1) $\dfrac{BD'}{D'C}=\dfrac{\cos\dfrac{C}{2}}{\cos\dfrac{B}{2}}$ 等三式.

(2) $\dfrac{AI'_a}{I'_aD'}=\dfrac{\cos\dfrac{B}{2}+\cos\dfrac{C}{2}}{\sin\dfrac{A}{2}}$ 等三式.

略证 (1) 如图 2.230,易知

$$BI_a=\frac{r_a}{\sin(\frac{\pi}{2}-\frac{B}{2})}=\frac{r_a}{\cos\frac{B}{2}}$$

$$CI_a=\frac{r_a}{\cos\frac{C}{2}}$$

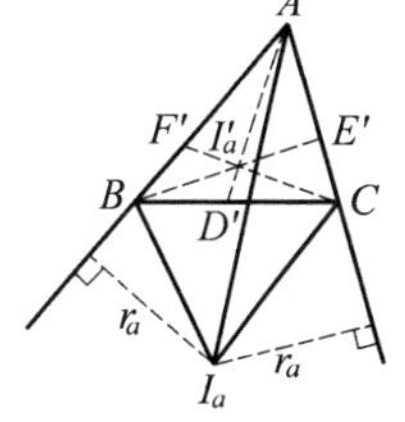

图 2.230

于是
$$\frac{BD'}{D'C}=\frac{BI_a}{CI_a}=\frac{\cos\frac{C}{2}}{\cos\frac{B}{2}}$$

(2) 如图 2.230，$\triangle ABD$ 被直线 FI'_a 所截，由梅涅劳斯定理，有

$$\frac{AI'_a}{I'_aD'}\cdot\frac{D'C}{CB}\cdot\frac{BF'}{F'A}=1$$

又因

$$\frac{D'C}{CB}=\frac{D'C}{BD'+D'C}=\frac{CI_a}{BI_a+CI_a}=\frac{\cos\frac{B}{2}}{\cos\frac{B}{2}+\cos\frac{C}{2}}$$

且
$$\frac{BF'}{F'A}=\frac{BI_a}{AI_a}=\frac{\frac{r_a}{\cos\frac{B}{2}}}{\frac{r_a}{\sin\frac{A}{2}}}=\frac{\sin\frac{A}{2}}{\cos\frac{B}{2}}$$

代入上式即得结论.

定理 3 也具有伴内心定理 2 的类似推论外，还有下述推论：

推论 令 $p=\frac{1}{2}(a+b+c)$，则

$$\frac{AI'_a}{AD'}\cdot\frac{BI'_a}{BE'}\cdot\frac{CI'_a}{CF'}\leqslant\frac{4\sqrt{3}R}{9\sqrt[3]{p^2r}}$$

定理 4 设 O 为 $\triangle ABC$ 的外心，$D'O$ 平分 $\angle BOC$ 交 BC 于 D'，类似有 E'，F'，O' 为 $\triangle ABC$ 的伴外心，则

(1) $\frac{BD'}{D'C}=1$ 等三式.

(2) $\frac{AO'}{O'D'}=2$ 等三式.

证明从略.

推论 三角形的伴外心与该三角形的重心重合.

❖三角形的1号心定理

在$\triangle ABC$所在的平面内任取一点P,以点P为原点建立直角坐标系xPy,设顶点A,B,C的坐标分别为(x_1,y_1),(x_2,y_2),(x_3,y_3),则点$Q_1(x_1+x_2+x_3,y_1+y_2+y_3)$称为$\triangle ABC$关于点$P$的1号心.①②

定理1 设$\triangle ABC$关于点P的1号心为Q_1,其重心为G,则Q_1,P,G三点共线,且$Q_1G=2GP$.

证明 应用同一法.取线段Q_1P的内分点M,使$Q_1M=2MP$,那么只需证明点M是$\triangle ABC$的重心G就行了.

以点P为原点建立直角坐标系xPy,设顶点A,B,C的坐标分别为(x_1,y_1),(x_2,y_2),(x_3,y_3),则点Q_1的坐标为$(x_1+x_2+x_3,y_1+y_2+y_3)$.

又设点M的坐标为(x,y),注意到点P为原点$(0,0)$,点M将线段Q_1P内分成$\frac{Q_1M}{MP}=2$,则由定比分点的坐标公式可得

$$x=\frac{(x_1+x_2+x_3)+2\times 0}{1+2}=\frac{x_1+x_2+x_3}{3}$$

$$y=\frac{(y_1+y_2+y_3)+2\times 0}{1+2}=\frac{y_1+y_2+y_3}{3}$$

由此可知,点M是$\triangle ABC$的重心G.命题得证.

根据这个定理.可以用尺规作图法,作出$\triangle ABC$关于一已知点P的1号心.

问题 已知$\triangle ABC$及其所在平面内的任一点P,求作$\triangle ABC$关于点P的1号心.

作法 第一步,作$\triangle ABC$的重心G(图略);第二步,联结PG并延长至点Q_1,使$Q_1G=2GP$,则点Q_1即为所求(证明从略).

根据定理1,及三角形欧拉线定理的证法4,可知

(1) 设$\triangle ABC$的外心为O,则$\triangle ABC$关于点O的1号心是$\triangle ABC$的垂心H;

(2) 设$\triangle ABC$的内心为I,则$\triangle ABC$关于点I的1号心是$\triangle ABC$的纳格尔点N(亦称为第一界心J_1).

---

① 熊曾润.三角形的1号心及其性质[J].福建中学数学,2002(10):15-17.

② 熊曾润.再谈三角形1号心的性质[J].福建中学数学,2003(2):15-17.

(3) 设 $\triangle ABC$ 的共轭重心为 G'，则 $\triangle ABC$ 关于点 G' 的 1 号心是 $\triangle ABC$ 的陪垂心 H'.

由此可见，三角形的"1 号心"概念，是三角形的垂心、纳格尔点和陪垂心诸概念的统一推广.

定理 2 设 $\triangle ABC$ 关于点 P 的 1 号心为 Q_1，则对于 $\triangle ABC$ 的中线 AD，有 $AQ_1 \parallel PD$，且 $AQ_1 = 2PD$.

证明 由三角形中线的性质和上述定理 1 可知，线段 Q_1P 和中线 AD 相交于 $\triangle ABC$ 的重心 G，且 $\frac{AG}{GD} = 2 = \frac{Q_1G}{GP}$. 由此可知 $AQ_1 \parallel PD$，且 $AQ_1 = 2PD$. 命题得证.

由这个定理显然可得

推论 1 设 $\triangle ABC$ 的外心为 O，垂心为 H，则对于 $\triangle ABC$ 的中线 AD，有 $AH \parallel OD$，且 $AH = 2OD$.

推论 2 设 $\triangle ABC$ 的内心为 I，纳格尔点为 N，则对于 $\triangle ABC$ 的中线 AD，有 $AN \parallel ID$，且 $AN = 2ID$.

推论 3 设 $\triangle ABC$ 的共轭重心为 G'，陪垂心为 H'，则对于 $\triangle ABC$ 的中线 AD，有 $AH' \parallel G'D$，且 $AH' = 2G'D$.

定理 3 设 $\triangle ABC$ 关于点 P 的 1 号心为 Q_1，则 $AQ^2 + BC^2 = 2(PB^2 + PC^2)$.

证明 以点 P 为原点建立直角坐标系 xPy，设顶点 A,B,C 的坐标分别为 (x_1, y_1)，(x_2, y_2)，(x_3, y_3)，则点 Q_1 的坐标为 $(x_1 + x_2 + x_3, y_1 + y_2 + y_3)$. 注意到点 P 为原点 $(0,0)$，按两点间的距离公式有

$$AQ_1^2 = (x_2 + x_3)^2 + (y_2 + y_3)^2$$

$$BC^2 = (x_2 - x_3)^2 + (y_2 - y_3)^2$$

$$PB^2 = x_2^2 + y_2^2; PC^2 = x_3^2 + y_3^2$$

由这四个等式可得

$$AQ_1^2 + BC^2 = 2(x_2^2 + y_2^2) + 2(x_3^2 + y_3^2) = 2(PB^2 + PC^2)$$

命题得证.

由这个定理显然可得

推论 1 设 $\triangle ABC$ 的外心为 O，垂心为 H，外接圆半径为 R，则 $AH^2 + BC^2 = 4R^2$.

推论 2 设 $\triangle ABC$ 的内心为 I，纳格尔点为 N，内切圆半径为 r，则

$$AN^2 + BC^2 = 2r^2(\csc^2 \frac{B}{2} + \csc^2 \frac{C}{2})$$

推论 3 设 $\triangle ABC$ 的共轭重心为 G'，陪垂心为 H'，则 $AH'^2 + BC^2 =$

$2(G'B^2+G'C^2)$.

定理 4 设 $\triangle ABC$ 关于点 P 的 1 号心为 Q_1,则

$$PQ_1^2+(AB^2+BC^2+CA^2)=3(PA^2+PB^2+PC^2)$$

证明 以点 P 为原点建立直角坐标系 xPy,设顶点 A,B,C 的坐标分别为 $(x_1,y_1),(x_2,y_2),(x_3,y_3)$,则点 Q_1 的坐标为 $(x_1+x_2+x_3,y_1+y_2+y_3)$,注意到点 P 为原点 $(0,0)$,按两点间的距离公式有

$$PQ_1^2=(x_1+x_2+x_3)^2+(y_1+y_2+y_3)^2$$
$$AB^2=(x_1-x_2)^2+(y_1-y_2)^2$$
$$BC^2=(x_2-x_3)^2+(y_2-y_3)^2$$
$$CA^2=(x_3-x_1)^2+(y_3-y_1)^2$$

将这四个等式两边分别相加,就得

$$PQ_1^2+(AB^2+BC^2+CA^2)=3(x_1^2+y_1^2)+3(x_2^2+y_2^2)+3(x_3^2+y_3^2)=3(PA^2+PB^2+PC^2)$$

命题得证.

由这个定理显然可得

推论 1 设 $\triangle ABC$ 的外心为 O,垂心为 H,外接圆半径为 R,则

$$OH^2+(AB^2+BC^2+CA^2)=9R^2$$

推论 2 设 $\triangle ABC$ 的内心为 I,纳格尔点为 N,内切圆半径为 r,则

$$IN^2+(AB^2+BC^2+CA^2)=3r^2(\csc^2\frac{A}{2}+\csc^2\frac{B}{2}+\csc^2\frac{C}{2})$$

推论 3 设 $\triangle ABC$ 的共轭重心为 G',陪垂心为 H',则

$$G'H'^2+(AB^2+BC^2+CA^2)=3(G'A^2+G'B^2+G'C^2)$$

定理 5 设 $\triangle ABC$ 关于点 P 的 1 号心为 Q_1,则

$$Q_1A^2+Q_1B^2+Q_1C^2=PQ_1^2+(PA^2+PB^2+PC^2)$$

证明 以点 P 为原点建立直角坐标系 xPy,设顶点 A,B,C 的坐标分别为 $(x_1,y_1),(x_2,y_2),(x_3,y_3)$,则点 Q_1 的坐标为 $(x_1+x_2+x_3,y_1+y_2+y_3)$.注意到点 P 为原点 $(0,0)$,由两点间的距离公式可知

$$PQ_1^2=(x_1+x_2+x_3)^2+(y_1+y_2+y_3)^2$$
$$PA^2=x_1^2+y_1^2,PB^2=x_2^2+y_2^2,PC^2=x_3^2+y_3^2$$

将这四个等式两边分别相加,就得

$$PQ_1^2+(PA^2+PB^2+PC^2)=((x_2+x_3)^2+(y_2+y_3)^2)+((x_3+x_1)^2+(y_3+y_1)^2)+((x_1+x_2)^2+(y_1+y_2)^2)=Q_1A^2+Q_1B^2+Q_1C^2$$

命题得证.

由这个定理显然可得

推论 1 设 $\triangle ABC$ 的外心为 O，垂心为 H，外接圆半径为 R，则

$$HA^2+HB^2+HC^2=OH^2+3R^2$$

推论 2 设 $\triangle ABC$ 的内心为 I，纳格尔点为 N，内切圆半径为 r，则

$$NA^2+NB^2+NC^2=IN^2+r^2\left(\csc^2\frac{A}{2}+\csc^2\frac{B}{2}+\csc^2\frac{C}{2}\right)$$

推论 3 设 $\triangle ABC$ 的共轭重心为 G'，陪垂心为 H'，则

$$H'A^2+H'B^2+H'C^2=G'H'^2+(G'A^2+G'B^2+G'C^2)$$

定理 6 设 $\triangle ABC$ 关于点 P 的 1 号心为 Q_1，则 $\triangle PQ_1A$，$\triangle PQ_1B$，$\triangle PQ_1C$ 中必有一个三角形的面积等于其余两个三角形的面积之和.

证明 以点 P 为原点，以直线 PQ_1 为 x 轴建立直角坐标系 xPy，设顶点 A,B,C 的坐标分别为 (x_1,y_1)，(x_2,y_2)，(x_3,y_3)，点 Q_1 的坐标为 (x_{Q_1},y_{Q_1}). 注意到点 Q_1 在 x 轴上，则

$$y_{Q_1}=y_1+y_2+y_3=0 \quad ①$$

又设 $\triangle PQ_1A$，$\triangle PQ_1B$，$\triangle PQ_1C$ 的有向面积分别为 $\overline{\Delta}(PQ_1A)$，$\overline{\Delta}(PQ_1B)$，$\overline{\Delta}(PQ_1C)$. 注意到 P 为原点 $(0,0)$，且有 ① 成立，又可知

$$\overline{\Delta}(PQ_1A)=\frac{1}{2}(x_{Q_1}y_1-x_1y_{Q_1})=\frac{1}{2}x_{Q_1}y_1$$

$$\overline{\Delta}(PQ_1B)=\frac{1}{2}x_{Q_1}y_2,\ \overline{\Delta}(PQ_1C)=\frac{1}{2}x_{Q_1}y_3$$

将这三个等式两边分别相加，并注意到 ①，可得

$$\overline{\Delta}(PQ_1A)+\overline{\Delta}(PQ_1B)+\overline{\Delta}(PQ_1C)=0 \quad ②$$

分析此等式左边的三个加数，可知

(1) 若这三个加数都是零，则显然有

$$S_{\triangle PQ_1A}=S_{\triangle PQ_1B}+S_{\triangle PQ_1C}$$

(2) 若这三个加数中有且只有一个是正数，不妨设这个正数是 $\overline{\Delta}(PQ_1A)$，则显然有

$$S_{\triangle PQ_1A}=S_{\triangle PQ_1B}+S_{\triangle PQ_1C}$$

(3) 若这三个加数中有两个是正数，不妨设这两个正数是 $\overline{\Delta}(PQ_1A)$ 和 $\overline{\Delta}(PQ_1B)$，则显然有

$$S_{\triangle PQ_1C}=S_{\triangle PQ_1A}+S_{\triangle PQ_1B}$$

总之，$\triangle PQ_1A$，$\triangle PQ_1B$，$\triangle PQ_1C$ 中必有一个三角形的面积等于其余两个三角形的面积之和. 命题得证.

由这个定理显然可得

推论 1 设 $\triangle ABC$ 的外心为 O，垂心为 H，则 $\triangle OHA$，$\triangle OHB$，$\triangle OHC$ 中

必有一个三角形的面积等于其余两个三角形的面积之和.

推论 2 设$\triangle ABC$的内心为I,纳格尔点为N,则$\triangle INA$,$\triangle INB$,$\triangle INC$中必有一个三角形的面积等于其余两个三角形的面积之和.

推论 3 设$\triangle ABC$的共轭重心为G',陪垂心为H',则$\triangle G'H'A$,$\triangle G'H'B$,$\triangle G'H'C$中必有一个三角形的面积等于其余两个三角形的面积之和.

定理 7 设$\triangle ABC$关于点P的1号心为Q_1,以点Q_1为位似中心作$\triangle ABC$的位似形$\triangle A'B'C'$,则$\triangle PA'A$,$\triangle PB'B$,$\triangle PC'C$中必有一个三角形的面积等于其余两个三角形的面积之和.

证明 设$\triangle A'B'C'$与$\triangle ABC$的位似比为k,顶点A'的位似点为顶点A,则A',Q_1,A三点共线,且$\frac{A'Q_1}{Q_1A}=k$,如图2.231所示,所以有

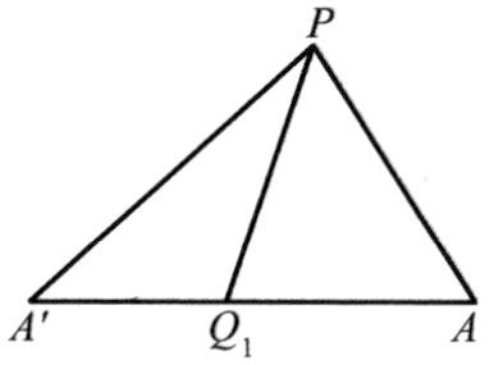

$$\overline{\Delta}(PA'Q_1)=k\cdot\overline{\Delta}(PQ_1A)$$

图 2.231

从而

$$\overline{\Delta}(PA'A)=\overline{\Delta}(PA'Q_1)+\overline{\Delta}(PQ_1A)=(k+1)\overline{\Delta}(PQ_1A)$$

同理

$$\overline{\Delta}(PB'B)=(k+1)\cdot\overline{\Delta}(PQ_1B)$$
$$\overline{\Delta}(PC'C)=(k+1)\cdot\overline{\Delta}(PQ_1C)$$

将这三个等式两边分别相加,并注意到②,可得

$$\overline{\Delta}(PA'A)+\overline{\Delta}(PB'B)+\overline{\Delta}(PC'C)=0$$

据此(仿效定理6的证明)易知,$\triangle PA'A$,$\triangle PB'B$,$\triangle PC'C$中必有一个三角形的面积等于其余两个三角形的面积之和.命题得证.

由这个定理显然可得

推论 1 设$\triangle ABC$的外心为O,垂心为H,以点H为位似中心作$\triangle ABC$的位似形$\triangle A'B'C'$,则$\triangle OA'A$,$\triangle OB'B$,$\triangle OC'C$中必有一个三角形的面积等于其余两个三角形的面积之和.

推论 2 设$\triangle ABC$的内心为I,纳格尔点为N,以点N为位似中心作$\triangle ABC$的位似形$\triangle A'B'C'$,则$\triangle IA'A$,$\triangle IB'B$,$\triangle IC'C$中必有一个三角形的面积等于其余两个三角形的面积之和.

推论 3 设$\triangle ABC$的共轭重心为G',陪垂心为H',以点H'为位似中心作$\triangle ABC$的位似形$\triangle A'B'C'$,则$\triangle G'A'A$,$\triangle G'B'B$,$\triangle G'C'C$中必有一个三角形的面积等于其余两个三角形的面积之和.

定理 8 设$\triangle ABC$关于点P的1号心为Q_1,在直线AB,BC,CA上分别取

一点 D,E,F,使

$$\frac{AD}{DB}=\frac{BE}{EC}=\frac{CF}{FA}=\lambda \qquad ③$$

则 $\triangle PQ_1D,\triangle PQ_1E,\triangle PQ_1F$ 中必有一个三角形的面积等于其余两个三角形面积之和.

证明 以点 P 为原点、以直线 PQ_1 为 x 轴建立直角坐标系 xPy,设顶点 A,B,C 的坐标分别为$(x_1,y_1),(x_2,y_2),(x_3,y_3)$,点 Q_1 的坐标为(x_{Q_1},y_{Q_1}),点 D,E,F 的坐标分别为$(x'_1,y'_1),(x'_2,y'_2),(x'_3,y'_3)$. 注意到 ③,由定比分点的坐标公式可知

$$y'_1=\frac{y_1+\lambda y_2}{1+\lambda},y'_2=\frac{y_2+\lambda y_3}{1+\lambda},y'_3=\frac{y_3+\lambda y_1}{1+\lambda}$$

将这三个等式两边分别相加,并注意到 ①,可得

$$y'_1+y'_2+y'_3=y_1+y_2+y_3=0 \qquad ④$$

又注意到 P 为原点$(0,0)$,且 $y_Q=0$,又可知

$$\overline{\Delta}(PQ_1D)=\frac{1}{2}(x_{Q_1}y'_1-x'_1y_{Q_1})=\frac{1}{2}x_{Q_1}y'_1$$

$$\overline{\Delta}(PQ_1E)=\frac{1}{2}x_{Q_1}y'_2,\overline{\Delta}(PQ_1F)=\frac{1}{2}x_{Q_1}y'_3$$

将这三个等式两边分别相加,并注意到 ④,可得

$$\overline{\Delta}(PQ_1D)+\overline{\Delta}(PQ_1E)+\overline{\Delta}(PQ_1F)=0$$

据此(仿效定理 6 的证明)易知,$\triangle PQ_1D,\triangle PQ_1E,\triangle PQ_1F$ 中必有一个三角形的面积等于其余两个三角形面积之和. 命题得证.

在这个定理中 Q_1 为 $\triangle ABC$ 的垂心、纳格尔点和陪垂心,也可以得到三个相应的推论,这里就不赘述了.

定理 9 设 $\triangle ABC$ 关于点 P 的 1 号心为 Q_1,过点 P 任作一直线 l,则点 Q_1 到直线 l 的有向距离,等于三顶点 A,B,C 到直线 l 的有向距离之和.

证明 以点 P 为原点建立直角坐标系 xPy(图略),设顶点 A,B,C 的坐标分别为$(x_1,y_1),(x_2,y_2),(x_3,y_3)$ 则点 Q_1 的坐标为$(x_1+x_2+x_3,y_1+y_2+y_3)$.

因为直线 l 通过原点 $P(0,0)$,故可设其方程为 $ax+by=0$.

设点 Q_1 到直线 l 的有向距离为 $\overline{d}$,顶点 A,B,C 到直线 l 的有向距离分别为 $\overline{d}_1,\overline{d}_2,\overline{d}_3$,则按点到直线的有向距离公式,可得

$$\overline{d}=\frac{a(x_1+x_2+x_3)+b(y_1+y_2+y_3)}{\sqrt{a^2+b^2}}=$$

$$\frac{ax_1+by_1}{\sqrt{a^2+b^2}}+\frac{ax_2+by_2}{\sqrt{a^2+b^2}}+\frac{ax_3+by_3}{\sqrt{a^2+b^2}}=$$

$$\overline{d}_1+\overline{d}_2+\overline{d}_3$$

命题得证.

由这个定理显然可得

推论 1 设$\triangle ABC$的外心为O,垂心为H,过点O任作一直线l,则点H到直线l的有向距离等于三顶点A,B,C到直线的有向距离之和.

推论 2 设$\triangle ABC$的内心为I,纳格尔点为N,过点I任作一直线l,则点N到直线l的有向距离等于三顶点A,B,C到直线l的有向距离之和.

推论 3 设$\triangle ABC$的共轭重心为G',陪垂心为H',过点G'任作一直线l,则点H'到直线l的有向距离等于三顶点A,B,C到直线的有向距离之和.

❖三角形的2号心定理

在$\triangle A_1A_2A_3$所在平面内任取一点P,以P为原点建立直角坐标系xPy,设顶点A_1,A_2,A_3的坐标分别为$(x_1,y_1),(x_2,y_2),(x_3,y_3)$,令

$$\overline{x}=\frac{1}{2}(x_1+x_2+x_3)$$

$$\overline{y}=\frac{1}{2}(y_1+y_2+y_3)$$

则点$Q_2(\overline{x},\overline{y})$称为$\triangle A_1A_2A_3$关于点$P$的2号心.

定理 1 设$\triangle A_1A_2A_3$关于点P的2号心为Q_2,其重心为G,则Q_2,G,P三点共线,且$\frac{PG}{GQ_2}=2$.①

证明 应用同一法.如图2.232,在线段PQ_2上取一点M,使$\frac{PM}{MQ_2}=2$,那么只需证明点M是$\triangle A_1A_2A_3$的重心G.

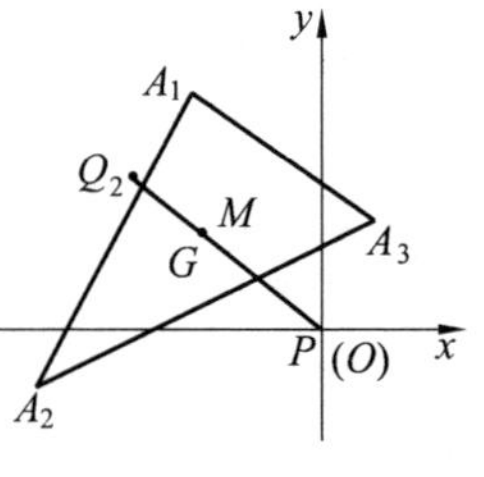

图2.232

以P为原点建立直角坐标系xPy,设顶点A_1,A_2,A_3的坐标分别为$(x_1,y_1),(x_2,y_2),(x_3,y_3)$,点$Q_2$的坐标为$(\overline{x},\overline{y})$,则

$$\overline{x}=\frac{1}{2}(x_1+x_2+x_3)$$
$$\overline{y}=\frac{1}{2}(y_1+y_2+y_3) \quad ①$$

① 曾建国.三角形的2号心及其性质[J].数学通讯,2002(21):22-23.

又设点 M 的坐标为(x,y)，由定比分点坐标公式可知

$$x=\frac{0+2\overline{x}}{1+2},y=\frac{0+2\overline{y}}{1+2} \quad ②$$

① 代入 ② 即得

$$x=\frac{1}{3}(x_1+x_2+x_3)$$

$$y=\frac{1}{3}(y_1+y_2+y_3)$$

故点 M 就是 $\triangle A_1A_2A_3$ 的重心 G，结论得证.

由定理 1 容易验证：

(1) 三角形关于其外心的 2 号心是这个三角形的欧拉圆心.

(2) 三角形关于其内心的 2 号心是这个三角形的斯俾克圆心 S(即第二界心 J_2).

由此可知，三角形的 2 号心的概念是三角形的欧拉圆心. 斯俾克圆心的概念的统一推广.

点 P 的位置不同，二角形关丁点 P 的 2 号心就不同. 下面再看三角形关于某个特殊点的 2 号心.

设 $\triangle A_1A_2A_3$ 的重心为 G，外心、垂心、内心、纳格尔点分别为 O,H,I,N，则有：

(1) O,G,H 共线，且$\frac{HG}{GO}=2$.

(2) I,G,N 共线，且$\frac{NG}{GI}=2$.

根据定理 1 显然可得

推论 1 三角形关于它的垂心的 2 号心就是三角形的外心.

推论 2 三角形关于它的纳格尔点的 2 号心就是三角形的内心.

定理 2 设$\triangle A_1A_2A_3$ 关于点 P 的 2 号心为 Q_2，A_1B_1 是$\triangle A_1A_2A_3$ 的中线，则 $A_1P \parallel B_1Q_2$，且 $A_1P=2B_1Q_2$.

证明 如图 2.233，由三角形中线的性质及定理 1 可知：线段 PQ_2 和中线 A_1B_1 相交于 $\triangle A_1A_2A_3$ 的重心 G，且

$$\frac{A_1G}{GB_1}=2=\frac{PG}{GQ_2}$$

故 $A_1P \parallel B_1Q_2$ 且 $A_1P=2B_1Q_2$，命题得证.

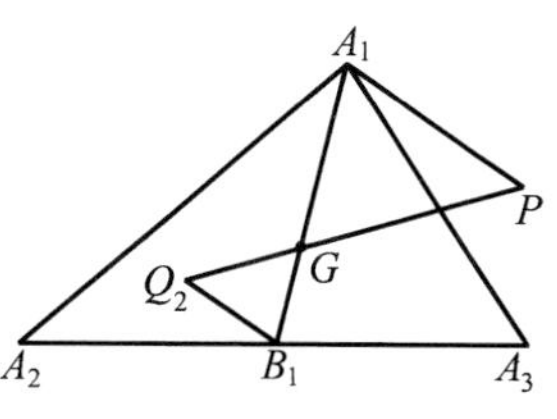

图 2.233

由定理 2 显然可得

推论 1 设$\triangle A_1A_2A_3$ 的外心为 O，欧拉圆心为 E，A_1B_1 是$\triangle A_1A_2A_3$ 的中

线,则 $A_1O \parallel B_1E$,且$A_1O=2B_1E$.

推论 2 设$\triangle A_1A_2A_3$ 的内心为 I,斯俾克圆心为 S,A_1B_1 是$\triangle A_1A_2A_3$ 的中线,则 $A_1I \parallel B_1S$,且 $A_1I=2B_1S$.

定理 3 三角形与其中点三角形关于同一点有相同的 2 号心.

证明 设$\triangle A_1A_2A_3$ 的边 A_2A_3,A_3A_1,A_1A_2 的中点分别为 B_1,B_2,B_3,并设$\triangle A_1A_2A_3$ 与$\triangle B_1B_2B_3$ 关于一点 P 的 2 号心分别为 Q_2,Q'_2.

以 P 为原点建立直角坐标系 xPy(图略),设顶点 A_1,A_2,A_3 的坐标分别为 (x_1,y_1),(x_2,y_2),(x_3,y_3),则 B_1,B_2,B_3 的坐标分别为 $B_1(\frac{x_2+x_3}{2},\frac{y_2+y_3}{2})$,$B_2(\frac{x_3+x_1}{2},\frac{y_3+y_1}{2})$,$B_3(\frac{x_1+x_2}{2},\frac{y_1+y_2}{2})$,并设点 Q_2,Q'_2 的坐标分别为$(\bar{x},\bar{y})$ 和$(\bar{x}',\bar{y}')$,则

$$\bar{x}=\frac{1}{2}(x_1+x_2+x_3)$$

$$\bar{y}=\frac{1}{2}(y_1+y_2+y_3)$$

$$\bar{x}'=\frac{1}{2}(\frac{x_2+x_3}{2}+\frac{x_3+x_1}{2}+\frac{x_1+x_2}{2})=\frac{1}{2}(x_1+x_2+x_3)=\bar{x}$$

同理

$$\bar{y}'=\bar{y}$$

表明 Q_2 与 Q'_2 是同一点,命题得证.

由定理 3 显然可得

推论 1 设$\triangle A_1A_2A_3$ 的外心为 O,欧拉圆心为 E,则其中点$\triangle B_1B_2B_3$ 关于点 O 的 2 号心就是点 E.

推论 2 设$\triangle A_1A_2A_3$ 的内心为 I,斯俾克圆心为 S,则其中点$\triangle B_1B_2B_3$ 关于点 I 的 2 号心就是点 S.

下面研究当点 P 为三角形的旁心时,三角形关于旁心的 2 号心的特性.

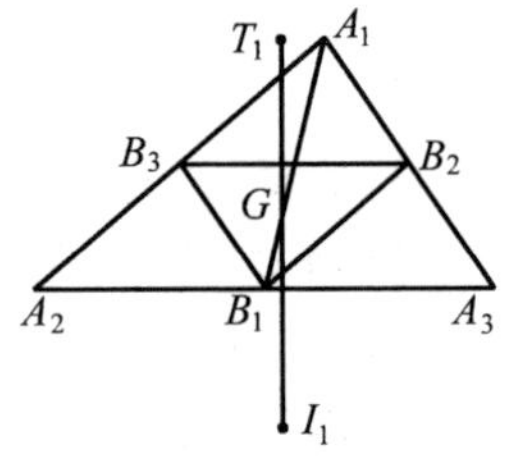

图 2.234

如图 2.234,设 I_1 是$\triangle A_1A_2A_3$ 在边 A_2A_3 一侧的旁心,G 是$\triangle A_1A_2A_3$ 的重心,$\triangle B_1B_2B_3$ 是中点三角形,设$\triangle A_1A_2A_3$ 关于旁心 I_1 的 2 号心为 T_1,由定理 1 知,I_1,G,T_1 共线,且$\frac{I_1G}{GT_1}=2$.

由于$\triangle A_1A_2A_3$ 与$\triangle B_1B_2B_3$ 是位似图形,位似中心是G,位似比为$2:1$,因此,I_1 与 T_1 正是这两个位似图形的对应点,于是可知,T_1 就是中点三角形 $B_1B_2B_3$ 在边 B_2B_3 一侧的旁心,即有

定理 4 设$\triangle A_1A_2A_3$ 的边 A_2A_3,A_3A_1,A_1A_2 的中点分别为 B_1,B_2,B_3,

$\triangle A_1A_2A_3$ 在边 A_2A_3 一侧的旁心为 I_1，则 $\triangle A_1A_2A_3$ 关于点 I_1 的 2 号心就是 $\triangle B_1B_2B_3$ 在边 B_2B_3 一侧的旁心 T_1（以下简称 T_1 是"与旁心 I_1 相对应的中点三角形的旁心"）.

仿照定理 2,3 的推论，同理可得

推论 1 设 I_1 是 $\triangle A_1A_2A_3$ 的一个旁心，与 I_1 相对应的中点三角形的旁心为 T_1，A_1B_1 是 $\triangle A_1A_2A_3$ 的中线，则 $A_1I_1 \parallel B_1T_1$ 且 $A_1I_1 = 2B_1T_1$.

推论 2 设 I_1 是 $\triangle A_1A_2A_3$ 的一个旁心，与 I_1 相对应的中点三角形的旁心为 T_1，则中点 $\triangle B_1B_2B_3$ 关于点 I_1 的 2 号心就是 T_1.

在此顺便指出，中点三角形的旁切圆类似于三角形的欧拉圆（中点三角形的外接圆）和斯俾克圆（中点三角形的内切圆）.

❖三角形的半外切圆定理

与三角形的两边的延长线相切，并与三角形的外接圆相外切，我们姑且称之为半外切圆.[①]

为了简便，用 a,b,c 表示 $\triangle ABC$ 三顶点 A,B,C 所对的边，R 表示 $\triangle ABC$ 的外接圆半径，O_1,r_1 分别表示切 AB,AC 延长线的半外切圆圆心和半径，切 AB,AC 延长线的旁切圆半径为 r_A.

定理 1 与 $\triangle ABC$ 的边 AB,AC 延长线相切的半外切圆半径 $r_1 = \dfrac{r_A}{\cos^2\dfrac{A}{2}}$.

证明 如图 2.235，设 $\triangle ABC$ 的外心为 O，AO_1 交圆 O 于 P，延长 AO 交圆 O 于 Q，联结 PQ，则

$$\angle QAO_1 = \frac{\pi}{2} - \angle AQP = \frac{\pi}{2} - (\frac{A}{2} + B) = \frac{\pi}{2} - (\frac{\pi}{2} - \frac{B+C}{2} + B) = \frac{C-B}{2}$$

则
$$\cos\angle QAO_1 = \cos\frac{B-C}{2}$$

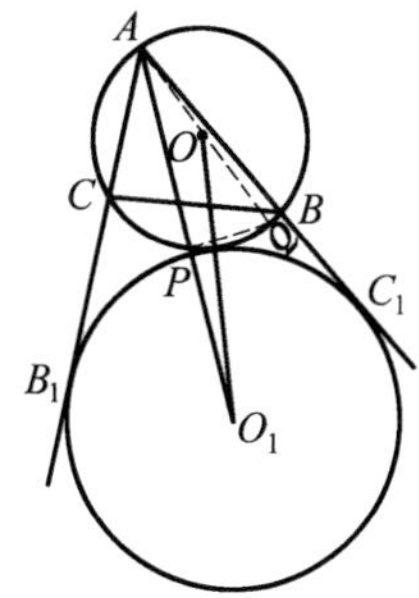

图 2.235

又 $OO_1 = R + r_1$，$AO_1 = \dfrac{r_1}{\sin\dfrac{A}{2}}$，$OA = R$.

① 熊光汉.半外切圆及其性质[J].数学通报,1994(4):18-20.

在 $\triangle AOO_1$ 中，由余弦定理有

$$OO_1=OA^2+AO_1-2OA\cdot AO_1\cos\angle OAO_1$$

即
$$(R+r_1)^2=R^2+\frac{r_1}{\sin^2\frac{A}{2}}-2R\cdot\frac{r_1}{\sin\frac{A}{2}}\cdot\cos\frac{B-C}{2}$$

则
$$r_1+2R=\frac{r_1}{\sin^2\frac{A}{2}}-2R\frac{1}{\sin\frac{A}{2}}\cos\frac{B-C}{2}$$

$$r_1\sin^2\frac{A}{2}+2R\sin^2\frac{A}{2}=r_1-2R\sin\frac{A}{2}\cos\frac{B-C}{2}$$

即
$$\begin{aligned}r_1\cos^2\frac{A}{2}&=2R\sin\frac{A}{2}(\sin\frac{A}{2}+\cos\frac{B-C}{2})=\\&2R\sin\frac{A}{2}(\cos\frac{B+C}{2}+\cos\frac{B-C}{2})=\\&4R\sin\frac{A}{2}\cos\frac{B}{2}\cos\frac{C}{2}\end{aligned}$$

由旁切圆性质知 $4R\sin\frac{A}{2}\cos\frac{B}{2}\cos\frac{C}{2}=r_A$，故

$$r_1=\frac{r_A}{\cos^2\frac{A}{2}}$$

定理 2 $\triangle ABC$ 的半外切圆与 AC，AB 的延长线相切于点 B_1，C_1，则线段 B_1C_1 的中点 I_A 是 $\triangle ABC$ 的旁心.(亦称为曼海姆定理)

证法 1 如图 2.236，显然 $\triangle AB_1C_1$ 是等腰三角形，I_A 是底边 B_1C_1 的中点，因此 $\triangle AI_AC_1$ 是直角三角形. 则

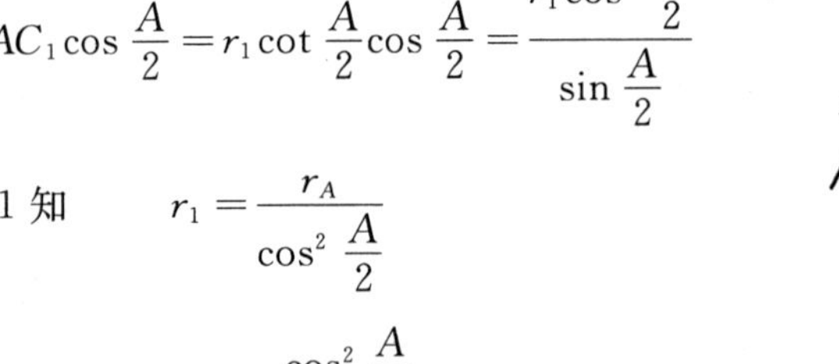

$$AI_A=AC_1\cos\frac{A}{2}=r_1\cot\frac{A}{2}\cos\frac{A}{2}=\frac{r_1\cos^2\frac{A}{2}}{\sin\frac{A}{2}}$$

由定理 1 知
$$r_1=\frac{r_A}{\cos^2\frac{A}{2}}$$

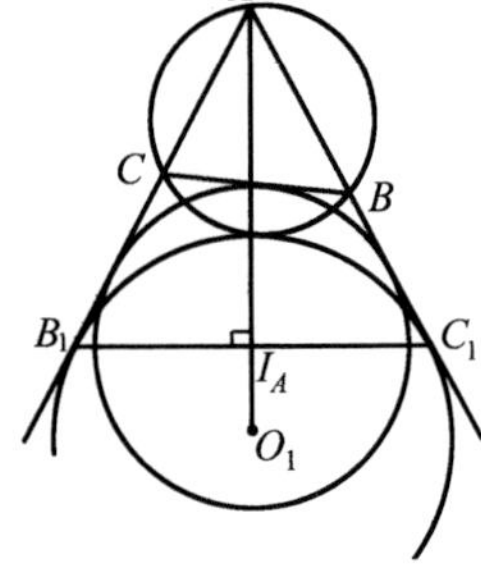

图 2.236

故
$$AI_A=\frac{r_A}{\cos^2\frac{A}{2}}\cdot\frac{\cos^2\frac{A}{2}}{\sin\frac{A}{2}}=\frac{r_A}{\sin\frac{A}{2}}$$

这就说明 I_A 是 $\triangle ABC$ 的一个旁心.

证法 2 如图 2.236，令 $BC=a$，$CA=b$，$AB=c$.

考虑点圆圆 A，圆 B，圆 C 及圆 O_1，运用开世定理(见下册)得

$$AB \cdot B_1C + AC \cdot BC_1 = BC \cdot AC_1$$

注意到 $AB_1 = AC_1$，即有 $b(AC_1 - c) + c(AC_1 - b) = a \cdot AC_1$，从而

$$AB_1 = AC_1 = \frac{2bc}{b+c-a}$$

设 C_1，I_A 在直线 AC 上的投影分别为 E，F，$\triangle ABC$ 的半周长为 P. 由 $C_1E // I_AF$，知

$$I_AF = \frac{C_1E}{2} = \frac{1}{2}AC_1 \cdot \sin A = \frac{2bc \cdot \sin A}{2(b+c-a)} = \frac{S_{\triangle ABC}}{p-a} = r_A$$

因为 AI_A 平分 $\angle BAC$，所以 I_A 为 $\triangle ABC$ 的旁心.

定理 3 直线 B_1C_1 与 $\triangle BI_AC$ 的外接圆相切.

证明 如图 2.237，设 W 是 $\angle A$ 的平分线与 $\triangle ABC$ 的外接圆的交点，则 $CW = BW$.

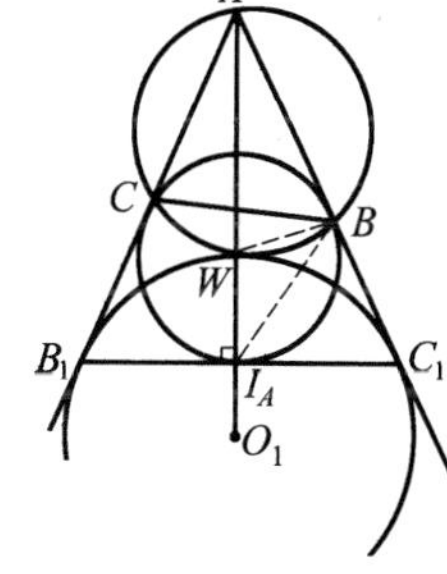

图 2.237

由定理 2 知 I_A 是 $\triangle ABC$ 的旁心，则

$$\angle CBI_A = \angle C_1BI_A$$

又 $\angle C_1BI_A = \angle WI_AB + \angle I_AAB$，即

$$\angle WI_AB = \angle C_1BI_A - \frac{A}{2} = \angle CBI_A - \frac{A}{2}$$

而 $\angle CBW = \angle CAW = \frac{A}{2}$，则

$$\angle WBI_A = \angle CBI_A - \angle CBW = \angle CBI_A - \frac{A}{2}$$

从而

$$\angle WI_AB = \angle WBI_A$$

即

$$CW = BW = I_AW$$

故 W 是 $\triangle CI_AB$ 的外心.

又在等腰 $\triangle AB_1C_1$ 中，$\angle A$ 的平分线 AI_A 垂直于底边 B_1C_1.

故 B_1C_1 与 $\triangle BI_AC$ 的外接圆相切.

过 B，C 分别引半外切圆的切线，它们相交于 K，M，N 分别是切点，由此可以诱发出下面一些问题.

定理 4 直线 B_1M，C_1N，BC 和 AK 相交于一点.

证明 如图 2.238，设 B_1M 与 BC 的交点为 S，在 $\triangle B_1SC$ 和 $\triangle BMS$ 中分别由正弦定理

$$\frac{CS}{\sin\angle CB_1S} = \frac{CB_1}{\sin\angle B_1SC} \quad ①$$

$$\frac{BS}{\sin\angle BMS} = \frac{BM}{\sin\angle BSM} \quad ②$$

因 $\angle B_1SC + \angle BSM = \pi$，$\angle CB_1S = \angle QMB_1 = \angle BMS$，则由 ①÷② 得

$$\frac{CS}{BS}=\frac{CB_1}{BM}=\frac{CB_1}{C_1B}$$

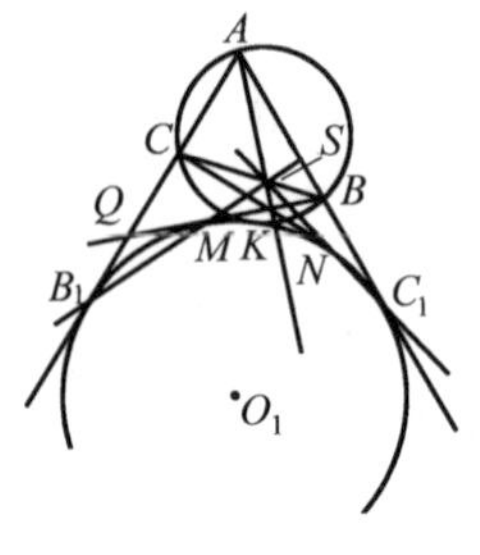

图 2.238

从而得到 B_1M 分线段 BC 之比，同理可以求出 C_1N 分线段 BC 为同样的比，因此 B_1M,CN,BC 共点.用同样的方法，可以证得 B_1M,C_1N,AK 共点，由此证明了 B_1M,C_1N,BC 和 AK 共点.

定理 5 直线 B_1C_1 和 MN 的交点在直线 BC 上.

证明 如图2.239，设 E 是 B_1C_1 和 BC 的交点，分别在 $\triangle BC_1E$ 和 $\triangle CB_1E$ 中，由正弦定理

$$\frac{BE}{\sin\angle BC_1E}=\frac{BC_1}{\sin\angle BEC_1} \quad ①$$

$$\frac{CE}{\sin\angle CB_1E}=\frac{CB_1}{\sin\angle CEB_1} \quad ②$$

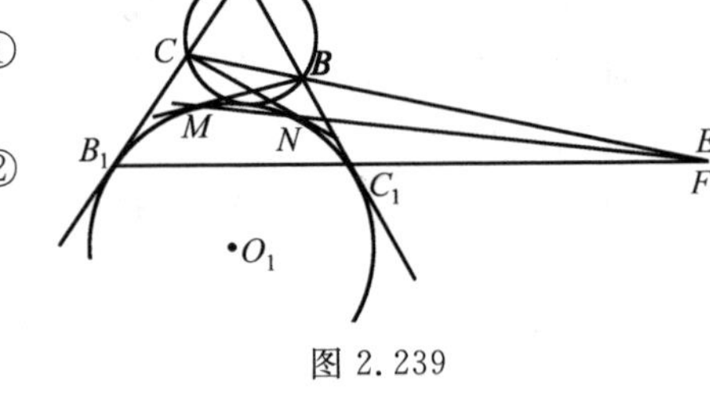

图 2.239

又 $\angle CB_1E=\angle BC_1B_1$，则

$$\angle BC_1E+\angle CB_1E=$$
$$\angle BC_1E+\angle BC_1B_1=\pi$$
$$\angle BEC_1=\angle CEB_1$$

即由 ①÷② 得

$$\frac{BE}{CE}=\frac{BC_1}{CB_1}$$

又设 F 是 MN 和 BC 的交点，同理

$$\frac{BF}{CF}=\frac{BM}{CN}$$

由 $BM=BC_1,CN=CB_1$，则

$$\frac{BE}{CE}=\frac{BF}{CF}$$

从而知 E 与 F 重合，故 B_1C_1 和 MN 的交点在直线 BC 上.

定理 6 直线 BB_1,CC_1 和 AK 相交于一点.

证明 如图 2.240，由定理 4 有

$$\frac{BS}{CS}=\frac{BC_1}{CB_1}$$

即
$$\frac{BS}{CS}\cdot\frac{CB_1}{BC_1}=1 \quad ①$$

又由 $B_1A=AC_1$，即

$$\frac{AC_1}{B_1A}=1 \quad ②$$

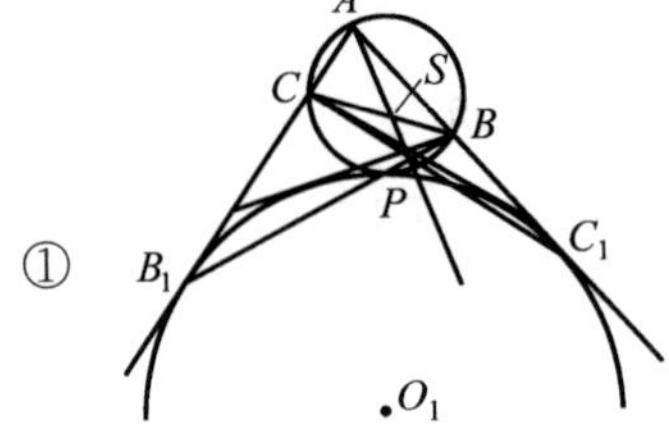

图 2.240

由 ①×② 有

$$\frac{BS}{CS} \cdot \frac{CB_1}{B_1A} \cdot \frac{AC_1}{C_1B} = 1$$

由塞瓦定理的逆定理知 BB_1，CC_1 和 AK 相交于一点.

定理7　设 $\triangle ABC$ 的外接圆圆 O 与半外切圆圆 O_1 外切于点 T，I_A 为 B_1C_1 的中点，延长 I_AT 交圆 O 于点 N，则：

(1) T,B,C_1,I_A 及 T,C,B_1,I_A 分别四点共圆；

(2) N 为弧 $\overparen{BAC}$ 的中点，或 AN 平分 $\angle BAC$ 的外角.

证明　如图 2.241.

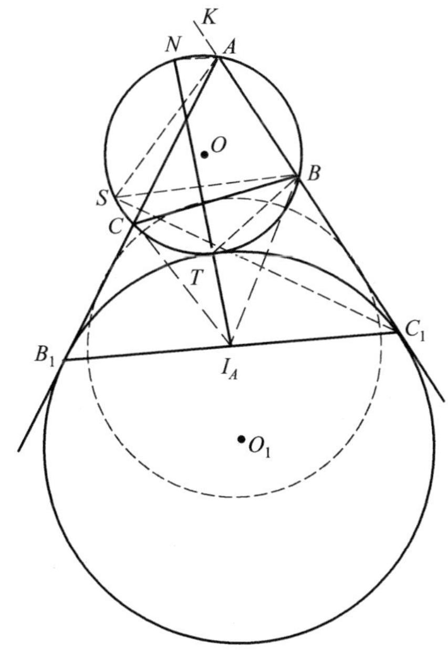

图 2.241

(1) 联结 C_1T 并延长交圆 O 于点 S，则 SC 为 $\angle ACB$ 的外角平线(两圆外切的性质定理4)，由定理2知 I_A 为 $\triangle ABC$ 的 $\angle A$ 内的旁心，从而 S,C,I_A 三点共线. 有

$$\angle BTC_1 = \angle SAB = 90^\circ - \frac{1}{2}\angle ASB =$$

$$90^\circ - \frac{1}{2}\angle C$$

$$\angle C_1I_AB = 180^\circ - \angle I_ABC - \angle I_AC_1B =$$

$$180^\circ - (90^\circ - \frac{1}{2}\angle B) - (90^\circ - \frac{1}{2}\angle A) =$$

$$90^\circ-\frac{1}{2}\angle C$$

即 $\angle BTC_1=\angle BI_AC_1$，从而 T,B,C_1,I_A 四点共圆.

同理，T,C,B_1,I_A 四点共圆.

(2) 由 $\angle NAC=\angle NTC=\angle CB_1I_A$，知 $NA\ /\!/\ B_1C_1$.

延长 BA 至 K，此时，$\angle KAN=\angle AC_1B_1=\angle AB_1C_1=\angle CB_1I_A$，故 AN 平分 $\angle BAC$ 的外角，即知 N 为弧 $\overset{\frown}{BAC}$ 的中点.

定理 8 设圆 O 与圆 O_1 外切于点 T，圆 I_A 为 $\triangle ABC$ 的 $\angle A$ 的旁切圆，作与 BC 平行的圆 I_A 的切线，其切点为 P，则 $\angle BAP=\angle CAT$.

证明 如图 2.242，联结 AP 交圆 O 于点 G，设圆 I_A 切 BC 于点 D，则由三角形内(旁)切圆性质定理 2 知 $BG=CD$.

设 M 为 BC 中点，则 $I_AM\ /\!/\ AP$.

延长 BI_A 至 L，交圆 O 于 N，且使 $I_AL=BI_A$，由曼海姆定理知 I_A 为 B_1C_1 的中点，从而 $AB\ /\!/\ B_1L$.

于是，有 $\angle AB_1L=180^\circ-\angle BAC=\angle BNC$，即知 B_1,L,N,C 四点共圆.

由两圆外切性质 4 知，N,T,B_1 三点共线(N 为弧 $\overset{\frown}{ABC}$ 中点，或 BN 为 $\angle ABC$ 外角平分线).

又由 $CL\ /\!/\ MI_A\ /\!/\ AP$，有

$$\angle BAP=\angle B_1LC=\angle B_1NC=$$
$$\angle TNC=\angle CAT$$

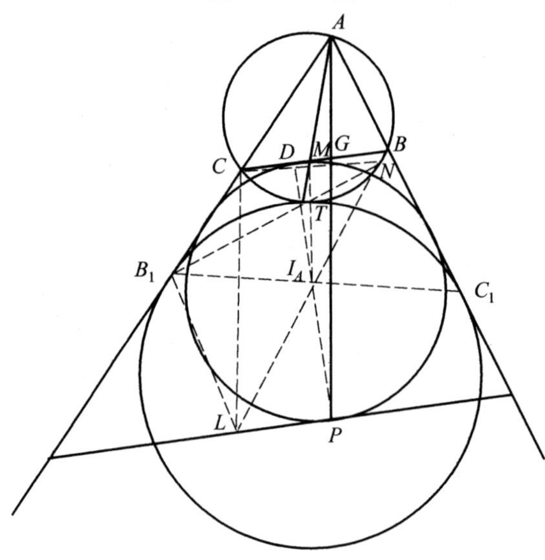

图 2.242

推论 设$\triangle ABC$的三个半外切圆分别与其外接圆切于点T,E,F,则AT,BE,CF三线共点.

事实上,由上述定理,三角形的热尔岗(Gergonne)点的等角共轭点即为AT,BE,CF线的交点.

定理9 设圆O与圆O_1外切于点T,圆I_A为$\triangle ABC$的$\angle A$内的旁切圆,圆I_A切BC于点D,则$\angle ATI_A=\angle DTI_A$;$\angle BTD=\angle ATI_A$.

事实上,可参见三角形的半内切定理9及推论而证(略).

❖三角形的半内切圆定理

与三角形的外接圆内切且与三角形的两边相切的圆称为三角形的半内切圆.①②

定理1 与$\triangle ABC$的边AB,AC相切的半内切圆的半径$R_A=\dfrac{r}{\cos^2\dfrac{A}{2}}$,其中$r$为$\triangle ABC$的内切圆半径.

证明 如图2.243,设$\triangle ABC$的外心为O,半内切圆圆心为O_1.

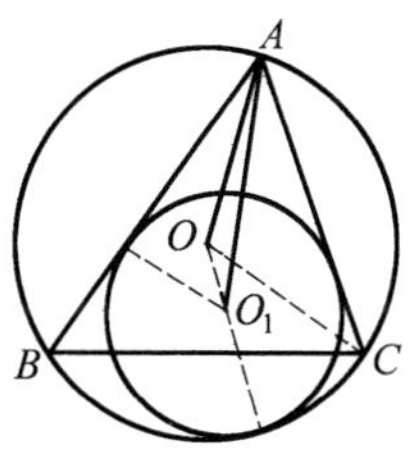

图2.243

在$\triangle AOO_1$中,因

$$OA=R,OO_1=R-R_A$$

$$AO_1=R_A\csc\frac{A}{2}$$

$$\angle OAO_1=\left|\frac{A}{2}-\angle OAB\right|=\left|\frac{A}{2}-\frac{\pi-2C}{2}\right|=\left|\frac{C-B}{2}\right|$$

则由余弦定理得

$$OO_1^2=AO^2+AO_1^2-2AO\cdot AO_1\cos\angle OAO_1$$

即
$$(R-R_1)^2=R^2+(R_1\csc\frac{A}{2})^2-2R\cdot R_1\csc\frac{A}{2}\cdot\cos\left|\frac{C-B}{2}\right|$$

$$R_1(1-\sin^2\frac{A}{2})=2R(\cos\frac{B-C}{2}-\sin\frac{A}{2})\cdot\sin\frac{A}{2}$$

$$R_1\cos^2\frac{A}{2}=2R(\cos\frac{B-C}{2}-\cos\frac{B+C}{2})\cdot\sin\frac{A}{2}$$

① 孙维滏.关于半内切圆的若干性质[J].中学生数学,1991(6):16-17.

② 李平龙.三角形的半内切圆及其性质[J].中学教研(数学),1995(4):23-24.

则
$$R_A\cos^2\frac{A}{2}=4R\sin\frac{A}{2}\sin\frac{B}{2}\sin\frac{C}{2}$$

又 $r=4R\sin\frac{A}{2}\sin\frac{B}{2}\sin\frac{C}{2}$,故

$$R_A=\frac{r}{\cos^2\frac{A}{2}}$$

定理 2 设 B_1,C_1 分别是半内切圆与 AC,AB 的切点(下面表示相同),则 B_1C_1 的中点 I 是 $\triangle ABC$ 的内心.(亦称为曼海姆定理)

证法 1 如图 2.244,由于 $\triangle AB_1C_1$ 是等腰三角形,因此 $\triangle AIC_1$ 是直角三角形.则

$$AI=AC_1\cos\frac{A}{2}=R_1\cot\frac{A}{2}\cdot\cos\frac{A}{2}$$

由定理 1 知

$$R_1=\frac{r}{\cos^2\frac{A}{2}}$$

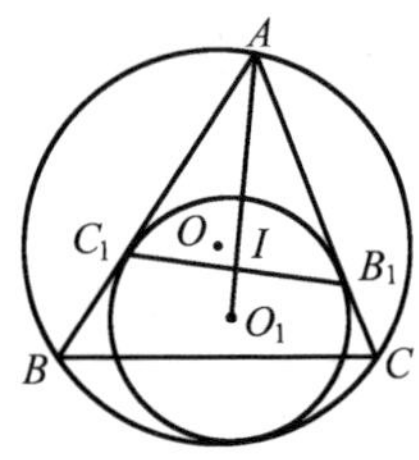

图 2.244

则
$$AI=\frac{r}{\cos^2\frac{A}{2}}\cdot\frac{\cos^2\frac{A}{2}}{\sin\frac{A}{2}}=\frac{r}{\sin\frac{A}{2}}$$

这表明 I 是 $\triangle ABC$ 的内心.

证法 2 如图 2.244,令 $BC=a,CA=b,AB=c$.

考虑点圆圆 A,圆 B,圆 C 及圆 O_1,运用开世定理(见下册),得

$$AB\cdot B_1C+AC\cdot BC_1=BC\cdot AB_1$$

注意到 $AB_1=AC_1$,即有 $c(b-AB_1)+b(c-AB_1)=a\cdot AB_1$,从而

$$AC_1=AB_1=\frac{2bc}{a+b+c}$$

设 B_1,I 在直线 AB 上的投影分别为 E,F,$\triangle ABC$ 的半周长为 p.由 $B_1E\parallel IF$,知

$$IF=\frac{B_1E}{2}=\frac{1}{2}AB_1\cdot\sin A=\frac{2bc\cdot\sin A}{2(a+b+c)}=\frac{S_{\triangle ABC}}{p}=r$$

因为 AI 平分 $\angle BAC$,所以 I 为 $\triangle ABC$ 的内心.

定理 3 直线 B_1C_1 与 $\triangle BIC$ 的外接圆相切.

证明 如图 2.245,设 W 是 $\angle A$ 的平分线与 $\triangle ABC$ 的外接圆的交点,则 $CW=BW$.

由定理 2 知,I 是 $\triangle ABC$ 的内心.则

$$\angle CBI=\frac{B}{2},\angle BAI=\frac{A}{2}$$

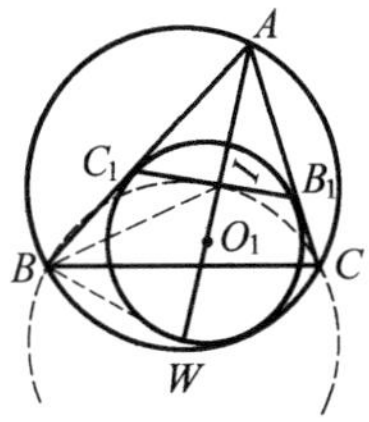

又 $\angle BIW$ 是 $\triangle ABI$ 的外角，则

$$\angle BIW=\angle IAB+\angle ABI=\frac{A}{2}+\frac{B}{2}$$

由 $\angle CBW=\angle CAW=\dfrac{A}{2}$，则

$$\angle IBW=\angle CBW+\angle IBC=\frac{A}{2}+\frac{B}{2}$$

图 2.245

即

$$\angle BIW=\angle IBW$$

从而 $CW=BW=IW$，即 W 是 $\triangle CIB$ 的外心.

在等腰 $\triangle AB_1C_1$ 中，$B_1C_1\perp AI$，即 $B_1C_1\perp WI$，故 B_1C_1 与 $\triangle BIC$ 的外接圆相切.

定理 4 过 B，C 分别引半内切圆的切线，它们相交于 K. M，N 分别是切点，则直线 B_1M，C_1N，BC 和 AK 共点.

证明 如图 2.246，设 B_1M 与 BC 相交于 T，在 $\triangle B_1TC$ 和 $\triangle BMT$ 中分别运用正弦定理，有

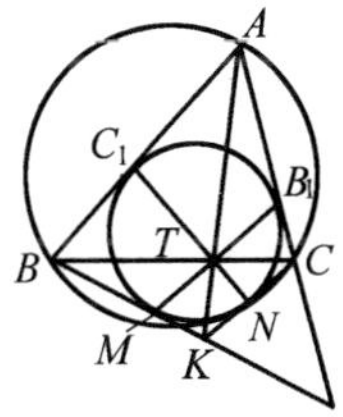

$$\frac{CT}{\sin\angle CB_1T}=\frac{CB_1}{\sin\angle B_1TC}\qquad ①$$

$$\frac{BT}{\sin\angle BMT}=\frac{BM}{\sin\angle BTM}\qquad ②$$

图 2.246

因 $\angle CB_1T=\angle KMB_1=\pi-\angle BMT$，$\angle B_1TC=\angle BTM$，则由 ①÷② 得

$$\frac{CT}{BT}=\frac{CB_1}{BM}=\frac{CB_1}{C_1B}$$

从而得 T 分线段 BC 之比为 $CB_1:C_1B$.

同理可证，C_1N 与 BC 的交点 T 分线段 BC 为同样的比，因此 B_1M，C_1N，BC 共点于 T.

同样地 B_1M，C_1N，AK 也共点于 T，故 B_1M，C_1N，BC 和 AK 共点.

定理 5 如果直线 B_1C_1 和 MN 相交，那么交点在直线 BC 上.

证明 如图 2.247，设 E 是 B_1C_1 与 BC 的交点，在 $\triangle B_1CE$ 和 $\triangle C_1BE$ 中由正弦定理有

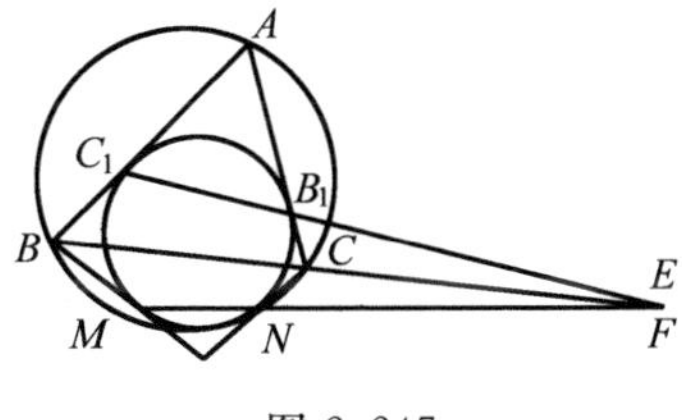

图 2.247

$$\frac{BE}{\sin\angle BC_1E}=\frac{BC_1}{\sin\angle BEC_1}$$

和

$$\frac{CE}{\sin\angle CB_1E}=\frac{CB_1}{\sin\angle B_1EC}$$

因 $\angle BC_1E+\angle CB_1E=\angle BC_1E+\angle AC_1B_1=\pi$，$\angle BEC_1=\angle B_1EC$，则

$$\frac{BE}{CE}=\frac{BC_1}{CB_1}$$

又设 F 是 MN 和 BC 的交点，同理可证

$$\frac{BF}{CF}=\frac{BM}{CN}$$

又因 $BM=BC_1$，$CN=CB_1$，则

$$\frac{BE}{CE}=\frac{BF}{CF}$$

因此知 E 与 F 重合，故 B_1C_1 和 MN 的交点在直线 BC 上.

定理 6 直线 BB_1，CC_1 和 AK 共点.

证明 如图 2.248，由定理 4 知

$$\frac{BT}{TC}=\frac{BC_1}{CB_1}$$

即

$$\frac{BT}{TC}\cdot\frac{CB_1}{BC_1}=1 \qquad ①$$

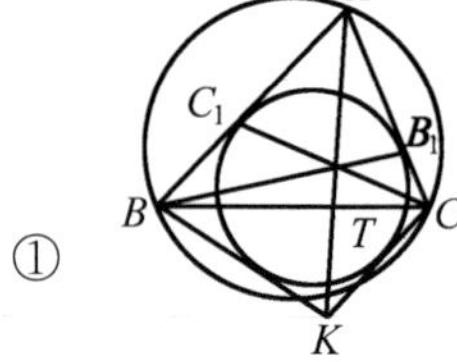

图 2.248

又因 $B_1A=AC_1$，即

$$\frac{AC_1}{B_1A}=1 \qquad ②$$

由 ① × ② 得

$$\frac{BT}{TC}\cdot\frac{CB_1}{B_1A}\cdot\frac{AC_1}{C_1B}=1$$

由塞瓦定理的逆定理知 BB_1，CC_1 和 AK 共点.

定理 7 设 $\triangle ABC$ 的外接圆圆 O 与半内切圆圆 O_1 内切于点 T，I 为 B_1C_1 的中点，延长 TI 交圆 O 于点 N，则：(1) T,B,C_1,I 及 T,C,B_1,I 分别四点共圆；(2) N 为弧 $\overset{\frown}{BAC}$ 的中点，或 AN 平分 $\angle BAC$ 的外角.

证明 如图 2.249.

(1) 联结 TC_1 并延长交圆 O 于点 S，则 SC 为 $\angle ACB$ 的平分线(两圆内切性质定理4)，由曼海姆定理(即定理2)知 I 为 $\triangle ABC$ 内心，从而 S,I,C 三点共线. 有

$$\begin{aligned}&\angle C_1TB=\angle STB=\\&\frac{1}{2}\angle ACB=90^\circ-\frac{1}{2}\angle ABC-\frac{1}{2}\angle BAC=\\&\angle AC_1I-\angle ABI=\angle BIC_1\end{aligned}$$

于是 T,B,C_1,I 四点共圆.

同理，T,C,B_1,I 四点共圆.

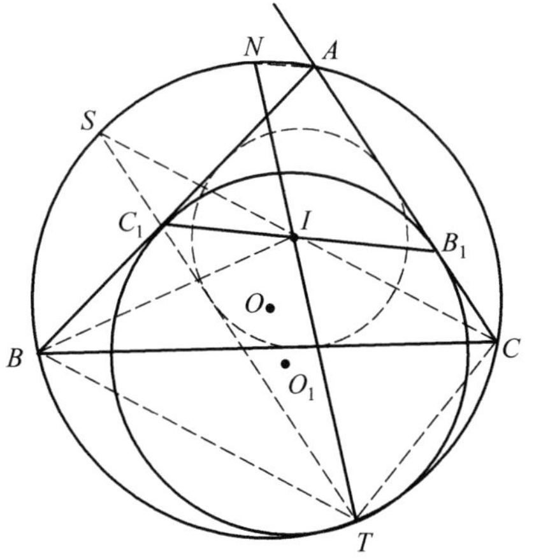

图 2.249

(2) 由 $\angle NAB = \angle NTB = \angle AC_1B_1 = \angle AB_1C_1 = \angle NTC =$

$$180° - \angle NAC = 180° - \angle NAB - \angle BAC$$

从而知 AN 为 $\angle BAC$ 的外角平分线,即 N 为弧$\overset{\frown}{BAC}$ 的中点.

定理8 设圆 O 与圆 O_1 内切于点 T,圆 I 为 $\triangle ABC$ 的内切圆,作与 BC 平行的圆 I 的切线,其切点为 P,则 $\angle BAP = \angle CAT$.

证明 如图 2.250,延长 AP 交 BC 于点 G,设圆 I 切 BC 于点 D,则由三角形内(旁)切圆的性质定理 2 知 $BG = CD$.

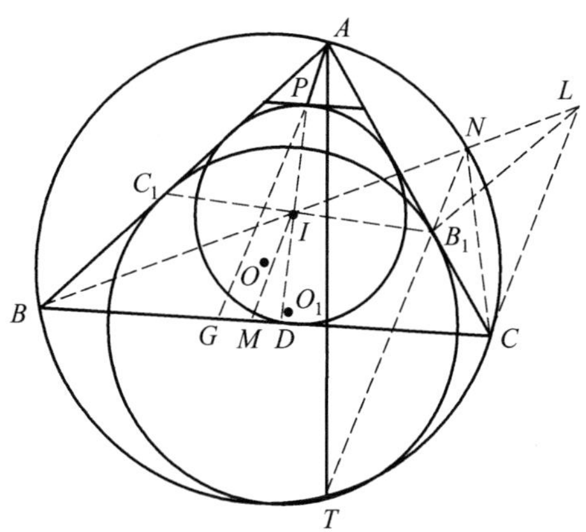

图 2.250

设 M 为 BC 中点,则 $IM \parallel AG$.

延长 BI 至 L 交圆 O 于 N,使 $IL = BI$,由曼海姆定理知 I 为 B_1C_1 的中点,

从而 $AB \parallel LB_1$. 于是有 $\angle AB_1L=\angle BAB_1=\angle BAC=\angle BNC$.

由两圆内切性质定理4知，N,B_1,T 三点共线. 从而 $\angle LNC=\angle LB_1C$，即知 N,B_1,C,L 四点共圆. 于是，由 $LC \parallel IM \parallel AG$，有

$$\angle BAP=\angle B_1LC=\angle B_1NC=\angle TNC=\angle CAT$$

定理9 设圆 O 与圆 O_1 内切于点 T，圆 I 为 $\triangle ABC$ 的内切圆，圆 I 切 BC 于点 D，则 $\angle ATI=\angle DTI$.

证法1 如图2.251. 设圆 O，圆 I 的半径分别为 R,r，延长 AI 交圆 O 于点 Q，则 Q 为 $\overset{\frown}{BFC}$ 的中点，延长 TI 交圆 O 于点 N，则 N 为 $\overset{\frown}{BAC}$ 的中点，从而 NQ 为圆 O 的直径，且 $NQ\perp BC$.

联结 ID，则 $ID \parallel NQ$，有

$$\angle QNI=\angle DIT$$

设直线 OI 交圆 O 于点 E,F，注意到欧拉公式

$$2Rr=R^2-OI^2=FI\cdot IE=NI\cdot IT$$

从而

$$\triangle INQ\backsim\triangle DIT$$

于是

$$\angle DTI=\angle IQN=\angle AQN=\angle ATN=\angle ATI$$

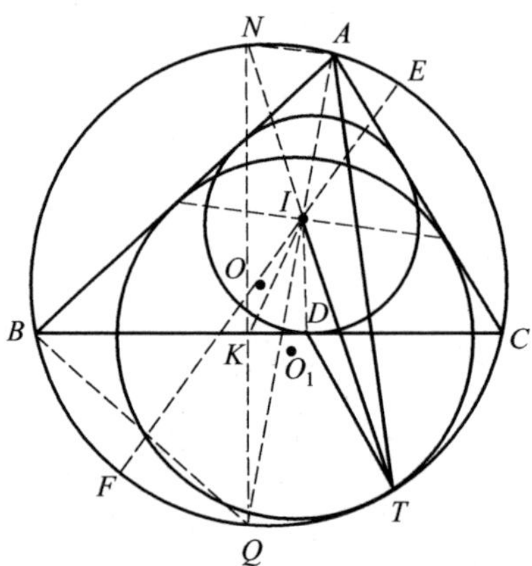

图2.251

证法2 如图2.251所示，由内心性质，有 $QI^2=QB^2=QK\cdot QN$（其中 K 为 NQ 与 BC 的交点），从而 $\triangle KIQ\backsim\triangle INQ$. 有

$$\angle KIQ=\angle INQ=\angle DIT\Rightarrow\angle KID=\angle QIT$$

注意，$\angle IDK=90^\circ=\angle ITQ$，即知 $\triangle IDK\backsim\triangle ITQ$，有 $\frac{ID}{IT}=\frac{IK}{IQ}$. 注意到 $\angle KIQ=\angle DIT$，则

$$\triangle DIT\backsim\triangle KIQ\backsim\triangle INQ$$

故

$$\angle DTN=\angle DTI=\angle IQN=\angle ATI$$

推论　在定理 9 的条件下，有 $\angle BTD=\angle ATC$.

事实上，由 AN 为 $\angle BAC$ 的外角平分线(或 N 为弧$\overset{\frown}{BAC}$ 的中点)，知 TN 平分 $\angle BTC$，而 $\angle ATI=\angle DTI$，即 $\angle ATN=\angle DTN$.

故 $\angle BTD=\angle ATC$.

注　将上述定理 9 中的 $\triangle ABC$ 内切圆改为 $\angle A$ 内的旁切圆结论仍成立.

定理 10[①]　设 $\triangle ABC$ 的半内切圆与其外接圆切于 D，与边 AB，AC 分别切于 E，F，则有

$$AE=AF=\frac{bc}{p} \tag{①}$$

$$BF=\frac{c(p-b)}{p} \tag{②}$$

$$CE=\frac{b(p-c)}{p} \tag{③}$$

$$AD=\frac{bc}{p}\sqrt{\frac{pa}{a(p-a)+(b-c)^2}} \tag{④}$$

$$DF=\frac{2c(p-b)}{p}\sqrt{\frac{b(p-c)}{a(p-a)+(b-c)^2}} \tag{⑤}$$

$$DE=\frac{2b(p-c)}{p}\sqrt{\frac{c(p-b)}{a(p-a)+(b-c)^2}} \tag{⑥}$$

$$BD=\frac{c(p-b)}{p}\sqrt{\frac{pa}{a(p-a)+(b-c)^2}} \tag{⑦}$$

$$CD=\frac{b(p-c)}{p}\sqrt{\frac{pa}{a(p-a)+(b-c)^2}} \tag{⑧}$$

证明　下面的讨论中以 a，b，c，p 分别表示 $\triangle ABC$ 的三边长与半周长，A，B，C 既表示其三个顶点，也表示相应顶点处的内角.

先给出两条引理.

引理 1　设 $\triangle ABC$ 的内心为 I，则有

$$IA=\sqrt{\frac{bc(p-a)}{p}}$$

事实上，由正弦定理与半角公式，有

$$IA=\frac{c\cdot\sin\dfrac{B}{2}}{\sin\angle AIB}=\frac{c\cdot\sin\dfrac{B}{2}}{\sin\left(\dfrac{\pi}{2}+\dfrac{C}{2}\right)}=$$

① 肖振纲. 三角形的半内切圆的若干计算公式[J]. 中学数学，2002(10)：42-43.

$$\frac{c\sin\dfrac{B}{2}}{\cos\dfrac{C}{2}}=\frac{c\sqrt{\dfrac{(p-c)(p-a)}{ca}}}{\sqrt{\dfrac{p(p-c)}{ab}}}=\sqrt{\frac{bc(p-a)}{p}}$$

引理 2　设两圆内切于 T,过小圆上任一点 P 作切线交大圆于 A,B,则 TP 为 $\angle ATB$ 的平分线.

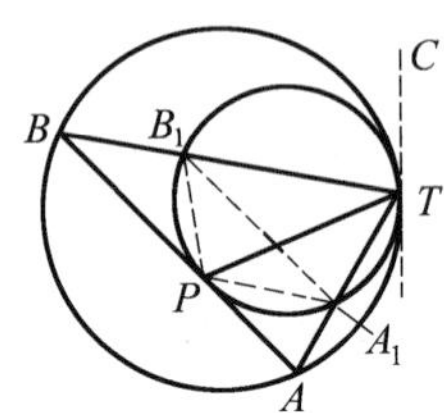

图 2.252

事实上,此即为两圆内切的性质定理 4,如图 2.252 所示.

下面回到定理的证明:

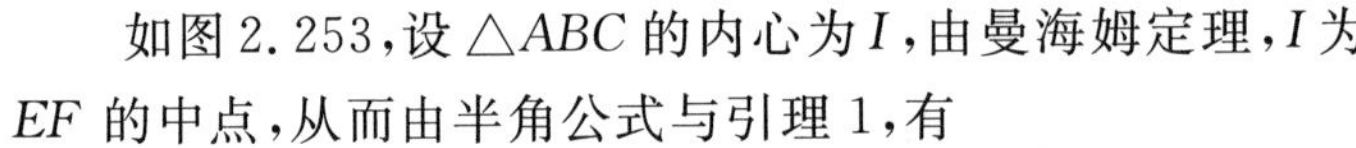

如图 2.253,设 $\triangle ABC$ 的内心为 I,由曼海姆定理,I 为 EF 的中点,从而由半角公式与引理 1,有

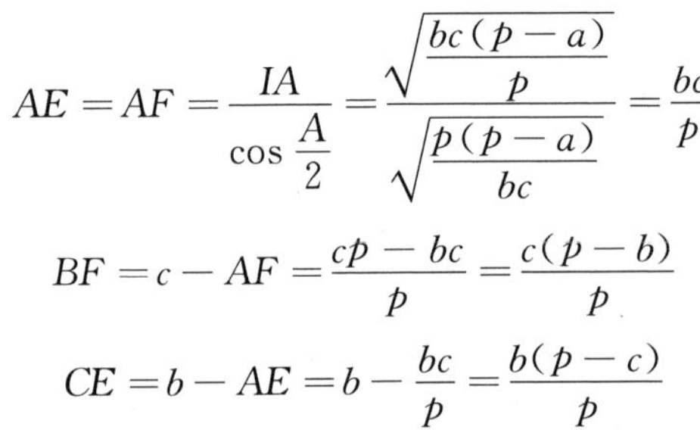

$$AE=AF=\frac{IA}{\cos\dfrac{A}{2}}=\frac{\sqrt{\dfrac{bc(p-a)}{p}}}{\sqrt{\dfrac{p(p-a)}{bc}}}=\frac{bc}{p}$$

$$BF=c-AF=\frac{cp-bc}{p}=\frac{c(p-b)}{p}$$

$$CE=b-AE=b-\frac{bc}{p}=\frac{b(p-c)}{p}$$

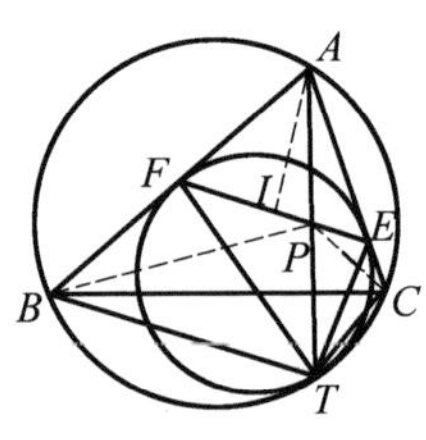

图 2.253

因而式 ① ～ ③ 得证.

现在证明式 ④ ～ ⑧.

由引理 2,有 $\angle BTF=\dfrac{C}{2}$,又 $\angle ATB=C$,于是由正弦定理,半角公式,正弦函数的倍角公式及已证的式 ②,有

$$\frac{TF}{AT}=\frac{BF}{AB}\cdot\frac{AB}{AT}\cdot\frac{TF}{BF}=\frac{BF}{AB}\cdot\frac{\sin\angle ATB}{\sin\angle ABT}\cdot\frac{\sin\angle ABT}{\sin\angle BTF}=$$

$$\frac{BF}{AB}\cdot\frac{\sin\angle ATB}{\sin\angle BTF}=\frac{BF}{AB}\cdot\frac{\sin C}{\sin\dfrac{C}{2}}=$$

$$\frac{2}{AB}\cdot BF\cos\frac{C}{2}=\frac{2}{c}\,\frac{c(p-b)}{p}\sqrt{\frac{p(p-c)}{ab}}=$$

$$2(p-b)\sqrt{\frac{p-c}{pab}}\tag{9}$$

又在 $\triangle AFT$ 中,由余弦定理,有

$$AF^2=AT^2+TF^2-2AT\cdot TF\cos\frac{C}{2}$$

两边同除以 AT^2,由式 ⑨ 与半角公式,有

$$\frac{AF^2}{AT^2}=1+\left(\frac{TF}{AT}\right)^2-2\cdot\frac{TF}{AT}\cos\frac{C}{2}=$$

$$1+4(p-b)^2\cdot\frac{p-c}{pab}-4(p-b)\sqrt{\frac{p-c}{pab}}\cdot\sqrt{\frac{p(p-c)}{ab}}=$$

$$1+4(p-b)^2\cdot\frac{p-c}{pab}-\frac{4(p-b)(p-c)}{ab}=$$

$$\frac{(pab+4(p-b)^2(p-c)-4p(p-b)(p-c))}{pab}=$$

$$\frac{(pa-4(p-b)(p-c))}{pa}=$$

$$\frac{(p(p-a)+(b-c)^2)}{pa}$$

开方，并由式 ① 即得式 ④.

由 ⑨，④ 两式即得式 ⑤，由对称性，将式 ⑤ 中的 b,c 互换即得式 ⑥.

由引理 2 与三角形的内角平分线性质定理及 ①，② 两式可得

$$\frac{BT}{AT}=\frac{BF}{AF}=\frac{p-b}{b}$$

于是，再由式 ④ 即得式 ⑦；由对称性，将式 ⑦ 中的 b,c 互换即得式 ⑧.

由以上这些计算公式可以得到三角形的半内切圆的几个新的结论.

定理 11 设 $\triangle ABC$ 的半内切圆与其外接圆切于 T，与边 AC,AB 分别切于 E,F，再设 AT 与 EF 交于 P，则有 $\triangle BFP\backsim\triangle CEP$.

证明 仍见图 2.253，由定理 10 中的有关计算公式可知

$$\frac{BF}{CE}=\frac{BT}{TC}$$

又因 $AF=AE$，有

$$\frac{FP}{PE}=\frac{AF\sin\angle BAT}{AE\sin\angle TAC}=\frac{\sin\angle BAT}{\sin\angle TAC}$$

但由正弦定理知
$$\frac{\sin\angle BAT}{\sin\angle TAC}=\frac{BT}{TC}$$

因此
$$\frac{BF}{CE}=\frac{BT}{TC}=\frac{FP}{PE}$$

又显然有
$$\angle BFP=\angle CEP$$

故
$$\triangle BFP\backsim\triangle CEP$$

定理 12 设在 $\triangle ABC$ 中，与 $\angle C$ 对应的半内切圆切 AB 于 P，与 $\angle B$ 对应的半内切圆切 AC 于 Q，则有 $PQ\parallel BC$.

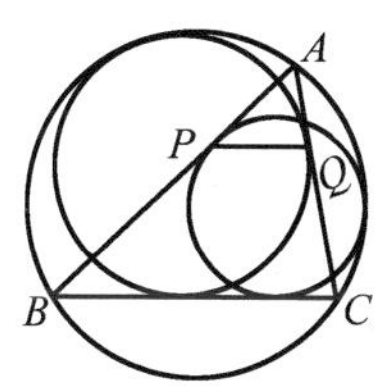

图 2.254

证明 如图 2.254，由定理 10 中的相关计算公式知

$$BP=\frac{ca}{p},AP=\frac{c(p-a)}{p}$$

$$AQ=\frac{b(p-a)}{p},CQ=\frac{ab}{p}$$

于是
$$\frac{AP}{BP}=\frac{p-a}{a}=\frac{AQ}{CQ}$$

故
$$PQ\ /\!/\ BC$$

定理 13 设$\angle B$,$\angle C$内的半内切圆分别与外接圆切于点E,F,直线EF与PQ(见图 2.255)交于点X,O,I分别为$\triangle ABC$的外心,内心,则$AX\perp OI$.

证明 如图 2.255,设$\angle A$内的半内切圆与外接圆切于点T,注意到经过以A为中心,$\sqrt{AB\cdot AC}$为反演半径的反演变换后,T变为$\triangle ABC$中$\angle A$内的旁切圆切点,则

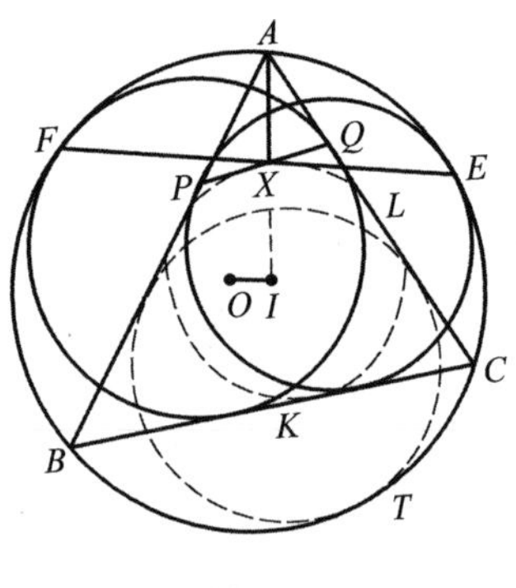

图 2.255

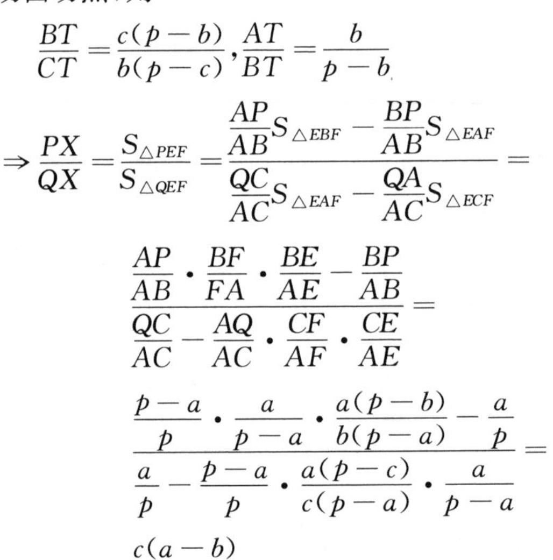

$$\frac{BT}{CT}=\frac{c(p-b)}{b(p-c)},\frac{AT}{BT}=\frac{b}{p-b}$$

$$\Rightarrow\frac{PX}{QX}=\frac{S_{\triangle PEF}}{S_{\triangle QEF}}=\frac{\frac{AP}{AB}S_{\triangle EBF}-\frac{BP}{AB}S_{\triangle EAF}}{\frac{QC}{AC}S_{\triangle EAF}-\frac{QA}{AC}S_{\triangle ECF}}=$$

$$\frac{\frac{AP}{AB}\cdot\frac{BF}{FA}\cdot\frac{BE}{AE}-\frac{BP}{AB}}{\frac{QC}{AC}-\frac{AQ}{AC}\cdot\frac{CF}{AF}\cdot\frac{CE}{AE}}=$$

$$\frac{\frac{p-a}{p}\cdot\frac{a}{p-a}\cdot\frac{a(p-b)}{b(p-a)}-\frac{a}{p}}{\frac{a}{p}-\frac{p-a}{p}\cdot\frac{a(p-c)}{c(p-a)}\cdot\frac{a}{p-a}}=$$

$$\frac{c(a-b)}{b(c-a)}$$

设AX与BC交于点K,内切圆在BC,AC上的切点分别为S,L,容易验证$KS^2+KB\cdot KC=AL^2$,即K,A对内切圆、外接圆的幂之差相等.故$AX\perp OI$.

在此也指出:类似地有$BY\perp OI$,$CZ\perp OI$,且X,Y,Z三点共线,此直线与内切圆相切.(这可参见:陈嘉昊.三个伪内切圆之间的一些性质[J].中等数学,2021(2):13-17.)

定理 14 如图 2.256,设$\triangle ABC$的三个半内切圆分别与其外接圆切于T,E,F,则AT,BE,CF三线共点.

证法 1 由正弦定理及公式⑦,⑧可知

$$\frac{\sin\angle BAT}{\sin\angle TAC}=\frac{BT}{TC}=\frac{c(p-b)}{b(p-c)}$$

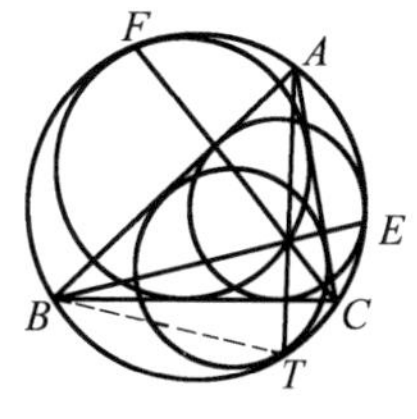

图 2.256

轮换之得另外两式,将三式相乘即得

$$\frac{\sin\angle BAT}{\sin\angle TAC}\cdot\frac{\sin\angle CBE}{\sin\angle EBA}\cdot\frac{\sin\angle ACF}{\sin\angle FCB}=1$$

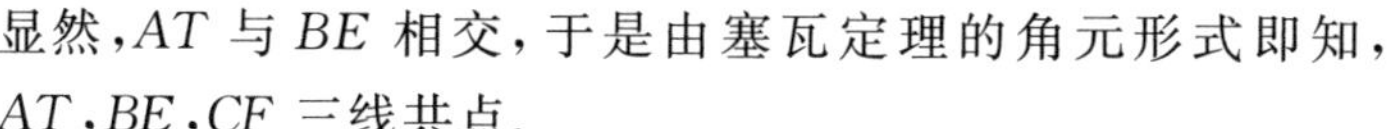
显然,AT 与 BE 相交,于是由塞瓦定理的角元形式即知,AT,BE,CF 三线共点.

证法 2 由定理 9,$\triangle ABC$ 的纳格尔(Nagel)点的等角共轭点即为 AT,BE,CF 的交点.

定理 15 设 D 为 $\triangle ABC$ 外接圆圆弧 $\overset{\frown}{AB}$ 上一动点,I_1,I_2 分别为 $\triangle ACD$、$\triangle BCD$ 的内心,则 $\triangle DI_1I_2$ 的外接圆与 $\triangle ABC$ 的外接圆的交点是一个定点,即该点是 $\angle C$ 内的半内切圆与 $\triangle ABC$ 外接圆的切点.

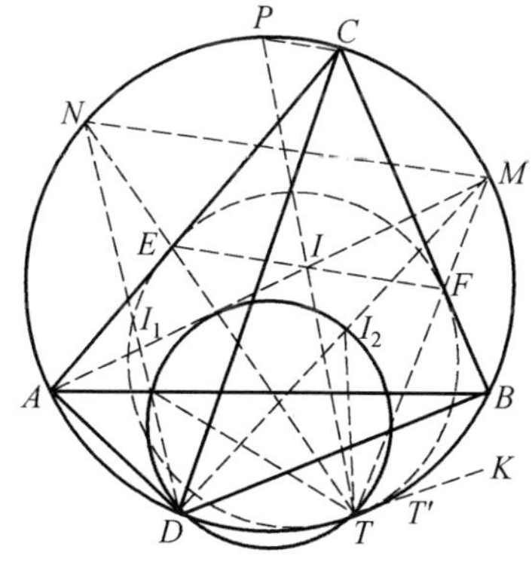

图 2.257

证明 如图 2.257.设 $\triangle ABC$ 的内心为 I,取 $\overset{\frown}{BC}$,$\overset{\frown}{AC}$ 的中点 M,N,设 $\triangle DI_1I_2$ 的外接圆与 $\triangle ABC$ 的外接圆交于点 T.

过点 C 作 CP // MN 交 $\triangle ABC$ 外接圆于点 P,则由 $MNPC$ 为等腰梯形,知

$$MP=NC=NI_1$$

$$NP=MC=MI_2$$

注意,点 I_1,I_2 分别在 DN,DM 上,则

$$\angle NTM=\angle NDM=\angle I_1DI_2=\angle I_1TI_2$$

又

$$\angle TNI_1=\angle TND=\angle TMD=\angle TMI_2$$

则

$$\triangle NI_1T\backsim\triangle MI_2T$$

有

$$\frac{NT}{NI_1}=\frac{MT}{MI_2}\Rightarrow NT\cdot NP=MT\cdot MP$$

从而

$$\frac{S_{\triangle NPT}}{S_{\triangle MPT}}=\frac{NT\cdot NP}{MT\cdot MP}=1$$

因此,直线 PT 平分线段 MN.

即知联结点 P 与 MN 中点的直线交 $\triangle ABC$ 的外接圆于点 T.

因点 M,N,P 为定点,从而知 T 为定点.

由 $\overset{\frown}{AP}=2\overset{\frown}{NP}+\overset{\frown}{PC}=2\overset{\frown}{CM}+\overset{\frown}{PC}=\overset{\frown}{PB}$,知 P 为$\overset{\frown}{ACB}$ 的中点.

又设 $\angle C$ 内的半内切圆与 $\triangle ABC$ 的外接圆切于点 T',与 AC,BC 分别切于点 E,F,由曼海姆定理知,I 为 EF 的中点,且 A,I,M 三点共线.

过点 T' 作公切线 $T'K$,则

$$\angle IAT'=\angle MAT'=\angle MT'K=\angle FET'=\angle IET'$$

从而 A,T',I,E 四点共圆,有 $\angle AT'I=\angle CEF$.

同理,$\angle BT'I=\angle CFE$. 知 $T'I$ 平分 $\angle AT'B$,即 $T'I$ 交 $\triangle ABC$ 的外接圆于点 P. 于是 T' 与 T 重合. 故结论获证.

为了介绍后面的定理,先看一条引理:

引理 设 AO_2 是以 O_1 为圆心的圆 Γ_1 的一条直径,以 O_2 为圆心、不超过 AO_2 的长度为半径的圆 Γ_2 与圆 Γ_1 的两个交点所在直线为 l. 取圆 Γ_2 上一点 B 与直线 l 上一点 C(B,C 不为圆 Γ_2 与 Γ_1 的交点),作 $AE\parallel BC$,与圆 Γ_1 交于点 E,直线 AB 与圆 Γ_1 交于另一点 D,则 $\triangle ABE\backsim\triangle BCD$.①

证明 如图 2.258,由题设,有

$$\text{Rt}\triangle AEO_2\backsim\text{Rt}\triangle BFC$$

从而

$$BF\cdot AO_2=BC\cdot AE \quad ①$$

又由点对圆的幂的概念,知一个点关于两个不同心的圆的幂之差等于圆心距与该点到两圆根轴的距离之积的两倍,有

$$BF\cdot 2O_1O_2=|(BO_1^2-AO_1^2)-(BO_2^2-BO_2^2)|=|BO_1^2-O_1O_2^2|$$

即有

$$BF\cdot AO_2=BA\cdot BD \quad ②$$

由①,②,有

① 严君啸. 一种伪内切圆切点的刻画办法[J]. 中等数学,2018(7):15.

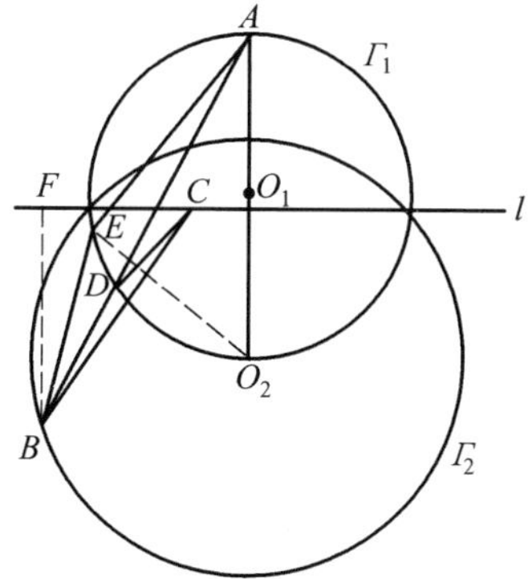

图 2.258

$$\frac{AB}{AE}=\frac{BC}{BD}$$

注意 $AE\parallel BC$，有 $\angle EAB=\angle DBC$，故 $\triangle ABE\backsim\triangle BCD$.

定理 16 对于 $\triangle ABC$，D 为 $\angle A$ 内的半内切圆与外接圆的切点，E 为内切圆与边 BC 的切点，直线 DE 与外接圆的第二个交点为 F，则 $AF\parallel BC$.

证明 如图 2.259，设 I 为 $\triangle ABC$ 的内心，G，H 分别为弧$\overset{\frown}{BAC}$，$\overset{\frown}{BC}$ 的中点.

由定理 7 知，G，I，D 三点共线，又 A，I，H 三点共线.

由内心性质，知 $\triangle BIC$ 的外心为 H.

由于 $IE\perp BC$，于是，$GH\parallel IE$.

由引理，得 $\triangle GIH\backsim\triangle IED$.

故 $\angle GDF=\angle IDE=\angle GHI=\angle GHA$.

因此，G 为弧$\overset{\frown}{FA}$ 的中点.

从而，$AF\parallel BC$.

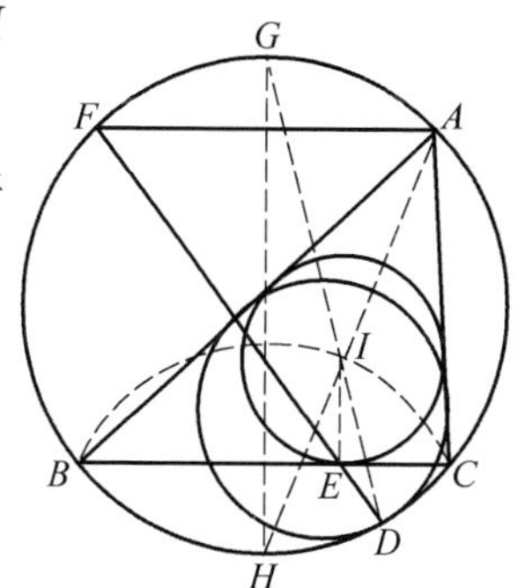

图 2.259

定理 17 对于 $\triangle ABC$，D 为 $\angle A$ 内的半内切圆与外接圆的切点，E 为外接圆上一点且满足 $AE\perp IE$，T 为 $\angle BAC$ 的平分线与 BC 的交点，直线 DT 与外接圆的第二个交点为 F，则 $EF\parallel BC$.

证明 如图 2.260，设 L 为 A 在外接圆中的对径点，G，H 分别为弧$\overset{\frown}{BAC}$，$\overset{\frown}{BC}$ 的中点. 则四边形 $AHLG$ 为矩形，$GL\parallel IT$. 由 $AE\perp IE$，得 E，I，L 三点共线. 结合定理 10 的证明，由引理，得 $\triangle GIL\backsim\triangle ITD$.

则

$$\angle GDF=\angle IDT=\angle GLI=\angle GLE$$

从而,G 为弧 $\overset{\frown}{FAE}$ 的中点.

因此,$EF \parallel BC$.

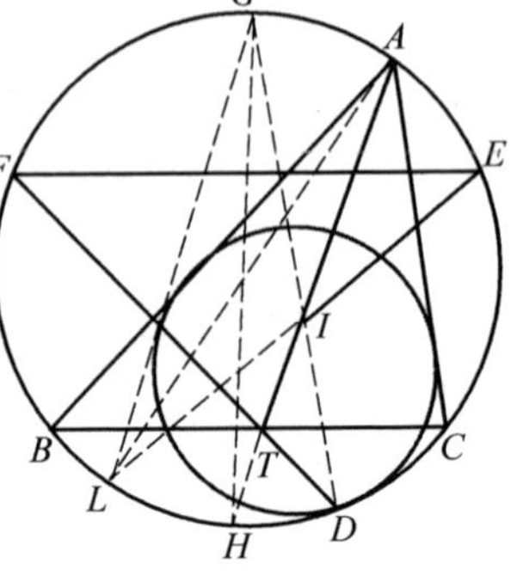

图 2.260

注 由定理 17,还可得到引理的另一种证法,要证明 $\triangle GLI \backsim \triangle IDT$,即证明

$$GL \cdot IT = GI \cdot ID$$

而由矩形 $AHLG$ 得

$$GL \cdot IT = HA \cdot IT = HA(HI - HT) = HA \cdot HI - HA \cdot HT = HA \cdot HI - HI^2 = IH \cdot IA = IG \cdot ID$$

此处用到了 $\triangle HTC \backsim \triangle HCA$.

因此,$\triangle GLI \backsim \triangle IDT$.

定理 18 对于 $\triangle ABC$,D 为 $\angle A$ 内的半内切圆与外接圆的切点,J 为 $\angle A$ 内旁切圆与边 BC 的切点.则 $\angle BAJ = \angle CAD$.

证明 如图 2.261,设 G,H 分别为弧 $\overset{\frown}{BAC}$,$\overset{\frown}{BC}$ 的中点,E 为内切圆与边 BC 的切点,F 为点 A 关于直径 GH 的对称点,直线 AJ 与外接圆的第二个交点为 R.

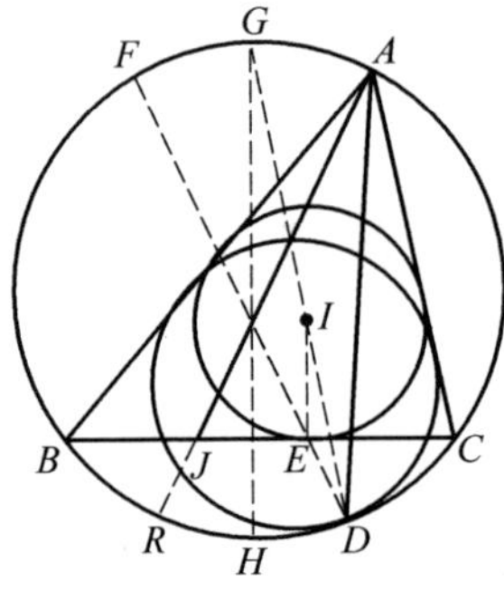

图 2.261

由定理 16,知 F,E,D 三点共线.易知 $BJ = CE$,得点 J,E 关于 GH 对称.又 GH 为直径,则点 R,D 关于 GH 对称.故 H 为弧 $\overset{\frown}{RHD}$ 的中点.

由 H 为弧 $\overset{\frown}{BC}$ 的中点,于是

$$\angle BAJ = \angle CAD$$

❖三角形的外接圆与内(旁)切圆的性质定理

定理 1 三角形的角平分线长与角平分线所在的弦的乘积等于夹这条角平分线两边的乘积.即

$$AT \cdot AD = AB \cdot AC$$

事实上,如图 2.262,联结 BD,由 $\triangle ABD \backsim \triangle ATC$,有$\dfrac{AB}{AT}=\dfrac{AD}{AC}$,故 $AT \cdot AD = AB \cdot AC$.

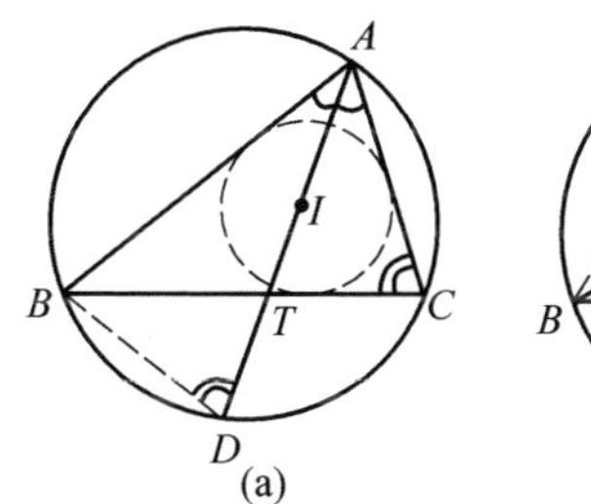

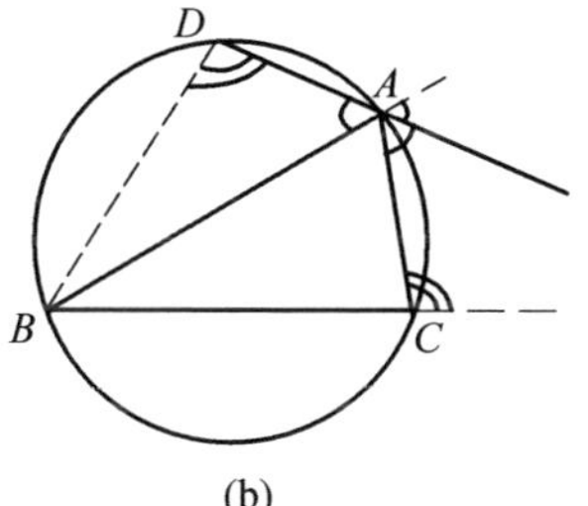

图 2.262

定理 2 三角形外接圆上每边所在弓形弧的中点是边的两端点.内心为顶点所构成三角形的外心.

证明 如图 2.263,设 M 为$\overset{\frown}{BC}$ 的中点,I 为 $\triangle ABC$ 的内心.

由
$$\angle MBI = \angle MBC + \angle CBI = \angle MAC + \angle ABI = \angle MIB$$

知 $MI = MB$.

又 $MB = MC$,即知 M 为 $\triangle BCI$ 的外心.

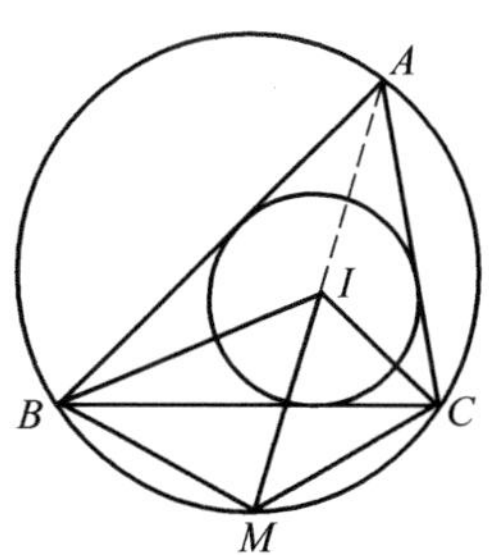

图 2.263

注 若将 I 改为旁心 I_A,则 M 为 $\triangle BCI_A$ 的外心.

定理 3 三角形一顶点到内心及这个顶点对应的旁心的两线段的乘积等于夹这两线段的两边的乘积,且内心与这个旁心之间的线段被外接圆平分.即 $AI \cdot AI_A = AB \cdot AC$,且 $ID = DI_A$.

事实上,如图 2.264,联结 BI,I_AC.由 $\angle AIB = 90^\circ + \dfrac{1}{2}\angle C = \angle ICI_A +$

$\angle ACI = \angle ACI_A$(或 $\angle AI_AC = 180° - \frac{1}{2}\angle A - [\angle C + \frac{1}{2}(180° - \angle C)] = \frac{1}{2}\angle B = \angle ABI$)知 $\triangle ABI \backsim \triangle AI_AC$,有 $\frac{AB}{AI_A} = \frac{AI}{AC}$. 故 $AI \cdot AI_A = AB \cdot AC$. 由 $BI \perp BI_A$ 及性质 2 知 $ID = DI_A$.

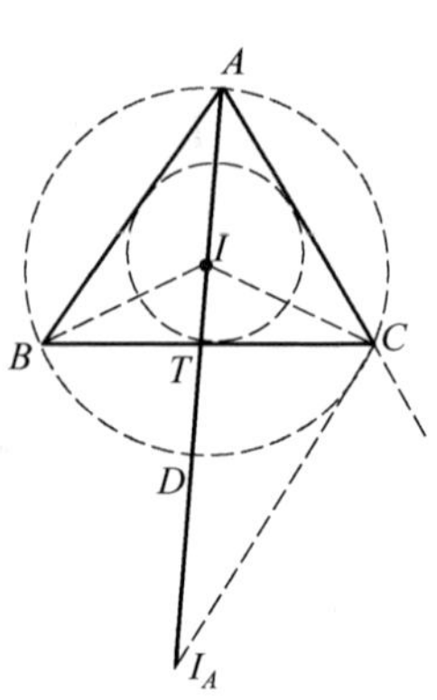

图 2.264

推论 1 $AI \cdot TI_A = AI_A \cdot IT$.

事实上,由 $\frac{AI}{IT} = \frac{CA}{CT} = \frac{AI_A}{I_AT}$ 即得结论. 即知 I, I_A 调和分割 AT.

推论 2 $AT \cdot AD = AI \cdot AI_A$,其中 D 为直线 AI_A 与圆 ABC 的交点.

事实上,由 $AI \cdot TI_A = TI \cdot AI_A = TI \cdot (AI + IT + TI_A) = TI \cdot AI + IT^2 + TI \cdot TI_A$.

有
$$2AI \cdot TI_A = TI \cdot AI + IT^2 + TI \cdot TI_A + AI \cdot TI_A = (AI + IT)(IT + TI_A) = AT \cdot II_A$$

于是
$$AT \cdot II_A = 2AI \cdot TI_A \Leftrightarrow \frac{TI_A}{AT} = \frac{\frac{1}{2}II_A}{AI} = \frac{ID}{AI}$$
$$\Leftrightarrow \frac{AT + TI_A}{AT} = \frac{AI + ID}{AI} \Leftrightarrow \frac{AI_A}{AT} = \frac{AD}{AI} \Leftrightarrow AT \cdot AD = AI \cdot AI_A$$

定理 4 三角形外心、内心及内切圆切点三角形的重心三点共线.

证明 如图 2.265,设 O, I 分别为 $\triangle ABC$ 的外心、内心. 圆 I 分别切边 BC, CA, AB 于点 D, E, F, G' 为 $\triangle DEF$ 的重心.

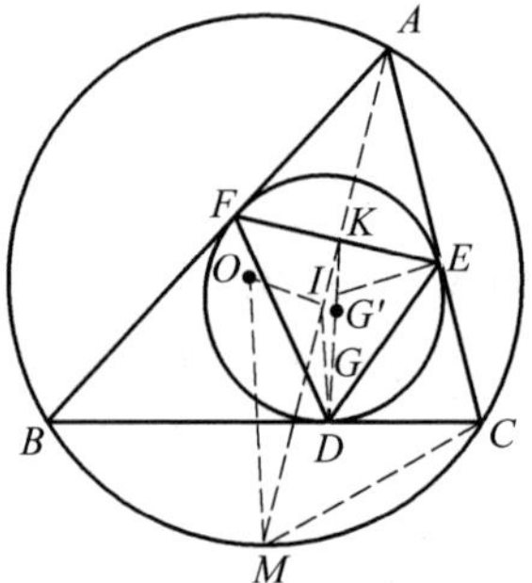

图 2.265

联结 AI 并延长交圆 O 于点 M,交 EF 于点 K,则 M 为 $\overset{\frown}{BC}$ 的中点,且在 BC 的中垂线上,AK 垂直平分 EF.

联结 OM, MC, ID, IE,则由 $OM \perp BC, ID \perp BC$,知 $ID \parallel OM$,且由性质 1 知 $IM = MC$.

令 $\angle MAC = \theta$,则 $\angle KEI = \theta$. 设圆 O 的半径为 R,直线 OI 与 KD 交于点 G,则

$$\frac{DG}{GK} = \frac{S_{\triangle DIG}}{S_{\triangle KIG}} = \frac{ID \cdot \sin \angle DIG}{IK \cdot \sin \angle KIG} = \frac{ID \cdot \sin \angle IOM}{IK \cdot \sin \angle OIM} = \frac{ID}{IK} \cdot \frac{IM}{OM} =$$

$$\frac{IE}{IK}\cdot\frac{IM}{R}=\frac{AI}{IE}\cdot\frac{IM}{R}=\frac{IM^2}{\sin\theta\cdot R}=\frac{2IM}{MC}=2$$

从而知 G 为 $\triangle DEF$ 的重心,即 G 与 G' 重合.故 O,I,G' 三点共线.

注 将内心 I 改为某旁心,$\triangle DEF$ 为这个旁切圆的切点三角形,G 为 $\triangle DEF$ 的重心,则 O,I_x,G 三点共线.

事实上,如图 2.266,联结 AI_A 及圆 O 于点 M,交 EF 于点 H,联结 I_AE,MC,则 $I_AM=MC$.

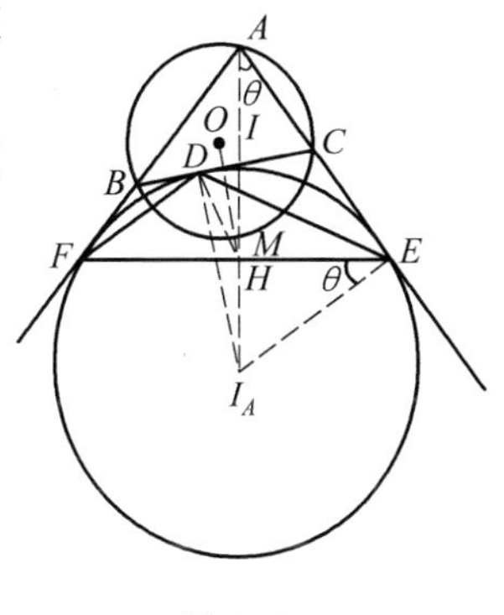

图 2.266

设直线 OI_A 交 DH 于点 G',$\angle MAC=\theta$,则 $\angle HEI_A=\theta$,且

$$\frac{DG'}{G'H}=\frac{S_{\triangle DI_AG'}}{S_{\triangle HI_AG'}}=\frac{I_AD\cdot\sin\angle DI_AG'}{I_AH\cdot\sin\angle HI_AG'}=$$

$$\frac{I_AD\cdot\sin\angle I_AOM}{I_AH\cdot\sin\angle OI_AM}=$$

$$\frac{I_AD}{I_AH}\cdot\frac{I_AM}{OM}=$$

$$\frac{I_AE}{I_AH}\cdot\frac{I_AM}{R}=$$

$$\frac{I_AM}{\sin A\cdot R}=\frac{2I_AM}{MC}=2$$

从而 G' 为 G,即证.

定理 5 设圆 O,圆 I 分别为 $\triangle ABC$ 的外接圆和内切圆.

(1) 过顶点 A 可作两圆圆 P_A,圆 Q_A 均在点 A 处与圆 O 内切,且圆 P_A 与圆 I 外切,圆 Q_A 与圆 I 内切;

(2) 设圆 O 的半径为 R,则 $P_AQ_A=\dfrac{\sin\dfrac{A}{2}\cdot\cos^2\dfrac{A}{2}}{\cos\dfrac{B}{2}\cdot\cos\dfrac{C}{2}}R$.

证明 如图 2.267.

(1) 过点 I 作 $EF\ /\!/\ AO$ 交圆 I 分别于点 E,F,联结 AE 交圆 I 于点 T,直线 IT 交 AO 于点 P_A,以 P_A 为圆心,以 AP_A 为半径作圆,则圆 P_A 符合题设.这是因为,$AO\ /\!/\ FE$,有 $\angle P_AAT=\angle IET=\angle ITE=\angle P_ATA$,即知 $P_AA=P_AT$.从而知圆 P_A 与圆 I 外切.

显然圆 P_A 与圆 O 内切.

设过点 A、点 T 的公切线交于点 S,从点 S 作圆 I 的切线,切点为 K,直线 KI 交 AO 于点 Q_A,以 Q_A 为圆心,以 Q_AK 为半径作圆,则圆 O_A 符合题设.这是因为,点 S 为根心,由此即证.

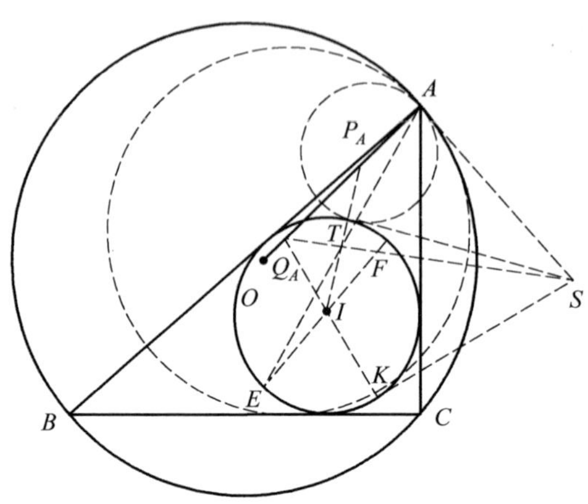

图 2.267

(2) 其证明参见后面(见图 2.518).

定理 6　非等腰 $\triangle ABC$ 的内切圆圆 I 与边 BC 切于点 D,$\angle A$ 的角平分线与 $\triangle ABC$ 外接圆圆 O 交于点 M,直线 DM 与圆 O 交于点 P(异于点 M).则 $\angle API = 90°$.

证明　如图 2.268,设 AE 是圆 O 的直径.注意到 M 为弧 $\overset{\frown}{BEC}$ 中点,则 $\angle MPC = \angle DCM = \frac{1}{2}\angle A$,所以,$\triangle PMC \backsim \triangle CMD$.

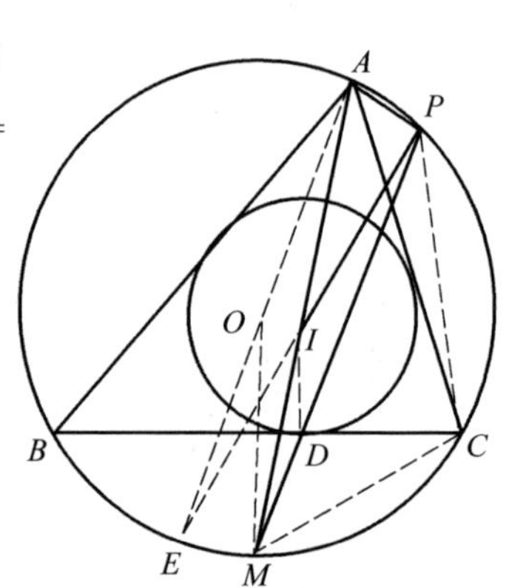

图 2.268

于是,$MI^2 = MC^2 = MD \cdot MP$.

则 $\triangle MID \backsim \triangle MPI$.

从而,$\angle MID = \angle IPM$.

由 $OM \parallel ID$,得

$$\angle OAM = \angle OMA = \angle MID$$

因此

$$\angle EPM = \angle EAM = \angle IMO = \angle MID = \angle IPM$$

于是,E,I,P 三点共线.

因为 AE 是直径,所以,$\angle API = 90°$.

定理 7(叶中豪提供)　如图 2.269,在 $\triangle ABC$ 的 $\angle ACB$ 内有一个圆,其与边 CA,CB 分别切于点 E,F,又与 $\triangle ABC$ 的外接圆内切于点 T,EF 的中点 I 在 AB 上的射影为 X,直线 AB 与 EF 交于点 Y.证明:$\angle CTX = 2\angle Y$.

证明　如图 2.269,由 $\angle CFE = \angle CBA - \angle Y$ 及 $\angle CEF = \angle CAB + \angle Y$,有 $2\angle Y = \angle CBA - \angle CAB$.

从而 $\angle CTX=2\angle Y \Leftrightarrow \angle ATX=\angle BTC$.

延长 TI 交 $\triangle ABC$ 的外接圆于点 N，由三角形半内切圆定理7知 N 为 $\overset{\frown}{ACB}$ 的中点，CN 为 $\angle ACB$ 的外角平分线.

于是，由半内切圆定理9，知 $\angle ATX=\angle BTC$ 成立.

定理8(潘成华提供)　如图2.270，在 $\triangle ABC$ 的 $\angle ACB$ 内有一个圆，其与 CA，CB 延长线分别切于点 E，F，又与 $\triangle ABC$ 的外接圆外切于点 S，EF 的中点 J 在 AB 上的射影为 X，直线 AB 与 EF 交于点 Y. 证明：$\angle CSX=2\angle Y$.

证明　如图2.270，由 $\angle CEF=\angle CSB+\angle Y$ 及 $\angle CFE=\angle ASC-\angle Y$，有 $2\angle Y=\angle ASC-\angle CSB$.

从而 $\angle CSX=2\angle Y \Leftrightarrow \angle ASX=\angle BSC$.

延长 JS 交 $\triangle ABC$ 的外接圆于点 N，由三角形半外切圆定理7，知 N 为 $\overset{\frown}{ACB}$ 的中点. CN 为 $\angle ACB$ 的外角平分线.

于是，由半外切圆定理9，知 $\angle ASX=\angle BSC$.

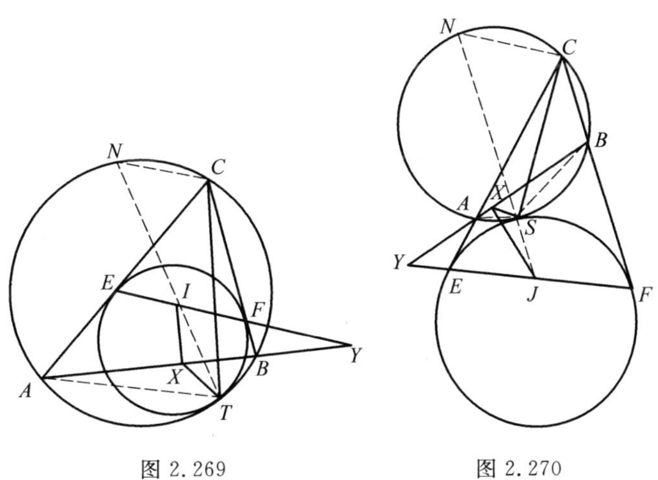

图2.269　　　　图2.270

❖三角形的过两顶点且与内切圆相切的圆问题

定理1　已知 I，O 分别为 $\triangle ABC$ 的内心、外心，圆 Γ_A 过点 B，C，且与 $\triangle ABC$ 的内切圆相切，类似地，定义圆 Γ_B，Γ_C. 设圆 Γ_B 与圆 Γ_C 交于不同的两点 A，A'，类似定义点 B'，C'. 则直线 AA'，BB'，CC' 交于一点，且交点在直线 OI

上.①

证明 由点 A' 定义,知直线 AA' 为圆 Γ_B 与圆 Γ_C 的根轴.

考虑圆 $\Gamma_A,\Gamma_B,\Gamma_C$ 的根心.

由蒙日(根心)定理,知直线 AA',BB',CC' 交于一点,设此点为 Q.

如图2.271,设 J_A 为圆 Γ_A 与 $\triangle ABC$ 的内切圆的切点,类似定义点 J_B,J_C.

设 D 为 $\triangle ABC$ 的内切圆在边 BC 上的切点,类似定义点 E,F.

设 K_A 为直线 J_BJ_C 关于 $\triangle ABC$ 内切圆的极点,类似定义点 K_B,K_C.

设 S 为 K_AK_B 与 AC 的交点,T 为 K_AK_C 与 AB 的交点,X 为 K_BK_C 与 BC 的交点,点 Y,Z 类似定义(图2.271中未作出).

考虑 $\triangle ABC$ 的内切圆、圆 Γ_B,Γ_C 的根心.

由蒙日定理,知 A,Q,A',K_A 四点共线.

类似地,B,Q,B',K_B,C,Q,C',K_C 分别四点共线.

由笛沙格定理,知 $\triangle ABC$ 与 $\triangle K_AK_BK_C$ 有透视中心 Q.因此,$\triangle ABC$ 与 $\triangle K_AK_BK_C$ 有透视轴 XYZ,即 X,Y,Z 三点共线.

由帕斯卡定理的逆定理,知六点形 $AK_ABK_BCK_C$ 在一条二次曲线上.由帕斯卡定理得 S,Q,T 三点共线.

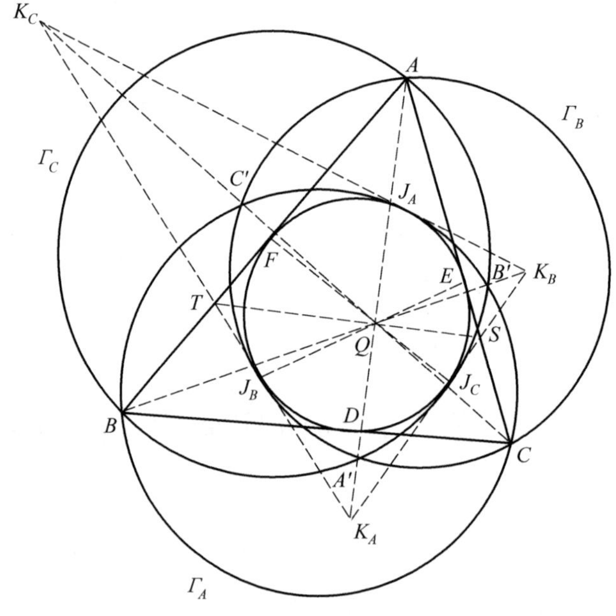

图2.271

① 杨泓暕.一个图形的性质探索[J].中等数学,2015(11):17-20.

对圆外切四边形 ATK_AS 应用牛顿定理，知 J_AD 过点 Q. 类似地，J_BE，J_CF 过点 Q.

注意到，直线 XYZ 其实为 $\triangle ABC$ 的外接圆与内切圆的根轴，故 $OI\perp XYZ$；而 Q 为直线 XYZ 关于 $\triangle ABC$ 内切圆的极点，故 $QI\perp XYZ$. 从而，点 Q 在直线 OI 上.

定理 2 已知圆 Γ 过点 B，C，且与 $\triangle ABC$ 的内切圆圆 I 切于点 K，D 为圆 I 在边 BC 上的切点. 则直线 KD 过 $\triangle ABC$ 中 $\angle A$ 所对的旁心 I_A.

证明 如图 2.272，设直线 I_AD 与圆 I 交于点 K'，并设法证明 $\triangle BCK'$ 的外接圆与圆 I 切于点 K'.

设 I_AD 的中点为 H，$\angle A$ 所对的旁切圆在边 BC 上的切点为 D'. 设 $\triangle ABC$ 的三边长为 a，b，c，内切圆半径、旁切圆半径分别为 r，r_A.

先证明：K'，B，H，C 四点共圆.

由
$$\tan\angle IDK'=\tan\angle D'I_AK'=\frac{|b-c|}{r_A}$$
$$\Rightarrow\cos\angle K'ID=-\cos 2\angle IDK'=\frac{(b-c)^2-r_A^2}{(b-c)^2+r_A^2}$$
$$\Rightarrow K'D=\sqrt{2r^2-2r^2\cos\angle K'ID}=\frac{2rr_A}{DI_A}=\frac{rr_A}{DH}$$
$$\Rightarrow K'D\cdot HD=rr_A$$

又
$$\frac{r}{BD}=\tan\angle IBD=\cot\angle I_ABD=\frac{BD'}{I_AD'}=\frac{CD}{I_AD'}$$
$$\Rightarrow BD\cdot CD=rr_A\Rightarrow BD\cdot CD=K'D\cdot HD$$
$$\Rightarrow K',B,H,C\text{ 四点共圆}$$

再证明：K'，B，H，C 四点所在的圆与圆 I 相切.

考虑圆 I 及圆 B，H，C.

由开世定理(一)(见下册)的逆定理，只要证
$$HB\cdot CD+HC\cdot BD=BC\sqrt{HD\cdot HK'} \quad ①$$
易证 $HB=HC$，$\angle BK'D=\angle CK'D$，故式 ①$\Leftrightarrow HB^2=HD\cdot HK'$.

而注意到，$\angle HBC=\angle HK'C=\angle HK'B$.

故 $\triangle HBD\backsim\triangle HK'B\Rightarrow HB^2=HD\cdot HK'$.

因此，K'，B，H，C 四点所在的圆与圆 I 切于点 K'.

根据同一法,即直线 KD 过 $\triangle ABC$ 中 $\angle A$ 所对的旁心 I_A.

注 直线 KD 同样过边 BC 上高的中点 N.

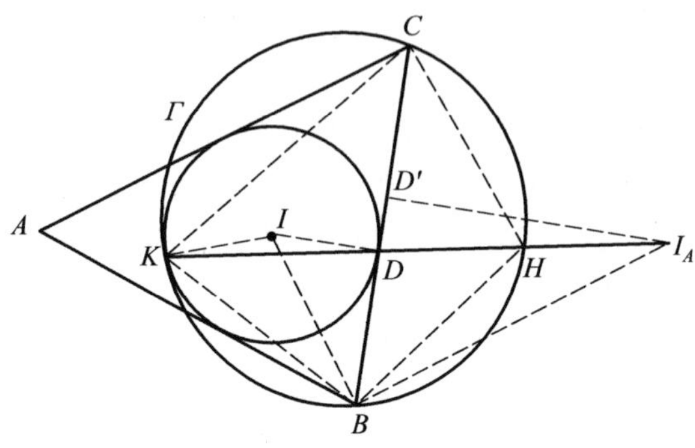

图 2.272

定理 3 已知圆 Γ_A 过点 B,C,且与 $\triangle ABC$ 的内切圆圆 I 切于点 K_A,类似定义点 K_B,K_C.则直线 AK_A,BK_B,CK_C 三线共点.

证明 如图 2.273.

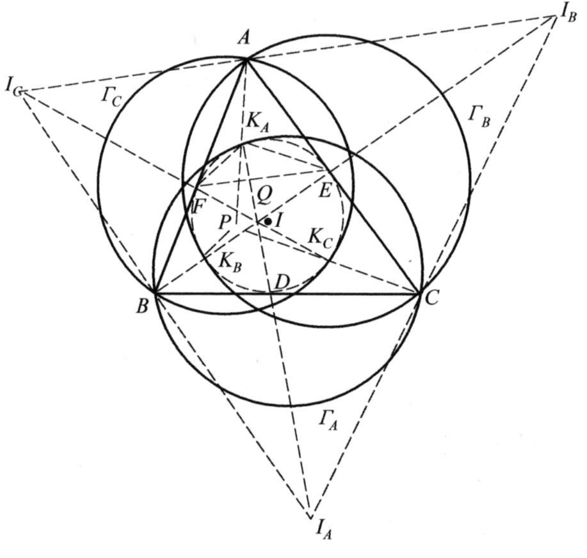

图 2.273

由第一角元塞瓦定理,只要证

$$\prod \frac{\sin \angle BAK_A}{\sin \angle K_AAC}=1$$

其中,"$\prod$"表示轮换对称积.

对 $\triangle AEF$ 及点 K_A,运用第一角元塞瓦定理知

$$\frac{\sin\angle BAK_A}{\sin\angle K_AAC}=(\frac{\sin\angle K_AEF}{\sin\angle K_AFE})^2=(\frac{K_AF}{K_AE})^2$$

故只要证 $\prod\frac{K_AF}{K_AE}=1$,即 K_AD,K_BE,K_CF 三线共点.

由定理 2 的结论,即要证 I_AD、I_BE、I_CF 三线共点.

由第一角元塞瓦定理,只要证

$$\prod\frac{\sin\angle I_CI_AD}{\sin\angle DI_AI_B}=1$$

由角分线定理得

$$\frac{\sin\angle I_CI_AD}{\sin\angle DI_AI_B}=\frac{BD}{CD}\cdot\frac{I_AC}{I_AB}$$

故只要证

$$(\prod\frac{BD}{CD})(\prod\frac{I_AC}{I_AB})=1$$

注意到,AI_A,BI_B,CI_C 三线共点及切线长的性质,上式显然成立.

从而,结论成立.

定理 4 已知圆 Γ 过点 B,C,且与 $\triangle ABC$ 的内切圆圆 I 切于点 K,圆 Γ 分别与直线 AB,AC 交于点 Y,X,$\triangle AXY$ 中 $\angle A$ 所对的旁心为 J,D 为圆 I 在边 BC 上的切点.则 D,I,J,K 四点共圆.

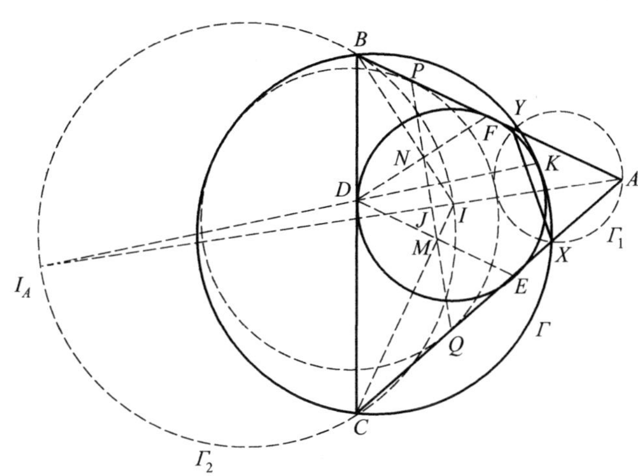

图 2.274

证明 如图 2.274,设圆 I 与边 AB,AC 分别切于点 F,E,$\triangle BCX$,$\triangle BCY$

的内心分别为 M,N.

以 A 为反演中心、A 到圆 Γ 的幂为反演幂作反演变换.

则圆 Γ、直线 AB,AC 不变. 故圆 I 在反演下变为与 AB,AC,圆 Γ 相切的另一个圆 Γ'. 设圆 Γ' 与 AB,AC 分别切于点 P,Q.

直线 BC 在反演下变为 $\triangle AXY$ 的外接圆 Γ_1. 故圆 Γ_1 与 Γ' 外切,即圆 Γ' 为 $\triangle AXY$ 的半旁切圆.

由曼海姆定理,知 J 为 PQ 的中点.

由沢山定理 1(见下册曼海姆定理的推广),知点 M,N 均在 PQ 上.

再由曼海姆定理,知点 M 在 DE 上,点 N 在 DF 上.

另外,显然点 M 在 CI 上,点 N 在 BI 上.

作以圆 I 为反演基圆的反演变换.

于是,反演下 $N\to B,M\to C$,直线 $MN\to\triangle BIC$ 的外接圆 Γ_2.

注意到,圆 Γ_2 同样过点 I_A.

从而,反演下 $J\to I_A$.

故 PQ 为点 I_A 关于圆 I 的极线.

另一方面,由定理 2 的结论,知 I_A,D,K 三点共线.

由熟知的结论,知 D,I,J,K 四点共圆.

定理 5 已知圆 Γ 过点 B,C,且与 $\triangle ABC$ 的内切圆切于点 K,延长 AK,再与圆 Γ 交于点 T,D 为 $\triangle ABC$ 的内切圆在边 BC 上的切点. 则 $\angle BTA=\angle CTD$.

证明 先证明一个引理.

引理 设圆 Γ 与圆 Γ' 内切于点 T,过平面内任一点 A 向圆 Γ 作切线,分别与圆 Γ' 交于点 B,C,I 为 $\triangle ABC$ 的内心. 则 IT 平分 $\angle BTC$.

事实上,如图 2.275,设 P,Q 分别为圆 Γ 在 AB,AC 上的切点,M,N 分别为 PQ 与 BI,CI 的交点,R,S 分别为圆 Γ' 与 TP,TQ 的交点,X,Y 分别为圆 Γ' 与 BA,CA 的交点.

由沢山定理 1,知 M,N 分别为 $\triangle BXC,\triangle BYC$ 的内心.

由位似的熟知结论,知 S,R 分别为弧 $\overset{\frown}{CY},\overset{\frown}{BX}$ 的中点.

故点 M 在 CR 上,点 N 在 BS 上.

又
$$\angle BNC=90^\circ+\frac{1}{2}\angle BYC=90^\circ+\frac{1}{2}\angle BXC=\angle BMC$$

则 B,C,M,N 四点共圆.

于是,$\angle CNQ=\angle CBI=\angle ABI$,因此,$B,P,N,I$ 四点共圆.

类似地,C,Q,M,I 四点共圆.

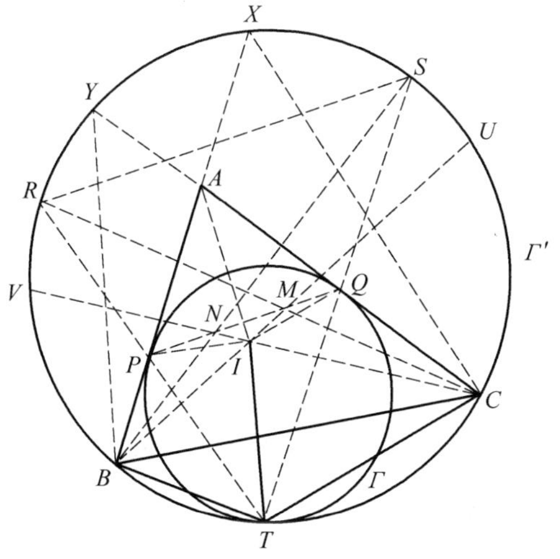

图 2.275

由位似知 $PQ // RS$，故 $\angle NPT = \angle SRT = \angle NBT$.

从而，B,P,N,I,T 五点共圆.

类似地，C,Q,M,I,T 五点共圆.

由 $\angle APQ = \angle AQP$，知

$$\angle BTN = \angle CTM$$

由 $\angle MBN = \angle MCN$，知

$$\angle ITN = \angle ITM$$

两式相加得 $\angle BTI = \angle CTI$，即 IT 平分 $\angle BTC$.

回到原题.

如图 2.276，不妨设 $AB \leqslant AC$. 以 A 为反演中心、A 到圆 Γ 的幂为反演幂作反演变换. 则圆 Γ，直线 AB，AC 不变，$K \to T$.

故圆 I 在反演下变为与 AB 和 AC 相切、与圆 Γ 内切于点 T 的圆 Γ'.

由引理，知 IT 平分 $\angle BTC$.

由位似的熟知结论，得 KD 平分 $\angle BKC$.

再由引理得

$$\angle CKD + \angle BTI =$$

$$90^\circ - \frac{1}{2}\angle BEC + \frac{1}{2}\angle BTC = 90^\circ$$

$$\Rightarrow -\angle DKT + \angle CKT + \angle BTI = 90^\circ$$

$$\Rightarrow \angle DKT = \angle CKT + \angle BTI - 90^\circ =$$

$$90^\circ - \langle BC, IT\rangle = \angle DIT$$

$\Rightarrow K,I,D,T$ 四点共圆

又 $IK=ID$，故 IT 平分 $\angle KTD$.

因此，IT 平分 $\angle BTC$ 及 $\angle KTD$.

则 $\angle BTA=\angle CTD$.

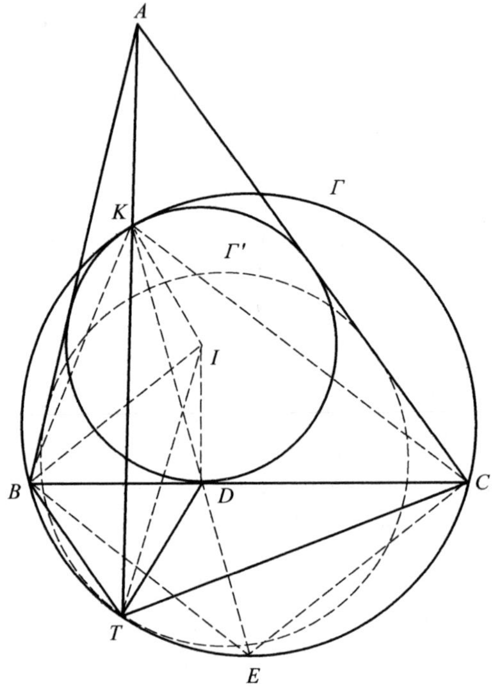

图 2.276

❖三角形内角的余弦方程

三角形内角的余弦方程① 设 $\triangle ABC$ 的三个内角为 A,B,C，其对边分别为 a,b,c，内切圆、外接圆的半径分别为 r,R，半周长 $p=\frac{1}{2}(a+b+c)$，则 $\cos A,\cos B,\cos C$ 是方程 $4Rx^3-4R(R+r)x^2+(p^2-4R^2+r^2)x+(2R+r)^2-p^2=0$ 的三个根.

证明 在 $\triangle ABC$ 中有

① 宋世良.三角形内角的余弦方程及应用[J].中学数学月刊.1998(10):21-24.

$$\tan\frac{A}{2}=\frac{r}{p-a}$$

即

$$p=a+r\cot\frac{A}{2}=2R\sin A+r\cot\frac{A}{2}=$$

$$2R\sqrt{(1-\cos A)(1+\cos A)}+r\sqrt{\frac{1+\cos A}{1-\cos A}}$$

两边平方,化简得

$$4R^3\cos^3 A-4R(R+r)\cos^2 A+(p^2+r^2-4R^2)\cos A+(2R+r)^2-p^2=0$$

则 $\cos A$ 是方程的一个根.同理 $\cos B$,$\cos C$ 也是方程的根.

上述方程称为三角形内角的余弦方程.

由韦达定理,得

$$\cos A+\cos B+\cos C=\frac{R+r}{R} \quad ①$$

$$\cos A\cos B+\cos B\cos C+\cos C\cos A=\frac{p^2+r^2-4R^2}{4R^2} \quad ②$$

$$\cos A\cos B\cos C=\frac{p^2-(2R+r)^2}{4R^2} \quad ③$$

由上述余弦方程可得如下结论:

定理 1 设 $\triangle ABC$ 的半周长为 p,内切圆、外接圆的半径分别为 r,R,则 $\triangle ABC$ 为锐角、直角、钝角三角形的充要条件分别是 $p>2R+r$,$p=2R+r$,$p<2R+r$.

证明 由式 ③ 可知

$$\cos A\cos B\cos C=\frac{p^2-(2R+r)^2}{4R^2}=\frac{(p+2R+r)(p-2R-r)}{4R^2}$$

又 $p+2R+r>0$,又 $\triangle ABC$ 为锐角、直角、钝角三角形的充要条件是 $\cos A\cos B\cos C$ 的值分别大于零、等于零、小于零.

由上式可知 $\triangle ABC$ 为锐角、直角、钝角三角形的充要条件分别是 $p>2R+r$,$p=2R+r$,$p<2R+r$.

定理 2 设 $\triangle ABC$ 的内切圆、外接圆的半径分别为 r,R,则 $\triangle ABC$ 为等边三角形的充要条件是 $R=2r$.

证明 $\triangle ABC$ 为等边三角形的充要条件是 $A=B=C=60^\circ$.由式 ① 可知 $\triangle ABC$ 为等边三角形的充要条件是 $R=2r$.

定理 3 $\triangle ABC$ 为锐角、直角、钝角三角形的充要条件是 $\cos^2 A+\cos^2 B+\cos^2 C$ 的值分别小于 1、等于 1、大于 1.

证明 将式 ① 平方减去式 ② 的 2 倍,再由式 ③,得

$$\cos^2 A+\cos^3 B+\cos^2 C=1-2\cdot\frac{p^2-(2R+r)^2}{4R^2}=1-2\cos A\cos B\cos C$$

即
$$\cos^2 A+\cos^2 B+\cos^2 C=1-2\cos A\cos B\cos C \quad ④$$

故 $\triangle ABC$ 为锐角、直角、钝角三角形的充要条件是 $\cos^2 A+\cos^2 B+\cos^2 C$ 的值分别小于 1、等于 1、大于 1.

推论 1 $\triangle ABC$ 为锐角、直角、钝角三角形的充要条件是 $\sin^2 A+\sin^2 B+\sin^2 C$ 的值分别大于 2、等于 2、小于 2.

证明 由式 ④ 可知

$$\sin^2 A+\sin^2 B+\sin^2 C=2+2\cos A\cos B\cos C \quad ⑤$$

则 $\triangle ABC$ 为锐角、直角、钝角三角形的充要条件是 $\sin^2 A+\sin^2 B+\sin^2 C$ 的值分别大于 2、等于 2、小于 2.

推论 2 设 $\triangle ABC$ 的三边为 a,b,c,外接圆的半径为 R,则 $\triangle ABC$ 为锐角、直角、钝角三角形的充要条件是 $a^2+b^2+c^2$ 的值分别大于 $8R^2$、等于 $8R^2$、小于 $8R^2$.

证明 由正弦定理及式 ⑤,得

$$a^2+b^2+c^2=8R^2(1+\cos A\cos B\cos C) \quad ⑥$$

故 $\triangle ABC$ 为锐角、直角、钝角三角形的充要条件是 $a^2+b^2+c^2$ 的值分别大于 $8R^2$、等于 $8R^2$、小于 $8R^2$.

❖三角形的中点三角形(中位线三角形)定理

以三角形三边中点为顶点的三角形,称为中点三角形(或中位线三角形).

定理 1 三角形的重心与中点三角形的重心重合.

定理 2 三角形的外心是中点三角形的垂心.

定理 3 三角形的面积是中点三角形面积的 4 倍.

定理 4 三角形内心即为其中点三角形的第一界心[①].

证明 设 AP 为 $\triangle ABC$ 分周中线,$\triangle LMN$ 为中点三角形,I 为 $\triangle ABC$ 内心,如图 2.277,由 J_1 的性质,$LI\ /\!/\ AP$,延长 LI 交 NM 于 L',则

$$\angle L'LM=\angle BAP, \angle NML=\angle B$$

知
$$\triangle LML'\backsim\triangle ABP$$

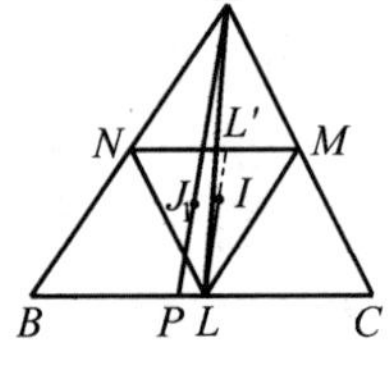

图 2.277

① 邹黎明.三角形界心的一组性质[J].中学数学,1997(4):34.

$$\frac{L'M}{BP}=\frac{L'L}{AP}=\frac{1}{2}$$

则
$$L'M+ML=\frac{1}{2}BP+\frac{1}{2}AB=\frac{1}{2}p$$

同样知 $L'N+NL=\frac{1}{2}p$，即 LL' 为 $\triangle LMN$ 的分周中线. 联结 NI 延长交 LM 于 N'，同理可证 NN' 是 $\triangle LMN$ 的分周中线，即 I 是 $\triangle LMN$ 的第一界心.

定理 4 可视为"三角形外心是中位三角形的垂心"的对偶定理. 又由于"三角形垂心是它垂足三角形的内心"，于是有

定理 5 设 $\triangle ABC$ 的中点三角形为 $\triangle_1$，$\triangle_1$ 的垂足三角形为 $\triangle_2$，$\triangle_2$ 的中点三角形是 $\triangle_3$，则 $\triangle ABC$ 的外心是 $\triangle_3$ 的第一界心.

我们还有

定理 6 三角形第一界心是其内心关于各边中点的对称点所构成的三角形的内心.

证明略.

定理 7 三角形的第二界心，是其中点三角形的内心，是其中点三角形的中点三角形的第一界心.

证明 先看一个引理：

引理 若四边形的一组对边相等，则相等的这一组对边交角的平分线必平行于另一组对边中点的连线.

事实上，如图 2.278，设四边形 $ABCD$ 中，$AD=BC$，E,F 分别为 AB,CD 的中点，AD,BC 的延长线交于点 P，并分别交 EF 的延长线于 Q,R，PS 平分 $\angle APB$.

联结 BD，取 BD 的中点 K，再联结 EK,FK，则不难证明 $PS\parallel RE$.

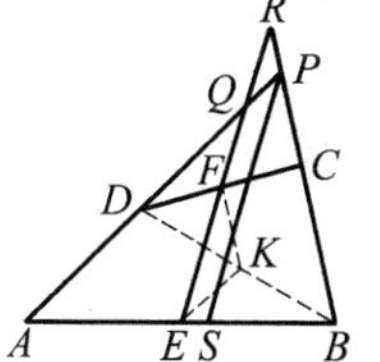

图 2.278

下面回到定理证明. 如图 2.279，设 $\triangle ABC$ 的旁切圆圆 I_A，圆 I_B，圆 I_C 分别切 BC,CA,AB 于 X,Y,Z，又 D,E,F 分别为 BC,CA,AB 的中点，X_1,Y_1,Z_1 分别为 YZ,ZX,XY 的中点，令 $BC=a$，$CA=b$，$AB=c$，$\angle A$ 的平分线 AI_A 交边 BC 于 P，延长 DX_1 交 AB 于 Q. 由题设及 $\triangle ABC$ 的旁心 I_A,I_B,I_C 的性质可知

$$BZ=\frac{1}{2}(AB+AC-BC)=CY$$

则在四边形 $BCYZ$ 中，因 D,X_1 分别是 BC,YZ 的中点，由引理可得

$$DX_1\parallel AI_A$$

即
$$DQ\parallel AP$$

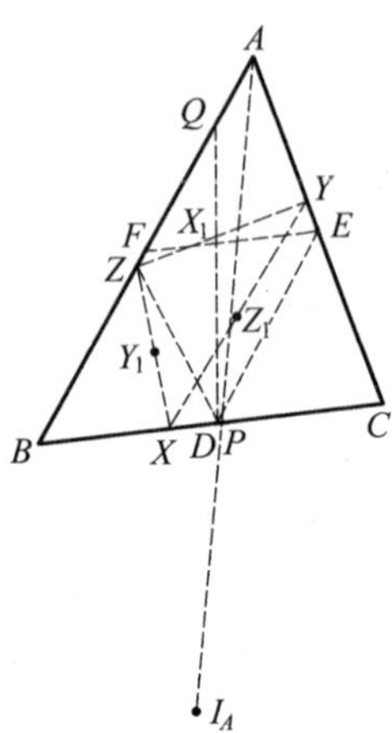

图 2.279

又 $$BD=CD=\frac{1}{2}BC$$

$$\frac{CP}{BP}=\frac{AC}{AB}$$

则 $$BD=\frac{a}{2},BP=\frac{ac}{b+c}$$

由 $DQ\ /\!/\ AP$ 可知,有

$$\frac{BQ}{BA}=\frac{BD}{BP}$$

所以 $$BQ=\frac{BA\cdot BD}{BP}=\frac{b+c}{2}$$

从而 $$BD+BQ=\frac{a}{2}+\frac{b+c}{2}=\frac{1}{2}(a+b+c)$$

所以线段 DQ 是 $\triangle ABC$ 的对偶分周中线.

同理可证:直线 EY_1,FZ_1 也是 $\triangle ABC$ 的对偶分周中线.

故由第二界心定义可知:直线 X_1D,Y_1E,Z_1F 三线共点,记为 J_2.

再联结 DE,EF,FD,易知有

$$DF=\frac{b}{2}=FQ,DF\ /\!/\ AC$$

所以,有

$$\angle FDQ=\angle FQD=\angle QDE$$

则 $DQ(DX_1)$ 为 $\angle FDE$ 的平分线.

同理可证:EY_1,FZ_1 分别是 $\angle DEF$,$\angle DFE$ 的平分线,所以点 J_2 是 $\triangle DEF$ 的内心.

❖三角形的切点三角形定理

与三角形三边都相切的圆叫三角形内切圆,圆心叫三角形的内心,是三角形内角平分线的交点.因此,内心到三角形三边距离相等.把内切圆与三角形三边的切点顺次联结所得到的三角形,我们称之为原三角形的切点三角形.

定理 1① 三角形的内心是切点三角形的外心.

证明 圆 I 内切于 $\triangle ABC$,D,E,F 为切点.如图2.257,联结 ID,IE,IF,显然,$ID=IE=IF$,因此,点 I 是 $\triangle DEF$ 三边中垂线的交点,所以,点 I 是

① 童中华.谈三角形内切圆与其切点三角形的关系[J].中学数学教学,2002(2):33.

$\triangle DEF$ 的外心.点 I 又是 $\triangle ABC$ 的内心.

定理 2 切点三角形一个内角与原三角形相对应的内角的一半互余.

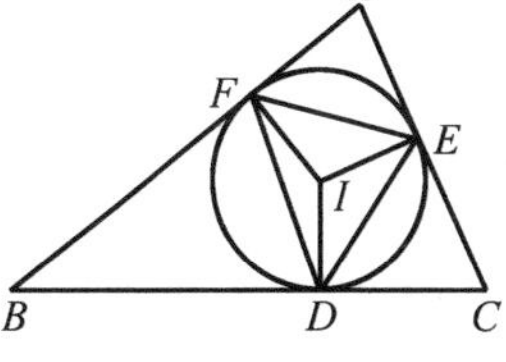

图 2.280

证明 如图 2.280,$\angle EDF$ 是切点三角形一个内角,其顶点 D 在 BC 上,边 BC 的对角是 A,那么 A 是 $\triangle DEF$ 中与 $\angle EDF$ 相对应的一个角.因为圆周角 $\angle EDF=\frac{1}{2}\angle EIF$,而 $\angle EIF=180^\circ-A$,所以得到 $\angle EDF=90^\circ-\frac{A}{2}$.同理可得,$\angle DEF=90^\circ-\frac{B}{2}$,$\angle DFE=90^\circ-\frac{C}{2}$.或写成:$\angle EDF+\frac{A}{2}=90^\circ$,$\angle DEF+\frac{B}{2}=90^\circ$,$\angle DFE+\frac{C}{2}=90^\circ$.

注 (1) 切点三角形必为锐角三角形.

(2) 若原三角形为等腰三角形(或等边三角形),则切点三角形必为等腰三角形(或等边三角形).

定理 3 三角形的顶点到它内切圆的切线长等于三角形周长的一半与该顶点的对边的差.

证明 如图 2.280,设 $BC=a$,$AC=b$,$AB=c$,并设 $AE=x$,$BF=y$,$CD=z$,由切线长定理可得 $AF=AE=x$,$BD=BF=y$,$CE=CD=z$,于是得

$$\begin{cases}x+y=c & ①\\ y+z=a & ②\\ x+z=b & ③\end{cases}$$

①+②+③ 得

$$x+y+z=\frac{1}{2}(a+b+c) \qquad ④$$

④ 分别减去 ①,②,③ 得

$$z=\frac{1}{2}(a+b+c)-c,x=\frac{1}{2}(a+b+c)-a,y=\frac{1}{2}(a+b+c)-b$$

若设 $p=\frac{1}{2}(a+b+c)$,则

$$AE=x=p-a,BF=y=p-b,CD=z=p-c$$

注 (1) 直角顶点到它内切圆的切线长等于周长的一半与斜边的差.

(2) 直角三角形内切圆半径等于周长的一半与斜边的差.

定理 4 三角形内切圆半径等于该三角形面积的 2 倍与周长的商.

证明 设 $BC=a$,$AC=b$,$AB=C$,I 为内心,内切圆的半径为 r,$\triangle ABC$ 的

面积为 $S_\triangle$.

联结 IB,IC,IA,因 $ID=IE=IF=r$,且 $ID\perp BC$,$IE\perp AC$,$IF\perp AB$,所以

$$S_\triangle=S_{\triangle IBC}+S_{\triangle IAC}+S_{\triangle IAB}=\frac{1}{2}r(a+b+c)$$

即

$$r=\frac{2S_\triangle}{a+b+c}$$

定理5 三角形的三个内角为 A,B,C,它们所对的边分别为 a,b,c,R,r 分别为三角形的外接圆和内切圆半径,p 为三角形的半周长,则该三角形的切点三角形面积 $S_{\triangle切}$ 为①

$$S_{切\triangle}=\frac{2}{abc}\sqrt{p(p-a)^3(p-b)^3(p-c)^3}$$

或

$$S_{切\triangle}=\frac{1}{2}r^2(\sin A+\sin B+\sin C)$$

或

$$S_{切\triangle}=\frac{r^2p}{2R}=2S_{\triangle ABC}\sin\frac{A}{2}\sin\frac{B}{2}\sin\frac{C}{2}$$

证明 如图 2.281,在 $\triangle ABC$ 中,$AB=c$,$BC=a$,$AC=b$,D,E,F 分别为内切圆圆 I 与三边的切点,且内切圆半径为 r,联结 IA,IB,IC,DE,EF,FD.

图 2.281

因为 $S_{切\triangle}=S_{\triangle EIF}+S_{\triangle FID}+S_{\triangle EID}$ 且 IA,IB,IC 分别垂直平分线段 EF,FD,DE,所以

$$S_{切\triangle}=\frac{1}{2}EF\cdot IM+\frac{1}{2}FD\cdot IG+\frac{1}{2}ED\cdot IH=$$

$$EM\cdot IM+FG\cdot IG+IH\cdot DH \qquad ①$$

又易知

$$\angle IAE=\angle IFE=\angle IAF=\angle FEI=\frac{A}{2}$$

所以

$$IM=IE\sin\frac{A}{2}=r\sin\frac{A}{2}$$

$$EM=IE\cos\frac{A}{2}=r\cos\frac{A}{2}$$

故

$$S_{\triangle EIF}=IM\cdot EM=r\sin\frac{A}{2}\cdot r\cos\frac{A}{2}=\frac{1}{2}r^2\sin A \qquad ②$$

同理

$$S_{\triangle DIF}=\frac{1}{2}r^2\sin B \qquad ③$$

① 师银芳.切点三角形的几个面积公式[J].数学教学研究,2001(5):39-40.

$$S_{\triangle DIE}=\frac{1}{2}r^2\sin C \tag{4}$$

将 ②,③,④ 分别代入 ① 得

$$S_{切\triangle}=\frac{1}{2}r^2\sin A+\frac{1}{2}r^2\sin B+\frac{1}{2}r^2\sin C=$$

$$\frac{1}{2}r^2(\sin A+\sin B+\sin C) \tag{5}$$

$$\sin A+\sin B+\sin C=4\cos\frac{A}{2}\cos\frac{B}{2}\cos\frac{C}{2}$$

及

$$p=\frac{a+b+c}{2}=4R\cos\frac{A}{2}\cos\frac{B}{2}\cos\frac{C}{2}$$

代入 ⑤,得

$$S_{切\triangle}=\frac{r^2p}{2R} \tag{6}$$

将 $r=4R\sin\frac{A}{2}\sin\frac{B}{2}\sin\frac{C}{2}$ 及 $S_{\triangle ABC}=pr$ 代入式 ⑥ 得

$$S_{切\triangle}=2S_{\triangle ABC}\sin\frac{A}{2}\sin\frac{B}{2}\sin\frac{C}{2}$$

再将 $r=\sqrt{\frac{(p-a)(p-b)(p-c)}{p}}$ 和 $S_{\triangle ABC}=\frac{abc}{4R}$,代入 ⑥ 得

$$S_{切\triangle}=\frac{2\sqrt{p(p-a)^3(p-b)^3(p-c)^3}}{abc}$$

定理6 记 $\triangle ABC$ 的切点三角形为 $\triangle A_1B_1C_1$,$\triangle A_1B_1C_1$ 的切点三角形为 $\triangle A_2B_2C_2$,设 $\triangle ABC$,$\triangle A_1B_1C_1$,$\triangle A_2B_2C_2$ 的面积分别为 S_0,S_1,S_2 则有 $S_1^2\leqslant S_0S_2$,当且仅当 $\triangle ABC$ 为等边三角形时等号成立.[①]

证明 如图 2.282,易知

$$\angle C_1A_1B_1=\frac{\pi-A}{2}$$

$$\angle A_1B_1C_1=\frac{\pi-B}{2}$$

$$\angle B_1C_1A_1=\frac{\pi-C}{2}$$

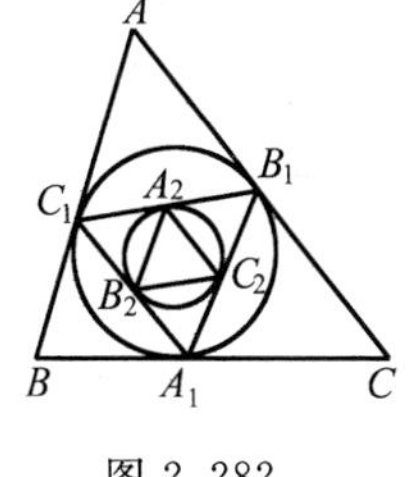

图 2.282

由定理 5 可得

$$\frac{S_1}{S_0}=2\sin\frac{A}{2}\sin\frac{B}{2}\sin\frac{C}{2}$$

① 沈毅,张雪梅.关于切点三角形面积的一个不等式[J].中学教研(数学),2008(1):31.

同理 $$\frac{S_2}{S_1}=2\sin\frac{\angle C_1A_1B_1}{2}\sin\frac{\angle A_1B_1C_1}{2}\sin\frac{\angle B_1C_1A_1}{2}=2\sin\frac{\pi-A}{4}\sin\frac{\pi-B}{4}\sin\frac{\pi-C}{4}$$

注意到

$$\sin\frac{A}{2}\sin\frac{B}{2}-\sin^2\frac{\pi-C}{4}=\sin\frac{A}{2}\sin\frac{B}{2}-\frac{1-\cos\frac{\pi-C}{2}}{2}=\frac{2\sin\frac{A}{2}\sin\frac{B}{2}+\cos\frac{A+B}{2}-1}{2}=\frac{\cos\frac{A-B}{2}-1}{2}\leqslant 0$$

因此 $\sin\frac{A}{2}\sin\frac{B}{2}\leqslant\sin^2\frac{\pi-C}{4}$,当且仅当 $A=B$ 时,等号成立.

同理 $$\sin\frac{B}{2}\sin\frac{C}{2}\leqslant\sin^2\frac{\pi-A}{4}$$
$$\sin\frac{A}{2}\sin\frac{C}{2}\leqslant\sin^2\frac{\pi-B}{4}$$

上述三式相乘,得

$$\sin\frac{A}{2}\sin\frac{B}{2}\sin\frac{C}{2}\leqslant\sin\frac{\pi-A}{4}\sin\frac{\pi-B}{4}\sin\frac{\pi-C}{4}$$

故 $\frac{S_1}{S_0}\leqslant\frac{S_2}{S_1}$,即 $S_1^2\leqslant S_0S_2$.

当且仅当 $A=B=C$,即 $\triangle ABC$ 是等边三角形时,等号成立.

定理 7 记 $\triangle ABC$ 的切点三角形为 $\triangle A_1B_1C_1$,$\triangle A_0B_0C_0$ 为 $\triangle ABC$ 的旁切圆切三边上(非延长线)切点三角形,则 $S_{\triangle A_1B_1C_1}=S_{\triangle A_0B_0C_0}$.

证明 设点 A_1,A_0 在边 BC 上,B_1,B_0 在边 CA 上,C_1,C_0 在边 AB 上.

令 $\triangle ABC$ 的外接圆、内切圆半径分别为 $R,r,BC=a,CA=b,AB=c,p=\frac{1}{2}(a+b+c)$.

由定理 5,知 $S_{\triangle A_1B_1C_1}=\frac{r}{2R}S_{\triangle ABC}$.

注意到

$$1-\cos A=1-\frac{b^2+c^2-a^2}{2bc}=\frac{2(p-b)(p-c)}{bc}$$

$$1-\cos B=\frac{2(p-c)(p-a)}{ca}$$

$$1-\cos C=\frac{(p-a)(p-b)}{ab}$$

以及

$$\cos A+\cos B+\cos C=1+\frac{r}{R}$$

又 $AB_0=p-c=BA_0$，$AC_0=p-b=CA_0$，$BC_0=p-a=CB_0$，则

$$\begin{aligned}\frac{S_{\triangle A_0B_0C_0}}{S_{\triangle ABC}}&=1-(\frac{S_{\triangle AB_0C_0}}{S_{\triangle ABC}}+\frac{S_{\triangle BC_0A_0}}{S_{\triangle ABC}}+\frac{S_{\triangle CA_0B_0}}{S_{\triangle ABC}})=\\&1-(\frac{AB_0\cdot AC_0}{AB\cdot AC}+\frac{BC_0\cdot BA_0}{BA\cdot BC}+\frac{CA_0\cdot CB_0}{CB\cdot CA})=\\&1-\frac{(p-b)(p-c)}{bc}-\frac{(p-c)(p-a)}{ca}-\frac{(p-a)(p-b)}{ab}=\\&1-\frac{1}{2}(1-\cos A)-\frac{1}{2}(1-\cos B)-\frac{1}{2}(1-\cos C)=\\&\frac{r}{2R}\end{aligned}$$

故 $S_{\triangle A_1B_1C_1}=S_{\triangle A_0B_0C_0}$.

如果我们称三角形内切圆在两边上的两个切点和这两边的交点(即三角形顶点)组成的三角形为旁切点三角形,其内心为旁内心,则有下述结论:

定理 8 在非等腰三角形中:

(1) 三个旁内心在三角形的内切圆上;

(2) 内切圆切点三角形的内心 I' 在一切点与相对旁内心的连线上,且 I' 又在两个旁切点圆的一条外公切线上;

(3) 内切圆切点三角形的边与两个旁切点圆的在三角形内的一条外公切线平行.

证明 如图 2.283,$\triangle ABC$ 的内切圆切边 BC,CA,AB 分别于 A_1,B_1,C_1,$\triangle AC_1B_1$,$\triangle BA_1C_1$,$\triangle CB_1A_1$ 的内心分别为 I_1,I_2,I_3.

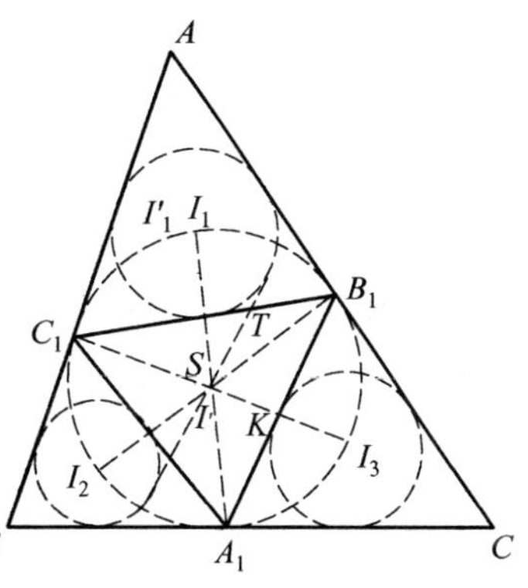

图 2.283

(1) 设 I'_1 为圆 I' 上弧 $\overset{\frown}{C_1B}$ 的中点,则 $\angle I'_1C_1B_1=\angle I'_1B_1C_1=\angle AC_1I'_1$,即知 $C_1I'_1$ 平分 $\angle AC_1B_1$.同理,I'_1B_1 平分 $\angle AB_1C_1$,即知 I'_1 为 $\triangle AC_1B_1$ 的内心,亦知 I'_1 与 I_1 重合.故 I_1 在 $\triangle A_1B_1C_1$ 的外接圆上.同理,I_2,I_3 均在 $\triangle A_1B_1C_1$ 的外接圆上.

(2) 由于 I_1,I_2,I_3 分别为三角形内切圆弧

$\overset{\frown}{B_1C_1}$，$\overset{\frown}{C_1A_1}$，$\overset{\frown}{A_1B_1}$ 的中点，从而 I' 均在直线 A_1I_1，B_1I_2，C_1I_3(均为角平分线)上.

设圆 I_1，圆 I_2 两圆的在 $\triangle ABC$ 内部的一条外公切线分别与 C_1B_1，C_1I_3 交于点 T，S. 由

$$\angle C_1I_3I_1+\angle I_3I_1A_1+\angle A_1I_1I_2=\frac{1}{2}(\angle C_1A_1B_1+\angle A_1C_1B_1+\angle A_1B_1C_1)=90^\circ$$

知 $C_1I_3\perp I_1I_2$，从而，知 C_1，S 关于 I_1I_2 对称. 由 $\angle SI_2I_1=\angle C_1I_2I_1=\angle I_1I_2B_2$，知 S 在 I_2B_1 上. 从而 S 为 $\triangle A_1B_1C_1$ 的内心 I'.

故公切线 ST 过点 I'.

同理，圆 I_2 与圆 I_3 的一条外公切线，圆 I_3 与圆 I_1 的一条外公切线均过点 I'.

(3) 设 C_1I_3 与 A_1B_1 交于点 K，则

$$\begin{aligned}\angle TI'C_1=\angle I'C_1A=\angle I_3C_1A=\angle I_3A_1C_1=\\ \angle I_3A_1B_1+\angle B_1A_1C_1=\angle I_3C_1B_1+\angle KA_1C_1=\\ \angle B_1KC_1\end{aligned}$$

从而，$A_1B_1\parallel I'T$.

这说明圆 I_1 与圆 I_2 的在 $\triangle ABC$ 内的一条外公切线 $I'T$ 与 A_1B_1 平行.

同理，可证余下情形.

❖三角形高的垂足三角形定理

设 AD，BE，CF 是锐角 $\triangle ABC$ 的三条高线，称垂足 D，E，F 为顶点构成的三角形 $\triangle DEF$ 为 $\triangle ABC$ 高的垂足三角形.

定理 1 $\triangle ABC$ 的垂心是其高的垂足 $\triangle DEF$ 的内心.

设 p，R，r，S 分别为 $\triangle ABC$ 的半周长、外接圆半径、内切圆半径及面积，p_1，R_1，r_1，S' 表示垂足 $\triangle DEF$ 的半周长及其他相应元素，则有以下定理：

定理 2 高的垂足 $\triangle DEF$ 是所有内接于锐角 $\triangle ABC$ 的三角形中的周长最小者.

此定理的证明可参见法格乃问题.

定理 3 $p_1=\frac{r}{R}p=\frac{S}{R}$.

证明 如图 2.284(a)，显然 B，C，E，F 四点共圆该圆且的直径为 $BC=a$，$\triangle ABC\backsim\triangle AEF$，则

$$FE=a\cdot\frac{AE}{AB}=a\sin\angle 1=a\cos A$$

同理 $$FD=AC\cos B=b\cos B$$

$$ED=AB\cos C=c\cos C$$

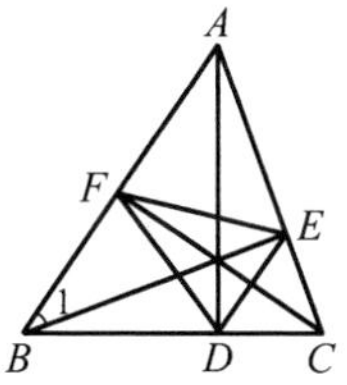

(a)

图 2.284

则 $FE+FD+ED=a\cos A+b\cos B+c\cos C=$

$$a\cdot\frac{b^2+c^2-a^2}{2bc}+b\cdot\frac{c^2+a^2-b^2}{2ca}+$$

$$c\cdot\frac{a^2+b^2-c^2}{2ab}=$$

$$\frac{-a^4-b^4-c^4+2a^2b^2+2b^2c^2+2c^2a^2}{2abc}=$$

$$\frac{16S^2}{2abc}=\frac{16S^2}{8SR}\text{(可证 }4SR=abc\text{)}=$$

$$\frac{2S}{R}=\frac{(a+b+c)r}{R}$$

故 $$p_1=\frac{r}{R}p=\frac{S}{R}$$

定理 4 设 $\triangle DEF$ 为 $\triangle ABC$ 高的垂足三角形，$BC=a$，$CA=b$，$AB=c$. 若 $\triangle AEF$，$\triangle BDF$，$\triangle CDE$ 的内切圆圆 I_A，圆 I_B，圆 I_C 的半径依次为 r_A，r_B，r_C，则有①

$$r_A\cot\frac{A}{2}+r_B\cot\frac{B}{2}+r_C\cot\frac{C}{2}=\frac{S}{r}-\frac{S}{R}$$

证明 如图 2.284(b)，因

$$AD\perp BC,BE\perp CA,CF\perp AB$$

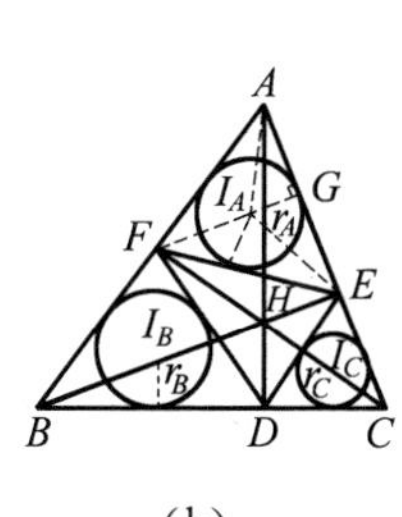

(b)

图 2.284

则有 A,B,D,E 及 B,C,E,F 分别四点共圆，即

$$\angle AEF=\angle B=\angle CED$$

同理 $$\angle AFE=\angle C=\angle BFD$$

$$\angle BDF=\angle A=\angle CDE$$

联结 AI_A，EI_A，FI_A，并作 $I_AG\perp AC$ 于 G，则有

$$I_AG=r_A$$

$$AE=r_A(\cot\angle EAI_A+\cot\angle AEI_A)=$$

① 李耀文. 关于垂足三角形的一个恒等式[J]. 中学数学，2004(6)：44-45.

$$r_A(\cot\frac{A}{2}+\cot\frac{B}{2})$$

同理
$$AF=r_A(\cot\frac{A}{2}+\cot\frac{C}{2})$$

$$BF=r_B(\cot\frac{B}{2}+\cot\frac{C}{2})$$

$$BD=r_B(\cot\frac{B}{2}+\cot\frac{A}{2})$$

$$CD=r_C(\cot\frac{C}{2}+\cot\frac{A}{2})$$

$$CE=r_C(\cot\frac{C}{2}+\cot\frac{B}{2})$$

故
$$a+b+c=2r_A\cot\frac{A}{2}+2r_B\cot\frac{B}{2}+2r_C\cot\frac{C}{2}+r_A(\cot\frac{B}{2}+\cot\frac{C}{2})+$$
$$r_B(\cot\frac{C}{2}+\cot\frac{A}{2})+r_c(\cot\frac{A}{2}+\cot\frac{B}{2})$$

又
$$EF=r_A(\cot\angle I_AEF+\cot\angle I_AFE)=$$
$$r_A(\cot\frac{B}{2}+\cot\frac{C}{2})$$

同理
$$FD=r_B(\cot\frac{C}{2}+\cot\frac{A}{2})$$

$$DE=r_C(\cot\frac{A}{2}+\cot\frac{B}{2})$$

故
$$a+b+c=2r_A\cot\frac{A}{2}+2r_B\cot\frac{B}{2}+$$
$$2r_C\cot\frac{C}{2}+(DE+EF+FD) \quad ①$$

由于$\triangle AEF\backsim\triangle ABC$,所以有

$$\frac{EF}{BC}=\frac{AF}{CA}=\frac{AE}{AB}$$

在 Rt$\triangle ABE$ 中,$\frac{AE}{AB}=\cos A$,则

$$\frac{EF}{BC}=\cos A$$

即
$$EF=BC\cos A=a\cos A=$$
$$2R\sin A\cos A=R\sin 2A$$

同理
$$FD=R\sin 2B,DE=R\sin 2C$$

则
$$EF+FD+DE=R(\sin 2A+\sin 2B+\sin 2C)=$$
$$4R\sin A\sin B\sin C$$

又 $\triangle ABC$ 的面积 $S=\frac{1}{2}r(a+b+c)=2R^2\sin A\sin B\sin C$,故

$$a+b+c=\frac{2S}{r}$$

$$EF+FD+DE=\frac{2S}{R} \qquad ②$$

由式 ①,②,可得

$$2r_A\cot\frac{A}{2}+2r_B\cot\frac{B}{2}+2r_C\cot\frac{C}{2}=\frac{2S}{r}-\frac{2S}{R}$$

故
$$r_A\cot\frac{A}{2}+r_B\cot\frac{B}{2}+r_C\cot\frac{C}{2}=\frac{S}{r}-\frac{S}{R}$$

据上述证明过程,我们还不难证得以下结论(包括定理 3):

定理 5 如图 2.284(b),设 $\triangle ABC$ 及高的垂足 $\triangle DEF$ 的面积为 S',S,则有

$$\frac{S'}{S}=2\cos A\cos B\cos C$$

证明 如图 2.284(b),因 B,D,H,F 及 C,D,H,E 四点共圆,所以

$$\angle FDH=\angle FBH=90^\circ-\angle A=\angle ECH=\angle EDH$$

则
$$\angle EDF=\angle EDH+\angle FDH=180^\circ-2\angle A$$

又 $EF=a\cos A$,$FD=b\cos B$,$DE=c\cos C$,即

$$S'=\frac{1}{2}DE\cdot DF\sin\angle EDF=$$
$$\frac{1}{2}bc\cos B\cos C\sin(180^\circ-2A)=$$
$$bc\sin A\cos B\cos C=$$
$$2S\cos A\cos B\cos C$$

故
$$\frac{S'}{S}=2\cos A\cos B\cos C$$

定理 6 如图 2.284(b),若高的垂足 $\triangle DEF$ 的外接圆半径为 R_1,则有 $R=2R_1$.

证明 由 $S=2R^2\sin A\sin B\sin C$,$S'=2S\cos A\cos B\cos C$,得

$$S'=4R^2\sin A\sin B\sin C\cos A\cos B\cos C=$$

$$\frac{1}{2}R^2\sin 2A\sin 2B\sin 2C \quad ③$$

又由定理 4 的证明知

$$EF=R\sin 2A, FD=R\sin 2B, DE=R\sin 2C$$

则

$$S'=\frac{EF\cdot FD\cdot DE}{4R_1}=\frac{R^3\sin 2A\sin 2B\sin 2C}{4R_1} \quad ④$$

由式 ③,④,可知有 $R=2R_1$.

注 此结论也可由九点圆定理的推论即得.

定理 7 $r_1\leqslant\frac{r^2}{R}$.

证明 由前面的定理 5,知

$$S'=2S\cos A\cos B\cos C$$

即

$$r_1p_1=2rp\cos A\cos B\cos C$$

又由定理 3 知

$$p_1=\frac{r}{R}p$$

则

$$r_1=2R\cos A\cos B\cos C$$

又 $\cos A\cos B\cos C=\frac{p^2-(2R+r)^2}{4R^2}$,且 $p^2\leqslant 4Rr+4R^2+3r^2$(格雷特森不等式),故

$$r_1=\frac{p^2-4R^2-4Rr-r^2}{2R}\leqslant\frac{4R^2+4Rr+3r^2-4R^2-4Rr-r^2}{2R}=\frac{r^2}{R}$$

定理 8 $RR_1\geqslant\frac{2\sqrt{3}}{9}S$.

证明 如图 2.284(b),由定理 4 证明中的式 ②,有

$$DE+EF+FD=\frac{2S}{R}$$

又在 $\triangle DEF$ 中,由正弦定理得

$$DE+EF+FD=2R_1(\sin D+\sin E+\sin F)$$

又 $\sin D+\sin E+\sin F\leqslant\frac{3\sqrt{3}}{2}$,则

$$DE+EF+FD\leqslant 3\sqrt{3}R'$$

故

$$\frac{2S}{R}\leqslant 3\sqrt{3}R_1$$

即

$$RR_1\geqslant\frac{2\sqrt{3}}{9}S$$

当且仅当 $\triangle ABC$ 为正三角形时取等号.

定理 9 若 $\triangle DEF$ 是锐角 $\triangle ABC$ 高的垂足三角形,且 $BC=a,CA=b$,$AB=c$,$\triangle AEF$,$\triangle BDF$,$\triangle CDE$ 的内切圆分别为圆 I_A,圆 I_B,圆 I_C,其半径依次为 r_A,r_B,r_C,则有①

$$\frac{a}{r_A}+\frac{b}{r_B}+\frac{c}{r_C}\geqslant 12\sqrt{3}$$

证明 如图 2.284(c),由 $BE\perp AC,CF\perp AB$,有

$$\angle BEC=\angle CFB=90^\circ$$

又因 E,F 在 BC 的同侧,则 B,C,E,F 四点共圆,即

$$\angle AEF=\angle B,\angle AFE=\angle C,\triangle AEF\backsim\triangle ABC$$

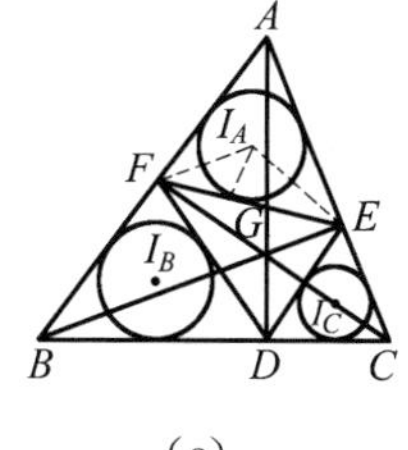

(c)

图 2.284

从而
$$\frac{EF}{BC}=\frac{AE}{AB}$$

在 $\mathrm{Rt}\triangle ABE$ 中,$\cos A=\frac{AE}{AB}$,即

$$\frac{EF}{BC}=\cos A$$

亦即
$$EF=a\cos A$$

同理
$$DF=b\cos B,DE=c\cos C$$

联结 I_AE,I_AF,作 $I_AG\perp EF$ 于 G,则

$$EF=r_A(\cot\angle I_AEF+\cot\angle I_AFE)=$$

$$r_A(\cot\frac{B}{2}+\cot\frac{C}{2})=$$

$$\frac{r_A\cos\frac{A}{2}}{\sin\frac{B}{2}\sin\frac{C}{2}}=\frac{\frac{1}{2}r_A\sin A}{\sin\frac{A}{2}\sin\frac{B}{2}\sin\frac{C}{2}}$$

即
$$a\cos A=\frac{\frac{1}{2}r_A\sin A}{\sin\frac{A}{2}\sin\frac{B}{2}\sin\frac{C}{2}}$$

又易证
$$\sin\frac{A}{2}\sin\frac{B}{2}\sin\frac{C}{2}\leqslant\frac{1}{8}$$

则
$$a\cos A\geqslant 4r_A\sin A$$

即
$$\frac{a}{r_A}\geqslant 4\tan A$$

① 丁遵标.垂足三角形内切圆半径之间的一个不等式[J].中学数学,2003(9):9.

同理
$$\frac{b}{r_B} \geqslant 4\tan B, \frac{c}{r_C} \geqslant 4\tan C$$

则
$$\frac{a}{r_A} + \frac{b}{r_B} + \frac{c}{r_C} \geqslant 4(\tan A + \tan B + \tan C) \quad ①$$

由 $\triangle ABC$ 是锐角三角形,有
$$\tan A > 0, \tan B > 0, \tan C > 0$$

在 $\triangle ABC$ 中,有
$$\tan A + \tan B + \tan C = \tan A\tan B\tan C$$

又
$$\left(\frac{\tan A + \tan B + \tan C}{3}\right)^3 \geqslant \tan A\tan B\tan C$$

即
$$(\tan A + \tan B + \tan C)^2 \geqslant 27$$

亦即
$$\tan A + \tan B + \tan C \geqslant 3\sqrt{3} \quad ②$$

由 ①,② 得
$$\frac{a}{r_A} + \frac{b}{r_b} + \frac{c}{r_C} \geqslant 12\sqrt{3}$$

定理 10 若 $\triangle DEF$ 是锐角 $\triangle ABC$ 的垂足三角形, $\triangle BDF$, $\triangle DCE$ 的内切圆圆 I_B,圆 I_C 分别与 DF, DE 切于点 M, N,直线 MN 与圆 I_B、圆 I_C 再分别交于点 P, Q,则 $PM = NQ$.

证明 如图 2.285,设圆 I_B,圆 I_C 的半径分别为 r_B, r_C,且与直线 BC 分别切于点 T, U.

由 A,F,D,C;A,B,D,E 分别四点共圆,知
$$\angle MDI_B = \frac{1}{2}\angle FDB = \frac{1}{2}\angle BAC = \frac{1}{2}\angle CDE = \angle I_CDN$$

又 $\angle DMI_B = 90^\circ = \angle DNI_C$,则
$$\triangle DMI_B \backsim \triangle DNI_C \Rightarrow \frac{DN}{DM} = \frac{I_CN}{I_BM} = \frac{r_C}{r_B}$$

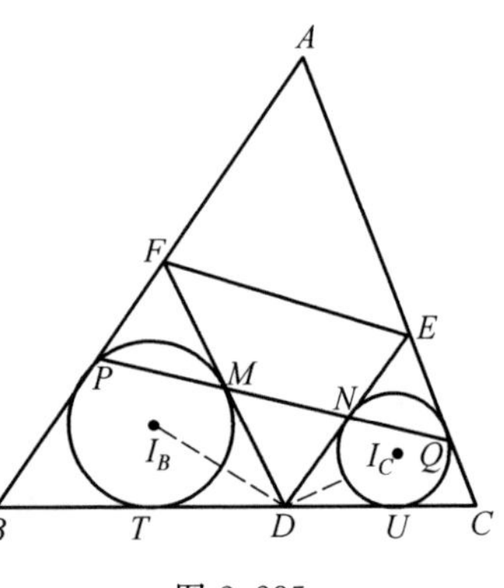

图 2.285

注意到

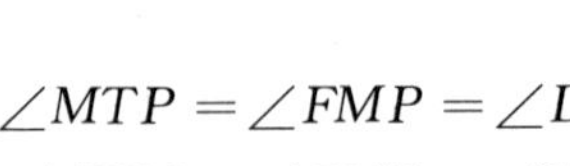
$$\angle MTP = \angle FMP = \angle DMN = \alpha$$
$$\angle QUN = \angle QNE = \angle DNM = \beta$$

从而
$$MP = 2r_B \cdot \sin \angle MTP = 2r_B \cdot \sin \alpha$$
$$NQ = 2r_C \cdot \sin \angle QUN = 2r_C \cdot \sin \beta$$

在 $\triangle DMN$ 中,由正弦定理,有

$$\frac{DN}{DM}=\frac{\sin\angle DMN}{\sin\angle DNM}=\frac{\sin\alpha}{\sin\beta}\Rightarrow\frac{r_C}{r_B}=\frac{\sin\alpha}{\sin\beta}$$

从而 $r_B\cdot\sin\alpha=r_C\cdot\sin\beta$. 故 $PM=NQ$.

注 此结论为 2019 年 IMO 预选题.

定理 11 若 $\triangle DEF$ 是锐角 $\triangle ABC$ 高的垂足三角形，且 $BC=a$, $CA=b$, $AB=c$, $p=\frac{1}{2}(a+b+c)$，$\triangle ABC$ 的面积、外接圆半径、内切圆半径分别为 S, R, r，$\triangle DEF$ 的旁切圆半径依次为 r'_A, r'_B, r'_C，则有①

$$\frac{r'_A}{\cot A}=\frac{r'_B}{\cot B}=\frac{r'_C}{\cot C}=\frac{S}{R} \quad ①$$

证明 如图 2.286，令 $EF=a'$, $DF=b'$, $DE=c'$, $p'=\frac{1}{2}(a'+b'+c')$，$\triangle DEF$ 的面积为 S'.

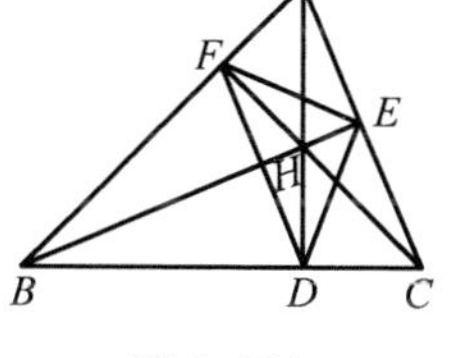

图 2.286

由定理 4 证明中知

$$a'=R\sin 2A, b'=R\sin 2B, c'=R\sin 2C$$

因 $p'-a'=\frac{1}{2}(b'+c'-a')=\frac{R}{2}(\sin 2B+\sin 2C-\sin 2A)$，易证得

$$\sin 2B+\sin 2C-\sin 2A=4\sin A\cos B\sin C$$

则

$$p'-a'=2R\sin A\cos B\cos C$$

同理

$$p'-b'=2R\cos A\sin B\cos C$$

$$p'-c'=2R\cos A\cos B\sin C$$

由定理 5 知

$$S'=2S\cos A\cos B\cos C$$

应用三角形旁切圆半径公式，得

$$r'_A=\frac{S'}{p'-a'}=\frac{2S\cos A\cos B\cos C}{2R\sin A\cos B\cos C}=\frac{S\cot A}{R}$$

同理

$$r'_B=\frac{S\cot B}{R}, r'_C=\frac{S\cot C}{R}$$

故

$$\frac{r'_A}{\cot A}=\frac{r'_B}{\cot B}=\frac{r'_C}{\cot C}=\frac{S}{R}$$

根据以上证明过程，可以证得以下推论.

① 高庆计. 垂足三角形旁切圆半径之间的一个恒等式[J]. 福建中学数学，2005(3)：18-19.

推论1 r'_A,r'_B,r'_C 的意义如前所述，且锐角 $\triangle ABC$ 的旁切圆半径分别为 r_a,r_b,r_c，则有

$$r_a+r_b+r_c\geqslant 2(r'_A+r'_B+r'_C) \quad ②$$

当且仅当 $\triangle ABC$ 为正三角形时取等号.

证明 由 $r'_A=\dfrac{S\cot A}{R}$ 等，并应用常见三角形恒等式

$$\cot A+\cot B+\cot C=\frac{p^2-4Rr-r^2}{2S}$$

得

$$r'_A+r'_B+r'_C=\frac{S}{R}(\cot A+\cot B+\cot C)=\frac{S}{R}\cdot\frac{p^2-4Rr-r^2}{2S}=\frac{p^2-4Rr-r^2}{2R}$$

又易知：$r_a+r_b+r_c=4R+r$，欲证 ② 式成立，只需证

$$4R+r\geqslant\frac{2(p^2-4Rr-r^2)}{(2R)}$$

即 $p^2\leqslant 4R^2+5Rr+r^2$ 即 $(4R^2+4Rr+3r^2-p^2)+r(R-2r)\geqslant 0$

由格雷特森不等式：$p^2\leqslant 4R^2+4Rr+3r^2$，及欧拉不等式：$R\geqslant 2r$ 知上式显然成立，故式 ② 获证.

推论 2

$$\frac{1}{r'_A}+\frac{1}{r'_B}+\frac{1}{r'_C}\geqslant 2\left(\frac{1}{r_a}+\frac{1}{r_b}+\frac{1}{r_c}\right) \quad ③$$

当且仅当 $\triangle ABC$ 为正三角形时取等号.

证明 因

$$\frac{1}{r'_A}+\frac{1}{r'_B}+\frac{1}{r'_C}=\frac{R\tan A}{S}+\frac{R\tan B}{S}+\frac{R\tan C}{S}=\frac{R(\tan A+\tan B+\tan C)}{S}=\frac{R\tan A\tan B\tan C}{S}$$

又因在锐角 $\triangle ABC$ 中，有

$$\tan A>0,\tan B>0,\tan C>0$$

且

$$\tan A\tan B\tan C\geqslant 3\sqrt{3},\frac{R}{p}\geqslant\frac{2\sqrt{3}}{9},S=rp$$

故

$$\frac{1}{r'_A}+\frac{1}{r'_B}+\frac{1}{r'_C}\geqslant\frac{3\sqrt{3}R}{rp}\geqslant\frac{3\sqrt{3}}{r}\cdot\frac{2\sqrt{3}}{9}=\frac{2}{r}$$

注意到 $\dfrac{1}{r_a}+\dfrac{1}{r_b}+\dfrac{1}{r_c}=\dfrac{1}{r}$，立得式 ③，故式 ③ 获证.

推论 3
$$\frac{a}{r'_A}+\frac{b}{r'_B}+\frac{c}{r'_C}\geqslant 4\sqrt{3} \quad ④$$
当且仅当 $\triangle ABC$ 为正三角形时取等号.

证明 由

$$\frac{a}{r'_A}+\frac{b}{r'_B}+\frac{c}{r'_C}=\frac{aR}{S\cot A}+\frac{bR}{S\cot B}+\frac{cR}{S\cot C}=$$
$$\frac{2R^2\sin A}{S\cot A}+\frac{2R^2\sin B}{S\cot B}+\frac{2R^2\sin C}{S\cot C}=$$
$$\frac{2R^2}{S}\cdot\left(\frac{1-\cos^2 A}{\cos A}+\frac{1-\cos^2 B}{\cos B}+\frac{1-\cos^2 C}{\cos C}\right)$$

令 $k=\frac{a}{r'_A}+\frac{b}{r'_B}+\frac{c}{r'_C}$,则

$$k=\frac{2R^2}{S}(\sec A+\sec B+\sec C-(\cos A+\cos B+\cos C))$$

又在锐角 $\triangle ABC$ 中,有

$$\cos A>0,\cos B>0,\cos C>0$$

且
$$\sec A+\sec B+\sec C\geqslant 6,\cos A+\cos B+\cos C\leqslant\frac{3}{2}$$

及欧拉不等式:$R\geqslant 2r$ 等,则

$$k\geqslant\frac{2R^2}{rp}\cdot\left(6-\frac{3}{2}\right)=\frac{9R}{r}\cdot\frac{R}{p}\geqslant 9\times 2\times\frac{2\sqrt{3}}{9}=4\sqrt{3}$$

故
$$\frac{a}{r'_A}+\frac{b}{r'_B}+\frac{c}{r'_c}\geqslant 4\sqrt{3}$$

当且仅当 $\triangle ABC$ 为正三角形时取等号.

下面给出定理 4 的对偶形式:

定理 12① 条件如前所述,记 $\triangle AEF$,$\triangle BDF$,$\triangle CDE$ 关于点 A,B,C 所对的旁切圆半径依次为 r'_A,r'_B,r'_C,则

$$r'_A\cot\frac{A}{2}+r'_B\cot\frac{B}{2}+r'_C\cot\frac{C}{2}=\frac{S}{r}+\frac{S}{R} \quad ①$$

证明 约定 $EF=a'$,$DF=b'$,$ED=c'$ 且 $\triangle AEF$,$\triangle BDF$,$\triangle CDE$ 的半周长,面积分别为 p_A,p_B,p_C,及 S_A,S_B,S_C.

如图 2.287,由定理 9 证明中知

$$a'=a\cos A,b'=b\cos B,c'=c\cos C,$$
$$AE=c\cos A,AF=b\cos A$$

① 高庆计.关于垂足三角形的一个对偶恒等式[J].福建中学数学,2005(8):19-20.

据三角形面积公式,得

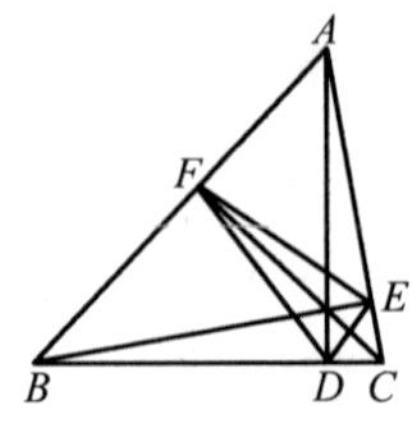

图 2.287

$$S_A=\frac{1}{2}AE\cdot AF\cdot \sin A=$$

$$\frac{1}{2}bc\sin A\cos^2 A=S\cos^2 A$$

同理 $S_B=S\cos^2 B,S_C=S\cos^2 C$

因

$$p_A=\frac{1}{2}(EF+AF+AE)=\frac{1}{2}(a+b+c)\cos A$$

则 $$p_A=p\cos A$$

同理 $$p_B=p\cos B,p_C=p\cos C$$

应用三角形旁切圆半径公式,得

$$r'_A=\frac{S_A}{p_A-a'}=\frac{S\cos^2 A}{(p-a)\cos A}=\frac{S\cos A}{p-a}$$

相应的 $$r'_B=\frac{S\cos B}{p-b},r'_C=\frac{S\cos C}{p-c}$$

应用熟知的三角形恒等式:$\sum\cos A=1+\frac{r}{R}$ 及 $\cot\frac{A}{2}=\frac{p-a}{r}$ 等得

$$\sum r'_A\cot\frac{A}{2}=\sum\frac{S\cos A}{p-a}\cdot\frac{p-a}{r}=\frac{S}{r}\cdot\sum\cos A=\frac{S}{r}\cdot(1+\frac{r}{R})$$

故 $$r'_A\cot\frac{A}{2}+r'_B\cot\frac{B}{2}+r'_C\cot\frac{C}{2}=\frac{S}{r}+\frac{S}{R}$$

根据定理的证明过程,可以证得以下推论.

推论 1 $$\frac{r_A}{r'_A}+\frac{r_B}{r'_B}+\frac{r_C}{r'_C}=1 \quad ②$$

证明 由 $S_A=r_Ap_A=S\cos^2 A$,知

$$r_A\cos A=rp\cos^2 A$$

即 $$r_A=r\cos A$$

同理 $$r_B=r\cos B,r_C=r\cos C$$

由 $S'=rp$,及 $r'_A=\frac{S\cos A}{p-a}$ 等,得

$$\sum\frac{r_A}{r'_A}=\sum\frac{r(p-a)}{S}=\frac{1}{p}\cdot(3p-\sum a)=\frac{1}{p}\cdot(3p-2p)$$

故 $$\frac{r_A}{r'_A}+\frac{r_B}{r'_B}+\frac{r_C}{r'_C}=1$$

推论 2 $$\frac{S_A}{r'_A}+\frac{S_B}{r'_B}+\frac{S_C}{r'_C}=\frac{S}{r}-\frac{S}{R} \quad ③$$

证明 由 $S_A = S\cos^2 A, r'_A = \dfrac{S\cos A}{p-a}$ 等,得

$$\sum \frac{S_A}{r'_A} = \sum (p-a)\cos A = p\sum \cos A - \sum a\cos A$$

由定理 4 证明中有 $\sum a\cos A = \dfrac{2\sum}{R}$,则

$$\sum \frac{S_A}{r'_A} = p(1+\frac{r}{R}) - \frac{2S}{R} = \frac{S}{r} + \frac{S}{R} - \frac{2S}{R}$$

故

$$\frac{S_A}{r'_A} + \frac{S_B}{r'_B} + \frac{S_C}{r'_C} = \frac{S}{r} - \frac{S}{R}$$

在此顺便指出:定理10的推论3也可作为定理11的推论3,下面另证如下:

证明 在锐角 $\triangle ABC$ 中 $\sum \sec A \geqslant 6$,及 $\dfrac{R}{p} \geqslant \dfrac{2}{3\sqrt{3}}$,$\cot \dfrac{A}{2} = \dfrac{p-a}{r} = \dfrac{1+\cos A}{\sin A}$ 等,且令 $k = \dfrac{a}{r'_A} + \dfrac{b}{r'_B} + \dfrac{c}{r'_c}$,则

$$k = \sum \frac{a(p-a)}{S\cos A} = \sum \frac{2R\sin A(p-a)}{rp\cos A} =$$

$$\frac{2R}{p} \cdot \sum \frac{1+\cos A}{\sin A} \cdot \frac{\sin A}{\cos A}$$

即

$$k = \frac{2R}{p} \cdot (\sum \sec A + 3) \geqslant 2 \times \frac{2}{3\sqrt{3}}(6+3) = 4\sqrt{3}$$

故

$$\frac{a}{r'_A} + \frac{b}{r'_B} + \frac{c}{r'_C} \geqslant 4\sqrt{3}$$

当且仅当 $\triangle ABC$ 为正三角形时取等号.

由于非直角三角形的高的垂足三角形被已知非直角三角形完全确定,这样可得到一系列由原三角形完全确定的高的垂足三角形. 如图 2.288,$\triangle A_1B_1C_1$ 是 $\triangle ABC$ 的垂足三角形;$\triangle A_2B_2C_2$ 是 $\triangle A_1B_1C_1$ 的高的垂足三角形;…;$\triangle A_{n+1}B_{n+1}C_{n+1}$ 是 $\triangle A_nB_nC_n$ 的高的垂足三角形;…. 我们称 $\triangle A_1B_1C_1$,$\triangle A_2B_2C_2$,…,$\triangle A_nB_nC_n$,… 是 $\triangle ABC$ 的高的垂足三角形序列,记 $\triangle ABC$ 的高的垂足三角形序列为 $\{\triangle A_nB_nC_n\}$.

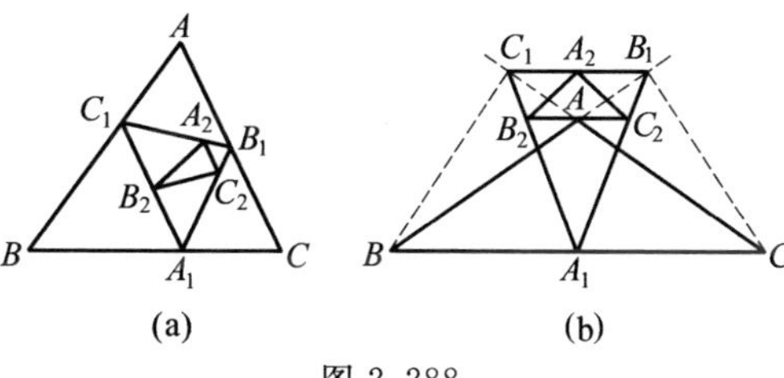

图 2.288

定理 13 设 R 是 $\triangle ABC$ 外接圆半径，$\triangle ABC$ 高的垂足序列 $\{\triangle A_nB_nC_n\}$ 的第 n 个高的垂足三角形 $\triangle A_nB_nC_n$ 的边长为 a_n,b_n,c_n，那么有①

$$a_n=\frac{R}{2^{n-1}}\mid\sin 2^nA\mid,b_n=\frac{R}{2^{n-1}}\mid\sin 2^nB\mid,c_n=\frac{R}{2^{n-1}}\mid\sin 2^nC\mid$$

证明 (1) 当 $n=1$ 时，有 $\triangle ABC$ 为锐角三角形和钝角三角形两种情况.先证前一种情况，如图 2.288(a) 所示，有

$$a_1^2=AB_1^2+AC_1^2-2AB_1\cdot AC_1\cos A=(c\cos A)^2+(b\cos A)^2-2bc\cos^3A=$$
$$(b^2+c^2-2bc\cos A)\cos^2A=(a\cos A)^2$$

故
$$a_1=a\cos A=2R\sin A\cos A=R\mid\sin 2A\mid$$

同理
$$b_1=R\mid\sin 2B\mid,c_1=R\mid\sin 2C\mid$$

再证后一种情况，如图 2.288(b) 所示，$\triangle ABC$ 是钝角三角形，A 是钝角，有

$$a_1^2=AB_1^2+AC_1^2-2AB_1\cdot AC_1\cos A=$$
$$(c\cos\angle B_1AB)^2+(b\cos\angle CAC_1)^2-$$
$$2bc\cos\angle B_1AB\cos\angle CAC_1\cos A$$

由 $\angle B_1AB=\angle CAC_1=\pi-A$，知

$$a_1^2=(c^2+b^2+2bc\cos A)\cos^2A=(a\cos A)^2$$

故
$$a_1=a\mid\cos A\mid=R\mid\sin 2A\mid$$

同理
$$b_1=R\mid\sin 2B\mid,c_1=R\mid\sin 2C\mid$$

因此，当 $n=1$ 时，命题成立.

(2) 假设当 $n=k$ 时，命题成立.

即以 a_k,b_k,c_k 记 $\triangle ABC$ 高的垂足三角形序列 $\{\triangle A_nB_nC_n\}$ 的第 k 个三角形的边长，假设有

$$a_k=\frac{R}{2^{k-1}}\mid\sin 2^kA\mid,b_k=\frac{R}{2^{k-1}}\mid\sin 2^kB\mid,c_k=\frac{R}{2^{k-1}}\mid\sin 2^kC\mid$$

那么由余弦定理有

$$a_{k+1}^2=A_kB_{k+1}^2+A_kC_{k+1}^2-2A_kB_{k+1}\cdot A_kC_{k+1}\cos\angle B_{k+1}A_kC_{k+1}=$$
$$a_k^2\cos^2\angle B_k+A_kC_{k+1}$$

则
$$a_{k+1}=a_k\mid\cos\angle B_{k+1}A_kC_{k+1}\mid=a_k\left|\frac{b_k^2+c_k^2-a_k^2}{2b_kc_k}\right|=$$
$$\frac{R}{2^k}\mid\sin 2^kA\mid\left|\frac{\sin^2 2^kB+\sin^2 2^kC-\sin^2 2^kA}{\sin 2^kB\sin 2^kC}\right|$$

由

---

① 朱水源.垂足三角形序列[J].中学数学教学，1988(6):5-7.

$$|\sin^2 2^kB+\sin^2 2^kC-\sin^2 2^kA|=|1-\frac{1}{2}(\cos 2^{k+1}B+\cos 2^{k+1}C)-\sin^2 2^kA|=$$
$$|\cos^2 2^kA-\cos 2^k(B+C)\cos 2^k(B-C)|=$$
$$|\cos 2^kA(\cos 2^kA-\cos 2^k(B-C))|=$$
$$2|\cos 2^kA\sin 2^kB\sin 2^kC|$$

有
$$a_{k+1}=\frac{R}{2^k}|2\sin 2^kA|^2|\cos 2^kA|=\frac{R}{2^{(k+1)-1}}|\sin 2^{k+1}A|$$

同理
$$b_{k+1}=\frac{R}{2^{(k+1)-1}}|\sin 2^{k+1}B|$$
$$c_{k+1}=\frac{R}{2^{(k+1)-1}}|\sin 2^{k+1}C|$$

故当 $n=k+1$ 时,命题也成立.

依数学归纳法原理,命题对一切自然数 n 都成立,结论证毕.

定理14 设$\triangle ABC$的外接圆半径为R,其高的垂足三角形序列$\{A_nB_nC_n\}$的第 n 个三角形的面积为S_n,那么有
$$S_n=\frac{R^2}{2^{2n-1}}|\sin 2^nA\sin 2^nB\sin 2^nC|$$

证明 不妨设 $a_n=\frac{R}{2^{n-1}}\sin 2^nA, b_n=\frac{R}{2^{n-1}}\sin 2^nB, c_n=\frac{R}{2^{n-1}}\sin 2^nC$ ($a_n=-\frac{R}{2^{n-1}}\sin 2^nA, b_n=\frac{R}{2^{n-1}}\sin 2^nB, c_n=\frac{R}{2^{n-1}}\sin 2^nC$; $a_n=-\frac{R}{2^{n-1}}\sin 2^nA, b_n=-\frac{R}{2^{n-1}}\sin 2^nB, c_n=-\frac{R}{2^{n-1}}\sin 2^nC$ 等情况,同理可以证明),并记 $p_n=\frac{1}{2}(a_n+b_n+c_n)$,那么有
$$p_n=\frac{1}{2}(\frac{R}{2^{n-1}}\sin 2^nA+\frac{R}{2^{n-1}}\sin 2^nB+\frac{R}{2^{n-1}}\sin 2^nC)=$$
$$\frac{R}{2^{n-1}}(\sin 2^{n-1}(A+B)\cos 2^{n-1}(A-B)+\sin 2^{n-1}C\cos 2^{n-1}C)=$$
$$\frac{R}{2^{n-1}}(\sin 2^{n-1}(\pi-C)\cos 2^{n-1}(A-B)+\sin 2^{n-1}C\cos 2^{n-1}C)$$

(1) 当 $n=1$ 时,有
$$\sin 2^{n-1}(\pi-C)\cos 2^{n-1}(A-B)+\sin 2^{n-1}C\cos 2^{n-1}C=$$
$$\sin C\cos(A-B)+\sin C\cos C=$$
$$\sin C(\cos(A-B)+\cos C)=$$
$$2\sin C\cos\frac{1}{2}(A-B+C)\cos\frac{1}{2}(A-B-C)=$$
$$2\sin C\cos(\frac{1}{2}\pi-B)\cos(\frac{1}{2}\pi-A)=$$

$$2\sin A\sin B\sin C$$

(2) 当 $n\geqslant 2$ 时,有

$$\sin 2^{n-1}(\pi-C)\cos 2^{n-1}(A-B)+\sin 2^{n-1}C\cos 2^{n-1}C=$$
$$-\sin 2^{n-1}C\cos 2^{n-1}(A-B)+\sin 2^{n-1}C\cos 2^{n-1}C=$$
$$\sin 2^{n-1}C(-\cos 2^{n-1}(A-B)+\cos 2^{n-1}C)=$$
$$-\sin 2^{n-1}C\sin 2^{n-2}(A-B+C)\sin 2^{n-1}(A-B-C)=$$
$$2\sin 2^{n-2}(\pi-2A)\sin 2^{n-2}(\pi-2B)\sin 2^{n-1}C=$$
$$2\sin 2^{n-1}A\sin 2^{n-1}B\sin 2^{n-1}C$$

综合(1),(2)得

$$\sin 2^{n-1}(\pi-C)\cos 2^{n-1}(A-B)+\sin 2^{n-1}C\cos 2^{n-1C}=$$
$$2\sin 2^{n-1}A\sin 2^{n-1}B\sin 2^{n-1}C$$

故
$$p_n=\frac{R}{2^{n-2}}\sin 2^{n-1}A\sin 2^{n-1}B\sin 2^{n-1}C$$

$$p_n-a_n=\frac{R}{2^{n-2}}\sin 2^{n-1}A\cos 2^{n-1}B\cos 2^{n-1}C$$

同理
$$p_n-b_n=\frac{R}{2^{n-2}}\sin 2^{n-1}B\cos 2^{n-1}A\cos 2^{n-1}C$$

$$p_n-c_n=\frac{R}{2^{n-2}}\sin 2^{n-1}C\cos 2^{n-1}A\cos 2^{n-1}B$$

故
$$S_n=\sqrt{p_n(p_n-a_n)(p_n-b_n)(p_n-c_n)}=$$
$$\frac{R^2}{2^{2n-1}}\mid\sin 2^nA\sin 2^nB\sin 2^nC\mid$$

❖三角形的旁心三角形定理

若 D,E,F 分别是 $\triangle ABC$ 的三个旁心,则称 $\triangle DEF$ 为 $\triangle ABC$ 的旁心三角形(或外角平分线三角形).

定理 1① 设 I 为 $\triangle ABC$ 的内心,则点 I,D,E,F 组成垂心组,即 $\triangle ABC$ 为 $\triangle DEF$ 的高的垂足三角形,且 I 关于 $\triangle ABC$ 的外心 O 的对称点 M 是 $\triangle DEF$ 的外心.

定理 2 若 $\triangle ABC$ 的外心为 O,内心为 I,则 $\triangle ABC$ 的旁心 $\triangle DEF$ 的欧拉线与 OI 重合.

定理 3 设 $\triangle ABC$ 的三边为 a,b,c,面积为 S,旁心 $\triangle DEF$ 的三边为 $a',b',$

① 胡耀宗.涉及旁心三角形的若干性质[J].福建中学数学,1995(6):11-12.

c',面积为 S',$\triangle ABC$ 的内切圆、外接圆半径分别为 r,R,则:

(1) $\frac{a'b'c'}{abc}=\frac{4R}{r}$.

(2) $\frac{S'}{S}=\frac{2R}{r}$.

证明 (1)在 $\triangle DEF$ 中,$D=90^\circ-\frac{A}{2}$,$E=90^\circ-\frac{B}{2}$,$F=90^\circ-\frac{C}{2}$,设 $\triangle DEF$ 的外接圆半径为 R',则 $R'=2R$.

由正弦定理,有

$$a'=2R_0\sin(90^\circ-\frac{A}{2})=4R\cos\frac{A}{2}$$

$$b'=4R\cos\frac{B}{2}$$

$$c'=4R\cos\frac{C}{2}$$

故

$$a'b'c'=64R^3\cos\frac{A}{2}\cos\frac{B}{2}\cos\frac{C}{2}$$

又 $4\cos\frac{A}{2}\cos\frac{B}{2}\cos\frac{C}{2}=\sin A+\sin B+\sin C$,则

$$a'b'c'=16R^3(\sin A+\sin B+\sin C)=8R^2(a+b+c)$$

由 $a+b+c=\frac{2S}{r}=\frac{abc}{2Rr}$,则

$$\frac{a'b'c'}{abc}=\frac{4R}{r}$$

(2)

$$\frac{S'}{S}=\frac{\frac{a'b'c'}{4R'}}{\frac{abc}{4R}}=\frac{a'b'c'}{2abc}=\frac{2R}{r}$$

定理 4 设 $\triangle ABC$ 的内切圆与边 BC,CA,AB 相切的切点分别是 N_1,N_2,N_3,则 $\triangle ABC$ 的面积是 $\triangle DEF$ 与 $\triangle N_1N_2N_3$ 面积的等比中项.

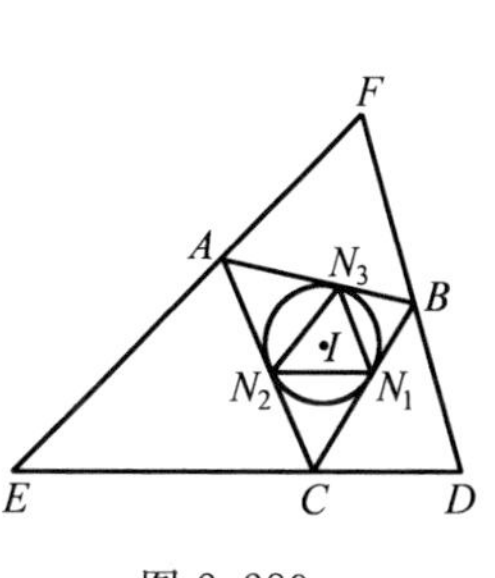

图 2.289

证明 如图 2.289,由 $BN_1=BN_3$,有

$$\angle BN_1N_3=\frac{180^\circ-B}{2}$$

从而

$$\angle N_1BD=\angle BN_1N_3$$

则

$$DF\parallel N_1N_3$$

同理

$$DE\parallel N_1N_2,EF\parallel N_2N_3$$

所以
$$\triangle DEF \backsim \triangle N_1N_2N_3$$

设 $\triangle ABC$,$\triangle DEF$,$\triangle N_1N_2N_3$ 的面积分别为 S,S_0,S_1,则

$$\frac{S}{S_1}=\frac{S}{S_0}\cdot\frac{S_0}{S_1}=\frac{r}{2R}\cdot\left(\frac{2R}{r}\right)^2=\frac{2R}{r}=\frac{S_0}{S}$$

即
$$S^2=S_0S_1$$

定理 5 三角形的旁心三角形与切点三角形的欧拉线重合.

证明 由定理4的证明过程知,$\triangle ABC$ 的旁心 $\triangle DEF$ 与切点 $\triangle N_1N_2N_3$ 的对应边平行.于是这两个三角形的欧拉线平行或重合.由于 $\triangle ABC$ 的内心 I 是 $\triangle DEF$ 的垂心,并且是切点 $\triangle N_1N_2N_3$ 的外心.从而易知三角形的旁心三角形与切点三角形的欧拉线重合.

推论 三角形外心与内心的连线既是它的旁心三角形欧拉线,也是它的切点三角形的欧拉线.

引理 设 $\triangle DEF$ 为 $\triangle ABC$ 的旁心三角形,I 为 $\triangle ABC$ 的内心,且 $DI=x$,$EI=y$,$FI=z$,$\triangle ABC$ 的外接圆和内切圆半径分别为 R,r,则①

$$\frac{x}{\sin\frac{A}{2}}=\frac{y}{\sin\frac{B}{2}}=\frac{z}{\sin\frac{C}{2}}=4R \qquad ①$$

证明 设 $EF=a'$,$DF=b'$,$DE=c'$,由定理1知

$$IC\perp DE,IA\perp EF$$

则 I,A,E,C 四点共圆,即

$$\angle DEI=\angle IAC=\frac{A}{2}$$

又由 $\angle DIE=\angle AIB=\frac{\pi}{2}+\frac{C}{2}$,在 $\triangle DEI$ 中应用正弦定理,得

$$\frac{x}{\sin\angle DEI}=\frac{c'}{\sin\angle DIE}$$

而 $a'=4R\cos\frac{A}{2}$,$b'=4R\cos\frac{B}{2}$,$c'=4R\sin\frac{C}{2}$,则

$$x=\frac{4R\cos\frac{C}{2}\sin\frac{A}{2}}{\sin\left(\frac{\pi}{2}+\frac{C}{2}\right)}=4R\sin\frac{A}{2}$$

同理 $y=4R\sin\frac{B}{2}$,$z=4R\sin\frac{C}{2}$,故式 ① 获证.

根据定理的证明过程,可以证得以下结论.

---

① 高庆计.外角平分线三角形中的类正弦定理[J].福建中学数学,2006(6):25.

定理 6　设 $\triangle EIF$，$\triangle FID$，$\triangle DIE$ 的外接圆半径分别为 R_A，R_B，R_C，则

$$R_A = R_B = R_C = 2R \qquad ②$$

证明　由 $\angle EIF = \angle BIC = \frac{\pi}{2} + \frac{A}{2}$，又因 $2R_A = \frac{a'}{\sin \angle EIF}$，则

$$R_A = \frac{4R\cos \frac{A}{2}}{2\sin(\frac{\pi}{2} + \frac{A}{2})} = 2R$$

同理 $R_B = 2R$，$R_C = 2R$，故式 ② 获证.

定理 7　条件如前所述，记 $\triangle ABC$ 的面积为 S，则

$$a'x + b'y + c'z = \frac{8RS}{r} \qquad ③$$

证明　由 $a' = 4R\cos \frac{A}{2}$，$x = 4R\sin \frac{A}{2}$ 等，及 $\sum \sin A = \frac{P}{R}$，$S = rp$，则

$$\sum a'x = \sum 4R\cos \frac{A}{2} \cdot 4R\sin \frac{A}{2} =$$

$$8R^2 \sum \sin A = 8Rp = \frac{8RS}{r}$$

故式 ③ 获证.

定理 8　设 $\triangle DEF$ 为 $\triangle ABC$ 的旁心三角形，记 $\triangle BCD$，$\triangle ACE$，$\triangle ABF$ 的面积分别为 S_A，S_B，S_C，且 $\triangle ABC$ 的外接圆、内切圆半径分别为 R，r，则①

$$\frac{S_A}{a} + \frac{S_B}{b} + \frac{S_C}{c} = \frac{4R + r}{2}$$

证明　如图 2.290，设 $\triangle ABC$ 的 $\angle A$ 内的旁切圆圆 D 与 AB 相切于 G，则

$$BG = AG - AB = \frac{a + b + c}{2} - c = p - c$$

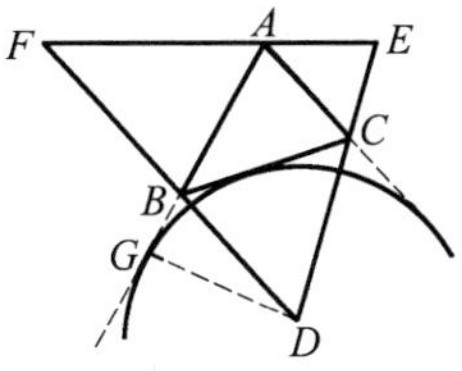

则

$$BD = \frac{BG}{\cos \angle GBD} = \frac{BG}{\cos \frac{\pi - B}{2}} = \frac{p - c}{\sin \frac{B}{2}}$$

图 2.290

同理

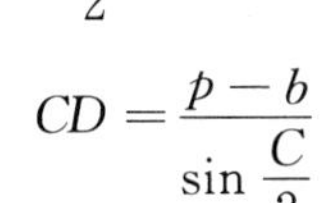

$$CD = \frac{p - b}{\sin \frac{C}{2}}$$

又 $\angle D = \pi - \angle CBD - \angle BCD = \pi - \frac{\pi - B}{2} - \frac{\pi - C}{2} = \frac{B + C}{2} = \frac{\pi - A}{2}$

① 闵飞. 三角形的外角平分线三角形的两个性质[J]. 中学数学，2004(8)：46-47.

且
$$\sin\frac{A}{2}\sin\frac{B}{2}\sin\frac{C}{2}=\frac{r}{4R}$$

则
$$S_A=\frac{1}{2}BD\cdot CD\sin D=$$
$$\frac{1}{2}\cdot\frac{p-c}{\sin\frac{B}{2}}\cdot\frac{p-b}{\sin\frac{C}{2}}\cdot\cos\frac{A}{2}=$$
$$\frac{(p-c)(p-b)\sin A}{4\sin\frac{A}{2}\cdot\sin\frac{B}{2}\cdot\sin\frac{C}{2}}=$$
$$\frac{a(p-b)(p-c)}{2r}$$

同理
$$S_B=\frac{b(p-a)(p-c)}{2r}$$
$$S_C=\frac{c(p-a)(p-b)}{2r}$$

又因 $ab+bc+ca=p^2+4Rr+r^2$,则
$$\frac{S_A}{a}+\frac{S_B}{b}+\frac{S_C}{c}=\frac{1}{2r}((p-a)(p-b)+(p-b)(p-c)+(p-c)(p-a))=$$
$$\frac{1}{2r}(3p^2-2(a+b+c)p+ab+bc+ca)=$$
$$\frac{1}{2r}(3p^2-4p^2+p^2+4Rr+r^2)=\frac{4R+r}{2}$$

定理 9 设 $\triangle DEF$ 为 $\triangle ABC$ 的旁心三角形,记 $\triangle ABC$,$\triangle BCD$,$\triangle ACE$,$\triangle ABF$ 的内切圆半径依次为 r,r_A,r_B,r_c,$\triangle ABC$ 的面积为 S,则①
$$r_A\cot\frac{A}{2}+r_B\cot\frac{B}{2}+r_C\cot\frac{C}{2}=\frac{S}{r}\tag{①}$$

证明 由条件知
$$\angle BCD=\frac{\pi-C}{2},\angle CBD=\frac{\pi-B}{2}$$
$$D=\pi-\frac{\pi-C}{2}-\frac{\pi-B}{2}=\frac{C+B}{2}=\frac{\pi-A}{2}$$

在 $\triangle BCD$ 中由正弦定理,得
$$\frac{BC}{\sin D}=\frac{BD}{\sin\angle BCD}=\frac{CD}{\sin\angle CBD}$$

---

① 邹守文.关于外角平分线三角形的一个恒等式[J].中学数学,2005(5):45-46.

则
$$BD=\frac{a\cos\frac{C}{2}}{\cos\frac{A}{2}}=\frac{2R\sin A\cos\frac{C}{2}}{\cos\frac{A}{2}}=4R\sin\frac{A}{2}\cos\frac{C}{2}$$

同理
$$CD=4R\sin\frac{A}{2}\cos\frac{B}{2}$$

故
$$BD+CD+a=4R\sin\frac{A}{2}(\cos\frac{C}{2}+\cos\frac{B}{2})+4R\sin\frac{A}{2}\cos\frac{A}{2}=$$
$$4R\sin\frac{A}{2}\cdot(\cos\frac{A}{2}+\cos\frac{B}{2}+\cos\frac{C}{2})$$

这里 R 为 $\triangle ABC$ 的外接圆半径,记 S_A 为 $\triangle BCD$ 的面积,由
$$\cos\frac{A}{2}\cos\frac{B}{2}\cos\frac{C}{2}=\frac{p}{4R}$$

则
$$S_A=\frac{1}{2}BC\cdot CD\sin\angle BCD=$$
$$\frac{1}{2}\cdot 4R\sin\frac{A}{2}\cos\frac{A}{2}\cdot 4R\sin\frac{A}{2}\cos\frac{B}{2}\cos\frac{C}{2}=$$
$$8R^2\sin^2\frac{A}{2}\cos\frac{A}{2}\cos\frac{B}{2}\cos\frac{C}{2}=$$
$$8R^2\cdot\sin^2\frac{A}{2}\cdot\frac{p}{4R}=2pR\sin^2\frac{A}{2}$$

又 $S_A=\frac{1}{2}(BD+CD+a)\cdot r_A$,则

$$r_A=\frac{2S_A}{BD+CD+a}=\frac{4pR\sin^2\frac{A}{2}}{4R\sin\frac{A}{2}(\cos\frac{A}{2}+\cos\frac{B}{2}+\cos\frac{C}{2})}=$$
$$\frac{p\sin\frac{A}{2}}{\cos\frac{A}{2}+\cos\frac{B}{2}+\cos\frac{C}{2}}$$

则
$$r_A\cot\frac{A}{2}=\frac{p\cos\frac{A}{2}}{\cos\frac{A}{2}+\cos\frac{B}{2}+\cos\frac{C}{2}}$$

同理
$$r_B\cot\frac{B}{2}=\frac{p\cos\frac{B}{2}}{\cos\frac{A}{2}+\cos\frac{B}{2}+\cos\frac{C}{2}}$$
$$r_C\cot\frac{C}{2}=\frac{p\cos\frac{C}{2}}{\cos\frac{A}{2}+\cos\frac{B}{2}+\cos\frac{C}{2}}$$

上述三式相加有

$$r_A\cot\frac{A}{2}+r_B\cot\frac{B}{2}+r_C\cot\frac{C}{2}=\frac{p(\cos\frac{A}{2}+\cos\frac{B}{2}+\cos\frac{C}{2})}{\cos\frac{A}{2}+\cos\frac{B}{2}+\cos\frac{C}{2}}=p=\frac{S}{r}$$

由上面的证明过程,不难得到以下推论.

推论 1

$$(p-a)r_A+(p-b)r_B+(p-c)r_c=S \quad ②$$

证明 由 $p-a=r\cot\frac{A}{2}$ 知,将 $\cot\frac{A}{2}=\frac{p-a}{r}$ 等代入定理,即得.

推论 2 设 $\triangle BCD,\triangle ACE,\triangle ABF$ 的内切圆半径分别为 r_A,r_B,r_C,则

$$r_A+r_B+r_C=p\cdot\frac{\sin\frac{A}{2}+\sin\frac{B}{2}+\sin\frac{C}{2}}{\cos\frac{A}{2}+\cos\frac{B}{2}+\cos\frac{C}{2}} \quad ③$$

$$r_Ar_Br_C=\frac{p^3\sin\frac{A}{2}\sin\frac{B}{2}\sin\frac{C}{2}}{(\cos\frac{A}{2}+\cos\frac{B}{2}+\cos\frac{C}{2})^3} \quad ④$$

证明 由定理的证明过程,有

$$r_A=\frac{p\sin\frac{A}{2}}{\cos\frac{A}{2}+\cos\frac{B}{2}+\cos\frac{C}{2}}$$

$$r_B=\frac{p\sin\frac{B}{2}}{\cos\frac{A}{2}+\cos\frac{B}{2}+\cos\frac{C}{2}}$$

$$r_C=\frac{p\sin\frac{C}{2}}{\cos\frac{A}{2}+\cos\frac{B}{2}+\cos\frac{C}{2}}$$

从而式 ③,④ 显然成立.

注 其中式 ④ 加强了下面的不等式

$$r_Ar_Br_C\geqslant r^3 \quad ⑤$$

事实上,由

$$\sin\frac{A}{2}\sin\frac{B}{2}\sin\frac{C}{2}=\frac{r}{4R},p\geqslant 3\sqrt{3}r,\cos\frac{A}{2}+\cos\frac{B}{2}+\cos\frac{C}{2}\leqslant\frac{3\sqrt{3}}{2}$$

和格雷特森不等式:$p^2\geqslant 16Rr-5r^2$ 及欧拉不等式 $R\geqslant 2r$,有

$$r_A r_B r_C \geqslant \frac{3\sqrt{3}\,r\cdot(16Rr-5r^2)\cdot\frac{r}{4R}}{\left(\frac{3\sqrt{3}}{2}\right)^3}=$$

$$\frac{r^2\cdot(32Rr-10r^2)}{27R}=$$

$$\frac{r^2\cdot(27Rr+5Rr-10r^2)}{27R}\geqslant$$

$$\frac{r^2\cdot 27Rr}{27R}=r^3$$

故式 ④ 强于式 ⑤.

❖三角形三个旁切圆切点三角形面积关系式

定理 设 $\triangle ABC$ 的内角 A,B,C 所对的旁切圆与三边所在直线相切的切点构成的三角形的面积依次为 S_A,S_B,S_C，且记 $BC=a,CA=b,AB=c,p=\frac{1}{2}(a+b+c)$，$\triangle ABC$ 的面积、外接圆、内切圆半径分别为 S,R,r 则有①

$$\sum S_A=\frac{S}{2R}(4R+r)$$

(其中，$\sum$ 表示循环和，如 $\sum S_A$ 表示 $S_A+S_B+S_C$，余类推.)

证明 如图 2.291，设 $\triangle ABC$ 的内角 A 所对的旁切圆与三边所在直线分别相切于点 D,E,F. 易知

$$BD=BF=p-c,CD=CE=p-b$$

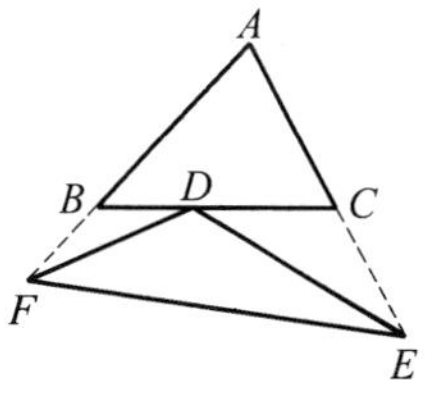

图 2.291

在 $\triangle BDF$ 中利用正弦定理，有

$$\frac{DF}{\sin\angle DBF}=\frac{BF}{\sin\angle BDF}$$

故
$$\frac{DF}{\sin(\pi-B)}=\frac{BF}{\sin\frac{B}{2}}$$

所以
$$DF=\frac{BF\sin B}{\sin\frac{B}{2}}=2(p-c)\cos\frac{B}{2}$$

同理可知
$$DE=2(p-b)\cos\frac{C}{2}$$

① 李显权. 三角形的旁切圆切点三角形的一个性质[J]. 中学数学月刊，2006(3)：26.

所以

$$S_A=\frac{1}{2}DF\cdot DE\sin\angle FDE=$$

$$\frac{1}{2}\cdot 4(p-b)(p-c)\cos\frac{B}{2}\cos\frac{C}{2}\sin(\pi-\frac{B+C}{2})=$$

$$2(p-b)(p-c)\cos\frac{A}{2}\cos\frac{B}{2}\cos\frac{C}{2}$$

注意到 $\cos\frac{A}{2}\cos\frac{B}{2}\cos\frac{C}{2}=\frac{p}{4R}$,因而有

$$S_A=\frac{p}{2R}(p-b)(p-c)$$

同理有

$$S_B=\frac{p}{2R}(p-c)(p-a)$$

$$S_c=\frac{p}{2R}(p-a)(p-b)$$

将以上三式相加,再利用熟知恒等式 $\sum(p-b)(p-c)=r(4R+r)$ 及 $pr=S$,可得

$$\sum S_A=\frac{S}{2R}(4R+r)$$

上述定理亦即为下述推论.我们给出它的另述:

推论 设$\triangle ABC$的内角A,B,C所对的旁切圆与三边所在直线相切的切点构成的三角形的面积依次为S_A,S_B,S_C,$\triangle ABC$的面积记为S,$\triangle ABC$的内切圆切点三角形的面积记为S_I,则$S_A+S_B+S_C-S_I=2S$.

证明 记$\triangle ABC$的三边长及半周长分别为a,b,c,p.内切圆,$\angle A,\angle B$,$\angle C$所对的旁切圆半径分别记为r,r_1,r_2,r_3.$\triangle ABC$的内切圆圆I与边BC,CA,AB的切点分别为D,E,F.令R为外接圆半径.

注意到,对任意的三角形恒有

$$\cos\frac{A}{2}\cdot\cos\frac{B}{2}\cdot\cos\frac{C}{2}=\frac{P}{4R}$$

$$\cos\frac{A}{2}\cdot\sin\frac{B}{2}\cdot\sin\frac{C}{2}=\frac{p-a}{4R}$$

$$\sin\frac{A}{2}\cdot\cos\frac{B}{2}\cdot\sin\frac{C}{2}=\frac{p-b}{4R}$$

$$\sin\frac{A}{2}\cdot\sin\frac{B}{2}\cdot\cos\frac{C}{2}=\frac{p-c}{4R}$$

由内切圆和旁切圆半径的性质,有

$$S=rp=r_1(p-a)=r_2(p-b)=r_3(p-c),r_1+r_2+r_3-r=4R$$

又

$$\angle EDF=\angle AEF=90^\circ-\frac{1}{2}\angle A,\angle DEF=90^\circ-\frac{1}{2}\angle B,\angle DFE=90^\circ-\frac{1}{2}\angle C$$

则

$$S_I=2r^2\cdot\sin\angle EDF\cdot\sin\angle DEF\cdot\sin\angle DFE=$$
$$2r^2\cdot\cos\frac{A}{2}\cdot\cos\frac{B}{2}\cdot\cos\frac{C}{2}\Rightarrow\frac{S_I}{S}=\frac{r}{2R}$$

类似地

$$\frac{S_A}{S}=\frac{r_1}{2R},\frac{S_B}{S}=\frac{r_2}{2R},\frac{S_C}{S}=\frac{r_3}{2R}$$

从而

$$\frac{S_A}{S}+\frac{S_B}{S}+\frac{S_C}{S}-\frac{S_I}{S}=\frac{r_1+r_2+r_3-r}{2R}=2$$

故

$$S_A+S_B+S_C-S_I=2S$$

❖三角形切圆中的面积关系①

三角形的切圆,这里指的是三角形的内切圆和三个旁切圆.

如图2.292,$\triangle X_0Y_0Z_0$ 是 $\triangle A_1A_2A_3$ 的内切圆 I 的切点三角形;I_i 分别为顶点 A_i 所对的旁心,$i=1,2,3$,$\triangle I_1I_2I_3$ 是 $\triangle ABC$ 的旁心三角形,且旁切圆 I_i 分别与 $\triangle A_1A_2A_3$ 的三边 A_2A_3,A_3A_1,A_1A_2 所在的直线相切于点 X_i,Y_i,Z_i,$i=1,2,3$.设线段 Y_1Z_1 分别交线段 I_1I_3,I_1I_2 于点 U_1,V_1,线段 Z_2X_2 分别交线段 I_2I_1,I_2I_3 于点 U_2,V_2,线段 X_3Y_3 分别交线段 I_3I_2,I_3I_1 于点 U_3,V_3.直线 X_1Y_1 与 A_1A_2 交于点 K_3;直线 X_1Z_1 与 A_1A_3 交于点 L_2;类似地,得到点 L_3,K_1,K_2,L_1.设 M_1,M_2,M_3 分别为边 A_2A_3,A_3A_1,A_1A_2 的中点.

记 $A_iA_j=a_k$,其中 i,j,k 是1,2,3的一个排列.$p=\frac{1}{2}(a_1+a_2+a_3)$,$S$,$R$,$r$,$r_i$ 分别为 $\triangle A_1A_2A_3$ 的半周长、面积、外接圆半径、内切圆半径和顶点 A_i 所对的旁切圆半径.则 $A_1Y_3=A_1Z_3=p-a_2$,$A_1Y_2=A_1Z_2=p-a_3$;$A_2X_3=A_2Z_3=p-a_1$,$A_2X_1=A_2Z_1=p-a_3$;$A_3X_1=A_3Y_1=p-a_2$,$A_1X_2=A_3Y_2=p-a_1$.

① 杨标桂.三角形切圆中的面积关系[J].数学通报,2018(2):51-54.

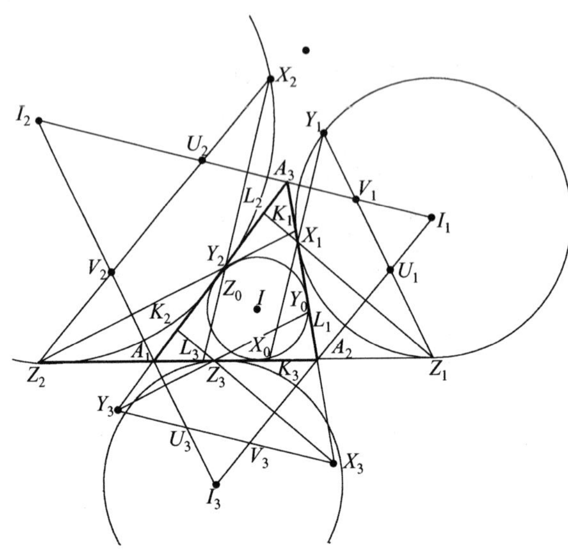

图 2.292

定理 1 $S_{\triangle X_0Y_0Z_0}=S_{\triangle X_1Y_2Z_3}$.

证法 1 见三角形的切点三角形定理 7 的证明.

证法 2 如图 2.293,易见面积关系

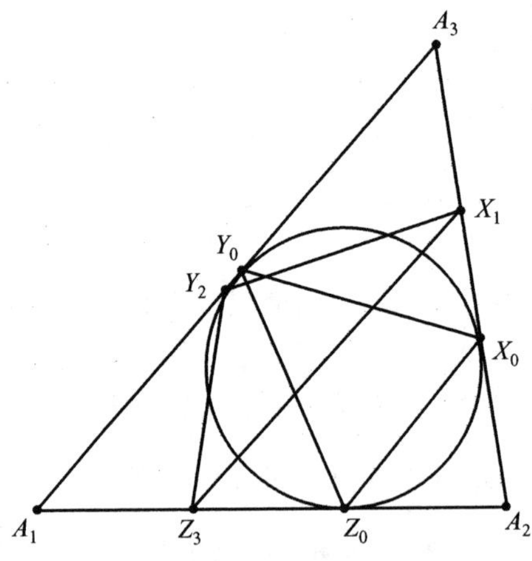

图 2.293

$$S_{\triangle X_0Y_0Z_0}=S-S_{\triangle A_1Y_0Z_0}-S_{\triangle A_2Z_0X_0}-S_{\triangle A_3X_0Y_0}=$$

$$\frac{a_1a_2a_3}{4R}-\frac{1}{2}(p-a_1)^2\sin A_1-\frac{1}{2}(p-a_2)^2\sin A_2-$$

$$\frac{1}{2}(p-a_3)^2\sin A_3=$$

$$\frac{a_1a_2a_3}{4R}-\frac{1}{2}(p-a_1)^2\frac{a_1}{2R}-$$
$$\frac{1}{2}(p-a_2)^2\frac{a_2}{2R}-\frac{1}{2}(p-a_3)^2\frac{a_3}{2R}=$$
$$\frac{1}{4R}[a_1a_2a_3-a_1(p-a_1)^2-a_2(p-a_2)^2-a_3(p-a_3)^2]$$

同理

$$S_{\triangle X_1Y_2Z_3}=S-S_{\triangle A_1Y_2Z_3}-S_{\triangle A_2Z_3X_1}-S_{\triangle A_3X_1Y_2}=$$
$$\frac{a_1a_2a_3}{4R}-\frac{1}{2}(p-a_2)(p-a_3)\sin A_1-$$
$$\frac{1}{2}(p-a_3)(p-a_1)\sin A_2-\frac{1}{2}(p-a_1)(p-a_2)\sin A_3=$$
$$\frac{a_1a_2a_3}{4R}-\frac{1}{2}(p-a_2)(p-a_3)\frac{a_1}{2R}-$$
$$(p-a_3)(p-a_1)\frac{a_2}{2R}-\frac{1}{2}(p-a_1)(p-a_2)\frac{a_3}{2R}=$$
$$\frac{1}{4R}[a_1a_2a_3-a_1(p-a_2)(p-a_3)-$$
$$a_2(p-a_3)(p-a_1)-a_3(p-a_1)(p-a_2)]$$

于是只需证明

$$a_1(p-a_1)^2+a_2(p-a_2)^2+a_3(p-a_3)^2=$$
$$a_1(p-a_2)(p-a_3)+a_2(p-a_3)(p-a_1)+a_3(p-a_1)(p-a_2)$$
$$\Leftrightarrow a_1^3+a_2^3+a_3^3-2p(a_1^2+a_2^2+a_3^2)=$$
$$3a_1a_2a_3-2p(a_1a_2+a_2a_3+a_3a_1)$$
$$\Leftrightarrow a_1^3+a_2^3+a_3^3-3a_1a_2a_3=$$
$$2p(a_1^2+a_2^2+a_3^2-a_1a_2-a_2a_3-a_3a_1)$$
$$\Leftrightarrow a_1^3+a_2^3+a_3^3-3a_1a_2a_3=$$
$$(a_1+a_2+a_3)(a_1^2+a_2^2+a_3^2-a_1a_2-a_2a_3-a_3a_1)$$

最后是熟知的恒等式,故结论成立.

定理 2 $S_{\triangle X_2Y_3Z_1}=S_{\triangle X_3Y_1Z_2}$.

证明 如图 2.294,可见 $S_{\triangle X_2Y_3Z_1}=S_{\triangle X_2Y_3A_3}+S_{\triangle Y_3Z_1A_1}+S_{\triangle Z_1X_2A_2}+S$. 而

$$S_{\triangle X_2Y_3A_3}+S_{\triangle Y_3Z_1A_1}+S_{\triangle Z_1X_2A_2}=$$
$$\frac{1}{2}p(p-a_1)\sin A_3+\frac{1}{2}p(p-a_2)\sin A_1+\frac{1}{2}p(p-a_3)\sin A_2=$$
$$\frac{p}{4R}[(p-a_1)a_3+(p-a_2)a_1+(p-a_3)a_2]=$$

$\frac{p}{4R}(2p^2-a_1a_2-a_2a_3-a_3a_1)$

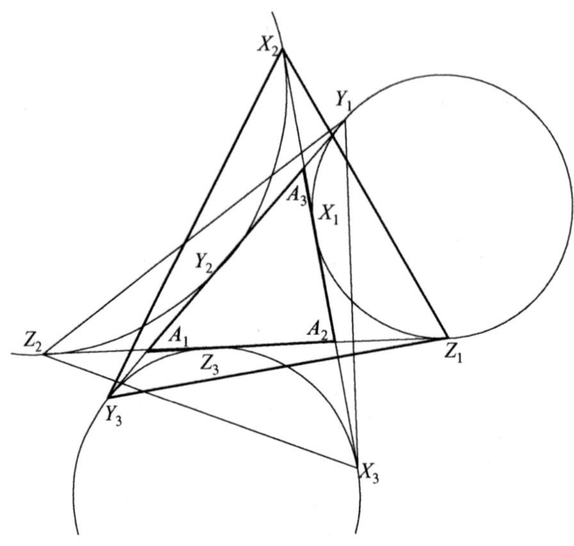

图 2.294

又

$$S_{\triangle X_3Y_1Z_2}=S_{\triangle Y_1Z_2A_1}+S_{\triangle Z_2X_3A_2}+S_{\triangle X_3Y_1A_3}+S$$

同样

$$S_{\triangle Y_1Z_2A_1}+S_{\triangle Z_2X_3A_2}+S_{\triangle X_3Y_1A_3}=$$

$$\frac{1}{2}p(p-a_3)\sin A_1+\frac{1}{2}p(p-a_1)\sin A_2+\frac{1}{2}p(p-a_2)\sin A_3=$$

$$\frac{p}{4R}[(p-a_3)a_1+(p-a_1)a_2+(p-a_2)a_3]=$$

$$\frac{p}{4R}(2p^2-a_1a_2-a_2a_3-a_3a_1)$$

因此 $S_{\triangle X_2Y_3Z_1}=S_{\triangle X_3Y_1Z_2}$.

定理 3 $S_{\triangle X_1Y_1Z_1}+S_{\triangle X_2Y_2Z_2}+S_{\triangle X_3Y_3Z_3}-S_{\triangle X_1Y_2Z_3}=2S$.

证明 如图 2.295,由上节定理推论即得如下面积关系

$$S_{\triangle X_1Y_1Z_1}+S_{\triangle X_2Y_2Z_2}+S_{\triangle X_3Y_3Z_3}-S_{\triangle X_0Y_0Z_0}=2S$$

于是由定理 1,即 $S_{\triangle X_0Y_0Z_0}=S_{\triangle X_1Y_2Z_3}$ 知结论成立.

定理 4 $S_{\triangle U_1U_2U_3}=S_{\triangle V_1V_2V_3}$.

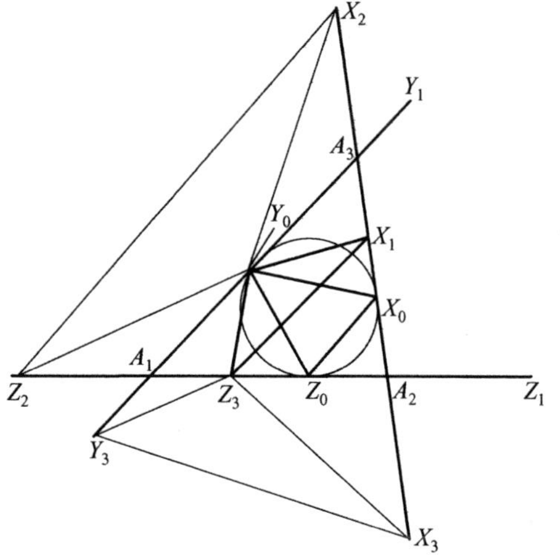

图 2.295

证明 如图 2.296,我们有更强的结论:$\triangle U_1U_2U_3 \cong \triangle V_2V_3V_1$.事实上,我们可以证明 U_1,U_2,U_3,V_1,V_2,V_3 六点共圆.又 $X_3Y_3 /\!/ I_1I_2$,因此 $U_2U_3 = V_3V_1$.同理 $U_1U_2 = V_2V_3$,$U_1U_3 = V_2V_1$.所以 $\triangle U_1U_2U_3 \cong \triangle V_2V_3V_1$,它们的面积自然相等.

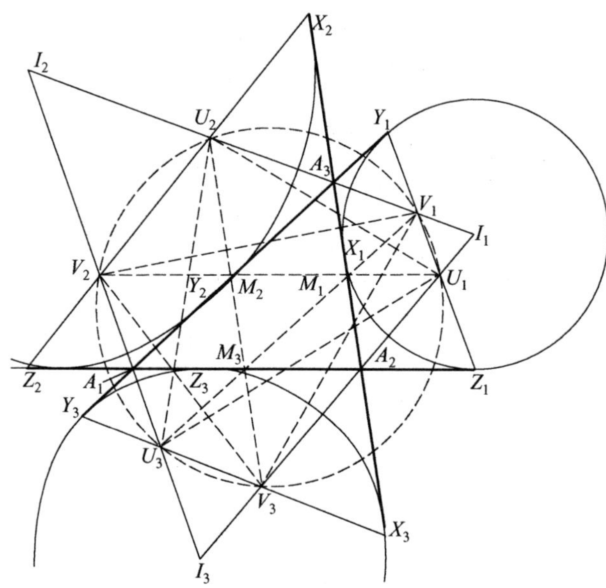

图 2.296

定理 5 $S_{\triangle X_2Y_3Z_1} = S_{\triangle X_3Y_1Z_2} = S_{六边形U_1V_1U_2V_2U_3V_3}$.

证明 如图 2.297,由定理 2,我们得到 $S_{\triangle X_2Y_3Z_1}=\frac{p}{4R}(2p^2-a_1a_2-a_2a_3-a_3a_1)+S$. 因此只需证明

$$S_{四边形A_1A_2V_3U_3}+S_{四边形A_2A_3V_1U_1}+S_{四边形A_3A_1V_2U_2}=\frac{p}{4R}(2p^2-a_1a_2-a_2a_3-a_3a_1)$$

此时,注意到直线 V_2U_1 就是 $\triangle A_1A_2A_3$ 的中位线 M_1M_2 所在的直线,且 $M_3A_1=M_3A_2=M_3U_3=M_3V_3=\frac{1}{2}a_3$,从而

$$S_{四边形A_1A_2V_3U_3}=\frac{1}{8}a_3^2(\sin A_1+\sin A_2+\sin A_3)=\frac{pa_3^2}{8R}$$

同理

$$S_{四边形A_2A_3V_1U_1}=\frac{pa_1^2}{8R}$$

$$S_{四边形A_3A_1V_2U_2}=\frac{pa_2^2}{8R}$$

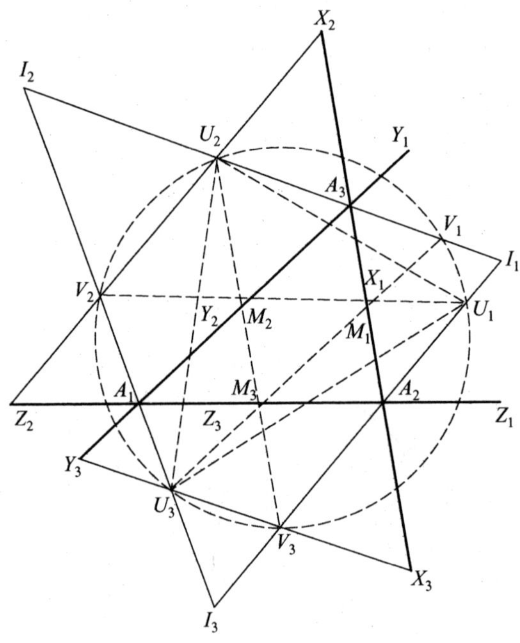

图 2.297

因此

$$S_{四边形A_1A_2V_3U_3}+S_{四边形A_2A_3V_1U_1}+S_{四边形A_3A_1V_2U_2}=$$

$$\frac{pa_3^2}{8R}+\frac{pa_1^2}{8R}+\frac{pa_2^2}{8R}=\frac{p(a_1^2+a_2^2+a_3^2)}{8R}=$$

$$\frac{p(a_1+a_2+a_3)^2-2p(a_1a_2+a_2a_3+a_3a_1)}{8R}=$$

$$\frac{2p^3-p(a_1a_2+a_2a_3+a_3a_1)}{4R}$$

故结论成立.

定理 6 $S_{四边形Y_2Z_2Y_3Z_3}\cdot S_{四边形Z_3X_3Z_1X_1}\cdot S_{四边形X_1Y_1X_2Y_2}=S^3$.

证明 如图 2.298,计算得

$$S_{四边形Y_2Z_2Y_3Z_3}=S_{\triangle A_1Y_2Z_2}+S_{\triangle A_1Y_3Z_3}+2S_{\triangle A_1Y_2Z_3}=$$

$$\frac{1}{2}[(p-a_3)^2+(p-a_2)^2+2(p-a_3)(p-a_2)]\sin A_1=\frac{a_1^3}{4R}$$

同理

$$S_{四边形Z_3X_3Z_1X_1}=\frac{a_2^3}{4R},S_{四边形X_1Y_1X_2Y_2}=\frac{a_3^3}{4R}$$

因此

$$S_{四边形Y_2Z_2Y_3Z_3}\cdot S_{四边形Z_3X_3Z_1X_1}\cdot S_{四边形X_1Y_1X_2Y_2}=\frac{a_1^3a_2^3a_3^3}{(4R)^3}=S^3$$

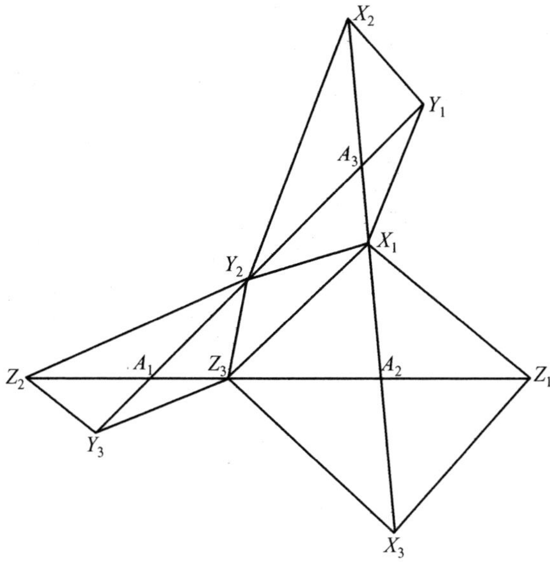

图 2.298

定理 7

$$S_{\triangle Z_1X_1K_3}\cdot S_{\triangle X_2Y_2K_1}\cdot S_{\triangle Y_3Z_3K_2}=S_{\triangle X_1Y_1L_2}\cdot S_{\triangle Y_2Z_2L_3}\cdot S_{\triangle Z_3X_3L_1}$$

证明 如图 2.299.

$$S_{\triangle Z_1X_1K_3}\cdot S_{\triangle X_2Y_2K_1}\cdot S_{\triangle Y_3Z_3K_2}=S_{\triangle X_1Y_1L_2}\cdot S_{\triangle Y_2Z_2L_3}\cdot S_{\triangle Z_3X_3L_1}$$

$$\Leftrightarrow\frac{S_{\triangle Z_1X_1K_3}\cdot S_{\triangle X_2Y_2K_1}\cdot S_{\triangle Y_3Z_3K_2}}{S_{\triangle X_1Y_1L_2}\cdot S_{\triangle Y_2Z_2L_3}\cdot S_{\triangle Z_3X_3L_1}}=1$$

下面计算比值$\frac{S_{\triangle Z_1X_1K_3}}{S_{\triangle X_1Y_1L_2}}$.$\triangle A_1A_2A_3$ 被直线 X_1Y_1 所截,故由梅氏定理,有

$$\frac{A_1K_3}{K_3A_2}\cdot\frac{A_2X_1}{X_1A_3}\cdot\frac{A_3Y_1}{Y_1A_1}=1$$

$$\Rightarrow\frac{A_1K_3}{K_3A_2}=\frac{p}{p-a_3}\Rightarrow K_3A_2=\frac{a_3(p-a_3)}{a_1+a_2}$$

同理

$$\frac{A_1L_2}{L_2A_3}\cdot\frac{A_3X_1}{X_1A_2}\cdot\frac{A_2Z_1}{Z_1A_1}=1$$

$$\Rightarrow\frac{A_1L_2}{L_2A_3}=\frac{p}{p-a_2}\Rightarrow L_2A_3=\frac{a_2(p-a_2)}{a_1+a_3}$$

设 X_1 到 A_1A_2,A_1A_3 的距离分别为 h_3,h_2,则有

$$\frac{S_{\triangle X_1A_1A_2}}{S_{\triangle X_1A_1A_3}}=\frac{p-a_3}{p-a_2}=\frac{a_3h_3}{a_2h_2}\Rightarrow\frac{h_3}{h_2}=\frac{a_2(p-a_3)}{a_3(p-a_2)}$$

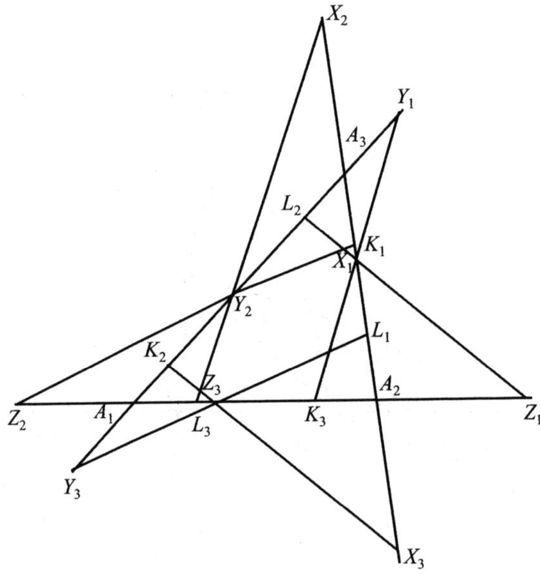

图 2.299

因此

$$\frac{S_{\triangle Z_1X_1K_3}}{S_{\triangle X_1Y_1L_2}}=\frac{K_3Z_1\cdot h_3}{L_2Y_1\cdot h_2}=$$

$$\frac{\dfrac{a_3(p-a_3)}{a_1+a_2}+(p-a_3)}{\dfrac{a_2(p-a_2)}{a_1+a_3}+(p-a_2)}\cdot\frac{a_2(p-a_3)}{a_3(p-a_2)}=$$

$$\frac{a_2(a_1+a_3)(p-a_3)^2}{a_3(a_1+a_2)(p-a_2)^2}$$

同理

$$\frac{S_{\triangle X_2Y_2K_1}}{S_{\triangle Y_2Z_2L_3}}=\frac{a_3(a_2+a_1)(p-a_1)^2}{a_1(a_2+a_3)(p-a_3)^2}$$

$$\frac{S_{\triangle Y_3Z_3K_2}}{S_{\triangle Z_3X_3L_1}}=\frac{a_1(a_3+a_2)(p-a_2)^2}{a_2(a_3+a_1)(p-a_1)^2}$$

所以

$$\frac{S_{\triangle Z_1X_1K_3}}{S_{\triangle X_1Y_1L_2}}\cdot\frac{S_{\triangle X_2Y_2K_1}}{S_{\triangle Y_2Z_2L_3}}\cdot\frac{S_{\triangle Y_3Z_3K_2}}{S_{\triangle Z_3X_3L_1}}=1$$

定理 8 $S_{\triangle K_1K_2K_3}=S_{\triangle L_1L_2L_3}$.

证明 如图 2.300,在定理 7 的证明中,我们已经得到$\frac{A_1K_3}{K_3A_2}=\frac{p}{p-a_3}$,

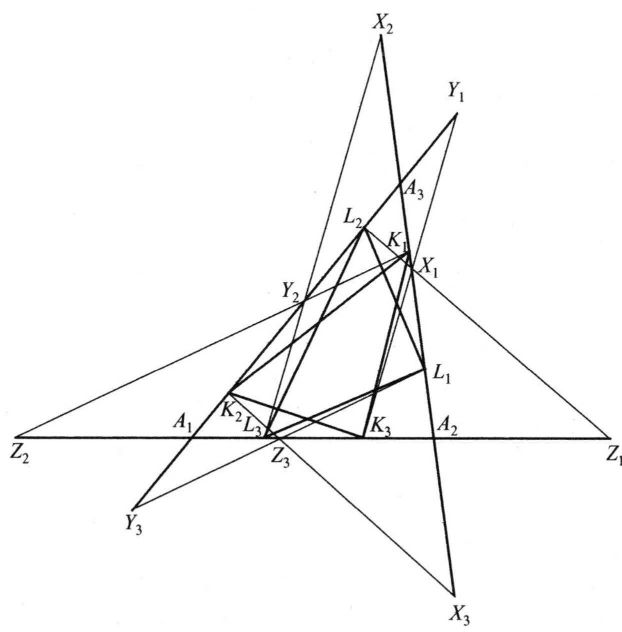

图 2.300

同理可得

$$\frac{A_2K_1}{K_1A_3}=\frac{p}{p-a_1},\frac{A_3K_2}{K_2A_1}=\frac{p}{p-a_2}$$

于是

$$S_{\triangle A_1K_2K_3}=\frac{1}{2}\frac{pa_3}{a_1+a_2}\cdot\frac{a_2(p-a_2)}{a_1+a_3}\cdot\sin A_1=$$

$$\frac{1}{4R}\cdot\frac{a_1a_2a_3p(p-a_2)}{(a_1+a_2)(a_1+a_3)}=$$

$$\frac{p(p-a_2)}{(a_1+a_2)(a_1+a_3)}S$$

同理

$$S_{\triangle A_2K_3K_1}=\frac{p(p-a_3)}{(a_2+a_3)(a_2+a_1)}S$$

$$S_{\triangle A_3K_1K_2}=\frac{p(p-a_1)}{(a_3+a_1)(a_3+a_2)}S$$

因此

$$S_{\triangle K_1K_2K_3}=S-S_{\triangle A_1K_2K_3}-S_{\triangle A_2K_3K_1}-S_{\triangle A_3K_1K_2}=$$

$$S\left[1-\frac{p(p-a_2)}{(a_1+a_2)(a_1+a_3)}-\frac{p(p-a_3)}{(a_2+a_3)(a_2+a_1)}-\frac{p(p-a_1)}{(a_3+a_1)(a_3+a_2)}\right]=$$

$$\left[1+\frac{(a_1^2+a_2^2+a_3^2+a_1a_2+a_2a_3+a_3a_1)p-4p^3}{(a_1+a_2)(a_2+a_3)(a_3+a_1)}\right]\cdot S=$$

$$\frac{(a_1a_2+a_2a_3+a_3a_1)p-a_1a_2a_3}{2(a_1a_2+a_2a_3+a_3a_1)p-a_1a_2a_3}\cdot S$$

同理,有

$$S_{\triangle L_1L_2L_3}=\frac{(a_1a_2+a_2a_3+a_3a_1)p-a_1a_2a_3}{2(a_1a_2+a_2a_3+a_3a_1)p-a_1a_2a_3}\cdot S$$

故结论成立.

❖三角形内等斜角三角形定理

已知 $\triangle ABC$,内角 A,B,C 所对的三条边分别记作 a,b,c. 今从三顶点 A,B,C 分别引对边的斜线 AA_1,BB_1,CC_1,使得在保持同一顺序之下,有

$$\angle AA_1C=\angle BB_1A=\angle CC_1B=\theta$$

则由三斜线 AA_1,BB_1,CC_1 相交所得的 $\triangle HJK$ 称为原 $\triangle ABC$ 的等斜角三角

形①.

定理 1 设 $\triangle HJK$ 是 $\triangle ABC$ 的等斜角三角形，$S_{\triangle HJK}$ 与 $S_{\triangle ABC}$ 分别表示 $\triangle HJK$ 与 $\triangle ABC$ 的面积，则有

$$\frac{S_{\triangle HJK}}{S_{\triangle ABC}}=4\cos^2\theta$$

证明 从图 2.301 中易见

$$\angle KHJ=\angle B_1HC=\theta-\angle ACC_1=A$$

同理 $\angle HJK=B,\angle JKH=C$

则 $\triangle HJK \backsim \triangle ABC$

故
$$\frac{S_{\triangle HJK}}{S_{\triangle ABC}}=\frac{JK^2}{BC^2}=\frac{JK^2}{a^2} \quad ①$$

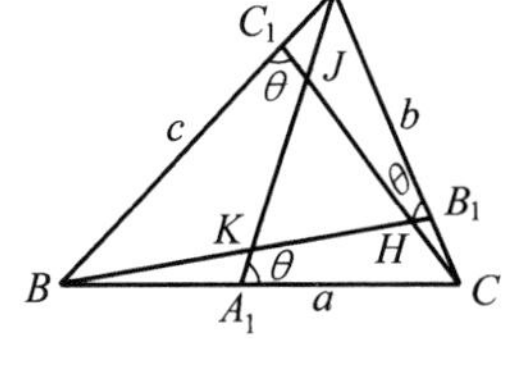

图 2.301

进而在 $\triangle ABK$ 及 $\triangle ACJ$ 中分别运用正弦定理，有

$$\frac{AK}{AB}=\frac{\sin\angle ABK}{\sin\angle AKB}=\frac{\sin(180^\circ-\theta-A)}{\sin(180^\circ-\angle JKH)}=\frac{\sin(\theta+A)}{\sin C}$$

则
$$AK=\frac{c}{\sin C}\sin(\theta+A)$$

及
$$AJ=\frac{b}{\sin B}\sin(\theta-A)$$

故
$$JK=AK-AJ=\frac{c}{\sin C}\sin(\theta+A)-\frac{b}{\sin B}\sin(\theta-A)=$$
$$\frac{c}{\sin C}(\sin(\theta+A)-\sin(\theta-A))=$$
$$\frac{2c}{\sin C}\cos\theta\sin A=2a\cos\theta$$

代入式 ①，便有

$$\frac{S_{\triangle HJK}}{S_{\triangle ABC}}=4\cos^2\theta$$

根据定理 1，显然

(1) 当 $\theta=60^\circ$ 或 120° 时，$S_{\triangle HJK}=S_{\triangle ABC}$.

(2) 当 $\theta=90^\circ$ 时，$S_{\triangle HJK}=0$，即 H,J,K 三点重合，是 $\triangle ABC$ 的垂心.

定理 2 设 $\triangle HJK$ 是 $\triangle ABC$ 的等斜角三角形，R_1 与 R 分别是 $\triangle HJK$ 与 $\triangle ABC$ 的外接圆半径，则

(1) $\triangle HJK$ 的外心与 $\triangle ABC$ 的垂心相重合.

(2) $R_1=2R|\cos\theta|$.

① 吴菊英，金照安. 三角形内等斜角三角形及其性质[J]. 中学数学月刊，1997(12):20-21.

证明 (1) 设 AD,BE,CF 是 $\triangle ABC$ 的三条高，垂心为 M，如图 2.302 所示. 因为

$$\theta+\angle JAM=\theta+\angle JCM=\theta+\angle MBK=90^\circ$$

则
$$\angle JAM=\angle JCM=\angle MBK$$

由 $\angle JAM=\angle JCM$，知 M,J,A,C 四点共圆，故

$$\angle MJK=\angle ACM=90^\circ-\angle A$$

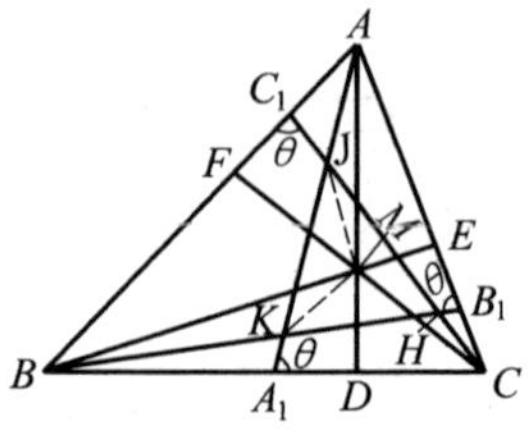

图 2.302

又由 $\angle KAM=\angle MBK$，知 M,A,B,K 四点共圆，故

$$\angle MKA=\angle MBA=90^\circ-A$$

则
$$\angle MJK=\angle MKJ, MJ=MK$$

同理可得
$$MK=MH$$

从而 M 是 $\triangle HJK$ 的外心. 但 M 也是 $\triangle ABC$ 的垂心.

(2) 设 $JK=a_1,KH=b_1,HJ=c_1$，则因 $\triangle HJK\backsim\triangle ABC$，故

$$\frac{S_{\triangle HJK}}{S_{\triangle ABC}}=(\frac{a_1}{a})^2=(\frac{b_1}{b})^2=(\frac{c_1}{c})^2$$

则
$$(\frac{S_{\triangle HJK}}{S_{\triangle ABC}})^3=(\frac{a_1b_1c_1}{abc})^2$$

由于
$$S_{\triangle HJK}=4S_{\triangle ABC}\cos^2\theta$$

$$a_1b_1c_1=4R_1S_{\triangle HJK}, abc=4RS_{\triangle ABC}$$

代入上式得

$$4\cos^2\theta=\frac{R_1^2}{R^2}$$

故
$$R_1=2R\mid\cos\theta\mid$$

定理 3 过 $\triangle ABC$ 各边中点 D,E,F 作所在边的斜线，使斜线与所在边的交角顺次为 θ，如图 2.303 所示，则

(1) 三斜线两两相交所成 $\triangle HJK$ 的面积是 $\triangle ABC$ 面积的 $\cos^2\theta$ 倍，即 $\frac{S_{\triangle HJK}}{S_{\triangle ABC}}=\cos^2\theta$.

(2) $\triangle HJK$ 和 $\triangle ABC$ 有相同的外心.

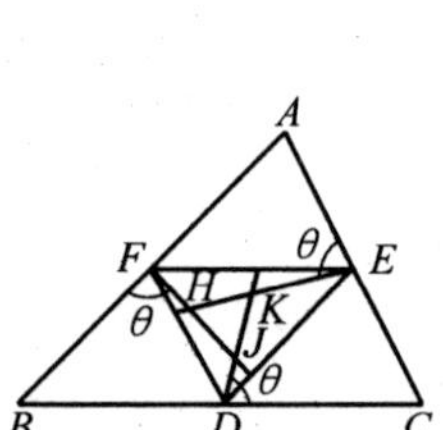

图 2.303

证明 (1) 因 $\triangle HJK$ 是 $\triangle DEF$ 的等斜角三角形，故由定理 1 知

$$\frac{S_{\triangle HJK}}{S_{\triangle DEF}}=4\cos^2\theta$$

又由 $S_{\triangle DEF}=\frac{1}{4}S_{\triangle ABC}$，则

$$\frac{S_{\triangle HJK}}{S_{\triangle ABC}}=\cos^2\theta$$

(2) 由定理 2 知,$\triangle HJK$ 的外心就是 $\triangle DEF$ 的垂心.而 $\triangle DEF$ 的垂心就是 $\triangle ABC$ 的外心,所以 $\triangle HJK$ 和 $\triangle ABC$ 有着相同的外心.并且容易得到 $\triangle HJK$ 和 $\triangle ABC$ 外接圆半径之比为 $|\cos\theta|$.

❖三角形的分周中点三角形定理

过三角形顶点的分周直线交其对边的点,我们称之为分周中点,以三个分周中点为顶点的三角形,我们称之为三角形的分周中点三角形.

定理 1 设 D,E,F 分别为 $\triangle ABC$ 的 BC,CA,AB 边上的分周中点,R,r 分别为 $\triangle ABC$ 的外接圆和内切圆的半径,则①

$$\frac{S_{\triangle DEF}}{S_{\triangle ABC}}=\frac{r}{2R} \quad ①$$

证明 设 $BC=a,CA=b,AB=c,2p=a+b+c$,则由题设易知

$$\left.\begin{array}{l}BD=AE=p-c\\CD=AF=p-b\\CE=BF=p-a\end{array}\right\} \quad ②$$

再由三角形面积比的性质,有

$$\frac{S_{\triangle AEF}}{S_{\triangle ABC}}=\frac{AE\cdot AF}{AC\cdot AB}=\frac{(p-b)(p-c)}{bc}$$

同理有

$$\frac{S_{\triangle BFD}}{S_{\triangle ABC}}=\frac{(p-c)(p-a)}{ca}$$

$$\frac{S_{\triangle CDE}}{S_{\triangle ABC}}=\frac{(p-a)(p-b)}{ab}$$

从而

$$\begin{aligned}\frac{S_{\triangle DEF}}{S_{\triangle ABC}}&=1-\left(\frac{S_{\triangle AEF}}{S_{\triangle ABC}}+\frac{S_{\triangle BFD}}{S_{\triangle ABC}}+\frac{S_{\triangle CDE}}{S_{\triangle ABC}}\right)=\\&1-\left(\frac{(p-b)(p-c)}{bc}+\frac{(p-c)(p-a)}{ca}+\frac{(p-a)(p-b)}{ab}\right)=\\&\frac{-2p^3+2(ab+bc+ca)p-2abc}{abc}\end{aligned}$$

把三角形恒等式 $ab+bc+ca=p^2+4Rr+r^2$ 和 $abc=4pRr$ 代入并整理,得

① 周才凯.周界中点三角形的性质探讨[J].福建中学数学,1996(2):12-13.

$$\frac{S_{\triangle DEF}}{S_{\triangle ABC}}=\frac{r}{2R}$$

由欧拉不等式 $R\geqslant 2r$,立得

推论
$$S_{\triangle DEF}\leqslant\frac{1}{4}S_{\triangle ABC}\qquad③$$

等号当且仅当 $\triangle ABC$ 为正三角形时成立.

定理 2 设 D,E,F 分别是 $\triangle ABC$ 的 BC,CA,AB 边上的分周中点,且记 $\triangle ABC$ 的三边长 $BC=a,CA=b,AB=c$,面积为 S,则[①]

$$\left.\begin{aligned}EF^2&=a^2-\frac{4S^2}{bc}\\FD^2&=b^2-\frac{4S^2}{ca}\\DE^2&=c^2-\frac{4S^2}{ab}\end{aligned}\right\}\qquad④$$

证明 令 $2p=a+b+c$,注意到式②,在 $\triangle AEF$ 中利用余弦定理,可得

$$EF^2=(p-b)^2+(p-c)^2-2(p-b)(p-c)\cos A$$

再将 $\cos A=\dfrac{b^2+c^2-a^2}{2bc}$ 代入上式并整理得

$$EF^2=a^2-\frac{4p(p-a)(p-b)(p-c)}{bc}=a^2-\frac{4S^2}{bc}$$

同理可得④中的后两式.

定理 3 如图 2.304,设 $\triangle DEF$ 是 $\triangle ABC$ 的分周中点三角形,记 $\triangle AEF,\triangle BDF,\triangle CED$ 的面积分别为 S_A, S_B,S_C,且 $\triangle ABC$ 的外接圆半径为 r,则有[②]

$$\frac{S_A}{a}+\frac{S_B}{b}+\frac{S_c}{c}=\frac{r}{4R}(4R+r)$$

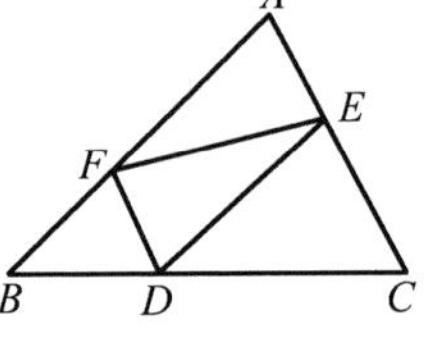

图 2.304

证明 令 $BC=a,CA=b,AB=c,p=\frac{1}{2}(a+b+c)$,则

$$S_A=\frac{1}{2}AE\cdot AF\sin A=\frac{a}{4R}(p-b)(p-c)$$

同理
$$S_B=\frac{b}{4R}(p-a)(p-c)$$

① 周才凯.关于周界中点三角形的一个不等式[J].中学数学,1996(2):32.

② 丁遵标.涉及周界中点三角形的两个有趣性质[J].中学数学,2003(5):41.

$$S_C=\frac{c}{4R}(p-a)(p-b)$$

又由 $ab+bc+ca=p^2+4Rr+r^2$，有

$$\frac{S_A}{a}+\frac{S_B}{b}+\frac{S_C}{c}=\frac{1}{4R}((p-b)(p-c)+(p-c)(p-a)+(p-a)(p-b))=$$

$$\frac{1}{4R}(3p^2-2(a+b+c)p+(ab+bc+ca))=$$

$$\frac{1}{4R}(3p^2-2\cdot 2p\cdot p+p^2+4Rr+r^2)=$$

$$\frac{1}{4R}(4Rr+r^2)=\frac{r}{4R}(4R+r)$$

故

$$\frac{S_A}{a}+\frac{S_B}{b}+\frac{S_C}{c}=\frac{r}{4R}(4R+r)$$

推论 $S_{\triangle ABC}^2=\frac{16R^2}{r^2}S_A\cdot S_B\cdot S_C$.

事实上，由 $S_A=\frac{a}{2R}(p-b)(p-c)=\frac{ar^2p}{4R(p-a)}$ 等三式相乘得 $\frac{r^2}{16R^2}(rp)^3=\frac{r^2}{16R^2}\cdot S_{\triangle ABC}^2$ 即证.

定理 4① 如图 2.305，设 $\triangle DEF$ 是 $\triangle ABC$ 的分周中点三角形，令 $BC=a,CA=B,AB=c,EF=a_1,FD=b_1,DE=c_1$，$\triangle ABC$ 的外接圆、内切圆半径分别为 R,r 则有

$$\sum\frac{a^2}{a^2-a_1^2}=\frac{2R}{r}$$

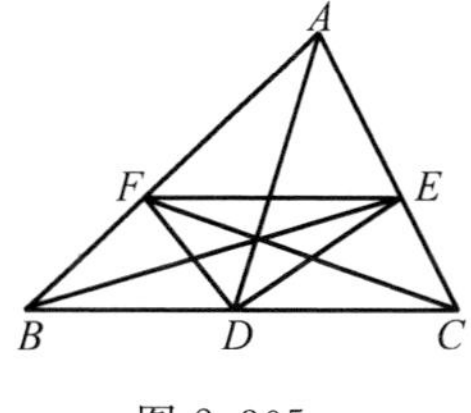

图 2.305

证明 记 $p=\frac{1}{2}(a+b+c)$，则

$$AE=p-c,AF=p-b$$

在 $\triangle DEF$ 中，有

$$EF^2=AE^2+AF^2-2AE\cdot AF\cos A$$

即

$$a_1^2=(p-c)^2+(p-b)^2-2(p-c)(p-b)\cos A=$$

$$((p-c)+(p-b))^2-2(p-b)(p-c)(1+\cos A)=$$

$$(2p-b-c)^2-2(p-b)(p-c)(1+\frac{b^2+c^2-a^2}{2bc})=$$

① 丁遵标. 周界中点三角形的三个性质[J]. 福建中学数学，2005(10)：20-21.

$$a^2-\frac{(p-b)(p-c)(b+c+a)(b+c-a)}{bc}=$$

$$a^2-\frac{4p(p-a)(p-b)(p-c)}{bc}$$

因 $S_{\triangle ABC}=\sqrt{p(p-a)(p-b)(p-c)}=\frac{abc}{4R}$,则

$$p(p-a)(p-b)(p-c)=\frac{a^2b^2c^2}{16R^2}$$

即
$$a_1^2=a^2-\frac{4}{bc}\cdot\frac{a^2b^2c^2}{16R^2}=a^2-\frac{a^2bc}{4R^2}$$

从而
$$\frac{a^2}{a^2-a_1^2}=\frac{4R^2}{bc}$$

又 $\sum\frac{1}{bc}=\frac{1}{2Rr}$,则

$$\sum\frac{a^2}{a^2-a_1^2}=4R^2\sum\frac{1}{bc}=4R^2\cdot\frac{1}{2Rr}=\frac{2R}{r}$$

故
$$\sum\frac{a^2}{a^2-a_1^2}=\frac{2R}{r}$$

推论 1 $\sum\frac{a^2}{a^2-a_1^2}\geqslant 4$.

事实上,由欧拉不等式 $R\geqslant 2r$,便可得到结论.

推论 2 $\sum(\frac{a_1}{a})^2\leqslant 3-\frac{9r}{2R}$.

证明 由于 $\sum\frac{a^2}{a^2-a_1^2}\cdot\sum\frac{a^2-a_1^2}{a^2}\geqslant 9$,于是

$$\sum\frac{a^2-a_1^2}{a^2}\geqslant\frac{9}{\sum\frac{a^2}{a^2-a_1^2}}=\frac{9}{\frac{2R}{r}}=\frac{9r}{2R}$$

又因 $\sum\frac{a^2-a_1^2}{a^2}=\sum(1-\frac{a_1^2}{a^2})=3-\sum(\frac{a_1}{a})^2$,故

$$3-\sum(\frac{a_1}{a})^2\geqslant\frac{9r}{2R}$$

定理 5[①] 设 D,E,F 分别为 $\triangle ABC$ 的边 BC,CA,AB 上的分周中点,则

$$EF\cdot FD+FD\cdot DE+DE\cdot EF\geqslant\frac{1}{4}(BC^2+CA^2+AB^2) \quad ①$$

等号当且仅当 $\triangle ABC$ 为正三角形时成立.

① 周才凯.关于周界中点三角形的一个不等式[J].中学数学,1996(2):32-33.

证明 由芬斯勒－哈德威格不等式,得到

$$FD \cdot DE + DE \cdot EF + EF \cdot FD \geqslant 2\sqrt{3} S_{\triangle DEF} + \frac{1}{2}(EF^2 + FD^2 + DE^2) \quad ②$$

所以,要证式 ① 成立只需证

$$2\sqrt{3} S_{\triangle DEF} + \frac{1}{2}(EF^2 + FD^2 + DE^2) \geqslant \frac{1}{4}(BC^2 + CA^2 + AB^2) \quad ③$$

由定理 1 及定理 2,即只需证

$$\frac{\sqrt{3r}}{R}S + \frac{1}{2}(a^2 + b^2 + c^2 - 4S^2(\frac{1}{bc} + \frac{1}{ca} + \frac{1}{ab})) \geqslant \frac{1}{4}(a^2 + b^2 + c^2) \quad ④$$

由三角形恒等式

$$a^2 + b^2 + c^2 = 2(p^2 - 4Rr - r^2)$$

$$\frac{1}{bc} + \frac{1}{ca} + \frac{1}{ab} = \frac{1}{2Rr}, S = pr$$

不等式 ④ 等价于

$$(R - 2r)p^2 + 2\sqrt{3}r^2 p \geqslant Rr(4R + r) \quad ⑤$$

由格雷特森不等式

$$p^2 \geqslant 16Rr - 5r^2 \quad ⑥$$

和熟知的不等式

$$p \geqslant 3\sqrt{3} r \quad ⑦$$

要证式 ⑤ 成立只需证

$$(R - 2r)(16Rr - 5r^2) + 2\sqrt{3}r^2 \cdot 3\sqrt{3}r \geqslant Rr(4R + r) \quad ⑧$$

但由于

$$\begin{aligned}&(R - 2r)(16Rr - 5r^2) + 2\sqrt{3}r^2 \cdot 3\sqrt{3}r - Rr(4R + r) = \\&12R^2 r - 38Rr^2 + 28r^3 = \\&2r(R - 2r)(6R - 7r) \geqslant 0\end{aligned}$$

知不等式 ⑧ 成立,从而不等式 ① 成立.从以上证明过程不难看出,当且仅当 $\triangle ABC$ 为正三角形时式 ① 取等号.

定理 6 设 D,E,F 分别为 $\triangle ABC$ 的 BC,CA,AB 边上的分周中点,R,r 分别为 $\triangle ABC$ 的外接圆和内切圆的半径,且记 $\triangle ABC$ 的三边长 $BC = a, CA = b, AC = c$,则

$$DE + EF + FD \geqslant (a + b + c)(1 - \frac{r}{R}) \quad ①$$

等号当且仅当 $\triangle ABC$ 为正三角形时成立.

证明 从 E,F 分别向直线 BC 引垂线,垂足分别为 M,N,则有

$$EF \geqslant MN = a - (BF\cos B + CE\cos C)$$

同理有

$$FD \geqslant b-(CD\cos C+AF\cos A)$$

$$DE \geqslant c-(AE\cos A+BD\cos B)$$

将以上三式的两边分别相加,并将 $BD=AF=p-c$,$CD=AF=p-b$,$CE=BF=p-a$ 代入得

$$DE+EF+FD \geqslant a+b+c-a\cos A-b\cos B-c\cos C \quad ②$$

而 $a\cos A+b\cos B+c\cos C=2R\sin A\cos A+2R\sin B\cos B+2R\sin C\cos C=R(\sin 2A+\sin 2B+\sin 2C)=R\cdot\frac{2pr}{R^2}=(a+b+c)\frac{r}{R}$

代入式 ②,即得不等式 ①.

由欧拉不等式 $R\geqslant 2r$,容易得到

推论 $$DE+EF+FD\geqslant p \quad ③$$

进一步,可以得到

定理 7 条件同定理 6,则

$$(DE+EF+FD)^2\geqslant \frac{3}{4}(a^2+b^2+c) \quad ④$$

等号当且仅当 $\triangle ABC$ 是正三角形时成立.

证明 不等式 ① 等价于

$$DE+EF+FD\geqslant \frac{2p(R-r)}{R} \quad ⑤$$

由三角形恒等式:

$$a^2+b^2+c^2=2(p^2-4Rr-r^2)$$

则不等式 ④ 等价于

$$(DE+EF+FD)^2\geqslant \frac{3}{2}(p^2-4Rr-r^2) \quad ⑥$$

这样,根据式 ⑤,要证式 ⑥ 只需证

$$\left(\frac{2p(R-r)}{R}\right)^2\geqslant \frac{3}{2}(p^2-4Rr-r^2) \quad ⑦$$

即 $$H(p^2)\equiv 8p^2(R-r)-3R^2(p^2-4Rr-r^2)=(8(R-r)^2-3R^2)p^2+3R^2(4Rr+r^2)\geqslant 0 \quad ⑧$$

若 $8(R-r)^2\geqslant 3R^2$,则上式显然成立;

若 $8(R-r)^2<3R^2$,则根据格雷特森不等式:$p^2\leqslant 4R^2+4Rr+3r^2$,要证式 ⑧,只要证不等式 $H(4R^2+4Rr+3r^2)\geqslant 0$. 现计算

$$H(4R^2+4Rr+3r)^2=8(4R^2+4Rr+3r^2)(R-r)^2-3R^2(4R^2+2r^2)=2(10R^4-16R^3r-7R^2r^2-8Rr^3+12r^4)=2(R-2r)\cdot(10R^3+4R^2r+R^2r-6r^3)$$

由欧拉不等式 $R\geqslant 2r$,上式显然非负,从而不等式 ⑦,⑥ 和 ④ 成立.

更进一步,我们可以证得更强不等式

$$(DE+EF+FD)^3\geqslant\frac{9}{8}(a^3+b^3+c^3)$$

读者可仿照定理 7 的证明过程证明之.

❖三角形内一点的投影三角形定理

以三角形三条高的垂足为顶点的三角形常称之为高的垂足三角形,现在将此概念作一推广.从平面上一点 P 向 $\triangle ABC$ 各边作垂线,垂足为 A_1,B_1,C_1 且不共线,则称 $\triangle A_1B_1C_1$ 为点 P 关于 $\triangle ABC$ 的投影三角形,或一阶投影三角形.点 P 关于 $\triangle A_1B_1C_1$ 的投影三角形 $\triangle A_2B_2C_2$ 称为二阶投影三角形,点 P 关于 $\triangle A_2B_2C_2$ 的投影三角形称为三阶投影三角形.①

定理 1 $\triangle A_3B_3C_3\backsim\triangle ABC$.

证明 当点 P 位于 $\triangle ABC$ 内部时,它也位于 $\triangle A_1B_1C_1$ 内部,从而也位于 $\triangle A_2B_2C_2$ 和 $\triangle A_3B_3C_3$ 内部.

如图 2.306,设 $\alpha_1=\angle BAP,\alpha=\angle PAC,\beta_1=\angle CBP,\beta=\angle PBA,\gamma_1=\angle ACP,\gamma=\angle PCB$.因 P,B_1,A,C_1;P,C_1,B,A_1;P,A_1,C,B_1 分别四点共圆,得到

$$A_1=\beta+\gamma_1,B_1=\gamma+\alpha_1,C_1=\alpha+\beta_1\quad(*)$$

仿此可得如图 2.307,有

$$A_2=\gamma+\beta_1,B_2=\alpha+\gamma_1,C_2=\beta+\alpha_1$$

$$A_3=\alpha+\alpha_1=A,B_3=\beta+\beta_1=B,C_3=\gamma+\gamma_1=C$$

所以

$$\triangle A_3B_3C_3\backsim\triangle ABC$$

当点 P 位于 $\triangle ABC$ 外部时,把前面的角看作有向角,上述证明仍然成立,详细证明过程从略.

---

① 续铁权."垂足三角形"的几个性质[J].中学数学月刊,1997(10):14-15.

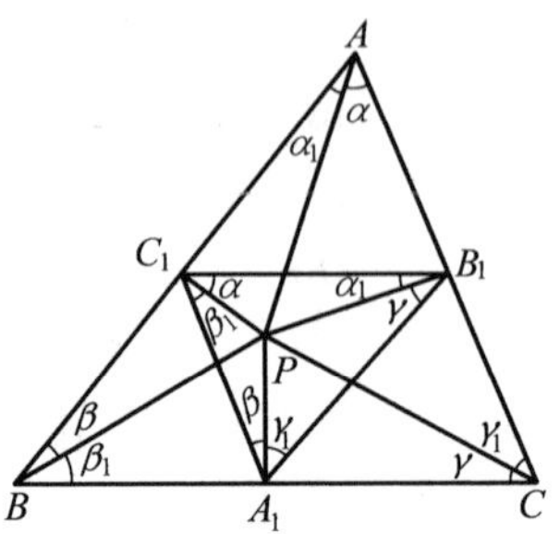

图 2.306

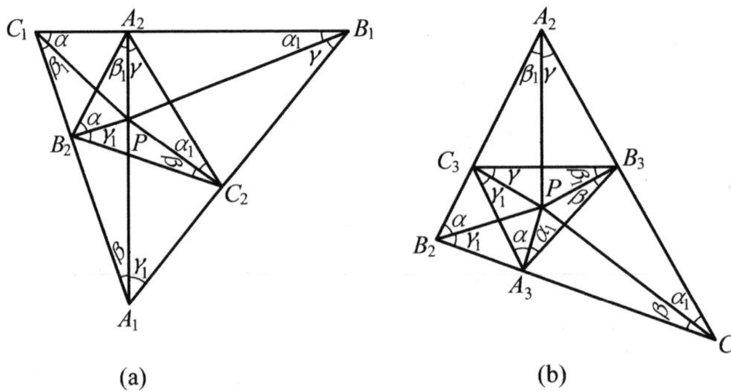

图 2.307

定理 2 若点 P 关于 $\triangle ABC$ 的投影三角形是 $\triangle A_1B_1C_1$.

(1) 当 P 是 $\triangle ABC$ 的内心或旁心时,P 是 $\triangle A_1B_1C_1$ 的外心.

(2) 当 P 是 $\triangle ABC$ 的外心时,P 是 $\triangle A_1B_1C_1$ 的垂心.

(3) 当 P 是 $\triangle ABC$ 的垂心时,若 $\triangle ABC$ 是锐角三角形,P 是 $\triangle A_1B_1C_1$ 的内心;若 $\triangle ABC$ 是钝角三角形,P 是 $\triangle A_1B_1C_1$ 的旁心.

证明 只证(3) 中 $\triangle ABC$ 是钝角三角形的情形,如图 2.308,$\angle BAC$ 是钝角,P 是 $\triangle ABC$ 的垂心,则 P 在 $\triangle ABC$ 和 $\triangle A_1B_1C_1$ 的外部,在 $\angle B_1A_1C_1$ 的内部,易证

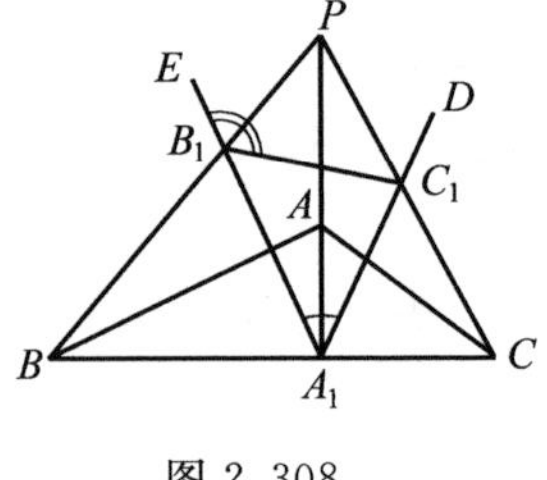

图 2.308

$$\angle B_1A_1P=\angle PBC_1=\angle PCB_1=\angle C_1A_1P$$

$$\angle B_1C_1P=\angle B_1AP=\angle A_1AC=\angle A_1C_1C=\angle DC_1P$$

故 P 是 $\triangle A_1B_1C_1$ 的旁心.

定理 3 若 P 是 $\triangle ABC$ 的布罗卡尔点,则它也是投影三角形 $\triangle A_1B_1C_1$ 的布罗卡尔点,这两个三角形有相同的布罗卡尔角 ω,$\triangle A_1B_1C_1\backsim\triangle BCA$,相似比是 $\sin\omega$.

证明 由 $\alpha_1=\beta_1=\gamma_1=\omega$ 及(*),$A_1=\beta+\gamma_1=\beta+\beta_1=B$,同理 $B_1=C$,

$C_1=A$,故 $\triangle A_1B_1C_1 \backsim \triangle BCA$.

如图 2.309,易证 $\angle PA_1B_1=\angle PB_1C_1=\angle PC_1A_1=\angle PAB=\angle PBC=\angle PCA=\omega$,则 P 也是 $\triangle A_1B_1C_1$ 的布罗卡尔点,这两个三角形有相同的布罗卡尔角 ω.

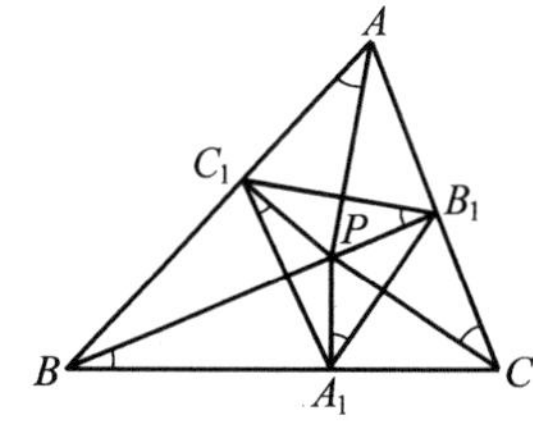

图 2.309

固定 $\triangle ABC$,将 $\triangle A_1B_1C_1$ 绕点 P 旋转 $\frac{\pi}{2}-\omega$,旋转方向与 $\triangle ABC$ 顶点绕行方向相反,设 A_1,B_1,C_1 依次变换为 A',B',C',$\triangle A_1B_1C_1$ 变换为 $\triangle A'B'C'$,则 A',B',C' 分别落在 PB,PC,PA 上,如图 2.310 所示.显见 $A'B' \parallel BC,B'C' \parallel CA,C'A' \parallel AB$.由此可见 $\triangle A_1B_1C_1$ 经相似变换变为 $\triangle BCA$ 时,$P\to P,A_1\to B$,从而 $\triangle A_1B_1C_1$ 与 $\triangle BCA$ 的相似比是 $\frac{PA_1}{PB}=\sin\omega$.

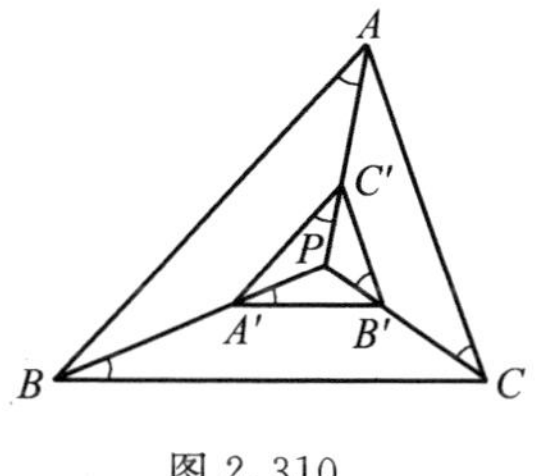

图 2.310

定理 4 界心 J_1 关于 $\triangle ABC$ 的投影三角形 $A'B'C'$ 的面积 $S'=\frac{r}{R}(1-\frac{r}{R})S$.①

证明 在 $\triangle ABC$ 中,易知

$$a=(\cot\frac{B}{2}+\cot\frac{C}{2})r,p-a=\frac{r}{\tan\frac{A}{2}}$$

由界心 J_1 的性质定理 1 得

$$\frac{AJ_1}{J_1D}=\frac{a}{p-a}$$

故

$$\frac{AJ_1}{J_1D}=\tan\frac{A}{2}(\cot\frac{B}{2}+\cot\frac{C}{2})=\frac{1-\tan\frac{B}{2}\tan\frac{C}{2}}{\tan\frac{B}{2}\tan\frac{C}{2}}$$

从而

$$\frac{J_1D}{AD}=\tan\frac{B}{2}\cdot\tan\frac{C}{2}$$

如图 2.311,过 J_1 作 $J_1A'\perp BC,J_1B'\perp AC,J_1C'\perp AB,A',B',C'$ 为垂足,设 $J_1A'=h_1,J_1B'=h_2,J_1C'=h_3$,设 $\triangle ABC$ 的边 BC,CA,AB 上的高分别为 h_a,h_b,h_c,并设 $AK=h_a$.由

① 孙哲.三角形"界心"的性质[J].中学数学,1995(9):23-24.

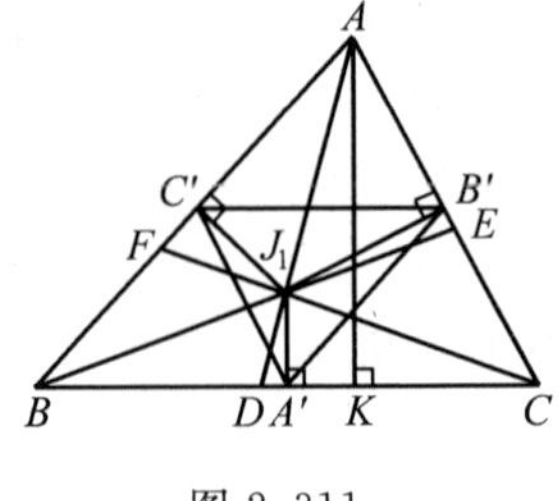

图 2.311

$$\triangle J_1DA' \backsim \triangle ADK$$

有
$$\frac{J_1A'}{AK}=\frac{J_1D}{AD}$$

即
$$\frac{h_1}{h_a}=\tan\frac{B}{2}\cdot\tan\frac{C}{2}$$

故
$$h_1=\tan\frac{B}{2}\tan\frac{C}{2}h_a$$

同理$=\tan\frac{C}{2}\tan\frac{A}{2}h_b,h_3=\tan\frac{A}{2}\tan\frac{B}{2}h_c$

$\triangle J_1A'B',\triangle J_1B'C',\triangle J_1C'A'$ 的面积分别记为 S_1,S_2,S_3，则

$$S'=S_1+S_2+S_3$$

但

$$S_1=\frac{1}{2}h_1h_2\sin(180^\circ-C)=$$

$$\frac{1}{2}\tan\frac{B}{2}\tan\frac{C}{2}\cdot\tan\frac{C}{2}\tan\frac{A}{2}\cdot h_ah_b\sin C=$$

$$\frac{r}{2p}\tan\frac{C}{2}\cdot\frac{4S^2}{ab}\sin C(\text{因 }\tan\frac{A}{2}\tan\frac{B}{2}\tan\frac{C}{2}=\frac{r}{p})=$$

$$\frac{r}{2p}\cdot\frac{\sin\frac{C}{2}}{\cos\frac{C}{2}}\cdot\frac{4S\cdot pr}{4R^2\sin A\sin B}\cdot 2\sin\frac{C}{2}\cos\frac{C}{2}=$$

$$\frac{Sr^2}{2R^2}\cdot\frac{2\sin^2\frac{C}{2}}{\sin A\sin B}=\frac{Sr^2}{2R^2}\cdot\frac{1-\cos C}{\sin A\sin B}$$

同理
$$S_2=\frac{Sr^2}{2R^2}\cdot\frac{1-\cos A}{\sin B\sin C},S_3=\frac{Sr^2}{2R^2}\cdot\frac{(1-\cos B)}{\sin A\sin C}$$

则
$$S'=\frac{Sr^2}{2R^2}(\frac{1-\cos C}{\sin A\sin B}+\frac{1-\cos A}{\sin B\sin C}+\frac{1-\cos B}{\sin A\sin C})$$

又
$$\frac{\cos A}{\sin B\sin C}+\frac{\cos C}{\sin A\sin B}+\frac{\cos B}{\sin A\sin C}=2$$

及
$$\frac{1}{\sin B\sin C}+\frac{1}{\sin A\sin C}+\frac{1}{\sin A\sin B}=$$

$$\frac{\sin A+\sin B+\sin C}{\sin A\sin B\sin C}=$$

$$\frac{\frac{1}{R}\cdot\frac{1}{2}(a+b+c)}{\frac{S}{2R^2}}=\frac{2Rp}{S}=\frac{2R}{r}$$

故
$$S'=\frac{Sr^2}{2R^2}\left(\frac{2R}{r}-2\right)=\frac{r}{R}\left(1-\frac{r}{R}\right)S$$

推论 $S'\leqslant\frac{1}{4}S.$

证明 易知 $R\geqslant 2r$,即 $\frac{r}{R}\leqslant\frac{1}{2}$,则

$$\frac{1}{2}\left(\frac{r}{R}+\left(1-\frac{r}{R}\right)\right)\geqslant\sqrt{\frac{r}{R}\left(1-\frac{r}{R}\right)}$$

即
$$\frac{1}{4}\geqslant\frac{r}{R}\left(1-\frac{r}{R}\right)$$

故
$$S'\leqslant\frac{1}{4}S$$

定理 5 点 P 与投影 $\triangle DEF$ 的重心重合的充要条件是 $PD:PE:PF=a:b:c$.①

证明 先看两条引理:

引理 1 将三角形的重心与三顶点相连,这三条连线将三角形面积三等分,其逆也成立.(见三角形重心性质定理)

引理 2 一条对角线将圆内接四边形分成两个三角形,每个的面积等于两边与(π — 对角)的正弦之积的一半.

如图 2.312,设点 P 是 $\triangle DEF$ 的重心,于是就有

$$S_{\triangle DPE}=S_{\triangle EPF}=S_{\triangle FPD}$$

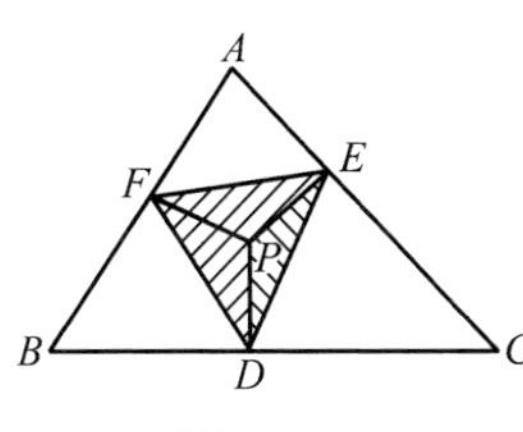

图 2.312

或者
$$\frac{1}{2}PD\cdot PE\sin(180^\circ-C)=$$
$$\frac{1}{2}PD\cdot PF\sin(180^\circ-B)=$$
$$\frac{1}{2}PE\cdot PF\sin(180^\circ-A)$$

由这关系可以得到

$$\frac{PD}{PF}=\frac{\sin A}{\sin C}$$
$$\frac{PD}{PE}=\frac{\sin A}{\sin B}$$
$$\frac{PE}{PF}=\frac{\sin B}{\sin C}$$

将正弦定理用到 $\triangle ABC$,可以得到比例式

① 赵景春.三角形中的"投影点"与"四心点"的关系[J].中学数学 1992(6):42-45.

$$\sin A : \sin B : \sin C = a : b : c$$

再结合上述三个比例式,有

$$PD : PE : PF = \sin A : \sin B : \sin C = a : b : c$$

反之,若有 $PD : PE : PF = \sin A : \sin B : \sin C$,那么,由此可以推出

$$PD : PE = \sin A : \sin B \text{ 或 } PD \cdot \sin B = PE \cdot \sin A$$

对它两端乘以 PF 的一半就得到

$$\frac{1}{2}PD \cdot PF\sin B = \frac{1}{2}PE \cdot PF\sin A$$

即
$$S_{\triangle PDF} = S_{\triangle PEF}$$

类似地有 $S_{\triangle PDF} = S_{\triangle PDE}$,从而得 $S_{\triangle PDE} = S_{\triangle PDF} = S_{\triangle PEF}$

据引理 1,即点 P 是 $\triangle DEF$ 的重心.

定理 6 点 P 是它的投影三角形的重心的充要条件是等式 $\frac{PD}{h_a} = \frac{PE}{h_b} = \frac{PF}{h_c}$ 成立,其中 h_a, h_b, h_c 是 $\triangle ABC$ 的高.

证明 设点 P 是它的投影三角形的重心,据定理 5,可以得到 $\frac{PD}{PE} = \frac{a}{b}$,但从面积公式 $\frac{1}{2}ah_a = S$ 和 $\frac{1}{2}bh_b = S$ 可以推导出 $\frac{h_a}{h_b} = \frac{a}{b}$,与前一比例式一起得到 $PD \cdot h_a = PE \cdot h_b$.类似有 $PD \cdot h_a = PF \cdot h_c$,于是

$$PD \cdot h_a = PE \cdot h_b = PF \cdot h_c$$

反过来,如果上面这最后的等式成立.倒推回去,可以得到

$$\frac{PD}{PE} = \frac{\sin A}{\sin B}$$

再得到
$$PD \cdot \sin B = PE \cdot \sin A$$

两边乘 $\frac{1}{2}PF$,得

$$\frac{1}{2}PD \cdot PF\sin B = \frac{1}{2}PE \cdot PF\sin A$$

即
$$S_{\triangle PDF} = S_{\triangle PEF}$$

同理
$$S_{\triangle PDF} = S_{\triangle PDE}$$

则
$$S_{\triangle PDF} = S_{\triangle PEF} = S_{\triangle PDE}$$

由引理 1 的逆命题得到 P 是 $\triangle DEF$ 的重心.

定理 7 如果 $\triangle ABC$ 是直角三角形($B=90^\circ$),P 与投影 $\triangle DEF$ 重心重合,那么,点 B, P, E 共线且有 $BP = PE$.

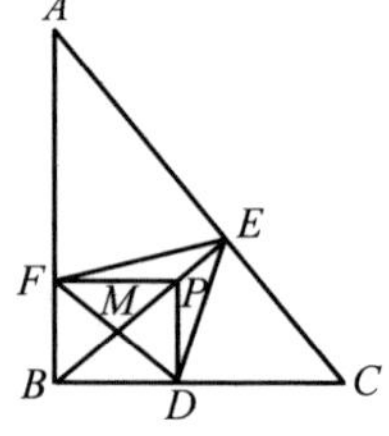

图 2.313

证明 如图 2.313,$\triangle DEF$ 是点 P 的投影三角形,P 又是 $\triangle DEF$ 的重心,EM 是 $\triangle DEF$ 的一条中线,M 是 DF 的中点,因此,B, M, P, E 四点都在一条直线上,但 $PD \perp BC$,

$PF \perp AB$，所以 $BDPF$ 是矩形，M 是矩形对角线 DF 的中点，故 BP 亦是对角线，即有 $BM = MP$，则 $EP = 2PM = PB$.

定理 8 如图 2.314，O 是 $\triangle ABC$ 的外心，三角形内一点 P 的投影三角形为 $\triangle DEF$，设 $OP = d$，那么有关系式

$$S_{\triangle DEF} = \frac{R^2 - d^2}{4R^2} S_{\triangle ABC}$$

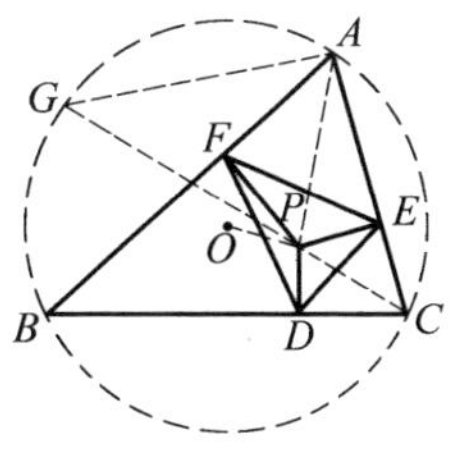

图 2.314

证明 联结 PA，联结 CP 并延长交圆 O 于 G. P,E,C,D 及 P,E,A,F 分别共圆，PA,PC 分别是共点圆直径，就有关系

$$DE = PC\sin C, EF = PA\sin A, \angle DEF = \angle PAG$$

则

$$S_{\triangle DEF} = \frac{1}{2}DE \cdot EF\sin\angle DEF = \frac{1}{2}PC\sin C \cdot PA\sin A\sin\angle DEF$$

据正弦定理，在 $\triangle PAG$ 中有

$$\frac{PA}{\sin G} = \frac{PG}{\sin\angle PAG}$$

则

$$PA\sin\angle PAD = PG\sin G = PG\sin B$$

从而

$$S_{\triangle DEF} = \frac{1}{2}PC \cdot PG\sin A\sin B\sin C$$

由圆幂定理及正弦定理知

$$PC \cdot PG = R^2 - d^2, \sin A = \frac{a}{2R}, \sin B = \frac{b}{2R}$$

所以

$$S_{\triangle DEF} = \frac{1}{2}(R^2 - d^2)\sin A\sin B\sin C = \frac{1}{2}(R^2 - d^2)\frac{a}{2R} \cdot \frac{b}{2R}\sin C = \frac{R^2 - d^2}{4R^2}S_{\triangle ABC}$$

注 此定理表明：三角形内一点 P 的投影三角形的面积，与点 P 关于外接圆的幂成比例.

推论 1 投影三角形的面积为一定的点的轨迹，是一个与外接圆同圆心的圆. 在外接圆内的点，外心的投影三角形面积最大.

推论 2 三角形外接圆上的点的投影三角形面积为零.

推论 3 $\triangle ABC$ 内一点 P 的投影三角形的外接圆半径 $r = \frac{AP \cdot BP \cdot CP}{2(R^2 - OP^2)}$，其中 O,R 分别为 $\triangle ABC$ 的外心，外接圆半径.

事实上,由 $S_{\triangle DEF}=\dfrac{DE\cdot EF\cdot FD}{4r}$ 及 $DE=PC\cdot\sin C$ 等三式即推证得.

我们还可得到结论:延长 AP,BP,CP 分别交 $\triangle ABC$ 的外接圆于 A_1,B_1,C_1,则 $\triangle A_1B_1C_1$ 与 p 关于 $\triangle ABC$ 的投影三角形 $\triangle DEF$ 顺相似.

定理9 自 $\triangle ABC$ 所在平面内一点 P 向三角形三边作同向等角 θ 的射线,分别交边 BC,CA,AB 于点 A_1,B_1,C_1. 设 $\triangle ABC$ 外接圆 O 的半径为 R,$OP=d$,则 $\dfrac{S_{\triangle A_1B_1C_1}}{S_{\triangle ABC}}=\dfrac{|R^2-d^2|}{4R^2\sin^2\theta}$. ①

证明 如图 2.315,当点 P 在 $\triangle ABC$ 内,$\angle PA_1B=\angle PB_1C=\angle PC_1A=\theta$,延长 CP 交圆 O 于 D,联结 AD,AP.

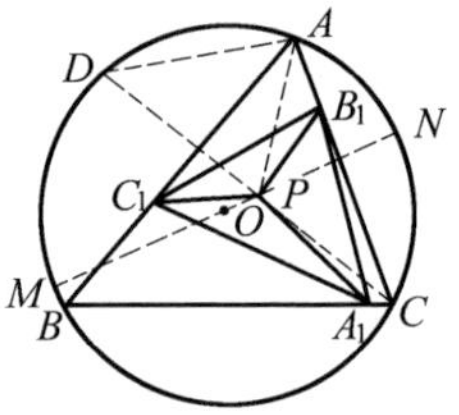

图 2.315

由题意知点 A,C_1,P,B_1 共圆,由正弦定理得

$$B_1C_1=\frac{PA\sin A}{\sin\theta}$$

同理

$$A_1B_1=\frac{PC\sin C}{\sin\theta}$$

又 $\angle BAD=\angle BCP=\angle A_1B_1P$,$\angle PB_1C_1=\angle PAC_1$,则

$$\angle A_1B_1C_1=\angle A_1B_1P+\angle PB_1C_1=\angle BAD+\angle PAC_1=\angle PAD$$

在 $\triangle PAD$ 中,$PA\sin\angle PAD=PD\sin D$,而 $\angle D=\angle B$,即

$$PA\sin\angle PAD=PD\cdot\sin B$$

从而

$$S_{\triangle A_1B_1C_1}=\frac{1}{2}A_1B_1\cdot B_1C_1\sin\angle A_1B_1C_1=\frac{PA\cdot PC}{2\sin^2\theta}\sin A\sin C\sin\angle PAD=\frac{PC\cdot PD}{2\sin^2\theta}\sin A\sin B\sin C$$

设 MN 为过 O,P 的直径,则

$$PC\cdot PD=PN\cdot PM=(R-d)(R+d)=R^2-d^2$$

又因 $S_{\triangle ABC}=2R^2\sin A\sin B\sin C$,则

$$\frac{S_{\triangle A_1B_1C_1}}{S_{\triangle ABC}}=\frac{R^2-d^2}{4R^2\sin^2\theta}$$

当点 P 在 $\triangle ABC$ 的外部时,如图 2.316 所示,类似可证得

① 张明龙.三角形两个定理的证明和应用[J].中学数学月刊,1997(6):21-22.

$$\frac{S_{\triangle A_1B_1C_1}}{S_{\triangle ABC}}=\frac{d^2-R^2}{4R^2\sin^2\theta}$$

故定理 9 得证.

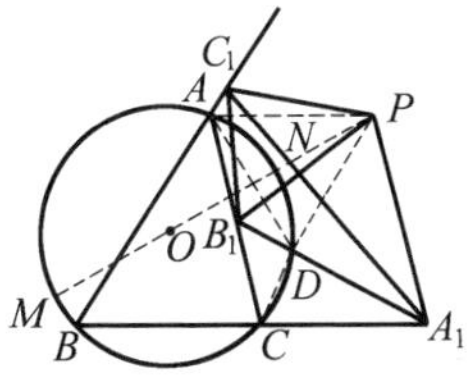

推论 1 当 $\theta=90^\circ$ 时,有 $\frac{S_{\triangle A_1B_1C_1}}{S_{\triangle ABC}}=\frac{|R^2-d^2|}{4R^2}$,此即为定理 8.

图 2.316

推论 2 若 $\triangle ABC$ 的布罗卡尔点到 $\triangle ABC$ 的外心距离为 d,则

$$d=\sqrt{1-\frac{4}{\cot^2A+\cot^2B+\cot^2C}}\cdot R$$

其中 R 为 $\triangle ABC$ 的外接圆半径.

证明 由于 $\angle PAB=\angle PBC=\angle PCA=\alpha$,结合定理 9,相当于 $S_{\triangle A_1B_1C_2}=S_{\triangle CBA}$.即

$$S_{\triangle ABC}=\frac{S_{\triangle ABC}}{4\sin^2\alpha}\left|1-(\frac{d}{R})^2\right|$$

得

$$|R^2-d^2|=4R^2\sin^2\alpha$$

又由于点 P 在 $\triangle ABC$ 内部,故 $R>d$,从而

$$d^2=R^2(1-4\sin^2\alpha)$$

再由布罗卡尔角 α 满足

$$\cot^2\alpha=\cot^2A+\cot^2B+\cot^2C$$

代入即知推论 2 成立.

推论 3 若 $\triangle ABC$ 的面积为 $\triangle$,布罗卡尔角为 α,则布罗卡尔点在三边的射影三角形的面积为 $S_{\triangle ABC}\cdot\sin^2\alpha$.

证明 设射影三角形面积为 $S_{\triangle A_1B_1C_1}$ 由推论 2 中证明知 $|R^2-d^2|=4R^2\sin^2\alpha$,故

$$S_{\triangle A_1B_1C_1}=\frac{S_{\triangle ABC}}{4}\left|1-(\frac{d}{R})^2\right|=$$

$$\frac{S_{\triangle ABC}}{4R^2}|R^2-d^2|=$$

$$\frac{S_{\triangle ABC}}{4R^2}4R^2\sin^2\alpha=S_{\triangle ABC}\cdot\sin^2\alpha$$

再次注意到,三角形内任意一点的射影三角形面积不大于原三角形面积的 $\frac{1}{4}$,立即得:

推论 4 任意三角形的布罗卡尔角为 α,则 $\alpha\leqslant 30^\circ$.

证明　由推论3知，$S_{\triangle ABC}\cdot\sin^2\alpha\leqslant\frac{1}{4}S_{\triangle ABC}$，即 $\sin^2\alpha\leqslant\frac{1}{4}$，故 $\sin\alpha\leqslant\frac{1}{2}$，而 α 为锐角，从而 $\alpha\leqslant 30^\circ$.

定理10　设 P 为 $\triangle ABC$ 内部任一点，过 P 作 BC,CA,AB 的垂线，垂足分别为 D,E,F，设 $\triangle ABC$ 的外接圆半径为 R，则

$$S_{\triangle PBC}\cdot PA^2+S_{\triangle PCA}\cdot PB^2+S_{\triangle PAB}\cdot PC^2=4R^2S_{\triangle DEF}$$

证明　如图2.317，设 $\triangle ABC$ 的三边长分别为 $a,b,c,PD=u,PE=v,PF=w$，由正弦定理，有

$$\frac{a}{2R}=\sin A=\frac{EF}{PA}$$

即
$$a\cdot PA=2R\cdot EF$$

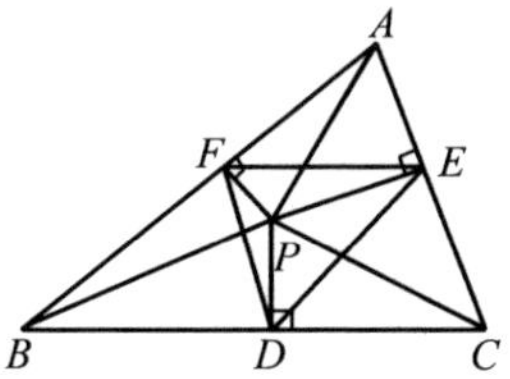

图2.317

同理有　$b\cdot PB=2R\cdot FD,c\cdot PC=2R\cdot DE$

从而 $S_{\triangle PBC}\cdot PA^2+S_{\triangle PCA}\cdot PB^2+S_{\triangle PAB}\cdot PC^2=$

$$\frac{1}{2}auPA^2+\frac{1}{2}bvPB^2+\frac{1}{2}cwPC^2=$$

$$R(uPA\cdot EF+vPB\cdot FD+wPC\cdot DE)$$

因点 A,F,P,E 共圆，则

$$PA\cdot EF=wAE+vAF$$

即
$$uPA\cdot EF=wuAE+uvAF$$

同理　$vPB\cdot FD=wvBD+uvBF,wPC\cdot DE=wuEC+wvDC$

则
$$uPA\cdot EF+vPB\cdot FD+wPC\cdot DE=wv(BD+DC)+$$
$$wu(AE+EC)+uv(AF+FB)=$$
$$wva+wub+uvc$$

从而 $S_{\triangle PBC}\cdot PA^2+S_{\triangle PCA}\cdot PB^2+S_{\triangle PAB}\cdot PC^2=R(wva+wub+uvc)$

又由　$S_{\triangle DEF}=\frac{1}{2}wu\sin B+\frac{1}{2}wv\sin A+\frac{1}{2}uv\sin C=$

$$\frac{1}{4R}(wva+wub+uvc)$$

故
$$S_{\triangle PBC}\cdot PA^2+S_{\triangle PCA}\cdot PB^2+S_{\triangle PAB}\cdot PC^2=4R^2S_{\triangle DEF}$$

定理11　如果投影点 P 与任意 $\triangle ABC$ 的重心相重合，必有下面的等式成立.

(1) $d_1:d_2:d_3=\frac{1}{a}:\frac{1}{b}:\frac{1}{c}$（$d_1,d_2,d_3$ 是点 P 到三边的距离）.

(2) $R=\frac{ab+bc+cd}{6(d_1+d_2+d_3)}$.

证明　(1) 因 P 是 $\triangle ABC$ 的重心，如果作高线 AH_1，则 $PD\ /\!/\ AH_1$，且

$d_1=\frac{1}{3}h_a$;同理有 $d_2=\frac{1}{3}h_b, d_3=\frac{1}{3}h_c$,由此可得到

$$d_1:d_2:d_3=\frac{1}{3}h_a:\frac{1}{3}h_b:\frac{1}{3}h_c=$$
$$\frac{2S}{a}:\frac{2S}{b}:\frac{2S}{c}=\frac{1}{a}:\frac{1}{b}:\frac{1}{c}$$

(2) 由于欲证式中出现的元素,由(1) 可知

$$d_1+d_2+d_3=\frac{1}{3}(h_a+h_b+h_c)$$

或者 $$\frac{2S}{3}(\frac{1}{a}+\frac{1}{b}+\frac{1}{c})=\frac{2S}{3}\cdot\frac{ab+bc+ca}{abc}(S=S_{\triangle ABC})$$

但由平几知识可得 $R=\frac{abc}{4S}$,将上式代入得

$$R=\frac{ab+bc+ca}{6(d_1+d_2+d_3)}$$

定理 12 若 $\triangle ABC$ 为直角三角形($B=90°$),点 P 与它的重心重合,那么

$$S_{\triangle PDF}=S_{\triangle PDE}+S_{\triangle PEF}$$

证明 如图 2.318,因 P 为 $\mathrm{Rt}\triangle ABC$ 的重心,故

$$PD=\frac{c}{3}, PF=\frac{a}{3}, PE=\frac{ac}{3b}$$

图 2.318

于是

$$S_{\triangle PDF}=\frac{1}{2}\cdot\frac{a}{3}\cdot\frac{c}{3}=\frac{ac}{18}$$
$$S_{\triangle PDE}=\frac{1}{2}PD\cdot PE\cdot\sin C=\frac{ac^2}{18b}\cdot\sin C$$
$$S_{\triangle PEF}=\frac{1}{2}PE\cdot PF\cdot\sin A=\frac{a^2c}{18b}\cdot\sin A$$

故 $$S_{\triangle PDE}+S_{\triangle PEF}=\frac{ac}{18b}(c\cdot\sin C+a\cdot\sin A)=$$
$$\frac{ac}{18b}(c\cdot\frac{c}{b}+a\cdot\frac{a}{b})=\frac{ac}{18b}\cdot\frac{b^2}{b}=\frac{ac}{18}=S_{\triangle PDF}$$

定理 13 如果点 P 与 $\triangle ABC$ 的外心相重合,则有

(1) $4(h_ad_1+h_bd_2+h_cd_3)=a^2+b^2+c^2$.

(2) $4(\frac{a}{d_1}+\frac{b}{d_2}+\frac{c}{d_3})=\frac{abc}{d_1d_2d_3}$.

(3) $c(d_2+d_3)+b(d_1+d_2)+c(d_3+d_1)=2pR$(其中 p 是 $\triangle ABC$ 的半周长).

(4) $d_1+d_2+d_3=R+r$.

证明 如图 2.319,(1) P 是外接圆圆心,作 $PD\perp BC$,又由圆周角与圆心角关系知

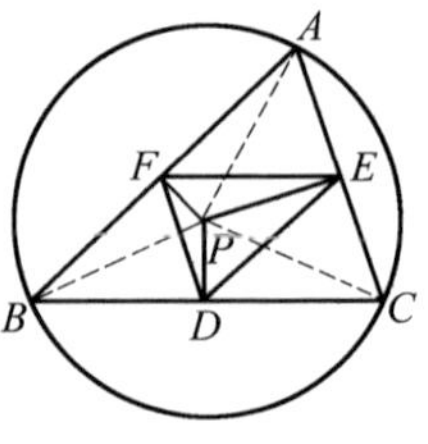

图 2.319

$$\angle DPC=\angle A$$

故
$$d_1=PD=\frac{1}{2}a\cdot\cot A$$

由此得

$$h_ad_1=\frac{2S_{\triangle ABC}}{a}\cdot\frac{a}{2}\cot A$$

或
$$h_ad_1=S_{\triangle ABC}\cot A \qquad ①$$

又由余弦定理,有($S_{\triangle ABC}$ 简写成 S)

$$a^2=b^2+c^2-2bc\cos A=$$
$$b^2+c^2-2bc\sin A\cdot\frac{\cos A}{\sin A}=$$
$$b^2+c^2-4S\cot A \qquad ②$$

由 ①,② 推得

$$h_ad_1=\frac{1}{4}(b^2+c^2-a^2)$$

同理还有

$$h_bd_2=\frac{1}{4}(a^2+c^2-b^2),h_cd_3=\frac{1}{4}(a^2+b^2-c^2)$$

这三个等式相加,就得

$$4(h_ad_1+h_bd_2+h_cd_3)=a^2+b^2+c^2$$

(2) 易知 $\tan A=\frac{\frac{a}{2}}{d_1}$,即

$$\frac{a}{2d_1}=\tan A$$

同理还有
$$\frac{b}{2d_2}=\tan B,\frac{c}{2d_3}=\tan C$$

在 $\triangle ABC$ 中,$\tan A+\tan B+\tan C=\tan A\cdot\tan B\cdot\tan C$,因此

$$4(\frac{a}{d_1}+\frac{b}{d_2}+\frac{c}{d_3})=8(\tan A+\tan B+\tan C)=$$
$$8\tan A\tan B\tan C=$$
$$8\cdot\frac{a}{2d_1}\cdot\frac{b}{2d_2}\cdot\frac{c}{2d_3}=\frac{abc}{d_1d_2d_3}$$

(3) 因四边形 $DPEC$ 内接于圆,由托勒密定理"圆内接四边形两组对边乘积之和等于两对角线的乘积":$PD\cdot EC+DC\cdot PE=PC\cdot DE$ 或 $\frac{1}{2}d_1b+$

$\frac{1}{2}d_2a=\frac{1}{2}Rc$.类似地,有

$$\frac{1}{2}d_1c+\frac{1}{2}d_3a=\frac{1}{2}Rb$$

以及

$$\frac{1}{2}d_2c+\frac{1}{2}d_3b=\frac{1}{2}Ra$$

这三个等式相加就得

$$a(d_2+d_3)+b(d_1+d_3)+c(d_1+d_2)=R(a+b+c)=2pR$$

(4) 将上面最后这个等式改写成

$$d_1\ \frac{b+c}{2}+d_2\ \frac{a+c}{2}+d_3\ \frac{a+b}{2}=Rp$$

还可以写成

$$Rp=(d_1+d_2+d_3)p-\frac{1}{2}(d_1a+d_2b+d_3c)=$$
$$(d_1+d_2+d_3)p-(S_{\triangle BPC}+S_{\triangle CPA}+S_{\triangle APB})=$$
$$(d_1+d_2+d_3)p-S_{\triangle ABC}=(d_1+d_2+d_3)p-pr$$

所以有

$$d_1+d_2+d_3=R+r$$

定理 14 $\triangle ABC$ 内的点 P,如果满足条件 $PA:PB:PC=h_a:h_b:h_c$ 那么,投影三角形是正三角形.

证明 如图 2.320,$\triangle DEF$ 是点 P 的投影三角形,所以 D,P,F,B 四点共圆,BP 是共点圆的直径;同样,CP 是 D,P,E,C 四点的共点圆的直径.由正弦定理,易知有

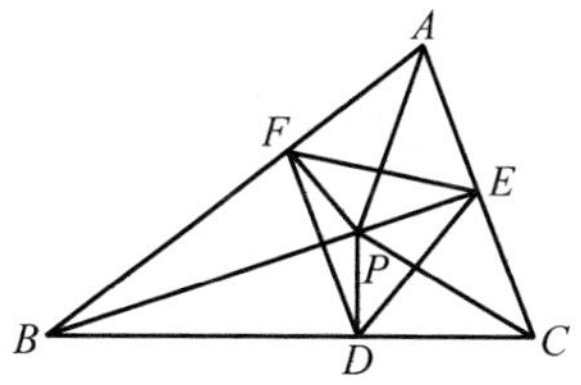

$$PB=\frac{DF}{\sin B},PC=\frac{DE}{\sin C}$$

图 2.320

则

$$\frac{PB}{PC}=\frac{DF}{DE}\cdot\frac{\sin C}{\sin B}$$

另一方面有 $\sin C=\frac{h_b}{BC},\sin B=\frac{h_c}{BC}$,代入上式有

$$\frac{PB}{PC}=\frac{DF}{DE}\cdot\frac{h_b}{h_c}$$

又 $\frac{PB}{PC}=\frac{h_b}{h_c}$,于是得到 $DF=DE$.类似地可得到 $DE=EF$,所以 $\triangle DEF$ 是等边三角形.

定理 15 点 P 的投影 $\triangle DEF$ 是正三角形当且仅当等式 $aAP=bBP=cCP$ 成立.

证明 设 $\triangle DEF$ 是正三角形.在四边形 $AFPE,BDPF,CEPD$ 的外接圆

中，线段 AP，BP，CP 相应的是直径，据正弦定理可推出

$$AP=\frac{FE}{\sin A},BP=\frac{DF}{\sin B}$$

于是有

$$\frac{AP}{BP}=\frac{\sin B}{\sin A}=\frac{b}{a}$$

即

$$aAP=bBP$$

类似地可以证明 $\frac{AP}{CP}=\frac{\sin C}{\sin A}=\frac{c}{a}$，即

$$aAP=cCP$$

故

$$aAP=bBP=cCP$$

反之，设有上面的等式成立，我们再次利用关系式 $AP=\frac{EF}{\sin A}$，$BP=\frac{DF}{\sin B}$，就可推出

$$\frac{aEF}{\sin A}=\frac{bDF}{\sin B}$$

与定理 14 类似的，就可得到 $EF=DF$，再类似的可以推出 $DF=DE$，即有 $DE=DF=EF$，从而 $\triangle DEF$ 是正三角形.

最后，我们也指出，上述的定理亦即为如下的热尔岗定理：

❖热尔岗定理

设 P 是 $\triangle ABC$ 所在平面上任意一点，过点 P 作 $\triangle ABC$ 的三边的垂线，垂足分别为 D，E，F. $\triangle ABC$ 与 $\triangle DEF$ 的面积分别为 S，T，$\triangle ABC$ 的外接圆半径为 R，点 P 对 $\triangle ABC$ 的外接圆的幂为 $|\rho|$，则有

$$\frac{T}{S}=\frac{|\rho|}{4R^2}$$

❖三角形的正则点定理

可以证明任意三角形内必存在一点，使其关于三边的对称点构成正三角形.

作法　作给定 $\triangle ABC$ 的内角平分线 AD，BE，CF，外角平分线 AM，BN，CL，分别以 DM，EN，FL 为直径作圆，三圆交点即为所求.

证明　假定点 W 在 $\triangle ABC$ 内，关于三边 BC，CA，AB 的对称点分别是

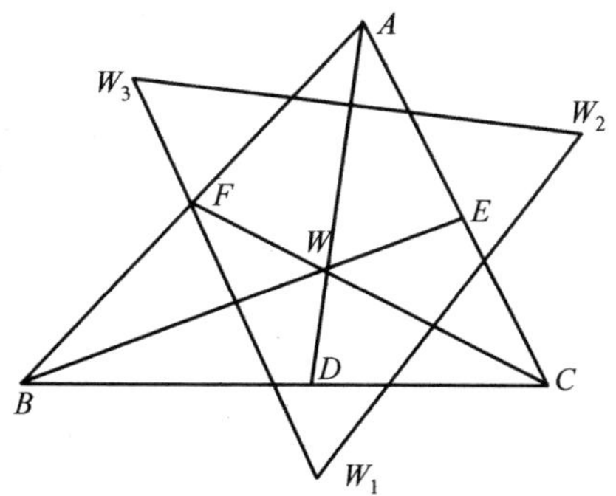

图 2.321

W_1, W_2, W_3，且 $\triangle W_1W_2W_3$ 是正三角形，显然有 $BW_1 = BW = BW_3$，$\angle W_3BW_1 = 2\angle B$，则由余弦定理易得 $W_3W_1 = 2BW\sin B$，同样 $W_1W_2 = 2CW\sin C$，$W_2W_3 = 2AW\sin A$. 由正弦定理得$\frac{WB}{WC} = \frac{c}{b}$，$\frac{WC}{WA} = \frac{a}{c}$，$\frac{WA}{WB} = \frac{b}{a}$.

设三边 a,b,c 两两不等，由$\frac{AB}{AC} = \frac{BD}{CD} \neq \frac{WB}{WC} = \frac{c}{b}$，利用熟知的结论："和两定点距离之比等于定长(不为1)的点的轨迹是一个圆(称为阿氏圆)"，得出：W 在以 B,C 为定点，定比为$\frac{c}{b}$ 的阿氏圆 O_1 上. 同理 A,D 在圆 O_1 上；W,B,E 在以 C,A 为定点，定比为$\frac{a}{c}$ 的阿氏圆 O_2 上；W,C,F 在以 A,B 为定点，定比为$\frac{b}{a}$ 的阿氏圆 O_3 上. 从而 W 是圆 O_1，圆 O_2，圆 O_3 的交点. 我们进一步指出，这三个圆确实有交点. 理由如下：由圆 O_1 和圆 O_2 的弦 AD 与 BE 交于三角形内，故两弧$\overset{\frown}{AD}$ 与$\overset{\frown}{BE}$ 交于三角形内一点 W'，由轨迹纯粹性得$\frac{W'B}{W'C} = \frac{c}{b}$，$\frac{W'C}{W'A} = \frac{a}{c}$，则$\frac{W'A}{W'B} = \frac{b}{a}$，再由轨迹完备性得点 W' 在圆 O_3 上.

若 $\triangle ABC$ 有两边相等，不妨设 $AB = AC$，此时圆 O_1 退化为 BC 边的中垂线，同理可证此线与圆 O_2, O_3 共交点. 若 $\triangle ABC$ 三边相等，即三边中垂线之交点为所求点.

如果 $\triangle ABC$ 所在平面内一点关于三边所在直线的对称点构成正三角形，

则称该点为$\triangle ABC$的对称正则点，我国学者简称为正则点，特别地记之为Z.①②③④⑤⑥⑦在一些书籍中也叫作等力点.

定理1 设点Z在$\triangle ABC$三边上的射影分别为D,E,F，则$\triangle DEF$为正三角形的充要条件是Z为$\triangle ABC$的正则点.

证明 如图2.322，设Z关于BC,CA,AB对称点分别是A',B',C'，则D,E,F分别是ZA',ZB',ZC'中点，则

$$DE=\frac{1}{2}Z_1Z_2,EF=\frac{1}{2}Z_2Z_3,FD=\frac{1}{2}Z_3Z_1$$

因此，$\triangle DEF$为正三角形的充要条件是$\triangle A'B'C'$为正三角形即Z为正则点.

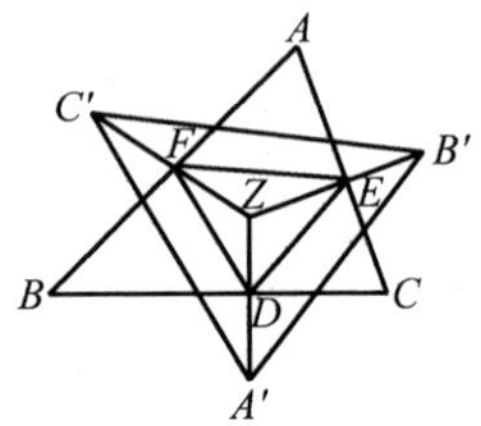

图 2.322

这样，关于$\triangle ABC$正则点的有关问题就可以化为点的投影三角形问题的讨论.

定理2 点Z为$\triangle ABC$正则点的充要条件是

$$ZA\cdot BC=ZB\cdot CA=ZC\cdot AB$$

证明 设Z关于三边BC,CA,AB的对称点依次为A',B',C'，则

$$Z\text{是正则点}\Leftrightarrow\triangle A'B'C'\text{为正三角形}\Leftrightarrow$$
$$A'B'=B'C'=C'A' \qquad (*)$$

如图2.224，设ZA'交BC于D，ZB'交AC于E，ZC'交AB于F，则由A,F,Z,E四点共圆，由正弦定理知

$$ZA=\frac{EF}{\sin A}$$

同理
$$ZB=\frac{DF}{\sin B},ZC=\frac{DE}{\sin C}$$

于是
$$(*)\Leftrightarrow DE=EF=FD\Leftrightarrow$$
$$ZC\cdot\sin C=ZA\cdot\sin A=ZB\cdot\sin B\Leftrightarrow$$
$$ZC\cdot AB=ZA\cdot BC=ZB\cdot CA$$

定理3 三角形的正则点对各边的张角与该边所对角的差相等，且差为60°.

证明 设Z是$\triangle ABC$形内的正则点，如图2.224所示.

① 刘黎明，甘家炎.三角形的"等积点"及其性质[J].中学数学，1998(5)：21-22.

② 孙四周.关于三角形的一个新点的发现及初探[J].中学数学，1999(6)：44-46.

③ 孙四周.两个猜想的证明[J].中学数学，2001(12)：28-29.

④ 孙四周.两个正则点之间的距离[J].中学数学，2002(7)：42.

⑤ 孙四周.关于正则点的几个结论[J].中学数学，2002(9)：47.

⑥ 胡炳生.三角形正则点的一个性质[J].中学数学，2000(10)：44.

⑦ 郭要红.正则点、等力点及其他[J].中学数学，2002(5)：42-43.

注意到 $\angle BZC=\angle BZD+\angle DZC=\angle ZBA+\angle ZCA+\angle BAC$.

由四点共圆可得

$$\angle ZBA=\angle ZDF,\angle ZCA=\angle ZDE$$

则
$$\angle BZC-\angle A=\angle ZBA+\angle ZCA=\angle ZDF+\angle ZDE=60^\circ$$

同理可得

$$\angle CZA-\angle B=\angle AZB-\angle C=60^\circ$$

注 (1) 当正则点 Z 在 $\triangle ABC$ 内时，由定理 3 得 $\angle AZB=60^\circ+\angle A<180^\circ$，则 $\angle A<120^\circ$，等等，即有

$$\max\{A,B,C\}<120^\circ$$

(2) 当正则点 Z 在 $\triangle ABC$ 的某边上时，则该边所对角是 120°，且 Z 是 120° 角的平分线与对边的交点，如图 2.323 所示.

(3) 当正则点 Z 在 $\triangle ABC$ 外时，则 $\max\{A,B,C\}>120^\circ$，不妨设 $\angle A>120^\circ$，此时定理 3 中的张角 $\angle BZC>180^\circ$，如图 2.324 所示，$\angle BZC$ 视为按逆时针旋转所成角. 仿以上证明可知定理 3 仍然成立.

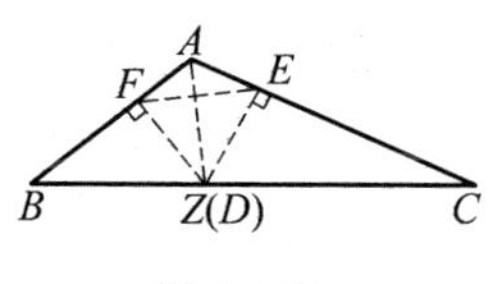

图 2.323

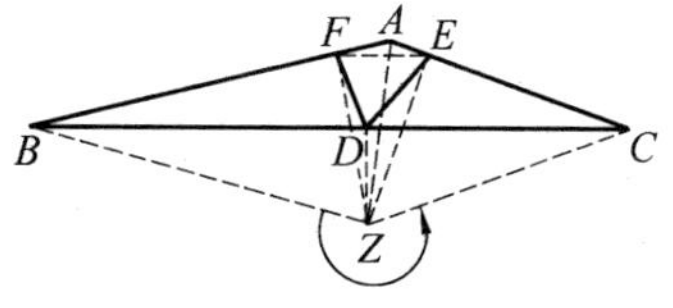

图 2.324

定理 4 三边为 a,b,c 的三角形的正则点，在各边上投影所成正三角形的边长为 $\frac{2S_\triangle}{\lambda}$.（其中 $S_\triangle$ 是 $\triangle ABC$ 的面积，$\lambda=\frac{\sqrt{2}}{2}\sqrt{a^2+b^2+c^2+4\sqrt{3}S_\triangle}$）

证明 不妨设正则点 Z 在 $\triangle ABC$ 内. 设等边 $\triangle DEF$ 的边长为 m，则

$$ZB=\frac{m}{\sin B}=\frac{2Rm}{a},ZC=\frac{m}{\sin C}=\frac{2Rm}{c}$$

由定理 3 可得

$$\angle BZC=60^\circ+A$$

在 $\triangle BZC$ 中，由余弦定理得

$$(2Rm)^2\left(\frac{1}{b^2}+\frac{1}{c^2}-\frac{2}{bc}\cos(60^\circ+A)\right)=a^2$$

而
$$\cos(60^\circ+A)=\frac{1}{2}\cos A-\frac{\sqrt{3}}{2}\sin A=$$

$$\frac{b^2+c^2-a^2-4\sqrt{3}S_\triangle}{4bc}$$

故
$$m=\frac{abc}{2R\lambda}=\frac{2S_{\triangle}}{\lambda}$$

推论 1 设 Z 是 $\triangle ABC$ 的正则点，则 $ZA=\frac{bc}{\lambda}, ZB=\frac{ca}{\lambda}, ZC=\frac{ab}{\lambda}$.

推论 2 设 Z,F 分别是 $\triangle ABC$ 的正则点和费马点.若 $A=60^\circ$，则 $ZA=FA$.

由费马点的性质，有
$$FA=\frac{2\sqrt{3}\,bc\sin(60^\circ+A)}{3\lambda}$$

当 $A=60^\circ$ 时，$FA=\frac{bc}{\lambda}=ZA$.

推论 3 设 $\triangle ABC$ 的三边 BC,CA,AB 上的高分别为 h_a,h_b,h_c，Z 是正则点，则 $\frac{ZA}{h_a}=\frac{ZB}{h_b}=\frac{ZC}{h_c}=\frac{2R}{\lambda}$.

事实上，由 $ah_a=bh_b=ch_c=2S_{\triangle}$ 和 $aZA=bZB=cZC=\frac{abc}{\lambda}$ 即得.

推论 4 三角形的内心与正则点距离的平方等于 $\frac{2Rr\delta}{\lambda^2}$.(其中 $\delta=ab+bc+ca-\frac{1}{2}(a^2+b^2+c^2+4\sqrt{3}S_{\triangle})$)

事实上，由内心性质可知，任意点 P 到 $\triangle ABC$ 内心 I 距离的平方是
$$PI^2=\frac{aPA^2+bPB^2+cPC^2-abc}{a+b+c}$$

当 P 是正则点时，由推论 1 及 $\frac{abc}{a+b+c}=2Rr$ 得
$$ZI^2=\frac{2Rr(ab+bc+ca)}{\lambda^2}-2Rr=\frac{2Rr\delta}{\lambda^2}$$

注 由于 $ZI^2\geqslant 0$，则 $\delta\geqslant 0$，即
$$ab+bc+ca\geqslant\frac{1}{2}(a^2+b^2+c^2+4\sqrt{3}S_{\triangle})$$
此即著名的芬斯勒－哈德威格不等式.

定理 5 设 $\triangle ABC$ 的正则点在各边上投影所成正三角形的边长为 m，则 $3\sqrt{3}r\leqslant 3m\leqslant p$.(其中 p 和 r 分别是 $\triangle ABC$ 的半周长和内切圆半径)

证明 由定理 4，得
$$\lambda=\frac{\sqrt{2}}{2}\sqrt{a^2+b^2+c^2+4\sqrt{3}S_{\triangle}}\leqslant$$
$$\sqrt{ab+bc+ca}\leqslant\sqrt{\frac{1}{3}(a+b+c)^2}=\frac{2p}{\sqrt{3}}$$

由定理 4 知,正三角形的边长

$$m=\frac{2S_{\triangle}}{\lambda}\geqslant\frac{\sqrt{3}\,S_{\triangle}}{p}=\sqrt{3}\,r$$

又由 $f\geqslant 6r$,则

$$m=\frac{2S_{\triangle}}{\lambda}\geqslant\frac{S_{\triangle}}{3r}=\frac{p}{3}$$

故
$$3\sqrt{3}\,r\leqslant 3m\leqslant p$$

定理 6 所设同前,则 $6r\leqslant\lambda\leqslant 3R$.

证明 当 $\triangle ABC$ 最大角不大于 120° 时,有

$$\lambda=\frac{\sqrt{2}}{2}\sqrt{a^2+b^2+c^2+4\sqrt{3}\,S_{\triangle}}$$

当 $\triangle ABC$ 的最大角大于 120° 时,不妨设 $A>120^\circ$. 分别以 $\triangle ABC$ 的三边为边向形外作等边三角形:$\triangle BDC$,$\triangle CEA$,$\triangle AFB$,则直线 AD,BE,CF 相交一点 F',如图 2.325 所示,且

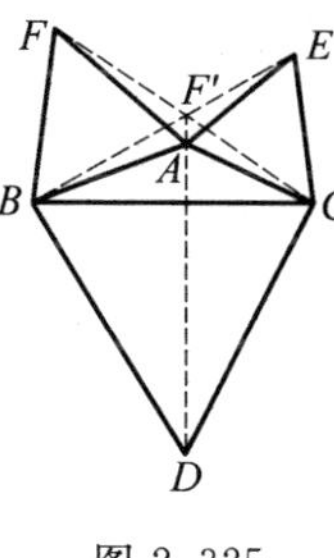

图 2.325

$F'B+F'C-F'A=AD=BE=CF=$

$$\lambda=\frac{\sqrt{2}}{2}\sqrt{a^2+b^2+c^2+4\sqrt{3}\,S_{\triangle}}$$

因此,$\triangle ABC$ 中

$$\lambda\geqslant h_a+\frac{\sqrt{3}}{2}a,f\geqslant h_b+\frac{\sqrt{3}}{2}b,f\geqslant h_c+\frac{\sqrt{3}}{2}c$$

于是
$$\lambda\geqslant\frac{1}{3}(h_a+h_b+h_c)+\frac{\sqrt{3}}{6}(a+b+c)$$

而 $9r\leqslant h_a+h_b+h_c\leqslant\frac{\sqrt{3}}{2}(a+b+c)\leqslant\frac{9}{2}R$,故

$$6r\leqslant\lambda\leqslant 3R$$

为了说明前面的 λ 和讨论后面的问题,看两条引理:

引理 1 若 M 关于 $\triangle ABC$ 的边 BC,CA,AB 的对称点为 A',B',C',设三角形内角也用其顶点表示,则 $\triangle A'B'C'$ 的各内角大小为

$$A'=\angle BMC-A,B'=\angle AMC-B$$
$$C'=\angle AMB-C$$

证明 如图 2.326,由轴对称的性质知 $\angle BMC=\angle BA'C$,$\angle A'BC'=2B$,$\angle A'CB'=2C$,且 $\triangle A'BC'$ 及 $\triangle A'CB'$ 都是等腰三角形,则

$\angle B'A'C'=\angle BA'C-(\angle BA'C'-\angle CA'B')=$

$$\angle BA'C'-\frac{1}{2}(180^\circ-2B)-\frac{1}{2}(180^\circ-2C)=$$

$$\angle BA'C - 180° + B + C =$$
$$\angle BA'C - (180° - B - C) = \angle BMC - A$$

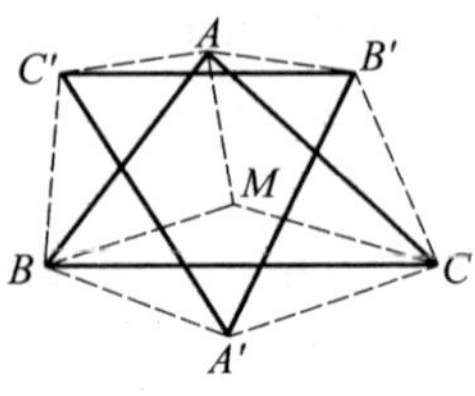

图 2.326

另外两式同理可证.

由引理 1，又可推证定理 3：如图 2.327，若 Z 是 $\triangle ABC$ 的正则点且在三角形的内部，则 $\angle BZC = A + 60°$，$\angle AZB = C + 60°$，$\angle AZC = B + 60°$（只要将 $A' = B' = C' = 60°$ 代入引理 1 即可）.

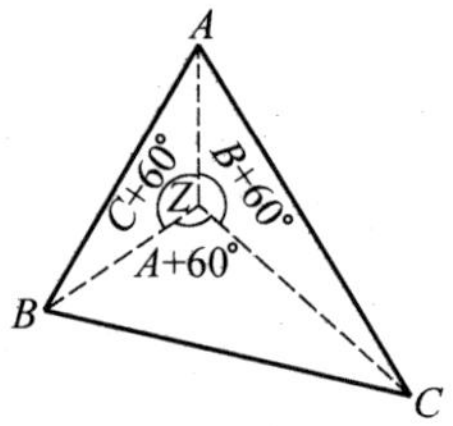

图 2.327

引理 2 任意 $\triangle ABC$ 中，若角 A,B,C 所对的边依次为 a,b,c，则

$$a^2 + b^2 - 2ab\cos(C + 60°) = b^2 + c^2 - 2bc\cos(A + 60°) = c^2 + a^2 - 2ca\cos(B + 60°)$$

证明 要证 $a^2 + b^2 - 2ab\cos(C + 60°) = b^2 + c^2 - 2bc\cos(A + 60°)$，只要证

$$a^2 - c^2 = 2ab\cos(C + 60°) - 2bc\cos(A + 60°)$$

即
$$\sin^2 A - \sin^2 C = 2\sin A\sin B\cos(C + 60°) - 2\sin B\sin C\cos(A + 60°) \quad (*)$$

$$\begin{aligned}\text{式}(*)\text{右边} &= 2\sin A\sin B(\cos C\cos 60° - \sin C\sin 60°) - \\ &\quad 2\sin B\sin C(\cos A\cos 60° - \sin A\sin 60°) = \\ &\quad \sin B\sin A\cos C - \sin C\cos A\sin B = \\ &\quad \sin B(\sin A\cos C - \cos A\sin C) = \\ &\quad \sin B\sin(A - C)\end{aligned}$$

$$\begin{aligned}\text{式}(*)\text{左边} &= (\sin A + \sin C)\cdot(\sin A - \sin C) = \\ &\quad 2\sin\frac{A + C}{2}\cos\frac{A - C}{2}\cdot 2\cos\frac{A + C}{2}\sin\frac{A - C}{2} = \\ &\quad \sin(A + C)\sin(A - C) = \sin B\sin(A - C)\end{aligned}$$

从而式（$*$）成立，原等式的前半部分得证，后半部分同样可证.

以下将多次使用这个等式，故将该常数记为 λ^2，即

$$\lambda^2 = a^2 + b^2 - 2ab\cos(C + 60°)$$

定理 7 设三角形内角用其顶点表示，若 $\triangle ABC$ 的最大内角为 A，则

(1) 当 $A < 120°$ 时，三角形内部存在唯一一个正则点.

(2) 当 $A = 120°$ 时，在最长边上有唯一一个正则点.

(3) 当 $A > 120°$ 时，正则点位于三角形的外部.

证明 (1) 若 $\triangle ABC$ 的最大内角 $A < 120°$，如图2.328 所示. 令 $BC = a$，$CA = b$，$AB = c$.

第一步：任选一点 Z'，作射线 $Z'A'$，$Z'B'$，$Z'C'$，使

$$\angle B'Z'C' = A + 60^\circ, \angle C'Z'A' = B + 60^\circ$$
$$\angle A'Z'B' = C + 60^\circ$$

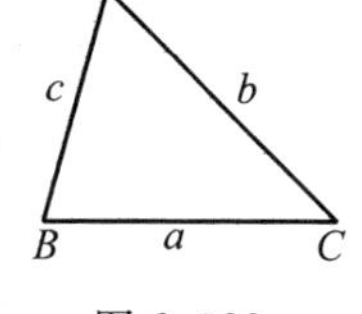

图 2.328

第二步:在射线 $Z'A'$,$Z'B'$,$Z'C'$ 上分别截取线段 $Z'A' = \frac{1}{a}$,$Z'B' = \frac{1}{b}$,$Z'C' = \frac{1}{c}$,联结得 $\triangle A'B'C'$,如图 2.329 所示.因

$$B'C'^2 = \frac{1}{b^2} + \frac{1}{c^2} - 2 \cdot \frac{1}{b} \cdot \frac{1}{c}\cos(A + 60^\circ) =$$
$$\frac{1}{b^2c^2}(b^2 + c^2 - 2bc\cos(A + 60^\circ)) = \frac{\lambda}{b^2c^2}$$

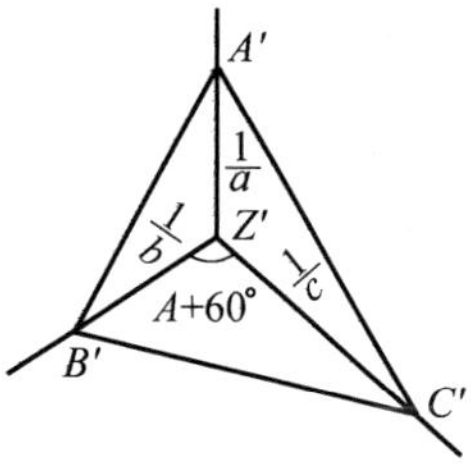

故
$$B'C' = \frac{\lambda}{bc}$$

图 2.329

同理
$$A'B' = \frac{\lambda}{ab}, A'C' = \frac{\lambda}{ac}$$

$\triangle A'B'C'$ 与 $\triangle ABC$ 对应的比为

$$\frac{A'B'}{AB} = \frac{\lambda}{abc}, \frac{B'C'}{BC} = \frac{\lambda}{abc}, \frac{A'C'}{AC} = \frac{\lambda}{abc}$$

因而
$$\triangle A'B'C' \backsim \triangle ABC$$

而在 $\triangle A'B'C'$ 中,因

$$Z'A' \cdot B'C' = \frac{1}{a} \cdot \frac{\lambda}{bc} = \frac{\lambda}{abc}$$
$$Z'B' \cdot A'C' = \frac{1}{b} \cdot \frac{\lambda}{ac} = \frac{\lambda}{abc}$$
$$Z'C' \cdot A'B' = \frac{1}{c} \cdot \frac{\lambda}{ab} = \frac{\lambda}{abc}$$

即
$$Z'A' \cdot B'C' = Z'B' \cdot A'C' = Z'C' \cdot A'B'$$

故 Z' 是 $\triangle A'B'C'$ 的正则点.根据相似三角形的性质,Z' 在 $\triangle ABC$ 中的对应点 Z 也是 $\triangle ABC$ 的正则点,存在性得证.

若 $\triangle ABC$ 内还有另一个正则点 Z_1,则

$$\angle BZ_1C = \angle BZC (= A + 60^\circ)$$

则 Z_1 必在以 BC 为弦且过点 Z 的弧上,如图 2.330 所示.

若 Z_1 在 $\overset{\frown}{ZC}$ 上,则 $\angle AZ_1C > B + 60^\circ$;若 Z_1 在 $\overset{\frown}{ZB}$ 上,则 $\angle AZ_1B > C + 60^\circ$,总有矛盾.故唯一性得证.

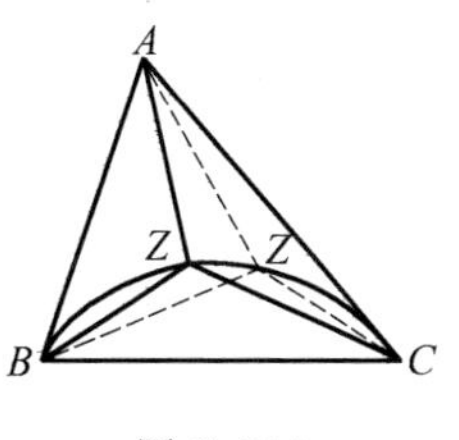

图 2.330

(2) 若 $\triangle ABC$ 的最大内角为 $A = 120^\circ$,如图 2.331 所示,作 $\angle A$ 的平分线交 BC 于点 Z,它关于 AC 和 AB 的对称点为 B' 和 C',显见 $\angle B'ZC' = 180^\circ - 120^\circ = 60^\circ$,且 $B'Z = C'Z$,因而 $\triangle B'ZC'$ 为正三角形,Z 为正则点.

至于边 BC 上的另外点 Z_1，若使 $Z_1B'=Z_1C'$，只有 $\angle A$ 的外角平分线与 BC 的交点，但此时 $\angle B'Z_1C'=120^\circ$，不是正则点. 另外，$\triangle ABC$ 的内部无正则点是显而易见的，外部是否还有在后面再讨论.

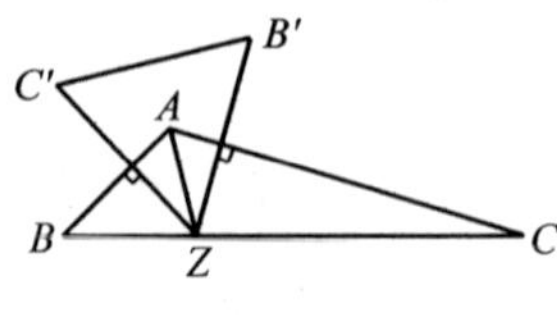

图 2.331

(3) 若 $\triangle ABC$ 的最大内角 $A>120^\circ$，如图 2.332 所示，任选一点 Z'，作射线 $Z'A'$，并在两旁作 $\angle A'Z'B'=C+60^\circ$，$\angle A'Z'C'=B+60^\circ$，如图 2.333 所示，截取 $Z'A'=\frac{1}{a}$，$Z'B'=\frac{1}{b}$，$Z'C'=\frac{1}{c}$，联结得 $\triangle A'B'C'$.

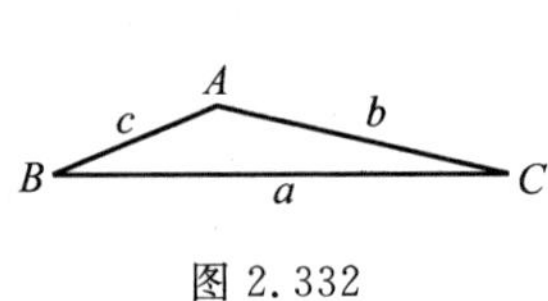

图 2.332

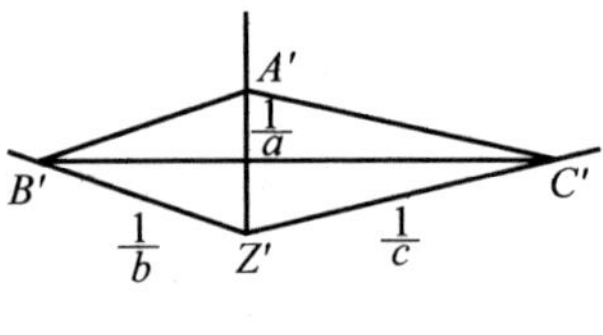

图 2.333

仿(1) 可证明 $\triangle A'B'C'\backsim\triangle ABC$，而且 Z' 为 $\triangle A'B'C'$ 的正则点，Z' 的对应点就是 $\triangle ABC$ 的正则点，它当然也在 $\triangle ABC$ 的外部.

此时，我们也得到：若 $\triangle ABC$ 的三边为 a,b,c，Z 是它的正则点，则 Z 到三个顶点的距离为

$$ZA=\frac{bc}{\lambda}=\frac{bc}{\sqrt{b^2+c^2-2bc\cos(A+60^\circ)}}$$

$$ZB=\frac{ca}{\lambda}=\frac{ca}{\sqrt{c^2+a^2-2ca\cos(B+60^\circ)}}$$

$$ZC=\frac{ab}{\lambda}=\frac{ab}{\sqrt{a^2+b^2-2ab\cos(C+60^\circ)}}$$

定理 8 记号同前，设 $\triangle ABC$ 内的正则点 Z 到三边 a,b,c 的距离依次为 d_1,d_2,d_3，则

$$d_1=\frac{abc}{\lambda^2}\sin(A+60^\circ),d_2=\frac{abc}{\lambda^2}\sin(B+60^\circ),d_3=\frac{abc}{\lambda^2}\sin(C+60^\circ)$$

证明 参见定理 7 中的图 2.329，在 $\triangle A'B'C'$ 中，记 Z' 到边 a' 距离为 d'_1，则对 $\triangle B'Z'C'$ 运用面积公式，有

$$\frac{1}{2}a'd'_1=\frac{1}{2}\cdot\frac{1}{b}\cdot\frac{1}{c}\sin(A+60^\circ)$$

则

$$d'_1=\frac{\sin(A+60^\circ)}{a'bc}=\frac{\sin(A+60^\circ)}{\lambda}$$

而 $\triangle A'B'C' \backsim \triangle ABC$，相似比为 $\frac{\lambda}{abc}$，故 $d_1=\frac{abc}{\lambda}d'_1$，代入即知.

同理求得 d_2, d_3.

定理 9 非等边 $\triangle ABC$ 有一个正则点 Z 满足 $ZA=\frac{bc}{\lambda}, ZB=\frac{ca}{\lambda}, ZC=\frac{ab}{\lambda}$，则这个三角形必有而且只有另一个正则点 Z'，Z' 在 $\triangle ABC$ 的外部，且 $Z'A=\frac{bc}{\lambda'}, Z'B=\frac{ac}{\lambda'}, Z'C=\frac{ab}{\lambda'}$.（$\lambda'=\sqrt{a^2+b^2-2ab\cos(C-60^\circ)}$ 等三式）

证明 设 $\triangle ABC$ 为非等边三角形，并设 A 为其最大内角，B 为最小内角，则 $A>60^\circ, B<60^\circ$.

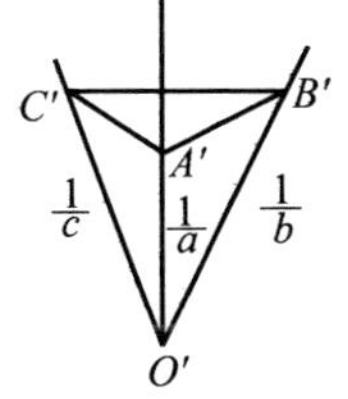

图 2.334

情形 1 若 $A-60^\circ>60^\circ-B$，按以下方法构图，使 $\angle B'O'C'=A-60^\circ$，$\angle C'O'A'=60^\circ-B$，如图 2.334 所示，并使 $O'A'=\frac{1}{a}, O'B'=\frac{1}{b}, O'C'=\frac{1}{c}$，得 $\triangle A'B'C'$，则由余弦定理知

$$B'C'^2=\frac{1}{b^2}+\frac{1}{c^2}-2\cdot\frac{1}{b}\cdot\frac{1}{c}\cos(A-60^\circ)=$$

$$\frac{1}{b^2c^2}(b^2+c^2-2bc\cos(A-60^\circ))=\frac{\lambda'^2}{b^2c^2}$$

则
$$B'C'=\frac{\lambda'}{bc}$$

同理可得
$$A'B'=\frac{\lambda'}{ab}, C'A'=\frac{\lambda'}{ca}$$

从而
$$O'A'\cdot B'C'=\frac{\lambda'}{abc}$$

$$O'B'\cdot A'C'=\frac{\lambda'}{abc}$$

$$O'C'\cdot A'B'=\frac{\lambda'}{abc}$$

即
$$O'A'\cdot B'C'=O'B'\cdot A'C'=O'C'\cdot A'B'$$

故 O' 是 $\triangle A'B'C'$ 的正则点，且在 $\triangle A'B'C'$ 外部.

对 $\triangle ABC$ 及 $\triangle A'B'C'$，又

$$\frac{A'B'}{AB}=\frac{B'C'}{BC}=\frac{C'A'}{CA}=\frac{\lambda'}{abc}$$

故 $\triangle ABC \backsim \triangle A'B'C'$，则 O' 的对应点（记为 Z'）必是 $\triangle ABC$ 的正则点，当然 Z' 在 $\triangle ABC$ 外部.

情形 2 如果 $A-60^\circ<60^\circ-B$，先作角 $60^\circ-B$，如图2.335 所示. 仿上易求得

$$A'C'=\frac{\lambda'}{ac}, B'C'=\frac{\lambda'}{bc}, A'B'=\frac{\lambda'}{ab}$$

其余证明完全同上,略.

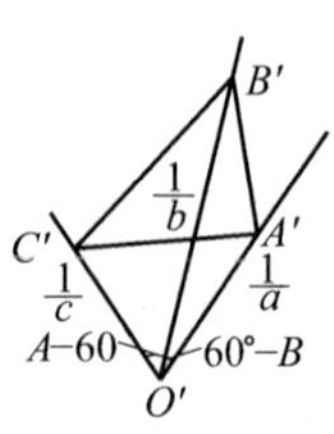

图 2.335

情形 3　如果 $A-60°=60°-B$,即

$$A+B=120°$$

则

$$C=60°$$

作 $\angle B'O'C'=A-60°$,并截取 $O'C'=\frac{1}{c}, O'B'=\frac{1}{b}$,在 $O'B'$ 上截取 $O'A'=\frac{1}{a}$,得 $\triangle A'B'C'$,如图 2.336 所示,可求得

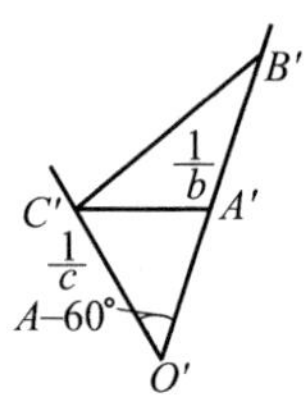

图 2.336

$$A'C'=\frac{\lambda'}{ac}, B'C'=\frac{\lambda'}{bc}$$

而

$$A'B'^2=(\frac{1}{b}-\frac{1}{a})^2=\frac{1}{b^2}+\frac{1}{a^2}-\frac{2}{ab}=$$

$$\frac{1}{a^2b^2}(a^2+b^2-2ab)=$$

$$\frac{1}{a^2b^2}(a^2+b^2-2ab\cos(C-60°))(\text{因为 } C=60°)=$$

$$\frac{\lambda'^2}{a^2b^2}$$

故

$$A'B'=\frac{\lambda'}{ab}$$

其余证明亦同上,略.

以上分类证明了存在性,唯一性的证明统一如下:

根据前面的定理 2,点 Z 为 $\triangle ABC$ 正则点的充要条件是 $ZA\cdot a=ZB\cdot b=ZC\cdot c$,故

$$\frac{ZA}{ZB}=\frac{b}{a} \quad ①$$

$$\frac{ZB}{ZC}=\frac{c}{b} \quad ②$$

$$\frac{ZC}{ZA}=\frac{a}{c} \quad ③$$

由 ① 知,点 Z 在以 A,B 为基点,比值为 $\frac{b}{a}$ 的阿氏圆上.再由 ②,③ 知,正则点必是三个阿氏圆的公共点,而三个圆的公共点至多有 2 个,故已知的 Z 及 Z' 以外不会再有正则点,故 Z' 的唯一性得证.

至此,我们已经完全解决了正则点的存在性及个数问题,结合前面的讨论综述如下:

(1) 正三角形只有一个正则点,即其中心.

(2) 最大角小于 120° 的非等边三角形,内部外部各有一个正则点.

(3) 最大角等于 120° 的三角形,在外部及最长边上各有一个正则点.

(4) 最大角大于 120° 的三角形,其两个正则点都在三角形外部.

值得注意的是,有关正则点的两个常数,可改写为

$$\lambda^2=\frac{1}{2}\sum a^2+2\sqrt{3}S$$

$$\lambda'^2=\frac{1}{2}\sum a^2-2\sqrt{3}S$$

(其中 S 为 $\triangle ABC$ 的面积,$\sum$ 表示循环和).易见 λ^2 恰好是费马点到三个顶点的距离之和的平方(参见费马点问题中的定理 3).

定理 10 若不等边 $\triangle ABC$ 的三边长为 a,b,c,它的两个正则点为 Z,Z',则 $ZZ'=\frac{\sqrt{3}abc}{\lambda\lambda'}$.(其中 $\lambda=\sqrt{a^2+b^2-2ab\cos(C+60^\circ)}$ 等三式,$\lambda'=\sqrt{a^2+b^2-2ab\cos(C-60^\circ)}$ 等三式)

证明 图 2.337,所反映的是最大角 A 小于 120°,最小角 C 小于 60° 时的情形,记 $\angle ZAB=\theta,\angle Z'AB=\theta'$,由

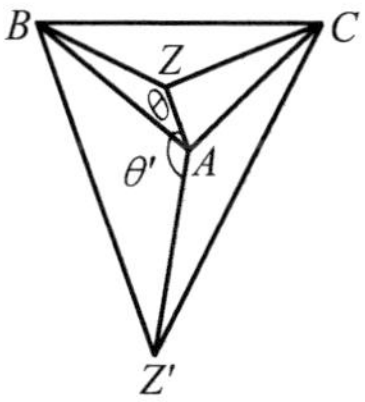

$$\angle AZB=60^\circ+C$$

$$\angle AZ'B=60^\circ-C$$

图 2.337

则
$$\frac{c}{\sin(60^\circ+C)}=\frac{ZB}{\sin\theta}$$

即 $\sin\theta=\frac{ZB}{c}\cdot\sin(60^\circ+C)=\frac{ac}{\lambda}\cdot\frac{1}{c}\sin(60^\circ+C)=$

$$\frac{a}{\lambda}\sin(60^\circ+C)$$

同理可得

$$\sin\theta'=\frac{a}{\lambda'}\sin(60^\circ-C)$$

在 $\triangle ZAB$ 中,有

$$\cos\theta=\frac{ZA^2+AB^2-ZB^2}{2ZA\cdot AB}=$$

$$\frac{\frac{b^2c^2}{\lambda^2}+c^2-\frac{a^2c^2}{\lambda^2}}{2\cdot\frac{bc}{\lambda}\cdot c}=\frac{b^2-a^2+\lambda^2}{2b\lambda}=$$

$$\frac{b^2-a^2+(a^2+b^2-2ab\cos(C+60^\circ))}{2b\lambda}=$$

$$\frac{b-a\cos(C+60^\circ)}{\lambda}$$

同理可在 $\triangle Z'AB$ 中求得

$$\cos\theta'=\frac{b-a\cos(60^\circ-C)}{\lambda'}$$

从而

$$\cos\angle ZAZ'=\cos(\theta+\theta')=\cos\theta\cos\theta'-\sin\theta\sin\theta'=$$

$$\frac{b-a\cos(60^\circ+C)}{\lambda}\cdot\frac{b-a\cos(60^\circ-C)}{\lambda'}-$$

$$\frac{a}{\lambda}\sin(60^\circ+C)\cdot\frac{a}{\lambda'}\sin(60^\circ-C)=$$

$$\frac{1}{\lambda\lambda'}(b-a\cos(60^\circ+C))(b-a\cos(60^\circ-c))-$$

$$\frac{a^2}{\lambda\lambda'}\sin(60^\circ+C)\cdot\sin(60^\circ-C)=$$

$$\frac{1}{\lambda\lambda'}(b^2-ab\cos(60^\circ+C)-ab\cos(60^\circ-C)+$$

$$a^2\cos(60^\circ+C)\cos(60^\circ-C))-$$

$$\frac{a^2}{\lambda\lambda'}\sin(60^\circ+C)\sin(60^\circ-C)=$$

$$\frac{1}{\lambda\lambda'}(b^2-ab\cos(60^\circ+C)-ab\cos(60^\circ-C)+a^2\cos 120^\circ)$$

则

$$Z'Z^2=Z'A^2+ZA^2-2Z'A\cdot ZA\cos\angle ZAZ'=$$

$$\frac{b^2c^2}{\lambda'^2}+\frac{b^2c^2}{\lambda^2}-2\cdot\frac{bc}{\lambda'}\cdot\frac{bc}{\lambda}\cdot\cos\angle ZAZ'=$$

$$\frac{b^2c^2}{\lambda^2\lambda'^2}(\lambda^2+\lambda'^2-2a^2\cos 120^\circ+$$

$$2ab\cos(60^\circ+C)+2ab\cos(60^\circ-C)-2b^2)$$

把

$$\lambda^2=a^2+b^2-2ab\cos(60^\circ+C)$$

及

$$\lambda'^2=a^2+b^2-2ab\cos(60^\circ-C)$$

代入易知

$$Z'Z^2=\frac{b^2c^2}{\lambda^2\lambda'^2}(2a^2+2b^2+a^2-2b^2)=\frac{3a^2b^2c^2}{\lambda^2\lambda'^2}$$

故

$$Z'Z=\frac{\sqrt{3}\,abc}{\lambda\lambda'}$$

对其他情形,作出相应的图形后,证明与此处类似.

定理 11 若不等边 $\triangle ABC$ 的面积为 S,则它的第一和第二正则三角形的

边长分别为 $\frac{4S}{\lambda}$ 和 $\frac{4S}{\lambda'}$，面积分别为 $\frac{4\sqrt{3}S^2}{\lambda^2}$ 和 $\frac{4\sqrt{3}S^2}{\lambda'^2}$. 其中 $\lambda=\sqrt{a^2+b^2-2ab\cos(C+60^\circ)}$，$\lambda'=\sqrt{a^2+b^2-2ab\cos(C-60^\circ)}$.

证明　设点 P 关于 OA 和 OB 的对称点为 P_1,P_2，如果点 P 在 $\angle AOB$ 的内部，如图 2.338 所示，则

$$\angle P_1OP_2=2\angle AOB$$

如果点 P 在 $\angle AOB$ 的外部，如图 2.339 所示，则

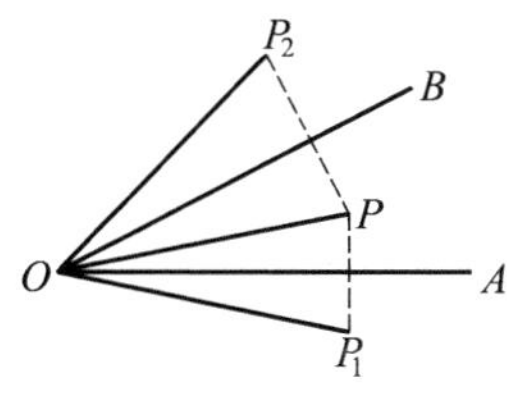

图 2.338

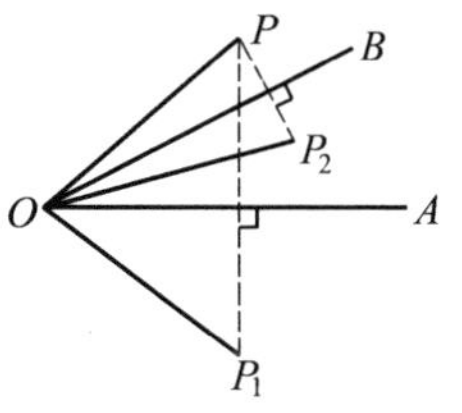

图 2.339

$$\angle P_1OP_2=\angle P_1OP-\angle P_2OP=2\angle POA-2\angle POB=2\angle AOB$$

设 $\triangle ABC$ 的正则点 Z 关于边 AC,AB,BC 的对称点分别为 B',C',A'，如图 2.340 所示，则易见

$$AB'=AC'=AZ,\angle B'AC'=2\angle BAC$$

故等腰 $\triangle B'AC'$ 中，有

$$B'C'=2AB'\sin\frac{1}{2}\angle B'AC'=2ZA\sin A=\frac{2bc\sin A}{\lambda}=\frac{4S}{\lambda}$$

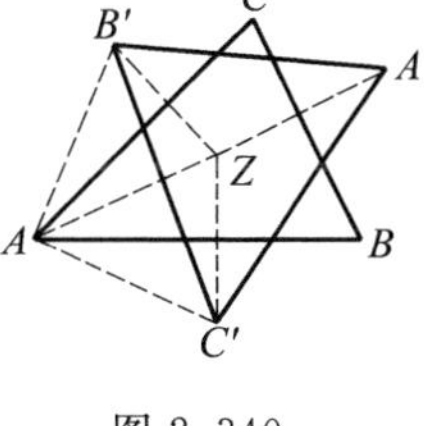

图 2.340

即第一正则三角形的边长为 $\frac{4S}{\lambda}$.

第二正则点的有关结论也可类似证明.

定理 12　设不等边 $\triangle ABC$ 的外接圆圆心为 O，半径为 R，Z 和 Z' 是它的第一和第二正则点，则 $OZ\cdot OZ'=R^2$.

证明　设 $OZ=d$，$OZ'=d'$. 记 Z 在三边上的射影为 A_1,B_1,C_1，如图2.341 所示，根据欧拉定理，有

$$S_{\triangle A_1B_1C_1}=\frac{S}{4}\left|1-\frac{d^2}{R^2}\right|$$

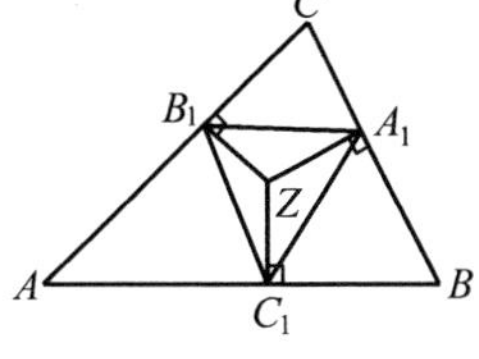

图 2.341

又不难证明 Z 在圆 O 的内部，即 $d<R$，则

$$S_{\triangle A_1B_1C_1}=\frac{S}{4}\left(1-\frac{d^2}{R^2}\right)$$

即
$$\frac{1}{4}\cdot\frac{4\sqrt{3}S^2}{\lambda^2}=\frac{S}{4}\left(1-\frac{d^2}{R^2}\right)$$

从而 $$d^2=R^2(1-\frac{4\sqrt{3}S}{\lambda^2})=\frac{R^2}{\lambda^2}(\lambda^2-4\sqrt{3}S)=$$

$$\frac{R^2}{\lambda^2}(\frac{1}{2}\sum a^2+2\sqrt{3}S-4\sqrt{3}S)=$$

$$\frac{R^2}{\lambda^2}(\frac{1}{2}\sum a^2-2\sqrt{3}S)=\frac{R^2}{\lambda^2}\cdot\lambda'^2$$

故 $$d=\frac{\lambda'}{\lambda}R$$

同理 $$d'=\frac{\lambda}{\lambda'}R$$

故 $$dd'=\frac{\lambda'}{\lambda}R\cdot\frac{\lambda}{\lambda'}R=R^2$$

即 $$OZ\cdot OZ'=R^2$$

定理 13 $\triangle ABC$ 的正则点 Z 和 Z' 是关于其外接圆互为反演的两个点.

证明 定理12中已证得 $OZ\cdot OZ'=R^2$,下面只需要证 O,Z,Z' 三点共线,且 Z,Z' 在点 O 同旁即可,事实上

$$OZ=\frac{\lambda'}{\lambda}R,OZ'=\frac{\lambda}{\lambda'}R,ZZ'=\frac{\sqrt{3}abc}{\lambda\lambda'}$$

故 $$OZ+ZZ'=\frac{\lambda'}{\lambda}R+\frac{\sqrt{3}abc}{\lambda\lambda'}=$$

$$\frac{\lambda'}{\lambda}R+\frac{4\sqrt{3}SR}{\lambda\lambda'}=\frac{R(\lambda'^2+4\sqrt{3}S)}{\lambda\lambda'}=$$

$$\frac{R}{\lambda\lambda'}(\frac{1}{2}\sum a^2-2\sqrt{3}S+4\sqrt{3}S)=$$

$$\frac{R}{\lambda\lambda'}(\frac{1}{2}\sum a^2+2\sqrt{3}S)=$$

$$\frac{R}{\lambda\lambda'}\cdot\lambda^2=\frac{\lambda}{\lambda'}R=OZ'$$

由 $OZ+ZZ'=OZ'$,即知 O,Z,Z' 三点共线,且点 Z 在 O 与 Z' 之间.

最后,给出三角形正则点的一个作法:

以 $\triangle ABC$ 的 AC 为边向形外作等边 $\triangle CEA$,如图2.342所示,联结 BE,则 $BE=f$.

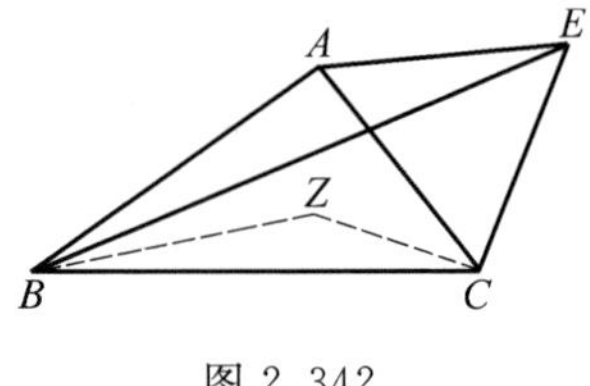

图 2.342

由定理 4 的推论 1 知

$$\frac{ZB}{c}=\frac{ZC}{b}=\frac{a}{f}$$

故 $$\triangle ZBC\backsim\triangle ABE$$

因此可得正则点的作法:

(1) 以 AC 为边向 $\triangle ABC$ 形外作等边 $\triangle ACE$.

(2) 作 $\angle CBZ=\angle EBA$，$\angle BCZ=\angle BEA$，则交点 Z 即是 $\triangle ABC$ 的等积点.

设 $\angle A$ 是 $\triangle ABC$ 的最大角，当 $\angle A<120^\circ$ 时，正则点 Z 在三角形内；$\angle A=120^\circ$ 时，正则点 Z 是 $\angle A$ 的平分线与边 BC 的交点；当 $\angle A>120^\circ$ 时，正则点 Z 在三角形外.

记 a,b,c 为 BC,CA,AB 之长，S 为面积，R 为外接圆半径，费马值 $f=\sqrt{\frac{1}{2}(a^2+b^2+c^2+4\sqrt{3}S)}$，则有以下结论：①

定理 14 如图 2.343，O,H,F,Z 分别为 $\triangle ABC$ 的外心、垂心、费马点和正则点，则有 $FZ\parallel OH$.

证明 如图 2.343，以 AB 为边向外作正 $\triangle ABM$，顶点为 M，联结 CM，得 C,F,M 三点共线，且交 OH 于点 P，联结 OM 交 AB 于点 D，易得 OM 垂直平分 AB，延长 CZ 交 OH 于点 Q，延长 CH 交 AB 于 E. 因为 O,H 互为等角共轭点，易知 F,Z 互为等角共轭点，有 $\angle BCO=\angle ACH$，$\angle BCZ=\angle ACF$，所以易得 $\angle OCZ=\angle HCF$，$\angle OCF=\angle HCQ$. 又 $CE\perp AB$，$OM\perp AB$，得 $CE\parallel OM$，则 $\angle HCF=\angle OMC$.

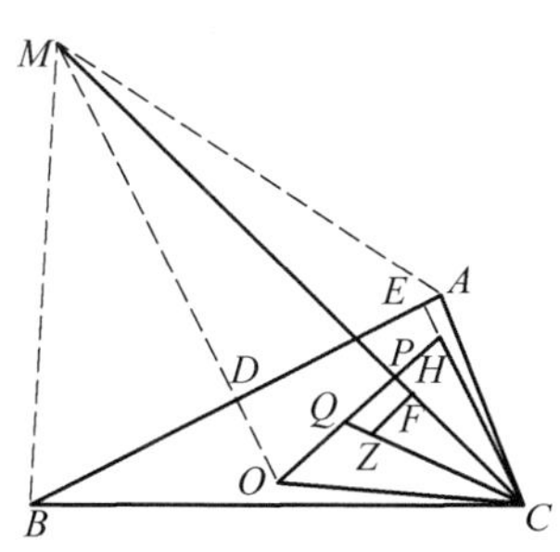

图 2.343

$$\frac{HP}{PO}=\frac{HP}{OH-HP}=\frac{CH}{OM}\Rightarrow HP=\frac{OH\cdot CH}{CH+OM}$$

$$\frac{HQ}{QO}=\frac{HQ}{OH-HQ}=\frac{CH\cdot CQ\sin\angle HCQ}{OC\cdot CQ\sin\angle OCQ}=$$

$$\frac{CH}{OC}\cdot\frac{\sin\angle OCF}{\sin\angle OMC}=\frac{CH}{OC}\cdot\frac{OM}{OC}$$

$$\Rightarrow HQ=\frac{OH\cdot CH\cdot OM}{OC^2+CH\cdot OM}$$

又 $\frac{HP}{HQ}=\frac{CH\cdot CP\sin\angle HCP}{CH\cdot CQ\sin\angle HCQ}=\frac{CP}{CQ}\cdot\frac{OC}{OM}$，得

① 刘京培. 关于正则点的两个性质[J]. 中学数学研究，2017(7)：49-50.

$$\frac{CP}{CQ}=\frac{HP}{HQ}\cdot\frac{OM}{OC}=\frac{\dfrac{OH\cdot CH}{CH+OM}}{\dfrac{OH\cdot CH\cdot OM}{OC^2+CH\cdot OM}}\cdot\frac{OM}{OC}=$$

$$\frac{OC^2+CH\cdot OM}{OC(CH+OM)}$$

因为 O 为外心,有 $OC=R$,$OD=R\cos C$,$\triangle ABM$ 为正三角形,有 $DM=AB\sin 60^\circ=\frac{\sqrt{3}}{2}c=\sqrt{3}R\sin C$,即 $OM=OD+DM=R(\cos C+\sqrt{3}\sin C)$.

H 为垂心,有 $CH=2R\cos C$,因此

$$\frac{CP}{CQ}=\frac{OC^2+CH\cdot OM}{OC(CH+OM)}=$$

$$\frac{R^2+2R\cos C\cdot R(\cos C+\sqrt{3}\sin C)}{R[2R\cos C+R(\cos C+\sqrt{3}\sin C)]}=$$

$$\frac{1+2\cos C(\cos C+\sqrt{3}\sin C)}{2\cos C+\cos C+\sqrt{3}\sin C}=$$

$$\frac{\sin^2C+2\sqrt{3}\sin C\cos C+3\cos^2C}{\sqrt{3}\sin C+3\cos C}=$$

$$\frac{(\sin C+\sqrt{3}\cos C)^2}{\sqrt{3}(\sin C+\sqrt{3}\cos C)}=$$

$$\frac{2\sqrt{3}}{3}\left(\frac{1}{2}\sin C+\frac{\sqrt{3}}{2}\cos C\right)=$$

$$\frac{2\sqrt{3}}{3}\sin(60^\circ+C)$$

令 $BC=a$,$CA=b$,$CM=f$,则 $CF=\frac{2\sqrt{3}ab\sin(60^\circ+C)}{3f}$,$CZ=\frac{ab}{f}$,所以 $\frac{CF}{CZ}=\frac{2\sqrt{3}}{3}\sin(60^\circ+C)=\frac{CP}{CQ}$.

由等比性质知,$FZ\parallel OH$.

定理 15 图与符号同上,若 G 为重心,则有

$$FZ=\frac{4\sqrt{3}S}{f^2}OG$$

证明 如图 2.343.

$$\frac{HP}{OP}=\frac{OH-OP}{OP}=\frac{CH}{OM}\Rightarrow OP=\frac{OH\cdot OM}{CH+OM}$$

$$\frac{OQ}{QH}=\frac{OQ}{OH-OQ}=$$

$$\frac{OC\cdot CQ\sin\angle OCQ}{CH\cdot CQ\sin\angle HCQ}=$$

$$\frac{OC}{OH}\cdot\frac{\sin\angle OMC}{\sin\angle OCM}=\frac{OC}{CH}\cdot\frac{OC}{OM}$$

$$\Rightarrow OQ=\frac{OH\cdot OC^2}{OC^2+CH\cdot OM}$$

则
$$PQ=OP-OQ=\frac{OH\cdot OM}{CH+OM}-\frac{OH\cdot OC^2}{OC^2+CH\cdot OM}=$$

$$\frac{OH\cdot CH(OM^2-OC^2)}{(CH+OM)(OC^2+CH\cdot OM)}$$

由 $CE\parallel OM$,得

$$\frac{CP}{PM}=\frac{CH}{OM}\Rightarrow\frac{CP}{CM}=\frac{CH}{CH+OM}$$

$$\Rightarrow CP=\frac{CH\cdot CM}{CH+OM}$$

由定理 14 知,$FZ\parallel OH$,由费马点的性质知 $CM=f$,所以有

$$\frac{ZF}{PQ}=\frac{CF}{CP}\Rightarrow ZF=\frac{CF}{CP}\cdot PQ=$$

$$\frac{CF}{\frac{CH\cdot f}{OM+CH}}\cdot\frac{OH\cdot CH(OM^2-OC^2)}{(CH+OM)(OC^2+CH\cdot OM)}=$$

$$\frac{CF}{f}\cdot OH\cdot\frac{OM^2-OC^2}{OC^2+CH\cdot OM}$$

又
$$\frac{OM^2-OA^2}{OA^2+CH\cdot OM}=$$

$$\frac{R^2(\cos C+\sqrt{3}\sin C)^2-R^2}{R^2+2R\cos C\cdot R(\cos C+\sqrt{3}\sin C)}=$$

$$\frac{\cos^2C+2\sqrt{3}\sin C\cos C+3\sin^2C-1}{1+2\cos^2C+2\sqrt{3}\sin C\cos C}=$$

$$\frac{2\sqrt{3}\sin C\cos C+2\sin^2C}{\sin^2C+2\sqrt{3}\sin C\cos C+3\cos^2C}=$$

$$\frac{2\sin C(\sqrt{3}\cos C+\sin C)}{(\sqrt{3}\cos C+\sin C)^2}=$$

$$\frac{\sin C}{\frac{\sqrt{3}}{2}\cos C+\frac{1}{2}\sin C}=$$

$$\frac{\sin C}{\sin(60^\circ+C)}$$

代入得 $ZF=\frac{CF}{f}\cdot QH\cdot\frac{\sin C}{\sin(60^\circ+C)}=\frac{2ab\sin(60^\circ+C)}{3f^2}\cdot OH\cdot\frac{\sin C}{\sin(60^\circ+C)}=$
$\frac{4\sqrt{3}}{f^2}\cdot\frac{1}{2}ab\sin C\cdot\frac{OH}{3}=\frac{4\sqrt{3}S}{f^2}OG.$

❖等边三角形的性质定理

三条边都相等的三角形称为等边三角形,或正三角形.

等边三角形是特殊的等腰三角形,因而具有等腰三角形的一切性质.

下面介绍等边三角形的特殊性质定理:

定理 1　等边三角形的三内角都相等,且为 60°.

定理 2　等边三角形的外心,内心,垂心,重心四心重合;其九点圆即为内切圆;其内切圆,外接圆,旁切圆半径之比为 $1:2:3$.

定理 3　等边三角形的外接圆半径等于内切圆半径的 2 倍.

定理 4　设等边三角形的边长为 a,则其高线长、中线长、角平分线长均为 $\frac{\sqrt{3}}{2}a$,其面积为$\frac{\sqrt{3}}{4}a^2$,其外接圆半径为$\frac{\sqrt{3}}{3}a$,内切圆半径为$\frac{\sqrt{3}}{6}a$.

定理 5　设 P 为正 $\triangle ABC$ 的外接圆弧 $\overset{\frown}{BC}$ 上任一点,则 $PA=PB+PC$.

证明　如图 2.344,对四边形 $ABPC$ 应用托勒密定理,有

$$AB\cdot PC+AC\cdot BP=AP\cdot BC$$

而 $AB=AC=BC$,从而

$$PA=PB+PC$$

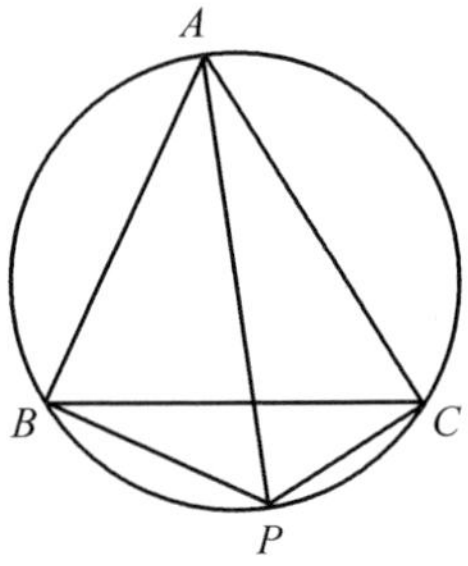

图 2.344

注　此结论的其他证法可参见作者另著《平面几何范例多解探究》.

推论 1　设 P 是正 $\triangle ABC$ 的外接圆上一点,则

$$PA^4+PB^4+PC^4=$$
$$2(PB^2\cdot PC^2+PC^2\cdot PA^2+PA^2\cdot PB^2)=2AB^4$$

事实上,不失一般性,可设点 P 在$\overset{\frown}{BC}$ 上.于是由定理 5,知 $PA=PB+PC$,即有 $PA^2=(PB+PC)^2$.

从而

$$PA^2-PB^2-PC^2=2PB\cdot PC$$

上式两边平方得

$$PA^4+PB^4+PC^4=2(PB^2\cdot PC^2+PC^2\cdot PA^2+PA^2\cdot PB^2)$$

又由余弦定理,有 $BC^2=BP^2+PC^2-2BP\cdot PC\cdot\cos 120^\circ$,从而

$$BP^2+PC^2+BP\cdot PC=BC^2=AB^2$$

又由 $PA^2=PB^2+PC^2+2PB\cdot PC=AB^2+BP\cdot PC$,有 $AB^2=PA^2-BP\cdot$

PC.

上式两边平方后再乘以 2,有

$$2AB^4 = 2PA^4 + 2PB^2 \cdot PC^2 - 4PA^2 \cdot PB \cdot PC =$$
$$PA^2 + (PB + PC)^4 + 2PB^2 \cdot PC^2 - 4(PB + PC)^2 \cdot PB \cdot PC =$$
$$PA^4 + PB^4 + PC^4$$

定理 6 由任一点向正三角形的三条高线作垂线段,则这三条垂线段中的长者必等于其余两者的和.

证明 如图 2.345,设点 P 在正 $\triangle ABC$ 的三条高线 AH, BH, CH 上的射影分别为 D, E, F,则知 P, D, E, F 在以 PH 为直径的圆上及 $DE = PH \cdot \sin \angle DHE$, $EF = PH \cdot \sin \angle EHF$, $DF = PH \cdot \sin \angle DHF$.

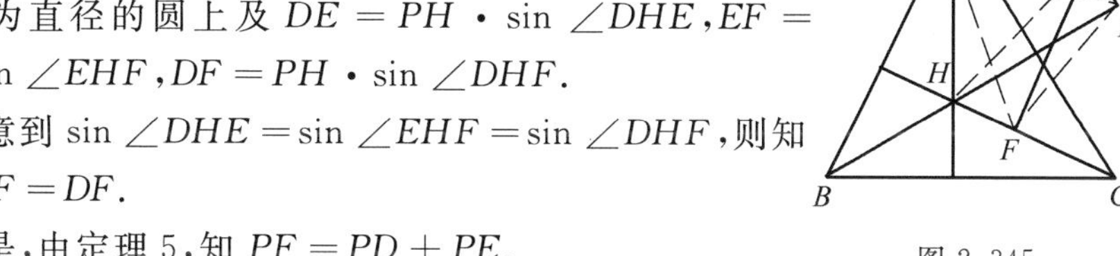

图 2.345

注意到 $\sin \angle DHE = \sin \angle EHF = \sin \angle DHF$,则知 $DE = EF = DF$.

于是,由定理 5,知 $PF = PD + PE$.

推论 2 正六边形外接圆上任一点与六顶点的联结线段中,两长者的和必等于其余四者的和.

事实上,在正六边形 $ABCDEF$ 中,$\triangle ACE$ 和 $\triangle BDF$ 均为正三角形,从而由定理 6,即知结论成立.

定理 7 设 P 为正 $\triangle ABC$ 内任意一点,过 P 作三边 BC, CA, AB 的垂线,垂足为 D, E, F,则:①

(1) $BD + CE + AF = DC + EA + FB$;

(2) $BD^2 + CE^2 + AF^2 = DC^2 + EA^2 + FB^2$.

证明 (1) 如图 2.346,过 A 作 $AH \perp BC$,垂足为 H,再过 P 作 $PG \perp AH$,垂足为 G,由点 G 分别作 AB, AC 的垂线,垂足分别是 M, N,则

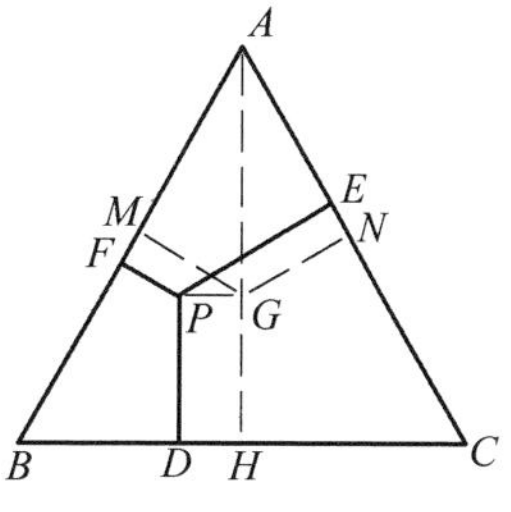

$$AF + BD + CE =$$
$$(AM + MF) + (BH - DH) + (CN + NE) =$$
$$(AM + BH + CN) + (MF - DH + NE) \quad ①$$
$$FB + DC + EA =$$
$$(MB - MF) + (HC + DH) + (NA - NE) =$$
$$(MB + HC + NA) + (DH - MF - NE) \quad ②$$

图 2.346

注意到 $AM = NA$, $BH = HC$, $CN = MB$,则式 ① 减去式 ② 得

① 刘步松.正三角的几个性质[J].数学通报,2012(2):33-34.

$$AF+BD+CE-(FB+DC+EA)=2(MF+NE-DH)$$

从而要证明式①成立,只需证明 $2(MF+NE-DH)=0$,即 $MF+NE=DH$ 即可.

由图2.346不难看出,$\angle PGM=\angle GPE=30°$,则有

$$MF+NE=PG\sin 30°+PG\sin 30°=PG=DH$$

从而式①成立.

(2)如图2.347,联结 PA,PB,PC,则有

$BD^2+CE^2+AF^2=$

$(PB^2-PD^2)+(PC^2-PE^2)+(PA^2-PF^2)=$

$(PA^2+PB^2+PC^2)-(PD^2+PE^2+PF^2)$

$DC^2+EA^2+FB^2=$

$(PC^2-PD^2)+(PA^2-PE^2)+(PB^2-PF^2)=$

$(PA^2+PB^2+PC^2)-(PD^2+PE^2+PF^2)$

从而 $BD^2+CE^2+AF^2=DC^2+EA^2+FB^2$.

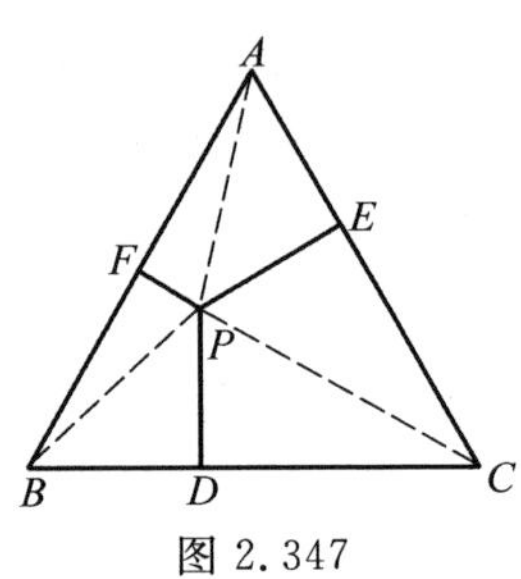

图2.347

定理8 如图2.348,设 $\triangle ABC$ 为正三角形,P 为其内部任一点,由 P 分别向三角形的三边作垂线,垂足分别是 D,E,F,连 PA,PB,PC,则 $\triangle ABC$ 被分成6个直角三角形,设这些直角三角形的内切圆半径依次为 r_1,r_2,r_3,r_4,r_5,r_6,则有

$$r_1+r_3+r_5=r_2+r_4+r_6$$

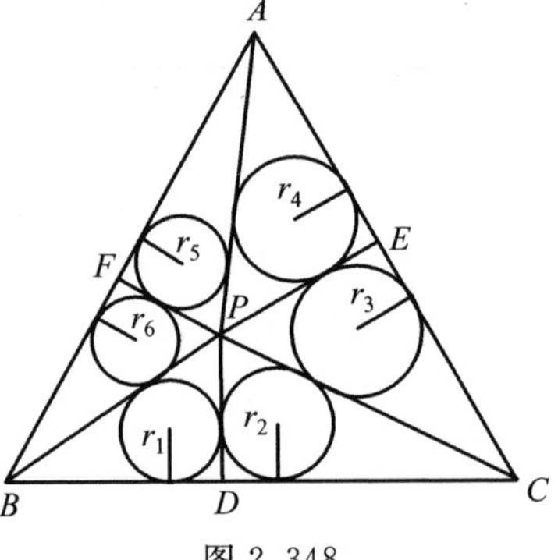

图2.348

证明 如图2.348,设直角三角形的两条直角边为 a 和 b,斜边为 c,内切圆半径为 r,从图上容易看出:$c=(a-r)+(b-r)$,可得 $r=\dfrac{a+b-c}{2}$.

由图2.349及上述结论可得

$$r_1=\frac{BD+PD-PB}{2}$$

$$r_3=\frac{CE+PE-PC}{2}$$

$$r_5=\frac{AF+PF-PA}{2}$$

$$r_2=\frac{DC+PD-PC}{2}$$

$$r_4=\frac{EA+PE-PA}{2}$$

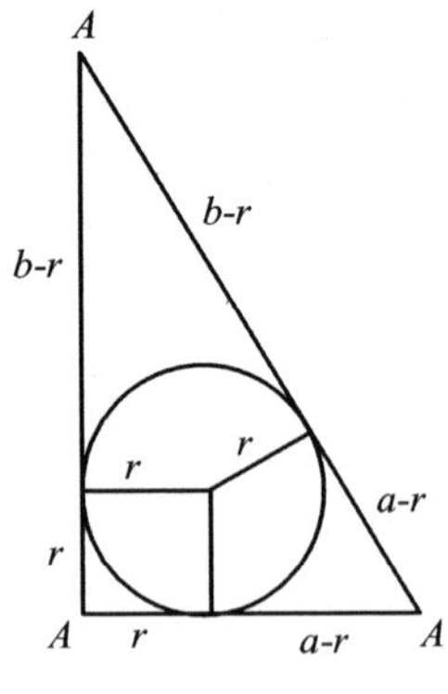

图2.349

$$r_6=\frac{FB+PF-PB}{2}$$

不难算出

$$(r_1+r_3+r_5)-(r_2+r_4+r_6)=$$
$$\frac{1}{2}(BD+CE+AF-DC-EA-FB)$$

由于定理 7(1) 成立，从而上式括号内为零，即 $(r_1+r_3+r_5)-(r_2+r_4+r_6)=0$，故 $r_1+r_3+r_5=r_2+r_4+r_6$，即定理 8 成立.

定理 9 如图 2.350，直线 MN，QR，ST 两两相交，三个交点形成一个正 $\triangle ABC$，P 为 $\triangle ABC$ 内任意一点，$PW\perp QR$，$PX\perp ST$，$PY\perp MN$，在 $\triangle ABC$ 外部作圆 O_1，使其与 MN，QR，PW 都相切，类似地作出其他五个圆，设这六个圆的半径分别为 r_1，r_2，r_3，r_4，r_5，r_6，则有：

(1)$r_1+r_3+r_5=r_2+r_4+r_6$；

(2)$r_1^2+r_3^2+r_5^2=r_2^2+r_4^2+r_6^2$.

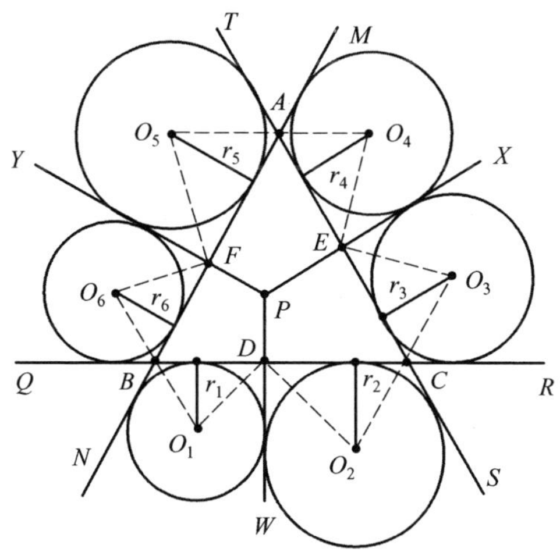

图 2.350

证明 如图 2.350，设 D 为 PW 与 QR 的交点，E 为 PX 与 ST 的交点，F 为 PY 与 MN 的交点. 联结 BO_1 和 O_1D，因为 $\angle BDW=90^\circ$，所以 $\angle O_1DB=45^\circ$，因为 $\angle DBN=120^\circ$，所以 $\angle O_1BD=60^\circ$，同样可得，$\angle O_2DC=45^\circ$，$\angle O_2CD=60^\circ$，因而 $\triangle O_1BD\backsim\triangle O_2CD$. 类似地可证，$\triangle O_1BD$，$\triangle O_2CD$，$\triangle O_3CE$，$\triangle O_4AE$，$\triangle O_5AF$，$\triangle O_6BF$ 这六个三角形是彼此相似的，而 r_1，r_2，r_3，r_4，r_5，r_6 分别是这六个三角形的对应高. 由定理 7 的(1)，$BD+CE+AF=DC+EA+FB$，从而也有 $r_1+r_3+r_5=r_2+r_4+r_6$，这就证明了式(1) 成立. 再由定理 7 的(2)，$BD^2+CE^2+AF^2=DC^2+EA^2+FB^2$，从而也有 $r_1^2+r_3^2+$

$r_5^2 = r_2^2 + r_4^2 + r_6^2$，这就证明了(2).

定理 10 设 P 为正 $\triangle ABC$ 内一点，令 $AB = a$，$PA = u$，$PB = v$，$PC = w$. 若 $w^2 = u^2 + v^2$，则：[①②]

(1) $w^2 + \sqrt{3}uv = a^2$；

(2) $\angle APB = 150°$.

证明 (1) 如图 2.351，设 $\triangle ABC$，$\triangle PAB$，$\triangle PBC$，$\triangle PCA$ 的面积分别是 S，S_1，S_2，S_3.

把 $\triangle PCA$ 绕点 A 顺时针旋转 $60°$，得 $\triangle P'AB$，联结 PP'，则 $\triangle APP'$ 是以 u 为边的等边三角形. 因 $u^2 + v^2 = w^2$，$\triangle BPP'$ 是以 $PB = v$，$PP' = u$，$BP' = w$ 为边的直角三角形.

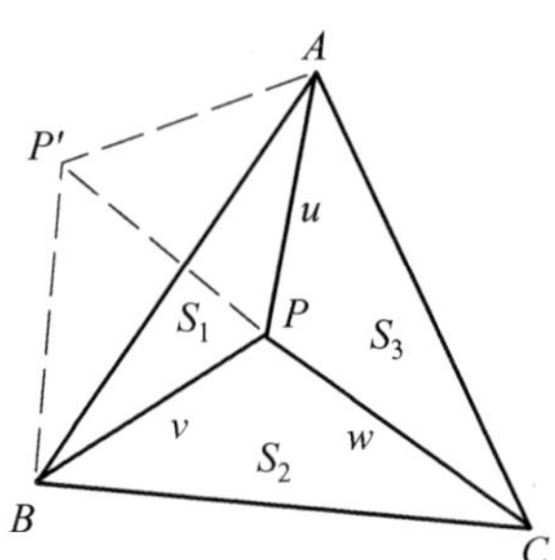

图 2.351

于是，$S_{四边形APBP'} = S_1 + S_3 = S_{\triangle APP'} + S_{\triangle BPP'}$

即
$$S_1 + S_3 = \frac{\sqrt{3}}{4}u^2 + \frac{1}{2}uv \quad ①$$

同理
$$S_1 + S_2 = \frac{\sqrt{3}}{4}v^2 + \frac{1}{2}uv \quad ②$$
$$S_2 + S_3 = \frac{\sqrt{3}}{4}w^2 + \frac{1}{2}uv \quad ③$$

① + ② + ③ 得
$$S = S_1 + S_2 + S_3 = \frac{1}{2}\left[\frac{\sqrt{3}}{4}(u^2 + v^2 + w^2) + \frac{3}{2}uv\right] = \frac{\sqrt{3}}{4}w^2 + \frac{3}{4}uv$$

又
$$S = \frac{1}{2}a^2 \sin 60° = \frac{\sqrt{3}}{4}a^2$$

则
$$\frac{\sqrt{3}}{4}a^2 = \frac{\sqrt{3}}{4}w^2 + \frac{3}{4}uv$$

故
$$w^2 + \sqrt{3}uv = a^2$$

(2) 如图 2.351，直接由 $\angle P'PB = 90°$ 及 $\angle P'PA = 60°$ 得 $\angle APB = 150°$. 或者由

① 张延卫. 正三角形内一特殊点的性质再探[J]. 中等数学，1999(6)：19.

② 付宏祥. 正三角形内一特殊点的一个性质[J]. 中等数学，1999(1)：20.

$$AB^2 = AP^2 + BP^2 - 2AP \cdot BP\cos\angle APB =$$
$$u^2 + v^2 - 2uv\cos\angle APB =$$
$$w^2 - 2uv\cos\angle APB$$

由(1)可知

$$w^2 + \sqrt{3}uv = w^2 - 2uv\cos\angle APB$$

从而
$$\cos\angle APB = -\frac{\sqrt{3}}{2}$$

又

$$0 < \angle APB < 180^\circ$$

故
$$\angle APB = 150^\circ$$

定理 11 正三角形外接圆上任一点到三边距离的平方和为定值,即为$\frac{3}{4}$边长的平方.

证明 如图 2.352 所设,正$\triangle ABC$外接圆上任一点P到BC,AC,AB的距离分别为h_a,h_b,h_c,正三角形边长为a,由维维安尼定理有

$$h_a + h_b - h_c = \frac{\sqrt{3}}{2}a$$

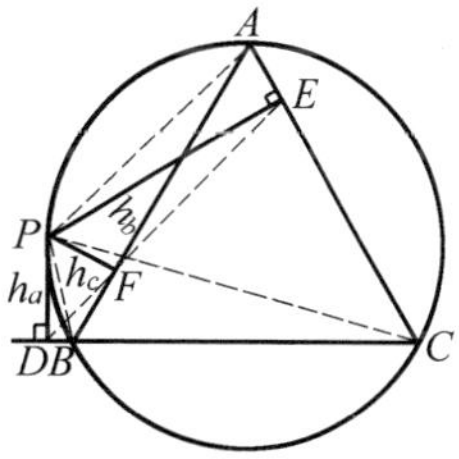

图 2.352

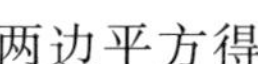
两边平方得

$$h_a^2 + h_b^2 + h_c^2 + 2(h_ah_b - h_bh_c - h_ah_c) = \frac{3}{4}a^2$$

下证$h_ah_b - h_bh_c - h_ah_c = 0$,因

$$\frac{h_b}{PA} = \sin\angle PAC = \sin\angle PBD = \frac{h_a}{PB}$$

有
$$h_aPA = h_bPB$$

同理可得
$$h_aPA = h_cPC$$

所以有
$$h_aPA = h_bPB = h_cPC \qquad ①$$

又由P,F,E,A共圆,P,D,B,F共圆,则

$$\angle PFD = \angle PBD = \angle PAC, \angle PDF = \angle PBF = \angle ACP$$

得
$$\triangle PFD \backsim \triangle PAC$$

即
$$\frac{h_c}{DF} = \frac{PA}{a}$$

$$PA = \frac{h_c}{DF}a$$

同理
$$PB = \frac{h_a}{DE}a, DC = \frac{h_b}{EF}a$$

均代入式 ① 得

$$\frac{h_a \cdot h_c}{DF}=\frac{h_b h_a}{DE}=\frac{h_c h_b}{EF}=k$$

注意到西姆松定理,知 D,E,F 共线,所以

$$h_a h_b - h_a h_c - h_b h_c=(DE-EF-DF)k=0$$

从而 $h_a^2+h_b^2+h_c^2=\frac{3}{4}a^2$(定值).

定理 12 正三角形内切圆上任一点到三边的距离的平方和为定值,即为 $\frac{3}{8}$ 边长平方,且 $2(h_a h_b+h_a h_c+h_b h_c)=\frac{3}{8}$ 边长平方.

证明 如图 2.353,正 $\triangle ABC$ 边长为 a,D,E,F 为切点,则 $\triangle DEF$ 为正三角形,且边长为 $\frac{a}{2}$,$\triangle ABC$ 的内切圆为 $\triangle DEF$ 的外接圆,由定理 1 有

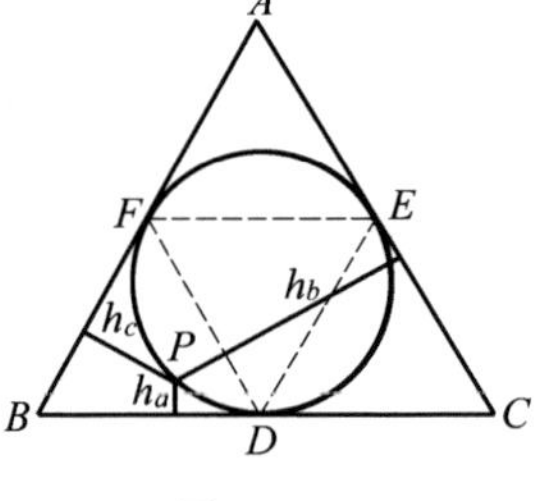

图 2.353

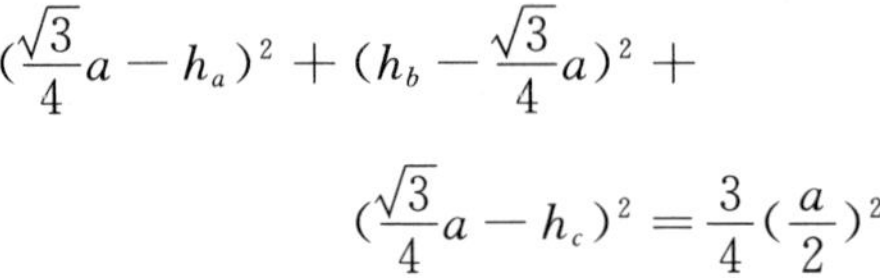

$$(\frac{\sqrt{3}}{4}a-h_a)^2+(h_b-\frac{\sqrt{3}}{4}a)^2+(\frac{\sqrt{3}}{4}a-h_c)^2=\frac{3}{4}(\frac{a}{2})^2$$

则
$$h_a^2+h_b^2+h_c^2=\frac{\sqrt{3}}{2}a(h_a+h_b+h_c)-\frac{3}{8}a^2$$

又
$$h_a+h_b+h_c=\frac{\sqrt{3}}{2}a \quad ②$$

故 $h_a^2+h_b^2+h_c^2=\frac{3}{8}a^2$(定值).

将式 ② 两端平方得

$$(h_a+h_b+h_c)^2=\frac{3}{4}a^2$$

故
$$2(h_a h_b+h_a h_c+h_b h_c)=\frac{3}{4}a^2-\frac{3}{8}a^2=\frac{3}{8}a^2$$

定理 13 设 P 为正 $\triangle ABC$ 内切圆上一点,P 关于三边的对称点分别为 P_1,P_2,P_3,如图 2.354 所示,则 $S_{\triangle P_1P_2P_3}=\frac{3}{4}S_{\triangle ABC}$.

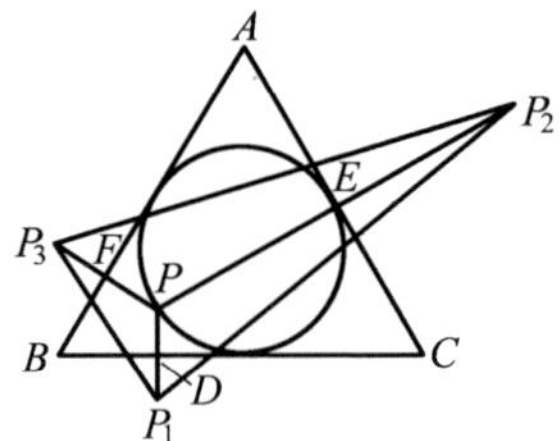

图 2.354

证明 过 P 向三边作垂线,垂足分别为 D,E,F,$PD=h_1$,$PE=h_2$,$PF=h_3$,设正 $\triangle ABC$ 的边长为 a,依维维安尼定理和定理 12,有

$$h_1+h_2+h_3=\frac{\sqrt{3}}{2}a, h_1^2+h_2^2+h_3^2=\frac{3}{8}a^2$$

又 $$\angle DPE=\angle EPF=\angle FPD=120^\circ$$

又设 $\triangle DEF$ 边长为 x,y,z，则

$$S_{\triangle DEF}=\frac{1}{2}\sin 120^\circ(xy+yz+zx)=$$

$$\frac{\sqrt{3}}{4}(xy+yz+zx)=$$

$$\frac{\sqrt{3}}{8}((x+y+z)^2-(x^2+y^2+z^2))=$$

$$\frac{\sqrt{3}}{8}(\frac{3}{4}a^2-\frac{3}{8}a^2)=$$

$$\frac{3}{16}\times\frac{\sqrt{3}}{4}a^2=$$

$$\frac{3}{16}S_{\triangle ABC}$$

从而 $$S_{\triangle P_1P_2P_3}=4S_{\triangle DEF}=\frac{3}{4}S_{\triangle ABC}$$

定理 14 过正三角形顶点的弦 AD 交其外接圆于 D，则 $AD=BD+CD$，如图 3.355 所示.

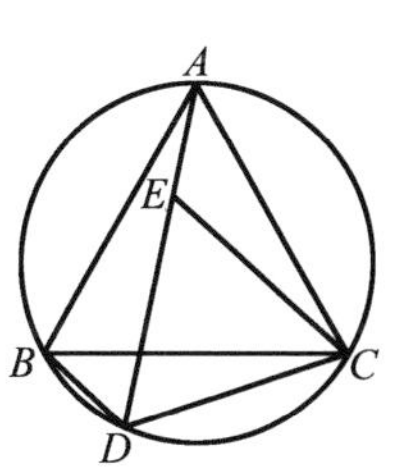

图 3.355

证明 取 $DE=CD$，$\triangle DEC$ 为正三角形，则

$$\triangle AEC \cong \triangle BDC$$
$$BD=AE$$

命题得证.

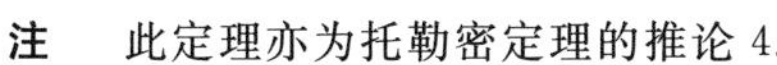
注 此定理亦为托勒密定理的推论 4.

定理 15 P 为正三角形内切圆 O 上的点，已知 $\angle AOP=\alpha$，如图 3.356 所示，内切圆半径为 r，则 P 与三顶点距离平方和等于 $15r^2$.

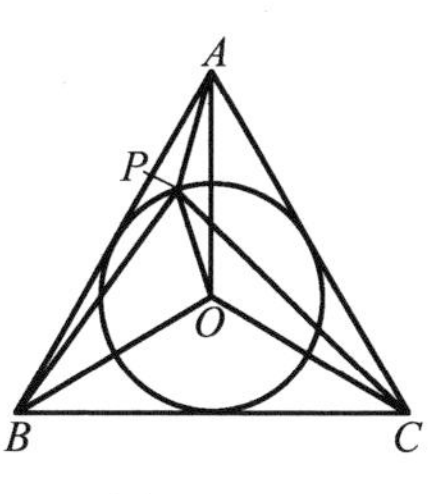

图 3.356

证明 $$PA^2=PO^2+AO^2-2PO\cdot AO\cos\alpha=$$
$$5r^2-4r^2\cos\alpha$$
$$PB^2=5r^2-4r^2\cos(120^\circ-\alpha)$$
$$PC^2=5r^2-4r^2\cos(120^\circ+\alpha)$$

而 $$\cos\alpha+\cos(120^\circ+\alpha)+\cos(120^\circ-\alpha)=0$$

于是结论获证.

定理 16 在正三角形各边上任取一点，那么顶点与二邻边上所取点所成

三个三角形的欧拉线交成的三角形与原三角形全等.

证明 如图3.357,在正$\triangle ABC$的边AB,AC,BC上分别取点X,Y,Z,$\triangle AYZ$,$\triangle BXZ$,$\triangle CXY$的欧拉线l,m,n三线两两交于L,M,N.

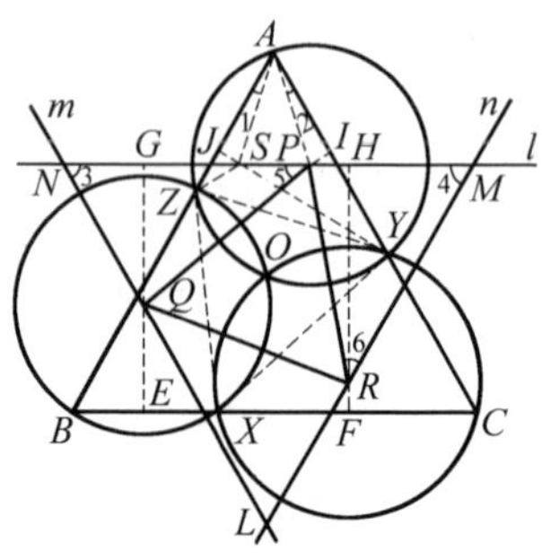

图3.357

又根据三角形的密克尔点定理,$\triangle AYZ$,$\triangle BXZ$,$\triangle CXY$的外接圆三圆共点,设为O.又设这三个三角形的外心分别为P,Q,R,那么$\triangle PQR$为正三角形.

在$\triangle AYZ$中,欧拉线l过外心P及垂心S.连AS,Y到AZ的垂足为J.再引P到AY的垂线,垂足为I,则$\triangle API\cong\triangle ASJ$.

这是由于$\angle YAJ=\angle ZSJ=60^\circ$(等角的余角);$AI=\frac{1}{2}AY=AJ$(圆心到弦垂线平分弦);$PI=\frac{1}{2}ZS=SJ$导致$AP=AS$且$\angle 1=\angle 2$,终致$SP/\!/BC$,即$l/\!/BC$.同理$m/\!/AC$,$n/\!/AB$.这已证$l$,$m$,$n$相交所得$\triangle LMN$是正三角形.

其次证$\triangle LMN$全等于$\triangle ABC$.

在$\triangle LMN$中以P,Q,R为分点,分成中间是正$\triangle PQR$,三侧是$\triangle PRM$,$\triangle QRL$,$\triangle PQN$的四个三角形.其中$\triangle PQN\cong\triangle RPM$,这是因为$PQ=RP$($\triangle PQR$为正三角形),$\angle 3=\angle 4$($\triangle PQR$为正三角形),$\angle 5=\angle 6$(注意:通过计算$\angle 6=180^\circ-60^\circ-(120^\circ-\angle 5)$),则

$$QN=PM,NP=MR$$

又过Q,R作BC的垂线QE,RF.从

$$\angle 3=\angle 4=60^\circ$$

得

$$GN=\frac{1}{2}QN,HM=\frac{1}{2}MR$$

于是$GN+HM=\frac{1}{2}(QN+MR)=\frac{1}{2}(PM+NP)=\frac{1}{2}MN$,$GH=\frac{1}{2}MN$

而

$$EF=EX+XF=\frac{1}{2}(BX+XC)=\frac{1}{2}BC$$

又

$$GH=EF$$

于是

$$MN=BC$$

故

$$\triangle LMN\cong\triangle ABC$$

定理17 正三角形的外心与三顶点连线上各取一点,那么外心与所取三点,分别形成的三角形的欧拉线三线共点.

证明 如图3.358,在正三角形ABC中,O为外心.在OA,OB,OC上各任

取一点 X,Y,Z. 那么 $\triangle OXY,\triangle OYZ,\triangle OXZ$ 的欧拉线三线共点.

注 三条欧拉线分别在 $\triangle OXY,\triangle OYZ,\triangle OXZ$ 形外.

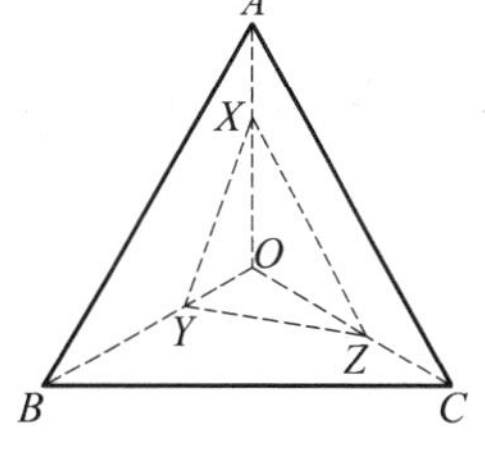

图 3.358

❖维维安尼定理

维维安尼定理 等边三角形内任一点到三边的距离之和等于定值(三角形的高). ①

维维安尼(Viviani,1622—1703)是著名物理学家伽利略的弟子,他是意大利的物理学家、数学家,确定旋轮线是他的几何成就. 他所发现的上述定理与我国现行教材上大家熟知的一个命题有密切的联系,这个命题是

命题 等腰三角形底边上任一点到两腰的距离之和等于一腰上的高;等腰三角形底边延长线上任一点到两腰距离之差的绝对值等于一腰的高.

(此命题的证明就不必赘述了.)

关于维维安尼定理,还有一段趣事. 美国著名几何学家匹多. 描述过:有一次一位经济学家打电话询问他,说维维安尼这个定理在经济学上有重要的意义,但不知这一定理是如何证明的,特向匹多请教.

其实这个定理的证明是很简单的.

证法 1 如图 2.359,P 为 $\triangle ABC$ 内任一点,过 P 作 $ST\parallel BC$,交 AB 于 S,交 AC 于 T,由前面的命题,有

$$PF+PE=AK$$

又 $KM=PD$,所以 $PD+PF+PE=AK+KM=AM=h$(定值,$\triangle ABC$ 的高)

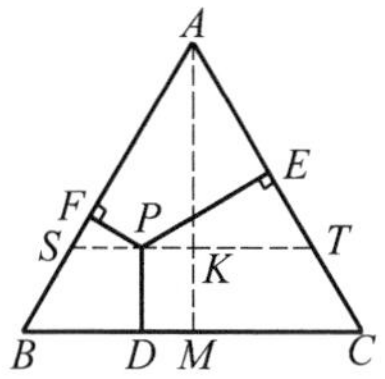

图 2.359

证法 2 设正三角形边长为 a,高为 h,则

$$S_{\triangle PAB}+S_{\triangle PBC}+S_{\triangle PCA}=S_{\triangle ABC}$$

即
$$\frac{1}{2}aPF+\frac{1}{2}aPD+\frac{1}{2}aPE=\frac{1}{2}ah$$

故
$$PF+PD+PE=h$$

① 汪江松,黄家礼. 几何明珠[M]. 武汉:中国地质大学出版社,1988:145-152.

❖维维安尼定理的推广

定理1 若点 P 为等边三角形所在平面上任意一点，则由 P 向各边所在直线所引垂直有向线段之和等于一定值(三角形的高). 当从点 P 所引垂直线段与三角形在其直线同侧时，取正号；异侧时取负号.

当点在三角形外时，有两种情形，如图 2.360 所示.

证明 (1) 当点 P 在区域 Ⅰ 内，如图 2.361，这时即要证 $PD-PE-PF$ 为定值，过 P 作 $MN\parallel BC$ 交 BA，CA 延长线于 N，M，过点 A 作 $GH\perp BC$，交 MN 于 G，BC 于 H，则

$$PE+PF=AG, PD=GH$$

所以

$$PD-PE-PF=GH-AG=AH=h$$

(2) 当点 P 在区域 Ⅱ 内，如图 2.362，这时即要证 $PE+PF-PD$ 为定值.

过点 P 作 $MN\parallel BC$，分别交 AB，AC 于 M，N，过点 A 作 $AH\perp BC$，交 BC 于 H，交 MN 于 G，则 $\triangle AMN$ 为等边三角形，$PE+PF=AG$. 从而

$$PE+PF-PD=AG-GH=AH=h$$

与点 P 在三角形内时结论一致，命题得证.

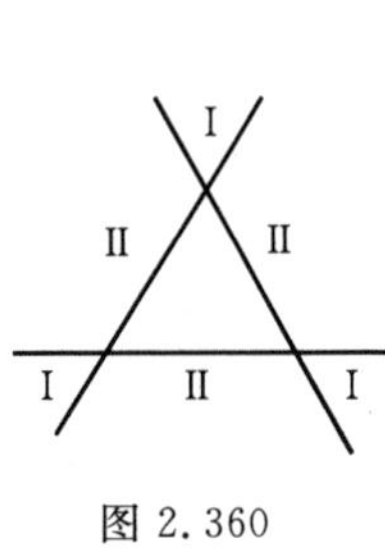

图 2.360

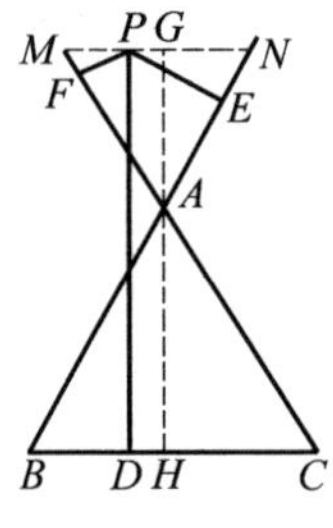

图 2.361

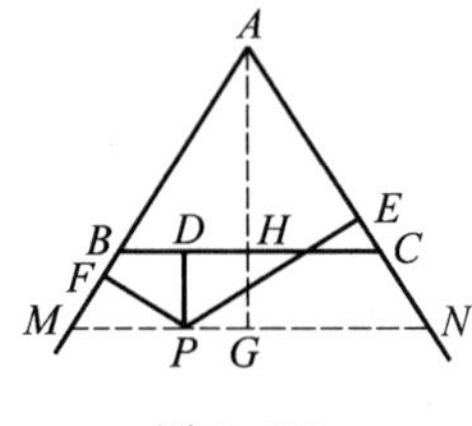

图 2.362

定理2 正 n 边形内一点到各边的距离之和为一定值.

证明 如图 2.363，设正 n 边形 $A_1A_2A_3\cdots A_n$ 内任一点 P 到各边的距离依次为 $h_1,h_2,\cdots,h_n$，正 n 边形面积为 S，边长为 a，联结 $PA_1,PA_2,\cdots PA_n$，则

$$S_{\triangle PA_1A_2}+S_{\triangle PA_2A_3}+\cdots+S_{\triangle PA_nA_1}=S$$

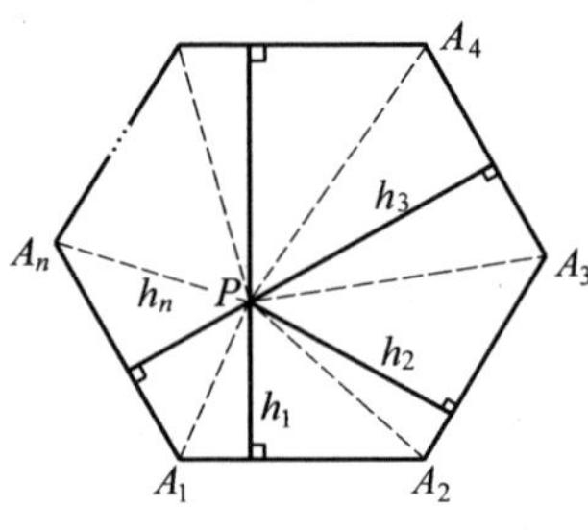

图 2.363

即
$$\frac{1}{2}ah_1+\frac{1}{2}ah_2+\cdots+\frac{1}{2}ah_n=S$$
故 $h_1+h_2+\cdots+h_n=\frac{2S}{a}$(定值).

定理 3 正多面体内任一点到各面的距离之和为一定值.

证明 设正多面体内任一点 P 到各面的距离分别为 $h_1,h_2,\cdots,h_n$(n 为面数,n 可取 4,6,8,12 和 20) 各面面积为 S,正多面体体积为 V,将 P 与正多面体各顶点相连,则此正多面体可分成以 P 为公共顶点,正多面体各面为底面的 n 个棱锥,如图2.364 所示.因此有
$$\frac{1}{3}S\cdot h_1+\frac{1}{3}S\cdot h_2+\cdots+\frac{1}{3}S\cdot h_n=V$$
故 $h_1+h_2+\cdots+h_n=\frac{3V}{S}$(定值).

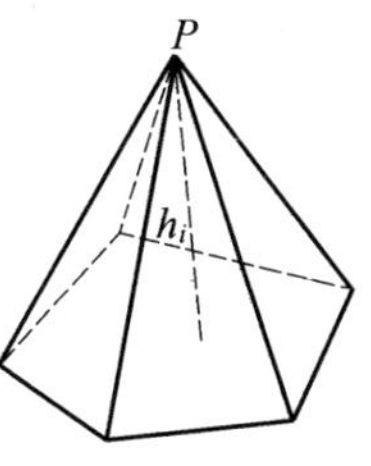

图 2.364

❖维维安尼定理的引申

定理 1 三角形上任意一点到三边的距离与相应边的对角正弦乘积的和是一个定值,这定值是三角形面积同外接圆半径之比.①

证明 如图 2.365 所设,有
$$\frac{1}{2}aPD+\frac{1}{2}bPE+\frac{1}{2}cPF=S_{\triangle ABC}$$

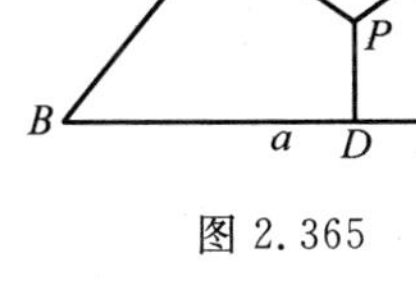

图 2.365

由正弦定理有
$$a=2R\sin A,b=2R\sin B,c=2R\sin C$$
代入上式,化简得
$$PD\sin A+PE\sin B+PF\sin C=\frac{S}{R}$$

若多边形 $A_1A_2A_3\cdots A_n$ 有外接圆,则 $\angle A_iA_{i+2}A_{i+1}$ 称为边 A_iA_{i+1} 的对角($i=1,2\cdots,n$, 且 A_{n+1},A_{n+2} 分别为 A_1,A_2),如图 2.366 所示.

我们有

定理 2② 若多边形有外接圆,则它内部(或边上) 任意一点到各边的距离

① 杨世明.三角形趣谈[M].上海:上海教育出版社,1989:128.

② 熊曾润.维维安尼定理的再推广[J].中学数学月刊,1997(12):17.

与该边对角正弦乘积之和为定值，这定值等于该多边形的面积与其外接圆半径的比.

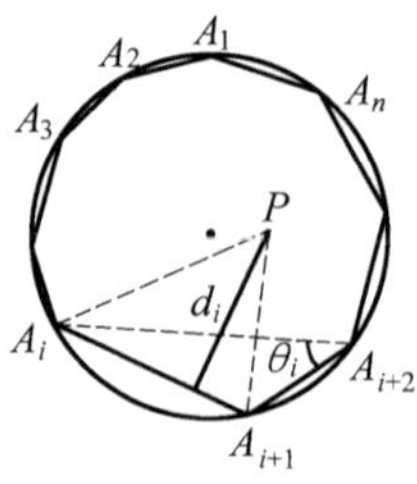

图 2.366

证明 设多边形 $A_1A_2A_3\cdots A_n$ 有外接圆，如图2.366，其半径为 R. 又设 P 为这多边形内(或边上)的任意一点，P 到边 A_iA_i+1 的距离记作 $d_i(i=1,2,\cdots,n$，且 A_n+1 为 $A_1)$. 设多边形 $A_1A_2A_3\cdots A_n$ 的面积为 S，$\triangle PA_iA_{i+1}$ 的面积为 S_i，显然有

$$S=\sum_{i=1}^{n}S_i=\frac{1}{2}\sum_{i=1}^{n}(d_iA_iA_{i+1})$$

记边 A_iA_{i+1} 的对角 $\angle A_iA_{A\,i+2}A_{i+1}$ 为 θ_i，由正弦定理可知 $A_iA_{i+1}=2R\sin\theta_i$. 代入上式，得

$$S=R\sum_{i=1}^{n}(d_i\sin\theta_i)$$

故 $\sum\limits_{i=1}^{n}(d_i\sin\theta_i)=\dfrac{S}{R}$(定值).

定理 3 凸多边形内(或边上)任意一点到各边距离之和为定值的充要条件是每条边的单位外法向量之和等于零. ①

所谓某一边的单位外法向量是指此法向量的方向指向多边形的外部.

证明 设多边形的顶点分别为 $A_1,A_2,\cdots,A_k$，$\boldsymbol{n}_i$ 分别为边 $A_iA_{i+1}(i=1,2,\cdots,k,A_{k+1}=A_1)$ 的单位外法向量，多边形内(或边上)任一点为 O，则由向量性质知，它到边 A_iA_i+1 的距离为$\overrightarrow{OA_i}\cdot\boldsymbol{n}_i$，设 M,N 为多边形内(或边上)任两点，因 M,N 到各边距离之和相等，故有

$$\sum_{i=1}^{k}\overrightarrow{MA_i}\cdot\boldsymbol{n}_i=\sum_{i=1}^{k}\overrightarrow{NA_i}\cdot\boldsymbol{n}_i\Leftrightarrow\sum_{i=1}^{k}\overrightarrow{MA_i}\cdot\boldsymbol{n}_i-\sum_{i=1}^{k}NA_i\cdot\boldsymbol{n}_i=0\Leftrightarrow$$

$$\sum_{i=1}^{k}\overrightarrow{MN}\cdot\boldsymbol{n}_i=0,\overrightarrow{MN}\cdot(\sum_{i=1}^{k}\boldsymbol{n}_i)=0(\text{因 }M,N\text{ 为任意两点})\Leftrightarrow\sum_{i=1}^{k}\boldsymbol{n}_i=\boldsymbol{0}$$

特别地，对凸四边形，有下述结论成立.

推论 1 凸四边形内(或边上)的任一点到各边距离之和为定值的充要条件是四边形为平行四边形.

证明 设凸四边形 $A_1A_2A_3A_4$ 的四边对应外法向量分别为 $\boldsymbol{n}_i(i=1,2,3,4)$.

---

① 罗建中. 维维安尼定理的推广[J]. 中学教研(数学)，2006(1)：43.

因凸四边形内(或边上)的任一点到各边距离之和为定值,则 4 个单位法向量之和为零,且它们构成一首尾相接的菱形(图 2.367),故由法向量定义知,四边形为平行四边形.

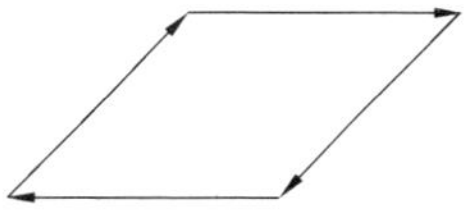

图 2.367

对空间凸多面体,仍有与定理 3 类似的结论成立.

推论 2　空间凸多面体内(或面上)任意一点到各面距离之和为定值的充要条件是单位外每个面的外法向量之和为零.

证明与定理 3 类似,此处略.

定理 4　等边凸多边形内任一点到各边的距离之和为定值.

定理 5　若一个凸多面体各面面积相等,则此凸多面体内任一点到各面的距离之和为定值.

证明同维维安尼定理的推广定理 2,3.

值得注意的是,如果把定理 4 中的边数限制为 3,定理 5 中的面数限制为 4,则它们都存在逆定理,即有

定理 6　若三角形内任一点到各边距离之和为定值,则该三角形为正三角形.

为了证明定理 6,首先我们有

引理 1　若 $\triangle ABC$ 的边 BC 上任一点到 AB,AC 两边距离之和为定值,则 $\triangle ABC$ 是以 BC 为底边的等腰三角形.

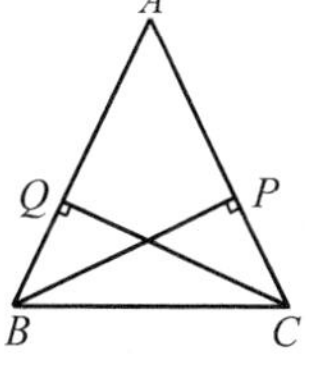

图 2.368

事实上,如图 2.368.考虑在边 BC 上取两端点,由于点 B 到边 AB 距离为零,点 C 到边 AC 的距离为零,所以作 $BP\perp AC$ 于 P,$CQ\perp AB$ 于 Q,则 $BP=CQ$(定值),因而

$$\mathrm{Rt}\triangle BCP\cong \mathrm{Rt}\triangle BCQ$$

$$\angle PCB=\angle QBC$$

即

$$\angle ACB=\angle ABC$$

故 $AB=AC$,且 BC 为底边.

引理 2　若三角形边上任意点到三边距离之和为定值,则此三角形为正三角形.

事实上,今取边 BC 上的任意点,则此点到 AB,AC 的距离之和为定值,由引理 1,有 $AB=AC$,同理有 $AB=BC$,故 $\triangle ABC$ 为正三角形.

引理 3　若三角形内任一点到各边距离之和为定值,则它的边上任意一点到三边的距离之和为同一定值.

事实上,如图 2.369,$\triangle ABC$ 内任一点 P 到三边的距离分别为 PD,PE,PF,且设 $PD+PE+PF=a$(定值),Q 在边 BC 上 Q 到 AB,AC 的距离分别为

QF'，QE'，则当 $P\to Q$ 时，由距离的连续性（这要用到度量空间中的有关结论），有

$$PD\to 0,PE\to QE',PF\to PF'$$

$$PD+PE+PF\to QE'+QF'$$

由 $PD+PE+PF=a$，有

$$QE'+QF'=a$$

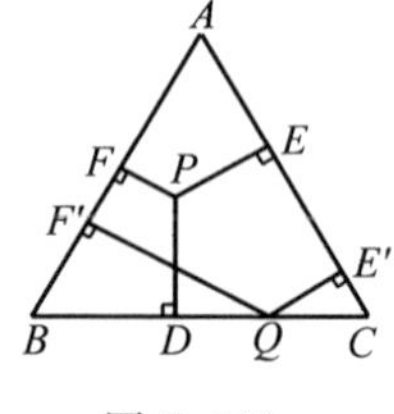

图 2.369

由引理 2，引理 3 即可得定理 6.

定理 7 若四面体内任一点到各面的距离之和为定值，则它的各面面积均相等.

为了证明定理 7，类似地，我们有

引理 4 若四面体底面上任一点到各侧面距离之和为定值，则各侧面面积相等.

事实上，如图 2.370，四面体 $A-BCD$ 的底面 BCD 上任一点到各侧面距离之和为定值，特别地，有 B,C,D 三点分别到它们所对的面的距离相等，设为 h，由

$$V=\frac{1}{3}S_{\triangle ABC}\cdot h=\frac{1}{3}S_{\triangle ACD}\cdot h$$

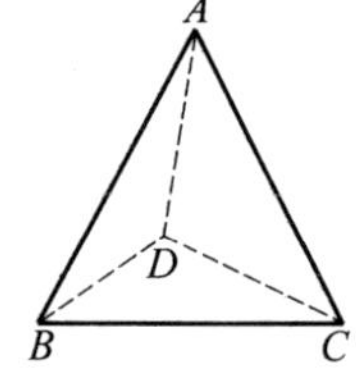

图 2.370

得 $$S_{\triangle ABC}=S_{\triangle ACD}$$

同理 $$S_{\triangle ABC}=S_{\triangle ABD}$$

故 $$S_{\triangle ABC}=S_{\triangle ACD}=S_{\triangle ABD}$$

引理 5 若四面体表面上任一点到各面距离之和为定值，则该四面体各面面积相等.

同样，由距离的连续性还有

引理 6 四面体内任一点到各面距离之和为定值，则其表面上任一点到各面距离之和为同一定值.

由引理 5、引理 6 即得定理 7.

❖拿破仑定理

拿破仑定理 以三角形各边为边分别向外侧作等边三角形，则它们的中心构成一个等边三角形.①

① 汪江松，黄家礼. 几何明珠[M]. 武汉：中国地质大学出版社，1988：162-167.

拿破仑(Napoleon,1769—1821)是法国历史上著名的皇帝,杰出的政治家和军事家.他很重视数学,曾说:“一个国家只有数学蓬勃发展,才能表现它的国力强大.”在数学各领域中,拿破仑更偏爱几何学,在他的戎马生涯中,精湛的几何知识帮了他很大的忙,他在成为法国的统治者之前,常和大数学家拉格朗日(Lagrange,1736—1813)和拉普拉斯(Laplace,1749—1827)进行讨论,拉普拉斯后来成为拿破仑的首席军事工程师.在拿破仑执政期间,法国曾云集了一大批世界第一流的数学家.但是,拿破仑对几何学是否精通到能够独立发现并证明这个定理却是一个疑问,关于拿破仑对几何学的贡献多是些轶事性的传说.正如加拿大几何学家考克塞特指出,这一定理“已归在拿破仑的名下,虽然他是否具备足够的几何学知识作出这项贡献,如同他是否有足够的英语知识写出著名的回文(即倒念顺念一样)

ABIE WAS I ERE I SAW EIBA

一样是值得怀疑的.”

但是人们已习惯于把它称为拿破仑定理,特别地把所得到的正三角形称为拿破仑三角形.

证法1 如图2.371,将$\triangle ABB'$绕点A沿顺时针方向旋转$60°$,则B'与C重合,B与C'重合,故

$$BB'=C'C$$

同理可得 $$AA'=BB'$$

则 $$AA'=BB'=CC'$$

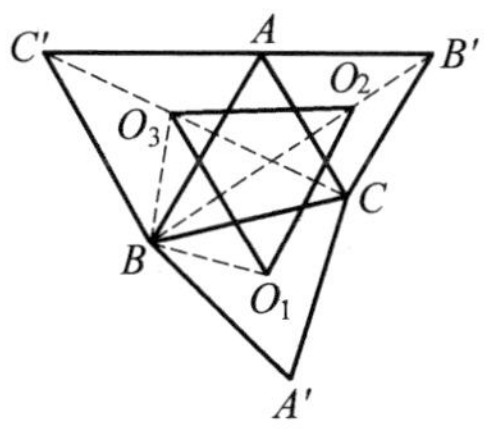

设$\triangle ABC$三边分别为a,b,c,则

$$O_3B=\frac{\sqrt{3}}{3}c,BO_1=\frac{\sqrt{3}}{3}a$$

从而 $$\frac{BO_3}{BO_1}=\frac{c}{a}=\frac{BC'}{BC}$$

又$\angle O_3BO_1=\angle C'BC$,则

$$\triangle O_3BO_1\backsim\triangle C'BC$$

故 $$\frac{O_3O_1}{C'C}=\frac{\sqrt{3}}{3}$$

同理 $$\frac{O_1O_2}{AA'}=\frac{O_2O_3}{BB'}=\frac{\sqrt{3}}{3}$$

则 $$O_1O_2=O_2O_3=O_3O_1$$

故$\triangle O_1O_2O_3$为等边三角形.

图2.371

证法2 如图2.372,设正$\triangle ABC'$和$\triangle AB'C$的外接圆交于A,P两点,联结PB,PC,PA.因

$$\angle APB + \angle C' = \angle APC + \angle B' = 180^\circ$$

而
$$\angle B' = \angle C' = 60^\circ$$

则
$$\angle APB = \angle APC = 120^\circ$$

从而 $\angle BPC = 120^\circ$，故点 P 在正 $\triangle A'BC$ 的外接圆上.

因此有

$$O_3O_1 \perp PB, O_3O_2 \perp PA$$

则

$$\angle O_3 = 180^\circ - \angle APB = 60^\circ$$

同理可证
$$\angle O_1 = \angle O_2 = 60^\circ$$

故 $\triangle O_1O_2O_3$ 为正三角形.

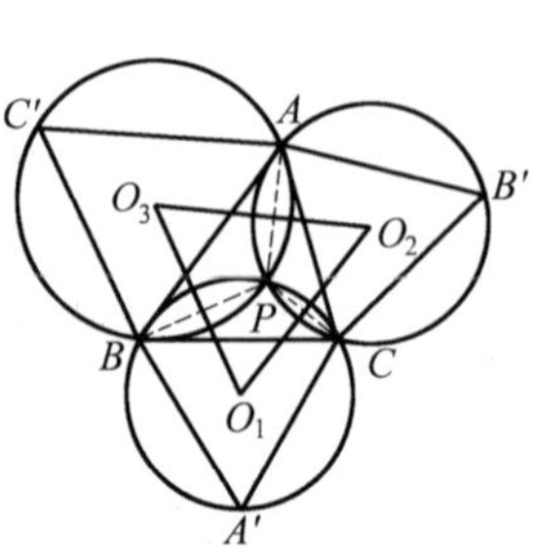

图 2.372

由证法 2，我们可得下面一个重要推论.

以三角形每边为边向外作正三角形，则这三个正三角形的外接圆共点.

这点通常被称为原三角形的费马点.

❖拿破仑定理的推广

定理 1 以三角形各边为底向外作顶角等于 120° 的等腰三角形，则三顶点构成等边三角形.

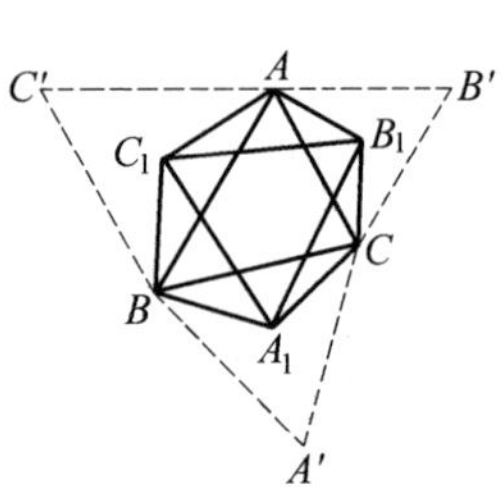

图 2.373

如图 2.373，若我们将图形补充“完整”，三顶点变为三正三角形的中心，问题已不证自明.

其次我们将“向外侧作正三角形”改为向内侧作正三角形，又有

定理 2 以三角形各边为边向内侧作等边三角形，则它们的中心构成等边三角形.

证明 参见图 2.372，在 $\triangle BO_1O_3$ 中，有

$$O_1O_3^2 = \frac{1}{3}c^2 + \frac{1}{3}a^2 - \frac{2}{3}ac\cos(B + 60^\circ) \quad ①$$

如图 2.374，$\triangle ABC'$，$\triangle BCA'$，$\triangle CAB'$ 分别为以 $\triangle ABC$ 各边为边向内侧作的正三角形，N_1, N_2, N_3 分别为其中心，在 $\triangle BN_1N_3$ 中，因为 N_1, N_3 与 O_1, O_3 分别关于 BC, AB 对称，所以有

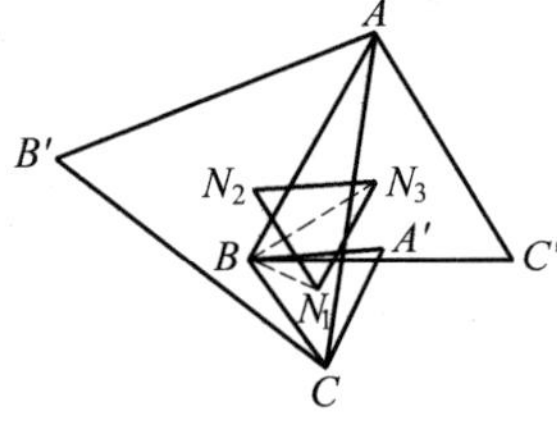

图 2.374

$$N_1N_3^2 = \frac{1}{3}c^2 + \frac{1}{3}a^2 - \frac{2}{3}ac\cos(B - 60^\circ) \quad ②$$

① − ② 得

$$O_1O_3^2-N_1N_3^2=\frac{2}{\sqrt{3}}ac\sin B=\frac{4}{\sqrt{3}}S_{\triangle ABC}$$

同理可得

$$O_2O_3^2-N_2N_3^2=O_1O_2^2-N_1N_2^2=\frac{4}{\sqrt{3}}S_{\triangle ABC}$$

因 $O_1O_2=O_2O_3=O_3O_1$，则

$$N_1N_2=N_2N_3=N_3N_1$$

即 $\triangle N_1N_2N_3$ 为正三角形.

为区别于前者，我们不妨把这个三角形称为内拿破仑三角形.

由上面的证明，我们有等式 $\frac{\sqrt{3}}{4}O_1O_3^2-\frac{\sqrt{3}}{4}N_1N_3^2=S_{\triangle ABC}$，即有

定理 3 任意三角形的外拿破仑三角形与内拿破仑三角形的面积之差等于原三角形的面积，并且外、内拿破仑三角形有同一中心.

特别指出，上述结论当 A,B,C 共线时仍成立.

定理 4 如图 2.375，C 为线段 AB 上任一点，$\triangle ACE$，$\triangle BCF$，$\triangle ABD$ 是正三角形，O_1,O_2,O_3 分别是它们的中心，则 $\triangle O_1O_2O_3$ 是正三角形.

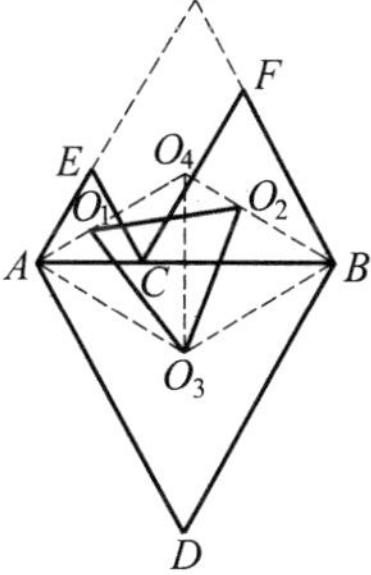

图 2.375

证明 延长 AE,BF 交于 D'，联结 AO_3,BO_3,AO_1，BO_2，延长 AO_1,BO_2 交于 O_4，则 O_4 是正 $\triangle ABD'$ 的中心，由对称性知，四边形 AO_3BO_4 是菱形.

联结 O_3O_4，由题意知，$\angle O_4AO_3=60°$，故 $\triangle AO_3O_4$，$\triangle BO_3O_4$，均是正三角形.

设 $AC=a,BC=b$，则

$$AO_1=\frac{\sqrt{3}}{3}a,BO_2=\frac{\sqrt{3}}{3}b,BO_4=\frac{\sqrt{3}}{3}(a+b)$$

故

$$O_2O_4=\frac{\sqrt{3}}{3}a=AO_1$$

以 O_3 为中心，将 $\triangle O_3AO_1$ 旋转 $60°$，则与 $\triangle O_3O_4O_2$ 重合. 因而 $O_3O_1=O_3O_2$ 且 $\angle O_1O_3O_2=60°$，故 $\triangle O_1O_2O_3$ 是正三角形.

定理 5 以任意 $\triangle ABC$ 的各边为边向外侧作与其相似的 $\triangle A'CB$，$\triangle CB'A$，$\triangle BAC'$，则它们的外心构成的三角形与这三个三角形相似.

证明 如图 2.376，记 $\angle B'=\alpha,\angle C'=\beta,\angle A'=\gamma$. 设圆 O_3 与圆 O_2 交于 P，则

$$\angle APB=180°-\beta$$
$$\angle APC=180°-\alpha$$

则 $\angle BPC = 360° - (360° - (\alpha + \beta)) = 180° - \gamma$

故点 P 在圆 O_1 上,从而有

$$O_1O_3 \perp PB, O_2O_1 \perp PC$$

$$\angle O_1 = 180° - \angle BPC = \angle A' = \gamma$$

同理可得

$$\angle O_2 = \angle B' = \alpha, \angle O_3 = \angle C' = \beta$$

故 $\triangle O_1O_2O_3$ 与三个相似三角形相似. 证毕.

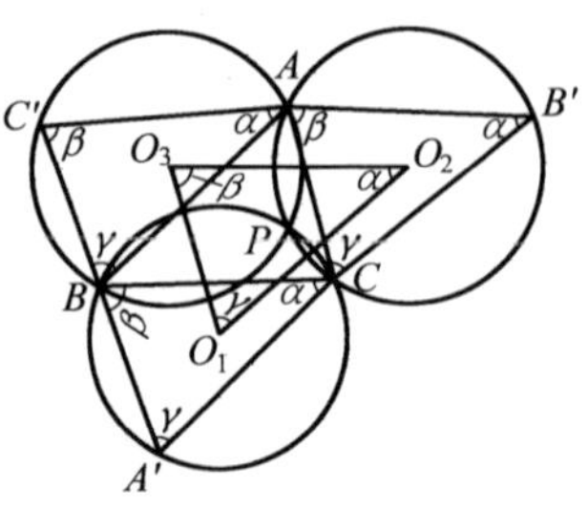

图 2.376

相应于定理 2,我们也有

定理 6 以任意 $\triangle ABC$ 各边为边向内侧作与其相似的 $\triangle A'CB$,$\triangle CB'A$,$\triangle BAC'$,则它们的外心构成的三角形与这三个三角形相似.

向任意三角形推广,又有

定理 7 在 $\triangle ABC$ 的三边上向外(内)作 $\triangle A'BC$,$\triangle AB'C$,$\triangle ABC'$,使 $\angle A' + \angle B' + \angle C' = 180°$,则这三个三角形的外接圆共点,且它们的外心构成的三角形三角分别等于 $\angle A'$,$\angle B'$,$\angle C'$.

其证明类似于定理 5 而证(略).

❖莫利定理

莫利(Frank Morley,1860—1937)在讨论平面上的"n—— 线"时,给出了几个一般性的定理,其中的一个特例即为著名的定理:

莫利定理 一个三角形的内角的三等分线的、分别靠近三边的三个交点,构成正三角形.

莫利定理的证明很多. 1908 年,德拉哈耶与勒兹所作的证明可能是最早在印刷物上出现的证明. 他们的证明很优雅,要点是计算莫利三角形的边长. ①

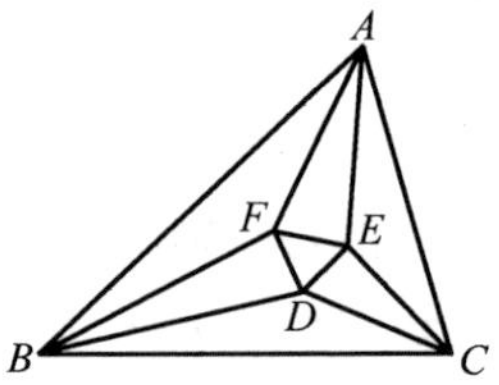

图 2.377

证法 1 如图 2.377,设 $\triangle ABC$ 中,各角的三等分线构成 $\triangle DEF$(莫利三角形),又设 $\triangle ABC$ 的三个内角分别为 3α,3β,3γ,三边边长分别为 a,b,c,外接圆半径为 R,则可证

$$EF = 8R\sin\alpha\sin\beta\sin\gamma \quad ①$$

由于 ① 关于 α,β,γ 对称,同样 DE,FD 也由 ① 表出,所以 $\triangle DEF$ 是正三

① 单墫. 莫莱定理[J]. 中学数学研究,2002(1):33.

角形.

我们分两步来证明 ①.

第一步,在 $\triangle ABF$ 中,由正弦定理,

$$AF=\frac{c\sin\beta}{\sin(\alpha+\beta)}=\frac{2R\sin\beta\sin 3\gamma}{\sin(\frac{\pi}{3}-\gamma)} \tag{②}$$

而由积化和差公式

$$2\sin(\frac{\pi}{3}-\gamma)\sin(\frac{\pi}{3}+\gamma)=\cos 2\gamma-\cos\frac{2\pi}{3}=\cos 2\gamma+\frac{1}{2}$$

$$2\sin\gamma(\cos 2\gamma+\frac{1}{2})=\sin 3\gamma-\sin\gamma+\sin\gamma=\sin 3\gamma$$

所以

$$AF=\frac{2R\sin\beta\sin 3\gamma}{\sin(\frac{\pi}{3}-\gamma)}=\frac{4R\sin\beta\sin\gamma(\cos 2\gamma+\frac{1}{2})}{\sin(\frac{\pi}{3}-\gamma)}=$$

$$8R\sin\beta\sin\gamma\sin(\frac{\pi}{3}+\gamma) \tag{③}$$

同理

$$AE=8R\sin\beta\sin\gamma\sin(\frac{\pi}{3}+\beta) \tag{④}$$

第二步,在 $\triangle AEF$ 中,由余弦定理

$$EF^2=AE^2+AF^2-2\cdot AE\cdot AF\cos\alpha \tag{⑤}$$

因此要证 ① 只需证明

$$\sin^2(\frac{\pi}{3}+\beta)+\sin^2(\frac{\pi}{3}+\gamma)-2\sin(\frac{\pi}{3}+\beta)\sin(\frac{\pi}{3}+\gamma)\cos\alpha=\sin^2\alpha \tag{⑥}$$

由倍角公式及三角恒等变形

$$\begin{aligned}\text{式 ⑥ 左边}=&\cos^2(\frac{\pi}{6}-\beta)+\cos^2(\frac{\pi}{6}-\gamma)-\\&2\cos(\frac{\pi}{6}-\beta)\cos(\frac{\pi}{6}-\gamma)\cos\alpha=\\&\frac{1+\cos(\frac{\pi}{3}-2\beta)}{2}+\frac{1+\cos(\frac{\pi}{3}-2\gamma)}{2}-\\&\cos\alpha(\cos(\beta-\gamma)+\cos\alpha)=\\&1+\frac{1}{2}(\cos(\frac{\pi}{3}-2\beta)+\cos(\frac{\pi}{3}-2\gamma))-\\&\cos^2\alpha-\cos\alpha\cos(\beta-\gamma)=\sin^2\alpha\end{aligned}$$

因此式 ⑥ 成立，从而 ① 成立，$\triangle DEF$ 是等边三角形.

证法 2[①] 设 $\angle A=3\alpha,\angle B=3\beta,\angle C=3\gamma$，则

$$\alpha+\beta+\gamma=60^{\circ}$$

作 $\triangle PB'C'\cong\triangle DBC$. 在 $\angle PB'C'$ 外再作 $\triangle RB'P$ 和 $\triangle QPC'$，使 $\angle RB'P=\beta,\angle B'PR=60^{\circ}+\gamma;\angle PC'Q=\gamma,\angle C'PQ=60^{\circ}+\beta$. 此时显然有

$$\angle B'RP=\angle PQC'=60^{\circ}+\alpha$$

联结 RQ，并在四边形 $B'C'QR$ 外作 $\triangle A'RQ$，使 $\angle A'RQ=60^{\circ}+\beta$，$\angle A'QR=60^{\circ}+\gamma$，从而 $\angle RA'Q=\alpha$，联结 $A'B',A'C'$.

下证 $\triangle PQR$ 是正三角形. 首先

$$\angle RPQ=360^{\circ}-\angle B'PC'-\angle B'PR-\angle C'PQ=$$
$$360^{\circ}-(180^{\circ}-\beta-\gamma)-(60^{\circ}+\gamma)-(60^{\circ}+\beta)=60^{\circ}$$

过 P 作直线 ST 交 $B'R$ 于 S，交 $C'Q$ 于 T，使

$$\angle RPS=\angle QPT=60^{\circ}$$

则
$$\angle B'PS=\gamma,\angle C'PT=\beta$$

从而
$$\triangle SB'P\backsim\triangle TPC'\backsim\triangle PB'C'$$

则
$$SP=\frac{B'P\cdot PC'}{B'C'}=PT$$

即
$$\triangle RPS\cong\triangle QPT$$

故 $RP=PQ$. 于是 $\triangle RPQ$ 是正三角形.

过 Q 作直线 $IJ\parallel RP$，分别交 $C'P$ 于 I，交 $A'R$ 于 J，则可推出

$$\triangle IPQ\cong\triangle JRQ$$

则
$$IQ=JQ$$

且
$$\triangle IC'Q\backsim\triangle JQA'$$

有
$$\frac{A'Q}{QC'}=\frac{A'J}{IQ}=\frac{A'J}{JQ}$$

而 $\angle A'QC'=360^{\circ}-(60^{\circ}+\gamma)-(60^{\circ}+\alpha)-60^{\circ}=180^{\circ}-(\alpha+\gamma)=\angle A'JQ$

故
$$\triangle A'QC'\backsim\triangle A'JQ$$

即
$$\angle C'A'Q=\alpha,\angle A'C'Q=\gamma$$

同理推出
$$\angle B'A'R=\alpha,\angle A'B'R=\beta$$

故
$$\triangle A'B'C'\cong\triangle ABC$$

从而
$$\triangle A'QC'\cong\triangle AEC,\triangle PQC'\cong\triangle DEC$$

故
$$PQ=DE$$

---

① 张映東. 莫莱定理的一个新证[J]. 数学通讯，1997(7):21.

同理 $$PR=DF, RQ=FE$$

从而 $\triangle DEF$ 是正三角形.

证法3①　如图 2.378,设 $\angle A=3\alpha$,$\angle B=3\beta$,$\angle C=3\gamma$,如图 2.379,又构造凹六边形 $A'F'B'D'C'E'$ 且使其各内角为图 2.379 中所示的参数,再延长 $B'D'$ 与 $C'D'$ 交直线 $E'F'$ 于点 E_2,F_1,联结 $B'F_1$,$C'E_2$,则

$$\angle E'F_1C'=\beta, \angle F'E_2B'=\gamma$$

故显然点 B',D',F',F_1 共圆,点 C',D',E',E_2 共圆,则

$$\angle F_1B'E_2=\angle D'F'E'=60^\circ=\angle D'E'F'=\angle F_1C'E_2$$

故点 B',C',E_2,F_1 共圆,即

$$\angle E_2B'C'=\angle E_2F_1C'=\beta$$

$$\angle F_1C'B'=\angle F_1E_2B'=\gamma$$

同理可证 $$\angle F'B'A'=\beta, \angle F'A'B'=\alpha$$

$$\angle E'C'A'=\gamma, \angle E'A'C'=\alpha$$

再对照图 2.378 与图 2.379 便知图 2.378 中的 $\triangle DEF$ 也是正三角形.

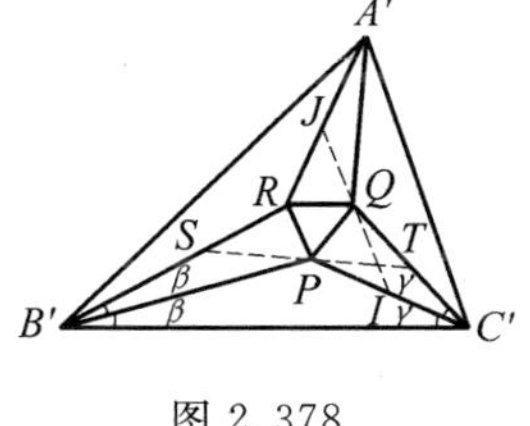

图 2.378

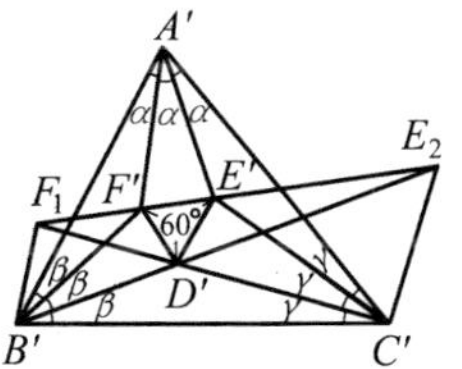

图 2.379

证法4②　采用构造性证法.

如图 2.380,任作一正 $\triangle D'E'F'$(边长为 l),取 A' 使

$$\angle A'E'F'=60^\circ+\gamma, \angle A'F'E'=60^\circ+\beta$$

同理,取 B',C',使

$$\angle B'D'F'=60^\circ+\gamma, \angle B'F'D'=60^\circ+\alpha$$

$$\angle C'D'E'=60^\circ+\beta, \angle C'E'D'=60^\circ+\alpha$$

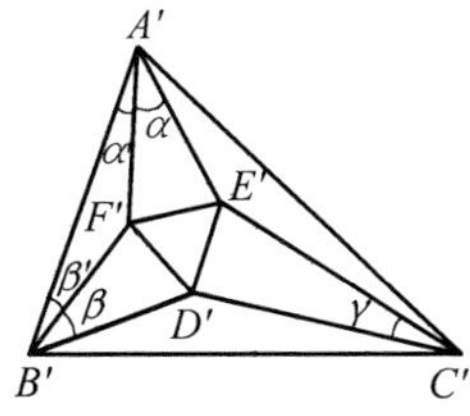

图 2.380

(其中 α,β,γ 分别为 $\triangle ABC$ 各内角的 $\frac{1}{3}$,即 $\alpha=\frac{\angle A}{3}$,$\beta=\frac{\angle B}{3}$,$\gamma=\frac{\angle C}{3}$).联结 $A'B'$,$B'C'$,$C'A'$,则见

$$\angle E'A'F'=\alpha, \angle D'B'F'=\beta, \angle E'C'D'=\gamma$$

① 梁卷明. Morley 定理的更简证明[J]. 中学数学,2000(11):21.

② 满其伦,孔令恩. Morley 三角形中的共点线[J]. 数学通讯,1997(6):33.

又见

$$\angle A'F'B' = 360° - (60° + (60° + \beta) + (60° + \alpha)) = 180° - (\alpha + \beta) \quad ①$$

在 $\triangle A'E'F'$ 和 $\triangle B'D'F'$ 中,由正弦定理有

$$\frac{l}{\sin\alpha} = \frac{A'F'}{\sin(60° + \gamma)}, \frac{l}{\sin\beta} = \frac{B'F'}{\sin(60° + \gamma)}$$

此二式相除,得

$$\frac{A'F'}{B'F'} = \frac{\sin\beta}{\sin\alpha} \quad ②$$

又令 $\angle F'A'B' = \alpha'$,$\angle F'B'A' = \beta'$,则由 ① 可见

$$\alpha + \beta = \alpha' + \beta' \quad ③$$

在 $\triangle A'B'F'$ 中,有

$$\frac{A'F'}{B'F'} = \frac{\sin\beta'}{\sin\alpha'} \quad ④$$

由 ②,④ 得

$$\sin\alpha\sin\beta' = \sin\alpha'\sin\beta \quad ⑤$$

对 ⑤ 两边积化和差,有

$$\cos(\alpha - \beta') - \cos(\alpha + \beta') = \cos(\alpha' - \beta) - \cos(\alpha' + \beta)$$

由于 $\alpha - \beta' = \alpha' - \beta$(由 ③ 知),则知

$$\cos(\alpha + \beta') = \cos(\alpha' + \beta) \quad ⑥$$

注意 $\alpha + \beta' < \alpha + \angle A'F'E' = \alpha + 60° + \beta < 180°$(因 α,β 皆小于 $60°$),同样$\alpha' + \beta < 180°$,故由 ⑥ 知

$$\alpha + \beta' = \alpha' + \beta \quad ⑦$$

由 ③,⑦ 即见 $\alpha = \alpha'\beta = \beta'$ 由此同理而知其他,便见 $\angle A' = 3\alpha$,$\angle B' = 3\beta$,$\angle C' = 3\gamma$. 则见 $\triangle A'B'C' \backsim ABC$,故知 $\triangle D'E'F' \backsim \triangle DEF$,则 $\triangle DEF$ 为正三角形.

❖莫利定理的推广

考虑三角形外角的三等分线,得到与莫利定理类似的一个结论:

定理 1 三角形各外角的三等分线中,靠近每边的两条的交点(共三个)构成正三角形.①

如图 2.381,AF 和 AE,BF 和 BD,CD 和 CE 分别是 $\triangle ABC$ 的外角的靠近

① 纪保存.关于三角形外角三等分线的一个定理[J].数学通报,2000(1):20.

每边的三等分线,则 $\triangle DEF$ 是正三角形.

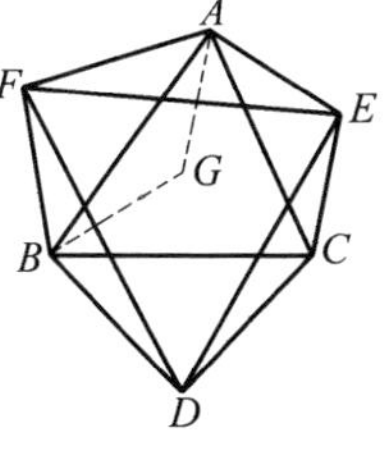

图 2.381

证明 设 $\triangle ABC$ 的 $\angle A=3\alpha,\angle B=3\beta,\angle C=3\gamma$,则

$$\alpha+\beta+\gamma=60^\circ,\angle CAE=\beta+\gamma=60^\circ-\alpha$$

$$\angle DBC=\alpha+\gamma=60^\circ-\beta,\angle ACE=\angle BCD=\alpha+\beta$$

$$\angle DCE=\angle ACE+\angle ACB+\angle BCD=$$

$$\alpha+\beta+3\gamma+\alpha+\beta=120^\circ+\gamma$$

$$\angle BDC=180^\circ-\angle DBC-\angle BCD=$$

$$180^\circ-(\alpha+\gamma)-(\alpha+\beta)=120^\circ-\alpha$$

同理

$$\angle CEA=120^\circ-\beta$$

在 $\triangle ABC$ 内作 $\triangle BGA$,且使 $\angle BAG=\alpha,\angle ABG=\beta$,则

$$\angle BGA=180^\circ-\alpha-\beta=120^\circ+\gamma=\angle DCE \tag{①}$$

在 $\triangle BGA,\triangle ABC,\triangle DBC,\triangle CEA$ 中,由正弦定理,分别可得

$$\frac{BG}{GA}=\frac{\sin\alpha}{\sin\beta},\frac{BC}{CA}=\frac{\sin 3\alpha}{\sin 3\beta},\frac{DC}{BC}=\frac{\sin(60^\circ-\beta)}{\sin(120^\circ-\alpha)},\frac{CE}{CA}=\frac{\sin(60^\circ-\alpha)}{\sin(120^\circ-\beta)}$$

所以

$$\frac{DC}{CE}=\frac{BC}{CA}\cdot\frac{\sin(60^\circ-\beta)\sin(120^\circ-\beta)}{\sin(60^\circ-\alpha)\sin(120^\circ-\alpha)}=$$

$$\frac{\sin 3\alpha\sin(60^\circ-\beta)\sin(120^\circ-\beta)}{\sin 3\beta\sin(60^\circ-\alpha)\sin(120^\circ-\alpha)}=$$

$$\frac{\sin\alpha}{\sin\beta}=\frac{BG}{GA} \tag{②}$$

①,② 表明,$\triangle BGA\backsim\triangle DCE$,故

$$\angle CDE=\angle GBA=\beta$$

同理可得

$$\angle BDF=\gamma$$

所以

$$\angle FDE=\angle BDC-\angle BDF-\angle CDE=$$

$$120^\circ-\alpha-\gamma-\beta=60^\circ$$

同理

$$\angle DEF=\angle EFD=60$$

从而 $\triangle DEF$ 是正三角形.

下面再给出莫利定理的一种在极限情形下的推广:①

定理 2 如图 2.382(a),直线 l_1,l_2,l_3,l_4 构成等距平行线组,直线 AB 分别交 l_1,l_4 于 A,B 两点,现作 $\angle A_1AB$ 与 $\angle B_1BA$ 的三等分线,产生出三个交点 C,D,E,则 $\triangle CDE$ 是等边三角形.

证明 设 $\angle A_1AB=3\alpha,\angle B_1BA=3\beta$,则 $\alpha+\beta=60^\circ$.

① 王钦敏.莫勒定理的推广[J].福建中学数学,1995(6):17.

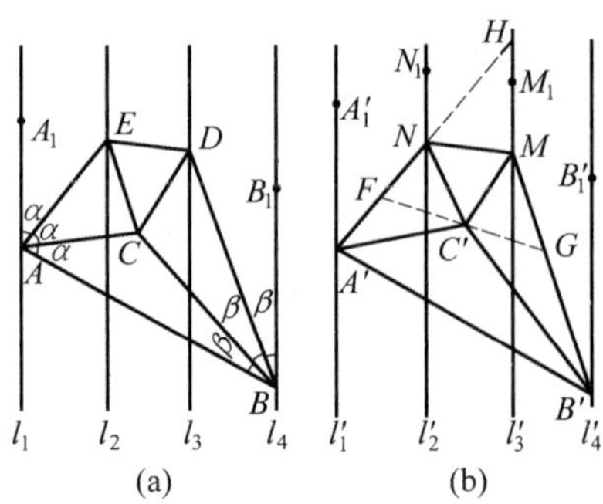

图 2.382

如图 2.382(b),作 $\triangle A'B'C' \cong \triangle ABC$,在 $\triangle A'B'C'$ 外再作 $\triangle A'C'N$ 和 $\triangle B'C'M$,使

$$\angle C'A'N=\alpha, \angle A'C'N=60^\circ+\beta$$

$$\angle C'B'M=\beta, \angle B'C'M=60^\circ+\alpha$$

此时显然有

$$\angle A'NC'=\angle B'MC'=60^\circ$$

联结 NM,并过 N,M 作直线 l'_2,l'_3,使

$$\angle N_1NM=60^\circ+\alpha, \angle M_1MN=60^\circ+\beta$$

从而有 $l'_2 /\!/ l'_3$,再过 A',B' 作直线 l'_1,l'_4 使之都与 l'_2 平行.

过 C' 作直线 FG,分别交 NA',MB' 于 F,G 两点,使得 $\angle A'C'F=\beta$,则 $\angle B'C'G=\alpha$,从而 $\angle NC'F=\angle MC'G=60^\circ$.

由上述作法易知

$$\triangle FA'C' \backsim \triangle C'A'B' \backsim \triangle GC'B'$$

则
$$\frac{FC'}{C'B'}=\frac{A'C'}{A'B'}$$

$$\frac{GC'}{C'B'}=\frac{A'C'}{A'B'}$$

即
$$FC'=GC'$$

故
$$\triangle NFC' \cong \triangle MGC'$$

从而
$$NC'=MC'$$

又
$$\angle MC'N=180^\circ-\angle NC'F-\angle MC'G=60^\circ$$

则 $\triangle MNC'$ 是等边三角形.

延长 $A'N$ 交 l'_3 于 H,因

$$NC'=NM$$

$$\angle A'NC'=\angle HNM=60^\circ$$

$$\angle A'C'N=\angle HMN=60^\circ+\beta$$

则 $$\triangle NA'C' \cong \triangle NHM$$

即 $$A'N = HN$$

故 l'_1, l'_2, l'_3 是等距平行线组.

同理可得 l'_2, l'_3, l'_4 也是等距平行线组. 由

$$\angle A'_1A'N = \angle NHM = \angle NA'C' = \alpha$$

知 $$\angle MB'B'_1 = \beta$$

从而由 $A'B' = AB$ 可推得 $NA' = EA$.

又由 $\angle NA'C' = \angle EAC$, $A'C' = AC$, 则

$$\triangle NA'C' \cong \triangle EAC$$

即 $$EC = NC'$$

同理有 $$CD = C'M$$

因 $$\begin{aligned}\angle ECD &= 360^\circ - (\angle ECA + \angle DCB + \angle ACB) = \\ &360^\circ - (\angle NC'A + \angle MC'B' + 120^\circ) = \\ &360^\circ - (60^\circ + \beta + 60^\circ + \alpha + 120^\circ) = 60^\circ\end{aligned}$$

则 $\triangle CDE$ 是等边三角形.

将上述命题与莫利定理对照, 易知它是莫利定理在一种极限情形的推广.

为了介绍后面的结论, 先看一条引理: ①

引理 对任意 $\triangle ABC$, 如果存在 β, γ, 使 $\angle A + \angle B + \gamma = 180^\circ$, 且 $\frac{AC}{AB} = \frac{\sin \beta}{\sin \gamma}$, 则

$$\angle B = \beta, \angle C = \gamma$$

证明 因 $\angle A + \angle B + \gamma = 180^\circ$, 故可构造 $\triangle A'B'C'$, 使 $\angle A' = \angle A$, $\angle B' = \beta$, $\angle C' = \gamma$, 则在 $\triangle A'B'C'$ 中由正弦定理有

$$\frac{A'C'}{A'B'} = \frac{\sin B'}{\sin C'} = \frac{\sin \beta}{\sin \gamma}$$

又因 $\frac{AC}{AB} = \frac{\sin \beta}{\sin \gamma}$ (已知), 则

$$\frac{AC}{AB} = \frac{A'C'}{A'B'}$$

而 $\angle A = \angle A'$ (作图), 即

$$\triangle ABC \backsim \triangle A'B'C'$$

故 $$\angle B = \angle B' = \beta, \angle C = \angle C' = \gamma$$

① 梁卷明. 三等分角构成的三角形的性质[J]. 中学数学. 1997(7): 32-35.

定理3 如图2.383,外接圆半径为R的$\triangle ABC$每边相邻的每两个优角(大于平角而小于周角的$\angle A,\angle B,\angle C$称为$\triangle ABC$的优角)相邻的三等分线的反向延长线的交点构成正$\triangle D_8E_8F_8$,且边长是:$L_{\triangle D_8E_8F_8}=8R\sin(60^\circ+\frac{A}{3})\sin(60^\circ+\frac{B}{3})\sin(60^\circ+\frac{C}{3})$.

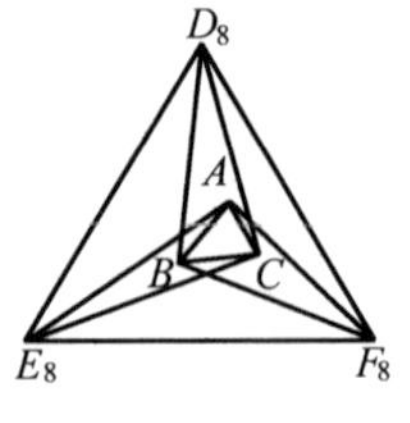

图2.383

证明 如图2.383,设$\angle BAC=3\alpha,\angle ABC=\angle 3\beta,\angle ACB=\angle 3\gamma$,则

$$\alpha+\beta+\gamma=60^\circ$$

又$\angle BCD_8=60^\circ+\gamma,\angle D_8BC=60^\circ+\beta$,故$\angle BD_8C=\alpha$.由正弦定理

$$D_8C=\frac{BC\cdot\sin\angle D_8BC}{\sin\angle BD_8C}=$$

$$8R\sin(60^\circ+\alpha)\sin(60^\circ-\alpha)\sin(60^\circ+\beta)$$

同理得

$$E_8C=8R\sin(60^\circ+\beta)\sin(60^\circ-\beta)\sin(60^\circ+\alpha)$$

故有

$$\frac{D_8C}{E_8C}=\frac{\sin(60^\circ-\alpha)}{\sin(60^\circ-\beta)}$$

而

$$\angle D_8CE_8+(60^\circ-\alpha)+(60^\circ-\beta)=180^\circ$$

由前面引理有

$$\angle CE_8D_8=60^\circ-\alpha,\angle CD_8E_8=60^\circ-\beta$$

又由正弦定理有

$$D_8E_8=\frac{D_8C\sin\angle D_8CE_8}{\sin\angle CE_8D_8}=8R\sin(60^\circ+\alpha)\sin(60^\circ+\beta)\sin(60^\circ+\gamma)$$

此式关于α,β,γ具有对称轮换性,故必有

$$D_8F_8=E_8F_8=8R\sin(60^\circ+\alpha)\sin(60^\circ+\beta)\sin(60^\circ+\gamma)$$

故$\triangle D_8E_8F_8$是正三角形且边长如上所述.

定理4 如图2.384,外接圆半径为R的$\triangle ABC$任意一个优角与另两个劣角(小于平角的$\angle A,\angle B,\angle C$称为$\triangle ABC$的劣角)中,与每边相邻的每两个角相邻的三等分线(或其反向延长线)的交点构成正三角形,且边BC,AC,AB所对的正三角形的边长分别是

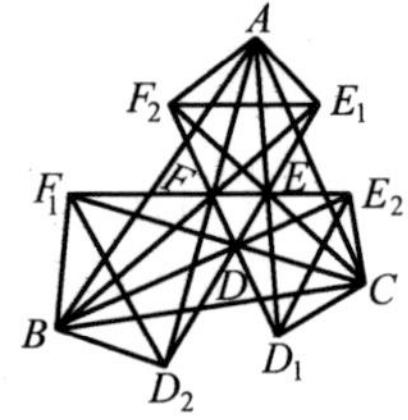

图2.384

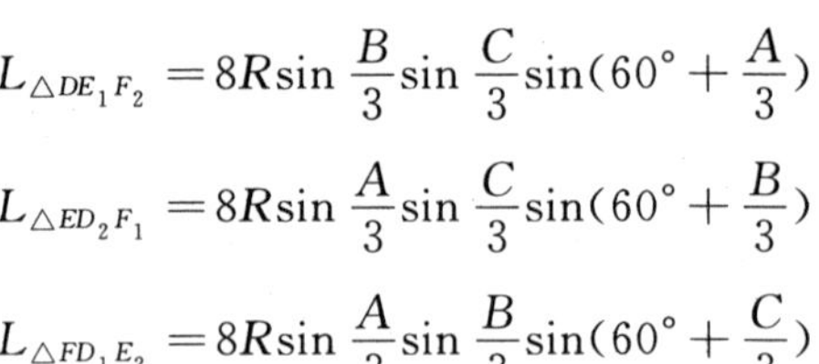

$$L_{\triangle DE_1F_2}=8R\sin\frac{B}{3}\sin\frac{C}{3}\sin(60^\circ+\frac{A}{3})$$

$$L_{\triangle ED_2F_1}=8R\sin\frac{A}{3}\sin\frac{C}{3}\sin(60^\circ+\frac{B}{3})$$

$$L_{\triangle FD_1E_2}=8R\sin\frac{A}{3}\sin\frac{B}{3}\sin(60^\circ+\frac{C}{3})$$

证明 如图 2.384,易知

$$\angle E_2CB=\angle D_1CA=60^\circ+\gamma$$

在 $\triangle AD_1C$ 中由正弦定理易求得

$$AD_1=8R\sin\beta\sin(60^\circ-\beta)\sin(60^\circ+\gamma)$$

同理在 $\triangle AFB$ 中,有

$$AF=8R\sin\beta\sin\gamma\sin(60^\circ+\gamma)$$

则

$$\frac{AD_1}{AF}=\frac{\sin(60^\circ-\beta)}{\sin\gamma}=\frac{\sin(120^\circ+\beta)}{\sin\gamma}$$

而

$$\angle D_1AF+(120^\circ+\beta)+\gamma=\alpha+(120^\circ+\beta)+\gamma=180^\circ$$

由引理有

$$\angle AFD_1=120^\circ+\beta,\angle AD_1F=\gamma$$

又在 $\triangle AFD_1$ 中,有

$$D_1F=\frac{AF\sin\angle D_1AF}{\sin\angle AD_1F}=8R\sin\alpha\sin\beta\sin(60^\circ+\gamma)$$

同理得

$$E_2F=8R\sin\alpha\sin\beta\sin(60^\circ+\gamma)$$

$$\angle BFE_2=120^\circ+\alpha$$

则

$$D_1F=E_2F$$

易知

$$\angle AFB=180^\circ-(\alpha+\beta)$$

而

$$\angle AFB+\angle BFE_2+\angle AFD_1-\angle D_1FE_2=360^\circ$$

则

$$180^\circ-(\alpha+\beta)+(120^\circ+\beta)+(120^\circ+\alpha)-\angle D_1FE_2=360^\circ$$

即

$$\angle D_1FE_2=60^\circ$$

故 $\triangle D_1E_2F$ 是正三角形,且边长如上所述. 同理可证 $\triangle DE_1F_2$,$\triangle ED_2F_1$ 也是正三角形且有相应的边长公式.

类似于上述两定理的证明,亦运用前述引理可证得下述定理($\triangle ABC$ 的外接圆半径均为 R).

定理 5 如图 2.385,与任意 $\triangle ABC$ 任意一边相邻的,两个优角相邻三等分线的反向延长线的交点,及与这边相邻的劣角与外角相邻的三等分线(或其反向延长线)的交点构成正三角形. 且边 BC,AB,AC 所对的正三角形边长分别是

$$L_{\triangle D_8E_5F_4}=8R\sin 60^\circ\sin(60^\circ+\frac{A}{3})\sin(60^\circ-\frac{A}{3})$$

$$L_{\triangle D_5E_4F_8}=8R\sin 60^\circ\sin(60^\circ+\frac{C}{3})\sin(60^\circ-\frac{C}{3})$$

$$L_{\triangle D_4E_8F_5}=8R\sin 60^\circ\sin(60^\circ+\frac{B}{3})\sin(60^\circ-\frac{B}{3})$$

定理6　如图2.386,与任意$\triangle ABC$任意一边相邻的两个外角相邻三等分线的交点,及与这边相邻的劣角与优角相邻三等分线(或其反向延长线)的交点构成正三角形,且点A,B,C所对的正三角形的边长分别是

$$L_{\triangle D_3E_2F_1}=8R\sin 60^\circ\sin\frac{A}{3}\sin(60^\circ-\frac{A}{3})$$

$$L_{\triangle D_1F_2E_3}=8R\sin 60^\circ\sin\frac{B}{3}\sin(60^\circ-\frac{B}{3})$$

$$L_{\triangle D_2E_1F_3}=8R\sin 60^\circ\sin\frac{C}{3}\sin(60^\circ-\frac{C}{3})$$

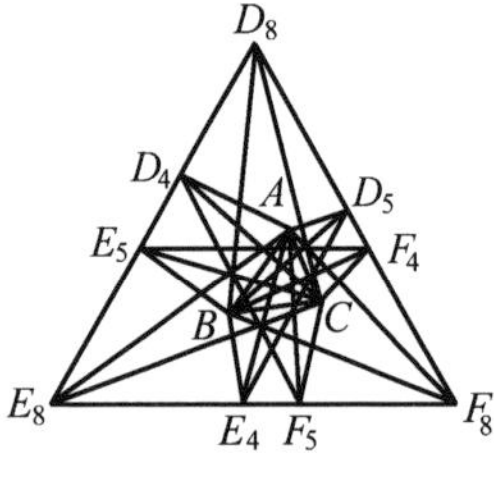

图2.385

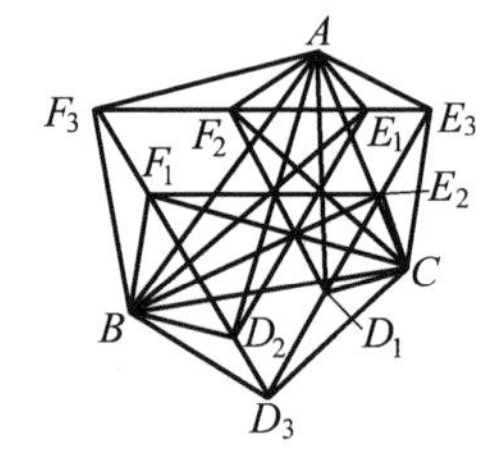

图2.386

定理7　如图2.387,任意$\triangle ABC$没有公共顶点的任意一个劣角,一个优角及其夹边所对的另两个外角中,与每边相邻的每两个角相邻的三等分线(或其反向延长线)的交点构成正三角形,且六个正三角形的边长分别是

$$L_{\triangle D_2E_6F_5}=8R\sin\frac{A}{3}\sin(60^\circ+\frac{B}{3})\sin(60^\circ-\frac{C}{3})$$

$$L_{\triangle D_1F_7E_4}=8R\sin\frac{A}{3}\sin(60^\circ-\frac{B}{3})\sin(60^\circ+\frac{C}{3})$$

$$L_{\triangle D_5E_2F_6}=8R\sin\frac{B}{3}\sin(60^\circ+\frac{C}{3})\sin(60^\circ-\frac{A}{3})$$

$$L_{\triangle D_7E_1F_4}=8R\sin\frac{B}{3}\sin(60^\circ-\frac{C}{3})\sin(60^\circ+\frac{A}{3})$$

$$L_{\triangle D_4E_7F_1}=8R\sin\frac{C}{3}\sin(60^\circ+\frac{B}{3})\sin(60^\circ-\frac{A}{3})$$

$$L_{\triangle D_6F_2E_5}=8R\sin\frac{C}{3}\sin(60^\circ-\frac{B}{3})\sin(60^\circ+\frac{A}{3})$$

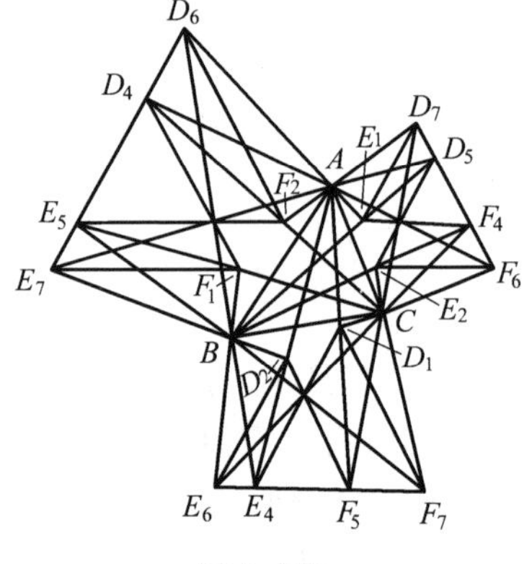

图2.387

定理8　如图2.388,任意$\triangle ABC$任意两个优角及其夹边所对的两个外角中,与每边相邻的每两个角相邻的三等分线(或其反向延长线)的交点构成正三角形,且边BC,AB,AC所对的正三角形的边长分别是

$$L_{\triangle D_8E_7F_6}=8R\sin(60^\circ-\frac{A}{3})\sin(60^\circ+\frac{B}{3})\sin(60^\circ+\frac{C}{3})$$

$$L_{\triangle D_6E_8F_7}=8R\sin(60^\circ-\frac{B}{3})\sin(60^\circ+\frac{C}{3})\sin(60^\circ+\frac{A}{3})$$

$$L_{\triangle D_7E_6F_8}=8R\sin(60^\circ-\frac{C}{3})\sin(60^\circ+\frac{A}{3})\sin(60^\circ+\frac{B}{3})$$

定理9 如图2.389,与任意$\triangle ABC$任意一边相邻的两个劣角的相邻三等分线的交点,及与这边相邻的优角与外角的相邻三等分线的交点构成正三角形,且点A,B,C所对的正三角形的边长分别是

$$L_{\triangle DE_6F_7}=8R\sin 60^\circ\sin\frac{A}{3}\sin(60^\circ+\frac{A}{3})$$

$$L_{\triangle D_7EF_6}=8R\sin 60^\circ\sin\frac{B}{3}\sin(60^\circ+\frac{B}{3})$$

$$L_{\triangle D_6E_7F}=8R\sin 60^\circ\sin\frac{C}{3}\sin(60^\circ+\frac{C}{3})$$

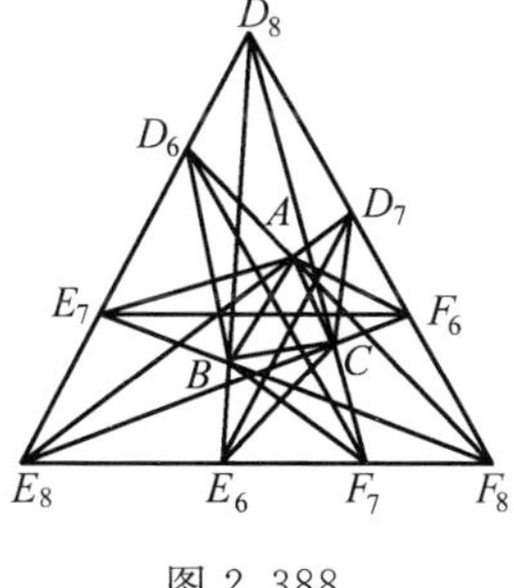

图2.388

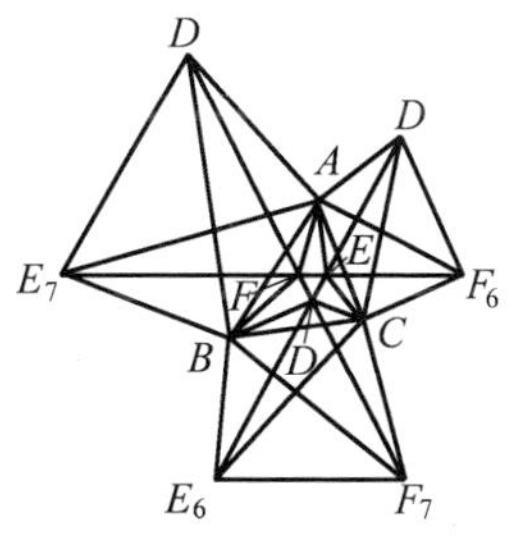

图2.389

❖内莫利三角形性质定理

将任意$\triangle ABC$各内角三等分,每两个角的相邻三等分线相交得$\triangle PQR$称为内莫利三角形.

定理1 若$\triangle ABC$的莫利三角形为$\triangle PQR$,则AP,BQ,CR三线共点,如图2.390所示.

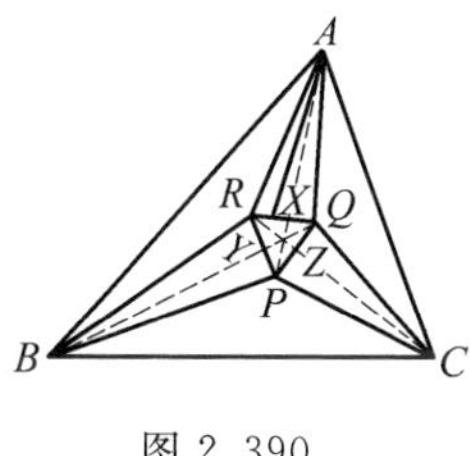

图2.390

证明 在$\triangle ABP$和$\triangle ACP$中运用正弦定理,有

$$\frac{\sin\angle BAP}{\sin\angle CAP}=\frac{BP\sin\frac{2}{3}B}{CP\sin\frac{2}{3}C}=\frac{\sin\frac{C}{3}\sin\frac{2}{3}B}{\sin\frac{B}{3}\sin\frac{2}{3}C}=\frac{\cos\frac{B}{3}}{\cos\frac{C}{3}}$$

同理可得

$$\frac{\sin\angle CBQ}{\sin\angle ABQ}=\frac{\cos\frac{C}{3}}{\cos\frac{A}{3}},\frac{\sin\angle ACR}{\sin\angle BCR}=\frac{\cos\frac{A}{3}}{\cos\frac{B}{3}}$$

则
$$\frac{\sin\angle BAP}{\sin\angle CAP}\cdot\frac{\sin\angle CBQ}{\sin\angle ABQ}\cdot\frac{\sin\angle ACR}{\sin\angle BCR}=1$$

由塞瓦定理的逆定理的角元形式,知 AD,BQ,CR 三线共点.

注 由角平分线定理有 $\frac{QX}{XR}=\frac{AQ}{AR}$ 等三式,又由正弦定理有 $\frac{BR}{AR}=\frac{\sin\frac{A}{3}}{\sin\frac{B}{3}}$ 等三式,有 $\frac{QX}{XR}\cdot\frac{BY}{YP}\cdot\frac{PZ}{ZQ}=1$ 亦可证.

且定理1中的交点称为第一莫利点.

定理2 若 $\triangle ABC$ 的内莫利三角形为 $\triangle PQR$,延长 BR,CQ 交于点 P_1,延长 CP,AR 交于点 Q_1,延长 AQ,BP 交于点 R_1,则 AP_1,BQ_1,CR_1 交于一点(此点称为第二莫利点).①

(证略:可类似于定理1而证)

定理3 若 $\triangle ABC$ 的内莫利三角形为 $\triangle PQR$,$\triangle P_1Q_1R_1$ 同定理2条件,则 PP_1,QQ_1,RR_1 交于一点(此点称为莫利中心).

证明 如图2.391,并借看莫利定理证法4图,知

$$\angle AQR=60^\circ+\gamma,\angle ARQ=60^\circ+\beta$$

又
$$\angle AQP_1=\alpha+\gamma,\angle ARP_1=\alpha+\beta$$

则见
$$\angle P_1RQ=\angle P_1QR=60^\circ-\alpha$$

从而知 PP_1 垂直平分 QR.

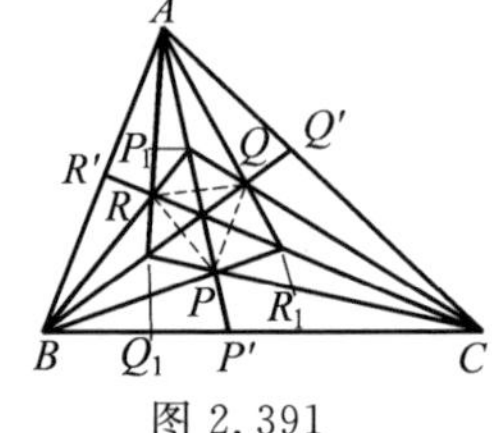

图2.391

同理 QQ_1 垂直平分 PR,RR_1 垂直平分 PQ.

故 PP_1,QQ_1,RR_1 交于正 $\triangle PQR$ 的中心.

定理4 $\triangle PQR$ 为 $\triangle ABC$ 的内莫利三角形,$AX\perp RQ,BY\perp RP,CZ\perp PQ$,$X,Y,Z$ 分别为垂足,则 PX,QY,RZ 交于一点.②

证明 如图2.392,在 $\triangle BPC$ 中,由正弦定理有

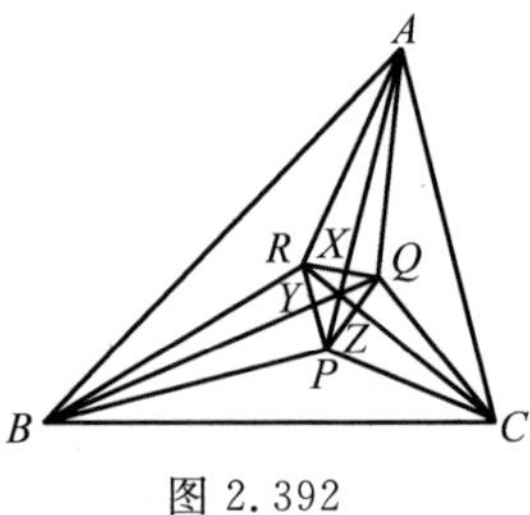

图2.392

① 满其伦,孔令恩.Morley三角形中的共点线[J].数学通讯,1997(6):33.

② 顾锡明,邹黎明.莫雷三角形的两重研究[J].数学教学研究,1998(1):42-43.

$$\frac{BP}{\sin\frac{C}{3}}=\frac{BC}{\sin\angle BPC}=\frac{2R\sin A}{\sin(\frac{\pi}{3}-\frac{A}{3})}$$

而
$$\sin A=4\sin\frac{A}{3}\sin(\frac{\pi}{3}+\frac{A}{3})\sin(\frac{\pi}{3}-\frac{A}{3})$$

所以
$$BP=8R\sin\frac{A}{3}\sin(\frac{\pi}{3}+\frac{A}{3})\sin\frac{C}{3}$$

同理
$$BR=8R\sin\frac{C}{3}\sin(\frac{\pi}{3}+\frac{C}{3})\sin\frac{A}{3}$$

$$PR=8R\sin\frac{A}{3}\sin\frac{B}{3}\sin\frac{C}{3}$$

设 $\angle BRP=\theta$,则

$$\cos\theta=\frac{\sin^2\frac{B}{3}+\sin^2(\frac{\pi}{3}+\frac{C}{3})-\sin^2(\frac{A}{3}+\frac{\pi}{3})}{2\sin\frac{B}{3}\sin(\frac{\pi}{3}+\frac{C}{3})}=\cos(\frac{\pi}{3}+\frac{A}{3})$$

从而
$$\theta=\frac{\pi}{3}+\frac{A}{3}$$

同理
$$\angle PQC=\frac{\pi}{3}+\frac{A}{3}$$

$$\angle BPR=\angle AQR=\frac{\pi}{3}+\frac{C}{3}$$

$$\angle ARQ=\angle QPC=\frac{\pi}{3}+\frac{B}{3}$$

若 $\triangle ABC$ 为锐角三角形(钝角、直角类似可证),则

$$\frac{PY}{YR}=\frac{BP}{BR}\cdot\frac{\cos(\frac{\pi}{3}+\frac{C}{3})}{\cos(\frac{\pi}{3}+\frac{A}{3})}=\frac{\sin(\frac{\pi}{3}+\frac{A}{3})\cos(\frac{\pi}{3}+\frac{C}{3})}{\sin(\frac{\pi}{3}+\frac{C}{3})\cos(\frac{\pi}{3}+\frac{A}{3})}$$

$$\frac{RX}{XQ}=\frac{\sin(\frac{\pi}{3}+\frac{C}{3})\cos(\frac{\pi}{3}+\frac{B}{3})}{\sin(\frac{\pi}{3}+\frac{B}{3})\cos(\frac{\pi}{3}+\frac{C}{3})}$$

$$\frac{QZ}{ZP}=\frac{\cos(\frac{\pi}{3}+\frac{A}{3})\sin(\frac{\pi}{3}+\frac{B}{3})}{\sin(\frac{\pi}{3}+\frac{A}{3})\cos(\frac{\pi}{3}+\frac{B}{3})}$$

从而
$$\frac{PY}{YR}\cdot\frac{RX}{XQ}\cdot\frac{QZ}{ZP}=1$$

故 PX,QY,RZ 三线共点.

定理 5 $\triangle PQR$ 为 $\triangle ABC$ 的内莫利三角形，AX，BY，CZ 分别是 $\triangle ARQ$，$\triangle BRP$，$\triangle CPQ$ 的周界中线，则 PX，QY，RZ 三线共点.

证明 $PY=\dfrac{1}{2}(-BP+PR+BR)=$

$$4R\sin\frac{A}{3}\sin\frac{C}{3}\left(-\sin\left(\frac{\pi}{3}+\frac{A}{3}\right)+\sin\frac{B}{3}+\sin\left(\frac{\pi}{3}+\frac{C}{3}\right)\right)-$$

$$\sin\left(\frac{\pi}{3}+\frac{A}{3}\right)+\sin\frac{B}{3}+\sin\left(\frac{\pi}{3}+\frac{C}{3}\right)=$$

$$2\cos\left(\frac{\pi}{3}+\frac{A+C}{6}\right)\sin\frac{C-A}{6}+\sin\frac{B}{3}=$$

$$2\sin\frac{B}{6}\sin\frac{C-A}{6}+2\sin\frac{B}{6}\cos\frac{B}{6}=$$

$$2\sin\frac{B}{6}\left(\sin\frac{C-A}{6}+\sin\left(\frac{\pi}{2}-\frac{B}{6}\right)\right)=$$

$$4\sin\frac{B}{6}\sin\left(\frac{\pi}{4}+\frac{C-A-B}{12}\right)\cos\left(\frac{\pi}{4}+\frac{-B-C+A}{12}\right)$$

令 $\dfrac{\pi}{4}+\dfrac{-B-C+A}{12}=\alpha$，$\dfrac{\pi}{4}+\dfrac{-A+B-C}{12}=\beta$，$\dfrac{\pi}{4}+\dfrac{-A-B+C}{12}=\gamma$，则

$$\frac{PY}{YR}=\frac{\sin\alpha\cos\gamma}{\sin\gamma\cos\alpha},\frac{RX}{XQ}=\frac{\cos\beta\sin\gamma}{\cos\gamma\sin\beta},\frac{QZ}{ZP}=\frac{\sin\beta\cos\alpha}{\sin\alpha\cos\beta}$$

从而

$$\frac{PY}{YR}\cdot\frac{RX}{XQ}\cdot\frac{QZ}{ZP}=1$$

故 PX，QY，RZ 三线共点.

❖外莫利三角形性质定理

将任意三角形的外角三等分，以分别接近于三条边的外角的三等分线的交点为顶点的三角形称为外莫利三角形.

定理 1 设 $\triangle PQR$ 为 $\triangle ABC$ 的外莫利三角形，则 AP，BQ，CR 三线共点(图 2.393).

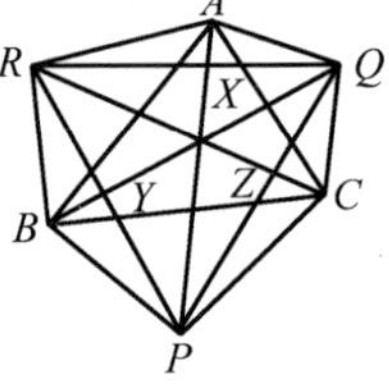

图 2.393

证明 分别在 $\triangle ABP$，$\triangle ACP$ 中，用正弦定理得

$$\sin\angle BAP=\frac{BP\sin\left(\frac{\pi}{3}+\frac{2}{3}B\right)}{AP}$$

$$\sin\angle CAP=\frac{CP\sin\left(\frac{\pi}{3}+\frac{2}{3}C\right)}{AP}$$

则
$$\frac{\sin\angle BAP}{\sin\angle CAP}=\frac{BP\sin(\frac{\pi}{3}+\frac{2}{3}B)}{CP\sin(\frac{\pi}{3}+\frac{2}{3}C)} \quad ①$$

再在 $\triangle BCP$ 中,由正弦定理知

$$BP=8R\sin\frac{A}{3}\sin(\frac{\pi}{3}-\frac{A}{3})\sin(\frac{\pi}{3}-\frac{C}{3}) \quad ②$$

$$CP=8R\sin\frac{A}{3}\sin(\frac{\pi}{3}-\frac{A}{3})\sin(\frac{\pi}{3}-\frac{B}{3}) \quad ③$$

由 ①,②,③ 得

$$\frac{\sin\angle BAP}{\sin\angle CAP}=\frac{\sin(\frac{\pi}{3}+\frac{2}{3}B)\sin(\frac{\pi}{3}-\frac{C}{3})}{\sin(\frac{\pi}{3}+\frac{2}{3}C)\sin(\frac{\pi}{3}-\frac{B}{3})}$$

同理可得

$$\frac{\sin\angle CBQ}{\sin\angle ABQ}=\frac{\sin(\frac{\pi}{3}+\frac{2}{3}C)\sin(\frac{\pi}{3}-\frac{A}{3})}{\sin(\frac{\pi}{3}+\frac{2}{3}A)\sin(\frac{\pi}{3}-\frac{C}{3})}$$

$$\frac{\sin\angle ACR}{\sin\angle BCR}=\frac{\sin(\frac{\pi}{3}+\frac{2}{3}A)\sin(\frac{\pi}{3}-\frac{B}{3})}{\sin(\frac{\pi}{3}+\frac{2}{3}B)\sin(\frac{\pi}{3}-\frac{A}{3})}$$

所以
$$\frac{\sin\angle BAD}{\sin\angle CAD}\cdot\frac{\sin\angle CBE}{\sin\angle ABE}\cdot\frac{\sin\angle ACF}{\sin\angle BCF}=1$$

再由塞瓦定理的逆定理的角元形式知,AP,BQ,CR 三线共点.

定理 2 将 $\triangle ABC$ 的各外角三等分,每两个外角的相邻三等分线相交得 $\triangle PQR$,$\angle A$,$\angle B$,$\angle C$ 的平分线分别与 QR,RP,PQ 交于点 X,Y,Z,则 PX,QY,RZ 三线共点.

证明 类似于定理 1 中的证明,有

$$AQ=8R\sin\frac{B}{3}\sin(\frac{\pi}{3}-\frac{C}{3})\sin(\frac{\pi}{3}-\frac{B}{3})$$

$$AR=8R\sin\frac{C}{3}\sin(\frac{\pi}{3}-\frac{C}{3})\sin(\frac{\pi}{3}-\frac{B}{3})$$

$$QR=8R\sin(\frac{\pi}{3}-\frac{A}{3})\sin(\frac{\pi}{3}-\frac{B}{3})\sin(\frac{\pi}{3}-\frac{C}{3})$$

在 $\triangle AQR$ 中,由正弦定理有

$$\frac{AQ}{\sin\angle ARQ}=\frac{AR}{\sin\angle AQR}=\frac{QR}{\sin(\frac{\pi}{3}-\frac{A}{3})}$$

易得
$$\sin\angle ARQ=\sin\frac{B}{3},\sin\angle AQR=\sin\frac{C}{3}$$

从而有
$$\frac{AQ}{AR}=\frac{\sin\frac{B}{3}}{\sin\frac{C}{3}}$$

同理
$$\frac{BR}{BP}=\frac{\sin\frac{C}{3}}{\sin\frac{A}{3}},\frac{CP}{CQ}=\frac{\sin\frac{A}{3}}{\sin\frac{B}{3}}$$

因 AX 平分 $\angle ABC$,又 $\angle RAB=\angle QAC$,则 AX 平分 $\angle EAR$,故由角平分线定理知
$$\frac{QX}{XR}=\frac{AQ}{AR}$$

同理
$$\frac{RY}{YP}=\frac{BR}{BP},\frac{PZ}{ZQ}=\frac{CP}{CQ}$$

故
$$\frac{QX}{XR}\cdot\frac{RY}{YP}\cdot\frac{PZ}{ZQ}=\frac{AQ}{AR}\cdot\frac{BR}{BP}\cdot\frac{CP}{CQ}=\frac{\sin\frac{B}{3}}{\sin\frac{C}{3}}\cdot\frac{\sin\frac{C}{3}}{\sin\frac{A}{3}}\cdot\frac{\sin\frac{A}{3}}{\sin\frac{B}{3}}=1$$

因此据塞瓦定理逆定理得:DX,EY,FZ 三线共点.

定理3 如图 2.394,设 $\triangle PQR$ 为 $\triangle ABC$ 的外莫利三角形,$AD\perp QR$ 于点 D,$BE\perp RP$ 于点 E,$CF\perp PQ$ 于点 F,则 PD,QE,RF 相交于一点.

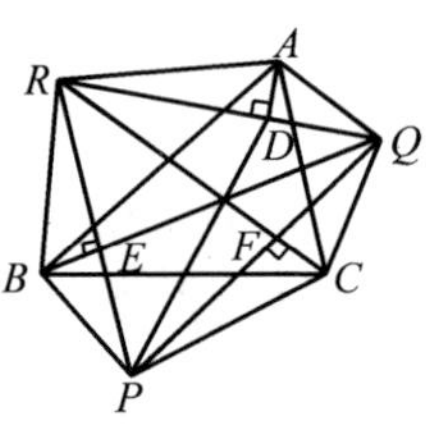

图 2.394

证明 同定理 2 中证明有 AQ,AR,且
$$\angle AQR=\frac{C}{3},\angle ARQ=\frac{B}{3}$$

而
$$QD=AQ\cos\angle AQR$$
$$DR=AR\cos\angle ARQ$$

则
$$\frac{QD}{DR}=\tan\frac{B}{3}\cot\frac{C}{3} \quad ①$$

同理
$$\frac{RE}{EP}=\tan\frac{C}{3}\cot\frac{A}{3} \quad ②$$

$$\frac{PF}{FQ}=\tan\frac{A}{3}\cot\frac{B}{3} \quad ③$$

由 ①,②,③ 即得
$$\frac{QD}{DR}\cdot\frac{RE}{EP}\cdot\frac{PF}{FQ}=1$$

故 PD,QE,RF 相交于一点.

定理3的对偶定理 如图2.395,设$\triangle PQR$为$\triangle ABC$的外莫利三角形,$PD\perp BC$于点D,$QE\perp CA$于点E,$RF\perp AB$于点F,则AD,BE,CF相交于一点.

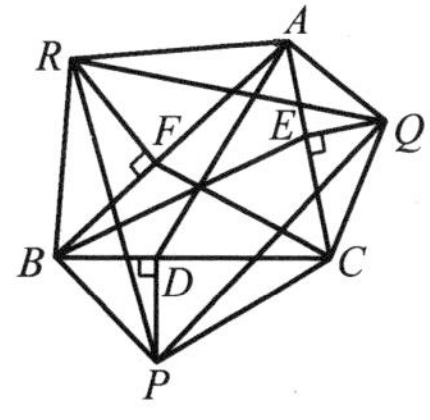

图2.395

此结论可类似于定理3的证明而证(略).

定理4 如图2.396,设$\triangle PQR$为$\triangle ABC$的外莫利三角形,AD,BE,CF分别是$\triangle AQR,\triangle BRP,\triangle CPQ$的周界中线,则$PD,QE,RF$相交于一点.①

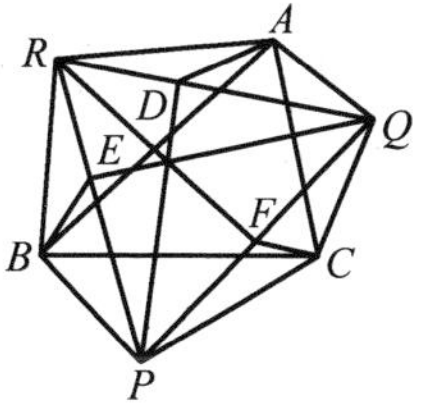

图2.396

证明 同定理2中证明,有QR的式子,又

$$QD+AQ=\frac{1}{2}(AR+QR+AQ)$$

则

$$QD=\frac{1}{2}(AR+QR-AQ)=4R\sin(60^\circ-\frac{B}{3})\sin(60^\circ-\frac{C}{3})(\sin\frac{C}{3}+\sin(60^\circ-\frac{A}{3})-\sin\frac{B}{3})$$

而

$$\sin\frac{C}{3}+\sin(60^\circ-\frac{A}{3})-\sin\frac{B}{3}=2\sin(\frac{B}{6}+\frac{C}{3})\cos\frac{B}{6}-2\sin\frac{B}{6}\cos\frac{B}{6}=2\cos\frac{B}{6}(\sin(\frac{B}{6}+\frac{C}{3})-\sin\frac{B}{6})=4\cos(30^\circ-\frac{A}{6})\cos\frac{B}{6}\sin\frac{C}{6}$$

则 $$QD=16R\sin(60^\circ-\frac{B}{3})\sin(60^\circ-\frac{C}{3})\cos(30^\circ-\frac{A}{6})\cos\frac{B}{6}\sin\frac{C}{6}$$

同理 $$DR=16R\sin(60^\circ-\frac{B}{3})\sin(60-\frac{C}{3})\cos(30^\circ-\frac{A}{6})\cos\frac{C}{6}\sin\frac{B}{6}$$

则

$$\frac{QD}{DR}=\cot\frac{B}{6}\tan\frac{C}{6} \quad ①$$

同理

$$\frac{RE}{EP}=\cot\frac{C}{6}\tan\frac{A}{6} \quad ②$$

$$\frac{PF}{FQ}=\cot\frac{A}{6}\tan\frac{B}{6} \quad ③$$

①,②,③ 即得

① 尹广金.外莫莱三角形的几组对偶性质[J].中学数学,2002(10):39-40.

$$\frac{QD}{DR}\cdot\frac{RE}{EP}\cdot\frac{PF}{FQ}=1$$

故 PD,QE,RF 相交于一点.

类似可证:

定理 4 的对偶定理 如图 2.397,设 $\triangle PQR$ 为 $\triangle ABC$ 的外莫利三角形,PD,QE,RF 分别是 $\triangle BPC$,$\triangle CQA$,$\triangle ARB$ 的周界中线,则 AD,BE,CF 相交于一点.

定理 5 如图 2.398,设 $\triangle PQR$ 为 $\triangle ABC$ 的外莫利三角形,$\triangle AQR$,$\triangle BRP$,$\triangle CPQ$ 的内切圆与 QR,RP,PQ 分别切于点 D,E,F,则 PD,QE,RF 相交于一点.

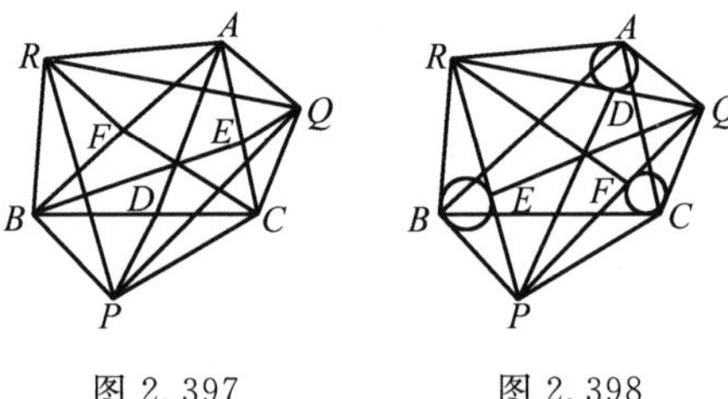

图 2.397 图 2.398

证明 因

$$QD=\frac{1}{2}(AQ+QR+AR)-AR=\frac{1}{2}(AQ+QR-AR)=$$

$$4R\sin(60^\circ-\frac{B}{3})\sin(60^\circ-\frac{C}{3})(\sin\frac{B}{3}+\sin(60^\circ-\frac{A}{3})-\sin\frac{C}{3})$$

又 $\sin\frac{B}{3}+\sin(60^\circ-\frac{A}{3})-\sin\frac{C}{3}=2\sin(\frac{B}{3}+\frac{C}{6})\cos\frac{C}{6}-2\sin\frac{C}{6}\cos\frac{C}{6}=$

$$2\cos\frac{C}{6}(\sin(\frac{B}{3}+\frac{C}{6})-\sin\frac{C}{6})=$$

$$4\cos(30^\circ-\frac{A}{6})\sin\frac{B}{6}\cos\frac{C}{6}$$

则 $QD=16R\sin(60^\circ-\frac{B}{3})\sin(60^\circ-\frac{C}{3})\cos(30^\circ-\frac{A}{6})\sin\frac{B}{6}\cos\frac{C}{6}$

同理 $DR=16R\sin(60^\circ-\frac{B}{3})\sin(60-\frac{C}{3})\cos(30^\circ-\frac{A}{6})\sin\frac{C}{6}\cos\frac{B}{6}$

即
$$\frac{QD}{DR}=\tan\frac{B}{6}\cot\frac{C}{6} \quad ①$$

同理
$$\frac{RE}{EP}=\tan\frac{C}{6}\cot\frac{A}{6} \quad ②$$

$$\frac{PF}{FQ}=\tan\frac{A}{6}\cot\frac{B}{6} \quad ③$$

由 ①,②,③ 即得

$$\frac{QD}{DR}\cdot\frac{RE}{EP}\cdot\frac{PF}{FQ}=1$$

故 PD,QE,RF 相交于一点.

类似可证:

定理 5 的对偶定理 如图 2.399,设 $\triangle PQR$ 为 $\triangle ABC$ 的外莫利三角形,$\triangle BPC$,$\triangle CQA$,$\triangle ARB$ 的内切圆与 BC,CA,AB 分别切于点 D,E,F. 则 AD,BE,CF 相交于一点.

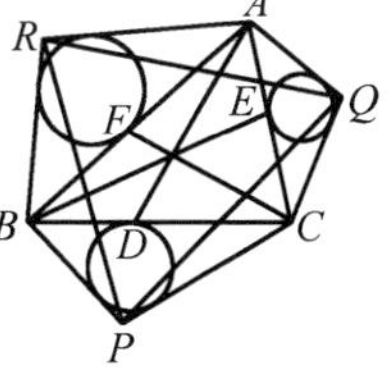

图 2.399

❖优莫利三角形性质定理

将任意三角形的优角三等分,以分别接近于三条边的优角的三等分线的反向延长线的交点为顶点的三角形称为该三角形的优莫利三角形.

定理 1 如图 2.400,已知 $\triangle DEF$ 为 $\triangle ABC$ 的优莫利三角形,则 AD,BE,CF 交于一点.①

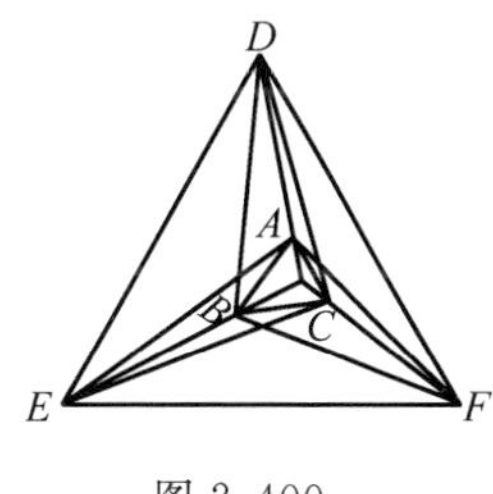

图 2.400

证明 令 AD,BE,CF 分别交 BC,CA,AB 于点 D',E',F',则

$$\frac{BD'}{D'C}=\frac{S_{\triangle ABD}}{S_{\triangle ACD}}\ \frac{\frac{1}{2}AB\cdot BD\sin(\frac{\pi}{3}-\frac{2B}{3})}{\frac{1}{2}AC\cdot CD\sin(\frac{\pi}{3}-\frac{2C}{3})}$$

在 $\triangle ABC$ 中,有

$$\frac{AB}{AC}=\frac{\sin C}{\sin B}$$

在 $\triangle BDC$ 中,有

$$\frac{BD}{CD}=\frac{\sin(\frac{\pi}{3}+\frac{C}{3})}{\sin(\frac{\pi}{3}+\frac{B}{3})}$$

则

$$\frac{BD'}{D'C}=\frac{\sin C\sin(\frac{\pi}{3}+\frac{C}{3})\sin(\frac{\pi}{3}-\frac{2B}{3})}{\sin B\sin(\frac{\pi}{3}+\frac{B}{3})\sin(\frac{\pi}{3}-\frac{2C}{3})}$$

① 孙玉昌. 优莫勒三角形中的共点线[J]. 中学数学研究,2002(12):24-25.

同理
$$\frac{CE'}{E'A}=\frac{\sin A\sin(\frac{\pi}{3}+\frac{A}{3})\sin(\frac{\pi}{3}-\frac{2C}{3})}{\sin C\sin(\frac{\pi}{3}+\frac{C}{3})\sin(\frac{\pi}{3}-\frac{2A}{3})}$$

$$\frac{AF'}{F'B}=\frac{\sin B\sin(\frac{\pi}{3}+\frac{B}{3})\sin(\frac{\pi}{3}-\frac{2A}{3})}{\sin A\sin(\frac{\pi}{3}+\frac{A}{3})\sin(\frac{\pi}{3}-\frac{2B}{3})}$$

故
$$\frac{BD'}{D'C}\cdot\frac{CE'}{E'A}\cdot\frac{AF'}{F'B}=1$$

于是 AD',BE',CF' 交于一点,即 AD,BE,CF 交于一点.

定理2 如图2.401,设$\triangle DEF$为$\triangle ABC$的优莫利三角形,BF与CE交于点D_1,CD与AF交于点E_1,AE与BD交于点F_1,则AD_1,BE_1,CF_1交于一点.

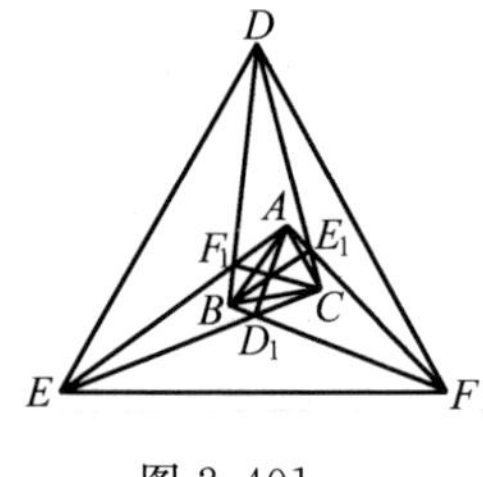

图2.401

证明 令AD_1,BE_1,CF_1分别交BC,CA,AB于点D',E',F',则有

$$\frac{BD'}{D'C}=\frac{S_{\triangle ABD_1}}{S_{\triangle ACD_1}}=\frac{\frac{1}{2}AB\cdot BD_1\sin(\frac{\pi}{3}+\frac{B}{3})}{\frac{1}{2}AC\cdot CD_1\sin(\frac{\pi}{3}+\frac{C}{3})}$$

在$\triangle ABC$中,有

$$\frac{AB}{AC}=\frac{\sin C}{\sin B}$$

在$\triangle BD_1C$中,有

$$\frac{BD_1}{CD_1}=\frac{\sin(\frac{\pi}{3}-\frac{2C}{3})}{\sin(\frac{\pi}{3}-\frac{2B}{3})}$$

则
$$\frac{BD'}{D'C}=\frac{\sin C\sin(\frac{\pi}{3}-\frac{2C}{3})\sin(\frac{\pi}{3}+\frac{B}{3})}{\sin B\sin(\frac{\pi}{3}-\frac{2B}{3})\sin(\frac{\pi}{3}+\frac{C}{3})}$$

同理
$$\frac{CE'}{E'A}=\frac{\sin A\sin(\frac{\pi}{3}-\frac{2A}{3})\sin(\frac{\pi}{3}+\frac{C}{3})}{\sin C\sin(\frac{\pi}{3}-\frac{2C}{3})\sin(\frac{\pi}{3}+\frac{A}{3})}$$

$$\frac{AF'}{F'B}=\frac{\sin B\sin(\frac{\pi}{3}-\frac{2B}{3})\sin(\frac{\pi}{3}+\frac{A}{3})}{\sin A\sin(\frac{\pi}{3}-\frac{2A}{3})\sin(\frac{\pi}{3}+\frac{B}{3})}$$

故 $$\frac{BD'}{D'C}\cdot\frac{CE'}{E'A}\cdot\frac{AF'}{F'B}=1$$

于是 AD',BE',CF' 交于一点,即 AD_1,BE_1,CF_1 交于一点.

定理 3 如图 2.402,设 $\triangle DEF$ 为 $\triangle ABC$ 的优莫利三角形,BF 与 CE 交于点 D_1,CD 与 AF 交于点 E_1,AE 与 BD 交于点 F_1,则 DD_1,EE_1,FF_1 交于一点.

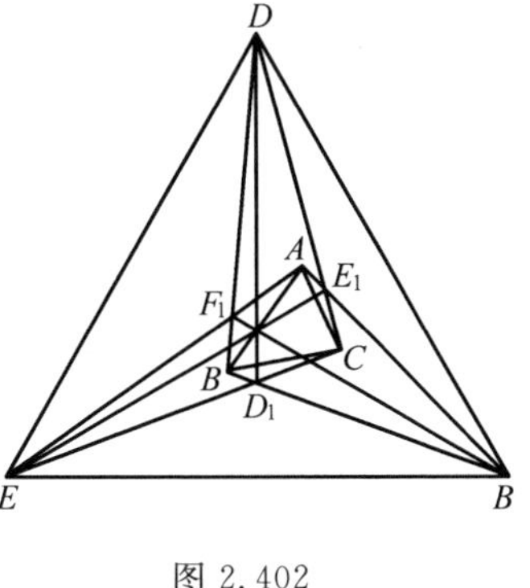

图 2.402

证明 由于 $\angle EAC=\frac{\pi}{3}+\frac{A}{3}$,$\angle ECA=\frac{\pi}{3}+\frac{C}{3}$,而有

$$\angle AEC=\pi-\angle EAC-\angle ECA=\frac{B}{3}$$

同理 $$\angle AFB=\frac{C}{3}$$

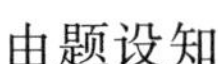
由题设知

$$\angle AEF=\frac{\pi}{3}-\frac{C}{3},\angle AFE=\frac{\pi}{3}-\frac{B}{3}$$

而有 $$\angle D_1EF=\angle AEF-\angle AEC=\frac{A}{3}$$

$$\angle D_1FE=\angle AFE-\angle AFB=\frac{A}{3}$$

故 $$\angle D_1EF=\angle D_1FE$$

于是 $D_1E=D_1F$,从而知点 D_1 在 EF 的中垂线上.

再由 $\triangle DEF$ 是等边三角形,知点 D 也在 EF 的中垂线上,故 DD_1 垂直平分 EF,同理,知 EE_1 垂直平分 FD,FF_1 垂直平分 DE,于是 DD_1,EE_1,FF_1 交于一点.

定理 4 如图 2.403,设 $\triangle DEF$ 为 $\triangle ABC$ 的优莫利三角形,BF 与 CE 交于点 D_1,CD 与 AF 交于点 E_1,AE 与 BD 交于点 F_1,DD_1 交 BC 于点 D',EE_1 交 CA 于点 E',FF_1 交 AB 于点 F',则 AD',BE',CF' 交于一点.

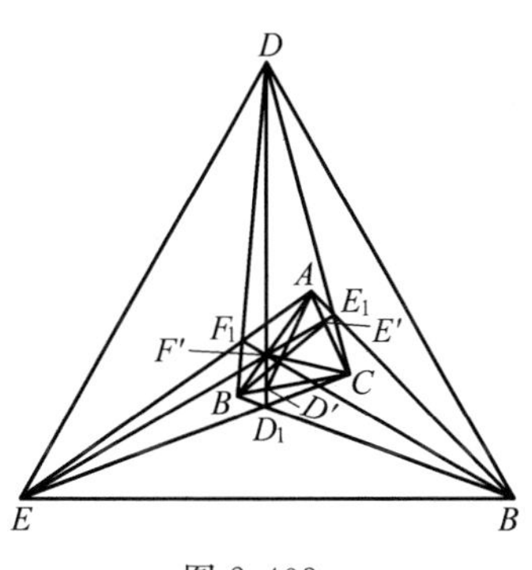

图 2.403

证明 由定理 3 的证明,知 DD_1 的延长线平分 $\angle ED_1F$,从而知 D_1D' 平分 $\angle BD_1C$,同理,知 E_1E' 平分 $\angle CE_1A$,F_1F' 平分 $\angle AF_1B$.

在 $\triangle BD_1C$ 中,有

$$\frac{BD_1}{CD_1}=\frac{\sin(\frac{\pi}{3}-\frac{2C}{3})}{\sin(\frac{\pi}{3}-\frac{2B}{3})}$$

由三角形的内角平分线性质定理，知

$$\frac{BD'}{D'C}=\frac{BD_1}{CD_1}$$

于是
$$\frac{BD'}{D'C}=\frac{\sin(\frac{\pi}{3}-\frac{2C}{3})}{\sin(\frac{\pi}{3}-\frac{2B}{3})}$$

同理，也有

$$\frac{CE'}{E'A}=\frac{\sin(\frac{\pi}{3}-\frac{2A}{3})}{\sin(\frac{\pi}{3}-\frac{2C}{3})},\frac{AF'}{F'B}=\frac{\sin(\frac{\pi}{3}-\frac{2B}{3})}{\sin(\frac{\pi}{3}-\frac{2A}{3})}$$

故
$$\frac{BD'}{D'C}\cdot\frac{CE'}{E'A}\cdot\frac{AF'}{F'B}=1$$

于是 AD'，BE'，CF' 交于一点.

定理 5 如图 2.404，设 $\triangle DEF$ 为 $\triangle ABC$ 的优莫利三角形，DD_1，EE_1，FF_1 分别是 $\triangle DBC$，$\triangle ECA$，$\triangle FAB$ 的中线，则 AD_1，BE_1，CF_1 交于一点.①

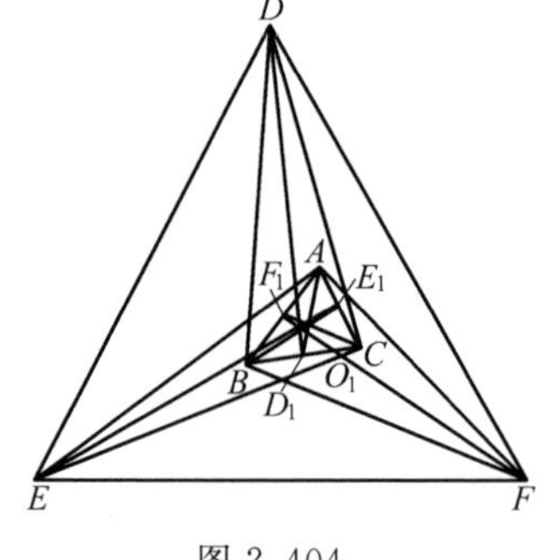

图 2.404

此结论是显然的.

定理 6 如图 2.405，设 $\triangle DEF$ 为 $\triangle ABC$ 的优莫利三角形，DD_1，EE_1，FF_1 分别是 $\triangle DBC$，$\triangle ECA$，$\triangle FAB$ 的内角平分线，则 AD_1，BE_1，CF_1 交于一点.

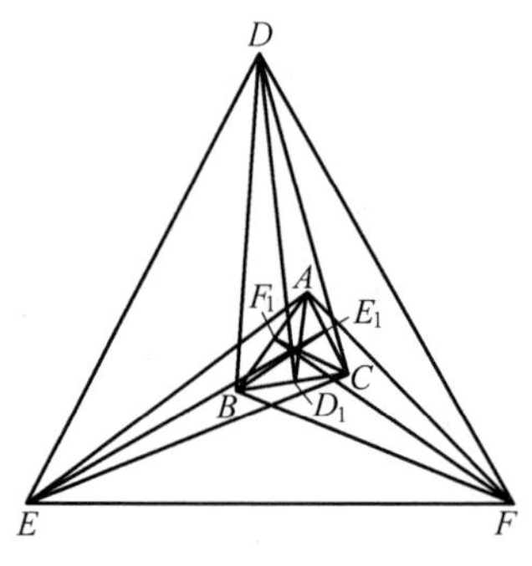

图 2.405

证明 由于 $\angle DBC=60^\circ+\beta$，$\angle DCB=60^\circ+\gamma$，故有

$$\frac{BD_1}{D_1C}=\frac{DB}{DC}=\frac{\sin(60^\circ+\gamma)}{\sin(60^\circ+\beta)}$$

同理，有

$$\frac{CE_1}{E_1A}=\frac{\sin(60^\circ+\alpha)}{\sin(60^\circ+\gamma)},\frac{AF_1}{F_1B}=\frac{\sin(60^\circ+\beta)}{\sin(60^\circ+\alpha)}$$

① 耿恒考.涉及三等分角线的几组对偶结论[J].中学数学研究，2002(11):17-18.

故
$$\frac{BD_1}{D_1C}\cdot\frac{CE_1}{E_1A}\cdot\frac{AF_1}{F_1B}=1$$

于是 AD_1，BE_1，CF_1 交于一点.

定理 7 如图 2.406，设 $\triangle DEF$ 为 $\triangle ABC$ 的优莫利三角形，DD_1，EE_1，FF_1 分别是 $\triangle DBC$，$\triangle ECA$，$\triangle FAB$ 的高，则 AD_1，BE_1，CF_1 交于一点.

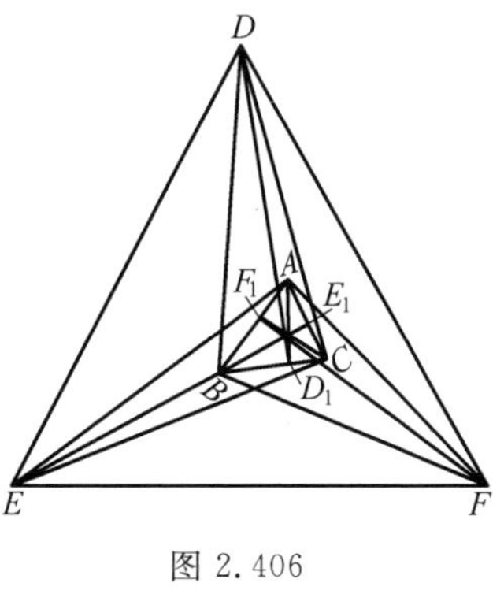

图 2.406

证明 因 $BD_1=DB\cos(60^\circ+\beta)$，$D_1C=DC\cos(60^\circ+\gamma)$，所以

$$\frac{BD_1}{D_1C}=\frac{DB}{DC}\cdot\frac{\cos(60^\circ+\beta)}{\cos(60^\circ+\gamma)}=\frac{\sin(60^\circ+\gamma)}{\cos(60^\circ+\beta)}\cdot\frac{\cos(60^\circ+\beta)}{\cos(60^\circ+\gamma)}=\tan(60^\circ+\gamma)\cot(60^\circ+\beta)$$

同理，有
$$\frac{CE_1}{E_1A}=\tan(60^\circ+\alpha)\cot(60^\circ+\gamma)$$
$$\frac{AF_1}{F_1B}=\tan(60^\circ+\beta)\cot(60^\circ+\alpha)$$

故
$$\frac{BD_1}{D_1C}\cdot\frac{CE_1}{E_1A}\cdot\frac{AF_1}{F_1B}=1$$

于是 AD_1，BE_1，CF_1 交于一点.

定理 8 如图 2.407，设 $\triangle DEF$ 为 $\triangle ABC$ 的优莫利三角形，DD_1，EE_1，FF_1 分别是 $\triangle DBC$，$\triangle ECA$，$\triangle FAB$ 的周界中线，则 AD_1，BE_1，CF_1 交于一点.

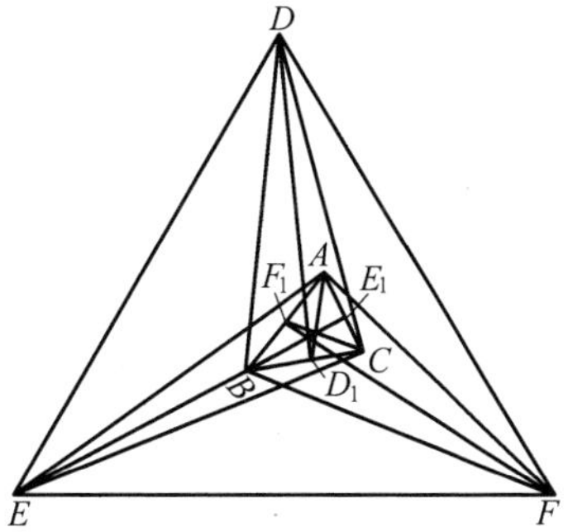

图 2.407

证明 运用正弦定理可求得
$$DB=8R\sin(60^\circ+\alpha)\sin(60^\circ-\alpha)\sin(60^\circ+\gamma)$$
$$DC=8R\sin(60^\circ+\alpha)\sin(60^\circ-\alpha)\sin(60^\circ+\beta)$$
$$BC=8R\sin(60^\circ+\alpha)\sin(60^\circ-\alpha)\sin\alpha$$

又 $BD_1+DB=\frac{1}{2}(BC+DC+DB)$，则

$$BD_1=\frac{1}{2}(BC+DC-DB)=4R\sin(60^\circ+\alpha)\sin(60^\circ-\alpha)(\sin\alpha+\sin(60^\circ+\beta)-\sin(60^\circ+\gamma))=16R\sin(60^\circ+\alpha)\sin(60^\circ-\alpha)\sin\frac{\alpha}{2}\sin(30^\circ+\frac{\beta}{2})\cos(30^\circ+\frac{\gamma}{2})$$

同理

$$D_1C=16R\sin(60^\circ+\alpha)\sin(60^\circ-\alpha)\cdot\sin\frac{\alpha}{2}\sin(30^\circ+\frac{\gamma}{2})\cos(30^\circ+\frac{\beta}{2})$$

则
$$\frac{BD_1}{D_1C}=\tan(30^\circ+\frac{\beta}{2})\cot(30^\circ+\frac{\gamma}{2})$$

同理
$$\frac{CE_1}{E_1A}=\tan(30^\circ+\frac{\gamma}{2})\cot(30^\circ+\frac{\alpha}{2})$$

$$\frac{AF_1}{F_1B}=\tan(30^\circ+\frac{\alpha}{2})\cot(30^\circ+\frac{\beta}{2})$$

故
$$\frac{BD_1}{D_1C}\cdot\frac{CE_1}{E_1A}\cdot\frac{AF_1}{F_1B}=1$$

于是 AD_1,BE_1,CF_1 交于一点.

定理9 如图2.408,设 $\triangle DEF$ 为 $\triangle ABC$ 的优莫利三角形,$\triangle DBC,\triangle ECA,\triangle FAB$ 的内切圆分别与 BC,CA,AB 切于点 D_1,E_1,F_1,则 AD_1,BE_1,CF_1 交于一点.

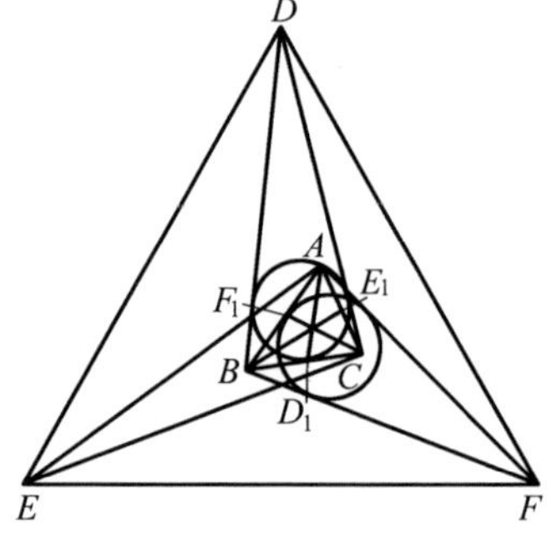

图2.408

证明 易知

$$BD_1=\frac{1}{2}(BC+DB-DC)=$$
$$4R\sin(60^\circ+\alpha)\sin(60^\circ-\alpha)(\sin\alpha+\sin(60^\circ+\gamma)-\sin(60^\circ+\beta))=$$
$$16R\sin(60^\circ+\alpha)\sin(60^\circ-\alpha)\sin\frac{\alpha}{2}\sin(30^\circ+\frac{\gamma}{2})\cos(30^\circ+\frac{\beta}{2})$$

同理

$$D_1C=16R\sin(60^\circ+\alpha)\sin(60^\circ-\alpha)\sin\frac{\alpha}{2}\sin(30^\circ+\frac{\beta}{2})\cos(30^\circ+\frac{\gamma}{2})$$

则
$$\frac{BD_1}{D_1C}=\tan(30^\circ+\frac{\gamma}{2})\cot(30^\circ+\frac{\beta}{2})$$

同理
$$\frac{CE_1}{E_1A}=\tan(30^\circ+\frac{\alpha}{2})\cot(30^\circ+\frac{\gamma}{2})$$

$$\frac{AF_1}{F_1B}=\tan(30^\circ+\frac{\beta}{2})\cot(30^\circ+\frac{\alpha}{2})$$

故
$$\frac{BD_1}{D_1C}\cdot\frac{CE_1}{E_1A}\cdot\frac{AF_1}{F_1B}=1$$

于是 AD_1,BE_1,CF_1 交于一点.

定理 $5\sim9$ 分别有下面的对偶定理(证略).

定理 5′ 设 $\triangle DEF$ 为 $\triangle ABC$ 的优莫利三角形，AD_1，BE_1，CF_1 分别是 $\triangle AEF$，$\triangle BFD$，$\triangle CDE$ 的中线，则 DD_1，EE_1，FF_1 交于一点.

定理 6′ 设 $\triangle DEF$ 为 $\triangle ABC$ 的优莫利三角形，AD_1，BE_1，CF_1 分别是 $\triangle AEF$，$\triangle BFD$，$\triangle CDE$ 的内角平分线，则 DD_1，EE_1，FF_1 交于一点.

定理 7′ 设 $\triangle DEF$ 为 $\triangle ABC$ 的优莫利三角形，AD_1，BE_1，CF_1 分别是 $\triangle AEF$，$\triangle BFD$，$\triangle CDE$ 的高，则 DD_1，EE_1，FF_1 交于一点.

定理 8′ 设 $\triangle DEF$ 为 $\triangle ABC$ 的优莫利三角形，AD_1，BE_1，CF_1 分别是 $\triangle AEF$，$\triangle BFD$，$\triangle CDE$ 的周界中线，则 DD_1，EE_1，FF_1 交于一点.

定理 9′ 设 $\triangle DEF$ 为 $\triangle ABC$ 的优莫利三角形，$\triangle AEF$，$\triangle BFD$，$\triangle CDE$ 的内切圆分别与 EF，FD，DE 切于点 D_1，E_1，F_1，则 DD_1，EE_1，FF_1 交于一点.

❖三类莫利三角形性质定理

定理 如图 2.409，设 $\triangle XYZ$，$\triangle D_1E_2F_3$ 分别为 $\triangle ABC$ 的内、外莫利三角形，$\triangle D_1E_1F_1$，$\triangle E_2D_2F_2$，$\triangle F_3E_3D_3$ 分别为 $\triangle ABC$ 中 $\angle A$，$\angle B$，$\angle C$ 所对的旁莫利三角形，则①

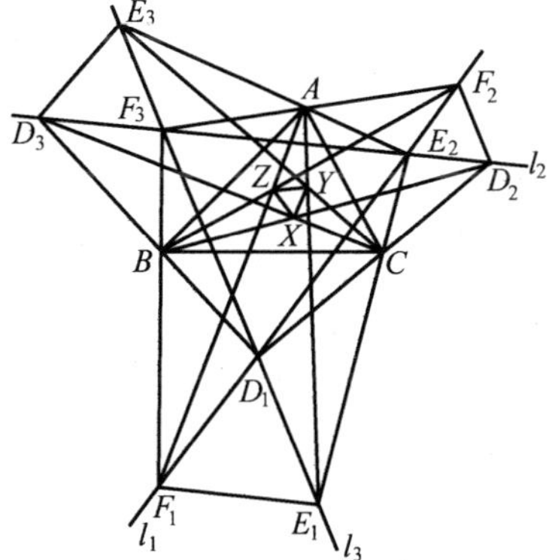

图 2.409

(1) 四点 F_1，D_1，E_2，F_2 共线于 l_1；四点 D_2，E_2，F_3，D_3 共线于 l_2；四点 E_3，F_3，D_1，E_1 共线于 l_3.

(2) $YZ \parallel E_1F_1 \parallel l_2$，$XY \parallel D_3E_3 \parallel l_1$，$ZX \parallel D_2F_2 \parallel l_3$.

证明 (1) 在 $\triangle ACE_2$ 中，由正弦定理

$$\frac{CE_2}{\sin(\frac{\pi}{3}-\frac{A}{3})}=\frac{AC}{\sin(\frac{2\pi}{3}-\frac{B}{3})}$$

得

$$CE_2=\frac{b\sin(\frac{\pi}{3}-\frac{A}{3})}{\sin(\frac{\pi}{3}+\frac{B}{3})}=\frac{2R\sin B\sin(\frac{\pi}{3}-\frac{A}{3})}{\sin(\frac{\pi}{3}+\frac{B}{3})}$$

① 李平龙.莫利三角形对应边的位置关系[J].中学数学，1995(2)：27-28.

据三倍角公式 $\sin B=4\sin(\frac{\pi}{3}-\frac{B}{3})\sin\frac{B}{3}\sin(\frac{\pi}{3}+\frac{B}{3})$,知

$$CE_2=8R\sin\frac{B}{3}\sin(\frac{\pi}{3}-\frac{B}{3})\sin(\frac{\pi}{3}-\frac{A}{3}) \quad ①$$

在 $\triangle BCD_1$ 和 $\triangle ACE_1$ 中,同理可求

$$CD_1=8R\sin\frac{A}{3}\sin(\frac{\pi}{3}-\frac{A}{3})\sin(\frac{\pi}{3}-\frac{B}{3}) \quad ②$$

$$CE_1=8R\sin\frac{A}{3}\sin(\frac{\pi}{3}-\frac{B}{3})\sin(\frac{\pi}{3}+\frac{B}{3}) \quad ③$$

在 $\triangle D_1CE_2$ 中,由余弦定理及 ①,② 得

$$D_1E_2^2=CE_2^2+CD_1^2-2CE_2\cdot CD_1\cos(\pi-(\frac{\pi}{3}-\frac{C}{3}))=$$

$$64R^2\sin^2(\frac{\pi}{3}-\frac{A}{3})\sin^2(\frac{\pi}{3}-\frac{B}{3})(\sin^2\frac{A}{3}+$$

$$\sin^2\frac{B}{3}+2\sin\frac{A}{3}\sin\frac{B}{3}\cos(\frac{A}{3}+\frac{B}{3}))$$

(因为 $\sin^2(\alpha+\beta)=\sin^2\alpha+\sin^2\beta+2\sin\alpha\sin\beta\cos(\alpha+\beta)$) $=$

$$64R^2\sin^2(\frac{\pi}{3}-\frac{A}{3})\sin^2(\frac{\pi}{3}-\frac{B}{3})\sin^2(\frac{A}{3}+\frac{B}{3})=$$

$$64R^2\sin^2(\frac{\pi}{3}-\frac{A}{3})\sin^2(\frac{\pi}{3}-\frac{B}{3})\sin^2(\frac{\pi}{3}-\frac{C}{3})$$

则

$$D_1E_2=8R\sin(\frac{\pi}{3}-\frac{A}{3})\sin(\frac{\pi}{3}-\frac{B}{3})\sin(\frac{\pi}{3}-\frac{C}{3}) \quad ④$$

在 $\triangle CD_1E_1$ 中,由余弦定理及 ②,③,同理有

$$D_1E_1=8R\sin\frac{A}{3}\sin(\frac{\pi}{3}-\frac{B}{3})\sin(\frac{\pi}{3}-\frac{C}{3}) \quad ⑤$$

在 $\triangle CD_1E_2$ 中,由正弦定理及 ①,④ 得

$$\sin\angle E_2D_1C=\frac{CE_2\cdot\sin\angle E_2CD_1}{D_1E_2}=\sin\frac{B}{3}$$

又 $\angle E_2D_1C$ 为锐角,则

$$\angle E_2D_1C=\frac{B}{3} \quad ⑥$$

在 $\triangle CD_1E_1$ 中,由正弦定理

$$\frac{D_1E_1}{\sin(\frac{\pi}{3}-\frac{C}{3})}=\frac{CE_1}{\sin\angle CD_1E_1}=\frac{CD_1}{\sin\angle CE_1D_1}$$

及 ②,③,⑤ 知

$$\sin\angle CD_1E_1=\sin(\frac{\pi}{3}+\frac{B}{3})$$

$$\sin\angle CE_1D_1=\sin(\frac{\pi}{3}-\frac{A}{3})$$

若 $\angle CE_1D_1$ 为钝角,则

$$\angle CE_1D_1=\pi-(\frac{\pi}{3}-\frac{A}{3})$$

$$\angle CD_1E_1=\frac{\pi}{3}+\frac{B}{3}$$

从而 $\triangle D_1CE_1$ 的内角和为

$$(\frac{2\pi}{3}+\frac{A}{3})+(\frac{\pi}{3}+\frac{B}{3})+(\frac{\pi}{3}-\frac{C}{3})>\pi$$

矛盾.故 $\angle CE_1D_1$ 不是钝角.从而

$$\angle CE_1D_1=\frac{\pi}{3}-\frac{A}{3}$$

则

$$\angle CD_1E_1=\pi-(\frac{\pi}{3}-\frac{A}{3})-(\frac{\pi}{3}-\frac{C}{3})=\frac{2\pi}{3}-\frac{B}{3} \quad ⑦$$

又 $\triangle D_1E_1F_1$ 为正三角形,则由 ⑥,⑦ 知

$$\angle E_2D_1F_1=\angle E_2D_1C+\angle CD_1E_1+\angle E_1D_1F_1=\frac{B}{3}+(\frac{2\pi}{3}-\frac{B}{3})+\frac{\pi}{3}=\pi$$

为一平角.故三点 E_2,D_1,F_1 共线.

同理,三点 D_1,E_2,F_2 共线.

则四点 F_1,D_1,E_2,F_2 共线于 l_1.

同理可证,四点 D_2,E_2,F_3,D_3 共线于 l_2;四点 E_3,F_3,D_1,E_2 共线于 l_3.

(2) 仿式 ① 易得

$$AY=8R\sin\frac{B}{3}\sin\frac{C}{3}\sin(\frac{\pi}{3}+\frac{B}{3})$$

$$AZ=8R\sin\frac{B}{3}\sin\frac{C}{3}\sin(\frac{\pi}{3}+\frac{C}{3})$$

$$AE_1=8R\sin(\frac{\pi}{3}-\frac{B}{3})\sin(\frac{\pi}{3}-\frac{C}{3})\cdot\sin(\frac{\pi}{3}+\frac{B}{3})$$

$$AF_1=8R\sin(\frac{\pi}{3}-\frac{B}{3})\sin(\frac{\pi}{3}-\frac{C}{3})\cdot\sin(\frac{\pi}{3}+\frac{C}{3})$$

易见

$$\frac{AY}{AZ}=\frac{AE_1}{AF_1}$$

故

$$YZ\parallel E_1F_1$$

又 $\angle D_1E_1F_1=\frac{\pi}{3}$，$\angle D_1F_3E_2=\frac{\pi}{3}$，则

$$E_1F_1 /\!/ E_2F_3$$

即 $$E_1F_1 /\!/ l_2$$

故 $$YZ /\!/ E_1F_1 /\!/ l_2$$

同理

$$XY /\!/ D_3E_3 /\!/ l_3, ZX /\!/ E_2D_2 /\!/ l_3$$

以上定理表明，三类莫利三角形的对应边共线或平行.

❖三角形的莱莫恩线

三角形的莱莫恩线　过三角形的顶点作它的外接圆的切线与对边相交，这样的三个交点在同一直线上.[1]

上述结论是由莱莫恩首先发现的，所以这样的直线被命名为三角形的莱莫恩线.

证明　如图2.410，过 A 作 $\triangle ABC$ 的外接圆的切线 AF 交 BC 于点 X，过 B 作外接圆的切线 BY 交 AC 于点 Y，过 C 作外接圆的切线 CF，交 AB 于点 Z. 我们要证明 X,Y,Z 三点在同一直线上. 设 BY 交 AF 于 E，交 CF 于 D.

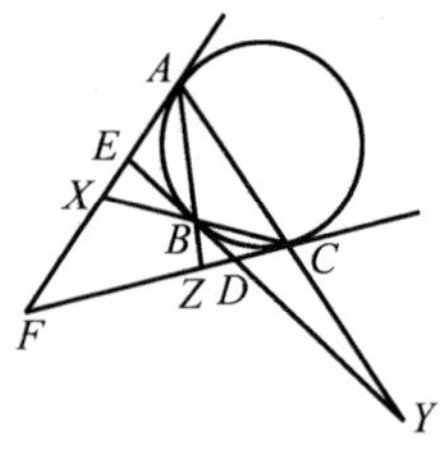

图2.410

根据梅涅劳斯定理，由直线 XEF 截 $\triangle BCD$，有

$$\frac{\overline{XB}}{\overline{XC}}\cdot\frac{\overline{FC}}{\overline{FD}}\cdot\frac{\overline{ED}}{\overline{EB}}=1 \quad ①$$

由直线 YDE 截 $\triangle ACF$，有

$$\frac{\overline{YC}}{\overline{YA}}\cdot\frac{\overline{EA}}{\overline{EF}}\cdot\frac{\overline{DF}}{\overline{DC}}=1 \quad ②$$

由直线 ZDF 截 $\triangle ABE$，有

$$\frac{\overline{ZA}}{\overline{ZB}}\cdot\frac{\overline{DB}}{\overline{DE}}\cdot\frac{\overline{FE}}{\overline{FA}}=1 \quad ③$$

---

① 单墫. 数学名题词典[M]. 南京：江苏教育出版社，2002：424-428.

①×②×③,得

$$\frac{\overline{XB}}{\overline{XC}}\cdot\frac{\overline{YC}}{\overline{YA}}\cdot\frac{\overline{ZA}}{\overline{ZB}}\cdot\frac{\overline{DB}}{\overline{DC}}\cdot\frac{\overline{FC}}{\overline{FA}}\cdot\frac{\overline{EA}}{\overline{EB}}=-1$$

又
$$|\overline{DC}|=|\overline{DB}|,|\overline{FC}|=|\overline{FA}|,|\overline{EA}|=|\overline{EB}|$$

故
$$\frac{\overline{XB}}{\overline{XC}}\cdot\frac{\overline{YC}}{\overline{YA}}\cdot\frac{\overline{ZA}}{\overline{ZB}}=1$$

由于 X,Y,Z 分别在 $\triangle ABC$ 的三边之延长线上,故根据梅涅劳斯定理知,X,Y,Z 三点在同一直线上.

注 三角形的莱莫恩线是帕斯卡线的特殊情形(参见下册).

❖三角形的内接三角形的面积问题

定理 如图 2.411,设 D,E,F 分别是 $\triangle ABC$ 的三边 BC,CA,AB 上的点,H_1,H_2,H_3 分别为 $\triangle AEF,\triangle BDF,\triangle CDE$ 的垂心,则 $S_{\triangle DEF}=S_{\triangle H_1H_2H_3}$.①

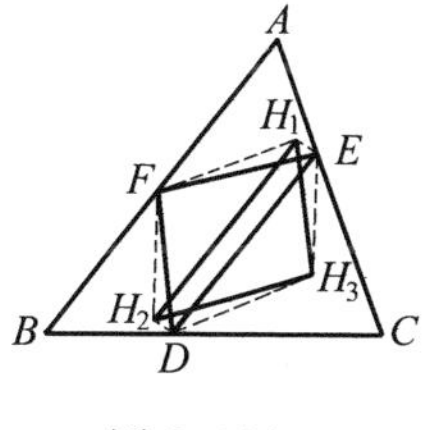

图 2.411

证明 联结 $H_1E,H_1F,H_2D,H_2F,H_3D,H_3E$,记 $\triangle ABC$ 的外心为O. 由已知得 $EH_1 /\!/ DH_2,FH_2 /\!/ EH_3,DH_3 /\!/ FH_1$,所以

$$(\overrightarrow{OH_1}-\overrightarrow{OE})\times(\overrightarrow{OH_2}-\overrightarrow{OD})=\mathbf{0}$$

$$(\overrightarrow{OH_2}-\overrightarrow{OF})\times(\overrightarrow{OH_3}-\overrightarrow{OE})=\mathbf{0}$$

$$(\overrightarrow{OH_3}-\overrightarrow{OD})\times(\overrightarrow{OH_1}-\overrightarrow{OF})=\mathbf{0}$$

将以上三式左边展开并相加得

$$\overrightarrow{OH_1}\times\overrightarrow{OH_2}+\overrightarrow{OH_2}\times\overrightarrow{OH_3}+\overrightarrow{OH_3}\times\overrightarrow{OH_1}=\overrightarrow{OD}\times\overrightarrow{OE}+\overrightarrow{OE}\times\overrightarrow{OF}+\overrightarrow{OF}\times\overrightarrow{OD}$$

则
$$\overrightarrow{H_1H_2}\times\overrightarrow{H_1H_3}=\overrightarrow{DE}\times\overrightarrow{DF}$$

从而
$$2S_{\triangle H_1H_2H_3}=2S_{\triangle DEF}$$

即
$$S_{\triangle DEF}=S_{\triangle H_1H_2H_3}$$

① 闵飞.三角形垂心的一个性质推广[J].中学数学,2005(4):42.

❖圆的切割线问题

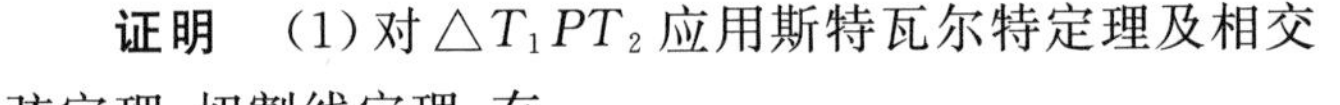

定理1 如图2.412,PT_1,PT_2是圆O的切线,过P的圆O的割线交圆于Q,R,交T_1T_2于T,则有[①]

(1)$PT^2=PQ\cdot PR-TQ\cdot TR$.

(2)$\frac{1}{PQ}+\frac{1}{PR}=\frac{2}{PT}$.

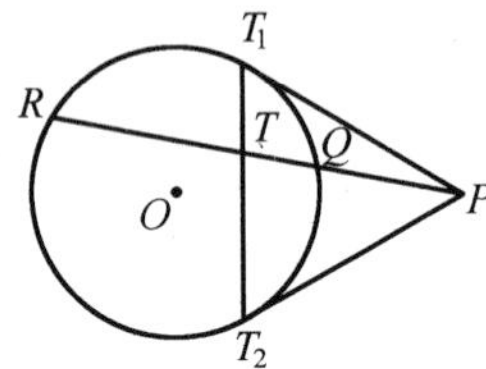

图2.412

证明 (1)对$\triangle T_1PT_2$应用斯特瓦尔特定理及相交弦定理,切割线定理,有

$$PT^2=PT_1^2-T_1T\cdot TT_2=PQ\cdot PR-TQ\cdot TR$$

(2)因PT_1,PT_2是圆O的切线,则

$$PT_1=PT_2,PT_1^2=PQ\cdot PR \quad ①$$

又因在$\triangle T_1PT_2$中,根据斯特瓦尔特定理,有

$$PT^2\cdot T_1T_2=PT_1^2\cdot T_1T+PT_2^2\cdot TT_2-T_1T\cdot TT_2\cdot T_1T_2=$$
$$PT_1^2\cdot T_1T_2-T_1T\cdot TT_2\cdot T_1T_2(\text{因为 } PT_1=PT_2)$$

即

$$PT^2=PT_1^2-T_1T\cdot TT_2 \quad ②$$

而在圆O中,有

$$T_1T\cdot TT_2=RT\cdot TQ=(PR-PT)(PT-PQ) \quad ③$$

由①,③代入②得

$$PT^2=PQ\cdot PR-(PR-PT)(PT-PQ)$$

即

$$\frac{1}{PQ}+\frac{1}{PR}=\frac{2}{PT}$$

注 此定理的结论(2)即为:PT是PQ,PR的调和平均.

定理2 如图2.413,PT_1,PT_2是圆O的割线,且$PT_1=PT_2$,过P的直线交圆O于Q,R,交T_1T_2,S_1S_2于T,S,则有

$$\frac{1}{PQ}+\frac{1}{PR}=\frac{1}{PS}+\frac{1}{PT}$$

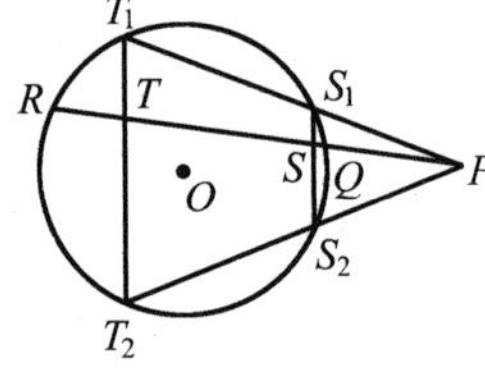

图2.413

证明 因$PT_1=PT_2$,而$PT_1\cdot PS_1=PT_2\cdot PS_2$,

---

① 傅小英.对一个平面几何问题的探讨[J].中学数学(苏州)1994(3):19-20.

则

$$PS_1 = PS_2 \quad ①$$

由此有 $T_1T_2 \parallel S_1S_2$,即

$$\frac{PS_1}{PS} = \frac{PT_1}{PT}$$

而
$$PT_1 \cdot PS_1 = PQ \cdot PR$$

则
$$PS_1^2 = \frac{PS}{PT} \cdot PQ \cdot PR \quad ②$$

在 $\triangle S_1PS_2$ 中,根据斯特瓦尔特定理,有

$$PS^2 \cdot S_1S_2 = PS_1^2 \cdot S_1S + PS_2^2 \cdot S_2S - S_1S \cdot SS_2 \cdot S_1S_2 \overset{①}{=} PS_1^2 \cdot S_1S_2 - S_1S \cdot SS_2 \cdot S_1S_2$$

即
$$PS^2 = PS_1^2 - S_1S \cdot SS_2 \quad ③$$

又在圆 O 中,有

$$S_1S \cdot SS_2 = RS \cdot SQ = (PR - PS)(PS - PQ) \quad ④$$

②,④ 代入 ③ 得

$$PS^2 = \frac{PS}{PT}PQ \cdot PR - (PR - PS)(PS - PQ)$$

即
$$\frac{1}{PQ} + \frac{1}{PR} = \frac{1}{PS} + \frac{1}{PT}$$

注 设 S_1T_2 与 S_2T_1 交于点 G,应用线段的调和分割问题中的有关定理,则有

$$\frac{1}{PQ} + \frac{1}{PR} = \frac{2}{PG} = \frac{1}{PS} + \frac{1}{PT}$$

定理3 设过圆外一点 P 的切线 PA 切圆 O 于 A,割线 PCD 交圆 O 于 C,D,AB 为圆的直径,弦 CB,DB 与割线 PO 交于点 E,F,则 $OE = OF$. [①]

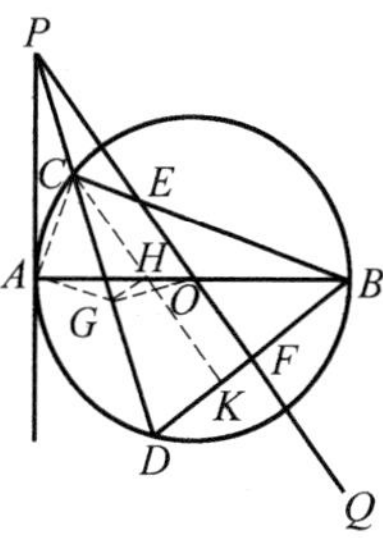

图 2.414

证明 如图 2.414,设 G 为 CD 中点,则 $OG \perp CD$.过 C 作直线平行于 EF,分别交 AB,BD 于 H,K,联结 HG,AG,AC.因为

$$\angle OGP = \angle OAP = 90^\circ$$

所以 O,G,A,P 四点共圆,从而

$$\angle GPE = \angle GAH$$

又由于 $CH \parallel EF$,$\angle GCH = \angle GPE$,则

① 单墫.一个几何命题的探讨与推广[J].中学数学教学,1984(4):9-10.

$$\angle GCH = \angle GAH$$

从而 G,H,C,A 四点共圆,$\angle HGC = \angle HAC$.

但同弧上的圆周角相等,$\angle HAC = \angle CDB$,从而 $\angle HGC = \angle CDB$,于是 $HG \parallel KD$.

因为 G 是 CD 的中点,所以 H 是 CK 的中点.

又由于 $CK \parallel EF$,易知 O 是 EF 的中点.

如果直线 PO 与过 B 的切线相交于 Q,那么 $PO = OQ$. C,D 是过 P 的割线与圆 O 的交点,B 是过 Q 的切线与圆 O 的切点,这个切点可以看成是两个交点重合为一,E,F 分别是 BC,BD 与 PQ 的交点. 于是,更一般的,有

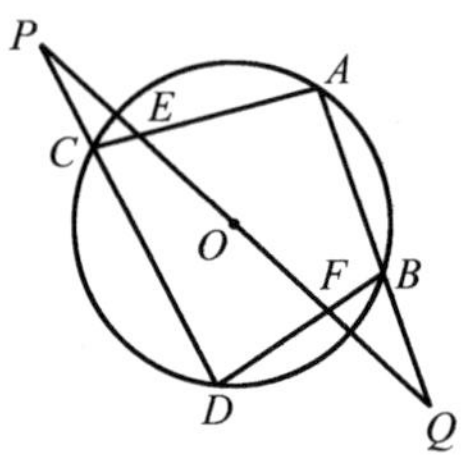

图 2.415

定理 4 如图 2.415,设圆 O 的圆心 O 在过 P,Q 两点的直线上,并且 $OP = OQ$. 过 P,Q 各作一条割线,分别交圆 O 于 C,D 及 A,B,AC,BD 分别交 PQ 于 E,F,则 $OE = OF$.

❖三角形属类判别法则

设 a,b,c 分别表示 $\triangle ABC$ 的边 BC,CA,AB,$a > b$,$a > c$,m_a,$t_a = AD$ 分别为 a 边上的中线和 $\angle A$ 的平分线,R 为外接圆半径,则有①

判定法 1 $b^2 + c^2 - a^2 \begin{cases} > 0 \\ = 0 \\ < 0 \end{cases} \Leftrightarrow A \begin{cases} < 90^\circ \\ = 90^\circ \\ > 90^\circ \end{cases}$

判定法 2 $m_a \begin{cases} > \frac{1}{2}a \\ = \frac{1}{2}a \\ < \frac{1}{2}a \end{cases} \Leftrightarrow A \begin{cases} < 90^\circ \\ = 90^\circ \\ > 90^\circ \end{cases}$

(设边 BC 的中点为 M,以 M 为圆心,$\frac{1}{2}a$ 为半径作圆 M,由 A 与圆 M 位置关系即可证得.)

判定法 3 设 $\angle A$ 的平分线与边 BC 的交点为 D,记 $BD = d$,$CD = e$,则

① 唐录义,徐国玲. 三角形属类判别四法[M]. 中学数学教学参考,2006(9):54.

$$\frac{1}{d^2}+\frac{1}{e^2}\begin{cases}>\dfrac{2}{t_a^2}\\=\dfrac{2}{t_a^2}\\<\dfrac{2}{t_a^2}\end{cases}\Leftrightarrow A\begin{cases}<90^\circ\\=90^\circ\\>90^\circ\end{cases}$$

判定法 4

$$a^2+b^2+c^2\begin{cases}>8R^2\\=8R^2\\<8R^2\end{cases}\Leftrightarrow A\begin{cases}<90^\circ\\=90^\circ\\>90^\circ\end{cases}$$

设 O 为外心，A 为最大角，联结 AO 并延长交圆 O 于 A'，联结 BA'，CA'，如图 2.416 所示，记 $BA'=m$，$CA'=n$，则

$$b^2+c^2+m^2+n^2=c^2+m^2+b^2+n^2=(2R)^2+(2R)^2=8R^2$$

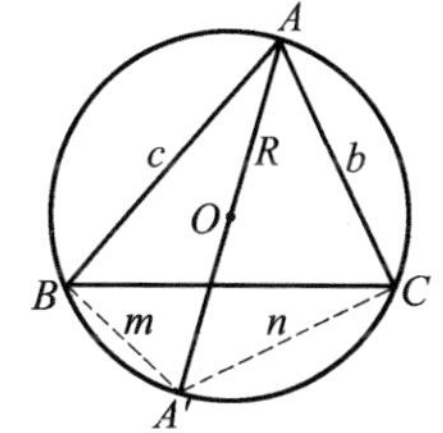

图 2.416

当 $b^2+c^2+a^2>8R^2=b^2+c^2+m^2+n^2$ 时，$m^2+n^2-a^2<0$，由判定法 1，$A'>90^\circ$，则 $A=180^\circ-A'<90^\circ$.

类似证另外情形.

❖含有 45° 角的三角形的性质定理①

定理 1 含有 45° 角的三角形中，其外心与 45° 角所对的边的两端点构成直角三角形的顶点，且外心为直角顶点.

定理 2 含有 45° 角的三角形中，其垂心与 45° 角的顶点的距离等于 45° 角所对的边长.

事实上，由垂心组的性质即证得.

定理 3 在锐角 $\triangle AMN$ 中，$\angle A=45^\circ$，作 $ME\perp AN$ 于 E，作 $NF\perp AM$ 于 F，则 EF 平分 $\triangle ABC$ 的面积，即

$$S_{\triangle AEF}=S_{MNEF}$$

事实上，由 $\angle MAN=45^\circ$，知 $\angle AME=45^\circ$，$\angle ANF=45^\circ$，则 $AE=EM$，$AF=FN$，且 ME 与 FN 所成的锐角为 45°. 于是

① 沈文选. 含有 45° 的三角形的性质及应用[J]. 中学数学，2009(8)：2-6.

$$S_{\triangle AEF}=\frac{1}{2}AE\cdot AF\cdot\sin 45^\circ=\frac{1}{2}EM\cdot FN\cdot\sin 45^\circ=S_{MNEF}$$

故线段 EF 平分 $\triangle AMN$ 的面积.

定理 4 在钝角 $\triangle AMN$ 中,作 $ME\perp AN$ 于 E,作 $NF\perp AM$ 于 F.设 K 为 $\triangle AMN$ 的外心,则 $\angle A=45^\circ$ 的充要条件是 K 为 $\triangle AEF$ 的垂心.

事实上,设 ME 与 FN 交于点 C,则 C 为 $\triangle AMN$ 的垂心.联结 AC,AK,MK,NK,则 A,F,C,E 四点共圆,且由三角形垂心与外心性质,知

$$\angle FAK=\angle EAC$$

于是 $\angle CFE=\angle CAE=\angle FAK$,而 $\angle CFA=90^\circ$,从而 $\angle AFE$ 与 $\angle FAK$ 互余,故 $AK\perp FE$.

我们有 $\angle A=45^\circ\Leftrightarrow\angle MKN=90^\circ$,$\angle MFN=90^\circ\Leftrightarrow M,N,K,F$ 共圆 $\Leftrightarrow$ 注意由 $\angle MNC=\angle KNE$ 有 $\angle MNK=\angle FNE$,此时有 $\angle AME=\angle FNE=\angle MNF=\angle AFK\Leftrightarrow FK\ /\!/\ ME\Leftrightarrow FK\perp AE$,其中注意到 $ME\perp AE\Leftrightarrow K$ 为 $\triangle AEF$ 的垂心.

定理 5 在锐角 $\triangle AMN$ 中,$\angle A=45^\circ$,作 $AH\perp MN$ 于 H,则

(1)$\triangle AMN$ 可内接于一个以 A 为一个顶点,边长等于 AH 的正方形 $ABCD$.

(2)$\triangle AMN$ 可内接于一个以 A 为直角顶点,AH 为斜边上的高的直角 $\triangle ABC$.

事实上,(1) 分别以 AM,AN 为对称轴,作 AH 的对称线 AB,AD,延长 BM,DN 交于点 C,则可证得 $ABCD$ 为正方形,且边长等于 AH.

(2) 分别以 AM,AN 为角平分线,作 $\angle BAM=\angle MAH$,作 $\angle CAN=\angle NAH$,得 AB,AC 与 MN 两端的延长线交于 B,C,则可证 $\triangle ABC$ 为直角三角形.

定理 6 锐角 $\triangle ABC$ 中,$\angle A=45^\circ$,AD 为边 BC 上的高,则

$$\frac{AD^2+BD^2}{AD^2+DC^2}=\frac{AD+BD}{AD+DC}$$

证明 如图 2.417,将 AD 绕点 A 分别按顺时针、逆时针方向旋转 45° 并延长与直线 BC 分别交于点 M,N,则 $\triangle AMN$,$\triangle AMD$,$\triangle ADN$ 均为等腰直角三角形.

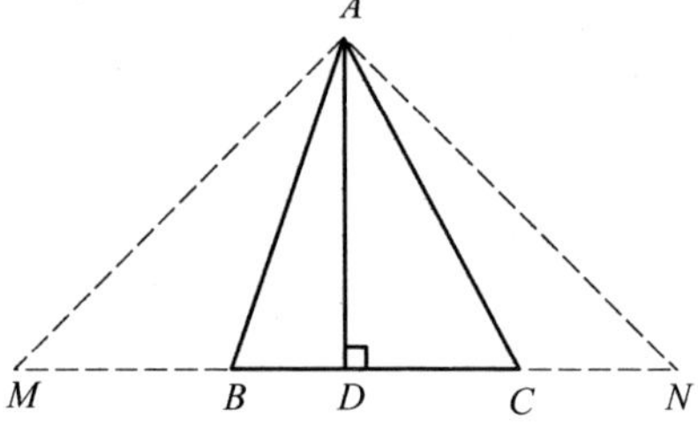

图 2.417

易证 $\triangle ABN\backsim\triangle CAM$,于是

$$\frac{S_{\triangle ABN}}{S_{\triangle CAM}}=\frac{BN}{CM}$$

$$\Rightarrow \frac{AB^2}{CA^2}=\frac{BN}{CM}$$

$$\Rightarrow \frac{AD^2+BD^2}{AD^2+CD^2}=\frac{BD+DN}{MD+DC}=\frac{BD+AD}{AD+DC}$$

❖直角三角形的充要条件[①]

定理 1　一个三角形为直角三角形的充要条件是两条边长的平方和等于第三边长的平方(勾股定理及其逆定理).

定理 2　一个三角形为直角三角形的充要条件是一边上的中线长等于该边长的一半.

定理 3　$\triangle ABC$ 为直角三角形,且 C 为直角顶点的充要条件是当 C 在边 AB 上的射影为 D 时,下列五个等式之一成立.

(1) $AC^2=AD\cdot AB$.

(2) $BC^2-BD\cdot AB$.

(3) $CD^2=AD\cdot DB$.

(4) $\frac{BC^2}{CD^2}=\frac{AB}{AD}$.

(5) $\frac{AC^2}{CD^2}=\frac{AB}{DB}$.

事实上,由 $\frac{BC^2}{CD^2}=\frac{AB}{AD}\Rightarrow\frac{BC^2-CD^2}{CD^2}=\frac{AB-AD}{AD}\Rightarrow\frac{DB^2}{CD^2}=\frac{DB}{AD}$,即 $CD^2=AD\cdot DB$.即可证得(4)的充分性.

其余的证明略.

定理 4　非等腰 $\triangle ABC$ 为直角三角形,且 C 为直角顶点的充要条件是当 C 在边 AB 上的射影为 D 时,$\frac{AC^2}{BC^2}=\frac{AD}{DB}$.

证明　必要性显然(略),只证充分性.由

$$\frac{AD}{DB}=\frac{AC^2}{BC^2}=\frac{AD^2+CD^2}{CD^2+DB^2}$$

有

$$(CD^2-AD\cdot DB)(AD-DB)=0$$

而 $AD\neq DB$,即有 $CD^2=AD\cdot DB$.由此即可证.

定理 5　$\triangle ABC$ 为直角三角形,且 C 为直角顶点的充要条件是当 C 在边

① 沈文选.平面几何证明方法全书[M].哈尔滨:哈尔滨工业大学出版社,2006:351-354.

AB 上的射影为点 D,过 CD 中点 P 的直线 AP(或 BP)交 BC(或 AC)于 E,E 在 AB 上的射影为 F 时,$EF^2=CE\cdot EB$(或 $EF^2=CE\cdot EA$).

证明 必要性.如图 2.418,过 D 作 $DG\parallel AE$ 交 BC 于 G,则 $CE=EG$,且 $\frac{AD}{DB}=\frac{EG}{GB}$,即有

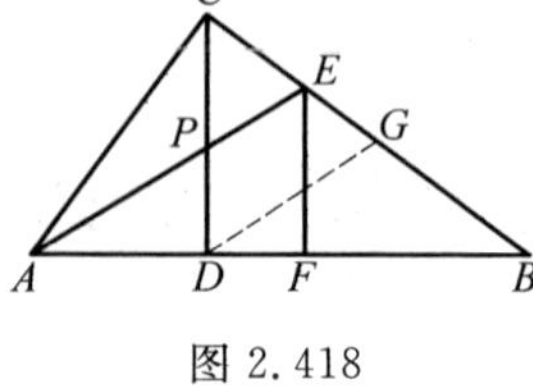

图 2.418

$$\frac{AD}{AD+DB}=\frac{EG}{EG+BG}$$

即
$$\frac{AD}{AB}=\frac{CE}{EB} \quad ①$$

又 $EF\parallel CD$,有

$$\frac{EF}{CD}=\frac{EB}{CB} \quad ②$$

在 $\mathrm{Rt}\triangle ABC$ 中,有

$$CD^2=AD\cdot DB, BC^2=DB\cdot AB \quad ③$$

将 ③ 代入 $②^2$ 得

$$EF^2=\frac{EB^2\cdot AD}{AB} \quad ④$$

将 ① 代入 ④ 得

$$EF^2=CE\cdot EB$$

充分性.由 $EF^2=CE\cdot EB$,注意到 $②^2$ 及 ①,有

$$\frac{BC^2}{CD^2}=\frac{AB}{AD}$$

再注意到定理 3(4) 即证.

对于 $EF^2=CE\cdot EA$ 的情形也类似上述证明.

定理 6 $\triangle ABC$ 为直角三角形,且 C 为直角顶点的充要条件是当 D 为边 AB 上异于端点的任一点时,$(AB\cdot CD)^2=(AC\cdot BD)^2+(BC\cdot AD)^2$.

证明 必要性.如图 2.419,作 $BK\parallel DC$ 交 AC 的延长线于 K,则

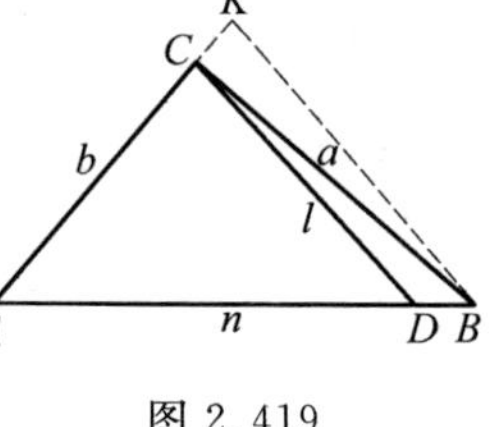

图 2.419

$$BK=\frac{AB}{AD}\cdot CD, CK=\frac{BD}{AD}\cdot AC$$

由 $BK^2=CK^2+BK$.将前述式代入上式化简即可证.

充分性.令 $BC=a,AC=b,AB=c,CD=l,AD=n,DB=m$,在 $\triangle ABC$ 与 $\triangle ADC$ 中,应用余弦定理得

$$-\frac{m^2+l^2-a^2}{2ml}=\frac{n^2+l^2-b^2}{2nl}$$

注意到 $m+n=c$，化简得

$$cl^2+cmn=na^2+mb^2$$

所以 $c^2l^2+c^2mn=(na^2+mb^2)(m+n)=mn(a^2+b^2)+b^2m^2+a^2n^2$

而已知有 $c^2l^2=b^2m^2+a^2n^2$，从而 $c^2=a^2+b^2$ 即证.

定理 7　设 m_x,h_x 分别表示三角形顶点 x 所对边上的中线长，高线长. $\triangle ABC$ 为直角三角形，且 C 为直角顶点的充要条件是下列两式之一成立.

(1)$m_A^2+m_B^2=5m_C^2$.

(2)$h_A\cdot h_B=h_C\cdot\sqrt{h_A^2+h_B^2}$.

证明提示　(1) 注意到三角形的中线长公式(如 $m_A^2=\frac{1}{4}(2b^2+2c^2-a^2)$)及定理 1 即证.

(2) 注意到面积关系 $\frac{h_A}{\frac{1}{a}}=\frac{h_B}{\frac{1}{b}}=\frac{h_C}{\frac{1}{c}}$ 及定理 1 即证.

定理 8　$\triangle ABC$ 为直角三角形，且 C 为直角顶点的充要条件是下列两个条件之一成立.

(1) $\angle C$ 平分线平分边 AB 上的中线与高线所夹的角.

(2) 设 m_C,h_C,t_C 分别为 $\angle C$ 所对边上的中线长，高线长及 $\angle C$ 的平分线长时，$(m_C+h_C)t_C=2m_C\cdot h_C^2$.

证明　(1) 必要性. 由 $B=\angle ACH=\angle MCB$ 及 $\angle ACT=\angle TCB$ 即证.

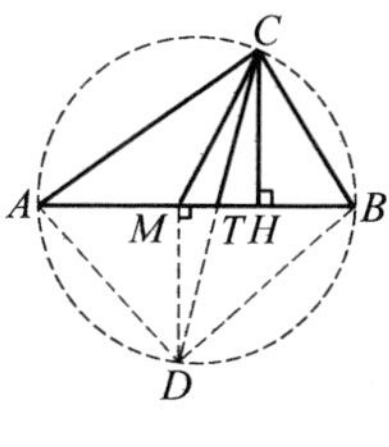

图 2.420

充分性. 作 $\triangle ABC$ 的外接圆，延长 CT 交圆于 D，联结 AD,BD，如图 2.420 所示. 由 $\angle ACT=\angle TCB$，有 $AD=DB$，从而 $DM\perp AB$. 又 $CH\perp AB$，故 $DM\parallel HC$. 由 $\angle MCT=\angle TCH=\angle TDM$，有 $MD=MC$，即知 M 为 $\triangle ABC$ 外接圆圆心，即有 $MA=MB=MC$，由此即证.

(2) $\mathrm{Rt}\triangle CMH$ 中，由角平分线的判定与性质知，CT 平分 $\angle MCH$ 的充要条件是 $TH=\frac{MH\cdot CH}{CM+CH}$. 而

$$\text{定理 }8(1)\Leftrightarrow TH=\frac{MH\cdot CH}{MC+CH}\Leftrightarrow CT^2=h_A^2+TH^2=\frac{2m_A\cdot h_A^2}{m_A+h_A^2}\Leftrightarrow$$

$$(m_A+h_A)\cdot t_A^2\Leftrightarrow 2m_A\cdot h_A^2$$

定理 9　在 $\triangle ABC$ 中，D 在 AB 上，$AD=\lambda AB$，$BC=a$，$CA=b$，$CD=m$，则

$C=90^\circ$ 的充要条件是 $m^2=\lambda^2a^2+(1-\lambda)^2b^2(0<\lambda<1)$.①

证明 设$\overrightarrow{CA}=\boldsymbol{b}$,$\overrightarrow{CB}=\boldsymbol{a}$,则

$\overrightarrow{AB}=\boldsymbol{a}-\boldsymbol{b}$,$\overrightarrow{AD}=\lambda\overrightarrow{AB}=\lambda(\boldsymbol{a}-\boldsymbol{b})$,$\overrightarrow{CD}=\overrightarrow{CA}+\overrightarrow{AD}=\lambda\boldsymbol{a}+(1-\lambda)\boldsymbol{b}$

$$(\overrightarrow{CD})^2=(\lambda\boldsymbol{a}+(1-\lambda)\boldsymbol{b})^2$$

则
$$m^2=\lambda^2\boldsymbol{a}^2+(1-\lambda)^2\boldsymbol{b}^2+2\lambda(1-\lambda)\boldsymbol{a}\cdot\boldsymbol{b}$$

$C=90^\circ$ 的充要条件为 $\boldsymbol{a}\cdot\boldsymbol{b}=0$,即

$$m^2=\lambda^2\boldsymbol{a}^2+(1-\lambda)^2\boldsymbol{b}^2$$

定理 10 如图 2.421,在 $\triangle ABC$ 中,T 为 AB 上异于 A,B 的点,$AT=d$,$BT=e$,$CT=t$,$\angle CTB=\alpha$,则$\angle ACB=90^\circ$ 的充要条件是②

$$t^2+t(d-e)\cos\alpha-de=0 \quad ①$$

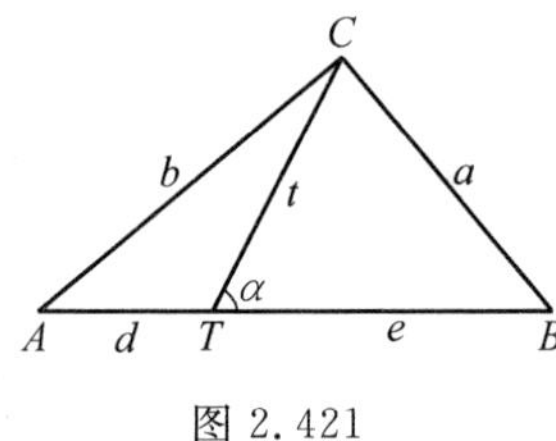

图 2.421

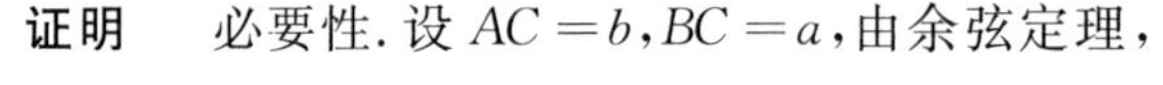

证明 必要性.设 $AC=b$,$BC=a$,由余弦定理,得

$$a^2=t^2+e^2-2te\cos\alpha \quad ②$$

$$b^2=t^2+d^2+2td\cos\alpha \quad ③$$

②,③ 两式相加,由于 $\angle ACB=90^\circ$,得

$$(d+e)^2=a^2+b^2=d^2+e^2+2t^2+2t(d-e)\cos\alpha$$

整理即得 ①.

充分性.由 ① 出发,得

$$(d+e)^2=d^2+e^2+2t^2+2t(d-e)\cos\alpha$$

应用余弦定理,得

$$(d+e)^2=a^2+b^2$$

故
$$\angle ACB=90^\circ$$

定理 11 如图 2.422,$\triangle ABC$ 中,$CD\perp AB$ 于 D,$\triangle ABC$ 的内切圆半径为 r;$\triangle ABC$,$\triangle ADC$,$\triangle BCD$ 的内心分别为 I,I_1,I_2,$\triangle II_1I_2$ 的外接圆半径为 R_0,则$\triangle ABC$ 为直角三角形的充要条件是 $R_0=r$.③

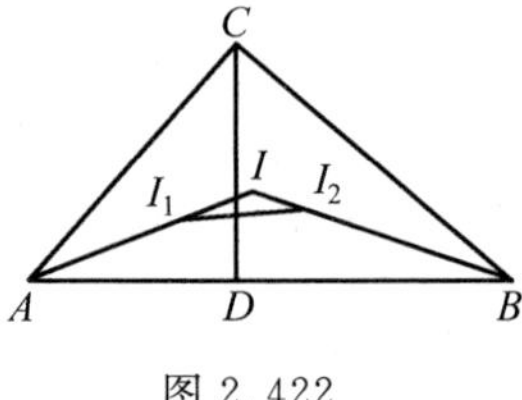

图 2.422

证明 必要性.设 $\triangle ADC$,$\triangle BCD$ 的内切圆半径分别为 r_1,r_2,$\angle ACB=90^\circ$,则

---

① 刘定勇.直角三角形若干判定条件的统一[J].中学数学教学参考,2006(9):54.

② 杨喜平.判定直角三角形的又一充要条件[J].中学数学教学参考,2006(9):54.

③ 邹黎明,唐建忠.直角三角形的一个性质[J].中学数学,2003(5):49.

$$\angle AIB = 90^\circ + \frac{1}{2}\angle ACB = 135^\circ$$

又 $I_1I_2 = \sqrt{DI_1^2 + DI_2^2} = \sqrt{2(r_1^2 + r_2^2)}$，可推知当 $\angle ACB = 90^\circ$ 时，$r_1^2 + r_2^2 = r^2$，则

$$I_1I_2 = \sqrt{2}r, 2R_0 = \frac{\sqrt{2}r}{\sin 135^\circ}$$

故
$$R_0 = r$$

充分性.作 $IK \perp AB$ 于 K，$I_1M \perp AB$ 于 M，$I_2N \perp AB$ 于 N，则

$$AK = \frac{1}{2}(AB + AC - BC), AM = \frac{1}{2}(AD + AC - DC)$$

则
$$MK = \frac{1}{2}(BD + DC - BC) = r_2 = I_2N$$

同理
$$KN = r_1 = I_1M$$

又 $\angle I_1MK = \angle KNI_2 = 90^\circ$，则

$$\triangle I_1MK \cong \triangle KNI_2$$

即
$$I_1K = KI_2, \angle I_1KM = \angle KI_2N$$

从而
$$\angle I_1KM + \angle I_2KN = \angle I_2KN + \angle KI_2N = 90^\circ$$

故
$$\angle I_1KI_2 = 90^\circ$$

由 $KI_1 = KI_2$ 知 K 在 I_1I_2 的中垂线上，又 $I_1K = r$，由 $\triangle II_1I_2$ 的外接圆半径$R_0 = r$，设外心为 K'. 则

$$IK' = r$$

由 $\angle AIB = 90^\circ + \frac{1}{2}\angle ACB > 90^\circ$，则 K，K' 都在 $\angle AIB$ 内.

因 K' 亦在 I_1I_2 的中垂线上，且 $IK = IK' = r$，则 K 与 K' 重合，即

$$\angle AIB + \frac{1}{2}\angle I_1KI_2 = 180^\circ$$

从而
$$\angle AIB = 135^\circ$$

又由 $\angle AIB = 90^\circ + \frac{1}{2}\angle ACB = 135^\circ$，故

$$\angle ACB = 90^\circ$$

定理 12 如图 2.423，$\triangle ABC$ 中，$CD \perp AB$ 于 D，$\triangle ACD$，$\triangle BCD$ 的内切圆分别切 AC，BC 于 E，F，则 $\triangle ABC$ 为直角三角形的充要条件是 $\angle EDF = 90^\circ$.①

① 邹黎明.数学问题 1591 题[J].数学通报，2006(2)：封 3.

证明 必要性.因为$\angle ACB=90°$,$CD\perp AB$,所以

$$\triangle ACD\backsim\triangle CDB$$

所以

$$\frac{AC}{BC}=\frac{CD}{BD}=\frac{AD}{CD}=\frac{AC+AD-CD}{BC+CD-BD}$$

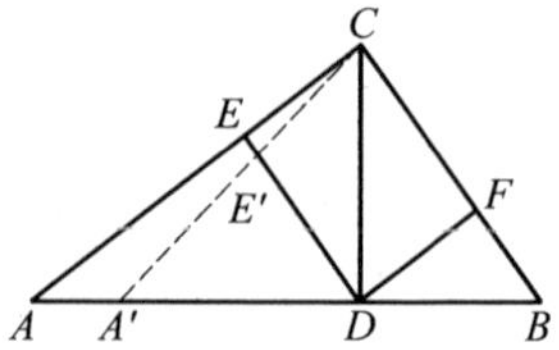

图 2.423

因为$AE=\frac{1}{2}(AC+AD-CD)$,$CF=\frac{1}{2}(CD+BC-BD)$,所以

$$\frac{AE}{CF}=\frac{AD}{CD}$$

又$\angle A=\angle DCB$,所以

$$\triangle ADE\backsim\triangle CDF$$

所以

$$\angle ADE=\angle CDF$$

所以

$$\angle EDF=\angle ADC=90°$$

充分性.在$\angle EDF=90°$的条件下,假设$\angle ACB\neq 90°$,设$\triangle ACD$内心为I_1,联结I_1E,过C作$A'C\perp BC$,设CA'交AB于A',作$\triangle A'CD$的内切圆I'_1切$A'C$于E',联结I'_1E'.

由前知$\angle E'DF=90°$,因为$\angle EDF=90°$,所以D,E,E'在一条直线上.

又D,I_1,I'_1在一条直线上,则

$$DI_1=\sqrt{2}I_1E,DI'_1=\sqrt{2}I'_1E'$$

在$\triangle I_1DE$中,设$\angle I_1DE=\alpha$,所以

$$\frac{I_1E}{\sin\alpha}=\frac{I_1D}{\sin\angle I_1ED},\frac{I'_1E'}{\sin\alpha}=\frac{I'_1D}{\sin\angle I'_1E'D}$$

因为$\frac{I_1E}{I_1E'}=\frac{DI_1}{DI'_1}$,所以

$$\sin\angle I_1ED=\sin\angle I'_1E'D$$

又$\angle EI_1D=360°-90°-45°-A=225°-A>90°$,$\angle E'I'D>90°$,所以

$$\angle I_1ED=\angle I'_1E'D$$

所以

$$I_1E\parallel I_1E'$$

又$I_1E\perp AC$,$I'_1E'\perp A'C$,所以

$$CA'\perp I_1E$$

矛盾,所以假设不成立,所以$\angle ACB=90°$.

定理 13 $\triangle ABC$为直角三角形的充要条件为$\triangle ABC$可以被分成两个彼

此无公共内点且都与 $\triangle ABC$ 相似的小三角形.①

证明 必要性.设 $C=90^{\circ}$,则由 C 引边 AB 上的高,就把 $\triangle ABC$ 分成了两个与 $\triangle ABC$ 相似且彼此无公共内点的三角形.

充分性.设 $\triangle ABC$ 被直线 PQ 分成了两个彼此无公共内点且都与 $\triangle ABC$ 相似的小三角形,我们要证 $\triangle ABC$ 是直角三角形.

首先,直线 PQ 必过 $\triangle ABC$ 的一个顶点(不妨设为点 C),否则 $\triangle ABC$ 将被分成一个三角形及一个四边形,由题设知 $\triangle BDC \backsim \triangle ADC \backsim \triangle ABC$,因为 $\angle ADC > \angle DBC$,$\angle ADC > \angle DCB$,所以由上式推出只能有 $\angle ADC = \angle BDC$,亦即 $CD \perp AB$,再根据上式知 $C=90^{\circ}$,即 $\triangle ABC$ 是直角三角形.

❖直角三角形的性质定理

定理 1 在 $Rt\triangle ABC$ 中,CD 是斜边上的高,记 I_1, I_2, I 分别是 $\triangle ADC$,$\triangle BCD$,$\triangle ABC$ 的内心,I 在 AB 上的射影为 O_1,$\angle CAB$,$\angle ABC$ 的平分线分别交 BC,AC 于 P,Q,PQ 与 CD 相交于 O_2,则四边形 $I_1O_1I_2O_2$ 为正方形.②

证明 如图 2.424,不妨设 $BC \geqslant AC$.由题设,有

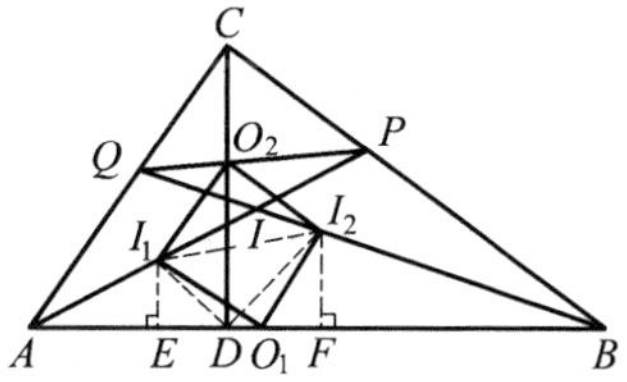

$$Rt\triangle ADC \backsim Rt\triangle CDB$$

所以

$$\frac{AC}{BC}=\frac{I_1D}{I_2D}$$

图 2.424

又 $\angle I_1DI_2=90^{\circ}=\angle ACB$,从而

$Rt\triangle DI_1I_2 \backsim Rt\triangle CAB$,$\angle I_2I_1B=\angle CAB$ ①

记 $\triangle ADC$,$\triangle BCD$ 内切圆半径分别为 r_1, r_2,$AB=c$,$BC=a$,$CA=b$,$AD=x$,$BD=y$,$CD=z$,则

$$r_1=\frac{x+z-b}{2}, r_2=\frac{y+z-a}{2}, AO_1=\frac{b+c-a}{2}$$

(注意 O_1 为 $\triangle ABC$ 内切圆在 AB 上的切点),从而

$$DO_1=AO_1-AD=\frac{b+c-a}{2}-x=r_2-r_1$$

$$EO_1=r_1+(r_2-r_1)=r_2, FO_1=r_1$$

由勾股定理,有

① 南秀全.三角形的剖分及应用[J].中学数学,1992(3):44-47.

② 羊明亮,沈文选.数学问题 666 题[J].数学教学,2006(4):48.

$$I_1O_1^2 = I_1E_1^2 + O_1E^2 = r_1^2 + r_2^2$$

同理
$$I_2O_1^2 = r_1^2 + r_2^2$$

又 $I_1I_2^2 = (r_2 - r_1)^2 + (r_2 + r_1)^2 = 2(r_1^2 + r_2^2) = I_1D^2 + I_2D^2$,所以 $\triangle O_1I_1I_2$ 为等腰直角三角形,且 D,O_1,I_2,I_1 四点共圆,则

$$\angle I_2O_1B = \angle I_2I_1D \quad ②$$

由 ①,② 可知

$$\angle I_2O_1B = \angle CAB, O_1I_2 \parallel AC$$

同理 $O_1I_1 \parallel BC$,所以

$$\frac{AI_1}{I_1P} = \frac{AO_1}{BO_1} = \frac{\frac{1}{2}(b+c-a)}{\frac{1}{2}(c+a-b)} = \frac{b+c-a}{c+a-b}$$

由角平分线定理,有

$$CP = \frac{ab}{b+c}, CQ = \frac{ab}{a+c}$$

另一方面

$$\frac{QO_2}{O_2P} = \frac{S_{\triangle CQO_2}}{S_{\triangle CPO_2}} = \frac{\frac{1}{2}CQ \cdot CO_2 \sin\angle ACD}{\frac{1}{2}CP \cdot CO_2 \sin\angle BCD} = \frac{b(b+c)}{a(a+c)}$$

因此
$$O_2I_1 \parallel CA \Leftrightarrow \frac{AI_1}{I_1P} = \frac{QO_2}{O_2P} \Leftrightarrow \frac{b+c-a}{c+a-b} = \frac{b(b+c)}{a(a+c)}$$

因为
$$\begin{aligned}&a(a+c)(b+c-a) - b(b+c)(c+a-b) = \\&a^2b - a^3 + ac^2 - ab^2 + b^3 - bc^2 = \\&a^2b - a^3 + a(a^2+b^2) - ab^2 + b^3 - b(a^2+b^2) = 0\end{aligned}$$

故 $O_2I_1 \parallel CA$.同理 $O_2I_2 \parallel BC$,四边形 $I_1O_1I_2O_2$ 为平行四边形,又

$$I_1O_1 = I_2O_1, I_1O_1 \perp I_2O_1$$

故四边形 $I_1O_1I_2O_2$ 为正方形.

定理 2 如图 2.425,在 $Rt\triangle ABC$ 中,CD 为斜边 AB 上的高,I_1,I_2 分别为 $\triangle ACD$ 和 $\triangle CDB$ 的内心,过 I_1,I_2 的直线交 AC 于 M,交 BC 于 N;延长 CI_1 交 AD 于 P,延长 CI_2 交 DB 于 Q;设 I 为 $\triangle ABC$ 的内心,则①

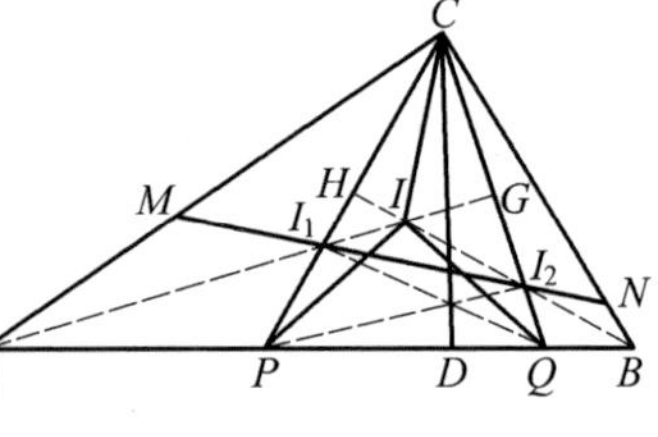

图 2.425

(1) $\angle PCQ = 45°$.

① 田永海.由一个简单图形构造的若干命题[J].中学数学月刊,1988(11):16-18.

(2) $AQ=AC,BP=BC$.

(3) $CM=CD=CN$，且 $MI_1^2+I_2N^2=I_1I_2^2$.

(4) 三直线 PI_2,QI_1,CD 共点.

(5) $CI\perp I_1I_2$，且 $CI=I_1I_2$.

(6) $\angle PIQ=90°$.

证明 (1) $\angle PCQ=\frac{1}{2}\angle ACD+\frac{1}{2}\angle DCB=\frac{1}{2}\angle ACB=45°$.

(2) 由 $\angle ACQ=\angle ACD+\frac{1}{2}\angle DCB=B+\frac{1}{2}\angle DCB=\angle AQC$，知

$$AQ=AC$$

同理
$$BP=BC$$

(3) 由 $\mathrm{Rt}\triangle ADC\backsim\mathrm{Rt}\triangle CDB$，有

$$\frac{DI_1}{DI_2}=\frac{AC}{BC}$$

又 $\angle I_1DI_2=\frac{1}{2}\angle ADB=90°=\angle ACB$，则

$$\triangle I_1DI_2\backsim\triangle ACB$$

即
$$\angle I_2I_1D=\angle A$$

故 M,A,D,I_1 共圆，则

$$\angle CMI_1=\angle ADI_1=\angle CDI_1=45°$$

于是
$$MI_1=DI_1,I_2N=DI,\triangle CMI_1\cong\triangle CDI_1$$

即
$$CM=CD,MI_1=DI_1$$

同理
$$CN=CD,I_2N=DI$$

在 $\mathrm{Rt}\triangle I_1DI_2$ 中，有

$$I_1D^2+I_2D^2=I_1I_2^2$$

由此即证得
$$MI_1^2+I_2N^2=I_1I_2^2$$

(4) 由 $AQ=AC$，及 I_1 在 $\angle A$ 的平分线上，则 I_1 在 CQ 的中垂线上，即 $CI_1=I_1Q$，又 $\angle PCQ=45°$，则 $\angle CI_1Q=90°$. 同理 $\angle CI_2P=90°$，故 PI_2 与 QI_1 相交于 $\triangle CPQ$ 的垂心，而 $CD\perp PQ$，故 CD 过此垂心，即三直线 PI_2,QI_1,CD 共点.

(5) 联结 AI,BI，易知 I_1,I_2 分别在 AI,BI 上，且有 $AI\perp CQ,BI\perp PC$，即 I 为 $\triangle CI_1I_2$ 的垂心，得 $CI\perp I_1I_2$.

又 $\angle I_1CI_2=45°$，设 I_1I 交 CI_2 于 G，有 $CG=I_1G$，则

$$\mathrm{Rt}\triangle CIG\cong\mathrm{Rt}\triangle I_1I_2G$$

故
$$CI=I_1I_2$$

(6) 延长 AI 交 CQ 于 G，延长 BI 交 CP 于 H，则 I_1，I_2 分别在 AG，BH 上. 由 $AC=AQ$，$BC=BP$，可知 AG 为 QC 的中垂线，BH 为 CP 的中垂线，有

$$IQ=IC，IP=IC$$

即

$$IP=IQ=IC$$

故 I 为 $\triangle CPQ$ 的外心，于是

$$\angle PIQ=2\angle PCQ=\angle ACB=90^\circ$$

即

$$\angle PIQ=90^\circ$$

定理 3　在 $\mathrm{Rt}\triangle ABC$ 中，C 为直角.①

(1) 设内角 A，B，C 所对的边长分别为 a，b，c，记 $p=\frac{1}{2}(a+b+c)$，则

$$S_{\triangle ABC}=p(p-c)=(p-a)(p-b)=\frac{1}{2}ab$$

(2) 设 AB 被内切圆切点 D 分为两段，则 $S_{\triangle ABC}=AD\cdot DB$.

证明　(1) 略.

(2) 设内切圆半径为 r，由

$$\frac{1}{2}(AD+r)(DB+r)=\frac{1}{2}(AB+BC+AC)r=(AD+DB+r)r$$

即

$$AD\cdot DB=(AD+DB+r)r=S_{\triangle ABC}$$

定理 4　如图 2.426，在 $\mathrm{Rt}\triangle ABC$ 中，$\angle C$ 为直角，$CD\perp AB$ 于 D，$\triangle ACB$，$\triangle ADC$，$\triangle CDB$ 的内心分别为 I，I_1，I_2；圆 I_1 与圆 I_2 的另一条外公切线交 CD 于 G，交 AC 于 E，交 BC 于 F；I_1I_2 所在直线交 CD 于 K，交 AC 于 M，交 BC 于 N；设圆 I，圆 I_1，圆 I_2 的半径分别为 r，r_1，r_2，则

(1) $\triangle I_1DI_2\backsim\triangle ACB$.

(2) $I_1G=I_2G$.

(3) $\triangle CEF\backsim\triangle CBA$.

(4) $r_1^2+r_2^2=r^2$.

(5) 当 $\triangle ABC$，$\triangle ADC$，$\triangle CDB$ 的半周长分别为 p，p_1，p_2 时，$(p_1\pm r_1)^2+(p_2\pm r_2)^2=(p+r)^2$.

(6) C，I，I_1，I_2 为一垂心组.

(7) $S_{\triangle ABC}\geqslant 2S_{\triangle MCN}$.

(8) 以边 AB 上的中线 HC 为直径的圆必与内切圆 I 相切.

(9) $CG=p-c=r$，$r_1+r_2+r=CD$.

(10) $\angle AI_2C=\angle BI_1C$.

① 沈文选. 平面几何证明方法全书[M]. 哈尔滨：哈尔滨工业大学出版社，2006：354-357.

(11) 设 $\triangle DI_1I_2$ 的内心为 O_3，则 $II_1O_3I_2$ 为平行四边形.

(12) 延长 O_3I_1 交 AC 于 S，延长 O_3I_2 交 BC 于 T，则 S,I,T 三点共线.

(13) 设圆 I_1 切 AC 于 P，圆 I_2 切 BC 于 Q，圆 I_1 与圆 I_2 的另一条内公切线（不同于 CD）交 AB 于 L，则 P,I_1,L 及 Q,I_2,L 分别三点共线.

(14) 延长 AI 交 BC 于 U，延长 BI 交 AC 于 V，则 $S_{ABUV}=2S_{\triangle AIB}$.

(15) $\frac{1}{BC}+\frac{1}{AC}=\frac{1}{CK}$.

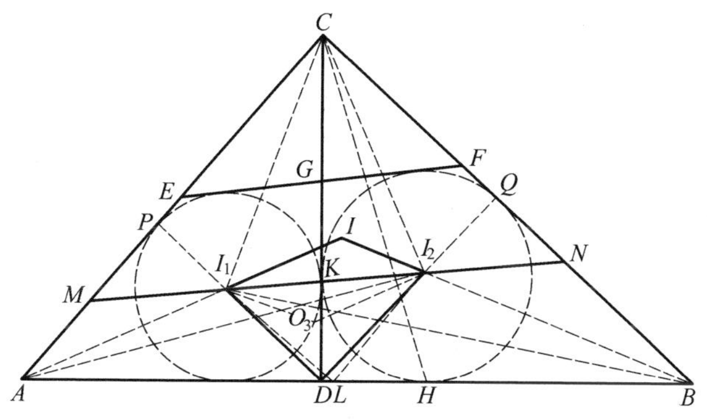

图 2.426

证明 (1) 由 $\mathrm{Rt}\triangle ADC\backsim\mathrm{Rt}\triangle BDC$ 知

$$\frac{I_1D}{I_2D}=\frac{AC}{BC}$$

而 $\angle I_1DI_2=90^\circ$，故

$$\mathrm{Rt}\triangle I_1DI_2\backsim\mathrm{Rt}\triangle ACB$$

(2) 由 $\angle I_1DI_2=90^\circ=\angle I_1GI_2$，知 I_1,D,I_2,G 共圆，从而

$$\angle I_1I_2G=\angle I_1DG=45^\circ=\angle I_2DG=\angle I_2I_1G$$

故

$$I_1G=I_2G$$

(3) 由 $\angle I_1I_2G=45^\circ=\angle I_2NC$，知

$$I_2G\parallel NC$$

故

$$\angle CFE=\angle FGI_2=\angle I_2GD=\angle I_2I_1D=A$$

同理，$\angle CEF=B$，故 $\triangle CEF\backsim\triangle CBA$.

由上亦推之 A,B,F,E 四点共圆.

(4)，(5) 由 $\mathrm{Rt}\triangle ACB\backsim\mathrm{Rt}\triangle ADC\backsim\mathrm{Rt}\triangle BDC$，知

$$\frac{S_{\triangle ADC}}{S_{\triangle ACB}}=\frac{r_1^2}{r^2}=\frac{p_1^2}{p^2},\frac{S_{\triangle BDC}}{S_{\triangle ACB}}=\frac{r_2^2}{r^2}=\frac{p_2^2}{p^2}$$

而 $S_{\triangle ADC}+S_{\triangle BDC}=S_{\triangle ACB}$，从而有

$$r_1^2+r_2^2=r^2,p_1^2+p_2^2=p^2,r_1p_1+r_2p_2=rp$$

前两式之和加或减第三式的 2 倍即证得(7).

(6) 设 BI 的延长线交 CI_1 于 T，由 $\angle I_1II_2=135^\circ$，知 $\angle I_1IT=45^\circ=\angle CI_1I$，从而知 $I_2I\perp CI_1$. 同理 $I_1I\perp CI_2$，即知 I 为 $\triangle CI_1I_2$ 的垂心，故 C,I,I_1,I_2 为一垂心组.

(7) 设 H 为 AB 中点，则 $CD\leqslant CH$. 由(2)，则

$$S_{\triangle ABC}=\frac{1}{2}AB\cdot CD=AH\cdot CD\geqslant CD^2$$

$$S_{\triangle MCN}=\frac{1}{2}CM\cdot CN=\frac{1}{2}CD^2$$

故
$$S_{\triangle ABC}\geqslant 2S_{\triangle MCN}$$

(8) 由于 H 为 AB 的中点，则 H 为 $\mathrm{Rt}\triangle ABC$ 的外心. 设 HC 的中点为 S，则圆 I 与圆 S 相切 $\Leftrightarrow IS^2=(r-SC)^2=(r-\frac{R}{2})^2$(其中 R 为 $\triangle ABC$ 的外接圆半径)，注意到 IS 为 $\triangle IHC$ 的中线，则

$$4IS^2=2CI^2+2IH^2-CH^2=4r^2+2(R^2-2Rr)-R^2=(R-2r)^2$$

其中，$IH^2=R^2-2Rr$，即 $IS^2=(\frac{R}{2}-r)^2$，由此即证.

(9) 利用切线长关系即可推得前式，后式由内切圆半径与边长关系即可推得.

(10) 由

$$\angle AI_1D=90^\circ+\frac{1}{2}\angle ACD=90^\circ+\frac{1}{2}\angle ABC,\angle ABI_2=\frac{1}{2}\angle ABC$$

知
$$\begin{aligned}\angle AI_1I_2+ABI_2=&(\angle AI_1D+\angle DI_1I_2)+\angle ABI_2=\\&90^\circ+\frac{1}{2}\angle ABC+\angle BAC+\frac{1}{2}\angle ABC=\\&90^\circ+\angle ABC+\angle BAC=180^\circ\end{aligned}$$

从而知 A,B,I_2,I_1 四点共圆，则有

$$\angle AI_2B=\angle AI_1B$$

又 $\angle BI_2C=90^\circ+\frac{1}{2}\angle BDC=90^\circ+\frac{1}{2}\angle ADC=\angle AI_1C$，故

$$\begin{aligned}\angle AI_2C=&360^\circ-\angle AI_2B-\angle BI_2C=\\&360^\circ-\angle AI_1B-\angle AI_1C=\angle BI_1C\end{aligned}$$

(11) 由 $CM=CD=NC$ 及(5)知，$AI_1\ /\!/\ DN$(因 $DN\perp CI_2$，$I_1I\perp CI_2$). 又

$$\angle DI_2O_3=\frac{1}{2}\angle I_1I_2D=\frac{1}{2}\angle B=\angle NBI_2=\angle NDI_2$$

从而 $$DN \parallel O_3I_2$$
即有 $$I_1I \parallel O_3I_2$$

同理,$O_3I_1 \parallel I_2I$.故 $II_1O_3I_2$ 为平行四边形.

(12) 因 $II_1O_3I_2$ 为平行四边形,则 $II_2=I_1O_3=SI_1$,$II_1=O_3I_2=I_2T$,$\angle SI_1I=\angle I_1II_2=\angle II_2T$,从而 $\triangle SI_1I \cong \triangle I_2II_1 \cong \triangle II_2T$,有

$$\angle SII_1=\angle II_1I_2,\angle TII_2=\angle II_2I_1$$

即 $$\angle SII_1+\angle I_1II_2+\angle I_2IT=180^\circ$$

故 S,I,T 三点共线.

(13) 由 $\angle I_1LI_2=\frac{1}{2}\times 180^\circ=90^\circ$,知 I_2,L,D,I_1,四点共圆,则 $\angle ILD$ 或 $\angle I_2DL=\angle I_2I_1D=A$,即 $I_2L \parallel CA$.又 $AC\perp BC$,则 $I_2L\perp BC$.又 $I_2Q\perp BC$,则 L,I_2,Q 三点共线.同理 P,I_1,L 三点共线.

(14) 注意到 $ab=2pr=2p(p-c)$.$CU=\frac{ab}{b+c}$,$CV=\frac{ab}{a+c}$,由

$$S_{ABUV}=S_{\triangle ABC}-S_{\triangle CUV}=\frac{abcp}{(a+c)(b+c)}=cr$$

即证.

(15) 证法 1.令 $\angle ACD=\alpha$,则 $\angle DCB=90^\circ-\alpha$,由张角定理,有

$$\frac{\sin 90^\circ}{CK}=\frac{\sin(90^\circ-\alpha)}{CM}+\frac{\sin\alpha}{CN}$$

而 $$\sin(90^\circ-\alpha)=\sin A=\frac{CD}{AC}=\frac{CM}{AC}$$

$$\sin\alpha=\sin B=\frac{CD}{BC}=\frac{CN}{BC}$$

于是 $$\frac{1}{CK}=\frac{1}{AC}+\frac{1}{BC}$$

证法 2.延长 AC 至 R,使 $CR=CB$.

由 $AM=AN$,知

$$\triangle BAR \backsim \triangle KCN$$

从而 $$AR\cdot CK=AB\cdot CN$$
即 $$(AC+CR)\cdot CK=AB\cdot CD$$
亦即 $$(AC+CB)\cdot CK=AC\cdot CB$$
故 $$\frac{1}{CK}=\frac{1}{AC}+\frac{1}{BC}$$

定理5[①] 如图2.427,设Rt$\triangle ABC$(A为直角)的内切圆I与$\triangle ABC$的三边分别切于D,E,F,$\triangle DEF$,$\triangle BDF$,$\triangle CDE$的垂心分别为H_1,H_2,H_3.则$\triangle H_1H_2H_3$是等腰直角三角形.

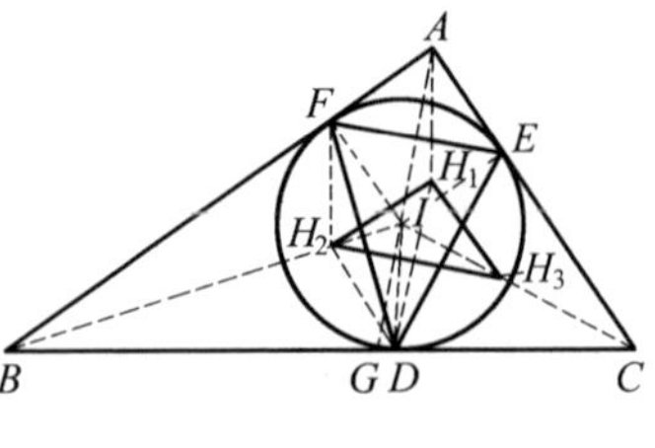

图2.427

证明 延长AI交BC于G,联结BI,CI,由已知得H_2,H_3分别在BI,CI上.其余连线如图2.261所示.

易知$AEIF$是正方形,所以

$$\angle EIF=90^\circ$$

且

$$AI=EF$$

又因为$\angle EDF=\frac{1}{2}\angle EIF=45^\circ$,$H_1$是$\triangle DEF$的垂心,由含$45^\circ$角的三角形性质定理2知$DH_1=EF$,所以$AI=DH_1$.

另一方面

$$\angle AGC=\angle BAG+B=45^\circ+B$$

$$\angle H_1DC=\angle H_1DE+\angle EDC=(90^\circ-\angle DEF)+(90^\circ-\frac{C}{2})=$$

$$(90^\circ-\frac{1}{2}\angle DIF)+90^\circ-(45^\circ-\frac{B}{2})=$$

$$90^\circ-\frac{1}{2}(180^\circ-B)+45^\circ+\frac{B}{2}=$$

$$45^\circ+B$$

所以

$$\angle AGC=\angle H_1DC$$

即得

$$AI\parallel DH_1$$

从而$AIDH_1$是平行四边形,所以

$$AH_1 \underline{\underline{\parallel}} DI \qquad ③$$

又因为

$$\angle IH_2D=\frac{B}{2}+\angle H_2DB=\frac{B}{2}+90^\circ-B=90^\circ-\frac{B}{2}$$

$$\angle BID=90^\circ-\frac{\angle B}{2}$$

所以

$$DI=DH_2$$

且因为H_2是等腰$\triangle DBF$的垂心,所以$DH_2=FH_2$,所以$DI=FH_2$.

① 闵飞.数学问题1712号[J].数学通报.2008(2):64-65.

同时因为 DI, FH_2 都垂直 BC,所以

$$DI \mathrel{\underline{\underline{/\!/}}} FH_2 \qquad ④$$

由③,④知 $AH_1 /\!/ FH_2$,所以 AH_1H_2F 是平行四边形,所以 $AF \mathrel{\underline{\underline{/\!/}}} H_1H_2$. 同理 $AE \mathrel{\underline{\underline{/\!/}}} H_1H_3$.

结合 $\triangle AEF$ 是等腰直角三角形. 知 $\triangle H_1H_2H_3$ 是等腰直角三角形.

定理 6 设 AD 是 $\text{Rt}\triangle ABC$ 斜边 BC 上的高(设 $AB < AC$),I_1, I_2 分别是 $\triangle ABD, \triangle ACD$ 的内心,$\triangle AI_1I_2$ 的外接圆 O 分别交 AB, AC 于点 E, F,直线 EF 与直线 BC 交于点 M,则 I_1, I_2 分别是 $\triangle ODM$ 的内心与旁心.

证明 如图 2.428,因 $\angle BAC = 90^\circ$,则知 $\triangle AI_1I_2$ 的外接圆圆心 O 在 EF 上. 联结 OI_1, OI_2, I_1D, I_2D,则由 I_1, I_2 为内心,知 $\angle I_1AI_2 = 45^\circ$,所以

$$\angle I_1OI_2 = 2\angle I_1AI_2 = 90^\circ = \angle I_1DI_2$$

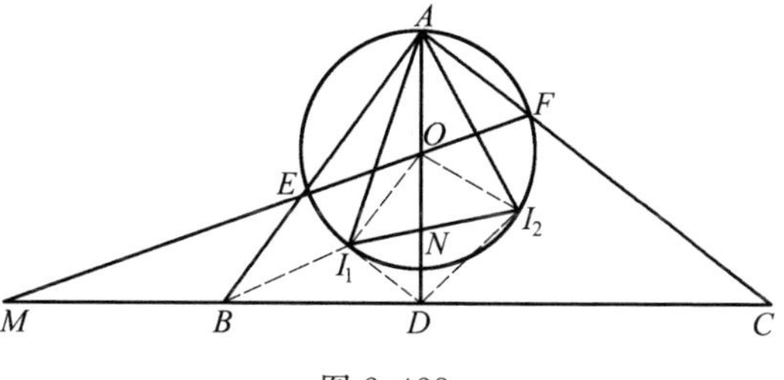

图 2.428

于是 O, I_1, D, I_2 四点共圆,所以

$$\angle I_2I_1O = \angle I_1I_2O = 45^\circ$$

又因为 $\angle I_2DO = \angle I_2I_1O = 45^\circ = \angle I_2DA$,则知点 O 在 AD 上,即 O 为 EF 与 AD 的交点.

设 AD 与圆 O 的另一交点为 N,由 $\angle EAI_1 = \angle I_1AN, \angle NAI_2 = \angle FAI_2$,可知 I_1, I_2 分别为 $\overset{\frown}{EN}, \overset{\frown}{NF}$ 的中点,所以

$$\angle EOI_1 = \angle DOI_1, \angle DOI_2 = \angle FOI_2$$

因此,I_1, I_2 分别为 $\triangle OMD$ 的内心与旁心.

注 由定理 6 知 EF 为圆 I_1 与圆 I_2 的公切线,且可推证 N 为 $\triangle DI_1I_2$ 的内心.

定理 7 在 $\text{Rt}\triangle ABC$ 中,$\angle C = 90^\circ$,点 P, Q, R 分别为边 BC, CA, AB 上的旁切圆的切点,设 O_c 为 $\triangle PQR$ 的外心,则 O_C 在 $\triangle ABC$ 的外接圆上.

证明 设 I 为 $\text{Rt}\triangle ABC$ 的内心,延长 AI 交 BC 于点 E,延长 BI 交 AC 于点 F. 令 $BC = a, CA = b, AB = c$,则

$$\frac{BA}{BE} = \frac{AI}{IE} = \frac{b+c}{a}$$

$$\frac{BR}{BP} = \frac{\frac{1}{2}(b+c-a)}{\frac{1}{2}(a+b-c)} = \frac{b+c-a}{a+b-c} = \frac{b+c}{a} = \frac{BA}{BE}$$

知 $RP \parallel AE$.

类似地,$RQ \parallel BF$. 于是

$$\angle PRQ = \angle AIB = 90^\circ + \frac{1}{2}\angle C = 135^\circ$$

则

$$\angle PO_CQ = \angle PO_CR + \angle QO_CR = 2(\angle RQP + \angle RPQ) = 90^\circ = \angle PCQ$$

有 P,C,O_C,Q 四点共圆. 注意 $BP = AQ$,得 $\triangle BO_CP \cong \triangle AO_CQ$,有 $\angle BO_CP = \angle AO_CQ$. 于是

$$\angle AO_CB = \angle AO_CQ + \angle BO_CQ = \angle BO_CP + \angle BO_CQ = \angle PO_CQ = 90^\circ = \angle ACB$$

有 A,B,C,O_C 四点共圆.

即知 O_C 在 $\triangle ABC$ 的外接圆上.

注 此结论的一个逆命题即为 2013 年 IMO54 试题:

设 $\triangle ABC$ 的顶点所对的旁切圆与边 BC 切于点 A_1,类似地,分别用顶点 B,C 所对的旁切圆定义 CA,AB 边上的点 B_1,C_1. 假设 $\triangle A_1B_1C_1$ 的外接圆圆心在 $\triangle ABC$ 的外接圆上. 证明:$\triangle ABC$ 是直角三角形.

定理 8 在 $\mathrm{Rt}\triangle ABC$ 中,$\angle C = 90^\circ$,在 $\angle C$ 内圆 O_1 为其半内切圆的充要条件是圆 O_1 的半径 $r_1 = AC + BC - AB$.

证明 必要性. 显然,$\mathrm{Rt}\triangle ABC$ 的内切圆半径 $r = \frac{1}{2}(AC + BC - AB)$.

由三角形的半内切圆定理 1,知

$$r_1 = \frac{r}{\cos^2\frac{C}{2}} = AC + BC - AB$$

充分性. 设 O 为 AB 中点,则 O 为 $\triangle ABC$ 的外心,当 $r_1 = AC + BC - AB$ 时,下证

$$OO_1 = \frac{1}{2}AB - r_1 = \frac{3}{2}AB - AC - BC = R - 2r$$

设 $\triangle ABC$ 的内心为 I,则 C,I,O_1 三点共线,且由题设知 I 为 CO_1 中点.

在 $\triangle OO_1C$ 中,由中线长公式,有

$$OO_1^2 + OC^2 = 2OI^2 + 2CI^2$$

注意到欧拉公式 $OI^2 = R^2 - 2Rr$,则

$$OO_1^2 = 2OI^2 + 2CI^2 - OC^2 = 2(R^2 - 2Rr) + 2(\sqrt{2}r)^2 - R^2 = (R - 2r)^2$$

故 $OO_1 = R - 2r$. 从而命题获证.

❖三角形的加比定理

这里讨论三角形中的一般点所分有关线段的比的问题.

三角形的加比定理 设 P 为 $\triangle ABC$ 内任一点,射线 AP,BP,CP 分别交边 BC,CA,AB 于 D,E,F,则①②

$$\frac{AP}{PD}=\frac{AF}{FB}+\frac{AE}{EC}$$

证明 如图2.429,由于直线 CF,BE 分别与 $\triangle ABD$ 和 $\triangle ACD$ 相截,由梅涅劳斯定理,有

$$\frac{AF}{FB}\cdot\frac{BC}{CD}\cdot\frac{PD}{AP}=1,\frac{AE}{EC}\cdot\frac{CB}{BD}\cdot\frac{PD}{AP}=1$$

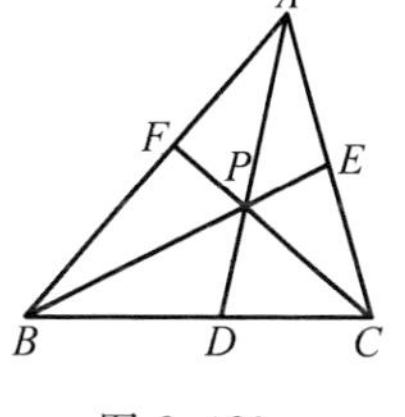

图 2.429

即
$$\frac{AF}{FB}\cdot\frac{PD}{AP}=\frac{CD}{BC}$$

$$\frac{AE}{EC}\cdot\frac{PD}{AP}=\frac{BD}{BC}$$

两式相加,得

$$\left(\frac{AF}{FB}+\frac{AE}{EC}\right)\frac{PD}{AP}=1$$

所以
$$\frac{AP}{PD}=\frac{AF}{FB}+\frac{AE}{EC}$$

推论 1 $\frac{PD}{AD}+\frac{PE}{BE}+\frac{PF}{CF}=1.$

推论 2 $\frac{AP}{AD}+\frac{BP}{BE}+\frac{CP}{CF}=2.$

推论1可由加比定理及梅涅劳斯定理导出,推论2可由推论1导出.下面给出推论1的一种面积证法.由面积知识,有

$$\frac{PD}{AD}=\frac{S_{\triangle BPC}}{S_{\triangle ABC}},\frac{PE}{BE}=\frac{S_{\triangle CPA}}{S_{\triangle ABC}},\frac{PF}{CF}=\frac{S_{\triangle APB}}{S_{\triangle ABC}}$$

所以
$$\frac{PD}{AD}+\frac{PE}{BE}+\frac{PF}{CF}-\frac{S_{\triangle BPC}+S_{\triangle CPA}+S_{\triangle APB}}{S_{\triangle ABC}}=1$$

这两个推论与下列结论等价:

已知 P 是 $\triangle ABC$ 内任一点,过 P 分别作 BC,CA,AB 的平行线 $DE,GF,$

① 李根友.三角形所在平面上点的性质及应用[J].中学教研(数学),1994(12):16.

② 郭璋.一个平几命题的推广[J].中学数学,1991(9):26-27.

HI,则

(1) $\frac{DG}{AB}+\frac{IF}{BC}+\frac{HE}{AC}=1.$

(2) $\frac{HI}{AB}+\frac{DE}{BC}+\frac{FG}{AC}=2.$

事实上,联结 AP 并延长交 BC 于 M,如图 2.430 所示. 因为 $\triangle PIF\backsim\triangle ABC$,且 PM 与 AM 分别是两相似三角形的对应线段,所以 $\frac{PM}{AM}=\frac{IF}{BC}$,故由推论 1 可证式(1) 成立. 由式(1) 也可证推论 1 成立. 又

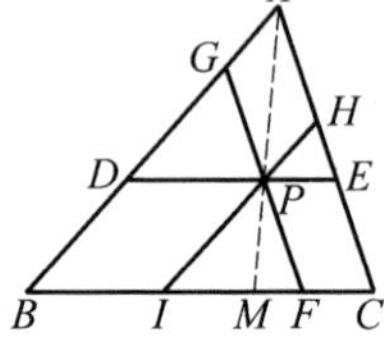

图 2.430

$$\frac{AP}{AM}=\frac{AD}{AB}=\frac{DE}{BC}$$

所以由推论 2 可证式(2) 成立,由式(2) 也可证推论 2 成立.

❖三角形的加比定理的推广[①]

定理 设 P 为 $\triangle ABC$ 内任一点,射线 AP,BP,CP 分别交边 BC,CA,AB 于 D,E,F,记 $\frac{AP}{PD}=p_1,\frac{BP}{PE}=p_2,\frac{CP}{PF}=p_3,\frac{BD}{DC}=\lambda_1,\frac{CE}{EA}=\lambda_2,\frac{AF}{FB}=\lambda_3$. 则有

$$\lambda_1=\frac{p_1p_2-1}{1+p_1}=\frac{1+p_1}{p_1p_3-1}=\frac{1+p_2}{1+p_3} \quad ①$$

$$\lambda_2=\frac{p_2p_3-1}{1+p_2}=\frac{1+p_2}{p_2p_1-1}=\frac{1+p_3}{1+p_1} \quad ②$$

$$\lambda_3=\frac{p_3p_1-1}{1+p_3}=\frac{1+p_3}{p_3p_2-1}=\frac{1+p_1}{1+p_2} \quad ③$$

$$p_1p_2p_3=p_1+p_2+p_3+2 \quad ④$$

$$\lambda_1\lambda_2\lambda_3=1 \quad ⑤$$

$$p_1=\lambda_1\lambda_3+\lambda_3=\lambda_3+\frac{1}{\lambda_2} \quad ⑥$$

$$p_2=\lambda_2\lambda_1+\lambda_1=\lambda_1+\frac{1}{\lambda_3} \quad ⑦$$

$$p_3=\lambda_3\lambda_2+\lambda_2=\lambda_2+\frac{1}{\lambda_1} \quad ⑧$$

---

① 沈文选.完全四边形的优美性质[J].中等数学,2006(8):19-20.

$$\frac{S_{\triangle BPC}}{S_{AFPE}}=\frac{\lambda_2(1+\lambda_2)(1+\lambda_3)}{\lambda_3(1+2\lambda_2+\lambda_2\lambda_3)} \quad ⑨$$

证明 如图 2.314,过 P 作 $MN \parallel BC$ 交 AB 于 M,交 AC 于 N,则

$$\frac{BC}{PN}=\frac{BE}{PE}=\frac{BP+PE}{PE}=p_2+1$$

$$\frac{DC}{PN}=\frac{AD}{AP}=\frac{AP+PD}{AP}=1+\frac{1}{p_1}$$

以上两式相除得$\frac{BC}{DC}=\frac{p_1(1+p_2)}{1+p_1}$,则

$$\lambda_1=\frac{BD}{DC}=\frac{BC-DC}{DC}=\frac{p_1p_2-1}{1+p_1}$$

又
$$\frac{BC}{MP}=\frac{FC}{FP}=\frac{FP+PC}{FP}=1+p_3$$

$$\frac{BD}{MP}=\frac{AD}{AP}=\frac{DC}{PN}=\frac{1+p_1}{p_1}$$

则有
$$\frac{BC}{BD}=\frac{p_1(1+p_3)}{1+p_1} \quad ①$$

从而
$$\lambda_1=\frac{BD}{DC}=\frac{1+p_1}{p_1p_3-1}$$

对 $\triangle BCP$ 及点 A 应用塞瓦定理,有

$$\frac{BD}{DC}\cdot\frac{CF}{FP}\cdot\frac{PE}{EB}=1$$

从而
$$\lambda_1=\frac{BD}{DC}=\frac{EB}{PE}\cdot\frac{FP}{CF}=\frac{1+p_2}{1+p_3}$$

故 $\lambda_1=\frac{p_1p_2-1}{1+p_1}=\frac{1+p_1}{p_1p_3-1}=\frac{1+p_2}{1+p_3}$. 式 ① 获证.

同理,可证 ②,③ 由$\frac{p_1p_2-1}{1+p_1}=\frac{1+p_1}{p_1p_3-1}$,有

$$(1+p_1)^2=(p_1p_2-1)(p_1p_3-1)$$

即
$$p_1p_3p_3=p_1+p_2+p_3+2$$

同样,由$\frac{p_1p_2-1}{1+p_1}=\frac{1+p_2}{1+p_3}$或$\frac{1+p_1}{p_1p_3-1}=\frac{1+p_2}{1+p_3}$亦有上述式子 ④.

由塞瓦定理即可得式 ⑤.

又由 $p_1p_2p_3=p_1+p_2+p_3+2$ 有

$$p_1p_2p_3-p_2-p_3-2=p_1$$

上式两边同时加上 $p_1p_2p_3+p_1p_2+p_1p_3$ 整理即得 $p_1=\lambda_3+\frac{1}{\lambda_2}$,即

$$p_1=\lambda_3+\frac{1}{\lambda_2}=\lambda_3+\lambda_1\lambda_3$$

同理可证得 ⑦,⑧.

下面证明式 ⑨:由$\frac{BP}{PE}=p_2=\lambda_1+\frac{1}{\lambda_3}=\frac{1+\lambda_2}{\lambda_2\lambda_3}$,有

$$\frac{BP}{BE}=\frac{1+\lambda_2}{1+\lambda_2+\lambda_2\lambda_3}$$

又$\frac{EP}{PB}=\frac{\lambda_2\lambda_3}{1+\lambda_2}$,则

$$\frac{EP}{EB}=\frac{\lambda_2\lambda_3}{1+\lambda_2+\lambda_2\lambda_3}$$

易知$\frac{CE}{CA}=\frac{\lambda_2}{1+\lambda_2}$,$\frac{AF}{AB}=\frac{\lambda_3}{1+\lambda_3}$.于是

$$\frac{S_{\triangle PCE}}{S_{\triangle ABC}}=\frac{S_{\triangle PCE}}{S_{\triangle BCE}}\cdot\frac{S_{\triangle BCE}}{S_{\triangle ABC}}=\frac{EP}{EB}\cdot\frac{CE}{CA}=\frac{\lambda_2\lambda_3}{1+\lambda_2+\lambda_2\lambda_3}\cdot\frac{\lambda_2}{1+\lambda_2}$$

$$\frac{S_{\triangle AFC}}{S_{\triangle ABC}}=\frac{AF}{AB}=\frac{\lambda_3}{1+\lambda_3}$$

则
$$\frac{S_{\triangle AFC}}{S_{\triangle ABC}}-\frac{S_{\triangle PCE}}{S_{\triangle ABC}}=\frac{\lambda_3}{1+\lambda_3}-\frac{\lambda_2\lambda_3}{1+\lambda_2+\lambda_2\lambda_3}\cdot\frac{\lambda_2}{1+\lambda_2}=\frac{\lambda_3(1+2\lambda_2+\lambda_2\lambda_3)}{(1+\lambda_2)(1+\lambda_3)(1+\lambda_2+\lambda_2\lambda_3)}$$

从而
$$\frac{S_{\triangle AFC}}{S_{\triangle ABC}}-\frac{S_{\triangle PCE}}{S_{\triangle ABC}}=\frac{S_{\triangle AFC}-S_{\triangle PCE}}{S_{\triangle ABC}}=\frac{S_{AFPE}}{S_{\triangle ABC}}=\frac{\lambda_3(1+2\lambda_2+\lambda_2\lambda_3)}{(1+\lambda_2)(1+\lambda_3)(1+\lambda_2+\lambda_2\lambda_3)}$$

又
$$\frac{S_{\triangle BPC}}{S_{\triangle ABC}}=\frac{S_{\triangle BPC}}{S_{\triangle BCE}}\cdot\frac{S_{\triangle BCE}}{S_{\triangle ABC}}=\frac{BP}{BE}\cdot\frac{CE}{CA}=\frac{\lambda_2}{1+\lambda_2+\lambda_2\lambda_3}$$

以上两式相除,得

$$\frac{S_{\triangle BPC}}{S_{AFPE}}=\frac{\lambda_2(1+\lambda_2)(1+\lambda_3)}{\lambda_3(1+2\lambda_2+\lambda_2\lambda_3)}$$

❖三角形的希帕霍斯定理

三角形的希帕霍斯定理 设 S,R 分别为一三角形的面积和外接圆半径,a,b,c 为三角形的三条边,则 $S=\frac{abc}{4R}$.

希帕霍斯(Hipparchus,约前190—前125)生活于罗德斯和亚历山大里亚,长期从事天文观察和研究,由于天文研究的需要,他成为三角术的奠基人.

证明　如图 2.431，由 $S=\frac{1}{2}ab\sin C$，及正弦定理：$\sin C=\frac{c}{2R}$，有

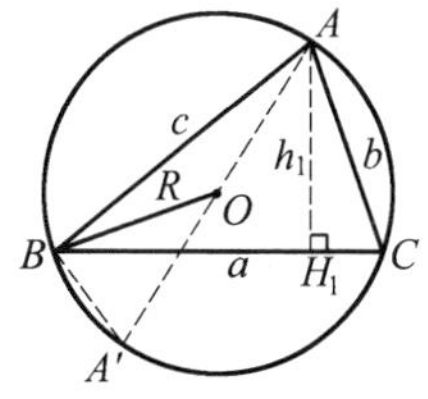

图 2.431

$$S=\frac{1}{2}ab\cdot\frac{c}{2R}=\frac{abc}{4R}$$

如果利用相似三角形知识求证，则可作直径 AA' 与 BC 上的高 AH_1，于是

$$\triangle ABA'\backsim\triangle AH_1C,\frac{2R}{b}=\frac{c}{h_1}$$

即
$$bc=2Rh_1$$
从而
$$abc=2R(h_1a)=4RS$$
$$S=\frac{abc}{4R}$$

❖三角形面积公式

用 a,b,c 分别表示 $\triangle ABC$ 三边长，h_a,h_b,h_c 分别表示边长为 a,b,c 的三边上的高，m_a,m_b,m_c 分别表示过顶点 A,B,C 的 $\triangle ABC$ 的三条中线，r_a,r_b,r_c 分别表示与边 a,b,c 相切的旁切圆半径，p 为 $\triangle ABC$ 半周长，$S_\triangle$ 表示 $\triangle ABC$ 的面积.①

公式 1　已知 $\triangle ABC$ 的某两边长及其夹角，则

$$S_\triangle=\frac{1}{2}ab\sin C=\frac{1}{2}ac\sin B=\frac{1}{2}bc\sin A$$

公式 2　已知 $\triangle ABC$ 某一边长和此边上的高，则

$$S_\triangle=\frac{1}{2}ah_a=\frac{1}{2}bh_b=\frac{1}{2}ch_c$$

公式 3　已知 $\triangle ABC$ 的两角与其夹边长，则

$$S_\triangle=\frac{a^2\sin B\sin C}{2\sin(B+C)}=\frac{b^2\sin A\sin C}{2\sin(A+C)}=\frac{c^2\sin A\sin B}{2\sin(A+B)}$$

证明　由 $\frac{a}{\sin A}=\frac{b}{\sin B}$ 有 $b=\frac{a\sin B}{\sin A}$，又由公式 2，有

$$S_\triangle=\frac{1}{2}ab\sin C=\frac{a^2\sin B\sin C}{2\sin A}=\frac{a^2\sin B\sin C}{2\sin(B+C)}$$

① 曹新. 三角形面积二十式[J]. 数学教学研究，1988(2)：17-22.

同理可证其余二式成立.

公式 4 (秦九韶－海伦公式)已知 $\triangle ABC$ 三边长 a,b,c,令 $p=\frac{1}{2}(a+b+c)$,则

$$S_\triangle=\sqrt{p(p-a)(p-b)(p-c)}$$

公式 5 已知 $\triangle ABC$ 三边长 a,b,c 及内切圆半径 r,则 $S_\triangle=rp$.

证明 如图 2.432,I 为内切圆圆心,D,E,F 为各边与圆 I 的切点,则

$$S_\triangle=S_{\triangle ABI}+S_{\triangle ACI}+S_{\triangle BCI}=\frac{1}{2}cr+\frac{1}{2}br+\frac{1}{2}ar=rp$$

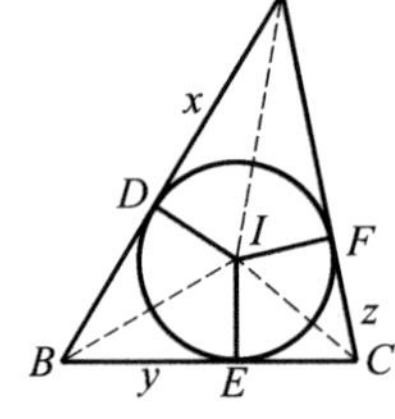

图 2.432

注意到公式 4

$$S_\triangle=\sqrt{p(p-a)(p-b)(p-c)}$$
$$\Leftrightarrow\sqrt{[(p-a)+(p-b)+(p-c)](p-a)(p-b)(p-c)}$$
$$\Leftrightarrow\sqrt{(p-a)^2(p-b)(p-c)+(p-b)^2(p-a)(p-c)+(p-c)^2(p-a)(p-b)}$$

若令 $(p-a)(p-b)=u,(p-b)(p-c)=v,(p-c)(p-a)=w$,则有:

公式 6 $$S_\triangle=\sqrt{uv+vw+wu}$$

这个公式,我们也可以另证如下:

设 $\triangle ABC$ 的内切圆半径为 r,则 $p-a=r\cdot\cot\frac{A}{2},p-b=r\cdot\cot\frac{B}{2},p-c=r\cdot\cot\frac{C}{2}$.从而

$$\cot\frac{A}{2}+\cot\frac{B}{2}+\cot\frac{C}{2}=\frac{p-a}{r}+\frac{p-b}{r}+\frac{p-c}{r}=\frac{p}{r}=\frac{S_\triangle}{r^2}$$

又 $$\frac{1}{\cot\frac{c}{2}}=\tan\frac{c}{2}=\cot(90^\circ-\frac{c}{2})=\cot\frac{A+B}{2}=\frac{\cot\frac{A}{2}\cdot\cot\frac{B}{2}-1}{\cot\frac{A}{2}+\cot\frac{B}{2}}$$

于是 $$\cot\frac{A}{2}\cdot\cot\frac{B}{2}\cdot\cot\frac{C}{2}=\cot\frac{A}{2}+\cot\frac{B}{2}+\cot\frac{C}{2}=\frac{S_\triangle}{r^2}$$

所以

$$uv+vw+wu=$$
$$r^4\cdot\cot\frac{A}{2}\cdot\cot^2\frac{B}{2}\cdot\cot\frac{C}{2}+r^4\cdot\cot\frac{A}{2}\cdot\cot\frac{B}{2}\cdot\cot^2\frac{C}{2}+r^4\cdot\cot^2\frac{A}{2}\cdot\cot\frac{B}{2}\cdot\cot\frac{C}{2}=$$
$$r^4\cdot\cot\frac{A}{2}\cdot\cot\frac{B}{2}\cdot\cot\frac{C}{2}\left(\cot\frac{A}{2}+\cot\frac{B}{2}+\cot\frac{C}{2}\right)=$$

$r^4 \cdot \frac{S_\triangle}{r^2} \cdot \frac{S_\triangle}{r^3} = S_\triangle^2$

从而公式 6 成立.

特别地,在 $\triangle ABC$ 中,如图 2.432,若内切圆与边 AB,BC,CA 分别切于点 D,E,F 时,则 $AD \cdot DB = u$,$BE \cdot EC = v$,$CF \cdot FA = w$.

公式 7　令 $p-c=l$,$p-a=m$,$p-b=n$,$\triangle ABC$ 的内切圆半径为 r,则 $S_\triangle = \frac{lmn}{r}$.

证明　由题设,知 l,m,n 分别为三角形内切圆的切线长.由

$$S_\triangle = \sqrt{p(p-a)(p-b)(p-c)} = \sqrt{(l+m+n)lmn} \qquad ①$$

及

$$S_\triangle = \frac{1}{2}(a+b+c)r = pr = (l+m+n)r \qquad ②$$

$①^2 \div ②$ 即有

$$S_\triangle = \frac{lmn}{r}$$

将内切圆换为一旁切圆,也有上述结论:

公式 8　令 l',m',n' 分别为 $\triangle ABC$ 关于某一旁切圆的三条切线长,r' 为旁切圆半径,则 $S_\triangle = \frac{l'm'n'}{r'}$.

公式 9　已知 $\triangle ABC$ 中某两角及处接圆半径 R,则

$$S_\triangle = 2R^2 \sin A \sin B \sin C$$

证明　应用公式 2 及正弦定理即得.

公式 10　已知 $\triangle ABC$ 中某两角及内切圆半径 r,则

$$S_\triangle = r^2 \cot \frac{A}{2} \cot \frac{B}{2} \cot \frac{C}{2}$$

证明　如图 2.317,设 $AD = x$,$BE = y$,$CF = z$,则

$$x = (x+y+z) - (y+z) = p-a, y = p-b, z = p-c$$

于是

$$\tan \frac{A}{2} = \frac{r}{p-a}, \tan \frac{B}{2} = \frac{r}{p-b}, \tan \frac{C}{2} = \frac{r}{p-c}$$

$$\tan \frac{A}{2} \tan \frac{B}{2} \tan \frac{C}{2} = \frac{r^3}{(p-a)(p-b)(p-c)} \xlongequal{\text{公式 4}} \frac{r^3 p}{S_\triangle^2} \xlongequal{\text{公式 5}} \frac{r^2}{S_\triangle}$$

故

$$S_\triangle = r^2 \cot \frac{A}{2} \cot \frac{B}{2} \cdot \cot \frac{C}{2}$$

公式 11　已知 $\triangle ABC$ 中两角及外接圆半径 R,内切圆半径 r,则

$$S_\triangle = Rr(\sin A + \sin B + \sin C)$$

证明　应用公式 5 及正弦定理即得.

公式 12　已知 $\triangle ABC$ 中两边及外接圆半径 R，内切圆半径 r，则

$$S_{\triangle}=\frac{abr(a+b)}{2(ab-2Rr)}=\frac{acr(a+c)}{2(ac-2Rr)}=\frac{bcr(b+c)}{2(bc-2Rr)}$$

证明　若已知 $\triangle ABC$ 中某两边长为 a,b，由公式 5，希帕霍斯定理可得

$$\frac{abc}{4R}=r\cdot\frac{1}{2}(a+b+c)$$

则

$$c=\frac{2Rr(a+b)}{ab-2Rr}$$

$$S_{\triangle}=\frac{abc}{4R}=\frac{abr(a+b)}{2(ab-2Rr)}$$

同理可证其余二式成立.

公式 13　已知 $\triangle ABC$ 三边上的高 h_a,h_b,h_c，则

$$S_{\triangle}=\frac{1}{\sqrt{(\frac{1}{h_a}+\frac{1}{h_b}+\frac{1}{h_c})(-\frac{1}{h_a}+\frac{1}{h_b}+\frac{1}{h_c})}}\cdot\frac{1}{\sqrt{(\frac{1}{h_a}-\frac{1}{h_b}+\frac{1}{h_c})(\frac{1}{h_a}+\frac{1}{h_b}-\frac{1}{h_c})}}$$

证明　因 h_a,h_b,h_c 分别为 $\triangle ABC$ 三边上的高，由公式 1 得

$$a=\frac{2S_{\triangle}}{h_a},b=\frac{2S_{\triangle}}{h_b},c=\frac{2S_{\triangle}}{h_c}$$

则

$$p=\frac{1}{2}(a+b+c)=S_{\triangle}(\frac{1}{h_a}+\frac{1}{h_b}+\frac{1}{h_c})$$

并且有

$$p-a=S_{\triangle}(-\frac{1}{h_a}+\frac{1}{h_b}+\frac{1}{h_c})$$

$$p-b=S_{\triangle}(\frac{1}{h_a}-\frac{1}{h_b}+\frac{1}{h_c})$$

$$p-a=S_{\triangle}(\frac{1}{h_a}+\frac{1}{h_b}-\frac{1}{h_c})$$

应用公式 4 即可得公式 13.

注　公式 13 中当 h_a,h_b,h_c 满足 $\frac{1}{h_a}+\frac{1}{h_b}>\frac{1}{h_c},\frac{1}{h_a}+\frac{1}{h_c}>\frac{1}{h_b},\frac{1}{h_b}+\frac{1}{h_c}>\frac{1}{h_a}$ 时面积存在.

公式 14　已知 $\triangle ABC$ 三条中线 m_a,m_b,m_c，则

$$a=\frac{2}{3}\sqrt{2m_b^2+2m_c^2-m_a^2}$$

$$b=\frac{2}{3}\sqrt{2m_a^2+2m_c^2-m_b^2}$$

$$c=\frac{2}{3}\sqrt{2m_a^2+2m_b^2-m_c^2}$$

即可用 $S_\triangle=\sqrt{p(p-a)(p-b)(p-c)}$ 求得 $\triangle ABC$ 的面积.

证明 如图 2.433,设 $\triangle ABC$ 中线长为 m_a,m_b,m_c,D,E,F 为三边中点,三中线交于点 G. 延长 AE 到 M,使 $ME=EG$,联结 BM,则

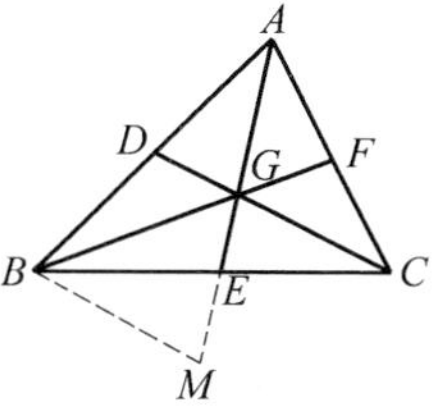

图 2.433

$$BM=GC=\frac{2}{3}m_c,MG=\frac{2}{3}m_a,GB=\frac{2}{3}m_b,BE=\frac{1}{2}a$$

在 $\triangle BMG$ 和 $\triangle BGE$ 中应用余弦定理

$$\cos\angle BGM=\frac{(\frac{2}{3}m_a)^2+(\frac{2}{3}m_b)^2-(\frac{2}{3}m_c)^2}{2\cdot(\frac{2}{3}m_a)\cdot(\frac{2}{3}m_b)}=$$

$$\frac{(\frac{2}{3}m_b)^2+(\frac{1}{3}m_a)^2-(\frac{1}{2}a)^2}{2(\frac{2}{3}m_b)\cdot(\frac{1}{3}m_a)}$$

化简得

$$a=\frac{2}{3}\sqrt{2m_b^2+2m_c^2-m_a^2} \quad ①$$

同理有

$$b=\frac{2}{3}\sqrt{2m_a^2+2m_c^2-m_b^2} \quad ②$$

$$c=\frac{2}{3}\sqrt{2m_a^2+2m_b^2-m_c^2} \quad ③$$

应用秦九韶 — 海伦公式即得结果.

注 正数 m_a,m_b,m_c 必须使式 ①,②,③ 表示的 a,b,c 三数为正实数,且 $a+b>c,a+c>b,b+c>a$,$\triangle ABC$ 及其面积才存在.

公式 15 已知 $\triangle ABC$ 的三个旁切圆半径 r_a,r_b,r_c,则

$$S_\triangle=\sqrt{rr_ar_br_c}=\frac{r_ar_br_c}{\sqrt{r_ar_b+r_ar_c+r_br_c}}$$

证明 如图 2.434,A' 为与边 BC 相切的旁切圆的圆心. 因 $ah_a=bh_b=ch_c=2S_\triangle$,则

$$a=\frac{2S_\triangle}{h_a},b=\frac{2S_\triangle}{h_b},c=\frac{2S_\triangle}{h_a}$$

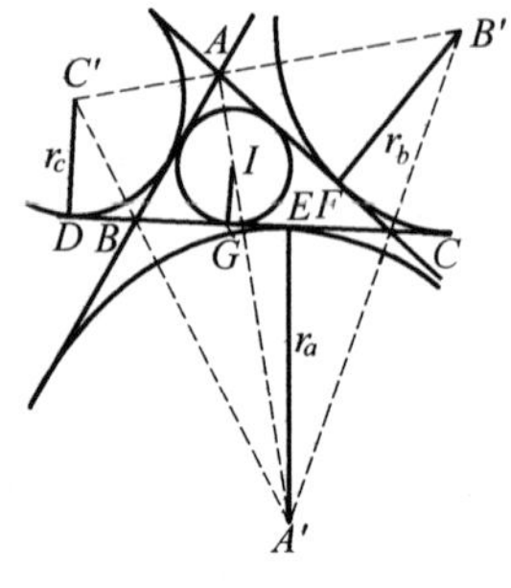

图 2.434

即
$$\frac{1}{h_a}+\frac{1}{h_b}+\frac{1}{h_c}=\frac{1}{2S_\triangle}(a+b+c)=\frac{1}{r}$$

联结 AA'，BA'，CA'，则

$$S_{四边形ABA'C}=S_{\triangle A'BC}+S_{\triangle ABC}=S_{\triangle ACA'}+S_{\triangle ABA'}$$

则
$$\frac{1}{2}ar_a+S_\triangle=\frac{1}{2}br_a+\frac{1}{2}cr_a$$

即 $\frac{1}{2}\cdot\frac{2S_\triangle}{h_a}\cdot r_a+S_\triangle=\frac{1}{2}\cdot\frac{2S_\triangle}{h_b}\cdot r_a+\frac{1}{2}\cdot\frac{2S_\triangle}{h_c}\cdot r_a$

故
$$-\frac{1}{h_a}+\frac{1}{h_b}+\frac{1}{h_c}=\frac{1}{r_a}$$

同理
$$\frac{1}{h_a}-\frac{1}{h_b}+\frac{1}{h_c}=\frac{1}{r_b},\frac{1}{h_a}+\frac{1}{h_b}-\frac{1}{h_c}=\frac{1}{r_c}$$

由公式 12 得

$$S_\triangle=\sqrt{rr_ar_br_c}$$

又由 $\frac{1}{r_a}+\frac{1}{r_b}+\frac{1}{r_c}=\frac{1}{r}$ 得

$$r=\frac{r_ar_br_c}{r_ar_b+r_ar_c+r_br_c}$$

故
$$S_\triangle=\frac{r_ar_br_c}{\sqrt{r_ar_b+r_ar_c+r_br_c}}$$

公式 16 已知 $\triangle ABC$ 三边长及其一角所对的旁切圆半径，则

$$S_\triangle=r_a(p-a)=r_b(p-b)=r_c(p-c)$$

证明 如图 2.394，若已知 a,b,c 及 r_a，则

$$S_\triangle=S_{\triangle A'AC}+S_{\triangle AA'B}-S_{\triangle A'BC}=\frac{1}{2}br_a+\frac{1}{2}cr_a-\frac{1}{2}ar_a=$$
$$\frac{1}{2}r_a(b+c-a)=r_a(p-a)$$

同理可证其余二式成立.

公式 17 已知 $\triangle ABC$ 在平面直角坐标系中三顶点坐标：$A(x_1,y_1)$，$B(x_2,y_2)$，$C(x_3,y_3)$，则

$$S_\triangle=\frac{1}{2}\begin{vmatrix}x_1 & y_1 & 1\\ x_2 & y_2 & 1\\ x_3 & y_3 & 1\end{vmatrix}\text{的绝对值}$$

证明 在平面直角坐标系中，过 A，B 两点的直线方程为 $\begin{vmatrix}x & y & 1\\ x_1 & y_1 & 1\\ x_2 & y_2 & 1\end{vmatrix}=0$.

其中 x 项系数为 y_1-y_2，y 项系数为 $-x_1+x_2$，点 C 到直线 AB 的距离为

$$d=\frac{\begin{vmatrix}x_1 & y_1 & 1\\ x_2 & y_2 & 1\\ x_3 & y_3 & 1\end{vmatrix}\text{的绝对值}}{\sqrt{(y_1-y_2)^2+(-x_1+x_2)^2}}$$

而
$$|AB|=\sqrt{(x_2-x_1)^2+(y_2-y_1)^2}$$

则
$$S_{\triangle}=\frac{1}{2}|AB|\cdot d=\frac{1}{2}\begin{vmatrix}x_1 & y_1 & 1\\ x_2 & y_2 & 1\\ x_3 & y_3 & 1\end{vmatrix}\text{的绝对值}$$

公式 18　若 $\triangle ABC$ 的三边由方程 $a_ix+b_iy+c_i=0(i=1,2,3)$ 给出，则 $S_{\triangle}=\frac{D^2}{2D_1D_2D_3}$ 的绝对值.（其中 $D=\begin{vmatrix}a_1 & b_1 & c_1\\ a_2 & b_2 & c_2\\ a_3 & b_3 & c_3\end{vmatrix}$，$D_1=\begin{vmatrix}a_2 & b_2\\ a_3 & b_3\end{vmatrix}$，$D_2=\begin{vmatrix}a_3 & b_3\\ a_1 & b_1\end{vmatrix}$，$D_3=\begin{vmatrix}a_1 & b_1\\ a_2 & b_2\end{vmatrix}$）

证明　由 $\begin{cases}a_1x+b_1y+c_1=0\\ a_2x+b_2y+c_2=0\end{cases}$ 得一顶点坐标为 $\left(\frac{D_{x_3}}{D_3},\frac{D_{y_3}}{D_3}\right)$.（其中 $D_3=\begin{vmatrix}a_1 & b_1\\ a_2 & b_2\end{vmatrix}$，$D_{x_3}=\begin{vmatrix}b_1 & c_1\\ b_2 & c_2\end{vmatrix}$，$D_{y_3}=\begin{vmatrix}c_1 & a_1\\ c_2 & a_2\end{vmatrix}$）

由 $\begin{cases}a_2x+b_2y+c_2=0\\ a_3x+b_3y+c_3=0\end{cases}$，得一顶点坐标为 $\left(\frac{D_{x_1}}{D_1},\frac{D_{y_1}}{D_1}\right)$.（其中 $D_1=\begin{vmatrix}a_2 & b_2\\ a_3 & b_3\end{vmatrix}$，$D_{x_1}=\begin{vmatrix}b_2 & c_2\\ b_3 & c_3\end{vmatrix}$，$D_{y_1}=\begin{vmatrix}c_2 & a_2\\ c_3 & a_3\end{vmatrix}$）

由 $\begin{cases}a_3x+b_3y+c_3=0\\ a_1x+b_1y+c_1=0\end{cases}$，得一顶点坐标为 $\left(\frac{D_{x_2}}{D_2},\frac{D_{y_2}}{D_2}\right)$.（其中 $D_2=\begin{vmatrix}a_3 & b_3\\ a_1 & b_1\end{vmatrix}$，$D_{x_2}=\begin{vmatrix}b_3 & c_3\\ b_1 & c_1\end{vmatrix}$，$D_{y_2}=\begin{vmatrix}c_3 & a_3\\ c_1 & a_1\end{vmatrix}$）

由公式 17 得

$$S_{\triangle}=\frac{1}{2}\cdot\frac{1}{D_1D_2D_3}\begin{vmatrix}D_{x_1} & D_{y_1} & D_1\\ D_{x_2} & D_{y_2} & D_2\\ D_{x_3} & D_{y_3} & D_3\end{vmatrix}\text{的绝对值}$$

又可证
$$\begin{vmatrix} D_{x_1} & D_{y_1} & D_1 \\ D_{x_2} & D_{y_2} & D_2 \\ D_{x_3} & D_{y_3} & D_3 \end{vmatrix} = D^2$$

故 $S_{\triangle}=\dfrac{D^2}{2D_1D_2D_3}$ 的绝对值.

公式 19　已知 $\triangle ABC$ 的外接圆半径 R，$\triangle ABC$ 的垂三角形的三边长为 a',b',c'，则

$$S_{\triangle}=\frac{1}{2}R(a'+b'+c')$$

证明　设 O 为 $\triangle ABC$ 的外心(以锐角 $\triangle ABC$ 为例证明)，在锐角 $\triangle ABC$ 中，O 在 $\triangle ABC$ 内部，联结 OA，OB，OC，如图 2.435 所示，则

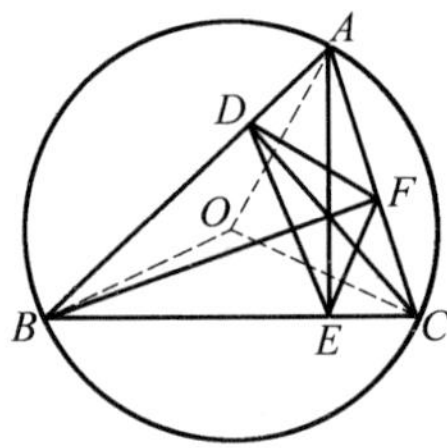

图 2.435

$$\begin{aligned} S_{\triangle}=&S_{\triangle OBC}+S_{\triangle OCA}+S_{\triangle OAB}= \\ &\frac{1}{2}R^2(\sin 2A+\sin 2B+\sin 2C)= \\ &\frac{1}{2}R(2R\sin A\cos A+2R\sin B\cos B+ \\ &2R\sin C\cdot\cos C)= \\ &\frac{1}{2}R(a\cos A+b\cos B+c\cos C) \quad ① \end{aligned}$$

又 B,C,F,D 四点共圆，则

$$\angle ADF=\angle ACB$$
$$\triangle ADF\backsim\triangle ACB$$

即
$$\frac{DF}{BC}=\frac{AD}{AC}=\cos A$$

得
$$DF=a\cos A$$

同理
$$DE=b\cos B, EF=c\cos C$$

则由式 ①

$$S_{\triangle}=\frac{1}{2}R(DF+DE+EF)=\frac{1}{2}R(a'+b'+c')$$

公式 20　已知 $\triangle ABC$ 三边长，则 $\triangle ABC$ 的垂三角形(定义以 $\triangle ABC$ 的三条边上的高线的垂足为顶点的三角形为垂三角形)的面积为

$$S_{垂\triangle}=\sqrt{p'(p'-a')(p'-b')(p'-c')}$$

其中 $a'=\dfrac{a}{bc}\sqrt{b^2c^2-4S_{\triangle}^2}$，$b'=\dfrac{b}{ac}\sqrt{a^2c^2-4S_{\triangle}^2}$，$c'=\dfrac{c}{ab}\sqrt{a^2b^2-4S_{\triangle}^2}$，$p'=$

$\frac{1}{2}(a'+b'+c')$.

证明 如图 2.436,H 为垂心,D,E,F 为高线的垂足.

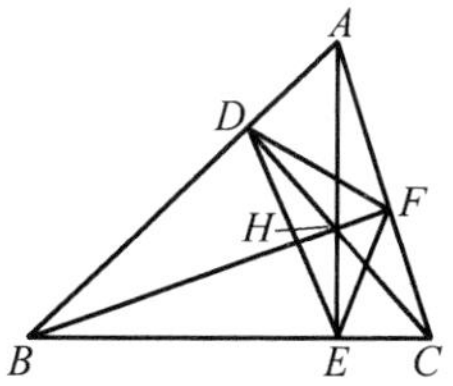

因 $\angle HDA=\angle HFA=90^\circ$,则 A,D,H,F 在以 HA,为直径的圆周上.设 R 为 $\triangle ABC$ 的外接圆半径,则

图 2.436

$$\frac{DF}{\sin A}=HA$$

而$\frac{a}{\sin A}=2R$,则

$$DF=HA\cdot\frac{a}{2R}$$

同理

$$EF=HC\cdot\frac{c}{2R},DE=HB\cdot\frac{b}{2R} \qquad ①$$

又 $\mathrm{Rt}\triangle BFC\backsim\mathrm{Rt}\triangle BEH$,则

$$\frac{h_b}{a}=\frac{BE}{HB}$$

而 $\mathrm{Rt}\triangle ABE$ 中,$BE=\sqrt{c^2-h_a^2}$ 则

$$HB=\frac{a}{h_b}\cdot\sqrt{c^2-h_a^2}$$

同理

$$HA=\frac{c}{h_a}\cdot\sqrt{b^2-h_c^2}$$

$$HC=\frac{b}{h_c}\cdot\sqrt{a^2-h_b^2} \qquad ②$$

又 $h_a=\frac{2S_\triangle}{a},h_b=\frac{2S_\triangle}{b},h_c=\frac{2S_\triangle}{c},R=\frac{abc}{4S_\triangle}$,则由 ①,② 有

$$a'=DF=\frac{a}{bc}\cdot\sqrt{b^2c^2-4S_\triangle^2},b'=\frac{b}{ac}\sqrt{a^2c^2-4S_\triangle^2},c'=\frac{c}{ab}\sqrt{a^2b^2-4S_\triangle^2}$$

应用公式 4 即可得证.

公式 21 已知 $\triangle ABC$ 三边长,则 $\triangle ABC$ 的角分三角形(以 $\triangle ABC$ 三条角平分线与三边的交点为顶点的三角形为 $\triangle ABC$ 的角分三角形)的面积为

$$S_{角分\triangle}=\frac{2abc}{(a+b)(b+c)(c+a)}\cdot S_\triangle$$

证明 如图 2.437,以顶点 B 为原点,x 轴沿 BC 方向,点 A 在 x 轴上方,三个顶点坐标分别为 $A(x,h)$,$B(0,0)$,$C(a,0)$.AE,BF,CD 分别为 $\angle A$,$\angle B$,$\angle C$ 的角平分线,$\triangle DEF$ 为 $\triangle ABC$ 的角分三角形.

由角平分线定理,得

$$\frac{AD}{DB}=\frac{AC}{CB}=\frac{b}{a}=\lambda_1$$

$$\frac{BE}{EC}=\frac{c}{b}=\lambda_2,\frac{CF}{FA}=\frac{a}{c}=\lambda_3$$

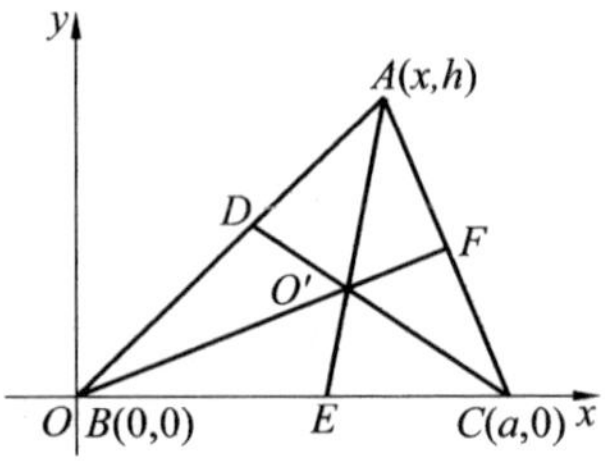

则角平分线与三边交点为 $D(\frac{xa}{a+b},\frac{ah}{a+b})$,$E(\frac{ac}{b+c},0)$,$F(\frac{ac+ax}{c+a},\frac{ah}{c+a})$.

图 2.437

应用公式 14 得

$$S_{\triangle DEF}=\frac{1}{2}\begin{vmatrix}\frac{xa}{a+b} & \frac{ah}{a+b} & 1\\ \frac{ac}{b+c} & 0 & 1\\ \frac{ac+ax}{a+c} & \frac{ah}{a+c} & 1\end{vmatrix}\text{的绝对值}=$$

$$\frac{a^2hbc}{(a+b)(b+c)(c+a)}=$$

$$\frac{2abc}{(a+b)(b+c)(c+a)}\cdot S_{\triangle}$$

推论　若 $\triangle ABC$ 为正三角形,则

$$S_{\text{垂}\triangle}=S_{\text{角分}\triangle}=\frac{1}{4}S_{\triangle}$$

公式 22　已知 $\triangle ABC$ 的三边长,则 $\triangle ABC$ 的旁心三角形($\triangle ABC$ 的三旁切圆圆心为顶点的三角形为 $\triangle ABC$ 的旁心三角形)的面积为

$$S_{\text{旁}\triangle}=\frac{abc(a+b+c)}{4S_{\triangle}}$$

证明　如图 2.434,联结 $A'B'$,$B'C'$,$C'A'$,易知 A',C,B' 共线;A',B,C' 共线;B',A,C' 共线,则

$$S_{\triangle A'B'C'}=S_{\triangle A'BC}+S_{\triangle B'AC}+S_{\triangle C'AB}+S_{\triangle ABC}=$$

$$\frac{1}{2}r_a a+\frac{1}{2}r_b b+\frac{1}{2}r_c c+pr=$$

$$\frac{1}{2}p(r_a+r_b+r_c-r)-\frac{1}{2}r_a(p-a)-$$

$$\frac{1}{2}r_b(p-b)-\frac{1}{2}r_c(p-c)+1\frac{1}{2}pr\xlongequal{\text{公式 14}}$$

$$\frac{1}{2}p(r_a+r_b+r_c-r)=$$

$$\frac{1}{2}p\left(\frac{S_\triangle}{p-a}+\frac{S_\triangle}{p-b}+\frac{S_\triangle}{p-c}-\frac{S_\triangle}{p}\right)=$$

$$\frac{1}{2}S_\triangle p\cdot\frac{abc}{p(p-a)(p-b)(p-c)}=$$

$$\frac{abc(a+b+c)}{4S_\triangle}$$

❖三角形中的面积关系定理

定理 1 设 AD,BE,CF 是 $\triangle ABC$ 的三条高线,记 $\triangle AEF,\triangle BDF,\triangle CDE,\triangle ABC$ 的面积分别为 S_1,S_2,S_3,S,则有①

$$\frac{S_1}{S}=\cos^2 A \quad ①$$

$$\frac{S_2}{S}=\cos^2 B \quad ②$$

$$\frac{S_3}{S}=\cos^2 C \quad ③$$

证明 下面给出式 ① 的证明.

当 $A=\frac{\pi}{2}$ 时,$S_1=\cos A=0$,结论显然成立.

当 $0<A<\frac{\pi}{2}$ 时(图略),有

$$AE=AB\cos A,AF=AC\cos A$$

当 $\frac{\pi}{2}<A<\pi$ 时,如图 2.438 所示,有

$$AE=AB\cos\angle EAB=AB\cos(\pi-A)=-AB\cos A$$
$$AF=AC\cos\angle FAC=AC\cos(\pi-A)=-AC\cos A$$

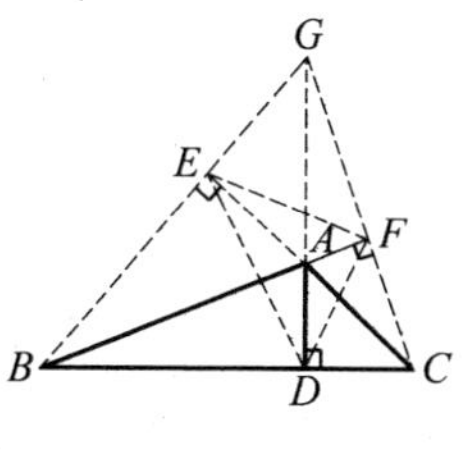

图 2.438

故在这两种情况下,均有

$$\frac{S_1}{S}=\frac{\frac{1}{2}AE\cdot AF\sin A}{\frac{1}{2}AB\cdot AC\sin A}=\frac{AE\cdot AF}{AB\cdot AC}=$$

$$\frac{AB\cdot AC\cos^2 A}{AB\cdot AC}=\cos^2 A$$

① 徐希扬.三角形面积比的一个定理及其应用[J].中学数学研究,2004(7):45.

故式 ① 成立.

类似地,可证明式 ②,③.

定理 2 在 $\triangle ABC$ 中,AD,BE 相交于 E,若 $\frac{AE}{EC}=m$,$\frac{CD}{DB}=n$,则 $\frac{S_{\triangle ABF}}{S_{\triangle ABC}}=\frac{m}{mn+m+1}$.[①]

证明 如图 2.439,作 $EH /\!/ BC$ 交 AD 于 H,则

$$\frac{EH}{CD}=\frac{AE}{AC}=\frac{AE}{AE+EC} \quad ①$$

$$\frac{BF}{FE}=\frac{BD}{EH}=\frac{BD}{DC}\cdot\frac{DC}{EH} \quad ②$$

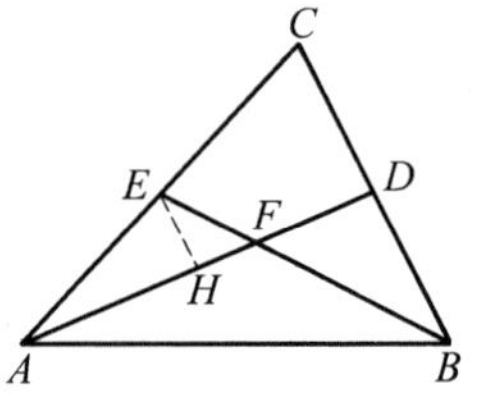

图 2.439

则
$$\frac{BF}{FE}=\frac{1}{n}\cdot\frac{1+m}{m}=\frac{1+m}{mn}$$

故
$$\frac{S_{\triangle ABF}}{S_{\triangle ABE}}=\frac{1+m}{1+m+mn}$$

又因 $\frac{S_{\triangle ABE}}{S_{\triangle ABC}}=\frac{m}{1+m}$,故

$$\frac{S_{\triangle ABF}}{S_{\triangle ABC}}=\frac{m}{mn+m+1}$$

定理 3 如图 2.440,P 为 $\triangle ABC$ 内一点,AP,BP,CP 分别交对边于 D,E,F,记 $\triangle PBD$,$\triangle PDC$,$\triangle PCE$,$\triangle PEA$,$\triangle PAF$,$\triangle PFB$ 的面积分别为 S_1,S_2,S_3,S_4,S_5,S_6,则有[②]

$$\frac{1}{S_1}+\frac{1}{S_3}+\frac{1}{S_5}=\frac{1}{S_2}+\frac{1}{S_4}+\frac{1}{S_6}$$

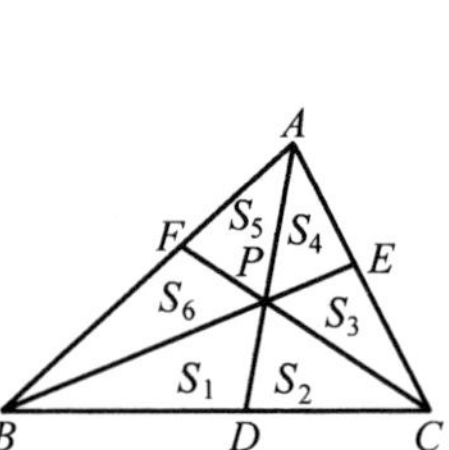

图 2.440

证明 因为 $\frac{S_{\triangle PBD}}{S_{\triangle PDC}}=\frac{S_{\triangle PAB}}{S_{\triangle PAC}}$,所以

$$\frac{S_1}{S_2}=\frac{S_5+S_6}{S_3+S_4}$$

同理
$$\frac{S_3}{S_4}=\frac{S_1+S_2}{S_5+S_6},\frac{S_5}{S_6}=\frac{S_3+S_4}{S_1+S_2}$$

① 郭兴甫.三角形面积比一个定理的浅显证明[J].中学数学教学,2003(4):40.

② 沈毅.关于三角形面积的一个有趣结论[J].中等数学,2004(4):21.

$$
\text{从而}\quad\begin{cases}S_1S_3+S_1S_4=S_2S_5+S_2S_6 & ①\\ S_3S_5+S_3S_6=S_1S_4+S_2S_4 & ②\\ S_1S_5+S_2S_5=S_3S_6+S_4S_6 & ③\\ S_1S_3S_5=S_2S_4S_6\end{cases}
$$

①＋②＋③，得

$$S_1S_3+S_3S_5+S_1S_5=S_2S_4+S_4S_6+S_2S_6$$

上式左边除以 $S_1S_3S_5$，右边除以 $S_2S_4S_6$ 得

$$\frac{1}{S_1}+\frac{1}{S_3}+\frac{1}{S_5}=\frac{1}{S_2}+\frac{1}{S_4}+\frac{1}{S_6}$$

定理 4 在 $\triangle ABC$ 中，D，E 分别是边 AC，AB 上的点，BD 与 CE 相交于点 F，且 $\frac{AE}{EB}=m$，$\frac{AD}{DC}=n$，$\triangle ABC$ 的面积为 S，则

$$S_{AEFD}=\left(\frac{1}{m+1}+\frac{1}{n+1}\right)\cdot\frac{mn}{m+n+1}S$$

证明 如图 2.441，联结 AF，则

$$\frac{S_{\triangle AEC}}{S_{\triangle ABC}}=\frac{AE}{AB},\frac{S_{\triangle AEC}}{S_{\triangle ABC}-S_{\triangle AEC}}=\frac{AE}{AB-AE}=\frac{AE}{EB}=m$$

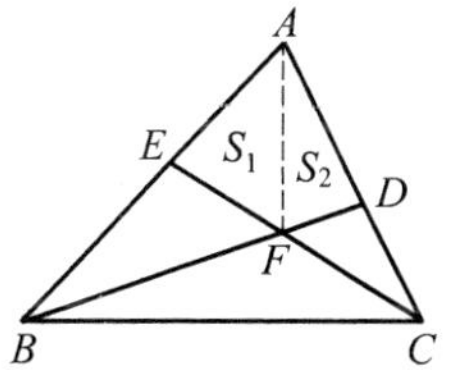

则
$$S_{\triangle AEC}=\frac{m}{m+1}S$$

同理
$$S_{\triangle ABD}=\frac{n}{n+1}S$$

图 2.441

设 $S_{\triangle AEF}=S_1$，$S_{\triangle ADF}=S_2$，则

$$S_{\triangle BEF}=\frac{S_1}{m},S_{\triangle CDF}=\frac{S_2}{n}$$

又 $S_{\triangle BEF}+S_1+S_2=S_{\triangle ABD}$，$S_{\triangle CDF}+S_2+S_1=S_{\triangle AEC}$，则

$$\frac{S_1}{m}+S_1+S_2=\frac{n}{n+1}S$$

且
$$\frac{S_2}{n}+S_2+S_1=\frac{m}{m+1}S$$

解得
$$S_1=\frac{mn}{(m+1)(m+n+1)}S$$

$$S_2=\frac{mn}{(n+1)(m+n+1)}S$$

故
$$S_{AEFD}=S_1+S_2=\left(\frac{1}{m+1}+\frac{1}{n+1}\right)\cdot\frac{mn}{m+n+1}\cdot S$$

定理 5 两个三角形的顶点，都在一个已知三角形的边上，并且到边的中

点距离相等,则这两个三角形面积相等.①

证明 如图 2.442,点 P_1 与 Q_1 在 $\triangle A_1A_2A_3$ 的边 A_2A_3 上,且 $A_2P_1=Q_1A_2$,P_2,Q_2,P_3,Q_3 也类似地放在边上.

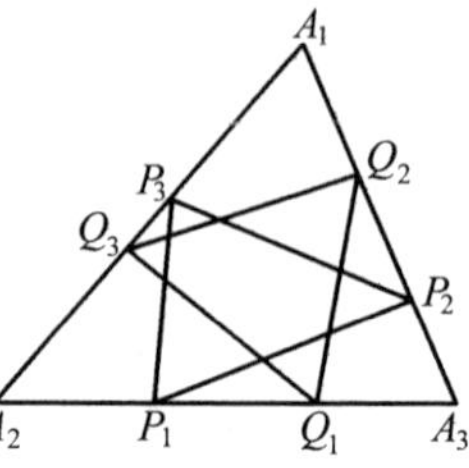

图 2.442

令 $A_2P_1=Q_1A_3=m_1$,$A_3P_2=Q_2A_1=m_2$,$A_1P_3=Q_3A_2=m_3$,$A_2A_3=a_1$,$A_3A_1=a_2$,$A_1A_2=a_3$.

由于有公共角的两个三角形的面积与夹角两边的积成比例(或共角比例定理).有

$$S_{\triangle A_1P_2P_3}=\frac{(a_2-m_2)m_3}{a_2a_3}S_{\triangle ABC}$$

等等.

但 $S_{\triangle P_1P_2P_3}=S_{\triangle ABC}-S_{\triangle A_1P_2A_3}-S_{\triangle A_2P_3P_1}-S_{\triangle A_3P_1P_2}=$

$$S_{\triangle}(1-\frac{(a_2-m_2)m_3}{a_2a_3}-\frac{(a_3-m_3)m_1}{a_3a_1}-\frac{(a_1-m_1)m_2}{a_1a_2})=$$

$$S_{\triangle}(1-(\frac{m_1}{a_1}+\frac{m_2}{a_2}+\frac{m_3}{a_3})+\frac{m_2m_3}{a_2a_3}+\frac{m_3m_1}{a_3a_1}+\frac{m_1m_2}{a_1a_2})$$

用完全同样的方法求出 $S_{\triangle Q_1Q_2Q_3}$ 的面积,得到的是同样的式子.

注 当三角形的三边被分为同样的此时,① 这两个三角形有共同的重心(三角形重心的帕普斯定理);② 则这两个三角形有相同的布洛卡尔角.

推论 设 $\triangle P_1P_2P_3$ 内接于 $\triangle A_1A_2A_3$,又设 $P_1Q_1 /\!/ A_2A_1$ 交 A_1A_3 于 Q_2,等等,则 $S_{\triangle P_1P_2P_3}=S_{\triangle Q_1Q_2Q_3}$.

❖锐角三角形与其心有关的三角形间的面积关系

定理 1 锐角三角形各顶点与外心的连线的延长线交三角形外接圆于三点,这三点分别与三角形相邻的顶点构成三个三角形的面积之和等于原三角形的面积.②

证明 如图 2.443,在锐角 $\triangle ABC$ 中,O 是 $\triangle ABC$ 外接圆圆心,AA_1,BB_1,CC_1 是圆 O 的直径.设 $\angle ABB_1=\gamma$,$\angle BB_1C=\alpha$,$\angle ACC_1=\beta$,则

$$\angle AOB_1=2\gamma,\angle B_1OC=2\alpha,\angle AOC_1=2\beta$$

① 约翰逊.近代欧氏几何学[M].单墫,译.上海:上海教育出版社,2000:66-67.

② 陈长明.关于锐角三角形的一组有关面积的性质[J].中学教研(教学),1990(10):31-32.

设$\triangle ABC$中$BC=a,AC=b,AB=c$,圆O半径为R,则有

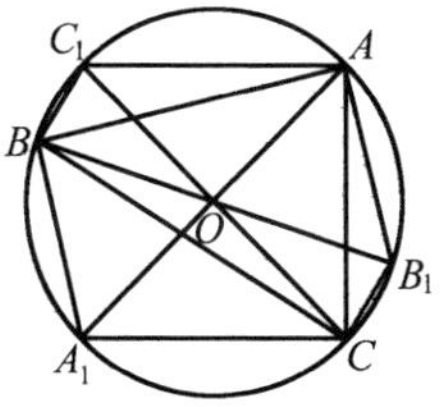

图 2.443

$$a=2R\cos\alpha,b=2R\cos\beta,c=2R\cos\gamma$$

所以

$$\begin{aligned}S_{\triangle ABC}&=S_{\triangle BOC}+S_{\triangle COA}+S_{\triangle AOB}=\\&\frac{1}{2}Ra\sin\alpha+\frac{1}{2}Rb\sin\beta+\frac{1}{2}Rc\sin\gamma=\\&R^2\sin\alpha\cos\alpha+R^2\sin\beta\cos\beta+R^2\sin\gamma\cos\gamma=\\&\frac{1}{2}R^2\cdot(\sin 2\alpha+\sin 2\beta+\sin 2\gamma)\end{aligned}$$

$$\begin{aligned}S_{\text{六边形}AC_1BA_1CB_1}&=S_{\triangle AOB_1}+S_{\triangle B_1OC}+S_{\triangle COA_1}+\\&S_{\triangle A_1OB}+S_{\triangle BOC_1}+S_{\triangle C_1OA}=\\&2S_{\triangle AOB_1}+2S_{\triangle B_1OC}+2S_{\triangle AOC_1}=\\&2\cdot\frac{R^2}{2}\sin 2\gamma+2\cdot\frac{R^2}{2}\sin 2\alpha+2\cdot\frac{R^2}{2}\sin 2\beta=\\&R^2(\sin 2\alpha+\sin 2\beta+\sin 2\gamma)\end{aligned}$$

所以
$$S_{\triangle ABC}=\frac{1}{2}S_{\text{六边形}AC_1BA_1CB_1}$$

即
$$S_{\triangle ABC}=S_{\triangle B_1AC}+S_{\triangle C_1AB}+S_{\triangle A_1BC}$$

定理 2 锐角三角形各顶点与垂心的连线的延长线交三角形外接圆于三点,这三点分别与三角形相邻顶点构成三个三角形的面积之和等于原三角形的面积.

证明 如图 2.444,设垂心为H,外心为O,联结AO交圆O于A_1,则由

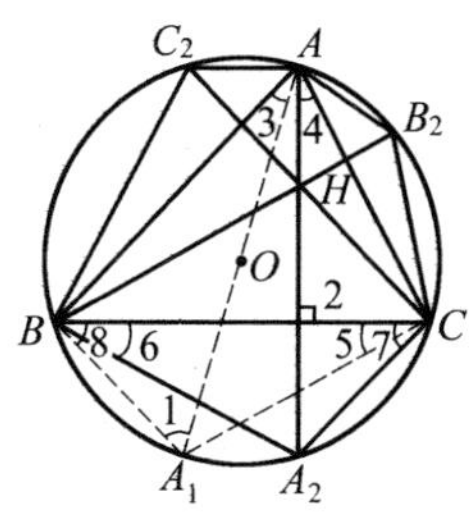

图 2.444

$$\angle BA_1A=\angle ACB,\angle 2=\angle ABA_1=90^\circ$$

可得
$$\angle 3=\angle 4$$

联结A_1B,A_1C,因
$$BA_1=CA_2$$

则
$$\angle 5=\angle 6,\angle 7=\angle 8$$

故
$$\triangle A_1BC\cong\triangle A_2CB$$

即
$$S_{\triangle A_1BC}=S_{\triangle A_2CB}$$

同理
$$S_{\triangle C_1AB}=S_{\triangle C_2AB},S_{\triangle B_1AC}=S_{\triangle B_2AC}$$

由定理 1,有
$$S_{\triangle A_1BC}+S_{\triangle B_1AC}+S_{\triangle C_1AB}=S_{\triangle ABC}$$

从而得

$$S_{\triangle A_2BC}+S_{\triangle B_2AC}+S_{\triangle C_2AB}=S_{\triangle ABC}$$

定理3 锐角三角形各顶点与内心的连线的延长线交外接圆于三点，这三点与三角形相邻的顶点构成的三个三角形的面积之和不小于原三角形面积.

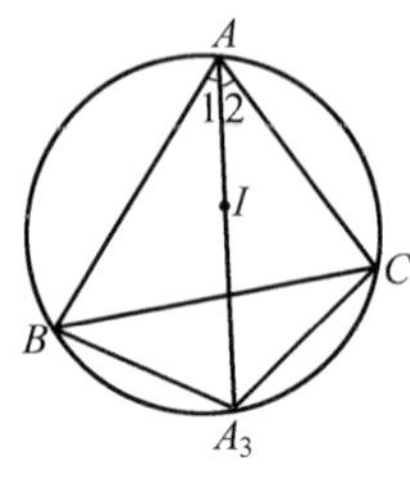

图 2.445

证明 如图 2.445，设 AA_3 是过内心 I 的弦，则 $\angle 1=\angle 2$. 即 $\overset{\frown}{A_3B}=\overset{\frown}{A_3C}$. A_3 是弓形 $\overset{\frown}{BA_3C}$ 的最高点，而这弧上任一点到弦 BC 的距离不大于弓形的高，所以这时弓形上的三角形面积最大，得

$$S_{\triangle A_3BC}+S_{\triangle B_3AC}+S_{\triangle C_3AB}\geqslant S_{\triangle ABC}$$

显然 $\triangle ABC$ 为正三角形时等号成立.

❖三角形的外接垂边三角形问题①

过 $\triangle ABC$ 的顶点 A 作 $A_1B_1\perp AB$，过顶点 B 作 $B_1C_1\perp BC$，过顶点 C 作 $C_1A_1\perp CA$，交出的 $\triangle A_1B_1C_1$ 叫作 $\triangle ABC$ 的外接垂边三角形. 如图 2.446.

在布罗卡尔几何问题中，这类三角形称为垂线布罗卡尔三角形. 在那里，我们已介绍了这类三角形的几个结论. 下面再介绍几个结论：

定理1 若 $\triangle A_1AC$，$\triangle B_1BA$，$\triangle C_1CB$，$\triangle ABC$ 的面积分别为 S_1,S_2,S_3,S，且 $\triangle ABC$ 的三边长为 a,b,c，则有

$$S_1+S_2+S_3=\frac{a^4+b^4+c^4}{8S}$$

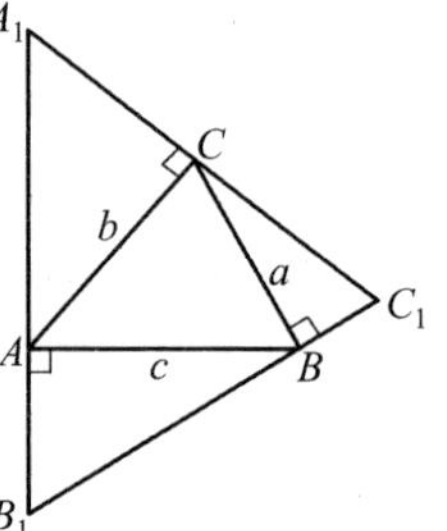

图 2.446

证明 由 $\angle A_1+\angle A_1AC=90^\circ$，$\angle A_1AC+\angle BAC=90^\circ$，得 $\angle A_1=\angle BAC$.

在 Rt$\triangle A_1AC$ 中，$A_1C=b\cot A_1=b\cot A$，$A_1A=\dfrac{b}{\sin A_1}=\dfrac{b}{\sin A}$.

由

$$S=\frac{1}{2}bc\sin A,\cos A=\frac{b^2+c^2-a^2}{2bc}$$

有

$$\cot A=\frac{\cos A}{\sin A}=\frac{b^2+c^2-a^2}{2bc\sin A}=\frac{b^2+c^2-a^2}{4S}$$

① 丁遵标. 垂边三角形性质再探[J]. 中学数学教学，2007(5)：54.

从而

$$S_1=\frac{1}{2}A_1C\cdot AC=\frac{1}{2}b^2\cot A=\frac{b^2(b^2+c^2-a^2)}{8S}$$

同理

$$S_2=\frac{c^2(c^2+a^2-b^2)}{8S}$$

$$S_3=\frac{a^2(a^2+b^2-c^2)}{8S}$$

故

$$S_1+S_2+S_3=\frac{b^2(b^2+c^2-a^2)+c^2(c^2+a^2-b^2)+a^2(a^2+b^2-c^2)}{8S}=\frac{a^4+b^4+c^4}{8S}$$

故

$$S_1+S_2+S_3=\frac{a^4+b^4+c^4}{8S}$$

定理 2 若 $\triangle A_1AC,\triangle B_1BA,\triangle C_1CB$ 的内切圆半径分别为 r_1,r_2,r_3，$\triangle ABC$ 的三边长分别为 a,b,c，则有：$\frac{r_1}{b}+\frac{r_2}{c}+\frac{r_3}{a}\leqslant\frac{1}{2}(3-\sqrt{3})$.

证明 因

$$r_1=\frac{1}{2}(AC+A_1C-A_1A)=\frac{1}{2}\left(b+b\cot A-\frac{b}{\sin A}\right)=\frac{1}{2}b\left(1+\cot A-\frac{1}{\sin A}\right)$$

则

$$\frac{r_1}{b}=\frac{1}{2}+\frac{1}{2}\left(\cot A-\frac{1}{\sin A}\right)=\frac{1}{2}+\frac{1}{2}\cdot\frac{\cos A-1}{\sin A}=\frac{1}{2}+\frac{1}{2}\cdot\frac{\left(1-2\sin^2\frac{A}{2}\right)-1}{2\sin\frac{A}{2}\cos\frac{A}{2}}=\frac{1}{2}-\frac{1}{2}\tan\frac{A}{2}$$

从而

$$\frac{r_1}{b}=\frac{1}{2}-\frac{1}{2}\tan\frac{A}{2}$$

同理

$$\frac{r_2}{c}=\frac{1}{2}-\frac{1}{2}\tan\frac{B}{2}$$

$$\frac{r_3}{a}=\frac{1}{2}-\frac{1}{2}\tan\frac{C}{2}$$

则

$$\frac{r_1}{b}+\frac{r_2}{c}+\frac{r_3}{a}=$$

$$\frac{3}{2}-\frac{1}{2}\left(\tan\frac{A}{2}+\tan\frac{B}{2}+\tan\frac{C}{2}\right) \qquad ①$$

在 $\triangle ABC$ 中有

$$\tan\frac{A}{2}\tan\frac{B}{2}+\tan\frac{B}{2}\tan\frac{C}{2}+\tan\frac{C}{2}\tan\frac{A}{2}=1$$

则

$$\left(\tan\frac{A}{2}+\tan\frac{B}{2}+\tan\frac{C}{2}\right)^2=$$

$$\tan^2\frac{A}{2}+\tan^2\frac{B}{2}+\tan^2\frac{C}{2}+2\tan\frac{A}{2}\tan\frac{B}{2}+2\tan\frac{B}{2}\tan\frac{C}{2}+2\tan\frac{C}{2}\tan\frac{A}{2}\geqslant$$

$$3\left(\tan\frac{A}{2}\tan\frac{B}{2}+\tan\frac{B}{2}\tan\frac{C}{2}+\tan\frac{C}{2}\tan\frac{A}{2}\right)=3$$

故

$$\tan\frac{A}{2}+\tan\frac{B}{2}+\tan\frac{C}{2}\geqslant\sqrt{3} \qquad ②$$

由式 ①,② 得

$$\frac{r_1}{b}+\frac{r_2}{c}+\frac{r_3}{a}\leqslant\frac{1}{2}(3-\sqrt{3})$$

❖三角形关于所在平面内一点的内接三角形面积关系式

定理 设 P 是 $\triangle ABC$ 所在平面内的一点,$\triangle DEF$ 是 P 关联 $\triangle ABC$ 的内

接三角形,若有向线段的比$\frac{BD}{DC}=\lambda_1,\frac{CE}{EA}=\lambda_2,\frac{AF}{FB}=\lambda_3$,则有①

$$\frac{S_{\triangle DEF}}{S_{\triangle ABC}}=\frac{2}{|(1+\lambda_1)(1+\lambda_2)(1+\lambda_3)|} \quad ①$$

证明 因$\frac{BD}{DC}=\lambda_1$,所以

$$\frac{BD}{BC}=\frac{\lambda_1}{1+\lambda_1},\frac{DC}{BC}=\frac{1}{1+\lambda_1}$$

同理 $$\frac{CE}{CA}=\frac{\lambda_2}{1+\lambda_2},\frac{EA}{CA}=\frac{1}{1+\lambda_2},\frac{AF}{AB}=\frac{\lambda_3}{1+\lambda_3},\frac{FB}{AB}=\frac{1}{1+\lambda_3}$$

而且依塞瓦定理知$\lambda_1\lambda_2\lambda_3=1$.

先证P在$\triangle ABC$内的情形.如图2.447,由于

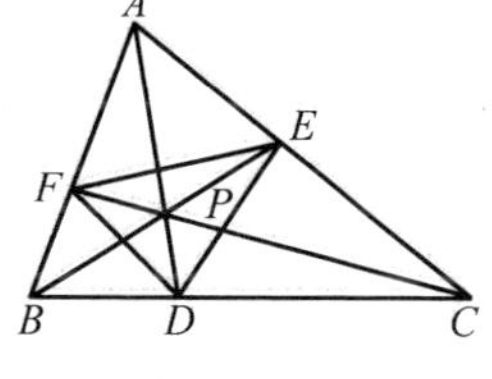

图2.447

$$S_{\triangle AFE}=\frac{1}{2}AF\cdot EA\sin A=$$
$$\frac{1}{2}(\frac{\lambda_3}{1+\lambda_3}AB)\cdot(\frac{1}{1+\lambda_2}CA)\sin A=$$
$$\frac{\lambda_3}{1+\lambda_3}\cdot\frac{1}{1+\lambda_2}\cdot\frac{1}{2}AB\cdot CA\sin A=$$
$$\frac{\lambda_3}{(1+\lambda_2)(1+\lambda_3)}S_{\triangle ABC}$$

同理 $$S_{\triangle BDF}=\frac{\lambda_1}{(1+\lambda_1)(1+\lambda_3)}S_{\triangle ABC}$$

$$S_{\triangle DCF}=\frac{\lambda_2}{(1+\lambda_1)(1+\lambda_2)}S_{\triangle ABC}$$

所以有

$$S_{\triangle DEF}=S_{\triangle ABC}-S_{\triangle AFE}-S_{\triangle BDF}-S_{\triangle DCF}=$$
$$(1-\frac{\lambda_3}{(1+\lambda_2)(1+\lambda_3)}-$$
$$\frac{\lambda_1}{(1+\lambda_1)(1+\lambda_3)}-\frac{\lambda_2}{(1+\lambda_1)(1+\lambda_2)})S_{\triangle ABC}=$$
$$\frac{1+\lambda_1\lambda_2\lambda_3}{(1+\lambda_1)(1+\lambda_2)(1+\lambda_3)}S_{\triangle ABC}=$$
$$\frac{2}{(1+\lambda_1)(1+\lambda_2)(1+\lambda_3)}S_{\triangle ABC}$$

故式①成立.

---

① 张志华.一类内接三角形的面积的统一公式[J].中学数学,1997(6):30-31.

次证 P 在 $\triangle ABC$ 外的情形.如图 2.448,因 $\triangle ABC$ 三边所在直线以及过 $\triangle ABC$ 三顶点与三边的平行线,六条直线将 $\triangle ABC$ 外面的部分划分为 15 个不同的区域 $U_i(i=1,2,\cdots,15)$.这些区域可归结为四类:$U_1\sim U_3$ 为第一类;$U_4\sim U_6$ 为第二类;$U_7\sim U_{12}$ 为第三类;$U_{13}\sim U_{15}$ 为第四类.

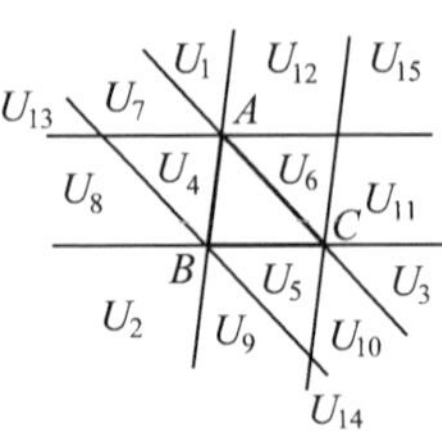

图 2.448

(1) 当 P 在第一类区域时,如图 2.449,对 $\triangle BCP$ 和 $\triangle DEF$ 而言,当 $\frac{BD}{DC}=\lambda_1,\frac{CF}{FP}=\lambda'_2,\frac{PE}{EB}=\lambda'_3$ 时,依照上述已证结果,有

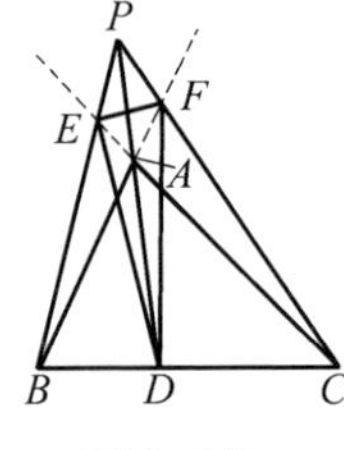

图 2.449

$$\frac{S_{\triangle DEF}}{S_{\triangle BCF}}=\frac{2}{|(1+\lambda_1)(1+\lambda'_2)(1+\lambda'_3)|}$$

而 $\frac{S_{\triangle BCP}}{S_{\triangle ABC}}=\left|\frac{DP}{DA}\right|$ 记为 λ'_4,于是有

$$\frac{S_{\triangle DEF}}{S_{\triangle ABC}}=\frac{2|\lambda'_4|}{|(1+\lambda_1)(1+\lambda'_2)(1+\lambda'_3)|} \quad ②$$

对 $\triangle BCF$ 和截线 PAD,根据梅涅劳斯定理,有

$$\frac{BD}{DC}\cdot\frac{CP}{PF}\cdot\frac{FA}{AB}=-1$$

即
$$\lambda_1\cdot\frac{CP}{PF}\cdot\left(-\frac{\lambda_3}{1+\lambda_3}\right)=-1$$

于是
$$\frac{CP}{PF}=\frac{1+\lambda_3}{\lambda_1\lambda_3}$$

从而
$$\lambda'_2=\frac{CF}{FP}=-\frac{1+\lambda_3+\lambda_1\lambda_3}{\lambda_1\lambda_3}$$

这是有
$$1+\lambda'_2=-\frac{1+\lambda_3}{\lambda_1\lambda_3} \quad ③$$

同理对 $\triangle BCE$ 和截线 PAD,可得

$$1+\lambda'_3=\frac{\lambda_1(1+\lambda_2)}{1+\lambda_1+\lambda_1\lambda_2} \quad ④$$

对 $\triangle DCP$ 和截线 BAF,可得

$$\lambda'_4=\frac{DP}{DA}=\frac{\lambda_1\lambda_2}{1+\lambda_1+\lambda_1\lambda_2} \quad ⑤$$

将 ③,④,⑤ 代入式 ②,注意到 $\lambda_1\lambda_2\lambda_3=1$,即知 ① 成立.

(2) 当 P 在第二类区域时,如图 2.450,延长 AP 交 EF 于 Q,则

$S_{\triangle AEF}=\frac{1}{2}AF\cdot EA\sin A=$

$$\frac{1}{2}\left|\frac{\lambda_3}{1+\lambda_3}\cdot\frac{1}{1+\lambda_2}\right|ab\sin A$$

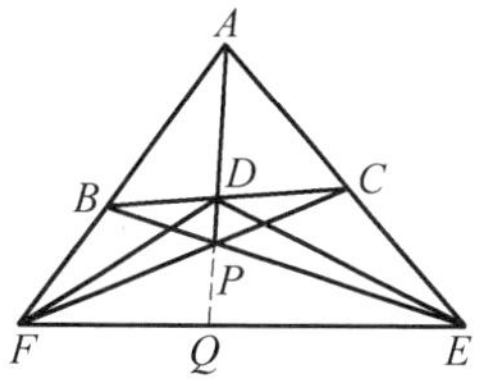

即 $$\frac{S_{\triangle AEF}}{S_{\triangle ABC}}=\left|\frac{\lambda_3}{(1+\lambda_3)(1+\lambda_2)}\right|$$

而 $$\frac{S_{\triangle DEF}}{S_{\triangle AEF}}=\left|\frac{DQ}{AQ}\right|$$

于是 $$\frac{S_{\triangle DEF}}{S_{\triangle ABC}}=\left|\frac{\lambda_3}{(1+\lambda_2)(1+\lambda_3)}\cdot\frac{DQ}{AQ}\right|$$

图 2.450

根据塞瓦定理,有

$$\frac{AB}{BF}\cdot\frac{FQ}{QE}\cdot\frac{EC}{CA}=1$$

即 $$-(1+\lambda_3)\cdot\frac{FQ}{QE}\cdot\left(-\frac{\lambda_2}{1+\lambda_2}\right)=1$$

于是 $$\frac{FQ}{QE}=\frac{1+\lambda_2}{\lambda_2(1+\lambda_3)}$$

这时 $$\frac{QF}{FE}=\frac{-(1+\lambda_2)}{1+\lambda_2+\lambda_2(1+\lambda_3)}$$

对 $\triangle AQE$ 和截线 CPF,利用梅涅劳斯定理,有

$$\frac{AP}{PQ}\cdot\frac{QF}{FE}\cdot\frac{EC}{CA}=-1$$

即 $$\frac{AP}{PQ}\cdot\frac{-(1+\lambda_2)}{1+\lambda_2+\lambda_2(1+\lambda_3)}\cdot\left(-\frac{\lambda_2}{1+\lambda_2}\right)=-1$$

于是 $$\frac{AP}{PQ}=-\frac{1+2\lambda_2+\lambda_2\lambda_3}{\lambda_2}$$

因而 $$\frac{AP}{AQ}=\frac{1+2\lambda_2+\lambda_2\lambda_3}{1+\lambda_2+\lambda_2\lambda_3}$$

同理 $$\frac{AD}{AP}=\frac{1+\lambda_2+\lambda_2\lambda_3}{1+\lambda_2\lambda_3}$$

这样 $$\frac{AD}{AQ}=\frac{1+2\lambda_2+\lambda_2\lambda_3}{1+\lambda_2\lambda_3}$$

所以 $$\frac{DQ}{AQ}=\frac{2\lambda_2}{1+\lambda_2\lambda_3}=\frac{2\lambda_1\lambda_2}{1+\lambda_1}$$

(因 $\lambda_1\lambda_2\lambda_3=1$).故

$$\frac{S_{\triangle DEF}}{S_{\triangle ABC}}=\left|\frac{\lambda_3}{(1+\lambda_2)(1+\lambda_5)}\cdot\frac{2\lambda_1\lambda_2}{1+\lambda_1}\right|=$$

$$\frac{2}{|(1+\lambda_1)(1+\lambda_2)(1+\lambda_3)|}$$

(3) 当 P 在第三、四类区域时,同理可证,我们将证明留给读者(参考图

2.451,2.452,定理证毕.)

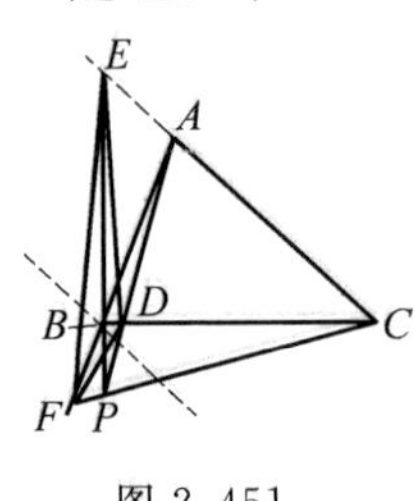

图 2.451

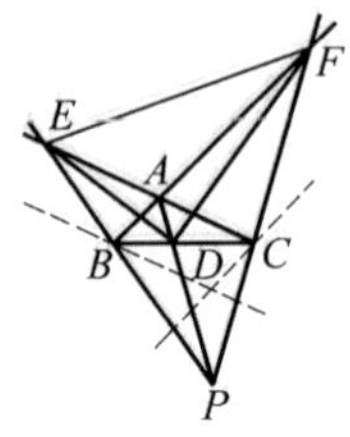

图 2.452

附注　设 $\triangle ABC$ 的边长,半周长与面积分别为 a,b,c,p 与 S,则当 P 为 $\triangle ABC$ 的一些特殊点时,我们不难求得定理要求的 $\lambda_1,\lambda_2,\lambda_3$,如下表所示.

特殊点 / 比值	重心 G	垂心 H	内心 I	外心 O	旁心 I_A	界心 J_1
λ_1	1	$\dfrac{c\cos B}{b\cos C}$	$\dfrac{c}{b}$	$\dfrac{\sin 2C}{\sin 2B}$	$\dfrac{c}{b}$	$\dfrac{p-c}{p-b}$
λ_2	1	$\dfrac{a\cos C}{c\cos A}$	$\dfrac{a}{c}$	$\dfrac{\sin 2A}{\sin 2C}$	$-\dfrac{a}{c}$	$\dfrac{p-a}{p-c}$
λ_3	1	$\dfrac{b\cos A}{a\cos B}$	$\dfrac{b}{a}$	$\dfrac{\sin 2B}{\sin 2A}$	$-\dfrac{b}{a}$	$\dfrac{p-b}{p-a}$

于是,我们可得:

(1) 重心三角形的面积 $S_G=\dfrac{1}{4}S$.

(2) 垂心三角形的面积 $S_H=2S\mid\cos A\cos B\cos C\mid$.

(3) 内心三角形的面积 $S_I=\dfrac{2abc}{(a+b)(b+c)(c+a)}S$.

(4) 外心三角形的面积 $S_O=2\left|\dfrac{\cos A\cos B\cos C}{\cos(A-B)\cos(B-C)\cos(C-A)}\right|S$.

(5) 旁心三角形的面积 $S_{I_A}=\dfrac{2abc}{\mid(b-a)(c-a)\mid(b+c)}S$.

(6) 界心三角形的面积 $S_{J_1}=\dfrac{1}{2abcp}S^3$.

❖三角形的特殊外(内)含三角形面积关系式

三角形的边延拓或外含三角形定理　设 $\triangle ABC$ 的面积为 S,若延长 $\triangle ABC$ 的边 AB,BC,CA 至 B',C',A',使 $BB'=\lambda_1 AB,CC'=\lambda_2 BC,CC'=\lambda_3 CA$,得一个新 $\triangle A'B'C'$,且记其面积为 S',则 $\dfrac{S'}{S}=1+\lambda_1+\lambda_2+\lambda_3+\lambda_1\lambda_2+$

$\lambda_2\lambda_3+\lambda_3\lambda_1$.

证明 如图 2.453，联结 $A'B,B'C,C'A$，则在 $\triangle B'CB$ 和 $\triangle BCA$ 中，有 $\frac{S_{\triangle B'CB}}{S}=\lambda_1$. 在 $\triangle CB'C'$ 和 $\triangle BB'C$ 中，有 $\frac{S_{\triangle CB'C'}}{S_{\triangle BB'C}}=\lambda_2$.

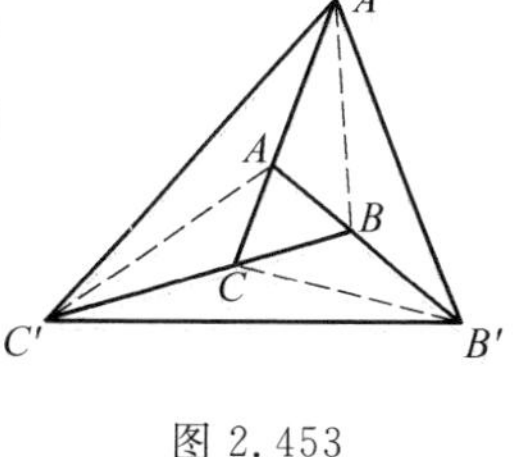

图 2.453

所以 $\frac{S_{\triangle CB'C'}}{S}=\lambda_1\lambda_2$，有 $\frac{S_{\triangle BB'C'}}{S}=\lambda_1+\lambda_1\lambda_2$.

同理 $\frac{S_{\triangle CC'A'}}{S}=\lambda_2+\lambda_2\lambda_3$，$\frac{S_{\triangle AB'A'}}{S}=\lambda_3+\lambda_3\lambda_1$

上述三式相加，即证得结论.

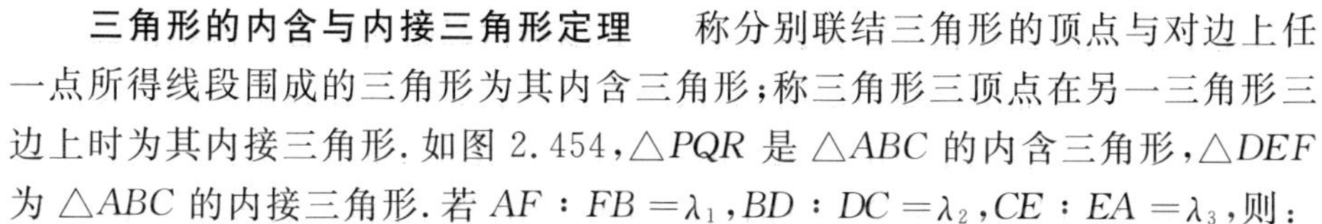

三角形的内含与内接三角形定理 称分别联结三角形的顶点与对边上任一点所得线段围成的三角形为其内含三角形；称三角形三顶点在另一三角形三边上时为其内接三角形. 如图 2.454，$\triangle PQR$ 是 $\triangle ABC$ 的内含三角形，$\triangle DEF$ 为 $\triangle ABC$ 的内接三角形. 若 $AF:FB=\lambda_1,BD:DC=\lambda_2,CE:EA=\lambda_3$，则：

(1) $\frac{S_{\triangle PQR}}{S_{\triangle ABC}}=\frac{(1-\lambda_1\lambda_2\lambda_3)^2}{(1+\lambda_3+\lambda_3\lambda_1)(1+\lambda_1+\lambda_1\lambda_2)(1+\lambda_2+\lambda_2\lambda_3)}$；

(2) $\frac{S_{\triangle DEF}}{S_{\triangle ABC}}=\frac{1+\lambda_1\lambda_2\lambda_3}{(1+\lambda_1)(1+\lambda_2)(1+\lambda_3)}$.

证明 如图 2.454.(1) 联结 AR，则 $\frac{S_{\triangle ERC}}{S_{\triangle ERA}}=\frac{CE}{EA}=\lambda_3$，从而 $\frac{S_{\triangle ARC}}{S_{\triangle ERC}}=\frac{1+\lambda_3}{\lambda_3}$.

又因为 $\frac{S_{\triangle AFC}}{S_{\triangle BFC}}=\frac{S_{\triangle AFR}}{S_{\triangle BFR}}=\frac{AF}{FB}=\lambda_1$，则 $\frac{S_{\triangle ARC}}{S_{\triangle BRC}}=\frac{S_{\triangle AFC}-S_{\triangle AFR}}{S_{\triangle BFC}-S_{\triangle BFR}}=\frac{AF}{FB}=\lambda_1$，有 $S_{\triangle BRC}=\frac{S_{\triangle ARC}}{\lambda_1}=\frac{1+\lambda_3}{\lambda_1\lambda_3}\cdot S_{\triangle ERC}$.

图 2.454

而 $S_{\triangle BEC}=S_{\triangle BRC}+S_{\triangle ERC}=\frac{1+\lambda_3+\lambda_3\lambda_1}{\lambda_1\lambda_3}\cdot S_{\triangle ERC}$，$\frac{S_{\triangle BEC}}{S_{\triangle ABC}}=\frac{CE}{CA}=\frac{\lambda_3}{1+\lambda_3}$，

$S_{\triangle BEC}=\frac{\lambda_3}{1+\lambda_3}\cdot S_{\triangle ABC}$，即有 $S_{\triangle ERC}=\frac{\lambda_1\lambda_3}{1+\lambda_3+\lambda_3\lambda_1}\cdot\frac{\lambda_3}{1+\lambda_3}\cdot S_{\triangle ABC}$.

将上式代入式(*)得 $S_{\triangle BRC}=\frac{\lambda_3}{1+\lambda_3+\lambda_3\lambda_1}S_{\triangle ABC}$. 同理有其他两式.

故由 $S_{\triangle PQR}=S_{\triangle ABC}-S_{\triangle APC}-S_{\triangle AQB}-S_{\triangle BRC}$，即证.

(2) 由 $\frac{S_{\triangle AEF}}{S_{\triangle ABC}}=\frac{AF}{AB}\cdot\frac{AE}{AC}=\frac{\lambda_1}{(1+\lambda_1)(1+\lambda_3)}$

$$\frac{S_{\triangle BDF}}{S_{\triangle ABC}}=\frac{BD}{BC}\cdot\frac{BF}{BA}=\frac{\lambda_2}{(1+\lambda_2)(1+\lambda_1)}$$

$$\frac{S_{\triangle CED}}{S_{\triangle ABC}}=\frac{CE}{CA}\cdot\frac{CD}{CB}=\frac{\lambda_3}{(1+\lambda_3)(1+\lambda_2)}$$

及

$$S_{\triangle ABC}-(S_{\triangle AEF}+S_{\triangle BDF}+S_{\triangle CED})=S_{\triangle DEF}$$

即证.

注 显然当 $S_{\triangle PQR}=0\Leftrightarrow AD,BE,CF$ 共点 $\Leftrightarrow\lambda_1\lambda_2\lambda_3=1$，有 $\frac{S_{\triangle DEF}}{S_{\triangle ABC}}=\frac{2}{(1+\lambda_1)(1+\lambda_2)(1+\lambda_3)}$；当 $\lambda_1=\lambda_2=\lambda_3$ 时，有 $\frac{S_{\triangle PQR}}{S_{\triangle ABC}}=\frac{(1-\lambda_1)^2}{\lambda_1^2+\lambda_1+1}$，$\frac{S_{\triangle DEF}}{S_{\triangle ABC}}=\frac{1-\lambda_1+\lambda_1^2}{(1+\lambda_1)^2}$.

❖三角形定形内接三角形个数定理

设 E,F,G 分别是 $\triangle ABC$ 三边 AB,BC,AC 上的内点(不与顶点重合)，称 $\triangle EFG$ 为 $\triangle ABC$ 的内接三角形.

定理 任意三角形都存在无数个内接三角形与同一个给定的三角形相似.①

证明 设 $\triangle ABC$ 和 $\triangle A'B'C'$ 是任意给定的两个三角形(图 2.455)，我们证明：$\triangle ABC$ 存在无数个内接 $\triangle PMN$，满足 $\triangle PMN\backsim\triangle A'B'C'$.

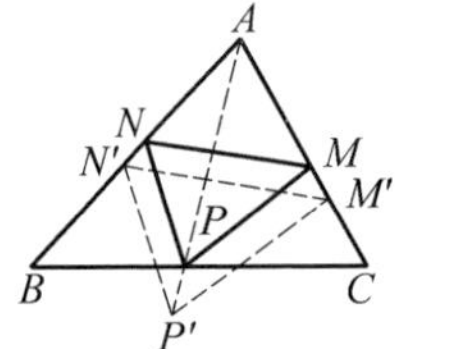

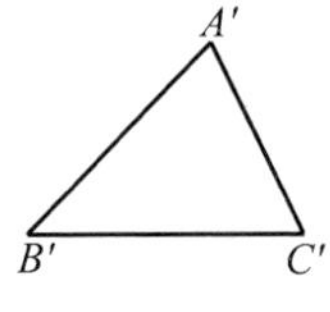

图 2.455

不妨设 $\angle A\geqslant\angle B\geqslant\angle C$，$\angle A'\geqslant\angle B'\geqslant\angle C'$. 按任一方向作一直线与 AC,AB 二边分别相交于 M',N'，使 $\angle CM'N'$ 和 $\angle BN'M'$ 均为钝角(这样的直线 $M'N'$ 显然可作无数条，它们的方向互不相同). 以 $M'N'$ 为一边作 $\triangle P'M'N'\backsim\triangle A'B'C'$，使 P' 和 A 分居于 $M'N'$ 的两侧. 作射线 AP' 交 BC 于

① 熊曾润. 浅谈三角形的定形内接三角形的个数[J]. 中学数学，2000(2)：20.

P，过点 P 作线段 $PM \parallel P'M'$ 交 AC 于 M，作 $PN \parallel P'N'$ 交 AB 于 N. 联结 MN，则

$$\triangle PMN \backsim \triangle P'M'N' \backsim \triangle A'B'C'$$

这就表明 $\triangle ABC$ 存在内接 $\triangle PMN \backsim \triangle A'B'C'$. 注意到 $\triangle PMN$ 的边 MN 的方向(即 $M'N'$ 的方向)具有任意性，所以在 $\triangle ABC$ 中，这样的内接 $\triangle PMN$ 有无数个. 命题得证.

由这个定理显然可得：

推论　任意三角形都存在无数个内接正三角形.

❖倍角三角形定理

在三角形中，若一个角是另一个角的整数倍数，则称这样的三角形为倍角三角形.

定理 1　在 $\triangle ABC$ 中，$\angle A=2\angle B$ 成立的充要条件是 $a^2=b^2+bc$. ①

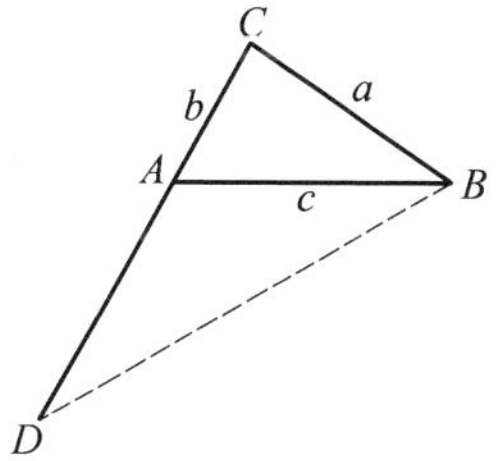

证明　必要性. 如图 2.456，延长 CA 至 D，使 $AD=AB$，联结 BD，则易证 $\triangle DCB \backsim \triangle BCA$，从而

$$\frac{DC}{BC}=\frac{CB}{CA}$$

即
$$\frac{b+c}{a}=\frac{a}{b}$$

图 2.456

故
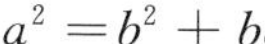
$$a^2=b^2+bc$$

充分性. 由上述证明逆过去即证.

定理 2　在 $\triangle ABC$ 中，$\angle A=3\angle B$ 成立的充要条件是 $(a+b)(a-b)^2=bc^2$.

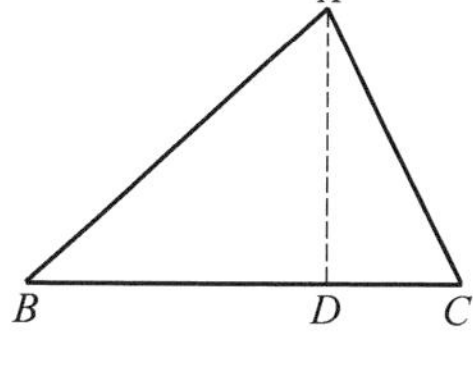

图 2.457

证明　如图 2.457，必要性. 若 $\angle A=3\angle B$，作 $\angle CAD=\angle B$，交 BC 于 D，则 $\angle BAD=2\angle B$，由定理 1 知 $BD^2-AD^2=AD\cdot AB$，即

$$BD^2=AD(AD+AB)$$

令 $BD=m$，$AD=n$，则

$$m^2=n(n+c) \quad ①$$

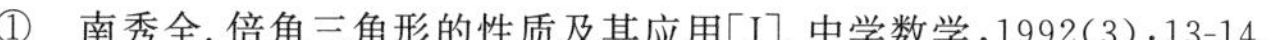
① 南秀全. 倍角三角形的性质及其应用[J]. 中学数学，1992(3)：13-14.

易知
$$\triangle ACD \backsim \triangle BCA$$
则
$$\frac{AC}{BC}=\frac{AD}{AB}=\frac{DC}{AC}$$
即
$$\frac{b}{a}=\frac{n}{c}=\frac{a-m}{b}$$
故
$$n=\frac{bc}{a}, m=\frac{a^2-b^2}{a} \quad ②$$
将 ② 代入 ①,消去 m 与 n,得
$$\frac{(a^2-b^2)^2}{a^2}=\frac{bc(\frac{bc}{a}+c)}{a}$$
化简得
$$(a^2-b^2)^2=bc^2(a+b)$$

充分性.若 $bc^2=(a+b)(a-b)^2$,则
$$(\frac{a^2-b^2}{a})^2=\frac{bc}{a}(\frac{bc}{a}+c)$$

再令 $m=\frac{a^2-b^2}{a}, n=\frac{bc}{a}$,代入得
$$m^2=n(n+c)$$
又
$$\frac{a-m}{b}=\frac{a-\frac{a^2-b^2}{a}}{b}=\frac{b}{a}$$
$$\frac{n}{c}=\frac{\frac{bc}{a}}{c}=\frac{b}{a}$$
则
$$\frac{a-m}{b}=\frac{n}{c}=\frac{b}{a}$$
即
$$\triangle ACD \backsim \triangle BCA$$
从而
$$\angle B=\angle CAD$$
由定理 1 得
$$m^2=n(n+c)$$
所以
$$\angle BAD=2\angle B$$
则
$$\angle BAD=2\angle CAD$$
故
$$\angle BAC=\angle BAD+\angle CAD=3\angle B$$
即
$$\angle A=3\angle B$$

类似地,我们有

在 $\triangle ABC$ 中
$$\angle A=4\angle B \Leftrightarrow (a^2-b^2)(a^2-b^2-bc)=bc^2(b+c)$$

在 $\triangle ABC$ 中

$$\angle A=5\angle B \Leftrightarrow (a-b)((a^2-b^2)^2-bc^2(a+2b))=bc^4$$

在 $\triangle ABC$ 中，$\angle A=n\angle B(n\in\mathbf{N})$，其三边的关系式 $f_n(a,b,c)=0$ 表示. 由已得的结果有

$$f_1(a,b,c)=a-b \quad ①$$

$$f_2(a,b,c)=a^2-b^2-bc \quad ②$$

$$f_3(a,b,c)=(a^2-b^2)(a-b)-bc^2 \quad ③$$

$$f_4(a,b,c)=(a^2-b^2)(a^2-b^2-bc)-b^2c^2-bc^3 \quad ④$$

$$\vdots$$

一般的，$f_n(a,b,c)$ 有怎样的表达式呢？

借助定理 2 的证明方法，知若 $f_{n-1}(a,b,c)(n\geqslant 2)$ 为已知，要求 $f_n(a,b,c)$ 只需交换

$$a\to\frac{a^2-b^2}{a},b\to\frac{bc}{a},c\to c \quad (*)$$

代入 $f_{n-1}(a,b,c)$ 中，便得 $f_n(a,b,c)$. 于是有

定理 3 在 $\triangle ABC$ 中，若 $\angle A=n\angle B(n\in\mathbf{N})$，则三边 a,b,c，满足 a,b,c 的恒等式 $f_n(a,b,c)$. 这里 $f_n(a,b,c)$ 有递归关系

$$\begin{cases}f_1(a,b,c)=a-b\\ f_n(a,b,c)=f_{n-1}(\dfrac{a^2-b^2}{a},\dfrac{bc}{a},c)\end{cases}$$

❖三角形外角平分线三角形定理

如图 2.458，$\triangle ABC$ 是一任意三角形，$\triangle DEF$ 是其外角平分线三角形. 设 $\triangle ABC$ 的面积为 S，外接圆半径为 R，三内角 A,B,C 所对的边分别为 a,b,c；$\triangle DEF$ 的面积为 S_0，三内角 D,E,F 所对的边分别为 d,e,f. 我们有

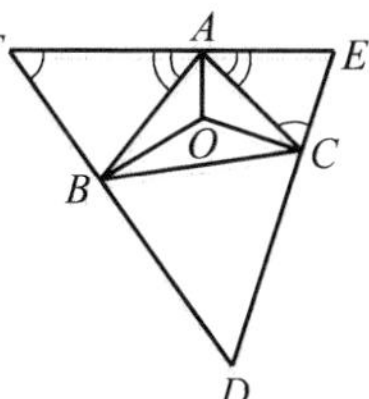

图 2.458

定理 1 $\triangle AFB\backsim\triangle DCB\backsim\triangle ACE$.[①]

证明 由于 EF 是 $\angle A$ 的外角平分线，因此

$$\angle BAF=\angle EAC=90^\circ-\frac{A}{2}$$

同理

① 张敬坤，纪保存. 三角形外角平分线三角形的性质[J]. 中学数学，2002(6):43-44.

$$\angle FBA=90^\circ-\frac{B}{2},\angle ACE=90^\circ-\frac{C}{2}$$

则
$$\angle F=180^\circ-\angle FBA-\angle BAF=90^\circ-\frac{C}{2}=\angle ACE$$

即
$$\triangle AFB\backsim\triangle ACE$$

同理可知
$$\triangle AFB\backsim\triangle DCB\backsim\triangle ACE$$

定理 2 $\frac{1}{d}+\frac{1}{e}+\frac{1}{f}\leqslant\frac{1}{2}(\frac{1}{a}+\frac{1}{b}+\frac{1}{c})$.

证明 由定理 1 易知
$$AF\cdot AE=bc,BF\cdot BD=ca,CD\cdot CE=ab$$

则
$$d=AF+AE\geqslant 2\sqrt{AF\cdot AE}=2\sqrt{bc}$$

即
$$\frac{1}{d}\leqslant\frac{1}{2\sqrt{bc}}$$

同理有
$$\frac{1}{e}\leqslant\frac{1}{2\sqrt{ca}},\frac{1}{f}\leqslant\frac{1}{2\sqrt{ab}}$$

则
$$\frac{1}{d}+\frac{1}{e}+\frac{1}{f}\leqslant\frac{1}{2\sqrt{ab}}+\frac{1}{2\sqrt{bc}}+\frac{1}{2\sqrt{ca}}\leqslant\frac{1}{2}(\frac{1}{a}+\frac{1}{b}+\frac{1}{c}).$$

当且仅当 $a=b=c$,等号成立(下同此,不另作说明).

由定理 2 的证明,我们可立得

定理 3 $def\geqslant 8abc$.

定理 4 $d+e+f\leqslant a\sec\frac{\pi+A}{4}+b\sec\frac{\pi+B}{4}+c\sec\frac{\pi+C}{4}$.

证明 在 $\triangle AFB$ 中,由余弦定理得

$$c^2=AF^2+FB^2-2AF\cdot FB\cos(90^\circ-\frac{C}{2})=$$
$$(AF+FB)^2-2AF\cdot FB(1+\sin\frac{C}{2})\geqslant$$
$$(AF+FB)^2-2\times\frac{(AF+FB)^2}{4}(1+\sin\frac{C}{2})=$$
$$\frac{(AF+FB)^2}{2}(1-\sin\frac{C}{2})=$$
$$\frac{(AF+FB)^2}{2}(\cos\frac{C}{4}-\sin\frac{C}{4})^2$$

则
$$AF+FB\leqslant\frac{\sqrt{2}c}{\cos\frac{C}{4}-\sin\frac{C}{4}}=c\sec\frac{\pi+C}{4}$$

同理
$$BD+DC\leqslant a\sec\frac{\pi+A}{4}$$
$$CE+EA\leqslant b\sec\frac{\pi+B}{4}$$
则
$$d+e+f=(AF+FB)+(BD+DC)+(CE+EA)\leqslant a\sec\frac{\pi+A}{4}+b\sec\frac{\pi+B}{4}+c\sec\frac{\pi+C}{4}$$

定理 5 $S_0<4\sqrt{2}R^2$.

证明 设 $\triangle ABC$ 的内心为 O,易知
$$\angle OAF=\angle OBF=90^\circ$$
所以 O,A,F,B 四点共圆,设此圆的半径为 R_1,则
$$2R_1=OF$$
因
$$S_{\triangle OAB}=\frac{1}{2}OA\cdot OB\sin(90^\circ+\frac{C}{2})=\frac{1}{2}OA\cdot OB\cos\frac{C}{2}$$
$$S_{\triangle AFB}=\frac{1}{2}AF\cdot FB\sin(90^\circ-\frac{C}{2})=\frac{1}{2}AF\cdot FB\cos\frac{C}{2}$$
则
$$S_{四边形OAFB}=\frac{1}{2}(OA\cdot OB+AF\cdot FB)\cos\frac{C}{2}\leqslant\frac{1}{2}\sqrt{(OA^2+AF^2)(OB^2+FB^2)}\cos\frac{C}{2}=\frac{1}{2}\sqrt{(2R_1)^2(2R_1)^2}\cos\frac{C}{2}=2R_1^2\cos\frac{C}{2}$$

又 $R_1=\dfrac{c}{2\sin(90^\circ-\frac{C}{2})}=\dfrac{R\sin C}{\cos\frac{C}{2}}=2R\sin\dfrac{C}{2}$,故
$$S_{四边形OAFB}\leqslant 8R^2\sin^2\frac{C}{2}\cos\frac{C}{2}=4R^2\sin C\sin\frac{C}{2}$$
同理可得
$$S_{四边形OBDC}\leqslant 4R^2\sin A\sin\frac{A}{2}$$
$$S_{四边形OCEA}\leqslant 4R^2\sin B\sin\frac{B}{2}$$
故
$$S_0=S_{四边形OAFB}+S_{四边形OBDC}+S_{四边形OCEA}\leqslant 4R^2(\sin A\sin\frac{A}{2}+\sin B\sin\frac{B}{2}+\sin C\sin\frac{C}{2})<4\sqrt{2}R^2$$

这里我们用到了如下不等式

$$\sin A\sin\frac{A}{2}+\sin B\sin\frac{B}{2}+\sin C\sin\frac{C}{2}<\sqrt{2}$$

定理 6 $S_0\geqslant 4S$.

证明 设$\triangle ABC$的内切圆半径为r,半周长为p;$\triangle AFB$,$\triangle BDC$,$\triangle CEA$的面积分别为S_1,S_2,S_3.则

$$S_1=\frac{1}{2}AF\cdot c\sin(90^\circ-\frac{A}{2})=\frac{1}{2}AF\cdot c\cos\frac{A}{2}$$

$$S_3=\frac{1}{2}AE\cdot b\sin(90^\circ-\frac{A}{2})=\frac{1}{2}AE\cdot b\cos\frac{A}{2}$$

由$AF\cdot AE=bc$及$\cos^2\frac{A}{2}=\frac{p(p-a)}{bc}$,立得

$$S_1S_3=\frac{1}{4}bcp(p-a)$$

同理

$$S_1S_2=\frac{1}{4}acp(p-b)$$

$$S_2S_3=\frac{1}{4}abp(p-c)$$

再由恒等式$ab+bc+ca=p^2+4Rr+r^2$,$abc=4Rrp$和$S=pr$及格雷特森不等式$p^2\geqslant 16Rr-5r^2$和欧拉不等式$R\geqslant 2r$,则有

$$\begin{aligned}(S_1+S_2+S_3)^2\geqslant 3(S_1S_2+S_2S_3+S_3S_1)=\\ \frac{3p}{4}(bc(p-a)+ca(p-b)+ab(p-c))=\\ \frac{3p}{4}(p(ab+bc+ca)-3abc)=\\ \frac{3p}{4}(p(p^2+4Rr+r^2)-12Rrp)\geqslant\\ \frac{3p^2}{4}(8Rr-4r^2)\geqslant\\ \frac{3S^2}{4r^2}\times 12r^2=9S^2\end{aligned}$$

故

$$S_1+S_2+S_3\geqslant 3S$$

即

$$S_0=S_1+S_2+S_3+S\geqslant 4S$$

❖三边长度成等差数列的三角形问题

为讨论问题的方便,约定O,I,G,p,R,r,a,b,c分别表示$\triangle ABC$的外心,内心,重心,半周长,外接圆半径,内切圆半径及三边长.

先给出几条引理[①]

引理1 过$\triangle ABC$的内心I作边BC的平行线分别交边AB,AC于M,N,则有

$$MN = BM + NC \tag{①}$$

证明 易知$BM = MI$,$IN = NC$,由此即知①式成立(图略).

引理2 设$\triangle ABC$的顶点A与内心I的连线交其外接圆于另一点D,则有

$$aAD = (b + c)ID \tag{②}$$

证明 如图2.459,联结BD,DC,则由著名的托勒密定理,有

$$aAD = bBD + cCD$$

又不难知道$\angle DBI = \angle BID$,由此可知

$$BD = CD = ID$$

故式②成立.

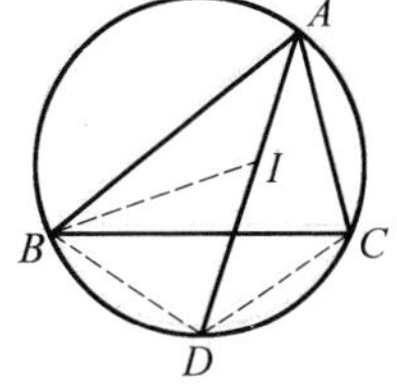

图2.459

引理3 在$\triangle ABC$中,有

$$\cot \frac{A}{2} = \frac{p-a}{r}, \cot \frac{B}{2} = \frac{p-b}{r}, \cot \frac{C}{2} = \frac{p-c}{r}$$

证明略.

引理4 在$\triangle ABC$中,有

$$r^2 = \frac{(p-a)(p-b)(p-c)}{p} \tag{③}$$

$$r^2 = ca - (p-b)^2 - \frac{abc}{p} \tag{④}$$

$$\frac{r}{R} = \frac{4(p-a)(p-b)(p-c)}{abc} \tag{⑤}$$

略证 设$\triangle ABC$的面积为S,由$S = rp$及熟知的海伦公式即得式③,又

$$\frac{(p-a)(p-b)(p-c)}{p} = (p-b)(p-c) - \frac{a(p-b)(p-c)}{p} =$$

$$(p-b)(p-c) - a(p-b) + \frac{ca(p-b)}{p} =$$

$$-(p-b)^2 + ca - \frac{abc}{p}$$

因而由式③即知式④成立;再由$4RS = abc$,$S = rp$及海伦公式易知式⑤成立.

现在给出三角形的三边成等差数列的九个不同的特征性质.

定理1 三角形的三边长度成等差数列的充要条件是其重心与内心的连

① 肖振纲.三角形三边成等差数列的若干特殊性质[J].中学数学月刊,1999(9):21-23.

线平行于三角形的一边.

证明 如图 2.460,过 $\triangle ABC$ 的内心 I 作边 BC 的平行线分别交边 AB,AC 于 M,N. 设 $AM=\lambda AB$,$AN=\lambda AC$,则有

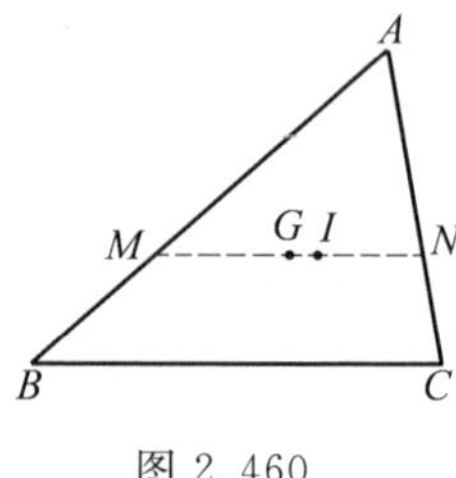

图 2.460

$$MN=\lambda BC, BM=(1-\lambda)AB, NC=(1-\lambda)AC$$

因而由引理 1,有

$$\lambda BC=(1-\lambda)(AB+AC)$$

于是

AB,BC,CA 成等差数列 $\Leftrightarrow 2(1-\lambda)=\lambda \Leftrightarrow \lambda=\frac{2}{3}\Leftrightarrow$

MN 过 $\triangle ABC$ 的重心 $\Leftrightarrow GI /\!/ BC$

定理 2 三角形的三边长度成等差数列的充要条件是其某个顶点与内心的连线垂直于其外心与内心的连线.

证明 如图 2.461,延长 AI 交 $\triangle ABC$ 的外接圆于 D,联结 OA,OD,则 $OA=OD$. 由引理 2

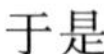

$$a\cdot AD=(b+c)ID$$

于是

c,a,b 成等差数列 $\Leftrightarrow AD=2ID\Leftrightarrow I$ 为 AD 的中点 $\Leftrightarrow OI\perp AI$

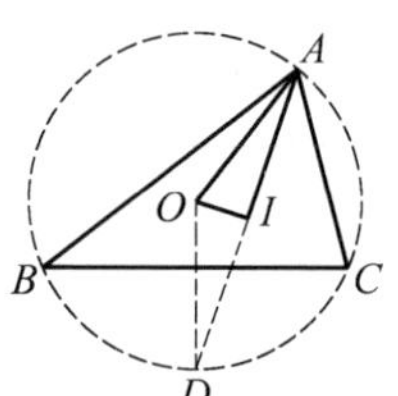

图 2.461

定理 3 $\triangle ABC$ 中,a,b,c 成等差数列的充要条件是 $\triangle ABC$ 的顶点 B 与内心 I 的连线交其外接圆于点 E 时,$S_{\triangle IAC}=S_{\triangle EAC}$.

证明 参见图 2.461. 由托勒密定理,有

$$AB\cdot CE+BC\cdot AE=AC\cdot BE$$

注意到

$$CE=AE=IE$$

有

$$\frac{AB+BC}{AC}=\frac{BE}{IB}$$

又注意到面积关系式

$$\frac{S_{\triangle IAB}+S_{\triangle IBC}}{S_{\triangle IAC}}=\frac{AB+BC}{AC}$$

于是

$$\frac{AB+BC}{CA}=\frac{c+a}{b}=2\Leftrightarrow\frac{BE}{IB}=2\Leftrightarrow I\text{ 为 }BE\text{ 中点}$$

$$\Leftrightarrow 2=\frac{S_{\triangle IAB}+S_{\triangle IBC}}{S_{\triangle IAC}}=\frac{S_{\triangle IAE}+S_{\triangle ICE}}{S_{\triangle IAC}}=\frac{S_{\triangle IAC}+S_{\triangle EAC}}{S_{\triangle IAC}}$$

$$\Leftrightarrow S_{\triangle IAC}=S_{\triangle EAC}$$

故

$$\frac{a+c}{b}=2\Leftrightarrow S_{\triangle IAC}=S_{\triangle EAC}$$

定理 4　$\triangle ABC$ 中，a,b,c，成等差数列的充要条件是 $\cot\frac{A}{2},\cot\frac{B}{2},\cot\frac{C}{2}$ 成等差数列.

证明　由引理 3 立即可知

$$a+c=2b\Leftrightarrow\cot\frac{A}{2}+\cot\frac{C}{2}=2\cot\frac{B}{2}$$

定理 5　$\triangle ABC$ 中，a,b,c 成等差数列的充要条件是 $\cot\frac{A}{2}\cot\frac{C}{2}=3$.

证明　由引理 3 与式 ③，有

$$\cot\frac{A}{2}\cot\frac{C}{2}=\frac{(p-a)(p-c)}{r^2}=\frac{p}{p-b}=\frac{a+b+c}{c+a-b}$$

于是

a,b,c 成等差数列 $\Leftrightarrow c+a=2b\Leftrightarrow 3(c+a-b)=a+b+c\Leftrightarrow$

$$\cot\frac{A}{2}\cot\frac{C}{2}=3$$

定理 6　$\triangle ABC$ 中，a,b,c 成等差数列的充要条件是 $b^2=4r(2R-r)$.

证明　由 $4Rrp=4RS=abc$ 及式 ④，有

$$\begin{aligned}2p(4r(2R-r)-b^2)=16Rrp-8pr^2-2pb^2=&\\4abc-8p(ca-(p-b)^2-\frac{abc}{p})-2pb^2=&\\12abc-8pca+2p(4(p-b)^2-b^2)=&\\4ca(3b-2p)+2p(2p-b)(2p-3b)=&\\(2p-3b)((a+b+c)(c+a)-4ca)=&\\(a+c-2b)(b(c+a)+(c-a)^2)&\end{aligned}$$

于是

a,b,c 成等差数列 $\Leftrightarrow a+c-2b=0\Leftrightarrow 4r(2R-r)-b^2=0\Leftrightarrow b^2=4r(2R-r)$

定理 7　$\triangle ABC$ 中，a,b,c 成等差数列的充要条件是 $r^2=\frac{1}{3}ca-\frac{1}{4}b^2$.

证明　由式 ④，有

$$\begin{aligned}2p(4ca-3b^2-12r^2)=8pca-6pb^2-24pr^2=&\\8pca-6pb^2-24p(ca-(p-b)^2-\frac{abc}{p})=&\\24abc-16pca+6p(4(p-b)^2-b^2)=&\end{aligned}$$

$$-8ca(2p-3b)+6p(2p-b)(2p-3b)=$$
$$(2p-3b)(6p(c+a)-8ca)=$$
$$(a+c-2b)(3b(a+c)+4ca+3(c-a)^2)$$

由此即知定理 6 成立.

定理 8 $\triangle ABC$ 中,a,b,c 成等差数列的充要条件是 $\sin\frac{B}{2}=\sqrt{\frac{r}{2R}}$.

证明 由三角形的半角正弦公式,$\sin\frac{B}{2}=\sqrt{\frac{(p-c)(p-a)}{ca}}$ 及式⑤,有

$$\sin\frac{B}{2}=\sqrt{\frac{br}{4R(p-b)}}$$

于是 a,b,c 成等差数列 $\Leftrightarrow 2(p-b)=b\Leftrightarrow\sin\frac{B}{2}=\sqrt{\frac{r}{2R}}$

定理 9 $\triangle ABC$ 中,a,b,c 成等差数列的充要条件是 $\cos\frac{B}{2}=\frac{\sqrt{3}(c+a)}{4\sqrt{ca}}$.

证明 由三角形的半角余弦公式,$\cos\frac{B}{2}=\sqrt{\frac{p(p-a)}{ca}}$,有

$$\cos\frac{B}{2}=\frac{\sqrt{3}(c+a)}{4\sqrt{ca}}$$

则
$$\sqrt{\frac{p(p-a)}{ca}}=\frac{\sqrt{3}(c+a)}{4\sqrt{ca}}$$

得
$$16p(p-a)=3(c+a)^2$$

则
$$4(a+b+c)(c+a-b)=3(c+a)^2$$

得
$$4(c+a)^2-4b^2=3(c+a)^2$$

即
$$(c+a)^2=4b^2$$

即
$$c+a=2b$$

故定理 9 成立.

定理 10 $\triangle ABC$ 中,a,b,c 成等差数列的充要条件是 $t_b=\frac{\sqrt{3ca}}{2}$,其中,t_b 为 $\angle B$ 的内角平分线长.

证明 三角形的内角平分线长的公式为 $t_b=\frac{2ca\cos\frac{B}{2}}{c+a}$,于是由定理 9 即知定理 10 成立.

定理 11 $\triangle ABC$ 中,a,b,c 成等差数列的充要条件是外切于 AC 的旁切圆半径是内切圆半径的 3 倍.

证明 设内切圆,外切于边 AC 的旁切圆分别切边 BC 于 D,切 BC 的延长线于 E,则

$$BD=\frac{1}{2}(AB+BC-AC),BE=\frac{1}{2}(AB+BC+CA)$$

设 I,I_B 分别为内心、旁心,于是

$$I_BE=3ID\Leftrightarrow BE=3BD\Leftrightarrow 2AC=AB+BC$$

定理 12 三角形三边长度的倒数成等差数列的充要条件是其某顶点与重心的连线垂直于内心与外心的连线.

证明 设 G,I,O 分别为 $\triangle ABC$ 的重心、内心和外心,令 $BC=a,CA=b,AB=c,p=\frac{1}{2}(a+b+c)$. 延长 AG 交 BC 于点 M,设内切圆切 BC 于 D,切 AC 于 E,其半径为 r,则

$$OA^2-OM^2=BO^2-OM^2=BM^2=\frac{1}{4}a^2$$

$$IA^2=AE^2+r^2=(p-a)^2+r^2$$

$$IM^2=DM^2+r^2=(\frac{a}{2}-(p-b))^2+r^2=(\frac{b-c}{2})^2+r^2$$

$$AG\perp IO\Leftrightarrow AM\perp IO\Leftrightarrow IA^2-IM^2=OA^2-OM^2\Leftrightarrow$$

$$(p-a)^2-(\frac{b-c}{2})^2=\frac{1}{4}a^2\Leftrightarrow\frac{1}{b}+\frac{1}{c}=\frac{2}{a}$$

❖三内角度数成等差数列(或含有 60° 角)的三角形问题

定理 1 三角形的三内角的度数成等差数列的充要条件是其含有 60° 的内角.

定理 2 非钝角三角形的顶点到其垂心的距离等于外接圆半径的充要条件是该顶点处的内角为 60°.①

证明 当三角形为直角三角形时结论显然成立. 下面设 H 为锐角 $\triangle ABC$ 的垂心,记 $\triangle ABC$ 三内角为 A,B,C,如图 2.462 所示.

充分性. 设 $A=60^\circ$,$\triangle ABC$ 的外接圆半径为 R,直线 AH 交直线 BC 于 D,直线 CH 交直线 AB 于 E. 由垂心性质知,B,D,H,E 四点共圆,有 $\angle AHE$ 与 $\angle DBE$ 相等或相补. 在 $Rt\triangle AEH$ 中,$\frac{AE}{AH}=\cos\angle EAH=\cos(90^\circ-\angle DBE)=$

① 沈文选. 含有 60° 内角的三角形的性质及应用[J]. 中学数学,2003(1):47-49.

$\sin B$(图 2.462(a)) 或 $\cos\angle EAH=\cos(90^\circ-\angle AHE)=\cos(90^\circ-(180^\circ-\angle DBE))=\cos(\angle DBE-90^\circ)=\sin B$(图 2.462(b),即有 $AH=\frac{AE}{\sin B}$.

又在 Rt$\triangle AEC$ 中,$\frac{AE}{AC}=\cos\angle BAC=\frac{1}{2}$,即 $AE=\frac{1}{2}AC$,注意到正弦定理 $AH=\frac{AE}{\sin B}=\frac{AC}{2\sin B}=\frac{2R\sin B}{2\sin B}=R$.

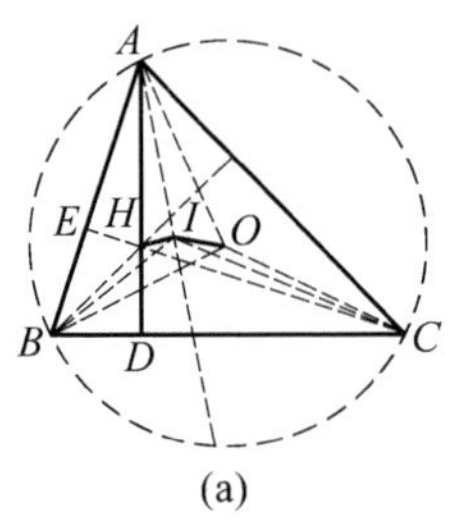

(a)

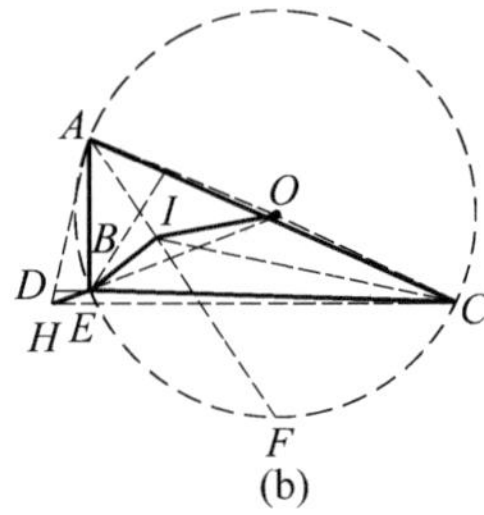

(b)

图 2.462

必要性. 设 CE 为边 AB 上的高,AD 为边 BC 上的高,由 $AH=R$(R 为 $\triangle ABC$ 外接圆半径),注意到 B,D,H,E 四点共圆,有 $AE=R\sin\angle AHE=R\sin B$(注意 $\sin(180^\circ-B)=\sin B$),则

$$CE=AE\tan A=R\sin B\tan A$$

又 $CE=BC\sin B=2R\sin A\sin B$,从而

$$2\sin A=\tan A$$

求得

$$A=60^\circ$$

注 必要性可由 $\angle BOC=2A$ 及三角形顶点 A 到垂心 H 的距离等于外心 O 到对边 BC 的距离的 2 倍来证明.

定理 3 三角形的两顶点与其内心、外心、垂心中的两心四点共圆的充要条件是另一顶点处的内角为 60°.

证明 当三心有两心重合时,或为直角三角形时结论显然成立. 下面讨论三心两两不重合且三角形不为直角三角形的情形,记 $\triangle ABC$ 三内角为 A,B,C,如图 2.462 所示.

充分性. 设 $A=60^\circ$,I,O,H 分别为 $\triangle ABC$ 的内心、外心、垂心,此时

$$\angle BOC=2A=120^\circ$$

$$\angle BIC=180^\circ-\frac{1}{2}(B+C)=90^\circ+\frac{A}{2}=120^\circ$$

$$\angle BHC=180^\circ-\angle HBC-\angle HCB=B+C=120^\circ$$

或

$$\angle BHC=90^\circ-\angle HCA=90^\circ-(90^\circ-A)=A=60^\circ$$

故 B,H,I,O,C 五点共圆，显然有 B,H,I,C；B,H,O,C；B,I,O,C 分别四点共圆.

注 若联结 AI 并延长交圆 O 于 F，则由内心性质知 $IF=FB=FC$，即上述圆的圆心为 F，且该圆与 $\triangle ABC$ 的外接圆是等圆.

必要性. 由 H 为其垂心，则

$\angle BHC=180^\circ-\angle HBC-\angle HCB=180^\circ-(90^\circ-C)-(90^\circ-B)=B+C$

或 $$\angle BHC=90^\circ-\angle HCA=90^\circ-(90^\circ-A)=A \quad ①$$

由 I 为其内心，则

$$\angle BIC=180^\circ-\angle IBC-\angle ICB=180^\circ-\frac{1}{2}(B+C)=$$

$$180^\circ-\frac{1}{2}(180^\circ-A)=90^\circ+\frac{A}{2} \quad ②$$

由 O 为其外心，则

$$\angle BOC=2A \quad ③$$

若 B,H,I,C 四点共圆，则 $\angle BHC=\angle BIC$ 或 $\angle BHC+\angle BIC=180^\circ$，即由 ①，② 有

$$B+C=90^\circ+\frac{A}{2}$$

两边加上 A，或由 ①，② 有

$$A+\frac{A}{2}+90^\circ=180^\circ$$

均求得 $$A=60^\circ$$

若 B,H,O,C 四点共圆，则 $\angle BHC=\angle BOC$ 或 $\angle BHC+\angle BOC=180^\circ$，即由 ①，③ 有 $B+C=2A$ 或 $A+2A=180^\circ$，均可求得 $A=60^\circ$.

若 B,I,O,C 四点共圆，则 $\angle BIC=\angle BOC$，即由 ②，③ 有

$$90^\circ+\frac{A}{2}=2A$$

求得 $$A=60^\circ$$

综上，必要性获证.

定理 4 含有 60° 内角的非直角三角形中，

(1) 其内、外心的距离等于其内、垂心的距离.

(2) 其外心与垂心的连线平分含有 60° 内角的两边 上的高线所成的锐角.

(3) 其外心与垂心距离的$\sqrt{3}$ 倍等于另外两顶点到垂心距离差的绝对值或等于另外两顶点到垂心的距离和.

证明 (1) 如图 2.462，设 I,O,H 分别为 $\triangle ABC$ 的内心、外心和垂心，联

结 AI，AO，OC，则

$$\angle OAC=\angle OCA=\frac{1}{2}(180^\circ-\angle AOC)=90^\circ-\frac{\angle AOC}{2}=$$
$$90^\circ-\angle ABC=\angle EAH$$

或
$$\angle OAC=\angle OCA=90^\circ-\frac{\angle AOC}{2}=90^\circ-(180^\circ-\angle ABC)=$$
$$\angle ABC-90^\circ=\angle EAH$$

又 I 为 $\triangle ABC$ 的内心，有 $\angle IAC=\angle IAE$，于是在 $\triangle HAI$ 和 $\triangle OAI$ 中，AI 公用，$\angle HAI=\angle IAO$，由定理 2 有 $AH=R=AO$，从而 $\triangle HAI\cong\triangle OAI$，故 $IH=IO$.

(2) 如图 2.463，设 O，H 分别为 $\triangle ABC$ 的外心、垂心. 联结 OB，OC，由定理 3 知 B，H，O，C 四点共圆，对于图 2.463(a)，有

$$\angle EHO=\angle OCB=30^\circ,\angle OHC=\angle OBC=30^\circ$$

OH 平分 $\angle EHC$ 对于图 2.463(b)，有

$$\angle BHO=\angle BCO=30^\circ,\angle OHC=\angle OBC=30^\circ$$

OH 平分 $\angle EHC$，从而结论获证.

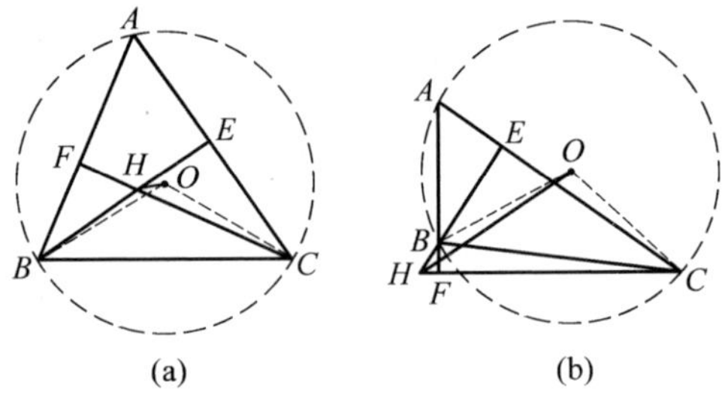

图 2.463

(3) 令圆 O 的半径为 R，则

$$OB=OC=R,BC=\sqrt{3}R$$

由 B，H，O，C 四点共圆，在此圆中应用托勒密定理，有

$$OH\cdot BC+BH\cdot OC=BO\cdot HC$$

即
$$\sqrt{3}R\cdot OH=R\cdot BH=R\cdot HC$$

故当 $HC>BH$ 时，有

$$\frac{HC-BH}{OH}=\sqrt{3}$$

注 若 $AB>AC$，$\angle A=60^\circ$，I，H 分别为 $\triangle ABC$ 的内心、垂心，则可推证有 $2\angle AHI=3\angle ABC$.

定理5 设 I,H 分别为 $\triangle ABC$ 的内心和垂心，A_1 为 $\triangle BHC$ 的外心，则 A，I，A_1 三点共线的充要条件是 $\angle BAC=60°$.

证明 如图 2.464，设 O 为 $\triangle ABC$ 的外心，联结 BA_1，CA_1，BH，CH，则

$$\angle BHC=180°-\angle BAC$$

$$\angle BA_1C=2(180°-\angle BHC)=2\angle BAC$$

因此 $\angle BAC=60°\Leftrightarrow\angle BAC+\angle BA_1C=180°\Leftrightarrow$

A_1 在 $\triangle ABC$ 的外接圆圆 O 上 $\Leftrightarrow$

AI 与 AA_1 重合 $\Leftrightarrow A,I,A_1$ 三点共线

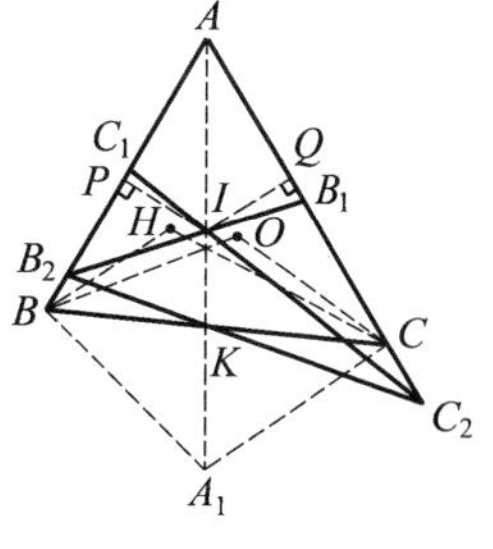

图 2.464

定理6 设 I 为 $\triangle ABC$ 的内心，B_1，C_1 分别为 AC，AB 的中点，直线 B_1I 交直线 AB 于 B_2，直线 C_1I 交直线 AC 于 C_2，则 $S_{\triangle ABC}=S_{\triangle AB_2C_2}$ 的充要条件是 $\angle BAC=60°$.

证明 如图 2.464，作 $IP\perp AB$ 于点 P，作 $IQ\perp AC$ 于点 Q，则

$$S_{\triangle AB_1B_2}=\frac{1}{2}IP\cdot AB_2+\frac{1}{2}IQ\cdot AB_1 \qquad ①$$

设 $IP=r$（r 为 $\triangle ABC$ 的内切圆半径），则 $IQ=r$，又令 $BC=a$，$CA=b$，$AB=c$，则

$$r=\frac{2S_{\triangle ABC}}{a+b+c}$$

注意到

$$S_{\triangle AB_1B_2}=\frac{1}{2}AB_1\cdot AB_2\sin A \qquad ②$$

由 ①，② 及 $AB_1=\frac{b}{2}$，$2AB_1\sin A=h_c=\frac{2S_{\triangle ABC}}{c}$，有

$$AB_2\left(\frac{2S_{\triangle ABC}}{c}-2\cdot\frac{2S_{\triangle ABC}}{a+b+c}\right)=b\cdot\frac{2S_{\triangle ABC}}{a+b+c}$$

则
$$AB_2=\frac{bc}{a+b-c}$$

同理
$$AC_2=\frac{bc}{a+c-b}$$

由 $S_{\triangle BKB_2}=S_{\triangle CKC_2}$，有

$$S_{\triangle ABC}=S_{\triangle AB_2C_2}$$

于是

$$bc=\frac{bc}{a+b-c}\cdot\frac{bc}{a+c-b}$$

即
$$a^2=b^2+c^2-bc$$

则由余弦定理，$\angle BAC=60^\circ$.

定理 7 点 I 为 $\triangle ABC$ 的内心，直线 BI 交 AC 于 E，直线 CI 交 AB 于 F，则 $\angle BAC=60^\circ$ 的充要条件是 $\frac{1}{IB}+\frac{1}{IC}=\frac{1}{IE}$（或 $\frac{1}{IF}$）.

证明 由 $ab\cdot\sin^2\frac{C}{2}=ab(1-\cos C)=(p-a)(p-b)$，有

$$\sin\frac{C}{2}=\sqrt{\frac{(p-a)(p-b)}{ab}}$$

其中 $p=\frac{1}{2}(a+b+c)$. 同理

$$\sin\frac{B}{2}=\sqrt{\frac{(p-a)(p-c)}{ac}}$$

$$\frac{1}{IB}+\frac{1}{IC}=\frac{1}{IE}\Leftrightarrow 1+\frac{IB}{IC}=\frac{IB}{IE}\Leftrightarrow$$

$$1+\frac{\sin\frac{C}{2}}{\sin\frac{B}{2}}=\frac{a+c}{b}\Leftrightarrow bc=4(p-b)(p-c)\Leftrightarrow$$

$$\sin\frac{A}{2}=\sqrt{\frac{(p-b)(p-c)}{bc}}=\frac{1}{2}\Leftrightarrow\angle BAC=60^\circ$$

定理 8 设 I 为 $\triangle ABC$ 的内心，射线 BI 交 AC 于点 E，射线 CI 交 AB 于点 F，过 I 作直线垂直于 EF 并交 EF 于 P，交 BC 于 Q，则 $IQ=2IP$ 的充要条件是 $\angle A=60^\circ$.

证明 设 $\angle BEF=\beta$，$\angle CFE=\gamma$，$\angle ABC=\angle B$，$\angle ACB=\angle C$，则

$$\angle IQC=90^\circ+\gamma-\frac{\angle C}{2},\angle IEC=\angle A+\frac{\angle B}{2}=90^\circ+\frac{\angle A-\angle C}{2}$$

由 $\angle BIC=180^\circ-(\beta+\gamma)=90^\circ+\frac{\angle A}{2}$，有

$$\beta+\gamma=90^\circ-\frac{\angle A}{2}=\frac{\angle B+\angle C}{2}$$

即
$$2\beta-\angle B=-(2\gamma-\angle C)$$

于是
$$IQ=2IP\Leftrightarrow 2=\frac{IQ}{IP}=\frac{IQ}{IC}\cdot\frac{IC}{IE}\cdot\frac{IE}{IP}\Leftrightarrow$$

$$2=\frac{\sin\frac{\angle C}{2}}{\cos(\gamma-\frac{\angle C}{2})}\cdot\frac{\cos\frac{\angle C-\angle A}{2}}{\sin\frac{\angle C}{2}}\cdot\frac{1}{\sin\beta}$$

即
$$2\sin\beta\cdot\cos(\gamma-\frac{\angle C}{2})=\cos\frac{\angle C-\angle A}{2}$$

且
$$2=\frac{\sin\frac{\angle B}{2}}{\cos(\beta-\frac{\angle B}{2})}\cdot\frac{\cos\frac{\angle B-\angle A}{2}}{\sin\frac{\angle B}{2}}\cdot\frac{1}{\sin\gamma}$$

即 $2\sin\gamma\cdot\cos(\beta-\frac{\angle B}{2})=\cos\frac{\angle B-\angle A}{2}\Leftrightarrow$

$\sin(2\beta-\frac{\angle B}{2})=2\sin\frac{\angle C}{2}\cdot\sin\frac{\angle A}{2}$ 且 $\sin(2\gamma-\frac{\angle C}{2})=2\sin\frac{\angle B}{2}\cdot\sin\frac{\angle A}{2}\Leftrightarrow$

$\sin(2\beta-\frac{\angle B}{2})\cdot\sin\frac{\angle B}{2}=\sin(2\gamma-\frac{\angle C}{2})\cdot\sin\frac{\angle C}{2}\Leftrightarrow$

$\cos 2\beta-\cos(2\beta-\angle B)=\cos 2\gamma-\cos(2\gamma-\angle C)\Leftrightarrow$

$\cos 2\beta=\cos 2\gamma\Leftrightarrow\beta=\gamma\Leftrightarrow IE=IF\Leftrightarrow$

$\sin(90^\circ-\frac{\angle A}{2}-\frac{\angle B}{2})=2\sin\frac{\angle C}{2}\cdot\sin\frac{\angle A}{2}\Leftrightarrow$

$\sin\frac{\angle C}{2}=2\sin\frac{\angle C}{2}\cdot\sin\frac{\angle A}{2}\Leftrightarrow\sin\frac{\angle A}{2}=\frac{1}{2}\Leftrightarrow$

$\angle A=60^\circ$

定理 9　含有 60° 内角的三角形其内切三角形也含有 60° 内角.

定理 10　如图 2.465,若锐角 $\triangle ABC$ 的 $\angle BAC=60^\circ$,$AB=c$,$AC=b$,$b>c$,$\triangle ABC$ 的垂心和外心分别为 H 和 O,OH 与 AB,AC 分别交于点 X,Y,则:

(1)$\triangle AXY$ 的周长为 $b+c$.

(2)$OH=b-c$.

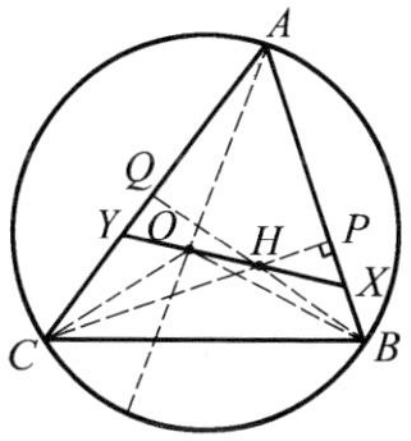

图 2.465

证明　(1) 易知
$$\angle COB=2\angle BAC=120^\circ$$
$$\angle CHB=A+2(90^\circ-A)=120^\circ$$
因此,C,O,H,B 四点共圆.

又 $CP\perp AB$,则
$$\angle AXH=90^\circ-\angle XHP=90^\circ-\angle OHC=90^\circ-\angle OBC=60^\circ$$
故
$$\angle HXB=120^\circ$$
由 $\angle ABH=30^\circ$,知 $\angle XHB=30^\circ$,所以 $HX=XB$.同理,$YH=CY$,故
$$AY+YX+AX=AY+YC+AX+XB=b+c$$
(2) 设 $AO=R$,则
$$b-c=2R(\sin B-\sin C)$$
易知
$$OH=BC\cdot\frac{\sin\angle OCH}{\sin\angle CHB}=2R\sin\angle CAB\cdot\frac{\sin\angle OCH}{\sin\angle CHB}=$$

$$2R\sin\angle OCH = 2R\sin(B-A)$$

故 $b-c=OH \Leftrightarrow \sin(120^\circ - C)-\sin C=\sin(60^\circ - C) \Leftrightarrow$

$$\frac{\sqrt{3}}{2}\cos C+\frac{1}{2}\sin C-\sin C=\frac{\sqrt{3}}{2}\cos C-\frac{1}{2}\sin C$$

上式显然成立,故原命题成立.

定理 11 在锐角 $\triangle ABC$ 中,$A=60^\circ$,H,I,O 分别为 $\triangle ABC$ 的垂心、内心和外心,联结 AI 并延长交 BC 于 P,联结 BI 交 AC 于 Q,则 $BH=IO$ 的充要条件是①

$$AB+BP=AQ+QB$$

证明 充分性.如图 2.466,延长 AB 到 B_1 使 $BB_1=BP$,在 QC 或其延长线上取 C_1 使 $QC_1=QB$.于是

$$AB_1=AB+BP=AQ+QB=AC_1$$

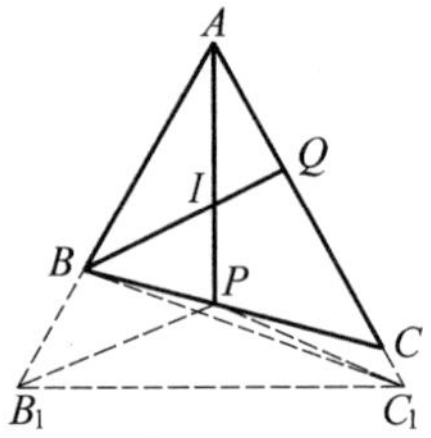

而 $\angle BAC=60^\circ$,从而 $\triangle AB_1C_1$ 为正三角形,直线 AP 是 $\triangle AB_1C_1$ 的对称轴,即有

$$PC_1=PB_1$$

图 2.466

$$\angle PC_1A=\angle PB_1A=\angle BPB_1=\frac{1}{2}\angle ABC=\angle PBQ$$

又 $\angle QBC_1=\angle QC_1B$,则

$$\angle PC_1B=\angle PBC_1$$

当点 P 不在 BC_1 上时,有

$$PC_1=PB$$

从而
$$PB_1=PC_1=PB=BB_1$$

即 $\triangle PBB_1$ 为正三角形,$\angle PBB_1=60^\circ=\angle BAC$,矛盾($\angle PBB_1$ 是 $\triangle ABC$ 的外角,应大于 $\angle BAC$).因此,点 P 应当在 BC_1 上,即 C 与 C_1 重合,故

$$\angle BCA=\frac{1}{2}\angle ABC$$

由 $\angle BCA+\angle ABC=180^\circ-60^\circ=120^\circ$,知 $\triangle ABC$ 的各角只有一种值,即

$$\angle BAC=60^\circ,\angle ABC=80^\circ,\angle BCA=40^\circ$$

此时,$\angle HCB=10^\circ$,$\angle BCO=30^\circ$,且由 $HI=IO$ 知 $\angle HCI=\angle ICO=10^\circ$,故 $BH=OI$

必要性.如图 2.467,首先可证明 H,O,I 三点在题设条件下两两不重合.

若点 H 与 I 重合,则由 $\angle BAC$ 及定理 3 知 B,H,O,C 共圆.又 $BH=OI$,

① 沈文选.数学问题 1511 号[J].数学通报.2004(10):46-47.

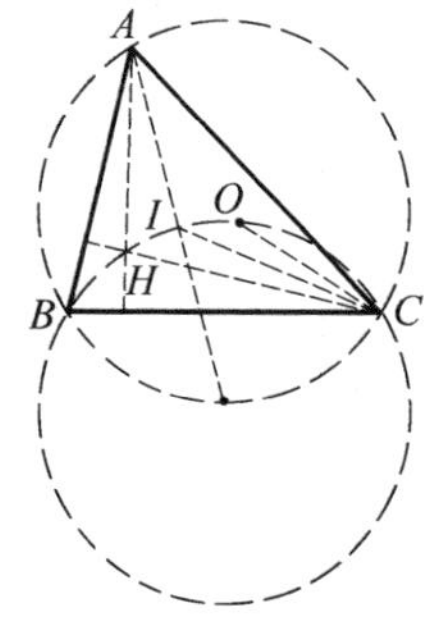

图 2.467

则 $\triangle BOC$ 的外接圆上对应的弧 $\overset{\frown}{BH}=\overset{\frown}{OI}=\overset{\frown}{OH}$，即有

$$\angle BCH=\frac{1}{2}\angle BCO=15^{\circ}$$

点 O 在锐角 $\triangle ABC$ 内部，当 H 与 I 重合时，CH 既是 $\angle BCO$ 的平分线，又是 $\angle BCA$ 的内分角线，这显然不可能，因而点 H 与点 I 不重合.

若点 H 与点 O 重合，则

$$\angle BCH=\angle BCO=30^{\circ}, \angle B=90^{\circ}-\angle BCH=60^{\circ}$$

从而 $\triangle ABC$ 是等边三角形，即有 O,I,H 三点重合，$OI=0<BH$ 与题设矛盾.

又点 O 与点 I 也不会重合，否则 $BH=0$ 也矛盾. 下面求 $\angle ABC$ 和 $\angle ACB$.

又 $\angle BAC=60^{\circ}$ 及定理 3 知 B,H,I,O,C 五点共圆，且由定理 4(1) 知，$HI=IO$，由题设 $BH=OI$，即有

$$BH=HI=IO$$

联结 IC,OC，则知

$$\overset{\frown}{BH}=\overset{\frown}{HI}=\overset{\frown}{IO}$$

亦即知
$$\angle BCH=\angle HCI=\angle ICO=\frac{1}{3}\angle BCO=10^{\circ}$$

由于 H 为垂心，知

$$\angle ABC=90^{\circ}-\angle BCH=80^{\circ}$$

从而
$$\angle ACB=180^{\circ}-\angle BAC-\angle ABC=40^{\circ}$$

此时，由充分性证法中所作 $\triangle AB_1C_1$ 为正三角形，有

$$AB+BP=AB+BB_1=AB_1=AC_1=AC=AQ+QC=AQ+QB$$

❖两中线垂直的三角形问题

定理 1　有两条中线互相垂直的三角形，其面积等于这两条中线长乘积的 $\frac{2}{3}$.①

证明　如图 2.468，BD,CE 为中线，且 $BD\perp CE$，联结 DE，则有

$$S_{\text{四边形}BCDE}=\frac{1}{2}BD\cdot CE$$

又因 DE 是 $\triangle ABC$ 两边中点的连线，则

① 李耀文，李井涛. 一种特殊三角形的性质及应用[J]. 中学数学月刊，1999(1):22-23.

$$S_{\triangle ABC}=\frac{4}{3}S_{四边形BCDE}$$

故
$$S_{\triangle ABC}=\frac{2}{3}BD\cdot CE$$

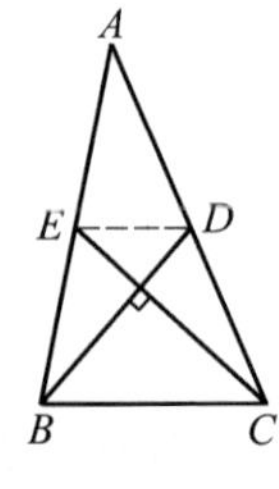

图 2.468

定理 2 有两条中线互相垂直的三角形，该两条中线所对应边的平方和等于第三条边平方的 5 倍.

证明 如图 2.469，联结 DE，BD，CE 为中线，且 $BD\perp CE$.

因若四边形的两条对角线互相垂直，则一双对边的平方和等于另一双对边的平方和，则

$$BC^2+DE^2=BE^2+CD^2$$

又由 $BE=\frac{1}{2}AB$，$CD=\frac{1}{2}AC$，$DE=\frac{1}{2}BC$，有

$$BC^2+(\frac{BC}{2})^2=(\frac{AB}{2})^2+(\frac{AC}{2})^2$$

即
$$\frac{5BC^2}{4}=\frac{1}{4}(AB^2+AC^2)$$

故
$$AB^2+AC^2=5BC^2$$

定理 3 有两条中线互相垂直的三角形，其第三条中线长与这条中线所对应边之比是一个常数.

证明 如图 2.469，设中线 BD，CE 交于点 G，联结 AG 并延长交 BC 于点 F，则由重心定理得 $AF=3GF$.

又由 $BD\perp CE$，在 $Rt\triangle BGC$ 中，则有 $GF=\frac{1}{2}BC$，则 $AF=\frac{3}{2}BC$，即 $\frac{AF}{BC}=\frac{3}{2}$(常数).

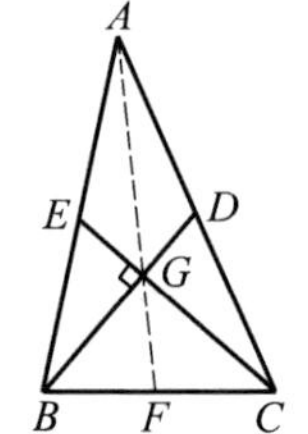

图 2.469

定理 4 有两条中线互相垂直的三角形，其三条中线长必构成一个直角三角形.

证明 如图 2.469，由定理 3 及重心定理，得

$$BC=\frac{2}{3}AF,BG=\frac{2}{3}BD,CG=\frac{2}{3}CE$$

又由 $BD\perp CE$，在 $Rt\triangle BGC$ 中，有

$$BG^2+CG^2=BC^2$$

即
$$(\frac{2}{3}BD)^2+(\frac{2}{3}CE)^2=(\frac{2}{3}AF)^2$$

则
$$BD^2+CE^2=AF^2$$

故以 BD，CE，AF 三条中线长为边必构成一个直角三角形.

定理 5 有两条中线互相垂直的三角形，其三条中线长的平方和是三条边

的平方和的$\frac{3}{4}$.

证明　如图 2.431,由定理 2 知

$$AB^2+AC^2=5BC^2$$

即

$$AB^2+AC^2+BC^2=6BC^2 \quad ①$$

由定理 4 知,BD,CE,AF 可组成一个直角三角形,则

$$BD^2+CE^2=AF^2$$

即

$$BD^2+CE^2+AF^2=2AF^2$$

再由定理 3 知有

$$AF=\frac{3}{2}BC$$

则

$$BD^2+CE^2+AF^2=\frac{9}{2}BC^2 \quad ②$$

由式 ①,② 得

$$BD^2+CE^2+AF^2=\frac{3}{4}(AB^2+AC^2+BC^2)$$

如果对于一般的"有两条中线互相垂直的三角形" 的边或角,添加某些约束条件,就会得到特殊的"有两条中线互相垂直的三角形",运用上述性质,便可推出更为独特的一些优美性质.

定理 6　有两条中线互相垂直的等腰三角形的腰与底的比是一个常数.

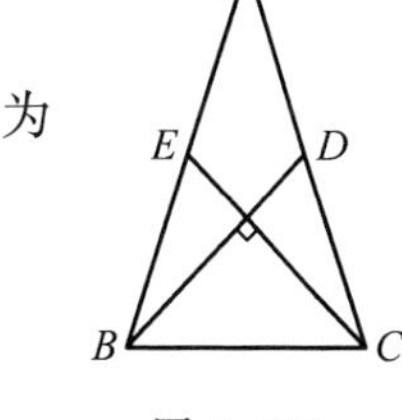

图 2.470

证明　如图 2.470,$AB=AC$,且 $BD\perp CE$,又 BD,CE 为中线,由定理 2 知

$$5BC^2=AB^2+AC^2$$

即

$$5BC^2=2AB^2$$

则

$$\frac{AB^2}{BC^2}=\frac{5}{2}$$

故$\frac{AB}{BC}=\frac{\sqrt{10}}{2}$(常数).

由上可知,定理 6 还有如下推论:

推论　有两条中线互相垂直的等腰三角形,其底角的余弦值是一个常数($\frac{\sqrt{10}}{10}$),顶角的余弦值也是一个常数($\frac{4}{5}$).

定理 7　有两条中线互相垂直的直角三角形,其三条中线长所构成的三角形与原三角形相似,且相似比为$\frac{\sqrt{3}}{2}$.

证明 如图 2.471,中线 BD,CE 互相垂直,设 $BC=a$,$B=90°$,由定理 3 知

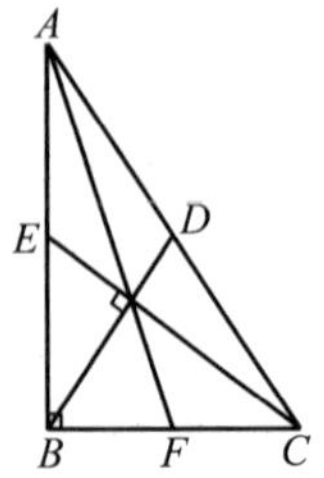

$$AF-\frac{3}{2}BC=\frac{3}{2}a$$

又
$$AB=\sqrt{AF^2-BF^2}=\sqrt{(\frac{3}{2}a)^2-(\frac{1}{2}a)^2}=\sqrt{2}a$$

$$AC=\sqrt{AB^2+BC^2}=\sqrt{(\sqrt{2}a)^2+a^2}=\sqrt{3}a$$

图 2.471

则
$$BC:AB:AC=1:\sqrt{2}:\sqrt{3}$$

由定理 4 知,BD,CE,AF 组成一个直角三角形.又

$$BD=\frac{1}{2}AC=\frac{\sqrt{3}}{2}a$$

$$CE=\sqrt{BC^2+BE^2}=\sqrt{a^2+(\frac{\sqrt{2}}{2}a)^2}=\frac{\sqrt{6}}{2}a$$

则
$$BD:CE:AF=\frac{\sqrt{3}}{2}a:\frac{\sqrt{6}}{2}a:\frac{3}{2}a:=1:\sqrt{2}:\sqrt{3}$$

从而,有

$$BD:CE:AF=BC:AB:AC$$

故以三条中线长所构成的三角形与原三角形相似,且相似比为$\frac{\sqrt{3}}{2}$.

由定理 7,不难得出如下推论:

推论 1 有两条中线互相垂直的直角三角形,其三条边之比为 $1:\sqrt{2}:\sqrt{3}$.

推论 2 有两条中线互相垂直的直角三角形,其三条中线的长度之比为 $1:\sqrt{2}:\sqrt{3}$.

❖等腰三角形的一个充要条件

定理 在 $\triangle ABC$ 的一边 BC 上任意取两点 P,Q,过 A,P,Q 三点的圆交 AB,AC 于 M,N,则 $AB=AC$ 的充要条件是:$PA^2+PM\cdot PN=QA^2+QM\cdot QN$.①

证明 必要性.作 $\angle MQN$ 平分线交圆于点 K,联结 KA,KP,KQ,KM,KN,MN,如图 2.472 所示.因

① 黄全福.等腰三角形的一个新定理[J].数学通报,1997(4):24-25.

$$2B+\angle BAC=\angle BAC+B+C=180^\circ=\angle MAN+\angle MQN=\angle BAC+\angle MQN$$

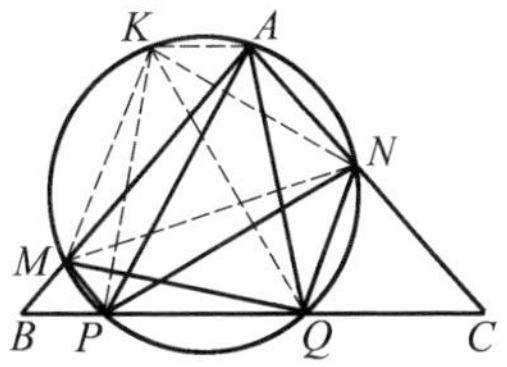

则

$$B=\frac{1}{2}\angle MQN=\angle MQK=\angle MAK=\angle BAK\Rightarrow$$

$KA \parallel BC\Rightarrow KPQA$ 为一等腰梯形 $\Rightarrow$

$PK=QA,PA=QK$

记 $\angle MPN=\alpha$，则

$$\angle MKN=180^\circ-\alpha,\angle PNK=\beta$$

图 2.472

则

$$QK \text{ 平分 } \angle MQN\Rightarrow \overset{\frown}{KM}=\overset{\frown}{KN}\Rightarrow PK \text{ 与 } MN \text{ 夹角之一必为 } \beta$$

于是

$$\frac{1}{2}\sin\alpha\cdot PM\cdot PN+\frac{1}{2}\sin(180^\circ-\alpha)\cdot KM\cdot KN=S_{\text{四边形}PMKN}=\frac{1}{2}PK\cdot MN\sin\beta$$

即
$$\sin\alpha(PM\cdot PN+KM\cdot KN)=PK\cdot MN\sin\beta \qquad ①$$

由
$$\frac{MN}{\sin\alpha}=\frac{PK}{\sin\beta}\Rightarrow MN=\frac{\sin\alpha}{\sin\beta}\cdot PK \qquad ②$$

将 ② 代入 ①，得

$$PM\cdot PN+KM\cdot KN=PK^2=QA^2$$

同理有
$$QM\cdot QN+KM\cdot KN=QK^2=PA^2$$

两式相减并移项，立得

$$PA^2+PM\cdot PN=QA^2+QM\cdot QN$$

充分性.用反证法.

假设 $AB\neq AC$，不妨设 $AB>AC$.作 $AH\perp BC$ 于 H.在 HC 上任取点 Q，作 Q 关于 AH 的对称点 P，P 显然在 BH 上.过 A,P,Q 三点作圆，如图 2.473 所示，交 AB,AC 于 M,N.另取 C 关于 AH 的对称点 B'，则 B' 在 BP 上.联结 AB' 交圆于 M'，则 M,M' 是圆上不同的两点.由条件易知

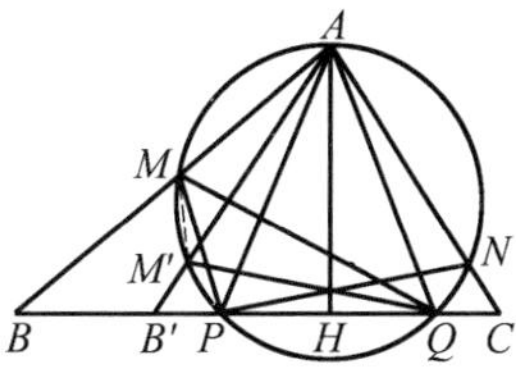

图 2.473

$$PM'\cdot PN=QM'\cdot QN,PM\cdot PN=QM\cdot QN$$

两式相除，得

$$\frac{PM'}{PM}=\frac{QM'}{QM}$$

又 $\angle MPM'=\angle MQM'$,则

$$\triangle PMM' \backsim \triangle QMM'$$

故得 $\angle MN'P=\angle MM'Q$,这是不可能的！从而证明 $AB\neq AC$ 不成立.必有 $AB=AC$.

❖含 120° 内角的三角形的性质定理

定理 1 钝角三角形的钝角顶点到其外心的距离等于其外接圆半径的充分必要条件是钝角为 120°.

事实上,由三角形垂心余弦公式 $AH=2R\cdot|\cos\angle BAC|$ 即证.

推论 1 在 $\triangle ABC$ 中,$AB>AC$.若 $\angle BAC=120^\circ$,O,H 分别为 $\triangle ABC$ 的外心和垂心,联结 OH 与直线 AB,AC 分别交于点 X,Y,则 $AB-AC=3AX=3AY$.

事实上,由 $\triangle OBX\cong\triangle COY$ 即证.

推论 2 在 $\triangle ABC$ 中,$\angle BAC=120^\circ$,$\angle BAC$ 的内角平分线交其外接圆于点 T,则 $AT=AB+AC$.

事实上,运用托勒密定理即证.

定理 2 钝角 $\triangle ABC$ 的钝角顶点为 A,其外心 O、垂心 H 与 B,C 四点共圆的充分必要条件是 $\angle BAC=120^\circ$.

推论 3 $OH=AB+AC$.

事实上,注意到推论 1,有

$$OH=2OX+AX=2CY+AX=2AC+3AX=AB+AC.$$

推论 4 条件同推论 2,则 $AT\parallel OH$.

定理 3 设 AD,BE,CF 分别为 $\triangle ABC$ 的内角平分线.D,E,F 分别在边上,则 $\angle EDF=90^\circ$ 的充要条件是 $\angle BAC=120^\circ$.

事实上,充分性显然.只证必要性,当 $\angle EDF=90^\circ$ 时,令 $\angle ADE=\alpha$,$\angle CDE=\beta$.由 $\frac{AE}{ED}=\frac{AD\cdot\sin\alpha}{CD\cdot\sin\beta}$,$\frac{BF}{FA}=\frac{BD\cdot\cos\beta}{AD\cdot\cos\alpha}$ 及 $\frac{AE}{EC}\cdot\frac{CD}{DB}\cdot\frac{BF}{FA}=1$,得

$$\tan\alpha=\tan\beta\Rightarrow\alpha=\beta$$

知 DE 平分 $\angle ADC$,亦知 E 为 $\triangle ABD$ 的旁心.

从而 $\angle BAD=\angle DAE=\angle BAC$ 的外角 $=\frac{1}{3}\cdot180^\circ=60^\circ$.

故 $\angle BAC = 120^{\circ}$.

定理 4 设 I 为钝角 $\triangle ABC$ 的内心,AI,BI,CI 分别与对边交于点 D,E,F,DF,DE 与 BI,CI 分别交于点 P,Q,则 E,F,P,Q 四点共圆的充要条件是 $\angle BAC = 120^{\circ}$.

事实上,充分性.在完全四边形 $BDCIAF$ 中,由 B、I,P、E 为调和点列,点 AP 平分 $\angle BAD$,推知 P 为 $\triangle ABD$ 的内心,有 $\angle EPF = 120^{\circ}$.类似地有 $\angle EQF = 120^{\circ}$.

必要性.当 E,F,P,Q 四点共圆于圆 O 时,设直线 FE 与直线 BC 交于点 T,在完全四边形 $AFBICE$ 及 $DPFIEQ$ 中,可推知 QP 的延长线过点 T.由勃罗卡定理,在完全四边形 $EFTPDQ$ 中,知 $OT \perp DI$.

类似地,$OA \perp DI$.

又点 A 为完全四边形 $DPFIEQ$ 的密克尔点,有 A,F,P,I 四点共圆.

设直线 CE 与 DF 交于点 S,又推知 S,B,P,A 四点共圆,则 $\angle SAB = \angle FPB = \angle FAI = \angle EAI$.

故 $\angle BAC = 120^{\circ}$.

推论 5 在定理 4 的条件下,$EP^2 + FQ^2 = 4PQ^2$.

事实上,由 A,F,D,Q 四点共圆,有 $\angle QFD = 30^{\circ}$ 即证.

推论 6 在定理 4 的条件下,$EF = \sqrt{3} PQ$.

❖含 120° 内角的整三角形定理

如果正整数 a,b,c 构成含 120° 角的钝角三角形,则称这种三角形为含 120° 内角的整三角形.

这种数组记为 $OPT(a,b,c)$,如果 a,b,c 没有公因子,则称这种 $OPT(a,b,c)$ 为本原的.

一个十分明显的事实是:(a,b,c) 是 OPT,且 c 最大,当且仅当 $c^2 = a^2 + ab + b^2$.

定理 1 一个自然数 a 出现于本原的 OPT 中,当且仅当 a 是不小于 3 的奇数或 8 的倍数.①

证明 先看一个引理:

引理 $(8n, 12n^2 - 4n - 1, 12n^2 + 1)$ 及 $(2n+1, 3n^2 + 2n, 3n^2 + 3n + 1)$ 是

① 郑玉美.120° 三角形数的两个性质[J].中学数学,1992(2):31-32.

本原的 OPT，此处 $n\geqslant 1$ 为自然数.

因为

$$(8n)^2+(12n^2-4n-1)^2+8n(12n^2-4n-1)=64n^2+144n^4-96n^3-8n^2+8n+1+96n^3-32n^2-8n=144n^4+24n^2+1=(12n^2+1)^2$$

及

$$(2n+1)^2+(3n^2+2n)^2+(2n+1)(3n^2+2n)=4n^2+4n+1+9n^4+12n^3+4n^2+6n^3+7n^2+2n=9n^4+18n^3+15n^2+6n+1=(3n^2+3n+1)^2$$

本原性的证明并不困难，留给读者去完成.

由上述引理看出8的倍数不小于3的奇数都可以出现于本原的 OPT 中，为了证明定理1，我们只需证明两点：

(1) 如果偶数 a 出现于一个本原 OPT 中，则 a 为 8 的倍数.

(2) 1 不能出现于 OPT 中.

事实上，设 a 为偶数，出现于一个本原 OPT 中，则 c 必为奇数，从而 b 也为奇数，否则，由 $c^2=a^2+b^2+ab$ 知 b 为偶数，于是 (a,b,c) 不是本原的. 又因为

$$a(a+b)=c^2-b^2=(c-b)(c+b)\equiv 0(\bmod 8)$$

加之 $a+b$ 为奇数，所以 $8\mid a$.

对于(2)，若 1 出现于一组 OPT 中，则 $b^2+b+1=c^2$，由于 $b^2<c^2<(b+1)^2$，这样的自然数 c 是不存在的，所以 1 不能出现于 OPT 中.

定理 2 除了 1,2,4 及 8 外，每个自然数都可以成为某个 OPT 中的最小数.

首先由引理知，所有不小于 3 的奇数 $2n+1(n\geqslant 1)$ 是 OPT 组$(2n+1,3n^2+2n,3n^2+3n+1)$ 中的最小者，于是每个奇数(除 1 外) 都可以成为某个 OPT 中的最小者.

其次，由定理1证明过程知1,2,4,不能出现于 OPT 中，剩下要证:8不能作为最小者出现于 OPT 中，6 及大于 8 的偶数作为最小者可以出现于 OPT 中.

如果8是一组 $OPT(a,b,c)$ 中的最小者，不妨令 $a=8$，则从 $64+8b+b^2=c^2$ 及 $48=c^2-b^2-8b-16=(c+b+4)(c-b-4)$，由于 $c>b\geqslant 8,c+b+4\geqslant 21$，只能有 $c+b+4=24,c-b-4=2$ 或 $c+b+4=48,c-b-4=1$. 第一种情况有 $c=13,b=7<8$，矛盾；第二种情况无正整解，所以 8 不能成为 OPT 中的最小者.

显然$(6,10,14)$ 是一组 OPT，而 6 是其最小者.

最后，对于小于 8 的偶数 a，总可以将这个偶数 a 写成形式：$a=2^m a'$，其中 a' 为奇数，$a'=2n+1$.

当 $a'>1$ 时，由定理 1 知 $(2n+1,3n^2+2n,3n^2+3n+1)$ 是本原的 OPT，从而 $(2^m(2n+1),2^m(3n^2+2n),2^m(3n^2+3n+1))$ 是 OPT，且 $2^m(2n+1)$ 为最小者.

当 $a'=1$ 时，即 $a=2^m>8$，有 $m>3$. 令 $m'=m-3>0$，则 $a=8\times 2^{m'}$.

根据定理 1，知 $(8\times 2^{m'},12\times 2^{2m'}-4\times 2^{m'}-1,2^{2m'}+1)$ 是 OPT.

由于 $(12\times 2^{2m'}-4\times 2^{m'}-1)-8\times 2^{m'}=(12\times 2^{m'}-4-8)2^{m'}-1$ 及 $12\times 2^{m'}-12>0,2^{m'}>1$，所以 $a=8\times 2^{m'}$ 为最小者.

定理 3 当三角形的三边分别由公式 $\begin{cases}a=m^2-n^2\\b=2mn-m^2\\c=m^2+n^2-mn\end{cases}$（其中 m,n 均为正整数并且 $m>n>\frac{m}{2}$）给出时，三角形的内角中必有一个（最大的一个）等于 $120°$.

证明 在条件

$$c^2=a^2+b^2+ab \tag{①}$$

中，因为 a,b 均小于 c，为此我们可以选取正整数 m,n 且 $m>n,(m,n)=1$ 使得

$$a+\frac{n}{m}b=c \tag{②}$$

成立.

由式 ② 两边平方，得

$$c^2=(a+\frac{n}{m}b)^2$$

即

$$c^2=a^2+\frac{2n}{m}ab+\frac{n^2}{m^2}\cdot b^2 \tag{③}$$

将式 ③ 代入式 ①，化简可得

$$a=\frac{m^2-n^2}{m(2n-m)}b \tag{④}$$

将式 ④ 代入式 ①，可得

$$c=\frac{m^2-mn+n^2}{m(2n-m)}b \tag{⑤}$$

在式 ⑤ 中，令 $b=m(2n-m)=2mn-m^2$，最后得到

$$\begin{cases}a=m^2-n^2 & ⑥\\b=2mn-m^2 & ⑦\\c=m^2+n^2-mn & ⑧\end{cases}$$

下面我们来研究使 ⑥，⑦，⑧ 三式计算出的 a,b,c 都是正整数的条件.

由 $a>0$，从式 ⑥ 可知 $m>n$，由 $b>0$，从式 ⑦ 可知 $n>\frac{m}{2}$.

由于 $m^2+n^2-mn=(m-n)^2+mn$ 且 m,n 均为正整数,故知不论 m,n 为任何正整数,c 都必是正整数.

综上所述,只要 m,n 满足条件:$m>n>\frac{m}{2}$,由 ⑥,⑦,⑧ 计算出来的 a,b,c 必是正整数.

注 类似地,我们还可以得到三边之长是整数且有一内解为 60° 的三角形,其边长所满足的条件是:$\begin{cases}a=m^2-n^2\\b=2mn+m^2\\c=m^2+n^2+mn\end{cases}$ ($m>n,m,n$ 均为正整数).

❖海伦三角形定理

海伦在其专著中提出长度和面积为自然数的三角形,后世就称这种三角形为海伦三角形.印度马哈维拉(Mahāvira,约公元 9 世纪)《文集》以及婆什伽罗数学专著《丽罗娃祗》(1150) 第 6 章第 167 节也提出对边长为 13,14,15 的锐角三角形求高及面积问题.我国南宋秦九韶《数书九章》(1247) 卷 5 第 2 题也是求边长为 13,14,15 的三角形面积.①

定理 1 勾股数为边的直角三角形是海伦三角形.

推论 1 两个以勾股数为边的直角三角形,如果各有一条直角边相等.这两三角形沿此直角边分列左右侧,就成为海伦三角形.

推论 2 两个以勾股数为边的直角三角形,如果不全等,且有一条直角边相等,使两三角形沿此直角边在同侧叠置,其余集也成为海伦三角形.

定理 2 设正整数 m,n,s,q 且满足条件:

(1) $a-c=m^2-n^2,b=m^2+n^2$,且 $b^2-(a-c)^2$ 为完全平方数又均被 2 整除.

(2) $a+c=s^2+q^2,b=2sq$,且 $(a+c)^2-b^2$ 为完全平方数又均被 2 整除.

则满足(1),(2) 的 $\triangle ABC$ 的三边 a,b,c 是海伦三角形.

证明 用边表示的三角形面积公式可变形为

$$S_{\triangle ABC}=\frac{1}{4}\sqrt{(b^2-(a-c)^2)((a+c)^2-b^2)}$$

又从恒等式

① 沈康身.历史数学名题赏析[M].上海:上海教育出版社,2002:447-453.

$$(m^2+n^2)^2-(m^2-n^2)^2=(2mn)^2$$
$$(s^2+q^2)^2-(2sq)^2=(s^2-q^2)^2$$

$a-c$ 与 b 同是奇数或偶数，等价于 m,n 同是奇数或偶数；$a+c$ 与 b 同奇或同偶，这等价于 s,q 同是奇数或偶数.

由上即可证得结论.

定理 3　面积与其周长数值相等的海伦三角形只存在五种.

证明　由满足条件的海伦三角形 ABC，有

$$S_{\triangle ABC}=\sqrt{p(p-a)(p-b)(p-c)}=2p$$

设 $p-a=x,p-b=y,p-c=z$，则

$$x+y+z=3p-(a+b+c)=s$$

另一方面
$$p(p-a)(p-b)(p-c)=pxyz=4p^2$$

于是
$$xyz=4p \qquad (*)$$

又不妨设 $x\geqslant y\geqslant z$，则

$$xyz=4(x+y+z)\leqslant 12x$$
$$yz\leqslant 12, z^2\leqslant yz\leqslant 12$$

解不定方程（*）：当 $z=1$ 时，$xy=4(x+y+1)$，$x=4+\dfrac{20}{y-4}$，我们有三组满足条件：6，25，29；7，15，20；9，10，17.

当 $z=2$ 时，$xy=2(x+y+z)$，$x=2+\dfrac{8}{y-2}$，解不定方程求整数解，且是海伦三角形有两组解 5，12，13；6，8，10，都是直角三角形.

当 $z=3$ 时，从不等式 $yz\leqslant 12$，则 $y\leqslant 4$，但 $y\geqslant z=3$，发生矛盾，无解. 综上，只有五种情形. 下表是 $z=1$ 时的情形.

y	x	z	p	a	b	c	p
5	24	1	30	6	25	29	60
6	14	1	21	7	15	20	42
8	9	1	18	9	10	17	36
9	8	1	18	10	9	17	36
14	6	1	21	7	15	20	42
24	5	1	30	6	25	29	60

定理 4　周长是面积 k 倍的海伦三角形有有限多个. k 为正有理数.

证明　先看如下两条引理：

引理 1　不定方程 $axy+bx+cy+d=0$ 有有限多组整数解，其中 $a,b,c,$

$d \neq 0$ 都是整数,且 $bc-ad \neq 0$.

证明略.

引理 2 不定方程 $uxyz=v(x+y+z)$ 有有限多组正整数解,且 $\min(x,y,z) \leqslant \sqrt{\frac{3u}{v}}$,$u,v$ 为正整数,且 $(u,v)=1$.

证明略.

回到定理的证明.满足条件的海伦三角形 ABC

$$kS_{\triangle ABC}=k\sqrt{p(p-a)(p-b)(p-c)}=2p \qquad ①$$

设 $p-a=x,p-b=y,p-c=z$,又设 $k=\frac{q}{s}$,$(q,s)=1$,则 ① 等价于

$$q^2xyz=4s^2(x+y+z) \qquad ②$$

由引理 2 知 ② 有有限组正整数解,证毕.

本定理中的 k 是有限制的.

结论 1 $k>2\sqrt{3}$ 时,海伦三角形不存在.因为 $(x,y,z) \leqslant \sqrt{\frac{3\times 4s^2}{q^2}}=\frac{2\sqrt{3}}{R}<1$,与 x,y,z 是正整数矛盾.

结论 2 $k=2$ 时,海伦三角形只有一个:(3,4,5).

结论 3 $k=3$ 时,海伦三角形不存在.

❖海伦三角形性质定理

定理 1 所有海伦三角形边长都是由两个奇数、一个偶数组成.

定理 2 不存在边长是 1 或是 2 的海伦三角形.

定理 3 海伦三角形的面积都是 6 的倍数.

定理 4 海伦三角形至多有一条边是 3 的倍数.

定理 5 三个相继自然数 $2k-1,2k,2k+1(k \geqslant 2)$ 作为边长的海伦三角形,当且仅当 k 是不定方程 $3m^2+1=k^2$ 的正整数解

$$k=\frac{1}{2}((2+\sqrt{3})^t+(2-\sqrt{3})^t)$$

$$m=\frac{\sqrt{3}}{6}((2+\sqrt{3})^t-(2-\sqrt{3})^t)$$

t 是自然数 1,2,….因此这种三个相继自然数解有无穷多组,它们是:3,4,5($t=1$),13,14,15($t=2$),51,52,53($t=3$),….

定理 6 边长为 3,4,5 的三角形是唯一的相继自然数海伦直角三角形.除此以外相继自然数海伦三角形都是锐角三角形.

证明 $\cos C=\frac{(n-1)^2+n^2-(n+1)^2}{2n(n-1)}=\frac{n-4}{2(n-1)}(n\geqslant 4)$,而仅当$n=4$时 $\cos C=0$,$C=\frac{\pi}{2}$,n 增大,三边渐趋相等,当 $n\to\infty$ 时,$\cos C$ 的极限是$\frac{1}{2}$,$C=\frac{\pi}{3}$.

定理 7 任何相继自然数海伦三角形都可以分成两个海伦直角三角形.

证明 如图 2.474,$\triangle ABC$ 为相继自然数海伦三角形.不妨设 $AB=2n+1$,$AC=2n$,$BC=2n-1$.自 B 引 $BD\perp AC$,则

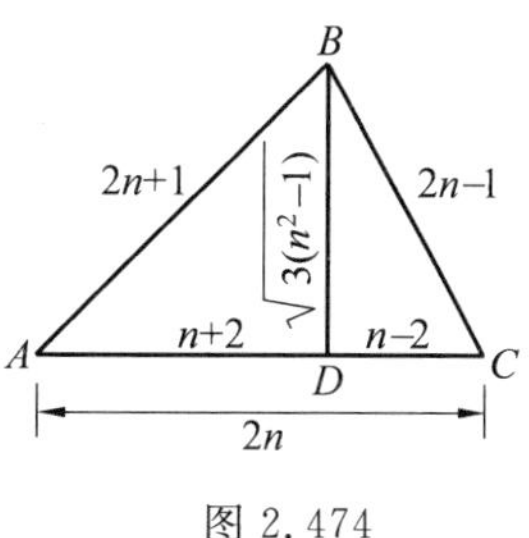

图 2.474

$$BD=\frac{S_{\triangle ABC}}{AC}=\sqrt{3(n^2-1)}$$

从定理 3 知为整数,分别计算

$$CD=\sqrt{(2n-1)^2-(3n^2-3)}=n-2$$

$$AD=\sqrt{(2n+1)^2-(3n^2-3)}=n+2$$

都是整数.

定理 8 三边都不是 3 的倍数的海伦三角形有无穷多个.例如,13,37,40 即为一例.

❖完全三角形问题

边长为整数且周长值是其面积值的 2 倍的三角形称为完全三角形.设$\triangle ABC$ 的内角 A,B,C 的所对边长分别为 a,b,c(均为整数),内切圆半径、面积、半周长分别为 r,S,p,则完全三角形具有如下有趣的结论:

定理 1 若 $\triangle ABC$ 为完全三角形,则①

(1) $r=1$.

(2) $p\geqslant\frac{11}{2}$.

① 徐希扬.完全三角形的有趣性质[J].数学通讯,2002(11):35.

(3) $a+b-c=2\cot\dfrac{C}{2}$.

证明 (1)$S=pr$,由完全三角形的定义知 $S=p$,所以 $r=1$.

(2) $$p=\frac{1}{2}(a+b+c)=r\left(\cot\frac{A}{2}+\cot\frac{B}{2}+\cot\frac{C}{2}\right)$$

由(1)知 $r=1$,所以

$$p=\cot\frac{A}{2}+\cot\frac{B}{2}+\cot\frac{C}{2}$$

又 $\cot\dfrac{A}{2}+\cot\dfrac{B}{2}+\cot\dfrac{C}{2}\geqslant 3\sqrt{3}$,故

$$p\geqslant 3\sqrt{3}$$

由于 p 为正整数.

注意到,因 $3\sqrt{3}>5.1$,所以 $p>5.1$,$2p>10.2$,$2p$ 是整数,故 $2P\geqslant 11$.上式可为 $p\geqslant\dfrac{11}{2}$.

(3) 由 $\tan\dfrac{C}{2}=\dfrac{r}{p-c}$,得

$$r=(p-c)\tan\frac{C}{2}=\frac{p-c}{\cot\frac{C}{2}}=\frac{a+b-c}{2\cot\frac{C}{2}}$$

由(1)知 $r=1$,故

$$a+b-c=2\cot\frac{C}{2}$$

定理2 完全三角形只有一个,它的边长为3,4,5.

证明 由完全三角形的定义及海伦公式得

$$p=\sqrt{p(p-a)(p-b)(p-c)} \quad ①$$

令 $x=p-a$,$y=p-b$,$z=p-c$,由于

$$x+y+z=3p-(a+b+c)=p$$

代入式①,整理得

$$x+y+z=xyz \quad ②$$

另由式①知

$$(b+c-a)(c+a-b)(a+b-c)=4(a+b+c) \quad ③$$

因 $b+c-a$,$c+a-b$,$a+b-c$ 两两之差为偶数,所以,$b+c-a$,$c+a-b$,$a+b-c$ 同为奇数或同为偶数.

又因为式③右端为偶数,所以它们只能同为偶数.

从而可得 x,y,z 均为正整数,于是问题转化为求方程②的正整数解.

不妨设 $x \geqslant y \geqslant z$,则

$$xyz = x + y + z \leqslant 3x$$

所以

$$3 \geqslant yz \geqslant z^2$$

即

$$z^2 \leqslant 3$$

又 z 为正整数,故

$$z = 1$$

于是式 ② 化为

$$x + y + 1 = xy$$

显然 $y \neq 1$,故

$$x = \frac{y+1}{y-1} = 1 + \frac{2}{y-1}$$

由 x 为正整数可知,$y-1$ 应为 2 的约数且满足 $y \leqslant x$,故 $y=2$,从而得 $x=3$,因此方程 ② 只有一组正整数解,从而可知完全三角形只有一个,它的边长为 3,4,5.

❖格点三角形相似问题①

已知 $\triangle A_1B_1C_1$ 是 $n \times n$ 的方格纸中的一个格点三角形,找出一个格点 $\triangle A_2B_2C_2$,使 $\triangle A_2B_2C_2 \backsim \triangle A_1B_1C_1$,这便是格点三角形相似问题.

一般来说,设 $\triangle A_2B_2C_2$ 与 $\triangle A_1B_1C_1$ 的相似比为 k,我们可以找出不同 k 值的 $\triangle A_2B_2C_2$.在直角坐标系中,对于一般的格点 $\triangle A_1B_1C_1$ 而言,k 满足什么条件时,存在格点 $\triangle A_2B_2C_2$ 与 $\triangle A_1B_1C_1$ 相似?以及当 $k=\sqrt{a^2+b^2}(a,b \in \mathbf{N})$ 时格点 $\triangle A_2B_2C_2$ 的几何作法如何?

为方便叙述,如无特别说明,以下字母表示的数均为整数;又由于平移($x_2=x_1+l, y_2=y_1+h, l,h \in \mathbf{Z}$)、旋转(旋转角为$\frac{n\pi}{2}, n \in \mathbf{Z}$)和轴对称(对称轴为 x 轴和 y 轴)变换可将格点三角形变成与其全等的格点三角形,因此,在研究格点三角形相似时,总假定 $\triangle ABC$ 的顶点 B 和 $\triangle A_iB_iC_i$ 顶点 B_i 为直角坐标系的原点 $O(0,0)$,且相似的两个三角形的对应顶点顺序一致.

定理 1 已知 $\triangle A_1B_1C_1$,$\triangle A_2B_2C_2$ 是格点三角形.若 $\triangle A_2B_2C_2 \backsim \triangle A_1B_1C_1$,相似比为 $k(k \in \mathbf{R})$,则 k 是形如$\frac{\sqrt{a^2+b^2}}{d}$的实数.

① 胡涛.关于格点三角形相似问题的研究[J].数学通报,2018(12):52-55.

证明 如图 2.475，设 $A_1(m_1,n_1)$，$B_1(0,0)$，$C_1(p_1,q_1)$，$A_2(m_2,n_2)$，$B_2(0,0)$，$C_2(p_2,q_2)$. 则有

$$k=\frac{A_2B_2}{A_1B_1}=\frac{\sqrt{m_2^2+n_2^2}}{\sqrt{m_1^2+n_1^2}}=\frac{\sqrt{m_2^2+n_2^2}\cdot\sqrt{m_1^2+n_1^2}}{m_1^2+n_1^2}=$$

$$\frac{\sqrt{(m_1m_2+n_1n_2)^2+(m_1n_2-n_1m_2)^2}}{m_1^2+n_1^2}$$

记 $a=m_1m_2+n_1n_2$，$b=m_1n_2-n_1m_2$，$d=m_1^2+n_1^2$，则 $k=\frac{\sqrt{a^2+b^2}}{d}$，即 k 是形如 $\frac{\sqrt{a^2+b^2}}{d}$ 的实数.

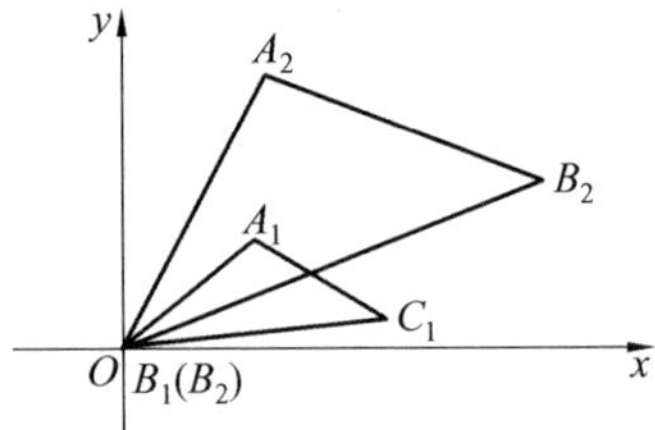

图 2.475

根据定理 1，要作出格点 $\triangle A_2B_2C_2$ 与格点 $\triangle A_1B_1C_1$ 相似，当相似比为无理数时，可以是 $\sqrt{2}$，$\sqrt{5}$，$\sqrt{13}$ 等，若相似比为 $\sqrt{3}$，$\sqrt{6}$，$\sqrt{7}$ 等是不能作出格点 $\triangle A_2B_2C_2$ 的，因为 3，6，7 它们都不能表示为两个整数的平方和.

定理 2 已知 $\triangle A_1B_1C_1$ 是一个格点三角形，当 $k=\sqrt{a^2+b^2}$（a，b 为自然数）时，可作出格点三角形 $\triangle A_2B_1C_2\backsim\triangle A_1B_1C_1$，且相似比为 k.

证明 $\triangle A_2B_1C_2$ 的作法如下，如图 2.476：

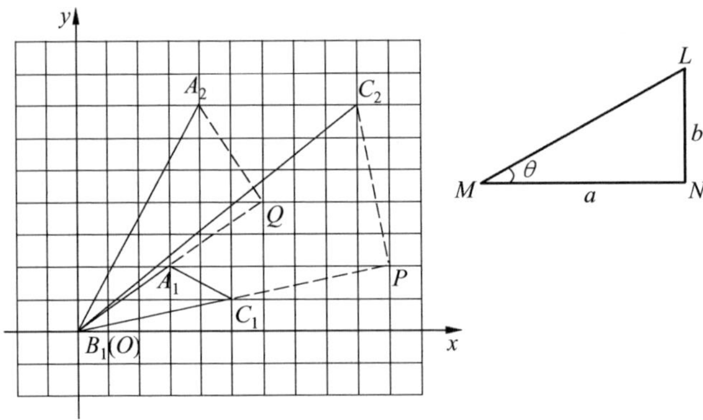

图 2.476

(1) 延长 B_1C_1 至点 P,使 $B_1P=aB_1C_1$,显然 P 为格点;

(2) 作 $PC_2\perp B_1P$($\angle PB_1C_2$ 为逆时针方向),且使 $PC_2=bB_1C_1$,易知 C_2 也为格点;

(3) 延长 B_1A_1 至点 Q,使 $B_1Q=aB_1A_1$,显然 Q 为格点;

(4) 作 $QA_2\perp B_1Q$($\angle QB_1A_2$ 为逆时针方向),且使 $QA_2=bB_1A_1$,易知 A_2 也为格点;

(5) 格点 $\triangle A_2B_1C_2$ 即为所求.

易证 $\triangle A_2B_1C_2\backsim\triangle A_1B_1C_1$,且相似比为 $k=\sqrt{a^2+b^2}$.

定理 2 作法的本质是通过位似旋转变换 $S(B_1,\theta,k)$($\tan\theta=\dfrac{b}{a}$,$k=\sqrt{a^2+b^2}$),将

$$A_1(m_1,n_1)\xrightarrow{S(B_1,\theta,\sqrt{a^2+b^2})}A_2(m_2,n_2)$$

$$C_1(p_1,q_1)\xrightarrow{S(B_1,\theta,\sqrt{a^2+b^2})}C_2(p_2,q_2)$$

事实上 $m_2=am_1-bn_1$,$n_2=an_1+bm_1$,$p_2=ap_1-bq_1$,$q_2=aq_1+bp_1$,这也直接说明了 $A_2(m_2,n_2)$,$C_2(p_2,q_2)$ 为格点,且 $\triangle A_2B_1C_2\backsim\triangle A_1B_1C_1$,相似比为 $k=\sqrt{a^2+b^2}$.即,若 $\triangle A_1B_1C_1$ 是一个格点三角形,则其在位似旋转变换 $S(B_1,\theta,k)$($\tan=\dfrac{b}{a}$,$k=\sqrt{a^2+b^2}$)下对应的 $\triangle A_2B_1C_2$ 也是一个格点三角形,且 $\triangle A_2B_1C_2\backsim\triangle A_1B_1C_1$,相似比为 $k=\sqrt{a^2+b^2}$.

一般地,若格点 $\triangle A_2B_2C_2\backsim$ 格点 $\triangle A_1B_1C_1$,相似比是形如 $\dfrac{\sqrt{a^2+b^2}}{d}$ 的实数,那么在什么情况下 k 是形如 $\sqrt{a^2+b^2}$ 的实数?为此我们引入最小格点三角形的概念.

定义 已知 $\triangle A_0B_0C_0$ 是一个格点三角形.若对任意的与它相似的格点 $\triangle A_1B_1C_1$,都有相似比 $k\geqslant 1$,$k\in\mathbf{R}$,则称 $\triangle A_0B_0C_0$ 为一个最小格点三角形.

定理 3 若 $\triangle A_1B_1C_1$ 是任意一个格点三角形,则存在最小格点的 $\triangle A_0B_0C_0$,使得 $\triangle A_1B_1C_1\backsim\triangle A_0B_0C_0$.

证明 设 $B_1(0,0)$,$A_1(m_1,n_1)$,$B(0,0)$,$A(m,n)$,由于格点 $\triangle ABC\backsim\triangle A_1B_1C_1$,相似比为 $k\leqslant 1$,则 $AB^2\leqslant A_1B_1^2$,即

$$m^2+n^2\leqslant m_1^2+n_1^2 \qquad ①$$

因为 m,n 为整数,故满足式 ① 的数对 (m,n) 只有有限个,因而必存在 (m_0,n_0) 使 $m_0^2+n_0^2$ 最小.亦即存在 $\triangle A_0B_0C_0$,它是格点 $\triangle A_1B_1C_1$ 的最小格点三角形.

定理 4 设 $\triangle ABC$ 是格点三角形,且 AB^2,BC^2,AC^2 被素数 r 整除,则:

(1) 若 $r=4k+3$，则存在以 $\frac{AB}{r},\frac{BC}{r},\frac{CA}{r}$ 为边长的格点 $\triangle A_0B_0C_0$ 与 $\triangle ABC$ 相似.

(2) 若 $r=2$ 或 $r=4k+1$，则存在以 $\frac{AB}{\sqrt{r}},\frac{BC}{\sqrt{r}},\frac{CA}{\sqrt{r}}$ 为边长的格点 $\triangle A_0B_0C_0$ 与 $\triangle ABC$ 相似.

为证明定理 4，先给出一个引理.

引理 1 (1) 方程 $x^2\equiv -1 \pmod r$ 对素数 $r=4k+1$ 有两个解，对 $r=2$ 有一个解，对素数 $r=4k+3$ 没有解；

(2) 若素数 $r=4k+3$ 整除 x^2+y^2，则 $r\mid x,r\mid y$.

下面证明定理 4：

设 $\overrightarrow{AB}=(m,n),\overrightarrow{AC}=(p,q),\overrightarrow{BC}=(p-m,q-n)$.

(1) 当 $r=4k+3$ 时，因为 -1 不是 r 的二次剩余，所以若 $r\mid m^2+n^2$，必有 $r\mid m,r\mid n$. 因此，$\overrightarrow{AB},\overrightarrow{BC},\overrightarrow{AC}$ 的横、纵坐标分别是 r 的倍数，$\frac{1}{r}\overrightarrow{AB},\frac{1}{r}\overrightarrow{BC}$，$\frac{1}{r}\overrightarrow{AC}$ 构成的格点三角形即为所求.

(2) 若 $r=2$ 或 $r=4k+1$，-1 是 r 的二次剩余，在模 r 意义下，有 $\pm \mathrm{i}$ 两个整数满足 $x^2\equiv -1$，($r=2$ 时，只有一个数 1 满足) 我们知道，若 $m^2+n^2\equiv 0 \pmod r$，则必有 $m+n\mathrm{i}\equiv 0$ 或 $m-n\mathrm{i}\equiv 0 \pmod r$.

下面证明，可以恰当地选取 i(必要时用 $-\mathrm{i}$ 替换 i) 使得同时有

$$m+n\mathrm{i}\equiv 0 \text{ 且 } p+q\mathrm{i}\equiv 0 \pmod r$$

为此，首先设 m,n,p,q 与 r 互素，因为若 m,n 被 r 整除，则同时有 $m+n\mathrm{i}\equiv 0$ 和 $m-n\mathrm{i}\equiv 0 \pmod r$，结论便成立了.

又可设 $r\neq 2$，因为 $r=2$ 时 $\mathrm{i}\equiv -\mathrm{i} \pmod r$，结论亦成立.

最后，我们设 $m+n\mathrm{i}\equiv 0 \pmod r$ 但 $p-q\mathrm{i}\equiv 0 \pmod r$，此时，有

$$\begin{aligned}0&\equiv (p-m)^2+(q-n)^2\\&\equiv p^2+q^2+m^2+n^2-2pm-2qn\\&\equiv 0+0-2(\mathrm{i}q)(-\mathrm{i}n)-2qn\\&\equiv -4qn\neq 0 \pmod r\end{aligned}$$

矛盾！

于是，设 $m+n\mathrm{i}\equiv 0$ 且 $p+q\mathrm{i}\equiv 0 \pmod r$，因为 $r=2$，或 $r=4k+1$，所以 r 可以表示为 a^2+b^2.

由于 $(a+b\mathrm{i})(a-b\mathrm{i})\equiv 0 \pmod r$，即 $(a+b\mathrm{i})(b+a\mathrm{i})\equiv 0 \pmod r$，所以，不妨设 $a+b\mathrm{i}\equiv 0 \pmod r$，否则，交换 a,b 即可，此时

$$am+bn\equiv 0,an-bm\equiv 0,ap+bq\equiv 0$$

$$aq - bp \equiv 0 \pmod r$$

故 $\overrightarrow{A_0B_0}=(\frac{am+bn}{r},\frac{an-bm}{r})$，$\overrightarrow{A_0C_0}=(\frac{ap+bq}{r},\frac{aq-bp}{r})$. 它们的纵、横坐标都是整数，不难验证 $\triangle A_0B_0C_0$ 与 $\triangle ABC$ 相似，相似比为 $\frac{1}{\sqrt{r}}$.

由定理 4 容易得到：

推论 已知 $\triangle A_0B_0C_0$ 是一个格点三角形. 若格点 $\triangle A_0B_0C_0$ 为一个最小格点三角形，则 $A_0B_0^2$，$B_0C_0^2$，$A_0C_0^2$ 最大公因数 $(A_0B_0^2,B_0C_0^2,A_0C_0^2)=1$.

定理 5 已知 $\triangle A_0B_0C_0$ 是一个格点三角形. 则格点 $\triangle A_0B_0C_0$ 为一个最小格点三角形的充要条件是 $(A_0B_0^2,B_0C_0^2,A_0C_0^2)=1$.

证明 必要性. 若格点 $\triangle A_0B_0C_0$ 是最小格点三角形，则有 $(A_0B_0^2,B_0C_0^2,A_0C_0^2)=1$. 即定理 4 的推论.

充分性. 若格点 $\triangle A_0B_0C_0$ 满足 $(A_0B_0^2,B_0C_0^2,A_0C_0^2)=1$，则 $\triangle A_0B_0C_0$ 是最小格点三角形.

假设 $\triangle A_0B_0C_0$ 不是最小格点三角形，由定理 3 知，存在最小格点 $\triangle A_1B_1C_1$ 与 $\triangle A_0B_0C_0$ 相似，相似比为 $\frac{\sqrt{a^2+b^2}}{d}$. 即 $A_1B_1^2\cdot d^2=(a^2+b^2)\cdot A_0B_0^2$，$B_1C_1^2\cdot d^2=(a^2+b^2)B_0C_0^2$，$A_1C_1^2\cdot d^2=(a^2+b^2)A_0C_0^2$.

设 $B_0(0,0)$，$A_0(m_0,n_0)$，$C_0(p_0,q_0)$，$B_1(0,0)$，$A_1(m_1,n_1)$，$C_1(p_1,q_1)$. 则

$$\begin{cases} m_1=\dfrac{am_0-bn_0}{d} \\ n_1=\dfrac{an_0+bm_0}{d} \\ p_1=\dfrac{ap_0-bq_0}{d} \\ q_1=\dfrac{aq_0+bp_0}{d} \end{cases}$$

解得

$$a=\frac{(m_0m_1+n_0n_1)d}{m_0^2+n_0^2}=\frac{(p_0p_1+q_0q_1)d}{p_0^2+q_0^2}=\frac{(q_0n_1+m_0p_1)d}{p_0m_0+q_0n_0}$$

$$b=\frac{(m_0n_1-n_0m_1)d}{m_0^2+n_0^2}=\frac{(p_0q_1-q_0p_1)d}{p_0^2+q_0^2}=\frac{(p_0n_1-n_0p_1)d}{p_0m_0+q_0n_0}$$

(1) 当 $a=0$，$b\neq 0$ 或 $b=0$，$a\neq 0$ 时，不妨设 $a=0$，$b\neq 0$，有

$$A_1B_1^2 \cdot d^2 = b^2 \cdot A_0B_0^2, \frac{A_1B_1^2}{A_0B_0^2} = \frac{b^2}{d^2}$$

设 $b = tb_0, d = td_0, t \in \mathbf{N}^*, (b_0, d_0) = 1$,则$\frac{A_1B_1^2}{A_0B_0^2} = \frac{b_0^2}{d_0^2}$,故 $A_0B_0^2 = d_0^2 \cdot k, k \in \mathbf{N}^*$.由 $d > |b|$ 知,$d_0 > |b_0| \geqslant 1$,因而 $d_0^2 \mid A_0B_0^2$.同理 $d_0^2 \mid B_0C_0^2, d_0^2 \mid A_0C_0^2$.即$(A_0B_0^2, B_0C_0^2, A_0C_0^2) \neq 1$,与已知矛盾,所以此时 $\triangle A_0B_0C_0$ 是最小格点三角形.

(2) 当 $a \neq 0, b \neq 0$ 时,令 $a = ha_0, b = hb_0, h \in \mathbf{N}^*, (a_0, b_0) = 1$,则

$$\frac{a}{b} = \frac{a_0}{b_0} = \frac{m_0m_1 + n_0n_1}{m_0n_1 - n_0m_1}$$

所以

$$m_0m_1 + n_0n_1 = ta_0$$
$$n_0m_1 - n_0m_1 = tb_0 \quad (t \in \mathbf{N}^*)$$

有
$$ha_0 = \frac{ta_0d}{m_0^2 + n_0^2}, \frac{h}{d} = \frac{t}{m_0^2 + n_0^2}$$

设 $h = lh_0, d = ld_0, l \in \mathbf{N}^*, (h_0, d_0) = 1$,则

$$\frac{h_0}{d_0} = \frac{t}{m_0^2 + n_0^2}$$

所以 $m_0^2 + n_0^2 = kd_0, k \in \mathbf{N}^*$.

由 $d > \sqrt{a^2 + b^2} > a \geqslant h$ 知,$d_0 \neq 1$,否则有 $h = dh_0 \geqslant d$,故 $d_0 \mid m_0^2 + n_0^2$.

同理可证

$$d_0 \mid p_0^2 + q_0^2, d_0 \mid p_0m_0 + q_0n_0$$

而
$$A_0C_0^2 = (m_0 - p_0)^2 + (n_0 - q_0)^2 = (m_0 + n_0)^2 + (p_0 + q_0)^2 - 2(p_0m_0 + q_0n_0)$$

所以$(A_0B_0^2, B_0C_0^2, A_0C_0^2) \neq 1$,与已知矛盾,所以此时 $\triangle A_0B_0C_0$ 是最小格点三角形.

综上可得,$\triangle A_0B_0C_0$ 是最小格点三角形.

定理 6 已知格点 $\triangle ABC$,若 AB^2, BC^2, AC^2 最大公因数

$$d = (AB^2, BC^2, AC^2) \quad (d \neq 1)$$

则它的最小格点三角形的三边长分别为$\frac{AB}{\sqrt{d}}, \frac{BC}{\sqrt{d}}, \frac{AD}{\sqrt{d}}$.

定理 7 已知 $\triangle A_0B_0C_0$ 是一个最小格点三角形.若格点 $\triangle A_1B_1C_1 \backsim \triangle A_0B_0C_0$,相似比为 $k(k \in \mathbf{R})$.则 k 是形如$\sqrt{a^2 + b^2}$ 的实数.

为证明定理 6 和 7,再给出两个引理:

引理 2 正整数 n 可以表示成两个整数的平方和当且仅当 n 的每个形如

$4k+3$ 的素因子的重数是偶数.

引理 3　若 $x=m^2+n^2$,$y=p^2+q^2$,则 x,y 的公因数 d 可以表示成 a^2+b^2 的形式.

证明　由于 $x=m^2+n^2$,$y=p^2+q^2$,由引理 2 知,x,y 的每个形如 $4k+3$ 素因子的重数是偶数,所以 d 的每个形如 $4k+3$ 的素因子的重数也是偶数,故 d 可以表示成 a^2+b^2 的形式.

定理 6 的证明　由引理 2 知 d 的每个形如 $4k+3$ 素因子的重数是偶数,故可设 $d=n_1^2n_2$,其中 n_1 是形如 $4k+3$ 素因子的积,$n_2=f_1f_2\cdots f_m$,f_i 是 2 或形如 $4k+1$ 素因子. 由定理 4 知,存在格点 $\triangle A_0B_0C_0\backsim\triangle ABC$,相似比为$\frac{1}{n_1}$;又由定理 4 知存在格点 $\triangle A_1B_1C_1\backsim\triangle A_0B_0C_0$,其相似比为$\frac{1}{\sqrt{f_1f_2\cdots f_m}}=\frac{1}{\sqrt{n_2}}$,因而,格点 $\triangle A_1B_1C_1$ 的三边长分别为$\frac{AB}{\sqrt{d}}$,$\frac{BC}{\sqrt{d}}$,$\frac{AC}{\sqrt{d}}$. 由于 $A_1B_1^2$,$B_1C_1^2$,$A_1C_1^2$ 的最大公因数$(A_1B_1^2,B_1C_1^2,A_1C_1^2)=1$,故它是 $\triangle ABC$ 的最小格点三角形.

定理 7 的证明　$k=1$ 时,结论显然成立;若 $k>1$,则 $\triangle A_1B_1C_1$ 不是最小格点三角形,设$(A_1B_1^2,B_1C_1^2,A_1C_1^2)=d$,则 $d\neq 1$. 由引理 3 知,d 可以表示为 a^2+b^2. 又由定理 6 知,存在三边长为$\frac{A_1B_1}{\sqrt{d}}$,$\frac{B_1C_1}{\sqrt{d}}$,$\frac{A_1C_1}{\sqrt{d}}$ 的格点 $\triangle A_2B_2C_2\backsim\triangle A_1B_1C_1$,它也是最小格点三角形. 因此,$k=\sqrt{d}=\sqrt{a^2+b^2}$,即 k 是形如 $\sqrt{a^2+b^2}$ 的实数.

基于以上定理以及推论,下面来解决前面提出的问题:

定理 8　已知格点 $\triangle A_1B_1C_1$,存在格点三角形 $\triangle A_2B_2C_2\backsim\triangle A_1B_1C_1$ 的充要条件是存在 a,b 使其相似比$k=\frac{\sqrt{a^2+b^2}}{\sqrt{d}}$($k\in\mathbf{R}$,$d$ 是 $A_1B_1^2$,$B_1C_1^2$,$A_1C_1^2$ 的最大公因数).

证明　必要性. 设 $A_2B_2^2$,$B_2C_2^2$,$A_2C_2^2$ 的最大公因数为 u,则 u 可以表示为 a^2+b^2. 若存在格点三角形 $\triangle A_2B_2C_2\backsim\triangle A_1B_1C_1$,则它与最小格点 $\triangle A_0B_0C_0$ 相似,相似比为 $\sqrt{a^2+b^2}$. 又 $\triangle A_1B_1C_1\backsim\triangle A_0B_0C_0$,相似比为$\sqrt{d}$,故 $k=\frac{\sqrt{a^2+b^2}}{\sqrt{d}}$,即存在 a,b 使其相似比 $k=\frac{\sqrt{a^2+b^2}}{\sqrt{d}}$.

充分性. 若 $k=\frac{\sqrt{a^2+b^2}}{\sqrt{d}}$,由定理 5 知,存在三边长为$\frac{A_1B_1}{\sqrt{d}}$,$\frac{B_1C_1}{\sqrt{d}}$,$\frac{A_1C_1}{\sqrt{d}}$ 的格点三角形 $\triangle A_0B_0C_0\backsim\triangle A_1B_1C_1$,它也是最小格点三角形. 又由定理 2 知,存

在格点三角形 $\triangle A_2B_2C_2 \backsim \triangle A_0B_0C_0$，且相似比为$\sqrt{a^2+b^2}$，即存在格点三角形 $\triangle A_2B_2C_2 \backsim \triangle A_1B_1C_1$，相似比为 k.

❖分割三角形的内切圆定理

如图 2.477，D 为 $\triangle ABC$ 边 BC 上的点，若 $\triangle ABD$ 与 $\triangle ADC$ 内切圆相等，则把线段 AD 叫作 $\triangle ABC$ 分割等内切圆线(简称等圆线).

下面的讨论中，p, p_1, p_2 分别是 $\triangle ABC, \triangle ABD, \triangle ADC$ 的半周长，r, r_1 分别是 $\triangle ABC$ 与 $\triangle ABD, \triangle ADC$ 的内切圆半径，$BC=a, CA=b, AB=c$.

定理 1 若 AD 是 $\triangle ABC$ 的等圆线，则 $AD^2=p(p-a)$. ①

证明 如图 2.477，由

$$S_{\triangle ABD}+S_{\triangle ADC}=S_{\triangle ABC}$$

得

$$r_1p_1+r_1p_2=rp$$

即

$$\frac{r_1}{r}=\frac{p}{p_1+p_2} \quad ①$$

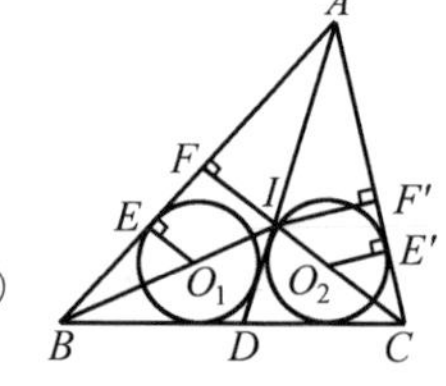

图 2.477

由图 2.437 易知

$$p_1+p_2=p+AD \quad ②$$

若 I 是 $\triangle ABC$ 内心，过 I 作 $IF \perp AB, IF' \perp AC$，垂足分别为 F, F'，过 $\triangle ABD$ 内心 O_1 作 $O_1E \perp AB$，垂足为 E，过 $\triangle ADC$ 内心 O_2 作 $O_2E' \perp AC$ 于 E'，则

$$BE=p_1-AD, BF=p-b$$

$$CE'=p_2-AD, CF'=p-c$$

由 $\frac{r_1}{r}=\frac{BE}{BF}=\frac{CE'}{CF'} \Rightarrow \frac{r_1}{r}=\frac{BE+CE'}{BF+CF'}=\frac{p_1+p_2-2AD}{p+p-(b+c)}$，即

$$\frac{r_1}{r}=\frac{p_1+p_2-2AD}{a} \quad ③$$

由 ①，②，③ 联立解得

$$AD^2=p(p-a)$$

推论 1 若在 Rt$\triangle ABC$ 中，$\angle BAC=\frac{\pi}{2}$，AD 是 $\triangle ABC$ 的等圆线，则 $AD^2=\frac{1}{2}bc$.

---

① 朱冬茂．三角形等圆线的性质[J]．中学数学，2001(7)：38-39.

推论 2 若在 $\triangle ABC$ 中，$\angle BAC=60°$，AD 是 $\triangle ABC$ 的等圆线，则 $AD^2=\frac{3}{4}bc$.

推论 3 若在 $\triangle ABC$ 中，$\angle BAC=120°$，AD 是 $\triangle ABC$ 的等圆线，则 $AD^2=\frac{1}{4}bc$.

事实上，由于

$$AD^2=p(p-a)=\frac{1}{4}((b+c)^2-a^2)=$$
$$\frac{1}{4}((b+c)^2-(b^2+c^2-2bc\cos A))=$$
$$\frac{1}{2}(1+\cos A)bc$$

当 $A=90°,60°,120°$ 时易得上述三个推论.

推论 4 若 AD,BE,CF 是 $\triangle ABC$ 的三条等圆线，则 $AD^2+BE^2+CF^2=p^2$.

证明 $AD^2+BE^2+CF^2=p(p-a)+p(p-b)+p(p-c)=p(3p-2p)=p^2$，故结论成立.

推论 5 若 AD,BE,CF 是 $\triangle ABC$ 的三条等圆线，记 S 为 $\triangle ABC$ 的面积，则 $AD\cdot BE\cdot CF=pS$.

证明 $$AD\cdot BE\cdot CF=\sqrt{p(p-a)p(p-b)p(p-c)}=$$
$$p\sqrt{p(p-a)(p-b)(p-c)}=pS$$

定理 2 若 AD 是 $\triangle ABC$ 的等圆线，O_1,O_2 分别是 $\triangle ABD$ 和 $\triangle ADC$ 的内心，则 $O_1O_2=\sqrt{p(p-a)}-(p-a)$.

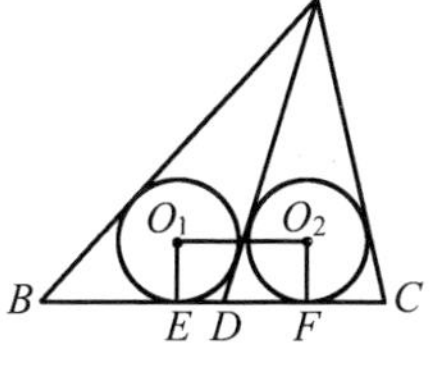

图 2.478

证明 如图 2.478，作 $O_1E\perp BC$ 于 E，作 $O_2F\perp BC$ 于 F，则

$$BE=p_1-AD,CF=p_2-AD$$
$$O_1O_2=EF=BC-(BE+CF)=$$
$$a-(p_1-AD+p_2-AD)=$$
$$a-(p_1+p_2-2AD)=$$
$$a-(p+AD-2AD)=$$
$$AD-(p-a)=$$
$$\sqrt{p(p-a)}-(p-a)$$

定理 3 AD 是 $\triangle ABC$ 的等圆线，m_a,l_a 分别是 $\triangle ABC$ 的中线和角平分线

(由点 A 引出),则 $l_a \leqslant AD \leqslant m_a$.

证明 由公式

$$m_a = \frac{1}{2}\sqrt{2b^2 + 2c^2 - a^2}$$

$$l_a = \frac{2\sqrt{bc}}{b+c}\sqrt{p(p-a)}$$

$$AD = \sqrt{p(p-a)}$$

得
$$AD - l_a = \sqrt{p(p-a)}\ \frac{(\sqrt{b}-\sqrt{c})^2}{b+c} \geqslant 0$$

则 $AD \geqslant l_a$(当且仅当 $b=c$ 时取等号).

又 $m_a^2 - AD^2 = \frac{1}{4}(2b^2+2c^2-a^2) - \frac{1}{4}(a+b+c)(b+c-a) =$

$$\frac{1}{4}(2b^2+2c^2-a^2-(b+c)^2+a^2) =$$

$$\frac{1}{4}(b-c)^2 \geqslant 0$$

则 $m_a^2 \geqslant AD^2$,即 $m_a \geqslant AD$(当且仅当 $b=c$ 时取等号),故 $l_a \leqslant AD \leqslant m_a$.

定理 4 设 D 是 $\triangle ABC$ 的边 BC 上的任意一点,点 G 在 $\triangle ABC$ 内部且是 $\triangle ABD$ 与 $\triangle ADC$ 的内切圆的外公切线与 AD 的交点,则 $AG = p - a$.①

证明 设 BC 分别切两圆于 M,N,AD 分别切两圆于 Q,H,两内切圆的另一条外公切线为 EF,其中 E,F 为切点(图 2.479),则

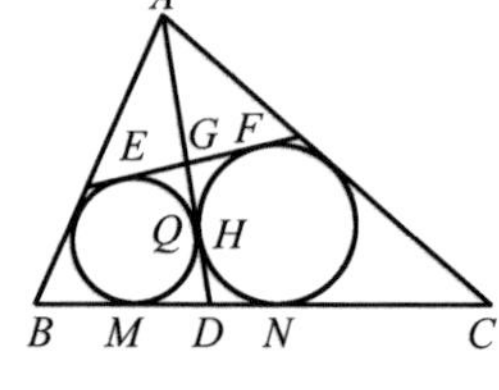

图 2.479

$$EF = EG + GF = GQ + GH = 2GQ + QH$$

同理可得 $\quad MN = 2DH + QH$

又 $EF = MN$,则

$$GQ = DH$$

又由 $AQ = \frac{AB + AD - BD}{2}$,$DH = \frac{AD + DC - AC}{2}$,则

$$AG = AQ - GQ = AQ - DH = \frac{AB + AC - (BD + DC)}{2} = p - a$$

上述结论说明:动点 G 的轨迹是以 A 为圆心、$(p-a)$ 为半径的在 $\triangle ABC$ 内部的一段圆弧.

定理 5 设 $AD = h_a$ 为 $\triangle ABC$ 的边 BC 上的高,则 $2r_1 + 2r_2 = 2h_a + a - b - c$.

---

① 陈友才.双子三角形内切圆性质初探[J].中学数学(湖北),1993(9):22-24.

证明　先看如下引理：

引理　$Rt\triangle ABC$ 的内切圆圆 O 的直径 d 与斜边 BC 之和等于两直角边 AB 与 AC 之和.

事实上，如图 2.480，设内切圆圆 O 与 AB，BC，AC 分别切于点 E，D，F. 显然四边形 $AEOF$ 是正方形且其边长为 $\frac{d}{2}$，则

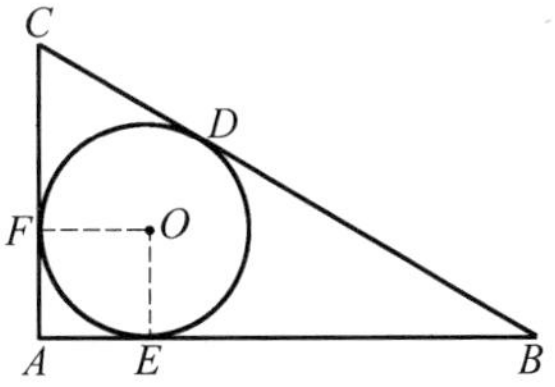

$$OE+OF=AE+AF=d$$

图 2.480

从而

$$AB+AC=AE+BE+AF+CF=(AE+AF)+(BD+CD)=d+BC$$

下面回到定理的证明. 由引理得

$$2r_1=BD+AD-AB,2r_2=CD+AD-AC$$

两式相加即得

$$2r_1+2r_2=2AD+BC-AC-AB=2h_a+a-b-c$$

因为引理的结论可写成：$r=p-a$，这样结合定理 2 立即得到如下推论.

推论　设 D 为 $Rt\triangle ABC$ 的斜边 BC 上的任意一点，$\triangle ABD$ 与 $\triangle ADC$ 的内切圆的另一条外公切线与 AD 相交于 G，则 $AG=r$.

定理 6　设 D 为等腰 $\triangle ABC$ 的底边 BC 上的一点，且 $BD<CD$，$\triangle ABD$ 与 $\triangle ADC$ 的内切圆分别切 AD 于 M，N 点，则 $MN=\frac{CD-BD}{2}$.

证明　设 $\triangle ADC$ 的内切圆与 BC，AC 分别切于点 E，F（图 2.481）. 因为

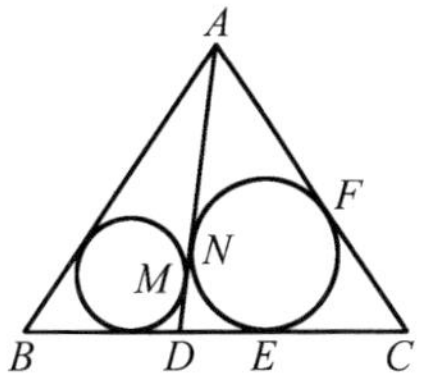

$$DN=DE,AN=AF,CE=CF,AB=AC$$

所以 $$p_2=DN+AC$$

即 $$DN=p_2-AC$$

同理 $$DM=p_1-AB$$

故 $$MN=DN-DM=p_2-p_1=\frac{CD-BD}{2}$$

图 2.481

定理 7　设 AD 为 $Rt\triangle ABC$ 斜边 BC 上的高，$\triangle ABD$，$\triangle ADC$ 的内切圆圆 O_1 与圆 O_2 的连心线分别交 AB，AC 于 M，N，此两圆的另一条外公切线分别交 AB，AD，AC 于 E，G，F，则

(1)$AM=AN=AD$.

(2)$O_1G=O_2G$.

证明　如图 2.482，联结 O_1D，O_2D，O_2A.

(1) 可参见直角三角形性质定理2(3).

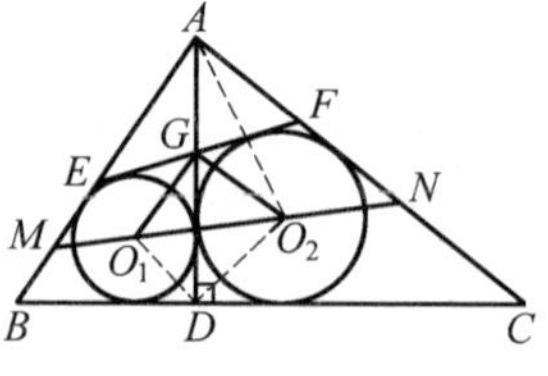

图 2.482

(2) 由 O_1G 平分 $\angle EGD$，O_2G 平分 $\angle PGD$，所以 $\angle O_1GO_2=90^\circ$，故 O_1，D，O_2，G 四点共圆，$\angle O_1O_2G=\angle O_1DG=45^\circ$，即 $\triangle O_1O_2G$ 为等腰直角三角形，所以 $O_1G=O_2G$.

由以上所证可知 $\angle O_1O_2G=\angle ANM=45^\circ$，故 $O_2G /\!/ AC$，则 $\angle AFE=\angle O_2GF=\angle O_2GD=\angle O_2O_1D$. 易证 $\triangle O_1DO_2\backsim\triangle BDA$，故 $\angle O_2O_1D=\angle ABD=\angle AFE$，于是有

推论 E，B，C，F 四点共圆.

定理8 设 $\triangle ABC$ 的内切圆与 BC 相切于点 D，则 $\triangle ABD$，$\triangle ADC$ 的内切圆相外切.

证明 设 $\triangle ABC$ 的内切圆与 AB，AC 分别切于点 E，F，$\triangle ABD$ 的内切圆与 AD 切于点 H(图 2.483)，则

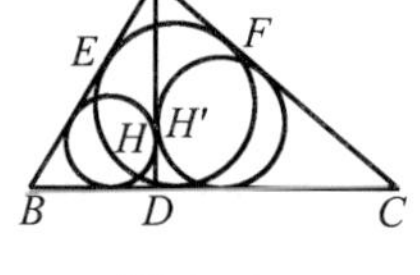

图 2.483

$$2AH=AB+AD-BD$$

而
$$AB-BD=AB-BE=AE$$

则
$$2AH=AD+AE$$

同理，若 $\triangle ADC$ 的内切圆与 AD 相切于点 H'，则

$$2AH'=AD+AF$$

而 $AE=AF$，则 $AH=AH'$，即 H 与 H' 重合，故 $\triangle ABD$ 与 $\triangle ADC$ 的内切圆相外切.

定理9 设 AD 为 $\mathrm{Rt}\triangle ABC$ 斜边 BC 上的高，$\triangle ABD$，$\triangle ADC$，$\triangle ABC$ 的内切圆圆 O_1，圆 O_2，圆 O 分别与各自的斜边切于点 M，N，E，则

(1) $r_1+r_2+r=AD$.

(2) $(p_1\pm r_1)^2+(p_2\pm r_2)^2=(p\pm r)^2$.

(3) $AO=O_1O_2$.

(4) $AM\cdot AB+CN\cdot AC=CE\cdot BC$.

此类三角形的许多结论可参见直角三角形的性质定理2，定理4，定理6等.

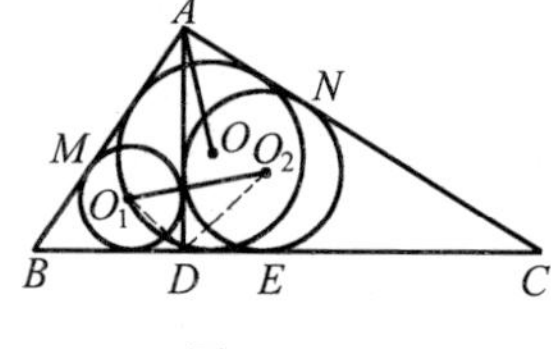

图 2.484

证明 如图 2.484，联结 O_1D，O_2D，则

$$\angle O_1DO_2=90^\circ$$

(1) 利用前述引理有

$$2r_1=AD+BD-AB,2r_2=AD+DC-AC,2r=AB+AC-BC$$

三式相加即得 $r_1+r_2+r=AD$.

(2) 显然 $\mathrm{Rt}\triangle DBA\backsim\mathrm{Rt}\triangle DAC\backsim\mathrm{Rt}\triangle ABC$，则

$$\frac{S_1}{S}=\frac{r_1^2}{r^2}=\frac{p_1^2}{p^2},\frac{S_2}{S}=\frac{r_2^2}{r^2}=\frac{p_2^2}{p^2}$$

因 $S_1+S_2=S$,则

$$\frac{r_1^2}{r^2}+\frac{r_2^2}{r^2}=\frac{p_1^2}{p^2}+\frac{p_2^2}{p^2}=1$$

故

$$r_1^2+r_2^2=r^2 \quad ①$$

$$p_1^2+p_2^2=p^2 \quad ②$$

$$r_1p_1+r_2p_2=rp \quad ③$$

由 ①+②±2×③ 得

$$(p_1\pm r_1)^2+(p_2\pm r_2)^2=(p\pm r)^2$$

(3) 因 O_1,O_2,O 是对应点,则

$$\frac{DO_1}{AO}=\frac{AB}{BC},\frac{DO_2}{AO}=\frac{AC}{BC}$$

故

$$\frac{DO_1^2+DO_2^2}{AO^2}=\frac{AB^2+AC^2}{BC^2}=1$$

则

$$AO^2=DO_1^2+DO_2^2=O_1O_2^2$$

即

$$AO=O_1O_2$$

(4) 因 AM,CN,CE 是一组对应线段,则

$$\frac{AM}{AB}=\frac{CN}{AC}=\frac{CE}{BC}=k$$

故

$$AM=kAB,CN=kAC,CE=kBC$$

则

$$AM\cdot AB+CN\cdot AC=kAB^2+kAC^2=kBC^2$$

而 $CE\cdot BC=kBC^2$,故

$$AM\cdot AB+CN\cdot AC=CE\cdot BC$$

定理 10 $\triangle ABC$ 中,D_1,D_2 为 BC 上的两点,且 $\triangle ABD_1$,$\triangle AD_1D_2$,$\triangle AD_2C$ 的内切圆是等圆,记 $l=AD_1+AD_2$,则 l 是三次方程 $x^3-3p(p-a)x-p^2(p-a)-p(p-a)^2=0$ 的一个根.(其中 $BC=a$,$AC=b$,$AB=c$,$p=\frac{1}{2}(a+b+c)$)①

为了方便,称前面定理1中的 AD 为二等分圆线,定理10中的 AD_1,AD_2 为三等分圆线.

证明 如图2.485,考虑 $\triangle ABD_2$,$\triangle AD_1C$,由定理1,$AD^2=p(p-a)$ 有

① 邹黎明.一个有趣的分等圆问题[J].福建中学数学,1994(5):9-10.

$$4AD_1^2=(c+AD_2)^2-BD_2^2 \quad ①$$

$$4AD_2^2=(b+AD_1)^2-D_2C^2$$

又 $$\frac{S_{\triangle ABD_2}}{S_{\triangle ABC}}=\frac{BD_2}{a}=\frac{c+BD_2+AD_2+2AD_1}{a+b+c+2AD_1+2AD_2}$$

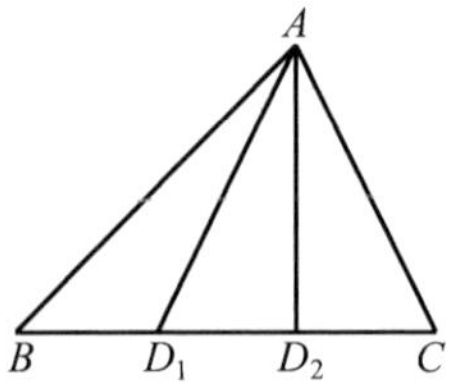

图 2.485

由等比定理知

$$\frac{BD_2}{a}=\frac{c+AD_2+2AD_1}{b+c+2AD_1+2AD_2}$$

则 $$BD_2=\frac{c+AD_2+2AD_1}{b+c+2AD_1+2AD_2} \quad ②$$

把 ② 代入 ① 得

$$((c+AD_2)^2-4AD_1^2)(b+c+2AD_1+2AD_2)^2=a^2(c+AD_2+2AD_1)^2$$

记 $AD_1+AD_2=l$,化简得

$$(c+AD_2-2AD_1)(b+c+2l)^2=a^2(c+AD_2+2AD_1) \quad ③$$

同理

$$(b+AD_1-2AD_2)(b+c+2l)^2=a^2(b+AD_1+2AD_2) \quad ④$$

③ + ④ 得

$$(b+c-l)(b+c+2l)^2=a^2(b+c+3l)$$

展开,整理得

$$l^3-3p(p-a)l-p^2(p-a)-p(p-a)^2=0$$

故结论获证.

若 ③ ÷ ④,得

$$\frac{c+AD_2-2AD_1}{b+AD_1-2AD_2}=\frac{c+AD_2+2AD_1}{b+AD_1+2AD_2}$$

由等比定理得

$$\frac{AD_1}{AD_2}=\frac{c+AD_2+2AD_1}{b+AD_1+2AD_2}$$

则 $$\frac{AD_1}{AD_2}=\frac{c+AD_2}{b+AD_1}$$

即 $$AD_1^2+bAD_1=AD_2^2+cAD_2$$

推论 1 条件如定理 10,则

$$AD_1^2+bAD_1=AD_2^2+cAD_2$$

推论 2 $\triangle ABC$ 中 AD 为二等分线,且 $AD=\sqrt{\frac{bc}{2}}$,则 $A=90°$.

证明 由定理 1 知

$$AD=\sqrt{p(p-a)}$$

又 $AD=\sqrt{\frac{bc}{2}}$,则

$$p(p-a)=\frac{bc}{2}$$

由此易得

$$b^2+c^2=a^2$$

故 $A=90°$.

推论 3 $\triangle ABC$ 中,AD,BE,CF 是三条二等分圆线,则 $AD^2+BE^2+CF^2=p^2$.

证明 由定理 1 知

$$AD^2+BE^2+CF^2=p(p-a+p-b+p-c)=p^2$$

定理 11 设 AD,AE 是 $\triangle ABC$ 的等角线($\angle BAD=\angle CAE$,如图 2.486 所示),且 $\triangle ABD,\triangle ACE$ 的内切圆分别与 BC 相切于点 M 和 N,则①

$$\frac{1}{MB}+\frac{1}{MD}=\frac{1}{NC}+\frac{1}{NE}$$

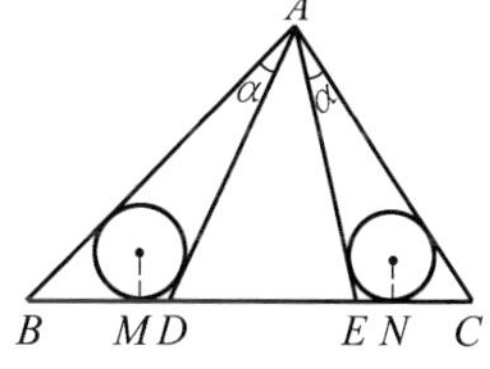

图 2.486

证明 如图 2.446,由切线长公式得

$$MB=\frac{1}{2}(AB+BD-AD)$$

$$MD=\frac{1}{2}(AD+BD-AB)$$

$$NC=\frac{1}{2}(AC+CE-AE)$$

$$NE=\frac{1}{2}(AE+CE-AC)$$

所以,有

$$BD\cdot NC\cdot NE=\frac{BD}{4}(AC+CE-AE)(AE+CE-AC)=$$

$$\frac{BD}{4}(CE^2-AC^2-AE^2+2AC\cdot AE)=$$

$$\frac{1}{4}(BD(CE^2-AC^2-AE^2)+2BD\cdot AC\cdot AE) \quad ①$$

$$CE\cdot MB\cdot MD=\frac{CE}{4}(AB+BD-AD)(AD+BD-AB)=$$

$$\frac{CE}{4}(BD^2-AB^2-AD^2+2AB\cdot AD)=$$

① 李耀文.三角形等角线的一个新性质[J].中学数学,2001(11):封底.

$$\frac{1}{4}(CE(BD^2-AB^2-AD^2)+2CE\cdot AB\cdot AD) \quad ②$$

不妨记 $\angle BAD=\angle CAE=\alpha$，则在 $\triangle ABD$ 和 $\triangle ACE$ 中应用正弦定理，有

$$\frac{BD}{\sin\alpha}=\frac{AD}{\sin B},\frac{CE}{\sin\alpha}=\frac{AE}{\sin C}$$

于是，有

$$BD\cdot AE\sin B=CE\cdot AD\sin C$$

即

$$BD\cdot AC\cdot AE=CE\cdot AB\cdot AD \quad ③$$

再在 $\triangle ABD$ 和 $\triangle ACE$ 中应用余弦定理，得

$$BD^2-AB^2-AD^2=-2AB\cdot AD\cos\alpha$$

$$CE^2-AC^2-AE^2=-2AC\cdot AE\cos\alpha$$

从而，有

$$\frac{BD^2-AB^2-AC^2}{AB\cdot AD}=\frac{CE^2-AC^2-AE^2}{AC\cdot AE} \quad ④$$

由 ③×④，得

$$BD(CE^2-AC^2-AE^2)=CE(BD^2-AB^2-AC^2) \quad ⑤$$

由 ①，②，③，⑤ 四式，有

$$BD\cdot NC\cdot NE=CE\cdot MB\cdot MD$$

所以

$$\frac{BD}{MB\cdot MD}=\frac{CE}{NC\cdot NE}$$

即

$$\frac{MB+MD}{MB\cdot MD}=\frac{NC+NE}{NC\cdot NE}$$

故

$$\frac{1}{MB}+\frac{1}{MD}=\frac{1}{NC}+\frac{1}{NE}$$

定理 12 已知 $\triangle ABC$，边 BC 上的高为 h，N 为边 BC 上一点，$\triangle ABN$ 与 $\triangle ANC$ 的内切圆半径分别为 r_1，r_2，则 $\triangle ABC$ 的内切圆半径 r 满足①

$$r=r_1+r_2-\frac{2r_1r_2}{h} \quad ①$$

显见，式 ① 等价于

$$\frac{2r}{h}=\frac{2(r_1+r_2)}{h}-\frac{4r_1r_2}{h^2} \quad ②$$

证明 首先看一个简单事实：

引理 在 $\triangle ABC$ 中，若 r 为内切圆半径，h 为边 BC 上的高，则有 $\frac{2r}{h}=1-$

---

① 令标．一个有趣平几公式的三角证法[J]．中学数学月刊，1997(4)：43．

$\tan\dfrac{B}{2}\tan\dfrac{C}{2}$.

证明略.

现在来证式 ②.

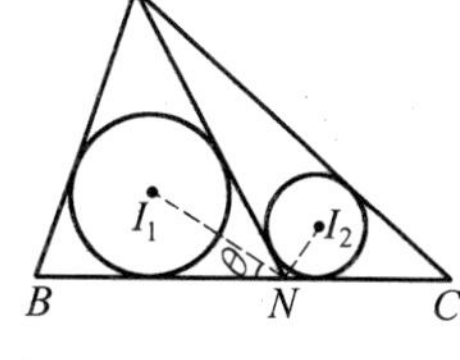

图 2.487

如图 2.487,记 $\angle ANB=2\theta$,则

$$\angle ANC=180^\circ-2\theta$$

在 $\triangle ABN$ 和 $\triangle ACN$ 中,由引理,知

$$\frac{2r_1}{h}=1-\tan\frac{B}{2}\tan\theta$$

$$\frac{2r_2}{h}=1-\tan\frac{C}{2}\cot\theta$$

从而

$$\frac{2(r_1+r_2)}{h}-\frac{4r_1r_2}{h^2}=1-\tan\frac{B}{2}\tan\theta-\tan\frac{C}{2}\cot\theta-$$

$$(1-\tan\frac{B}{2}\tan\theta)(1-\tan\frac{C}{2}\cot\theta)=$$

$$1-\tan\frac{B}{2}\tan\frac{C}{2}=\frac{2r}{h}$$

故式 ② 得证.

定理 13 已知 $\triangle ABC$ 中,边 BC 上的高为 h,N 为边 BC 内一点,$\triangle ABN$ 与 $\triangle ANC$ 的旁切圆(指在 $\angle BAC$ 内的)半径分别为 r_1,r_2,则 $\triangle ABC$ 的旁切圆(在 $\angle BAC$ 内的)半径 r 满足[①]

$$r=r_1+r_2+\frac{2r_1r_2}{h} \qquad ①$$

显然,式 ① 等价于

$$\frac{2r}{h}=\frac{2(r_1+r_2)}{h}+\frac{4r_1r_2}{h} \qquad ②$$

为证明式 ②,我们先给出如下一个引理:

引理 在 $\triangle ABC$ 中,BC 边上的高为 h,对应于 A 点的旁切圆半径为 r,则有

$$\frac{2r}{h}=\cot\frac{B}{2}\cot\frac{C}{2}-1$$

证明略.

下面给出式 ② 的证明.

证明 如图 2.488,不妨记 $\angle ANB=2\theta$,则 $\angle ANC=180^\circ-2\theta$,在 $\triangle ABN$

① 李耀文,张愫.一个有趣平几公式的对偶式[J].中学数学,2002(11):封底.

和 $\triangle ACN$ 中，由引理可得

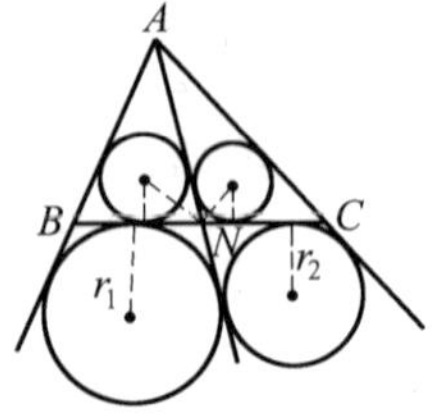

图 2.488

$$\frac{2r_1}{h}=\cot\frac{B}{2}\cot\theta-1$$

$$\frac{2r_2}{h}=\cot\frac{C}{2}\tan\theta-1$$

从而，有

$$\begin{aligned}\frac{2(r_1+r_2)}{h}+\frac{4r_1r_2}{h^2}=&\cot\frac{B}{2}\cot\theta-1+\cot\frac{C}{2}\tan\theta-1+\\&\left(\cot\frac{B}{2}\cot\theta-1\right)\cdot\left(\cot\frac{C}{2}\tan\theta-1\right)=\\&\cot\frac{B}{2}\cot\frac{C}{2}-1=\frac{2r}{h}\end{aligned}$$

故式 ② 得证.

综合定理 12 及上述定理可总述成如下.

定理 13′ 已知 $\triangle ABC$ 中边 BC 上的高为 h，N 为边 BC 上的任一点，设 r，r_1，r_2 分别为 $\triangle ABC$，$\triangle ABN$，$\triangle ANC$ 的内切圆半径或为这些三角形在 $\angle BAC$ 内的旁切圆半径，则

$$r=r_1+r_2\mp\frac{2r_1r_2}{h}$$

式中的“$\mp$”中的“$-$”用于内切圆的情形，“$+$”用于旁切圆的情形.

定理 14 三角形一内角平分线分原三角形为两个新的三角形，两个新三角形的内心和该内角的外角平分线与对边延长线的交点三点共线.①

证明 如图 2.489，$\triangle ABC$ 中，AD，AE 分别为 $\angle BAC$ 的内，外角平分线，D，E 分别为 AD，AE 与直线 BC 的交点，I_1，I_2 分别为 $\triangle ABD$，$\triangle ADC$ 的内心.

看一个引理：

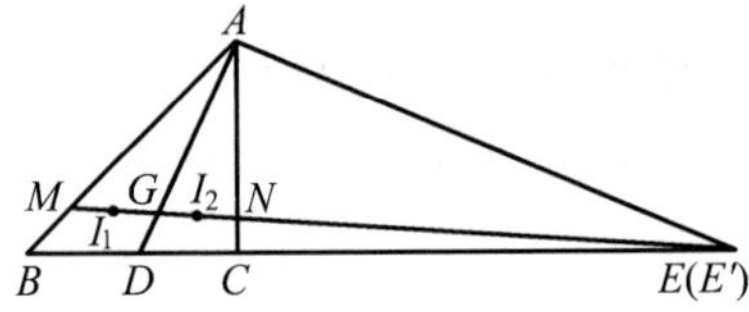

图 2.489

引理 如图 2.490，I 为 $\triangle ABC$ 的内心，过点 I 的直线 PQ 交 AB 于 P，交 AC 于 Q，则有

① 陈四川. 三角形的一个共点线[J]. 中学数学，2002(11)：22.

$$\frac{1}{AP}+\frac{1}{AQ}=\frac{AB+BC+AC}{AB\cdot AC}$$

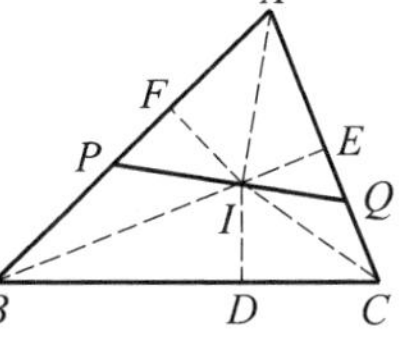

图 2.490

事实上，联结 AI，BI，CI，过 I 作 $ID\perp BC$ 于 D，$IE\perp AC$ 于 E，$IF\perp AB$ 于 F，于是有 $ID=IE=IF=r$（r 为 $\triangle ABC$ 的内切圆半径），则有

$$\frac{S_{\triangle APQ}}{S_{\triangle ABC}}=\frac{\frac{1}{2}(AP+AQ)r}{\frac{1}{2}(AB+BC+AC)r}=\frac{\frac{1}{2}AP\cdot AQ\sin A}{\frac{1}{2}AB\cdot AC\sin A}$$

所以
$$\frac{AP+AQ}{AP\cdot AQ}=\frac{1}{AP}+\frac{1}{AQ}=\frac{AB+BC+AC}{AB\cdot AC}$$

再回到定理证明. 如图 2.489，设直线 I_1I_2 交 AB 于 M，交 AD 于 G，交 AC 于 N，交直线 BC 于 E'.

由引理知

$$\frac{1}{AM}+\frac{1}{AG}=\frac{AB+BD+AD}{AB\cdot AD} \quad ①$$

$$\frac{1}{AG}+\frac{1}{AN}=\frac{AD+DC+AC}{AD\cdot AC} \quad ②$$

① − ② 得

$$\frac{1}{AM}-\frac{1}{AN}=\frac{1}{AB\cdot AC\cdot AD}(AB\cdot AC+BD\cdot AC+ AD\cdot AC-AD\cdot AB-DC\cdot AB-AC\cdot AB)$$

又 $\frac{AB}{AC}=\frac{BD}{DC}$，则

$$AB\cdot DC=AC\cdot BD$$

从而
$$\frac{1}{AM}-\frac{1}{AN}=\frac{AD\cdot AC-AD\cdot AB}{AB\cdot AC\cdot AD}=\frac{1}{AB}-\frac{1}{AC}$$

$$\frac{1}{AM}-\frac{1}{AB}=\frac{1}{AN}-\frac{1}{AC}$$

$$\frac{AB-AM}{AM\cdot AB}=\frac{AC-AN}{AN\cdot AC}$$

$$\frac{BM}{AM\cdot AB}=\frac{CN}{AN\cdot AC}$$

即
$$\frac{AM}{MB}\cdot\frac{CN}{AN}\cdot\frac{AB}{AC}=1 \quad ③$$

另一方面，由梅涅劳斯定理知

$$\frac{AM}{MB}\cdot\frac{BE'}{E'C}\cdot\frac{CN}{NA}=1 \quad ④$$

比较式③,④,可知:$\frac{AB}{AC}=\frac{BE'}{E'C}$,但已知$\frac{AB}{AC}=\frac{BE}{EC}$,故$E'$与$E$重合,$E$在直线$I_1I_2$上,也就是$I_1$,$I_2$,$E$三点共线.

定理15 三角形被一角平分线分为两个新三角形,它们的旁心(指在该内角内的)和该内角的外角平分线与对边延长线的交点共线.①

证明 如图2.491,$\triangle ABC$中,AD,AE分别为$\angle BAC$的内、外角平分线,I'_1,I'_2分别为$\triangle ABD$,$\triangle ADC$的旁心(指在$\angle BAC$内的),则须证I'_1,I'_2,E三点共线.下面看一个引理.

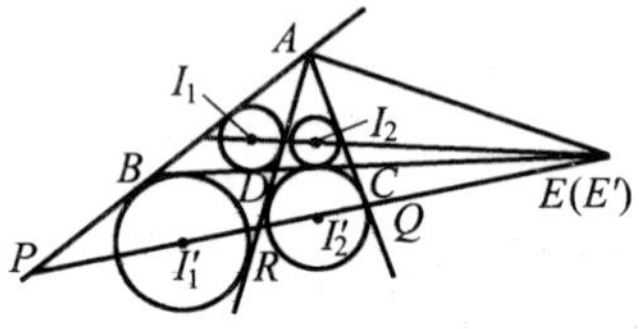

图2.491

引理 如图2.375,$\triangle ABC$的旁心(指在$\angle BAC$内的)为I',过旁心I'的直线PQ与AB,AC所在直线分别交于P,Q,则

$$\frac{1}{AP}+\frac{1}{AQ}=\frac{AB-BC+CA}{AB\cdot AC}$$

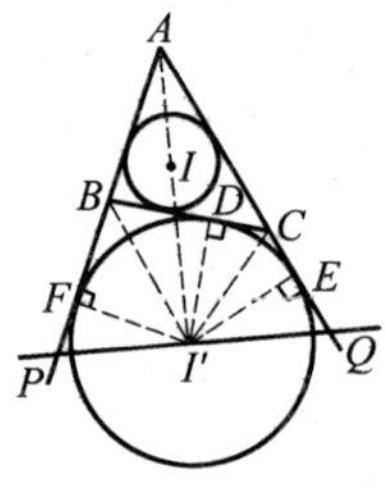

图2.492

事实上,如图2.492,联结$I'A$,$I'B$,$I'C$,并过点I'分别作$I'D\perp BC$于D,$I'E\perp AC$于E,$I'F\perp AB$于F,则有$I'D=I'E=I'F=r$(r为切于$\triangle ABC$的边BC的旁切圆半径),则有

$$\frac{S_{\triangle APQ}}{S_{\triangle ABC}}=\frac{\frac{1}{2}(AP+AQ)r}{\frac{1}{2}(AB-BC+CA)r}=\frac{\frac{1}{2}AP\cdot AQ\sin A}{\frac{1}{2}AB\cdot AC\sin A}$$

右边等式约简,交换内外项,即得

$$\frac{1}{AP}+\frac{1}{AQ}=\frac{AP+AQ}{AP\cdot AQ}=\frac{AB-BC+CA}{AB\cdot AC}$$

再回到定理的证明.如图2.491,设直线$I'_1I'_2$与直线AB,AC,AD,BC分别交于点P,Q,R及E'.由引理知

$$\frac{1}{AP}+\frac{1}{AP}=\frac{AB-BD+AD}{AB\cdot AD} \quad ①$$

$$\frac{1}{AR}+\frac{1}{AQ}=\frac{AD-CD+AC}{AD\cdot AC} \quad ②$$

由①-②,得

$$\frac{1}{AP}-\frac{1}{AQ}=\frac{1}{AB\cdot AD\cdot AC}(AB\cdot AC-AC\cdot BD+$$

① 李耀文,刘桂萍.三角形一个共点线命题的“姊妹”命题[J].中学数学,2003(4):43.

$$AD \cdot AC - AB \cdot AD + AB \cdot CD - AB \cdot AC)$$

又 AD 平分 $\angle BAC$，则

$$\frac{AB}{AC}=\frac{BD}{CD}$$

即

$$AB \cdot CD = AC \cdot BD$$

从而 $$\frac{1}{AP}-\frac{1}{AQ}=\frac{AD \cdot AC - AB \cdot AD}{AB \cdot AD \cdot AC}=\frac{1}{AB}-\frac{1}{AC}$$

于是，有

$$\frac{1}{AB}-\frac{1}{AP}=\frac{1}{AC}-\frac{1}{AQ}$$

$$\frac{AP-AB}{AB \cdot AP}=\frac{AQ-AC}{AC \cdot AQ}$$

$$\frac{PB}{AB \cdot AP}=\frac{CQ}{AC \cdot AQ}$$

即 $$\frac{AP}{PB} \cdot \frac{CQ}{AQ} \cdot \frac{AB}{AC}=1 \quad ③$$

又因直线 PQE' 是 $\triangle ABC$ 的截线，由梅涅劳斯定理，知有

$$\frac{AP}{PB} \cdot \frac{BE'}{E'C} \cdot \frac{CQ}{QA}=1 \quad ④$$

比较 ③，④ 两式，知

$$\frac{AB}{AC}=\frac{BE'}{E'C}$$

但由于 AE 为 $\angle BAC$ 的外角平分线(交 BC 延长线于点 E)，所以有

$$\frac{AB}{AC}=\frac{BE}{EC}$$

故 E' 与 E 必重合，E 在直线 $I'_1I'_2$ 上，所以，这表明 I'_1, I'_2, E 三点共线.

同时，我们还得到关于三角形的一个四线共点命题.

推论　三角形某个内角平分线将原三角形分成的两个新三角形的内心连线、旁心(指在该内角内的)连线，该内角的外角平分线及该角对边所在直线四线共点.

❖相交两圆的性质定理

定理 1　相交两圆的连心线垂直平分公共弦.

定理 2　以相交两圆的一交点为顶点，过另一交点的割线段为对边的三角

形称为相交两圆的内接三角形,则相交两圆的内接三角形的三个内角均为定值.

推论 1 在相交两圆中,内接三角形都相似.

推论 2 在相交两圆中,若公共弦与内接三角形的一边垂直,则另两边分别为两圆直径.反之亦真.

推论 3 在相交两圆中,内接三角形的非两圆交点的两顶点处的切线交点与内接三角形三个顶点四点共圆.

定理 3 两相交圆的公共弦所在直线平分外公切线线段.

定理 4 以相交两圆的两交点为视点,对同一外公切线线段的张角的和为 $180°$.

定理 5 过相交两圆的两交点分别作割线,交两圆于四点,同一圆上的两点的弦互相平行.过相交两圆的一个交点作割线段,则割线段端点处的两切线的交角为定值.

定理 6 两相交圆为等圆的充要条件是下述条件之一成立:

(1) 公共弦对两圆的张角相等;

(2) 内接三角形为等腰三角形;

(3) 过同一交点的两条割线交两圆所得的两弦相等.

定理 7 设圆 O_1 与圆 O_2 相交于点 P、Q,过 Q 的割线段 AB(交圆 O_1 于点 A,交圆 O_2 于点 B) 的中点为 M,设 N 为 O_1O_2 的中点,则 $NM=NQ$.

事实上,设 M_1,K,M_2 分别为点 O_1,N,O_2 在 AB 上的射影,则知 M_1,M_2 分别为 AQ,QB 的中点,K 为 M_1M_2 的中点.

设 $AQ>QB$,则

$$KQ=M_1Q-M_1K=\frac{1}{2}AQ-\frac{1}{2}M_1M_2=\frac{1}{4}(AQ-QB)$$

$$MK=MB-KQ-QB=\frac{1}{4}(AQ-QB)$$

得 K 为 MQ 的中点.而 $NK\perp MQ$,故 $NM=NQ$.

定理 8 设圆 O_1 与圆 O_2 相交于点 P,Q,且圆 O_2 过点 O_1,O_1 在圆 O_2 上的对径点为 A,过 A 的割线分别与圆 O_1 交于 C,D,与圆 O_2 的另一交点为 L,与弦 PQ 交于点 B,则:

(1)AP,AQ 均为圆 O_1 的切线,反之结论亦成立;

(2)L 为 CD 的中点,A,B,C,D 为调和点列.

定理 9 设圆 O_1 与圆 O_2 相交于点 P,Q,设 D 为线段 PQ 延长线上一点,直线 O_1D 与圆 O_1,圆 O_2 分别交于点 A,B 和 C(B 在 C 与 D 之间),则 A,B,C,D 为调和点列.

事实上，由 $DO_1 \cdot DC = DP \cdot DQ = DA \cdot DB$，知

$$\frac{DA}{DC}=\frac{DO}{DB}\Leftrightarrow\frac{AC+CD}{DC}=\frac{OB+BD}{DB}\Leftrightarrow\frac{AC}{CD}=\frac{OB}{BD}=\frac{\frac{1}{2}AB}{BD}$$

$$\Leftrightarrow 2AC \cdot BD = AB \cdot CD = (AC+CB)(CB+BD)$$

$$\Leftrightarrow AC \cdot BD = CB(AC+CB+BD) = CB \cdot AD$$

定理 10 设圆 O_1 与圆 O_2 相交于点 P,Q，以 P 为圆心的圆与圆 O_1，圆 O_2 分别交于点 S 和 K，T 和 L，则：

(1) 直线 SK,PQ,LT 必交于一点；

(2) 当 S,P,T 三点共线时，L,Q,K 三点也共线；反之亦真.

事实上，(1) 由根心(蒙日)定理即证.

(2) 由 $\angle PKS=\angle PQS=\angle PLT$ 知两等腰 $\triangle PSK$，$\triangle PTL$ 的底角相等，从而其顶角相等. 于是

$$\angle SQK=\angle SPK(\text{或 }180^\circ-\angle SPK)=$$
$$\angle TPL(\text{或 }180^\circ-\angle TPL)-\angle TQL$$

由此即可推证结论.

定理 11 设圆 O_1 与圆 O_2 相交于点 P,Q，过点 O_1,P,O_2 的圆与圆 O_1，圆 O_2 的另一个交点分别为 K,S，则 O_1,Q,S 及 K,Q,O_2 分别三点共线，且 Q 为 $\triangle PSK$ 的内心或旁心.

事实上，由

$$\angle PKQ=\frac{1}{2}\angle PO_1Q=\angle PO_1O_2(\text{或 }180^\circ-\angle PO_1O_2)$$

及
$$\angle PKO_2=\angle PO_1O_2(\text{或 }180^\circ-\angle PO_1O_2)$$

从而可知 K,Q,O_2 三点共线.

注意 $\overset{\frown}{O_2P}=\overset{\frown}{O_2S}$，则

$$\angle O_2O_1Q=\angle O_2O_1P=\angle O_2KP(\text{或 }180^\circ-\angle O_2KP)=$$
$$\overset{\frown}{O_2P}=\overset{\frown}{O_2S}=\angle O_2O_1S(\text{或 }180^\circ-\angle O_2O_1S)$$

知 O_1,Q,S 三点共线.

由 $O_1P=O_1Q$ 有 QS 平分 $\angle KSP$.

同理，QK 平分 $\angle PKS$(或 $\angle PKS$ 的外角). 由此即证结论.

❖相交两圆的内切圆问题

这里的相交两圆的内切圆是指在相交两圆公共部分的内切圆.这样的圆有如下结论:①

定理 设小圆 O 与两大圆 O_1,O_2 分别切于点 N,M,且三圆圆心不共线.设圆 O_1 与圆 O_2 交于 A,B 两点,MN 与 AB 交于点 K,O_1O_2 的中点为 P.则:

(1)K,O,P 三点共线,如图 2.493;

(2)$QC=QD$,且以 Q 为圆心、QC 为半径的圆与圆 O_1,圆 O_2 均内切;

(3)设射线 BA 与圆 Q 交于点 T,联结 TC 与圆 O_1 交于点 X,TD 与圆 O_2 交于点 Y,则 AB,XN,YM 三线共点于 E,其中,E 为圆 O 与 AB 的交点(与点 T 在 CD 同侧),如图 2.494;

(4)XY 是圆 O_1 与圆 O_2 的公切线;

(5)设 AB 与圆 Q 的另一交点为 R,RC 与圆 O_1 交于点 Z,RD 与圆 O_2 交于点 W,则 YZ,WX,O_1O_2 三线共点,XY,ZW,O_1O_2 三线共点;

(6)$\angle CAM=\angle DAN$;

(7)设 AM,AN 分别与圆 O 交于点 G,H,则 AB,MH,GN 三线共点;

(8)$\angle ACB$ 的角平分线与 $\angle ADB$ 的角平分线以及 AB 三线共点;

(9)设 MB,NB 分别与圆 O 交于点 L,J,则 GJ,LH,AB 三线共点.

证明 (1)易知点 O_1,O,N 及 O_2,O,M 分别三点共线.

如图 2.493,联结 O_1N,O_2M,设直线 MN 与圆 O_1,圆 O_2 的另一交点分别

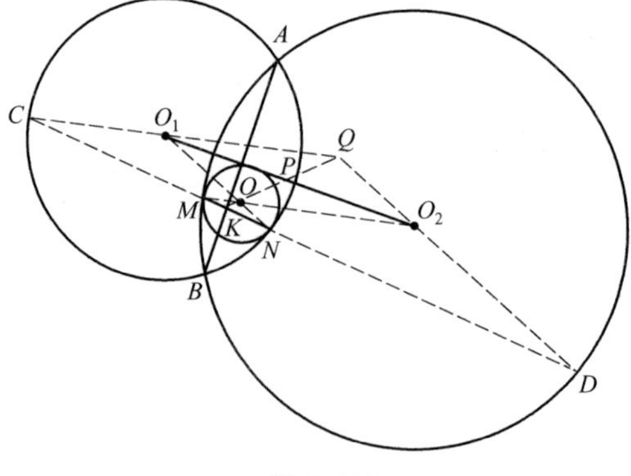

图 2.493

① 李佳坤.介绍三组“双内切圆”的性质[J].中等数学,2014(1):19-20.

为 C,D. 联结 CO_1,DO_2 并延长交于点 Q.

则 $\angle O_1CN=\angle O_1NC=\angle ONM=\angle OMN$.

同理,$\angle O_2DM=\angle O_1NM$.

故 $\triangle QCD\backsim\triangle OMN$,$OM\parallel CQ$,$ON\parallel QD$.

于是,四边形 O_1OO_2Q 为平行四边形.

因为 P 是对角线 O_1O_2 的中点,所以,O,P,Q 三点共线.

接下来只需证明 K,O,Q 三点共线.

又由于 C,M,N,D 四点共线,则 $\triangle QCD$ 与 $\triangle OMN$ 位似,且其位似中心 K' 在 CD 上,有

$$\frac{K'M}{K'C}=\frac{K'N}{K'D}$$

在圆 O_1,圆 O_2 内分别运用相交弦定理有

$$CK\cdot NK=AK\cdot BK=MK\cdot KD\Rightarrow\frac{MK}{KC}=\frac{KN}{KD}$$

对比知点 K 与 K' 重合. 于是,点 K 是 $\triangle QCD$ 与 $\triangle OMN$ 的位似中心.

故 K,O,Q 三点共线,即知 K,O,P 三点共线.

(2) 由上述(1) 知 $QC=QD$.

又因为 C,O_1,Q 和 D,Q,O_2 分别三点共线,所以,结论成立.

(3) 因为圆 Q 与圆 O_1 关于点 C 位似,所以,$\triangle TDC$ 与 $\triangle XNC$ 位似.

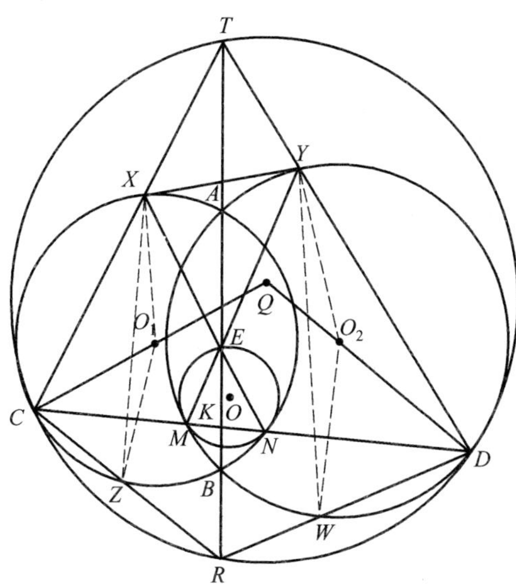

图 2.494

于是,$NX\parallel DT$.

同理，$MY /\!/ CT$.

设 XN 与 MY，MY 与圆 O，XN 与圆 O 分别交于点 E_1，E_2，E_3.

同上知 $ME_3 /\!/ CX$，即 M，E_3，Y 三点共线.

同理，X，E_2，N 三点共线.

因此，XN 与 MY 交于圆 O 上一点 E'.

故 $E'X \cdot E'N = E'A \cdot E'B = E'Y \cdot E'M$.

所以，点 E' 在圆 O_1 与圆 O_2 的根轴 AB 上，即点 E 与 E' 重合，结论得证.

(4) 由点 T 在圆 O_1 与圆 O_2 的根轴 AB 上，知

$$TX \cdot TC = TA \cdot TB = TY \cdot TD$$

从而，X，Y，D，C 四点共圆.

结合(3)中的 $XN /\!/ DT$，有

$$\angle TXY = \angle TDC = \angle XNC = \frac{1}{2}\angle XO_1C$$

得
$$\angle TXY + \angle CXO_1 = 90^\circ$$

所以，$\angle O_1XY = 90^\circ$，即 XY 与圆 O_1 相切.

同理，XY 与圆 O_2 相切. 故结论得证.

(5) 同(3)知 $YW /\!/ TR$.

同理，$XZ /\!/ TR$，从而，$YW /\!/ XZ$.

又由(4)知 $XO_1 /\!/ YO_2$，$ZO_1 /\!/ WO_2$. 于是，等腰 $\triangle XO_1Z$ 与等腰 $\triangle YO_2W$ 位似.

由这两个等腰三角形均关于 O_1O_2 对称，知 YZ，WX，O_1O_2 三线共点.

因此，XY，ZW，O_1O_2 三线共点于位似中心.

(6) 如图 2.495.

由位似知 $MH /\!/ AC$，故 $\angle CAN = \angle MHN$

同理 $\angle DAM = \angle NGM$

所以 $\angle CAN = \angle DAM$

从而 $\angle CAM = \angle DAN$

(7) 联结 MH 与 GN 交于点 I.

接下来证明点 I 在 AB 上.

由 $MH /\!/ AC$，$GN /\!/ AD$，故 $\triangle CAD$ 与 $\triangle MIN$ 位似.

同(1)的证法，易证 K 是两个三角形的位似中心.

故点 I 在 AK 上. 从而，三线共点于 I.

(8) 对(7)中 $\triangle AMN$ 的塞瓦点 I 用第一角元塞瓦定理有

$$\frac{\sin\angle MAK}{\sin\angle NAK} \cdot \frac{\sin\angle NMH}{\sin\angle AMH} \cdot \frac{\sin\angle ANG}{\sin\angle MNG} = 1$$

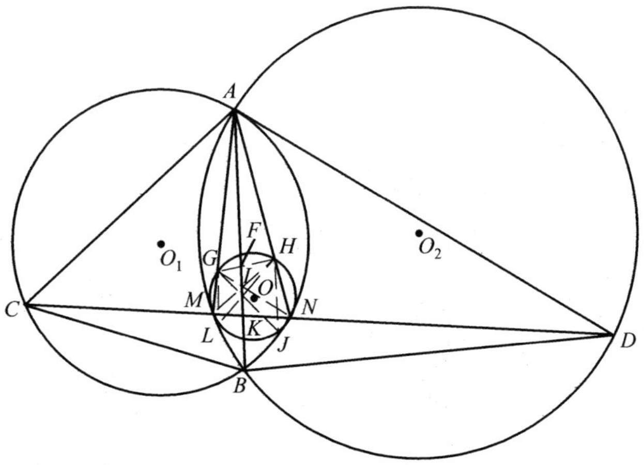

图 2.495

注意到，$\angle AMH=\angle ANG$，并利用正弦定理及圆周角转化得

$$\frac{\sin\angle MDB}{\sin\angle NCB}\cdot\frac{NI}{MI}=1$$

由 $\triangle MIN\backsim\triangle CAD$ 及正弦定理有

$$\frac{BC}{BD}\cdot\frac{AD}{AC}=1\Rightarrow\frac{AC}{BC}=\frac{AD}{BD}$$

则 $\angle ACB$ 的角平分线、$\angle ADB$ 的角平分线、AB 交于同一点.

(9) 设 GJ 与 LH，GH 与 AB 分别交于点 S，F.

由位似知 $GL\parallel AB\parallel HJ$.

故

$$\frac{SH}{SL}=\frac{HJ}{GL},\frac{HJ}{AB}=\frac{NH}{AN},\frac{GL}{AB}=\frac{MG}{AM}$$

$$\frac{NH}{MG}=\frac{\sin\angle IMN}{\sin\angle INM}=\frac{AD}{AC}$$

则

$$\frac{HJ}{GL}=\frac{NH\cdot AM}{AN\cdot MG}=\frac{AD\cdot AM}{AC\cdot AN}$$

$$\Rightarrow\frac{SH}{SL}=\frac{AD\cdot AM}{AC\cdot AN}\qquad ①$$

故

$$\frac{HF}{GF}=\frac{AH\sin\angle NAB}{AG\sin\angle MAB}=$$

$$\frac{AM\sin\angle NCB}{AN\sin\angle MDB}=$$

$$\frac{AM}{AN}\cdot\frac{BD}{BC}=\frac{AM}{AN}\cdot\frac{AD}{AC}\qquad ②$$

由式 ①，② 即知 $\frac{SH}{SL}=\frac{HF}{GF}$.

又因为 $AB \parallel GL$,所以,AB 与 LH 交于点 S,即三线共点于 S.

注 相交两圆还有许多优美性质,特别是当一圆过另一圆的圆心时的相交两圆有一系列有趣结论.这可参见作者另著《高中数学竞赛解题策略——几何分册》(第二版)(浙江大学出版社,2020)

❖三个相互外离的圆的位似中心问题

对于两个外离的圆,两个位似中心(外位似中心与内位似中心)将连心线内分与外分为半径的比.对于三个相互外离的圆,它们的位似中心有下列结论,这些结论可由塞瓦定理与梅涅劳斯定理推出.或者运用升格的思想,把这三个圆看做是在平面 α 上的三个球,那么从上往下看时,每两个球可确定共顶点一个圆锥面或两个同母线的圆锥面,两条外(或内)公切线成了圆锥面的两条母线,外(或内)公切线的交点就是圆锥面的顶点.由于这三个圆锥面平躺在平面 α 上,故三顶点必在平面 α 内.另取一平面 β,将它搁在这三个球上.同理可知三个圆锥面的顶点必在平面 β 内.显然平面 α 与 β 必相交于一直线 l,故三个圆锥面的顶点必在直线 l 上.这样便证得前面的 2 个结论成立.

定理 1 三个圆的外位似中心共线.

定理 2 任意两个内位似中心与第三个外位似中心共线.

定理 3 设每个圆的圆心与另两个圆的内位似中心相连,则三条直线共点.

定理 4 设一个圆心与另两个圆的内位似中心相连,其他圆心与相应的外位似中心相连,则三条连线共点.

❖两圆内切的性质定理①

定理 1 两圆内切,是以公切点为外位似中心,以两圆半径之比为位似系数的位似图形;此时,两圆心间的距离等于大圆半径与小圆半径的差.

定理 2 两圆内切于点 T,过 T 作任意两弦 TAC,TBD 分别交小圆于 A,B,交大圆于 C,D,则 $AB \parallel CD$.

---

① 沈文选.两圆内切的性质及应用[J].中学数学教学参考,2010(1-2):121-123.

事实上，由定理1即得，或者如图2.496，过T作两圆的公切线TL，由$\angle BAT=\angle BTL=\angle DTL=\angle DCT$，从而$AB \parallel CD$.

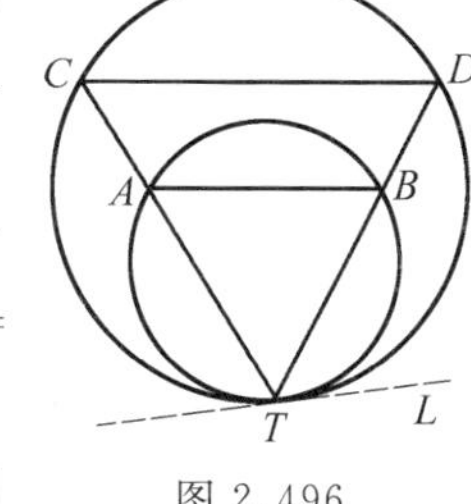

图2.496

定理3　两圆内切于点T，一条直线依次与这两个圆交于点M,N,P,Q，则$\angle MTP=\angle NTQ$（或$\angle MTN=\angle PTQ$）.

事实上，由定理1即得，或者如图2.497，过T作两圆的公切线TL，由$\angle QMT=\angle QTL$，$\angle PNT=\angle PTL$，有

$$\angle MTN=\angle PNT-\angle QMT=\angle PTL-\angle QTL=\angle PTQ$$

故

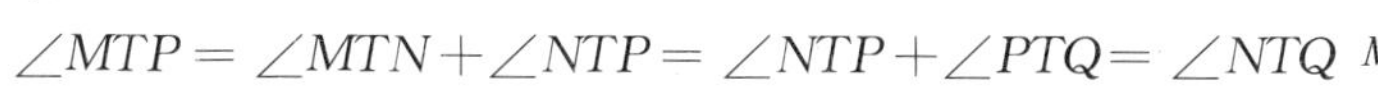

$$\angle MTP=\angle MTN+\angle NTP=\angle NTP+\angle PTQ=\angle NTQ$$

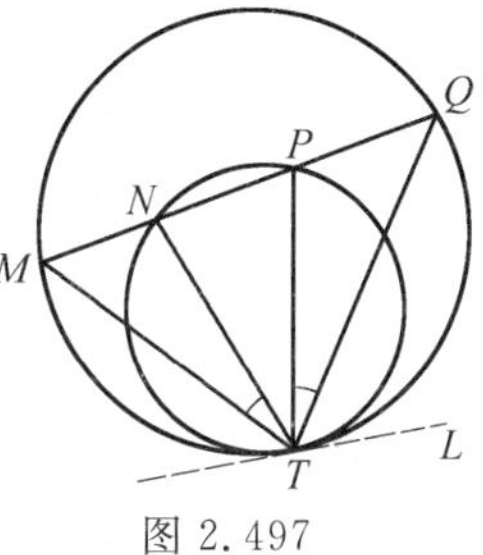

图2.497

定理4　两圆内切于点T，大圆的弦PQ与小圆切于点K，则TK平分$\angle PTQ$.

事实上，此定理为定理3的特殊情形，由此而证.

或者如图2.498，设PT,QT分别交小圆于A,B，联结AB，则由定理2知，$PQ \parallel AB$，此时，对于小圆，有$\overset{\frown}{AK}=\overset{\frown}{KB}$（同一个圆中，夹在两平行弦或一弦一切线间的弧相等），从而$\angle ATK=\angle KTB$，故KT平分$\angle PTQ$.

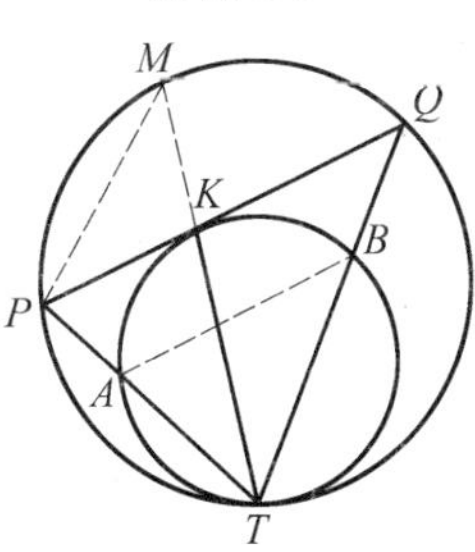

图2.498

定理5　两圆内切于点T，一直线依次交两圆于点M,A,B,N，则

$$TM \cdot TN=\sqrt{AM \cdot AN \cdot BM \cdot BN}+TA \cdot TB$$

证明　如图2.499，设TA,TB的延长线分别交弦MN所在的圆于点D,E，联结MD,DE,EN.

由相交弦定理，有$AM \cdot AN=AD \cdot AT$，$BM \cdot BN=BE \cdot BT$. 则

$$\sqrt{AM \cdot AN \cdot BM \cdot BN}=\sqrt{AD \cdot AT \cdot BE \cdot BT} \quad ①$$

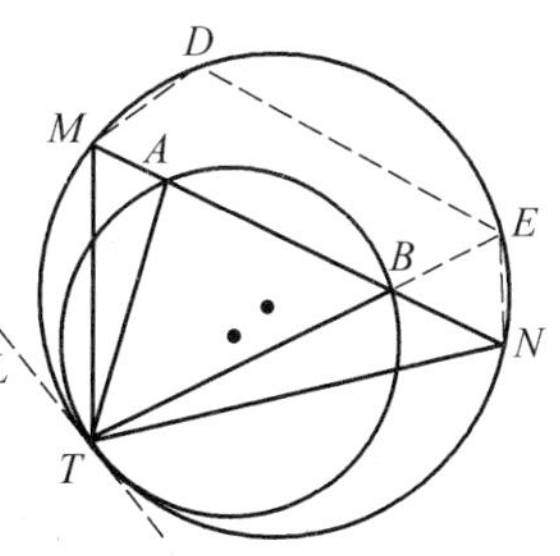

图2.499

过T作两圆的公切线LT，则$\angle ABT=\angle LTD=\angle DET$.

从而$AB \parallel DE$，有

$$\angle ATM=\angle BTN \quad ②$$

且$\dfrac{AT}{AD}=\dfrac{BT}{BE}$，即

$$AT \cdot BE=AD \cdot BT \quad ③$$

注意 ② 及 $\angle MDT=\angle BNT$，知 $\triangle MDT\backsim\triangle BNT$，有

$$\frac{MT}{BT}=\frac{DT}{NT} \quad ④$$

由 ④，③，① 得

$$TM\cdot TN=BT\cdot DT=BT\cdot(AT+AD)=$$

$$AT\cdot BT+AD\cdot BT=TA\cdot TB+\sqrt{AM\cdot AN\cdot BM\cdot BN}$$

定理 6 两圆内切于点 T，大圆的弦 PQ 与小圆切于点 K，直线 TK 交大圆于 M，则点 M 为 $\overset{\frown}{PQ}$ 的中点，且 $MP^2=MK\cdot MT$.

事实上，可由定理 4 即得，其中注意到 $\angle MPQ=\angle MTQ=\angle PTM$ 有 $\triangle MPT\backsim\triangle MKP$ 即可.

定理 7 设半径分别为 $R,r(R>r)$ 的两个圆内切于点 T，自大圆上任一点 P 向小圆作切线(P 与 T 不重合)，切点为 Q，则 $PT=PQ\cdot\sqrt{\frac{R}{R-r}}$.

事实上，如图 2.500，设半径分别为 R,r 的两圆为圆 O，圆 O_1，则 O,O_1,T 三点共线. 设 PT 交圆 O_1 于点 A. 联结 OP,O_1A，则

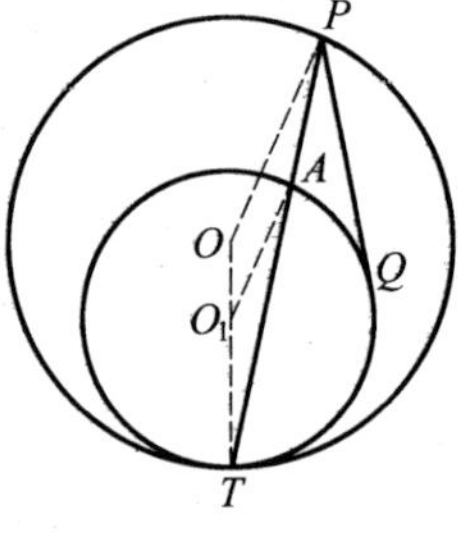

图 2.500

$$\angle O_1AT=\angle O_1TA=\angle OPT$$

从而 $O_1A\parallel OP$(也可由位似得).

由 $\triangle O_1AT\backsim\triangle OPT$，有

$$\frac{AT}{PT}=\frac{O_1A}{OP}=\frac{r}{R}$$

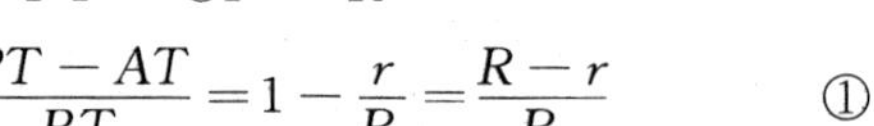

即有 $$\frac{PA}{PT}=\frac{PT-AT}{PT}=1-\frac{r}{R}=\frac{R-r}{R} \quad ①$$

又由切割线定理，有

$$PQ^2=PA\cdot PT \quad ②$$

由 ①，② 知，$PQ^2=PT^2\cdot\frac{R-r}{R}$，故 $PT=PQ\cdot\sqrt{\frac{R}{R-r}}$.

定理 8 两圆内切于点 T，大圆的内接 $\triangle ABC$ 的边 AB,AC 分别与小圆相切于 P,Q，则 PQ 的中点 I 为 $\triangle ABC$ 的内心.(曼海姆定理，见三角形半内切圆定理 2)

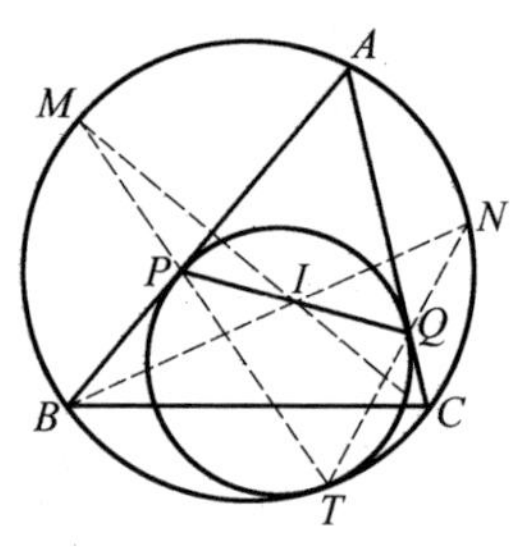

图 2.501

事实上，如图 2.501，设直线 TP 交大圆于 M，则由定理 5，知 M 为 $\overset{\frown}{AB}$ 的中点，从而 MC 为 $\angle ACB$ 的平分线.

同理，设直线 TQ 交大圆于 N，则 NB 为 $\angle ABC$ 的平分线.

在圆内接六边形 $ABNTMC$ 中，由帕斯卡定理，知 P，Q 与 BN 和 CM 的交点（即 $\triangle ABC$ 的内心）共线.

而 $AP=AQ$，$\angle BAC$ 的平分线交 PQ 于 PQ 的中点. 故 PQ 的中点 I 为 $\triangle ABC$ 的内心.

注 关于曼海姆定理的其他证法及推广可参见作者另著《平面几何范例多解探究》或《平面几何图形特性新析》.

定理 9 两圆内切于点 T，以公切线 BC 为公共边，分别作两圆的外切三角形，$\triangle ABC$ 的边 AB，AC 切大圆于 E，F，$\triangle DBC$ 的边 DB，DC 切小圆于 G，H，则直线 EF，GH，BC 相互平行或相交于一点.

事实上，当 T 为 BC 的中点时，$\triangle ABC$，$\triangle DBC$ 均为等腰三角形，此时 EF，GH，BC 三条直线相互平行.

当 T 不是 BC 的中点时，如图 2.502，设直线 EF 与 BC 交于点 P，下面证 G，H，P 三点共线.

由切线长定理，知 $AE=AF$，$DG=DH$，$BE=BT=BG$，$CF=CT=CH$. 于是，对 $\triangle ABC$ 及截线 EFP 应用梅涅劳斯定理，有

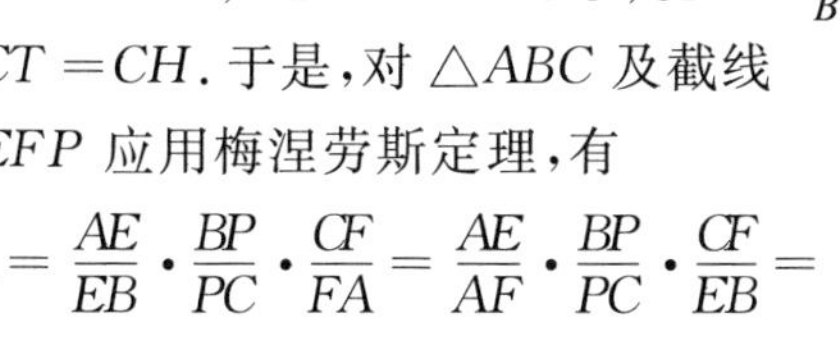

$$1=\frac{AE}{EB}\cdot\frac{BP}{PC}\cdot\frac{CF}{FA}=\frac{AE}{AF}\cdot\frac{BP}{PC}\cdot\frac{CF}{EB}=$$

$$\frac{DG}{DH}\cdot\frac{BP}{PC}\cdot\frac{CH}{BG}=\frac{DG}{GB}\cdot\frac{BP}{PC}\cdot\frac{CH}{HD}$$

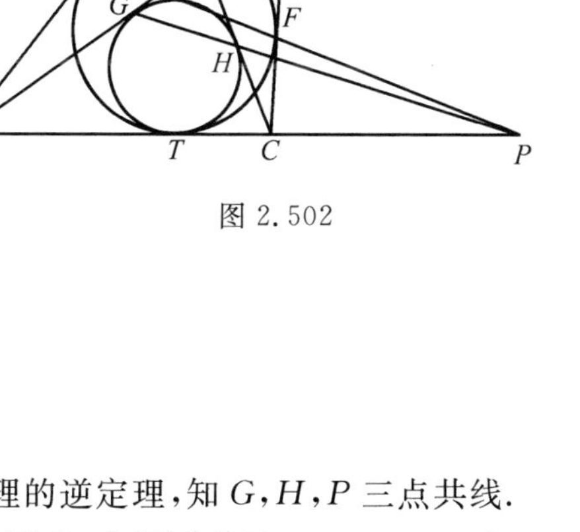

图 2.502

从而，对 $\triangle DBC$ 应用梅涅劳斯定理的逆定理，知 G，H，P 三点共线.

定理 10 圆 O_1 内切圆 O 于点 T_1，圆 O_2 内切圆 O 于点 T_2，且与圆 O_1 交于点 M，N，A 为圆 O 上任一点，弦 AT_1，AT_2 分别交圆 O_1，圆 O_2 于 B_1，B_2，则 B_1B_2 是圆 O_1 与圆 O_2 的公切线的充要条件是点 A 在直线 MN 上.

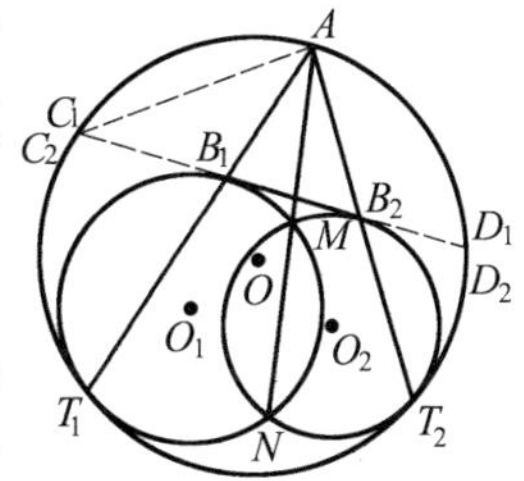

图 2.503

事实上，如图 2.503，可设与圆 O_1 切于点 B_1 的直线交圆 O 于点 C_1，D_1，与圆 O_2 切于点 B_2 的直线交圆 O 于点 C_2，D_2，则由定理 5，知 A 分别为 $\overparen{C_1D_1}$，$\overparen{C_2D_2}$ 的中点，且 $AC_1^2=AB_1\cdot AT_1$，$AC_2^2=AB_2\cdot AT_2$，于是 B_1B_2 是圆 O_1 与圆 O_2 的公切线 $\Leftrightarrow$ 弦 C_1D_1 与弦 C_2D_2 重合 $\Leftrightarrow$

$AC_1^2=AC_2^2 \Leftrightarrow AB_1 \cdot AT_1=AB_2 \cdot AT_2 \Leftrightarrow$ 点 A 关于圆 O_1，圆 O_2 的幂相等 $\Leftrightarrow$ 点 A 在圆 O_1 与圆 O_2 的根轴上 $\Leftrightarrow$ 点 A 在直线 MN 上.

定理 11 圆 O_1 内切圆 O 于点 T_1，圆 O_2 内切圆 O 于点 T_2，且与圆 O_1 交于点 M,N，直线 MN 交圆 O 于 A,B，弦 T_1T_2 交 AB 于点 G，H 为 AB 的中点，则点 H 在公共弦 MN 上(外)的充要条件是点 G 也在公共弦 MN 上(外)，且 $\angle GT_1N=\angle MT_1H$.

事实上，可过 T_1 作公切线与直线 AB 交于点 P，则知 P 为根心，联结 OP，则 $OP \perp T_1T_2$.

用"$\sim$"表示"$>$"或"$=$"或"$<$"，则点 H 在公共弦 MN 上(外)$\Leftrightarrow$ 点 G 在公共弦 MN 上(外)$\Leftrightarrow \angle T_1HP \sim \angle T_1MP$ 时，$\angle T_2T_1P \sim \angle NT_1P$.

又点 H 为 AB 的中点 $\Leftrightarrow \angle OHP=90^\circ$，注意到 $\angle OT_1P=90^\circ \Leftrightarrow O,T_1,P,H$ 四点共圆 $\Leftrightarrow \angle T_2T_1P=\angle T_1OP=\angle T_1HP$，注意到 $|\angle T_2T_1P-\angle NT_1P|=\angle GT_1N$，$\angle MT_1H=|\angle T_1HP-\angle T_1MP|$ 且 $\angle NT_1P=\angle T_1MN \Leftrightarrow \angle GT_1N=\angle MT_1H$

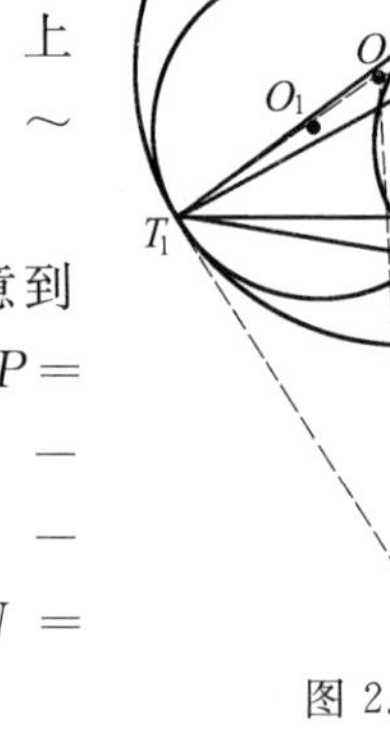

图 2.504

图 2.504 中的情形是点 H 在弦 MN 上.

❖两圆外切的性质定理①

定理 1 两圆外切，是以公切点为内位似中心，以两圆半径之比为位似系数的位似图形，或以两圆外公切线所在直线的交点(包括无穷远点)为外位似中心的位似图形；此时，两圆心间的距离等于两圆半径之和.

定理 2 两圆外切，过切点任作一条割线分别与两圆相交，交点处的两条圆的切线平行.

事实上，这可由定理 1 即得.

定理 3 两圆外切，过切点任作两条割线，同一圆上两交点所得的弦平行.

事实上，由定理 1 即得. 或者如图 2.505，过切点 T 作切线 LK，由于割线 AD,BC 均过点 T，则 $\angle ABT=\angle ATL=\angle DTK=\angle DCT$，故 $AB /\!/ CD$.

① 沈文选. 两圆外切的性质及应用[J]. 中学数学教学参考，2010(3)：58-60.

定理 4　两圆外切于点 T，与其中一圆相切于点 K 的直线交另一圆于 P，Q，则 TK 平分 $\angle PTQ$ 的外角.

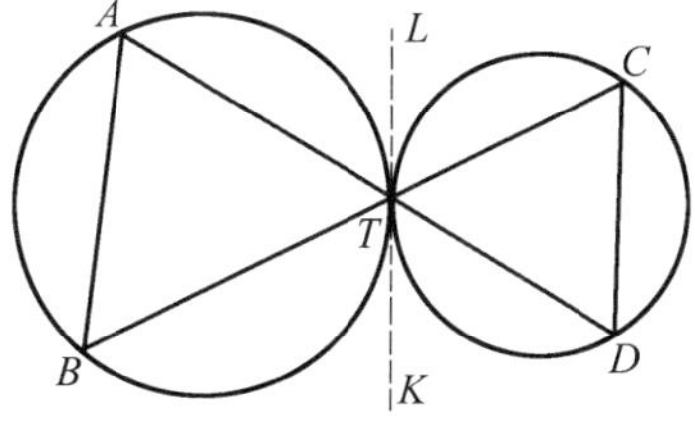

图 2.505

事实上，如图 2.506，延长 PT，QT 交另一圆分别于 P'，Q'，联结 $Q'P'$，则由定理 3 知 $Q'P' /\!/ PQ$.

联结 KQ'，则

$$\angle KTP = \angle TPQ - \angle TKP = \angle TP'Q' - \angle TQ'K \overset{m}{=\!=} \frac{1}{2}(\overset{\frown}{Q'KT} - \overset{\frown}{KT}) = \frac{1}{2}\overset{\frown}{KQ'} = \angle KTQ'$$

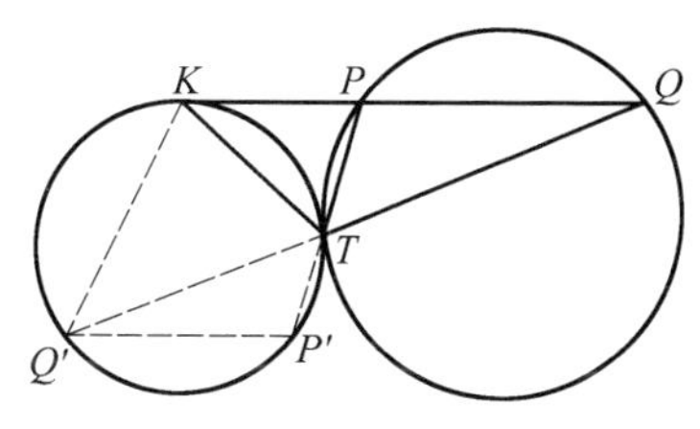

图 2.506

故 K 平分 $\angle PTQ'$，即 KT 平分 $\angle PTQ$ 的外角.

推论　两圆外切于点 T，与其中一圆相切于点 K 的直线交另一圆于 P，Q，联结 KT 并延长与 P，Q 所在圆交于点 M，则 M 为优弧 $\overset{\frown}{PQ}$ 的中点，且 $MP^2 = MK \cdot MT$.

事实上，如图 2.507，过点 M 作圆的切线 ML，则由定理 2，知 $KPQ /\!/ ML$，则 $\overset{\frown}{PM} = \overset{\frown}{MQ}$，即 M 为优弧 $\overset{\frown}{PQ}$ 的中点.

联结 TP，MQ，则 $\angle PTM = 180° - \angle PQM = 180° - \angle QPM = \angle KPM$，从而 $\triangle PTM \backsim \triangle KPM$，故有 $MP^2 = MK \cdot MT$.

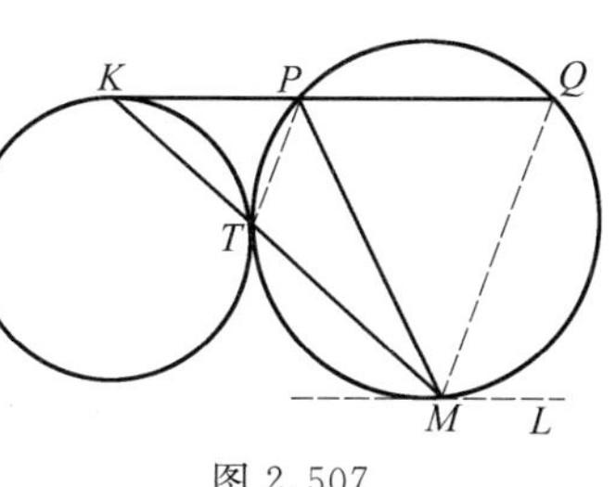

图 2.507

定理 5　两圆外切于点 T. 一直线依次交两圆于点 M，N，B，A，则

$$TM \cdot TN = \sqrt{AM \cdot AN \cdot BM \cdot BN} - TA \cdot TB$$

证明　如图 2.508，设 TA，TB 的延长线分别交弦 MN 所在的圆于点 D，E，联结 MD，DE.

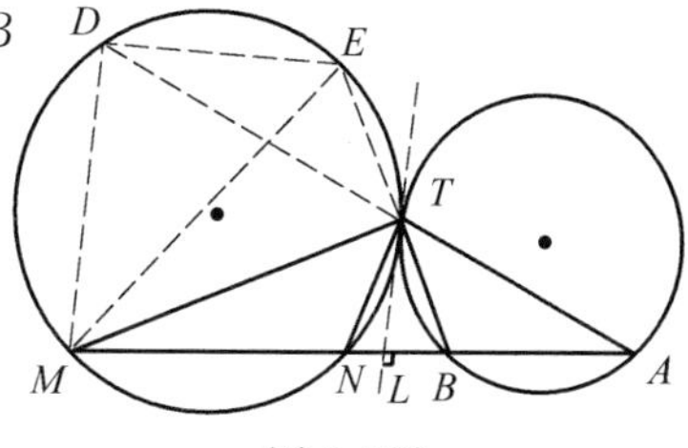

图 2.508

由割线定理，有

$$AM \cdot AN = AD \cdot AT$$
$$BM \cdot BN = BE \cdot BT$$

则

$$\sqrt{AM \cdot AN \cdot BM \cdot BN} =$$

$$\sqrt{AD \cdot AT \cdot BE \cdot BT} \qquad ①$$

过 T 作两圆的公切线 LT，则

$$\angle ATM+\angle BTN=\angle ATM+(\angle BTL+\angle LTN)=$$
$$\angle ATM+\angle TAB+\angle TMN=180^\circ$$

即
$$\angle BTN=180^\circ-\angle ATM=\angle DTM \qquad ②$$

又 $\angle EDT=\angle BTL=\angle TAB$. 知 $AB \parallel DE$，则有 $\frac{AT}{DT}=\frac{BT}{ET}$，即有 $\frac{AT}{AD}=\frac{BT}{BE}$，亦即

$$AT \cdot BE=AD \cdot BT \qquad ③$$

注意 ② 及 $\angle TNB=\angle TDM$，知 $\triangle TNB \backsim \triangle TDM$，有

$$\frac{TB}{TM}=\frac{TN}{TD} \qquad ④$$

由 ④，③，① 得

$$TM \cdot TN=TB \cdot TD=TB \cdot (AD-AT)=$$
$$AD \cdot BT-TA \cdot TB=$$
$$\sqrt{AM \cdot AN \cdot BM \cdot BN}-TA \cdot TB$$

定理 6 两圆外切于点 T，一直线依次与两圆相交于 P,Q,K,L 四点，则

$$\angle PTL+\angle QTK=180^\circ$$

事实上，如图 2.509(a)，过 T 作两圆的公切线，交 QL 于 S，则

$$\angle PTL+\angle QTK=$$
$$\angle PTL+\angle QTS+\angle STK=$$
$$\angle PTL+\angle TPQ+$$
$$\angle KLT=180^\circ$$

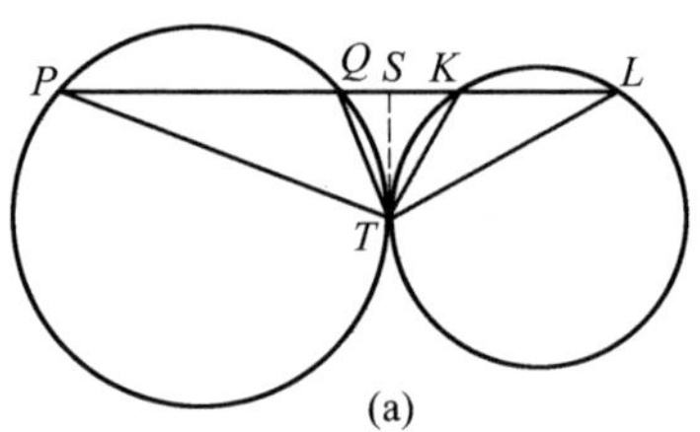

(a)

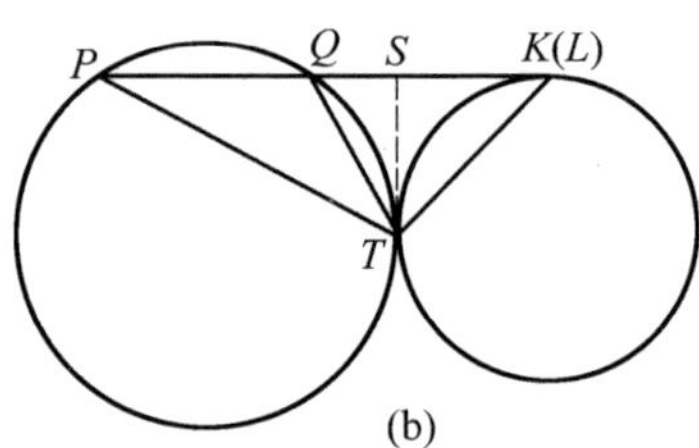

(b)

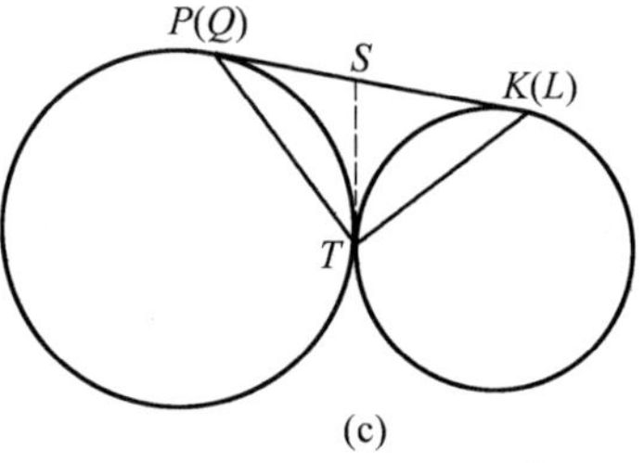

(c)

图 2.509

推论 1 两圆外切于点 T，一直线与其中一圆相交于 P,Q，且与另一圆切于点 $K(L)$，则 $\angle PTL+\angle QTK=180^\circ$ 或 TK 平分 $\triangle PQT$ 的外角，如图2.509(b) 所示.

推论 2 两圆外切于点 T，作两圆的外公切线 $P(Q)K(L)$，则 $\angle PTL+\angle QTK=180^\circ$ 或 $\angle PTK=90^\circ$，如图 2.509(c) 所示.

定理 7 设半径分别为 R,r 的两个圆外切于点 T，自一圆上任意一点 P(异于点 T) 向另一圆作切线,切点为 Q,联结 PT,则 $PT=PQ\cdot\sqrt{\dfrac{R}{R+r}}$.

事实上,如图2.510,设半径分别为 R,r 的两圆为圆 O,圆 O_1,则 O_1,T,O 三点共线,又设直线 PT 交圆 O_1 于 A,联结 O_1A,OP,则

$$\angle O_1AT=\angle O_1TA=\angle OTP=\angle OPT$$

从而 $O_1A\parallel OP$(也可由位似形得).于是,有 $\triangle O_1AT\backsim\triangle OPT$,即有 $\dfrac{AT}{PT}=\dfrac{O_1A}{OP}=\dfrac{r}{R}$,则

$$\frac{PA}{PT}=\frac{PT+AT}{PT}=1+\frac{r}{R}=\frac{R+r}{R} \qquad ①$$

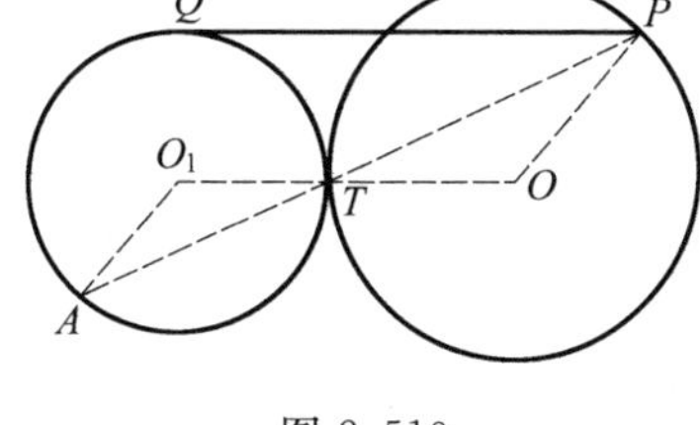

图 2.510

又由切割线定理,有

$$PQ^2=PA\cdot PT \qquad ②$$

由 ①,② 知

$$PQ^2=PT^2\cdot\frac{R+r}{R}$$

故

$$PT=PQ\cdot\sqrt{\frac{R}{R+r}}$$

定理8 两圆外切于点 T,内公切线与外公切线 AB 或 CD 的交点 M 或 N 是外公切线线段的中点,$\triangle ATB$,$\triangle CTD$ 是直角三角形,且内公切线被两条外公切线所截得的线段 MN 等于外公切线段 AB 或 CD 的长.

事实上,如图 2.511,由 $MA=MT=MB$,$NC=NT=ND$,即知 M 为 AB 的中点,N 为 CD 的中点,显然 $\triangle ATB$,$\triangle CTD$ 为直角三角形.

此时,有 $AB=MN=CD$.

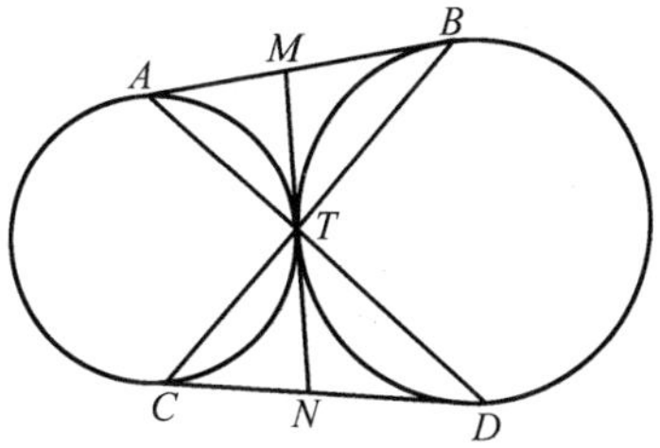

图 2.511

定理9 设 T 是凸四边形 $ABCD$ 内的一点,$\triangle BCT$ 与 $\triangle ADT$ 的外接圆切于点 T 的充要条件是 $\angle ADT+\angle BCT=\angle ATB$.

事实上,如图 2.512,若 $\triangle BCT$ 与 $\triangle ADT$ 的外接圆切于点 T,过 T 作这两个圆的公切线与 AB 交于点 Z,于是

$$\angle ADT+\angle BCT=\angle ATZ+\angle BTZ=\angle ATB$$

反之,若 $\angle ADT+\angle BCT=\angle ATB$,过点 T 作直线 TZ,与 AB 交于点 Z,且满足 $\angle ATZ=\angle ADT$,$\angle BTZ=\angle BCT$,于是,TZ 与 $\triangle ADT$ 的外接圆相切,也和 $\triangle BCT$ 的外接圆相切,故这两个圆切于点 T.

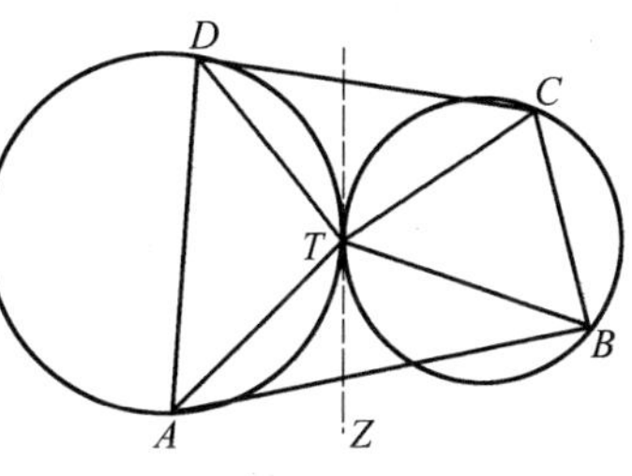

图 2.512

注 显然,若 T 是梯形 $ABCD$(其中 $AD \parallel BC$)两对角线 AC,BD 的交点,则 $\triangle BCT$ 与 $\triangle ADT$ 的外接圆切于点 T.

定理 10 两圆外切于点 T,过点 T 的割线分别交两圆于 A,D,过点 A 的切线与过点 D 的割线相交于点 B,设 BD 与点 D 所在的圆交于点 C,则 A,B,C,T 四点共圆.

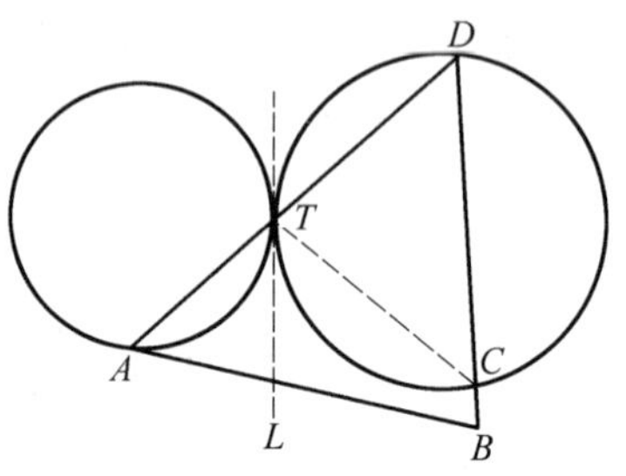

图 2.513

事实上,如图 2.513,联结 TC,过点 T 作切线 TL,则 $\angle TCD$ 等于 $\angle ATL$ 的对顶角,即有

$$\angle TAB = \angle ATL = \angle TCD$$

从而,A,B,C,T 四点共圆.

定理 11 两圆外切于点 T,过点 T 的割线分别交两圆于 A,B,设两圆的外公切线分别对应交两圆于 P,Q,直线 AP 与 BQ 交于点 C,则这样得到的 $\triangle ABC$ 均是相似的.

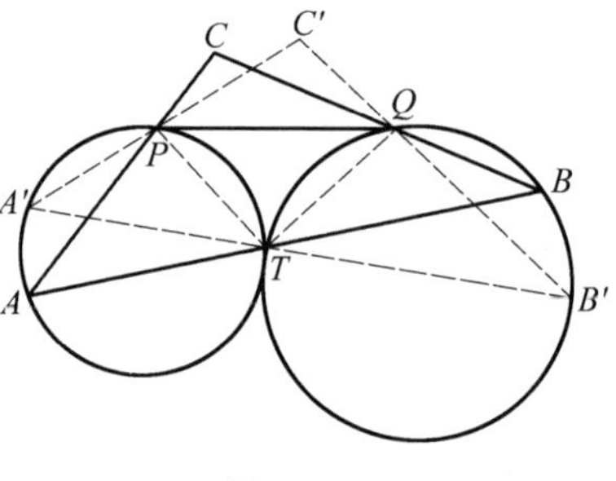

图 2.514

事实上,如图 2.514,按题设作 $\triangle A'B'C'$,联结 PT,QT,则 $\angle PA'T = \angle PAT$,$\angle QB'T = \angle QBT$,即有 $\angle C'A'B' = \angle CAB$,$\angle C'B'A' = \angle CBA$,故 $\triangle A'B'C' \backsim \triangle ABC$.

❖三圆的相切问题

圆与圆的相切有外切和内切,这里的三圆的相切,既有外切又有内切的情形组合在一起.三圆的相切有许多有趣的结论.①

定理 1 两圆外切于点 T,且均与一大圆内切,切点分别为 T_1,T_2,则 T_1,T,T_2 共线的充要条件是弦 T_1T_2 为大圆的直径.

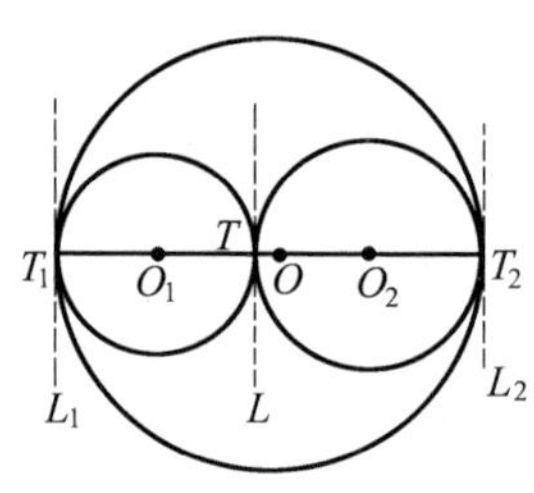

图 2.515

事实上,设大圆、两个小圆的圆心分别为 O,O_1,O_2,如图 2.515 所示.

充分性.若 T_1T_2 为圆 O 的直径,由于 O,O_1,T_1 三点共线知 O_1 在 T_1T_2 上.

① 沈文选.三圆的相切问题及求解[J].中学数学杂志,2009(12):24-27.

同理,O_2 也在 T_1T_2 上,又 O_1,T,O_2 三点共线,从而 T 在 T_1T_2.

必要性.若 T_1,T,T_2 三点共线,分别过 T_1,T,T_2 作切线 T_1L_1,TL,T_2L_2,则 $\angle TT_1L_1=\angle TT_2L_2$, $\angle TT_1L_1=\angle T_1TL$,$\angle T_2TL=\angle TT_2L$,于是 $\angle T_1TL=\angle T_2TL$,即 $TL\perp T_1T_2$,从而 $T_1L_1\perp T_1T_2$,$T_2L_2\perp T_1T_2$,即有 $T_1L_1 /\!/ T_2L_2$,故 T_1T_2 为大圆的直径.

定理 2 两圆外切于点 T,则在过 T 的切线夹在两条外公切线以外的部分上任一点 P,可同时作两个圆,一个与前面的两圆外切,另一个与前面的两圆内切.

事实上,如图 2.516,设 T_1T_2,$T'_1T'_2$ 为两已知外切圆的公切线,T_1,T_2,T'_1,T'_2 为切点,联结 PT_1,PT_2 分别交两已知圆于另一点 P_1,P_2,则过 P,P_1,P_2 可作圆 O 分别与两已知圆外切,这是因为 $PT_1\cdot PP_1=PT^2=PT_2\cdot PP_2$,知 P_1,T_1,T_2,P_2 四点共圆.从而 $\angle PP_1P_2=\angle PT_2T_1$.

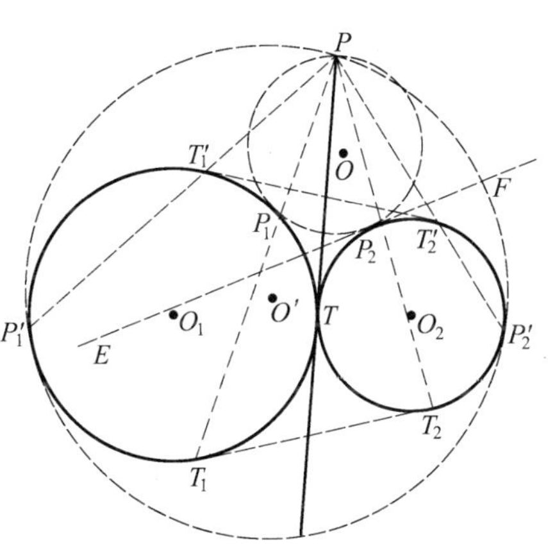

图 2.516

设两已知圆中的圆 O_2 在 P_2 处的切线为 EF,则 $\angle PT_2T_1=\angle EP_2T_2=\angle PP_2F$,$\angle PP_2F=\angle PP_1P_2$,因此,$EF$ 也与圆 O 相切,于是圆 O 与圆 O_2 相切.

同理,圆 O 与圆 O_1 也相切.

反之,若圆 O 过 P 并且分别与圆 O_1,圆 O_2 切于点 P_1,P_2.设 PP_1,PP_2 分别再交圆 O_1,圆 O_2 于 T_1,T_2,则易知 T_1T_2 是圆 O_1,圆 O_2 的公切线.

因此,过点 P 可作圆 O 与圆 O_1,圆 O_2 均外切.

同理,过点 P 可作圆 O' 与圆 O_1,圆 O_2 均内切,如图 2.516 所示.

定理 3 两圆 O_1 圆 O 内切于点 T_1,过 T_1 作割线交小圆 O_1 于 T,交大圆 O 于 T_2,过点 T_2 作与 O_1T_2 垂直的直线交圆 O 于点 Q,过点 T_2 且与圆 O_1 相外切于点 T 的圆 O_2 交直线 QT_2 于点 P,则 $QT_2=T_2P$.

事实上,设 T'_1,T' 是 T_1,T 关于直线 O_1T_2 的对称点,则 T'_1,T' 均在圆 O_1 上,且 $T'_1T_1 /\!/ T'T /\!/ QP$,如图 2.517 所示.

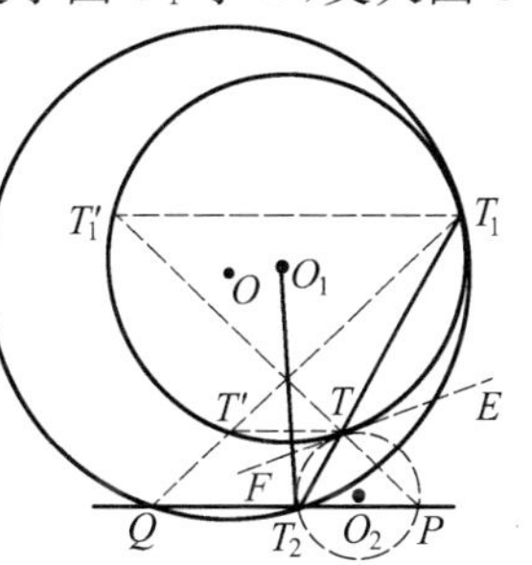

图 2.517

过点 T 作圆 O 与圆 O_2 的公切线 FE,则

$\angle T_1T'_1T=\angle ETT_1=\angle FTT_2=\angle TPT_2$

又 $\angle T'_1T_1T=\angle TT_2P$，因此，$T'_1,T,P$ 三点共线.

同理，T_1,T',Q 三点共线.

于是，直线 TT'_1 与 $T'T_1$ 关于直线 O_1T_2 对称，而 P 在直线 TT'_1 上，Q 在直线 $T'T_1$ 上，从而 P 与 Q 关于直线 O_1T_2 对称，故 $QT_2=T_2P$.

定理 4　设圆 O，圆 I 分别为 $\triangle ABC$ 的外接圆和内切圆.

(1) 过顶点 A 可作两圆 P_A，圆 O_A 均在点 A 处与圆 O 内切，且圆 P_A 与圆 I 外切，圆 Q_A 与圆 I 内切.

(2) 设圆 O 的半径为 R，则 $P_AQ_A=\dfrac{\sin\dfrac{A}{2}\cdot\cos^2\dfrac{A}{2}}{\cos\dfrac{B}{2}\cdot\cos\dfrac{C}{2}}R$.

事实上，(1) 如图 2.518，过点 I 作 $EF\ /\!/\ AO$，此直线交圆 I 于 E,F，联结 AE 交圆 I 于点 T，直线 IT 交 AO 于点 P_A，以 P_A 为圆心，以 AP_A 为半径作圆，则圆 P_A 符合题设，这是因为，$AO\ /\!/\ FE$，有 $\angle P_AAT=\angle IEF=\angle ITE=\angle P_ATA$，即知 $P_AA=P_AT$. 从而知圆 P_A 与圆 I 外切. 显然圆 P_A 与圆 O 内切.

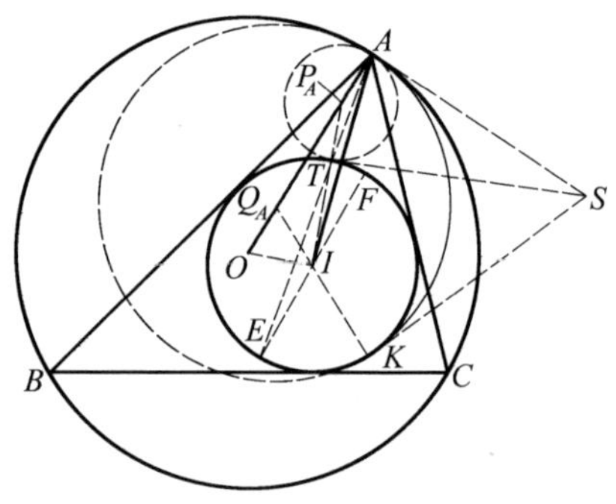

图 2.518

设过点 A,T 的公切线交于点 S，从点 S 作圆 I 的切线，切圆 I 于点 K，直线 KI 交 AO 于点 Q_A，以 Q_A 为圆心，以 Q_AK 为半径作圆，则圆 Q_A 符合题设，这是因为，点 S 为根心，由此即证得 $\mathrm{Rt}\triangle ASQ_A\cong\mathrm{Rt}\triangle KSQ_A$，有 $Q_AA=Q_AK$. 故得证.

(2) 设圆 P_A，圆 Q_A 的半径分别为 u,v，圆 I 的半径为 r，则 $AP_A=u$，$P_AO=R-u$，$IP_A=r+u$.

在 $\triangle AOI$ 中应用斯特瓦尔特定理，有

$$(r+u)^2=\frac{u\cdot OI^2+(R-u)\cdot IA^2}{R}-u(R-u)$$

将欧拉定理 $OI=\sqrt{R(R-2r)}$ 代入，得 $u=\dfrac{(IA^2-r^2)R}{IA+4Rr}$

又 $IA=\dfrac{r}{\sin\dfrac{A}{2}}=4R\cdot\sin\dfrac{B}{2}\cdot\sin\dfrac{C}{2}$，则

$$u=\frac{(4R)^2\cdot\sin^2\dfrac{B}{2}\cdot\sin^2\dfrac{C}{2}\cdot\cos^2\dfrac{A}{2}}{(4R)^2\cdot\sin\dfrac{B}{2}\cdot\sin\dfrac{C}{2}(\sin\dfrac{A}{2}+\sin\dfrac{B}{2}\cdot\sin\dfrac{C}{2})}\cdot R=$$

$$\frac{\sin\frac{B}{2}\cdot\sin\frac{C}{2}\cdot\cos^2\frac{A}{2}}{\sin\frac{A}{2}+\sin\frac{B}{2}\cdot\sin\frac{C}{2}}R$$

同理,由 $AQ_A=v,Q_AO=R-v,IQ_A=v-r$,有

$$(u-r)^2=\frac{v\cdot OI^2+(R-v)\cdot IA^2}{R}-v(R-v)$$

则
$$v=\frac{(IA^2-r^2)R}{IA^2}=\cos^2\frac{A}{2}\cdot R$$

故
$$P_AQ_A=v-u=\frac{\sin\frac{A}{2}\cdot\cos^2\frac{A}{2}}{\cos\frac{B}{2}\cdot\cos\frac{C}{2}}R$$

定理 5 两圆 O_1,圆 O_2 外切于点 T,且均与大圆 O 内切,切点分别为 T_1,T_2(T_1T_2 不为圆 O 的直径),弦 T_2T 交圆 O 于另一点 A,弦 T_1T 交圆 O 于另一点 B,如图 2.519 所示.

(1) 设直线 AT_1 与 BT_2 交于点 C,则 T 为 $\triangle ABC$ 的垂心.

(2) 设过点 T 的内公切线与 AB 交于点 D,则 T 为 $\triangle T_1DT_2$ 的内心.

(3) 设过点 T 的内公切线与 T_1T_2 交于点 P,则 A,O_1,P 三点共线,B,O_2,P 三点也共线.

(4) 设过点 T 的内公切线交圆 O 于点 Q,则 $\frac{QT_1^2}{QT_2^2}=\frac{r-r_2}{r-r_1}$,其中 r_1,r_2,r 分别为圆 O_1,圆 O_2,圆 O 的半径.

(5) 直线 OT,O_1T_2,T_1O_2 三线共点.

(6) $\angle OO_2O_1=2\angle TT_1T_2,\angle OO_1O_2=2\angle TT_2T_1$.

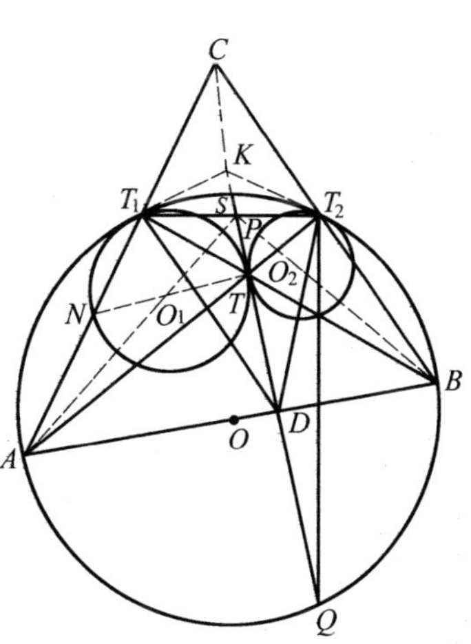

图 2.519

(7) 设圆 O_1,圆 O_2,圆 O 的半径分别为 r_1,r_2,r,则

$$T_1T_2^2=\frac{4r^2\cdot r_1r_2}{(r-r_1)(r-r_2)}$$

事实上,(1) 注意到两圆内切性质,两圆内切于点 T_2,大圆的弦 SQ 与小圆切于点 T,直线 T_2T 交大圆于点 A,知点 A 为$\overset{\frown}{SQ}$ 的中点,如图 2.397 所示.

同理,B 为另一段弧$\overset{\frown}{SQ}$ 的中点,从而 AB 为圆 O 的直径,即 O 在 AB 上.于是 $AT_2\perp BC,BT_1\perp AC$,故 T 为 $\triangle ABC$ 的垂心.

(2) 设过 T_1,T_2 的圆的切线交于点 K,则知 K 为圆 O,圆 O_1,圆 O_2 的根心,

又由 $OD \perp SQ$，知 K, T_1, O, D, T_2 五点共圆，且 $\overset{\frown}{T_1K} = \overset{\frown}{KT_2}$，即知 KD 平分 $\angle T_1DT_2$，又 $KT_1 = KT = KT_2$，由三角形内心性质的逆用，知 T 为 $\triangle T_1DT_2$ 的内心.

(3) 由于圆 O_1 与圆 O 内切于点 T，设 AC 与圆 O_1 的第二个交点为 N，则知 NT 是圆 O_1 的直径，即 N, O_1, T 三点共线，且 $NT \parallel AB$. 此时，有 $\frac{CA}{AN} = \frac{CD}{DT}$.

在完全四边形 CT_1ATBT_2 中，由对角线调和分割的性质，有 P, D 调和分割 CT，即有 $\frac{CD}{DT} = \frac{CP}{PT}$. 于是，有 $\frac{CA}{AN} = \frac{CP}{PT}$.

注意到，$NO_1 = O_1T$，则 $\frac{CA}{AN} \cdot \frac{NO_1}{O_1T} \cdot \frac{TP}{PC} = 1$. 于是，对 $\triangle CNT$ 应用梅涅劳斯的逆定理，知 A, O_1, P 三点共线. 同理，B, O_2, P 三点共线.

(4) 由于圆 O 与圆 O_2 内切于点 T_2，则 O, O_2, T 三点共线，如图 2.520 所示，设 QT_2 交圆 O_2 于 F，联结 O_2F，OQ，则由 $\angle O_2FT_2 = \angle O_2T_2Q = \angle OQT_2$，知 $O_2F \parallel OQ$，于是，有 $\frac{T_2F}{T_2Q} = \frac{O_2F}{OQ} = \frac{r_2}{r}$，亦即 $\frac{QF}{QT_2} = \frac{QT_2 - FT_2}{QT_2} = \frac{r - r_2}{r}$.

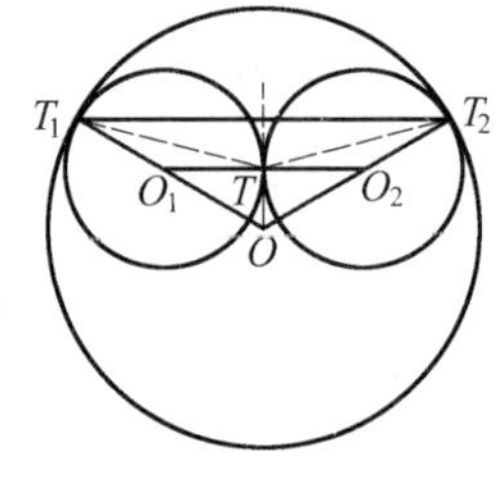

图 2.520

注意到 $QT^2 = QT_2 \cdot QF$，则 $QT^2 = QT_2^2 \cdot \frac{r - r_2}{r}$，即

$QT_2^2 = QT^2 \cdot \frac{r}{r - r_2}$.

同理，$QT_1^2 = QT^2 \cdot \frac{r}{r - r_1}$，故 $\frac{QT_1^2}{QT_2^2} = \frac{r - r_2}{r - r_1}$.

(5) 由于 O, O_1, T_1；O, O_2, T_2；O_1, T, O_2 分别三点共线，在 $\triangle OO_1O_2$ 中，由于

$$\frac{OT_1}{T_1O_1} \cdot \frac{O_1T}{TO_2} \cdot \frac{O_2T_2}{T_2O} = \frac{r}{r_1} \cdot \frac{r_1}{r_2} \cdot \frac{r_2}{r} = 1$$

由塞瓦定理之逆知 OT, O_1T_2, T_1O_2 共点.

(6) 由 $\angle OO_2O_1 = 180^\circ - (\angle T_1OT_2 + \angle OO_1O_2) = 180^\circ - ((180^\circ - 2\angle OT_1T - 2\angle TT_1T_2) + 2\angle OT_1T) = 2\angle TT_1T_2$ 即证.

同理，$\angle OO_1O_2 = 2\angle TT_2T_1$.

(7) 如图 2.520，分别在 $\triangle OO_1O_2$，$\triangle OT_1T_2$ 中应用余弦定理，有

$$\cos \angle O_1OO_2 = \frac{OO_1^2 + OO_2^2 - O_1O_2^2}{2OO_1 \cdot OO_2} = \frac{(r - r_1)^2 + (r - r_2)^2 - (r_1 + r_2)^2}{2(r - r_1)(r - r_2)}$$

$$\cos\angle T_1OT_2=\frac{OT_1^2+OT_2^2-T_1T_2^2}{2OT_1\cdot OT_2}=\frac{2r^2-T_1T_2^2}{2r^2}$$

从而

$$T_1T_2^2=\frac{4r^2\cdot r_1r_2}{(r-r_1)(r-r_2)}$$

定理 6　若半径分别为 r_1,r_2,r_3 的三个圆两两外切,又都与半径为 r 的圆外切,则

$$r=\frac{r_1r_2r_3}{2\sqrt{r_1r_2r_3(r_1+r_2+r_3)}+r_1r_2+r_2r_3+r_3r_1}$$

事实上,如图 2.521,令 $O_1O_2=r_1+r_2=a$, $O_1O_3=r_1+r_3=b$, $O_2O_3=r_2+r_3=c$, $OO_3=r_3+r=x$, $OO_2=r_2+r=y$, $OO_1=r_1+r=z$, $\angle O_1OO_2=\alpha$, $\angle O_3OO_1=\beta$, $\angle O_2OO_3=\gamma$,则 $\alpha+\beta+\gamma=180°$.

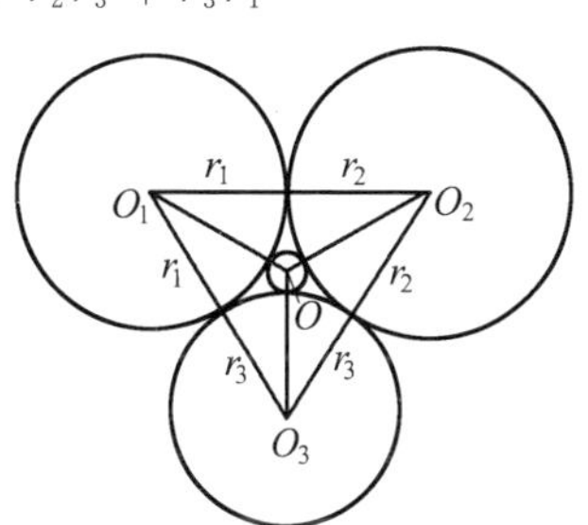

图 2.521

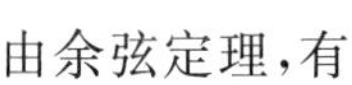
由余弦定理,有

$$\cos\alpha=\frac{y^2+z^2-a^2}{2yz},\cos\beta=\frac{z^2+x^2-b^2}{2zx}$$

$$\cos\gamma=\frac{x^2+y^2-c^2}{2xy}$$

而

$$\cos\gamma=\cos(\alpha+\beta)=\cos\alpha\cdot\cos\beta-\sqrt{(1-\cos^2\alpha)(1-\cos^2\beta)}$$

将余弦式代入上式化简得

$$2z^2(x^2+y^2-c^2)-(y^2+z^2-a^2)(z^2+x^2-b^2)=$$

$$-\sqrt{(4y^2z^2-(y^2+z^2-a^2)^2)(4z^2x^2-(z^2+x^2-b^2)^2)}$$

上式两边平方化简再回代,即证得结论成立.

❖笛卡儿定理

笛卡儿定理　若平面上四个半径为 r_1,r_2,r_3,r_4 的圆两两相切于不同点,则其半径满足以下结论:①

(1) 若四圆两两外切,则

$$\left(\sum_{i=1}^{4}\frac{1}{r_i}\right)^2=2\sum_{i=1}^{4}\frac{1}{r_i^2} \qquad ①$$

(2) 若半径为 r_1,r_2,r_3 的圆内切于半径为 r_4 的大圆中,则

① 王永喜,李奋平.微卡尔定理与一类多圆相切问题[J].中等数学,2016(5):12-16.

$$(\frac{1}{r_1}+\frac{1}{r_2}+\frac{1}{r_3}-\frac{1}{r_4})^2=2\sum_{i=1}^{4}\frac{1}{r_i^2} \quad ②$$

证明 平面上四个圆满足两两相切,要么四个圆两两外切,要么其中三个圆两两外切且同时内切于第四个圆中,即有定理中的情形(1)和(2).

下面分类讨论.

(1) 四圆两两外切.

如图 2.522,令

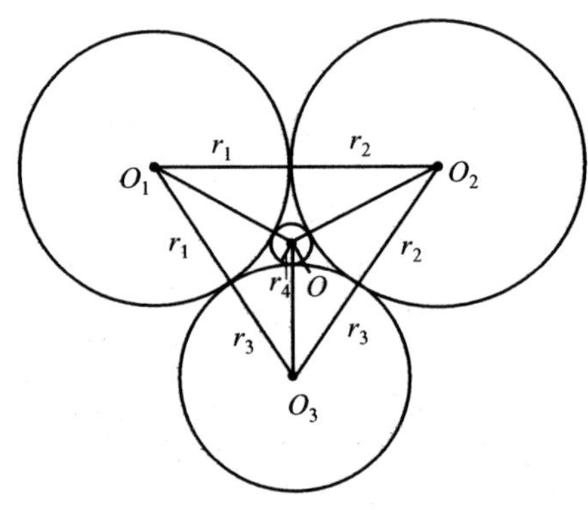

图 2.522

$$O_1O_2=r_1+r_2=a, O_1O_3=r_1+r_3=b$$
$$O_2O_3=r_2+r_3=c, OO_3=r_3+r_4=x$$
$$OO_2=r_2+r_4=y, OO_1=r_1+r_4=z$$
$$\angle O_1OO_2=\alpha, \angle O_3OO_1=\beta, \angle O_2OO_3=\gamma$$

则 $\alpha+\beta+\gamma=2\pi$.

由余弦定理得

$$\cos\alpha=\frac{y^2+z^2-a^2}{2yz} \quad ③$$

$$\cos\beta=\frac{z^2+x^2-b^2}{2zx} \quad ④$$

$$\cos\gamma=\frac{x^2+y^2-c^2}{2xy} \quad ⑤$$

注意到

$$\cos\gamma=\cos(\alpha+\beta)=$$
$$\cos\alpha\cdot\cos\beta-\sqrt{(1-\cos^2\alpha)(1-\cos^2\beta)}$$

将式 ③ ~ ⑤ 代入上式,化简得

$$2z^2(x^2+y^2-c^2)+(y^2+z^2-a^2)(z^2+x^2-b^2)=$$
$$\sqrt{[4y^2z^2-(y^2+z^2-a^2)^2][4z^2x^2-(z^2+x^2-b^2)^2]} \quad ⑥$$

式 ⑥ 两边平方并化简,再将 r_1, r_2, r_3, r_4 代入得

$$r_4 = \frac{r_1 r_2 r_3}{2\sqrt{r_1 r_2 r_3 (r_1 + r_2 + r_3)} + r_1 r_2 + r_1 r_3 + r_2 r_3} \quad ⑦$$

从而,式 ① 成立.

(2) 三个圆内切于半径为 r_4 的大圆中.

用同样的方法,此时

$$x = r_4 - r_3, y = r_4 - r_2, z = r_4 - r_1$$

a, b, c 不变,代入式 ⑥ 得

$$r_4 = \frac{r_1 r_2 r_3}{2\sqrt{r_1 r_2 r_3 (r_1 + r_2 + r_3)} - (r_1 r_2 + r_1 r_3 + r_2 r_3)} \quad ⑧$$

从而,式 ② 成立.

注 由上述定理可得如下特例:

由式 ⑦ 得

$$\frac{1}{r_4} = 2\sqrt{\frac{1}{r_2 r_3} + \frac{1}{r_3 r_1} + \frac{1}{r_1 r_2}} + \frac{1}{r_1} + \frac{1}{r_2} + \frac{1}{r_3}$$

当 $r_3 \to +\infty$ 时

$$\frac{1}{r_4} = 2\sqrt{\frac{1}{r_1 r_2}} + \frac{1}{r_1} + \frac{1}{r_2} = \left(\frac{1}{\sqrt{r_1}} + \frac{1}{\sqrt{r_2}}\right)^2 \Rightarrow \frac{1}{\sqrt{r_4}} = \frac{1}{\sqrt{r_1}} + \frac{1}{\sqrt{r_2}}$$

同样地,由式 ⑧ 得

$$\frac{1}{r_4} = 2\sqrt{\frac{1}{r_2 r_3} + \frac{1}{r_3 r_1} + \frac{1}{r_1 r_2}} - \left(\frac{1}{r_1} + \frac{1}{r_2} + \frac{1}{r_3}\right)$$

此时,令 $r_4 \to +\infty$,亦得上述结论.

于是,我们便有如下结论:

如图 2.523,圆心为 A, B, C 的三个圆彼此外切,且均与直线 l 相切,设三个圆的半径分别为 a、b、c($0 < c < a < b$).

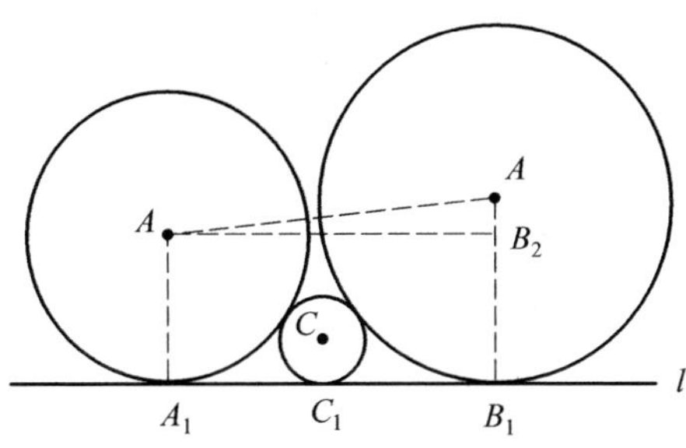

图 2.523

则
$$\frac{1}{\sqrt{c}} = \frac{1}{\sqrt{a}} + \frac{1}{\sqrt{b}}$$

事实上,注意到

$$A_1B_1=2\sqrt{ab},B_1C_1=2\sqrt{bc},A_1C_1=2\sqrt{ac}$$
$$A_1C_1+B_1C_1=A_1B_1$$

故上述结论成立.

❖周达定理

周达定理 设在互相内切的两圆间隙中,依次作四个内切圆.若所作四圆除首末二者外各依次相外切,则所作四圆的半径 r_1,r_2,r_3,r_4 满足 $\frac{1}{r_1}-\frac{3}{r_2}+\frac{3}{r_3}-\frac{1}{r_4}=0$.

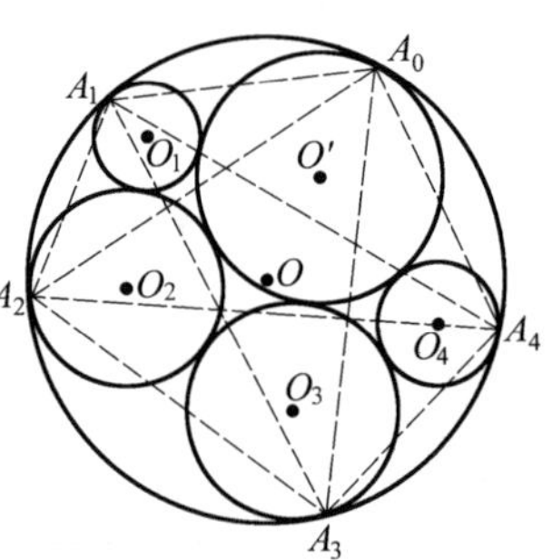

图 2.524

证法 1 如图 2.524,设已知两圆为圆 O,圆 O',所作四圆为圆 O_1,圆 O_2,圆 O_3,圆 O_4,它们依次相切于 A_0,A_1,A_2,A_3,A_4.

注意到三圆的相切问题中的定理 5(7),当圆 O,圆 O' 半径分别为 R,r_0 时,有

$$A_0A_1=\frac{2R\sqrt{r_0r_1}}{\sqrt{(R-r_0)(R-r_1)}},A_1A_2=\frac{2R\sqrt{r_1r_2}}{\sqrt{(R-r_1)(R-r_2)}}$$

$$A_2A_3=\frac{2R\sqrt{r_2r_3}}{\sqrt{(R-r_2)(R-r_3)}},A_3A_4=\frac{2R\sqrt{r_3r_4}}{\sqrt{(R-r_3)(R-r_4)}}$$

$$A_0A_2=\frac{2R\sqrt{r_0r_2}}{\sqrt{(R-r_0)(R-r_2)}},A_0A_3=\frac{2R\sqrt{r_0r_3}}{\sqrt{(R-r_0)(R-r_3)}}$$

对四边形 $A_0A_1A_2A_3$ 应用托勒密定理,有

$$A_1A_3=\frac{4R\sqrt{r_1r_3}}{\sqrt{(R-r_1)(R-r_3)}}$$

同理

$$A_2A_4=\frac{4R\sqrt{r_2r_4}}{\sqrt{(R-r_2)(R-r_4)}},A_1A_4=\frac{4R\sqrt{r_1r_4}}{\sqrt{(R-r_1)(R-r_4)}}$$

再注意到 $S_{\triangle ABC}=\frac{abc}{4R}$ 及 $S_{A_1A_2A_3A_4}=S_{\triangle A_1A_2A_3}+S_{\triangle A_1A_4A_3}=S_{\triangle A_1A_2A_4}+S_{A_2A_3A_4}$,利用上述面积等式,求得

$$\frac{A_1A_3}{A_2A_4}=\frac{A_1A_2\cdot A_1A_4+A_2A_3\cdot A_3A_4}{A_1A_4\cdot A_3A_4+A_1A_2\cdot A_2A_4}$$

由前各式代入整理即得结论.

证法 2 如图 2.525,设已知两圆为圆 O,圆 O',半径分别为 a,b.所作的四个圆依次为圆 O_1,圆 O_2,圆 O_3,圆 O_4.

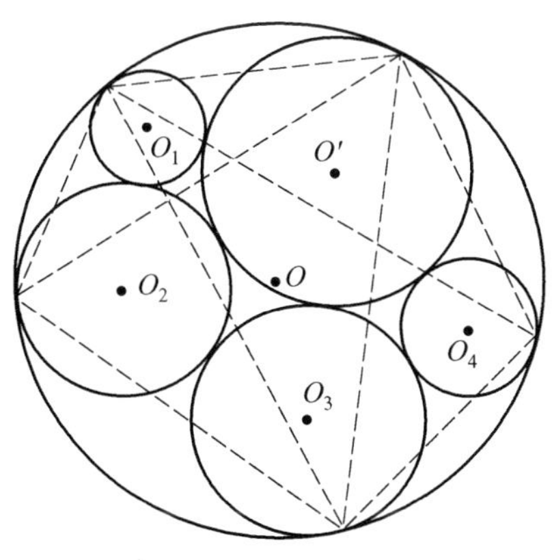

图 2.525

则对圆 O,圆 O',圆 O_1,圆 O_2 利用笛卡儿定理中的式 ② 得

$$\left(-\frac{1}{a}+\frac{1}{b}+\frac{1}{r_1}+\frac{1}{r_2}\right)^2=2\left(\frac{1}{a^2}+\frac{1}{b^2}+\frac{1}{r_1^2}+\frac{1}{r_2^2}\right)$$

类似地,对圆 O,圆 O',圆 O_2,圆 O_3 利用笛卡儿定理得

$$\left(-\frac{1}{a}+\frac{1}{b}+\frac{1}{r_2}+\frac{1}{r_3}\right)^2=2\left(\frac{1}{a^2}+\frac{1}{b^2}+\frac{1}{r_2^2}+\frac{1}{r_3^2}\right)$$

两式相减得

$$\left(\frac{1}{r_1}-\frac{1}{r_3}\right)\left(-\frac{2}{a}+\frac{2}{b}+\frac{2}{r_2}+\frac{1}{r_1}+\frac{1}{r_3}\right)=$$

$$2\left(\frac{1}{r_1}-\frac{1}{r_3}\right)\left(\frac{1}{r_1}+\frac{1}{r_3}\right)$$

即

$$\frac{1}{r_1}+\frac{1}{r_3}-\frac{2}{r_2}=-\frac{2}{a}+\frac{2}{b}$$

类似地,$\frac{1}{r_2}+\frac{1}{r_4}-\frac{2}{r_3}=-\frac{2}{a}+\frac{2}{b}$.

以上两式联立即得结论.

证法 3 如图 2.526,设圆 O 与圆 O' 内切于 A_0,以切点 A_0 为反演中心,1 为反演幂作反演变换,则圆 O 与圆 O' 的反形为两条平行直线 l_1,l_2,而圆 O 与圆 O' 的间隙中四个与圆 O,圆 O' 都相切的圆的反形是四个与直线 l_1,l_2 均相切的等圆,如图 2.526,且除首末两圆外各依次外切.

设这四个等圆的半径为 r,圆心依次为 O_1,O_2,O_3,O_4,则由点对圆的幂的定义,有

$$r_i=\frac{r}{A_0O_i^2-r^2}$$

从而

$$\frac{1}{r_i}=\frac{A_0O_i^2}{r}-r\quad (i=1,2,3,4)$$

设 $\angle A_0O_1O_4=\theta$,则由余弦定理,有

$$A_0O_i^2=A_0O_1^2+O_1O_i^2-2O_1O_i\cdot A_0O_1\cdot\cos\theta=$$
$$A_0O_1^2+(i-1)^2\cdot 4r^2-4(i-1)r\cdot A_0O_1\cdot\cos\theta\quad (i=1,2,3,4)$$

于是

$$A_0O_1^2\cdot 3A_0O_2^2+3A_0O_3^2\cdot A_0O_4^2=0$$

故

$$\frac{1}{r_1}-\frac{3}{r_2}+\frac{3}{r_3}-\frac{1}{r_4}=0$$

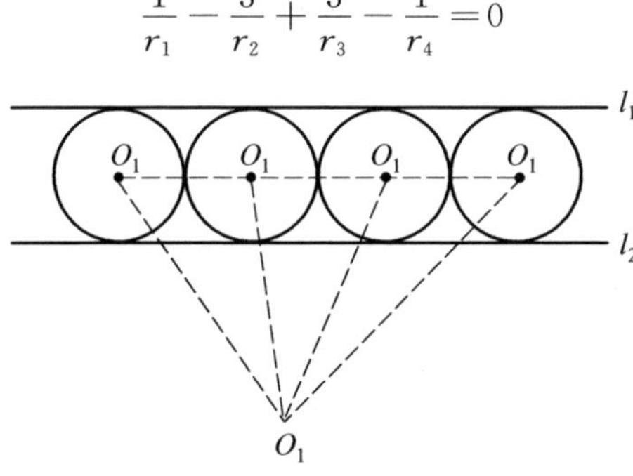

图 2.526

注　周达定理可推广到一般情形:在内切两圆的间隙中,依次作$n+1$个圆皆与这两圆相切,其半径依次为 $r_1,r_2,\cdots,r_{n+1}(n\geqslant 3)$.若所作这 $n+1$ 个圆除首末两圆外各依次外切,则有

$$\sum_{i=0}^{n}(-1)^iC_n^ir_{i+1}^{-1}=0$$

其中 C_n^k 为组合数.

周达(1878—1942)为中国数学家.

❖线段调和分割问题①

设两点 C,D 内分与外分同一线段 AB 成同一比值，即 $\frac{AC}{CB}=\frac{AD}{DB}$，则称点 C 和 D 调和分割线段 AB. 显然，当 C,D 调和分割 AB 时，也可称 A,B 两点调和分割 CD. 有时也称点 C 是 D 关于线段 AB 的调和共轭点.

若从共点直线外任一点 P 作射线 PA,PC,PB,PD，则可称射线束成调和线束，且 PA 与 PB 共轭，或 PC 与 PD 共轭.

定理 1 设 A,C,B,D 是共线四点，点 M 是线段 AB 的中点，则 C,D 调和分割线段 AB 的充要条件是满足下述六个条件之一：

(1) 点 A,B 调和分割 CD.

(2) $\frac{1}{AC}+\frac{1}{AD}=\frac{2}{AB}$.

(3) $AB\cdot CD=2AD\cdot BC=2AC\cdot DB$.

(4) $CA\cdot CB=CM\cdot CD$.

(5) $DA\cdot DB=DM\cdot DC$.

(6) $MA^2=MB^2=MC\cdot MD$.

证明 如图 2.527. (1) $\frac{AC}{CB}=\frac{AD}{DB}\Leftrightarrow\frac{CA}{AD}=\frac{CB}{BD}\Leftrightarrow A,B$ 调和分割 CD.

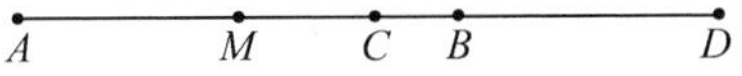

图 2.527

(2) $$\frac{AC}{CB}=\frac{AD}{DB}\Leftrightarrow\frac{AC}{AB-AC}=\frac{AD}{AD-AB}\Leftrightarrow\frac{AB-AC}{AC}=\frac{AD-AB}{AD}\Leftrightarrow$$
$$\frac{1}{AC}+\frac{1}{AD}=\frac{2}{AB}$$

(3) $$\frac{AC}{CB}=\frac{AD}{DB}\Leftrightarrow AC\cdot DB=BC\cdot AD=BC\cdot(AC+CB+BD)\Leftrightarrow$$
$$2AC\cdot DB=AC\cdot DB+BC\cdot AC+BC^2+BC\cdot BD=$$
$$(AC+CB)\cdot(BD+BC)=AB\cdot CD\Leftrightarrow$$
$$AB\cdot CD=2AC\cdot DB=2BC\cdot AD$$

(4) $$AB\cdot CD=2BC\cdot AD\Leftrightarrow\frac{AD}{CD}=\frac{\frac{1}{2}AB}{BC}=\frac{MB}{BC}\Leftrightarrow$$

① 沈文选. 线段调和分割的性质及应用[J]. 中学教研(数学)，2009(9)：28-33.

$$\frac{AC+CD}{CD}=\frac{MC+CB}{CB}\Leftrightarrow$$

$$\frac{AC}{CD}=\frac{MC}{CB}\Leftrightarrow CA\cdot CB=CM\cdot CD$$

(5) $AB\cdot CD=2AC\cdot BD\Leftrightarrow\frac{AC}{CD}=\frac{\frac{1}{2}AB}{BD}=\frac{MB}{BD}\Leftrightarrow$

$$\frac{AC+CD}{CD}=\frac{MB+DB}{DB}\Leftrightarrow$$

$$\frac{AD}{CD}=\frac{MD}{BD}\Leftrightarrow DA\cdot DB=DM\cdot DC$$

(6) $\frac{AC}{CB}=\frac{AD}{DB}\Leftrightarrow\frac{AM+MC}{BM-MC}=\frac{MD+AM}{MD-BM}\Leftrightarrow\frac{AM+MC}{AM-MC}=\frac{MD+AM}{MD-AM}\Leftrightarrow$

$$\frac{2AM}{2MC}=\frac{2MD}{2AM}\Leftrightarrow MC\cdot MD=MA^2=MB^2$$

定理 2 设 A,C,B,D 是共线四点，过共点直线外一点 P 引射线 PA,PC,PB,PD，则 C,D 调和分割线段 AB 的充要条件是满足下述三个条件之一：

(1) 线束 PA,PC,PB,PD 中一射线的任一平行线被其他三条射线截出相等的两线段.

(2) $\sin\angle APC\cdot\sin\angle BPD=\sin\angle CPB\cdot\sin\angle APD$.

(3) 另一直线 l 分别交射线 PA,PC,PB,PD 于点 A',C',B',D' 时，点 C',D' 调和分割线段 $A'B'$.

证明 (1) 如图 2.528，不失一般性，设过点 B 作 $GH\ /\!/\ AP$ 交射线 PC 于 G，交射线 PD 于 H.

$\frac{AC}{CB}=\frac{AD}{DB}\Leftrightarrow$ 注意 $GH\ /\!/\ AP$，有 $\frac{AP}{GB}=\frac{AC}{CB}=\frac{AD}{DB}=\frac{AP}{BH}\Leftrightarrow GB=BH$.

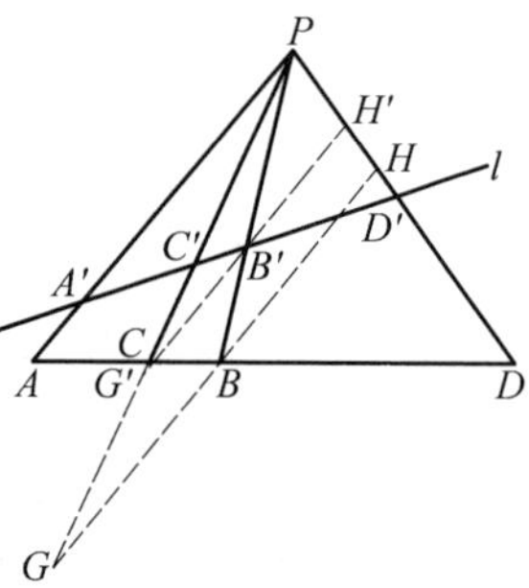

图 2.528

(2) 由正弦定理有

$$\sin\angle ACP=\frac{AP\cdot\sin\angle APC}{AC}$$

$$\sin\angle PCB=\frac{BP\cdot\sin\angle CPB}{BC}$$

$$\sin\angle PDB=\frac{BP\cdot\sin\angle BPD}{BD}$$

$$\sin\angle PDA=\frac{AP\cdot\sin\angle APD}{AD}$$

于是 $$\frac{\sin\angle APC}{\sin\angle CPB}=\frac{BP}{AP}\cdot\frac{AC}{BC},\frac{\sin\angle APD}{\sin\angle DPB}=\frac{BP}{AP}\cdot\frac{AD}{BD}$$

从而 $$\frac{AC}{BC}=\frac{AD}{BD}\Leftrightarrow\frac{\sin\angle APC}{\sin\angle CPB}=\frac{\sin\angle APD}{\sin\angle BPD}$$

注 此结论称为调和点列的角元形式.

(3) 如图 2.528,不失一般性,设过点 B' 作 $G'H'\parallel AP$ 交射线 PC 于 G',交射线 PD 于 H',则 $G'H'\parallel GH$.

$\frac{AC}{CB}=\frac{AD}{DB}\Leftrightarrow B$ 为 GH 的中点 $\Leftrightarrow$ 注意 $G'H'\parallel GH$,知 B' 为 $G'H'$ 的中点 $\Leftrightarrow$ $\frac{A'C'}{C'B'}=\frac{A'P}{G'B'}=\frac{A'P}{B'H'}=\frac{A'D'}{D'B'}\Leftrightarrow C',D'$ 调和分割线段 $A'B'$.

注 (3) 的结论也可由(2) 的结论来证.

推论 1 梯形的两腰延长线的交点,两对角线的交点,调和分割两底中点的连线段.

证明 如图 2.529,在梯形 $BCEF$ 中,$BF\parallel CE$,A 是两腰延长线的交点,D 是两对角线的交点,联结 AD 并延长交 BF 于 M,交 CE 于 N,则

$$\frac{BM}{NE}=\frac{MD}{DN}=\frac{MF}{CN},\frac{BM}{CN}=\frac{AM}{AN}=\frac{MF}{NE}$$

即 $$\frac{BM}{NE}=\frac{MF}{CN},\frac{BM}{CN}=\frac{MF}{NE}$$

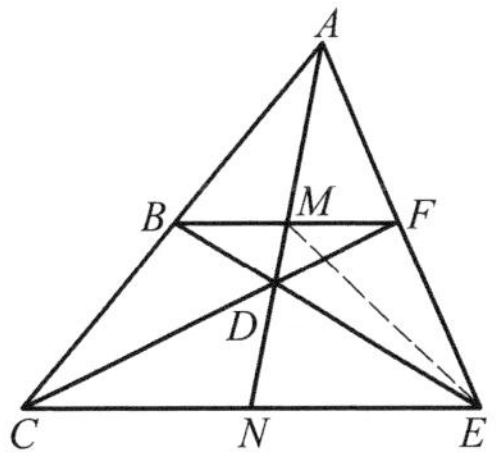

图 2.529

此两式相乘,相除得

$$BM^2=MF^2,CN^2=NE^2$$

即 $$BM=MF,CN=NE$$

亦即 M,N 分别为 BF,CE 的中点.

联结 ME,则对线束 EA,EM,ED,EN 来说,$BF\parallel NE$ 且 $BM=MF$,则由定理 2(1) 知 A,D 调和分割线段 MN(当然也可由 $\frac{AM}{AN}=\frac{BF}{CE}=\frac{MD}{DN}$ 而证.)

推论 2 完全四边形的一条对角线被其他两条对角线调和分割.

证明 如图 2.530,在完全四边形 $ABCDEF$ 中,AD,BF,CE 是其三条对角线,设直线 AD 交 BF 于 M,交 CE 于 N.若 $BF\parallel CE$,则由推论 1 知,点 M,N 调和分割线段 AD.若 BF 不平行于 CE,如图2.530,设直线 BF 与直线 CE 交于点 G.联结 AG,过点 D 作直线 $TL\parallel CG$ 交 AC 于 T,交 AE 于 S,交 BG 于 K,交 AG 于 L,则分别在 $\triangle BCG,\triangle ACG,\triangle FCE$ 中,有

$$\frac{TD}{DK}=\frac{CE}{EG},\frac{TS}{SL}=\frac{CE}{EG},\frac{DS}{SK}=\frac{CE}{EG}$$

于是 $\frac{TD}{DK}=\frac{TS}{SL}=\frac{DS}{SK}=\frac{TS-DS}{SL-SK}=\frac{TD}{KL}$

从而 $DK=KL$

又过点 M 作 $MH\parallel CG$ 及 AG 于 H，则 $MH\parallel DL$. 联结 AK 并延长交 MH 于 I，交 NG 于 J，则由 K 为 DL 的中点，知 I 为 MH 的中点，J 为 NG 的中点. 在梯形 $MNGH$ 中，点 K 在 MG 上，则由推论1知，A，K 调和分割 IJ，即有 $\frac{AI}{IK}=\frac{AJ}{JK}$.

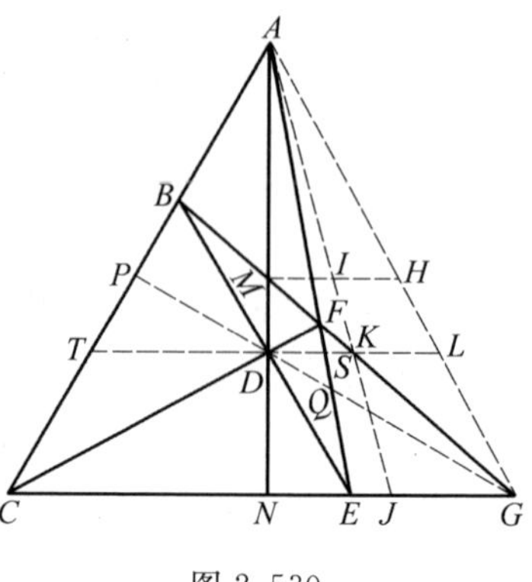

图 2.530

于是，由平行线性质，有 $\frac{AM}{MD}=\frac{AN}{ND}$，即知 M，N 调和分割线段 AD.

联结 DG 并延长交 AC 于点 P，交 EF 于点 Q，则由上述证明知，在完全四边形 $GFBDCE$ 中，Q，P 调和分割线段 GD，对线束 AC，AN，AE，AG，由定理2(2)，知 M，G 调和分割 BF，N，G 调和分割 CE.

注 当 $BF\parallel CE$ 时，也可看做直线 BF 与 CE 相交于无穷远点 G，此时，亦有 M，G 调和分割 BF，N，G 调和分割 CE.

推论3 过完全四边形对角线所在直线的交点作另一条对角线的平行线，所作直线与平行的对角线的同一端点所在的边(或其延长线)相交，所得线段被此对角线所在直线上的交点平分.

证明 如图2.531，点 M，N，G 为完全四边形 $ABCDEF$ 的三条对角线 AD，BF，CE 所在直线的交点，过点 M 与 CE 平行的直线，与 EB，EA 交于点 I，J，与 CA，CF 交于点 T，S，分别对线束 EA，EM，ED，EN；CA，CM，CD，CN 应用定理2(1)知 $MI=MJ$，$MT=MS$.

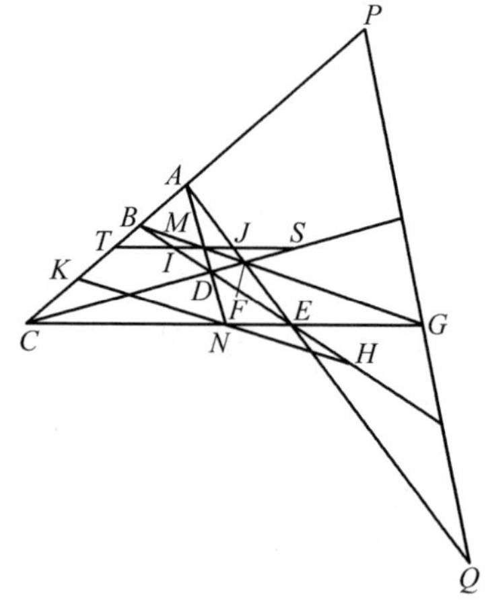

图 2.531

同理，可证过点 N 与 BF 平行的直线的情形，过点 G 与 AD 平行的直线的情形.

定理3 对线段 AB 的内分点 C 和外分点 D，以及直线 AB 外一点 P，给出如下四个论断：

①PC 是 $\angle APB$ 的平分线.

②PD 是 $\angle APB$ 的外角平分线.

③C,D 调和分割线段 AB.

④$PC \perp PD$.

以上四个论断中,任意选取两个作题设,另两个作结论组成的六个命题均为真命题.

证明 (1) 由 ①,② 推出 ③,④. 此时,有$\frac{AC}{CB}=\frac{PA}{PB}=\frac{AD}{DB}$,显然 $PC \perp PB$.

(2) 由 ①,③ 推出 ②,④. 此时,可过点 C 作 $FE \parallel PD$,交射线 PA 于 F,交射线 PB 于 E,如图 2.532 所示,由定理 2(1) 知,$FC=CE$,从而 $PC \perp FE$,亦知 $PC \perp PB$. 亦即有 PD 平分 $\angle APB$ 的外角.

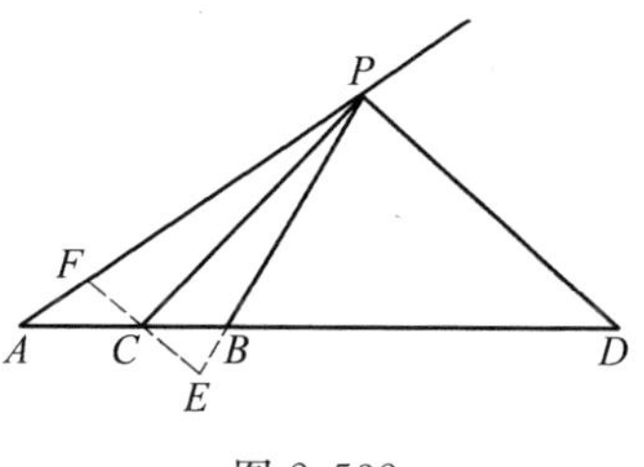

图 2.532

(3) 由 ①,④ 推出 ②,③. 此时,推知 PD 是 $\angle APB$ 的外角平分线,由此即知 C,D 调和分割线段 AB.

(4) 由 ②,③ 推出 ①,④. 此时,结论显然成立.

(5) 由 ②,④ 推出 ①,③. 此时,结论显然成立.

(6) 由 ③,④ 推出 ①,②. 此时,不妨设 $\angle APC=\alpha$,$\angle BPC=\beta$. 由 $PC \perp PD$,知 $\angle APD=90^\circ+\alpha$,$\angle BPD=90^\circ-\beta$. 由三角形正弦或共角比例定理,有

$$\frac{PA \cdot \sin \alpha}{PB \cdot \sin \beta}=\frac{PA \cdot \sin \angle APC}{PB \cdot \sin \angle BPC}=\frac{AC}{CB}=\frac{AD}{DB}=\frac{PA \cdot \sin \angle APD}{PB \cdot \sin \angle BPD}=\frac{PA \cdot \cos \alpha}{PB \cdot \cos \beta}$$

亦即有$\frac{\sin \alpha}{\sin \beta}=\frac{\cos \alpha}{\cos \beta} \Leftrightarrow \sin \alpha \cdot \cos \beta-\cos \alpha \cdot \sin B=0 \Leftrightarrow \sin(\alpha-\beta)=0 \Leftrightarrow \alpha=\beta$.

从而知 PC 平分 $\angle APB$. 由此亦可推知 PD 是 $\angle APB$ 的外角平分线.

推论 1 三角形的角平分线被其内心和相应的旁心调和分割.

事实上,如图 2.533,圆 C,圆 D 分别为 $\triangle AEF$ 的内切圆和切 EF 外侧的旁切圆,AB 为 $\angle EAF$ 的角平分线. 由定理 1,知 C,D 调和分割 AB.

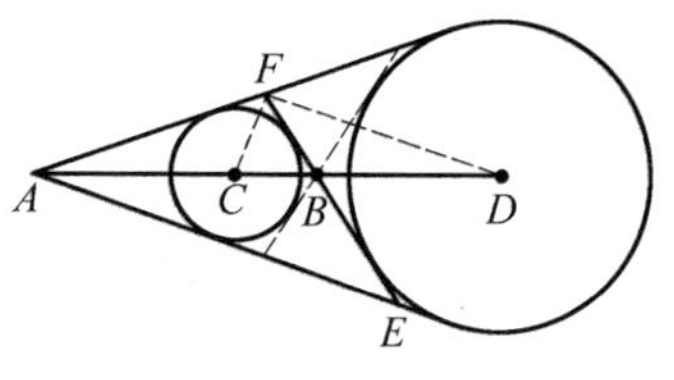

图 2.533

推论 2 不相等且外离的两圆圆心的连线被两圆的外公切线交点和内公切线交点调和分割.

事实上,如图 2.533,圆 C 和圆 D 为不相等且外离的两圆,A,B 分别是其外公切线的交点和内公切线的交点,由定理 1,知 A,B 调和分割 CD.

推论3　若C,D两点调和分割圆的直径AB,则圆周上一点到C,D两点距离的比是常数.

推论4　从圆周上一点作两割线,将它们与圆相交的非公共的两点连线,垂直于这条直线的直径所在的直线与两割线相交,则这条直径被这两割线调和分割.

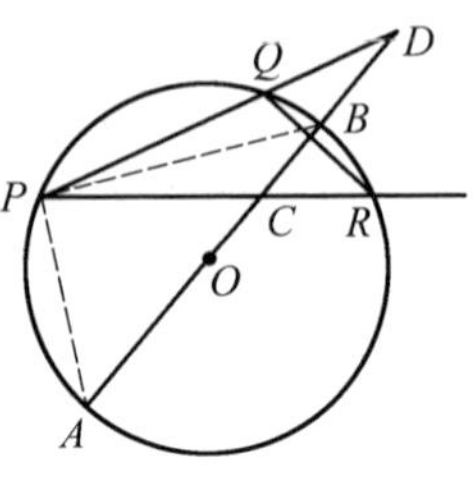

图 2.534

事实上,如图2.534,直径$AB\perp$弦QR,有$\overset{\frown}{QB}=\overset{\frown}{BR}$,则$PB$平分$\angle DPC$,又$\angle APB=90^\circ$,则$PA$平分$\angle DPC$的外角.故由定理3,知$CD$被$B$,$A$调和分割,亦即$AB$被$C$,$D$调和分割.

推论5　一圆的直径被另一圆周调和分割的充要条件是这个圆周与过两分割的任何圆周相交成直角.

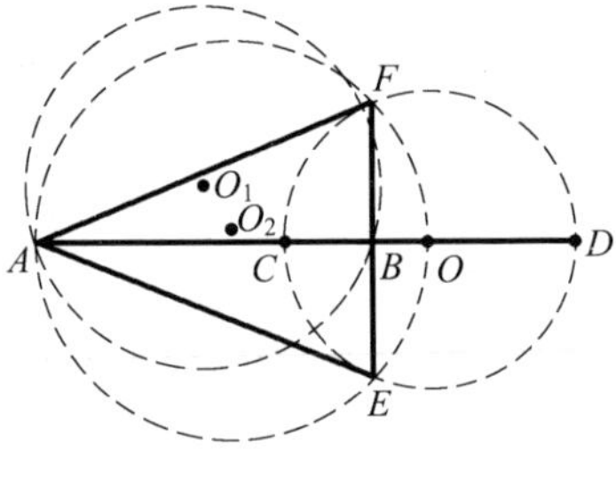

图 2.535

事实上,如图2.535,圆O的半径的平方OC^2,等于点O对于圆O_1(圆O_1过A,B两点)的幂$OA\cdot OB$.

推论6　设点C是$\triangle AEF$的内心,角平分线AC交边EF于点B,射线AB交$\triangle AEF$的外接圆于点O,则射线AB上的点D为$\triangle AEF$的旁心的充要条件是$\dfrac{AC}{CB}=\dfrac{DO}{OB}$.

事实上,若D为$\triangle AEF$的旁心,则由定理3的推论1知,有$\dfrac{AC}{CB}=\dfrac{AD}{AB}$.显然$C$,$E$,$D$,$F$共圆且$O$为圆心.

由定理1(6)的证明,知

$$\frac{AC}{CB}=\frac{AD}{DB}=\frac{2OC}{2OB}=\frac{OC}{OB}=\frac{DO}{OB}$$

反之,若有$\dfrac{AC}{CB}=\dfrac{DO}{OB}$,则可用同一法,推证得点$D$为$\triangle AEF$的旁心.

推论7　$\triangle AEF$的角平分线AB交EF于B,交$\triangle AEF$的外接圆于O,则$DE^2=OF^2=OA\cdot OB$.

定理4　三角形的一边被其边上的内(旁)切圆的切点和另一点调和分割的充要条件是,另一点与其余的两个内(旁)切圆的切点三点共线.

证明　如图2.536,D,E,F分别是$\triangle ABC$的内(旁)切圆切AB,BC,CA所在直线的切点.

对$\triangle CAB$而言,F,E,G三点共线$\Leftrightarrow\dfrac{AG}{GB}\cdot\dfrac{BE}{EC}\cdot\dfrac{CF}{FA}=1\Leftrightarrow\dfrac{AG}{GB}\cdot\dfrac{BE}{FA}=1\Leftrightarrow$

$\frac{AG}{GB}\cdot\frac{DB}{AD}=1\Leftrightarrow\frac{AD}{DB}=\frac{AG}{BG}\Leftrightarrow D,G$ 调和分割 AB.

同理,可证 D,E 与另一点或 D,F 与另一点的情形.

在此还须指出的是,若过两切点的直线与另一切点所在的边平行,则可视为交于无穷远点,此时,结论仍然成立.

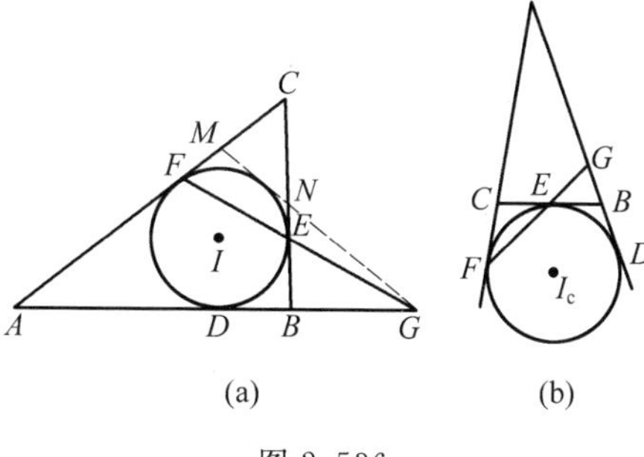

图 2.536

推论 1 若凸四边形 $ABNM$ 有内切圆,且两组对边延长后相交于 G,C,则凸四边形的边被其边上的切点和与对边延长线的交点调和分割.(例如 D,G 调和分割 AB,E,C 调和分割 BN 等).

推论 2 若凸四边形有内切圆,则相对边上的两切点所在直线与凸四边形一边延长线的交点,这一边上的内切圆切点,调和分割这一边.

定理 5 从圆 O 外一点 A 引圆的割线交圆 O 于 C_1D,若割线 ACD 与点 A 的切点弦交于点 B,则弦 CD 被 A,B 调和分割.

证明 如图 2.537,过 A 作圆 O 的切线 AP,AQ,切点为 P,Q,则 PQ 为点 A 的切点弦,即点 B 在 PQ 上.

联结 AO 交 PQ 于点 L,联结 PC,LD,OC,OD,则由 $AC\cdot AD=AQ^2=AL\cdot AO$,知 C,L,O,D 四点共圆.从而 $\angle ALC=\angle CDO=\angle OCD=\angle OLD$,即知 AL 为 $\triangle LCD$ 的内角 $\angle CLD$ 的外角的平分线,又 $PQ\perp AL$,则由定理 3 知,弦 CD 被 A,B 调和分割.

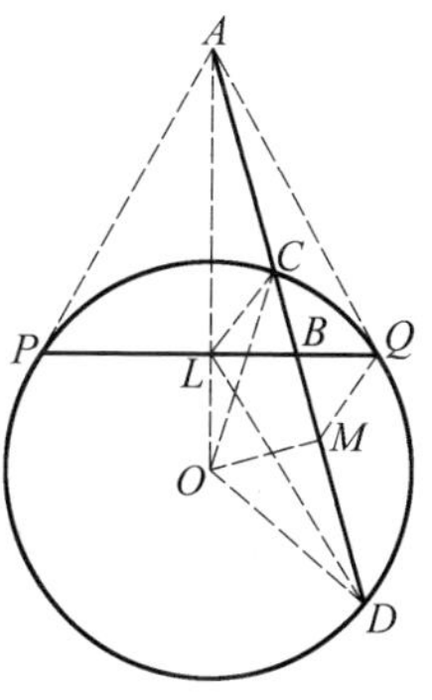

图 2.537

注 也可这样证,过 O 作 $OM\perp CD$ 于 M,则 M 为 CD 的中点,由 A,P,O,M,Q 共圆,知 $\triangle ABQ\backsim\triangle AQM$,从而 $AB\cdot AM=AQ^2=AC\cdot AD$.由定理 1(5) 知 A,B 调和分割 CD.

推论 从圆 O 外一点 A 引圆的两条割线交圆于四点,以这四点为顶点的四边形的对角线相交于点 B,设直线 AB 交圆 O 于 C,D,则 A,B 调和分割弦 CD.

证明 如图 2.538,割线 AGH,AFE 交圆 O 于 G,H,F,E,过 A 作切线 AP,AQ,P,Q 为切点,则 PQ 为点 A 的切点弦.设 PQ 与 GH 交于点 S,HQ 与 GE 交于点 T,GQ 与 HF 交于点 R.由于

$$\frac{HS}{SG}=\frac{S_{\triangle PHS}}{S_{\triangle PSG}}=\frac{PH\cdot\sin\angle HPS}{PG\cdot\sin\angle SPG}$$

$$\frac{GR}{RQ}=\frac{GF\cdot\sin\angle GFR}{FQ\cdot\sin\angle RFQ},\frac{QT}{TH}=\frac{QE\cdot\sin\angle QET}{EH\cdot\sin\angle TEH}$$

及 $\triangle APG\backsim\triangle AHP$，$\triangle AGF\backsim\triangle AEH$，$\triangle AQF\backsim\triangle AEQ$

即有 $\frac{PH}{PG}=\frac{AP}{AG},\frac{GF}{EH}=\frac{AG}{AE},\frac{QE}{FQ}=\frac{AE}{AQ}$

且 $\angle HPS=\angle RFQ,\angle GFR=\angle TEH$

$\angle SPG=\angle QET,AP=AQ$

从而 $\frac{HS}{SG}\cdot\frac{GR}{PQ}\cdot\frac{QT}{TH}=1$

对 $\triangle GHQ$ 应用塞瓦定理的逆定理，知 GT,HR,SQ 共点，即知 GE,HF,PQ 三线共点于 B，亦即点 B 在切点弦 PQ 上．由定理5知，A,B 调和分割弦 CD．

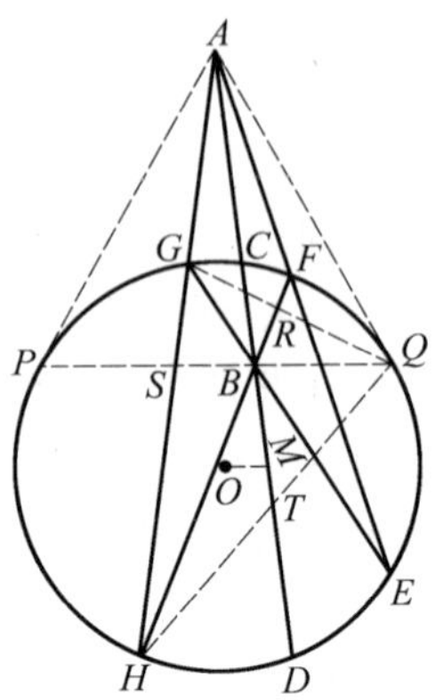

图 2.538

注 若运用完全四边形密克点的性质可得如下简证：过 Q 作 $OM\perp$ 直线 AB 于 M，则 M 为完全四边形 $AGHBEF$ 的密克点，且 A,P,O,M,Q 五点共圆，有 $AB\cdot AM=AF\cdot AE=AQ^2$，于是 $\triangle ABQ\backsim\triangle AQM$，有 $\angle ABQ=\angle AQM$．同理 $\angle ABP=\angle AMP$．而 $\angle APM+\angle AQM=180^\circ$，则 $\angle ABP+\angle ABQ=180^\circ$，即 P,B,Q 三点共线．故 A,B 调和分割弦 CD．

定理6 设过圆 O 外一点 A 任意引一条割线交圆周于点 C 及 D，则点 A 对于弦 CD 的调和共轭点 B 的轨迹是一条直线．

证明 由定理1(6)，线段 AB 的中点 M 满足等式：$AM^2=MC\cdot MD$．而此式表明：点 M 所在的直线为已知圆 O 和点 A 的根轴 l．因此，点 B 在一条定直线上，如图2.539所示．

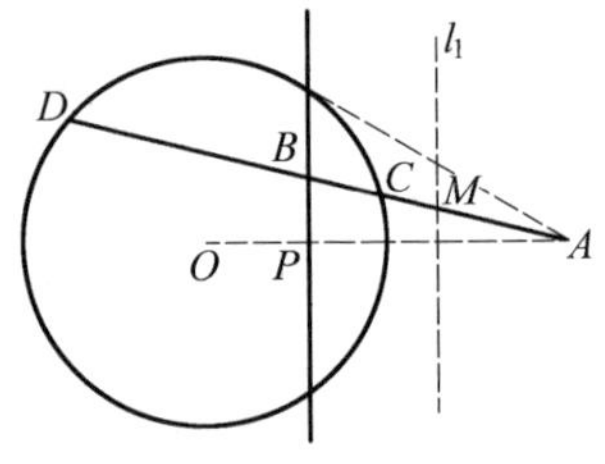

图 2.539

在定理6中，点 B 的轨迹常称为点 A 对于圆 O 的极线，而点 A 称为这极线的极点．

显然，点 A 的极线垂直于点 A 和圆心 O 的联线，且交此连线于定点 P，P 与 A 在点 O 的同侧，又由下式确定(设 R 为圆 O 的半径)：$OA\cdot OP=R^2$．此式亦表明点 A 和 P 调和分割直线 AO 上的圆 O 的直径．

由上可知：若点 A 在圆外，则其对于圆的极线就是由点 A 所作两切线的切点的连线(也可由定理5推知)；若点 A 在圆周上，则其对于圆的极线为过点 A 的切线．

命题1 若点 A 在圆内且异于圆心，其对于圆的极线在圆外，设以点 A 为中点的弦为 ST，过两端点 S,T 作圆的切线交于点 P，则极线为过点 P 且与 OA 垂直的直线 l_2．

证明 如图2.540，设已知圆为圆 O，其半径为 R．

由题设条件知,有 $OA \cdot OP = R^2$. 由此即证.

或者,设过点 A 的直线交圆 O 于 C,D,交直线 l_2 于 B,则线段 AB 的中点的轨迹是线段 AP 的中垂线,故点 B 就是点 A 对于弦 CD 的调和共轭点.

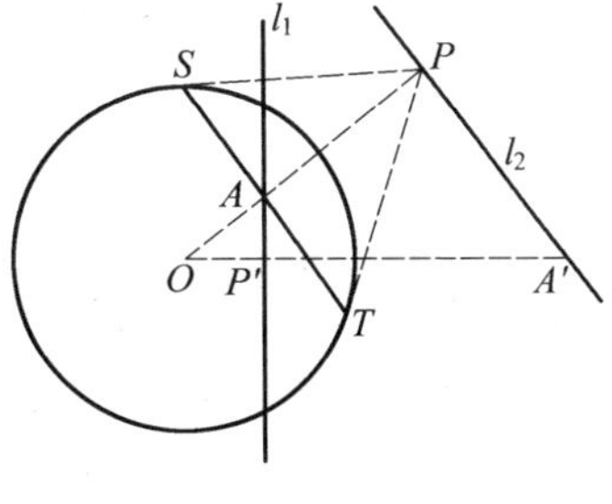

图 2.540

命题 2　若点 A' 在点 A 对于圆 O 的极线上,那么点 A 也在点 A' 对于圆 O 的极线上(圆 O 的半径为 R).

证明　如图 2.540,设 A' 在 A 对于圆 O 的极线 l_2 上,那么它在直线 OA 上的射影 P 满足 $OA \cdot OP = R^2$. 设 P' 是 A 在直线 OA' 上的射影,则四边形 $AP'A'P$ 为圆内接四边形.

于是,$OP' \cdot OA' = OP \cdot OA = R^2$,所以直线 AP' 是点 A' 对于圆 O 的极线.

对于命题 2 中的点 A,A',我们可称为对于圆 O 的一对共轭极点.

推论 1　圆 O 的一对共轭极点 A,A' 调和分割直线 AA' 截圆 O 的弦.

命题 3　设过圆外一点 C 引两割线 CBA,CDF,并将此两割线与圆周的交点 A,B,D,F 两两相连,那么所得的直线相交于 E,G,如图 2.415 所示. 当割线绕点 C 旋转时,此两点 E,G 的轨迹是点 C 的极线.

证明　如图 2.541 所示,由于 E 为直线 AF 和 BD 的交点,G 为 AD 与 BF 的交点,应用定理 2 的推论 2 知直线 EG 和弦 FD 及 AB 的交点 M,N 是点 C 对于此两弦的调和共轭点. 因此,直线 EG 是点 C 对于圆的极线.

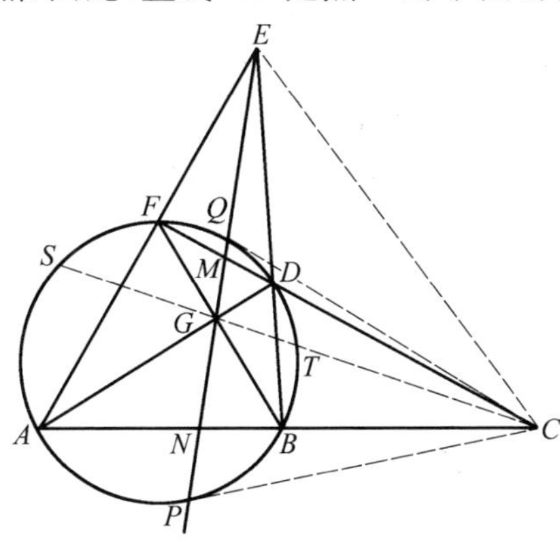

图 2.541

注　同理,直线 CG 是点 E 对于圆的极线;又由命题 2,知直线 CE 是点 G 对于圆的极线,由此又可简捷推证推论 1.

推论 2　设圆内接凸四边形 $ABDF$ 的两双对边 AB 与 FD,AF 与 BD 的延长线分别交于点 C,E,如图 2.541 所示,若点 C 对于圆的极线交圆于 P,Q,点 E

对于圆的极线交圆于 S,T,则过点 P,Q 的两切线的交点为 AD 与 BF 的交点 G 关于弦 ST 的调和和共轭点.

证明 由于 P,Q 是点 C 对于圆的极线 EG 与圆的交点,则知 PQ 为点 C 的切点弦,即过点 P,Q 的两切线的交点即为 C,而点 G 在 PQ 上,由定理5的推论知,点 C 为点 G 关于弦 ST 的调和共轭点.

推论3 若凸四边形有内切圆,且一组对边上的两切点分别关于所在边的调和共轭点重合,则另一组对边上的两切点分别关于所在边的调和共轭点也重合.

证明 如图2.542,凸四边形 $HIJK$ 有内切圆,设 S,P,T,Q 分别为边 KH,HI,IJ,JK 上的切点,且点 P,Q 分别关于边 HI,JK 的调和共轭点均为 C.

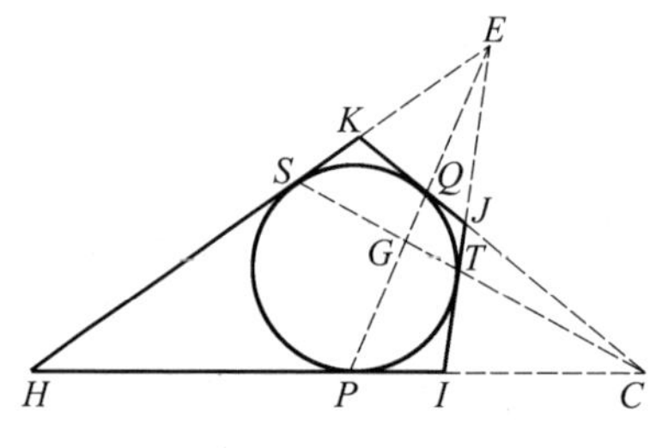

图2.542

此时,点 C 的极线为 PQ,注意到定理4和定理5,点 C 关于弦 ST 的调和共轭点 G 为 PQ 上一定点.

又由定理4与5知点 T 关于 IJ 的调和共轭点 E' 也为点 G 关于弦 PQ 的调和共轭点,点 S 关于 HK 的调和共轭点 E'' 也为点 G 关于弦 PQ 的调和共轭点,从而 E' 与 E'' 重合,重合于边 IJ,HK 的延长线的交点 E.